煤矿安全规程实施指南

（2022）

本书编委会　编

应急管理出版社

·北　京·

图书在版编目（CIP）数据

煤矿安全规程实施指南：2022 /《煤矿安全规程实施指南（2022）》编委会编. --北京：应急管理出版社，2022

ISBN 978-7-5020-7413-5

Ⅰ. ①煤…　Ⅱ. ①煤…　Ⅲ. ①矿山安全—安全规程—中国—指南　Ⅳ. ①TD7-65

中国版本图书馆 CIP 数据核字（2022）第 039100 号

煤矿安全规程实施指南（2022）

编　　者　本书编委会
责任编辑　周鸿超
责任校对　孔青青　赵　盼
封面设计　于春颖

出版发行　应急管理出版社（北京市朝阳区芍药居 35 号　100029）
电　　话　010-84657898（总编室）　010-84657880（读者服务部）
网　　址　www. cciph. com. cn
印　　刷　徐州绪权印刷有限公司
经　　销　全国新华书店

开　　本　787mm×1092mm 1/16　**印张**　45　**字数**　1098 千字
版　　次　2022 年 3 月第 1 版　2022 年 3 月第 1 次印刷
社内编号　20220110　**定价**　188.00 元

编 委 会

视频使用流程：

1. 扫描下方的注册码，完成“众安教培服务平台”小程序的注册（可以点击右上角三个点，添加到桌面上，便于以后使用）。原来注册过的，不用重复注册。

2. 在“众安教培服务平台”中“我的”里面找“扫一扫”，扫描下方的验证码（一书一码，只能一人验证）。

3. 利用“众安教培服务平台”中“我的”里面找“扫一扫”，扫描书中的二维码即可看视频。

4. 使用中如有问题，请联系 QQ414697740，微信 13813483120。

注册码

验证码

编写分工

第一编　总则

主　编　宁尚根(山东肥矿技师学院,教授)

武龙飞(中国煤炭工业协会,高工)

谢耀社(中国矿业大学,教授)

第二编　地质保障

主　编　谢耀社(中国矿业大学,教授)

刘晓飞(郑煤集团安监局,高工)

第三编　井工煤矿

第一章　矿井建设

主　编　刘志强(中国煤炭科工集团,首席科学家)

编　写　魏　群　焦方杰　杨　利

第二章　开采

主　编　徐　刚(中煤科工开采研究院有限公司,副总经理)

副主编　谢耀社(中国矿业大学,教授)

王襄禹(中国矿业大学,教授)

王　滨(天地科技股份有限公司,高工)

李　超(国网哈密煤电公司大南湖二矿,总工程师)

胥海东(国家能源集团麦垛山煤矿,总工程师)

编　写　张晓天　郭守泉　王　洋　李　立　陈　兵　段红民　杜克辉

祝玲甫　高　磊

第三章　通风、瓦斯和煤尘爆炸防治

主　编　漆旺生(华北科技学院,教授)

周心权(中国矿业大学(北京),教授)

第四章　煤(岩)与瓦斯(二氧化碳)突出防治

主　编　蔡成功(河南理工大学,教授)

王　禹(国家能源集团乌海能源公司安全监察局,副处长)

副主编　宁尚根(山东肥矿技师学院,教授)

周连春(内蒙古科技大学,教授)

第五章　冲击地压防治

主　编　欧阳振华(华北科技学院,教授)

副主编　曹安业(中国矿业大学,教授)

巩思园(中国矿业大学,副教授)

编　写　易海洋　王　琼　葛　庆　马志锋

第六章　防灭火

主　编　周连春（内蒙古科技大学，教授）
　　　　纪晓峰（山东肥矿技师学院，副教授）
　　　　周心权（中国矿业大学（北京），教授）

编　写　高　伟　李　鹏

第七章　防治水

主　编　李振栓（原山西省煤炭地质局，副总工程师）

副主编　徐志敏（中国矿业大学，教授）
　　　　赵启峰（华北科技学院，副教授）
　　　　刘晓飞（郑煤集团安监局，高工）

编　写　郭罡业　孙晓光　刘耀宁　安铁梁　吴有良

第八章　爆炸物品和井下爆破

主　编　张昌锁（太原理工大学，教授）

编　写　郭　玉　卢卫永　孙晓光　张前进

第九章　运输、提升和空气压缩机

主　编　朱真才（中国矿业大学，教授）
　　　　穆连生（大同大学，副教授）

副主编　刘立军（黑龙江省煤炭学会，教授级高工）
　　　　王延庆（中国矿业大学，副教授）
　　　　曹国华（中国矿业大学，教授）

编　写　张传江（淮北矿业集团公司，机电副总工程师）
　　　　寇子明（太原理工大学，教授）

第十章　电气

主　编　伍小杰（中国矿业大学，教授）
　　　　董海波（中国矿业大学，副教授）

副主编　史丽萍（中国矿业大学，教授）
　　　　穆连生（大同大学，副教授）

编　写　刘立军（黑龙江省煤炭学会，教授级高工）
　　　　张传江（淮北矿业集团公司，机电副总工程师）

第十一章　监控与通信

主　编　黄　伟（国家矿山安全监察局安徽局调度统计中心，副主任）

编　写　写义明　高守乐　刘云娟

第四编　露天煤矿

主　编　周　伟（中国矿业大学，教授）

副主编　李克民（中国矿业大学，教授）
　　　　罗怀廷（国家能源集团准格尔能源有限公司，高工）

编　写　陆　翔

第五编　职业病危害防治

主　编　谢耀社（中国矿业大学，教授）

程卫民(山东科技大学,教授)

第六编　应急救援

主　编　王宏伟(平煤神马集团救护大队,书记)

副主编　周心权(中国矿业大学(北京),教授)

宁尚根(山东肥矿技师学院,教授)

编　写　焦方杰　张士勇

前　言

2022年1月6日,《应急管理部关于修改〈煤矿安全规程〉的决定》(应急管理部令第8号)公布,自4月1日起施行。《煤矿安全规程》(以下简称《规程》)是安全生产法律法规体系的重要组成部分,在煤炭行业具有极高的权威性,在煤矿安全生产领域居于主体规章地位,是安全生产监管监察执法的重要依据,是规范煤矿安全生产行为的重要准绳。《规程》的修订与实施对于解决制约我国煤矿安全的一些深层次、基础性问题,有效改善煤矿安全生产基本条件,提高煤矿安全工作水平,保障煤矿职工人身安全和健康,具有十分重要的现实意义。

一、本次《规程》修改的意义

目前,新修改的《安全生产法》对煤矿安全生产工作提出了更严格的规定和要求,《刑法修正案(十一)》加大了安全生产领域违法惩处力度,《煤矿防治水细则》《防治煤与瓦斯突出细则》《防治煤矿冲击地压细则》《煤矿防灭火细则》等煤矿安全规范性文件和相关标准也陆续出台。为衔接协调好新修改的《安全生产法》《刑法》等上位法以及相关规范性文件标准,充分发挥《规程》基础性、引领性作用,形成"一规程四细则"的煤矿安全规范体系,进一步完善《规程》相关条款尤为迫切和重要。

我国自1951年9月颁布第一部《规程》以来,先后经历9次全面修改和5次部分条文修改,本次修改是2016年全面修改后的第一次部分条文修改。本次修改工作认真贯彻习近平法治思想和习近平总书记关于安全生产工作的重要论述精神,坚持人民至上、生命至上,深刻吸取近年来煤矿领域重特大事故教训,进一步强化了煤与瓦斯突出、冲击地压、透水、火灾等煤矿重大灾害防治要求,提高了煤矿安全生产条件和现场管理标准,此次修改是坚决贯彻落实党中央、国务院关于安全生产工作决策部署的具体体现。

二、本次《规程》修改的背景

一是深入学习贯彻习近平总书记全面依法治国新理念新思想新战略,坚持人民至上、生命至上,坚持安全第一、预防为主、综合治理的方针,坚持从源头上防范化解煤矿安全重大风险。

二是认真贯彻落实习近平总书记等中央领导同志关于煤矿安全生产工作的重要指示批示精神,进一步强化煤与瓦斯突出、冲击地压、透水、火灾等煤矿重大灾害防治要求。

三是深刻吸取近年来事故教训,山东龙郓煤矿"10·20"重大冲击地压事故、山东新巨龙能源有限责任公司"2·22"较大冲击地压事故、黑龙江龙煤集团东荣二矿"3·9"重大火灾事故、重庆能投渝新能源有限公司松藻煤矿"9·27"重大火灾事故、新疆昌吉州丰源煤矿"4·10"重大透水事故等典型事故案例中,暴露出煤矿安全生产和技术管理方面的一些漏洞和不合理因素,亟须从煤矿冲击地压防治、重要设备材料管理、防治水、防灭火及爆破作业安全等方面对《规程》进行修改。

四是近年来,随着煤炭工业的高速发展和煤矿智能化建设的大力推进,煤矿生产工艺、科技装备不断发展,新工艺、新技术、新装备、新材料在煤矿领域大量采用,其安全与使用要求亟须在《规程》中予以规范。

三、本次《规程》修改的主要原则

一是严格贯彻落实习近平总书记关于安全生产工作的重要论述精神,并衔接适应新修改的《安全生产法》等法律的规定和要求。

二是深刻吸取近年来的煤矿灾害事故教训,认真分析灾害事故中暴露出的煤矿安全生产和技术管理漏洞及不合理因素,查找影响煤矿安全生产的危险因素和事故隐患,对相关规定要求做出相应的修改和补充。

三是衔接协调《煤矿防治水细则》《防治煤与瓦斯突出细则》《防治煤矿冲击地压细则》《煤矿防灭火细则》等煤矿安全规范性文件及相关标准,充分体现《规程》在煤矿安全生产领域的主体规章地位。

四是解决好 2016 版《规程》实施 5 年多煤矿现场管理的重要问题,尽量满足煤矿现场的使用需求。

四、本次《规程》修改的主要内容

本次对 2016 版《规程》修改共包括 18 条,集中在"第一编总则"和"第三编井工煤矿"部分,其中设备查验 1 条、智能化 1 条、开采 3 条、突出防治 2 条、除降尘装置 1 条、冲击地压防治 6 条、火灾防治 2 条、水灾防治 1 条、井下爆破 1 条。其中涉及的重要条款包括:

(1) 设备查验,涉及第四条。本次修改主要吸取重庆松藻煤矿"9·27"事故教训,增加重要设备材料入矿查验和入井前安全性能检查要求。

(2) 智能化,涉及第十条。为认真贯彻执行《关于加快煤矿智能化发展的指导意见》,增加推广自动化、智能化开采要求。

(3) 矿井同时生产的采掘工作面个数,主要涉及第九十五条。本次修改增加以下几点要求:

① 一个矿井同时回采的采煤工作面个数不得超过 3 个,煤(半煤岩)巷掘进工作面个数不得超过 9 个。严禁以掘代采。

② 在采动影响范围内不得布置 2 个采煤工作面同时回采。

③ 严禁任意开采非垮落法管理顶板留设的支承采空区顶板和上覆岩层的煤柱,以及采空区安全隔离煤柱。

④ 严禁开采和毁坏高速铁路的安全煤柱。

(4) 突出煤层消突后的放顶煤开采,主要涉及第一百一十五条第一款第五项与第二款第四项,包括高瓦斯、突出矿井的容易自燃煤层采取综合防灭火措施与放顶煤开采过程中防治水的要求。本次修改进一步调整完善了相关内容:"高瓦斯、突出矿井的容易自燃煤层,应当采取以预抽方式为主的综合抽采瓦斯措施,保证本煤层瓦斯含量不大于 6 m^3/t,并采取综合防灭火措施。""放顶煤开采后有可能与地表水、老窑积水和强含水层导通的。"

(5) 除降尘装置,涉及第一百一十九条第二项。本次修改增加以下要求:在内、外喷雾装置工作稳定性得不到保证的情况下,应当使用与掘进机、掘锚一体机或者连续采煤机联动联控的除降尘装置。

(6) 开采深度,主要涉及第一百九十条突出矿井开采深度。根据前期调研反馈的意见建议,为提高监管监察的精准性,本次修改细化了不同井型突出矿井的开采深度要求。

(7) 突出防治,主要涉及第一百九十四条、第二百零九条。《防治煤与瓦斯突出细则》在区域和局部防突工作等方面增加了诸多新要求,为保持《规程》与《防治煤与瓦斯突出细则》

的有序衔接，在第一百九十四条增加了防突机构、队伍、安全管理和质量管控的相关要求。第二百零九条对顺层钻孔或者穿层钻孔预抽回采区域煤层瓦斯区域防突措施的钻孔的控制区域范围和距离提出了要求。

(8) 冲击地压防治，主要涉及第二百二十八条、第二百三十条、第二百三十一条、第二百三十六条、第二百四十一条、第二百四十四条。为进一步贯彻落实习近平总书记等中央领导同志对煤矿冲击地压防治的相关指示精神，同时与《防治煤矿冲击地压细则》做好衔接，第二百二十八条对矿井防治冲击地压(以下简称防冲)工作提出了总体要求。第二百三十条、第二百三十一条、第二百三十六条、第二百四十一条、第二百四十四条分别对防冲原则、冲击地压矿井冲击倾向性鉴定、矿井巷道布置与采掘作业、冲击地压监测、解危措施时人员撤出、支护等提出了要求。

(9) 防灭火，主要涉及第二百五十条、第二百七十四条。第二百五十条为井口防火。2017 年 3 月 9 日，黑龙江龙煤集团双鸭山矿业公司东荣二矿在副井井口运输平台违章电焊作业引发火灾事故。主要事故教训是井口房内进行电焊作业未编制安全技术措施，副井运输平台负一层积聚较多的可燃物、易燃物，无防火铁门等安全措施。对此，本次修改进行了完善。第二百七十四条为采空区防灭火安全措施。在密闭墙外进行气体、温度等检查并不能完全了解密闭墙内采空区的真实情况，一旦维护密闭时施工不当或措施不完备，由漏风导致煤炭自燃等原因极易引发瓦斯爆炸事故。因此，增加了采空区密闭时制定专项安全措施、对采空区自然发火的风险评估及监测等要求。

(10) 水害防治，主要涉及第三百零三条顶板离层水威胁工作面防治措施。在第三百零三条中要求在火成岩、砂岩、灰岩等厚层坚硬岩层下开采受离层水威胁的采煤工作面，应当分析探查离层发育的层位，采取超前疏堵离层水的措施。

(11) 爆破安全，主要涉及第三百六十七条。吸取 2017 年“9・13”黑龙江裕晨煤矿瓦斯爆炸事故、2014 年“4・7”云南下海子煤矿重大突水事故以及 2014 年“11・26”阜新矿业集团煤尘爆炸事故等的教训，进一步细化了爆破作业安全距离的规定。

五、本书的编写目的和特点

为了配合 2022 版《煤矿安全规程》的学习贯彻，特组织煤炭行业的有关专家、学者在查阅大量文献和调研的基础上编写了《煤矿安全规程实施指南 2022》。本书有如下特点：

(1) 逐条解读，重点突出。本书对 2022 版《规程》的条款进行了逐条解释，说明了制定该条款的目的、原因等，坚持正确反映《规程》制定的原则和内容，力求对条款的解释做到全面和准确；对一些条款可能出现理解上的歧义进行详细解释，对部分容易理解的条款不做或少做解读。

(2) 直击实际实施中的问题，实用易懂。编写专家团队在大量调研煤矿企业的基础上，汇总了《规程》一些条款在实施中容易犯错误、容易忽视的问题，对一些条款给出了解决问题的措施、典型做法等。

(3) 重点条款专家视频解读，二维码扫码免费听课。

(4) 配备了大量事故案例，便于广大工程技术人员更加深入地理解、有效地执行《规程》、从事故案例中吸取教训。

(5) “一规程四细则”有机统一。本书编写中注意将《煤矿安全规程执行说明 2016》《煤矿防治水细则》《防治煤矿冲击地压细则》《防治煤与瓦斯突出细则》和《煤矿防灭火细则》有机结合起来,把《煤矿安全规程执行说明 2016》的内容附在《规程》条文下面,以便于工程技术人员对照执行。

(6) 每部分都由原《规程》修订专家组成员主编或参与和把关,更加贴合《规程》。

(7) 双色印刷,方便阅读。《规程》条款用蓝色,释义正文用黑色,重点突出,层次分明,便于理解。

本书在编写过程中得到了中国矿业大学(北京)、华北科技学院、中国矿业大学、中煤科工集团、国家能源集团、中煤集团、河南理工大学、晋能控股集团、河南煤化集团、山东能源集团、中国平煤神马集团等单位的大力支持,在此表示衷心的感谢!

由于水平有限,加上时间紧、任务重,书中难免存在不妥之处,敬请读者批评指正。联系邮箱:414697740@qq.com。

编委会

2022 年 2 月

目　录

第一编　总　　则

第一条　为保障煤矿安全生产和从业人员的人身安全与健康，防止煤矿事故与职业病危害，根据《煤炭法》《矿山安全法》《安全生产法》《职业病防治法》《煤矿安全监察条例》和《安全生产许可证条例》等，制定本规程。

【释义】　本条是关于《煤矿安全规程》制定的目的和依据的规定。

《煤矿安全规程》制定目的：保障煤矿安全生产和从业人员的人身安全与健康，防止煤矿事故与职业病危害。

我国煤矿绝大多数是井工开采，井下地质条件复杂，经常受到水、火、瓦斯、煤尘、高温、顶板、冲击地压等多种灾害的威胁；工人作业环境特殊，劳动强度大，粉尘等职业危害严重；井下生产系统复杂，多工种、多工序交叉作业，生产工艺复杂；煤矿安全装备水平差异较大和工人文化素质普遍不高等，导致煤矿事故频发，造成人员伤亡、财产损失，产生职业病危害。煤炭行业职业病新发病例数量较大，煤矿职业病防治形势严峻，近几年每年职业病患病人数远大于事故伤亡人数。煤炭开采属于高危行业，不仅存在较大的安全风险，而且存在严重的职业病危害因素，因此既要防止煤矿事故，也要防范职业病危害。

《煤矿安全规程》制定的依据：《煤炭法》《矿山安全法》《安全生产法》《职业病防治法》《煤矿安全监察条例》和《安全生产许可证条例》等法律法规。《煤矿安全规程》(以下简称《规程》)是我国矿山安全生产法律体系的一个重要组成部分，是一部重要的部门规章，它与我国矿山安全生产法律法规的基本精神是一致的，与我国安全生产的法律体系互相衔接，是矿山安全生产法律的具体化；也是我国煤矿安全管理方面一部较为全面、权威和具体的基本规程。

【执行中应注意的问题】

(1) 煤矿企业是安全生产的责任主体，要认真学习、严格执行《规程》的各项规定，禁止一切违反《规程》的行为；因违反《规程》造成安全生产事故的，要追究其法律责任。

(2)《规程》是国家安全生产法律法规的组成部分，遵守规程就是遵纪守法。要根据《规程》和有关规章制度，建立健全本企业的规章制度，并认真落实。

第二条　在中华人民共和国领域内从事煤炭生产和煤矿建设活动，必须遵守本规程。

【释义】　本条是关于《规程》适用范围的规定。

《规程》适用于中华人民共和国领域，包括领土和领海。从事煤炭生产和煤矿建设活动的主体，包括不同所有制形式的煤矿企业：中央企业煤矿企业、国有企业煤矿企业、城镇和乡镇集体煤矿企业、中外合资(合作)经营煤矿企业、股份制煤矿企业等。所有煤炭生产和煤矿建设活动都必须遵守本规程的相关规定，煤矿建设活动还应遵守《煤矿建设安全规范》。

第三条　煤炭生产实行安全生产许可证制度。未取得安全生产许可证的，不得从事煤炭生产活动。

【释义】 本条是关于煤炭生产实行安全生产许可证制度的规定。

煤矿安全生产许可证制度对严格煤矿安全准入，提高煤矿安全保障能力，遏制煤矿重特大事故发挥了重要作用。煤矿应当按照《安全生产许可证条例》和《煤矿企业安全生产许可证实施办法》的要求，办理和管理煤矿安全生产许可证。修订后的《煤矿企业安全生产许可证实施办法》(2016 年 4 月 1 日起施行)规定，煤矿企业必须依照该实施办法的规定取得安全生产许可证。未取得安全生产许可证的，不得从事生产活动。煤矿企业有下列行为之一的，责令停止生产，没收违法所得，并处 10 万元以上 50 万元以下的罚款；构成犯罪的，依法追究刑事责任：① 未取得安全生产许可证，擅自进行生产的；② 接受转让的安全生产许可证的；③ 冒用安全生产许可证的；④ 使用伪造安全生产许可证的。

【执行中应注意的问题】

(1) 煤矿企业在安全生产许可证有效期内有下列情形之一的，应当向原安全生产许可证颁发管理机关申请变更安全生产许可证：变更主要负责人的；变更隶属关系的；变更企业名称的；改建、扩建工程经验收合格的。

(2) 煤矿完成改制后，未重新取得或者变更安全生产许可证而进行生产建设的，属于重大事故隐患。煤矿改制完成后，应及时重新取得或变更安全生产许可证。

第四条 从事煤炭生产与煤矿建设的企业(以下统称煤矿企业)必须遵守国家有关安全生产的法律、法规、规章、规程、标准和技术规范。

煤矿企业必须加强安全生产管理，建立健全各级负责人、各部门、各岗位安全生产与职业病危害防治责任制。

煤矿企业必须建立健全安全生产与职业病危害防治目标管理、投入、奖惩、技术措施审批、培训、办公会议制度，安全检查制度，安全风险分级管控工作制度，事故隐患排查、治理、报告制度，事故报告与责任追究制度等。

煤矿企业必须制定重要设备材料的查验制度，做好检查验收和记录，防爆、阻燃抗静电、保护等安全性能不合格的不得入井使用。

煤矿企业必须建立各种设备、设施检查维修制度，定期进行检查维修，并做好记录。

煤矿必须制定本单位的作业规程和操作规程。

【执行说明】 《规程》所指“煤矿企业”是指从事煤炭生产与煤矿建设具有法人地位的企业。任何行业的企业，只要从事煤炭生产或煤矿建设，均属于《规程》所指的煤矿企业，均需要遵守《规程》。

煤矿是指直接从事煤炭生产和煤矿建设的业务单元，可以是法人单位，也可以不是法人单位。

本条所规定的煤矿企业必须建立的安全生产与职业病危害防治责任制和各项规章制度，煤矿也必须建立。

【释义】 本条是关于煤矿企业必须遵守法律法规和建立安全生产管理制度的规定。

(1) 我国煤矿安全法律法规体系主要有四个部分：一是全国人大及其常务委员会颁布的关于安全生产的法律；二是国务院颁布的关于安全生产的行政法规；三是省(自治区、直辖市)级人大及其常务委员会颁布的关于安全生产的地方性法规；四是国务院有关部委、省级人民政府颁布的关于安全生产的规章和地方规章。我国煤矿安全法律法规主要内容有：

① 法律，如《安全生产法》《煤炭法》《矿山安全法》《劳动法》《矿产资源法》等；② 行政法规，如《煤矿安全监察条例》《矿山安全法实施条例》等；③ 地方性法规，有《××省矿山安全法实施办法》《××省煤炭法实施办法》等；④ 部门规章和地方政府规章，有《规程》《爆破安全规程》等。煤矿生产和建设活动必须遵守国家有关安全生产的法律、法规、规章、规程、标准和技术规范。

视频

(2) 安全生产责任制是企业岗位责任制的一个组成部分，是企业中最基本的一项安全制度，也是企业安全生产、劳动保护管理制度的核心。安全生产责任制是经长期的安全生产、劳动保护管理实践证明的成功制度与措施。

煤矿企业要加强安全管理，依据《安全生产法》的要求加强煤矿企业的主体责任，制定完善和建立健全煤矿企业的安全生产主体责任制度和各级负责人、各部门、各岗位安全生产与职业病危害防治责任制。

实践证明，凡是建立、健全了全员安全生产责任制的企业，各级领导重视安全生产、劳动保护工作，切实贯彻执行党的安全生产、劳动保护方针、政策和国家的安全生产、劳动保护法规，在认真负责组织生产的同时，积极采取措施，改善劳动条件，工伤事故和职业病就会减少；反之，就会职责不清，相互推诿，从而使安全生产、劳动保护无人负责，工伤事故与职业病经常发生。

(3) 煤矿安全生产管理制度是保证各项安全生产法律法规在煤矿得到落实的基础。安全生产管理制度主要包括安全生产责任制度、安全奖惩制度、安全技术措施审批制度、安全风险分级管控工作制度、安全隐患排查制度、安全检查制度、安全办公会议制度、重要设备材料的查验制度等。煤矿企业必须建立健全安全生产管理制度，并以强制力保证它的实施。

(4) 此次修订新增了安全风险分级管控工作制度。煤矿要建立和完善安全风险分级管控工作制度，明确安全风险辨识范围和方法，制定安全风险的辨识、评估和管控的工作流程。煤矿必须建立矿长为第一责任人的安全风险分级管控责任体系和工作制度，明确安全风险分级管控工作职责和流程，煤矿可以根据本单位实际建立一个或多个制度，但必须包括安全风险辨识评估和管控的全部内容。

(5) 此次修订新增了煤矿企业必须制定重要设备材料的查验制度。要求煤矿企业做好检查验收和记录，防爆、阻燃抗静电、保护等安全性能不合格的不得入井使用。

矿山井下特种设备，必须按照国家有关规定，由专业生产单位生产，并经具有专业资质的检测、检验机构检测、检验合格，取得安全使用证或者安全标志后，方可投入使用。

(6) 煤矿企业必须建立设备、设施检查维修制度，制定运行、维修、保养、巡回检查制度，确保设备性能稳定、设施运行良好。随着煤矿生产现代化水平的不断提高，越来越多的设备、设施投入使用，对煤矿安全生产的影响也越来越大。设备使用要实行定人、定机、凭证操作，严格执行岗位责任制和设备操作规程，单人使用的设备由操作者负责，多班制生产使用的设备，操作工人必须执行设备交接班制度，设备均应有运行记录。运行记录对准确查清事故原因、性质和责任，对事故前设备、设备的运行状态进行确认，也十分重要。

(7) 通常把《规程》、作业规程、操作规程总称为“三大规程”。《规程》是国家煤炭行业技术规程，统揽全局；作业规程是煤矿为一个工作面生产而制定的具体的施工措施；操作规程是各个工种应遵循的规程。

作业规程是煤矿企事业单位为完成某项生产或建设工程而编制的作业行为规范。它是依据国家有关法律、法规,结合工程的具体情况,如采掘工作面的顶底板岩性、工作面地质条件等方面的实际情况编制的作业指导文件。作业规程是煤矿生产建设的行为规范,具有法规性质,其作用是科学、安全地组织与指导生产施工,使工程达到安全、优质、高效、快速和低耗的效果。

操作规程是煤矿企业或其主管部门根据《规程》和有关质量标准等文件的规定,结合岗位工人的工作环境条件及所用工具、设备等具体情况,以保证人员、设备的安全为目的而编制的,是指导岗位工人进行生产工艺操作的行为标准。操作规程对岗位工人生产作业中的具体操作程序、方法和安全注意事项等做了具体明确的规定。操作规程是岗位工人进行生产工艺操作的行为规范,具有法规性质。岗位工人只有严格按本岗位的操作规程工作,才能保证人员和设备、设施的安全,保证生产的正常进行。违反操作规程就可能导致事故和矿井重大灾害。

【执行注意事项】

(1)煤矿制定的操作规程、作业规程必须符合有关法律、法规、标准、技术规范,符合煤矿自身的实际情况,不可生搬硬套其他煤矿的,必须具有可操作性,且应及时进行修订。

(2)为不断提高煤矿企业自身的管理水平,保持先进性,企业制定的操作规程、作业规程的规定要求可高于《规程》。

第五条 煤矿企业必须设置专门机构负责煤矿安全生产与职业病危害防治管理工作,配备满足工作需要的人员及装备。

【释义】 本条是关于设置煤矿安全生产与职业病危害防治管理工作专门机构及人员、装备的规定。

煤矿生产经营活动的安全进行,除了有必要的物质保障和制度保障外,还要从人员上加以保障。因此,煤矿企业应当有专门的机构和人员从事安全生产管理与职业病危害防治管理工作,对企业的安全生产状况进行经常性地检查,对检查中发现的安全问题及时处理,对生产安全事故隐患及时排除。煤矿企业不论其规模大小和人员多少,都应设置安全生产管理机构并配备安全生产管理人员。

煤矿企业需要在内部组织架构和人员配置上对安全生产与职业病危害防治工作予以保障。煤矿企业作出涉及安全生产与职业病危害防治工作的经营决策,应当听取安全生产与职业病危害防治管理机构及管理人员的意见。煤矿企业不得因安全生产与职业病危害防治管理人员依法履行职责而降低其工资、福利等待遇或者解除与其订立的劳动合同。

第六条 煤矿建设项目的安全设施和职业病危害防护设施,必须与主体工程同时设计、同时施工、同时投入使用。

【释义】 本条是关于煤矿建设项目安全设施和职业病危害防护设施“三同时”的规定。

煤矿建设项目保证安全设施与主体工程同时设计、同时施工、同时投入使用是保障安全生产的一项基本措施,也是行之有效的一项基本经验。“三同时”的实质是体现了预防为主的方针,在工程项目的开始就要考虑安全生产条件,而不是在投入生产经营之后再作补救,甚至是有了事故之后再作为教训来补救。

建设职业病危害防护设施是为了保护劳动者健康,治理职业病危害,预防职业病发生,包括治理职业病危害的设备，预防职业病的设备、工程等。由于安全设施和职业病危害防护设施必须有足够的资金投入和保障，安全设施与职业病防护设施所需费用应当纳入建设项目工程预算。煤矿建设项目在可行性论证阶段，建设单位应当委托具有资质机构进行安全预评价与职业病危害预评价，编制预评价报告。煤矿建设项目在初步设计阶段，应当委托具有资质的设计单位编制安全生产设施设计与职业病危害防护设施设计专篇，并按照国家有关规定报经有关部门审查，煤矿建设项目的施工单位必须按照批准的安全设施设计施工，并对安全设施的工程质量负责。煤矿建设项目完工后，应当委托具有资质的机构进行安全设施验收评价与职业病危害控制效果评价，编制安全验收评价报告与职业病危害控制效果评价报告。煤矿建设项目竣工投入生产或者使用前，应当由建设单位负责组织对安全设施进行验收；验收合格后，方可投入生产和使用。

第七条 对作业场所和工作岗位存在的危险有害因素及防范措施、事故应急措施、职业病危害及其后果、职业病危害防护措施等，煤矿企业应当履行告知义务，从业人员有权了解并提出建议。

【释义】 本条是关于从业人员职业病危害知情权和煤矿企业职业病危害告知义务的规定。

劳动者享有了解工作场所产生或可能产生的职业病危害因素、危害后果和应当采取的职业病防治措施的权利。从业人员对于职业病危害的知情权，与从业人员的生命健康关系密切，是保护从业人员生命健康权的重要前提。从业人员只有了解作业场所和工作岗位存在的危险有害因素及防范措施、事故应急措施、职业病危害及其后果、职业病危害防护措施等，才能真正保护自身的健康。煤矿企业与从业人员签订劳动合同时，应当将工作过程中可能产生的职业病危害及其后果、职业病防护措施和待遇等如实告知从业人员，并在劳动合同中写明，不得隐瞒或者欺骗。产生职业病危害的作业场所和工作岗位，可以在醒目位置设置公告栏、警示标识和中文警示说明，告知作业人员职业病危害的种类、后果、预防及应急救治措施等内容。

第八条 煤矿安全生产与职业病危害防治工作必须实行群众监督。煤矿企业必须支持群众组织的监督活动，发挥群众的监督作用。

从业人员有权制止违章作业，拒绝违章指挥；当工作地点出现险情时，有权立即停止作业，撤到安全地点；当险情没有得到处理不能保证人身安全时，有权拒绝作业。

从业人员必须遵守煤矿安全生产规章制度、作业规程和操作规程，严禁违章指挥、违章作业。

【释义】 本条是关于安全工作实行群众监督和职工在安全生产方面权利、义务的规定。

《安全生产法》明确规定，工会可依法组织职工参加本单位安全生产工作的民主管理和民主监督，确立了群众监督的法律地位。群众监督主要对企业主要负责人依法履行职责、安全管理机构设置和人员配备、安全管理制度、“三同时”和许可证管理、安全发风险分级管控工作制度、安全检查和隐患排查、职业卫生、劳动防护用品、安全教育培训、应急预案和危险源管理、作业场所和从业人员操作等事项进行监督。发挥群众监督，是建立安全生产群防群治制度的客观需要。

煤矿从业人员有权了解其作业场所和工作岗位存在的危险因素、防范措施及事故应急措施,有权对本单位的安全生产工作提出建议。煤矿从业人员发现直接危及人身安全的紧急情况时,有权停止作业或者在采取可能的应急措施后撤离作业场所。职工在劳动过程中,当工作地点突然遇到危及人身安全的险情时,有权立即停止作业,撤到安全地点,而且在险情没有排除的情况下可以拒绝作业,继续停留在安全地点。如煤矿井下出现明显突水征兆时,必须停止作业,把人员撤到安全地点,否则就有可能因透水事故发生而造成人员伤害。

煤矿不得因从业人员在紧急情况下停止作业或者采取紧急撤离措施而降低其工资、福利等待遇或者解除与其订立的劳动合同。

从业人员有权对本单位安全生产工作中存在的问题提出批评、检举、控告;有权拒绝违章指挥和强令冒险作业。违章作业指职工在劳动过程中违反劳动的安全法规、标准、规章制度、操作规程等,盲目蛮干、冒险作业的行为;违章指挥是指管理人员违反国家有关安全的法律、法规、规章制度、企业安全管理制度或操作规程对职工的生产活动进行指挥的行为。违章作业和违章指挥都是严重的违法行为,会直接导致煤矿事故发生。在煤矿生产过程中,从业人员必须遵守煤矿安全生产规章制度、作业规程和操作规程,不但自己不违章作业或违章指挥,也有权制止他人违章作业,拒绝违章指挥。

煤矿不得因从业人员对本单位安全生产工作提出批评、检举、控告或者拒绝违章指挥、强令冒险作业而降低其工资、福利等待遇或者解除与其订立的劳动合同。

第九条 煤矿企业必须对从业人员进行安全教育和培训。培训不合格的,不得上岗作业。

主要负责人和安全生产管理人员必须具备煤矿安全生产知识和管理能力,并经考核合格。特种作业人员必须按国家有关规定培训合格,取得资格证书,方可上岗作业。

矿长必须具备安全专业知识,具有组织、领导安全生产和处理煤矿事故的能力。

【释义】 本条是关于煤矿企业进行安全教育和培训及矿长具备安全知识和能力的规定。

煤矿企业从业人员,是指煤矿企业主要负责人、安全生产管理人员、特种作业人员和其他从业人员。煤矿企业主要负责人,是指煤矿企业的董事长、总经理,矿务局局长,煤矿矿长等人员。煤矿企业安全生产管理人员,是指煤矿企业分管安全、采煤、掘进、通风、机电、运输、地测、防治水、调度等工作的副董事长、副总经理、副局长、副矿长,总工程师、副总工程师和技术负责人,安全生产管理机构负责人及其管理人员,采煤、掘进、通风、机电、运输、地测、防治水、调度等职能部门(含煤矿井、区、科、队)负责人。

煤矿企业是安全培训的责任主体,应当依法对从业人员进行安全生产教育和培训,提高从业人员的安全生产意识和能力。煤矿企业主要负责人对本企业从业人员安全培训工作全面负责。矿长是煤矿企业的决策者和指挥者,他们需要具备安全专业知识及专业技能,具有领导安全生产和事故应急救援指挥能力,这对煤矿企业的安全生产和发生事故后的救援工作具有十分重要的意义。

第十条 煤矿使用的纳入安全标志管理的产品,必须取得煤矿矿用产品安全标志。未取得煤矿矿用产品安全标志的,不得使用。

试验涉及安全生产的新技术、新工艺必须经过论证并制定安全措施；新设备、新材料必须经过安全性能检验，取得产品工业性试验安全标志。

积极推广自动化、智能化开采，减少井下作业人数。

严禁使用国家明令禁止使用或者淘汰的危及生产安全和可能产生职业病危害的技术、工艺、材料和设备。

【执行说明】 目前纳入安全标志管理的煤矿矿用产品共12个大类、118个小类。对纳入煤矿矿用产品安全标志管理的设备，煤矿企业必须选择、采购安全标志在有效期内的产品。产品到矿后应验收，核查安全标志标识、证书及其与产品铭牌、使用说明书所载信息的一致性。产品采购、到矿时安全标志有效，方为合法产品。在安全标志管理制度实施之前采购的无安全标志的产品，应执行国家煤矿安全监察局《关于加强煤矿矿用产品安全标志管理工作的通知》(煤安监技装字〔2002〕141号)的规定。

试验涉及安全生产的新技术、新工艺，是指未在煤矿井下或本矿区及条件相近其他矿区应用的技术和工艺。为防范新技术、新工艺试验中造成事故，在试验之前应组织开展论证。试验新技术、新工艺的论证可由煤矿或委托第三方机构组织实施，安全措施应包括预防、监测、控制、管理措施及应急预案。

试验涉及安全生产的新设备、新材料，指尚未在煤矿井下或本矿区及条件相近其他矿区应用、纳入矿用产品安全标志管理的设备和材料。由于缺乏相应标准和安全使用规范，应取得产品工业性试验安全标志。新产品工业性试验安全标志审核发放过程中仅仅考核安全性能，在井下试验时煤矿应与研发单位共同研究制定相关安全保障措施。

【释义】 本条是关于煤矿矿用产品安全标志和试验涉及安全生产的新技术等的规定。本次修订新增煤矿要积极推广自动化、智能化开采，减少井下作业人数的要求。

煤矿使用的纳入安全标志管理的产品，必须具有安全标志。对煤矿用的设备、材料、仪器仪表等产品实行安全标志制度，明确规定凡属“煤矿用设备、材料、仪器仪表等类产品执行安全标志产品目录”所列产品，均执行安全标志制度，并取得安全标志后，该产品方准许在煤矿安装使用。任何单位和个人不得出售、采购和使用纳入安全标志管理目录但未取得安全标志的矿用产品。无安全标志的设备往往是伪劣产品，未经检验合格，如果使用很可能导致重大事故的发生。煤矿企业要建立和完善煤矿产品使用、保养、检测检验、维修、报废等环节的管理制度，采购、使用矿用安全标志管理目录的产品时，必须首先查验该产品是否已取得煤矿矿用产品安全标志，未取得的不得采购和使用。

视频

涉及安全生产的新技术、新工艺、新设备、新材料，由于没有经过实践应用，对其性能还没有完全了解和掌握，到底存在哪些不安全因素，实践应用中会带来哪些危害，如何加以控制，应该采取哪些相应的安全技术措施，对这些问题认识不足，就容易酿成事故。因此，实际生产中对涉及安全生产的新技术、新工艺、新设备、新材料不宜盲目使用，需要先进行严密的论证或进行相应的安全性能检验和鉴定，充分了解其性能后，制定相应的安全技术措施，方可使用。

煤矿智能化是煤炭工业高质量发展的核心技术支撑，将人工智能、工业物联网、云计算、大数据、机器人、智能装备等与现代煤炭开发利用深度融合，形成全面感知、实时互联、分析决策、自主学习、动态预测、协同控制的智能系统，实现煤矿开拓、采掘(剥)、运输、通风、洗选、安全保障、经营管理等过程的智能化运行，对于提升煤矿安全生产水平、保障煤炭稳定供应具有重要意义。

根据《煤矿智能化建设指南(2021年版)》的要求,对于晋陕蒙等大型煤炭基地的生产煤矿,应全面进行智能化升级改造,重点提高采煤工作面智能化水平,实现掘进工作面减人提效和远程控制,井下水泵房、变电所等固定岗位全部实现无人值守作业,形成基于综合管控平台的智能一体化管控。对于中东部矿区等建设基础较薄弱的生产煤矿,重点进行基础信息系统、机械化+智能化的采掘系统、重大安全隐患的智能预警系统、智能安全监测系统等建设,实现减人、增安、提效。对于云贵地区的煤矿,应尽快实施智能化改造,重点进行危险、繁重岗位机器人替代,提升矿井本质安全水平。新建煤矿应先行开展煤矿智能化顶层设计,采用先进生产工艺、技术与装备,全面建设信息基础设施、智能化生产系统、智能化综合管控平台等,形成完整的智能化煤矿安全高效运维体系。

淘汰不符合国家有关法律法规规定、安全性能低下、危及安全生产和可能产生职业病危害的落后技术、工艺和装备,可以提高煤矿安全保障能力,预防煤矿事故和职业病危害。2006年以来,原国家安全生产监督管理总局共发布4批《禁止井工煤矿使用的设备及工艺目录》,禁止75种设备及工艺;发布2批《淘汰落后安全技术工艺、设备目录》,其中涉及煤矿领域15种,涉及应急救援领域1种。

第十一条 煤矿企业在编制生产建设长远发展规划和年度生产建设计划时,必须编制安全技术与职业病危害防治发展规划和安全技术措施计划。安全技术措施与职业病危害防治所需费用、材料和设备等必须列入企业财务、供应计划。

煤炭生产与煤矿建设的安全投入和职业病危害防治费用提取、使用必须符合国家有关规定。

【释义】 本条是关于编制安全技术与职业病防治发展规划和安全技术措施计划,安全投入和职业病危害防治费用提取、使用的规定。

安全技术与职业病危害防治长远发展规划,是指根据煤矿生产建设发展的需要在几年内或较长一段时期所采取的安全技术与职业病危害防治措施,具有一定的战略性、前瞻性和导向性。安全技术措施计划是为了保护职工在生产过程中的安全和健康,根据安全技术与职业病危害防治发展规划和针对生产中存在的重大不安全问题和职业危害因素,在本年度或一定时期内根据需要而确定的改善劳动条件的项目和措施。

为了使煤矿安全生产工作随着生产建设的发展,有计划地建立正常的安全工作秩序,创建安全健康的劳动条件,克服只抓产量、只创效益而削减或不管安全技术措施工程造成大量安全欠账的严重问题,煤矿企业在编制生产建设长远发展规划和年度生产建设计划时,必须同时编制安全技术发展规划和安全技术措施计划。

煤矿应当建立健全职业病危害防治领导机构,制定职业病危害防治规划,明确职责分工和落实工作经费,加强职业病危害防治工作。

煤矿企业应当建立安全生产费用与职业病危害防治费用提取和使用管理制度。安全生产费用是指企业按照规定标准提取,在成本中列支,专门用于完善和改进企业安全生产条件的资金。《安全生产法》规定:生产经营单位应当具备的安全生产条件所必需的资金投入,由生产经营单位的决策机构、主要负责人或者个人经营的投资人予以保证,并对由于安全生产所必需的资金投入不足导致的后果承担责任。有关生产经营单位应当按照规定提取和使用安全生产费用,专门用于改善安全生产条件。安全生产费用在成本中据实列支。安全资金投入是保障煤矿企业具备安全生产条件的物质基础。安全设施、设备的投入和劳动条件的改善等均需要一定的资金作保证。煤矿企业应依法建立安全技术措施专项资金,按国家有关规定及公司计划提取,并纳入年度财务预决算,实行专款专用。要建立健全安全生产费用台账。根据2021年财政部《企业安全生产费用提取和使用管理办法(修订稿)》,煤炭生产企业依据开采的原煤产量按月提取安全生产费用:煤(岩)与瓦斯(二氧化碳)突出矿井、冲击地压矿井吨煤50元;高瓦斯矿井、水文地质类型极其复杂矿井、开采容易自燃煤层矿井吨煤30元;其他井工矿吨煤15元;露天矿吨煤5元。职业病危害防治专项经费在《企业安全生产费用提取和使用管理办法(修订稿)》第二十条"其他与安全生产直接相关的支出"中规定支出。

第十二条　煤矿必须编制年度灾害预防和处理计划,并根据具体情况及时修改。灾害预防和处理计划由矿长负责组织实施。

【执行说明】　(一)《煤矿灾害预防和处理计划》编制内容。每一生产和在建煤矿,都必须编制年度《煤矿灾害预防和处理计划》(以下简称《计划》)。《计划》应能起到防范事故发生、并在一旦发生事故能指导迅速抢救受灾遇险人员的作用。《计划》应包括以下内容:

1. 根据本矿的采掘等生产计划、区域地质条件和其他自然因素,列举瓦斯爆炸、煤(岩)与瓦斯(二氧化碳)突(喷)出、火灾、水害、冲击地压、滑坡等事故的预兆、预防措施等。

2. 制定发生事故后所有现场人员的自救、撤离、抢救等措施、方案、职责,明确避灾路线,规定所必须的工程、设备、仪表、器材、工具、标识的数量、使用地点、使用方法和管理办法等。

3. 制定处理事故的组织领导和有关单位、部门及其负责人的任务、职责、通知方法和顺序。

4. 列出有关处理各种事故必备的技术资料:通风系统示意图、网路图(在这两种图上都应当标明通风设施的位置、风向、风量)及反风试验报告;供电系统图和电话的安装地点;地面和井下消防洒水、排水、注浆、充填、瓦斯抽采和压风等管路系统图;地面和井下消防材料库的位置及其所储备的材料、设备、工具的品名和数量登记表;井上下对照图,图中应标明井口位置和标高、地面铁路、公路、钻孔、水井、水管、储水池以及其他存放可供处理事故的材料、设备和工具的地点。

(二)《计划》编制、审批与落实程序。

1.《计划》的编制、修改方法和审批程序:

(1)《计划》必须由矿总工程师负责组织通风、采掘、机电、地测、技术等单位的有关人员编制,并有矿山救护队参加。

(2)《计划》必须在每年开始前一个月报矿长批准。

(3)在每季度开始前15天,矿总工程师根据矿井自然条件和采掘工程的变动情况,组织有关部门进行修改和补充。

2.《计划》的贯彻执行:

(1)已批准的《计划》由矿长负责组织执行。

(2) 已批准的《计划》应当及时向全体职工(包括全体矿山救护队员)贯彻,组织学习,并熟悉避灾路线。不熟悉《计划》有关内容的人员,不得下井作业。

(3) 必须按照《规程》第十七条规定,每年至少组织一次应急演练。对演练中发现的问题,必须采取措施,立即修改。

(4) 已批准的《计划》(含所附工程图和表册)应当分别送交矿长、副矿长、矿总工程师,调度、生产、地测、机电、通风、运输、安全、救护等业务部门及驻矿安全机构等。有上级企业的,还应当报上级企业的技术负责人和调度室、安全、计划等相关部门。上述单位和负责人应当经常或定期检查《计划》的贯彻执行情况。

【释义】 本条是对编制矿井灾害预防和处理计划的规定。

《煤矿灾害预防和处理计划》是为了有效、及时预防和处理煤矿生产过程中遇到的各种安全隐患,避免和减少灾害带来的损失,保障职工生命安全、身心健康和财产不受损害或最大限度地减少损害,而预先制定的预防和处理事故的技术性规章文件。煤矿企业必须编制年度灾害预防和处理计划,预先做好防备,一旦发生事故时,能及时采取措施,消除已经发生的事故,有效地控制事故扩大蔓延,迅速抢救受灾遇险人员,把事故损害降到最低。煤矿每年要按照矿井灾害预防和处理计划方案至少组织一次演习,而且要求根据矿井实际情况或在演习中暴露出来的问题和漏洞及时修改。

【执行中应注意的问题】

煤矿企业应根据矿井开采条件,编制年度灾害预防和处理计划并认真组织落实,重点解决水、火、瓦斯、煤尘、顶板、地温、地压等灾害对安全生产的威胁,保障计划实施所需的人力、物力、财力,及时解决计划实施过程中出现的问题,并不断完善矿井灾害预防和处理计划,增强其针对性、有效性和实用性。

第十三条 入井(场)人员必须戴安全帽等个体防护用品,穿带有反光标识的工作服。入井(场)前严禁饮酒。

煤矿必须建立入井检身制度和出入井人员清点制度;必须掌握井下人员数量、位置等实时信息。

入井人员必须随身携带自救器、标识卡和矿灯,严禁携带烟草和点火物品,严禁穿化纤衣服。

【释义】 本条是关于入井(场)人员安全行为和出入(场)制度的规定。

带反光标识的工作服是利用反光材料制成的在各种光线条件下能起到警示作用的服装,煤矿井下比较昏暗,在灯光的照射下,反光材料能与周围环境形成强烈的反差,可在较远距离内被他人发现,从而起到安全防护等作用。井下作业若不戴安全帽,高处坠落物体或头部撞硬物等都会致头部伤害,严重时会危及生命。入井前若喝酒,会使人意识不清、反应迟缓,容易引起失误而导致事故。穿化纤衣服,摩擦易产生静电,成为点火源,可能引起瓦斯爆燃或爆炸。当发生火灾、瓦斯爆炸、煤尘爆炸事故时,会产生大量有毒有害气体,自救器若没被随身携带,会导致不能及时戴上,就会造成人员窒息或中毒。

入井检身制度是对所有准备入井人员的状态、装束、携带仪器、工具等进行检查以确保符合入井要求而设立的检查制度。煤矿企业入井检身制度是防止入井人员违章违纪的重要防范措施之一,从"井口"源头抓起,杜绝危险源入井。出入井人员清点制度是为了及时准确掌握矿井井下作业人数及分布情况，对出入矿井人员进行考勤的制度。出入井人员清点制度一方面起到对职工的考勤作用，另一方面是煤矿井下一旦发生事故，查询和落实人员下落、及时进行救援的需要。

【案例】 2014 年 9 月 4 日，黑龙江省双鸭山市新久煤矿发生一起较大瓦斯爆炸事故，死亡 4 人，受伤 1 人。此次事故的一个重要原因是安全管理混乱：矿井对独头巷道及盲巷管理不到位，未按规程规定及时封闭 8#层里部全煤上山，长时间停风，未进行日常瓦斯检查；矿井没有配备专职入井检身员，作业人员携带烟火入井，并在井下吸烟；入井人员未随身携带自救器。

【案例】 2019 年 1 月 12 日，陕西省榆林市神木市百吉矿业公司李家沟煤矿发生煤尘爆炸事故，造成 21 人死亡。该矿为民营企业，核定生产能力 90 万吨/年，属低瓦斯矿井，煤尘具有爆炸危险性。该矿安全培训流于形式，下井工人缺乏基本的安全常识，存在携带烟火入井、抽烟的现象。

第十四条 井工煤矿必须按规定填绘反映实际情况的下列图纸：

（一）矿井地质图和水文地质图。

（二）井上、下对照图。

（三）巷道布置图。

（四）采掘工程平面图。

（五）通风系统图。

（六）井下运输系统图。

（七）安全监控布置图和断电控制图、人员位置监测系统图。

（八）压风、排水、防尘、防火注浆、抽采瓦斯等管路系统图。

（九）井下通信系统图。

（十）井上、下配电系统图和井下电气设备布置图。

（十一）井下避灾路线图。

【释义】 本条是关于井工煤矿必须备有相关图件的规定。

矿井地质图是反映矿井各种地质现象与井巷工程之间的相互关系及它们空间分布情况的所有图件。矿井水文地质图是反映矿井水文地质条件的图纸，其中矿井水文地质图包括：矿井充水性图、矿井涌水量与各种相关因素动态曲线图、矿井综合水文地质图、矿井综合水文地质柱状图、矿井水文地质剖面图、矿井含水层等水位（压）线图、区域水文地质图、矿区岩溶图。

井上、下对照图是将井田范围内的地物、地貌和井下的采掘工程情况综合画在一张平面图上的图件。

巷道布置图是指反映全矿井或井下某一区域巷道的平面位置和相互关系的图纸。

采掘工程平面图是将开采煤层或其分层内的采掘工程和地质情况，采用标高投影的原理，按一定比例尺绘制而成的图纸。

通风系统图是表示矿井通风网络，通风设备、设施，风流的方向和风量等参数的平面图或立体图。

井下运输系统图是表示矿井下煤流方向、辅助运输方向等信息的平面图，一般包括巷道名称、巷道参数、设备和设施参数、轨道参数、煤流方向、辅助运输方向等。

安全监控布置图是指反映各安全监控的设备安装的位置,即各设备放置的地方,并从原理上反映监测系统怎样动作、运行及主要功能的图纸。

井下避灾路线图是指导工作人员在遇到各种灾害时的撤退路线图,通常包括避瓦斯爆炸路线、避火路线、避水路线等。路线图作用,一方面是在图纸上供培训或指导抢险,另一方面也在井下方便职工自救。

本条所列的十一项图件是煤矿生产必不可少的基础性、全局性资料,是煤矿安全、建设、生产和管理依据的基础,是了解、掌握煤矿地质规律和分析煤矿生产问题的重要依据,要求煤矿必须备齐,并随着开采的进行及时填绘、经常修改,保持图件内容最大限度地符合地质变化。

【执行中应注意的问题】

(1) 煤矿图纸是煤矿生产建设法定的所必需的重要技术资料。但是,近年来在煤矿安全监管监察、煤矿事故抢险救援等工作中发现,一些煤矿存在图纸测绘不及时、填绘不准确、标注不完善、管理不规范等问题,特别是个别小煤矿使用真、假两套图纸,弄虚作假、蓄意逃避监管,以致酿成事故,贻误了最佳抢险救援时间。

(2) 煤矿企业要进一步加强和规范图纸管理,及时并严格按标准绘制图纸,所有图纸应及时填绘、标注齐全。要严格落实图纸审签制度,各煤矿企业的矿长、总工程师要对图纸正确性、真实性负责,采掘工程平(立)面图、通风系统图和井上、下对照图等主要图纸必须经矿长和总工程师本人审签,并标注审签日期,不得使用签字复印件,不得代签。各级煤炭行业管理、煤矿安全监管监察部门要加强煤矿图纸管理工作的日常监管监察和服务指导,对各类煤矿主要技术图纸实行定期报备制度和随机抽查制度,对监管监察过程中发现的技术档案和图纸管理方面的违规行为要依法进行惩处。

【案例】 2014 年 8 月 19 日,安徽省淮南市东方煤矿非法越界区域发生重大瓦斯爆炸事故,造成 27 人死亡、1 人受伤。东方煤矿为隐瞒非法越界开采和掩盖停产期间的生产行为,采取一系列手段逃避监管。该矿采用真假两套图纸,藏匿真图,向有关部门上报备案的相关图纸和与邻近煤矿的交换图纸均不填绘越界区域开采情况;凡涉及越界区域生产的,一律不记录,不填写报表和台账、不上报;越界区域采掘作业一律不编制设计、作业规程和安全技术措施。图纸、资料不真实、不完整,不但给安全生产和管理带来了困难,还影响了事故应急救援的快速顺利进行。

第十五条 露天煤矿必须按规定填绘反映实际情况的下列图纸:

(一) 地形地质图。

(二) 工程地质平面图、断面图。

(三) 综合水文地质图。

(四) 采剥、排土工程平面图和运输系统图。

(五) 供配电系统图。

(六) 通信系统图。

(七) 防排水系统图。

(八) 边坡监测系统平面图。

（九）井工采空区与露天矿平面对照图。

【释义】 本条是关于露天煤矿必须备有相关图件的规定。

地形图是指等高线图，反映的是地形的变化起伏情况，地质图反映区域地质、工程地质、水文地质（地下水）情况，地形地质图是两者的合称，是以地形图为背景图进行描绘的、反映采矿权（或井田）范围内地形、地理和主要地质要素的专业图件。

工程地质平面图、断面图是按比例尺表示工程地质条件在一定区域内的空间分布及其相互关系的图件，是结合地质工程建筑需要的指标测制或编绘的地图。通常包括工程地质平面图、剖面图、地层柱状图和某些专门性图件，有时还有立体投影图。

综合水文地质平面图是反映某地区的地下水分布、埋藏、形成、转化及其动态特征的地质图件（主要表示地下水类型、产状、性质及其储量分布状况等的地图），是某地区水文地质调查研究成果的主要表示形式。水文地质图按其表示的内容和应用目的，可概括为 3 类：反映某一区域内总的水文地质规律的综合性水文地质图；以区域内的地质、地形、气候和水文等因素的内在联系为基础，综合反映地下水的埋藏分布、水质、水量、动态变化等特征的图；反映区域内地下水的补给、径流、排泄等条件的图。

采剥工程平面图是反映露天煤矿所有台阶采剥工程、地质和测量信息的综合性图件。排土工程平面图是为表达排土场的空间位置和空间关系所绘制的平面图件。

边坡监测系统平面图是反映露天煤矿边坡岩体稳定性、形变特征和形变概率、监测设备和监测数据的专业图件。其底图是以采剥工程综合平面图为基础，并增加重要滑坡防护设施和构筑物。边坡监测点的信息包括监测点编号、空间位置与位移等相关数据。

井工采空区与露天矿平面对照图是反映露天煤矿剥采范围内及周边采空区分布特征的专业图件。其底图以采剥工程综合平面图为基础，可视图幅负载量进行取舍；依据现有煤矿的采矿权边界、井口位置、主采煤层和采空区边界等相关资料和已经报废的煤矿井口位置、采空区等资料进行绘制。

第十六条 井工煤矿必须制定停工停产期间的安全技术措施，保证矿井供电、通风、排水和安全监控系统正常运行，落实 24 h 值班制度。复工复产前必须进行全面安全检查。

【释义】 本条是关于井工煤矿停工停产和复工复产的规定。

井工煤矿要严格落实停工停产期间安全生产主体责任，制定并落实停工停产期间的安全技术措施，保证矿井基本安全生产系统的正常运行，同时要落实 24 h 值班制度，确保发生险情可以及时处理。

井工煤矿由于证照不全、放假、隐患整改等原因会实行停工停产。在停工停产期间，煤矿企业要制定安全技术措施，落实专人负责，清点入库剩余火工品，安排设备检修，做好值班巡检和矿井重要生产部位的安全保卫，矿井保证正常供电、通风、排水和监控系统运转以及日常巡检工作，保证安全监控系统正常运行。停工停产期间需进行检修的矿井，必须严格制定检修方案及安全措施，严禁擅自生产建设，保证停工停产期间的安全。

井工煤矿要严格做好复工复产前的安全检查和验收工作，复工复产前要进行安全风险专项辨识评估，风险不管控，不排除重大安全隐患，不具备安全生产条件的煤矿，坚决不允许恢复生产。复工复产验收要执行“谁组织、谁检查、谁验收、谁签字、谁负责”的检查验收工作制度，结合煤矿实际制定有针对性的复工复产验收标准和验收方案并严格实施。复工复产工作最好要做到与整合技改相结合、与风险管控相结合、与隐患排查相结合、与整顿关闭相结合、与安全培训相结合。

第十七条 煤矿企业必须建立应急救援组织，健全规章制度，编制应急救援预案，储备应急救援物资、装备并定期检查补充。

煤矿必须建立矿井安全避险系统，对井下人员进行安全避险和应急救援培训，每年至少组织1次应急演练。

【执行说明】 煤矿企业应当按照《安全生产法》第八十一条、《生产安全事故应急预案管理办法》(中华人民共和国应急管理部令第2号，自2019年9月1日起施行)的规定，参照《生产经营单位生产安全事故应急预案编制导则》(GB/T 29639—2020)的要求，结合本企业生产特点和实际，编制应急预案(应急救援预案)。

煤矿也应当根据本矿的实际情况，结合《计划》编制应急预案(应急救援预案)。

【释义】 本条是关于煤矿企业建立应急救援组织，编制应急救援预案和进行应急救援演练、培训的规定。

煤矿企业开展煤矿事故应急救援工作，就是通过建立应急救援组织，健全规章制度，编制应急救援预案，储备应急救援物资、装备，充分利用一切可能的力量，在煤矿重大事故发生后，迅速控制煤矿事故的发展，保护人员的安全，将事故对人员、财产造成的影响降低到最低程度。

煤矿企业要根据有关法律法规，结合自身情况和安全生产特点，建立健全应急管理工作制度，对应急管理人员进行必要的培训演练，保障应急管理工作规范、有效开展。要对存在的危险因素较多、危险性较大、事故易发多发区域和环节以及重大危险源开展全面细致的风险评估，对各种危险因素进行综合的分析、判断，掌握其危险程度，按照危险因素特点和危险程度制定相应的应急预案。应急预案应至少每三年修订一次，修订情况应有记录并归档，并报安全生产监督管理部门和有关主管部门备案，并抄报所在地煤炭生产监管机构。要根据本单位实际情况，以满足应急救援实际需要为原则，有针对性、有选择地配备相应数量、种类的应急救援器材、设备和物资，建立使用状况档案，并进行经常性维护和保养，保证这些器材、设备和物资随时处于正常运行状态，在发生事故时用得上、用得好。

煤矿企业一线从业人员是安全生产的第一道防线，是生产安全事故应急处置的第一梯队。加强一线从业人员的安全避险和应急救援培训，既是全面提高企业应急处置能力的需要，也是有效防止因应急知识缺乏导致事故扩大的迫切要求。煤矿企业必须按照国家有关规定对本单位所有一线从业人员进行安全避险和应急救援培训，确保其具备本岗位安全操作、自救互救以及应急处置所需的知识和技能。

第十八条 煤矿企业应当有创伤急救系统为其服务。创伤急救系统应当配备救护车辆、急救器材、急救装备和药品等。

【释义】 本条是对煤矿企业建立创伤急救系统的规定。

煤矿发生事故后，难免会造成人员创伤，因此必须有创伤急救系统为其服务，对负伤人员实施创伤急救，最大限度地减少人员伤亡。救护车辆、急救器材、急救装备和药品是进行创伤急救不可缺少的工具和手段，应配备齐全，并时刻保持在完好、可用状态，确保在煤矿事故发生时能及时发挥作用。

煤矿创伤急救系统一般包括急救指挥、急救通信、急救运输、急救医疗和急救培训。创伤急救系统应能及时启动，对负伤人员实施创伤急救，目的是最大限度地减少人员伤亡。为适应创伤急救工作的需要，应对实施创伤急救人员进行培训和必要的演练，确保煤矿发生事故时，能够立即投入创伤急救工作中。

【执行中应注意的问题】

必要的急救车辆、器材、装备和药品是创伤急救不可缺少的工具和手段，平时应配备齐全，满足急救工作的需要，为确保急救器材、装备在煤矿发生事故时用得上、用得好，还应对其进行经常性的维护、保养。

第十九条 煤矿发生事故后，煤矿企业主要负责人和技术负责人必须立即采取措施组织抢救，矿长负责抢救指挥，并按有关规定及时上报。

【释义】 本条是关于煤矿事故发生后煤矿企业主要负责人和技术负责人组织抢险救灾的规定。

煤矿发生事故后，组织抢救是煤矿企业的首要任务。煤矿企业负责人的重要职责之一就是组织本单位生产安全事故的抢救。只有煤矿企业负责人最有条件在第一时间调动全部力量组织抢救。熟悉本单位生产经营活动。事故应急救援是一项难度大、涉及面广、技术要求高的工作，在应急救援过程中如果没有相应的技术支撑，一旦指挥失误，极易造成事故扩大或发生次生事故，所以《规程》规定了煤矿技术负责人具有立即采取措施组织抢救的义务。

煤矿负责人接到事故报告后，应当于1h内及时、如实地向事故发生地县级以上人民政府安全生产监督管理部门报告，向负责煤矿安全生产监督管理的部门和驻地煤矿安全监察机构报告。情况紧急时，事故现场有关人员可以直接向上述机构报告。事故报告应当及时、准确、完整，任何单位和个人不得迟报、漏报、谎报或者隐瞒事故。这一规定的主要目的是为了保证上级有关部门能够及时、如实掌握事故的情况，及时组织救援和调查处理事故。

第二十条 国家实行资质管理的，煤矿企业应当委托具有国家规定资质的机构为其提供鉴定、检测、检验等服务，鉴定、检测、检验机构对其作出的结果负责。

【释义】 本条是关于煤矿企业应当委托具有国家规定资质的机构为其提供鉴定、检测、检验等服务的规定。

近年来，各类具有国家规定资质的鉴定与安全生产检测机构，为企业设施设备安全检测和技术鉴定分析，为排查治理事故隐患，预防事故发生，提供了有效的技术支撑和专业服务；为政府部门安全生产监管提供了强有力的技术支持，发挥了较好的事故防范作用，成为安全生产领域一支重要的技术力量。

煤矿建设和生产过程中，需要进行矿井瓦斯等级鉴定、煤与瓦斯突出危险性鉴定、煤的冲击倾向性分类及指数测定、煤自燃倾向性鉴定、煤自然发火标志气体指标测定、煤尘爆炸性鉴定、煤质分析、粉尘物化性能检测、煤层注水可注性鉴定、矿用传感器检测等大量鉴定、检测、检验工作。这些鉴定、检测、检验工作需要一定的装备和技术人员才能完成，应当委托具有国家规定资质的机构进行。

鉴定、检测、检验机构应严格按照资质证书规定的业务范围开展工作，对出具的报告负法律责任,严禁租借资质证书、非法挂靠、转包服务项目。

第二十一条 煤矿闭坑前,煤矿企业必须编制闭坑报告,并报省级煤炭行业管理部门批准。

矿井闭坑报告必须有完善的各种地质资料,在相应图件上标注采空区、煤柱、井筒、巷道、火区、地面沉陷区等,情况不清的应当予以说明。

【释义】 本条是关于煤矿闭坑报告的规定。

大量关闭的废弃矿井是煤矿安全生产的重大隐患,对煤矿安全生产构成了严重威胁,曾发生过多起重特大事故,引起了有关部门的高度重视。煤矿企业停办、关闭的,应当自停办、关闭决定之日起10个工作日内向原安全生产许可证颁发管理机关申请注销安全生产许可证,并提供煤矿开采现状报告、实测图纸和遗留事故隐患的报告及防治措施。闭坑报告的主要内容包括:① 煤矿开采现状及实测图件,主要包括井上下对照图和采掘工程平面图以及可能存在的充水水源、通道、积水量和水位等情况。② 煤矿关闭可能产生的水、火、瓦斯、煤尘和顶板等重大灾害及预防措施。③ 动用、注销和剩余储量。

【案例】 2018年10月1日,冀中能源张矿集团宣东煤矿关闭封填风井期间,发生瓦斯爆炸事故,导致4人受伤,风井区域设备设施损坏,并造成百米以外的京张高速公路部分车辆受损。经相关部门初步分析认为,该矿制定关闭安全技术措施不到位,审批把关不严格,在测定井口以下2 m处瓦斯浓度达到0.5%时仍没有引起重视,没有制订相应技术措施,回填材料由黄土变为矸石后没有相应改变安全技术措施,导致事故发生。

第二编　地质保障

第二十二条　煤矿企业应当设立地质测量(简称地测)部门,配备所需的相关专业技术人员和仪器设备,及时编绘反映煤矿实际的地质资料和图件,建立健全煤矿地测工作规章制度。

【释义】　本条是关于煤矿企业地质工作机构设置、人员与设备配置、建章立制的规定。

为加强和规范煤矿地质工作,要求所有煤矿企业必须设立地测部门,应根据煤矿构造、瓦斯地质、水文地质、工程地质、信息化建设等实际情况和物探、钻探等勘探方法运用情况,配备所需的专业技术人员和相应的工程队伍,各类地质和工程施工人员必须经考核或培训合格后上岗。煤矿地质类型为复杂或极复杂的煤矿企业及所属矿井,还应配备地质副总工程师。地质副总工程师、地测部门负责人应由煤田地质、瓦斯地质、水文地质等相关专业技术人员担任。煤矿应配备开展煤矿地质工作所需的地质测量、钻探、物探和其他仪器设备,仪器设备配备的数量应依据煤矿地质类型、煤矿开采规模和矿(井)田范围大小等因素综合决定。

煤矿企业应建立健全煤矿地测工作规章制度,明确工作内容与要求,规范工作流程,健全煤矿地测工作岗位责任制、隐蔽致灾地质因素普查制度、地质观测与编录规程、开采地质条件预测预报制度、地质资料编制与审定制度、地质资料管理制度等。制定的各项规章制度要组织培训学习,做到相应地质岗位人员人人熟知;做好宣传交流,重要制度悬挂在醒目位置,做到相关工作人员人人皆知。

第二十三条　当煤矿地质资料不能满足设计需要时,不得进行煤矿设计。矿井建设期间,因矿井地质、水文地质等条件与原地质资料出入较大时,必须针对所存在的地质问题开展补充地质勘探工作。

【执行说明】　存在下列情况之一的,必须进行地质补充调查与勘探:

(一)原勘探程度不能达到煤矿地质保障工作最低要求的。

(二)煤炭资源勘探遗留有重大地质、瓦斯地质、水文地质和工程地质问题或经采掘工程揭露证实地质、瓦斯地质、水文地质和工程地质条件有重大变化的。

(三)井田内老窑或周边相邻井田采空区未查清的。

(四)资源整合、水平延深、新采区或井田范围扩大时,原地质勘探程度不能满足煤矿设计要求的。

(五)提高资源/储量级别或新增资源/储量的。

(六)有其他专项安全工程要求的。

【释义】　本条是关于煤矿设计时及矿井建设期间对煤矿地质资料要求的规定。

煤矿设计是根据国家对煤的需要,在地质勘探成果和有关资料的基础上,编制合理开发煤炭资源方法的程序。煤矿设计通常分为三类:矿区总体设计、矿井设计及施工图设计。① 矿区总体设计:确定矿区生产规模、井田划分、矿井和其他单位工程的合理布局以及正确安排建设程序。一般是在详查的基础上编制的,是矿区内矿井等单位工程设计和施工计划的主要依据。② 矿井设计:在一个井田内,确定井型,布置巷道等工程,选择设备,计算材料和投资。一般是在勘探的基础上编制的,是投资、施工和设备订货的依据。③ 施工图设计:根据批准的矿井设计编制的详细图纸,是指导施工以及编制施工预算和决算的依据。

地质勘探成果和有关资料是煤矿设计的基础,当对应的地质资料不能满足要求时,这个基础是不牢固的,此时设计煤矿风险性就会大大增加,因此当煤矿地质资料不能满足设计需要时,不得进行煤矿设计。即使煤矿设计完成后,进入矿井建设期间,因矿井地质、水文地质等条件与原地质资料出入较大时,也必须针对所存在的地质问题开展补充地质勘探工作。针对不同的补充勘查对象或工作重点,补充地质勘探分为周边煤矿地质与生产情况补充勘查、水文地质补充勘查、瓦斯地质补充勘查、工程地质补充勘查等。收集本煤矿及邻近周边煤矿的构造、煤层、瓦斯、水文地质、工程地质等相关地质资料和历史采掘资料,编制相应的补充调查报告。

第二十四条 当露天煤矿地质资料不能满足建设及生产需要时,必须针对所存在的地质问题开展补充地质勘探工作。

【释义】 本条是关于露天煤矿开展补充地质勘探工作的规定。

可靠的地质资料是煤矿建设与生产的基础保障,露天煤矿若在地质资料不能满足建设及生产需要的情况下进行运转,那就会大大增加工作的盲目性,不仅仅安全高效的建设与开采得不到保障,而且会浪费大量的人力、物力与财力。因此,必须针对所存在的地质问题开展补充地质勘探工作。

第二十五条 井筒设计前,必须按下列要求施工井筒检查孔:

(一) 立井井筒检查孔距井筒中心不得超过 25 m,且不得布置在井筒范围内,孔深应当不小于井筒设计深度以下 30 m。地质条件复杂时,应当增加检查孔数量。

(二) 斜井井筒检查孔距井筒纵向中心线不大于 25 m,且不得布置在井筒范围内,孔深应当不小于该孔所处斜井底板以下 30 m。检查孔的数量和布置应当满足设计和施工要求。

(三) 井筒检查孔必须全孔取芯,全孔数字测井;必须分含水层(组)进行抽水试验,分煤层采测煤层瓦斯、煤层自燃、煤尘爆炸性煤样;采测钻孔水文地质及工程地质参数,查明地质构造和岩(土)层特征;详细编录钻孔完整地质剖面。

【执行说明】 井筒检查孔的数量应当综合考虑拟建井筒矿井地质类型和设计施工要求确定,并满足《煤矿井巷工程施工规范》(GB 50511—2010)对井筒检查钻孔的规定、对巷道地质预测及地质报告内容的相关要求。

检查孔距井筒中心的距离不超过 25 m,以不影响井筒施工又不偏离井筒太远为原则,能够较准确反映井筒施工时的水文地质条件。检查孔的孔深要求是由于目前建井深度普遍增加,水文地质和工程地质条件偏于复杂,井筒深度可能调整,考虑《煤矿地质工作规定》(安监总煤调〔2013〕135 号)中地质补勘钻孔深度的要求综合确定。

【释义】 本条是关于井筒设计前施工井筒检查孔的规定。

检查孔用于查明井筒穿过的岩(土)层构造、岩(土)性、岩(土)体稳定性以及含水层的厚度、深度及其透水性和涌水量等。立井井筒检查孔距井筒中心不得超过 25 m,主要是因为井筒检查孔布置在井筒圆周以外太远时存在不少弊病,如对大角度断层无法控制,对煤层层位控制不准等。除了上述要求外,孔深应不小于井筒设计深度以下 30 m。地质条件复杂时,应增加检查孔数量。

数字测井技术实现了高精度测井数据采集和测井资料的计算机自动解释与分析,极大地提高了测井解决地质问题的能力。为了提高检查孔的检查质量,提高所得到的数据的可靠性与准确性,井筒检查孔必须全孔取芯,全孔数字测井。

第二十六条 新建矿井开工前必须复查井筒检查孔资料;调查核实钻孔位置及封孔质量、采空区情况,调查邻近矿井生产情况和地质资料等,将相关资料标绘在采掘工程平面图上;编制主要井巷揭煤、过地质构造及含水层技术方案;编制主要井巷工程的预想地质图及其说明书。

【释义】 本条是关于新建矿井开工前复查井筒检查孔资料,编制相关技术方案、预想地质图及其说明书的规定。

井筒检查孔资料是井筒设计、制定施工方案的地质依据。地质人员应复查井筒检查孔资料,熟悉井筒检查孔地质报告,掌握井筒穿过的地层、煤层、瓦斯、水文、岩浆侵入体、工程地质等地质资料,与地勘资料进行对比分析,重点分析煤层瓦斯、水文地质和工程地质等参数测试方法和结果,预测各地质因素对井筒施工的影响程度及防治灾害发生的措施,核实井筒检查孔的位置及封孔质量等。新建矿井开工前必须复查井筒检查孔资料的目的是确保资料的准确性及可靠性,为矿井建设开工做出基础性指导,具体包括调查、核实钻孔位置及封孔质量,采空区情况,邻近矿井生产情况和地质资料等,并且要将相关资料标绘在采掘工程平面图上;针对主要井巷揭煤、过地质构造及含水层时,应编制相关技术方案、主要井巷工程的预想地质图及其说明书。

第二十七条 井筒施工期间应当验证井筒检查孔取得的各种地质资料。当发现影响施工的异常地质因素时,应当采取探测和预防措施。

【释义】 本条是关于井筒施工期间对井筒检查孔取得的各种地质资料进行验证与修正的规定。

为了确定井筒施工方案和工艺,确定井筒施工的支护形式,确定井筒落地标高等,进而实施井筒检查孔,目的是查明井筒附近的水文地质与工程地质条件,对井筒的设计和施工提供可靠的地质资料。在此工作中形成的,以文字、图表、声像、标本、样品、岩矿芯等不同形式存在的地质、矿产信息和实物等统称地质资料。

井筒施工期间验证井筒检查孔取得的各种地质资料不仅是对前期工作数据的检验,也是在进一步弄清地质资料。因此,当发现影响施工的异常地质因素时,应当采取探测和预防措施。

第二十八条 煤矿建设、生产阶段,必须对揭露的煤层、断层、褶皱、岩浆岩体、陷落柱、含水岩层,矿井涌水量及主要出水点等进行观测及描述,综合分析,实施地质预测、预报。

【释义】 本条是关于煤矿建设、生产阶段对进行地质观测、综合分析和预测预报的规定。

煤矿地质观测应做到及时、准确、完整、统一。① 观测、描述、记录应在现场进行,并记录在专门的地质记录簿上,记录簿统一编号,妥善保存;② 观测与描述应做到内容完整、数据准确、表达确切、重点突出、图文结合、字迹清晰,客观地反映地质现象的真实情况;③ 观测与描述应记录时间、地点、位置和观测、记录者姓名;④ 观测与描述应做到现场与室内、宏观与微观相结合;⑤ 观测资料应及时整理并转绘在素描卡片、成果台账及相关图件上,由观测人员进行校对。对煤层、断层、褶皱、岩浆岩体、陷落柱、含水岩层、矿井涌水量及主要出水点等进行观测的具体内容在《煤矿地质工作规定》中有详细的要求。

煤矿地质综合分析必须以完整、准确的第一手资料为基础。地质综合分析应紧密围绕煤矿存在的主要地质问题,着眼当前,兼顾长远,立足煤矿,结合区域,广泛采用新理论、新手段、新技术和新方法。综合分析应包括下列主要内容:① 含煤地层层序、沉积特征及其演化规律;② 煤层结构、煤体结构、煤层厚度、煤质变化的原因和规律;③ 构造及其组合特征、形成机制、展布规律和预测方法;④ 含煤地层中岩浆侵入体的特征、分布规律及其对煤层和煤质的影响;⑤ 瓦斯(或二氧化碳)赋存规律;⑥ 水文地质特征;⑦ 煤层顶底板、冲击地压、陷落柱、老空区、地热和边坡稳定性等地质问题;⑧ 隐蔽致灾地质因素分析;⑨ 采探对比分析;⑩ 煤矿勘探、建设和生产中新出现的地质问题。综合分析成果应反映在煤矿生产地质报告、地质说明书及各类地质图件上。

地质预测、预报应符合下列基本要求:① 地测部门与采掘部门应密切配合,及时观测被揭露的各种地质现象,分析地质规律;② 地质预测、预报应按年报、月报等形式进行,且应根据采掘(剥)工程的进展及时发出;③ 地质预测、预报应做到期前预报、期末总结,预报与实际出入较大时,应分析原因,总结经验,提高地质预报质量;④ 地质预测、预报经矿井总工程师审查签字后生效。

第二十九条 井巷揭煤前,应当探明煤层厚度、地质构造、瓦斯地质、水文地质及顶底板等地质条件,编制揭煤地质说明书。

【释义】 本条是关于井巷揭煤前应进行地质探测和编制揭煤地质说明书的规定。

石门、立井和斜井等井巷揭煤前,应采用物探和钻探等手段综合探测煤层厚度、地质构造、瓦斯地质、水文地质及顶底板等地质条件,根据探查情况,提出防范措施及建议,提出揭煤地质说明书。石门、立井和斜井揭煤作业地点是事故高发地段,石门、立井和斜井揭煤前必须采用物探、钻探等手段进行综合探测,揭煤前优先采用物探探测地质构造和水文等地质条件,采用钻探探测煤层厚度、瓦斯、顶底板岩性等地质条件,并对物探探测结果进行验证。钻探探测在揭煤工作面掘进至距煤层最小法向 10 m(地质构造复杂、岩石破碎区域应适当增加距离)前,至少施工 2 个穿透煤层全厚且进入顶(底)板不小于 0.5 m 的取芯钻孔。掘进过程中在掘进至煤层最小法向距离 7 m、5 m、2 m 时施工探孔查明地质条件,进行边探边掘。水文探孔的数量、布置方式及观测内容满足《煤矿防治水细则》要求。取芯钻孔进行宏观煤岩类型描述,包括厚度、煤岩成分及其含量、颜色、条痕色、光泽、裂隙、断口、结构、构造、结核、包裹体、夹矸、顶板、底板等。利用钻孔进行煤层瓦斯压力测试,采集煤层样品进行煤层瓦斯含量、煤层瓦斯放散初速度、煤的坚固性系数、煤的孔隙率、煤的破坏类型等测试和观测,必要时进行岩石样品采集测试岩石物理力学性质。依据探测结果结合现有地质资料详细分析煤层赋存情况、地质构造和水文地质条件等对揭煤的影响，评价煤层突出危险性，进行预测预报，提出防范措施和建议，将相应的地质信息上到采掘工程图件上，并对现有地质资料进行补充和完善，妥善保存。具有突出危险性的煤层揭煤工作严格按照《防治煤与瓦斯突出细则》执行，收集资料详细分析突出与各种地质因素的关系。在未查清之前不得组织施工，必须在煤矿建设单位组织审查通过后才能施工。

第三十条 基建矿井、露天煤矿移交生产前，必须编制建井(矿)地质报告，并由煤矿企业技术负责人组织审定。

【释义】 本条是关于基建矿井移交生产前编制建井地质报告的规定。

建井地质报告是基建矿井资料移交必备的报告之一，建井地质报告是煤矿建设阶段一切地质资料的总结，是对煤矿地质的再认识，是煤矿生产阶段地质工作的重要地质依据。建井地质报告在地质勘探报告、井筒检查孔地质报告、煤矿瓦斯地质图、揭露的地质资料基础上按照《煤矿地质工作规定》的要求进行编写。

煤矿(建矿、生产)地质报告编写提纲

1 绪论

1.1 目的、任务及要求，报告编写依据

1.2 煤矿位置、自然地理、与四邻关系

1.3 煤矿及周边老窑、老空区分布及相邻煤矿生产情况

1.4 煤矿(建设、生产)概况

2 以往地质工作及质量评述

2.1 煤田勘查及补充地质勘探工作

2.2 煤矿采掘揭露及井下地质探测工作

2.3 煤矿地质工作质量评述

3 地层构造

3.1 地层(矿区地层、煤矿地层)

3.2 含煤地层(地质年代、厚度、岩性、可采煤层数、煤层总厚度及煤系变化等)

3.3 构造(区内主要断层、褶曲的分布特征、控制程度及对煤岩层的破坏程度。中小构造发育特征，对煤层开采的影响。岩浆岩体分布、产状及对煤质的影响)

3.4 地质构造复杂程度评价

4 煤层、煤质及其他有益矿产

4.1 煤层(含煤性、可采煤层特征和煤层对比等)

4.2 煤岩、煤质(煤岩特征，煤质特征，煤种及变化特征，煤中有害元素及其变化规律，煤的风氧化带)

4.3 煤的用途

4.4 其他有益矿产

4.5 煤层稳定程度评价

5 瓦斯地质

5.1　煤层瓦斯参数和矿井瓦斯等级

5.2　矿井瓦斯赋存规律

5.3　矿井瓦斯涌出量预测

5.4　煤与瓦斯区域突出危险性预测

5.5　矿井瓦斯类型评价

6　水文地质

6.1　水文地质概况(区域及井田水文地质、含水层和隔水层特征)

6.2　充水条件及充水因素

6.3　涌水量构成及预测

6.4　煤矿水害及防治措施,主要突水点位置、突水量及处理措施

6.5　煤矿水文地质类型评价

7　工程地质及其他开采地质条件

7.1　岩层物理力学性质、坚硬程度、软弱层的发育程度及分布规律,岩层含水性及其对边坡稳定性的影响

7.2　煤层顶底板

7.3　地层产状要素

7.4　其他开采地质条件(陷落柱、冲击地压、地热和天窗等)

7.5　工程地质及其他开采地质条件评价

8　资源/储量估算

8.1　煤炭资源/储量估算(估算范围及指标、资源/储量类型划分、估算方法及参数确定和估算结果)

8.2　瓦斯(煤层气)资源/储量估算(估算范围、资源/储量类型划分、估算方法及参数确定和估算结果)

9　煤矿地质类型

9.1　煤矿地质类型划分要素综述

9.2　煤矿地质类型综合评定

10　探采对比

10.1　地质因素探采对比(构造、煤层、瓦斯、水文地质等)

10.2　资源/储量探采对比

10.3　地质勘探类型探采对比

10.4　原勘探工程合理性评述

11　结论及建议

11.1　主要认识

11.2　主要问题

11.3　建议

12　附图

12.1　煤矿地形(基岩)地质图

12.2　煤矿地层综合柱状图

12.3　补充勘探钻孔柱状图

12.4 可采煤层底板等高线和资源/储量估算图(急倾斜煤层加绘立面投影图)
12.5 煤矿地质剖面图
12.6 矿井瓦斯地质图
12.7 煤矿综合水文地质图
12.8 矿井充水性图
12.9 井上、下对照图
12.10 采掘(剥)工程平面图
12.11 主要井巷地质素描图
12.12 工程地质平面图(露天煤矿)
12.13 工程地质断面图(露天煤矿)
12.14 其他必要图件

13 附表

13.1 勘探钻孔成果表
13.2 煤炭资源/储量估算基础表和汇总表
13.3 煤岩、煤质测试成果表
13.4 瓦斯参数测定成果表
13.5 水质分析成果表
13.6 其他有关成果表

第三十一条 掘进和回采前,应当编制地质说明书,掌握地质构造、岩浆岩体、陷落柱、煤层及其顶底板岩性、煤(岩)与瓦斯(二氧化碳)突出(以下简称突出)危险区、受水威胁区、技术边界、采空区、地质钻孔等情况。

【释义】 本条是关于掘进和回采前编制地质说明书的规定。

掘进工作面地质说明书是指导正确划分采面,指导区段平巷、开切眼等巷道设计与编制掘进施工作业规程的依据。掘进工作面地质说明书是在采区地质说明书的基础上,充分利用本采区内开拓、掘进工程所揭露出来的地质现象以及邻区的地质资料,按照《煤矿地质工作规定》的要求编制,必须由矿井总工程师审批。掘进说明书应结合煤矿实际,全面反映掘进区内主要地质因素特征及其对掘进工作面安全推进的影响,重点阐述构造、煤层变化、瓦斯、水害、顶底板和采空区对掘进工程的影响,针对存在的地质问题提出建议。

掘进工作面地质说明书编写提纲

一、正文

1. 工作面位置、范围及与四邻和地面的关系;
2. 区内地层产状和地质构造特征及其对本工作面的影响,断层落差,掘进找煤方向及褶皱的位置和形态;
3. 邻近工作面煤层厚度、煤层结构、煤体结构及其变化等;
4. 煤层顶底板岩性、厚度、物理力学性质;
5. 工作面瓦斯地质特征;

6. 主要含水层和主要导水构造与工作面的关系，工作面周边老空区范围，预测正常涌水量、最大涌水量和工作面突水危险性，防隔水煤(岩)柱、探放水措施建议等；

7. 岩浆岩体、陷落柱等对工作面掘进造成的影响；

8. 地热、地应力和煤自燃危险程度等；

9. 针对存在的地质问题的建议。

二、附图

1. 井上下对照图；

2. 工作面煤层底板等高线图；

3. 工作面预想地质剖面图或局部地质构造剖面图；

4. 地层综合柱状图。

回采工作面形成后，回采面四周巷道为实现回采面小范围地质精细勘查提供了条件和可能，利用回采面周边巷道开展物探、钻探及其他地质测试分析等补充地质工作，查明工作面内部隐伏断层、陷落柱、褶皱等地质构造情况，为工作面安全高效回采提供地质保障。回采工作面地质说明书是为编制该工作面回采作业规程和回采作业生产管理提供地质资料。回采工作面地质说明书是在采区说明书和掘进工作面说明书的基础上，根据工作面掘进揭露或探测获得的地质资料，结合邻近采区和上覆煤层开采揭露的地质资料，按照《煤矿地质工作规定》的要求编制。回采工作面地质说明书应在补充地质工作结束后10天内提出，经矿井总工程师审批后使用。

回采工作面地质说明书编写提纲

一、正文

1. 工作面位置、范围、面积以及与四邻和地表的关系；

2. 工作面实见地质构造的概况，实见或预测落差大于三分之二采高断层向工作面内部发展变化；

3. 实见点煤层厚度、煤层结构和煤体结构情况，及其向工作面内部变化的规律；

4. 实见点煤层顶板岩性、厚度，裂隙发育情况；

5. 预测岩浆岩体、冲刷带、陷落柱等的位置及其对正常回采的影响；

6. 预测工作面瓦斯涌出量；

7. 预测工作面正常涌水量和最大涌水量；

8. 工作面煤炭资源/储量；

9. 地热、冲击地压和煤自燃危险程度等；

10. 针对存在的地质问题应注意的事项及建议。

二、附图

1. 井上下对照图；

2. 工作面煤层底板等高线及资源/储量估算图；

3. 煤层厚度等值线图；

4. 主要地质预想剖面图；

5. 煤层顶底板综合柱状图；

6. 其他相关图件。

第三十二条　煤矿必须结合实际情况开展隐蔽致灾地质因素普查或探测工作，并提出报告，由矿总工程师组织审定。

井工开采形成的老空区威胁露天煤矿安全时，煤矿应当制定安全措施。

【释义】　本条是关于煤矿开展隐蔽致灾地质因素普查或探测工作的规定。

煤矿从基本建设到生产及闭坑各个阶段开展隐蔽致灾因素普查，查明影响煤矿安全开采的老空区、断层、陷落柱、瓦斯、各种水体等，做好相应的预测预报工作，对持续提升全国煤矿安全生产水平有现实意义。煤矿隐蔽致灾地质因素主要包括：采空区、废弃老窑(井筒)、封闭不良钻孔，断层、裂隙、褶曲，陷落柱，瓦斯富集区，导水裂缝带，地下含水体，井下火区，古河床冲刷带、天窗等不良地质体。

我国煤矿地质条件复杂，煤矿隐蔽致灾地质因素差异大，每个煤矿应结合实际情况，采取有针对性的措施开展隐蔽致灾因素普查，并提出普查报告。煤矿隐蔽致灾因素多，普查工作复杂、难度大，且普查结果直接关系到煤矿采掘设计和安全生产，因此，要求由煤矿企业总工程师负责组织审定普查报告，以便后期煤矿生产设计和相关安全措施的制定。

第三十三条　生产矿井应当每 5 年修编矿井地质报告。地质条件变化影响地质类型划分时，应当在 1 年内重新进行地质类型划分。

【释义】　本条是关于矿井地质报告修编周期和矿井地质类型划分周期的规定。

对煤矿地质的认识是一个逐步积累、不断深入的过程，随着开拓生产向新区域的推进、煤矿建设生产的调整、技术装备的改进和完善，新的地质信息和地质现象不断涌现，地质认识不断丰富。煤矿地质类型通过一段时间对煤矿地质工作的指导运行，需要分析是否符合煤矿的地质实际，是否适用于煤矿新揭露区域的地质情况，需要总结提升。因此，要求生产矿井每 5 年修编矿井地质报告，分析总结 5 年内煤矿新取得的各种地质信息、发生的各类地质问题和地质工作的开展情况。当煤矿发生影响地质类型划分的突水和煤与瓦斯突出等重大地质条件变化时，煤矿地质类型应当在 1 年内及时重新确定，以保证煤矿地质类型与煤矿生产实际的一致性。

井工煤矿应根据地质构造复杂程度、煤层稳定程度、瓦斯类型、水文地质类型和其他开采地质条件进行类型划分。井工煤矿地质类型分为简单、中等、复杂和极复杂。露天煤矿应根据地质构造复杂程度、煤层稳定程度、工程地质条件和水文地质条件进行类型划分。露天煤矿地质类型分为简单、中等和复杂 3 种类型。

第三编 井工煤矿

第一章 矿井建设

第一节 一般规定

第三十四条 煤矿建设单位和参与建设的勘察、设计、施工、监理等单位必须具有与工程项目规模相适应的能力。国家实行资质管理的,应具备相应的资质,不得超资质承揽项目。

【释义】 本条是关于煤矿建设单位和参与建设的勘察、设计、施工、监理等单位资质能力的规定。

煤矿建设单位和参与建设的勘察、设计、施工、监理等单位只有具备与工程项目规模相适应的能力,才能确保建设项目顺利完成。煤矿建设单位不得超越本单位管理能力承接建设项目;勘察、设计、施工、监理等单位不得超越本单位资质等级或以其他单位的名义承揽工程,或允许其他单位或个人以本单位的名义承揽工程。不允许勘察、设计、施工、监理等单位将承揽的工程转包给无相应资质的企业,特殊情况下可以进行专业分包。

第三十五条 有突出危险煤层的新建矿井必须先抽后建。矿井建设开工前,应当对首采区突出煤层进行地面钻井预抽瓦斯,且预抽率应当达到30%以上。

【执行说明】 对新建矿井设计的首采区内的开采煤层,在建井前评估为有突出危险的,必须采用地面钻井等预抽煤层瓦斯的防突措施。

计算煤层的预抽率时,应当根据预抽瓦斯量作为评价预抽效果的指标。当预抽率达到30%以上时,即达到预抽效果,可以开始建井工程的施工。但在首采区内该开采煤层实施采掘作业前,仍要实施区域综合防突措施。

矿井建设开工前,是指矿井建设项目的一期井巷工程施工前。

【释义】 本条是关于建井期间建立瓦斯抽采系统的规定。瓦斯作为资源需要建立从抽采到利用的生产系统。抽采煤层瓦斯是矿井瓦斯治理的治本措施,能减少矿井运行期间通风稀释瓦斯的负担,并弥补其不足。建井期间,抽采瓦斯是突出矿井揭煤施工最有效和可靠的防治突出措施。建设单位应按设计及早建立永久瓦斯抽采系统。突出矿井在井筒揭煤时,可采取移动瓦斯抽采泵抽采瓦斯。煤巷掘进前或者岩巷揭露突出危险煤层,需要利用地面抽采系统对相应位置煤层瓦斯进行抽采,且预抽率应当达到30%以上。

地面钻孔抽采瓦斯,所有设备和工作均在地面进行,可以利用定向钻进技术超前巷道施工进行抽采，既改善了井下安全状况，又改善了职工作业环境，减少了职业伤害，掘进与瓦斯抽采既不相互制约，又不干扰施工作业，有利于矿井建设顺利实施。地面提前对开采煤层瓦斯进行抽采，对维护后期的开、抽、掘、采的平衡有利。由此可见，地面钻井预抽瓦斯，是煤与瓦斯资源共采的绿色开采技术。

第三十六条　建设单位必须落实安全生产管理主体责任，履行安全生产与职业病危害防治管理职责。

【释义】　本条是关于建设单位落实安全生产管理主体责任的规定。

建设单位法定代表人（实际控制人或主要负责人）对建设项目安全全面负责，是建设项目安全管理的第一责任人。建设单位必须落实安全生产管理主体责任，履行安全生产与职业病危害防治管理职责，必须对煤矿建设项目进行统一协调管理。

第三十七条　煤矿建设、施工单位必须设置项目管理机构，配备满足工程需要的安全人员、技术人员和特种作业人员。

【释义】　本条是关于项目管理机构设置和作业人员配备的规定。

依据《安全生产法》的规定，煤矿建设、施工单位，必须设置健全的项目管理机构，配齐相关人员，人员需按照要求具备相关执业资格。煤矿建设、施工单位，必须独立设置安全生产管理机构，配备能够满足安全生产需要的专职安全生产管理人员；配备必要的检测设备、仪器、仪表，完善监督检查技术手段。安全生产管理机构的主要职责是：贯彻落实党和国家有关安全生产法律、法规和行业强制性标准，编制安全生产管理制度和考核奖惩办法，监督检查安全生产制度、措施落实，组织安全生产检查，排查治理事故隐患，以及日常安全管理工作等。

煤矿建设施工项目部负责现场全方位安全生产管理，是现场安全管理的责任主体。为加强现场生产技术管理，强化现场技术管理机构的安全职能，必须按规定配备矿建、机电、通风、地测等相关工程技术人员，建立坚实的安全技术保障体系。特种作业人员是施工生产要害岗位的操作者，也是最容易导致发生事故的直接责任人，因此，必须按规定配足满足安全生产需要、经过培训、考核合格并持有安全资格证和特种作业许可证的人员。

第三十八条　单项工程、单位工程开工前，必须编制施工组织设计和作业规程，并组织相关人员学习。

【释义】　本条是关于单项工程、单位工程开工前编制施工组织设计和作业规程的规定。

单项工程是指在一个建设工程项目中，具有独立的设计文件，竣工后可以独立发挥生产能力或效益的一组配套齐全的工程项目，如矿井建设中的井巷工程等。单位工程是具有独立的设计文件，具备独立的施工条件并能形成独立的使用功能，但竣工后不能独立发挥生产能力或工程效益的工程。单位工程是单项工程的组成部分，如井筒冻结、地面预注浆、立井井筒掘进、开拓巷道施工等井巷工程的单位工程。

施工组织设计和作业规程是施工单位为完成某项单项工程或单位工程，根据对应的工程设计规范和政府指导性文件，结合工程的具体特点而编制的重要技术文件。它是进行工程施工和管理的依据。施工组织设计和作业规程的学习和培训，是相关人员在单项工程、单位工程开工前必须进行的工作,也是预防工程中误指挥和误操作的重要保障措施之一,要求相关人员对工程有一个全面、整体的了解,明确各自的职责,按施工组织设计和作业规程进行作业。

第三十九条 矿井建设期间必须按规定填绘反映实际情况的井巷工程进度交换图、井巷工程地质实测素描图及通风、供电、运输、通信、监测、管路等系统图。

【释义】 本条是关于矿井建设期间必须及时填绘图纸的规定。

井巷工程进度交换图主要填绘井巷掘进进度、地质与水文地质条件及其变化情况、施工方案的重大变化,以及安全、质量事故记录。当因地质或其他原因造成实际掘进巷道与设计图纸有出入时,要加注变化的原因和情况,并与建设方和有关设计单位沟通,确定是否对煤矿生产产生不利影响。

井巷工程地质实测素描图是用于把井巷掘进过程中,通过井筒、煤巷、岩巷等掘进活动实际揭露的地质现象及实测结果直观反映出来的图件。井巷工程地质实测素描图通常主要有立井地质素描图,石门、斜井、岩石上(下)山地质素描图,岩巷地质素描图,主要煤层巷道地质素描图等。

煤矿建设期间及时、准确地填绘反映矿井施工实际情况的图纸,便于建设、施工单位管理人员、工程技术人员和施工人员掌握矿井自然条件变化和工程进展情况,有利于安全施工。煤矿建设期间一旦发生事故,准确无误的施工填图,是事故应急救援、抢险救灾必不可少的工具和依据。为保证填图及时、准确、无误,必须建立制图、填图、审图和检查考核规章制度,加强对测量、填图人员的培训,提高他们的安全意识和填图技能。

第四十条 矿井建设期间的安全出口应当符合下列要求:

(一)开凿或者延深立井时,井筒内必须设有在提升设备发生故障时专供人员出井的安全设施和出口;井筒到底后,应当先短路贯通,形成至少2个通达地面的安全出口。

(二)相邻的两条斜井或者平硐施工时,应当及时按设计要求贯通联络巷。

【释义】 本条是关于矿井建设期间的安全出口应遵守的规定。

开凿或延深立井时,在发生无计划停电、提升设备故障或其他紧急情况下,井下作业人员可通过专门设置的安全梯或应急专用提升系统撤至地面。考虑到立井凿井时井内空间小,安全梯直接悬吊在吊盘以下工作面附近,不利于抓岩机、伞钻等大型设备安全运转,所以允许安全梯由工作面到吊盘、吊盘到地面分段设置。工作面到吊盘一般设置钢丝绳制作的软梯,生根在下层吊盘的立柱上,正常情况下卷好放置在下层吊盘上,其上不应堆积人员不能搬动的物品,需要时由吊盘下放至工作面;吊盘至地面的安全梯由配有应急电源的安全梯专用绞车悬吊,正常情况下悬停在上层吊盘上方便于人员搭乘的位置。

井筒到底后,先将最近的两井筒短路贯通,形成至少2个通达地面的安全出口;单井筒需要长距离掘进巷道时,有条件时可以在巷道掘进一定长度后,采用反井钻机钻出小直径逃逸孔,或者保留井筒内的安全梯,发生事故时为作业人员形成安全逃逸通道;相邻的两条斜井或平硐施工时,应及时按设计要求采用联络巷贯通。因为及时的短路贯通,形成到达地面的安全出口,不但可以形成更好的通风系统,而且也为提高井下掘进效率创造了条件。

第二节 井巷掘进与支护

第四十一条 开凿平硐、斜井和立井时,井口与坚硬岩层之间的井巷必须砌碹或者用混凝土砌(浇)筑,并向坚硬岩层内至少延深5 m。

在山坡下开凿斜井和平硐时,井口顶、侧必须构筑挡墙和防洪水沟。

【释义】 本条是关于井口必须砌碹或用混凝土砌(浇)筑及构筑挡墙和防洪水沟的规定。

井口是工作人员进出矿井的咽喉要道。井筒至坚硬岩层的井巷承受的应力有:上覆建筑物(包括井架、井塔等)的垂向应力、井口附近表土层的侧向应力、井壁砌筑过程中所产生的垂向附加应力以及由于侧压不均所产生的拉应力等。上述应力加上考虑地震灾害的影响,要求该段井壁必须砌碹或用混凝土砌(浇)筑,以改善土体或松散破碎岩体的岩性,使其变得更加坚硬和稳固,并能起到防火的作用。

对于冲积层较浅不采用特殊凿井法施工地层,向坚硬岩层内深入至少5 m的原因:可以视为该段井筒固结在坚硬岩层中,形成共同抵抗外力的整体;消除由于岩层层位倾角因素影响固结效果;堵塞松散含水层与坚硬岩层之间突水的可能性,筑成坚固的突水淹井的防线。

对于斜井开拓和平硐开拓矿井,井口顶、侧存在洪水灌入矿井的危险,修建挡墙和防洪水沟防地面洪水或地面含水层水通过土体或破碎岩石进入矿井,提高对松散含水层突水淹井的防范能力。

第四十二条 立井锁口施工时,应当遵守下列规定:

(一)采用冻结法施工井筒时,应当在井筒具备试挖条件后施工。

(二)风硐口、安全出口与井筒连接处应当整体浇筑,并采取安全防护措施。

(三)拆除临时锁口进行永久锁口施工前,在永久锁口下方应当设置保护盘,并满足通风、防坠和承载要求。

【释义】 本条是关于立井锁口施工时应遵守的规定。

(1)冻结壁厚度是按冻结地层最大压力计算的,最大地压一般在冻结壁下部,上部地压小,要求冻结壁薄,达到冻结壁厚度时开挖,下部冻土多,一般要求上部冻结壁厚度与强度足以抵抗该处地压时即可进行井筒开挖,但为安全起见,井筒开挖前要进行试挖。

试挖条件与时间:

① 水文孔内水位有规律地上升并冒水(7天以上)。

② 测温孔内温度降至设计要求,证实各含水层的冻结壁已全部交圈。

③ 按冻土扩展速度推算,井筒掘砌过程中,每一岩层的冻结壁厚度和强度均能符合设计要求。

满足以上3条,并经专门会议分析,即可进行井筒试挖。

(2)风硐口、安全出口与井筒连接处工程环境复杂、施工环节多且通道畅通的保障性极其重要,一旦出现围岩变形与破坏,不但威胁井下人员生命安全,而且制约矿井经济效益。因此,风硐口、安全出口与井筒连接处应整体浇筑,并采取安全和防冻防护措施。

(3) 锁口是指立井(风井、斜井、斜坡道)等开口处的加固措施。大多数开口段都是冲积层、回填土或者不稳定岩石地层,为了保证井筒整体的稳固性,开口段必须加固(锁口)。永久锁口下方的保护盘是在立井井口设置的环形结构物,因为呈盘状和用于锁定井筒而得名。其垂直向截面为“┓ ┏”形,通常用于加强井口及防止雨水流入立井。拆除临时锁口进行永久锁口施工前,应在永久锁口下方设置保护盘,并满足通风、防坠和承载要求。

第四十三条 立井永久或者临时支护到井筒工作面的距离及防止片帮的措施必须根据岩性、水文地质条件和施工工艺在作业规程中明确。

【释义】 本条是关于空帮距离及防止片帮措施的规定。

立井井筒施工时,最上面是永久支护段,接着是临时支护段,一些采用短段掘砌综合凿井方法的井筒,条件好基本不设临时支护段,临时支护段到井底工作面之间或永久支护到工作面之间是空帮段。空帮段的围岩是不加任何支护的裸露围岩,与空气、水接触而风化剥落,或受爆破震动而破碎,容易发生片帮伤人事故。临时支护段受地压风化与爆破震动的影响,当临时支护质量不好或距离过长时都会发生片帮事故。因此,立井永久或临时支护到井筒工作面的距离及防止片帮的措施应根据岩性、水文地质条件和施工工艺综合考虑制定,特别是当井壁出水时还应采取堵水和导水措施。采用短段掘砌综合凿井方法,空帮量不大于掘进段高。

第四十四条 立井井筒穿过冲积层、松软岩层或者煤层时,必须有专门措施。采用井圈或者其他临时支护时,临时支护必须安全可靠、紧靠工作面,并及时进行永久支护。建立永久支护前,每班应当派专人观测地面沉降和井帮变化情况;发现危险预兆时,必须立即停止作业,撤出人员,进行处理。

【释义】 本条是关于当立井井筒穿过冲积层、松软岩层或煤层时,必须制定专项措施的规定。

冲积层含水、风化破碎强度低,松软岩层强度低,煤层可能赋存瓦斯等情况,施工难度较大,安全性较差,必须根据岩层赋存情况、岩石性质、水文地质条件等,结合所选用的施工方法和施工工艺,编制专门措施,才能确保安全穿过。

立井井筒穿过冲积层、松软岩层或煤层时,极易发生片帮事故。采用井圈或其他临时支护时,临时支护要紧靠工作面,不留空帮,并及时进行永久支护,以减少围岩暴露时间和距离,防止片帮事故的发生。采取上述措施后还应派专人加强观测,发现危险预兆时,必须立即停止工作,撤出人员,妥善处理,以确保安全。

冲积层深度较大或含水地层丰富,应尽量采用冻结或地面注浆等特殊凿井方法,能够保证施工安全,施工工期确定,施工质量可靠。

第四十五条 采用冻结法开凿立井井筒时,应当遵守下列规定:

（一）冻结深度应当穿过风化带延深至稳定的基岩 10 m 以上。基岩段涌水较大时，应当加深冻结深度。

（二）第一个冻结孔应当全孔取芯，以验证井筒检查孔资料的可靠性。

（三）钻进冻结孔时，必须测定钻孔的方向和偏斜度，测斜的最大间隔不得超过 30 m，并绘制冻结孔实际偏斜平面位置图。偏斜度超过规定时，必须及时纠正。因钻孔偏斜影响冻结效果时，必须补孔。

（四）水文观测孔应当打在井筒内，不得偏离井筒的净断面，其深度不得超过冻结段深度。

（五）冻结管应当采用无缝钢管，并采用焊接或者螺纹连接。冻结管下入钻孔后应当进行试压，发现异常时，必须及时处理。

（六）开始冻结后，必须经常观察水文观测孔的水位变化。只有在水文观测孔冒水 7 天且水量正常，或者提前冒水的水文观测孔水压曲线出现明显拐点且稳定上升 7 天，确定冻结壁已交圈后，才可以进行试挖。在冻结和开凿过程中，要定期检查盐水温度和流量、井帮温度和位移，以及井帮和工作面盐水渗漏等情况。检查应当有详细记录，发现异常，必须及时处理。

（七）开凿冻结段采用爆破作业时，必须使用抗冻炸药，并制定专项措施。爆破技术参数应当在作业规程中明确。

（八）掘进施工过程中，必须有防止冻结壁变形和片帮、断管等的安全措施。

（九）生根壁座应当设在含水较少的稳定坚硬岩层中。

（十）冻结深度小于 300 m 时，在永久井壁施工全部完成后方可停止冻结；冻结深度大于 300 m 时，停止冻结的时间由建设、冻结、掘砌和监理单位根据冻结温度场观测资料共同研究确定。

（十一）冻结井筒的井壁结构应当采用双层或者复合井壁，井筒冻结段施工结束后应当及时进行壁间充填注浆。注浆时壁间夹层混凝土温度应当不低于 4 ℃，且冻结壁仍处于封闭状态，并能承受外部水静压力。

（十二）在冲积层段井壁不应预留或者后凿梁窝。

（十三）当冻结孔穿过布有井下巷道和硐室的岩层时，应当采用缓凝浆液充填冻结孔壁与冻结管之间的环形空间。

（十四）冻结施工结束后，必须及时用水泥砂浆或者混凝土将冻结孔全孔充满填实。

【释义】 本条是关于采用冻结法开凿立井井筒的规定。

冻结凿井法是采用人工制冷技术暂时改变井筒周围地层水的物理状态，通过降低地层温度使水发生相变形成冻结体，提高井筒周围不稳定地层强度，防止地压、水压作用下的井帮坍塌，并在井筒开挖时隔绝地层水涌入的井筒凿井的施工方法。

该方法的施工顺序：根据设计和计算，在井筒周围钻进若干不同深度和直径的冻结孔，孔内安装由供液管、回液管和底端封闭的冻结管组成的冻结器；地面冷冻站将制出的低温媒剂循环输送到冻结器内，循环吸收地层的热量，使含水层形成以冻结管为中心的冻（土）圆柱，逐渐扩大与相邻的冻结圆柱连成封闭（交圈）的冻土帷幕（也称为冻结壁）。冻结壁厚度达到设计厚度后,即可进行井筒掘砌作业,直到完成冻结内壁浇筑,穿过不稳定地层为止。从开机冻结开始到冻结壁达到设计厚度的时间,称为积极冻结期。掘砌时期须部分供冷,维护冻结壁厚度,称为维护冻结期或消极冻结期。掘砌工作完成后,拆除冷冻站,拔出冻结管,充填冻结孔,冻结壁自然解冻,恢复地层初始状态。

(1) 冻结深度应穿过风化带延深至稳定的基岩 10 m 以上。冻结深度是否合理,直接关系到冻结凿井法的成败。冻结深度必须穿过风化带进入稳定的基岩中,只有这样才能隔绝上部流砂层或基岩含水层。如果冻结深度不够,当井筒掘进接近冻结段底部时,透水岩层就会向井筒内大量涌水,造成淹井事故。为什么要进入 10 m,则是在总结我国冻结凿井法实践的基础上,借鉴国外经验,经理论分析得出的既能保证安全凿井,在经济上又较合适的一个经验值。当基岩段涌水较大时,则应加深冻结深度或采用地面预注浆方法堵水。

(2) 钻进的第一个冻结孔应全孔取芯作为地质验证孔。应选取合理的位置,作为第一个冻结孔进行钻进。将地质勘探的井筒检查孔资料,与第一个冻结孔实际揭露地层情况进行比较,如果发现存在较大差异影响冻结效果和安全时,应对冻结设计进行修改。

(3) 冻结钻孔的施工质量直接影响冻结壁形成、冻结壁强度和施工安全。冻结孔钻进时,必须测定钻孔轨迹,通过测量方位、顶角和深度精确值,以确定钻头位置,计算出钻孔偏斜量、偏斜率,以及相邻两个钻孔的相对位置关系。冻结壁是用来抵抗地压、水压,隔绝地下水和掘进井筒断面的联系,作为保护掘砌工作安全进行地层改性的一种特殊结构,它决定井筒施工过程中的安全与凿井的成败,因此必须要有足够的厚度、强度和有效的深度。冻结壁能否形成以及形成后的强度与厚度如何,取决于冻结孔的质量,因此如果冻结孔偏斜过大,或相邻两个钻孔相对偏距过大,冻结壁交圈时间增加、强度降低,有时甚至难以交圈,给冻结井施工带来严重的安全隐患。为了保证冻结凿井法顺利、安全实施,必须按照要求钻进一定深度后,严格测定冻结钻孔轨迹。

钻孔偏斜大,将延长冻结时间,削弱冻结壁强度,甚至导致冻结交圈困难。对于深井井筒冻结,目前,控制冻结孔偏斜大小采用两个指标同时控制冻结孔偏斜,用终孔间距不得超过 3 m 来控制更为严格合理。根据冻结要求和国内打钻水平,终孔间距可按冲积层厚度选取(表 3-1-1)。钻孔随钻测量和纠偏技术的发展,可以直接控制钻孔轨迹,钻孔精度更容易得到保证,需要加快推广应用。

表 3-1-1　按冲积层厚度选取终孔间距　　m

冲积层厚度	<100	100～200	200～300	>300
终孔间距	1.8～2.0	2.0～2.3	2.3～2.6	2.6～2.8

注:1. 冻结孔按间隔顺序钻进,中间孔采用定向钻进。
2. 终孔间距大于设计值时应补打钻孔。

测定冻结孔的方向和偏斜度是绘制冻结壁形成图和编制冻结井筒掘砌施工作业规程的依据。冻结孔测量数据要准确,测点的深度、顶角、方位角是确定钻孔轴心线在地层内空间坐标的重要参数。测斜工作要及时,严防盲目追求进尺而拖延测量时间,造成钻孔偏斜过大难以纠偏。测量间距要合理,测量间距越小,反映结果越真实,但将严重影响冻结钻孔施工速度。不提钻时测距一般为 10～20 m，提钻时测距为 20～40 m。若测量数据不准确，就不能反映钻孔在地层内的真实位置，给冻结孔钻进造成假象，使冻结工程遭受损失和造成凿井事故。在施工中常用扫孔纠偏法、护孔纠偏法、铲扩孔纠偏法、移孔法和戴纳钻具纠偏法，以保证冻结孔质量。因钻孔偏斜影响冻结效果时，必须补孔。

(4) 水文观测孔是判断冻结壁是否交圈的重要依据。立井冻结时水文观测孔应布置在井筒开挖断面内，避开井心和吊桶所在位置，且终孔不得偏离井筒掘进断面，深度不得超过冻结段，宜采用可实现分层报道冻结壁交圈情况的水位观测管，用于报道多个层位的水位变化情况。

(5) 冻结管质量好坏，关系到冻结工程的成败，因此要选用好的材质，结构要合理，以确保施工质量。冻结管应采用焊接或螺纹连接，冻结管下入钻孔后应进行试漏，发现异常时，必须及时处理。冻结管下入钻孔后应进行试压，若发现不符合要求时，应拔出已下入孔内冻结管，按要求重下，直至合格，当无法拔出时应补打钻孔，对报废的冻结孔采取封堵措施并向建设单位提交详细的钻进、下管、封堵资料。

试压的方法是冻结管下到冻结孔底之后，立即注入清水，用水压机进行动压试漏，向孔内打压至设计压力，经 15 min 压力下降不超过 0.5×10^5 Pa，再延续 15 min，压力保持不变者为合格。

试漏设计压力：

$$p=1.5p_1\frac{\nu-1}{10}H \tag{3-1-1}$$

式中　p——动压试漏设计压力，10^5 Pa；

p_1——盐水泵的工作压力，10^5 Pa；

ν——盐水相对密度，kg/L；

H——冻结管深度，m。

(6) 开始冻结后，必须经常观察水文观测孔的水位变化。水文孔冒水 7 天、水量正常，确认冻结壁已交圈后，方可进行试挖。冻结壁设计厚度是按冻结地层的最大地压计算的，最大地压值一般在冻结段下部，而上部的地压较小，要求冻结壁厚度也相应小些。若等到冻结壁厚度达到设计厚度时才进行开挖，则随着冻结的继续，冻结壁不断增厚，当挖到最大地压处时，冻土将扩展到荒径以内，甚至使井筒冻实，这将给掘进工作带来困难，并提高掘进成本。如果井筒冻结壁还没有交圈就进行开挖，则冻结壁厚度或强度尚不足以抵抗该处地压，就可能发生透水涌砂事故，被迫灌水重新冻结，既延长了工期、增加了成本，又危及安全。所以，过迟和过早进行井筒开挖都不合适，必须要在水文孔冒水 7 天，水量正常，确认冻结壁已交圈后，方可进行试挖。

(7) 在冻结段进行爆破作业时，由于环境温度较低，非抗冻炸药会发生冻结或结构变化，引起炸药性能变化，炸药爆炸后会生成一氧化碳，一氧化碳会对人体造成伤害，因此开凿冻结段采用爆破作业时，必须采用抗冻炸药。

(8) 冻结壁是用于抵抗地压，隔绝地下水和井筒的联系，并起临时支护作用的一种特殊结构。冻结法施工井筒在开挖前，由于冻结壁内外受力处于平衡状态，不会产生变形，但当井筒开挖后，冻结壁内的受力被解除，而冻结壁外仍承受地压作用，必然使冻结壁向井筒内产生变形和位移(冻结壁的变形和位移与冻土土层性质、冻结壁厚度和强度、掘进段高有关；

在其他条件相同的情况下,砂砾、砂和砂性土比黏性土的变形和位移量小;冻结壁厚度和强度增大,冻结壁的变形和位移量变小;掘进段高增大,冻结壁的变形和位移量增大)。当冻结壁的位移量过大时,冻结壁就有可能出现片帮掉碴甚至冻结管断裂,造成掉石伤人、冻结壁开窗及缺失等事故,井筒施工难以进行。为了避免此类事故的发生,确保井筒施工能正常进行,必须预先制定防止冻结壁变形、片帮、断管的安全措施。

防止冻结壁变形、片帮、断管的安全措施主要有:① 保证冻结孔钻孔精度;② 加强冻结,增大冻结壁厚度,提高冻结壁强度;③ 严格控制掘进段高,掘进段高一般不超过 2.4 m;④ 加快冻结井掘进速度,缩短冻结壁暴露时间。

(9) 由于解冻后的冻融土对永久井壁施加较大的地压,因此,生根壁座应设在含水较少的稳定坚硬基岩中。当找不到理想基岩层时,应适当加大壁座高度。

(10) 在完成永久井壁之前,掘砌施工是在冻土帷幕的保护下进行的。当停止冻结后,冻土解冻,地压和水压就作用在永久井壁上。若在永久井壁建成之前停止冻结,就可能发生井壁透水淹井事故。当采取井筒全深冻结、下冻结管前又未进行封水处理时,停止时间应综合考虑井底硐室、巷道掘进防水因素。

(11) 冻结管废弃之前,无论冻结管能否拔出,都必须用水泥砂浆或混凝土全部充满填实,目的是将管内外的空间充填密实,防止上下含水层水串通。若不充填密实,冻结壁解冻后冲积层与基岩的水就可能串通,从而增大下部岩层的水压和水量,可能增大掘进难度和井壁漏水,而井壁漏水可能造成砂土流失,破坏冲积层的稳定性,造成地层不均匀下沉和围岩移动,对井壁产生不均匀地压,影响井架基础和井口建筑物的稳定性。因此,为了消除事故隐患,必须认真做好冻结孔的充填工作,及时将冻结孔全部充满填实。实践证明,冻结井筒采用双层或复合井壁结构,有利于井筒漏水治理。为防止解冻后井壁漏水,要合理选择壁间注浆时机。深井冻结要在内层井壁解冻后、外层井壁解冻前,即在壁间夹层混凝土温度不低于 4 ℃,且冻结壁仍处于封闭状态时,进行壁间注浆。

【案例】 2013 年底,甘肃宁正煤田矿区某立井井筒采用冻结法施工后,虽成功穿越了各含水层,但由于没有及时进行壁间注浆,造成解冻后井壁有漏水现象,井筒漏水量达到 50～100 m^3/h,被迫进行壁后注浆,造成工期延误。

(12) 为防止因留设梁窝导水,设计单位应避免在冲积层段井壁设置梁窝。如必须布置时,从设计到施工都应制定防止漏水的措施。

(13) 对于采用全井深冻结法施工的立井井筒,可采用能实现分期冻结的冻结器及分期冻结方法,当冻结管穿过下部巷道(硐室)时,由于冻结管与冻结孔壁之间存在环形空间,在冻结壁解冻后,冻结管外的环形空间将形成上下串通的导水通道,导致井筒漏水量增大,尤其在井筒相关工程连接处会出现更严重的漏水现象。为防止冻结壁解冻后冻结孔成为竖向导水通道,沟通深、浅部含水层而威胁矿井安全,通常需要采用缓凝水泥浆液对冻结管外的环形空间进行泥浆置换处理。井筒冻结孔施工完毕,在下冻结管之前,采用缓凝水泥浆液置换冻结孔造孔泥浆,置换长度应能满足防止地层间串水。

(14) 充填冻结孔是冻结法施工的一个重要环节,特别是采取井筒全深冻结工程必不可少的关键工序。近年来不少项目未实施冻结孔充填,导致井筒漏水量增大,基岩段井壁受力不合理,甚至造成井壁破坏,因此本条做出了严格规定,要求冻结施工结束后,必须对冻结孔全部充填。当不回收冻结管时,可采用射孔注浆方法对冻结管内外全部充填,以确保隔断上下含水层之间的水力联系。

第四十六条　采用竖孔冻结法开凿斜井井筒时，应当遵守下列规定：

（一）沿斜长方向冻结终端位置应当保证斜井井筒顶板位于相对稳定的隔水地层 5 m 以上，每段竖孔冻结深度应当穿过斜井冻结段井筒底板 5 m 以上。

（二）沿斜井井筒方向掘进的工作面，距离每段冻结终端不得小于 5 m。

（三）冻结段初次支护及永久支护距掘进工作面的最大距离、掘进到永久支护完成的间隔时间必须在施工组织设计中明确，并制定处理冻结管和解冻后防治水的专项措施。永久支护完成后，方可停止该段井筒冻结。

【执行说明】（一）冻结终端位置应保证斜井井筒顶板进入相对稳定的隔水地层垂距 5 m以上，见图 1。

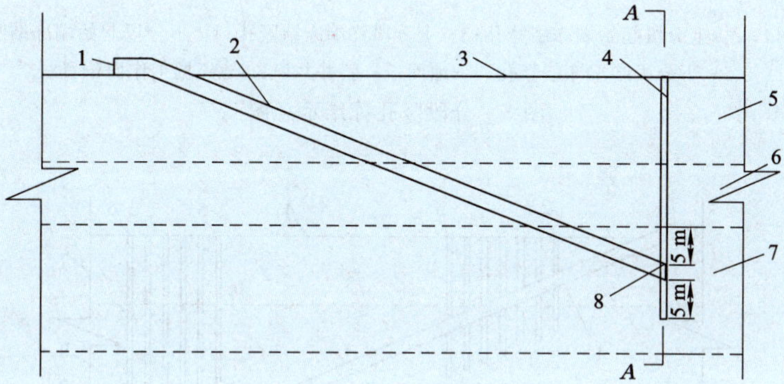

1—井口；2—斜井井筒；3—地面；4—冻结终端竖孔；5—冲积层；6—风化带；7—隔水层；8—井筒荒断面顶部

图 1　竖孔冻结终端位置示意图

为保证斜井井筒底板冻土厚度及强度，每一个冻结竖孔深度应穿过斜井井筒底板 5 m 以上，见图 2。

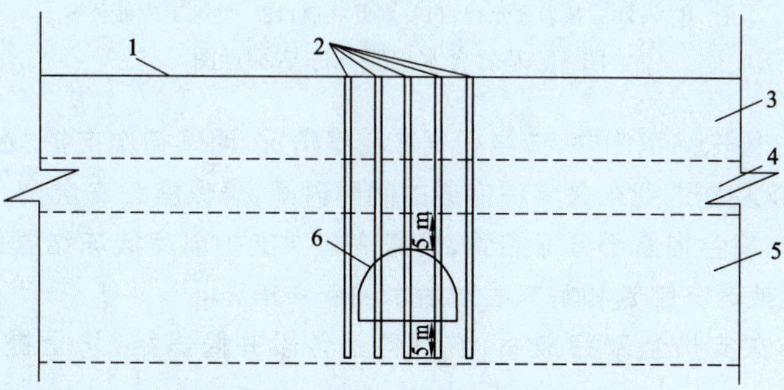

1—地面；2—冻结竖孔；3—冲积层；4—风化带；5—隔水层；6—井筒荒断面

图 2　竖孔冻结终端位置断面图(*A*-*A*)

(二) 在采用竖孔冻结法开凿斜井井筒时,通常采用分段打钻、分段冻结施工工艺。沿斜井井筒方向,当掘进工作面距离每段冻结终端 5 m 前,必须停止掘进,待下一分段完成冻结后且具备掘进条件时,方可继续掘进,见图 3、图 4。

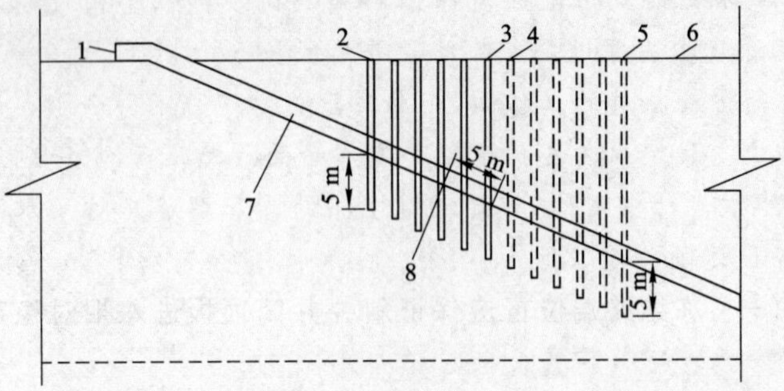

1—井口;2—上分段起始端冻结竖孔;3—上分段终端冻结竖孔;4—下分段起始端冻结竖孔;5—下分段终端冻结竖孔;6—地面;7—斜井井筒;8—停掘工作面位置

图 3 分段竖孔冻结示意图

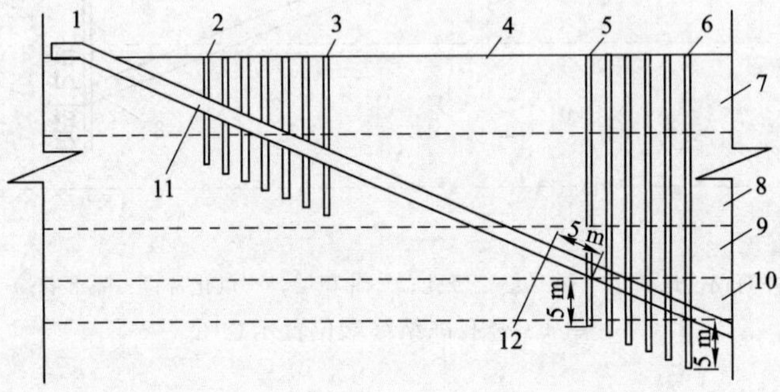

1—井口;2—冲积层及风化带起始端冻结竖孔;3—冲积层及风化带终端冻结竖孔;4—地面;5—基岩含水层起始端冻结竖孔;6—基岩含水层终端冻结竖孔;7—冲积层及风化带;8—隔水层;9—基岩;10—基岩含水层;11—斜井井筒;12—停掘工作面位置

图 4 基岩含水层竖孔冻结示意图

(三) 在每一分段冻结范围内,应当根据冻结壁情况,明确初次支护、永久支护距掘进工作面的最大距离,以及掘进到永久支护完成的间隔时间,确保施工安全。

在掘进过程中,将会揭露部分冻结管,且需在初次支护前完成冻结管的切割拆除工作,因此应当提前制定处理冻结管和解冻后防治水的专项措施。

当每一分段永久支护全部完成后,方可停止该段井筒冻结,防止提前停止冻结造成事故。

【释义】 本条是关于采用垂直孔冻结法开凿斜井井筒应遵守的规定。

隔水地层是指不能透过与给出水,或者透过与给出的水量较低的岩层。冻结段初次支护及永久支护距掘进工作面的最大距离、掘进到永久支护完成的间隔时间必须在施工组织设计中明确,并制定处理冻结管和解冻后防治水的专项措施。永久支护完成后,方可停止该段井筒冻结。采用冻结法开凿立井井筒时,规定冻结深度应穿过风化带延深至稳定的基岩

10 m以上。但在采用竖孔冻结法开凿斜井井筒时,考虑到斜井井筒坡度因素,只有当斜井井筒顶板进入隔水地层后,才能确保井筒全断面进入隔水地层,因此规定沿斜长方向冻结终端位置应保证斜井井筒顶板位于相对稳定的隔水地层5 m以上,即斜井井筒全断面已经进入相对稳定的隔水地层5 m以上。

冻结范围顶部开始位置的垂深应高于富含水软弱地层顶板上 a_m,冻结范围底部终止位置的垂深应低于富含水软弱地层底板的距离 l_1:

$$l_1 = a + \frac{h}{\cos\alpha} \tag{3-1-2}$$

h——斜井掘进截面的高度,m;

α——斜井的倾角,(°)。

确定冻结范围的水平起始位置时,以斜井底板与地层的交界位置距井口的距离为基准。冻结的水平距离为 l_2:

$$l_2 = \frac{H}{\tan\alpha} \tag{3-1-3}$$

H——冻结范围的垂直深度,m。

冻结范围井筒的斜长为 l_3:

$$l_3 = \frac{H}{\tan\alpha} \tag{3-1-4}$$

冻结时,设置水文观测孔深度不得超过井筒开挖区域且必须对水文观测孔采取保温措施,防止被冻实而无法报道水位。

为了节省冷量,降低冻结站装机容量,非有效冻结段一般采用冻结管局部保温方式,目前主要方式有同轴供回液管、真空管、双供液管、聚氨酯保温等。

采用垂直孔冻结法开凿斜井井筒时,通常采用分段打钻、分段冻结施工工艺,规定每段竖孔冻结深度应穿过斜井冻结段井筒底板5 m以上,确保每一分段井筒均处于冻土范围内。第一冻结段造孔施工要求尽早完成,使第一冻结段能尽快开始积极冻结,其余各冻结段造孔施工与第一冻结段平行作业。

各段进行积极冻结时,可采取步进式冻结方式。步进式冻结方式就是在每个冻结段中,计划投入积极冻结的冻结孔根据冻结孔终孔间距、冻土发展速度及掘进速度循序渐进地逐排滚动投入积极冻结,而不拘泥于冻结造孔施工时所分的段长,一次性全部投入积极冻结。这样的冻结方式,增加了各冻结段冻结孔投入积极冻结的灵活性和动态性,实现了各冻结段积极冻结的动态控制与调整,减小了冻结内盐水温度波动范围,有利于冻结站内制冷压缩机的维护运转,可实现冻结与掘进的动态配合。

沿斜井井筒方向,当掘进工作面距离每段冻结终端5 m前,应判断下一分段冻结效果,如下一分段冻结效果不满足设计要求时必须停止掘进,防止井筒掘进接近前方非冻结区域或误穿段间加强孔造成事故。

在每一分段冻结范围内,应根据冻结壁情况,明确初次支护、永久支护距掘进工作面的最大距离,以及掘进到永久支护完成的间隔时间,确保施工安全。在掘进过程中,将会揭露部分冻结管,且需在初次支护前完成冻结管切割拆除工作,应提前制定处理冻结管和解冻后防治水的专项措施。当每一分段永久支护完成后,即可停止该段井筒冻结,然后进入下一分段冻结施工。

第四十七条 冻结站必须采用不燃性材料建筑，并装设通风装置。定期测定站内空气中的氨气浓度，氨气浓度不得大于0.004%。站内严禁烟火，必须备有急救和消防器材。

制冷剂容器必须经过试验，合格后方可使用；制冷剂在运输、使用、充注、回收期间，应当有安全技术措施。

【释义】 本条是关于冻结站消防安全措施的规定。

冻结站有氨循环系统、清水循环系统和盐水循环系统，氨气是一种无色、有浓烈臭味的有毒气体。氨气容易燃烧和爆炸，因此，冻结站必须用不燃性材料建筑，并应有通风装置。冻结站内要经常测定空气中氨气的浓度，氨气浓度不得大于0.004%。站内严禁烟火，并必须备有急救和消防器材，如防毒面具、橡胶手套、水桶等。

制冷剂容器必须经过试验，合格后方可使用。制冷剂一旦泄漏，会引起人员中毒或皮肤冻伤，遇火会燃烧、爆炸，将泄漏处的设备管路冻结，因此在运输、使用、充注、回收期间，应有安全技术措施。

第四十八条 冬季或者用冻结法开凿井筒时，必须有防冻、清除冰凌的措施。

【释义】 本条是关于冬季或冻结法开凿井筒时防冻与清除冰凌的规定。

冬季或采用冻结法施工时，对配置混凝土原材料必须制定防冻保暖措施、加热措施，确保混凝土入模温度不低于15 ℃。为保证井下工作人员和井下设施安全，对封口盘、固定盘、井壁或悬吊设施上的结冰必须在撤出井下作业人员后及时清除，防止坠落，并采取防止结冰的措施，如防止漏水、空气加热等；井筒内悬吊的压风、供水管路也应采取远离井壁、汽水分离、包扎保暖等措施；斜井地面结冰时，应及时清除，并采取封堵漏水、空气加热等措施。

第四十九条 采用装配式金属模板砌筑内壁时，应当严格控制混凝土配合比和入模温度。混凝土配合比除满足强度、坍落度、初凝时间、终凝时间等设计要求外，还应当采取措施减少水化热。脱模时混凝土强度不小于0.7 MPa，且套壁施工速度每24 h不得超过12 m。

【释义】 本条是关于采用装配式金属模板砌筑内壁的规定。

在井筒施工中，砌筑井壁作业占掘筑循环作业的15%左右，虽然涉及的工程量和占用工时不是最多的，但它是工程顺利进行的保证，也关系到井筒质量和使用安全。筑壁模板是影响筑壁质量、速度、造价及劳动繁重程度的重要因素之一。立井筑壁采用金属模板能节省大量木材和钢材，强度高、刚度大、操作灵活，可以确保井壁成型和质量。装配式金属模板因具有工艺简单、灵活多变、可以拼接形状、可以连续作业、井壁封水性能好等优点得以应用。

混凝土施工配合比是指混凝土在施工过程中所采用的配合比。混凝土配合比设计是混凝土工程中很重要的一项工作，它直接影响到混凝土的顺利施工、混凝土工程质量和混凝土工程成本。为了避免由水化热引起的温度裂缝，现场用温度计测试，冬季最低入模温度不低于5 ℃，夏季温度不大于30 ℃，不同规范的数据稍微有点差别。综上考虑，采用装配式金属模板砌筑内壁时，应严格控制混凝土配合比和入模温度。混凝土配合比除应满足强度、坍落度、初凝时间、终凝时间等设计要求外，还应采取措施减少水化热。

为了保证施工过程中混凝土质量安全可靠，依据理论分析及实践经验，脱模时混凝土强度不应小于 0.7 MPa，冻结法内壁套壁施工速度每 24 h 不得超过 12 m。

第五十条　采用钻井法开凿立井井筒时，必须遵守下列规定：

（一）钻井设计与施工的最终位置必须穿过冲积层，并进入不透水的稳定基岩中 5 m 以上。

（二）钻井临时锁口深度应当大于 4 m，且进入稳定地层中 3 m 以上，遇特殊情况应当采取专门措施。

（三）钻井期间，必须封盖井口，并采取可靠的防坠措施；钻井泥浆浆面必须高于地下静止水位 0.5 m，且不得低于临时锁口下端 1 m；井口必须安装泥浆浆面高度报警装置。

（四）泥浆沟槽、泥浆沉淀池、临时蓄浆池均应当设置防护设施。泥浆的排放和固化应当满足环保要求。

（五）钻井时必须及时测定井筒的偏斜度。偏斜度超过规定时，必须及时纠正。井筒偏斜度及测点的间距必须在施工组织设计中明确。钻井完毕后，必须绘制井筒的纵横剖面图，井筒中心线和截面必须符合设计。

（六）井壁下沉时井壁上沿应当高出泥浆浆面 1.5 m 以上。井壁对接找正时，内吊盘工作人员不得超过 4 人。

（七）下沉井壁、壁后充填及充填质量检查、开凿沉井井壁的底部和开掘马头门时，必须制定专项措施。

【执行说明】（一）钻井过程中，必须经常检查护壁循环泥浆的质量，及时测定循环泥浆的各项参数，不符合规定时应及时调整。下沉井壁前，必须用优质泥浆进行循环，适当提高泥浆的黏度，保持泥浆的稳定性。

（二）当井壁对接的上下法兰盘合拢时，井壁有可能触碰焊接在上法兰盘内缘的临时吊环造成焊缝断裂，造成临时吊盘坠落。井壁对接是下沉井壁过程中最危险的环节，满足施工的最少用工即为最优组合，因此在井壁对接找正时，内吊盘工作人员不得超过 4 人。

（三）下沉井壁时，由于钻井直径大于井壁直径，井壁下沉过程中会发生一定的偏斜，井壁下沉完成后必须对井筒偏斜进行纵、横断面实测，核定有效的井筒断面，找出实际的井筒中心线和中心坐标，并标定在井筒中心十字线基桩上。

壁后充填固井在符合设计要求后方可进行，充填材料必须经过试验，保证结石体强度和充填密实度，并应沿井壁分层、对称、均匀充填，严格控制两侧浆面高差。钻井段底部向上第一充填段应当采用水泥浆等胶结材料进行充填。

开凿沉井井壁的底部或马头门之前必须检查破壁处及其上方 30 m 范围内壁后充填质量，如发现充填不实有导水可能时，应采取可靠的补救措施，确认合格不会漏水后才能破壁。钻井段以深井筒继续掘进时，应当在钻井段底部设置壁座。

【释义】　本条是关于采用钻井法开凿立井井筒的规定。

钻井法是采用立井钻机或类似设备机械破碎岩土钻凿立井井筒的方法。

(1) 钻井设计与施工的最终落底位置，是指钻井形成永久支护后的可用井筒最深位置，钻井最终位置应落在稳定不透水的岩石地层中，永久井壁的井壁底能够坐在坚硬岩石上，才能通过壁后注浆充填固井工序，使井壁和井壁底与坚硬地层固结为一体，彻底截断冲积含水层、风化带与坚硬岩石之间的水力连通，保证在破底掘进施工时不致发生透水、涌砂等淹井事故。钻井最终位置必须深入不透水的稳定基岩中至少 5 m,这是我国通过钻井法凿井实践经验的总结,和对井壁稳定性资料进行分析后提出的一个经验值,这一数值既保证了井筒坚固稳定,又避免了因过深进入基岩而造成的钻井困难和过高费用。以往的钻井法只是通过含水冲积层的一种特殊凿井方法,进入稳定基岩后,钻进速度降低钻井成本增加,因此,进入稳定基岩一定深度后,井壁安装完成后,还需要进行井筒提交设备改造,通过井壁底的破除,采用普通凿井法继续向下掘进,完成基岩施工和井筒施工。随着钻井装备能力的提高,破岩刀具和排碴技术发展,钻井法向全井钻井方向发展,井壁落底位置也需要根据地层条件具体分析。

(2) 钻井临时锁口的主要作用是维护井口稳定,承受来自地表土层的侧压力,防止井帮坍塌;作为钻台和封口平车的基础,承受钻台和封口平车传递的载荷;井壁下沉时,用于安装下沉井壁的扶正装置。临时锁口的承载能力应满足施工期间的最大载荷要求。当临时锁口下面为流砂或风积砂等不稳定地层时,应采取措施对地层改良、改性,使其稳定并达到荷载要求满足承担施工载荷要求。临时锁口施工要编制专项安全技术措施。

(3) 为了防止人员、物件坠入井底,在钻井期间,采用封口平(车)台时,必须将井口封盖严密;采用井口梁时,必须有可靠的防坠措施。在钻井过程中,采用泥浆护壁,使泥浆在井帮上形成薄而韧的隔水泥皮,在泥皮与泥浆柱静压力的共同作用下,维持井帮稳定不坍塌,泥浆参数需要经过测量和控制。井筒内泥浆压力必须高于地下水静水压力,以免地下水浸入井筒中,为此,在钻井过程中,钻井泥浆浆面必须高于地下静止水位 0.5 m,且不得低于临时锁口下端 1 m;井口必须安装泥浆浆面高度报警装置。

(4) 泥浆沟槽、泥浆沉淀池、临时蓄浆池的设置应满足钻井泥浆循环使用的要求,且应设置安全防护措施,防止人员误入。工程结束后,钻井泥浆可用于岩层注浆封水或采空区灌注,也可采用围堰排放,或利用后期矸石存放场地,深挖筑坝,用来存放泥浆和钻碴,后期的矸石倒入填埋。钻井泥浆泥水分离固化处理技术已研发成功并已实现工业应用,可以做到实时处理不产生废弃泥浆。通过对泥浆加药脱稳并进行机械强制固液分离,对泥浆进行固化,宜采取有效措施实现钻井泥浆再利用。

(5) 井筒偏斜是制约钻井法发展的重要因素,在钻进过程中,特别是导孔或全孔钻进时应严格控制偏斜量。当偏斜值大于相关规定时,应在采取有效措施纠偏后方可继续钻进。钻进完成后,钻井施工单位应实测井孔纵横剖面图,找出实际井孔中心线,同时核定确认井壁下沉时满足规范要求的最大偏斜值,井孔也必须满足设计要求。整个钻井工程完成后,钻井施工单位必须按原设计井筒中心线实测成井井筒纵横剖面图,找出实际井筒中心线,同时核定有效井筒断面,实际井筒中心和有效断面必须符合设计要求。

(6) 井壁下沉时,已对接好最上一节井壁上法兰盘面应高出泥浆浆面 1.5 m 以上。井壁对接是下沉井壁过程中最危险的环节,满足施工的最少用工即为最优组合。当两节井壁对接的上下法兰盘合拢时,上一节井壁有可能触碰到内吊盘焊接在对接好的最上一节井壁上法兰盘内缘的临时吊环造成焊缝断裂。

第五十一条 立井井筒穿过预测涌水量大于 10 m^3/h 的含水岩层或者破碎带时,应当采用地面或者工作面预注浆法进行堵水或者加固。注浆前,必须编制注浆工程设计和施工组织设计。

【释义】 本条是关于立井井筒穿过预测涌水量大于 10 m^3/h 的含水岩层或破碎带时应采用方法及必须编制设计的规定。

注浆法是把具有胶结性能的浆液，通过注浆孔（或注浆管）注入含水地层中，浆液封堵岩石裂隙、隔绝水源，或将松散岩层胶结成不透水的整体，从而起到永久性堵水与加固作用，然后进行井巷挖掘工作。按注浆施工时间的不同可分为预注浆和后注浆两种，预注浆又有地面预注浆和工作面预注浆两种，应根据立井通过的含水岩层的分层数、间距、厚度、埋藏深度以及有无隔水层等条件，确定地面预注浆或工作面预注浆。注浆施工前，必须编制注浆工程设计，以指导施工，编制注浆工程设计和施工组织设计必须具备下列资料。

(1) 地质和工程地质资料：① 工程地质说明书；② 地质勘查报告；③ 井筒检查孔必须取得的资料，应按《煤矿井巷工程施工规范》(GB 50511—2010)中有关规定执行；④ 检查孔岩芯实地调查资料。

(2) 水文地质资料：① 工程水文孔的简易水文资料；② 水文地质报告书及计算书；③ 水质分析资料。

(3) 井筒施工图及施工组织设计：① 矿井设计及图纸；② 立井施工组织设计及图纸。

注浆工程设计的内容应包括：① 注浆深度及段高的划分；② 注浆材料选择、注浆参数确定，注浆参数包括注浆压力、注浆量、浆液扩散半径和注浆孔数等；③ 施工顺序及注浆方式；④ 施工组织及管理；⑤ 注浆工期及工程投资预算。

第五十二条 采用注浆法防治井壁漏水时，应当制定专项措施并遵守下列规定：

（一）最大注浆压力必须小于井壁承载强度。

（二）位于流砂层的井筒段，注浆孔深度必须小于井壁厚度 200 mm。井筒采用双层井壁支护时，注浆孔应当穿过内壁进入外壁 100 mm。当井壁破裂必须采用破壁注浆时，必须制定专门措施。

（三）注浆管必须固结在井壁中，并装有阀门。钻孔可能发生涌砂时，应当采取套管法或者其他安全措施。采用套管法注浆时，必须对套管与孔壁的固结强度进行耐压试验，只有达到注浆终压后才可使用。

【释义】 本条是关于立井井筒施工中采用井壁注浆堵水的规定。

(1) 立井永久支护形成后，由于井壁壁后围岩存在空洞、破碎带等稳定性差的地层，井壁可能出现渗漏水现象，因此，利用注浆泵将浆液向壁后围岩进行注浆，起到堵水或加固的作用。注浆前必须进行井壁耐压强度验算，避免注浆压力超过井筒允许承受的极限强度，减小壁后注浆造成的井壁破坏风险；如果验算后井壁不能承受注浆压力，应采取加固井壁的安全措施，并且，采用埋管顶水注浆、浅孔低压注浆等方式。

(2) 在井壁上施工注浆钻孔时，钻孔深度应小于井壁厚度；如果注浆钻孔位于流砂层中，钻孔深度必须小于井壁厚度 200mm。井筒采用双层井壁支护时，注浆钻孔应穿过内壁进入外壁 100 mm。如果必须采用破壁注浆时，应制定专门措施，防止漏水、流砂涌入井筒内。

(3) 注浆钻孔钻进前应埋设注浆封孔器。注浆管埋设必须固结牢靠，密封良好，能承受最大注浆压力，并装有阀门，防止注浆时将管顶出或跑浆。可能发生涌砂时，应采取套管法或其他安全措施。采用套管法注浆时，必须对套管和孔壁的固结强度进行耐压试验，只有达到注浆终压后方可使用。

第五十三条 开凿或者延深立井、安装井筒装备的施工组织设计中，必须有天轮平台、翻矸平台、封口盘、保护盘、吊盘以及凿岩、抓岩、出矸等设备的设置、运行、维修的安全技术措施。

【释义】 本条是关于开凿或延深立井的施工组织设计中必须有施工设备安全措施的规定。

天轮平台、翻矸平台、封口盘、吊盘、保护盘以及凿岩、抓岩、出矸等设备是开凿或延深立井的重要设备，这些设备的设置、运行、维修情况，影响施工速度、施工质量和施工人员安全。因此，为实现立井安全高效掘进，必须在施工组织设计中计算结构强度、刚度，制定这些设备的设置、运行、维修的安全技术措施，确保其处于完好可用状态。

【案例】 2007 年 5 月 9 日，乌鲁木齐某煤矿 4 名工人乘吊盘在井内作业时，吊盘突然倾斜，1 人滑落井底身亡，另外 3 人受伤。

第五十四条 延深立井井筒时，必须用坚固的保险盘或者留保护岩柱与上部生产水平隔开。只有在井筒装备完毕、井筒与井底车场连接处的开凿和支护完成，制定安全措施后，方可拆除保险盘或者掘凿保护岩柱。

【释义】 本条是关于延深立井井筒时对保险盘或保护岩柱的规定。

(1) 延深立井是在原生产井筒正常生产提升的情况下，将井筒加深到新生产水平的工程。延深立井的方法有下向延深法和上向延深法两大类。无论采取哪种延深方法，都必须用保护设施把原生产井筒与延深井筒隔开，防止原生产井筒的提升容器、物料等重物坠下，砸坏延深段的施工设备和人员。

(2) 保护设施有两大类:保护岩柱和人工保护盘。

① 保护岩柱。当井筒需要延深时，为了不影响延深部分的正常安全作业，在井筒围岩稳定地段保留一定厚度的岩柱不开挖，通过在岩柱顶板设置护顶盘，防止岩柱松动冒落，保持岩柱稳定，但不支撑岩柱的全部重量，保护岩柱的厚度根据岩石物理力学性质、井筒直径、运行提升荷载冲量等计算。护顶盘是在紧贴岩柱底面设钢梁，用背板将岩柱底面背紧。

② 人工保护盘。当井筒需要延深时，留设岩柱工程量过大或围岩不具备留设保护岩柱条件时，需要在原来生产井筒内部构筑临时盘状构筑物，称为人工保护盘。人工保护盘的结构型式有水平式、模形式、单斜式、偏滑式和带钢丝绳缓冲网式等 5 种，人工保护盘自上向下一般由缓冲层、隔水层及盘梁等 3 部分组成。缓冲层的作用是吸收坠落物的部分冲击能量，缓冲材料有柴束、竹捆、锯末袋、砂袋、木垛等。隔水层的作用是防止水及淤泥等流入延深工作面。盘梁的作用是承受保护盘的自重和坠落物的冲击力，其结构强度和刚度可通过有限元模拟计算。

(3) 拆除保护岩柱或人工保护盘的工作，在延深段井筒装备安装结束，井筒与井底车场连接处掘砌完成，制定安全措施之后进行。拆除人工保护盘自上向下进行，逐层拆除，边拆边运，并修补井壁。最后拆除封口盘与工作盘，接通上下水平的罐道。在拆除期间，井底不得有人，要有明确清晰的信号。运送材料要由熟练人员指挥，钢梁要捆牢，绳子要结实，挂手动葫芦处要牢固可靠。

第五十五条 向井下输送混凝土时，必须制定安全技术措施。混凝土强度等级大于C40或者输送深度大于400 m时，严禁采用溜灰管输送。

【释义】 本条是关于向井下输送混凝土时制定安全技术措施的规定。

溜灰管输送混凝土具有输送量大、料流连续、不占用井筒提升设备等优点。向井下输送混凝土时混凝土的下落过程是一个先加速后匀速的过程，即初始段混凝土增速，直至增加到阻力与重力相等时做“匀速”运动。该过程中混凝土因具有相当高的能量，若采用溜灰管时和管壁还存在摩擦力，随着冲击力的增加及管体本身的安全性考虑，规定向井下输送混凝土时，必须制定安全技术措施。采用溜灰管输送时，需要经常检查管路连接和磨损状况。

第五十六条 斜井(巷)施工时，应当遵守下列规定：

(一) 明槽开挖必须制定防治水和边坡防护专项措施。

(二) 由明槽进入暗硐或者由表土进入基岩采用钻爆法施工时，必须制定专项措施。

(三) 施工15°以上斜井(巷)时，应当制定防止设备、轨道、管路等下滑的专项措施。

(四) 由下向上施工25°以上的斜巷时，必须将溜矸(煤)道与人行道分开。人行道应当设扶手、梯子和信号装置。斜巷与上部巷道贯通时，必须有专项措施。

【释义】 本条是关于斜井(巷)施工的规定。

明槽一般在矿井的斜硐开拓中才有。斜井的硐身前期为砌碹巷道，而硐口部分施工过程中，不可能开始就成巷，要开挖得大一些，而大的部分砌碹后成型的巷道就是明槽。当需要开挖的深度不是很深时，一般采用明槽开挖，即从上到下开挖，槽是露天的，所以是明槽。在冲积层开挖明槽，需要采用降水、桩等防护措施。无论是水进入明槽还是边坡无防护势必会对明槽的整体稳定性造成影响，所以明槽开挖必须制定防治水和边坡防护专项措施。由明槽进入暗硐或由表土进入基岩采用钻爆法施工时，考虑到复杂性增加、安全因素影响必须制定专项措施。当斜井倾角大于15°时，因重力沿斜面分力的影响对井筒内的设备及人员会造成向下运动的趋势，施工15°以上斜井(巷)时，应制定防止设备、轨道、管路等下滑的专项措施。

向上掘进25°以上斜巷时，如果整个巷道既溜煤(矸)又行人，容易发生煤(矸)滑落伤人事故，同时也方便施工人员行走和互相之间的联系。因此，必须专设人行道，并与溜煤(矸)道分开。为了便于行走和联系，人行道应设扶手、梯子和信号装置。

在斜巷与上部巷道贯通时，必须有安全措施，确保安全贯通。采用钻爆法进行单向贯通时，必须从距贯通地点20 m开始，爆破过程要严格执行“一炮三检”制度，同时派一名安全员到达另一条被贯通巷道进行警戒。爆破前，班组长应多派一名工人随警戒员同时到达另一条被贯通巷道。警戒员就位后，此人返回复命，此时，班组长才能下达爆破命令。爆破后，班组长再派人口头通知警戒员，警戒员才能撤回。警戒员不准听见炮响就私自撤回。

第五十七条 采用反井钻机掘凿暗立井、煤仓及溜煤眼时，应当遵守下列规定：

(一) 扩孔作业时，严禁人员在下方停留、通行、观察或者出渣。出渣时，反井钻机应当停止扩孔作业。更换破岩滚刀时，必须采取保护措施。

（二）严禁干钻扩孔。

（三）及时清理溜矸孔内的矸石，防止堵孔。必须制定处理堵孔的专项措施。严禁站在溜矸孔的矸石上作业。

（四）扩孔完毕，必须在上、下孔口外围设置栅栏，防止人员进入。

【释义】 本条是关于采用反井钻机掘凿暗立井、煤仓及溜煤眼的规定。

反井钻机扩孔钻进时，是自下而上进行的，破碎的岩屑、冲洗液会自由落入孔底。因钻孔无法进行临时支护，片帮、塌孔时有发生，如果人员在孔底通行、观察或在孔底作业，危险性大，因此严禁人员进入井底。扩孔完毕，孔径一般达到1～3 m，孔口必须设置围栏，围栏下部200 mm还应铺设挡板，以防止人员或物料坠入孔内。

若反井直径较大，一般采用人工爆破法自上而下扩孔，也称为正向扩孔。为防止人员坠落孔内，孔和工作面都应制定专门措施，如反井上口安设上述围栏，留出能开闭的供人员、材料进出的围栏门，在工作面上部2～3 m处设置专供工作人员安全带生根的装置等。即使工作面人员按规定佩戴了安全带，也必须严禁站在溜矸眼矸石上作业，以防止因矸石突然下沉，人和矸石一起坠入溜矸眼。

目前，反井钻机扩孔钻进直径超过6 m，可以一次扩孔钻进形成井孔，扩孔完成后，只能由上向下进行临时支护，然后，再由下向上采用滑模等工艺进行永久井壁砌筑。

第五十八条 施工岩（煤）平巷（硐）时，应当遵守下列规定：

（一）掘进工作面严禁空顶作业。临时和永久支护距掘进工作面的距离，必须根据地质、水文地质条件和施工工艺在作业规程中明确，并制定防止冒顶、片帮的安全措施。

（二）距掘进工作面10 m内的架棚支护，在爆破前必须加固。对爆破崩倒、崩坏的支架必须先行修复，之后方可进入工作面作业。修复支架时必须先检查顶、帮，并由外向里逐架进行。

（三）在松软的煤（岩）层、流砂性地层或者破碎带中掘进巷道时，必须采取超前支护或者其他措施。

【释义】 本条是关于掘进工作面顶板、支护管理的规定。

巷道开挖后未支护的巷道段称为空顶巷道。因为空顶巷道内围岩刚刚揭露，爆破或机械破岩振动，造成稳定性降低，冒顶、片帮、掉矸等现象的发生具有很大的偶然性，特别容易造成人员伤亡及设备损坏，因此必须严格禁止掘进工作面空顶作业。必须采取临时支护与永久支护，支护的作用在于加强巷道附近周围岩石的强度，防止破坏岩石的脱落。支护的阻力越大、强度越大、越及时，就越能加强巷道围岩的强度，限制破碎区的扩展。由于掘进与支护不可能同时进行，所以支护会滞后于掘进，而支护滞后掘进的距离就是临时支护和永久支护距掘进工作面的距离，该距离与巷道掘进效率密切相关。因此，必须根据地质、水文地质条件和施工工艺在作业规程中明确临时支护和永久支护距掘进工作面的距离，并制定防止冒顶、片帮的安全措施。

靠近掘进工作面10 m内的架棚支护，在爆破前必须加固，原因是防止崩倒、崩坏支架。其他措施包括炮眼角度、装药量、爆破顺序。爆破崩倒、崩坏的支架必须先行修复，之后方可进入工作面作业。为了防止修复支架时发生冒顶堵人事故，修复支架时必须先检查顶、帮，并由外向里逐架进行，严禁由里向外进行。在松软的煤岩层或流砂性地层及地质破碎带掘进巷道时，必须采取超前支护或其他措施，常用的超前支护形式有：前探刹杆、工作面超前支架、超前锚杆和预挑煤壁等。

第五十九条　使用伞钻时，应当遵守下列规定：

（一）井口伞钻悬吊装置、导轨梁等设施的强度及布置，必须在施工组织设计中验算和明确。

（二）伞钻摘挂钩必须由专人负责。

（三）伞钻在井筒中运输时必须收拢绑扎，通过各施工盘口时必须减速并由专人监视。

（四）伞钻支撑完成前不得脱开悬吊钢丝绳，使用期间必须设置保险绳。

【释义】　本条是关于使用伞钻的规定。

伞形凿岩钻机（以下简称伞钻）是实施机械化开挖立井而专门研制的钻孔设备。伞钻撑开能进行钻凿炮眼，收拢能方便井筒运送，是实现快速钻进爆破孔、缩短建井周期、提高经济效益必不可少的专用设备。该设备适用井筒范围大，从 4.5～5 m 的小型井筒、6～7 m 的中型井筒至 8 m 以上的大型井筒均能进行作业，双联伞钻适用井筒荒径可以达到 14 m。悬吊装置、导轨梁等设施是伞钻正常施工的基础保障，如果其强度不足及布置方式不合理都会影响伞钻的正常施工。因此，悬吊装置、导轨梁等设施的强度及布置，必须在施工组织设计中验算和明确。

伞钻摘挂钩是一项重要且责任重大的工作，其基本行为标准具体涉及摘挂钩前详细检查伞钻，捆扎是否牢固、零部件是否松动脱落；摘挂钩时，必须精力集中，确保钩头挂牢、保险销到位；登高作业正确佩戴保险带，工器具必须留绳，防止坠落伤人；严格按照行为流程规范要求操作，做到一人操作、一人监护；认真做好自保互保，对本岗位安全工作负责。工作结束后如实汇报本班安全情况，对钩头、绳套及摘挂钩过程中存在的问题进行认真分析，与机修工共同在井口处理。因此，伞钻摘挂钩必须由专人负责。

伞钻在井筒中运输时必须收拢绑扎，通过各施工盘口时必须减速并由专人监视。

为了防止伞钻支撑完成前脱落威胁设备及人员安全，伞钻支撑完成前不得脱开悬吊钢丝绳，使用期间必须设置保险绳。

第六十条　使用抓岩机时，应当遵守下列规定：

（一）抓岩机应当与吊盘可靠连接，并设置专用保险绳。

（二）抓岩机连接件及钢丝绳，在使用期间必须由专人每班检查 1 次。

（三）抓矸完毕必须将抓斗收拢并锁挂于机身。

【释义】　本条是关于使用抓岩机的规定。

目前煤矿普遍使用的抓岩机由抓斗、提升机构、回转机构、变幅机构、支撑系统和机架等部件组成，直接固定在凿井吊盘上，以压风作为动力。煤矿用抓岩机具有结构紧凑、占用井筒面积不大、便于井筒布置、安全可靠、操作灵活、维护方便等优点。

为了保障抓岩机与吊盘之间连接的可靠性，做到双重保险，抓岩机应与吊盘可靠连接，并设置专用保险绳。抓岩机连接件及钢丝绳，在使用期间必须由专人每班检查 1 次，检查连接件与钢丝绳是否完好、连接是否可靠等。为了防止抓斗坠落伤人，在抓矸完毕，清除抓斗内外矸石、杂物，将抓斗收拢，提至安全高度，锁挂于机身，切断地面稳车电源。

第六十一条　使用耙装机时，应当遵守下列规定：

(一) 耙装机作业时必须有照明。

(二) 耙装机绞车的刹车装置必须完好、可靠。

(三) 耙装机必须装有封闭式金属挡绳栏和防耙斗出槽的护栏;在巷道拐弯段装岩(煤)时,必须使用可靠的双向辅助导向轮,清理好机道,并有专人指挥和信号联系。

(四) 固定钢丝绳滑轮的锚桩及其孔深和牢固程度,必须根据岩性条件在作业规程中明确。

(五) 耙装机在装岩(煤)前,必须将机身和尾轮固定牢靠。耙装机运行时,严禁在耙斗运行范围内进行其他工作和行人。在倾斜井巷移动耙装机时,下方不得有人。上山施工倾角大于20°时,在司机前方必须设护身柱或者挡板,并在耙装机前方增设固定装置。倾斜井巷使用耙装机时,必须有防止机身下滑的措施。

(六) 耙装机作业时,其与掘进工作面的最大和最小允许距离必须在作业规程中明确。

(七) 高瓦斯、煤与瓦斯突出和有煤尘爆炸危险矿井的煤巷、半煤岩巷掘进工作面和石门揭煤工作面,严禁使用钢丝绳牵引的耙装机。

【释义】 本条是关于使用耙斗式装岩机(以下简称耙装机)的规定。

(1) 充足的照明便于耙装机司机操作和指挥人员指挥,也可防止其他人员误碰耙装机。

(2) 耙装机刹车装置不完整、不可靠、失去灵敏性,出现危急情况时不能及时刹车,从而引发事故或使事故扩大。

(3) 耙装机工作时,钢丝绳很容易出现摆动,耙斗也易出槽,此类现象严重危及安全,所以必须要求装有封闭式金属护绳栏和防止耙斗出槽的护栏。特别在巷道拐弯处装煤(岩)时,必须使用可靠的双向辅助导向轮,清理好机道,并有专人指挥和进行信号联系。

(4) 耙装机钢丝绳滑轮一般固定在锚桩上,锚桩埋设在岩石中,锚桩将承受巨大的拉力,锚桩固定必须牢固,锚桩的牢固程度与岩石性质、岩石结构及孔深有直接关系。因此,固定钢丝绳滑轮的锚桩及其孔深和牢固程度,必须根据岩性条件在作业规程中明确。

(5) 每班检查耙装机钢丝绳,防止钢丝绳断绳伤害作业人员。

(6) 耙装机在装岩(煤)前,如机身和尾轮固定不牢靠,很容易造成机身滑移和摇摆,从而发生事故。在耙斗运行范围内进行其他工作和行人,耙装机极易伤害人员。在倾斜井巷中移动耙装机,耙装机很容易沿底板向下滑动,下方一旦有人停留和通过,易造成伤害事故。当耙装机在倾斜井巷倾角大于20°条件下作业时,煤(矸)易沿底板滚落,伤及司机,因此,在司机前方必须打护身柱或挡板,并增设耙装机防滑装置。

(7) 耙装机作业时,距掘进工作面距离过大,不利于发挥其效率;距掘进工作面距离过小,又容易发生事故,不利于安全。因此,要根据作业的具体条件,在作业规程中对其距离做出明确规定。

(8) 在高瓦斯、煤与瓦斯突出和有煤尘爆炸危险矿井的煤巷、半煤岩巷掘进工作面和石门揭煤工作面中,虽然采取了各种安全措施,但是瓦斯浓度仍会较高,且瓦斯浓度突变的可能性大。采用钢丝绳牵引的耙装机工作中,摩擦产生大量的热,当钢丝绳打结或有毛刺时,由于摩擦和撞击极易产生火花,从而引起瓦斯爆炸。因此,高瓦斯、煤与瓦斯突出和有煤尘爆炸危险矿井的煤巷、半煤岩巷掘进工作面和石门揭煤工作面,严禁使用钢丝绳牵引的耙装机。

【案例】 2011年10月16日，陕西省铜川市某煤矿发生重大瓦斯爆炸事故，造成11人死亡，事故原因是矿井进回风巷之间漏风严重，掘进工作面局部通风机形成循环风，作业地点风量不足，导致瓦斯积聚，耙装机钢丝绳与绞车外壳摩擦产生火花，引起瓦斯爆炸。

第六十二条 使用挖掘机时，应当遵守下列规定：

（一）严禁在作业范围内进行其他工作和行人。

（二）2台以上挖掘机同时作业或者与抓岩机同时作业时应当明确各自的作业范围，并设专人指挥。

（三）下坡运行时必须使用低速挡，严禁脱挡滑行，跨越轨道时必须有防滑措施。

（四）作业范围内必须有充足的照明。

【释义】 本条是关于使用煤矿用挖掘机的规定。

(1) 挖掘机属于重型机械，如果工作时作业范围内有其他工作进行或者人员，其机身尤其是机械臂在移动过程中容易造成作业范围内人员伤亡，因此严禁在作业范围内进行其他工作和行人。

(2) 当2台以上挖掘机同时作业或与抓岩机同时作业时彼此之间不应有冲突，否则不但会制约各自工作效率的发挥，而且还容易造成事故。因此应明确各自的作业范围，并设专人指挥。

(3) 挖掘机在下坡运行时必须使用低速挡，严禁脱挡滑行，是为了防止滑行时控制不力而造成事故，同样跨越轨道时必须有防滑措施。

(4) 作业范围内必须有充足的照明，不仅可以为工作环境提供充足的光亮，而且还有一定的指示位置作用。

第六十三条 使用凿岩台车、模板台车时，必须制定专项安全技术措施。

【释义】 本条是关于使用凿岩台车、模板台车时制定安全技术措施的规定。

在井巷施工机械中，凿岩台车、模板台车属于大型凿岩、支护机械，操作人员必须经过培训，熟悉台车的性能、结构、原理，考试合格后持证上岗，并且必须制定有关台车移动、行走、定位、操作使用等安全技术措施。

第三节　井塔、井架及井筒装备

第六十四条 井塔施工时，井塔出入口必须搭设双层防护安全通道，非出入口和通道两侧必须密闭，并设置醒目的行走路线标识。采用冻结法施工的井筒，严禁在未完全融化的人工冻土地基中施工井塔桩基。

【释义】 本条是关于井塔施工的规定。

井塔建在立井井口，多绳摩擦式提升机安装在其上部。根据井筒的使用功能不同，建在主井井口的称为主井井塔，建在副井井口的称为副井井塔，建在混合井井口的称为混合井井塔；其结构为多层钢筋混凝土结构。

井塔施工时，井塔出入口是施工人员进出的通道，为了施工人员的生命安全必须搭设双层防护安全通道，非出入口必须密闭，防止人员误入，通道两侧也必须密闭，并设置醒目的行走路线标识，提示行人走正确路线。采用冻结法施工的井筒，未完全融化的人工冻土对井塔桩基施工及质量有危害，为了保证井塔桩基质量的可靠性，严禁在未完全融化的人工冻土地基中施工井塔桩基。

第六十五条 井架安装必须编制施工组织设计。遇恶劣气候时，不得进行吊装作业。采用扒杆起立井架时，应当遵守下列规定：

（一）扒杆选型必须经过验算，其强度、稳定性、基础承载能力必须符合设计。

（二）铰链及预埋件必须按设计要求制作和安装，销轴使用前应当进行无损探伤检测。

（三）吊耳必须进行强度校核，且不得横向使用。

（四）扒杆起立时应当有缆风绳控制偏摆，并使缆风绳始终保持一定张力。

【释义】 本条是关于井架安装编制施工组织设计、不得进行吊装作业及用扒杆起立井架应遵守的规定。

施工组织设计是用来指导施工项目全过程各项活动的技术、经济和组织的综合性文件，是施工技术与施工项目管理有机结合的产物，它能保证工程开工后施工活动有序、高效、科学合理地进行。井架安装是复杂而又耗时的施工项目，编制施工组织设计时具体包括以下内容：① 工程概况；② 总体方案；③ 主副斜架及立架组装；④ 施工及起吊步骤；⑤ 吊具选用及起吊校核；⑥ 劳动力配备计划；⑦ 工期进度安排；⑧ 质量检验标准；⑨ 安全保证措施。遇大雪、暴雨、大雾等恶劣天气及风力达到六级时不得进行吊装作业，务必保证吊装作业施工的安全性。

扒杆吊装也称为桅杆吊装。中小型扒杆吊装一般属于人工土法吊装工艺的一种。扒杆是最简单的起重设备，扒杆吊装工艺应用有一定风险，不同受力情况也比较复杂，因此扒杆选型必须经过验算，其强度、稳定性、基础承载能力必须满足设计要求。与此配套使用的铰链及预埋件必须按设计要求制作和安装，销轴使用前应进行无损探伤检测，吊耳必须进行强度校核，且不得横向使用。

缆风绳又称为拖拉绳或缆绳，是连接桅杆顶部支承件与拖拉坑间的拉索，用以保持桅杆的直立和稳定。缆风绳是桅杆式起重机的稳定系统，关系起重机的安全，影响桅杆的轴力。缆风绳的拉力分为工作拉力和初拉力。缆风绳的初拉力是指桅杆在没有工作时缆风绳预先拉紧的力。初拉力取工作拉力的15%～20%，或按操作惯例取某一数值，通常为3～5 t。缆风绳的工作拉力是指桅杆式起重机在工作时，缆风绳所承担的载荷。在正确的缆风绳工艺布置中，总有一根缆风绳处于吊装垂线和桅杆轴线所决定的垂直平面内，这根缆风绳称为“主缆风绳”。扒杆起立时应有缆风绳控制偏摆，并使缆风绳始终保持一定张力。

第六十六条 立井井筒装备安装施工时，应当遵守下列规定：

（一）井筒未贯通严禁井筒装备安装施工。

（二）突出矿井进行煤巷施工，且井筒处于回风状态时，严禁井筒装备安装施工。

（三）封口盘预留通风口应当符合通风要求。

（四）吊盘、吊桶(罐)、悬吊装置的销轴在使用前应当进行无损探伤检测，合格后方可使用。

（五）吊盘上放置的设备、材料及工具箱等必须固定牢靠。

（六）在吊盘以外作业时，必须有牢靠的立足处。

（七）严禁吊盘和提升容器同时运行，提升容器或者钩头通过吊盘的速度不得大于0.2 m/s。

【释义】 本条是关于立井井筒装备安装施工的规定。

(1) 井筒未贯通时提升设备多为吊桶，改绞尚未进行，其他诸多工作无法展开，因此严禁井筒装备安装施工。

(2) 井筒装备施工过程中经常使用电气焊，容易引发瓦斯爆炸事故。井筒贯通前，突出矿井进行煤巷施工且井筒处于回风状态，容易形成瓦斯积聚超限，所以严禁进行井筒装备施工。

(3) 封口盘是指立井、暗立井施工期间，在井上口安装的便于人员工作和防止坠物的封盖（一般为钢结构或钢木结构）。封口盘预留通风口满足通风要求是保证矿井通风系统畅通的重要保障。改装封口盘时，要根据井下通风要求，考虑通风面积和形式，在封口盘预留通风口应满足通风要求，通风口要设防护网。

(4) 吊盘、吊桶（罐）、悬吊装置的销轴是矿井提升吊挂装置的关键部件，也是关系作业人员、乘罐人员生命安全的关键设备。销轴在使用前应进行无损探伤检测。连接装置的探伤要选择具有相应资质的单位进行，合格后方可使用，检测报告由使用单位存档备查。

(5) 吊盘上下层平行作业，罐道和管路安装最容易发生事故，一旦上层物件或工具掉下，将会砸伤下层工作人员，因此吊盘上放置的设备、材料及工具箱等必须固定牢靠。

(6) 吊盘外作业时，极易发生跌落，必须有牢靠的立足之处，且有可靠的防护措施。

(7) 吊盘和提升容器同时运行时空间关系及彼此之间的关系复杂，为了保障各自工作安全高效进行，严禁吊盘和提升容器同时运行，提升容器或钩头通过吊盘的速度不得大于0.2 m/s。

第六十七条　井塔施工与井筒装备安装平行作业时，应当遵守下列规定：

（一）在土建与安装平行作业时，必须编制专项措施，明确安全防护要求。

（二）利用永久井塔凿井时，在临时天轮平台布置前必须对井塔承重结构进行验算。

（三）临时天轮平台的上一层提升孔口和吊装孔口必须封闭牢固。

（四）施工电梯和塔式起重机位置必须避开运行中的井筒装备、材料运输路线和人员行走通道。

【释义】 本条是关于井塔施工与井筒装备安装平行作业的规定。

(1) 井筒装备安装和井塔楼内部设备及设施同时施工、交叉作业，为了保证井筒装备安装安全顺利进行，在土建与安装平行作业时，必须编制专项措施，明确安全防护要求。

(2) 临时天轮平台是悬吊凿井设备、设施、提升人员和物料在井架上部或暗立井封口盘以上由天轮梁、天轮及附属设施等组成的临时平台，该平台的布置对井塔承重结构具有依靠性，因此利用永久井塔凿井时，在临时天轮平台布置前必须对井塔承重结构进行验算。

(3) 临时天轮平台的上一层提升孔口和吊装孔口必须封闭牢固，防止坠落、掉落等伤人事故的发生。

(4) 施工电梯和塔式起重机位置不可与运行中的井筒装备、材料运输路线和人员行走通道有交叉,防止工作过程中彼此摩擦碰撞发生意外,因此,施工电梯和塔式起重机位置必须避开运行中的井筒装备、材料运输路线和人员行走通道。

第六十八条 安装井架或者井架上的设备时必须盖严井口。装备井筒与安装井架及井架上的设备平行作业时,井口掩盖装置必须坚固可靠,能承受井架上坠落物的冲击。

【释义】 本条是关于安装井架或者井架上的设备时、装备井筒与安装井架及井架上的设备平行作业时,必须盖严井口的规定。

(1) 井盖设在井口,带有井盖门和孔口,该结构的作用:当安装井架或井架上的设备时,为平移井架和吊装井架上的大型钢构件、中梁、边梁等材料,以及天轮平台、翻矸台等设备,提供一个良好的作业平台;能够防止坠物落井和防止电焊、气焊的火花及碎屑落入井筒,提供一个防坠的保护平台。

在安装井架和井架上的设备施工活动中,组成井架的大型钢构件、中梁、边梁和天轮平台、翻矸平台的设备均属于长杆件,质量大,移动不方便。井口若不封闭,安装作业的基本场所不具备,组装、平移凿井架工作就无法开展。因此,只有将井口封闭严密,并使其具有一定的承载能力,才能为井架的安装创造良好的条件。

安装井架和井架上的设备,需要装配大量的零部件,为防止在装配作业过程中意外掉落的物体坠入井筒内引发事故,也需要在井口上加盖封严,防止发生事故。安装井架和在井架上安装设备,往往需要进行气焊、电焊作业,为了防止气焊、电焊的火花和碎碴落入井筒内引发事故,也需要把井口盖严。

(2) 当装备井筒与安装井架及井架上的设备平行作业时,井口上下同时作业,这时盖严井口就更加重要了。若井口盖强度、安装质量有问题,上方人员、物料的坠落不仅会对井上人员造成伤害,也会对井下人员、设备造成一定的冲击和损害。

第六十九条 井下安装应当遵守下列规定:

(一) 作业现场必须有充足的照明。

(二) 大型设备、构件下井前必须校验提升设备的能力,并制定专项措施。

(三) 巷道内固定吊点必须符合吊装要求。吊装时应当有专人观察吊点附近顶板情况,严禁超载吊装。

(四) 在倾斜井巷提升运输时不得进行安装作业。

【释义】 本条是关于井下安装的规定。

井下作业现场有充足的照明无疑是井下工作顺利开展的重要保障。大型设备、构件笨重难移动,如果提升设备能力不足不仅不能顺利提升还有可能造成设备与构件脱落,进而造成严重的事故,加上整个过程任务大责任重,所以下井前必须校验提升设备的能力,并制定专项措施。

巷道内固定吊点必须满足吊装要求。吊点附近的顶板活动对吊点稳定性有重要影响,所以必须在吊装时安排专人观察吊点附近顶板情况,严禁超载吊装。在倾斜井巷提升运输时安装作业不仅有相冲相碰(包括运输时滑落)的危险,而且安排不当对于工作效率影响较严重,所以不得进行安装作业。

第四节　建井期间生产及辅助系统

第七十条　建井期间应当尽早形成永久的供电、提升运输、供排水、通风等系统。未形成上述永久系统前，必须建设临时系统。

矿井进入主要大巷施工前，必须安装安全监控、人员位置监测、通信联络系统。

【释义】　本条是关于建井期间建设与安装相应系统的规定。

建井期间，供电系统负责为建井工作提供充足的照明，为工作设备提供电力保障，是整个建井工作顺利开展的核心；提升运输系统在建井期间负责人员、设备、物料及开挖岩土体的提升与运输工作，是建井期间重要的运输系统之一；供排水系统负责为建井工作提供水源及排出地下水的任务，也是建井工作顺利开展的重要保障；通风系统的主要任务是将地表的新鲜风流带入井下同时排出井下的污风，目的是为井下工作人员提供新鲜风流。所以尽早形成上述各个系统对建井工作的顺利开展有着十分重要的意义，如果条件不成熟不能形成永久性的系统，也必须建设临时系统。

矿井进入主要大巷施工前，安装安全监控、人员位置监测、通信联络系统可以进行有效的安全监控、有效的人员定位、及时有效的信息交流。

第七十一条　建井期间应当形成两回路供电。当任一回路停止供电时，另一回路应当能担负矿井全部用电负荷。暂不能形成两回路供电的，必须有备用电源，备用电源的容量应当满足通风、排水和撤出人员的需要。

高瓦斯、煤与瓦斯突出、水文地质类型复杂和极复杂的矿井进入巷道和硐室施工前，其他矿井进入采区巷道施工前，必须形成两回路供电。

【释义】　本条是关于建井期间及其他复杂情形时形成两回路供电的规定。

煤矿建井期间突然停电，可能造成人员伤亡或者重要设备损坏，造成重大的经济损失。采用不同电源母线两回路供电，可以确保供电安全可靠。两回路电源线路供电，应符合下列条件之一：① 两个电源之间相互独立、无联系。② 如果两个电源之间有联系，应符合下列规定：在发生任何一种故障时，两个电源、线路不得同时损坏。在发生任何一种故障且保护动作正常时，至少应有一个电源不中断供电，并能担负矿井的全部负荷。为使两回路电源线路真正做到互为备用，应使其分别来自电力网中两个不同区域的变电所或发电厂。

有的地区形成两回路供电难度较大，暂不能实现两回路供电，采用单回路供电时，必须有备用电源，备用电源的容量必须能够正常开启通风机和撤出人员的提升设备，满足通风和撤出人员的需要。

两回路电源线路上都不得分接任何负荷。两回路电源线路上分接负荷有以下缺点：① 在供电电源线路上分接其他负荷，必然使干线和电源的故障概率增加，从而影响矿井供电的安全性；② 两回路电源线路互为备用，其中任一回路有分接负荷，另一回路无分接负荷，在倒闸使用时，其供电能力将不一致，甚至有可能不能担负全部负荷，从而影响供电的可靠性。

电源线路上严禁装设负荷定量器。负荷定量器的作用是当用电最高负荷超过线路或电力部门限定的负荷量时，就自动使电源停止供电，会造成井下排水、通风等系统瘫痪，所以必须保证连续供电。

第七十二条 悬挂吊盘、模板、抓岩机、管路、电缆和安全梯的凿井绞车,必须装设制动装置和防逆转装置,并设有电气闭锁。

【释义】 本条是关于悬挂吊盘、模板、抓岩机、管路、电缆和安全梯的凿井绞车必须安装制动与防逆转装置的规定。

悬挂吊盘、模板、抓岩机、管路、电缆和安全梯的凿井绞车都具有一定的下滑及坠落危险,如果意外发生坠落或滑落会产生严重的后果,如果采取可靠的制动装置或防逆转装置,就可以在坠落或下滑发生时给予及时良好的控制。因此,悬挂吊盘、模板、抓岩机、管路、电缆和安全梯的凿井绞车,必须装设可靠的制动装置和防逆转装置,并设有电气闭锁。

第七十三条 建井期间,2 个提升容器的导向装置最突出部分之间的间隙,不得小于 $0.2+H/3000$(H 为提升高度,单位为 m);井筒深度小于 300 m 时,上述间隙不得小于 300 mm。

立井凿井期间,井筒内各设施之间的间隙应当符合表 1 的要求。

表 1 立井凿井期间井筒内各设施之间的间隙

序号	井筒内设施	间隙/mm
1	吊桶最突出部分与孔口之间	≥150
2	吊桶上滑架与孔口之间	≥100
3	抓岩机停止工作,抓斗悬吊时的最突出部分与运行的吊桶之间	≥200
4	管、线与永久井壁之间(井壁固定管线除外)	≥300
5	管、线最突出部分与提升容器最突出部分之间: 井深小于 400 m 井深 400~500 m 井深大于 500 m	 ≥500 ≥600 ≥800
6	管、线卡子的最突出部分与其通过的各盘、台孔口之间	≥100
7	吊盘与永久井壁之间	≤150

【释义】 本条是关于建井期间,2 个提升容器的导向装置最突出部分之间的安全间隙及立井凿井期间井筒内各设施之间的安全间隙的规定。

在提升过程中,由于各阶段的速度不同,提升容器的受力也不同,提升容器会发生一定量的摆动,2 个提升容器就会发生碰撞,从而引发事故。建井期间,2 个提升容器的导向装置最突出部分之间的安全间隙的最小距离可由公式计算:

$$L_{min}=0.2+H/3000$$

式中 H——提升高度,m。

但是当井筒深度小于 300 m 时,上述公式计算出的安全间隙过小,不以公式计算结果为准,统一规定间隙不得小于 300 mm。

立井凿井期间,井筒内各设施之间的安全间隙应满足本条表 1 的规定。

第七十四条　建井期间采用吊桶提升时，应当遵守下列规定：

（一）采用阻旋转提升钢丝绳。

（二）吊桶必须沿钢丝绳罐道升降，无罐道段吊桶升降距离不得超过 40 m。

（三）悬挂吊盘的钢丝绳兼作罐道绳时，必须制定专项措施。

（四）吊桶上方必须装设保护伞帽。

（五）吊桶翻矸时严禁打开井盖门。

（六）在使用钢丝绳罐道时，吊桶升降人员的最大速度不得超过采用下式求得的值，且最大不超过 7 m/s；无罐道绳段，不得超过 1 m/s。

$$v=0.25\sqrt{H}$$

式中　v——最大提升速度，m/s；

H——提升高度，m。

（七）在使用钢丝绳罐道时，吊桶升降物料时的最大速度不得超过采用下式求得的值，且最大不超过 8 m/s；无罐道绳段，不得超过 2 m/s。

$$v=0.4\sqrt{H}$$

（八）在过卷行程内可不安设缓冲装置，但过卷行程不得小于表 2 确定的值。

表 2　提升速度与过卷行程

提升速度/(m·s^{-1})	4	5	6	7	8
过卷行程/m	2.38	2.81	3.25	3.69	4.13

（九）提升机松绳保护装置应当接入报警回路。

【释义】　本条是关于建井期间吊桶提升的规定。

(1) 凿井期间，立井用吊桶升降人员时：一是使用阻旋转钢丝绳，防止吊桶旋转使人头晕，身体不适无法工作；二是装设钢丝绳罐道，使吊桶沿罐道运行，既防止旋转，又保证吊桶不撞井壁。

(2) 吊桶必须沿钢丝绳罐道升降，在凿井初期尚未装设罐道的情况下，无罐道段吊桶升降距离不得超过 40 m。

(3) 近 20 年来，华东、东北的深立井施工，大都采用吊盘绳兼作稳绳，既便于井筒布置又有利于安全管理，同时能够满足稳绳的静张力。吊盘绳兼作稳绳时，应制定钢丝绳检查及维护防止磨损的安全措施。罐耳的滑套应采用尼龙等材质较软且耐磨材料制成，稳绳应定期涂油。

(4) 用吊桶升降人员时，吊桶上方必须有保护伞帽，防止井筒掉物伤人。吊桶边缘上不得坐人，防止人员坠入井筒。不能在装有物料的吊桶中乘人。不准用底卸式吊桶升降人员，因为吊桶在升降过程中吊桶底有可能打开。吊桶提升到地面时，必须在吊桶停稳、关闭井盖后从井口平台进出吊桶，防止进出吊桶时失足坠入井筒。

(5) 吊桶翻矸时，为防止矸石坠入井筒伤人，井盖门不得打开。

(6) 乘罐人员在向下加速和向上减速运行时，都会有失重感觉，加、减速度越大，失重感觉越严重，使乘罐人员有恐惧感，对于有心脏病和高血压的人，身体容易出现问题。运行速度越大，罐笼的横向冲撞就越严重，乘罐人员就越站立不稳，当罐内乘满人员时，有被撞出罐笼坠井的危险。

(7) 以提升高度来确定提升容器的最大运行速度是合理的。提升高度小而提升速度太大,增加了加、减速时间,减少了最大速度的运行时间,是不经济的,因为加速要多消耗动力;提升高度大而最大运行速度不够大,增加了等速运行的时间,影响了提升效率,也是不经济的。最大运行速度取 $v=0.4H$ 是经过科学论证,综合考虑了设备投资和设备运营及提升效率的科学的计算方法。

(8) 过卷高度或过放距离是指过卷或过放保护装置动作到罐笼或箕斗运行的终点的高度或距离,但到终点的速度不一定是零。当过卷开关失灵时,提升容器过卷后,以较大的速度撞击防撞梁,将产生剧烈的震动和冲击,对提升系统造成严重的破坏,发生事故,因此必须在过卷高度和过放距离内,设置可靠的缓冲装置,将全速过卷(过放)的容器或平衡锤平稳地停住,防止事故扩大。

(9) 吊桶提升每次倒矸和更换提升容器钢丝绳都处于松弛状态,因此,松绳保护只接入报警回路即可。

第七十五条 立井凿井期间采用吊桶升降人员时,应当遵守下列规定:

(一) 乘坐人员必须挂牢安全绳,严禁身体任何部位超出吊桶边缘。

(二) 不得人、物混装。运送爆炸物品时应当执行本规程第三百三十九条的规定。

(三) 严禁用自动翻转式、底卸式吊桶升降人员。

(四) 吊桶提升到地面时,人员必须从井口平台进出吊桶,并只准在吊桶停稳和井盖门关闭后进出吊桶。

(五) 吊桶内人均有效面积不应小于 0.2 m^2,严禁超员。

【释义】 本条是关于立井凿井期间采用吊桶升降人员的规定。

凿井期间,立井用吊桶升降人员时,为防止乘坐人员因意外脱落或甩出吊桶必须挂牢安全绳;若身体任何部分超出吊桶边缘,提升过程中有可能出现该超出部分与吊桶外的物体发生碰撞,进而导致伤亡事件。不能在装有物料的吊桶中乘人,因为如果出现摆动人与物料碰撞会造成伤害。运送爆炸物品时应执行本《规程》第三百三十九条的规定。不准用底卸式吊桶升降人员,因为吊桶在升降过程中一旦闭锁机构失灵,吊桶底打开,人员会坠入井底。吊桶提升到地面时,必须在吊桶停稳、关闭井盖后从井口平台进出吊桶,防止进出吊桶时失足坠入井筒。从安全许可的角度考虑,吊桶内人均有效面积应不小于 0.2 m^2,严禁超员。

第七十六条 立井凿井期间,掘进工作面与吊盘、吊盘与井口、吊盘与辅助盘、腰泵房与井口、翻矸平台与绞车房、井口与提升机房必须设置独立信号装置。井口信号装置必须与绞车的控制回路闭锁。

吊盘与井口、腰泵房与井口、井口与提升机房,必须装设直通电话。

建井期间罐笼与箕斗混合提升,提人时应当设置信号闭锁,当罐笼提人时箕斗不得运行。

装备 1 套提升系统的井筒,必须有备用通信、信号装置。

【释义】 本条是关于立井凿井期间凿井系统内通信、信号装置的规定。

(1) 立井开凿期间,各系统的运转、各工种的操作是在井筒的有限空间内完成的,各工种的作业地点在井筒的不同水平,形成了立体平行交叉作业。为了安全高效地开展凿井作业,凿井系统内各个环节都需要准确无误的信息交流。该信息交流包括灯光、声音及视频3种形式,保证信息准确无误交流的要点包括信号的独立性、形式多样性及时效性。因此,立井凿井期间,掘进工作面与吊盘、吊盘与井口、吊盘与辅助盘、腰泵房与井口、翻矸平台与绞车房、井口与提升机房必须设置独立信号装置。井口信号装置必须与绞车的控制回路闭锁。

(2) 为了保证井口与吊盘、腰泵房及提升机三者之间信息交流的准确性与时效性,吊盘与井口、腰泵房与井口、井口与提升机房,必须装设直通电话。

(3) 为了保障建井期间提升人员的生命安全及设备的良好运行,建井期间罐笼与箕斗混合提升,提人时应设置信号闭锁,当罐笼提人时箕斗不得运行。

(4) 为了信息交流的可靠性与不间断性,装备1套提升系统的井筒,必须有备用通信、信号装置。

第七十七条 立井凿井期间,提升钢丝绳与吊桶的连接,必须采用具有可靠保险和回转卸力装置的专用钩头。钩头主要受力部件每年应当进行1次无损探伤检测。

【释义】 本条是关于提升钢丝绳与吊桶的连接钩头的规定。

提升钢丝绳与吊桶的连接必须具有可靠的保险,回转卸力装置可以有效应对提升过程中的旋转问题。钩头的主要受力部件承受着提升过程中的主要载荷,如果年久产生损伤对整个提升是严重的威胁,根据理论与经验,钩头主要受力部件每年应进行1次无损探伤检测。

第七十八条 建井期间,井筒中悬挂吊盘、模板、抓岩机的钢丝绳,使用期限一般为1年;悬挂水管、风管、输料管、安全梯和电缆的钢丝绳,使用期限一般为2年。钢丝绳到期后经检测检验,不符合本规程第四百一十二条的规定,可以继续使用。

煤矿企业应当根据建井工期、在用钢丝绳的腐蚀程度等因素,确定是否需要储备检验合格的提升钢丝绳。

【释义】 本条是关于摩擦轮式提升钢丝绳等使用时间的规定。

提升钢丝绳的使用长度是由其被使用的方式确定的,在提升期间不可能截取钢丝绳试样做定期检验。虽然钢丝绳的使用寿命与提升载重量、运行加速度及提升次数等有关,但在实际提升物料的过程中,很难做到精确的综合评定。因此,采用限定使用年限的方式来保证钢丝绳的安全性。对钢丝绳的日常检查中,应当详细记录钢丝绳的断丝、直径缩小及锈蚀情况。钢丝绳到期后,如果钢丝绳的断丝、直径缩小及锈蚀程度仍然不超过本《规程》的相关规定,则可以继续使用,但不得超过1年。悬挂水管、风管、输料管等的钢丝绳,在井下潮湿的作业环境中极易锈蚀,达到使用期限后,主要对钢丝绳的锈蚀情况进行检查,若锈蚀程度不超过本《规程》的相关规定,则可以继续使用。

第七十九条 立井井筒临时改绞必须编制施工组织设计。井筒井底水窝深度必须满足过放距离的要求。提升容器过放距离内严禁积水积物。

同一工业广场内布置2个及以上井筒时,未与另一井筒贯通的井筒不得进行临时改绞。单井筒确需临时改绞的,必须制定专项措施。

【释义】 本条是关于立井井筒临时改绞的规定。

立井井筒临时改绞主要将原吊桶提升改为罐笼提升,并将其他辅助设施如天轮平台、封口盘及井筒内吊挂钢丝绳等进行相应改装与变动,以满足二期工程平巷施工中提升、供风、供水、排水及通风需要。施工组织设计是指导立井临时改绞全过程各项活动的技术、经济和组织的综合性文件,它能保证临时改绞开工后施工活动有序、高效、科学合理地进行。因此立井井筒临时改绞必须编制施工组织设计。

过放距离是指下放容器超过正常停车位置而不致造成破坏性事故的距离。提升容器过放距离内无论是积水还是积物都有可能发生事故,因此井筒井底水窝深度必须满足过放距离的要求。提升容器过放距离内严禁积水、积物。

同一工业广场内布置2个及以上井筒时,未与另一井筒贯通的井筒不得进行临时改绞。因为井筒建造过程中提升运输任务太重,贯通后可以形成通风回路,一个井筒进行临时改绞,另一个井筒可以暂时性地承担提升任务。如此任务可以有序高效地完成,对工期及后续的矿井建造都是有利的。单井筒确需临时改绞的,必须制定专项措施。

第八十条 开凿或者延深斜井、下山时,必须在斜井、下山的上口设置防止跑车装置,在掘进工作面的上方设置跑车防护装置,跑车防护装置与掘进工作面的距离必须在施工组织设计或者作业规程中明确。

斜井(巷)施工期间兼作人行道时,必须每隔40 m设置躲避硐。设有躲避硐的一侧必须有畅通的人行道。上下人员必须走人行道。人行道必须设红灯和语音提示装置。

斜巷采用多级提升或者上山掘进提升时,在绞车上山方向必须设置挡车栏。

【释义】 本条是关于开凿或延深斜井、下山时设置防跑车装置、躲避硐和挡车栏的规定。

(1) 当开凿或者延深斜井、下山施工时,由于轨道质量不好、操作不当或提升突遇障碍发生过负荷等原因,有可能发生提升容器掉道、脱钩或断绳,使提升容器沿斜坡下滑或跑车,产生巨大的冲击力,撞翻支架,撞倒行人或工作面作业人员,造成严重的伤亡事故。为了预防跑车及跑车后伤亡事故的发生,必须在斜井、下山的上口和掘进工作面的上方都设置防跑车装置。

【案例】 1998年4月28日,某矿十二号井回风下山掘进,在上部车场推来4辆矿车,当打开上部车场的阻车器往下推车时,才发现第三辆车与第四辆车没有连接,但已来不及挂三环链了,变坡点下方略大于一列车长度的地点没有设置防止未挂链车辆发生跑车的挡车装置,前3辆车急速向下跑去,至下山150 m掉道,撞倒了3架棚子,并将1名补风筒工人撞死。

(2) 斜井(巷)施工期间兼作人行道时,必须每隔40 m设置躲避硐并设红灯。躲避硐的净高大于或等于1.8 m,净宽大于或等于1.4 m,净深大于或等于1.4 m。如果在规定的间距附近有可以利用的硐室或巷道达到本条本项的要求时,可不另设躲避硐。躲避硐应经常保持清洁卫生,硐内不得有积水、淤泥或堆放物料。坡度大于45°或坡长大于500 m,每间隔250 m的躲避硐室应加深加宽,并设坐凳。设有躲避硐的一侧必须有畅通的人行道。人行道距工作面的距离小于或等于50 m,人行道的阶梯应经常保持完整无缺。上下人员必须走人行道,严禁井巷中的行人离开人行道到车道上行走。接近掘进工作面而暂时未设置人行道的地段，可靠边行走。行人必须时刻注意红灯和语音提示，当红灯亮时，行人必须尽快进入附近的躲避硐，待矿车下方到坡底或矿车提升到上部水平车场，放下挡车栏关闭红灯后人员方可行走。

(3) 斜巷采用多级提升或上山掘进提升时，为了保证提升过程中矿车突然下滑引起事故，在绞车上山方向必须设置挡车栏。

第八十一条　在吊盘上或者在 2 m 以上高处作业时，工作人员必须佩带保险带。保险带必须拴在牢固的构件上，高挂低用。保险带应当定期按有关规定试验。每次使用前必须检查，发现损坏必须立即更换。

【释义】　本条是关于高处作业人员佩带保险带的规定。

在井架上、井筒内的悬吊设备上、井圈上作业及拆除保险盘作业和掘凿保护岩柱作业，均属于高空作业。2 m 以上高处作业时，作业人员稍不留意或用力过猛，就会造成人体失衡，导致人员坠落而伤亡。在吊盘上作业也属于高空作业，吊桶在运行中和吊盘升降会因某种原因碰撞、挂靠而导致翻罐和翻盘事故，此时作业人员若不佩带保险带，就会坠落井底造成伤亡。

高空作业人员佩带的保险带要锁扣齐全并打死，必须拴在牢固的构件上，高挂低用。保险带必须保证质量，定期按有关规定做试验。每次使用前仔细检查，发现损坏时必须立即更换。

第八十二条　井筒开凿到底后，应当先施工永久排水系统，并在进入采区施工前完成。永久排水系统完成前，在井底附近必须设置临时排水系统，并符合下列要求：

（一）当预计涌水量不大于 50 m^3/h 时，临时水仓容积应当大于 4 h 正常涌水量；当预计涌水量大于 50 m^3/h 时，临时水仓容积应当大于 8 h 正常涌水量。临时水仓应当定期清理。

（二）井下工作水泵的排水能力应当能在 20 h 内排出 24 h 正常涌水量，井下备用水泵排水能力不小于工作水泵排水能力的 70%。

（三）临时排水管的型号应当与排水能力相匹配。

（四）临时水泵及配电设备基础应当比巷道底板至少高 300 mm，泵房断面应当满足设备布置需要。

【释义】　本条是关于井筒开凿到底后设置排水系统的规定。

井筒施工达到设计深度后，必须抓紧时间设置具有一定能力的临时排水设施，以确保临时变电所、临时水仓形成之前的安全施工。依据理论计算分析与工程经验，当预计涌水量小于或等于 50 m^3/h 时，临时水仓容积应大于 4 h 正常涌水量；当预计涌水量大于 50 m^3/h 时，临时水仓容积应大于 8 h 正常涌水量。临时水仓应定期清理。井下工作水泵的排水能力应能在 20 h 内排出 24 h 正常涌水量，井下备用水泵排水能力不小于工作水泵排水能力的 70%。

如果不尽快建立排水设施，就不能保证将涌水及时排出井筒，会造成涌水积聚，甚至造成淹井，对临时变电所、临时水仓的施工安全构成威胁。为了排水任务顺利开展与合格完成，临时排水管的型号应与排水能力相匹配。临时水泵及配电设备基础应比巷道底板至少高 300 mm,泵房断面应满足设备布置需要。

第八十三条 立井凿井期间的局部通风应当遵守下列规定:

(一)局部通风机的安装位置距井口不得小于 20 m,且位于井口主导风向上风侧。

(二)局部通风机的安装和使用必须满足本规程第一百六十四条的要求。

(三)立井施工应当在井口预留专用回风口,以确保风流畅通,回风口的大小及安全防护措施应当在作业规程中明确。

【释义】 本条是关于立井凿井期间的局部通风的规定。

局部通风机的安装位置距井口不得小于 20 m,这是依据局部通风机的性能、井口位置及通风效果共同决定的,在布置时依据风流流动特征及通风需求局部通风机应位于井口主导风向上风侧。具体局部通风机的安装和使用必须满足本《规程》第一百六十四条的要求。立井施工应在井口预留专用回风口,以确保风流畅通,回风口的大小及安全防护措施应在作业规程中明确。

第八十四条 巷道及硐室施工期间的通风应当遵守下列规定:

(一)主井、副井和风井布置在同一个工业广场内,主井或者副井与风井贯通后,应当先安装主要通风机,实现全风压通风。不具备安装主要通风机条件的,必须安装临时通风机,但不得采用局部通风机或者局部通风机群代替临时通风机。

主井、副井和风井布置在不同的工业广场内,主井或者副井短期内不能与风井贯通的,主井与副井贯通后必须安装临时通风机实现全风压通风。

(二)矿井临时通风机应当安装在地面。低瓦斯矿井临时通风机确需安装在井下时,必须制定专项措施。

(三)矿井采用临时通风机通风时,必须设置备用通风机,备用通风机必须能在 10 min 内启动。

【释义】 本条是关于巷道及硐室施工期间通风的规定。

(1) 全风压通风是利用矿井主要通风机的风压来进行局部通风的,矿井的主要通风机相对于局部通风机安全性高、运行平稳,故全风压通风一般不会发生停电停风现象,因而避免了因局部通风机停电停风造成的次生事故。全风压通风可以在风筒入口加装调节窗实现风量的调整,既简便易行,又能保证风量的合理分配,局部通风管理简单。因此,主井、副井和风井布置在同一个工业广场内,主井或副井与风井贯通后,应先安装主要通风机实现全风压通风。当不具备安装主要通风机的条件时,必须安装临时通风机,但不得采用局部通风机或局部通风机群代替临时通风机。主井和副井与风井布置在不同的工业广场内,主井或副井与风井贯通距离较远且短期内不能贯通,当主井与副井贯通后,为了及时形成可靠的循环通风系统,必须安装临时通风机实现全风压通风。

(2) 低瓦斯矿井,在地面安装临时通风机的难度较大,可以根据实际情况安装在井下,但必须制定专项措施,保证由于停电等原因造成井下及开关附近瓦斯超限时,能够及时将瓦斯降到允许浓度,便于启动井下临时通风机。如在地面安装一台局部通风机,井下临时通风机恢复通风前通过风筒向进风井、井下临时通风机及开关附近送风,当进风井、井下临时通风机及开关附近瓦斯降到允许浓度,启动井下临时通风机,关闭地面局部通风机。

(3) 临时通风机安设时，必须安设备用通风机，是为了保证出现故障时，备用通风机能够在短时间内(10 min)投入运行，保证矿井通风系统尽快正常运行。

第八十五条　建井期间有下列情况之一的，必须建立瓦斯抽采系统：

(一) 突出矿井在揭露突出煤层前。

(二) 任一掘进工作面瓦斯涌出量大于 3 m^3/min，用通风方法解决瓦斯问题不合理的。

【释义】　本条是关于建井期间必须建立瓦斯抽采系统的规定。

煤矿瓦斯抽采就是向煤层和瓦斯积聚区域打钻，将钻孔接在专用的管路上，用抽采设备将煤层和采空区中的瓦斯抽至地面，加以利用，或排放至总回风流中。抽采瓦斯不仅是降低开采过程中的瓦斯涌出量，防止瓦斯超限和积聚，预防瓦斯爆炸和煤与瓦斯突出事故的重要措施，还可以变害为利，作为煤炭伴生资源加以开发利用。建井期间，抽采瓦斯是突出矿井揭煤施工最有效和可靠的防治突出措施。建设单位应按设计及早建立永久瓦斯抽采系统。突出矿井在井筒揭煤时，可采取移动瓦斯抽采泵抽采瓦斯。

任一掘进工作面瓦斯涌出量大于 3 m^3/min 时，用通风方法解决瓦斯问题是不合理的，必须建立瓦斯抽采系统。

第二章 开 采

第一节 一般规定

第八十六条 新建非突出大中型矿井开采深度(第一水平)不应超过1000 m,改扩建大中型矿井开采深度不应超过1200 m,新建、改扩建小型矿井开采深度不应超过600 m。

矿井同时生产的水平不得超过2个。

【释义】 本条是关于不同井型的矿井最大开采深度和同时生产水平数量的规定。

井工煤矿深井开采,岩层压力增大,巷道维护困难,巷道变形量和翻修率大幅度提高;深部煤岩层中积聚了大量能量,冲击地压发生的频率和强度增大;矿井深度越大热灾害越严重,需要采取机械降温措施。此外,深井开采通风、提升、排水等成本也会随之增加。鉴于深井开采灾害的复杂性和开采成本的增加,目前的开采技术、巷道围岩控制技术等应对深井开采尚有不足之处,本着资源有效利用、安全高效开采的原则,新建非突出大中型矿井开采深度(第一水平)不应超过1000 m,改扩建大中型矿井开采深度不应超过1200 m,新建、改扩建小型矿井开采深度不应超过600 m。

本条对矿井开采深度的规定是针对非突出矿井来要求的,对于突出矿井,《规程》第一百九十条规定:新建突出矿井设计生产能力不得低于0.9 Mt/a,第一生产水平开采深度不得超过800 m;中型及以上的突出生产矿井延深水平开采深度不得超过1200 m,小型的突出矿井开采深度不得超过600 m。

矿井采取多水平开采,不同水平之间的通风、提升、排水等会有一定干扰,生产系统复杂,安全生产管理难度增大,而矿井单一水平开采有利于提升工作面装备水平,实现安全高效生产,因此本条规定矿井同时生产的水平不得超过2个。

【案例】 据新汶矿业集团孙村煤矿实测,开采深度为600 m时,工作面前方支承压力影响范围为100 m左右;当采深增大到800 m时,该影响范围增大到120 m。同样,支承压力在底板岩层中的影响范围也大幅增加,实测数据已达到300 m。开滦集团赵各庄矿深部开采时,运输巷布置在距煤层底板80 m的粗、中砂岩中,采动影响仍使巷道变形破坏,造成大量翻修。由此可见,随采深增加,巷道不稳定性加剧,就目前的井巷支护技术而言,难以实现安全生产。

【案例】 底鼓量大是深井巷道的又一显著特征。苏联对深部开采矿井产生底鼓巷道的统计分析结果见表3-2-1。

表3-2-1 苏联深部开采矿井产生底鼓巷道的比重

开采深度/m	600～800	900	1000
底鼓比重/%	25	40	约80

西德对200多条深部开采巷道实测获得的顶底板相对移近量、底鼓量的平均值见表3-2-2。

表 3-2-2 深部开采巷道顶底板移近量及底鼓量平均值

巷道类别	开采深度/m	顶底板移近量 u/%	底鼓量平均值 u_j/%
开拓与准备巷道	1000	22	18
回采巷道	922	40	32

【执行中应注意的问题】

(1) 本条第 2 款中的两个水平,是指从一个水平向另一个水平过渡期间存在的两个水平。

(2) 采用 2 个水平生产的矿井,矿井上下水平交替时间,即两个生产水平同时存在的过渡期,大中型矿井不宜超过 3 年,小型矿井不宜超过 2 年。

第八十七条 *每个生产矿井必须至少有 2 个能行人的通达地面的安全出口,各出口间距不得小于 30 m。*

采用中央式通风的新建和改扩建矿井,设计中应当规定井田边界的安全出口。

新建、扩建矿井的回风井严禁兼作提升和行人通道,紧急情况下可作为安全出口。

【释义】 本条是对生产矿井、新建及扩建矿井安全出口的规定。

(1) 安全出口是灾害来临时灾害场所人员的生命通道。每个生产矿井设置 2 个以上能行人的安全出口,其作用是:构成矿井通风系统或各个分区通风系统时,必须有进风口和出风口,即 2 个出口;当矿井发生灾害时,被灾害围困人员可根据事故地点和事故的性质,选择不同的安全通道安全撤离灾区;便于救护队员通过 2 个安全出口,接近或到达灾区进行抢险救灾,抢救和护送伤员。如果其中的 1 个安全出口的通道受到灾害影响或被堵塞不能通过时,另一个安全出口可以正常发挥作用。所以,1 个安全出口是不行的,必须至少有 2 个能行人的安全出口。

(2) 在确定通达地面的安全出口间的距离时还应考虑能满足施工和生产的需要,同时还要考虑到井巷开拓工程量小、工业广场占地少、煤柱压煤量少等因素,综合考虑确定。我国根据技术装备水平、工程实践和人员习惯的实际情况出发,形成了"各个出口之间的距离不得小于 30 m"的规定。

(3) 采用中央式通风的新建和改扩建矿井, 设置井田边界安全出口,既解决了井田边界区域通风问题,又可实现人员安全快速撤离灾区,对矿井后期安全生产十分有利。本条的规定特别适用于我国中西部地区,开采技术条件优越,矿井生产能力大,井田尺寸相对于老矿区也有大幅度增加,如神东矿区,工作面的推进长度就达 6 km 以上,井田面积达几十平方千米,如果井田边界没有安全出口,一旦井田中央区域发生灾难性事故,必然影响人员的安全撤离。

(4) 回风井是专门用来回风的井筒,它的畅通与否与全矿能否安全高效地生产有密切的关系。回风井中空气的成分比较复杂,有毒有害气体的浓度往往比较高,人员长期在其中行走会影响身体健康。因此,新建、扩建矿井的回风井严禁兼作提升和行人通道,除非紧急情况下才可作为安全出口。

【执行中应注意的问题】

(1) 在矿井的风井为斜井或平硐的情况下,生产过程中,要严防在风井附近工作的人员利用风井作为进出通道。

(2) 为避免上述情况发生,应在平巷和风井交接处设置栅栏和"严禁通行"的标牌。

第八十八条 井下每一个水平到上一个水平和各个采(盘)区都必须至少有2个便于行人的安全出口,并与通达地面的安全出口相连。未建成2个安全出口的水平或者采(盘)区严禁回采。

井巷交岔点,必须设置路标,标明所在地点,指明通往安全出口的方向。

通达地面的安全出口和2个水平之间的安全出口,倾角不大于45°时,必须设置人行道,并根据倾角大小和实际需要设置扶手、台阶或者梯道。倾角大于45°时,必须设置梯道间或者梯子间,斜井梯道间必须分段错开设置,每段斜长不得大于10 m;立井梯子间中的梯子角度不得大于80°,相邻2个平台的垂直距离不得大于8 m。

安全出口应当经常清理、维护,保持畅通。

【释义】 本条是对相邻水平和采(盘)区安全出口及安全出口人行道和梯道设置的规定。

井下每一个水平到上一个水平和各个采(盘)区都必须至少有2个便于行人的安全出口,并与通达地面的安全出口相连,目的是每一个水平之间、水平与地面之间保持畅通,一旦其中一个安全出口受到灾害影响或被堵塞不能通行时,另一个安全出口可以正常发挥作用。为了更清晰地让安全出口被工人掌握,井巷交岔点,必须设置路标,标明所在地点,指明通往安全出口的方向。

安全出口设置要考虑到平时正常通行和一旦发生安全事故时井下作业人员能更方便、更迅速地借助安全出口逃生。当安全出口倾角小于或等于45°时,设置人行道即可;大于45°时,必须设置扶手、台阶或梯道;斜井梯道间分段错开设置是为了防止上边人或物跌落影响到后边人员的安全;立井中梯子相隔8 m以内必须设置平台,以便让人员在平台处稍事休息或作为保护平台梯子的角度不应大于80°。

【执行中应注意的问题】

(1) 倾斜的安全出口,应设置台阶和扶手。

(2) 行人安全出口应设在进风通道内。

第八十九条 主要绞车道不得兼作人行道。提升量不大、保证行车时不行人的,不受此限。

【释义】 本条是关于主要绞车道不得兼作人行道的规定。

规定本条的目的是防止发生跑车伤人事故。尽管采用了无极绳、挡车器技术,并严格执行设备定期检测等各种管理措施,但由于人的不安全行为(把钩工、绞车司机误操作等)、绞车道的繁忙运输和井下环境的复杂性,难免出现跑车伤人事故。因此,主要绞车道不得兼作人行道。提升量不大的绞车道,若要作为人行道,必须有确保做到行人不行车,行车不行人、不作业的措施。

【案例】 1993年1月28日，某矿8点班西大巷轨道下山的作业人员打电话要一辆空矿车。上山口绞车操作工知道后就连接空矿车往下山送，信号工未送红灯。当下到巷道中间泵房时，当班泵工正从泵房出来，由于未送红灯，加上水泵正在运行，声音大，该泵工被突然下到身边的矿车撞击头部，当场死亡。事故的主要原因就是绞车操作工、信号工未送红灯就下放矿车，未严格执行"行人不行车、行车不行人"的规定。

第九十条　巷道净断面必须满足行人、运输、通风和安全设施及设备安装、检修、施工的需要，并符合下列要求：

（一）采用轨道机车运输的巷道净高，自轨面起不得低于2 m。架线电机车运输巷道的净高，在井底车场内、从井底到乘车场，不小于2.4 m；其他地点，行人的不小于2.2 m，不行人的不小于2.1 m。

（二）采（盘）区内的上山、下山和平巷的净高不得低于2 m，薄煤层内的不得低于1.8 m。

（三）运输巷（包括管、线、电缆）与运输设备最突出部分之间的最小间距，应当符合表3的要求。

巷道净断面的设计，必须按支护最大允许变形后的断面计算。

表3　运输巷与运输设备最突出部分之间的最小间距

巷道类型	顶部/m	两侧/m	备　注
轨道机车运输巷道		0.3	综合机械化采煤矿井为0.5 m
输送机运输巷道		0.5	输送机机头和机尾处与巷帮支护的距离应当满足设备检查和维修的需要，并不得小于0.7 m
卡轨车、齿轮车运输巷道	0.3	0.3	单轨运输巷道宽度应当大于2.8 m，双轨运输巷道宽度应当大于4.0 m
单轨吊车运输巷道	0.5	0.85	曲线巷道段应当在直线巷道允许安全间隙的基础上，内侧加宽不小于0.1 m，外侧加宽不小于0.2 m。巷道内外侧加宽要从曲线巷道段两侧直线段开始，加宽段的长度不小于5.0 m
无轨胶轮车运输巷道	0.5	0.5	曲线巷道段应当在直线巷道允许安全间隙的基础上，按无轨胶轮车内、外轮曲率半径计算需加大的巷道宽度。巷道内外侧加宽要从曲线巷道两侧直线段开始，加宽段的长度应当满足安全运输的要求
设置移动变电站或者平板车的巷道		0.3	移动变电站或者平板车上设备最突出部分与巷道侧的间距

【释义】　本条是关于巷道净断面尺寸的规定。

巷道的行人、运输、通风和安全设施及设备安装、检修、施工的需要决定了巷道净断面尺寸。巷道净断面设计要考虑到巷道支护方式、巷道可能存在的变形量、巷道有效利用面积和巷道断面形状,在满足安全、够用的前提下,尽量减少巷道工程量,以降低成本。

因矿井大吨位高新技术装备不断出现,因此本条文调整了运输巷与运输设备最突出部分的最小间距,增加了采用无轨胶轨车运输时,对顶部和两侧最小间距的要求。

(一) 架线电机车运输巷道的净高,在井底车场内、从井底到乘车场,由原《规程》的 2.2 m提高到 2.4 m;其他地点的行人巷道净高由原《规程》的 2 m 提高到 2.2 m,不行人的巷道净高由原《规程》的 1.9 m 提高到 2.1 m,巷道净高分别提高了 0.2 m,主要是考虑机械装备大型化和职业健康对工作环境的要求。

目前,一些大型现代化矿井,如神东矿区大柳塔煤矿等在确定巷道净断面和净高时,还考虑了运送大吨位采掘设备的要求,巷道宽度已达 5 m 以上,高度一般在 4.6 m 以上。矿井巷道净断面与净高除满足《规程》的要求外,还要结合本矿实际情况确定。

(二) 现场多年的实践证实,采(盘)区内的上山、下山和平巷的净高不低于 2 m,薄煤层内的不低于 1.8 m,可保证车辆运行和人员行走的安全。

(三) 运输巷与运输设备最突出部分之间的最小间距,在本条表 3 中作了明确规定,这些数值都是从多年的实践中总结出来的,且证明是行之有效的,应严格执行。

【执行中应注意的问题】

在采用架线电机车运送大型综采设备时,如设备高度超标,应采取相应措施以保证在运输过程中设备不触及架线。

【案例】 2006 年 8 月 19 日,邵东县宋家塘煤矿发生了一起运输事故,1 人死亡。8 月 19 日晚班,煤矿掘一队负责 3121 通风上山扩巷施工,作业人员杨某在 312 轨道下山下车场挂好 2 辆重车并向上车场发出提升信号后,爬到了第 1 辆重车上。重车提升 40 m 时,第 2 辆重车后轮突然脱轨掉道,杨某立即从右侧向后察看,头部被挤压在矿车右厢体与巷道侧帮之间,当场死亡。这次事故的原因是:① 312 轨道上山轨道安装质量差,维护不及时。左、右两根钢轨高度不一致,容易造成矿车掉道。轨道敷设不规范,右侧距离巷道侧帮宽度不够。② 312 轨道上山巷道高度不够,只有 1.6 m。巷道支架失修,多处支架的棚腿挤压变形。③ 312 轨道上山提升时,作业人员行车时行人、搭乘矿车上下等违章行为严重。

第九十一条 新建矿井、生产矿井新掘运输巷的一侧,从巷道道碴面起 1.6 m 的高度内,必须留有宽 0.8 m(综合机械化采煤及无轨胶轮车运输的矿井为 1 m)以上的人行道,管道吊挂高度不得低于 1.8 m。

生产矿井已有巷道人行道的宽度不符合上述要求时,必须在巷道的一侧设置躲避硐,2 个躲避硐的间距不得超过 40 m。躲避硐宽度不得小于 1.2 m,深度不得小于 0.7 m,高度不得小于 1.8 m。躲避硐内严禁堆积物料。

采用无轨胶轮车运输的矿井人行道宽度不足 1 m 时,必须制定专项安全技术措施,严格执行“行人不行车,行车不行人”的规定。

在人车停车地点的巷道上下人侧,从巷道道碴面起 1.6 m 的高度内,必须留有宽 1 m 以上的人行道,管道吊挂高度不得低于 1.8 m。

【释义】 本条是关于人行道、躲避硐位置和尺寸的规定。

据不完全统计,因巷道宽度不够使人员被挤、压、碰、撞的事故,占运输事故的 4.6%,这些血的教训是制定和必须执行本条规定的最重要依据。为了行人不被运行中的车辆刮住、蹭伤而发生事故，人行道必须有足够的宽度。生产矿井已有巷道人行道的宽度不符合本条的要求时，必须在巷道的一侧设置躲避硐，车来进硐，车停人行。采用无轨胶轮车运输的矿井人行道宽度不足 1 m 时，必须制定专项安全技术措施，严格执行“行人不行车，行车不行人”的规定。

我国一般身材的矿工，在穿靴戴帽、身着棉衣裤的情况下，其外形尺寸：高 1.75～1.8 m、宽 0.55～0.6 m、胸背间距(人体厚度)0.35～0.4 m。人员与行驶列车相遇，若即停步侧身躲让，在 0.8 m(综合机械化采煤及无轨胶轮车运输的矿井为 1 m)的人行道中，可保持有0.2 m 的空隙，能保证行人安全。为方便矿工在巷道中行走，保证人头不碰撞到管道，规定巷道中管道的吊挂高度不得小于 1.8 m。

第九十二条　在双向运输巷中，两车最突出部分之间的距离必须符合下列要求：

(一) 采用轨道运输的巷道：对开时不得小于 0.2 m，采区装载点不得小于 0.7 m，矿车摘挂钩地点不得小于 1 m。

(二) 采用单轨吊车运输的巷道：对开时不得小于 0.8 m。

(三) 采用无轨胶轮车运输的巷道：

1. 双车道行驶，会车时不得小于 0.5 m。

2. 单车道应当根据运距、运量、运速及运输车辆特性，在巷道的合适位置设置机车绕行道或者错车硐室，并设置方向标识。

【释义】　本条是关于双轨运输巷中两车最突出部分之间距离的规定。

井下轨道路基铺设的质量不达标，巷道围岩变形不均衡，车辆运行过程中的外伸内缩现象、车厢变形等，都可能导致两列车在运行过程中发生碰撞。因此，本条规定了双向运输巷中两车最突出部分之间的距离，这些规定都是在实践中总结出来的，有的甚至是从血的教训中得到的，一定要严格遵守。

第九十三条　掘进巷道在揭露老空区前，必须制定探查老空区的安全措施，包括接近老空区时必须预留的煤(岩)柱厚度和探明水、火、瓦斯等内容。必须根据探明的情况采取措施，进行处理。

在揭露老空区时，必须将人员撤至安全地点。只有经过检查，证明老空区内的水、瓦斯和其他有害气体等无危险后，方可恢复工作。

【释义】　本条是关于巷道揭露老空区应采取的安全措施的规定。

(1) 老空区通常又称老塘、古空区，指全部垮落法顶板管理后形成封闭的已采区域。老空区属于积水集气区域，往往积存大量的水、瓦斯和有毒有害气体，具有重大危险倾向。此外，老空区呆滞煤柱与浮煤在长期密闭通风不良的条件下易产生高温，高温状态下的煤体在供氧条件下可能自然发火。掘进巷道揭露老空区前，必须制定探查措施。通过探查了解采空区内的实际情况，在充分掌握老空区内积水和有毒有害气体的压力、总量、气体成分的基础上，采取有针对性的措施后方可揭露老空区。

(2) 按规定措施揭露老空区时，为防止对老空区的情况探查得不准确，突发意外情况，必须将人员撤至安全地点。

第九十四条 采(盘)区结束后、回撤设备时,必须编制专门措施,加强通风、瓦斯、顶板、防火管理。

【释义】 本条是关于采(盘)区结束、回撤设备时必须编制专门措施的规定。

待回采工作面全部回采结束后,原有的通风系统已经改变,采煤、支架、充填、排水、运输等机电设备、设施已经停止作业,需要拆运。在封闭之前回撤设备时,由于疏于防范和管理,或设备、管路等金属物件互相摩擦、碰撞,或处理电缆接头时产生火花,加上采区因通风不良积聚有毒有害气体,致使发生火灾、窒息及瓦斯超限等事故。因此,必须针对回撤设备时可能发生的安全问题和隐患,编制专门措施,加强通风、瓦斯、顶板、防火管理,以杜绝事故的发生。

第二节 回采和顶板控制

第九十五条 一个矿井同时回采的采煤工作面个数不得超过 3 个,煤(半煤岩)巷掘进工作面个数不得超过 9 个。严禁以掘代采。

采(盘)区开采前必须按照生产布局和资源回收合理的要求编制采(盘)区设计,并严格按照采(盘)区设计组织施工,情况发生变化时及时修改设计。

一个采(盘)区内同一煤层的一翼最多只能布置 1 个采煤工作面和 2 个煤(半煤岩)巷掘进工作面同时作业。一个采(盘)区内同一煤层双翼开采或者多煤层开采的,该采(盘)区最多只能布置 2 个采煤工作面和 4 个煤(半煤岩)巷掘进工作面同时作业。

在采动影响范围内不得布置 2 个采煤工作面同时回采。

下山采区未形成完整的通风、排水等生产系统前,严禁掘进回采巷道。

严禁任意开采非垮落法管理顶板留设的支承采空区顶板和上覆岩层的煤柱,以及采空区安全隔离煤柱。

采掘过程中严禁任意扩大和缩小设计确定的煤柱。采空区内不得遗留未经设计确定的煤柱。

严禁任意变更设计确定的工业场地、矿界、防水和井巷等的安全煤柱。

严禁开采和毁坏高速铁路的安全煤柱。

【执行说明】 采煤工作面是进行采煤作业的场所,具有完整的采煤、通风、运输、供电等系统。

备用采煤工作面不计为正常作业的采煤工作面,但不得与生产采煤工作面同时采煤(包括同一日内的错时生产);采煤工作面的安装或回撤不属于正常采煤作业。交替生产的采煤工作面不计为备用工作面。

交替作业的双巷掘进工作面计为一个掘进工作面。

【释义】 本条是关于编制采(盘)区设计和采掘工作面布置及安全煤柱留设的规定。

视频

(1) 对煤矿来说,应做到生产系统完善、生产布局合理、资源回收合理。生产布局合理是保证矿井高产、稳产、安全可靠的基础。如果矿井生产布局不合理,就可能存在严重的事故隐患。没有设计的施工是盲目的施工,轻者造成无效进尺、浪费资源和破坏环境,重者造成煤矿安全事故发生。采(盘)区设计是采(盘)区进行布置的依据,要实现合理集中、安全生产,提高矿井的经济效益,必须根据矿井的具体采矿地质条件,按照本规程和《煤炭工业矿井设计规范》的要求,编制好采(盘)区设计。在采(盘)区施工过程中务必严格按照采(盘)区设计进行施工,若确实因采矿地质条件变化,不能按照采(盘)区设计进行施工,则需要更改采(盘)区设计。

批准的采(盘)区设计是组织采(盘)区范围内施工、生产的指导性技术文件。它是矿井设计的一部分内容,用以协调、平衡矿井生产计划、开拓进尺、矿井生产能力等。采(盘)区设计应包括下列内容:

① 采(盘)区的几何尺寸、位置、边界、煤柱、邻近采(盘)区开采情况,采(盘)区采动后对矿井或地面影响的预测和采取的相应措施,应具备采(盘)区井上下对照图、采(盘)区边界煤柱设计图、采(盘)区储量表和采(盘)区回采率。

② 采(盘)区煤层的结构、厚度、倾角、硬度、品种、生产能力、储量、地质构造、瓦斯和二氧化碳的含量以及突出倾向性,煤层自然发火倾向性,煤尘爆炸性,开采煤层围岩的性质,含水性、冲击地压危险性等,应具备采(盘)区地质、水文地质、储量图。

③ 回采工艺、顶板管理方法及其选择依据,开采程序、采煤设备及采煤方法图,采(盘)区生产能力及回采、掘进工作面个数,采(盘)区服务年限及工作制度。

④ 采(盘)区巷道布置,区段划分的个数,各巷道断面及支护形式,掘进设备,采掘比例关系及采掘工程图。

⑤ 采(盘)区所需风量及通风系统设计并附系统图,通风监测仪表的设施布置图。

⑥ 采(盘)区运输综合能力及其设施,并附运煤、出矸、材料输送、设备与人员运输系统图。

⑦ 采(盘)区供电设施及其系统设计,并附系统图。

⑧ 采(盘)区排水量、排水设施设计及其系统图。

⑨ 采(盘)区所需压风量及其管路系统图。

⑩ 采(盘)区通信设施及其系统图。采(盘)区照明设施及其工程图。采(盘)区水幕、综合防尘洒水系统及隔爆设施等系统图。

采(盘)区设计涉及的部门、技术内容很多,需要编写大量的文字,绘制大批图件、表格,依此指导、规范采(盘)区的施工、安全生产。编制采(盘)区设计十分必要。

【案例】 2005 年 2 月 14 日,辽宁省阜新矿业(集团)有限责任公司孙家湾煤矿海州立井发生一起特别重大瓦斯爆炸事故,造成 214 人死亡,30 人受伤。事故的直接原因是:冲击地压造成 3316 风道外段大量瓦斯异常涌出,3316 风道里段掘进工作面局部停风造成瓦斯积聚,瓦斯浓度达到爆炸界限;工人违章带电检修架子道距专用回风上山 8 m 处临时配电点的照明信号综合保护装置,产生电火花引起瓦斯爆炸。事故的主要间接原因:孙家湾煤矿海州立井改扩建工程及矿井生产技术管理混乱。超能力组织生产,造成采掘接替严重失调,331 采区在无采区设计的情况下进行作业,采区没有专用回风巷,采区下山未贯穿整个采区,边生产边延伸;该矿擅自修改设计,3315 综放工作面与 3316 风道掘进面没有形成独立的通风系统,违反《规程》的规定,这是造成灾害扩大的主要原因。

(2) 本条对工作面内采掘工作面的个数做了详细规定,其原因如下:

① 采区应具有独立的通风和运输系统,当在一个采区内同时作业的回采工作面和掘进工作面过多时,由于点多线长,人员过于集中,不仅会造成通风系统复杂和通风管理困难,导致漏风和风流短路,还会造成采区内运输调度和生产组织的复杂化,导致生产运输的混乱。

② 有利于顶板管理。减少了开采强度,避免造成应力叠加,有利于顶板控制。

③ 有利于提高矿井的防灾与抗灾能力。一方面降低了采区内发生事故的概率,另一方面一个采掘工作面发生瓦斯、煤尘爆炸和火灾事故等,不致危及其他采掘工作面的安全。

目前,国内外煤矿的一个共同发展趋势是:"一个矿井、一个采区、一个工作面",实现生产高度集中、巷道布置和通风系统尽量简单、作业人员尽量减少。

【案例】 2000 年 9 月 27 日,贵州省水城矿务局木冲沟煤矿四采区 41114 机巷发生了一起瓦斯煤尘爆炸事故,由于采区内采掘作业点过于集中,导致事故范围扩大。发生事故的四采区一翼当时布置有 2 个生产工作面、1 个综采准备面和 6 个掘进工作面,由于工作面过多,导致通风系统过于复杂,风流不稳定并产生循环风,结果因 41116 轨道掘进工作面停电造成瓦斯积聚,现场作业人员违章拆卸矿灯出现电火花而引起瓦斯爆炸。由于采区内系统过于复杂,无法有效阻断爆炸的传播,导致事故波及整个四采区,共造成 162 人死亡,37 人受伤,其中重伤 14 人。

(3) 安全煤柱是为了地面构筑物安全、矿井安全生产需要而在井田范围内留设下来的不开采或者暂时不开采的工业储量,通常有井田边界保护煤柱、断层(地质构造)保护煤柱、地面构筑物(建筑物、铁路、公路等)保护煤柱。工业广场、矿界、防水和井巷等的安全煤柱,采区内其他有关煤柱是根据有关公式计算,或邻近矿井相近似条件类比,或经过矿压观测总结得出的合理的、安全的煤柱尺寸。在矿井设计、采区设计中对这些煤柱已做出明确的规定,不得任意更改。采掘过程中严禁任意扩大和缩小设计确定的煤柱的原因如下:

任意扩大设计规定的煤柱,打乱了设计布置,降低了矿井回采率、采区回采率、回采工作面回采率。"三量"达不到国家规定,采掘接替紧张。另外,任意扩大设计规定的煤柱增加了煤炭自然发火条件,在采区内任意留煤柱,还会形成所谓的"孤岛",孤岛煤柱能把上方的应力集中向下传递,使下部的煤层巷道、硐室受到不同程度的影响。如果任意留设的煤柱下方有近距离煤层,其下方的煤层将处在高应力区内开采,尤其在有冲击危险的煤层中采掘,影响更大。

任意缩小设计规定的煤柱规格,使煤柱起不到保护作用,危害更大。煤柱类型较多,有井田隔离煤柱、段间煤柱、区间煤柱、防火煤柱以及"三下采煤"和保护工业广场煤柱。这些煤柱的留设是预防矿井各种灾害,保护地表建筑物和工业广场,防止地表移动和下沉。缩小或不留煤柱势必导致灾害的发生,如破坏地表建筑物和工业广场,使地表移动、下沉加剧。

(4) 严禁任意变更设计确定的工业场地、矿界、防水和井巷等的安全煤柱。

当开采地下煤层群且煤层厚度较大时,就我国目前的采深而言,开采的影响都能扩大到地表,波及上覆岩层与地表的一些与人类生产生活有密切关系的对象,因此必须采取措施进行防护,以减少或避免地下开采的有害影响。留设保护煤柱是保护岩层内部和地面工业场地内建筑物、构筑物的一种可靠方法,一旦开采了工业广场煤柱,由于采动的影响就会使地面工业场地的建筑物、构筑物遭受损害,影响生产、生活安全。

矿界煤柱是矿井之间的隔离安全煤柱。若邻近矿井发生透水、火灾、瓦斯煤尘爆炸等事故时,因为矿界煤柱的隔断,不会殃及本矿。矿界煤柱确定了矿井的开采范围,确定了矿井储量、服务年限、生产能力之间的相互关系,这是在矿区开发中经深思熟虑后确定的,开采矿界煤柱则破坏它们的平衡,侵犯了邻矿的权力。

防水煤柱范围广,包括地面水体、松散层水体、基岩水体、老空水体、溶洞水体、断层防水煤柱等,若任意开采了这些煤柱,在采动和构造的影响下,水体极易进入矿井生产空间,造成矿井水量增大或透水事故。

开采了井巷煤柱,井巷维护就会变得困难,维护工程量加大甚至无法维护。

(5)下山开采是发生在采区接替期间,为解决接续困难和防止产量大幅下降而采取的一种方式。多年开采实践证明,部分矿井在下山采区未形成完整的通风、排水等生产系统前,组织回采巷道掘进施工,与开拓准备工作相互干扰,使安全生产管理困难。所以,严禁下山采区未形成完整生产系统之前开采,是安全生产必须坚持的原则。

第九十六条 采煤工作面回采前必须编制作业规程。情况发生变化时,必须及时修改作业规程或者补充安全措施。

【执行说明】 采煤工作面作业规程必须按采(盘)区设计和采煤工作面设计的要求编制,其内容应包括:

(一)采煤工作面范围内外及其上下的采掘情况及其影响。

(二)采煤工作面地质、煤层赋存情况:煤层的结构、厚度、倾角、硬度、品种、生产能力,地质构造及水文地质,顶底板岩层的性质、结构、层理、节理、强度及顶板分类,煤层瓦斯、二氧化碳含量及突出危险性,自然发火倾向性,煤尘爆炸性,冲击地压危险性等。

(三)采煤方法及采煤工艺流程:采高的确定,落煤方式、装煤及运煤方式、支护型式的选择,进回风巷道的布置方式等,工作面设备布置示意图,采煤工作面备用材料型号、规格、数量。

(四)顶板管理方法:工作面支护与顶板管理图(包括采煤工作面支架、特殊支架的结构、规格和支护间距,放顶步距,最小控顶距和最大控顶距,上下缺口,上下出口的支护结构、规格),初次放顶措施,初次来压、周期来压和末采阶段特殊支护措施;分层开采时人工假顶或再生顶板管理,回柱方法、工艺及支护材料复用的规定,上下顺槽支架的回撤以及距工作面滞后距离的规定等。

(五)采煤工作面的通风方式、风量、风速、通风设施、通风监测仪表的布置等通风系统图。

(六)煤炭、材料运输的设备型号及其系统(包括分阶段煤仓或采区煤仓的容量)。

(七)供电设施、电缆设备负荷及供电系统图。

(八)洒水、注水、灌浆、充填、压风等管路系统图。

(九)安全监测监控、通信与人员位置监测、照明设施及其布置图。

(十)安全技术措施(包括职业病危害防治措施)等。

(十一)劳动组织及正规循环图表。

(十二)采煤工作面主要技术经济指标表。

(十三)避灾路线。

【释义】 本条是关于采煤工作面回采前编制作业规程的规定。

采煤工作面作业规程是采煤工作面安全生产管理的技术文件,必须按采(盘)区设计的要求编制,并符合《规程》、操作规程、工种岗位责任制的有关条文规定。作业规程应积极采用行之有效的新技术、新工艺、新设备、新材料和现代化管理技术,坚持正规作业、循环作业,保证安全,提高效率。内容以图表为主,工程图表应清晰准确,文字应简明,通俗易懂。

(1) 工作面作业规程由采煤区(队)工程技术人员编制并经总工程师批准方可实施。作业规程的编制具有很强的针对性,必须突出本工作面的特点,严禁照抄照搬。在制定作业规程前必须做到:

① 详细分析工程资料,包括地质资料,本工作面及相邻工作面实见地质资料和采、掘、开、安工程总结资料。

② 深入调查研究,详细掌握已有工程的实际情况。

③ 广泛征求本区(队)干队、工人的意见。编制后经区(队)长和技术负责人签字上报。

(2) 采煤工作面作业规程的贯彻执行。采煤区(队)技术负责人在施工前向本区(队)干部、工人贯彻批准的作业规程,贯彻后必须进行考核或被贯彻者签字后,方可下井作业。轮休或请假的工人必须补课,并经考核或补课者签字后,方可参加作业。采煤工作面附近必须具备回采面支架、顶板管理图板,炮采工作面的炮眼布置图板及爆破顺序图板,机采工序、放顶煤工序图板。因地质条件或生产技术条件与作业规程不符时,必须及时修改作业规程或补充安全技术措施。

【执行中应注意的问题】

每个采煤工作面均应编制独立的作业规程,不得复制照搬其他工作面的作业规程。

第九十七条 采煤工作面必须保持至少 2 个畅通的安全出口,一个通到进风巷道,另一个通到回风巷道。

采煤工作面所有安全出口与巷道连接处超前压力影响范围内必须加强支护,且加强支护的巷道长度不得小于 20 m;综合机械化采煤工作面,此范围内的巷道高度不得低于 1.8 m,其他采煤工作面,此范围内的巷道高度不得低于 1.6 m。安全出口和与之相连接的巷道必须设专人维护,发生支架断梁折柱、巷道底鼓变形时,必须及时更换、清挖。

采煤工作面必须正规开采,严禁采用国家明令禁止的采煤方法。

高瓦斯、突出、有容易自燃或者自燃煤层的矿井,不得采用前进式采煤方法。

【释义】 本条是关于采煤工作面安全出口和采煤方法的规定。

(1) 每个采煤工作面必须保持至少 2 个畅通的安全出口。安全出口是灾害突发时灾害场所人员的生命通道,矿井保持 2 个安全出口,其中一个安全出口受到灾害影响或被堵塞不能通行时,另一个安全出口可以正常发挥作用。

(2) 采煤工作面上下出口与巷道连接处控顶面积大,上下平巷的顶板暴露时间长,加上工作面支承压力的影响,随着工作面的推进,工作面煤壁内就形成了超前支承压力带,这个支承压力带不断前移变化,在回采期间一直存在且支承压力带的最大应力要高于原始应力的好几倍。工作面前方超前支承压力的影响范围变化比较大,其变化规律不但与诸多地质因素有关,还随着工作面的推进呈动态变化。工作面超前支承压力峰值一般在煤壁前方 4～8 m,影响范围 40～50 m,有时达到 60～80 m。为了保证超前压力影响范围内巷道的安全,采煤工作面所有安全出口与巷道连接处超前压力影响范围内必须加强支护,且加强支护的巷道长度不得小于 20 m。

运输机机头、机尾等设备体积大,移动设备时又要反复装拆支架,加剧了这些地段的顶板破碎,呈现的压力大,致使支架弯曲变形甚至出现断梁折柱,巷道底鼓,巷道有效断面缩小,使得综合机械化采煤工作面安全出口与巷道连接处支承压力最大值影响范围内的巷道高度常常低于 1.8 m，其他采煤工作面此范围内的巷道高度常常低于 1.6 m，所以采煤工作面所有安全出口和与之相连接的巷道必须设专人维护，使其始终处于良好状态，保证工作面的生产安全。

(3) 已被淘汰的采煤方法大多暴露出采出率低、通风效率不高、运输成本高、地质适应性受限等多重问题，因此采煤工作面必须正规开采，严禁采用已淘汰的采煤方法。

(4) 前进式采煤方法无论工作面采用哪种通风方式，都存在着严重的漏风问题。当大量风流漏入采空区，不仅造成工作面风量减少，瓦斯积聚，还会造成回风巷风流瓦斯超限，尤其是在突出矿井、高瓦斯矿井、低瓦斯矿井高瓦斯区域，漏风还会使采空区中的瓦斯混合气体浓度经常达到爆炸界限，增大了瓦斯管理难度和发生事故的概率。尤其严重的是，一旦采空区内发生火灾，由于进风巷距采空区侧难以完全密闭，无法实现对采空区的封闭，使得密闭灭火方法——矿井灭火中最常用、最有效的方法难以实施，造成事故的蔓延和扩大。所以前进式开采工作面的安全性不高，防灾能力较差。

【案例】 2013 年 5 月 11 日，泸州市泸县桃子沟煤业有限公司发生重大瓦斯爆炸事故，造成 28 人死亡、18 人受伤（其中 8 人重伤）。桃子沟煤业有限公司违法违规组织生产的 3111 采煤工作面 6 支巷采煤作业点区域处于无风微风状态，瓦斯积聚达到爆炸浓度；爆破后，残药燃烧，引爆积聚瓦斯。该矿 3111 采煤工作面部署采用明令淘汰、禁止的多支巷非正规采煤方法，通风系统不合理，通风设施不可靠。一是工作面采用多支巷前进式开采，导致各作业点为大串联通风；二是各支巷多点采煤同时平行作业，爆破后煤炭堆积，造成通风断面减小，风量不稳定；三是控风设施不可靠，3111 工作面中间运输巷为单道风门，且下面有刮板输送机通过；四是各支巷无控风设施，20 条支巷均为角联通风，采煤工作面作业点推进度不一致，造成无风微风。

【执行中应注意的问题】

以下采煤方法是国家明令禁止的采煤方法：

(1) 高瓦斯矿井(区域)、煤与瓦斯突出矿井、开采易自燃和自燃煤层(薄煤层除外)矿井的采煤工作面采用的前进式采煤方法。

(2) 仓储式采煤法。

(3) 巷道式采煤(指不能形成全风压通风，没有两个安全出口，以掘代采的采煤方式)。

(4) 高落式采煤(系指开采厚煤层或急倾斜煤层时，作业人员进入无支护空顶区，通过挑顶或放顶人工回收顶煤的方式)。

(5) 采用滑移、悬移支架放顶煤开采工艺(应当采用综采液压支架放顶煤工艺替代)。

(6) 水力采煤法是限制使用的采煤方法，采区工作面不能形成完善、可靠的通风系统，且工作面顶板无法得到有效支护。使用水力采煤法时，必须严格遵守《规程》第一百一十三条的规定。有下列情形之一的，严禁采用水力采煤法：

① 突出矿井，以及掘进工作面瓦斯涌出量大于 3 m^3/min 的高瓦斯矿井。

② 顶板不稳定的煤层。

③ 顶底板容易泥化或者底鼓的煤层。

④ 容易自燃煤层。

第九十八条 采煤工作面不得任意留顶煤和底煤，伞檐不得超过作业规程的规定。采煤工作面的浮煤应当清理干净。

【释义】 本条是对采煤工作面不得任意留顶煤和底煤、不得留有超过规定的伞檐,保证工作面浮煤清理干净的规定。

(1) 伞檐是指在采煤工作面中煤壁上部部分煤与顶板连接紧密而形成的突出如伞状的煤,这部分煤体现场称为伞檐。采煤工作面任意留顶煤或底煤,会带来以下三方面的问题:

① 浪费资源,使工作面回采率达不到规定要求。

② 对于有自然发火倾向的煤层,留在采空区内的煤炭易导致自然发火,引起内因火灾。

③ 会使"顶板+支架+底板"组成的支护系统的刚度降低,引起单体支柱钻底或液压支架底座下陷,顶板状况进一步恶化,从而导致顶板事故。

(2)如果由于煤层赋存条件变化必须留顶煤或底煤时,要制定相应的技术和安全措施。由于煤层与顶板岩石之间的黏结力较小,若采煤工作面煤壁留有伞檐,则伞檐在重力的作用下会逐渐与顶板脱离而垮落,易引起人身事故。因此,要求采煤工作面煤壁要做到平直,并且与顶底板垂直。伞檐的易冒尺寸取决于采高的大小、煤层的坚固性系数、采动影响的程度等因素,煤矿要根据各自具体条件确定伞檐最大突出部分的宽度,并在作业规程中确定。一般地,伞檐长度超过 1 m 时,其最大突出部分,薄煤层不超过 150 mm,中厚及以上煤层不超过 200 mm;伞檐长度在 1 m 以下时,伞檐最突出部分,薄煤层不超过 200 mm,中厚及以上煤层不超过 250 mm。

(3)工作面浮煤清理干净可以充分回收煤炭资源,减少煤炭自然发火条件,在采用水砂充填的矿井也有利于泄水、减压。

【执行中应注意的问题】

(1) 工作面煤壁出现伞檐多发生在炮采工作面,需控制好炮眼的方向和深度。

(2) 在综采工作面控制好采煤机的割煤高度,即可避免伞檐。

第九十九条 台阶采煤工作面必须设置安全脚手板、护身板和溜煤板。倒台阶采煤工作面,还必须在台阶的底脚加设保护台板。

阶檐的宽度、台阶面长度和下部超前小眼的个数,必须在作业规程中规定。

【释义】 本条是关于台阶采煤工作面保护措施的规定。

(1) 台阶(正台阶、倒台阶)采煤法目前主要用于中小煤矿和煤层赋存不稳定的急倾斜煤层。急倾斜煤层是指煤层倾角大于 45°的煤层。由于急倾斜煤层开采中破落的煤炭和冒落的顶板向下滚落,煤矿采用单体支柱支护、人工落煤的条件下,为了保证下方作业人员不受到上方滚落岩块的伤害,工作面采用倒台阶居多,采用倒台阶让每一个台阶的工人都在上一个台阶的伞檐掩护下工作。由于煤层倾角大,给台阶工作面工作人员的生产操作、煤炭的溜放带来特殊性,为了适应这一特点,在台阶工作面中工人操作地点的上方、台阶工作面阶檐的下方要牢固地铺设护身板,防止操作工人上方煤块及其他物料下落伤人。为了方便工人的操作,在操作地点适当的地方设置脚手板,如同建筑工人的脚手架中的踏板一样,操作工人站在上方进行各项工作。倒台阶采煤工作面底脚很容易受到上部滚落煤(岩)的冲砸,因此还必须在其底脚加设保护台板,以保证作业的安全。

(2) 阶檐的宽度、台阶面长度和下部超前小眼的个数,应根据煤层赋存状况和开采技帐条件通过技术经济论证后确定,并必须在作业规程中明确规定。

【执行中应注意的问题】

台阶式采煤法由于工艺复杂，落煤和支护劳动强度大，安全隐患多，不利于发展机械化采煤，除了在南方少数矿井开采 2 m 以下急倾斜煤层应用外，其他类型矿井已逐步淘汰该方法。

第一百条　采煤工作面必须存有一定数量的备用支护材料。严禁使用折损的坑木、损坏的金属顶梁、失效的单体液压支柱。

在同一采煤工作面中，不得使用不同类型和不同性能的支柱。在地质条件复杂的采煤工作面中使用不同类型的支柱时，必须制定安全措施。

单体液压支柱入井前必须逐根进行压力试验。

对金属顶梁和单体液压支柱，在采煤工作面回采结束后或者使用时间超过 8 个月后，必须进行检修。检修好的支柱，还必须进行压力试验，合格后方可使用。

采煤工作面严禁使用木支柱（极薄煤层除外）和金属摩擦支柱支护。

【释义】　本条是关于采煤工作面支护材料、失效支柱及不同类型、不同性能支柱使用的规定。

（1）在采煤工作面存放一定数量的备用支护材料。在我国煤矿生产中，无论是综合机械化工作面、高档普采工作面、一般机采工作面，还是炮采工作面，都会经历工作面初次放顶、工作面的收尾、过空巷、过断层、过破碎带等情况，在这种情况下都需要支设不同类型的特殊支架，额外增加一定数量的支护材料。单体支柱等在使用过程中，出现失效、损坏时也需要用备用支护材料进行及时更换。

视频

（2）在同一采煤工作面中，不得使用不同类型和不同性能的支柱。采煤工作面支护体系的综合特性不是单根支柱的特性，也不是单根支柱特性的代数和，是根据不同顶板性质表现出来的在整个顶板下沉期间的综合特性。它不仅与顶底板岩石性质有关，而且与支柱特性有极大关系。支柱类型不同，其工作原理不同，初撑力、工作阻力差距极大，支柱允许压缩量相差很大，其工作特性也不一样。当同一采煤工作面使用不同类型和不同性能的支柱时，由于工作特性不一致，在回采工作面生产的各个阶段，不同的支柱组成的支护系统对顶板的控制作用表现出极大的差别，会造成采煤工作面顶板不均匀下沉，支护强度不足，支柱易被分别破坏，造成工作面局部冒顶，甚至推垮工作面的重大事故。

【案例】　2006 年 1 月 16 日，某煤矿 12605 采煤工作面发生一起顶板事故，死亡 1 人。该事故的主要原因就是采煤工作面未按照作业规程规定管理顶板，使用失效支柱，且对采煤工作面的失效支柱未及时发现及处理。

（3）由于单体液压支柱具有时效性，出厂检验合格后若长期不用，其液压密封性能会有所改变，运输和存放过程中也可能造成单体支柱损坏。若入井前不进行压力试验，会出现单体支柱失效，这往往是工作面局部冒顶事故发生的原因。

（4）由于金属材料的特殊疲劳破坏性质，金属顶梁和单体液压支柱在使用一段时间后有可能折损失效，所以为保证支柱安全，使用一段时间后必须进行检修，检修后还必须升井进行压力试验，否则因达不到工作特性而使支柱支护强度不够，就有可能被折损造成事故。因此，对金属顶梁和单体液压支柱，在采煤工作面回采结束后或使用时间超过 8 个月后，必须进行检修。检修好的支柱，还必须进行压力试验，合格后方可使用。

（5）金属摩擦支柱是已被淘汰的支护产品，禁止使用；木支柱支护阻力小，初撑力极低，不能满足工作面的支护强度要求,一般情况下禁止使用。目前,在极薄煤层工作面没有可替代的单体支柱产品,使用木支柱。

【执行中应注意的问题】

(1) 单体支柱在使用中出现卸压时,应及时更换三用阀,更换后如仍有卸压现象,则需更换整个单体支柱;

(2) 失效的单体支柱应及时升井维修,不能在工作面长期存放。

第一百零一条 采煤工作面必须及时支护,严禁空顶作业。所有支架必须架设牢固,并有防倒措施。严禁在浮煤或者浮矸上架设支架。单体液压支柱的初撑力,柱径为 100 mm 的不得小于 90 kN,柱径为 80 mm 的不得小于 60 kN。对于软岩条件下初撑力确实达不到要求的,在制定措施、满足安全的条件下,必须经矿总工程师审批。严禁在控顶区域内提前摘柱。碰倒或者损坏、失效的支柱,必须立即恢复或者更换。移动输送机机头、机尾需要拆除附近的支架时,必须先架好临时支架。

采煤工作面遇顶底板松软或者破碎、过断层、过老空区、过煤柱或者冒顶区,以及托伪顶开采时,必须制定安全措施。

【释义】 本条是关于采煤工作面支护的规定。

视频

及时支护是有效控制顶板的关键。及时支护是在工作面采后上覆岩层失去煤的支撑下,在最短的时间内用支护设备对顶板进行支撑,有效防止悬顶岩层产生下沉和离层,避免空顶作业,以保证工作面安全生产。

(1) 空顶作业是在没有支护的条件下进行操作作业。工作面回采后空顶距离增大,顶板活动加剧,此时若不及时支护,势必引起顶板冒落,空顶区下作业危险因素将大大增加。因此,采煤工作面必须及时支护,严禁空顶作业。

(2) 在回采工艺诸工序作业中,引起支架倾倒的因素很多,如爆破崩倒支柱,煤、矸石砸倒支柱。因此,支架不能架设在浮煤和浮矸上,必须制定防倒柱措施,所有支柱必须架设牢固。随着工作面的推进,控顶距离不断增大,此时在控顶区域内的支架将承受很大的压力,支柱时常会出现损坏和失效现象。若提前摘柱或对损坏、失效支柱不加以恢复和更换,将破坏支护系统的力学平衡条件,任意在控顶区内摘掉支柱的支护空间顶板上的部分压力就会转移到邻近的支柱上,使顶板下沉量增加,产生裂隙、离层直至冒落,甚至摧毁整个工作面。

(3) 支柱的初撑力是支柱支设时,将活柱升起,托住顶梁,由泵压使支架对顶板产生的主动力。煤矿井下生产实践表明,支柱保持足够的初撑力可以及时支护顶板,有效控制顶板的下沉,改善工作面顶板的维护状况,减少顶板事故的发生。因此,本条规定了单体液压支柱的初撑力,柱径为 100 mm 的不得小于 90 kN,柱径为 80 mm 的不得小于 60 kN。

对于顶、底板为软岩的煤层,由“顶板+支架+底板”组成的整体系统的刚度降低,一方面支柱架设时初撑力很难达到规定的数值,另一方面即使达到了规定数值,由于软岩的承载能力较小,在支柱的作用下,顶板或底板会发生变形,造成初撑力下降,支柱初撑力的维持时间很短,同时当初撑力过大时还会造成穿顶、穿底现象,使支柱的支撑力丧失,造成工作面顶板条件的恶化,导致冒顶事故的发生。因此,对于软岩条件下初撑力确实达不到要求时,在制定措施、满足安全的条件下,经矿总工程师审批后,初撑力可以小于规定值。软岩工作面可以采取支柱穿木(铁)鞋、戴帽等措施,提高系统的初撑力。

(4) 采煤工作面遇顶底板松软或破碎、过断层、过老空、过煤柱或冒顶区以及托伪顶开采时，在这些部位的顶板都比较破碎，又存在着构造应力和应力集中区，在顶板失去完整性的同时，顶板压力又较大，很容易发生顶板事故，因此，要求开采前必须制定安全措施。

第一百零二条　采用锚杆、锚索、锚喷、锚网喷等支护形式时，应当遵守下列规定：

（一）锚杆（索）的形式、规格、安设角度，混凝土强度等级、喷体厚度，挂网规格、搭接方式，以及围岩涌水的处理等，必须在施工组织设计或者作业规程中明确。

（二）采用钻爆法掘进的岩石巷道，应当采用光面爆破。打锚杆眼前，必须采取敲帮问顶等措施。

（三）锚杆拉拔力、锚索预紧力必须符合设计。煤巷、半煤岩巷支护必须进行顶板离层监测，并将监测结果记录在牌板上。对喷体必须做厚度和强度检查并形成检查记录。在井下做锚固力试验时，必须有安全措施。

（四）遇顶板破碎、淋水，过断层、老空区、高应力区等情况时，应加强支护。

【释义】　本条是采用锚杆、锚喷等巷道支护时应遵守的规定。

(1) 锚喷技术作为区别于传统支护如棚子、砌碹等被动承压结构的主动支护结构，是井巷支护技术的重大改革。锚喷支护能起到加固围岩、提高围岩自承能力并与围岩结成一体共同承压，使围岩由荷载变成承载结构，从而达到永久支护的目的。为了指导施工，保证工程质量和安全，根据井巷所处的围岩性质、稳定性及断面大小和涌水等情况，在编制的施工组织设计或作业规程中，对锚杆、锚喷支护的端头与掘进工作面的距离，锚杆的形式、规格、安装角度，混凝土标号、喷体厚度，挂网所采用金属网的规格以及围岩涌水的处理等，都要加以规定。

视频

(2) 光面爆破是通过正确选择爆破参数和合理的施工方法，分区分段微差爆破，达到爆破后轮廓线符合设计要求，令断面平整规则的一种控制爆破技术。其特点是：爆破后巷道断面成形好，减轻围岩因炮震产生的裂隙并保持围岩基本稳定，有利于提高围岩自身的承载能力。光面爆破，通常是根据不同岩层的实际情况，合理地选用小直径药卷，正确地确定周边眼的眼距、最小抵抗线和装药量等参数，选用不耦合或空气柱装药结构，用毫秒雷管与导爆索引爆，以保证周边眼同时起爆和在一个循环爆破中周边眼最后起爆来实现的。井巷施工既要破坏断面以内的岩石，又要保护断面以外的围岩。在这对矛盾中，保护围岩是矛盾的主要方面，围岩保护好了，就给施工安全、支护质量、使用和维护创造了良好条件。光面爆破就是解决这一矛盾、满足上述要求的有效手段。通过光面爆破，巷道岩面没有明显的炮震裂缝，巷道轮廓成形规整，减少超挖或欠挖量；在巷道周边留下半个炮眼的眼痕，眼痕率越高，光面爆破的效果越好；由于工作面很少出现危岩，有利于施工安全，光面爆破与锚喷支护结合使用，可取得相得益彰的效果。所以，采用钻爆法掘进岩石巷道，必须采用光面爆破。

(3) 由于客观条件的复杂和支护理论的不完善，目前国内外还没有形成公认的、完善的锚杆支护机理。但随着锚杆支护应用范围的扩大和可靠程度的不断提高，悬吊理论的发展和应用，组合拱理论的提出和应用，为锚杆支护在软岩中的应用拓宽了范围，使我国在锚杆支护理论和实践上处于领先地位。

由于工程条件的复杂，巷道支护设计目前还不能达到全过程用理论计算的方法进行。

因此,对于大型的工程以及软岩巷道应进行必要的监测,以便对支护设计和工程实际作出评价,特别是锚喷支护具有可根据实测数据随时调整支护参数的特点。对锚杆锚固力的测试、巷道围岩收敛变形测试、围岩松动圈测试等,对完善锚喷支护具有十分重要的意义。同时,锚杆锚固力的测试对工程实体的稳定性和工程质量的检验也是十分必要的,是不可缺少的基础参数。因此,为使工程质量建立在科学的基础上,必须对锚杆做拉力试验。

煤巷、半煤岩巷支护还必须进行顶板离层监测,并将监测结果记录在牌板上。对喷体必须做厚度和强度检查,并形成检查和试验记录。在井下做锚固力试验时,对锚杆、锚索来说是破坏性试验,被拉锚杆、锚索处可能发生岩块掉落,甚至是局部冒顶,必须有安全措施。

(4) 遇顶板破碎、过断层、过老空、高应力区等情况时,围岩稳定性差、容易产生大变形及变形时间长等问题较突出,如果控制不好,必然威胁工作人员的生命安全,进而影响煤矿的安全高效,所以应加强支护。

第一百零三条 巷道架棚时,支架腿应当落在实底上;支架与顶、帮之间的空隙必须塞紧、背实。支架间应当设牢固的撑杆或者拉杆,可缩性金属支架应当采用金属支拉杆,并用机械或者力矩扳手拧紧卡缆。倾斜井巷支架应当设迎山角;可缩性金属支架可待受压变形稳定后喷射混凝土覆盖。巷道砌碹时,碹体与顶帮之间必须用不燃物充满填实;巷道冒顶空顶部分,可用支护材料接顶,但在碹拱上部必须充填不燃物垫层,其厚度不得小于0.5 m。

【释义】 本条是关于巷道架棚时使用支架及砌碹时对碹体的规定。

(1) 巷道架棚时,支架腿应落在实底上,这是防止支架悬空不能及时增阻的必备要求;支架与顶、帮之间的空隙必须塞紧、背实,这是因为一旦支架与顶、帮之间有空隙不但不能有效地支撑围岩,而且会引起围岩进一步松动破碎,更有可能出现巷道坍塌的危险。理论与实践均已证明此种条件下支架最易变形破坏。支架间应设牢固的撑杆或拉杆,这是为了保障支架的稳定性与整体性;可缩性金属支架应采用金属支拉杆,并用机械或力矩扳手拧紧卡缆,这样使支架的牢固性与可靠性能同时得到保证,尤其是卡缆必须拧紧。倾斜井巷支架设迎山角可以防止支架因重力的分力作用而倾倒;可缩性金属支架可待受压变形稳定后喷射混凝土覆盖,这样形成的结构稳定,混凝土层才不会被来压所压碎。

(2) 巷道砌碹时,碹体与顶帮之间必须用不燃物充满填实;巷道冒顶空顶部分,可用支护材料接顶,但在碹拱上部必须充填不燃物垫层,其厚度不得小于0.5 m。碹体与顶帮之间选用不燃物充填,是因为巷道在长期使用过程中空隙中如果因自燃或其他原因发生燃烧,就会产生严重事故。

第一百零四条 严格执行敲帮问顶及围岩观测制度。

开工前,班组长必须对工作面安全情况进行全面检查,确认无危险后,方准人员进入工作面。

【释义】 本条是关于敲帮问顶及围岩观测的规定。

(1) 敲帮问顶是采、掘工作面工人作业前,进行围岩危石或离层处理的重要举措,简单易行,安全可靠。敲帮问顶的操作,是指使用钢钎或手镐一类的工具去敲击巷道已经暴露而未加支护的岩石(煤体)表面,利用其发出的回音来探明巷道周围岩体内部是否松动、断裂和离层的一种方法。通过敲帮问顶可发现顶板中的松动岩石以及存在的裂隙。采用锚喷支护的巷道，因地质、矿压、施工质量等原因，混凝土喷体也会出现裂纹、裂缝、离层等破坏现象，喷体裂缝、离层的破坏程度也需要用敲帮问顶的方法探明，探明工作面顶帮松动、断裂和离层的破坏程度，可为采取什么方式处理松动的顶帮岩石提供依据，能够保证作业人员的安全。因此，敲帮问顶制度必须纳入制度化的管理中去，每班的生产班组长要及时地对顶板和两帮围岩进行检查，每个作业人员也必须经常地用这种方法检查工作地点的帮顶情况。否则，顶板冒落、掉块、片帮、喷体坠落伤人事故就有可能发生。

视频

（2）敲帮问顶适合发现围岩（煤）浅部的危石活矸，但单凭敲帮问顶难以判断超过 4 m 以上的危石（煤）状态及离层情况，不能系统全面地了解开挖后围岩的运移规律。因此，还要严格执行围岩观测制度，设置围岩观测点，采用专门的矿压观测仪器仪表，对矿压、顶底板移近量、两帮移近量等进行观测，总结规律，指导安全生产。

（3）开工前，班组长必须按照岗位作业流程标准化的要求对工作面安全情况进行全面检查，确认无危险后，方准人员进入工作面。

第一百零五条　采煤工作面用垮落法管理顶板时，必须及时放顶。顶板不垮落、悬顶距离超过作业规程规定的，必须停止采煤，采取人工强制放顶或者其他措施进行处理。

放顶的方法和安全措施，放顶与爆破、机械落煤等工序平行作业的安全距离，放顶区内支架、支柱等的回收方法，必须在作业规程中明确规定。

放顶人员必须站在支架完整，无崩绳、崩柱、甩钩、断绳抽人等危险的安全地点工作。

回柱放顶前，必须对放顶的安全工作进行全面检查，清理好退路。回柱放顶时，必须指定有经验的人员观察顶板。

采煤工作面初次放顶及收尾时，必须制定安全措施。

【释义】　本条是关于采煤工作面采用垮落法管理顶板的有关规定。

（1）顶板管理的主要内容是采场支护和采空区处理。目前采空区处理方法大致分为 3 种：垮落法、缓慢下沉法和充填法。其中垮落法是利用自然和人工的方法，令其直接顶垮落，以减缓对工作面的压力，同时支承来自基本顶的部分压力，保护回采工作面的安全。采煤工作面采用垮落法管理顶板时，支架所承受的压力主要是控顶区冒落带岩层及悬顶的重量，在基本顶来压时，还要承受基本顶失稳而附加的力。在作业规程中，对工作面最大控顶距、最小控顶距和放顶步距必须明确规定。若不按规定及时回柱放顶，当支架、冒落矸石对工作面控顶区的上覆岩层共同作用的力超过支架的允许值，支架无法承受重压时，就会使工作面支架折损，支护系统遭到破坏，引起顶板事故。所以，依照作业规程要求，必须及时回柱放顶，使其直接顶垮落，缩小控顶距，使矿压分布达到新的平衡。

视频

（2）如果回柱后直接顶仍不垮落，就要采取人工强制放顶，一般可在密集支柱里侧按不同角度和深度钻孔爆破，破坏大悬顶的完整，达到使直接顶垮落的目的。采用充填法管理顶板时，必须及时充填，并充满，以减少空顶时间和控顶距离，控制矿山压力显现。

用垮落法控制顶板时，回柱放顶的方法一般分为：先支后回、由下而上、由里往外的三角回柱法，对拉工作面及有中间巷的工作面，如煤层倾角较小，可由两头向中间回柱。回柱放顶工作应制定相应安全措施：

① 回柱与支柱距离应不小于 15 m。

② 分段回柱距离应大于 15 m,端头处应打上隔离柱。

③ 回柱地点以上 5 m、以下 8 m 处与回柱无关人员禁止滞留。

④ 放顶人员必须站在支架完整,无崩绳、崩柱、甩钩、断绳抽人等危险的安全地点工作。

⑤ 回柱放顶前,必须对放顶的安全工作进行全面检查,清理好退路。

⑥ 回柱放顶时,必须指定有经验的人员观察顶板。

(3) 工作面的初次放顶既是技术管理的重点,又是安全管理的重点,具有很强的时效性。放顶不及时,直接顶悬露面积不断增大,在其自重和上覆岩层作用下,悬顶可能出现下沉、离层,导致大面积冒顶,危及设备和人身安全。放顶作业是工作面顶板管理的重要环节,要求放顶时必须停止工作面的一切作业,避免互相干扰和影响。因此,要求初次放顶必须制定安全措施:

① 进行矿压观测,掌握矿压活动规律。

② 按工作面部位合理确定支护形式。

③ 加强支护,提高支护质量,使支架具有"整体性""稳定性""坚固性"。

④ 采取小进度多循环作业方式,加快工作面推进度,以保持煤壁的完整性,使之具有良好的支撑作用。

(4) 采煤工作面收尾时,必须安全撤除采煤工作面内的支架、设备。因此,必须保持一定的拆除空间,有安全畅通的通道,保证通风、运输、拆除人员的使用,必须采取特殊的技术措施加以管理,预防冒顶。其主要措施是:

① 回采到停采线时要留出最小控顶距,以便行人、运料、通风,必要时可用木垛保护好上下安全出口,使退路畅通。

② 回柱的次序是由采空区向煤壁,由下向上。对拉工作面及有中间巷的工作面,如倾角较小,可由两头向中间回柱。

③ 回柱时必须指定有经验人员观察顶板,将采空区内支架回收干净。

④ 对个别采用由上而下进行回撤的,回收支柱由溜槽运出。

【案例】 2011 年 11 月 18 日,内蒙古锡林郭勒盟塬林煤矿 101 高档普采采煤工作面发生一起顶板事故,造成 5 人死亡、8 人受伤。事故主要原因:101 工作面初次来压前已有预兆,但调整支架施工顺序违反采煤作业规程规定。工作面支架密度不足、强度不够。101 回采工作面基本顶坚硬,强制放顶基本顶冒落未果,工作面推进至此中段出现断层,基本顶初次来压,造成采煤工作面顶板大面积垮落,将在该工作面作业的工人压埋。

第一百零六条 采煤工作面采用密集支柱切顶时,两段密集支柱之间必须留有宽 0.5 m 以上的出口,出口间的距离和新密集支柱超前的距离必须在作业规程中明确规定。采煤工作面无密集支柱切顶时,必须有防止工作面冒顶和矸石窜入工作面的措施。

【释义】 本条是关于采煤工作面采用密集支柱切顶的规定。

(1) 为了使顶板在工作面后方断裂的同时不使冒落后的矸石进入工作面,须增设密集支柱。密集支柱的作用是切顶、挡矸。若密集支柱不按规定预留 0.5 m 宽的出口,一旦发生险情,人员将没有安全退路,无法迅速撤至工作面。由于工作面较大,出口需要预留若干个,方能保证回柱人员的安全。因此,在作业规程中应明确规定出口间的距离和新密集支柱超前的距离,以便于让作业人员贯彻执行。

（2）在直接顶随采随冒的采煤工作面，无须密集支柱进行切顶，这种情况下必须制定防止工作面冒顶和矸石窜入工作面的措施。一般多采用提前在前排支柱挂挡矸帘的方法。

第一百零七条　采用人工假顶分层垮落法开采的采煤工作面，人工假顶必须铺设完好并搭接严密。

采用分层垮落法开采时，必须向采空区注浆或者注水。注浆或者注水的具体要求，应当在作业规程中明确规定。

【释义】　本条是关于分层垮落法开采人工假顶与采空区处理的规定。

（1）厚煤层分层开采的顺序分为上行开采和下行开采。采用下行开采，有时需要在第一分层开采过程中，贴底板铺设金属网或塑料网作为第二分层开采时的顶板，称为人工假顶。人工假顶的铺设质量直接影响到第二分层开采时的安全，如果网的铺设不按作业规程和有关规定执行，铺网、连网不仔细、不认真，网扣疏、密不均，连接不牢固，在下分层开采时，网很容易破损、撕裂，造成漏顶和大冒顶。

（2）下行开采有时根据具体情况不铺设人工假顶，比如利用冒落直接顶的可胶结性，在第一分层开采后，向采空区注水等，冒落的直接顶在地压的作用下，形成再生顶板。

（3）采用分层垮落法开采时，要向采空区注水或注浆，原因有：

① 注水或注浆，有利于形成再生顶板。在我国一些开采厚煤层的矿井，煤层顶板有再生的性能。如煤层的顶板为页岩或含泥质成分较高的岩层，顶分层开采后，垮落在采空区中破碎的岩石在上覆岩层压力的作用下，再加上顶分层回采时向采空区内注水或注浆，经过一段时间后能重新胶结成为具有一定稳定性和强度的再生顶板。下分层即可在再生顶板下直接回采，不必铺设人工假顶。再生顶板形成的时间与岩层的特征、含水性、顶板压力大小等因素有关，一般需要4～6个月，有的需更长时间。

② 注水或注浆可以防止煤炭自燃和降尘。厚煤层采用分层垮落法开采时，产生分层开采煤炭损失，这些散落在采空区的遗煤、含炭的碎矸石容易自燃和产生矿尘。向采空区注水或灌浆也可预防采空区煤炭的自然发火。向采空区注水或灌浆也可减少下分层的粉尘量。注水和注浆具有所需设备简单、使用方便、费用低廉、效果较好等优点。

第一百零八条　采煤工作面用充填法控制顶板时，必须及时充填。控顶距离超过作业规程规定时禁止采煤，严禁人员在充填区空顶作业；且应当根据地表保护级别，编制专项设计并制定安全技术措施。

采用综合机械化充填采煤时，待充填区域的风速应当满足工作面最低风速要求；有人进行充填作业时，严禁操作作业区域的液压支架。

【执行说明】　（一）充填采煤设计要求。充填法采煤要依据建（构）筑物、铁路、水体等保护对象和保护级别，进行开采沉降变形预计，分析可能产生的破坏，编制充填采煤方案，确定充填工作面充填材料类型、充满率以及充填体沉缩率等技术指标，设计合理充填步距。

（二）安全技术措施。

1. 减少顶板下沉措施。要严格按照充填采煤方案，实现较高充满率，控制较小充填体沉缩率。在采煤工作面推进到设计充填步距后及时充填。当充填速度小于采煤推进速度时，应当以充定采，以减少顶板下沉，控制地表移动和变形。

2. 保证通风安全措施。综合机械化充填是指在采煤工作面推进若干采煤循环后,按照正规循环进行充填。采煤工作面推进到不同阶段,其横断面也在变化,加上充填体支撑作业,顶板一般不会垮落,在刚达到充填步距而即将开始充填时的横断面空间最大,风速最小,此时,需要满足最低风速要求。

(三) 充填作业要求。

1. 必须根据充填开采工艺,编制充填作业规程,细化安全技术措施。

2. 在综采工作面推进达到充填步距时,在充填作业前,应检查工作面液压支架完好情况、充填系统完好情况。

3. 综合机械化刮板输送机固体充填,后输送机开机前,机头正前方、里侧严禁有人;操作捣实装置时,本支架正前方及两侧严禁站人;人员到架后检修后输送机时,必须有专人进行观察,同时将后输送机开关停电闭锁,任何人不得操作本架及上下 5 架支架;需操作液压系统调节后输送机作业时,人员必须躲到支架前、后柱之间进行,避开设备正下方及摆动方向。

4. 充填过程中必须设专人观察充填情况,发现异常,应当立即向当班班长、跟班区长汇报并进行处理。在整个充填过程中,对可能进入充填范围内的所有通道上设岗,严禁无关人员进入。

【释义】 本条是关于采煤工作面用充填法控制顶板的规定。

(1) 控顶距是指工作面支架支护的空间宽度,显然控顶距愈大,顶板的挠曲变形量愈大,底板的鼓起量也愈大。顶板下沉量与采高和控顶距成正比例关系。由此对应关系可知采煤工作面用充填法控制顶板时,为了防止顶板下沉,控制顶板垮落,保护顶板的完整性,应严格按照作业规程规定的空顶距及时充填。控顶距离超过作业规程规定时,顶板弯曲下沉,冒顶的可能性比较大,禁止采煤,严禁人员在充填区空顶作业。

(2) 地表沉降是因开挖引起开挖面围岩的挤出,或因坍塌引起围岩松弛,开挖后围岩和支护、围岩和衬砌间的空隙因地下水位下降引起固结,使软弱围岩中支护下沉等原因而导致。不同的地表保护级别需要有不同的对应保护,因此,在采取控顶距的基础上,针对保护的同时还应根据地表保护级别,编制专项设计并制定安全技术措施。按建筑物的重要性、用途以及受开采影响引起的不同后果,矿区范围内的建筑物保护等级分为五级(表 3-2-3),矿区铁路保护等级也分为五级。

表 3-2-3 矿区建筑物保护等级划分

保护等级	主要建筑物
特	国家珍贵文物建筑物、高度超过 100 m 的超高层建筑、核电站等特别重要工业建筑物等
Ⅰ	国家一般文物建筑物、在同一跨度内有两台重型桥式吊车的大型厂房及高层建筑等
Ⅱ	办公楼、医院、剧院、学校、长度大于 20 m 的二层楼房和二层以上多层住宅楼,钢筋混凝土框架结构的工业厂房、设有桥式吊车的工业厂房、总机修厂等较重要的大型工业建筑物,城镇建筑群或者居民区等
Ⅲ	砖木、砖混结构平房或者变形缝区段小于 20 m 的两层楼房,村庄民房等
Ⅳ	村庄木结构承重房屋等

注:凡未列入表 3-2-1 的建筑物,可以依据其重要性、用途等类比其等级归属。对于不易确定者,可以组织专门论证审定。

在矿井、水平、采区设计时，对建筑物应当划定保护煤柱。保护等级为特级、Ⅰ级、Ⅱ级的建筑物必须划定保护煤柱。建筑物受护范围应当包括受护对象及其围护带。围护带宽度必须根据受护对象的保护等级确定，可以按表3-2-4规定的数值选用。

表3-2-4　建筑物各保护等级的围护带宽度

保护等级	特	Ⅰ	Ⅱ	Ⅲ	Ⅳ
围护带宽度/m	50	20	15	10	5

（3）采用综合机械化充填采煤时，待充填区域风速应满足工作面最低风速要求，目的有两个：一是保证通风的正常需要，二是冲散待充区有毒有害气体，防止其集聚。有人进行充填作业时，由于充填体还没来得及形成一定的强度来支撑顶板，操作该区域的液压支架容易引发冒顶。因此，严禁操作该区域的液压支架。

第一百零九条　用水砂充填法控制顶板时，采空区和三角点必须充填满。充填地点的下方，严禁人员通行或者停留。注砂井和充填地点之间，应当保持电话联络，联络中断时，必须立即停止注砂。

清理因跑砂堵塞的倾斜井巷前，必须制定安全措施。

【释义】　本条是关于水砂充填控制顶板的规定。

水砂充填是有效控制顶板垮落的一种方式。水砂充填控制顶板时，由于管路漏水、充填管路角度不合适等原因，采空区和三角点不容易充填满（尤其是三角点）。只有采空区和三角点充填满，才能有效控制岩层移动，抑制顶板下沉。

水砂充填法是由采煤工作面倾斜上方向下方充填，充填中带压的水砂由充填点向下流，水流走、砂子留下，充水水流压力很大且有一定冲击力，存在溃砂、溃水的可能，因此，在充填地点的下方停留和通行就有可能出现因溃水、溃砂而造成伤亡事故，是非常危险的。

井下情况千变万化，随时都有发生充填中断的可能，若联系不畅就开机充填，轻则造成充填错误，重则造成充填事故。因此，注砂井和充填地点之间，应当保持电话联络，联络中断时，必须立即停止注砂。

在水砂充填工作面经常会发生跑砂堵塞井巷的情况，清理时，必须制定安全措施。

【执行中应注意的问题】

水砂充填法需开采大量的河沙，往往造成环境破坏，因此，采用该方法进行开采时，应当经当地环保部门批准。

第一百一十条　近距离煤层群开采下一煤层时，必须制定控制顶板的安全措施。

【释义】　本条是近距离煤层群开采时控制顶板的有关规定。

近距离煤层群采用下行式开采时，由于煤层比较近，下一煤层的顶板的完整性遭到上一煤层回采的破坏。特别是上一煤层采用刀柱法、条带法或带状充填法控制顶板时，每一个刀柱、条带或充填带处都会出现一个应力集中带，从而在下一分层的顶板上产生应力集中区，该区域压力大，顶板易破碎。由于下一分层的顶板完整性遭到破坏，开采时必须制定控制顶板的安全措施。

视频

第一百一十一条 采用分层垮落法回采时，下一分层的采煤工作面必须在上一分层顶板垮落的稳定区域内进行回采。

【释义】 本条是关于采用分层垮落法回采时下一分层的采煤工作面回采区域的规定。

视频

分层开采是厚煤层开采的一种常用方法。采用分层垮落法回采时，下一分层要经历一个周期才能稳定。下行分层开采时若间隔时间过短，覆岩移动处于活跃期或者活跃后期，稳定过程矿压显现较为严重，上部工作面人工假顶或者再生顶板还没有完全形成，这时布置下分层工作面开采会出现冒顶、上分层气体(水)流入、矿压显现异常等现象，严重的会造成人员伤亡事故。因此，要合理布置下分层采煤工作面的开采顺序，确保下分层工作面在上分层顶板垮落的稳定区域内回采。

第一百一十二条 采用柔性掩护支架开采急倾斜煤层时，地沟的尺寸，工作面循环进度，支架的角度、结构，支架垫层数和厚度，以及点柱的支设角度、排列方式和密度，钢丝绳的规格和数量，必须在作业规程中规定。

生产中遇断梁、支架悬空、窜矸等情况时，必须及时处理。支架沿走向弯曲、歪斜及角度超过作业规程规定时，必须在下一次放架过程中进行调整。应当经常检查支架上的螺栓和附件，如有松动，必须及时拧紧。

正倾斜柔性掩护支架的每个回采带的两端，必须设置人行眼，并用木板与溜煤眼相隔。对伪倾斜柔性掩护支架工作面上下2个出口的要求和工作面的伪倾角，超前溜煤眼的规格、间距和施工方式，必须在作业规程中规定。

掩护支架接近平巷时，应当缩短每次下放支架的距离，并减少同时爆破的炮眼数目和装药量。掩护支架过平巷时，应当加强溜煤眼与平巷连接处的支护或者架设木垛。

【释义】 本条是关于采用柔性掩护支架开采急倾斜煤层时的规定。

(1) 柔性掩护支架开采是急倾斜中厚、厚煤层开采的较为适宜方法之一，具有以下优缺点。

① 优点。巷道布置及生产系统简单。与其他采煤法相比，简化了支柱支护及回收，无须处理采空区等工艺环节，提高了劳动效率。工作面内煤炭自溜，省去机械出煤环节，减少了人力劳动。生产成本较低，正常生产时除炸药、雷管外，其余几乎不需投入。安全保障程度高。工人在支架梁下工作，极少出现安全事故。

② 缺点。掩护支架的结构固定而不能调宽，对煤层厚度、倾角等产状变化的适应性较差，当煤层厚度大于掩护支架高度时，容易发生倒架、窜矸和丢煤；当支架高度超过煤层厚度时容易发生卡架、支架下放困难的局面。由于掩护支架工作面空间狭小，目前，采煤工艺尚难实现机械化作业，工作面基本上是单点出煤，限制了这种采煤方法各项技术经济指标的进一步提高。放炮落煤后，支架有所下放，而浮煤不能及时外运，使架内空间变小，影响工作面通风，炮烟不易排放，特别是易发生瓦斯超限。

(2) 柔性掩护支架主要是由钢架、竹笆(金属网)及钢丝绳连接构成，故称其为柔性掩护支架。地沟的尺寸，工作面循环进度，支架的角度、结构，支架垫层数和厚度，以及点柱的支设角度、排列方式和密度，钢丝绳的规格和数量，都应当根据煤层的厚度、倾角等现场的实际情况进行设计或选取，经充分论证后必须在作业规程中做出明确规定。

(3) 柔性掩护支架开采急倾斜煤层是靠垮落岩石的压力实现随采随下移的，顶板压力相对减弱，煤壁已成为支护主要对象。生产中遇到断梁、支架悬空、窜矸等情况时，有可能破坏支架下移的轨迹，出现支架弯曲、歪斜及角度超过规定的情况，必须及时处理。发生窜矸的主要原因：炮眼布置太靠近顶板或底板，将煤帮和顶底板破坏，使支架局部不能坐实在煤帮上而出现空洞窜矸；掩护支架经过时，由于溜煤眼的顶板侧无煤帮，顶板破坏，出现空洞窜矸；由于支架结构损坏，如钢丝绳被拉断或垫木板损坏，下放过程中，使支架上端或两端出现空隙、空洞而发生窜矸故障。当煤层厚度大于支架高度时，亦容易发生窜矸现象。一般情况下，采用降低采高的方法解决。

在急倾斜煤层开采中，柔性掩护支架沿走向的弯曲、歪斜达到一定程度时，将使支架失去稳定性，起不到掩护作用。因此，支架沿走向弯曲、歪斜及角度超过作业规程规定时，必须在下一次放架过程中进行调整。

支架上的螺栓和附件松动，影响支架的完整性、整体性，因此应当经常检查支架上的螺栓和附件，如有松动，必须及时拧紧。

(4) 正倾斜柔性掩护支架开采的煤炭运输是依靠煤炭自重沿溜煤眼底板下滑，因煤层倾角大，煤流有较大冲击力，为了防止煤流伤人，必须设置人行眼，并用木板与溜煤眼相隔。

伪倾斜掩护支架开采的工作面是按煤层倾角伪倾斜布置，这样有利于支架的移设，减小工作面倾斜角度。但上下出口与工作面伪倾角存在一定特殊性，尤其是下出口是锐角分布，又留有溜煤眼，加之上下出口部位为应力集中区，顶板压力较大，不利于顶板控制。因此，对伪倾斜柔性掩护支架工作面上下 2 个出口的要求和工作面的伪倾角，超前溜煤眼的规格、间距和施工方式，必须在作业规程中规定。

(5) 掩护支架接近平巷时，为防止大距离放顶对平巷的冲击，应缩短每次下放支架的距离，并减少同时爆破的炮眼数目和装药量，以利于安全生产。掩护支架过平巷时，应加强溜煤眼与平巷连接处的支护或架设木垛。

第一百一十三条　采用水力采煤时，必须遵守下列规定：

(一) 第一次采用水力采煤的矿井，必须根据矿井地质条件、煤层赋存条件等因素编制开采设计，并经行业专家论证。

(二) 水采工作面必须采用矿井全风压通风。可以采用多条回采巷道共用 1 条回风巷的布置方式，但回采巷道数量不得超过 3 个，且必须正台阶布置，单枪作业，依次回采。采用倾斜短壁水力采煤法时，回采巷道两侧的回采煤垛应当上下错开，左右交替采煤。

应当根据煤层自然发火期进行区段划分，保证划分区段在自然发火期内采完并及时密闭。密闭设施必须进行专项设计。

(三) 相邻回采巷道及工作面回风巷之间必须开凿联络巷，用以通风、运料和行人。应当及时安设和调整风帘(窗)等控风设施。联络巷间距和支护形式必须在作业规程中规定。

(四) 采煤工作面应当采用闭式顺序落煤，贯通前的采硐可以采用局部通风机辅助通风。应当在作业规程中明确工作面顶煤、顶板突然垮落时的安全技术措施。

(五) 回采水枪应当使用液控水枪，水枪到控制台距离不得小于 10 m。对使用中的水枪，每 3 个月应当至少进行 1 次耐压试验。

(六) 采煤工作面附近必须设置通信设备，在水枪附近必须有直通高压泵房的声光兼备的信号装置。

严禁水枪司机在无支护条件下作业。水枪司机与煤水泵司机、高压泵司机之间必须装电话及声光兼备的信号装置。

(七)用明槽输送煤浆时,倾角超过25°的巷道,明槽必须封闭,否则禁止行人。倾角在15°~25°时,人行道与明槽之间必须加设挡板或者挡墙,其高度不得小于1 m;在拐弯、倾角突然变大及有煤浆溅出的地点,在明槽处应当加高挡板或者加盖。在行人经常跨过的明槽处,必须设过桥。必须保持巷道行人侧畅通。

除不行人的急倾斜专用岩石溜煤眼外,不得无槽、无沟沿巷道底板运输煤浆。

(八)工作面回风巷内严禁设置电气设备,在水枪落煤期间严禁行人和安排其他作业。

有下列情形之一的,严禁采用水力采煤:

(一)突出矿井,以及掘进工作面瓦斯涌出量大于3 m^3/min的高瓦斯矿井。

(二)顶板不稳定的煤层。

(三)顶底板容易泥化或者底鼓的煤层。

(四)容易自燃煤层。

【释义】本条是关于采用水力采煤的规定。

(1)水力采煤是指利用水力来完成矿井生产的采煤、运输、提升等生产环节的全部或部分工作的开采技术。当前水力采煤法的主要适用条件:煤层厚1~8 m、倾角超过6°~8°、顶底板较好、瓦斯不大的软或中硬煤层。在大倾角或不规则煤层中水采的效果优于传统采煤方法。鉴于水力采煤存在着回收率低,通风条件差,存在串塘通风,瓦斯易超限,矿山压力规律难以掌握等问题,所以目前国内除现有水采矿井仍沿用外,其余很少采用。第一次采用水力采煤的矿井,必须根据矿井地质条件、煤层赋存条件等因素编制开采设计,并经行业专家论证。

(2)依靠主要通风机产生的风压进行通风称为全风压通风方法,又称总风压通风。矿井利用全风压通风,系统内不同区段所分配的风压值不同。水采工作面由于其系统布置的独特性及应用特征要求,必须采用矿井全风压通风。风流流经回采巷道后进入回风巷中,依据通风效果及其安全性可采用多条回采巷道共用1条回风巷的布置方式,但回采巷道数量不得超过3个,且必须正台阶布置,单枪作业,依次回采。采用单枪作业,可以限制串塘通风的数量和范围,便于安全生产。采用倾斜短壁水力采煤法时,回采巷道两侧的回采煤垛应上下错开,左右交替采煤。

采用水力采煤时,遗留浮煤较多,若通风不畅,容易引起煤炭自燃。应根据煤层自然发火期进行区段划分,保证划分区段在自然发火期内采完并及时密闭,密闭设施必须进行专项设计。这样要求不仅可以避免煤层在开采期内自然发火产生事故,而且还保证了各个区段间顺利接替与开采。密闭设施必须进行专项设计。

(3)为了满足通风需求及加强各个巷道之间联系,相邻回采巷道及工作面回风巷之间必须开凿联络巷,用以通风、运料和行人。应及时安设和调整风帘(窗)等控风设施。联络巷间距和支护形式必须在作业规程中规定。

(4)采垛内暂留煤柱的破煤顺序称为闭式顺序落煤。闭式顺序落煤对于开采活动控制具有突出的优越性,贯通前的采硐可采用局部通风机辅助通风,这样可以保证通风质量。应在作业规程中明确工作面顶煤、顶板突然垮落时的安全技术措施。

(5)水枪工作时产生较大的震动和冲击,枪筒的中心线易发生偏离,难以准确控制水射流的方向，因此回采水枪应当使用液控水枪。水枪工作压力是水枪喷嘴出口处的水压。工作压力必须超过一定的数值才能使射流有明显的破煤效果。煤质愈软、愈脆、裂隙愈发育，所需的工作压力也愈低。水枪的射程为喷嘴至煤壁的距离。射程超过一定值后，冲击压力和射流破煤能力（也称水枪生产能力）均随射程的增大而衰减；喷嘴直径愈大，衰减愈缓慢。射流破煤能力开始急剧降低时的射程称有效射程。现用水枪的有效射程一般为 15～20 m。水枪的最大实际工作射程应小于有效射程。提高水压，增大喷嘴直径，能增大有效射程。我国常使供水泵集中向一个喷嘴供水，以求尽量增大喷嘴直径，改善落煤效果。但喷嘴直径过大将使水泵的工作状况点不合理而造成不利后果，除此应规定水枪到控制台距离不得小于 10 m。对使用中的水枪，为了保证其承压性能，每 3 个月应至少进行一次耐压试验。

(6) 为了保证采煤人员之间的安全及信息有效沟通，特别是水枪司机与煤水泵司机、高压泵司机之间要通信畅通、稳定，要求采煤工作面附近必须设置通信设备，在水枪附近必须有直通高压泵房的声光兼备的信号装置。严禁水枪司机在无支护条件下作业。水枪司机与煤水泵司机、高压泵司机之间必须装电话及声光兼备的信号装置。

(7) 明槽在输送煤浆时受倾角的影响，倾角越大，重力的分力作用越明显，高速流动的煤浆容易伤人。为了运输浆液顺利进行及行人安全，依据理论分析与经验，当用明槽输送煤浆时，倾角超过 25°的巷道，明槽必须封闭，否则禁止行人。倾角为 15°～25°时，人行道与明槽之间必须加设挡板或挡墙，其高度不得小于 1 m；在拐弯、倾角突然变大及有煤浆溅出的地点，在明槽处应加高挡板或加盖。在行人经常跨过的明槽处，必须设过桥。必须保持巷道行人侧畅通。除不行人的急倾斜专用岩石溜煤眼外，不得无槽、无沟沿巷道底板运输煤浆。

(8) 工作面回风巷内污风流含有有毒有害气体，尤其是瓦斯。如果瓦斯浓度高于临界爆炸浓度，回风巷中设置的电气设备运行中产生高温与火花就会有出现瓦斯爆炸的危险，因此工作面回风巷内严禁设置电气设备。在水枪落煤期间严禁行人和安排其他作业，主要是考虑到水枪喷射的高压水流会对人员及其他工作造成伤害与影响。

(9) 有下列情形之一的，严禁采用水力采煤。

① 无支护水采法的采煤工作面采用“采空区窜风”并辅以局部通风机通风，存在风阻大、窜风量有限、风量不稳定、采空区的有害气体易造成隐患问题，所以，突出矿井以及掘进工作面瓦斯涌出量大于 3 m^3/min 的高瓦斯矿井严禁采用水力采煤。

② 在倾角小于 35°的煤层，如果顶板较软或破碎，其采出率会明显下降，水力采煤适用于顶板较稳定的条件。

③ 顶底板容易泥化或底鼓的煤层，巷道需经常卧底才能保证煤水的正常流运，因此一般不宜采用水采。

④ 采用水力采煤时，丢失残煤较多，容易引起自燃，故容易自燃煤层一般不宜应用水采。水力采煤法效率低，安全性差，是将逐步被淘汰的采煤方法。

第一百一十四条 采用综合机械化采煤时，必须遵守下列规定：

（一）必须根据矿井各个生产环节、煤层地质条件、厚度、倾角、瓦斯涌出量、自然发火倾向和矿山压力等因素，编制工作面设计。

（二）运送、安装和拆除综采设备时，必须有安全措施，明确规定运送方式、安装质量、拆装工艺和控制顶板的措施。

(三) 工作面煤壁、刮板输送机和支架都必须保持直线。支架间的煤、矸必须清理干净。倾角大于15°时,液压支架必须采取防倒、防滑措施;倾角大于25°时,必须有防止煤(矸)窜出刮板输送机伤人的措施。

(四) 液压支架必须接顶。顶板破碎时必须超前支护。在处理液压支架上方冒顶时,必须制定安全措施。

(五) 采煤机采煤时必须及时移架。移架滞后采煤机的距离,应当根据顶板的具体情况在作业规程中明确规定;超过规定距离或者发生冒顶、片帮时,必须停止采煤。

(六) 严格控制采高,严禁采高大于支架的最大有效支护高度。当煤层变薄时,采高不得小于支架的最小有效支护高度。

(七) 当采高超过 3 m 或者煤壁片帮严重时,液压支架必须设护帮板。当采高超过 4.5 m时,必须采取防片帮伤人措施。

(八) 工作面两端必须使用端头支架或者增设其他形式的支护。

(九) 工作面转载机配有破碎机时,必须有安全防护装置。

(十) 处理倒架、歪架、压架,更换支架,以及拆修顶梁、支柱、座箱等大型部件时,必须有安全措施。

(十一) 在工作面内进行爆破作业时,必须有保护液压支架和其他设备的安全措施。

(十二) 乳化液的配制、水质、配比等,必须符合有关要求。泵箱应当设自动给液装置,防止吸空。

(十三) 采煤工作面必须进行矿压监测。

【释义】 本条是关于采用综合机械化采煤时必须遵守的规定。

视频

(1) 综合机械化回采工艺简称“综采”,即破(爆破)、装(装煤)、运(运煤)、支(支护)、处(处理采空区)五个主要工序全部实现机械化。综采生产效率高,劳动强度低,作业环境得到改善,有利于实现安全生产。由于综采设备多、体积大、技术含量高,要求地质条件、煤层赋存状况及操作者的技能等相关条件必须适应,这样才能发挥综采的优势,因此必须根据矿井各个生产环节、煤层地质条件、厚度、倾角、瓦斯涌出量、自然发火倾向和矿山压力等因素,编制工作面设计。

(2) 综合机械化采煤工作面液压支架的运送、安装和拆除是一项技术性很强、很细致的工作,涉及环节多,组织工作复杂,同时还要考虑综采工作面内其他设备的运送、安装和拆除,是一个系统工程,所以,采用综合机械化采煤,运送、安装和拆除综采设备时,必须有安全措施,明确规定运送方式、安装质量、拆装工艺和控制顶板的措施。

【案例】 2007 年 12 月 5 日,某煤矿五采区 L5214 综采工作面在安装综采支架过程中,发生一起综采支架倾倒致使 2 人死亡事故。事故经过:安装完支架并卸完卡具后,殷某站在支架右侧擅自将支架立柱升起 100 mm 左右时,支架突然下滑约 100 mm 失去平衡,支架前梁甩向采空区侧,站在采空区侧的两名工人被支架顶梁挤死。事故原因:① 支架工违章作业,擅自将处于重心偏移状态下的支架升起,造成支架向采空区侧倾倒;② 现场作业人员安全意识淡薄,在卡具卸完后没有及时从支架周围撤离。

(3) 若综合机械化回采工作面煤壁、刮板输送机和支架不能保持直线必然造成:

① 刮板输送机弯曲,易造成采煤机掉道。当采煤机以刮板输送机为导轨骑溜运行时,工作面煤壁不直就会造成输送机弯曲,采煤机在弯曲的导轨上运行易造成掉道。当使用刨

煤机时，刨链易把护链罩拉坏，使牵引块脱出而造成掉道。

② 综采工作面支架不保持直线，交错处端面距过大，易引起冒顶。支架顶梁前端距煤壁这一段距离的顶板没有支护，一般应保持不大于 250～300 mm 的距离，由于工作面煤壁不直，部分支架前后出现交错，局部地段空顶距必然加大，容易引发局部冒顶。

③ 造成煤壁片帮。回采工作面煤壁切割不直不齐，在空顶距大的地方又未及时打贴帮柱，是造成工作面煤壁片帮的主要原因。

④ 液压支架前后交错，不保持直线，矸石易窜入支架内，处理不及时可能造成死架。

⑤ 工作面刮板输送机弯曲，不保持直线，易造成掉链。

工作面支架间的煤、矸必须清理干净，主要是为移架创造良好条件，保证支架架设质量。当工作面倾角大于 15°时，液压支架很容易倾倒。目前生产的液压支架，在设计时一般有防倒功能，但由于回采工作面生产的多变性，加之其他因素，当工作面倾角大于 15°时，液压支架必须采取相应的防倒、防滑措施。当工作面倾角大于 25°时，刮板输送机内的煤（矸）很容易窜出伤人，一般可采取在刮板输送机两侧加防护板的措施加以防治。

（4）若液压支架不接顶，顶板与支架间有空顶，不能保证支架足够的初撑力，势必造成顶板离层、下沉，顶板出现台阶状，使支架前移困难，极易发生架间冒顶和超前冒顶事故。顶板破碎时必须超前支护，以防止支架上方大面积漏矸冒顶，发生压架事故。在处理液压支架上方冒顶时，冒顶处有可能继续漏冒，为了防止伤人，必须制定安全措施。

（5）采煤机采煤时必须及时移架，以防空顶过大发生顶板冒落、煤壁片帮。移架滞后采煤机的距离，应当根据顶板的具体情况在作业规程中明确规定；超过规定距离或者发生冒顶、片帮时，必须停止采煤。随着智能化矿井建设的推进，很多矿井都实行了液压支架自动跟随采煤机移架的技术，液压支架滞后采煤机移架的距离是控制程序按作业规程的规定参数预先设定好的，一般不需人工干预。当移架滞后采煤机的距离超过规定距离或者发生冒顶、片帮时，必须停止采煤，进行处理，以防事故范围进一步扩大。

（6）液压支架的支撑高度有一定的安全极限，采高超过支架最大设计支护高度，导致支架支空、失稳和倒架。如果采高小于支架的最小有效支护高度，支架没有足够的下缩量，顶板来压时，容易造成支架压死。严格控制采高，严禁采高大于支架的最大设计支护高度。当煤层变薄时，应当采取采煤机割顶、割底措施，加大采高。

（7）采高越大，煤壁的稳定性越低，顶板压力也相应增大，煤壁片帮的可能性增大。当采高超过 3 m 或者煤壁片帮严重时，液压支架必须设护帮板。当采高超过 4.5 m 时，必须采取防片帮伤人措施。

（8）工作面端头支架用于工作面两端与工作面巷道连接处。工作面上下出口处控顶面积大，工作面巷道的顶板暴露时间长，加上工作面支承压力的影响，以及运输机头、机尾等设备体积大，移动设备时无支护空间大，容易造成顶板破碎，呈现的压力大，同时经常存在巷道高度与工作面采高不一致，使该区域支护难度增加。由于端头支架具有较大的适应性，不仅能可靠地维护较大的空间，以容纳工作面输送机头、转载机设备，而且能随工作面的推进快速地移动这些设备及端头支架自身，还能可靠地固定输送机头，防止下滑，对工作面支架亦能起到锚固作用。因此，工作面两端采用端头支架，不仅能有效地管理出口处顶板，保证作业的安全，而且消除了架设抬棚，人工移机头、机尾，回收梁柱等繁重体力劳动，节约工时，提高效率，降低材料消耗。端头支架是综合机械化工作面两端不应缺少的设备。由于其他原因工作面两端没有使用端头支架时,必须增设其他形式支护,如坚持正确使用好 4 对 8 根长钢梁单体液压支柱支护等,维护好工作面两端安全出口。

(9) 工作面转载机配有破碎机时,为防止破碎机工作时碎屑飞溅伤人,必须有安全防护装置。可以为破碎机设计安装防护罩,防护罩前方有固定护帘的螺丝孔,方便拆卸更换。

(10) 液压支架是大型设备,正常工作情况下支架上承受很大的压力,处理倒架、歪架、压架,更换支架,以及拆修顶梁、支柱、座箱等大型部件时,极有可能发生支架倾倒、歪斜等挤人、砸人等事故,也有可能发生冒顶、片帮事故,也有可能由于敲击、摩擦等产生火花引爆瓦斯,所以必须有安全措施。

(11) 在综采工作面内应尽量减少爆破作业,要进行爆破作业时,必须有保护液压支架和其他设备的安全措施,以防蹦倒、崩坏液压支架和其他设备。液压支架一旦崩坏漏液,将达不到支撑力,起不到支撑作用。必须进行爆破作业时,应进行爆破设计,控制炮孔直径、装药量、炮孔角度,选取合适的炸药,减少煤岩的飞溅。

(12) 液压支架的支撑、升降、移动和过载保护等动作都需要借助乳化液来实现能量的传递和转换。由于液压支架用液压液在矿井下使用,为确保作业安全,产品性能必须受到严格监控。乳化液作为传动介质,承受压力较大,加上泵体不断循环,易造成在用液局部发热,乳化液需具备良好的防腐蚀性能,在含盐的矿井水条件下减少腐蚀,可以延长设备的使用寿命;需要具备良好的润滑性能和密封材料相容性能,有效避免泄漏,从而降低维护和材料消耗成本。乳化液的配制、水质、配比等,必须符合《液压支架用乳化油、浓缩液及其高含水液压液》(MT 76—2011)的要求。泵箱应当设自动给液装置,防止吸空。

(13) 采煤工作面必须进行矿压监测,一般情况下,应安装矿压监测监控系统,及时掌握采煤工作面矿压显现情况,总结矿压显现规律,必要时及时调整设备和开采参数,保证工作面的安全生产。

第一百一十五条 采用放顶煤开采时,必须遵守下列规定:

(一) 矿井第一次采用放顶煤开采,或者在煤层(瓦斯)赋存条件变化较大的区域采用放顶煤开采时,必须根据顶板、煤层、瓦斯、自然发火、水文地质、煤尘爆炸性、冲击地压等地质特征和灾害危险性进行可行性论证和设计,并由煤矿企业组织行业专家论证。

(二) 针对煤层开采技术条件和放顶煤开采工艺特点,必须制定防瓦斯、防火、防尘、防水、采放煤工艺、顶板支护、初采和工作面收尾等安全技术措施。

(三) 放顶煤工作面初采期间应当根据需要采取强制放顶措施,使顶煤和直接顶充分垮落。

(四) 采用预裂爆破处理坚硬顶板或者坚硬顶煤时,应当在工作面未采动区进行,并制定专门的安全技术措施。严禁在工作面内采用炸药爆破方法处理未冒落顶煤、顶板及大块煤(矸)。

(五) 高瓦斯、突出矿井的容易自燃煤层,应当采取以预抽方式为主的综合抽采瓦斯措施,保证本煤层瓦斯含量不大于 6 m^3/t,并采取综合防灭火措施。

(六) 严禁单体支柱放顶煤开采。

有下列情形之一的,严禁采用放顶煤开采:

(一) 缓倾斜、倾斜厚煤层的采放比大于 1∶3,且未经行业专家论证的;急倾斜水平分段放顶煤采放比大于1∶8的。

（二）采区或者工作面采出率达不到矿井设计规范规定的。

（三）坚硬顶板、坚硬顶煤不易冒落，且采取措施后冒放性仍然较差，顶板垮落充填采空区的高度不大于采放煤高度的。

（四）放顶煤开采后有可能与地表水、老窑积水和强含水层导通的。

（五）放顶煤开采后有可能沟通火区的。

【执行说明】　放顶煤开采可行性论证主要包括顶煤的冒放性、放顶煤工艺、设备选型配套、安全保障（水、火、瓦斯、煤尘、顶板、冲击地压等的防治）等方面内容，论证由煤矿企业组织行业专家进行。当缓倾斜、倾斜厚煤层放顶煤工作面采放比大于1∶3时，必须进一步论证工作面采放高度对采空区瓦斯积聚、上覆水体导通及沟通火区的可能性，放顶煤支架支护强度，顶煤回收率，工作面推进度以及采空区防火等方面的影响，在确保安全开采的条件下方可加大采放比。

根据矿井初次放顶煤开采论证或放顶煤开采实践，初采期间顶煤冒落困难（顶煤初次垮落步距大于10m）时，应当在切眼位置预先采取爆破、水力压裂或其他方法强制弱化顶煤、顶板。

预裂爆破处理坚硬顶板或顶煤是指在放顶煤工作面煤壁前方未受采动影响区进行的顶煤、顶板弱化爆破作业，在工作面超前支承压力影响区范围之外进行。

【释义】　本条是关于采用放顶煤开采时必须遵守的规定。

视频

（1）放顶煤开采是厚煤层开采高产高效的重要途径之一，与传统分层开采相比，该方法具有工作面准备巷道少、顶板管理相对简单、工作面产量高等优点，故在条件适宜的矿区得到了广泛应用。但是，多年的实践证明放顶煤采煤法并非在所有厚煤层条件下均可获得成功。为了从源头上堵塞不符合安全生产条件的放顶煤开采工作面的出现，制定这一条的目的在于凡是不具备放顶煤开采条件的煤层，禁止采用放顶煤开采。当矿井第一次采用放顶煤开采，或者在地质条件变化较大，主要是高瓦斯、易自燃、坚硬顶煤和顶板以及有冲击地压危险的煤层中进行放顶煤开采时，必须对顶煤的冒放性，放顶煤支架的工作阻力，工作面设备的配套选型，工作面"一通三防"安全可靠性进行放顶煤可行性论证和进行开采设计。

在煤层（瓦斯）赋存条件变化较大的区域，其灾害因素会有较大的变化，发生事故的危险性会大大增加，若不进行专门的设计，制定针对性的措施，而搬用其他放顶煤工作面的设计措施，极有可能造成事故。因此，在煤层（瓦斯）赋存条件变化较大的区域采用放顶煤开采时，必须根据顶板、煤层、瓦斯、自然发火、水文地质、煤尘爆炸性、冲击地压等地质特征和灾害危险性进行可行性论证和设计，并由煤矿企业组织行业专家论证。

（2）放顶煤采煤方法开采强度大，产量高，瓦斯涌出量大，采空空间高度大，瓦斯易于积聚；顶板冒落时大量瓦斯从采空区涌入工作面，易造成工作面瓦斯超限；放顶煤开采采空空间易形成风流渗入，采空区容易造成煤炭自燃；在放顶煤开采过程中易产生大量煤尘。针对煤层开采技术条件和放顶煤开采工艺特点，要详细收集瓦斯、煤尘、煤层自然发火、顶板和顶煤冒放性等技术资料，必须制定防瓦斯、防火、防尘、防水、采放煤工艺、顶板支护、初采和工作面收尾等安全技术措施。要加强动态检查，研究本企业放顶煤开采过程中存在的问题，及时制定有针对性的防范措施，并确保安全技术措施的落实。

(3) 工作面初采期间,顶煤不能及时垮落,随着工作面的推进,悬顶面积逐渐扩大,一旦超过顶煤、顶板抗压强度的极限突然垮落,造成工作面压架伤人事故,严重时将工作面支架压死,并严重破损;同时,随着采空区悬顶面积的增大,在采空区积聚大量瓦斯,一旦顶板突然垮落,会将采空区的瓦斯挤向工作面,很容易形成严重的瓦斯灾害。过去,曾因放顶煤工作面初采时顶煤和直接顶垮落不充分,在工作面后方空顶区积聚瓦斯而引起瓦斯爆燃、爆炸事故。因此,规程要求在出现顶煤、顶板悬顶时,必须采取强制放顶措施,使顶煤和直接顶充分垮落。

【案例】 1994 年 9 月 17 日鹤岗矿务局南山煤矿井下发生一起特别重大瓦斯爆炸事故,死亡 56 人,伤 10 人。事故发生在 235 单体液压支柱炮采放顶煤工作面,工作面初采时顶煤和直接顶垮落不充分,在采空区形成空洞,积聚大量瓦斯。当采空区顶板突然垮落时,挤压采空区瓦斯涌入工作面,此时遇到支柱工用手锤敲打铰接顶梁水平楔,产生火花,引燃瓦斯,导致瓦斯爆炸。

【案例】 1993 年 10 月辽源矿务局梅河三井发生一次重大瓦斯爆炸事故,死亡 30 多人。事故原因是由于一个急倾斜特厚煤层水平分段放顶煤工作面初采期间,工作面推进 20 m以上,顶煤没有垮落,在工作面后方形成一个巨大的空间,积聚大量瓦斯。当事故发生日顶煤突然大面积垮落时,将采空区的瓦斯挤出,并形成一股瓦斯流沿着工作面巷道涌出,当这股瓦斯流移动至上山绞车房时,瓦斯流的浓度已达到爆炸极限,此时上山绞车正在运行中,提升钢丝绳和导向钢管摩擦产生的火花引爆了瓦斯,继而引发煤尘爆炸,造成一次恶性事故。

(4) 采用预裂爆破处理坚硬顶板或者坚硬顶煤时,这时的顶板是不稳定的,施工工程对顶板的扰动也有可能造成顶板冒落,所以应在工作面未采动区进行,并制定专门的安全技术措施。

严禁在工作面内采用炸药爆破方法处理未冒落顶煤、顶板及大块煤(矸)。这是因为采用放顶煤开采时,随着采煤工作面的推进,顶煤在矿山压力的作用下,在放顶煤支架后垮落并通过支架的放煤口放入工作面后部输送机上,如果顶煤不能及时垮落,形成悬顶,此时在工作面内打眼爆破处理坚硬顶煤,往往出现炮眼的位置离采空区过近,或朝向采空区的炮眼倾角太小,和采空区贯通,以至于爆破时炸药爆燃引起瓦斯爆炸;处理放煤口的大块煤或矸石亦容易引发瓦斯和煤尘爆炸。因此,必须禁止在工作面内采用炸药爆破处理顶煤、顶板及大块煤(矸)。此时若采用炸药爆破方法处理顶煤、顶板及卡在放煤口的大块煤(矸),会造成下列危害:

① 易造成瓦斯爆炸。放煤过程中,放煤口上方出现空洞,空洞内极易造成瓦斯积聚,如果此时使用爆破处理悬空顶煤或卡住放煤口的大块煤(矸),极易引起瓦斯爆燃和爆炸事故。

【案例】 2005 年 10 月 3 日 4 时 45 分,河南省鹤壁煤业(集团)有限责任公司二矿 415 工作面发生特别重大瓦斯爆炸事故,造成 34 人遇难。该矿为原国有重点煤矿,高瓦斯矿井,415 工作面采用单体液压支柱炮采放顶煤走向长壁全部陷落采煤法。工作面当时处于初次放顶期间,顶煤、顶板没有充分冒落,采空区形成较大空顶,积聚大量瓦斯,在进行顶煤预裂爆破时,炸药爆燃引起瓦斯爆炸。

② 在架间进行爆破易损坏支架放煤口插板、尾梁和液压千斤顶等。

上述案例虽然有其偶然性,但必然性是工作面初采时,顶煤、顶板不能及时垮落,形成空洞，积聚瓦斯，一旦遇到火源，便会发生瓦斯事故。由于工作面新鲜风流的存在，高浓度的瓦斯很容易达到爆炸极限，而火源在工作面也是经常存在的，如：垮落的石英岩相互摩擦产生的火花，工作面切眼锚杆、锚索拉断产生火花，工作面机械敲击产生火花等。因此，为避免这类事故的发生，《规程》要求"放顶煤工作面初采期间应根据需要采取强制放顶措施，使顶煤和直接顶充分垮落"。

(5) 高瓦斯、突出矿井的容易自燃煤层采用放顶煤开采工艺开采时，在灾害防治方面客观上存在着矛盾：一方面为了解决瓦斯问题，要加大工作面的供风量，因而导致采空区漏风量加大，增加了采空区自然发火的可能性；另一方面为了防止工作面采空区自然发火，应当尽可能地减少采空区的漏风量，因而要降低工作面的供风量。这一对矛盾，难以彼此兼顾，无法解决，稍有疏忽，就会酿成重大事故。

由于瓦斯治理和自然发火防治之间的矛盾客观存在，在工程技术上相互兼顾同时治理难以实现，因而为确保生产安全，只能采取先消除一个灾害因素的技术途径解决。煤的自燃倾向性是其自身的一个属性，虽然通过技术手段可以降低，但代价高，且降低幅度不大，因而首先消除煤层自燃危险性的技术途径不可取，这样也就只能从消除瓦斯灾害因素入手。由于预抽瓦斯是解决煤矿瓦斯灾害的治本之策，且技术手段、经济代价可行，国家政策鼓励和支持，所以，本条明确应采取以预抽方式为主的瓦斯治理措施。至于为什么在规定中继续要求采取综合抽放瓦斯措施，是为了加大那些因煤层透气性差、煤质软等原因使瓦斯预抽效果不能满足生产安全要求的矿区的瓦斯治理力度，确保首先消除瓦斯灾害因素。考虑到目前任何单一的自然发火预防措施都无法真正做到百分之百有效，采取综合防灭火措施，多种措施一起上，互为补充，可有效预防自然发火的发生，这也是多年来的生产实践证明切实有效的办法。

(6) 禁止单体支柱放顶煤的主要原因有：① 单体液压支柱和铰接顶梁支护的整体性、稳定性差，支护强度低，不能适应放顶煤时的顶煤运移的侧向力，尤其当煤层倾角变大，放煤时顶煤、顶板产生的倾向下落和压力都容易造成支架不稳、倾倒，甚至发生冒顶事故，工作面安全难以保证；② 在单体支柱工作面，为了控顶区顶板的稳定，必须铺设顶网，使生产工艺变得复杂，影响生产效率；③ 因为铺设顶网，放煤时必须剪网形成放煤口，不但增加了工人的劳动强度，而且放煤口的大小很难控制，放煤口太小，放煤量不能满足产量需要，容易丢煤；放煤口太大，又容易放出矸石，煤质无法保证，又增加关闭放煤口的难度；④ 放煤工艺无法实现机械化，只能人工放煤，工人的劳动强度大，放煤口粉尘大，工作环境恶劣，遇到大块煤无法处理，放煤工的安全无法保证。总之，因为单体液压支柱抗冲击能力弱，支架的整体性、稳定性差，放煤工艺落后，顶煤回收率低，安全性差，所以本条规定，严禁单体支柱放顶煤开采。

(7) 有下列情形之一的严禁采用放顶煤开采：

① 缓倾斜、倾斜厚煤层的采放比大于1∶3，且未经行业专家论证的；急倾斜水平分段放顶煤采放比大于1∶8的。缓倾斜、倾斜厚煤层的采放比大于1∶3时未经论证不准采用放顶煤开采方法的原因有两个方面：一是提高资源回收率。由于采放比大，顶煤的厚度增加，放煤时上位顶煤不能充分破碎垮落，出现悬顶，则这部分顶煤往往丢失在采空区，降低了工作面的回收率；二是保证工作面生产安全。采放比越大，采动的煤层就越厚，一方面瓦斯涌出量会随着采动煤炭量的增加而大幅度增大，给工作面瓦斯管理带来困难，另一方面矿山压力也会因采动岩层厚度的增加而增大，给支护带来困难；再则，采放比的增大还会带来采空区浮煤自燃概率提高、工作面煤尘浓度增大等问题，容易造成瓦斯超限、煤层自燃和顶板事

故等,不利于安全生产。与此类似,急倾斜水平分段放顶煤同样存在上述的安全问题,考虑到急倾斜水平分段放顶煤工作面可以通过顶(底)板巷道进行顶煤弱化处理,改善顶煤的冒放性,所以采放比放大到1∶8。

② 采区或者工作面采出率达不到矿井设计规范规定的。根据《煤炭工业矿井设计规范》(GB 50215—2015)的规定,矿井采区的采出率应不低于表3-2-5所列的数值。

表3-2-5　矿井采区煤炭采出率 %

	特殊和稀缺煤类	其他煤类
厚煤层	78	75
厚煤层一次采全高	83	80
中厚煤层	83	80
薄煤层	88	85

③ 有的矿井煤层的冒放性比较差,顶煤不容易放出来,造成煤炭资源大量丢失浪费现象,因此采区或工作面采出率达不到矿井设计规范规定的严禁采用放顶煤开采,应改成一次采全高开采或分层开采。

④ 坚硬顶板、坚硬顶煤不易冒落,且采取措施后冒放性仍然较差,顶板垮落充填采空区的高度不大于采放煤高度的,严禁采用放顶煤开采。

坚硬顶板、顶煤,属于冒放性差的煤层,如果要采用放顶煤采煤法,必须采取改善冒放性的措施,如注水软化、预裂爆破等,其结果必须达到顶板垮落充填采空区的高度大于或等于采放煤高度。因为,如果顶板冒落充填体的高度达不到采放高度,则会在采空区出现空洞,积聚瓦斯,存在安全隐患,如图3-2-1所示,应当禁止放顶煤开采。

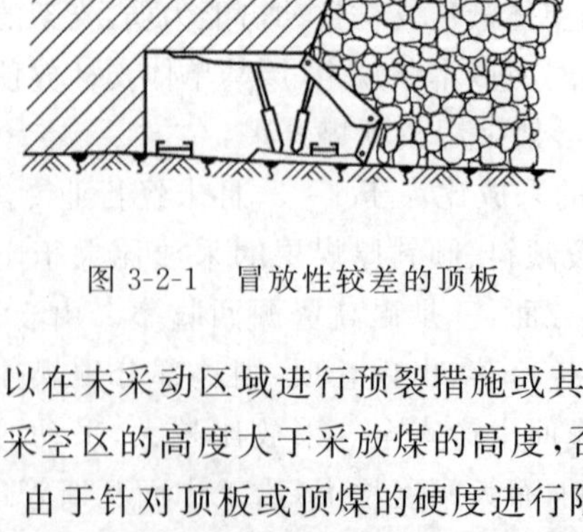

图3-2-1　冒放性较差的顶板

对于坚硬顶板、顶煤,可以在未采动区域进行预裂措施或其他措施来处理顶煤、顶板,处理后必须保证顶板垮落充填采空区的高度大于采放煤的高度,否则,采空区就会存在冒落空洞,增加瓦斯积聚的危险性。由于针对顶板或顶煤的硬度进行限制存在一定困难,比如有些煤岩的硬度较大,但裂隙发育,冒落较好,因此,直接采用了经验型的综合参数"冒放性"来限定。实际操作中必须根据矿井具体情况,通过观测,确定工作面顶板煤岩的冒放性,如可保证垮落的岩石能够充填采放煤的高度、不在采空区内留有空洞，方能采用放顶煤开采。

⑤ 矿井水文地质条件复杂，采放后有可能与地表水、老窑积水和强含水层导通的，严禁采用放顶煤开采。由于水文地质条件复杂的矿井，若采用放顶煤开采，对顶板的扰动比较大，产生的顶板裂隙较大，可能导通地表水、老窑积水和强含水层，因此严禁采用放顶煤开采。

⑥ 如果顶煤放出后，可能连通上层采空区及其他处火源的，严禁采用放顶煤开采。

【执行中应注意的问题】

（1）本次修订，删除了煤层有突出危险的严禁采用放顶煤开采的规定。对于有煤（岩）与瓦斯（二氧化碳）突出危险性的煤层，当采用放顶煤开采时，由于放顶煤开采瞬时放落的煤量大，会突然改变该处地压、瓦斯、煤的力学性质和重力的综合作用的平衡条件，煤层、围岩的强度会发生急剧变化，煤层会出现突然卸压、增压等，能量的释放量和释放速度显著增加，当其值超过极限应力值时，就会诱发突出，造成事故，甚至摧毁整个矿井。煤与瓦斯突出矿井的突出煤层经区域突出危险性预测后，为无突出危险区，可以采用放顶煤开采；经区域突出危险性预测后，为突出危险区，必须采取“两个四位一体”综合防突措施并经效果检验有效的，可以采用放顶煤开采。

（2）本次修订，将 2016 版中的“矿井水文地质条件复杂，放顶煤开采后有可能与地表水、老窑积水和强含水层导通的。”修改为“放顶煤开采后有可能与地表水、老窑积水和强含水层导通的”，也就是删去了“矿井水文地质条件复杂”的限制，对所有矿井，只要采用放顶煤开采后有可能与地表水、老窑积水和强含水层导通的，都是严禁采用放顶煤开采的。

第一百一十六条　采用连续采煤机开采，必须根据工作面地质条件、瓦斯涌出量、自然发火倾向、回采速度、矿山压力，以及煤层顶底板岩性、厚度、倾角等因素，编制开采设计和回采作业规程，并符合下列要求：

（一）工作面必须形成全风压通风后方可回采。

（二）严禁采煤机司机等人员在空顶区作业。

（三）运输巷与短壁工作面或者回采支巷连接处（出口），必须加强支护。

（四）回收煤柱时，连续采煤机的最大进刀深度应当根据顶板状况、设备配套、采煤工艺等因素合理确定。

（五）采用垮落法控制顶板，对于特殊地质条件下顶板不能及时冒落时，必须采取强制放顶或者其他处理措施。

（六）采用煤柱支承采空区顶板及上覆岩层的部分回采方式时，应当有防止采空区顶板大面积垮塌的措施。

（七）应当及时安设和调整风帘（窗）等控风设施。

（八）容易自燃煤层应当分块段回采，且每个采煤块段必须在自然发火期内回采结束并封闭。

有下列情形之一的，严禁采用连续采煤机开采：

（一）突出矿井或者掘进工作面瓦斯涌出量超过 3 m^3/min 的高瓦斯矿井。

（二）倾角大于 8°的煤层。

（三）直接顶不稳定的煤层。

【释义】 本条是关于采用连续采煤机机械化开采的规定。

连续采煤机是用于房柱式采煤法的采煤机，也可用于巷道掘进。它具有截割、装载、转载、调动行走和喷雾除尘等多种功能，配备梭车、带式输送机和锚杆支护，可在房柱式采煤法中实现综合机械化采煤。它对地质条件好的巷道开掘或者对煤矿井田构造复杂的边角煤开采有独特的优势，是一种值得推广的煤矿机械设备。连续采煤机短壁开采技术核心是巷道布置方式，主要有传统房柱式、条带巷道式、旺格维利式、块段式 4 种，从采房留柱到双翼采硐式，从独头支巷到全风压布置，不同的开采条件、地质条件和生产要求，可配套不同的巷道布置。工作面地质条件、瓦斯涌出量、自然发火倾向、回采速度、矿山压力，以及煤层顶底板岩性、厚度、倾角等因素对连续采煤机机械化开采有着重要影响，必须根据这些因素的内容编制开采设计和回采作业规程。

(1) 本条要求工作面必须形成全风压通风后方可回采，这样连采巷道布置就必须采用全风压布置，避免支巷采用独头巷道布置，其中主要以旺格维利式全风压和短壁块段式最为常见。

(2) 空顶区围岩稳定性差，有可能发生冒落等危险情况，为了防止砸伤工作人员，严禁采煤机司机等人员在空顶区作业。

(3) 运输巷与短壁工作面或回采支巷连接处(出口)，矿山压力集中明显而且又属于人员与设备集中区域，从安全角度考虑必须加强支护。

(4) 回收煤柱时，采硐的最大进刀深度应根据顶板状况、设备配套、采煤工艺等因素合理确定，过小会影响煤炭回收效率，过大则会出现顶板冒落、掘进受限等恶劣情形。

(5) 对于特殊地质条件下顶板不能及时冒落的，必须采取强制放顶或其他处理措施，防止顶板悬露过大引起突然垮落产生严重事故。

(6) 采用煤柱支承采空区顶板及上覆岩层的部分回采方式时，采空区顶板有可能大面积垮落，因此为了防止此类事故发生，应有防止采空区顶板大面积垮塌的措施。

(7) 根据短壁工作面布置特点，需要待支巷全部回采完毕实施密闭后方可强制放顶，当遇到顶板条件较差时，回采期间采硐直接顶可能垮落，形成工作面粉尘增加的安全隐患，甚至出现支巷顶板垮落造成工作面风流通过垮落的采空区。因此，使用连续采煤机短壁开采时应及时安设和调整风帘(窗)等控风设施。

(8) 连续采煤机短壁开采体系中，通风比较复杂，随采掘推进变化比较大，在容易自燃煤层应分块段回采，且每个采煤块段必须在自然发火期内回采结束并封闭。

(9) 严禁采用连续采煤机开采的情形：

① 突出矿井或者掘进工作面瓦斯涌出量超过 3 m^3/min 的高瓦斯矿井。采用连续采煤机开采存在着“采空区窜风”现象，风阻大、窜风量有限、风量不稳定、采空区的有害气体易造成隐患，所以突出矿井及掘进工作面瓦斯涌出量大于 3 m^3/min 的高瓦斯矿井严禁采用连续采煤机开采。

② 由于连续采煤机及其后配套设备大多为自移式设备，适应于倾角较小的煤层，因而，短壁机械化开采适宜布置在倾角 8°以下的近水平煤层，特别适宜于布置在倾角 1°～3°的近水平煤层中。倾角大于 8°的煤层，严禁采用连续采煤机开采。

③ 直接顶不稳定的煤层。采用连续采煤机的短壁开采系统中，各类煤柱都比较多，比如连采中旺格维利式煤柱包括刀间煤柱、巷间煤柱、隔离保护煤柱以及护巷煤柱，各类煤柱与直接顶、基本顶运移关系复杂，来压预测难度大，与长壁综采体系相比缺乏该体系传统的

“煤柱—顶板”作用机理以及矿压理论并不能揭示其来压规律。当直接顶不稳定时，顶板冒落规律性差，来压预测难度更大，特别是支巷密闭后顶板的垮落情况和垮落时间都难以监测，故严禁采用连续采煤机开采。

第三节　采掘机械

第一百一十七条　使用滚筒式采煤机采煤时，必须遵守下列规定：

（一）采煤机上装有能停止工作面刮板输送机运行的闭锁装置。启动采煤机前，必须先巡视采煤机四周，发出预警信号，确认人员无危险后，方可接通电源。采煤机因故暂停时，必须打开隔离开关和离合器。采煤机停止工作或者检修时，必须切断采煤机前级供电开关电源并断开其隔离开关，断开采煤机隔离开关，打开截割部离合器。

（二）工作面遇有坚硬夹矸或者黄铁矿结核时，应当采取松动爆破处理措施，严禁用采煤机强行截割。

（三）工作面倾角在15°以上时，必须有可靠的防滑装置。

（四）使用有链牵引采煤机时，在开机和改变牵引方向前，必须发出信号。只有在收到返向信号后，才能开机或者改变牵引方向，防止牵引链跳动或者断链伤人。必须经常检查牵引链及其两端的固定连接件，发现问题，及时处理。采煤机运行时，所有人员必须避开牵引链。

（五）更换截齿和滚筒时，采煤机上下 3 m 范围内，必须护帮护顶，禁止操作液压支架。必须切断采煤机前级供电开关电源并断开其隔离开关，断开采煤机隔离开关，打开截割部离合器，并对工作面输送机施行闭锁。

（六）采煤机用刮板输送机作轨道时，必须经常检查刮板输送机的溜槽、挡煤板导向管的连接情况，防止采煤机牵引链因过载而断链；采煤机为无链牵引时，齿（销、链）轨的安设必须紧固、完好，并经常检查。

【释义】　本条是关于使用滚筒采煤机采煤的规定。

(1) 刮板输送机的启动和停止都是由平巷内的控制台来操纵的，由于工作面很长，刮板输送机司机不可能对工作面的突发事故做出及时反应，只有处在工作面现场的采煤机司机能及时发现异常情况。采煤机上装有能停止工作面刮板输送机运行的闭锁装置，一旦工作面发生异常，采煤机司机可以立即切断刮板输送机的电源，使输送机停止运转，防止事故进一步扩大。采煤机上装设的能停止工作面刮板输送机运行装置必须有闭锁功能，没有采煤机司机的允许，平巷内控制台上的刮板输送机司机不能启动刮板输送机，在采煤机司机或者其他工作人员处理事故和检修时，可以避免因刮板输送机司机的误操作而引起事故。

启动采煤机前，应做好准备工作，必须先巡视采煤机四周，发出预警信号，确认人员无危险后，方可接通电源。

采煤机因故暂停工作时，采煤机司机除了停止采煤机的牵引和摇臂的升降以外，还必须停止滚筒的转动。要停止电动机必须打开隔离开关；要停止滚筒的转动，就必须打开离合器。在作业过程中，顶板煤壁有特殊情况，或需铺网、补网、更换截齿、处理支架问题、处理喷雾装置的问题以及清理刮板输送机机道等，工作人员往往需要到距离滚筒很近的地方工作，在这种情况下必须打开隔离开关和离合器，保证滚筒不能转动并与电机分开，以防止滚筒转动伤人。因此，采煤机因故暂停时，必须打开隔离开关和离合器。

采煤机停止工作或检修时,必须切断采煤机前级供电开关电源并断开其隔离开关,断开采煤机隔离开关,打开截割部离合器。这样可以形成“四位一体”的综合联保体系,以防止人员误操作和违章操作及其他原因引起采煤机未按规定启动,避免发生事故。

(2) 工作面遇有坚硬夹矸或黄铁矿结核时,严禁采煤机强行截割。此项规定主要是考虑到强行截割易产生火花而引起瓦斯和煤尘爆炸,还可加速截齿的磨损和损坏。

(3) 当工作面倾角超过 15°以上时,无论是采煤机还是液压支架等,都容易滑移和倾倒,因此,当工作面倾角超过 15°以上时,必须有可靠的防滑装置。

(4) 链牵引采煤机在工作面的行走是依靠采煤机牵引链轮与牵引链条的相互啮合来实现的。由于牵引链条具有一定的弹性,在采煤机行走过程中,牵引链的张力会不断发生变化,由此使得牵引链上下跳动,危及工作面内的人员安全。采煤机开机前,牵引链处在松弛状态,采煤机一旦开机,会使原来松弛的牵引链突然向上弹跳,其弹跳力足以致人死亡。当采煤机改变牵引方向时,原来的松弛边(非工作边)变为张紧边(工作边),牵引张力急剧增加,这种急剧变化的牵引链张力易使牵引链弹跳,可能伤及工作面人员。因此,在开机和改变牵引方向前,必须发出信号,只有在收到允许开机的返回信号后,方准开机或改变牵引方向。

牵引链除跳动伤人外,由于检查、使用、维护不当和其他原因还会发生断链事故,断链快速回弹,力度很大,很容易致人伤亡。为避免断链事故,必须经常检查牵引链及其两端的固定连接件,发现问题,及时处理。由于链牵引采煤机可能发生链条跳动伤人和断链伤人,采煤机运行时,所有人员必须避开牵引链。

(5) 采煤机割煤后,在其滚筒附近新暴露出的帮、顶还未来得及进行控制,在滚筒附近更换截齿和进行其他工作,很容易发生顶板事故。为保证作业安全,必须对采煤机上下 3 m 范围内的帮、顶进行维护,禁止操作液压支架。另外,在进行上述工作前还必须切断采煤机前级供电开关电源并断开其隔离开关,断开采煤机隔离开关,打开截割部离合器,并对工作面输送机施行闭锁,形成综合保护,目的是防止人员误操作或无意中触及启动按钮和输送机突然开动,避免引起事故。

(6) 目前采煤机大部分用刮板输送机作轨道,工作面底板不平、操作维护不当等,都可能使刮板输送机溜槽的连接、挡煤板导向管的连接处于不良状态,影响使用效果,甚至会发生事故。为保持刮板输送机完好,预防事故的发生,必须经常检查溜槽和挡煤板导向管的连接。当采煤机为无链牵引时,必须对齿(销、链)轨经常检查,并在作业规程中对刮板输送机的推进作出明确规定,按刮板输送机的操作要求进行操作。

第一百一十八条 使用刨煤机采煤时,必须遵守下列规定:

(一) 工作面至少每隔 30 m 装设能随时停止刨头和刮板输送机的装置,或者装设向刨煤机司机发送信号的装置。

(二) 刨煤机应当有刨头位置指示器;必须在刮板输送机两端设置明显标志,防止刨头与刮板输送机机头撞击。

(三) 工作面倾角在 12°以上时,配套的刮板输送机必须装设防滑、锚固装置。

【释义】 本条是关于使用刨煤机采煤的规定。

(1) 刨煤机是一种外牵引的浅截式煤机,采用刨削的方式落煤,并通过煤刨的犁面将煤装入工作面刮板输送机。刨煤机与刮板输送机组成刨煤机组。刨煤机一般用于薄煤层工作面。受工作环境和空间所限，薄煤层工作面的工人在作业时视线受阻，行走困难，对顶板、支护设备的状况及其他影响安全生产的情况难以远距离掌控。因工作面较长且刨煤机紧贴煤壁工作，输送机为其提供支点并担负运煤任务，很难发现工作面其他部位发生的事情。工作中，如需要立即停止刨头和输送机运行，直接通知刨煤机司机和输送机操作人员停止刨煤机和输送机运行，往往已经来不及了，势必使事故发生和扩大。因此，要求工作面每隔 30 m 应装设能随时停止刨煤机和输送机运行的装置，以便出现紧急情况时在工作面各部位都能立即停止刨煤机和输送机的运行，防止事故发生。

（2）刨煤机工作时，工作面能见度低，常出现刨煤机司机操作失误造成刨头与输送机机头机尾相撞的事故，因此，对刨煤机提出了应设有刨头位置指示器的要求。同时，为便于工人观测，在刮板输送机两端设置明显标志，可防止刨头与刮板输送机机头撞击。

（3）刨煤机工作时所产生的冲击力较大，容易引起刮板输送机向下滑移。据测算，当工作面倾角达到 12°时，就已具备了滑移条件，因此当工作面倾角在 12°以上时，刮板输送机必须装设防滑、锚固装置。

第一百一十九条　使用掘进机、掘锚一体机、连续采煤机掘进时，必须遵守下列规定：

（一）开机前，在确认铲板前方和截割臂附近无人时，方可启动。采用遥控操作时，司机必须位于安全位置。开机、退机、调机前，必须发出报警信号。

（二）作业时，应当使用内、外喷雾装置，内喷雾装置的工作压力不得小于 2 MPa，外喷雾装置的工作压力不得小于 4 MPa。在内、外喷雾装置工作稳定性得不到保证的情况下，应当使用与掘进机、掘锚一体机或者连续采煤机联动联控的除降尘装置。

（三）截割部运行时，严禁人员在截割臂下停留和穿越，机身与煤（岩）壁之间严禁站人。

（四）在设备非操作侧，必须装有紧急停转按钮（连续采煤机除外）。

（五）必须装有前照明灯和尾灯。

（六）司机离开操作台时，必须切断电源。

（七）停止工作和交班时，必须将切割头落地，并切断电源。

【释义】　本条是关于使用掘进机、掘锚一体机、连续采煤机掘进的规定。

（1）掘进机、掘锚一体机、连续采煤机掘进作业时，工作空间狭窄，人员多，有时各工种平行作业很容易发生事故。掘进机、掘锚一体机、连续采煤机都是大型机械，其运行时，为避免人员伤害，铲板前方和截割臂附近无人时，方可启动。采用遥控操作时，司机必须位于安全位置。开机、退机、调机时，必须发出报警信号。

视频

（2）喷雾降尘是掘进工作面最有效的降尘方式，因此在采掘设备上装设内、外喷雾装置来实现喷雾降尘。内喷雾降尘装置安装在采掘设备内部，通过加压使水从截割头上的喷嘴喷出，喷嘴一般布满整个截割头；开启掘进机之后，喷嘴会喷射出压力水进而覆盖至截齿上，达到了雾化降尘效果的同时，也对截齿形成降温和保证湿润的效果。外喷雾装置安装在采掘设备外部，一般装在截割臂上，通过加压对截割煤岩部位喷水。内喷雾喷嘴在实际使用时，容易被煤粉堵塞，实际使用效果一般，应注意及时进行检修和清理内喷雾流道，尤其是掘锚一体机、连续采煤机等清理更为困难。高水压对喷雾降尘极有利，即雾滴小、水雾速度快、空间含水量高等，但高水压会导致大能耗、零部件因受力大而出现故障，造成寿命短等问题。所以供水压力应根据现场的实际工况来确定。因此,本条只规定了内外喷雾装置的最低工作压力,内喷雾装置的工作压力不得小于 2 MPa,外喷雾装置的工作压力不得小于 4 MPa。

(3) 截割部运行时,机身与截割臂都处于运动状态,尤其是截割臂更是运动幅度较大,如果有人员处于截割臂之下或穿越、站立于机身与煤(岩)壁之间,都会发生工作人员伤亡事故。因此,严禁人员在截割臂下停留和穿越,机身与煤(岩)壁之间严禁站人。截割部运行前,掘进机司机要发出警报提醒附近人员撤至安全地点,警报发出后、开机前司机还要进一步观察截割臂下有无人员作业、穿越或停留,确认无误后再行开机。

(4) 在通常情况下,掘进机司机是在掘进机的一侧操纵,由于掘进机工作时发出的噪声和产生的矿尘,司机有时很难观察到另一侧情况,此时,若掘进工作面发生异常情况,由于在掘进机非操作侧装设了紧急停止运转按钮,非操作侧的作业人员可立即停止掘进机,避免事故的发生和扩大。

(5) 掘进机装有前照明灯和尾灯,有利于掘进机司机操作时对前后方情况进行观察。对其他人员起到警示作用,避免接近掘进机。

(6) 司机离开操作台时,必须切断电源,以防其他人误操作开启机器造成事故。

(7) 在井巷掘进过程中,掘进机完成一个工作循环后,便进入清理浮煤(矸)、架棚等其他工序的作业。此时,掘进机处于停止工作状态,而大多数作业人员都在掘进机截割头附近工作,如果不切断电源开关,一旦被作业人员触及控制按钮或被掘进机司机误操作而将掘进机开动,将造成人员伤亡事故。因此,掘进机停止工作时,必须将切割头落地,并断开掘进机上的电源开关。

第一百二十条 使用运煤车、铲车、梭车、履带式行走支架、锚杆钻车、给料破碎机、连续运输系统或者桥式转载机等掘进机后配套设备时,必须遵守下列规定:

(一) 所有安装机载照明的后配套设备启动前必须开启照明,发出开机信号,确认人员离开,再开机运行。设备停机、检修或者处理故障时,必须停电闭锁。

(二) 带电移动的设备电缆应当有防拔脱装置。电缆必须连接牢固、可靠,电缆收放装置必须完好。操作电缆卷筒时,人员不得骑跨或者踩踏电缆。

(三) 运煤车、铲车、梭车制动装置必须齐全、可靠。作业时,行驶区间严禁人员进入;检修时,铰接处必须使用限位装置。

(四) 给料破碎机与输送机之间应当设联锁装置。给料破碎机行走时两侧严禁站人。

(五) 连续运输系统或者桥式转载机运行时,严禁在非行人侧行走或者作业。

(六) 锚杆钻车作业时必须有防护操作台,支护作业时必须将临时支护顶棚升至顶板。非操作人员严禁在锚杆钻车周围停留或者作业。

(七) 履带行走式支架应当具有预警延时启动装置、系统压力实时显示装置,以及自救、逃逸功能。

【释义】 本条是关于使用掘进机后配套设备的规定。

(1) 运煤车、铲车、梭车等掘进机后配套设备,在狭小的巷道空间运行,能见度低,容易危及周围工作人员的安全。安装机载照明的后配套设备启动前开启照明,既可以提供充足照明,又可以进行自我标示。发出开机信号是开机前对周围工作环境内相关人员的开机提示,确认人员离开才能进行下一步的开机运行。设备停机、检修或处理故障时,必须停电闭锁，可以防止在操作过程中设备突然运行造成人员伤亡。

(2) 带电移动的设备电缆应有防拔脱装置是为了防止在移动过程中拖、拉、扭、拽将电缆拔出，发生漏电等事故。电缆必须连接牢固、可靠，电缆收放装置必须完好。操作电缆卷筒时，人员不得骑跨或踩踏电缆，这不仅可以防止人员与电缆接触，而且可以减小人员触电的可能。

(3) 运煤车、铲车、梭车等的制动装置必须齐全、可靠，保证在运输过程中出现突发意外时可靠地紧急制动以保障安全。作业时，行驶区间严禁人员进入，可以防止机器设备在运行时碰撞到盲区的闲杂人员，引起不必要的事故。检修时，铰接处必须使用限位装置，以防止铰链大幅度摆动伤人。

(4) 输送机和给料破碎机是互相配合工作的，先启动给料破碎机再启动输送机，不能出现给料破碎机停机而输送机在运行的情况，以防运来的煤矸不能及时破碎而造成事故。因此，给料破碎机与输送机之间应当设联锁装置。给料破碎机工作时可能蹦出煤矸而伤人，故给料破碎机行走时两侧严禁站人。

(5) 非行人侧是禁止行走人员的通道侧，在连续运输系统或桥式转载机运行时，非行人侧存在大块煤矸滚落、小块煤矸崩落、人员衣袖卷入等安全隐患，因此严禁在非行人侧行走或作业。

(6) 锚杆钻车属于重型操作设备，其工作时巷道处于临时支护状态，顶板围岩不稳定。锚杆钻车工作时摆动幅度大，与煤岩体接触时容易出现煤岩体垮落现象。防护操作台可以对工作人员进行防护。因此，锚杆钻车作业时必须有防护操作台，支护作业时必须将临时支护顶棚升至顶板，这样可以更直接、及时地控制顶板。其他人员严禁在锚杆钻车周围停留或作业，这样可以减少因锚杆钻车工作时引起煤岩体脱落而造成的人员伤亡。

(7) 履带行走式支架主要用于房式、柱式和房柱式等短壁开采系统，在美国、澳大利亚和南非使用较多，我国的神东矿区、兖州矿区等地也使用履带行走式液压支架进行短壁开采的顶板支护。履带行走式液压支架是短壁机械化开采的支护设备，与连续采煤机、运煤车、锚杆钻机、给料破碎机和铲车等设备配套共同组成短壁机械化连续采煤系统。履带行走式支架主要随连续采煤机工作，对顶板及时支护，为采煤设备及人员提供安全的作业空间。因此，履带行走式支架应具有预警延时启动装置，可以与连续采煤机等机械做好配合；配备系统压力实时显示装置，便于实现有线或无线远程控制；具备自救、逃逸功能，整套设备不仅可以提前显示出危险的存在，给出足够的时间，还可以让人们及时应对。

第一百二十一条　使用刮板输送机运输时，必须遵守下列规定：

(一) 采煤工作面刮板输送机必须安设能发出停止、启动信号和通信的装置，发出信号点的间距不得超过 15 m。

(二) 刮板输送机使用的液力偶合器，必须按所传递的功率大小，注入规定量的难燃液，并经常检查有无漏失。易熔合金塞必须符合标准，并设专人检查、清除塞内污物；严禁使用不符合标准的物品代替。

(三) 刮板输送机严禁乘人。

(四) 用刮板输送机运送物料时，必须有防止顶人和顶倒支架的安全措施。

(五) 移动刮板输送机时，必须有防止冒顶、顶伤人员和损坏设备的安全措施。

【释义】　本条是关于使用刮板输送机运输的规定。

(1) 采煤工作面长度一般都在 150 m 以上，刮板输送机的启动和停止开关放置在下平巷内,控制人员看不到工作面上的具体情况。为了解决刮板输送机司机同工作面人员在生产过程中的联系问题,同时也为了避免因刮板输送机的突然开、停对工作面人员的伤害,要求在采煤工作面刮板输送机上必须安设能发出停止和启动信号的装置。当生产过程中需要启动和停止刮板输送机时,控制人员先发出启动或停止信号,一方面开启刮板输送机或停止输送机的运转,另一方面提醒工作面的工作人员刮板输送机马上要启动或停止,应立即做好自我防护,进行躲避。在工作面输送机上安设可发出停止信号的装置,当工作面的工作人员发现刮板输送机或工作面发生异常情况时,能够及时发出信号,让下平巷的控制人员立即停止刮板输送机。由于工作面比较长,为保证整个工作面都能听到信号声音以及在工作面任何位置都能够发出信号,要求每隔 15 m 安设一个信号点。

(2) 液力偶合器的作用是过载保护、均载及减缓冲击等。由于液力偶合器的最大转矩值低于电动机的巅峰力矩,因此可以保护电动机不至于过载,即长时间过负荷运转使油温超过规定极限后,易熔合金塞熔化,工作液体喷出,液力偶合器停止工作,从而保护了电动机和其他传动零件。为了杜绝液力偶合器喷油着火引起煤尘瓦斯爆炸,液力偶合器一律采用难燃液作为工作介质,并经常检查有无漏失。易熔合金塞必须符合标准,并设专人检查、清除塞内污物;严禁使用不符合标准的物品代替。

(3) 刮板输送机铺设在采煤工作面紧贴煤壁处,较松散的煤壁经常发生片帮和漏顶的现象,片帮和漏顶产生的煤和矸石直接落在刮板输送机内,如果此时有人在刮板输送机上,很可能被埋入煤和矸石中或被砸伤。刮板输送机的链速基本上都在 1 m/s 以上,速度很快,人易倾倒、脚易被挤伤。对于机采、综采工作面,刮板输送机上还有采煤机,其通过空间很小,乘坐人员如遇危险情况,可能来不及反应就会被带入采煤机下而挤死。此外,刮板输送机也可能发生断链、卡链和掉链等事故。因此,刮板输送机严禁乘人。

(4) 刮板输送机是在工作面狭小的空间运行的,用刮板输送机运送物料时,容易发生顶人和顶倒支架事故,必须有防止顶人和顶倒支架的安全措施。

(5) 液压支架在对刮板输送机进行推移的过程中,由于综采工作面底板地质松软,会使刮板输送机发生扎底现象;或者由于底板地质坚硬,会使刮板输送机发生漂链现象。当刮板输送机发生扎底或者漂链问题时,会导致漏煤、刮板输送机倾斜等安全事故。支架与刮板输送机的位置关系不当会造成刮板输送机上窜下滑,架形布置合理可以有效调整刮板输送机的上窜下滑。特别是大采高工作面,当刮板输送机上窜时,将工作面支架向下调,使支架推移杆给刮板输送机推力向下;当刮板输送机下滑时,将工作面支架向上调,使支架推移杆给刮板输送机推力向上,这也是调整刮板输送机上窜下滑的最有效方法之一。刮板输送机的上窜下滑还可以在开采过程中利用调整采煤机进尺、工作面伪斜开采等方法来调节。由于移动刮板输送机会带来刮板机扎底、漂链、上窜下滑等问题,因此必须有防止冒顶、顶伤人员和损坏设备的安全措施。

第四节　建(构)筑物下、水体下、铁路下及主要井巷煤柱开采

第一百二十二条　建(构)筑物下、水体下、铁路下及主要井巷煤柱开采,必须设立观测站,观测地表和岩层移动与变形,查明垮落带和导水裂缝带的高度,以及水文地质条件变化等情况。取得的实际资料作为本井田建(构)筑物下、水体下、铁路下以及主要井巷煤柱开采

的依据。

【释义】　本条是关于建(构)筑物下、水体下、铁路下及主要井巷煤柱开采的规定。

建(构)筑物下、水体下、铁路下开采,即所谓的"三下"开采,另外本条规定特别把井巷煤柱开采也归纳进来。在煤矿开采中,当采煤工作面推进一定距离,直接顶开始垮落,当直接顶垮落一定距离基本顶也发生断裂,在基本顶之上的岩层直至地表都发生变化,形成"三带",即垮落带、裂隙带、弯曲下沉带。弯曲下沉带对地表的建筑物、水体及铁路有较大影响,因此要求设立观测站来掌握岩层移动和地表下沉规律。

视频

(1)"三带"高度。处于地下深部的矿床,在上覆岩层的重力和矿体本身的对抗力作用下呈自然平衡状态。当采矿形成大面积采空区后,原始应力平衡受到破坏,采空区顶板在集中应力的作用下,岩层破裂冒落,在采空区上方依次产生垮落带、裂隙带和变化微弱的弯曲下沉带并在地面形成塌陷(图 3-2-2)。垮落带和裂隙带合在一起称导水裂缝带(又称冒裂带),当导水裂缝带达到上覆含水异常体时将造成顶板突水。因此,在强含水层和水体下采矿时,导水裂缝带高度是确保安全采深或开采上限的重要依据。

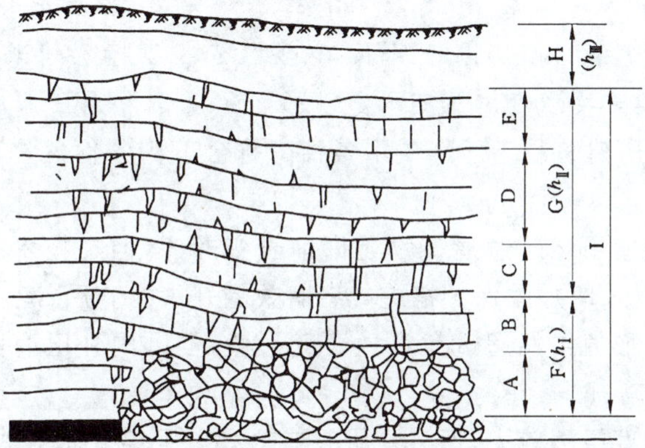

A—不规则垮落段;B—规则垮落段;C—严重断裂段;D—一般断裂段;
E—微小断裂段;F—垮落带;G—裂隙带;H—弯曲带;I—导水裂缝带

图 3-2-2　顶板破坏分带示意图

第Ⅰ带为垮落带。指由采煤引起的上覆岩层破裂并向采空区垮落的岩层范围,形成在巷道顶板之上,高度为 h_{I}(图中 F),此带岩石极为破碎,块间空隙大而多。它又可分为不规则垮落段(A)和规则垮落段(B)。此带内渗透系数可比垮落前增大 20 倍以上,当它达到上覆含水层或地表水体时会引起矿井突水。垮落带的高度主要取决于采出煤层厚度和上覆岩石的碎胀系数,我国主要煤田的 h_{I} 通常为采出煤层厚度的 3～5 倍。

第Ⅱ带为裂隙带。在垮落带之上,高为 h_{II}(图中 G),一般认为是 h_{I} 的 2～3 倍。如此带达到上覆水源,则会增大矿井涌水量甚至引起突水。据裂隙情况又分为:① 严重断裂段(C),段内岩层大部分断开,裂隙间连通性好,透水性强;② 一般断裂段(D),岩层开裂少,所生裂隙连通,可透水;③ 微小断裂段(E),有小裂隙,但连通性不好,透水微弱。

第Ⅲ带为弯曲下沉带。弯曲带位于 h_{II} 之上直至地表,高为 h_{III}(图中 H),带内岩层一般不产生裂隙或仅产生少量连通微弱的细小裂隙,整体弯曲下沉,通常起隔水作用。但在地表塌陷边缘常产生张裂隙,深 10 m 左右,如在 $h_{\mathrm{I}}+h_{\mathrm{II}}+10$ m 的高度上达强水源,也会增大矿井涌水量或造成突水。

"三带"发育高度除受控于煤层覆岩岩性组合、塑脆性岩沉积厚度比值和其沉积位置、倾角和构造条件以及原岩应力分布等自然因素外,也受开采工艺、采高和工作面斜长及具体的顶板管理方式等人为因素控制。

(2)"三带"高度的确定。垮落带与导水裂缝带的最大高度可根据《建筑物、水体、铁路及主要井巷煤柱留设与压煤开采指南》中的经验公式来计算,也可以利用数值模拟法来确定,也可参照本矿区其他矿类似条件的数据,最后根据现场实测的数据综合确定。现场实测法主要在煤矿采空区上方施工钻孔,通过观测钻孔中冲洗液漏失量和钻孔中水位变化来确定垮落带和导水裂缝带高度。此外,在现场运用地球物理勘探方法,测定垮落带和导水裂缝带发育高度,并最后用钻探实测结果校正,也是常采用的一种实测方法。

(3)本条强调,以取得的实际资料作为本井田建(构)筑物下、水体下、铁路下的以及主要井巷煤柱开采的依据。因为不同矿的地质条件,尤其是水文地质条件存在差异性,必须在本矿设立观测站获取实际资料,才能确保煤柱的安全回收。

第一百二十三条 建(构)筑物下、水体下、铁路下,以及主要井巷煤柱开采,必须经过试采。试采前,必须按其重要程度以及可能受到的影响,采取相应技术措施并编制开采设计。

【执行说明】 (一)建筑物下压煤试采条件。符合下列条件之一者,建筑物下压煤允许进行试采:

1. 预计地表变形值虽然超过建筑物允许地表变形值,但在技术上可行、经济上合理的条件下,经过对建筑物采取加固保护措施或者有效的开采措施后,能满足安全使用要求。

2. 预计的地表变形值虽然超过允许地表变形值,但国内外已有类似的建筑物和地质、开采技术条件下的成功开采经验。

3. 开采的技术难度虽然较大,但试验研究成功后对于煤矿企业或者当地的工农业生产建设有较大的现实意义和指导意义。

(二)构筑物下压煤试采条件。构筑物下压煤符合与建筑物下压煤开采的相应要求时,允许进行试采,同时还需要满足以下特别条件。

1. 高速公路下试采,还应当满足下列条件:

(1)路面采后不积水,不形成非连续变形,预计地表变形值符合《公路工程技术标准》有关规定。

(2)高速公路隧道、桥梁与涵洞的预计地表变形值小于允许变形值;或者预计的地表变形值大于允许变形值,但经过维修加固能够实现高速公路安全使用要求。

2. 高压输电线路下试采,还应当满足下列条件:

(1)塔基不出现非连续移动变形。

(2)高压输电线的采后弧垂高度、张力、对地距离达到高压线运行安全要求的,或者采取措施能够实现安全使用要求的。

(3)塔基、杆塔的预计地表变形值小于允许变形值,或者预计的地表变形值大于允许变形值,但经过维修加固能够实现安全使用要求的。

3. 水工构筑物下试采,还应当满足下列条件:

(1) 水工构筑物满足防洪工程安全的有关规定和要求。

(2) 水工构筑物的预计地表变形值小于允许变形值，或者预计的地表变形值大于允许变形值，但经过维修加固能够实现安全使用要求的。

4. 长输管线下试采，还应当满足下列条件：

(1) 长输管线满足安全运行的有关规定和要求。

(2) 长输管线的预计地表变形值小于允许变形值，或者预计的地表变形值大于允许变形值，但经采前开挖、采后维修加固能够实现安全使用要求的。

(三) 水体下压煤试采条件。符合下列条件之一的，允许进行试采：

1. 水体与设计开采界限之间的最小距离不符合各水体采动等级要求留设的相应类型安全煤(岩)柱尺寸，但水体与煤层之间有良好隔水层，或者通过对岩性、地层组合结构及顶板垮落带、导水裂缝带高度或者底板采动导水破坏带深度、承压水导升带厚度等分析，经技术论证确认无溃水、溃沙或者突水可能的。

2. 水体与设计开采界限之间的最小距离略小于各水体采动等级要求的相应类型安全煤(岩)柱尺寸，且本矿区无此类近水体采煤经验和数据的。

3. 水体与设计开采界限之间无足够厚度的良好隔水层，但采取开采技术措施后可使顶板导水裂缝带高度或者底板采动导水破坏带深度达不到水体的。

4. 水体与设计开采界限之间的最小距离虽符合要求留设的相应类型安全煤(岩)柱尺寸，但水体压煤地区地质构造比较发育的。

(四) 铁路(指有缝线路)下压煤试采条件。符合下列条件之一的，允许采用全部垮落法进行试采。

1. 国家一级铁路：

薄及中厚煤层的采深与单层采厚比大于或者等于150；

厚煤层及煤层群的采深与分层采厚比大于或者等于200。

2. 国家二级铁路：

薄及中厚煤层的采深与单层采厚比大于或者等于100；

厚煤层及煤层群的采深与分层采厚比大于或者等于150。

3. 三级铁路：

薄及中厚煤层的采深与单层采厚比大于或者等于40，小于60；

厚煤层及煤层群的采深与分层采厚比大于或者等于60，小于80。

4. 四级铁路：

薄及中厚煤层的采深与单层采厚比大于或者等于20，小于40；

厚煤层及煤层群的采深与分层采厚比大于或者等于40，小于60。

5. 本矿井在铁路下采煤有一定经验和数据的。

铁路压煤试采，除自营线路外，应当事先征得铁路管理部门同意。

【释义】　本条是关于“三下”开采及主要井巷煤柱开采必须试采的规定。

(1) 在建(构)筑物下、水体下或铁路下进行煤炭开采简称为“三下”开采。“三下”开采由于其自身的复杂性，既要将建(构)筑物下、水体下或铁路下的煤炭开采出来，最大限度地利用煤炭资源、减小资源浪费，又要保证地面建(构)筑物完好无损，铁路安全运行、畅通无阻，水体完整无渗漏、杜绝发生因漏水或渗水淹没矿井的事故。通过试采，逐步认识地表移动和覆岩破坏的基本规律,研究“三下”开采对地表的建(构)筑物、铁路和水体的影响,找出更加合理的安全保护措施,实现矿井安全生产。在试采时,必须坚持严格的科学态度,根据工程特点采取相应技术措施并编制开采设计。

(2)建筑物下采煤方案设计应当包括的基本内容。

① 建筑物特征及其压煤开采的必要性、可能性和安全可靠性。

② 实现建筑物下采煤的各种技术方案,主要包括采煤方法和顶板管理方法的选择与论证,地表移动和变形预计,建筑物采动影响分析与评价,建筑物加固和保护措施。地表移动和变形值预计应当阐明选用的计算方法和参数选取依据,并提供建筑物所在处地表移动和变形值的计算结果及必要的图表。

③ 方案的技术、经济评价及费用概算。

④ 方案的综合分析对比和选定。

⑤ 地表移动及建筑物变形观测站设计。

⑥ 安全技术措施。

进行建筑物下采煤设计应当具备下列主要技术资料和工程图:

① 技术资料。地质、开采技术条件;煤层的层数、层间距、厚度、倾角、埋藏深度、压煤量、岩石物理力学性质、地质构造、地下潜水位,现有的开采方法、巷道布置、生产系统以及邻区开采情况。建筑物及其地基概况:建筑物的体型、面积、长度、宽度、高度、层数、结构类型、基础形式及其埋置深度;松散层的厚度和地基的工程地质及水文地质参数;建筑时间和现有状况,使用要求,周围地形情况;建筑物原设计的有关资料。配套的主要管线和重要设备的技术特征、技术要求及其支承或者基础埋置方式。有关的地表移动参数,老采区活化的可能性及其对地表和建筑物的影响。

② 工程图。井上下对照图;采掘工程平面图;地质剖面图和钻孔柱状图;建筑物的竣工图(或者施工图)。

(3)铁路压煤开采应当有开采方案设计,在征得铁路运输企业同意,方案得到批准后实施。方案设计应当包含的基本内容为如下 7 条。

① 铁路特征及其压煤开采的必要性、可能性和安全可靠性。

② 实现铁路下采煤的各种技术方案,其中包括采煤方法和顶板管理方法的选择与论证,开采技术措施、行车安全措施及铁路的维修方法。

③ 地表移动与变形值预计,包括选用的计算公式和参数,铁路所在处地表的下沉、下沉速度、纵向和横向移动及水平变形值计算结果及曲线图。

④ 铁路路基及其上部建筑的维修方法与维修周期。

⑤ 开采技术方案及维修方案的技术、经济评价和费用概算。

⑥ 方案的综合分析对比和选定。

⑦ 铁路及地表移动观测站设计。

铁路压煤开采方案设计应当具备下列技术资料和工程图:

① 地质开采技术条件。煤层的层数、层间距、倾角、埋藏深度、开采范围、压煤量、上覆岩层性质、地质断裂构造位置及落差、流砂、溶洞、老采空区的空间位置、活化的可能性及其对地表和线路的影响等。工程图有井上下对照图、采掘工程平面图、地质地形图、地质剖面图及钻孔柱状图等。

② 受采动影响铁路的技术特征。铁路等级、股道数量、运输量、每昼夜列车通过对数、最高行车速度、最小行车间隔时间、线路路基及上部建筑物(构筑物)的构成,线路标高、变坡点、坡度以及线路直线段、曲线段和缓和曲线段的位置。曲率半径、曲线长度、道岔、信号和通信设备及线路周围地形等。工程图有线路平面图和纵、横剖面图等。

③ 铁路其他建筑物(构筑物)的技术特征。对于铁路桥,应当标明桥梁及桥墩、台的结构、材质、建筑年月、过水断面、桥下、最高洪水位及流量等。工程图有桥梁的平面位置图,桥梁、墩、台的结构图,支座构造图等。

(4) 近水体采煤必须进行开采方案设计,经审批后实施。开采方案设计应当包括下列内容:

① 压煤开采的必要性、可能性和安全可靠性。

② 近水体采煤的各种技术方案,主要包括水体特征分析,采煤方法和顶板控制方法选择与论证,顶板垮落带、导水裂缝带高度或者底板采动导水破坏带深度、承压水导升带高度及发展特征预计,安全煤(岩)柱设计,开采技术措施和防治水安全措施。水体受采动影响程度分析与涌水量预计,必要时进行地表和岩层移动与变形预计,进行地质构造、大采深、大采高和高水压等特殊条件对安全煤(岩)柱影响的论证。

③ 方案的技术、经济评价及费用概算。

④ 方案的综合分析对比和选定。

⑤ 井上、下水文地质长期观测网设计。

⑥ 顶板垮落带、导水裂缝带高度或者底板采动导水破坏带深度观测设计。

⑦ 必要时进行地表移动观测站设计。

⑧ 必要时进行井下探放水工程、水文补勘工程设计。

近水体开采方案设计,根据水体的具体情况应当具备下列有关技术资料和工程图:

① 技术资料。

a. 地表水体的水域、水深、水位动态、流量、流速、大气降雨量、补给水源及渗漏途径,地表洪水及防洪、排洪渠道系统。

b. 采空区、旧巷积水区的范围、水量,老采区的开采层数及范围,采空区积水的水源及其动态特征,与大气降水、地表水、地下水及上、下煤层的水力联系;本煤层其他采空区和积水区之间的水力联系。

c. 松散层的成因类型;含水层、隔水层的组合结构及沉积特征;含水层的厚度、富水性(单位涌水量、渗透系数)、颗粒级配,在天然状态下的补给、径流、排泄条件及其在采动影响下可能产生的变化;隔水层的厚度、塑性指数及液性指数。

d. 基岩含水层和隔水层的组合结构和沉积特征,岩层裂隙、岩溶、断层和陷落柱的发育与分布规律,富水性、水质、水量、水位动态及其在天然状态下的补给、径流、排泄条件和在采动影响下可能产生的变化;隔水层的厚度、岩性;岩石物理力学性质,岩石结构特征和矿物成分;地质断裂构造特征,断层、陷落柱的隔水性和导水性;穿透含水层钻孔的封孔质量;基岩面标高,风化带深度及其含水性评价。

e. 成煤时代,煤层稳定性,可采煤层层数、厚度、层间距、倾角、埋深及矿井开拓、采掘、排水系统。

f. 本矿井(区)或者类似条件下的顶板垮落带、导水裂缝带高度,底板采动导水破坏带深度,承压水导升带高度,采掘工作面矿压参数,地表移动与变形参数,地表塌陷、溃砂或者突水等资料。

g. 本矿井(区)的充水性特征,涌水量及其构成。如果现有资料不能满足上述要求,应当进行补充调查和勘探。

② 工程图。包括:井上下对照图、采掘工程平面图、地质剖面图、钻孔柱状图、矿井综合水文地质柱状图、矿井水文地质剖面图、矿井排水系统图、矿井充水性图、矿井涌水量与各种相关因素动态曲线图。

第一百二十四条 试采前,必须完成建(构)筑物、水体、铁路,主要井巷工程及其地质、水文地质调查,观测点设置以及加固和保护等准备工作;试采时,必须及时观测,对受到开采影响的受护体,必须及时维修。试采结束后,必须由原试采方案设计单位提出试采总结报告。

【执行说明】 (一) 建筑物下试采总结报告应包括下列内容:

1. 试采的目的和意义。

2. 建筑物概况:建筑物的栋数,每栋建筑物的用途、尺寸、层数和结构特征,建筑时间和使用要求等。

3. 地质、开采技术条件:煤层的层数、层间距、厚度、倾角、埋藏深度、上覆岩层性质,地质构造,开采方法,顶板管理方法,采区布置,建筑物与采区的相对位置。

4. 地表移动和变形的特点,求得的参数及其与地质、开采技术条件的关系。

5. 建筑物变形和破坏的特点及其与地表变形、地质和开采技术条件的关系,求得的建筑物的临界变形值。

6. 不同阶段的各种开采技术措施和建筑物保护措施的效果及其分析。

7. 主要经济指标:应包括采出煤量、回采率、建筑物下采煤所增加的费用、吨煤增加的费用以及建筑物下采煤所取得的总的经济效益。

8. 试采总结报告中,应有下列工程图:

(1) 井上下对照图。

(2) 地质剖面图和钻孔柱状图。

(3) 加固建筑物的加固位置及加固构件图。

(4) 地表和建筑物的移动变形曲线。

(5) 建筑物破坏的素描图,其中应注明素描时间及该时间采煤工作面与建筑物相对位置关系图。

(二) 构筑物下试采总结报告应包括下列内容:

1. 试采的目的和意义。

2. 构筑物概况:构筑物类型、用途、规模、结构特征、建设时间和使用要求等。

3. 地质、开采技术条件:煤层的层数、层间距、厚度、倾角、埋藏深度、上覆岩层性质,地质构造,开采方法,顶板管理方法,采区布置,构筑物与采区的相对位置。

4. 地表移动和变形的特点,求得的参数及其与地质、开采技术条件的关系。

5. 构筑物变形和破坏的特点及其与地表变形、地质和开采技术条件的关系,求得的构筑物的临界变形值。

6. 不同阶段的各种开采技术措施和构筑物保护措施的效果及其分析。

7. 主要经济指标：应当包括采出煤量、回采率、构筑物下采煤所增加的费用、吨煤增加的费用以及构筑物下采煤所取得的总的经济效益。

8. 试采总结报告中，应有下列工程图：

(1) 井上下对照图。

(2) 地质剖面图和钻孔柱状图。

(3) 构筑物结构图。

(4) 地表和建筑物的移动变形曲线。

(5) 构筑物破坏的素描图，其中应注明素描时间及该时间采煤工作面与构筑物相对位置关系图。

(6) 其他相关保护体所需要的资料和图纸等。

(三) 铁路下试采总结报告应包括下列内容：

1. 试采的目的和意义。

2. 被采动铁路的技术特征：铁路级别，列车昼夜运行次数，行车速度，线路路基及其上部建筑的构成，线路的标高、变坡点和坡度，线路直线段、曲线段和缓和曲线段的位置，曲线半径，曲线长度，道岔及信号设备等，桥涵及隧道等。

3. 地质、开采技术条件：煤层的层数、层间距、厚度、倾角和埋藏深度，上覆岩层性质，地质构造，开采方法，顶板管理方法，采区位置，铁路与采区的相对位置。

4. 地表移动和变形的特点，求得的参数及其与地质、开采技术条件的关系。

5. 地下开采引起的路基移动规律以及对其上部建筑各部分影响的规律。

6. 不同阶段的各种开采技术措施对路基及其上部建筑维护措施的效果分析。

7. 主要经济指标：应包括采出煤量、回采率、铁路下采煤所增加的费用、吨煤增加费用以及铁路下采煤所取得的总的经济效益。

8. 试采总结报告中，应有下列工程图：

(1) 井上下对照图。

(2) 地质剖面图和钻孔柱状图。

(3) 地表和路基的移动变形曲线图，其中对路基应有下沉、横向水平移动、纵向倾斜和纵向水平变形的四种曲线图。

(4) 采动前后的线路纵剖面图和横断面图。

(5) 路基点的下沉速度曲线。

(四) 水体下试采总结报告应包括下列内容：

1. 试采的目的和意义。

2. 水体的概况：应包括被采动水体的水域、水深、水量，水位动态和补给水源，各种水体(地表水、松散层含水、基岩水、老空水等)之间的水力联系以及与大气降水之间的关系，各种被采动的水工建筑物的情况。

3. 地质、开采技术的条件：煤层的层数、层间距、厚度、倾角和埋藏深度，上覆岩层性质，含水层和隔水层的组合结构和沉积特征，地质构造，开采方法，顶板管理方法，采区布置，水体与采区的相对位置。

4. 覆岩破坏的特征：垮落带、导水裂缝带的分布形态和高度及其与地质、开采条件的关系。

5. 防水煤(岩)柱合理尺寸的确定。

6. 各种开采技术措施和安全措施的效果及分析。

7. 主要经济指标:应当包括采出煤量、回采率、水体下采煤所增加的费用、吨煤增加的费用以及水体下采煤所取得的总的经济效益。

8. 试采总结报告中,应有下列工程图:

(1) 井上下对照图。

(2) 水文地质平面图和剖面图。

(3) 地层综合柱状图。

(4) 水位动态、钻孔冲洗液漏失量、漏水量等变化曲线及其对比关系曲线。

(5) 采煤工作面和巷道充水位调查图。

(6) 导水裂缝带分布形态图。

【释义】 本条是关于试采前的准备工作、试采时受护体维修和试采后进行总结的规定。

(1) 及时观测地表移动和地面建(构)筑物、水体、铁路工程等情况,为更准确地掌握试采中的地表移动规律提供依据,同时检验加固防护措施,并根据实际效果对没开采的建(构)筑物、水体、铁路工程进行维护。

(2) 加固建(构)筑物、水体、铁路工程的措施一般包括提高其刚度和整体性,以增加抵抗变形的能力,如设置钢拉杆、钢筋混凝土圈梁等,即所谓刚性保护;提高建筑物适应变形的能力,以减少地表变形引起建筑物产生的附加应力,如设置变形缝等,即所谓柔性保护。这两种办法联合使用效果会更好。为更准确地掌握试采中的地表移动规律,检验加固防护措施,试采时必须及时观测并对受到开采影响的受护体及时维修。

(3) 试采结束后,根据试采过程和试采效果,对各项观测资料进行系统分析和总结,向原审批部门递交结论性试采总结报告,为正式开采审批提供依据,也为类似条件下的“三下”开采提供参考资料。

第五节 井巷维修和报废

第一百二十五条 *矿井必须制定井巷维修制度,加强井巷维修,保证通风、运输畅通和行人安全。*

【释义】 本条是关于煤矿企业必须制定井巷维修制度的规定。

井巷担负着矿井的提升、运输、通风、行人等功能,并且在井巷内还铺设排水、压风、供电、通信等管线设施,巷道状况的良好程度决定着矿井生产能否正常进行。由于矿山压力和采掘活动的影响,巷道在施工完成后会发生变形,井巷局部收缩变形达到一定程度后,将不能满足井下的提升、运输、通风和行人的需要,甚至会造成敷设的管线毁坏,会严重制约矿井的安全生产。为了满足《规程》对支架、车辆间的间隙以及巷道断面和尺寸等的要求,并使轨道和排水渠道处于正常状态,必须定期检查,发现问题及时采取必要措施对井巷进行维修。

定期对井巷进行检查、维修工作,及时对出现问题的地段进行修复,会以最经济的维护费用使井巷状态得到改善,因为在许多情况下及时地维修和恢复井巷可以大大降低维修工程量和维护费用。

第一百二十六条　井筒大修时必须编制施工组织设计。

维修井巷支护时，必须有安全措施。严防顶板冒落伤人、堵人和支架歪倒。

扩大和维修井巷时，必须有冒顶堵塞井巷时保证人员撤退的出口。在独头巷道维修支架时，必须保证通风安全并由外向里逐架进行，严禁人员进入维修地点以里。

撤掉支架前，应当先加固作业地点的支架。架设和拆除支架时，在一架未完工之前，不得中止作业。撤换支架的工作应当连续进行，不连续施工时，每次工作结束前，必须接顶封帮。

维修锚网井巷时，施工地点必须有临时支护和防止失修范围扩大的措施。

维修倾斜井巷时，应当停止行车；需要通车作业时，必须制定行车安全措施。严禁上、下段同时作业。

更换巷道支护时，在拆除原有支护前，应当先加固邻近支护，拆除原有支护后，必须及时除掉顶帮活矸和架设永久支护，必要时还应当采取临时支护措施。在倾斜巷道中，必须有防止矸石、物料滚落和支架歪倒的安全措施。

【释义】 本条是关于维修各类井巷的规定。

(1) 井筒是进出矿井的通道，井筒大修是较大的维修工程，涉及诸多环节和受多种因素影响，涉及的技术问题和安全问题都比较复杂，必须编制施工组织设计，具体细化各施工环节。

(2) 需要维修的井巷多属支护遭受破坏、支护状态不良的地段，危险性较高；在井巷维修过程中往往拆除原有支架和岩石，而这些支架和岩石又多处于不稳定状态，易发生垮塌、冒落等现象，故维修井巷时随时有发生冒顶、堵人和支架倾倒砸人以及瓦斯熏人等事故的可能。为了确保维修过程的安全，维修井巷支护时，必须有安全措施。

(3) 扩大和维修井巷时，有冒顶堵巷的可能性，必须有冒顶堵塞井巷时保证人员撤退的出口。因此，开始施工前施工人员必须要明确安全出口，一旦发生冒顶堵塞井巷，人员可以迅速安全撤离。

(4) 在独头巷道维修支架时，必须保证通风安全并由外向里逐架进行，严禁人员进入维修地点以里。修护独头巷道时，如果工作人员是由里向外进行修理，万一巷道发生了冒顶，工作人员就无法撤退，也没有可靠安全的躲避地点，维修人员就有可能被堵在独头巷道内，而此时救护人员也无法进入冒顶地点进行抢救；另外在发生大冒顶以后，也无法向冒顶段与独头巷道之间进行通风，被堵的工作人员极可能因为缺氧或者其他有害气体从独头巷道内涌出而窒息身亡。独头巷道的通风比一般巷道困难，维修时应先进行通风，待测定无有毒有害气体、确保通风满足生产需求时，方可施工。

(5) 撤换支架的工作应连续进行，不连续施工时，每次工作结束前，必须接顶封帮。巷道掘成后围岩会产生一定的变形位移，巷道周围的围岩表现为破碎状态，由于在维修巷道撤换支架时，围岩移动变形破坏会进一步加剧，因而破碎范围会进一步扩大。若维修巷道撤换支架时不连续进行，支架撤除后，已破碎的岩石就会冒落、坍塌，造成接顶困难，同时冒落的岩石将堵塞巷道，增加大量的工作量，甚至造成人员伤亡。

第一百二十七条　修复旧井巷时，必须首先检查瓦斯。当瓦斯积聚时，必须按规定排放，只有在回风流中甲烷浓度不超过1.0%、二氧化碳浓度不超过1.5%、空气成分符合本规程第一百三十五条的要求时,才能作业。

【释义】 本条是关于修复旧井巷时瓦斯等有毒有害气体的规定。

对于旧井巷,一般不进行通风或者风量较小,可能积聚有大量的有毒有害气体,人员一旦进入可能会因缺氧而窒息死亡,或者因瓦斯浓度达到爆炸极限,加上修复巷道时产生火花导致瓦斯爆炸。因此,在修复旧井巷时,瓦斯检查员必须首先检查瓦斯、CO、NO_2 等有毒有害气体,只有在回风流中甲烷浓度不超过 1.0%、二氧化碳浓度不超过 1.5%、空气成分符合本规程第一百三十五条的要求时,才能作业。

第一百二十八条 从报废的井巷内回收支架和装备时,必须制定安全措施。

【释义】 本条是关于从报废的井巷内回收支架和装备的规定。

如果不对井巷内的支架和装备回收,就会造成浪费,增加成本。报废井巷安全状况一般都比较差,围岩可能产生了一定程度的位移甚至破坏,支护也可能失效,在回收支架和装备过程中容易出现各类事故。因此,从报废的井巷内回收支架和装备前必须制定回收方法、回收程序、安全操作等一系列安全措施,保证回收工作安全可靠。

第一百二十九条 报废的巷道必须封闭。报废的暗井和倾斜巷道下口的密闭墙必须留泄水孔。

【释义】 本条是关于报废巷道封闭以及报废的暗井和倾斜巷道下口的密闭墙必须留泄水孔的规定。

(1) 在报废的巷道里,由于长时间受采掘活动的影响,支架会产生严重变形,折梁断柱的很多,巷道顶板破碎、冒顶;报废的巷道内已经停止通风,积聚了大量的瓦斯和有害气体;同时巷道内还可能储存了大量的积水等,井下人员一旦进入报废的巷道,可能会发生伤亡事故。因此,为防止井下人员误入,所有报废的巷道都必须封闭。此外,报废的巷道如不封闭,遗留的煤炭在空气作用下可能会自然发火,引发事故。

(2) 报废巷道的封闭一般采用密闭墙,报废的暗井和倾斜巷道下口的密闭墙留设泄水孔,主要是为了防治废弃巷道中不断地涌水,水位升高后水压升高,高压水会冲垮密闭墙,造成矿井突水事故的发生。

第一百三十条 报废的井巷必须做好隐蔽工程记录,并在井上、下对照图上标明,归档备查。

【释义】 本条是关于报废的井巷必须做好隐蔽工程记录的规定。

为了以后工程建设和灾害防治的需要,封填报废的立井、斜井和平硐时,必须做好隐蔽工程记录,并填图归档。这样,各类工程施工接近井巷区域前,就能准确掌握井巷隐蔽工程的情况,防止因地表沉陷、坍塌对建筑物的破坏和对人员的伤害。报废的井巷有可能成为以后老空积水的来源以及瓦斯的聚积区域,威胁到后期矿井的安全开采。井巷报废后,必须由专业人员将井巷的报废情况准确地绘制到平面图上,形成可以了解、掌握、指挥煤矿地下开采的必备图纸,在采掘过程中所形成的动态变化应准确、及时地标注在该图上,并配上相应的剖面图和必要的文字说明,以便更加详细地掌握报废井巷的具体情况。

第一百三十一条　报废的立井应当填实,或者在井口浇注1个大于井筒断面的坚实的钢筋混凝土盖板,并设置栅栏和标志。

报废的斜井(平硐)应当填实,或者在井口以下斜长20 m处砌筑1座砖、石或者混凝土墙,再用泥土填至井口,并加砌封墙。

报废井口的周围有地表水影响时,必须设置排水沟。

【释义】　本条是关于报废井筒处理的规定。

(1) 报废的立井可以像地质钻孔一样采用混凝土填实,也可以在上方盖上混凝土盖板,但此时需要设置栅栏和标志,以提示行人、车辆和施工单位,从而避免井壁坍塌使人员和建筑物及车辆滑落等事故发生。

(2) 报废的斜井和平硐在硐口处很容易坍塌、垮落,应封堵或填实,以防地表水入井和井下废气出井,影响地面土地复垦。

(3) 报废井口的周围有地表水影响时,必须设置排水沟,以防地表水通过井筒流入井下,引起地表水资源流失,恶化生态环境;也要防止涌水溃入井下,危及相邻矿井或开采区域的安全。

第六节　防止坠落

第一百三十二条　立井井口必须用栅栏或者金属网围住,进出口设置栅栏门。井筒与各水平的连接处必须设栅栏。栅栏门只准在通过人员或者车辆时打开。

立井井筒与各水平车场的连接处,必须设专用的人行道,严禁人员通过提升间。

罐笼提升的立井井口和井底、井筒与各水平的连接处,必须设置阻车器。

【释义】　本条是关于立井运送人员及井筒与水平的连接处设置挡车器的规定。

(1) 立井井口必须用栅栏或金属网围住,井筒与各水平的连接处必须设栅栏,是为了防止人员进入井口工作区而导致坠井事故,并以明显标志警示非工作人员不要入内。有关部门应加强管理,栅栏门只准在人员或车辆通过时才能打开。

(2) 立井多水平开拓和生产时,必须设专用人行绕道,因为立井井筒与水平车场有多个连接处,人员通过提升间时,很容易发生坠落事故。此外人员必须走人行绕道,人行道上方还必须设防护设施。

(3) 罐笼一般担负材料、矸石、设备、人员的出入井运输,运输环境较为复杂。矿车进出罐笼多数由人工推入,为了节省人力,罐笼内设有轨道以实现矿车的装卸过渡,往往在重车线朝向井口方向设置坡度7‰～12‰的下坡,重矿车就可以以重力作用滑入罐笼,并将空车顶出。井口和井底矿车进出罐笼都利用了相同的原理。如果在井筒与水平连接处不设挡车器,矿车有可能坠入井底车场,另外,把钩工的误操作和违章操作也会导致坠井事故。

第一百三十三条　倾角在25°以上的小眼、煤仓、溜煤(矸)眼、人行道、上山和下山的上口,必须设防止人员、物料坠落的设施。

【释义】　本条是关于倾角在25°以上的有关巷道内设置防止人员及物料坠落设施的规定。

(1) 根据人体生理特征和四肢技能测试,人员在倾角25°以上的陡坡上工作、行走时容易失去平衡而跌倒。物料在倾角为 25°以上的斜坡上也容易滚落下来。小眼也称联络巷,主要用来联络两条平行巷道。

(2) 倾角在 25°以上的小眼、人行道、上山和下山的上口,靠行人一侧可以设置扶手和台阶或梯道等,防止人员坠落。

煤仓或溜煤(矸)眼的眼口附近粉尘大,光线及视线不好,人员容易失足掉入其中发生伤亡事故。煤仓或溜煤(矸)眼的眼口,可以设置围栏、有明显的带颜色的灯光信号装置、指示牌、人行道等,防止人员坠落。暂时不放煤的眼口必须用盖板盖好。

第一百三十四条 煤仓、溜煤(矸)眼必须有防止煤(矸)堵塞的设施。检查煤仓、溜煤(矸)眼和处理堵塞时,必须制定安全措施。处理堵塞时应当遵守本规程第三百六十条的规定,严禁人员从下方进入。

严禁煤仓、溜煤(矸)眼兼做流水道。煤仓与溜煤(矸)眼内有淋水时,必须采取封堵疏干措施;没有得到妥善处理不得使用。

【执行说明】 (一) 防止煤仓、溜煤(矸)眼的堵塞,采用下列措施:

1. 煤仓漏斗的角度设计为 60°,并在其斜面上铺铸石板;在漏斗的斜面上自上而下地在四周安装两层空气(风)炮装置;有条件的可布置 2 个及以上放煤孔。

2. 溜煤(矸)眼应当采用钢筋混凝土碹或拱形金属支架等整体性支护。

3. 煤仓或溜煤(矸)眼应当选择在非含水层内,否则应采取封堵措施;煤仓或溜煤(矸)眼上口应防止水流入其内。

4. 煤仓或溜煤(矸)眼的上部入口,应当安设钢轨或钢料做成的筛箅。

5. 溜煤(矸)眼、煤仓的一侧用隔墙留出处理间。

6. 对煤仓、溜煤(矸)眼,必须指定专业人员定期检查,发现问题,及时处理。

(二) 检查煤仓、溜煤(矸)眼时,必须制定以下安全措施:

1. 停止上下口所有运转设备,严格执行停电挂牌制度,严禁人员从下口进入观察处理,严禁采用水冲法从上口处理煤仓堵塞。

2. 清理上仓口,查明情况,制定安全措施,进入煤仓时必须有一名现场指挥人员。

3. 必须查明有无有害气体,氧气浓度符合规定。

(三) 处理煤仓、溜煤(矸)眼堵塞,采用下列措施:

1. 必须制订安全技术措施,报矿总工程师批准。

2. 必须确认在不危及操作人员以及周围人员的安全后,方可进行处理。

3. 必须有监视或警戒人员在场,严禁 1 人作业。

4. 严禁用明炮或糊炮处理堵塞,严禁人员进入煤仓、溜煤(矸)眼处理堵塞物。

【释义】 本条是关于煤仓、溜煤(矸)眼处理堵塞和防止淋水的规定。

(1) 没有经过初选的原煤矸石、杂物较多,块度大小不一,很容易在煤仓内堵塞。因此,要求在煤仓、溜煤(矸)眼要有防止煤(矸)堵塞的设施。例如,煤仓或溜煤(矸)眼的放煤眼口,可以安设钢轨或钢料做成的筛篦,以防大块煤、矸、木料等坠入仓内而堵塞。

(2) 处理煤仓、溜煤(矸)眼堵塞时严禁人员从下方进入。因为堵塞之后的煤仓内将积聚大量的承压煤和水,当压力达到一定的程度,再加上人为的扰动,煤仓或溜煤眼内大量的煤和水会突然涌出,此时人员如果从煤仓或溜煤眼下方进入,很容易造成人员伤亡。

(3) 井下煤仓是用来储存煤炭的临时场所，溜煤(矸)眼则起过渡作用，将煤从一条巷道过渡到另一条标高较低的巷道。如果用煤仓、溜煤(矸)眼兼做流水道或内部有淋水，容易污染环境，也很容易使煤仓、溜煤(矸)眼内的煤和矸石结块，堵塞煤仓和溜煤(矸)眼；在冬季还可能出现冰冻堵眼；也可能由于大量积水突然溃出，发生突水、溃煤事故，因此严禁煤仓、溜煤(矸)眼兼做流水道。

第三章　通风、瓦斯和煤尘爆炸防治

第一节　通　　风

第一百三十五条　井下空气成分必须符合下列要求：

(一) 采掘工作面的进风流中，氧气浓度不低于20%，二氧化碳浓度不超过0.5%。

(二) 有害气体的浓度不超过表4规定。

表4　矿井有害气体最高允许浓度

名　　称	最高允许浓度/%
一氧化碳 CO	0.0024
氧化氮(换算成 NO_2)	0.00025
二氧化硫 SO_2	0.0005
硫化氢 H_2S	0.00066
氨 NH_3	0.004

甲烷、二氧化碳和氢气的允许浓度按本规程的有关规定执行。

矿井中所有气体的浓度均按体积百分比计算。

【释义】　本条是关于井下空气成分的规定。

视频

井下生产过程中会产生许多有毒有害气体和粉尘，地面空气进入井下后，其成分和状态参数都会发生变化。为了保障人员安全健康，创造适宜的作业环境，提高工作效率，本条对井下空气中 O_2 和有毒有害气体浓度做出了具体规定。

【执行中应注意的问题】

(1) 要注意不同区域风流中 O_2 浓度要求的区别。本条要求采掘工作面的进风流中 O_2 浓度不低于20%，而不是要求井下所有巷道中的 O_2 浓度都不得不低于此值。对于部分 CO_2 或 N_2 涌出量较大及采用惰性气体防灭火的采煤工作面，其上隅角不允许人员进入，此处 O_2 浓度也不按这一浓度控制。

(2) 本条对CO和其他有害气体的最高允许浓度的限制，是指作业人员长期所处的环境中有害气体最高允许浓度，而不是指局部地点的瞬间值。主要参照《工业企业设计卫生标准》(GBZ 1—2010)中关于车间卫生标准而制定的，以确保矿工身体健康为目的。采煤工作面上隅角CO浓度控制分为两种情况，一部分是靠近采空区、人员不可能进入的区域，不应按0.0024%控制；另一部分是紧贴采煤工作面支架，有风流流经、人员可能经过或作业的地区，应当按0.0024%控制。使用煤矿用防爆型柴油动力装置机车运输的巷道，机车瞬间可能释放较高浓度的CO，车辆行驶区域短时间内CO浓度也可以不按此标准控制，但应满足车辆正常行驶的尾气排放要求；无论何种情况，都必须保证人员的安全健康。其他有害气体的情况相类似。

(3) 由于 CO 浓度受风量稀释的影响，即使在同一煤层的不同巷道位置，CO 浓度也会发生很大变化，而且不同煤种、不同环境条件也影响自燃临界值的确定，所以《规程》无法具体规定全国通用的煤炭自燃的 CO 临界值，不能将 CO 浓度是否超过 0.0024%作为煤炭自燃的判据。《煤矿防灭火细则》要求开采容易自燃和自燃煤层的矿井应该“根据煤层氧化早期的一氧化碳或者采空区温度确定发火预兆的预警值，实现早期监测预警和措施优化改进，满足本工作面安全开采需要”。

《关于加强煤矿瓦斯超限等报警处置监督检查工作的通知》(矿安综〔2021〕12 号)要求，煤矿安全监管监察部门通过风险监测预警系统发现某矿井存在 CH_4 超限虽不到 3%但超限时长超过 5 min、CH_4 超过 3%、CO 超过 0.0024%且时长超过 30 min、CH_4 或 CO 浓度异常波动或长时间数据归零等现象的，要立即派员进行现场核查，及时查明原因，依法做出处置。这意味井下可能出现极其危险的情况或者有关人员可能蓄意逃避监管、弄虚作假，使传感器数据失实。

第一百三十六条　井巷中的风流速度应当符合表 5 要求。

表 5　井巷中的允许风流速度

井巷名称	允许风速/($m \cdot s^{-1}$)	
	最低	最高
无提升设备的风井和风硐		15
专为升降物料的井筒		12
风桥		10
升降人员和物料的井筒		8
主要进、回风巷		8
架线电机车巷道	1.0	8
输送机巷，采区进、回风巷	0.25	6
采煤工作面、掘进中的煤巷和半煤岩巷	0.25	4
掘进中的岩巷	0.15	4
其他通风人行巷道	0.15	

设有梯子间的井筒或者修理中的井筒，风速不得超过 8 m/s；梯子间四周经封闭后，井筒中的最高允许风速可以按表 5 规定执行。

无瓦斯涌出的架线电机车巷道中的最低风速可低于表 5 的规定值，但不得低于 0.5 m/s。

综合机械化采煤工作面，在采取煤层注水和采煤机喷雾降尘等措施后，其最大风速可高于表 5 的规定值，但不得超过 5 m/s。

【释义】　本条是关于井巷中风流速度的规定。

限制井巷最高风速主要是从安全生产、人员健康、作业条件与环境等方面考虑。主要通风井巷，包括主要进回风井巷、升降人员的井筒和架线电机车巷道等，如果风速过高，运输提升都存在危险，人员作业困难、注意力不集中，存在隐患。另外，井下湿度较大，风速过高也会影响作业人员的身心健康。而对输送机

视频

巷、采区巷道和采掘工作面进行最高风速限制,也考虑了风速过高容易引起粉尘飞扬且不利于作业安全。主要进、回风巷以及风井和风硐风速过高,也会导致通风阻力过大,影响矿井通风能力,而且一旦这部分井巷稍微出现一些变故,就会影响整个矿井通风系统的稳定性。

规定最低风速的地点,主要是针对生产条件变化、有害气体涌出较多的采掘作业地点和相关巷道,要求这些巷道中的风流呈完全紊流状态,风量过小、风速过低,就不能有效地稀释瓦斯等有害气体和粉尘。

【执行中应注意的问题】

(1) 并不是所有井巷都同时有最低和最高风速限制。

表中对井筒、风桥和主要进、回风巷没有最低风速约束,这些井巷不是无风也可以,实际上在正常通风时,其风速不会太低。同理,对其他通风人行巷道也没有最高风速限制,是因为一般情况下其风速也不会太高。表中没有规定部分调节风窗口的最高风速,实际上这些窗口的断面积比较小,风速很大,但不属于行人通道,最高风速不作限制。

对于同处于主要进风系统或者同处于主要回风系统的并联巷道之间的联络巷,虽属于角联巷道,从避灾救灾和降低系统阻力的角度上讲都是有益的,其风流方向变化一般无不利影响,没必要设置风门,其风流方向和风量大小不作限制。

(2) 要求"所有风门所在巷道及硐室中的最低风速与采掘工作面一致"的观点是错误的。

本条规定掘进中的煤巷和半煤岩巷最低风速不得低于 0.25 m/s、掘进中的岩巷不得低于 0.15 m/s,是指"掘进中"的巷道,如果巷道不处于掘进中,则不在此列。根据《规程》第一百六十六条,必须保证爆炸物品库每小时能有其总容积 4 倍的风量,但没有对其最低风速进行限制。根据《规程》第一百六十四条,"局部通风机安装地点到回风口间的巷道中的最低风速必须符合本规程第一百三十六条的要求",此处按"其他通风行人巷道不得低于 0.15 m/s"要求执行。

(3) 对部分综采工作面最高风速放宽限制与强调瓦斯抽采并不矛盾。

对于高温或瓦斯涌出量较大、断面较小的综采工作面,在采取煤层注水和采煤机喷雾降尘等措施后,其最高风速可适当放宽,但不得超过 5 m/s。但这并不是鼓励用这种办法来处理瓦斯,各矿井应该加强瓦斯抽采,实现"抽采达标",最大限度地减少工作面风排瓦斯负担。

根据《规程》第一百八十一条,任一采煤工作面的瓦斯涌出量大于 5 m^3/min 或者任一掘进工作面瓦斯涌出量大于 3 m^3/min,用通风方法解决瓦斯问题不合理的,必须建立地面永久抽采瓦斯系统或者井下临时抽采瓦斯系统。采掘工作面风速达到 4 m/s,瓦斯经常处于临界状态,就属于"用通风方法解决瓦斯问题不合理";否则就是合理的。

(4) 重点巷道风速必须有保证。

①《煤矿瓦斯抽放规范》规定专用于敷设抽放管路、布置钻场或钻孔的瓦斯抽放巷道采用矿井全压通风时,巷道风速不得低于 0.5 m/s,是考虑到瓦斯抽采巷道部分区域可能有瓦斯涌出,为避免局部瓦斯积聚,适当提高这些巷道的风速。

② 架线电机车巷道的顶部若存在层状瓦斯积存,极易引发瓦斯燃爆事故,要求其风速不得低于 1.0 m/s;即使无瓦斯涌出,其风速也不得低于 0.5 m/s。

③ 本条规定了最低和最高风速,并不意味着只要风速不超限、风速特别低或者特别高就合理,对于各作业地点,还应该满足构建适宜的气候条件和排尘需要,一般认为,最优的排尘风速为 1.5～2.0 m/s。

第一百三十七条 进风井口以下的空气温度(干球温度,下同)必须在 2 ℃以上。

【释义】 本条是关于进风井筒空气温度的规定。

进风井筒温度过低也会影响人员安全操作和身体健康,尤其是地面寒冷空气进入井筒后遇到潮湿空气(包括井筒淋水)就可能导致井壁、罐道和提升钢丝绳上结冰,对提升设备和人员安全构成威胁,要求寒冷地区的进风井口都要安装空气预热设备,保证进风井口以下的空气温度在 2 ℃以上。我国部分煤矿曾经发生过井筒内坠冰砸人、砸罐事故。

视频

第一百三十八条 矿井需要的风量应当按下列要求分别计算,并选取其中的最大值:

(一)按井下同时工作的最多人数计算,每人每分钟供给风量不得少于 4 m^3。

(二)按采掘工作面、硐室及其他地点实际需要风量的总和进行计算。各地点的实际需要风量,必须使该地点的风流中的甲烷、二氧化碳和其他有害气体的浓度,风速、温度及每人供风量符合本规程的有关规定。

使用煤矿用防爆型柴油动力装置机车运输的矿井,行驶车辆巷道的供风量还应当按同时运行的最多车辆数增加巷道配风量,配风量不小于 4 m^3/(min·kW)。

按实际需要计算风量时,应当避免备用风量过大或者过小。煤矿企业应当根据具体条件制定风量计算方法,至少每 5 年修订 1 次。

【释义】 本条是关于矿井风量计算方法的规定。

为保证井下人员有足够的新鲜空气呼吸,有效稀释和排出井下有毒有害气体及矿尘,创造良好的气候环境,井下必须连续不断供给新鲜空气,其需风量必须通过合理计算才能确定。矿井开拓、准备以及采掘作业前,要准确预测有毒有害气体涌出量,制定配风标准,编制通风设计,保证风量充足、风流稳定;硐室配风量要满足设备降温、有害气体不超限的要求;矿井有效风量率应达到要求。矿井风量应当在满足井下各作业地点、通风巷道和硐室等地点用风要求的前提下,具备合理的富余系数,提高矿井抗灾能力。开采容易自燃、自燃煤层的矿井,风量配备要在满足瓦斯防治要求的前提下进行有效控制,切实做好自然发火防治工作。

视频

【执行中应注意的问题】

(1)矿井需风量计算方法必须符合矿井生产实际。本条最后一款明确规定了"煤矿企业应当根据具体条件制定风量计算方法,至少每 5 年修订 1 次",故煤矿风量计算方法由煤矿企业根据自身实际合理确定,不能千篇一律。

(2)矿井需风量计算要综合考虑多种因素。可按《煤矿生产能力核定标准》第二十七条计算矿井需要风量。

① 生产矿井需要风量按各采掘工作面、硐室及其他巷道等用风地点分别进行计算,包括按规定配备的备用工作面。现有通风系统必须保证各用风地点稳定可靠供风。

② 采煤工作面需要风量。每个采煤工作面实际需要风量,应按工作面气象条件、瓦斯和二氧化碳涌出量、工作人数和爆破后的有害气体产生量等规定分别进行计算,然后取其中最大值。备用工作面的风量不得低于该采煤工作面投入生产后实际需要风量的 50%。

③ 掘进工作面需要风量。每个掘进工作面实际需要风量,应按瓦斯和二氧化碳涌出量、工作人数、爆破后的有害气体产生量以及局部通风机的实际吸风量等规定分别进行计

算,然后取其中最大值,同时必须保证局部通风机安装地点到回风口间的巷道风速满足《规程》第一百三十六条的要求。

④ 各个独立通风硐室的需要风量,应根据不同类型的硐室分别进行计算。

⑤ 无论是采煤工作面还是掘进工作面,都应该按最低风速要求验算最小风量、按最高允许风速验算最大风量;根据本条,“使用煤矿用防爆型柴油动力装置机车运输的矿井,行驶车辆巷道的供风量还应当按同时运行的最多车辆数增加巷道配风量,配风量不小于 4 $m^3/(min \cdot kW)$”,但根据 2020 年新修订的《煤矿生产能力核定标准》,行驶车辆巷道的供风量还应当按同时运行的最多车辆数验算风量:

$$Q_{cfi} \geqslant 4N_{dli} \cdot P_{dli}$$

式中 N_{dli}——巷道中最多运行防爆柴油动力装置机车的台数,台;

P_{dli}——每台防爆柴油动力装置机车的功率,kW;

4——最低配风标准,$m^3/(min \cdot kW)$。

特别说明,如果防爆柴油动力装置机车的功率不相等,应该是 $Q_{cfi} \geqslant 4\sum P_i$。

第一百三十九条 *矿井每年安排采掘作业计划时必须核定矿井生产和通风能力,必须按实际供风量核定矿井产量,严禁超通风能力生产。*

【释义】 本条是关于矿井生产能力和矿井通风能力核定的规定。

超能力组织生产尤其是超通风能力生产,是煤矿重特大事故的主要诱因之一,必须加强和完善煤矿生产能力管理,规范生产能力核定工作,保障安全生产。矿井生产能力和矿井通风能力核定必须严格按《煤矿生产能力管理办法》和《煤矿生产能力核定标准》要求进行。

视频

【执行中应注意的问题】

(1) 煤矿生产能力分为设计生产能力和核定生产能力。煤矿生产能力是保障煤矿安全生产确定的产量上限,是煤矿依法组织生产,煤炭行业管理部门、煤矿安全监管部门和煤矿安全监察机构依法实施监管监察的重要依据之一。

设计生产能力是指由依法批准的新建、改扩建煤矿和煤矿技术改造项目设计确定,建设施工单位据以建设竣工,并经过验收合格的生产能力。

核定生产能力是指正常生产煤矿,因地质、生产技术条件、采煤方法或工艺等发生变化,致使生产能力发生较大变化,按照《煤矿生产能力管理办法》规定重新核定,最终由负责煤矿生产能力核定工作的部门审查确认的能力。

(2) 要严格煤矿生产能力核定结果审查。负责煤矿生产能力核定结果审查的初审部门(煤矿上级企业)分别为:

① 中央企业所属煤矿,由中央企业集团总部负责。

② 省属煤矿企业所属煤矿,由省属煤矿企业负责。

③ 其余煤矿,由市级煤矿生产能力主管部门负责。

(3) 必须做好煤矿综合生产能力核定工作。核定煤矿生产能力应当逐项核定各主要生产系统(环节)的能力,取其中最小能力为煤矿综合生产能力,同时核查煤炭资源可采储量、服务年限以及是否具备《煤矿企业安全生产许可证实施办法》规定的安全生产条件。

井工煤矿主要核定提升系统、井下排水系统、供电系统、井下运输系统、采掘工作面、通风系统、瓦斯抽采系统和地面生产系统的能力。矿井压风、防灭火、防尘、通信、监测监控、降温制冷系统能力和地面运输能力、选煤厂洗选能力等作为参考依据，应当满足核定生产能力的需要。

矿井发生煤与瓦斯突出、冲击地压等事故，灾害等级升级或工作面回采深度突破1000 m的，需重新评估并核定生产能力时，取安全生产系数0.85，且不得增加生产能力。

(4) 通风系统生产能力核定必须满足前置条件。

① 必须有完整独立的通风、防尘、防灭火及安全监控系统，通风系统合理，通风设施完好可靠。

② 必须采用机械通风，运转主要通风机和备用主要通风机必须具备同等能力，矿井主要通风机经具备资质的检测检验机构测试合格。

③ 安全检测仪器、仪表齐全，性能可靠。

④ 局部通风机的安装和使用符合规定。

⑤矿井瓦斯管理必须符合有关规定。

(5) 要准确把握通风系统生产能力核定的主要内容。

① 核查矿井通风系统的完整性、独立性，核查生产水平和采(盘)区是否实行分区通风，核查采掘工作面、硐室及井下其他独立用风地点的独立用风状况。

② 核查矿井主要通风机的运转状况。

③ 实行瓦斯抽采的矿井，必须核查矿井瓦斯抽采系统的稳定运行情况。

④ 有多个独立通风系统的，应分别核定通风能力，矿井通风能力为各通风能力之和。

⑤ 矿井采用主要通风机联合运转通风方式的，应核查通风系统是否稳定、可靠，风速是否符合要求。

(6) 科学合理地进行通风系统生产能力计算。矿井通风系统生产能力核定采用由里向外核算法计算。根据矿井总进风量与《煤矿生产能力核定标准》计算的矿井各用风地点的需风量(包括按规定配备的备用工作面)，计算出采掘工作面个数，计算矿井通风系统生产能力。

① 单个采煤工作面正常生产条件下年产量计算：

$$A_{ci}=330\times 10^{-4} l_{ci}\times h_{ci}\times \gamma_{ci}\times b_{ci}\times c_{ci}$$

式中　A_{ci}——第 i 个采煤工作面正常生产条件下年产量，10^4 t/a；

l_{ci}——第 i 个采煤工作面平均长度，m；

h_{ci}——第 i 个采煤工作面煤层平均采高，放顶煤开采时为采放总厚度，m；

γ_{ci}——第 i 个采煤工作面的原煤视密度，t/m^3；

b_{ci}——第 i 个采煤工作面正常生产条件下平均日推进度，m/d；

c_{ci}——第 i 个采煤工作面采出率，%，按实际选取。

② 单个掘进工作面正常生产条件下年产量计算：

$$A_{hi}=330\times 10^{-4} S_{hi}\times \gamma_{hi}\times b_{hi}$$

式中　A_{hi}——第 i 个掘进工作面正常生产条件下年产量，10^4 t/a；

S_{hi}——第 i 个掘进工作面纯煤面积，m^2；

γ_{hi}——第 i 个掘进工作面的原煤视密度，t/m^3；

b_{hi}——第 i 个掘进工作面正常生产条件下平均日推进度，m/d。

③ 通风系统生产能力计算:

$$A_{pc}=\sum A_{ci}+\sum A_{hi}$$

(7) 必须进行矿井通风系统生产能力验证。矿井通风系统生产能力要从矿井主要通风机性能、通风网络、用风地点的有效风量和矿井稀释瓦斯的能力等方面进行验证。

(8) 严防超能力生产。根据《煤矿重大事故隐患判定标准》,"超能力、超强度或者超定员组织生产"的情形之(一)"煤矿全年原煤产量超过核定(设计)生产能力幅度在10%以上,或者月原煤产量大于核定(设计)生产能力的10%的",假如某矿核定生产能力为1.2 Mt/a,当该矿全年原煤产量达到或者超过1.32(而不是2.52)Mt,或者单月原煤产量达到或者超过120000(而不是110000)t时,构成重大事故隐患。

第一百四十条 *矿井必须建立测风制度,每10天至少进行1次全面测风。对采掘工作面和其他用风地点,应当根据实际需要随时测风,每次测风结果应当记录并写在测风地点的记录牌上。*

应当根据测风结果采取措施,进行风量调节。

【释义】 本条是关于矿井风量测定及风量调节的规定。

视频

为确保通风系统的合理、稳定、可靠,必须根据采掘工作面分布和风网结构的不断变化,及时调整通风系统,以满足各用风地点风量要求。必须建立定期对矿井风量进行全面测定的管理制度,以掌握矿井总进、回风量和各个用风地点的风量(风速)以及矿井的漏风、有效风量及其变化情况,为不断提高矿井通风管理水平提供科学依据。

【执行中应注意的问题】

本条强调的是"对采掘工作面和其他用风地点,应当根据实际需要随时测风,每次测风结果应当记录并写在测风地点的记录牌上",对"矿井全面测风"与"根据实际需要随时测风"不能等同。

风量调节可分为局部风量调节和全矿井风量调节。局部风量调节可分为增加风阻调节法和降低风阻调节法。当采用局部风量调节不能满足矿井生产需要时,还必须对矿井的总风量进行调节。矿井总风量调节是改变主要通风机的性能或者工作风阻,调整主要通风机的工况点。改变主要通风机性能的措施主要有:改变通风机转速;改变轴流式通风机动轮叶片数目、叶片的安装角度及对旋式主要通风机运转级数。用前述方法使风机接近极限参数仍然不能满足井下生产需要时,必须更换主要通风机,同时对井下通风网络进行优化。

第一百四十一条 *矿井必须有足够数量的通风安全检测仪表。仪表必须由具备相应资质的检验单位进行检验。*

【释义】 本条是关于矿井通风安全检测仪表的规定。

通风安全仪表主要包括风表、光学甲烷检测仪和各种便携式甲烷检测报警仪及传感器、直读式粉尘浓度测定仪、井下粉尘采样器等,以及开采容易自燃和自燃煤层的矿井配备的气相色谱分析仪。仪表使用一段时间后,其可靠性和精度难以得到保证,必须及时维修并定期校验。

【执行中应注意的问题】

(1) 安全仪器仪表数量以够用为原则。"足够数量安全仪器仪表"应由企业根据矿井具体条件确定，只要能够满足本企业正常使用即可。《矿井通风安全装备配置标准》(GB/T 50518—2020)对矿井通风、气体检测和安全防护装备配备，瓦斯基本参数测定装备配备，煤与瓦斯突出矿井突出检测及防突装备配备，火灾检测和防灭火装备配备，粉尘检测和防尘装备配备，煤层注水装备配备，矿山压力监测和地质测量装备配备以及探放水装备配备都提出了具体要求。

(2) 本企业有检验能力的，也可以自检。虽然《煤矿安全规程执行说明》列出了需要由相应资质的检验单位进行检验的通风安全仪表清单，但国家市场监管总局 2020 年 10 月 26 日发布的《关于调整实施强制管理的计量器具目录的公告》未见对煤矿通风安全检测仪表的要求，新修订的《煤矿安全生产标准化管理体系基本要求及评分方法(试行)》也取消了相关要求。所以，本企业有检验能力的，也可以自检。

《煤矿安全监控系统及检测仪器使用管理规范》(AQ 1029—2019)要求国有重点煤矿的矿务局(公司)、产煤县(市)应建立安全监控设备检修中心，负责安全监控设备的调校、维修、报废鉴定等工作，有条件的可配制甲烷校准气体，并对煤矿进行技术指导。

第一百四十二条　*矿井必须有完整的独立通风系统。改变全矿井通风系统时，必须编制通风设计及安全措施，由企业技术负责人审批。*

【释义】　本条是关于矿井通风系统和改变矿井通风系统的规定。

矿井通风系统是矿井通风方式、通风方法和通风网络的总称，包括向矿井各用风地点供给新鲜空气、排出污浊气体的通风动力、通风网络和通风设施等。“完整的独立通风系统”是指矿井必须设有符合要求的主要通风机装置，并有自己独立的进风井和独立的回风井，井下没有与邻近矿井相沟通的巷道。

视频

2018 年全国煤矿安全基础建设推进大会要求坚持目标导向和问题导向，坚持“管理、装备、素质、系统”并重，实现管理科学，装备先进，素质过硬，系统优化，着力打造新阶段煤矿安全基础建设“升级版”。抓关键、补短板、强弱项，大力推进煤矿安全基础建设，坚决防范遏制煤矿重特大事故，努力实现煤矿安全生产形势根本好转。

国家局多次强调，要大力推进煤矿“四化”(机械化、自动化、信息化、智能化)建设，大力推进煤矿“一优三减”(优化系统、减水平、减头面、减人员)，落实企业主体责任和监管监察责任，扎实开展高风险煤矿安全“体检”和隐患自检自改，排查防控采掘失调、超强度超能力、“小马拉大车”等系统性安全风险，强化瓦斯、冲击地压、水害等重大灾害治理，推进煤矿安全基础建设，提升现场安全管理水平，加大落后产能淘汰退出力度。

【执行中应注意的问题】

(1) 要确保矿井通风系统稳定可靠。技术部门要从系统设计、采掘部署把关，确保通风系统合理、通风能力满足生产需要；通风管理部门做好矿井通风系统的动态管理，不断优化通风系统。同时要把好矿井风量和通风能力关，定期进行核定。防止盲目扩大生产规模，超通风能力生产。真正构建“系统合理、设施完好、风量充足、风流稳定”的通风系统，严格通风系统管理，全面提升矿井防灾抗灾能力。《煤矿重大事故隐患判定标准》规定“通风系统不完善、不可靠”重大事故隐患，是指有下列情形之一的：

① 矿井总风量不足或者采掘工作面等主要用风地点风量不足的；

② 没有备用主要通风机，或者两台主要通风机不具有同等能力的；

③ 违反《规程》规定采用串联通风的;

④ 未按照设计形成通风系统,或者生产水平和采(盘)区未实现分区通风的;

⑤ 高瓦斯、煤与瓦斯突出矿井的任一采(盘)区,开采容易自燃煤层、低瓦斯矿井开采煤层群和分层开采采用联合布置的采(盘)区,未设置专用回风巷,或者突出煤层工作面没有独立的回风系统的;

⑥ 进、回风井之间和主要进、回风巷之间联络巷中的风墙、风门不符合《规程》规定,造成风流短路的;

⑦ 采区进、回风巷未贯穿整个采区,或者虽贯穿整个采区但一段进风、一段回风,或者采用倾斜长壁布置,大巷未超前至少 2 个区段构成通风系统即开掘其他巷道的;

⑧ 煤巷、半煤岩巷和有瓦斯涌出的岩巷掘进未按照国家规定装备甲烷电、风电闭锁装置或者有关装置不能正常使用的;

⑨ 高瓦斯、煤(岩)与瓦斯(二氧化碳)突出矿井的煤巷、半煤岩巷和有瓦斯涌出的岩巷掘进工作面采用局部通风时,不能实现双风机、双电源且自动切换的;

⑩ 高瓦斯、煤(岩)与瓦斯(二氧化碳)突出建设矿井进入二期工程前,其他建设矿井进入三期工程前,没有形成地面主要通风机供风的全风压通风系统的。

(2) 矿井通风系统改造必须有科学合理的设计。改变全矿井通风系统主要指改变矿井通风方式、变更主要进回风巷道及其数量、改变主要通风机工作方法、更换主要通风机、改变矿井一翼及以上通风系统等情况。改变全矿井通风系统时,需要对矿井通风阻力进行全面测定,重新进行风量分配,通风设施、通风网络等需要重新改设或调整,并要对比和选择最佳通风方案。煤矿企业要建立通风系统调整管理制度,不能随意改变矿井通风系统,要明确程序、分级审批、专人指挥,改变全矿井通风系统时,必须有严格的审批制度。

改变全矿井通风系统是一项较为复杂和细致、严谨的重要工作,处理不妥,有可能严重影响通风系统的稳定性,进而影响其防灾抗灾能力,甚至酿成事故。矿井通风系统改造设计重点内容包括矿井概况;矿井通风系统现状;存在问题;矿井通风系统改造方案确定;对推荐方案作出工程设计、经费预算、预期效果;方案实施的安全技术措施。并附各方案矿井通风系统图和通风网络图。

(3) 新建、改扩建矿井也必须有可靠的通风系统方可生产。

《煤矿重大事故隐患判定标准》规定"新建煤矿边建设边生产,煤矿改扩建期间,在改扩建的区域生产,或者在其他区域的生产超出安全设施设计规定的范围和规模"重大事故隐患,是指有下列情形之一的:

① 建设项目安全设施设计未经审查批准,或者审查批准后做出重大变更未经再次审查批准擅自组织施工的;

② 新建煤矿在建设期间组织采煤的(经批准的联合试运转除外);

③ 改扩建矿井在改扩建区域生产的;

④ 改扩建矿井在非改扩建区域超出设计规定范围和规模生产的。

(4) 要注意"企业技术负责人"和"总工程师"的区别与联系。煤矿企业是指从事煤炭生产与煤矿建设具有法人地位的企业。对于层级较多的大型煤炭集团,"由企业技术负责人审批"是要求煤矿上级公司的总工程师审批,而不是要求最顶级公司的总工程师审批。若煤矿为独立企业,煤矿总工程师就是本企业技术负责人。

第一百四十三条　贯通巷道必须遵守下列规定：

（一）巷道贯通前应当制定贯通专项措施。综合机械化掘进巷道在相距 50 m 前、其他巷道在相距 20 m 前，必须停止一个工作面作业，做好调整通风系统的准备工作。

停掘的工作面必须保持正常通风，设置栅栏及警标，每班必须检查风筒的完好状况和工作面及其回风流中的瓦斯浓度，瓦斯浓度超限时，必须立即处理。

掘进的工作面每次爆破前，必须派专人和瓦斯检查工共同到停掘的工作面检查工作面及其回风流中的瓦斯浓度，瓦斯浓度超限时，必须先停止在掘工作面的工作，然后处理瓦斯，只有在 2 个工作面及其回风流中的甲烷浓度都在 1.0%以下时，掘进的工作面方可爆破。每次爆破前，2 个工作面入口必须有专人警戒。

（二）贯通时，必须由专人在现场统一指挥。

（三）贯通后，必须停止采区内的一切工作，立即调整通风系统，风流稳定后，方可恢复工作。

间距小于 20 m 的平行巷道的联络巷贯通，必须遵守以上规定。

【释义】　本条是关于巷道贯通的规定。

巷道贯通会使井下通风系统发生不同程度的变化，涉及顶板、爆破和“一通三防”等诸多方面的安全问题，尤其是“一通三防”问题。如何防止因通风系统的突变而导致矿井各用风地点风量分配不合理、瓦斯超限、煤尘飞扬和火区失控，以及如何防止因地应力集中而产生煤与瓦斯突出或冲击地压事故，是巷道贯通时的安全管理的关键。

视频

【执行中应注意的问题】

（1）巷道贯通前必须加强地质测量管理工作。综合机械化掘进巷道在相距 50 m 前、其他巷道在相距 20 m 前，地测部门必须出具贯通地点的地质报告，并通知通风部门。报告应包括贯通点附近的地质条件、岩性、地质构造、顶底板稳固性以及水文地质等情况。

（2）贯通前、贯通时和贯通后，都必须加强通风系统管理，严防风流紊乱。

① 贯通前，应做好正常的通风工作，保证两端的巷道内不积存瓦斯，并做好贯通时调整风流的准备工作：

a. 绘制可能受巷道贯通工程影响区域的通风系统图，图上分别标明贯通前后各分支中的风流方向、风量和瓦斯浓度等参数的变化，尤其是局部通风机位置的调整、风门和调节风门等风流控制设施的布置等情况。

b. 要充分分析贯通工程对整个矿井或某个区域通风系统的影响，明确贯通时风流调节设施的布置和要求，并做好有关的准备工作，有关风流控制措施的实施必须明确先后顺序、联系方式和责任人。重点防止部分巷道可能出现因风速超限而导致煤尘飞扬，因采空区或密闭内的瓦斯大量涌出、循环风及不合理的串联通风的形成、无风或微风井巷的出现等原因而出现瓦斯超限的严重隐患，尤其要充分考虑到贯通工程对火区的不良影响，严防火区失控及瓦斯爆炸。对于处于主要进回风系统之间的贯通工程，更要事先做好风流调节的准备工作，尽量减小被贯通煤（岩）柱两侧空气的压力差，严防风流瞬间短路而影响其他区域的安全生产。

c. 明确停止作业的范围。对于影响采（盘）区内部的贯通工程，在实施贯通作业前，必须停止本采（盘）区内的一切工作（对通风系统基本上没有影响的工程除外）。对于两个水平之间或新采（盘）区的主要进回风系统之间的贯通工程，必须采取可靠措施，防止影响相邻区域的安全生产。若无确切把握，必须停止可能受影响区域内的一切工作。具体的范围，由煤矿根据系统具体情况决定停止工作的范围,总的原则是不形成事故隐患。

② 贯通时,必须有专人进入现场统一指挥,确保施工安全。准备实施贯通工作前,必须确认需要做的一切准备工作是否到位,尤其要确认应该停止作业的区域是否停止作业,确保无安全隐患。

③ 贯通后,通风部门组织人员立即进行风流调整,实现全风压通风,并经检查确认风速和瓦斯浓度符合《规程》有关规定后,方可恢复工作。对于预先停风的掘进巷道,必须按要求安全排放瓦斯,恢复正常通风。

(3) 必须做好贯通前掘进工作现场安全管理。

① 按照本条要求的提前量,只准从一个工作面向前贯通,另外一个工作面停止掘进。停掘的工作面必须保持正常通风,设置栅栏及警标,每班必须检查风筒的完好状况和工作面及其回风流中的瓦斯浓度,瓦斯浓度超限时,必须立即处理。

② 掘进的工作面每次爆破前,必须派专人和瓦斯检查工共同到停掘的工作面检查工作面及其回风流中的瓦斯浓度,瓦斯浓度超限时,必须先停止在掘工作面的工作,然后处理瓦斯。只有在 2 个工作面及其回风流中的甲烷浓度都在 1.0%以下时,掘进的工作面方可爆破。每次爆破前,2 个工作面入口必须有专人警戒。爆破工作应坚持“一炮三检”和“三人连锁爆破”制度。

③ 间距小于 20 m 的平行巷道的联络巷道贯通进行爆破时,两条巷道的人员都必须撤至安全地点,每条巷道的两端都必须有专人警戒。

④ 在地质构造复杂地区进行贯通工作,还应按处理破碎顶板防止冒顶的安全技术措施执行。

(4) 有突出危险或有冲击地压危险的巷道贯通,必须制定并实施可靠的防突和防冲措施。

① 突出煤层掘进工作面与煤层巷道交叉贯通前,被贯通的煤层巷道必须超过贯通位置,其超前距不得小于 5 m,并且贯通点周围 10 m 内的巷道应当加强支护。在掘进工作面与被贯通巷道距离小于 50 m 的作业期间,被贯通巷道内不得安排作业,保持正常通风,并且在掘进工作面爆破时不得有人;在距离贯通 50 m 之前实施钻孔一次打透,只允许向一个方向掘进。

② 冲击地压煤层内掘进巷道贯通或错层交叉时,应当在距离贯通或交叉点 50 m 之前开始采取防冲专项措施。

【案例】 某矿 1 号工作面输送机巷和开切眼贯通时,多工种平行作业,为在贯通后抢时间出煤。掏槽眼爆破时,将贯通口的棚子崩倒,开切眼迎头 2 节风筒向后滑落和脱节,并被崩落的煤压住,使待贯通的开切眼迎头处于无风状态,瓦斯积聚。第二次爆破时,引起了瓦斯爆炸,84 人遇难。事故原因是多方面的:一是 1 号工作面输送机巷和开切眼贯通爆破时,没有检查被贯通巷道的瓦斯,装药量过多,抵抗线小,爆破时产生火焰;二是该采区中有 3 个掘进工作面停工后没有通风,瓦斯浓度高达 10%以上,仅打了栅栏未打密闭;三是采区没有按规定编制正规设计和作业规程,盲目增加产量,在未形成正常通风系统的危险情况下,集中大量人员,突击 1 号工作面的巷道贯通和投产准备工作;四是地测人员虽两次向有关部门和领导汇报巷道即将贯通,但仍然没有研究安全措施;五是局部通风管理混乱,开切眼掘进工作面迎头有 2 节风筒无故被摘,处于无风状态。事故区域通风系统如图 3-3-1 所示。

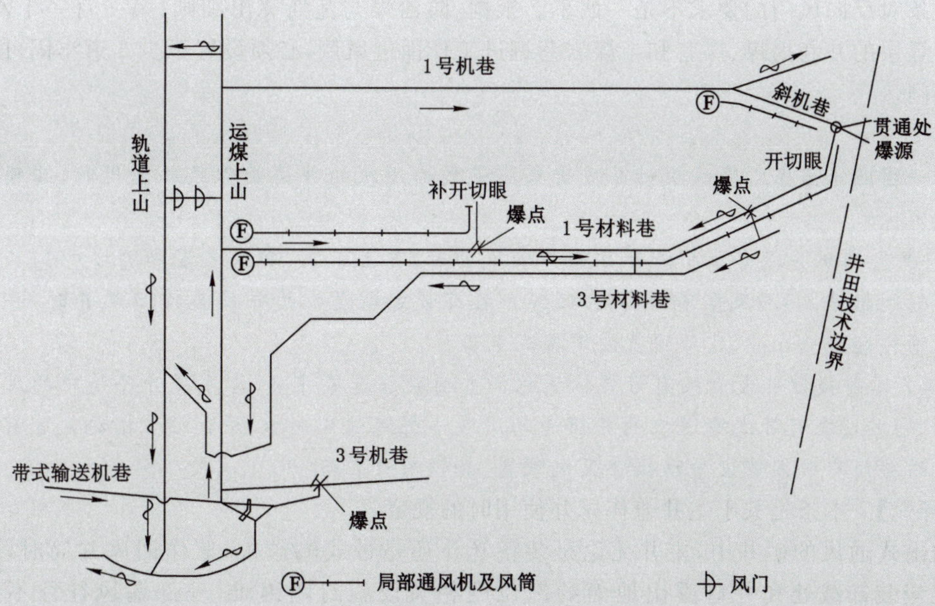

图 3-3-1　某矿事故区域通风系统示意图

第一百四十四条　*进、回风井之间和主要进、回风巷之间的每条联络巷中，必须砌筑永久性风墙；需要使用的联络巷，必须安设 2 道联锁的正向风门和 2 道反向风门。*

【释义】　本条是关于进、回风井巷之间的联络巷通风设施设置的规定。

进、回风井之间和主要进、回风巷之间的联络巷，无论在什么条件下形成，只要不作为硐室或者通风行人使用，必须进行永久封闭，保证矿井通风系统稳定可靠、避免风流短路。需要使用的联络巷道，必须至少安设 2 道联锁的正向风门和 2 道反向风门，或者 2 道同时具有正反向风门功能的联锁风门，保证在人员或车辆通过联络道时以及在反风时，2 道风门不能同时打开，防止风流短路。保障矿井正常通风或者反风系统的稳定，风量满足要求。

【执行中应注意的问题】

(1) 正向风门必须连锁，以保证 2 道风门不能同时打开，避免短路。反向风门只有在反风时才起作用，不需要连锁。无压平衡风门在设计中已经考虑不需要安设反向风门，反风时也能防止风流短路。

(2) 并不是要求所有正向风门都必须配置反向风门。本条是对矿井进、回风井之间以及主要进、回风巷之间的每条联络巷安设正反向风门的要求。至于采区内部的联络巷，只要安设正风门且能够保持通风系统稳定即可，过多地设反向风门不只是浪费问题，可能会严重影响反风效果，继而降低通风系统的抗灾能力。

进风井发生火灾时，在下令实施全矿井反风的同时也要下达停电撤人的命令，任何作业都要停止，人员迅速撤离到安全地点。矿井在实施反风演习时，也必须从整个通风系统考虑，防止人员处于无风或微风的危险区域。煤矿必须根据反风演习分析可能出现的危险，在应急预案中专门说明。

(3) 突出矿井必须按要求设置并管理好防突反向风门。突出矿井要求设的防突反向风门与本条对反向风门的要求不是一回事。根据《防治煤与瓦斯突出细则》第一百一十八条，在突出煤层的井巷揭煤、煤巷和半煤岩巷掘进工作面进风侧，必须设置至少 2 道牢固可靠的反向风门。

第一百四十五条 箕斗提升井或者装有带式输送机的井筒兼作风井使用时，必须遵守下列规定：

（一）生产矿井现有箕斗提升井兼作回风井时，井上下装、卸载装置和井塔（架）必须有防尘和封闭措施，其漏风率不得超过 15%。装有带式输送机的井筒兼作回风井时，井筒中的风速不得超过 6 m/s，且必须装设甲烷断电仪。

（二）箕斗提升井或者装有带式输送机的井筒兼作进风井时，箕斗提升井筒中的风速不得超过 6 m/s、装有带式输送机的井筒中的风速不得超过 4 m/s，并有防尘措施。装有带式输送机的井筒中必须装设自动报警灭火装置、敷设消防管路。

【释义】 本条是关于主井兼作风井使用时的规定。

抽出式通风的矿井中，主井无论是装备箕斗还是带式输送机，兼作回风井筒时，由于井下煤炭装卸载处和井口露出地面的部位的相关设施封闭困难，外部漏风往往不好控制，矿井的有效风量难以得到保证，运输提升作业对风流的稳定性也有较大影响。带式输送机中的煤炭裸露于风流中，风速过大时容易引起煤尘飞扬；运行过程中也有产生火花引起瓦斯煤尘爆炸或者发生明火火灾的危险。因此，必须严格要求，并有可靠的安全保障措施。

抽出式通风的矿井中，主井兼作进风井时，风速过高时就可能引起煤尘飞扬。带式输送机中的煤炭裸露于风流中，粉尘更难控制，所以风速绝对不能太高。带式输送机运转过程中火灾威胁较大，国内外都曾经出现过进风井带式输送机火灾事故，教训极其惨痛。

【执行中应注意的问题】

(1) 新建矿井的主井不允许兼做回风井。本条以"生产矿井现有"作为限定范围，意思是生产矿井现有主井无论是装备箕斗还是带式输送机，兼作回风井时必须按本条要求采取措施；新建、扩建矿井采用抽出式通风的，回风井必须专用，严禁兼作提升和行人通道（主井更不允许兼作回风井），紧急情况下可作安全出口。

压入式通风的矿井，新鲜风流是从副井或专门的风井压入，主井既不是进风井，也不是回风井，其中的风量只是有限的"维护风量"，但必须确保氧气浓度足够，温度适宜，有害气体浓度不超限。

(2) 装有带式输送机的井筒兼作回风井时，井筒中必须装设甲烷断电仪。根据《煤矿安全监控系统及检测仪器使用管理规范》(AQ 1029—2019)，兼作回风井的装有带式输送机的井筒中传感器的报警浓度为大于或者等于 0.5%，断电浓度为大于或者等于 0.7%，复电浓度为小于 0.7%，断电范围为井筒内全部非本质安全型电气设备。

第一百四十六条 进风井口必须布置在粉尘、有害和高温气体不能侵入的地方。已布置在粉尘、有害和高温气体能侵入的地点的，应当制定安全措施。

【释义】 本条是关于防止有害因素侵入进风井口的规定。

进风井口是矿井输入新鲜风流的入口，新鲜风流质量直接关系到井下安全。因此，进风井口必须远离粉尘、有害气体和高温气体能侵入的地方，否则必须制定安全措施。煤矿的所有地面建(构)筑物、煤堆、矸石山、木料场等处的防火措施和制度，必须遵守国家有关防火的规定。

【执行中应注意的问题】

(1) 进风井口必须远离有火灾危险的区域。根据《煤矿防灭火细则》第三十一条，木料场、矸石山等堆放场距离进风井口不得小于 80 m。木料场距离矸石山不得小于 50 m。不得将矸石山设在进风井的主导风向上风侧、表土层 10 m 以浅有煤层的地面上和漏风采空区上方的塌陷范围内。

(2) 井架和井口房必须有可靠的防火措施。新建井筒的永久井架和井口房、以井口为中心的联合建筑，必须采用不燃性材料建筑。对现有生产矿井用可燃性材料建筑的井架和井口房，必须制定防火措施。

根据《煤矿防灭火细则》第三十二条，新建井筒的永久井架和井口房、以井口为中心的联合建筑，必须采用不燃性材料建筑。对现有生产矿井用可燃性材料建筑的井架和井口房，必须制定防火措施。

【案例】 2011 年 6 月 25 日，山东某矿一办公室的配电盘着火，火烟很快就串到井口联合建筑，并被吸入进风井，工人佩戴自救器升井，部分工人被呛倒。

第一百四十七条 新建高瓦斯矿井、突出矿井、煤层容易自燃矿井及有热害的矿井应当采用分区式通风或者对角式通风；初期采用中央并列式通风的只能布置一个采区生产。

【释义】 本条是关于新建瓦斯和火灾较严重及高温矿井的通风系统的规定。

按进、回风井在井田的位置不同，通风系统可分为中央式、对角式、区域式和混合式。中央式分为中央并列式和中央分列式，对角式分为两翼对角式和分区对角式。上述各种通风方式的进风井都大致位于井田走向的中央，但中央并列式的回风井大致并列在井田走向的中央，井底可以开掘到第一水平，也可以只掘至回风水平；中央边界式(中央分列式)的回风井大致位于井田浅部边界沿走向中央；两翼对角式的两个回风井分别位于井田边界的两翼；分区对角式是在各采区分别开掘一个回风井、无总回风大巷。区域式是在井田的每一个生产区域开凿进、回风井，分别构成相对独立的通风系统。混合式是指由上述两种及以上的方式混合组成。

视频

中央式并列式通风系统具有井巷工程量少、初期投资省等优点，但随着生产区域向边界采区推进，通风线路逐步增长，通风阻力会不断增加，抗灾能力逐步减弱；尤其是因为其风路采用折返式，对自然发火防治不利。两翼对角式和分区对角式通风系统，风路短，通风阻力较小，漏风小，抗灾能力较强。区域式通风系统中的每个生产区域都有相对独立的通风系统，相互影响较小。

【执行中应注意的问题】

(1) 本条是对新建矿井的要求，生产矿井逐步完善。根据《煤矿安全规程执行说明》，新建高瓦斯矿井、突出矿井、煤层容易自燃矿井及有热害的矿井初期采用中央并列式通风的只能布置一个采(盘)区生产，后期增加生产采(盘)区必须增加回风井并配套增设主要通风机系统,实现分区式通风或者对角式通风。本条是对新建矿井的要求,并不是说现有生产矿井没有满足这一要求就必须取缔。

(2) 要综合考虑多种因素,合理选用矿井通风系统。矿井通风系统选定必须根据矿井设计生产能力、煤层赋存条件、表土层厚度、井田面积、地温、矿井瓦斯灾害危害程度、煤层自燃倾向性等条件,兼顾中、后期生产需要,通过对多种可行的矿井通风系统方案进行技术经济比较后选定,不能只根据某一项或几项指标确定。本条没有对中央分列式通风系统和混合式通风系统予以禁止,条件合适的完全可以采用。

第一百四十八条 矿井开拓新水平和准备新采区的回风,必须引入总回风巷或者主要回风巷中。在未构成通风系统前,可将此回风引入生产水平的进风中;但在有瓦斯喷出或者有突出危险的矿井中,开拓新水平和准备新采区时,必须先在无瓦斯喷出或者无突出危险的煤(岩)层中掘进巷道并构成通风系统,为构成通风系统的掘进巷道的回风,可以引入生产水平的进风中。上述2种回风流中的甲烷和二氧化碳浓度都不得超过0.5%,其他有害气体浓度必须符合本规程第一百三十五条的规定,并制定安全措施,报企业技术负责人审批。

【释义】 本条是关于开拓新水平和准备新采区时掘进通风的规定。

视频

开拓新水平和准备新采区施工过程中掘进巷道的通风,都必须实现独立通风,避免其回风串入生产水平或采区。然而,在开拓新水平或准备新采区施工初期,掘进巷道的回风系统尚未形成,较难实现独立通风,其回风只能引入生产水平或采区的进风流中,这种情况有一定的风险,必须严加管理。

【执行中应注意的问题】

(1) "引入"与"串联"有相似之处但不能等同。开拓新水平或准备新采区的掘进工作面回风"引入"生产水平(采区)的进风中,是风量较小的回风引入风量较大的进风中,所以开拓或准备区域的掘进工作面数量也必须严格控制;而"串联"属于某个掘进工作面的回风串入另外一个采煤(或掘进)工作面,风量基本上处于同一数量级。二者要求也不一样,前者是要求开拓新水平或准备新采区的掘进工作面回风流中(不是指其回风流与生产水平或采区进风流混合处后)的甲烷和二氧化碳浓度都不得超过0.5%,一旦超限,必须切断该掘进巷道中所有非本质安全型设备的电源,而不是生产水平或采区的电源;而后者是按照《规程》第一百五十条的要求,被串联的工作面的进风流中甲烷和二氧化碳浓度都不得超过0.5%,一旦超限,必须切断被串采掘工作面中所有非本质安全型设备的电源。

(2) 无论是"引入"还是"串联"都是暂时的,不允许长期存在。本条前提条件是"在未构成通风系统前"可以采用"引入",意思是说只能是为了构建通风系统的初期掘进才可以采用"引入",一旦构成通风系统,就不再允许;不允许开拓新水平和准备新采区的整个过程中一直采用"引入"。《规程》第一百五十条关于"串联通风"也仅仅限于"采区内为构成新区段通风系统的掘进巷道或者采煤工作面遇地质构造而重新掘进的巷道,布置独立通风有困难时",其他情形是不允许的,构成独立通风系统后,必须立即改为独立通风。

(3) 临时性的工程要结合实际情况考虑掘进系统回风进入进风系统。在某进风大巷和另一进风大巷之间掘进一条联络巷,其乏风可能要进入生产系统的进风流中,这种情况也要执行本条的规定,要做好安全管理工作。

第一百四十九条　生产水平和采(盘)区必须实行分区通风。

准备采区，必须在采区构成通风系统后，方可开掘其他巷道；采用倾斜长壁布置的，大巷必须至少超前2个区段，并构成通风系统后，方可开掘其他巷道。采煤工作面必须在采(盘)区构成完整的通风、排水系统后，方可回采。

高瓦斯、突出矿井的每个采(盘)区和开采容易自燃煤层的采(盘)区，必须设置至少1条专用回风巷；低瓦斯矿井开采煤层群和分层开采采用联合布置的采(盘)区，必须设置1条专用回风巷。

采区进、回风巷必须贯穿整个采区，严禁一段为进风巷、一段为回风巷。

【释义】　本条是关于采(盘)区通风系统及其构建过程的规定。

采(盘)区通风系统是矿井通风系统最重要的组成部分。矿井必须优化生产布局，合理组织生产，为瓦斯煤尘和火灾治理工作提供基础保障。同时要建立系统合理、设施完好、风量充足、风流稳定的通风系统，确保通风可靠。

视频

本条规定所涉及的内容，是多次典型恶性事故惨痛教训的总结，前几版的《规程》进行了多次谨慎的修改，有关要求也是日常煤矿安全监察监管的重点。违背本条中任何一项规定，都可能构成《煤矿重大事故隐患判定标准》规定的某种情形。对本条文的深刻内涵，理解上存在的分歧最多、争论最大，安全生产监管监察工作中也容易出现歧义甚至是曲解。本条既规定了“完整的采(盘)区通风系统”的状态要求，也规定了其构建过程必须重视的细节。

【案例】　某矿因为采区通风系统不完善发生瓦斯爆炸事故，162人遇难。该采区通风系统存在的问题基本体现了本条强调的重点内容，如图3-3-2所示。

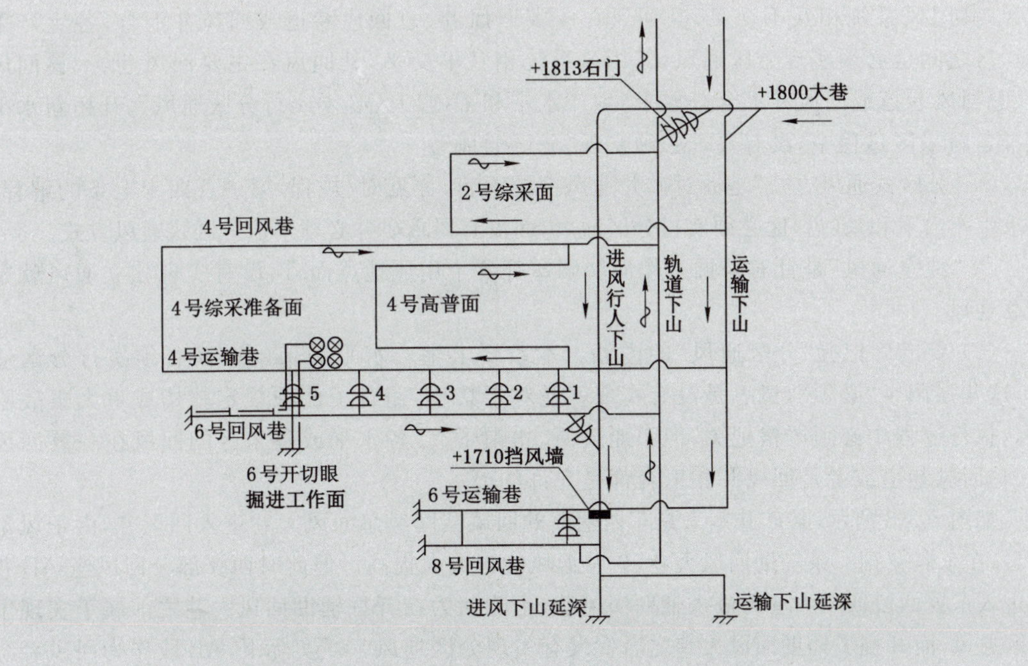

图3-3-2　某矿瓦斯爆炸事故采区通风系统示意图

事故前的+1813 m石门内3道风门中的2道被运送综采支架的平板车卡住不能关闭,另外1道风门又被车撞变形,整个采区风流严重短路;作业人员将进风行人下山内+1710 m标高处的挡风墙撞坏,局部风流短路;6号回风巷掘进工作面停风后排放瓦斯时,在4号运输巷内安装了4台局部通风机同时运转,且6号回风巷的第5联络巷至回风下山之间因积水排风不畅,导致局部通风机所在的4号运输巷风量严重不足,产生循环风,6号回风巷排出的瓦斯经第5联络巷循环到4号运输巷局部通风机处(第5联络巷的风门没有及时构建),瓦斯浓度达到爆炸界限,在该处等待进入6号回风巷作业的人员拆卸矿灯引爆瓦斯。

事故的实质是由于矿井"三量"管理不合理,导致采掘接续紧张,采区生产布局和通风系统极其不合理:采区一翼同时布置的采掘工作面数目太多;采区没有专用回风巷(轨道下山兼作回风巷),采区下山未贯穿整个采区,边生产边延深;巷道之间的联络巷太多且全部用风门隔开,通风设施构筑不及时。诸多因素增大了管理难度,也降低了通风系统的稳定性。必须指出的是,由于该煤矿没有合理安排采掘部署,其他区域不好布置工作面回采,发现4号综采准备工作面巷道遇到断层时,为了快出煤,在该工作面范围内又布置一个4号高档普采工作面回采。2004年版的《规程》第四十八条中"严禁在采煤工作面范围内再布置另一采煤工作面同时作业"的规定吸取了这次事故的教训;现行《规程》要求一个采(盘)区内同一煤层的一翼最多只能布置1个采煤工作面和2个煤(半煤岩)巷掘进工作面同时作业,当然也不允许在采煤工作面范围内再布置另一采煤工作面同时作业。

【执行中应注意的问题】

(1) 要注意"分区通风""分区式通风方式"和"独立通风"的区别。

① "分区通风"是针对各个区域而言,也就是并联通风,各生产水平之间必须实现分区通风,其用风系统相互不交叉,其回风在一翼回风巷、总回风巷道或回风井汇合;各生产采(盘)区之间也必须实现分区通风,其用风系统相互不交叉,其回风在主要回风巷、一翼回风巷、总回风巷道或回风井汇合。要求"生产水平和采(盘)区必须实行分区通风",开拓新水平或准备新采区过程中,没有要求必须实现"分区通风"。

② "分区式通风方式"是针对矿井通风系统而言,详见对《规程》第一百四十七条的解释。要求生产水平和采(盘)区必须实行分区通风,而没有要求矿井必须采取分区式通风方式。

③ "独立通风"是针对采掘工作面和硐室等各个用风地点而言,没有实现独立通风就是串联通风。

(2) 要准确把握"分区通风"的内涵。本条要求生产水平和采(盘)区必须实行分区通风,这儿强调了"必须",意思是没有实现就绝对要禁止,违背了此项规定就构成重大事故隐患。执行过程中必须严格把关,但不能随便"扣帽子"。各水平或各采区的回风在一翼回风巷、总回风巷道或者是回风井相汇合都是允许的。

如图3-3-3所示,某矿井本来是东西两翼的回风共同经总回风大巷进入回风井,由于风量不足,在东翼新掘一条辅助回风大巷,矿井通风能力大大提高。但此时西翼部分回风经AB巷道进入东翼西段回风大巷再进入辅助回风巷,不能认为在开掘辅助回风大巷之前属于实现了分区通风,而开掘了辅助回风大巷之后就没有实现分区通风了。实际上,AB段作为回风系统有益的角联巷道,对于减小通风系统的总阻力、提高矿井防灾能力是有利的,而且对于提高矿井的抗灾能力也是有利的。比如,一旦西翼发生火灾或爆炸,可在东翼进风系统设阻,减少东翼风量、增加西翼风量;反之亦然。一旦发生水灾,无论对于东翼还是西翼,都能够增加一个安全出口。但某一翼发生火灾、爆炸、突出之类的大事故,在高压高温作用下造成风流紊乱,有毒有害气体也可能进入另一翼而扩大灾害的影响,所以还要有安全技术措施。

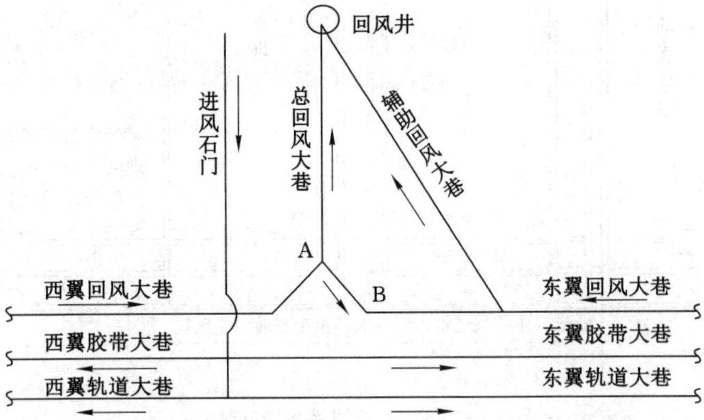

图 3-3-3　某矿通风系统图

(3) 要高度重视采(盘)区通风系统构建过程的管理。

① 对于走向长壁式布置(即采区式布置),不允许上(下)山延深、回采巷道掘进和采煤工作面生产等3道工序同步进行。“准备采区,必须在采区构成通风系统后,方可开掘其他巷道”,此处的“构成通风系统”是指采区的进风上(下)山同其回风上(下)山相互贯通形成全风压通风系统(而不是要求“完整的采区通风系统”);此处的“方可开掘其他巷道”,是指无论是上山采区还是下山采区,都可开掘采区内部为构成通风系统的相关绕道及为瓦斯、水灾等灾害治理的巷道(如瓦斯抽采巷道、泄水巷或水仓)。但对于下山采区,《规程》第九十五条规定“下山采区未形成完整的通风、排水等生产系统前,严禁掘进回采巷道”,是指不得开掘采煤工作面的进、回风巷道,防止有些矿井在下山采区未形成完整的通风、排水等生产系统前,提前准备出工作面采煤。对上山采区不做此限制。

② “采用倾斜长壁布置的,大巷必须至少超前2个区段,并构成通风系统后,方可开掘其他巷道”是指盘区巷道最短的一条都必须超前准备掘进的回采巷道的开口至少2个条带的宽度之和并构成全风压通风系统后,方可开掘此条回采巷道。此处的“构成通风系统”是指盘区的进回、风大巷相互贯通形成全风压通风系统;“方可开掘其他巷道”是指既可以开掘盘区内部为构成通风系统的相关绕道及为瓦斯、水灾等灾害治理的巷道(如瓦斯抽采巷道、泄水巷或水仓),也可以开掘采煤工作面的进(回)风巷。以上要求不包括盘区巷道已经到达矿井边界的情形,否则就属于超层越界(图3-3-4)。

③ 无论是采区式布置还是盘区式布置,也无论是上山式还是下山式采区,采煤工作面必须在采(盘)区构成完整的通风、排水系统后,方可回采。

(4) 要正确理解完整的采(盘)区通风系统状态要求。

① 高瓦斯或突出矿井的每个采(盘)区和开采容易自燃煤层的采(盘)区,低瓦斯矿井开采煤层群和分层开采采用联合布置的采(盘)区,必须至少设置1条专用回风巷。低瓦斯矿井单一煤层一次采全高、尽管是煤层群开采或分层开采,但不是采用联合布置的(每个煤层或分层都有自己独立的准备巷道),可以不设置专用回风巷。

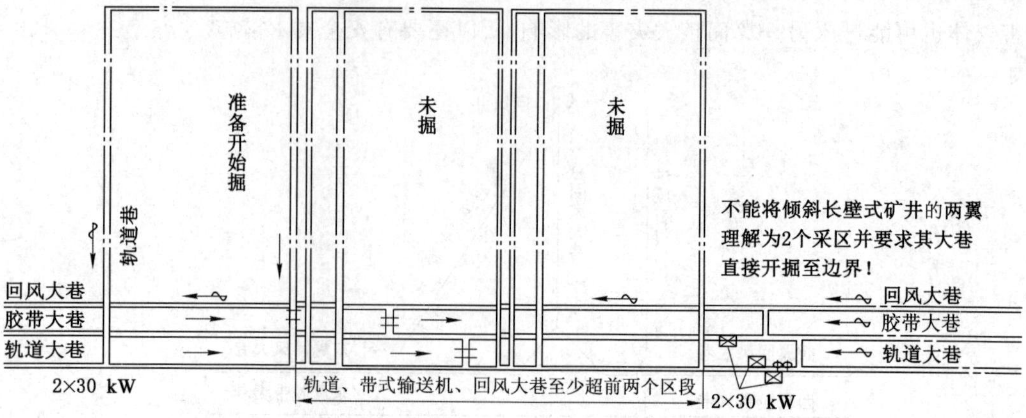

图 3-3-4　盘区通风系统示意图

② 专用回风巷是指在采(盘)区巷道中,专门用于回风,不得用于运料、安设电气设备的巷道;在煤(岩)与瓦斯(二氧化碳)突出区,专用回风巷内还不得行人。此处的"不得行人",是指井下一般人员不得以专用回风巷作通行之用,但通风和巷修人员经过审批,可以进入专用回风巷进行检查、维修或进行瓦斯抽采施工,但如果上述施工存在产生火花的可能,此时应当停止突出煤层的掘进、回采、钻孔、支护以及其他所有扰动突出煤层的作业。根据《防治煤与瓦斯突出细则》,准备采区时,突出煤层掘进巷道的回风不得经过有人作业的其他采区回风巷,此处是要求其他采区回风巷中不得有人作业,而不是要求其他采区内不得有人作业。

对于采区式布置,专用回风巷是指回风上(下)山;对于盘区式布置,专用回风巷是指盘区回风大巷。根据《防治煤与瓦斯突出细则》,突出矿井的采(盘)区回风巷和区段回风石门是专用回风巷。

③ 部分矿井为瓦斯抽采需要开掘区段(或条带)岩石巷道,其掘进系统的回风进入除了专用回风巷以外的采(盘)区辅助回风巷。辅助回风巷可以用于运料、安设电气设备,无论是否为突出矿井,都可以行人。但突出矿井中为采煤工作面、煤巷掘进工作面通风系统直接服务的采(盘)区的轨道、运输或行人巷道,不得作为采(盘)区辅助回风巷。

④ 专用回风巷不允许行人,但毕竟是一条安全通道,不能用栅栏锁死。

(5) 要正确理解"采区进、回风巷必须贯穿整个采区,严禁一段为进风巷、一段为回风巷"的内涵。此条要求生产采(盘)区必须有贯穿整个采(盘)区的专门的进风上下山(或盘区进风巷)和专门的回风上下山(或盘区回风巷),严禁只布置一条巷道,用风门隔成两段,一段作为采掘工作面或其他作业地点的进风,另外一段作为其回风。如图 3-3-5 所示,属于典型的"一段为进风巷、一段为回风巷"情形。此要求是对生产采(盘)区的限制,准备过程中的采(盘)区不受此限。

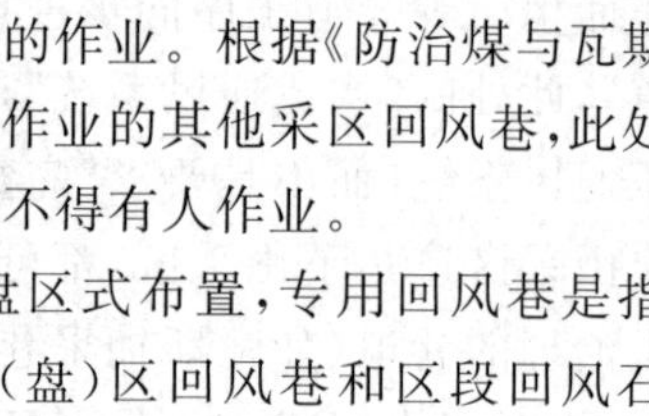

图 3-3-5　生产采区中典型的"一段为进风巷、一段为回风巷"情形

① 此处的"贯穿整个采区"是指采区进、回风上(下)山必须贯穿整个采区的上下两个水平。如图 3-3-6a 所示,上山式布置时,运输上山掘至最上部第一个区段的溜

煤眼处且能够安装输送机头后，可以不掘至回风大巷；如图 3-3-6b 所示，对于下山式布置时，回风下山掘至最下部区段的回风巷道连接处，可以不掘至下山最底部；图 3-3-6c 所示的布置方式也是允许的。

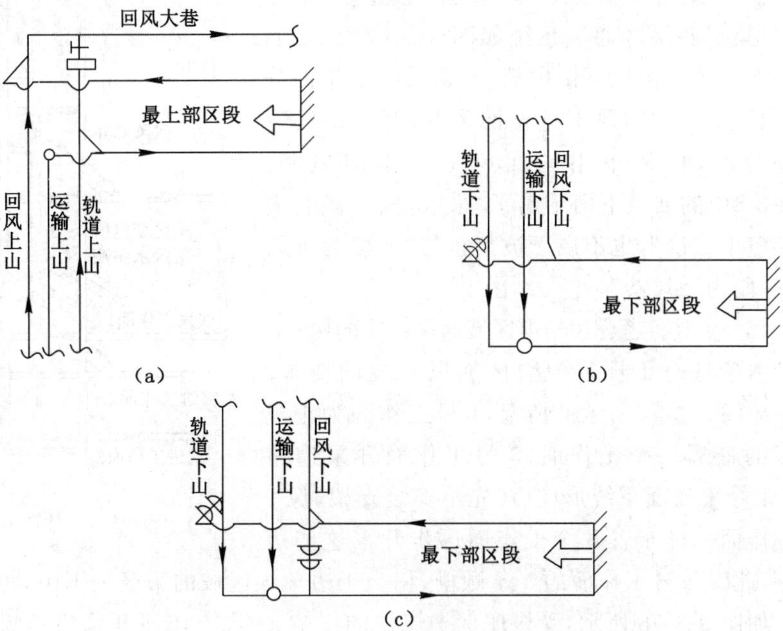

图 3-3-6　采区上下端巷道布置示意图

② 此处是对生产采(盘)区巷道的要求，不是对回采巷道的要求，也不是对开拓新水平或准备新采区的要求。如图 3-3-7 所示，主要运输大巷和辅助运输大巷在总进风侧时都属于进风巷道，但继续往前双巷开拓掘进时，运输大巷用风门隔断，右端作为回风，这种情况不属于被禁止的"一段为进风巷、一段为回风巷"；更不能理解为只要有风门的巷道，就是被禁止的"一段为进风巷，一段为回风巷"。

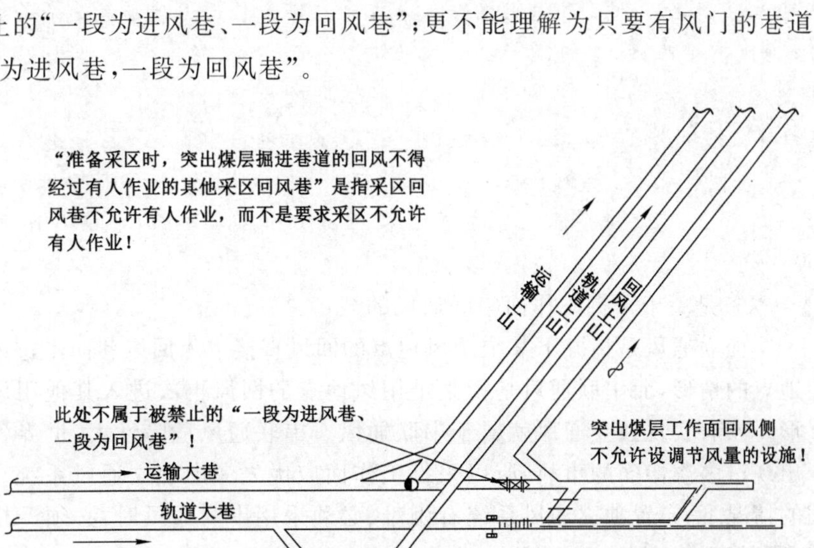

图 3-3-7　开拓掘进通风系统与生产采区通风系统关系示意图

③ 不能将盘区式布置矿井的两翼理解为每一翼相当于一个采区,在矿井投产时就要求其盘区巷道贯穿矿井的某一翼。

④ 要结合煤矿生产实际,不能随意“扣帽子”。某矿井采区通风系统如图 3-3-8 所示。回风井处于采区回风下山中部,开采采区上半部分时,回风下山的回风下行至回风井;开采采区下半部分时,回风下山的回风上行至回风井。图 3-3-8中的回风下山不属于“采区进、回风巷未贯穿整个采区”,也不属于被禁止的“一段为进风巷、一段为回风巷”。

(6) 要妥善考虑边角煤区域通风系统的构建。

本条是对正规采(盘)区通风系统的要求。对于如图 3-3-9a 所示的情况,1 号工作面为正规盘区的最后一个工作面,2 号工作面开采边角煤。1 号工作面系统形成后,先不安装支架,像 2 号工作面一样布置几个工作面逐步开采这些边角煤,此时 1 号工作面的 3 条顺槽,相当于边角煤区域的采区上下山,也是允许的。

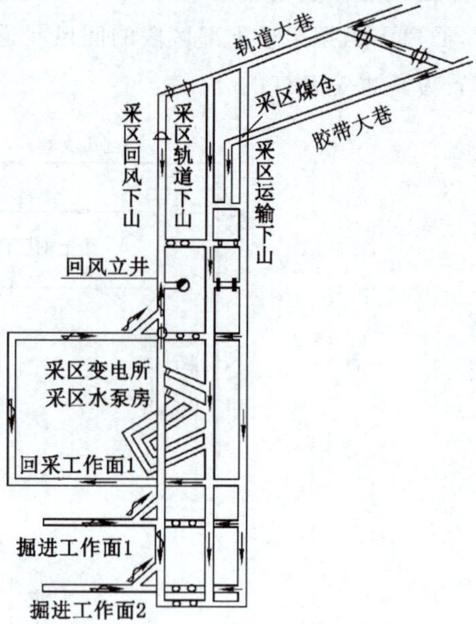

图 3-3-8　某矿井采区通风系统

如图 3-3-9b 所示,受村庄保护煤柱的影响,2 号工作面开采边角煤,1 号准备工作面系统形成后不生产,其进回风顺槽仅作为 2 号工作面的进回风通道,2 号工作面的联络巷安设了 2 道风门,也不属于被禁止的“一段为进风巷、一段为回风巷”。

第一百五十条　采、掘工作面应当实行独立通风,严禁 2 个采煤工作面之间串联通风。

同一采区内 1 个采煤工作面与其相连接的 1 个掘进工作面、相邻的 2 个掘进工作面,布置独立通风有困难时,在制定措施后,可采用串联通风,但串联通风的次数不得超过 1 次。

采区内为构成新区段通风系统的掘进巷道或者采煤工作面遇地质构造而重新掘进的巷道,布置独立通风有困难时,其回风可以串入采煤工作面,但必须制定安全措施,且串联通风的次数不得超过 1 次;构成独立通风系统后,必须立即改为独立通风。

对于本条规定的串联通风,必须在进入被串联工作面的巷道中装设甲烷传感器,且甲烷和二氧化碳浓度都不得超过 0.5%,其他有害气体浓度都应当符合本规程第一百三十五条的要求。

开采有瓦斯喷出、有突出危险的煤层或者在距离突出煤层垂距小于 10 m 的区域掘进施工时,严禁任何 2 个工作面之间串联通风。

【释义】　本条是关于采掘工作面串联通风的规定。

视频

独立通风是指井下某个用风地点的回风直接进入回风巷而不进入其他用风地点的情形,而串联通风是指某个用风地点的回风再次进入其他用风地点的情形。没有实现独立通风就属于串联通风。串联通风危险性大,世界各国都曾经出现过多次惨痛的事故,所以采掘工作面应优先考虑独立通风系统。在不得已的情况下,布置独立通风系统有困难、必须采用串联通风时,必须严格管理且满足本条要求,严禁不合理的串联通风。

【执行中应注意的问题】

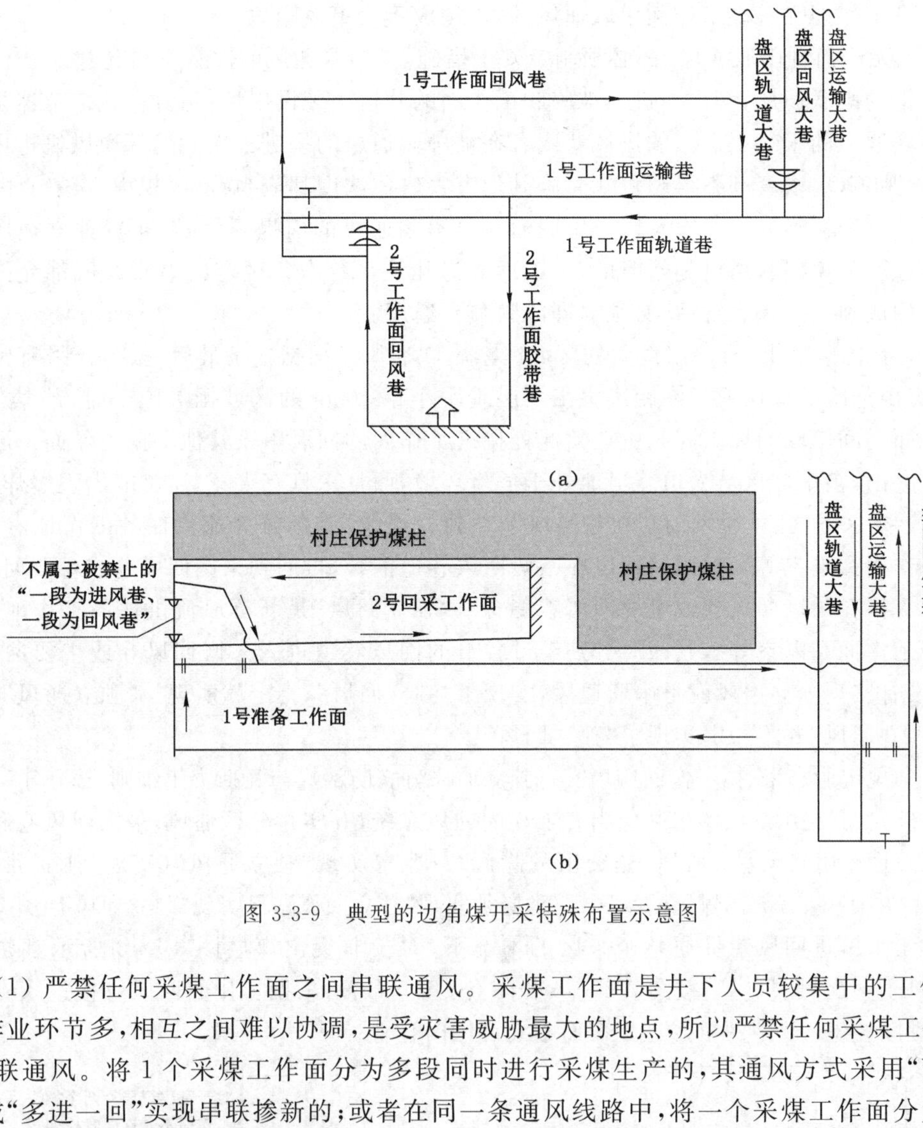

图 3-3-9 典型的边角煤开采特殊布置示意图

(1) 严禁任何采煤工作面之间串联通风。采煤工作面是井下人员较集中的工作的地点,作业环节多,相互之间难以协调,是受灾害威胁最大的地点,所以严禁任何采煤工作面之间串联通风。将1个采煤工作面分为多段同时进行采煤生产的,其通风方式采用"两进一回"或"多进一回"实现串联掺新的;或者在同一条通风线路中,将一个采煤工作面分为若干段、供电系统为同一系统且同时进行采煤生产的,都属于"采煤工作面串联通风",必须严禁。

(2) 必须注意串联通风的形式。根据本条第二款,如果采用串联通风,只允许一个掘进工作面的回风串入一个采煤工作面,或者一个掘进工作面的回风串入另外一个掘进工作面,不允许一个采煤工作面的回风串入一个掘进工作面。

掘进工作面的回风串入一个采煤工作面时,局部通风机及其开关是安装在新鲜风流中,通常情况下,掘进工作面回风量有限,采煤工作面风量较大,对于采煤工作面来说,实际上属于"串联掺新"。

如果一个采煤工作面的回风串入一个掘进工作面,局部通风机及其开关是安装在采煤工作面的回风流中,很不安全;而且对于掘进工作面来说是100%的串联通风,必须禁止。

(3) 串联通风是有条件的,而且是暂时的,不允许长期存在。根据本条第三款和《煤矿重大事故隐患判定标准解读》,采区内为构成新区段通风系统的掘进巷道或者采煤工作面遇地质构造而重新掘进的巷道,布置独立通风有困难时,其回风可以串入采煤工作面。除此之外将掘进工作面和采煤工作面串联通风的，都构成重大事故隐患。

(4) 无论何种串联通风，都必须制定安全措施，且串联通风的次数不得超过1次。对于本条规定的串联通风，必须在进入被串联工作面的巷道中装设甲烷传感器，此传感器是安装在被串联通风的采煤工作面的进风巷或者在被串联通风的掘进工作面局部通风机进风口前端，CH_4 和 CO_2 浓度都不得超过0.5%，其他有害气体浓度都应当符合《规程》第一百三十五条的要求。绝对不允许2次及以上串联通风。串联通风的前提条件是“布置独立通风有困难时”，也就是说串联通风是暂时的，不能理解为凡是符合本条规定的串联通风都允许长期存在。构成独立通风系统后，必须立即改为独立通风。

(5) 有瓦斯喷出、有突出危险的区域严禁串联通风。根据本条最后一款，开采有瓦斯喷出、有突出危险的煤层或者在距离突出煤层垂距小于10 m的区域掘进施工时，严禁任何2个工作面之间串联通风。同时也严禁此处掘进工作面的回风串入其他采掘工作面。因为一旦发生突出，被串联区域人员就可能处于危险环境，而且一旦有火花，还可能出现爆炸。

(6) 要区分“独立通风”和“独立回风”。“独立通风”是新鲜风流供往各工作地点(包括采掘工作面和硐室等)，其回风可以在一般回风巷道汇合，再回到采区回风巷或主要回风巷，也可以直接在采区回风巷或主要回风巷汇合。“独立回风”是新鲜风流供往各工作地点(包括采掘工作面和硐室等)，其回风分别经过各自的回风巷道进入采区回风巷或主要回风巷。所以，没有实现独立通风就是串联通风，实现了“独立回风”，肯定就实现了“独立通风”；但实现了“独立通风”并不一定实现了“独立回风”。

本条规定所有采、掘工作面应当实行独立通风，而《防治煤与瓦斯突出细则》第三十一条规定突出矿井、有突出煤层的采区应当有独立的回风系统，并实行分区通风，采区回风巷和区段回风石门是专用回风巷。所以，非突出危险区，只要求实现“独立通风”(实现“独立回风”更好)；而突出矿井、有突出煤层的采区，要求必须实现“独立回风”，只实现“独立通风”是不行的。

对于采区进回风巷贯通整个采区的情况下，对于非突出煤层图3-3-10所示都是允许的；但对于突出煤层，应当按图3-3-10b和图3-3-10c布置，采掘工作面回风直接进入专用回风巷，且图3-3-10b中两个掘进工作面不允许同时作业。

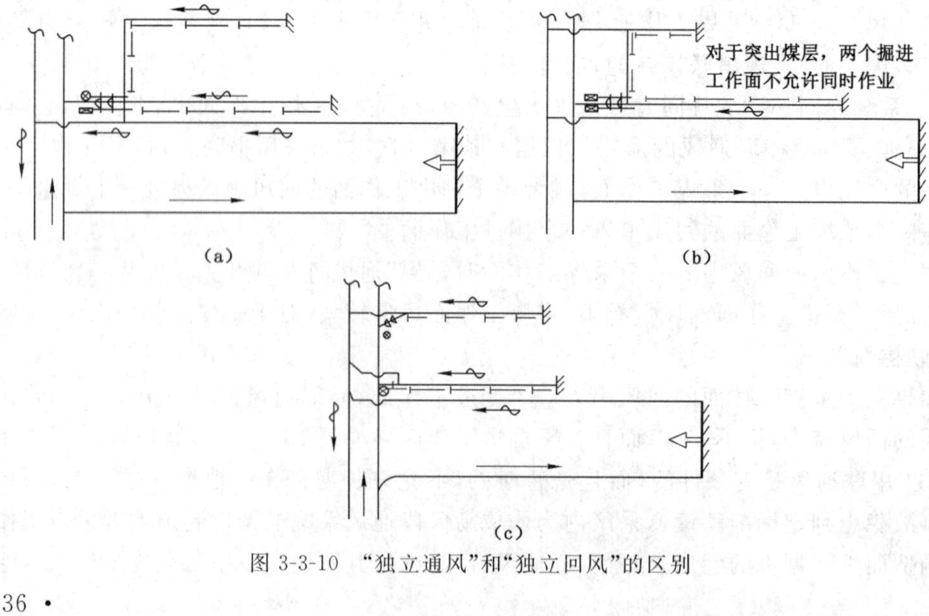

图3-3-10 “独立通风”和“独立回风”的区别

(7) 要特别注意串联通风系统排放瓦斯的安全管理。

对于采用串联通风的采掘工作面，停电停风后恢复供电的顺序要坚持“先进风侧，后回风侧”，必须先按照《规程》第一百七十六条的要求安全排放进风侧掘进工作面积聚的瓦斯，然后才能给回风侧的采煤工作面供电或掘进工作面局部通风机供电、排放其中的瓦斯。

【案例】 2016 年 12 月 3 日，内蒙古某矿发生特别重大瓦斯爆炸事故。该矿借回撤越界区域内设备名义违法组织生产，6040 巷采工作面因停电停风，造成瓦斯积聚；1 h 后恢复供电通风，高浓度瓦斯排入与之串联通风的 6040 综放工作面，遇到正在违规焊接支架产生的火花燃烧，火焰逆风向 6040 工作面进风巷迅速蔓延，6040 巷采工作面口往综放工作面方向 25～67 m 处的瓦斯发生第一次爆炸。爆炸冲击波将盲巷板闭摧毁，盲巷内积存的瓦斯涌出发生第二次爆炸。事故共造成 32 人死亡、20 人受伤(其中 5 名被救护队救出)。事故区域通风系统如图 3-3-11 所示。

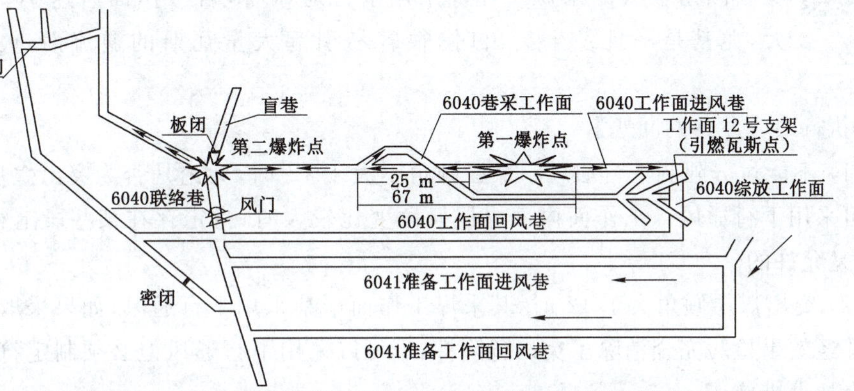

图 3-3-11　某矿“12·3”瓦斯爆炸事故区域通风系统图

【案例】 某矿二采区 203 掘进工作面与 202 掘进工作面串联通风，某日 8 时井下停电，造成 2 个工作面停风、瓦斯积聚；16 时许，启动局部通风机，串联风机将 202 工作面排出的瓦斯吸入 203 工作面，203 工作面打眼前试钻产生火花，引起瓦斯爆炸，冲击波扬起巷道积尘，引起了全矿井煤尘连续爆炸。强烈的冲击波导致井下大范围巷道支架被推倒，顶板冒落，机电设备多数位移变形并遭到不同程度的破坏，井下通风设施被严重摧毁，进风平硐口和井口附近的 3 间房屋严重毁坏，井下 147 名矿工全部遇难，地面 2 人重伤，4 人轻伤。

第一百五十一条　井下所有煤仓和溜煤眼都应当保持一定的存煤，不得放空；有涌水的煤仓和溜煤眼，可以放空，但放空后放煤口闸板必须关闭，并设置引水管。

溜煤眼不得兼作风眼使用。

【释义】 本条是关于防止煤仓和溜煤眼引起通风系统风流不稳定的规定。

煤仓和溜煤眼保持一定的存煤，不得放空，主要是因为放空后的煤仓和溜煤眼容易引起风流短路，造成通风系统不稳定。即使因积水而放空，也必须及时关闭闸板。

煤仓和溜煤眼都不得兼作通风眼,无论是回风还是进风,因为溜煤或放煤就会导致大量煤尘飞扬,恶化生产环境,该处的风量也不稳定。

第一百五十二条 煤层倾角大于12°的采煤工作面采用下行通风时,应当报矿总工程师批准,并遵守下列规定:

(一)采煤工作面风速不得低于1 m/s。

(二)在进、回风巷中必须设置消防供水管路。

(三)有突出危险的采煤工作面严禁采用下行通风。

【释义】 本条是关于采煤工作面采用下行通风时的规定。

下行通风有利于降低采煤工作面的煤尘浓度,对于防止工作面顶板层状瓦斯积聚和回风隅角瓦斯积聚、抑制煤炭自燃都具有很好的效果。但是煤层倾角较大的采煤工作面采用下行通风时,若工作面风速小、瓦斯涌出量大,尤其是一旦发生突出时,很容易引起大量瓦斯的逆流而进入上部进风系统。

视频

【执行中应注意的问题】

(1)不能过分限制下行通风。煤层倾角不大于12°时,无论是否为突出煤层,采煤工作面均可采用下行通风。工作面内部煤层倾角变化较大时,肯定存在某些段上行、某些段下行,都是允许的。

(2)突出煤层倾角大于12°时,其采煤工作面严禁采用下行通风;如果采取区域性防突措施并经效果检验完全消除了突出危险性,也可以采用下行通风但必须制定符合本条规定的安全技术措施。

第一百五十三条 采煤工作面必须采用矿井全风压通风,禁止采用局部通风机稀释瓦斯。

采掘工作面的进风和回风不得经过采空区或者冒顶区。

无煤柱开采沿空送巷和沿空留巷时,应当采取防止从巷道的两帮和顶部向采空区漏风的措施。

矿井在同一煤层、同翼、同一采区相邻正在开采的采煤工作面沿空送巷时,采掘工作面严禁同时作业。

水采和连续采煤机开采的采煤工作面由采空区回风时,工作面必须有足够的新鲜风流,工作面及其回风巷的风流中的甲烷和二氧化碳浓度必须符合本规程第一百七十二条、第一百七十三条和第一百七十四条的规定。

【释义】 本条是关于采场通风的规定。

采煤工作面是井下人员较集中的工作的地点,采场通风也是矿井通风系统中最关键的一个环节,必须为采煤工作面提供一个安全、稳定、可靠的通风系统,最大限度地降低瓦斯煤尘和火灾隐患。

(1)采煤工作面必须采用矿井全风压通风,禁止采用局部通风机稀释瓦斯。

① 采煤工作面没有实现矿井全风压通风，实际上就是“以掘代采”，就不可能保证 2 个畅通的安全出口。这种情况在小煤矿比较常见，历年来发生的事故非常多，必须严禁。部分矿井通风系统不合理，矿井全风压通风无法满足采煤工作面的风量时，采用局部通风机辅助通风，非常不可靠，也必须禁止。《煤矿重大事故隐患判定标准》第十三条将“采煤工作面不能保证 2 个畅通的安全出口的”归入“使用明令禁止使用或者淘汰的设备、工艺”重大事故隐患。

视频

② 严禁采用局部通风机向采煤工作面上隅角、Y 型通风回风巷等地点直接供风稀释瓦斯。用局部通风机稀释采煤工作面的瓦斯，容易导致通风系统不稳定且降低工作面通风能力，一旦出现故障，还可能引起瓦斯爆炸。

现场用局部通风机稀释采煤工作面回风隅角的瓦斯大体上分为两大类，第一大类是用局部通风机吹散，第二大类是用局部通风机抽排。第一大类中，一是在工作面联络巷新鲜风流处安设局部通风机，接风筒经回风巷强行稀释回风隅角瓦斯，此时风机的作用方向与工作面全风压的方向相反，风筒也会减小回风巷的有效通风断面，降低工作面的通风能力。而且此做法只是从表面上降低了原积聚地点的瓦斯浓度，没有从根本上减小这个区域的瓦斯涌出量，甚至可能使瓦斯积聚地点向工作面反方向移动，瓦斯积聚位置随时变化，更为危险。二是在工作面内离回风隅角较近的支架上直接安设局部通风机吹散瓦斯，此时局部通风机产生的噪声会严重影响作业环境，该风机若控制不当，可能会吸入采空区中的瓦斯，在比较小的范围内形成循环风，存在安全隐患。这两种做法都必须严禁。第二大类是用局部通风机接刚性风筒直接将回风隅角的瓦斯抽排至回风巷，局部通风机处于工作面回风巷中，有较大隐患，还可能将采空区的瓦斯大量抽排至回风巷，增加风险，必须严禁。

《规程》禁止采用局部通风机稀释采煤工作面回风隅角瓦斯，鼓励采用最安全有效的措施，通过瓦斯抽采系统对采空区瓦斯进行抽采（但必须保证抽采管路的安全），以降低瓦斯涌出量，或者采用增加风量的措施来解决。

（2）局部通风机与调节风门联合均压，不属于“采用局部通风机稀释瓦斯”。

如图 3-3-12 所示，特殊情况下，有连通地表的裂隙及其他区域向采煤工作面采空区漏风时，采空区内有自然发火征兆，需在工作面的回风巷设置调节风门，在其进风巷构建风门并安装局部通风机增压，提高工作面绝对风压，属于“局部均压乃至正压”的防灭火措施，其关键是必须保证局部通风机绝对不能停转和均压系统稳定。根据《煤矿防灭火细则》第七十五条，调压风机必须安装同等能力的备用局部通风机，均采用“三专”供电，实现自动切换功能。该措施不属于“采煤工作面采用局部通风机稀释瓦斯”的范畴。

（3）矿井必须按《规程》要求及时封闭采空区和冒顶区，防止漏风，避免采掘工作面的进风或者回风流经过这些区域，保证风流稳定。

【案例】 2013 年 3 月 29 日和 4 月 1 日，吉林某矿相继发生 2 起特别重大瓦斯爆炸事故，共造成 53 人遇难。根本原因就是急倾斜自燃煤层工作面回采后区段煤柱垮落，上下区段采空区相通，煤炭自燃引起瓦斯爆炸，冒险蛮干、盲目处理灾情，导致多次爆炸。

（4）无煤柱开采沿空送巷和沿空留巷时，应当采取措施防止巷道与采空区之间漏风。

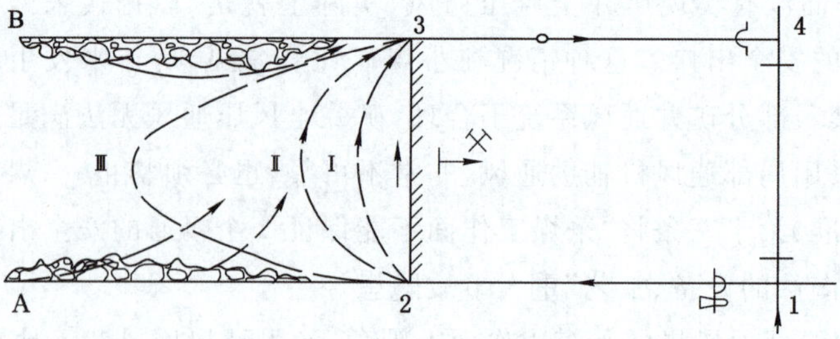

图 3-3-12　局部通风机＋调节风门联合均压示意图

无煤柱开采时要有可靠的防止采空区漏风措施。沿空送巷和沿空留巷防漏风的方法主要有充填法、挂帘法、喷涂法和风压调节法 4 种。

在煤体内进行采掘活动后，在采煤工作面和掘进工作面的前方及两侧都会形成支撑压力带，采掘工作面同时作业就容易出现支撑压力叠加，矿山压力控制失效，就容易导致顶板事故。采空区顶板来压，也可能挤压出高浓度瓦斯。所以，沿空送巷时，严禁在同一区域的采掘工作面同时作业。

【案例】 2003 年 5 月 13 日，某矿沿着正在作业的采煤工作面的采空区掘进相邻工作面的回风巷(实际留设了 1.2～3.0 m 隔离煤柱)，同时掘进相邻工作面的开切眼，同一区域“2 掘 1 采”同时作业，支撑压力叠加，顶板来压垮落使采空区高浓度瓦斯被挤压出，引起瓦斯爆炸，86 人遇难。

(5) 要加强水力和连续采煤机开采的采煤工作面的通风和防灭火管理。

(6) 采煤工作面严禁使用专用排瓦斯巷。

2004 年版的《规程》对如图 3-3-13a 所示的专用排瓦斯尾巷的使用做了具体规定，考虑到专用排瓦斯巷与工作面回风巷之间存在数量较多的联络巷，在封闭状态下易形成瓦斯库，且专用排瓦斯巷的瓦斯浓度不可控，存在安全威胁。现行《规程》已经取消了专用排瓦斯巷，因为将瓦斯浓度限制放宽到不超过 2.5%，违背了“以风定产”的原则。但可以采用图 3-3-13b所示的双回风巷模式，并按 AQ 1029—2019 的要求设置瓦斯监控系统。

第一百五十四条　采空区必须及时封闭。必须随采煤工作面的推进逐个封闭通至采空区的连通巷道。采区开采结束后 45 天内，必须在所有与已采区相连通的巷道中设置密闭墙，全部封闭采区。

【释义】 本条是关于采空区和已采区封闭工作的规定。

视频

及时封闭采空区和已采区的目的：一是防止向采空区漏风，避免采空区内遗留的浮煤自然发火；二是防止由于大气压力变化或采空区大面积悬顶突然垮落，致使采空区内积存的各种有毒有害气体瞬间大量压出而引发窒息或瓦斯燃爆等灾害事故。废弃巷道、盲巷和与采空区联通的巷道要及时进行封闭，确保风流稳定。

【执行中应注意的问题】

(1) 按照《矿井密闭防灭火技术规范》(AQ 1044)要求，保证采空区密闭质量。

(2) 必须采取有效措施防止采空区煤炭自燃。

(3) 需要使用的部分采区巷道可以保留。对于多水平开采的，上一水平的采区进、回风

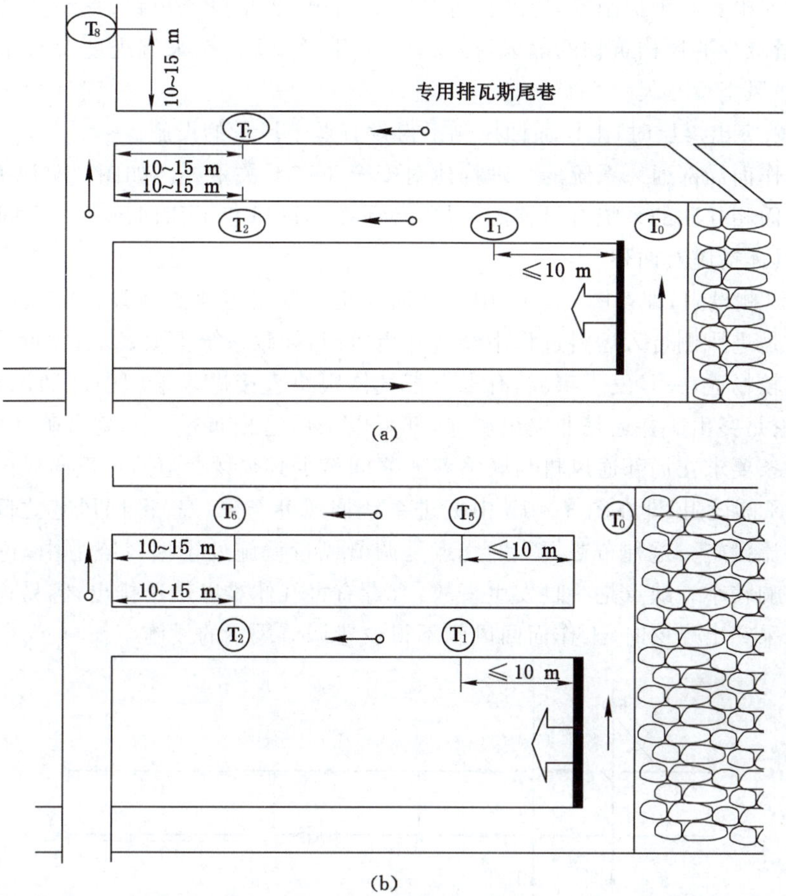

图 3-3-13　采煤工作面通风系统示意图

上(下)山可能用作下一水平的通风通道的，可以保留。

第一百五十五条　控制风流的风门、风桥、风墙、风窗等设施必须可靠。

不应在倾斜运输巷中设置风门；如果必须设置风门，应当安设自动风门或者设专人管理，并有防止矿车或者风门碰撞人员以及矿车碰坏风门的安全措施。

开采突出煤层时，工作面回风侧不得设置调节风量的设施。

【释义】 本条是关于矿井通风设施的规定。

通风设施在通风系统至关重要，通风设施质量牢固可靠、安设地点合理且及时，是构建稳定可靠通风系统的前提。同时，如果通风设施质量不可靠或安设位置不正确，一旦发生事故，通风系统容易遭受严重破坏，造成灾情扩大。

视频

【执行中应注意的问题】

(1) 要确保通风设施的施工质量。

通风设施构建前，必须编制施工设计，施工质量及管理标准符合《煤矿安全生产标准化管理体系基本要求及评分方法》的要求，做到引导调控风流的设施安全可靠，系统稳定。要保持风门、风桥、风墙、风窗等井下通风设施及构筑物完好，明确其构筑标准和验收程序；已有设施要建立检查和维护制度,定期检查其完好情况,防止风流短路、系统紊乱和有害气体涌出;应尽量减少通风构筑物的漏风,提高有效风量率;要根据采掘进度及时施工永久通风设施,杜绝通风工程亏欠。

(2) 开采突出煤层时,工作面回风侧不得设置调节风量的设施。

掘进工作面局部通风系统的合理构建对安全生产至关重要。如图 3-3-14 所示,为保证同掘进工作面相并联的系统有足够的风量,必须在其进风巷 1 和回风巷 2 之间设置调节风流的设施,具体措施有两种:

(1) 进风侧设阻,即在图 3-3-14 中局部通风机与联络道 4 之间设调节风门。这种布置方式的缺点是进风侧行人运料过程中经常开启风门,导致系统不太稳定,优点是掘进工作面回风系统比较畅通,一旦发生事故,有毒有害气体很快直接进入采(盘)区回风巷,不易侵蚀进风侧,无论是突出矿井还是非突出矿井,都可以采用这种布置。但突出矿井中,《规程》第二百二十一条要求在局部通风机与联络巷 4 之间至少必须设 2 道防突反向风门。

(2) 回风侧设阻,即在图 3-3-14 中掘进系统回风巷与采(盘)区回风巷之间的联络道 5 设置调节风流设施。这种布置方式的优点是调节风量设施处于回风绕道中,行人运料对通风系统的影响较小。缺点是一旦发生事故,有毒有害气体难以迅速排出,容易逆流侵蚀进风系统。故开采突出煤层时,工作面回风侧不得设置调节风量的设施。

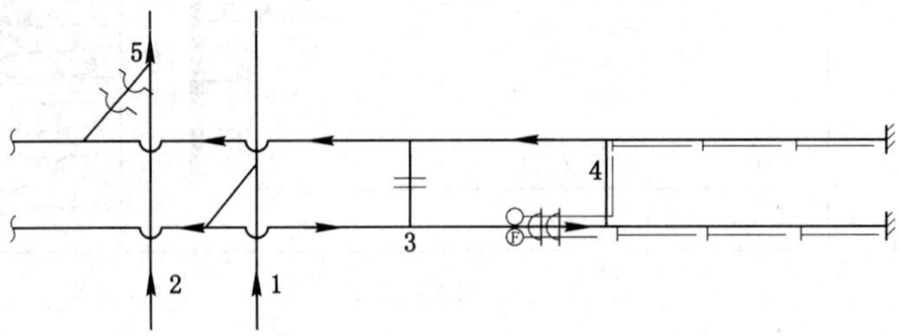

图 3-3-14　掘进通风系统调节风量设施位置比较

另外必须指出,局部通风系统构建时必须注意风流控制设施构建的先后顺序,保证局部通风机所在全风压通风巷道的风量大于局部通风机的吸风量,防止出现循环风。如局部通风机位置调整后,若 3 号联络巷道没有及时加风门(密闭),风流短路会使全风压供给局部通风机所在巷道的风量小于局部通风机的吸风量,产生循环风。对于有煤与瓦斯突出危险的区域,这种情况下即使在进风系统设调节风量设施,也存在安全隐患,因为两个掘进工作面同时掘进,一旦一个掘进工作面发生煤与瓦斯突出,必然危及另外一个工作面的安全。所以,突出危险区不允许这样的两个掘进工作面同时作业,但可以在都不停风的前提下交替作业。

【案例】 某煤矿采区岩石下山掘进工作面爆破揭穿了一个落差约 10 m 的逆断层,发生了特大型煤与瓦斯突出。突出的瓦斯逆流进入西大巷进风流中,由架线电机车取电弓与架线产生的电火花引起瓦斯爆炸,148 人遇难。据查,该岩石下山回风联络巷堆积物料,并有带有通风口的风墙,致使通风阻力增大;采区进风石门两道反向风门没起作用,未能阻挡逆流的瓦斯。

第一百五十六条　新井投产前必须进行 1 次矿井通风阻力测定，以后每 3 年至少测定 1 次。生产矿井转入新水平生产、改变一翼或者全矿井通风系统后，必须重新进行矿井通风阻力测定。

【释义】　本条是对矿井通风阻力测定的规定。

井巷风阻是反映井巷通风特性的重要参数，通风阻力测定的主要任务是通过测定各种类型井巷的通风阻力和风量，求算符合本矿井实际的典型井巷的标准百米风阻值和标准摩擦阻力系数值，作为矿井通风技术管理的基础资料。同时，只有通过比较全面而系统的通风阻力测定，才能准确掌握矿井各通风系统阻力分布情况，为风量调节、均压防灭火和瓦斯管理及通风系统优化提供科学依据。

【执行中应注意的问题】

(1) 必须保证通风阻力测定质量。

矿井通风阻力测定参照《矿井通风阻力测定方法》(MT/T 440)。各煤矿企业应根据矿井实际情况，按规定进行通风阻力测定，掌握各通风系统的阻力分布情况及并分析阻力集中的主要原因。通风系统不合理时，应当进行系统改造。矿井通风阻力应该符合《煤矿井工开采通风技术条件》(AQ 1028)的规定，否则应根据实际情况采取降阻措施。

(2) 通风系统发生较大变化时，要及时测定矿井通风阻力。

新井投产前必须进行 1 次矿井通风阻力测定，目的是分析判断新井的通风能力能否满足生产能力的要求；了解新井通风阻力的大小及分布状况，为投产后的通风管理提供科学依据。随着矿井开采活动的进行，采区分布和通风网络结构将发生变化，通风阻力也会随之发生变化。因此，每 3 年至少进行 1 次矿井通风阻力测定。

矿井转入新水平生产、改变一翼或者全矿井通风系统后，巷道分布和通风网络结构发生了变化，通风阻力的大小及其分布也必将随之变化。必须重新进行矿井通风阻力测定。此处的“改变全矿井通风系统”主要指改变通风系统类型、改变主要通风机工作方法、更换主要通风机、改变矿井一翼及以上通风系统等。

第一百五十七条　矿井通风系统图必须标明风流方向、风量和通风设施的安装地点。必须按季绘制通风系统图，并按月补充修改。多煤层同时开采的矿井，必须绘制分层通风系统图。

应当绘制矿井通风系统立体示意图和矿井通风网络图。

【释义】　本条是关于矿井通风图件绘制的规定。

矿井通风系统图是在矿井采掘工程平面图的基础上绘制的，是煤矿生产管理中的必备图纸资料之一，是矿井通风安全管理的主要依据和基础资料，也是预防与处理矿井灾害事故时的必备技术图件，必须准确绘制并及时更新，做到“图实相符”。

【执行中应注意的问题】

(1) 矿井通风系统图上信息必须真实齐全。

矿井通风系统图上必须标明主要通风机的安装位置及其规格性能参数、进回风井巷和采掘工作面的位置与名称、风流方向、风量大小、通风设施与设备的安装地点等。必须真实地反映井下通风现状，为分析矿井通风存在的问题和改善通风条件提供依据。要按季度绘制并按月补充修改，以便及时反映矿井开拓、开采和矿井通风系统的变化与现状。

同时开采2个煤层，能在同一张通风系统图中标绘清楚的可不分层绘制，但3个及以上煤层联合开采，除绘制包含所有煤层的通风系统图外，还必须绘制每层煤的通风系统图，层间相联系的巷道必须绘制齐全。矿井通风系统平面图、矿井通风系统立体示意图和矿井通风网络图必须相对应。

(2) 要确保通风安全管理的基础资料准确齐全。

《煤矿安全生产标准化管理体系基本要求及评分方法》要求煤矿有通风系统图、分层通风系统图、通风网络图、通风系统立体示意图、瓦斯抽采系统图、安全监控系统图、防尘系统图、防灭火系统图等；有测风记录、通风值班记录、通风(反风)设施检查及维修记录、粉尘冲洗记录、防灭火检查记录；有密闭管理台账、煤层注水台账、瓦斯抽采台账等，并与现场实际相符。

国家矿山安全监察局指出，煤矿非法违法行为主要表现为"五假五超三瞒三不"。"五假"是指假整改、假密闭、假数据、假图纸、假报告；"五超"是指超层越界、超能力、超强度、超定员、证照超期；"三瞒"是指隐瞒作业地点、隐瞒作业人数、瞒报谎报事故；"三不"是指不具备法定办矿条件、不经批准擅自复工复产、拒不执行指令仍然生产等违法违规行为。国家多次强调的重点打击对象就包括"图纸造假，图实不符，打假密闭违法生产的"，这些违法现象在矿井采掘工程平面图和矿井通风系统图中难以准确体现。

部分煤矿为隐瞒非法越界开采、违法违规生产和掩盖停产期间的生产，采用假图纸和假资料、打假密闭墙、安设假视频监控和假人员定位，及时转运非法生产的煤炭，设置暗哨等多种手段恶意逃避监管。尤其是这些矿井实际通风系统图只掌握在个别人手中，在抢险救灾时，没有真实可靠的图纸作依据，严重影响了抢险救灾方案的科学制定和有效实施，延缓了救灾的进度，无法在第一时间最大限度地减少伤亡人数，教训极其惨痛。如2007年山西某民营煤矿"12·5"瓦斯爆炸事故，105人遇难；2012年四川某民营煤矿"8·29"瓦斯爆炸事故，48人遇难；2014年安徽某民营煤矿"8·19"瓦斯爆炸事故，27人遇难。

《煤矿重大生产安全事故隐患判定标准》第十八条规定的"其他重大事故隐患"包括"图纸作假、隐瞒采掘工作面，提供虚假信息、隐瞒下井人数，或者矿长、总工程师(技术负责人)履行安全生产岗位责任制及管理制度时伪造记录，弄虚作假的"。

第一百五十八条 矿井必须采用机械通风。

主要通风机的安装和使用应当符合下列要求：

(一) 主要通风机必须安装在地面；装有通风机的井口必须封闭严密，其外部漏风率在无提升设备时不得超过5%，有提升设备时不得超过15%。

(二) 必须保证主要通风机连续运转。

(三) 必须安装2套同等能力的主要通风机装置，其中1套作备用，备用通风机必须能在10 min内开动。

(四) 严禁采用局部通风机或者风机群作为主要通风机使用。

(五) 装有主要通风机的出风井口应当安装防爆门，防爆门每6个月检查维修1次。

(六) 至少每月检查1次主要通风机。改变主要通风机转数、叶片角度或者对旋式主要通风机运转级数时，必须经矿总工程师批准。

(七) 新安装的主要通风机投入使用前，必须进行试运转和通风机性能测定，以后每5年至少进行1次性能测定。

（八）主要通风机技术改造及更换叶片后必须进行性能测试。

（九）井下严禁安设辅助通风机。

【释义】 本条是关于主要通风机安装与使用的规定。

主要通风机是煤矿安全生产最关键的设备，必须保证其连续稳定安全运转。对主要通风机的总体要求是性能与井下风网合理匹配，可调性好、高效区宽、运行效率高；安装、调节和运行费用低；在灾变时期，具有强有力的控制力，确保事故后有毒有害气体不容易扩散并侵蚀其他区域、遇险人员能够安全撤离，为抢险救灾提供安全保障。

视频

【执行中应注意的问题】

(1) 必须尽力减小矿井外部漏风率。

为保证井下有足够的风量，装有通风机的井口必须封闭严密，最大限度地降低矿井外部漏风率，有提升设备时必须加强漏风通道的有效封堵，同时还要避免提升工作对主要通风机稳定性的影响。特殊情况下，若井下存在自然发火威胁，井下风量过大，对于轴流式风机，通过降低主要通风机转速或减小叶片角度来减小通风机风量不合理时，可以适当人为增加地面漏风量，但必须保证系统稳定。

(2) 必须保证主要通风机连续稳定地给井下供风。

① 矿井必须按照本《规程》第四百三十六条要求，有两回路电源线路或者有备用电源，确保主要通风机连续运转；矿井停产检修期间也不得停风，但为了防止采空区煤炭自燃，可以在采取切实可行的安全措施的前提下适当减少部分区域的风量；一旦风机停止运转，必须在 10 min 内保证备用风机可靠启动和运行；要按照本《规程》第一百六十一条的要求制定主要通风机停止运转的应急预案。

② 新投入运行或者有计划地更换风机的回风井应该装备 2 套同一型号同等能力的主要通风机。这 2 套风机互为备用，倒换风机时，必须严防因井下停风而形成隐患。特殊情况下，某一台风机完全能够满足现有系统的需要，而另外一台风机能力不足或经常出现故障时，在更换风机时，可以从相对长远的角度考虑，装备一台能力更大的风机。这种情况不违背“必须安装 2 套同等能力的主要通风机装置”，但新风机运行时，要通过调整其转速或叶片角度，使井下风量与另外一台风机运行时基本相等。

③ 严禁采用局部通风机或者风机群作为主要通风机使用。局部通风机和小型通风机本身的可靠性比大型主要通风机差，在运转过程中容易发生故障。如果通风机群中某一台通风机发生故障而停止运转，相当于形成一个短路通道，无法保障向井下连续稳定供给足够的风量。同时，多台通风机在同一井口并联运转，通风机相互干扰，难以保证矿井通风系统的稳定性和可靠性。

(3) 必须保证回风井防爆门(盖)的正常功能。

抽出式通风的回风井口应当安装防爆门(盖)，其作用是一旦井下发生瓦斯煤尘爆炸，受冲击波影响，能够自动打开以实现卸压，保护主要通风机安全运行；待冲击波消失后，防爆门(盖)必须能够自动关闭，以保证主要通风机能够连续有效给灾区通风，及时排出有毒有害气体。在矿井反风(包括演习)时，必须迅速采取措施扣住防爆门(盖)，以保证反风率。但矿井正常生产时，必须将防爆门(盖)的固定扣环打开，保证一旦出现爆炸时防爆门(盖)能够自动打开。现实中，部分矿井将防爆门(盖)用扣环固定是极其错误的。另外，主要通风机风硐附近有检查门,也是一个安全出口,必须装正反向风门,平时应该关闭严密但绝对不允许锁死。

本条规定“防爆门每 6 个月检查维修 1 次”同《规程》第一百五十九条“每季度应当至少检查 1 次反风设施”时间安排有点不协调,新修订的《煤矿安全生产标准化管理体系基本要求及评分方法》将防爆门和反风设施的检查统一定为“每季度应当至少检查 1 次”。防爆门(盖)和反风设施只要有故障,必须及时维修。

(4) 要做好主要通风机性能测定工作,使其与井下通风网络相匹配。

主要通风机的性能测定工作,由有测试能力的煤矿企业或者中介机构按照《煤矿在用主通风机系统安全检测检验规范》(AQ 1011)测定。测定前由测试单位编制测定方案及安全措施,严防在性能测试期间形成井下停风或风流不稳定的事故隐患。

改变主要通风机转速、叶片角度或者对旋式主要通风机运转级数时,会使主要通风机装置的性能发生较大改变,也会改变井下系统的风量、风压,必须制定相应的措施,确保井下通风网络风流分布合理。尤其对于井下有火区的情况下,必须重新合理地构建可靠的均压系统。

(5) 井下严禁安设辅助通风机。

需要安设辅助通风机的矿井本身就是因为通风系统的阻力大、风量不足不得已采取的措施。《规程》严禁安设辅助通风机,不单是因为辅助通风机及其配套电气设备需要设置在井下,存在安全隐患,管理困难;更重要的问题是通风系统不稳定、不可靠,通风能力有限,一旦出现灾情,隐患更大。对于这类高通风阻力的矿井,应该通过全面的通风系统改造来解决。

第一百五十九条 生产矿井主要通风机必须装有反风设施,并能在 10 min 内改变巷道中的风流方向;当风流方向改变后,主要通风机的供给风量不应小于正常供风量的 40%。

每季度应当至少检查 1 次反风设施,每年应当进行 1 次反风演习;矿井通风系统有较大变化时,应当进行 1 次反风演习。

【释义】 本条是关于全矿性反风的规定。

视频

矿井反风分全矿性反风、区域性反风和局部性反风。全矿性反风是实现全矿井总进、回风井及主要进、回风巷风流全部反向的反风方式,是通过主要通风机的反风设施来实现的。其目的是,一旦矿井进风井口附近、进风井筒、井底车场和与井底车场直接相通的进风大巷等发生火灾时,采用全矿性反风,防止高温烟流和有害气体随风流进入井下,从而保证井下人员的安全撤离和缩小灾害范围。

【执行中应注意的问题】

(1) 确保实现反风迅速且反风率足够。

无论采用何种反风方式,都要求在 10 min 内改变巷道中的风流方向。“主要通风机的供给风量不应小于正常供风量的 40%”是指全矿井反风时原回风井往井下的供风量(不包括地面漏风)不应小于正常通风时回风井风量(不包括地面漏风)的 40%。

(2) 确保反风设施完好且司机操作熟练,关键时刻能够有效实现反风。

本条规定矿井“每季度应当至少检查 1 次反风设施,每年应当进行 1 次反风演习”,既要确保反风设施完好,又要确保主要通风机司机短时间内能够正确操作相关设施,有效实现全矿井反风。为此,必须保证反风及其辅助设施灵敏可靠,包括主要通风机反风操控设施和电气设备、井口楼门窗及墙体、反风道、所有地面闸门和风门、电控设备绞车装置、防爆门、反风设备的防冻设施以及进回风井之间和主要进回风道之间的正(反)向风门等。要加强反风设施的检查，查出问题要限期解决，保障反风设施始终处在完好状态。同时，主要通风机房内，应当挂设反风设施布置图和反风操作规程，并规定反风方法、操作顺序及注意事项，主要通风机值机人员必须熟练掌握。

【案例】 1990年5月8日，黑龙江某矿进风斜井发生带式输送机着火，由于平时没有做好检查维修工作，主要通风机司机操作时，操纵反风风门的钢丝绳断裂或电机烧坏而无法实施反风，加上灭火措施不力，大量烟流进入井下，火势迅速发展形成的火风压导致风流反向至地面主控室，共导致80人遇难。

(3) 要认真做好反风演习，确保灾变时期能够果断实施反风。

"矿井通风系统有较大变化"是指改变全矿井通风方式、增减风井、改变主要通风机类型等情况。实施全矿性反风的根本目的是防止有毒有害气体危及井下人员密集的区域。矿井反风后实施救灾过程中，在无确切把握时，严禁随意改变风流调度措施。

《煤矿防灭火细则》第九十三条要求"处理进风井井口、井筒、井底车场、主要进风巷和硐室火灾时，应当进行全矿井反风。反风前，必须将火源进风侧的人员撤出，并采取阻止火灾蔓延的措施。多台主要通风机联合通风的矿井反风时，要保证非事故区域的主要通风机先反风，事故区域的主要通风机后反风。采取风流短路措施时，必须将受影响区域内的人员全部撤出"。通常情况下，"防止有毒有害气体危及井下人员密集的区域"与"将受影响区域内的人员全部撤出"绝对是一对矛盾体，在应急预案中应该考虑避难硐室的启用。

特别强调，对于采用抽出式通风的多回风井的通风系统，必须周密考虑灾变时期风流控制的准确性和可靠性，一旦井下某个区域发生爆炸，防爆门(盖)被炸开、主要通风机停止运转，为了避免灾区的有毒有害气体侵蚀其他区域，非灾区可以根据情况，选择联合反风，并确定先后顺序。

矿井必须有切实可行的反风演习计划，并按本条要求进行反风演习。对有火区的矿井，反风确有可能造成危害时，本年度可暂不进行反风演习，但必须对反风系统的完好情况进行检查，并制定发生火灾时的反风技术方案。反风演习结束后必须按正确的操作顺序恢复正常通风，安全排放瓦斯。编制《矿井反风演习报告书》，总结经验与教训，提出存在的问题及整改措施与时限，指出灾变时期反风时应该注意的事项。

【案例】 某矿井采用分区式通风，5个采区共5个回风井。除了主副井联合进风外，部分采区还有自身的进风井。某日，井下1号采区发生瓦斯爆炸，负责灾区通风的1号回风井防爆盖被掀翻、主要通风机停止运转；事故初期有建议实施非事故区域的风机联合反风，但也有意见担心其他区域的瓦斯被吹入事故区域，出现次生事故。过了一段时间，烟雾和有毒有害气体迅速被抽入公共的进风系统，危及其他多个非事故采区，该矿下令停止了其他4个回风井的主要通风机，进风系统多人中毒(事后也有观点认为，在事故区域的烟雾和有毒有害气体进入公共进风系统后，由于主副井有足够的新鲜风流进入，有毒气体能够得到稀释，不停风机反而是有益的)。其实，对于这种情况，若能够在第一时间迅速实现所有非事故区域的同时反风或者停止风机，即使是事故区域的回风井防爆盖被掀开也保持其风机运行，肯定会最大限度减少人员伤亡。对于多回风井系统，反风后风流流动规律、瓦斯分布情况、密闭的火区有害气体渗漏规律，都需要通过非事故时期的反风演习来分析总结，在事故应急预案中预先提出处置方案，确保应急处置措施果断有效。

第一百六十条 严禁主要通风机房兼作他用。主要通风机房内必须安装水柱计(压力表)、电流表、电压表、轴承温度计等仪表,还必须有直通矿调度室的电话,并有反风操作系统图、司机岗位责任制和操作规程。主要通风机的运转应当由专职司机负责,司机应当每小时将通风机运转情况记入运转记录簿内;发现异常,立即报告。实现主要通风机集中监控、图像监视的主要通风机房可不设专职司机,但必须实行巡检制度。

【释义】 本条是关于主要通风机日常管理的规定。

主要通风机是矿井的"肺脏",必须保证其连续安全稳定运行。主要通风机房是煤矿的要害场所,必须有可靠的安全保护措施,严禁无关人员进入。矿井主要通风机要按规定定期检测、检修和维护,实行挂牌管理、专人负责并持证上岗。出现紧急情况必须正确应对。

【执行中应注意的问题】

(1) 必须有效监视通风机运行状况,出现异常时必须正确处理。

常规的主要通风机房,专职司机应当每小时将通风机房水柱计读数、电流、电压、轴承温度及风机的运转情况记入运转记录簿内,发现异常,立即报告。实现集中监控、图像监视的主要通风机房可不设专职司机,但必须建立巡检制度,由专业人员严格按巡检周期进行巡检,巡检内容同前,并建立巡检台账。但由于主要通风机的安全稳定运行事关井下安全,一旦停转,如何保证 10 min 内恢复井下通风。需要反风时,如何在最短的时间内实现反风。这都是极其关键的问题,实施时要特别慎重。

正常运转的轴流式风机出现喘振时,可适当打开风门,增加风机风量,或者适当降低其转速,保证其安全运转。此时井下风量会减少,必须采取措施,保证安全生产。

(2) 必须高度重视风机房水柱计的作用。

主要通风机司机、调度人员、管理和工程技术人员必须掌握水柱计读数的含义及作用,能够依据其变化分析判断异常情况。实现主要通风机集中监控、图像监视的,必须将风硐中风流的相对静压和反映风机风量的参数传输到监测系统。对于风机房水柱计读数的含义及作用,实际安全生产管理过程中还没有引起足够的重视,众多的险情记录及事故调查报告,很少提及异常或灾变时期风机房水柱计读数的变化。

有些矿井在公共风硐或者分别在各风机的分风硐的某断面分别布置全压管(正对准风流)和静压管(垂直风流方向),然后通过 U 型水柱计分别测出该断面的相对全压 h_t、相对静压 h_s 和动压 h_v,具体如图 3-3-15 所示。也有些矿井在各风机的分风硐的 A、B 两个断面分别安设静压管(垂直风流方向),A 的断面积 S_A 远远大于 B 的断面积 S_B,然后测出 A 断面风流的相对静压 h_{sA} 和两个断面之间的静压差 Δh_{SAB},理论推算表明:

$$H_R = h_{SA} - h_{vA} + H_N = h_{SA} - \frac{1}{2}\rho v_A^2 + H_N \approx h_{SA}$$

$$Q \approx \sqrt{\frac{2\Delta h_{SAB}}{\rho} \cdot \frac{S_A^2 \cdot S_B^2}{S_A^2 - S_B^2}}$$

式中 H_R——矿井通风系统的总阻力,Pa;

h_{SA}——A 断面的相对静压,Pa;

Δh_{SAB}——A、B 两断面之间的相对静压差,Pa;

h_{vA}——A 断面的风流的动压,Pa;

v_A——A 断面的风速,m/s;

ρ——A 断面的空气密度，kg/m^3；

H_N——矿井通风系统的自然风压，Pa；

Q——通风机的风量，m^3/s。

当 A 断面的风速不是特别高且矿井通风系统的自然风压 H_N 不是特别大时，矿井通风系统的总阻力 H_R 约等于 A 断面的相对静压 h_{SA}。所以，只要通风机房水柱计安装合理，可以通过其读数实时监测到矿井通风系统的阻力和通风机的风量。若 A 断面的相对静压 h_{SA} 突然增加，表明井下通风系统阻力增加，原因可能是井巷冒顶或积水；若其值突然减小，表明井下通风系统阻力减小，原因可能是系统中某些风门被敞开导致风流短路；若其值出现大幅度波动，表明井下出现了瓦斯煤尘爆炸。灾变时期，也可以通过水柱计的变化情况分析井下通风系统损毁情况。

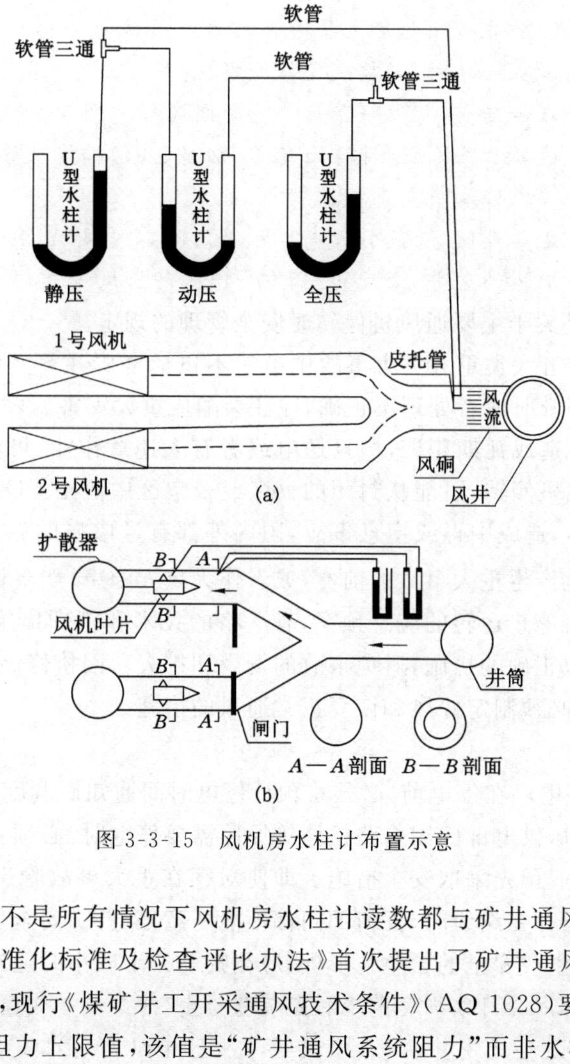

图 3-3-15　风机房水柱计布置示意

必须强调的是，并不是所有情况下风机房水柱计读数都与矿井通风阻力值相等。1987 年出台的《通风质量标准化标准及检查评比办法》首次提出了矿井通风阻力不得超过 300 mmH_2O（即 2940 Pa），现行《煤矿井工开采通风技术条件》（AQ 1028）要求不同的风量对应不同的矿井通风系统阻力上限值，该值是“矿井通风系统阻力”而非水柱计读数，具体见表 3-3-1。随着井田范围和生产规模的不断扩大，大功率高效风机的推广应用，为提高矿井通风能力，在保证通风系统稳定可靠尤其是能够有效控制煤炭自然发火的前提条件下，尽可能加大矿井总风量已成为大趋势。风量增加，矿井通风阻力和风机房水柱计读数在一定范围内上升也是合理的，过分强调这一数值上限是不合适的。

表 3-3-1　矿井通风阻力上限值

通风系统风量/($m^3 \cdot min^{-1}$)	系统的通风阻力/Pa
＜3000	＜1500
3000～5000	＜2000
5000～10000	＜2500
10000～20000	＜2940
＞20000	＜3920

第一百六十一条　*矿井必须制定主要通风机停止运转的应急预案。因检修、停电或者其他原因停止主要通风机运转时，必须制定停风措施。*

变电所或者电厂在停电前，必须将预计停电时间通知矿调度室。

主要通风机停止运转时，必须立即停止工作、切断电源，工作人员先撤到进风巷道中，由值班矿领导组织全矿井工作人员全部撤出。

主要通风机停止运转期间，必须打开井口防爆门和有关风门，利用自然风压通风；对由多台主要通风机联合通风的矿井，必须正确控制风流，防止风流紊乱。

【释义】　本条是关于主要通风机停转时安全管理的规定。

视频

煤矿五大类重大灾害事故中虽然不包括全矿井突然停电事故，但这类事故如处理不及时或者处理不正确，往往会酿成重大灾害。停电使主要通风机停转，井下无风造成瓦斯积聚，一旦送电或者有人违章作业，可能引起瓦斯煤尘爆炸；主要通风机停转，可能从封闭的火区或采空区中泄出 CO、CO_2、N_2、CH_4 等有毒有害气体，造成中毒或窒息事故，国内外都有过惨痛的教训。所以，必须把全矿井突然停电视为可能产生重大事故的前奏，或者作为重大隐患，严肃认真地对待。矿井必须预先制定主要通风机停止运转的应急预案，有严格的技术和管理措施，一旦出现紧急情况，所有人员都必须采取正确的措施，避免事故的发生和扩大。因检修、停电或者其他原因停止主要通风机运转时，必须制定停风和恢复正常通风的措施。

【执行中应注意的问题】

(1) 变电所或者电厂在停电前，必须将预计停电时间通知矿调度室。

正常合法生产时，供电部门因电路检修等原因需要停电时，必须将预计停电时间通知矿调度室，以便煤矿企业预先采取安全措施。即使对存在重大事故隐患的煤矿强制停产整顿或者企业与电力部门存在纠纷时，任何部门都不能随意停电。《安全生产法》要求“采取停止供电措施，除有危及生产安全的紧急情形外，应当提前二十四小时通知生产经营单位。”

【案例】　某市供电公司以拖欠电费和超负荷为由，对某煤矿频繁拉闸断电，导致主要通风机停止运转，10 min 后又恢复供电。正在井下火区组织灭火的救护队发现井下停风停电后，到采区变电所打电话了解情况，因为交换机无备用电源，通信瘫痪。随后井下恢复供风，不到 1 min 后发生瓦斯煤尘爆炸，55 人遇难。事故现场勘察表明，井下作业人员均是在撤离途中遇难的。

（2）主要通风机停风应急预案要至少包含以下重点内容：

① 矿井因突然停电或其他原因造成主要通风机突然停止运转时，井下任何人都必须在第一时间无条件主动停止作业。调度室值班人员必须启动录音电话，立即督促井下所有人员立即停止工作、切断电源、全部撤到停风前全风压供风巷道中，并统计好现场作业人数及跟班管理人员姓名，再向值班矿领导汇报。根据事故的处理时间和结果，由值班矿领导决定：井下工作人员是否撤至地面？是否需要打开井口防爆门和有关风门以实现自然通风，是否需要进行风流控制以防止风流紊乱等。

② 调度室迅速将情况向机电、通风、救护等有关业务部门通报。矿领导必须迅速赶到调度室，查明停电和主要通风机停止运转的原因，并立即采取措施进行处理。

③ 调度室迅速将情况向上级公司总调度室汇报，由总调度室向上级公司值班领导汇报，同时通知所有与井下生产有关的单位，按照上级公司《安全生产事故应急预案》的规定，履行各自职责。

④ 相关单位值班领导必须在值班室待命，根据矿调度室命令，再次确认本区队井下工作人员是否撤至预案规定地点，并核准人数向矿调度室汇报。

⑤ 一旦出现事故，必须在第一时间召请救护队并按照《应急救援预案》程序要求，迅速科学地组织救灾。

（3）主要通风机停止运转时应重点注意以下事项：

① 如果是供电系统出现问题，机电部门值班领导必须立即安排人员到达停电现场，立即进行处理，尽早恢复供电。如果是上级电网（某一回路）出现问题，应立即启动另一回路或者备用电源，恢复供电。

② 如果是主要通风机出现故障，必须在 10 min 之内启动备用风机，恢复全矿井的正常通风。

③ 若主要通风机停止运转，并证实无法立即恢复正常通风，而井下供电系统仍然有电时，经矿领导批准，可以直接由地面变电所切断向井下的所有供电。

④ 如果 10 min 内无法恢复主要通风机正常通风，应迅速采取以下措施：由调度室通知机电部门打开风井安全门、防爆门（盖）等，实现自然通风；立即通知井下所有工作人员撤到地面；水泵工不能随意停泵，若地面指挥部经过分析，要求停泵时，水泵工接到停电通知后，方可停掉水泵，将电源开关打到“零”位，迅速撤到指定地点；变电所电工严格按照调度室指令，进行低压停电操作，接到撤人通知并停掉高压电源后，再撤到指定地点。

⑤ 确认在 10 min 内无法恢复通风时，调度室对救护队下达调度指令。对由多台主要通风机联合通风的矿井，必须正确控制风流，防止风流紊乱。

（4）恢复供电后，在恢复井下生产前应该做好以下工作：

① 编制恢复矿井通风和生产的安全技术管理措施，故障排除后，由总工程师批准，调度室命令地面变电所、风井变电所及主要通风机司机立即供电并启动主要通风机，恢复正常通风。恢复生产的整个过程中，井下和地面要有人负责统一指挥。

② 井下中央变电所、采区变电所以及井下所有配电点恢复供电前，必须检查所有电气设备及其开关地点附近 20 m 巷道内的 CH_4 浓度，只有 CH_4 浓度小于 0.5%时，方可送电，同时严格执行逐级要电、送电顺序。

③ 采煤工作面及回风流瓦斯浓度必须小于 1.0%，方可恢复供电。其他全风压通风地点，主要通风机恢复供风 10 min 后，待风流稳定，方可送电。

④ 必须按照《规程》第一百六十四条要求和第一百七十六条的要求安全开启局部通风机并采取安全措施排放独头巷道的瓦斯。

⑤ 恢复供电的顺序应该是由外向里逐级恢复。尤其是对于采用串联通风的采掘工作面,更要坚持“先进风侧,后回风侧”。

第一百六十二条 矿井开拓或者准备采区时,在设计中必须根据该处全风压供风量和瓦斯涌出量编制通风设计。掘进巷道的通风方式、局部通风机和风筒的安装和使用等应当在作业规程中明确规定。

【释义】 本条是关于开拓和准备施工时局部通风设计编制的规定。

在矿井开拓或准备采区初期开掘巷道,其开口点均在全风压通风巷道施工,一般处于生产水平或采区的进风巷道中,但也有在生产水平或采区的回风系统中开口进行开掘。在进风巷道处开口开掘巷道时,初期施工时独立的局部通风系统尚未形成,其回风必然要引入生产水平或采区的进风流中,掘进过程中产生粉尘及有害气体形成污染源,危害很大;待局部通风系统形成后,开拓或准备掘进巷道的回风有可能需要并入生产采区的回风巷。若开掘点布置在采区回风系统中,局部通风机也应该安设在生产水平或采区的进风巷道中,掘进巷道的回风也会增加采区回风巷或总回风巷风流中有害气体浓度,必须采取有效措施防止有害气体超限。因此,在设计中必须依据该处全风压供风量和有害气体涌出量编制通风设计,保证开拓和准备巷道的局部通风通风系统稳定可靠。

【执行中应注意的问题】

(1) 在未构成通风系统前,可将此回风引入生产水平的进风中。

(2) 形成通风系统之后,应该实现独立通风。

在生产水平或采区的进风巷道处开口开掘巷道,待局部通风系统形成后,开拓或准备掘进巷道的回风有可能需要并入生产采区的回风巷。

(3) 局部通风系统的构建必须符合《规程》第一百六十四条的要求。局部通风设计包含以下内容:

① 掘进工作面的地点、名称、煤(岩)层别、最大送风距离。

② 施工队组名称、作业方式和施工组织情况。

③ 巷道设计断面、净断面大小和支护形式。

④ 通风系统构建方法、局部通风方式和通风机安装地点,并附系统图。

⑤ 掘进煤层的瓦斯参数及依据。

⑥ 掘进工作面及局部通风机所需风量计算、局部通风阻力计算、局部通风机及其匹配风筒选择。

⑦ 瓦斯监测装置的安装、吊挂、报警、断电浓度和断电范围,并附安装布置图。

⑧ 局部通风机和动力设备的供电系统图、“三专”和“两闭锁”接线原理图、设备布置平面图以及风电闭锁试验和电气设备管理安全措施。

⑨ 采取“边掘边抽”措施时,要有预计瓦斯涌出量、风排瓦斯量、瓦斯抽采量、瓦斯抽采工程量、钻孔布置及有关参数等,并附抽采系统图。

(4) 要做好遇到地质构造和首次接近煤层的探测工作。

矿井开拓或者准备采区时,地质资料不全或者可信度较差,必须根据该处全风压供风量和瓦斯涌出量编制通风设计，严防瓦斯事故，尤其是突出事故。根据《规程》第一百七十七条，井筒施工以及开拓新水平的井巷第一次接近各开采煤层时，必须按掘进工作面距煤层的准确位置，在距煤层垂距 10 m 以外开始打探煤钻孔，钻孔超前工作面的距离不得小于 5 m，并有专职瓦斯检查工经常检查瓦斯。岩巷掘进遇到煤线或者接近地质破坏带时，必须有专职瓦斯检查工经常检查瓦斯，发现瓦斯大量增加或者其他异常时，必须停止掘进，撤出人员，进行处理。

第一百六十三条　掘进巷道必须采用矿井全风压通风或者局部通风机通风。

煤巷、半煤岩巷和有瓦斯涌出的岩巷掘进采用局部通风机通风时，应当采用压入式，不得采用抽出式(压气、水力引射器不受此限)；如果采用混合式，必须制定安全措施。

瓦斯喷出区域和突出煤层采用局部通风机通风时，必须采用压入式。

【释义】　本条是关于掘进巷道局部通风方式的规定。

统计表明，80%左右的瓦斯煤尘爆炸事故是在掘进过程中发生的。一方面是局部通风机断电停风或风筒破损折断导致工作面风量不足，巷道中风速偏低以及煤层被揭露、瓦斯涌出量大等原因易形成瓦斯积聚；另一方面，爆破、掘进机械和电气设备作业易产生火源。所以，掘进巷道必须采用矿井全风压通风或者局部通风机通风，根据实际情况，选择安全可靠的掘进通风方法，严防事故的发生。

视频

【执行中应注意的问题】

(1) 需风量不大的短巷掘进可以采用全风压通风。

全风压通风是利用矿井主要通风机的风压，借助导风设施把主导风流的新鲜空气引入掘进工作面，其通风量取决于可利用的风压和风路风阻。按其导风设施不同可分为风筒导风、钻孔导风、风幛导风和引射器导风。

(2) 严格限制抽出式通风或混合式通风的使用条件。

抽出式通风存在瓦斯爆炸隐患，只限于无瓦斯涌出的岩巷掘进使用。煤巷、半煤岩巷和有瓦斯涌出的岩巷掘进如果采用混合式，必须制定安全措施，确保局部通风机及其风筒有良好的防爆、防静电和防摩擦火花性能。其布置应遵守以下规定：

① 混合式通风应采用“长压短抽”的方式，如图 3-3-16 所示。两趟风筒末端与掘进工作面的距离必须在风流的有效射(吸)程范围内，抽出式除尘风机的风筒末端与掘进工作面的距离不得大于 5 m。

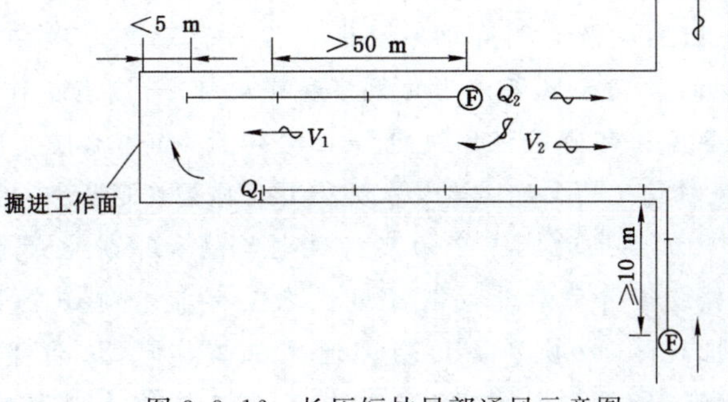

图 3-3-16　长压短抽局部通风示意图

② 必须采用经国家检定单位对防爆和防摩擦火花检验合格的抽出式除尘风机。风机置放在掘进巷道中,与压入式局部通风机的风筒出风口距离保持 50 m 以上,抽出式除尘风机的风量应大于压入式局部通风机的风量(即 $Q_2 > Q_1$,如果 $Q_2 < Q_1$,因粉尘难以在迎头被封闭控制由除尘风机抽入,压入式风筒与除尘风机风筒重叠段的巷道中风流的粉尘浓度仍然较高)且掘进巷道各处的风速(v_1、v_2)都必须符合《规程》规定,这样才能保证除尘效果。但毫无疑问,除尘风机存在循环风,其使用条件必须严格限制。

③ 有瓦斯涌出的掘进工作面,抽出式除尘风机风筒吸风口应安设甲烷传感器,保证吸入风流中的甲烷浓度不超过 1.0%。

④ 抽出式除尘风机必须与压入式局部通风机闭锁联动,当压入式局部通风机停止运转时,抽出式除尘风机自动停止运转;压入式局部通风机未启动时,抽出式除尘风机被闭锁,不能先启动。

(3) 瓦斯风险较大的掘进工作面必须采取压入式通风。

瓦斯喷出区域和突出煤层采用局部通风机通风时,必须采用压入式。不准采用其他方法,也不得使用除尘风机在工作面净化风流除尘。

第一百六十四条 安装和使用局部通风机和风筒时,必须遵守下列规定:

(一) 局部通风机由指定人员负责管理。

(二) 压入式局部通风机和启动装置安装在进风巷道中,距掘进巷道回风口不得小于 10 m;全风压供给该处的风量必须大于局部通风机的吸入风量,局部通风机安装地点到回风口间的巷道中的最低风速必须符合本规程第一百三十六条的要求。

(三) 高瓦斯、突出矿井的煤巷、半煤岩巷和有瓦斯涌出的岩巷掘进工作面正常工作的局部通风机必须配备安装同等能力的备用局部通风机,并能自动切换。正常工作的局部通风机必须采用三专(专用开关、专用电缆、专用变压器)供电,专用变压器最多可向 4 个不同掘进工作面的局部通风机供电;备用局部通风机电源必须取自同时带电的另一电源,当正常工作的局部通风机故障时,备用局部通风机能自动启动,保持掘进工作面正常通风。

(四) 其他掘进工作面和通风地点正常工作的局部通风机可不配备备用局部通风机,但正常工作的局部通风机必须采用三专供电;或者正常工作的局部通风机配备安装一台同等能力的备用局部通风机,并能自动切换。正常工作的局部通风机和备用局部通风机的电源必须取自同时带电的不同母线段的相互独立的电源,保证正常工作的局部通风机故障时,备用局部通风机能投入正常工作。

(五) 采用抗静电、阻燃风筒。风筒口到掘进工作面的距离、正常工作的局部通风机和备用局部通风机自动切换的交叉风筒接头的规格和安设标准,应当在作业规程中明确规定。

(六) 正常工作和备用局部通风机均失电停止运转后,当电源恢复时,正常工作的局部通风机和备用局部通风机均不得自行启动,必须人工开启局部通风机。

(七) 使用局部通风机供风的地点必须实行风电闭锁和甲烷电闭锁,保证当正常工作的局部通风机停止运转或者停风后能切断停风区内全部非本质安全型电气设备的电源。正常工作的局部通风机故障,切换到备用局部通风机工作时,该局部通风机通风范围内应当停止工作,排除故障;待故障被排除,恢复到正常工作的局部通风后方可恢复工作。

使用 2 台局部通风机同时供风的，2 台局部通风机都必须同时实现风电闭锁和甲烷电闭锁。

（八）每 15 天至少进行一次风电闭锁和甲烷电闭锁试验，每天应当进行一次正常工作的局部通风机与备用局部通风机自动切换试验，试验期间不得影响局部通风，试验记录要存档备查。

（九）严禁使用 3 台及以上局部通风机同时向 1 个掘进工作面供风。不得使用 1 台局部通风机同时向 2 个及以上作业的掘进工作面供风。

【释义】 本条是关于局部通风机及风筒安设与使用的规定。

局部通风安全管理的关键是要确保局部通风机连续、稳定、足量地给掘进工作面供风，并确保“三专两闭锁”装置永远保持功能正常，保证甲烷超限断电功能、停风断电功能和断电范围的准确可靠。必须加强局部通风机及其风筒的安全管理，尤其要防止无计划停电停风、风量不足和循环风，改善安全装备，建立安全保障体系，防止瓦斯积聚和引爆火源。

视频

【执行中应注意的问题】

(1) 局部通风机必须由指定人员负责管理。

由于局部通风机的管理混乱，随意停开局部通风机导致瓦斯积聚而引发瓦斯燃爆事故的教训是非常惨痛的。指定人员负责管理分为以下 3 种情况：一是由在该掘进面作业的班组长本人兼管局部通风机；二是由班组长指定本班组的其他人员兼管局部通风机；三是由专人看管局部通风机（不能从事其他生产作业工作）。无论“兼职”还是“专职”，都应时时在现场并必须尽到以下责任：负责局部通风机的正常运转，严禁并制止任何人随意停、开局部通风机；局部通风机因故障停止运转，负责撤出人员和尽快通知专业人员维修，在经瓦斯检查工检查允许后，方可亲自启动局部通风机，并做好故障原因和停风时间等有关情况的记录；参加局部通风机切换试验和风电、甲烷电闭锁试验，负责将本班局部通风机运转情况向下一个班次管理局部通风机的指定人员交接清楚。

(2) 局部通风机安设地点及该处的供风量必须符合规定。

局部通风机必须安装在进风巷道中，距巷道回风口不得小于 10 m，该地点的全风压供给风量必须大于局部通风机的吸风量，该地点到掘进工作面回风口这段巷道内的风速不低于 0.15 m/s（煤巷、半煤岩巷或有瓦斯涌出的岩巷风速不低于 0.25 m/s），防止发生循环风。如果局部通风机处于架线电机车巷道，该处风速不得低于 1.0 m/s（无瓦斯涌出时，不得低于 0.5 m/s）。巷道风速也不得超过《规程》对最高风速的限制。

同时必须指出，局部通风机必须安装在调节风门进风侧，绝对不允许安设在出风侧。局部通风机与调节风门位置关系如图 3-3-17 所示，如果局部通风机在调节风门前，即使风门在某一瞬间关闭，通风机及其开关永远在新鲜风流中，不会出现循环风，正常给掘进工作面供给新鲜风流；相反，如果局部通风机在调节风门后，一旦风门在某一瞬间关闭，局部通风机所在巷道风量就可能小于局部通风机的吸风量，出现循环风，通风机及其开关就可能处于乏风中，掘进工作面瓦斯难以有效排出，非常危险。

(3) 要确保掘进巷道连续稳定安全供风。

根据本条第（三）项，瓦斯灾害较严重的掘进工作面局部通风机必须实现“双风机、双电源、自动切换和风筒自动倒风”。一旦正常运转的局部通风机因故障停机，开关自动切换，备

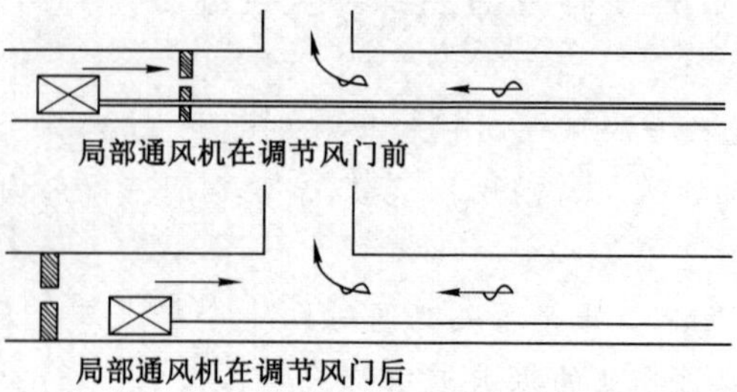

图 3-3-17 局部通风机与调节风门位置关系

用风机即刻启动,继续供风,从而保证掘进工作面连续通风。由于双风机共用一趟主风筒,风机要实现自动切换,连接两风机的风筒也必须能够自动倒风。正常工作的局部通风机从采区变电所开始必须采用"三专"(专用开关、专用电缆、专用变压器)供电(图 3-3-18),1 台专用变压器最多可向 4 个不同掘进工作面的局部通风机供电;备用局部通风机不采用"三专",但其电源必须取自同时带电的另一电源。

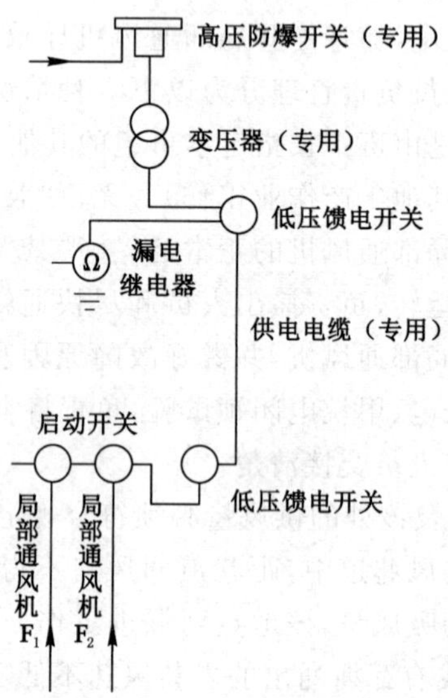

图 3-3-18 "三专"供电系统示意

根据本条第(四)项,其他瓦斯风险较低的掘进工作面和局部通风地点有 2 种方案可选:一是可不安装备用局部通风机,这种情况下正常运行的局部通风机必须采用"三专"供电。二是正常工作的局部通风机不装"三专",但必须配备一台同等能力的备用局部通风机,并能自动切换;这种情况下,正常工作的局部通风机和备用局部通风机的电源必须取自同时带电的不同母线段的相互独立的电源,保证正常工作的局部通风机故障时,备用局部通风机能正常投入工作。

(4) 风筒必须具有抗静电和阻燃性能,其安装质量必须符合标准。

① 必须使用符合抗静电、阻燃标准的风筒。自动切换的交叉风筒强度要足够,筒径与

使用风筒一致，内切换舌摆动灵活、与封堵侧的风筒口径接触严密，不漏风。

② 风筒末端到掘进工作面的距离合理。风筒口到迎头的距离必须小于风流有效射(吸)程，不出现循环涡流区，有效排出工作面产生的炮烟、瓦斯等有害气体和粉尘。最小距离由煤炭企业结合煤矿实际予以确定且在作业规程中明确。

③ 风筒接设和吊挂质量必须符合《煤矿安全生产标准化管理体系基本要求及评分方法(试行)》要求。

④ 炮掘工作面末端应使用防炮崩风筒，严禁停风爆破或将末端风筒摘除爆破。

(5) 正常工作和备用局部通风机均停止运转后，必须有可靠的应对措施。

当正常工作和备用局部通风机均停转时，掘进工作面就处于无风状态。当电源恢复以后，局部通风机若能够自行启动，就有可能将高浓度瓦斯"一风吹"式排出。所以，所有局部通风机均不得自行启动，必须采用人工启动的方法开启，并严格按照本《规程》第一百七十六条要求，安全排放瓦斯后再恢复正常通风。

(6) 任何使用局部通风机供风的地点都必须实行风电闭锁和甲烷电闭锁。

① 风电闭锁指的是正常工作的局部通风机突然停止运转、或风筒中风速低于规定值时，能自动切断停风区内全部非本质安全型电气设备的电源并闭锁，期间人工送不上电。当局部通风机恢复正常通风且风筒中风速大于规定值时，系统应自动解锁，方可人工送电。即使切换到备用局部通风机通风，该区域也送不上电。因此，备用局部通风机通风时，该区域应停止工作，只有恢复到正常工作的局部通风机通风后方可恢复工作。

② 甲烷电闭锁指的是正常工作局部通风机处于运转状态，一旦掘进巷道内风流中(含《规程》第四百九十八条规定的掘进通风系统中所有安设了甲烷传感器的地点)甲烷浓度达到断电浓度，能够自动切断该掘进巷道内全部非本质安全型电气设备的电源并闭锁；只有当风流中甲烷浓度降到复电浓度以下后，系统方可自动解锁、人工恢复送电。

③ 需要特别注意的是，掘进巷道中的甲烷电闭锁中，绝大部分情况是甲烷超限以后自动切断掘进巷道内全部非本质安全型电气设备的电源，而不能切断局部通风机的电源。只有采用串联通风的被串掘进工作面局部通风机前甲烷超限时，才切断包括局部通风机在内的被串掘进巷道内全部非本质安全型电气设备的电源。

④ 使用2台局部通风机同时供风的，其中任意1台局部通风机停止运行或任意1趟风筒中风速低于规定值时，都能够自动切断该掘进巷道内全部非本质安全型电气设备的电源并闭锁，实现无风或风量不足无法送电。只有2台局部通风机都正常运行且风量满足要求，系统方可自动解锁，人工送电。

(7) 必须保证"两闭锁"和局部通风机自动切换系统灵敏可靠。

为确保风电闭锁和甲烷电闭锁装置功能可靠，必须定期进行"两闭锁"和局部通风机自动切换试验。该项工作由掘进施工单位同监控单位共同完成，每15天至少进行一次风电闭锁和甲烷电闭锁试验，每天应当进行一次正常工作的局部通风机与备用局部通风机自动切换试验。在进行甲烷传感器调校时，必须进行甲烷电闭锁试验。试验尽量少影响局部通风，并做好各种试验记录，填写现场牌板。试验记录要存档备查。

需要特别注意的是，根据《煤矿安全监控系统及检测仪器使用管理规范》(AQ 1029—2019)甲烷传感器应使用校准气样和空气气样在设备设置地点调校，便携式甲烷检测报警仪和甲烷检测报警矿灯等在仪器维修室调校。采用载体催化原理的甲烷传感器、便携式甲烷检测报警仪和甲烷检测报警矿灯等,每 15 天至少调校 1 次。采用激光原理的甲烷传感器等,每 6 个月至少调校 1 次。调校时,应先在新鲜空气中或使用空气样调校零点,使仪器显示值为零,再通入浓度为 1%～2%的甲烷校准气体,调整仪器的显示值与校准气体浓度一致,气样流量应符合产品使用说明书的要求。

(8) 严格控制同一掘进工作面的通风机台数和同一台通风机供风的掘进工作面数目。

① 部分矿井为了解决掘进巷道距离较长、瓦斯涌出量较大、通风能力不足的难题,布置 3 台及以上局部通风机和多趟风筒同时向 1 个掘进工作面供风。其根本原因就是没有落实"抽采达标",致使掘进工作面瓦斯涌出量太大,而被迫采用的一种方法。这种布置方法有明显的缺点,一是多台风机和多套风筒占据巷道大部分断面,不仅行人、运料不便,巷道侧帮和顶板也容易积聚瓦斯,对风筒的检查、维护也很困难;二是一旦其中任意 1 台局部通风机出现故障或者风筒位置稍有变化,将会迅速造成供风不足而引起瓦斯超限。因此,规定 1 个掘进工作面最多装设 2 台局部通风机和 2 趟风筒供风。

2001 年 4 月 6 日,某矿一掘进面发生瓦斯爆炸产生重大伤亡,其绝对瓦斯涌出量达 8 m^3/ min,采用 4 台风机和 4 趟风筒为其供风。为吸取其教训,2001 年版《规程》首次提出了"严禁使用 3 台以上(含 3 台)局部通风机同时向 1 个掘进工作面供风"的规定。

② 不得使用 1 台局部通风机同时向 2 个及以上作业的掘进工作面供风,主要是为了保证掘进工作面有足够且稳定的风量。若 1 台局部通风机分接出多趟并联风筒,由于每个掘进工作面的进度不可能完全同步,势必造成各趟风筒长度不断变化。风筒长的阻力大、通过的风量少;反之亦然。这样会造成各个工作面的风量不断变化,系统极不稳定。此处的"不得使用 1 台局部通风机同时向 2 个及以上作业的掘进工作面供风"是指任何一个工作面都不得作业;如果掘进工作面风量足够,在风筒上插管稀释局部地点的瓦斯,也是允许的;使用 2 台局部通风机时,其中 1 台兼顾为瓦斯抽采钻场或其他区域供风的,应该是允许的;1 台局部通风机向多个不作业的区域供风,也是允许的。

第一百六十五条 *使用局部通风机通风的掘进工作面,不得停风;因检修、停电、故障等原因停风时,必须将人员全部撤至全风压进风流处,切断电源,设置栅栏、警示标志,禁止人员入内。*

【释义】 本条是关于应对局部通风机突然停风处置措施的规定。

局部通风机停风导致的事故教训极其惨痛,轻则出现缺氧窒息事故,重则可能引起瓦斯爆炸。必须按照《规程》第一百六十四条要求,确保局部通风设施和设备安全可靠,避免局部通风机无计划停风。

【执行中应注意的问题】

(1) 局部通风机因故停风后,必须无条件及时停电撤人。

《规程》要求使用局部通风机供风的地点必须实行风电闭锁和甲烷电闭锁,只要系统正常,停风肯定会实现自动断电。即使系统失效,只要局部通风机停风,必须人工断电。停风后停电撤人是无条件的,所有作业人员必须自觉遵守。班组长和瓦斯检查工这时必须带头实施。如果能够短时间恢复通风,即按照规定及时恢复,否则必须设置栅栏、警示标志,禁止人员入内。利用甲烷传感器监测停风巷内瓦斯浓度,CH_4 浓度 3%以上且不能及时处理的,必须在 24 h 内临时密闭。

【案例】 某矿某掘进工作面局部通风机无计划停电停风长达 25 min,造成瓦斯积聚;由于未实现甲烷电闭锁,在未采取排放瓦斯措施的情况下,违章送电、送风;距巷口 630 m 处的动力电缆两通接线盒失爆产生火花,引爆瓦斯,47 人遇难。据查,该矿机电管理、通风和瓦斯管理混乱。未严格执行停送电制度,机电设备失爆现象严重;爆源处的动力电缆两通接线盒为假冒伪劣产品,标注的生产单位是"沈阳防爆电器厂",矿用安全标志编号为"920454",经在安全标志网查询和安标办核实,既无沈阳防爆电器厂,又无该安全标志编号产品;未安装局部通风机开停传感器、被控设备开关负荷侧馈电状态传感器;该掘进工作面瓦斯经常超限报警,工作面停电、停风后,作业人员经常不撤离,且在未按规定排放瓦斯情况下重新送电;事发当天,该掘进工作面曾 3 次停电,通风调度、生产调度和有关值班领导等均没有采取措施将作业人员撤至安全地带。事故后,原国家煤矿安全监察局及时修订了原《规程》相关条文,要求煤矿安全监控系统报警后,必须将相关区域作业人员全部撤至地面或全风压进风流处。

(2)"禁止人员入内"是指任何人都不允许进入,包括瓦斯检查员。

局部通风机因故停风后,一般都是临时设置栅栏,来不及安装门锁,所以必须安设警示标志,提醒不知情的人员绝对不能进入。

【案例】 2015 年 2 月 3 日 18 时 10 分,某矿监控系统显示−415 m 采区−380 m 密闭前 CH_4 浓度达到 0.52%,并持续升高,调度员通知瓦检员 A 去查看。18 时 40 分,瓦检员 A 汇报密闭前风筒落地,并通过矿调度分别于 18 时 51 分和 18 时 57 分与通风值班队长手机通了 2 次电话。19 时 14 分局部通风机停止运转;19 时 21 分,调度室一直给瓦检员 A 打电话都无人接听。19 时 49 分,通风值班队长匆忙入井。19 时 51 分,监控系统−380 m 密闭前瓦斯浓度达到 1.0%并持续升高,调度员给带班副矿长汇报并说曾派瓦检员 A 及通风队长去查看但没有回音,打密闭前电话无人接听。带班副矿长安排矿调度室通知在井下的指挥中心副主任和瓦检员 B 去查看。20 时 28 分,副主任沿轨道上山上行 30 m 感到呼吸困难就返回局部通风机处,瓦检员 B 赶到,说"上面有瓦检员 A,我要去看看";20 时 36 分,瓦检员 B 走到距局部通风机约 40 m 处晕倒,副主任开启局部通风机恢复通风,瓦检员 B 苏醒,2 人戴上自救器将最近的副矿长拽到局部通风机前抢救未果。20 时 55 分,向调度室汇报。21 时 10 分,救护队行至−415 m 区−400 m 石门口遇到副主任和瓦检员 B,副矿长已遇难。至挡水墙处,发现通风队长和瓦检员 A 也已遇难。

第一百六十六条 井下爆炸物品库必须有独立的通风系统,回风风流必须直接引入矿井的总回风巷或者主要回风巷中。新建矿井采用对角式通风系统时,投产初期可利用采区岩石上山或者用不燃性材料支护和不燃性背板背严的煤层上山作爆炸物品库的回风巷。必须保证爆炸物品库每小时能有其总容积 4 倍的风量。

【释义】 本条是关于井下爆炸物品库通风和防火的规定。

井下爆炸物品库是储存、发放炸药和雷管并进行雷管导通试验的硐室。炸药和雷管属爆炸危险品,爆炸后会产生巨大的冲击波和有毒有害气体。为避免井下爆炸物品发生爆炸导致灾情扩大,要求井下爆炸物品库必须有独立的通风系统,回风流必须直接引入矿井的总回风巷或主要回风巷;同时,在井下爆炸物品库的回风侧,不应布置任何通风设施,以便爆炸产生的冲击波和爆炸产物畅通无阻地直接排入回风系统而尽可能缩小灾害波及范围,减小灾情。

【执行中应注意的问题】

(1) 井下爆炸物品库距离重点井巷和设施的距离不能太小。

根据《规程》第三百三十二条,井下爆炸物品库库房距井筒、井底车场、主要运输巷道、主要硐室以及影响全矿井或者一翼通风的风门的法线距离:硐室式不得小于 100 m,壁槽式不得小于 60 m。

(2) 爆炸物品发放硐室也必须有独立通风系统。

由于近几年煤矿和非煤矿山相继发生多起井下爆炸物品爆炸事故,部分省份要求矿山企业不得设置井下民用爆炸物品储存库,已设置的必须立即取消,这个规定值得商榷。因为频繁从地面向井下运输爆炸物品,其安全管理存在很多问题,而且在地面进行过导通试验的雷管经过多次搬运后,其导通性能不一定有保证。根据《规程》第三百三十五条,在多水平生产的矿井、井下爆炸物品库距爆破工作地点超过 2.5 km 的矿井以及井下不设置爆炸物品库的矿井内,可以设爆炸物品发放硐室,发放硐室应当有单独的发放间,发放硐室出口处必须设 1 道能自动关闭的抗冲击波活门。建井期间的爆炸物品发放硐室必须有独立的通风系统。必须制定预防爆炸物品爆炸的安全措施。

第一百六十七条 井下充电室必须有独立的通风系统,回风风流应当引入回风巷。

井下充电室,在同一时间内,5 t 及以下的电机车充电电池的数量不超过 3 组、5 t 以上的电机车充电电池的数量不超过 1 组时,可不采用独立通风,但必须在新鲜风流中。

井下充电室风流中以及局部积聚处的氢气浓度,不得超过 0.5%。

【释义】 本条是关于井下充电室通风的规定。

井下蓄电池机车需要经常充电,而蓄电池组箱内装有大量的浓硫酸,硫酸蒸气对人体呼吸系统有强烈的刺激作用。充电过程中还会产生氢气,必须保证井下充电室有良好的通风条件。

【执行中应注意的问题】

(1) 小型充电室可不采用独立通风,但必须在新鲜风流中。

采用扩散通风时,必须满足《规程》第一百六十八条关于扩散通风的要求。如果有瓦斯涌出,即使充电的电池组数较少,也绝对不允许采用扩散通风。

(2) 必须有严防氢气爆炸的措施。

氢气浓度达到 4.0%~75.6%时还会发生爆炸,必须有可靠的安全措施。

第一百六十八条 井下机电设备硐室必须设在进风风流中;采用扩散通风的硐室,其深度不得超过 6 m、入口宽度不得小于 1.5 m,并且无瓦斯涌出。

井下个别机电设备设在回风流中的,必须安装甲烷传感器并实现甲烷电闭锁。

采区变电所及实现采区变电所功能的中央变电所必须有独立的通风系统。

【释义】 本条是关于井下机电设备硐室通风及安全管理的规定。

机电设备硐室中装有高、低电压电气设备,在运行或维修过程中一旦产生火花,有引爆瓦斯的可能。机电设备在运行中会释放热量,需要相对干燥和没有粉尘污染的环境,才能保证有良好的性能,故必须设在进风风流中;采用扩散通风的,必须满足本条要求且硐室无瓦斯涌出；个别必须安设在回风流中的机电设备，必须安装甲烷传感器并实现瓦斯电闭锁，一旦瓦斯超限，能够自动切断该机电设备的电源。

视频

【执行中应注意的问题】

（1）不能将所有安装机电设备的地点统称为"井下机电设备硐室"并要求其设在进风风流中。

此处的井下机电设备硐室是指类似于变电所、水泵房、井下临时抽采瓦斯泵站和充电室等安装了数目较多或功率较大的机电设备的硐室。部分矿井的采煤工作面回风巷或掘进巷道中安设有钻机、绞车、水泵和带式输送机等机电设备，不能理解为此种意义上的"井下机电设备硐室"；采区变电所及实现采区变电所功能的中央变电所、井下爆炸物品库、上下山绞车房等硐室实现了独立通风的，其回风口与采区回风巷或一翼回风巷相连接，不能理解为违背了"必须设在进风风流中"的要求。

（2）必须注意采用扩散通风的条件。

本条有"并且无瓦斯涌出"作为限制条件，意思是说，如果机电硐室中有瓦斯涌出，即使硐室深度和入口宽度都满足要求，也不得采用扩散通风。本条是针对硐室与巷道基本处于同一标高处的情况。一些特殊硐室，如潜水泵房或水仓上部很高，容易积聚瓦斯；下部很低，容易积聚 CO_2 或者 H_2S 等气体，人员进入前要提前机械通风，如加装换气扇。同时，扩散通风的效果跟巷道和硐室的几何尺寸有关，跟风速也有很大关系，必须注意微风区域的硐室、巷道高顶区以及密闭区域的漏风通道，严防窒息事故。

（3）正确理解"实现采区变电所功能的中央变电所"含义。

"实现采区变电所功能的中央变电所"是指矿井的中央变电所没有经过采区变电所、直接为采掘工作面供电。这种变电所电气设备、设施和电缆很多，存在着电气火灾的隐患，要求其跟采区变电所一样，回风直接引入回风风流中，而不能串入生产水平或采（盘区）及其他作业地点的进风系统中。在井底车场附近进行新水平开拓或新采区准备，新采区的变电所尚未形成之前，由中央变电所供电的，不属于此种意义上的"实现采区变电所功能的中央变电所"。

（4）正确理解"井下个别机电设备设在回风流中的"的含义。

根据《煤矿安全监控系统及检测仪器使用管理规范》（AQ 1029—2019），在采区回风巷、一翼回风巷及总回风巷道内临时施工的电气设备上风侧 10～15 m 处应设置甲烷传感器，并具备甲烷超限断电闭锁功能，采区回风巷的报警浓度为 $CH_4 \geqslant 1.0\%$、一翼回风巷及总回风巷道的报警浓度为 $CH_4 \geqslant 0.75\%$，断电浓度均为 $CH_4 \geqslant 1.0\%$，复电浓度均为 $CH_4 < 1.0\%$，此处的电气设备就是本条规定的"个别机电设备"。由于采煤工作面回风巷和掘进巷道已按要求设置了甲烷传感器，其设置地点以及报警、断电和复电的甲烷浓度及断电范围详见《煤矿安全监控系统及检测仪器使用管理规范》（AQ 1029—2019），设置在这些区域的电气设备不再单独设置甲烷传感器。任何传感器都存在误报警、误断电的可能性，过多地安设甲烷传感器会严重影响系统的稳定性，要求采煤工作面回风巷和掘进巷道中的单台设备再另外增设甲烷传感器的观点是错误的，这样不但不能增加保险系数，反而会严重影响监控系统的可靠性。

在此必须强调，《规程》第一百八十条要求矿井必须建立甲烷、二氧化碳和其他有害气体检查制度，所有采掘工作面、硐室、使用中的机电设备的设置地点、有人员作业的地点都应当纳入检查范围。也并不是要求瓦斯检查员对采煤工作面回风巷和掘进巷道中的每一台机电设备处都按对采掘工作面的瓦斯浓度检查次数的要求一样再另外检查瓦斯并悬挂瓦斯检查牌板,过多地悬挂没有必要的牌板,一旦发生事故,危害很大。但操作机电设备的人员应该在这些机电设备处悬挂便携式甲烷检测报警仪,确保万无一失。

第二节　瓦　斯　防　治

第一百六十九条　一个矿井中只要有一个煤(岩)层发现瓦斯,该矿井即为瓦斯矿井。瓦斯矿井必须依照矿井瓦斯等级进行管理。

根据矿井相对瓦斯涌出量、矿井绝对瓦斯涌出量、工作面绝对瓦斯涌出量和瓦斯涌出形式,矿井瓦斯等级划分为:

(一) 低瓦斯矿井。同时满足下列条件的为低瓦斯矿井:

1. 矿井相对瓦斯涌出量不大于 10 m^3/t;

2. 矿井绝对瓦斯涌出量不大于 40 m^3/min;

3. 矿井任一掘进工作面绝对瓦斯涌出量不大于 3 m^3/min;

4. 矿井任一采煤工作面绝对瓦斯涌出量不大于 5 m^3/min。

(二) 高瓦斯矿井。具备下列条件之一的为高瓦斯矿井:

1. 矿井相对瓦斯涌出量大于 10 m^3/t;

2. 矿井绝对瓦斯涌出量大于 40 m^3/min;

3. 矿井任一掘进工作面绝对瓦斯涌出量大于 3 m^3/min;

4. 矿井任一采煤工作面绝对瓦斯涌出量大于 5 m^3/min。

(三) 突出矿井。

【释义】　本条是关于矿井瓦斯等级划分的规定。

(1) 严格进行矿井瓦斯等级划分。一个矿井中只要有一个煤(岩)层发现瓦斯,该矿井即为瓦斯矿井。瓦斯矿井必须依照矿井瓦斯等级进行管理。

① 矿井瓦斯等级鉴定应当以独立生产系统的矿井为单位。

② 矿井瓦斯等级应当依据实际测定的瓦斯涌出量、瓦斯涌出形式以及实际发生的瓦斯动力现象、实测的突出危险性参数等确定。

③ 矿井瓦斯等级划分为:a. 低瓦斯矿井;b. 高瓦斯矿井;c. 煤(岩)与瓦斯(二氧化碳)突出矿井。

④ 在矿井的开拓、生产范围内有突出煤(岩)层的矿井为突出矿井。有下列情形之一的煤(岩)层为突出煤(岩)层:a. 发生过煤(岩)与瓦斯(二氧化碳)突出的;b. 经鉴定或者认定具有煤(岩)与瓦斯(二氧化碳)突出危险的。

⑤ 非突出矿井具备本条规定的第(二)项情形之一的为高瓦斯矿井,否则为低瓦斯矿井。

(2) 高瓦斯和突出矿井一律不得降低瓦斯等级。虽然将矿井瓦斯等级划分为 3 类,其实是按照瓦斯涌出量的大小,分为低瓦斯矿井和高瓦斯矿井;按照瓦斯涌出形式,分为突出矿井和非突出矿井。

根据《煤矿瓦斯等级鉴定办法》,经鉴定或者认定为突出矿井的,不得改定为非突出矿井；鉴定机构按照本办法鉴定为突出煤层的，煤矿不得再委托其他鉴定机构鉴定为非突出煤层。低瓦斯矿井生产过程中出现本办法第九条中所列高瓦斯矿井条件的，煤矿企业应当立即认定该矿井为高瓦斯矿井，并报省级煤炭行业管理部门和省级煤矿安全监察机构。

第一百七十条　每2年必须对低瓦斯矿井进行瓦斯等级和二氧化碳涌出量的鉴定工作，鉴定结果报省级煤炭行业管理部门和省级煤矿安全监察机构。上报时应当包括开采煤层最短发火期和自燃倾向性、煤尘爆炸性的鉴定结果。高瓦斯、突出矿井不再进行周期性瓦斯等级鉴定工作，但应当每年测定和计算矿井、采区、工作面瓦斯和二氧化碳涌出量，并报省级煤炭行业管理部门和煤矿安全监察机构。

新建矿井设计文件中，应当有各煤层的瓦斯含量资料。

高瓦斯矿井应当测定可采煤层的瓦斯含量、瓦斯压力和抽采半径等参数。

【释义】　本条是关于低瓦斯矿井瓦斯等级鉴定及高瓦斯、突出矿井瓦斯基础参数测定的规定。

矿井瓦斯等级鉴定是划分矿井瓦斯等级的依据，是煤矿瓦斯防治的重要基础工作，鉴定结果的准确性直接影响煤矿瓦斯防治成效。2016年12月5日湖北恩施辛家煤矿和2017年1月4日河南登封兴峪煤矿发生的2起重大突出事故均暴露出在煤矿瓦斯等级鉴定过程中不同程度地存在弄虚作假、鉴定程序不严谨等问题。原国家煤矿安全监察局与国家能源局联合印发了《煤矿瓦斯等级鉴定办法》，对进一步严格规范煤矿企业和鉴定机构开展煤矿瓦斯等级鉴定工作具有重要意义。

视频

本条对矿井瓦斯等级鉴定只提出了原则性要求，具体要求必须按《煤矿瓦斯等级鉴定办法》执行。

特别说明：突出煤层和突出矿井的鉴定及其管理，详见“煤（岩）与瓦斯（二氧化碳）突出防治”部分并严格按《防治煤与瓦斯突出细则》要求执行。

【执行中应注意的问题】

(1) 严格矿井瓦斯等级鉴定管理。

① 突出矿井（或突出煤层）鉴定工作由具备煤与瓦斯突出鉴定资质的机构承担。高瓦斯矿井等级鉴定工作由具备鉴定能力的煤矿企业或者委托具备相应资质的鉴定机构承担。具体办法由省级煤炭行业管理部门会同省级煤矿安全监管部门和省级煤矿安全监察机构制定。

② 用于煤矿瓦斯等级鉴定或者测定的所有仪器仪表应当保证状态完好、精度满足要求、测值准确，计量仪器仪表应当在其计量检定或校准证书的有效期内使用。

③ 煤矿委托鉴定机构（单位）鉴定时，应当与鉴定机构（单位）签订合同，合同内容应当包括鉴定对象、内容及双方职责等。委托时不得要求特定的鉴定结果。鉴定机构（单位）在鉴定合同生效后，高瓦斯矿井鉴定应当在2个月内完成；除新建矿井外，突出矿井（煤层）鉴定应当在4个月内完成。

④ 煤矿提供的基础资料、数据等必须真实、完整，并建立瓦斯鉴定档案，妥善保存鉴定过程中的原始资料。鉴定机构按照《煤矿瓦斯等级鉴定办法》鉴定为突出煤层的，煤矿不得再委托其他鉴定机构鉴定为非突出煤层。

⑤ 鉴定机构（单位）应当依照法律、法规、标准和执业规则等公正、诚信、科学地开展煤

矿瓦斯等级鉴定工作,并对其鉴定结果负责。鉴定机构(单位)不得转让、出借、出租瓦斯等级鉴定资质,不得转包或分包瓦斯等级鉴定工作。

⑥ 鉴定机构(单位)应当建立健全瓦斯等级鉴定工作质量管理体系,对鉴定程序、鉴定人员、报告审批、鉴定资料的档案管理等进行严格管控,尤其对鉴定方法、指标测定、鉴定结论等应当建立内部评审机制。

⑦ 鉴定人员应当为鉴定机构(单位)正式员工,熟悉相关法律、法规、标准和规定,具备鉴定工作所需要的专业知识和能力后方可从事鉴定工作。突出鉴定项目负责人必须从事煤矿瓦斯防治工作至少 10 年以上,并取得高级职称。鉴定机构(单位)及其鉴定人员从事瓦斯鉴定活动,不得泄露被鉴定单位的技术和商业秘密等信息。

⑧ 鉴定报告应当有被鉴定矿井(煤层)名称、鉴定机构(单位)名称、鉴定日期以及鉴定人员、鉴定负责人、审核人和授权签字人(批准人)的签字,加盖鉴定机构(单位)公章。突出鉴定报告还应当在鉴定证书中加盖突出鉴定资质章,并附鉴定资质证书复印件。

(2) 做好低瓦斯矿井等级鉴定工作。

① 低瓦斯矿井每 2 年应当进行一次高瓦斯矿井等级鉴定,高瓦斯、突出矿井应当每年测定和计算矿井、采区、工作面瓦斯(二氧化碳)涌出量,并报省级煤炭行业管理部门和煤矿安全监察机构。

② 低瓦斯矿井应当在以下时间节点前进行并完成高瓦斯矿井等级鉴定工作:新建矿井投产验收;矿井生产能力核定完成;改扩建矿井改扩建工程竣工;新水平、新采区或开采新煤层的首采面回采满半年;资源整合矿井整合完成。

③ 低瓦斯矿井生产过程中出现《煤矿瓦斯等级鉴定办法》第九条中所列高瓦斯矿井条件的,煤矿企业应当立即认定该矿井为高瓦斯矿井,并报省级煤炭行业管理部门和省级煤矿安全监察机构。

(3) 做好高瓦斯矿井等级鉴定工作。

① 鉴定开始前应当编制鉴定工作方案,做好仪器准备、人员组织和分工、计划测定路线等。

② 鉴定应当根据当地气候条件选择在矿井绝对瓦斯涌出量最大的月份,且在矿井正常生产、建设时进行。

③ 参数测定工作应当在鉴定月的上、中、下旬各取 1 天(间隔不少于 7 天),每天分 3 个班(或 4 个班)、每班 3 次进行。

④ 鉴定时应当准确测定风量、甲烷浓度、二氧化碳浓度及温度、气压等参数,统计井下瓦斯抽采量、月产煤量,全面收集煤层瓦斯压力、瓦斯含量、动力现象及预兆、瓦斯喷出、邻近矿井瓦斯等级等资料。鉴定实测数据与最近 6 个月以来矿井安全监控系统的监测数据、通风报表和产量报表数据相差超过 10%的,应当分析原因,必要时应当重新测定。

⑤ 测点应当布置在进、回风巷测风站(包括主要通风机风硐)内,如无测风站,则选取断面规整且无杂物堆积的一段平直巷道作测点。每一测定班应当在同一时间段的正常生产时间进行。

特别说明:正常生产条件是指测定区域(矿井、煤层、翼、水平或采区)的实际产量(包括回采和掘进煤产量)达到该区域核定(设计)产量或正常产量 60%以上的条件。

⑥ 绝对瓦斯涌出量按矿井、采区和采掘工作面等分别计算,相对瓦斯涌出量按矿井、采

区或采煤工作面计算。

⑦ 高瓦斯矿井等级鉴定报告应当采用统一的表格格式，并包括以下主要内容：矿井基本情况；矿井瓦斯和二氧化碳测定基础数据表；矿井瓦斯和二氧化碳测定结果报告表；标注有测定地点的矿井通风系统示意图；矿井瓦斯来源分析；最近5年内矿井的煤尘爆炸性鉴定、煤层自然发火倾向性鉴定、最短发火期及瓦斯(煤尘)爆炸或燃烧等情况；瓦斯喷出及瓦斯动力现象情况；鉴定月份生产状况及鉴定结果简要分析或说明；鉴定单位和鉴定人员；煤矿瓦斯等级鉴定结果表。

(4) 明确矿井瓦斯等级鉴定责任。

① 在鉴定过程中，煤矿提供的相关数据及图纸资料等与实际不符、弄虚作假甚至干扰鉴定工作，导致矿井瓦斯等级降低的，应当由安全生产许可证发放部门撤销其安全生产许可证。

② 鉴定机构应当对鉴定结果负责；出具虚假鉴定报告的，应当由资质发放部门吊销其鉴定资质，并按照有关法律法规予以处罚。

(5) 做好瓦斯基础参数测定工作。

① 对于本条规定的“高瓦斯矿井应当测定可采煤层的瓦斯含量、瓦斯压力和抽采半径等参数”，属于瓦斯基础参数测定，有能力的企业可以自行测定，也可委托相关单位测定。主要是根据煤层瓦斯含量和瓦斯压力及时分析判断煤层有无进入突出危险的范畴，一旦接近临界值，必须及时作突出危险性鉴定。同时，测定这些参数，也是对以瓦斯抽采为主的瓦斯治理工程进行科学的评价，以便不断改进治理措施。

抽采半径按用途可分为抽采影响半径和有效影响半径。抽采影响半径是指在规定的时间内原始瓦斯压力开始下降的测试点到抽采钻孔中心的距离。有效抽采半径是指在规定时间内以抽采钻孔为中心，该半径范围内的瓦斯压力或含量降到安全容许值的范围。钻孔的有效抽采半径是抽采时间、瓦斯压力、煤层透气性系数的函数，另外还与煤层原始瓦斯压力、吸附性能、抽采负压有关。通常将抽采范围内最大压力(0.74 MPa)和最大含量($8\ m^3/t$)点到抽采钻孔中心的距离确定为有效抽采半径。瓦斯含量测试误差较大，且容易受取样孔瓦斯排放的影响，而瓦斯压力易于观察，且较为直观。

② 本条规定“新建矿井设计文件中，应当有各煤层的瓦斯含量资料”，主要是为了掌握煤层瓦斯基础资料。矿井和采区设计要依据瓦斯地质资料详细分析和预测矿井瓦斯灾害情况，优化巷道布置，简化生产系统，积极采用先进的支护工艺，保证合理通风断面，明确煤层和工作面开采顺序；生产系统和布局必须充分考虑瓦斯治理的需要，并贯穿于新建、改扩建、水平延深、采区设计、生产准备到工作面衔接的各个环节；新采区投产前，必须完成有关瓦斯治理工程，具备瓦斯治理的各项功能和条件，否则不准投产；现有生产矿井要落实瓦斯治理的有关规定，完善瓦斯治理工程，调整和优化生产布局；科学合理确定工作面走向和倾斜长度，实现安全高效、合理集中生产。

第一百七十一条　*矿井总回风巷或者一翼回风巷中甲烷或者二氧化碳浓度超过0.75%时，必须立即查明原因，进行处理。*

【释义】　本条是关于矿井总回风巷或一翼回风巷风流中瓦斯浓度的规定。

矿井总回风巷或者一翼回风巷承担所有采区或者部分采区的回风任务，由于通风系统中还有其他独立通风及漏风网络的存在,这些区域通常较采区回风巷风流中的瓦斯浓度低,为满足任何一个采区回风巷风流中 CH_4 浓度都不得超过 1.0%或者 CO_2 浓度都不得超过 1.5%的规定,将该区域风流中 CH_4 或者 CO_2 浓度均控制在 0.75%以下是比较合适的。若超过该控制范围,立即查明分析 CH_4 或者 CO_2 的涌出源等,采取对策进行处理。

【执行中应注意的问题】

(1) 临时瓦斯抽采泵站抽采瓦斯直接排入矿井总回风巷或者一翼回风巷的,下风侧栅栏外 CH_4 浓度不得超过 1.0%。

根据《煤矿瓦斯抽放规范》(AQ 1027—2006),移动泵站抽出的瓦斯排至回风道时,在抽放管路出口处必须采取安全措施,包括设置栅栏、悬挂警戒牌。栅栏设置的位置,上风侧为管路出口外推 5 m,上下风侧栅栏间距不小于 35 m。两栅栏间禁止人员通行和任何作业。移动抽放泵站排到巷道内的瓦斯,其浓度必须在 30 m 以内被混合到《规程》允许的限度以内。栅栏处必须设警戒牌和瓦斯监测装置,巷道内瓦斯浓度超限报警时,应断电、停止瓦斯抽放、进行处理。监测传感器的位置设在栅栏外 1 m 以内。根据《煤矿安全监控系统及检测仪器使用管理规范》(AQ 1029—2019),下风侧栅栏外 CH_4 报警浓度为 0.5%,断电浓度为 1.0%,断电范围为瓦斯抽采泵站的电源。

(2) 正确选择瓦斯浓度测定位置。

① 在回风流中测风站内测定。

② 测定 CH_4 浓度时要在巷道风流断面全高的上部约 1/3 处进行;测定 CO_2 浓度时应在巷道风流断面全高的下部约 1/5 处进行,每个部位连续测定 3 次,取其最大值。

③ 巷道断面风流范围划定:在有支架的巷道,距支架和巷底各不小于 50 mm 的巷道空间的风流范围内;在无支架或用锚喷、砌碹支护的巷道,距巷道顶、帮、底各不小于 200 mm 的巷道空间的风流范围内。《规程》其他条文中关于 CH_4 或者 CO_2 浓度的测定参考本要求。

(3) 正确处置瓦斯超限险情。

矿井总回风巷或者一翼回风巷中有害气体浓度超限时,其危险不在总回风巷本身,而可能是采掘工作面及其他作业地点有害气体浓度超限,所以这时不是要求立即断电撤人,而是必须立即查明原因,进行处理。

第一百七十二条 *采区回风巷、采掘工作面回风巷风流中甲烷浓度超过 1.0%或者二氧化碳浓度超过 1.5%时,必须停止工作,撤出人员,采取措施,进行处理。*

【释义】 本条是关于采(盘)区回风巷和采掘工作面回风巷风流中瓦斯浓度的规定。

规定采(盘)区和采掘工作面回风巷风流中 CH_4 浓度上限为 1.0%,提高安全系数。而 CO_2 气体不具有燃爆性,对于个别 CO_2 高的矿井,将其控制浓度放宽到 1.5%,不会影响安全和人身健康。

【执行中应注意的问题】

(1) 正确选择采(盘)区回风巷风流中瓦斯浓度测定位置并正确处置瓦斯超限险情。

① 采(盘)区回风巷风流中瓦斯浓度应在其全部回风流汇合后的测风站中测定。

② 采(盘)区回风巷风流中甲烷传感器(便携仪)的设置地点,报警、断电、复电浓度和断电范围详见《煤矿安全监控系统及检测仪器使用管理规范》(AQ 1029—2019)。对于设置了专用回风巷的采(盘)区,专用回风巷本身没有安装电气设备,不存在断电问题,但只要该巷

道内瓦斯超限，该采(盘)区内某个(甚至多个)采掘工作面或其他作业地点瓦斯就会超限，接到报警后，必须立即在该采(盘)区范围内停止作业，人员都撤离到采(盘)区进风巷道中，查明原因，进行处理。

(2) 正确选择采煤工作面回风巷风流中瓦斯浓度测定位置并正确处置瓦斯超限险情。

① 采煤工作面回风巷风流中的瓦斯浓度，应在距采煤工作面煤壁线 10 m 以外至采(盘)区回风巷交岔口前 10～15 m 的采煤工作面回风巷风流中测定，并取其中最大值作为测定结果和处理依据。

② 采煤工作面回风巷风流中甲烷传感器(便携仪)的设置地点，报警、断电、复电浓度和断电范围详见《煤矿安全监控系统及检测仪器使用管理规范》(AQ 1029—2019)。一旦瓦斯超限，该采煤工作面及其回风巷的人员立即停止作业，撤离到工作面进风巷或者采(盘)区进风巷道中，查明原因，进行处理。

(3) 正确选择掘进工作面回风巷风流中瓦斯浓度测定位置并正确处置瓦斯超限险情。

采用局部通风机压入式通风的掘进工作面回风巷风流是指从风筒出风口开始至全风压通风巷道交岔口整个掘进巷道空间内的风流。CH_4 或者 CO_2 浓度是在风筒出口 10 m 以外的回风巷风流中和离全风压通风巷道交岔口 10～15 m 的风流中测定，并取其中最大值作为测定结果和处理依据。

掘进工作面回风巷风流、高瓦斯和突出矿井的掘进巷道中部、高瓦斯矿井双巷掘进工作面混合回风流等地点甲烷传感器(便携仪)的设置地点，报警、断电、复电浓度和断电范围详见《煤矿安全监控系统及检测仪器使用管理规范》(AQ 1029—2019)。一旦掘进工作面回风巷风流中瓦斯超限，该掘进工作面及其回风巷风流的人员立即停止作业，撤离到该掘进工作面进风巷道或者采(盘)区的进风巷道中，查明原因，进行处理。

第一百七十三条　采掘工作面及其他作业地点风流中甲烷浓度达到1.0%时，必须停止用电钻打眼；爆破地点附近 20 m 以内风流甲烷浓度达到 1.0%时，严禁爆破。

采掘工作面及其他作业地点风流中、电动机或者其开关安设地点附近 20 m 以内风流中的甲烷浓度达到 1.5%时，必须停止工作，切断电源，撤出人员，进行处理。

采掘工作面及其他巷道内，体积大于 0.5 m^3 的空间内积聚的甲烷浓度达到 2.0%时，附近 20 m 内必须停止工作，撤出人员，切断电源，进行处理。

对因甲烷浓度超过规定被切断电源的电气设备，必须在甲烷浓度降到 1.0%以下时，方可通电开动。

【释义】　本条是关于采掘工作面及其他作业地点风流中甲烷浓度的规定。

采掘工作面及其他作业地点是煤矿井下主要作业地点，也是瓦斯涌出的主要来源。作业人员及生产设备较多，尤其是作业人员操作失误，出现管理漏洞时，最容易发生事故。瓦斯超限继续作业是瓦斯爆炸事故的重要原因之一，必须严禁。

【执行中应注意的问题】

(1) 注意采掘工作面及其他作业地点风流中甲烷浓度达到不同的浓度时应急处置措施的差别。

① 采掘工作面及其他作业地点风流中甲烷浓度达到 1.0%时，必须停止用电钻打眼；爆破地点附近 20 m 以内风流中甲烷浓度达到 1.0%时，严禁爆破。

② 采掘工作面及其他作业地点风流中、电动机或者其开关安设地点附近 20 m 以内风流中甲烷浓度达到 1.5%时，必须停止工作，切断电源，撤出人员，进行处理。

(2) 注意采掘工作面及其他作业地点风流范围的划定和甲烷传感器的设置。

① 采煤工作面风流范围的划定：距煤壁、顶(岩石、煤或假顶)、底(岩石、煤或充填材料)各 200 mm(小于 1 m 厚的薄煤层距采煤工作面顶、底各 100 mm)和以采空区的切顶线为界的采煤工作面工作空间的风流。对于采用充填法管理顶板时，采空区一侧应以挡矸、砂帘为界。在采煤工作面回风隅角切顶线向采空区一侧未放顶暴露空间，应按局部瓦斯积聚空间(向采空区一侧不少于 1.2 m 范围)处理。

采煤工作面风流中甲烷传感器(便携仪)的设置地点，报警、断电、复电浓度和断电范围详见《煤矿安全监控系统及检测仪器使用管理规范》(AQ 1029—2019)。采煤工作面瓦斯超限，该工作面及其回风巷内必须立即停止作业，人员撤离到该采煤工作面进风巷或者采(盘)区进风巷道中，查明原因，进行处理。

② 掘进工作面风流范围的划定：掘进工作面迎头到风筒口这一段巷道空间的巷道风流。

掘进工作面风流中甲烷传感器(便携仪)的设置地点，报警、断电、复电浓度和断电范围详见《煤矿安全监控系统及检测仪器使用管理规范》(AQ 1029—2019)。掘进工作面一旦瓦斯超限，该掘进工作面及其回风巷必须立即停止作业，人员撤离到该掘进工作面进风巷或者采(盘)区进风巷道中，查明原因，进行处理。

③ 爆破地点和电动机及开关附近 20 m 风流范围或者局部空间的划定：采煤工作面的爆破地点是指沿工作面煤壁方向或者巷道的两端或者多端方向各 20 m 范围内的采煤工作面风流及暴露的盲巷或者空间；壁式采煤工作面采空区内顶板未冒落时，还应测定切顶线向采空区一侧不少于 1.2 m 范围内积聚的甲烷浓度；爆破的掘进工作面向外 20 m 范围内的巷道风流，包括此范围内盲巷的局部积聚瓦斯；电动机及其开关附近 20 m 风流范围是指其上风流和下风流各 20 m 范围内的所有巷道风流。爆破地点和电动机及开关附近 20 m 风流中一旦瓦斯超限，作业地点及其回风巷内必须立即停止作业，人员撤离到该作业地点的进风巷或者采(盘)区进风巷道中，查明原因，进行处理。

(3) 注意局部瓦斯积聚的正确处置。局部瓦斯积聚是指采掘工作面及其他巷道风流范围以外暴露或者沟通空间中，甲烷浓度达到 2.0%、其连续空间体积超过 0.5 m^3 的情形。一旦出现局部地点瓦斯超限，上风侧和下风侧各 20 m 内必须停止工作，人员撤离到进风巷道中，切断电源，查明原因，进行处理。

第一百七十四条 采掘工作面风流中二氧化碳浓度达到 1.5%时，必须停止工作，撤出人员，查明原因，制定措施，进行处理。

【释义】 本条是关于采掘工作面风流中 CO_2 浓度的规定。

甲烷浓度达到 1.5%时，要求“必须停止工作，切断电源，撤出人员，进行处理”，因 CO_2 无爆炸性，进行处理时仅少了切断电源，其他要求与甲烷相同。

第一百七十五条 矿井必须从设计和采掘生产管理上采取措施，防止瓦斯积聚；当发生瓦斯积聚时，必须及时处理。当瓦斯超限达到断电浓度时，班组长、瓦斯检查工、矿调度员有权责令现场作业人员停止作业，停电撤人。

矿井必须有因停电和检修主要通风机停止运转或者通风系统遭到破坏以后恢复通风、排除瓦斯和送电的安全措施。恢复正常通风后，所有受到停风影响的地点，都必须经过通风、瓦斯检查人员检查，证实无危险后，方可恢复工作。所有安装电动机及其开关的地点附近 20 m 的巷道内，都必须检查瓦斯，只有甲烷浓度符合本规程规定时，方可开启。

临时停工的地点，不得停风；否则必须切断电源，设置栅栏、警标，禁止人员进入，并向矿调度室报告。停工区内甲烷或者二氧化碳浓度达到 3.0% 或者其他有害气体浓度超过本规程第一百三十五条的规定不能立即处理时，必须在 24 h 内封闭完毕。

恢复已封闭的停工区或者采掘工作接近这些地点时，必须事先排除其中积聚的瓦斯。排除瓦斯工作必须制定安全技术措施。

严禁在停风或者瓦斯超限的区域内作业。

【释义】 本条是关于井下停风和瓦斯超限时应对措施的规定。

瓦斯超限违章作业、无风或微风作业导致的瓦斯爆炸事故特别多，必须牢固树立“通风无小事”“瓦斯超限就是事故”的理念，瓦斯超限和停风时，必须无条件停止作业、停电撤人。《煤矿重大生产安全事故隐患判定标准》将井下瓦斯超限后不采取措施继续作业的作为“瓦斯超限作业”重大事故隐患的情形之一。

视频

【执行中应注意的问题】

(1) 落实煤矿瓦斯“零超限”目标管理。《国家矿山安全监察局关于进一步落实煤矿瓦斯“零超限”目标管理的通知》(矿安〔2021〕9 号)对落实煤矿瓦斯“零超限”目标管理有详细具体的要求。

① 强化瓦斯“零超限”目标管理。煤矿企业应当牢固树立“瓦斯可防可控”“瓦斯超限就是事故”“防超限就是防事故”的理念，进一步健全完善瓦斯“零超限”和煤层“零突出”目标管理制度，严格制度落实；从地质、通风、抽采、监控、技术管理和现场管理等方面分析查找瓦斯超限原因并制定有效措施，强化瓦斯综合防治措施落实；建立健全瓦斯超限应急预案，发生瓦斯超限时，必须按规定立即停止作业、停电撤人，分析原因、采取措施并追究责任，并定期开展瓦斯超限撤人演练。煤与瓦斯突出和按突出煤层管理的矿井应当严格落实两个“四位一体”综合防突措施和过程管控，严禁违规以顺层抽采代替穿层抽采、以局部措施代替区域措施；建立完善突出预警机制，发现瓦斯涌出异常、超限，以及喷孔、顶钻等动力现象时，必须立即停止作业、停电撤人、分析原因并采取有效治理措施。

② 超前防范瓦斯超限。煤矿企业严格瓦斯地质管理，强化瓦斯基础参数测定和地质预报探查，切实提升地质保障水平。严格生产设计和生产组织，规范采掘部署和接续，切实为瓦斯治理提供技术、时间、空间保障。加大瓦斯综合治理资金投入，切实提升瓦斯抽采系统、通风系统、安全监控系统、钻孔施工等装备能力水平，确保通风可靠、抽采达标、监控有效、管理到位。严格落实瓦斯检查制度，加强突出煤层揭煤、钻孔施工、巷道贯通、瓦斯排放、局部通风机通风和回风隅角等关键环节、关键地点的现场管理，切实降低瓦斯超限风险。

③ 完善监测监控系统建设和运行管理。各地区有关部门和中央企业要加快推进煤矿安全监控系统升级改造，已完成升级改造的矿井要严格按照《煤矿安全监控系统升级改造验收规范》组织验收，新建、改扩建矿井投产前和长期停工停产矿井复工复产前安全监控系统必须通过验收。煤矿企业应当加强安全监控系统日常运行维护，确保运行正常、联网稳定、

数据准确,传感器位置设置、调校测试、数据上传,以及报警、断电、复电浓度和断电范围设置等要符合标准要求。煤矿安全监控系统显示和控制终端必须设在矿调度室,全面反映监控信息,24 h 有监控人员值班。建立完善监测报警应急处置制度,监测监控值班人员接到预警、报警、断电等异常信息后,应立即通知有关人员按规定停止作业、停电撤人,采取措施、进行处理,处理过程和结果应当记录备案。各级煤矿安全监管监察部门、煤矿企业要进一步做好国家煤矿安全生产风险监测预警系统的信息上传工作,瓦斯超限后,企业应当及时录入超限原因分析和处理措施。

④ 严格瓦斯超限监管监察。各级煤矿安全监管监察部门要加强对煤矿企业瓦斯治理责任、资金投入、治理措施落实和瓦斯超限处置及责任追究等方面的监管监察,依据《规程》和企业生产实际,进一步界定瓦斯超限情形,督促煤矿企业落实瓦斯"零超限"目标管理。

一是要强化远程监管监察。用好煤矿安全监察执法系统(煤矿企业安全生产基础数据平台)和国家煤矿安全生产风险监测预警系统开展远程监管监察。各级煤矿安全监察机构和监管部门要定期调阅、分析、汇总辖区煤矿瓦斯、一氧化碳超限及问题隐患处理情况,研判重点企业重大安全风险,建立上下级及煤矿企业沟通机制,发现瓦斯超限等重点问题,及时联系督促煤矿企业整改落实。

二是要强化现场监管监察。要强化瓦斯防治现场监管监察执法,加强对煤矿安全监控系统运行维护情况的现场检查,检查传感器是否按规定安装、调试和标校,监控系统是否正常运行;检查矿井是否存在瓦斯超限作业,瓦斯超限后是否按规定进行应急处置和分析整改。

三是要强化责任追究。严格执行《中华人民共和国刑法修正案(十一)》《国务院关于预防煤矿生产安全事故的特别规定》《煤矿重大事故隐患判定标准》等法律规章,严厉打击人为破坏监控系统传感器、系统上传数据造假、瓦斯超限作业和安全监控系统不能正常运行仍组织生产等违法违规行为。严格落实安全生产违法行为行刑衔接有关规定,对发现涉嫌构成犯罪的,依法移送司法机关处理。

(2) 严防瓦斯超限并切实做好瓦斯超限的应急处置。严禁在瓦斯超限的区域内作业,这必须作为一项铁的纪律。《规程》第一百四十三条、第一百七十五条、第一百八十三条、第二百二十四条、第四百八十九条都对此有相应的规定。

(3) 切实做到"当瓦斯超限达到断电浓度时,班组长、瓦斯检查工、矿调度员有权责令现场作业人员停止作业,停电撤人"。煤矿企业要加强监控中心的值班值守,明确值班、带班人员的责任,当瓦斯超限和各类异常现象出现时,要迅速做出反应,采取正确的应对措施,及时处理瓦斯异常问题。

【案例】 2016 年 9 月 27 日,宁夏某煤矿因违章爆破引起瓦斯爆炸,20 人死亡。据调查,事故发生在超层越界区域,瓦斯浓度长期超限不采取有效防治措施,也不停工撤人。五下山掘进工作面和采煤工作面均采用单台局部通风机供风,风量严重不足且利用采空区通风,回风系统设有 3 台接力风机(1 号、2 号风桥的回风侧及风井中部)。回风井采用单风机运行,通风机隐蔽深埋在地表以下,使用直径 1.5 m 的 PVC 管将出风导出地面。风桥利用直径 800 mm 的柔性风筒代替,密闭、风门等设施极其简陋,采空区封闭均采用渣袋砌筑挡墙代替密闭。越界开采区域没有安全监测监控系统、人员位置系统、紧急避险系统、压风自救系统、供水施救系统及逃生避灾路线标志,作业人员不佩戴自救器。采掘施工一律不测量,不编制开采设计、作业规程和安全技术措施,生产情况一律没有记录,不填写报表和台账。

(4) 加强煤矿瓦斯超限等报警处置监督检查。《国家矿山安全监察局关于加强煤矿瓦斯超限等报警处置监督检查工作的通知》(矿安综〔2021〕12 号)对加强煤矿瓦斯超限等报警处置监督检查有详细具体的规定。

① 充分认识及时有效处置瓦斯超限等报警的重要意义。瓦斯是煤矿安全的"第一杀手",是造成煤矿较大及以上事故的主要灾害。各级煤矿安全监管监察部门必须牢固树立"瓦斯超限就是事故""防超限就是防事故"的理念,认真贯彻落实《国家矿山安全监察局关于进一步落实煤矿瓦斯"零超限"目标管理的通知》(矿安〔2021〕9 号),将防范瓦斯超限作为遏制瓦斯事故的关键环节,切实加强对煤矿企业瓦斯、一氧化碳超限等报警处置工作的监督检查,倒逼煤矿企业杜绝麻痹思想、侥幸心理,加大瓦斯等灾害治理力度,严格落实安全生产主体责任,推动煤矿安全生产形势持续稳定好转。

② 建立完善瓦斯超限等报警处置工作制度。各级煤矿安全监管监察部门要将煤矿瓦斯超限报警处置等情况作为执法检查内容,结合信息化工作实际,开展"互联网＋监管监察执法"。要建立健全工作机制,落实工作责任,安排专人每日开展以煤矿瓦斯超限报警处置等为主要内容的线上巡检,形成分析报告,实施闭环管理。发现煤矿安全监控系统联网不正常、联网数据显示瓦斯超限等异常未处置、矿领导未带班下井等情况,要及时进行调度分析,了解相关情况,督促煤矿企业查明原因、进行处置;需要现场核查的,要及时组织执法人员进行现场核查。要督促煤矿企业建立瓦斯等异常分析处置制度,发生瓦斯超限、一氧化碳超限必须按规定停止作业、停电撤人,分析原因、采取措施并追究责任,应急处置后要及时将超限原因分析和处理措施等录入风险监测预警系统。应急处置不及时、造成事故的,要依法追究责任。

③ 强化对风险监测预警系统使用和维护。各级煤矿安全监管监察部门要推动完善优化风险监测预警系统功能,加强对煤矿企业保障煤矿安全监控系统与风险监测预警系统正常对接的检查指导。要结合信息化工作实际,使用风险监测预警系统常态化开展远程监督检查,精准实施现场监管监察执法,督促煤矿企业严格执行煤矿安全监控系统日常运行维护各项制度,采取有效措施降低设备故障,规范设置数据采集模式和分析报警参数,及时正确标注传感器标校、断电实验、设备故障等非真实报警数据,确保安全监控系统运行正常、联网稳定、数据准确。

④ 强化瓦斯超限等报警风险分析研判。各级煤矿安全监管监察部门要认真落实《关于预判防控煤矿重大安全风险的指导意见(试行)》,将煤矿瓦斯超限等报警和煤矿安全监控系统运行列入安全风险分析研判的重要内容,聚焦风险监测预警系统显示的瓦斯超限报警等关键信息,每月至少开展一次专项风险分析研判,列出当月存在重大瓦斯、一氧化碳超限的煤矿清单及具体超限清单。对存在高频率、高浓度、高时长瓦斯超限等报警的煤矿,以及未超限报警但存在经常性浓度异常上升的煤矿,要强制推行每日瓦斯、一氧化碳超限风险分析研判,督促煤矿深入分析瓦斯、一氧化碳超限及异常的深层次原因,制定并落实有针对性的对策措施。要将该类煤矿列入监管监察重点对象,督促严格落实瓦斯、一氧化碳治理措施,加大灾害治理力度,从根本上消除瓦斯超限等重大隐患,从根本上防控瓦斯超限等重大风险。

⑤ 强化对瓦斯超限等报警处置的现场检查。各级煤矿安全监管监察部门要强化瓦斯超限等报警处置的现场检查,并建立信息通报、联合执法等机制,形成工作合力。要将

安全监控系统运行不正常、安全监控和人员位置监测数据不能实时上传、传感器安装调试和标校不符合规定、安全监控系统不能正常实现报警和断电功能、安全监控设备不具备故障闭锁功能、煤矿企业未按规定处置瓦斯超限等数据异常情况等纳入检查内容,开展精准监管监察。通过风险监测预警系统发现存在甲烷浓度超限虽不到3%但超限时长超过5 min、甲烷浓度超过3%、一氧化碳浓度超过2.4×10^{-3}%且时长超过30 min、甲烷或一氧化碳浓度异常波动或长时间数据归零等现象的,要立即派人员进行现场核查,及时查明原因,依法做出处置。

⑥ 强化对瓦斯超限等违法违规行为的处理处罚。各级煤矿安全监管监察部门要加大执法力度,严格执行《煤矿重大事故隐患判定标准》,发现瓦斯超限作业、未按规定实施防突等瓦斯治理措施、安全监控系统不能正常运行等重大隐患的,要依据《国务院关于预防煤矿生产安全事故的特别规定》从严从重处罚。要严格落实安全生产违法行为行刑衔接有关规定,依据《中华人民共和国刑法修正案(十一)》,对发现的明知存在重大事故隐患仍冒险组织作业发生重大伤亡,人为破坏监控系统传感器、系统上传数据造假、瓦斯超限作业,安全监控系统不能正常运行仍组织生产等违法违规行为,坚决移送司法机关处理。

【案例】 2009年9月8日,河南某民营煤矿201机巷顶板冒落导致局部通风机停风后,掘进工作面内积聚大量高浓度瓦斯;违章排放瓦斯的过程中致使瓦斯浓度达到爆炸界限;巷道内破损的煤电钻电缆短路产生高温火源引起瓦斯爆炸,造成76人死亡。事故调查发现,该矿领导明知存在瓦斯超限隐患,不采取措施排除,反而多次要求瓦检员将甲烷传感器传输线拔掉或置于新鲜风流中。最终,该矿矿长、副矿长多人被判刑。

特别说明,根据《中华人民共和国刑法修正案(十一)》,强令他人违章冒险作业,或者明知存在重大事故隐患而不排除,仍冒险组织作业,因而发生重大伤亡事故或者造成其他严重后果的,构成"强令、组织他人违章冒险作业罪"。有下列情形之一的,构成"危险作业罪":关闭、破坏直接关系生产安全的监控、报警、防护、救生设备、设施,或者篡改、隐瞒、销毁其相关数据、信息的;因存在重大事故隐患被依法责令停产停业、停止施工,以及停止使用有关设备、设施、场所或者立即采取排除危险的整改措施,而拒不执行的;涉及安全生产的事项未经依法批准或者许可,擅自从事矿山开采、金属冶炼、建筑施工,以及危险物品生产、经营、储存等高度危险的生产作业活动的。

(5) 必须加强停风或者瓦斯超限区域恢复通风的安全管理。

① 对于停风的全风压通风区域,必须按照本条要求,恢复正常通风后,所有受到停风影响的地点,都必须经过通风、瓦斯检查人员检查,证实无危险后,方可恢复工作。所有安装电动机及其开关的地点附近20 m巷道内,都必须检查瓦斯,只有甲烷浓度符合本《规程》规定时,方可开启。

② 无论是对于临时停风掘进巷道还是恢复已封闭的停工区,必须参照《规程》第一百七十六条的要求,加强排放瓦斯的安全管理。

③ 封闭的区域,无论封闭时间长短、封闭内瓦斯浓度高低、封闭范围大小,启用或者采掘工作接近这些地点时,必须制定启封排放瓦斯的安全技术措施,经矿总工程师批准后执行。

第一百七十六条　局部通风机因故停止运转,在恢复通风前,必须首先检查瓦斯,只有停风区中最高甲烷浓度不超过1.0%和最高二氧化碳浓度不超过1.5%,且局部通风机及其开关附近10 m以内风流中的甲烷浓度都不超过0.5%时,方可人工开启局部通风机,恢复正常通风。

停风区中甲烷浓度超过1.0%或者二氧化碳浓度超过1.5%,最高甲烷浓度和二氧化碳浓度不超过3.0%时,必须采取安全措施,控制风流排放瓦斯。

停风区中甲烷浓度或者二氧化碳浓度超过3.0%时,必须制定安全排放瓦斯措施,报矿总工程师批准。

在排放瓦斯过程中,排出的瓦斯与全风压风流混合处的甲烷和二氧化碳浓度均不得超过1.5%,且混合风流经过的所有巷道内必须停电撤人,其他地点的停电撤人范围应当在措施中明确规定。只有恢复通风的巷道风流中甲烷浓度不超过1.0%和二氧化碳浓度不超过1.5%时,方可人工恢复局部通风机供风巷道内电气设备的供电和采区回风系统内的供电。

【释义】　本条是关于排放瓦斯的安全技术与管理措施的规定。

排放瓦斯本身是一种消除隐患的安全措施,但执行不好也会出问题。为做好这一工作,排放瓦斯前必须保证独头巷道中没有引爆火源;正常排放瓦斯工作的关键是严格控制排放浓度,正确选择排放线路,明确停电撤人的范围,加强现场监督和管理,各部门要密切合作,防止失误。

【执行中应注意的问题】

(1) 排放瓦斯必须实行分级管理。

① 第一级:直接开启局部通风机。条件是停风区中CH_4最高浓度不超过1.0%和CO_2最高浓度不超过1.5%,且局部通风机及其开关附近10 m以内风流中的CH_4浓度都不超过0.5%。

② 第二级:不需要编制措施,但必须采取措施控制排放瓦斯。条件是停风区中CH_4浓度超过1.0%或者CO_2浓度超过1.5%,CH_4和CO_2最高浓度都不超过3.0%。这种情况要求采取控制排放措施,确保排出的瓦斯与全风压风流混合处的CH_4和CO_2浓度均不得超过1.5%,混合风流经过的所有巷道内都不要求停电、撤人。

③ 第三级:必须制定并有效实施排放瓦斯的安全技术措施。条件是停风区中CH_4浓度或者CO_2浓度超过3.0%。这种情况要求采取控制排放措施,确保排出的瓦斯与全风压风流混合处的CH_4和CO_2浓度均不得超过1.5%,而且要按规定停电、撤人。

需要强调的是,以上独头巷道中的瓦斯浓度依据监控系统甲烷传感器的数据,掘进巷道停风后必须设置栅栏或警戒,任何人都不允许进入,也不允许瓦斯检查工进入独头巷道里面进行瓦斯检查。

(2) 排放瓦斯必须有可靠的安全技术措施。

① 控制排放瓦斯的方法。为使排放瓦斯风流在与全风压风流混合后,其中的瓦斯浓度不超过1.5%,必须采取控制排放方法,严禁“一风吹”,现场采取的控制方法主要有:

a. 增阻限风法。增加局部通风机的工作风阻,以限制局部通风机的风量,达到控制排放瓦斯的目的。增阻限风法主要有2种方法:一是在局部通风机入风口用木板阻挡;二是在风机出风侧用绳子捆绑。

b. 分风限风法。让风流分岔,只让部分风流通过风筒进入独头巷道以排放瓦斯,另一股风流则同全风压风流一起稀释排放出来的瓦斯。分风限风法主要有2种方法:一是在风机出风侧设"三通",通过调节2个阀门的开启程度来控制进入独头巷道的风量;二是将风筒在风机出风口断开,调节对口位置以控制送入独头巷道的风量。

c. 逐段排放法。在独头巷道内将风筒断开,将独头巷道内积存的瓦斯由外向里逐段排放出来。

② 有关参数计算。独头掘进巷道停风后,其内部积存的瓦斯量、瓦斯浓度、排放时最大供风量、最大排放量和最短的排放时间都必须在排放前制定的安全措施报告中计算出来。井下条件复杂,有关计算属于估算,与实际情况未必完全相符,执行时应根据实际情况灵活调整。

排放瓦斯时间应根据实际操作时再定,瓦斯排放完后,必须等30 min,确认无异常变化后,方可恢复正常供风与生产,故实际排放时间可参考该矿过去的经验值。

③ 在第一回风汇合处设置监控探头,实现井上、井下同时监督。

④ 排放瓦斯时停电撤人范围的确定。混合风流经过的所有巷道内必须停电撤人,其他地点的停电撤人范围应当在措施中明确规定。此规定的内涵比较深刻,需要结合实际通风网络,准确判断分析。在实际工作中,必须确定排放瓦斯的流经路线和方向及影响范围,必须绘制有关通风系统图和供电系统图,图中标明排放瓦斯风流流经的线路,电气设备、通信设施、甲烷传感器和通风设施的位置,做到文图齐全。

对于"停电撤人范围",比较严格的规定是"凡是可能受排放瓦斯风流影响的硐室、巷道和被排放瓦斯风流切断安全出口的所有采掘工作面,必须撤人停止作业,指定警戒人员的位置,禁止其他人员进入。排放瓦斯流经巷道内的电气设备必须指定专人在采区变电所和配电点两处同时切断电源,并设警示牌和设专人看管"。对于可能影响也可能不影响的区域,一定要划为停电撤人范围内,包括因为通风系统临时发生变化(如风门被打开或巷道冒顶)可能导致风流反向或局部通风机出现循环风的情况。采取独立通风时,凡处于排放瓦斯巷道回风侧的采掘工作面及其他工作地点都应该定为"被切断安全出口",而处于入风侧的采掘工作面不属于此列。2个掘进工作面串联通风时,无论哪个掘进工作面巷道排放瓦斯,另外一个掘进工作面都必须停电撤人。

(3) 做好排放瓦斯的有关安全工作的落实与监督。

① 排完瓦斯后,指定专人检查瓦斯,供电系统、电气设备必须完好,只有恢复通风的巷道风流中CH_4浓度不超过1.0%和CO_2浓度不超过1.5%且其他地点瓦斯浓度也符合要求时,方可人工恢复因排放瓦斯而停止供电的电气设备的供电。

② 批准的排放瓦斯安全措施必须由矿总工程师或通风安全副总工程师负责组织贯彻,责任落实到人,并签字备查。

③ 本矿安全监察部门负责监督排放瓦斯的安全措施的落实,若发现违章排放瓦斯,必须责成立即停止,并追查责任,严肃处理。

(4) 排放瓦斯前，必须确保独头巷道内无引爆火源。有些情况下，独头巷道内由于瓦斯浓度超过了瓦斯爆炸的上限，氧气浓度低于失爆氧浓度，即使存在火源也不会出现瓦斯燃烧或爆炸。但排放瓦斯时，新鲜风流进入必然形成瓦斯爆炸的 3 个必要条件。

【案例】 2013 年 7 月 22 日，四川某矿 8 时 27 分因为供电网络出现故障造成某掘进工作面局部通风机停风，当班瓦斯检查员撤出工作面所有人员。9 时 20 分，在直接恢复通风过程中发生瓦斯爆炸，但没有造成人员伤亡。9 时 40 分左右，救护队进入灾区侦察，于 10 时 20 分侦察完毕并撤出。在未向公司及矿领导汇报的情况下，矿总工程师组织制定排放瓦斯措施并安排救护队进入灾区侦察和排放瓦斯。17 时 20 分，救护小队进入该独头巷道佩戴氧气呼吸器采用逐段排放法开始排放瓦斯。22 时 20 分，在排放至距离迎头 80 m 位置，队员氧气呼吸器出现余压报警，全小队撤出灾区，向调度站和领导报告了排放瓦斯情况，并请示需要夜班继续排放剩余段巷道瓦斯。23 日 0 时 30 分，另一小队进入该巷道继续排放瓦斯。0 时 52 分发生瓦斯爆炸，7 名救护队员全部遇难。

(5) 排放瓦斯时，要谨防角联巷道出现风流反向使混合风流流经有可能存在火源的区域。

本条规定的“混合风流经过的所有巷道内必须停电撤人，其他地点的停电撤人范围应当在措施中明确规定”，含义深刻。混合风流流经的区域从通风系统图上一般都比较容易分析判断，必须直接划归停电撤人范围。“其他地点的停电撤人范围”就很难把握，所有可能因为风流反向而使混合风流流经的区域都应该停电撤人。

第一百七十七条 井筒施工以及开拓新水平的井巷第一次接近各开采煤层时，必须按掘进工作面距煤层的准确位置，在距煤层垂距 10 m 以外开始打探煤钻孔，钻孔超前工作面的距离不得小于 5 m，并有专职瓦斯检查工经常检查瓦斯。岩巷掘进遇到煤线或者接近地质破坏带时，必须有专职瓦斯检查工经常检查瓦斯，发现瓦斯大量增加或者其他异常时，必须停止掘进，撤出人员，进行处理。

【释义】 本条是关于井巷施工首次接近煤层时安全措施的规定。

井巷首次揭煤时，瓦斯压力和瓦斯涌出量普遍比较大，且事先对揭煤工作面的瓦斯地质资料和瓦斯涌出规律掌握不清，容易出现危险。同时，随着煤层埋藏深度的增加，煤层瓦斯含量、瓦斯压力一般都会增加，工作面瓦斯涌出量也会增加，甚至非突出煤层有可能转化为突出煤层。要求井筒施工以及开拓新水平的井巷第一次接近各开采煤层时，必须审查矿井地质资料和检查孔资料，并绘制井巷工程地质预测剖面图，确定掘进工作面距煤层的准确位置，提前打探煤钻孔作进一步的实地探测，施工过程中要重点加强瓦斯检查，尤其要根据具体参数分析判断揭煤时有无突出危险性。若有，必须按突出危险工作面对待，采取相应的综合防突措施。

【执行中应注意的问题】

(1) 加强井巷施工首次揭煤的地质工作。井巷施工首次接近煤层时按照《煤矿井巷工程施工规范》(GB 50511—2010)执行。为了更严格揭煤管理，在岩巷掘进遇到煤线或者接近地质破坏带时，必须停止掘进，撤出人员，查明前方地质情况并进行处理，而不能等到瓦斯涌出量增大或异常时才停止作业，否则可能造成严重后果。

(2) 加强井巷施工首次揭煤的瓦斯管理。

① 在井巷施工及开拓新水平的井巷第一次接近各开采煤层时，必须通过探煤钻孔探查

煤层埋藏状况,尤其要探明煤层瓦斯赋存、变化状况和有无突出危险。为防止由于煤层倾角较小而误揭突出煤层发生危险,本条规定在距煤层垂距 10 m 以外开始打探煤钻孔,钻孔超前工作面的距离不得小于 5 m,并有专职瓦斯检查工经常检查瓦斯。

② 探煤钻孔布置要求:立井施工时,在立井工作面至少布置 3 个孔径不小于 75 mm 的穿透煤层全厚的扇形钻孔;斜井或者新水平开拓时,在掘进工作面至少布置 2 个孔径不小于 75 mm 的穿透煤层全厚的扇形钻孔。

③ 岩巷掘进遇到煤线或者接近地质破坏带时,在掘进工作面至少布置 2 个穿透煤线或者破坏带的扇形钻孔。打钻时必须有专职瓦斯检查工经常检查孔口及附近风流中的瓦斯,发现孔口处瓦斯压力较大,涌出量增加或者瓦斯超限时,必须停止掘进,撤出人员,采取打钻排放瓦斯等措施,进行处理。

【案例】 2004 年 10 月 20 日,某煤矿 21 岩石下山掘进工作面爆破揭穿了一个落差约 10 m 的逆断层,该逆断层为储瓦斯构造,该区域煤层瓦斯压力增大。掘进工作面突然进入断层破碎带后,在高地应力和高瓦斯压力的共同作用下煤与瓦斯突破断层破碎带岩柱,发生了延期性特大型煤与瓦斯突出。突出的瓦斯逆流进入西大巷进风流中,造成西大巷与 11 轨道石门交汇处的瓦斯浓度达到爆炸界限,由架线电机车电火花引起瓦斯爆炸,148 人遇难。据调查,21 岩石下山回风联络巷堆积物料,并有带有通风口的风墙,致使通风阻力增大;11 轨道石门两道反向风门没起作用,加大了突出后的瓦斯逆流。

【案例】 2009 年 11 月 21 日,某煤矿在地质构造复杂的三水平南二石门 15 号煤层的探煤巷爆破作业诱发突出,瓦斯逆流至二水平卸载巷,电机车架线并线夹接头产生电火花引起瓦斯爆炸,108 人遇难。据调查,该矿从未发生过煤与瓦斯突出,发生突出事故的巷道预计揭露的 15 号煤层在邻近煤矿系非突出煤层,但标高低于邻矿始突标高,且遇到断层及破碎带,未引起高度重视和采取相应的有效防范措施。探煤巷的安全技术措施规定打超前钻孔探煤、探地质构造、探瓦斯情况,但事发前因故将钻机调走,致使措施没有按照作业规程要求落实到位。

第一百七十八条 有瓦斯或者二氧化碳喷出的煤(岩)层,开采前必须采取下列措施:

(一) 打前探钻孔或者抽排钻孔。

(二) 加大喷出危险区域的风量。

(三) 将喷出的瓦斯或者二氧化碳直接引入回风巷或者抽采瓦斯管路。

【释义】 本条是关于有瓦斯喷出危险的煤(岩)层开采前采取的安全措施的规定。

根据《规程》的名词解释,瓦斯(二氧化碳)喷出是指从煤体或岩体裂隙、孔洞或炮眼中大量瓦斯(二氧化碳)异常涌出的现象。在 20 m 巷道范围内,涌出瓦斯量大于或等于 1.0 m^3/ min,且持续时间在 8 h 以上时,该采掘区即定为瓦斯(二氧化碳)喷出危险区域。由于时间上的突然性和空间上的集中性,对井下安全生产威胁较大,处理不好,容易造成窒息或瓦斯爆炸事故,在生产作业过程中必须高度重视。

【执行中应注意的问题】

(1) 注意判定喷出瓦斯来源。

① 根据喷出瓦斯裂缝显现原因不同,大致可以分为地质来源的喷出和因采掘地压形成的喷出两大类。《规程》对于有瓦斯喷出危险的区域,在通风系统的构建与采掘生产作业时,

其防治瓦斯爆炸的管理措施与有突出危险的区域基本相似。

② 瓦斯沿原地质构造洞缝的喷出，大多发生在地质破坏带、石灰岩溶洞裂缝区、背斜或向斜轴部储瓦斯区，以及其他储瓦斯构造与原始洞缝相通的区域。其特点是喷出的瓦斯流量一般较大、持续时间较长、无明显的地压显现预兆，掘进巷道的瓦斯喷出一般位于工作面的迎头周围。喷出瓦斯裂缝多属于开放型，多与储气层（溶洞、砂岩、煤层等）或断层破坏带相通。对于此类瓦斯喷出，必须加强地质工作，根据瓦斯压力、储瓦斯容积和地质采掘条件制定防治瓦斯喷出的设计和安全措施。利用封堵喷出缝口，将瓦斯直接引入回风巷或者抽采瓦斯管路。

③ 瓦斯沿采掘地压新生成的裂缝的喷出，往往与地质构造有关，在这些区域内，采掘地压和瓦斯压力的联合作用使裂缝突然张开，成为瓦斯喷出的通道。其特点是喷出临近发生时，伴随有地压显现效应，出现多种显著征兆（如支架声响、掉碴、煤岩开裂、支架折断等），喷出瓦斯持续的时间较短，喷出瓦斯量与卸压区面积及瓦斯储量有关。掘进巷道一般发生在距离迎头 20～40 m 的已经掘进过的巷道处；采煤工作面一般发生在工作面从开切眼推进后 1～3 倍层间距（卸压瓦斯源所在邻近层与开采层的间距）处。对于此类瓦斯喷出，除查清地质构造外，还应该掌握层间岩性与厚度的变化、邻近层瓦斯压力和含量、地应力与顶底板活动规律等。应该根据初期卸压面积估算卸压瓦斯量、瓦斯喷出危险性和层间距确定抽采瓦斯的钻孔数量及孔位。

(2) 根据不同的来源，采取有针对性的防治措施。

为了防止巷道掘进过程中误入瓦斯富集区域，必须打前探钻孔或抽排钻孔，并采取加大风量稀释瓦斯，或者将喷出的瓦斯直接引入回风巷，最有效的办法是加大瓦斯抽采力度，提高卸压瓦斯的抽采效果。在有喷出危险的区域掘进巷道时，必须按下列方法施工前探钻孔。

① 掘凿岩石井巷前方的煤层有喷出危险时，应向煤层施工前探钻孔，并始终保持钻孔超前工作面沿井巷中心线方向的投影距离不小于 5 m，前探钻孔数量不得少于 3 个。

② 在有岩石裂隙、溶洞或破坏带并具有喷出危险的岩层中掘进巷道时，应至少施工 2 个直径不小于 75 mm 的前探钻孔，并始终保持钻孔超前工作面的投影距离不小于 5 m。在岩层中掘进巷道时，其上下邻近煤层有喷出危险时，应向邻近煤层施工前探钻孔，掌握煤（岩）层间距和构造、瓦斯和二氧化碳等情况。

③ 在有喷出危险的煤层中掘进时，应向掘进工作面前方施工前探钻孔，并始终保持钻孔超前工作面沿掘进方向的投影距离不小于 5 m，前探钻孔数量不得少于 3 个。

④ 施工前探钻孔后，发现喷出量较大时，应增加排放钻孔，并将排放的瓦斯和二氧化碳直接引入回风巷或者抽采瓦斯管路。

为防止打前探钻孔或者打排放钻孔及排放过程中瓦斯超限，应当调整并加大喷出区域的风量，控制风流中瓦斯浓度。若风量控制有困难，应当通过钻孔接管直接将瓦斯引到回风巷，有抽采管路的直接连管抽采。

第一百七十九条　在有油气爆炸危险的矿井中，应当使用能检测油气成分的仪器检查各个地点的油气浓度，并定期采样化验油气成分和浓度。对油气浓度的规定可按本规程有关瓦斯的各项规定执行。

【释义】 本条是关于有油气爆炸危险的矿井采取的安全措施的规定。

油气具有可燃性,其性质与瓦斯相似,所以在有油气爆炸危险的矿井必须严格油气检查制度。我国铜川、吕梁等多个矿区存在含油地层,此类矿井开采时会发生地层渗油现象。

【执行中应注意的问题】

(1) 应当使用能检测油气成分的仪器检查各个地点的油气浓度。不同的油气,在光学甲烷检测仪中的光干涉结果不同,同检查甲烷一样,用同一种仪器,检查结果的可信度没有保证。不同的油,其爆炸极限也不一样,本条虽要求"对油气浓度的规定可按本规程有关瓦斯的各项规定执行",这只是参考,煤矿生产实践中,有关煤矿应该根据本矿含油地层的特点,制定相关的措施。

(2) 必须按《煤矿防灭火细则》的要求,严防油气爆炸或火灾事故。《煤矿防灭火细则》第四十一条要求,井下使用的汽油、柴油、煤油必须装入盖严的铁桶内,由专人押运送至使用地点,剩余的汽油、煤油必须运回地面,严禁在井下存放。井下使用柴油机车,如确需在井下贮存柴油的,必须设有独立通风的专用贮存硐室,并制定安全措施。井下柴油最大贮存量不得超过矿井 3 天柴油需要量。专用贮存硐室应当满足井下机电设备硐室的安全要求。井下使用的润滑油、棉纱、布头和纸等,必须存放在盖严的铁桶内。使用后的棉纱、布头和纸,也必须放在盖严的铁桶内,并由专人定期送到地面处理,不得乱放乱扔。严禁将剩油、废油泼洒在井巷或者硐室内。井下清洗风动工具时,必须在专用硐室内进行,并使用不燃性和无毒性洗涤剂。

《煤矿防灭火细则》第四十二条要求,开采地层含油的矿井,应当加强对地层渗出油的防火管理,制定专项防火措施。

【案例】 2020 年 12 月 4 日,重庆某煤矿发生一起重大火灾事故。据调查,某回收公司在该煤矿井下回撤作业时,在一85 m 水泵硐室内违规使用氧气/液化石油气切割 2 号、3 号水泵吸水管,掉落的高温熔碴引燃了水仓吸水井内沉积的油垢,油垢和岩层渗出油燃烧产生大量有毒有害烟气,在火风压作用下蔓延至进风巷,造成 23 人死亡、1 人重伤。

第一百八十条 矿井必须建立甲烷、二氧化碳和其他有害气体检查制度,并遵守下列规定:

(一) 矿长、矿总工程师、爆破工、采掘区队长、通风区队长、工程技术人员、班长、流动电钳工等下井时,必须携带便携式甲烷检测报警仪。瓦斯检查工必须携带便携式光学甲烷检测仪和便携式甲烷检测报警仪。安全监测工必须携带便携式甲烷检测报警仪。

(二) 所有采掘工作面、硐室、使用中的机电设备的设置地点、有人员作业的地点都应当纳入检查范围。

(三)采掘工作面的甲烷浓度检查次数如下:

1. 低瓦斯矿井,每班至少 2 次;

2. 高瓦斯矿井,每班至少 3 次;

3. 突出煤层、有瓦斯喷出危险或者瓦斯涌出较大、变化异常的采掘工作面,必须有专人经常检查。

(四)采掘工作面二氧化碳浓度应当每班至少检查 2 次;有煤(岩)与二氧化碳突出危险或者二氧化碳涌出量较大、变化异常的采掘工作面,必须有专人经常检查二氧化碳浓度。对于未进行作业的采掘工作面,可能涌出或者积聚甲烷、二氧化碳的硐室和巷道,应当每班至少检查1次甲烷、二氧化碳浓度。

（五）瓦斯检查工必须执行瓦斯巡回检查制度和请示报告制度，并认真填写瓦斯检查班报。每次检查结果必须记入瓦斯检查班报手册和检查地点的记录牌上，并通知现场工作人员。甲烷浓度超过本规程规定时，瓦斯检查工有权责令现场人员停止工作，并撤到安全地点。

（六）在有自然发火危险的矿井，必须定期检查一氧化碳浓度、气体温度等变化情况。

（七）井下停风地点栅栏外风流中的甲烷浓度每天至少检查1次，密闭外的甲烷浓度每周至少检查1次。

（八）通风值班人员必须审阅瓦斯班报，掌握瓦斯变化情况，发现问题，及时处理，并向矿调度室汇报。

通风瓦斯日报必须送矿长、矿总工程师审阅，一矿多井的矿必须同时送井长、井技术负责人审阅。对重大的通风、瓦斯问题，应当制定措施，进行处理。

【释义】　本条是关于矿井通风瓦斯检查制度的规定。

瓦斯检查是瓦斯管理工作的首要环节，煤矿企业要建立瓦斯等有害气体的检查制度，配备足够的瓦斯检查人员；要树立“瓦斯超限就是事故”的理念，建立瓦斯超限追查制度，查找和消除事故隐患。必须结合煤矿的瓦斯等级及灾害情况建立瓦斯巡回检查制度、请示报告制度和瓦斯检查工现场交接班制度等，要明确检查人员责任、检查范围、项目、周期、记录报表及汇报处理要求等。制度建立后要认真组织学习并贯彻执行。

视频

【执行中应注意的问题】

（1）“瓦斯检查必须由瓦斯检查工检查”的观点是极其错误的。

① 严格按《规程》要求认真做好瓦斯检查工作，是瓦斯检查工的天职，这是不争的事实。但是，绝对不能理解为“瓦斯检查必须由瓦斯检查工检查”。本条第(一)项规定了“8＋2”类人员下井时，必须携带便携式甲烷检测报警仪，就是为了实现实时实地的连续检测，也就是说，这“8＋2”类人员走到哪，都能够实时检测到哪儿的瓦斯。安全监测工必须携带便携式甲烷检测报警仪，主要是为了参考自身携带的甲烷检测报警仪初步判定各传感器显示数据的可靠性，这与按规定校验甲烷传感器并不矛盾。要求瓦斯检查工必须携带便携式光学甲烷检测仪和便携式甲烷检测报警仪，光学甲烷检测仪检测的可靠性和精度高，但无法实现连续检测；而甲烷检测报警仪与之相反，二者可以互补。

② 本条第(一)项规定了“矿长、矿总工程师……流动电钳工等下井时”，此处的“等”，表示还有其他人，由煤矿根据实际工作需要确定，《规程》不做统一规定。如井下有些场所需要随时检查瓦斯的，作业人员不是太多，不可能单独配置瓦斯检查工，该队伍中至少有1人携带便携式甲烷检测报警仪，实施瓦斯检测。发现瓦斯超限、积聚或遇有其他问题时，任何人尤其是瓦斯检查工，都应积极采取措施处理，并将处理情况如实向矿调度室汇报。

③ 瓦斯检查要做到“三对口”，是指瓦斯检查工随身携带的瓦斯检查手册、设在检查地点的记录牌板和瓦斯检查班报三者所填写的检查内容、数值必须齐全且一致，此“数值”应该是光学甲烷检测仪检测出的数据，而不是甲烷检测报警仪的数据。随着瓦斯检测技术的发展，以激光瓦斯检测仪为代表的可靠性和精度都较高的新型瓦斯检测手段正逐步得到推广。

④ 除了按本条要求进行瓦斯检查以外，《规程》还有很多“必须检查瓦斯”的情形，如第一百二十七条关于修复旧井巷时、第一百四十三条关于贯通巷道时、第一百七十五条关于主

要通风机停止运转或者通风系统遭到破坏恢复正常通风后、第一百七十六条关于局部通风机因故停止运转在恢复通风前后、第一百七十七条关于井筒施工以及开拓新水平的井巷第一次接近各开采煤层及岩巷掘进遇到煤线或者接近地质破坏带时、第二百五十四条关于电气焊时、第三百四十七条关于爆破作业时、第四百四十二条关于检修或者搬迁电气设备时、第七百一十二条关于处理矿井火灾事故时,等等。这些情况有时由瓦斯检查工检查,有时安排专人检查。这些"危险作业"工序和地点的瓦斯检查较日常瓦斯检查还要严格,检查地点要具有代表性、数据必须准确可靠。

(2) 要求"硐室、使用中的机电设备的设置地点、有人员作业的地点的甲烷浓度检查与采掘工作面甲烷浓度检查要求一致"的观点是错误的。

① 根据本条第(二)项,所有采掘工作面、硐室、使用中的机电设备的设置地点、有人员作业的地点都应当纳入检查范围,是要求这些地点都应该检查瓦斯,但第(三)项是对采掘工作面的甲烷浓度检查次数的要求,不能将其合并来理解。采掘工作面的瓦斯检查次数必须按本条要求,其他情况由煤矿企业根据具体情况区别对待。

② 一般要求高瓦斯矿井,尤其是突出矿井的采掘工作面和瓦斯涌出异常的作业地点配备专职瓦斯检查工,该瓦斯检查工仅负责某一个采掘工作面和瓦斯涌出异常的作业地点的瓦斯检查,其他情况要求某个瓦斯检查工负责某个区域的巡回检查。

③ 类似《规程》第一百六十八条要求,井下个别机电设备设在回风流中的,必须安装甲烷传感器并实现甲烷电闭锁,因为采煤工作面回风巷和掘进巷道的回风流已按《煤矿安全监控系统及检测仪器使用管理规范》(AQ 1029—2019)要求设置了甲烷传感器并实现甲烷电闭锁,其中的机电设备不再重复专设甲烷传感器,本条并不是要求瓦斯检查工对这些区域中的每一台机电设备都按对采掘工作面的瓦斯浓度检查次数的要求一样再另外单独检查并悬挂检查牌板,否则瓦斯检查工根本检查不过来;而且,过多地悬挂没有必要的牌板,一旦发生事故,威胁很大。但操作机电设备的人员应该在这些机电设备附近悬挂便携式甲烷检测报警仪,确保万无一失。

必须强调,很多开采高瓦斯,尤其是突出矿井的企业要求采掘工作面和瓦斯涌出异常的作业地点配备专职瓦斯检查工(只检查某个特定的工作面),其检查范围是整个采煤工作面及其回风巷靠煤帮 10 m 左右范围、掘进工作面迎头及其风筒出口往回风流 10 m 左右范围,如图 3-3-19 所示,这是值得借鉴的。若将采煤工作面整条进回风巷或整条掘进巷道全部包含在内,瓦斯检查工根本检查不过来;更严重的是,瓦斯检查工到这些区域从事瓦斯检查工作时,采掘工作面就会出现瓦斯检查的空档期,反而不安全。

对于非专职瓦斯检查工(不局限于某个特定的工作面),在某个区域内巡回检查,检查地点与《煤矿安全监控系统及检测仪器使用管理规范》(AQ 1029—2019)要求安装甲烷传感器的地点基本一致,具体范围由煤矿企业根据实际情况确定,确保瓦斯检查"无盲区",《规程》对其检查范围和次数没有做统一的规定。

(3) 气体检查项目不能只局限于 CH_4、CO_2 浓度检查,其检查次数不能固定不变。

① 采掘工作面、硐室、机电设备设置地点、停风地点(栅栏外)、密闭外和有人作业的地点等,是 CH_4、CO_2 和其他有害气体涌出和发生变化的主要地点,也是容易发生事故隐患的地点,都必须纳入检查范围;同时,矿井总回风巷、一翼回风巷、采区回风巷的瓦斯浓度也能够反映矿井通风和瓦斯治理情况。

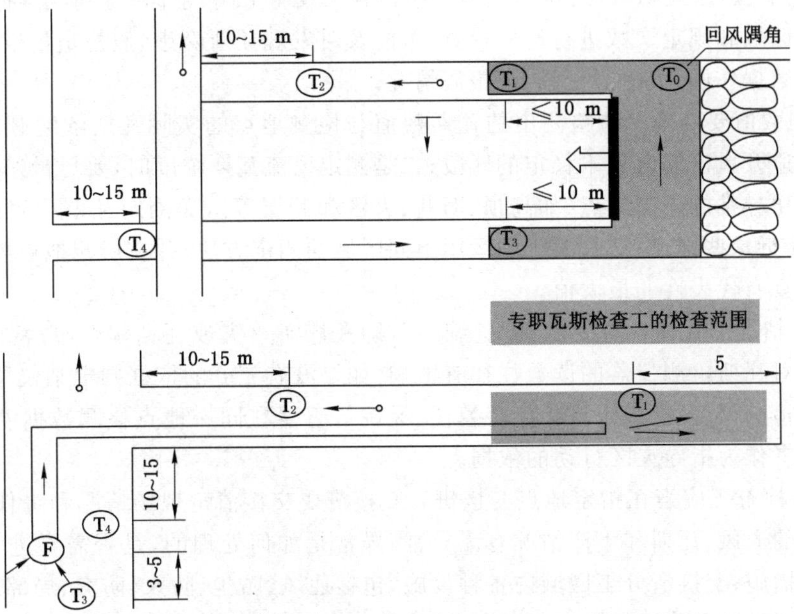

图 3-3-19　采掘工作面专职瓦斯检查工的检查范围

应该根据矿井开采煤(岩)层含有并逸出有害气体的类别及灾害程度要求，确定检查项目。正常情况下，检查 CH_4、CO_2 浓度；在开采有自燃、容易自燃煤层的矿井还要检查 CO 和气体温度；开采含有硫化矿物的煤(岩)层时还要检查 H_2S 和 SO_2 浓度；盲巷栅栏口等无风地点还要检查 O_2 浓度。瓦斯检查工在任何地点每次检查瓦斯的结果，都必须记入瓦斯检查手册和检查地点的记录牌板上，并通知现场的工作人员。

每个测点连续测定 CH_4、CO_2 浓度 3 次，取最大值为该测点浓度，各测点的最大值为该区域风流瓦斯浓度的测定结果和处理依据。

② 规定了采掘工作面瓦斯浓度每班至少检查的次数，不等于达到或超过规定次数即可。总的原则是不能出现瓦斯管理的盲区，不能忽略未进行作业的采掘工作面有害气体的检测工作。本条要求“突出煤层、有瓦斯喷出危险或者瓦斯涌出较大、变化异常的采掘工作面，必须有专人经常检查”，是要求根据现场作业工序和瓦斯涌出情况随时检查瓦斯，检查次数要远远超过 3 次。“经常”二字内涵非常深刻，不能只局限于次数，对异常情况更需要严肃认真地对待。

③ “对于未进行作业的采掘工作面，可能涌出或者积聚甲烷、二氧化碳的硐室和巷道，应当每班至少检查 1 次甲烷、二氧化碳浓度”是指矿井正常生产时期对未进行作业的采掘工作面的要求，因为这些区域一旦存在隐患可能会对生产区域形成威胁，节假日全矿井停产时期不在此列，此时不能要求采掘工作面也按正常时期进行瓦斯检查。

(4) 煤矿企业必须健全通风瓦斯分析制度和重大隐患排查治理制度。按照本条第(五)项要求健全和落实瓦斯检查工的瓦斯巡回检查制度和请示报告制度及第(八)项规定矿领导通风瓦斯报表审阅制度。掌握瓦斯变化情况，发现问题，及时处理。对重大的通风、瓦斯问题，应当及时有针对性地制定措施并正确处理。

① 杜绝空检、漏检和假检:空检是指瓦斯检查工没有上岗,空岗、迟到或早退;漏检是指没有按分工区域和规定次数进行巡回检查,未能及时发现瓦斯隐患;假检是指根本没有进行实地检查或数据作假,填写假记录、汇报假情况。

② 检测数值要准确。所检测出的瓦斯数值与检测地点的实际瓦斯浓度必须相符。一是检测时要避开风流混合处不稳定的区段;二是测定风流瓦斯浓度时,要尽量避开瓦斯涌出量较大或变化异常的局部地点(如高顶、旧巷、火区和断层等),而测定瓦斯积聚或局部瓦斯涌出时,应靠近这些地点;三是要正确运用不同区域的测定方法,并在所测地点内多选点,取多次测定中具有代表性的最大值。

③ 特殊情况下瓦斯检查要做到"三统一",即在煤矿火灾或瓦斯爆炸事故处理时,环境温度和湿度对瓦斯检测仪器的读数往往有影响,如果没有充分的依据判定某仪器出了故障,当光学甲烷检测仪、便携式甲烷检测报警仪、甲烷传感器在同一地点检测数据差别较大时,以读数最高者作为指导灾区行动的依据。

④ 瓦斯检查工应当在指定地点交接班。交接班要交接清楚现场情况和责任;要交接清分工区域内的通风、瓦斯和生产情况有无异常,异常是如何处理的,是否需要进一步处理和应采取何种措施;交接清分工区域内各种设施,包括通风、防尘、防火、防突、局部通风以及安全监控等有关设备和装置的状态,是否需要维修、增设或撤除;交接清分工区域内原来和新发生的各种隐患,当班处理情况和需要如何继续处理;交接清有关领导对某项工作指示的落实情况和需要请示的问题;交接清其他应交接的工作内容。接班人和交接班人都必须相互在对方手册上签字,做到有据可查。

⑤ 瓦斯检查工要确保自身安全。瓦斯检查人员在进行瓦斯检查的过程中要集中精力,保持清醒的头脑和饱满的精神状态;要严格遵守操作规程,正确运用不同地点的检查方法和手段,尤其是不能进入盲巷、火区或临时停风的独头巷道等地点,严防发生中毒或窒息事故。另外,必须随身携带自救器,并注意冒顶、片帮以及撞击火花等危险源。

⑥ 瓦斯检查工升井后立即将班报向通风值班人员审阅签字,并向矿调度室汇报。矿长是第一安全责任者,矿总工程师对通风安全工作负有技术管理责任,必须随时了解和掌握矿井所有地点的通风瓦斯现状,对可能出现的重大通风瓦斯问题或隐患,必须及时制定有效措施,进行处理。通风瓦斯日报必须送矿长、矿总工程师审阅签字。一矿多井的,必须先送井长、井技术负责人审阅签字。

⑦ 必须加强非正常情况的处置。发现瓦斯超限和积聚未处理完,瓦斯检查工不准离岗,等接班瓦斯检查工到现场后,交下班处理;排放瓦斯工作未结束,接班瓦斯检查工未到不准离岗;局部通风机无计划停止运转,未查明原因和未处理的,瓦斯检查工不得离岗;发现工作地点风流不正常,未查明原因并进行处理的,瓦斯检查工不准离岗;发现可能危及安全生产的事故隐患,未安排处理的,瓦斯检查工不准离岗。

第一百八十一条 突出矿井必须建立地面永久抽采瓦斯系统。

有下列情况之一的矿井,必须建立地面永久抽采瓦斯系统或者井下临时抽采瓦斯系统:

(一) 任一采煤工作面的瓦斯涌出量大于 5 m^3/min 或者任一掘进工作面瓦斯涌出量大于 3 m^3/min,用通风方法解决瓦斯问题不合理的。

(二) 矿井绝对瓦斯涌出量达到下列条件的:

1. 大于或者等于 40 m^3/min；
2. 年产量 1.0～1.5 Mt 的矿井，大于 30 m^3/min；
3. 年产量 0.6～1.0 Mt 的矿井，大于 25 m^3/min；
4. 年产量 0.4～0.6 Mt 的矿井，大于 20 m^3/min；
5. 年产量小于或者等于 0.4 Mt 的矿井，大于 15 m^3/min。

【释义】 本条是关于建立矿井抽采瓦斯系统的规定。

瓦斯抽采可以减少开采时的瓦斯涌出量，减轻风排瓦斯的负担，降低瓦斯压力及其潜能，提高煤层透气性，改善煤体结构性能，减小甚至消除煤与瓦斯突出危险性，是高瓦斯、突出矿井瓦斯灾害治理的治本之策。煤层瓦斯同样是一种资源，抽采瓦斯可以起到保护环境和提高经济效益的作用，也是绿色开采的必然要求。瓦斯抽采必须坚持“多措并举、应抽尽抽、抽采平衡、效果达标”，确保抽采达标。具体要求详见《煤矿瓦斯抽采基本指标》(AQ 1026)。

视频

【执行中应注意的问题】

(1) 必须按要求建立瓦斯抽采系统。

① 突出矿井瓦斯灾害严重，要求抽采瓦斯强度大，只设置井下临时抽采系统难以满足防突要求，所以突出矿井必须建立地面永久抽采瓦斯系统，但不等于只能建地面系统。根据需要，井下还可以增加临时抽采系统作为辅助抽采系统，并不是要求某突出矿井所有采掘工作面都必须构建与地面永久抽采瓦斯系统相连接的抽采系统。

② 对于非突出矿井，原则上是“永久系统”和“临时系统”二选一，也可以同时建立两类系统，各系统发挥不同的作用。但是，地面永久抽采瓦斯系统能力大、系统稳定，而且有利于瓦斯利用，所以对于瓦斯灾害严重、瓦斯资源丰富、具备瓦斯抽采条件的区域，必须建立永久系统。临时系统只是对于不便于布置永久系统或者布置永久系统不合理时作为必要的补充，并不是有了瓦斯抽采系统就符合要求。

(2) 要正确把控必须进行瓦斯抽采的条件。

① 采煤或掘进工作面瓦斯涌出量达到此条标准，用通风方法解决瓦斯问题不合理时，必须进行瓦斯抽采。如果采用合理的通风方法就能有效解决采掘工作面瓦斯问题且不具备瓦斯抽采条件，可以不抽采。从理论上讲，只要采掘工作面风速不超限且生产过程中瓦斯浓度不超限，就应该属于“用通风方法解决瓦斯问题合理”；但实际上，采掘工作面风速达到或者接近最高允许风速、瓦斯浓度经常处于临界值，通风系统或采掘工程稍微出现变故，就会出现严重隐患，是非常危险的。所以，允许“用通风方法解决瓦斯问题合理”而不进行瓦斯抽采，但这绝对不能成为部分矿井蓄意不进行瓦斯抽采的借口。

② 根据不同的井型，规定了必须进行瓦斯抽采的矿井绝对瓦斯涌出量下限值，对瓦斯涌出量较大、具备瓦斯抽采条件的区域进行抽采，并不是要求对所有区域都必须进行抽采，即瓦斯涌出量较小、不具备瓦斯抽采条件的区域可以不进行抽采，但这也不能成为部分矿井蓄意不进行瓦斯抽采的借口。

第一百八十二条 抽采瓦斯设施应当符合下列要求：

(一) 地面泵房必须用不燃性材料建筑，并必须有防雷电装置，其距进风井口和主要建筑物不得小于 50 m，并用栅栏或者围墙保护。

(二) 地面泵房和泵房周围 20 m 范围内,禁止堆积易燃物和有明火。

(三) 抽采瓦斯泵及其附属设备,至少应当有 1 套备用,备用泵能力不得小于运行泵中最大一台单泵的能力。

(四) 地面泵房内电气设备、照明和其他电气仪表都应当采用矿用防爆型;否则必须采取安全措施。

(五) 泵房必须有直通矿调度室的电话和检测管道瓦斯浓度、流量、压力等参数的仪表或者自动监测系统。

(六) 干式抽采瓦斯泵吸气侧管路系统中,必须装设有防回火、防回流和防爆炸作用的安全装置,并定期检查。抽采瓦斯泵站放空管的高度应当超过泵房房顶 3 m。

泵房必须有专人值班,经常检测各参数,做好记录。当抽采瓦斯泵停止运转时,必须立即向矿调度室报告。如果利用瓦斯,在瓦斯泵停止运转后和恢复运转前,必须通知使用瓦斯的单位,取得同意后,方可供应瓦斯。

【释义】 本条是关于地面抽采瓦斯站及其配套设施的规定。

视频

地面抽采瓦斯设施是指地面抽采瓦斯站内所有与抽采有关的设备设施,包括地面瓦斯泵房等建筑设施、防雷电装置、抽采瓦斯泵及其附属设备、抽采管路及其安全装置、放空管、检测管道参数的仪表或者自动监测系统以及通信设施等。瓦斯泵房是要害场所,其设置地点对防火、防雷电、防燃爆要求更高。必须保证瓦斯抽采系统安全、稳定运行,设备设施到位,满足井下瓦斯治理的需要。一旦地面抽采瓦斯设施出现故障,必须在第一时间准确分析并判断对井下安全生产的影响,立即启动应急预案。

【执行中应注意的问题】

(1) 做好瓦斯抽采泵房的安全保障工作。

① 新建泵房应设在回风井广场内,主管道从回风井入井,泵房和排空管应当按照《建筑物防雷设计规范》(GB 50057)的要求,设置防雷电设施,分别装设避雷带或者避雷针装置;通往井下的抽采管路应当按照《煤矿瓦斯抽采工程设计规范》(GB 50471)的要求,采取防雷和隔离措施。瓦斯泵房内电气设备、照明和其他电气仪表及电缆接线处等都应当采用矿用防爆型,否则必须采取防止电火花的安全措施。

② 要求备用泵能力不得小于运行泵中最大一台单泵的能力,保证任何 1 台运行泵出现故障后,备用泵能够满足运行泵抽采需要。瓦斯抽采泵数量要求不是“一用一备”,而是“多用一备”。

(2) 做好瓦斯抽采系统的安全管理,严防抽采系统爆炸。

① 井下抽采瓦斯的条件比较复杂,有的抽采地点(如采空区)抽出的瓦斯浓度较低,抽采钻孔及抽采管路都有发生漏气的可能,抽采管路内的瓦斯浓度有可能下降到瓦斯爆炸上限。而干式抽采瓦斯泵的叶轮无水环封闭,可能产生机械摩擦火花引爆瓦斯,所以在干式抽采瓦斯泵吸气侧的管路中,必须装设有防回火、防回流和防爆炸作用的安全装置,主要有水封式、铜网式两种型式。

② 地面瓦斯泵站是抽采系统安全管理的重要地点,必须设置经过培训合格、持证上岗的专职人员管理,严格履行岗位操作规程和值班制度,每 2 h 巡回检查瓦斯泵及其附属设备、设施、检测仪器、监测系统的运行状况以及观测管路瓦斯浓度、流量、压力等参数,并做好

各项记录。发现异常，立即处理，并向相关部门汇报。抽采瓦斯时，如果瓦斯泵停止运转，必须立即向矿调度室报告。如果利用瓦斯，通知使用瓦斯的单位关闭阀门；恢复运转前，也必须取得用户同意后方可供应瓦斯，以免用户忘记关闭阀门或点火不当而引起人员窒息或爆炸事故。

第一百八十三条　设置井下临时抽采瓦斯泵站时，必须遵守下列规定：

（一）临时抽采瓦斯泵站应当安设在抽采瓦斯地点附近的新鲜风流中。

（二）抽出的瓦斯可引排到地面、总回风巷、一翼回风巷或者分区回风巷，但必须保证稀释后风流中的瓦斯浓度不超限。在建有地面永久抽采系统的矿井，临时泵站抽出的瓦斯可送至永久抽采系统的管路，但矿井抽采系统的瓦斯浓度必须符合本规程第一百八十四条的规定。

（三）抽出的瓦斯排入回风巷时，在排瓦斯管路出口必须设置栅栏、悬挂警戒牌等。栅栏设置的位置是上风侧距管路出口 5 m、下风侧距管路出口 30 m，两栅栏间禁止任何作业。

【释义】　本条是关于井下临时抽采瓦斯泵站的规定。

要高标准构建并严格管理井下临时抽采瓦斯系统，必须保证瓦斯抽采系统安全、稳定运行，设备设施到位，满足井下瓦斯治理需要。一旦抽采瓦斯设施出现故障，必须在第一时间准确分析并判断对井下安全生产的影响，立即启动应急预案。

【执行中应注意的问题】

(1) 正确选择井下临时抽采瓦斯泵站设置的位置。为了尽量缩短抽采管路负压段的长度、减小抽采管路阻力，提高作用到钻孔或者管口的抽采负压，增大抽采能力，临时抽采泵站应当安设在抽采瓦斯地点附近。临时抽采瓦斯泵站是由电动机、抽采泵、启动装置等设备组成的，为防止正压管路中的瓦斯偶然泄漏而引起瓦斯事故，临时抽采泵站应安设在新鲜风流中。

(2) 抽出的瓦斯排入回风巷时，必须加强安全管理。

① 井下临时抽采瓦斯泵站抽出的瓦斯可引排到总回风巷、一翼回风巷，根据《规程》第四百九十八条规定，在井下临时瓦斯抽采泵站下风侧栅栏外 1 m 处必须设置甲烷传感器，报警和断电浓度都是 CH_4≥1.0%、复电浓度是 CH_4<1.0%，断电范围为瓦斯抽采泵站电源。但是《煤矿安全监控系统及检测仪器使用管理规范》(AQ 1029—2019)要求报警浓度是 CH_4≥0.5%、断电浓度是 CH_4≥1.0%、复电浓度是 CH_4<0.5%。

如果临时抽采泵站抽出的瓦斯直接送至永久抽采系统管路中，直达地面进行利用时，必须保证利用瓦斯的浓度不低于 30%；不利用瓦斯、采用干式抽采瓦斯设备时，抽采瓦斯浓度不低于 25%。

② 为了防止临时抽采泵站抽出的较高浓度的瓦斯在与回风巷风流混合时发生熏人或遇火源引发爆炸事故，在排瓦斯管路出口必须设置栅栏、悬挂警戒牌和甲烷传感器等，两栅栏之间禁止任何作业和人员通行。栅栏设置的位置是上风侧距管路出口 5 m、下风侧距管路出口 30 m。

第一百八十四条　抽采瓦斯必须遵守下列规定：

（一）抽采容易自燃和自燃煤层的采空区瓦斯时，抽采管路应当安设一氧化碳、甲烷、温度传感器，实现实时监测监控。发现有自然发火征兆时，应当立即采取措施。

(二) 井上下敷设的瓦斯管路,不得与带电物体接触并应当有防止砸坏管路的措施。

(三) 采用干式抽采瓦斯设备时,抽采瓦斯浓度不得低于25%。

(四) 利用瓦斯时,在利用瓦斯的系统中必须装设有防回火、防回流和防爆炸作用的安全装置。

(五) 抽采的瓦斯浓度低于30%时,不得作为燃气直接燃烧。进行管道输送、瓦斯利用或者排空时,必须按有关标准的规定执行,并制定安全技术措施。

【释义】 本条是关于瓦斯抽采及利用的规定。

瓦斯抽采和利用如果控制不妥,也存在一定的安全隐患,必须高度重视。尤其要注意瓦斯浓度处于瓦斯爆炸界限附近时的情况。一旦地面抽采瓦斯设施出现故障,必须在第一时间准确分析并判断对井下安全生产的影响,立即启动应急预案。

视频

【执行中应注意的问题】

(1) 高度重视采空区瓦斯抽采的安全管理。在进行采空区瓦斯抽采时,有可能造成采空区风流变化,促使自然发火。而煤层自然发火时导致CO浓度和气体温度升高,必须严密监控,以判断采空区是否有着火征兆。如有,必须立即采取措施进行处理。抽采管路内CO浓度或其增量大于或等于临界值时,应停止采空区瓦斯抽采。所以抽采容易自燃和自燃煤层的采空区瓦斯时,抽采管路应当安设一氧化碳、甲烷、温度传感器,实现实时监测监控,以便及时发现自然发火征兆。

(2) 确保瓦斯抽采管路可靠。煤矿井下的生产条件较复杂多变,抽采瓦斯管路可能被砸坏,井上管路因风吹日晒雨淋、年久失修、接头不严等原因,可能导致管路内瓦斯泄漏现象的发生,如果遇到带电物体漏电产生的电火花,极易导致瓦斯爆炸事故。瓦斯管路的敷设严格按照《煤矿瓦斯抽采工程设计规范》(GB 50471)和《煤矿瓦斯抽放规范》(AQ 1027)执行。不得使用抗冲击性能较差的玻璃钢管路和PVC、SUP、PE等塑料类管路(封孔管除外)。

(3) 严格控制干式抽采瓦斯浓度。采用干式抽采瓦斯设备时,因为该抽采设备不像湿式水环式真空泵那样有水环安全封闭,有产生机械火花引爆瓦斯的可能性,所以对它提出了比采用水环式真空泵抽采瓦斯更严格的要求,即瓦斯浓度不得低于25%,以确保安全。

(4) 确保瓦斯利用系统安全可靠。进行管道输送、瓦斯利用或者排空时,必须按有关标准的规定执行,并制定安全技术措施。在利用瓦斯的系统中必须装有防回火、防回流和防爆炸作用的安全装置,保证抽采和利用两个过程的安全。"抽采的瓦斯浓度低于30%时,不得作为燃气直接燃烧"是指:不得以直接燃烧的形式用作民用燃气、工业用燃气、燃煤锅炉的助燃燃气、燃气轮机的燃气等,但不包含浓度低于1.5%的乏风瓦斯用于乏风助燃、氧化燃烧等。也不包括浓度低于30%的瓦斯作非直接燃烧用,如内燃机发电等。利用抽采瓦斯发电的,瓦斯浓度不得低于8%。

第三节 瓦斯和煤尘爆炸防治

第一百八十五条 新建矿井或者生产矿井每延深一个新水平,应当进行1次煤尘爆炸性鉴定工作,鉴定结果必须报省级煤炭行业管理部门和煤矿安全监察机构。

煤矿企业应当根据鉴定结果采取相应的安全措施。

【释义】 本条是关于煤尘爆炸性鉴定的规定。

煤尘爆炸是煤矿重大灾害之一。然而，并非所有煤层的煤尘都具有爆炸危险，即使有爆炸危险的煤尘，其煤尘爆炸性能的强弱也不尽相同。必须通过煤尘爆炸性鉴定加以区别，煤尘的爆炸性与煤层挥发分的含量等有直接关系，随着矿井生产水平的延深，地质条件和煤层性质可能发生变化，从而引起煤尘爆炸性能发生变化。

【执行中应注意的问题】

(1) 严格按照《煤尘爆炸性鉴定规范》(AQ 1045)做好鉴定工作。煤尘的爆炸性鉴定工作由具备相应资质的单位负责，主要采用大管状煤尘爆炸性鉴定装置进行鉴定，并根据鉴定结果确定煤尘是否具有爆炸危险性。煤尘的爆炸性鉴定用的煤样采取与制备、鉴定装置及设备和鉴定方法及步骤等，严格按照《煤尘爆炸性鉴定规范》(AQ 1045)执行，确保鉴定结果准确可靠。

新建矿井，由煤田地质勘探单位负责在勘探钻孔的煤芯采取煤层的煤样；生产矿井，由矿井的煤质和地质部门共同负责在每一水平新暴露的采掘工作面上采取煤样。煤样按要求送交具备相应资质的单位进行鉴定。鉴定结果必须由煤样提供单位上报省级煤炭行业管理部门和煤矿安全监察机构。煤矿企业应根据鉴定结果采取相应的综合防尘安全技术措施。

(2) 可用煤尘爆炸指数作为判断爆炸性能强弱的指标，但不能作为确定煤尘有无爆炸性的依据。

用工业分析计算出的煤尘爆炸指数，可粗略判断煤尘有无爆炸性和其爆炸性的强弱，但不能作为确定煤尘有无爆炸性的依据。通常用挥发分占可燃物的百分比作为判断煤尘爆炸强弱的一项指标，该指标叫作煤尘爆炸指数。煤尘爆炸指数越高，爆炸性越强。

第一百八十六条　开采有煤尘爆炸危险煤层的矿井，必须有预防和隔绝煤尘爆炸的措施。矿井的两翼、相邻的采区、相邻的煤层、相邻的采煤工作面间，掘进煤巷同与其相连的巷道间，煤仓同与其相连的巷道间，采用独立通风并有煤尘爆炸危险的其他地点同与其相连的巷道间，必须用水棚或者岩粉棚隔开。

必须及时清除巷道中的浮煤，清扫、冲洗沉积煤尘或者定期撒布岩粉；应当定期对主要大巷刷浆。

【释义】 本条是关于预防和隔绝煤尘爆炸措施的规定。

为防止发生煤尘连续爆炸事故，减少事故灾害扩大范围，该条规定了开采有煤尘爆炸危险煤层的矿井，必须完善预防和隔绝煤尘爆炸的措施，在相关地点安设隔绝煤尘爆炸的设施。

视频

预防煤尘爆炸的措施是从控制煤尘浓度方面考虑，采取相应对策，在尘源及浮煤控制上严格落实综合防尘措施。定期清除落尘，防止沉积煤尘参与爆炸，可有效降低煤尘爆炸威力，使爆炸环境得不到尘源的补充而逐渐熄灭。撒布岩粉是指定期在巷道撒布惰性岩粉以惰化粉尘的爆炸性能，抑制煤尘爆炸的传播；设置隔爆水棚实际上是一旦发生煤尘爆炸，水槽棚或水袋棚中的水被吸出，起到降温和降低爆炸环境中氧气浓度、扬尘浓度，使爆炸减弱直至终止的作用。设置岩粉棚是在巷道中安装若干块岩粉台板，台板间隔稍大于板宽，每块台板上放置一定数量的惰性岩粉，一旦发生爆炸，冲击波将台板震倒、岩粉弥漫，使混合粉尘失去爆炸性能。

第一百八十七条 *矿井应当每年制定综合防尘措施、预防和隔绝煤尘爆炸措施及管理制度,并组织实施。*

矿井应当每周至少检查1次隔爆设施的安装地点、数量、水量或者岩粉量及安装质量是否符合要求。

【释义】 本条是关于矿井综合防尘措施及煤尘防治管理制度的规定。

视频

相对于瓦斯而言,煤尘爆炸产生的概率比较低。但瓦斯爆炸后一旦有煤尘参与,或者是煤尘单独发生爆炸,其爆炸威力都特别大、破坏力更强,要求所有矿井都必须制定综合防尘措施、预防和隔绝煤尘爆炸措施及管理制度,并有效实施。

矿井综合防尘是指采取各种技术手段减少矿井粉尘产生量、降低粉尘浓度,防止粉尘对人体健康和井下安全生产造成危害。综合粉尘措施大体分为通风除尘、湿式作业、密闭抽尘、净化风流、个体防护及其他一些特殊的除降尘措施。

减尘措施是矿井尘害防治工作中最积极、有效的技术措施,包括煤层注水、湿式钻眼、水封爆破等项目。降尘措施包括采掘机内外喷雾、爆破喷雾、支架喷雾、巷道净化水幕等项目。有煤尘爆炸危险的掘进工作面爆破作业时,必须使用风水强力洒水装置,防止爆破引起粉尘爆炸。

矿井综合防尘及隔爆措施,必须依据井下开采条件、采掘布置、生产工艺和防尘效果情况,及时进行修改完善,每年重新制定符合矿井实际的有效防隔尘措施,并保证隔爆设施处于完好、有效状态。

隔爆设施每周至少检查1次,隔爆设施安装的地点、数量、水量或者岩粉量及安装质量符合《煤矿井下粉尘综合防治技术规范》(AQ 1020)规定。

第一百八十八条 *高瓦斯矿井、突出矿井和有煤尘爆炸危险的矿井,煤巷和半煤岩巷掘进工作面应当安设隔爆设施。*

【释义】 本条是关于掘进工作面安设隔爆设施的规定。

煤巷和半煤岩巷掘进工作面是瓦斯煤尘爆炸事故多发地点。为了防止瓦斯和煤尘连续爆炸,减轻灾害程度,对于开采瓦斯涌出量较大或者煤尘具有爆炸危险的煤层掘进巷道,都应当安设隔爆设施。隔爆水槽和隔爆水袋必须符合《煤矿用隔爆水槽和隔爆水袋通用技术条件》(MT 157)要求。

本条将需要安设隔爆设施的范围扩展到高瓦斯矿井、突出矿井和有煤尘爆炸危险的矿井的煤巷和半煤岩巷掘进工作面,主要考虑这些矿井发生瓦斯爆炸的危险性较大,多次事故都是瓦斯爆炸后,冲击波引起煤尘飞扬参与爆炸,使灾情扩大;有煤尘爆炸危险性的矿井,无论是低瓦斯、高瓦斯还是突出矿井,都应当安设隔爆设施。

第四章　煤(岩)与瓦斯(二氧化碳)突出防治

第一节　一般规定

第一百八十九条　在矿井井田范围内发生过煤(岩)与瓦斯(二氧化碳)突出的煤(岩)层或者经鉴定、认定为有突出危险的煤(岩)层为突出煤(岩)层。在矿井的开拓、生产范围内有突出煤(岩)层的矿井为突出矿井。

煤矿发生生产安全事故,经事故调查认定为突出事故的,发生事故的煤层直接认定为突出煤层,该矿井为突出矿井。

有下列情况之一的煤层,应当立即进行煤层突出危险性鉴定,否则直接认定为突出煤层;鉴定未完成前,应当按照突出煤层管理:

(一)有瓦斯动力现象的。

(二)瓦斯压力达到或者超过0.74 MPa的。

(三)相邻矿井开采的同一煤层发生突出事故或者被鉴定、认定为突出煤层的。

煤矿企业应当将突出矿井及突出煤层的鉴定结果报省级煤炭行业管理部门和煤矿安全监察机构。

新建矿井应当对井田范围内采掘工程可能揭露的所有平均厚度在0.3 m以上的煤层进行突出危险性评估,评估结论作为矿井初步设计和建井期间井巷揭煤作业的依据。评估为有突出危险时,建井期间应当对开采煤层及其他可能对采掘活动造成威胁的煤层进行突出危险性鉴定或者认定。

【执行说明】　矿井井田范围是指由国土资源部门划定的矿井井田范围;开拓、生产范围的煤(岩)层包括开拓、生产的采掘工程直接进入的煤(岩)层以及可能威胁到采掘作业安全的煤(岩)层。

经鉴定、认定突出危险的煤(岩)层是指符合以下条件之一的情况:

(一)发生过煤(岩)与瓦斯(二氧化碳)突出的煤(岩)层。

(二)发生煤(岩)瓦斯动力事故并经事故调查组认定为突出事故的煤(岩)层。

(三)突出危险性鉴定结论为有突出危险的煤(岩)层。

(四)按照突出煤层管理但在半年内未完成突出危险性鉴定的煤(岩)层。

(五)煤矿企业认定为有突出危险的煤(岩)层。

突出煤(岩)层的鉴定或认定结果,应当由煤矿企业报省级煤炭行业管理部门和煤矿安全监察机构。

【释义】　本条旨在明确突出煤层和突出矿井概念界定,规范突出煤层和突出矿井鉴定和管理,并对新建矿井提出进行突出危险性评估要求。

(1)煤矿发生生产安全事故,经事故调查认定为突出事故的,发生突出的煤层直接认定为突出煤层,该矿井为突出矿井。事故调查组是根据事故特征和煤层瓦斯参数进行的科学认定,认定结论具有权威性和科学性,此时不再需要重复进行突出鉴定,可以直接认定为突出煤层和突出矿井。

(2) 有本条第三款所列的三种情况之一的煤层,应当立即进行煤层突出危险性鉴定,否则直接认定为突出煤层;鉴定未完成前,应当按照突出煤层管理。这是吸取了 2004 年 10 月 20 日郑州煤业集团大平煤矿事故教训,发生事故时大平煤矿已经发生动力现象,但未及时进行突出鉴定,集团公司内部“按突出矿井管理”,发生煤与瓦斯突出,架线式电机车电火花引起瓦斯爆炸,造成 148 人死亡。所以,只要有瓦斯动力现象、瓦斯压力达到或者超过 0.74 MPa,必须及时进行突出鉴定。

(3) 煤层赋存受到区域地质构造控制,相邻矿井一般煤层开采技术条件相似,尤其是开采同一地质单元的相邻矿井,煤层赋存条件类似,当邻近矿井煤层发生煤与瓦斯突出后,本矿井的同一煤层有突出危险的可能性很大,所以应当及时进行煤层突出危险性鉴定。

(4) 新建矿井应当对井田范围内采掘工程可能揭露的所有平均厚度在 0.3 m 以上的煤层进行突出危险性评估。尽管平均厚度 0.3 m 以上的不可采煤层未必开采,但矿井建设井巷工程难免穿过该煤层,在未知煤层突出危险性的情况下,可能发生误揭突出煤层事故,因而都应进行突出危险性评估。《防治煤与瓦斯突出细则》(以下简称《防突细则》)第十七条规定:按非突出矿井设计的新建矿井在建井期间,所有平均厚度 0.3 m 以上的煤层在首次揭煤时,应当测定瓦斯压力、瓦斯含量等参数。0.3 m 以下的煤层在采用远距离爆破措施揭煤时,一般不会造成灾难性突出事故,故不作为必须评估的对象。

第一百九十条 新建突出矿井设计生产能力不得低于 0.9 Mt/a,第一生产水平开采深度不得超过 800 m。中型及以上的突出生产矿井延深水平开采深度不得超过 1200 m,小型的突出生产矿井开采深度不得超过 600 m。

【释义】 本条是关于新建突出矿井设计生产能力和开采深度的规定。

视频

防治煤与瓦斯突出是一项系统工程,需要大量的资金投入、先进的技术装备、专业的技术人才、高素质的专业施工队伍和高水平的专业管理能力,矿井设计生产能力过低,矿井机构设置、人员技术力量等往往难以满足突出矿井防突需要。根据以往的煤与瓦斯突出事故统计,规模小的煤矿发生煤与瓦斯突出事故的比例较大,反映出了小型煤与瓦斯突出矿井事故防范能力不足的问题。另外,突出煤层采掘工序复杂,井型过大难以保证采掘抽平衡,容易造成采掘接续紧张。故井型过大、过小均不利于突出矿井安全管理。因此,本条规定了新建突出矿井设计生产能力不得低于 0.9 Mt/a,而《防突细则》增加了“且不得高于 5.0 Mt/a”的上限要求,旨在宏观把握突出矿井管理。

随着开采深度的增加,煤层瓦斯含量和地应力不断增大,煤层突出危险程度日趋严重;而随着开采深度的增加向煤层施工钻孔释放瓦斯和地应力的难度增大,防突的技术和装备就更复杂。此外,深井开采还面临支护困难,通风、运输和排水等系统更加复杂的问题。因此,本条规定了新建突出矿井第一生产水平开采深度不得超过 800 m,中型及以上的突出生产矿井延深水平开采深度不得超过 1200m,小型的突出生产矿井开采深度不得超过 600 m。应当注意,对于小型突出矿井,新建、改扩建、延深、生产的小型突出矿井开采深度都不得超过 600 m。

第一百九十一条 突出矿井的防突工作必须坚持区域综合防突措施先行、局部综合防突措施补充的原则。

区域综合防突措施包括区域突出危险性预测、区域防突措施、区域防突措施效果检验和区域验证等内容。

局部综合防突措施包括工作面突出危险性预测、工作面防突措施、工作面防突措施效果检验和安全防护措施等内容。

突出矿井的新采区和新水平进行开拓设计前，应当对开拓采区或者开拓水平内平均厚度在0.3 m以上的煤层进行突出危险性评估，评估结论作为开拓采区或者开拓水平设计的依据。对评估为无突出危险的煤层，所有井巷揭煤作业还必须采取区域或者局部综合防突措施；对评估为有突出危险的煤层，按突出煤层进行设计。

突出煤层突出危险区必须采取区域防突措施，严禁在区域防突措施效果未达到要求的区域进行采掘作业。

施工中发现有突出预兆或者发生突出的区域，必须采取区域综合防突措施。

经区域验证有突出危险，则该区域必须采取区域或者局部综合防突措施。

按突出煤层管理的煤层，必须采取区域或者局部综合防突措施。

在突出煤层进行采掘作业期间必须采取安全防护措施。

【执行说明】 突出生产矿井防治突出程序按图7执行：

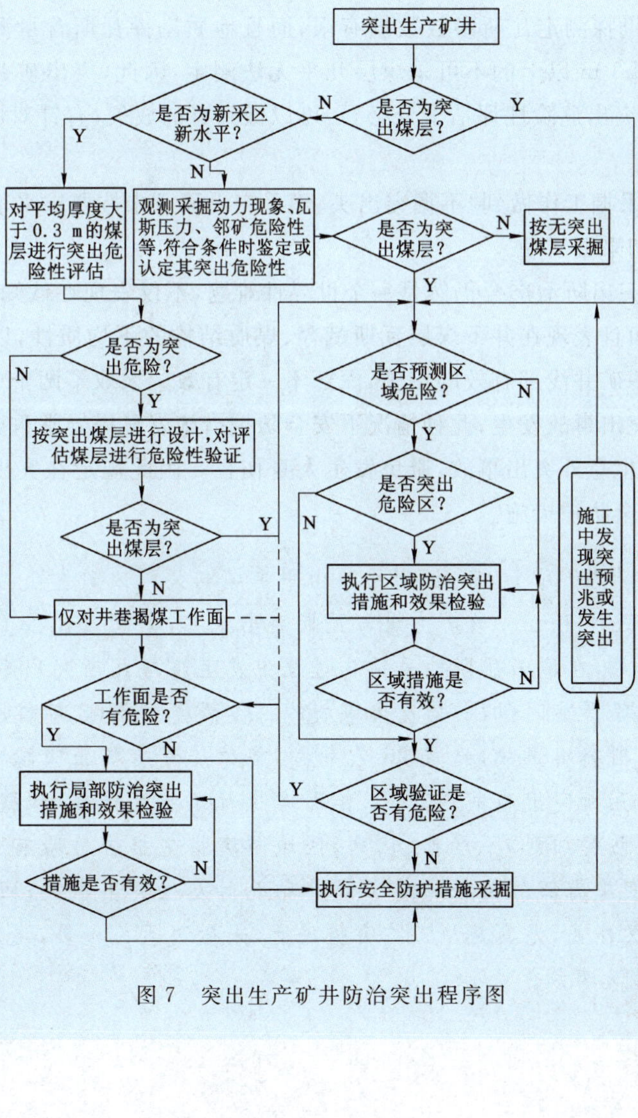

图7 突出生产矿井防治突出程序图

【释义】 本条建立了我国突出矿井以区域综合防突措施为主,局部综合防突措施补充的防突原则。

(1) 区域综合防突措施的作用是在采掘工程进入煤层前,预先采取措施,消除或降低煤层的突出危险性,这也是落实我国瓦斯防治"十二字"方针、"先抽后采,以风定产,监测监控"的基本要求。局部综合防突措施是鉴于采取各种防突措施后,均有突出事故发生;针对防突措施技术水平的局限性,在区域验证有突出危险,区域防突措施无效的局部地点,工作面采掘时实施局部综合防突措施。因此,突出矿井的防突工作必须坚持区域综合防突措施先行、局部综合防突措施补充的原则。

(2) 防突工作在坚持区域综合防突措施先行、局部综合防突措施补充的原则下,严格落实两个"四位一体",即"区域突出危险性预测、区域防突措施、区域防突措施效果检验和区域验证"和"工作面突出危险性预测、工作面防突措施、工作面防突措施效果检验和安全防护措施"之所以"层层设防",是因为对突出认知的不完善性和防突措施的局限性,旨在杜绝突出造成伤亡事故。

(3) 井田地质勘探测定瓦斯参数数据有限,而且地质勘探瓦斯含量测定方法本身就是技术难题,尤其是0.3 m以上的不可采煤层几乎无法测定,因此,突出矿井的新采区和新水平开拓设计前进行突出危险性评估十分必要,可以做到有的放矢,有针对性地指导防突措施设计。

(4) 突出矿井采掘工作做到"不掘突出头、不采突出面。"未按要求采取区域综合防突措施的,严禁进行一切采掘活动。

(5) 煤与瓦斯突出防治迄今仍然是一个世界性难题,不仅表现在认知的不完善、措施技术水平的局限性,而且表现在井下煤层瓦斯赋存、煤质结构的不均质性,以及开采技术条件的差异性;即使同一矿井浅部有效的措施,深部不一定有效。采取了两个"四位一体"综合防突措施后,仍然有突出事故发生;此种情况下安全防护措施就显得异常重要,俗称"最后一道防线",旨在一旦发生意外突出事故,避免发生人身伤亡。因此规定在突出煤层进行采掘作业期间必须采取安全防护措施。

【案例】 2010年10月16日,河南平顶山平禹煤电公司四矿发生特别重大煤与瓦斯突出事故,共造成37人死亡。该矿为煤与瓦斯突出矿井,事故当日在12190工作面开切眼实施局部防突措施,在施工瓦斯抽采钻孔过程中发生煤与瓦斯突出事故。事故暴露出该矿存在违规违章等严重问题:一是发生事故的工作面曾于2008年8月1日在掘进机巷时发生重大煤与瓦斯突出事故,造成23人死亡,但该矿没有真正吸取教训,以致再次引发了特别重大煤与瓦斯突出事故;二是工作面本执行了防突措施,却擅自开动采煤机割煤;三是该矿落实《防突细则》不严格、认真,区域防突措施报告检验有效,实际并未消除煤层突出危险,在实施局部防突措施施工超前钻孔时发生突出事故;四是劳动组织不合理,井下多工种交叉作业,尤其是施工防突措施时,未撤离无关人员,造成人员集中,造成37人死亡的特别重大事故。

第一百九十二条　突出矿井必须确定合理的采掘部署，使煤层的开采顺序、巷道布置、采煤方法、采掘接替等有利于区域防突措施的实施。

突出矿井在编制生产发展规划和年度生产计划时，必须同时编制相应的区域防突措施规划和年度实施计划，将保护层开采、区域预抽煤层瓦斯等工程与矿井采掘部署、工程接替等统一安排，使矿井的开拓区、抽采区、保护层开采区和被保护层有效区按比例协调配置，确保采掘作业在区域防突措施有效区内进行。

【释义】　本条是关于突出矿井编制合理的采掘部署、区域防突措施规划和年度实施计划的规定。

(1) 突出矿井要对防突的各项工作和工程等做好规划和计划，制定出矿井的年度、季度、月度防治突出计划，以便加强对防突工作的管理。要把防突计划和矿井采掘计划结合起来，调整好矿井的开采程序，合理搭配保护层工作面、主采及卸压煤层工作面，为突出煤层区域治理留足时间和空间，从而保证矿井生产接替不失调。可根据采掘计划的安排，依据区域预测结果，提前做好防治突出措施的编制和人力、物力的保障；同时还根据突出危险程度，将采区或工作面事先做出轻重缓急的安排，使防治突出工作做到有条不紊，最大限度地保障区域防突措施的实施，实现突出煤层的“先抽后采”。

(2) 矿井的开拓区、抽采区、保护层开采区和被保护层有效区按比例协调配置，实质是要求矿井同期保护层开采面积和无保护层开采的突出危险区提前预抽煤层面积之和与突出危险区煤层开采面积相吻合，同时为保证矿井接替正常进行，上述 4 个区的实施范围还要与矿井开拓进度一致。这些都应在编制矿井防突工程计划时统筹考虑，以实现突出煤层采掘前超前实施区域防突措施。矿井采掘计划 3 年内的上述 4 个区比例要协调配置，当年年度内 4 个区比例要协调配置。

【案例】　2014 年 3 月 21 日，河南省平煤神马集团长虹矿业公司发生重大煤与瓦斯突出事故，造成 13 人死亡。该矿为煤与瓦斯突出矿井，事故前二 1 煤层—21010 机巷掘进工作面出现了喷孔、顶钻等突出预兆，但矿方未及时采取有效的防突措施消除突出危险性，在工人修棚打穿杆作业过程中诱发煤与瓦斯突出。事故暴露出该矿防突措施不落实、现场管理混乱、突出危险性鉴定失实等问题。

第一百九十三条　有突出危险煤层的新建矿井及突出矿井的新水平、新采区的设计，必须有防突设计篇章。

非突出矿井升级为突出矿井时，必须编制防突专项设计。

【释义】　本条是关于有突出危险的新建矿井及突出矿井的新水平、新采区必须编制防突设计的规定。

(1) 防突设计应当包括开拓方式、煤层开采顺序、采区巷道布置、采煤方法、通风系统、防突设施(设备)、区域综合防突措施和局部综合防突措施等内容。防突设计内容必须全面，制定要有针对性。所以，编制防突专项设计，可以避免矿井发生突出后再改变矿井的开采程序、开拓方式或生产系统，再花大量的时间与资金进行必要的技术改造。

(2) 很多新建矿井没有按照突出矿井的要求编制防突设计篇章，或者防突设计篇章的治理措施与开采煤层的突出危险程度不相吻合,导致矿井建井期间多次发生重大瓦斯伤亡事故。突出矿井转入新水平、新采区开采时,由于对新煤层的突出危险性掌握不清,所以,必须有防突设计篇章,并且要严格执行。如果不按要求编制防突设计篇章并严格实施,工作面采掘及投产后的接替安排都将无法在安全和生产中得到有效保障。

(3) 非突出矿井升级为突出矿井时,由于原来没有按突出矿井管理,矿井生产系统、设备、制度等均不符合突出矿井的要求,也没有相应的机构、人员、技术措施等,即不具备突出矿井安全生产的基本条件,所以应立即全矿停产整顿,编制防突专项设计,直到经过整改达到突出矿井安全生产的各项基本要求后方可恢复生产。

第一百九十四条 突出矿井的防突工作应当遵守下列规定:

(一)配置满足防突工作需要的防突机构、专业防突队伍、检测分析仪器仪表和设备。

(二)建立防突管理制度和各级岗位责任制,健全防突技术管理和培训制度。突出矿井的管理人员和井下作业人员必须接受防突知识培训,经培训合格后方可上岗作业。

(三)加强两个“四位一体”综合防突措施实施过程的安全管理和质量管控,实现质量可靠、过程可溯、数据可查。区域预测、区域预抽、区域效果检验等的钻孔施工应当采用视频监视等可追溯的措施,并建立核查分析制度。

(四)不具备按照要求实施区域防突措施条件,或者实施区域防突措施时不能满足安全生产要求的突出煤层、突出危险区,不得进行采掘活动,并划定禁采区。

(五)煤层瓦斯压力达到或者超过 3 MPa 的区域,必须采用地面钻井预抽煤层瓦斯,或者开采保护层的区域防突措施,或者采用井下顶(底)板巷道远程操控方式施工区域防突措施钻孔,并编制专项设计。

(六)井巷揭穿突出煤层必须编制防突专项设计,并报企业技术负责人审批。

(七)突出煤层采掘工作面必须编制防突专项设计。

(八)矿井必须对防突措施的技术参数和效果进行实际考察确定。

【释义】 本条是关于石门、井筒揭穿突出煤层和突出煤层采掘工作面编制防突专项设计的规定。

视频

(1) 有突出矿井的煤矿企业、突出矿井均要设置防突工作的相关机构和人员,按岗位职责落实到防突部门和防突人员。例如,有的煤矿企业可以设置防突办事机构——防突办公室,也可以在煤矿企业主管通风安全的职能部门设置防灾科等。在实际生产中,可以成立防突办公室或在通风科设置防突组,负责防突业务管理。防突专业队伍包括防突职能部门(通风防突科)、防突预测预报专业队伍、钻孔施工和抽采专业队伍、通风专业队伍、瓦斯监测监控专业队伍、爆破专业队伍,每个专业队伍都应配备专业技术人员,具备条件的还可以成立突出煤层施工(含揭煤)专业队伍。施工队伍也可以成立防突区、防突队等。

防突机构和安全管理机构负责人应当具备煤矿相关专业中专及以上学历,具有 2 年以上煤矿相关工作经历;防突机构应当配备不少于 2 名专业技术人员,具备煤矿相关专业中专及以上学历;防突工应当具备初中及以上文化程度(新上岗的煤矿特种作业人员应当具备高中及以上文化程度)，具有煤矿相关工作经历，或者具备职业高中、技工学校及中专以上相关专业学历。

防突工作是专业性比较强的工作，必须有测定煤层瓦斯参数、测定工作面煤层突出危险性指标的仪器等，也必须有瓦斯抽采设备等，具体的种类和数量根据本矿的实际情况配备，以满足防突工作需要为准。

(2) 建立防突管理制度和各级岗位责任制，明确各类人员的安全生产职责。突出矿井的管理人员和井下工作人员必须接受防突知识培训，经考试合格后方可上岗作业。各类人员培训需要达到下列要求：

① 突出矿井的井下工作人员培训包括防突基本知识以及与本岗位相关的防突规章制度。

② 突出矿井的区(队)长、班组长和有关职能部门的工作人员应当全面熟悉两个"四位一体"综合防突措施、防突规章制度等内容。

③ 突出矿井的防突工属于特种作业人员，必须接受防突知识、操作技能的专门培训，并取得特种作业操作证。

④ 有突出矿井的煤矿企业技术负责人和突出矿井的矿长、总工程师应当接受防突专项培训，具备突出矿井的安全生产知识和管理能力。

(3) 突出矿井防突工作是一项复杂的系统工程，包含两个"四位一体"综合防突措施，任何一个环节不到位，都可能引发煤与瓦斯突出事故，因此，突出防治的各个环节都要进行全过程管理，严格执行各种措施实施、检查、验收、审批的各种程序和管理制度。

两个"四位一体"综合防突措施各个环节的主要信息必须记录完善，并应该有相应的仪器和装备进行监测和检测，保留原始资料统一存档备查。为保证防突措施实施质量可靠、过程可追溯，相关资料应至少保存至相关区域采掘作业结束。如果某个采掘工作面发生突出事故，可以通过上述资料还原整个防突的实施过程，便于查找整个防突工作流程存在的问题和不足，有利于吸取事故教训和采取有效的防范措施，遏制突出事故再发生。

(4) 不具备按照要求实施区域防突措施条件，或者实施区域防突措施时不能满足安全生产要求的突出煤层、突出危险区，不得进行采掘活动，并划定禁采区。对于突出矿井禁采区、限采区应标注在采掘工程平面图上，并严格按有关规定管理。

(5) 煤层瓦斯压力达到或者超过 2 MPa 的区域，以及施工钻孔时出现喷孔、顶钻等动力现象的，应当采取防止瓦斯超限和喷孔顶钻伤人等措施或者使用远程操控钻机施工。钻孔施工与受威胁的掘进工作面，以及回风流中的采掘工作面不得同时作业。目前的技术条件下，煤层瓦斯压力超过 3 MPa 的矿井井下瓦斯治理有一定的难度。地面瓦斯抽采和保护层开采技术条件已经非常成熟；井下顶(底)板巷道远程操控方式施工区域防突措施钻孔，钻机钻进过程由计算机程序控制，配合双夹持器及自动上下钻杆机构及传感器，实现程序控制的连续全自动钻进和退钻，现场无人值守钻孔作业能够保障操作人员的安全。因此，煤层瓦斯压力达到或者超过 3 MPa 的区域，必须采用地面钻井预抽煤层瓦斯，或者开采保护层的区域防突措施，或者采用井下顶(底)板巷道远程操控方式施工区域防突措施钻孔，并编制专项设计。

(6) 石门、井筒揭穿突出煤层时，由于破坏了煤岩层内的原始应力平衡状态，故最容易发生突出。石门揭穿煤层的突出,以爆破揭煤时最为常见,其突出特点是强度大,造成的破坏性也强,不仅在石门揭开煤层时存在突出危险,而且在掘进煤层过程中也存在突出危险。北票矿务局曾经在石门揭煤过程中发生 7 次突出。2002 年 4 月 7 日,淮北芦岭煤矿在斜巷距离煤层 11.2 m 时,发生 10500 t 特大型突出,瓦斯逆流 3200 m,突出波及整个矿井。国内外超千吨的特大型突出绝大多数都是石门突出。因此,对石门、井筒揭煤必须认真防范,严格管理。为了安全地揭穿突出煤层,在石门、井筒揭穿突出煤层前必须编制设计,采取综合防突措施,并报煤矿总工程师审批。

(7) 煤与瓦斯突出受地质构造控制,不同区域煤层赋存条件不同,受煤层赋存条件制约,开采技术条件也有差异。因此,突出煤层的采掘工作面,必须根据工作面的地质、瓦斯、生产技术条件,有针对性地编制防突设计,把防突方案、所需工程、人员、设施规划好,并报煤矿技术负责人批准。

(8) 防突措施的技术参数是防突措施的设计依据,是保证措施有效性的根本保障,而不同开采水平、采区以及工作面地质构造变化,必然导致瓦斯参数有所变化。因此,为了提高防突措施的有效性,必须通过实际考察,确定各自技术参数,提高防突的针对性。

第一百九十五条 突出矿井的采掘布置应当遵守下列规定:

(一) 主要巷道应当布置在岩层或者无突出危险煤层内。突出煤层的巷道优先布置在被保护区域或者其他无突出危险区域内。

(二) 应当减少井巷揭开(穿)突出煤层的次数,揭开(穿)突出煤层的地点应当合理避开地质构造带。

(三) 在同一突出煤层的集中应力影响范围内,不得布置 2 个工作面相向回采或者掘进。

【释义】 本条是关于突出矿井主要巷道及其采掘工作面布置原则的规定。

(1) 突出矿井在进行斜井、平硐、运输大巷、轨道大巷、主要进(回)风巷等主要巷道的开拓施工时,一般还缺乏对开拓区域煤层突出危险性的准确把握,也难以实施区域防突措施,区域内的系统安全设施等还很不健全。首先,如果把主要巷道直接布置在突出煤层中,将面临更大的突出危险和防突困难。因此,设计中应把这些主要巷道布置在岩层或无突出危险煤层中,以保证安全。其次,能利用这些巷道对突出煤层进行瓦斯基础参数测定或考察,也为实施区域防突措施提供了条件。另外,把主要巷道布置在岩层中,采掘系统具有更高的防灾、抗灾能力,为准备巷道的施工提供了更安全的便利条件。

突出煤层的巷道优先布置在被保护区域或其他无突出危险区域,既有利于安全,也提高了生产效率。无突出危险区主要是卸压区域,包括:① 突出煤层顶分层回采后下分层对应范围内;② 突出煤层上(下)区段回采后对应的下(上)区段 10～15 m 斜长范围内;③ 突出煤层始采线、终采线对应的实体段约 10 m 走向范围内等。但这些卸压区范围的大小因煤层的厚度、采高、倾角及周围开采情况会有较大变化,尤其当处于“孤岛”应力集中区和构造应力集中区时,卸压区域还可能消失。因此,对是否存在这些范围及其大小等,应通过考察确定,并充分考虑所在地点的各种条件。

(2) 根据生产实践,井巷揭穿突出煤层时,突出事故发生的次数和频率较其他条件下高，突出强度较大、伤亡人数较多，因此，为防止井巷揭穿突出煤层发生重大安全事故，每次揭煤过程都需要采取多种防治措施，投入大量的人力、物力。另外，揭煤普遍工期长，不但严重影响采掘效率，也会给企业的经营带来经济负担和不必要的浪费。从安全与生产的各方面考虑，都要求尽量减少井巷揭穿突出煤层的次数。

由于突出矿井的主要巷道应布置在岩层中，在布置采煤工作面进入煤巷施工时不可避免地要揭穿突出煤层，相应地增加了揭煤次数。因此，为了减少揭煤次数，在突出矿井的采区已设计的主要轨道大巷、运输大巷、回风大巷均布置在岩层中的条件下，可另外增加一条煤层回风巷作为减少揭煤次数的备用巷道，并且该巷道施工时必须根据区域预测(含新水平、新采区开拓前区域预测)结果，采取区域综合防突措施或局部综合防突措施掩护。同时，在无法避免要揭穿突出煤层或接近突出煤层时，也要尽可能减少接近或揭穿突出危险煤层的工作量，以减少防治突出的工作量，缩小揭煤范围。

煤与瓦斯突出多发生于地质构造地带，这是由于处于构造带的煤受到强烈的地质变化作用后，结构遭到破坏，改变了煤层原有的储存与排放瓦斯条件。同时，由于结构变化、构造带附近存在着较高的构造应力，加之煤层自身强度较低，因而就形成有利于产生突出的一系列有利因素，所以在构造带附近施工突出事故发生频率较高。因此，为了避免井巷揭穿煤层时发生突出造成重大安全事故，要求井巷揭穿突出煤层时尽可能避开地质构造复杂和被破坏的地带。

(3) 2个采掘工作面相向掘进和采煤时，就会出现应力叠加情况，特别是2个正在掘进的巷道互相贯通，在工作面前方原来应力梯度比较大，2个应力梯度比较大的集中应力互相叠加，便很容易发生动力现象。因此，在同一突出煤层的集中应力影响范围内，不得布置2个工作面相向回采或掘进。

第一百九十六条　突出煤层的采掘工作应当遵守下列规定：

(一) 严禁采用水力采煤法、倒台阶采煤法或者其他非正规采煤法。

(二) 在急倾斜煤层中掘进上山时，应当采用双上山、伪倾斜上山等掘进方式，并加强支护。

(三) 上山掘进工作面采用爆破作业时，应当采用深度不大于1.0 m的炮眼远距离全断面一次爆破。

(四) 预测或者认定为突出危险区的采掘工作面严禁使用风镐作业。

(五) 在过突出孔洞及其附近30 m范围内进行采掘作业时，必须加强支护。

(六) 在突出煤层的煤巷中安装、更换、维修或者回收支架时，必须采取预防煤体冒落引起突出的措施。

【释义】　本条是关于在突出煤层进行采掘工作的规定。

(1) 水力采煤法、倒台阶采煤法一般适用于倾斜和急倾斜煤层，通常利用水的冲出、矿压、煤的自重垮塌后落煤。由于水力采煤法、倒台阶采煤法采煤过程对垮塌上方煤体没有支护，冲出或垮塌后的上方煤体应力向周边转移，应力活动剧烈，瓦斯压力梯度增加，当超过其极限值时，便会发生突出，而且倒台阶采煤法在工作面形成台阶，煤体自重应力朝向工作面，容易造成局部应力集中，也为突出创造了条件。所以为防止突出煤层采掘作业发生突出，要求突出煤层中严禁采用上述采煤方法。

(2) 在急倾斜煤层中掘进上山时,同样受煤体自重影响,容易发生由冒顶而诱发的突出。一旦发生冒顶或突出,煤块顺上山而下,极易将上山下部出口处堵塞,也会破坏通风设施,使瓦斯迅速积聚。工作人员若不能迅速撤离现场,易被冒落或突出的煤块埋没、砸伤或窒息而死亡。所以,急倾斜突出煤层一般不宜上山掘进,而当确需上山掘进时,为了使工作人员在发现突出或冒顶预兆时能迅速撤离工作面,在掘进急倾斜煤层上山没有其他更好的防治突出措施之前,采用双上山掘进,增加突出煤层掘进上山安全出口是较合理的选择。

急倾斜突出煤层上山采用伪倾斜上山掘进,也能降低煤体自重对突出或冒顶的影响,同时有利于人员撤离。但在实际工作中,由于是急倾斜煤层伪倾斜上山掘进,其采用的伪倾斜角度不可能小于或等于煤的自然安息角,当发生冒顶、片帮或突出事故时,人员撤退的速度往往没有冒顶、片帮或突出时倾出煤块滚动的速度快,而且,急倾斜煤层若支护不好容易发生冒顶堵塞后路。因而,为了防止冒顶、片帮诱导煤与瓦斯突出,在急倾斜突出煤层掘进上山时,特别强调要加强支护。

(3) 上山掘进工作面受采掘附加应力与煤体自重作用双重影响,巷道稳定性差,为了减小爆破作业对煤体的震动而诱发突出,所以,突出煤层的上山掘进工作面采用爆破作业时炮眼深度不应大于 1 m;同时,为了避免因爆破诱发的突出埋压工作面作业人员,确保工作面人员的人身安全,应保证人员全部撤离工作面,并采用远距离全断面一次爆破的方法作业。

(4) 风镐是一种震动力很强的工具,使用它进行作业时,对煤体会产生强烈的震动,会加速煤层瓦斯解吸并触发工作面前方应力突变,从而导致突出。除此之外,高噪声也掩盖了突出的有声预兆,使工作人员不能及时发现突出预兆,迅速撤离现场,极易造成人员伤亡。所以在预测或认定为突出危险区的突出煤层中进行采掘工作时,不能使用风镐。

(5) 发生突出后突出地点能量得到大量释放,一般认为突出地点附近突出危险性得到降低,但并不是在突出孔洞附近就不会再发生突出,因此在突出孔洞及其附近 30 m 范围内进行采掘作业时,必须加强支护。

(6) 在更换、推移和回收支架时,支架失去支撑作用,其上方的煤体在已被压碎的情况下极易冒落,特别是突出煤层,本身的强度就不大,更容易冒落,而煤体的冒落极易诱发突出。我国已发生多起冒顶诱发的突出事故。为了避免支架上方煤体垮塌,特别是避免因垮塌诱发突出,在突出煤层煤巷中安装、更换、维修或回收支架时,必须采取诸如在架设好新支架后再更换老支架等预防煤体垮落而引起突出的措施。

第一百九十七条 *有突出危险煤层的新建矿井或者突出矿井,开拓新水平的井巷第一次揭穿(开)厚度为 0.3 m 及以上煤层时,必须超前探测煤层厚度及地质构造、测定煤层瓦斯压力及瓦斯含量等与突出危险性相关的参数。*

【释义】 本条是关于有突出危险的新建矿井或突出矿井开拓新水平测定与危险性相关参数的规定。

有突出危险的新建矿井或突出矿井开拓新水平的井巷第一次揭穿(开)突出煤层时,虽然在未开拓前做过一些评估和预测,但为了准确掌握揭穿突出煤层的真实状况,必须对突出煤层的瓦斯实际情况进行测定,以便采取相应的防治措施,避免发生煤与瓦斯突出事故。平均厚度 0.3 m 以上的煤层虽然不一定都开采，但如果该煤层有突出危险，而矿井建设和生产中可能在这个层位部署巷道或穿过该煤层，或者因距离采掘工程近而容易误穿该煤层，都将对煤矿安全造成威胁，因而都应进行突出危险性评估。所以，在有突出危险的新建矿井或突出矿井开拓新水平的井巷第一次揭穿(开)突出煤层时，必须超前探测煤层厚度及地质构造、测定煤层瓦斯压力及瓦斯含量等与突出危险性相关的参数。

第一百九十八条　在突出煤层顶、底板掘进岩巷时，必须超前探测煤层及地质构造情况，分析勘测验证地质资料，编制巷道剖面图，及时掌握施工动态和围岩变化情况，防止误穿突出煤层。

【释义】　本条是关于突出矿井采取措施防止岩巷误穿突出煤层的规定。

(1) 突出煤层顶、底板掘进岩巷工作面的突出危险性主要来自工作面前方和两帮或者上部和下部。因此，必须超前探测煤层及地质构造情况。

(2) 通过分析勘测验证地质资料，编制巷道剖面图，及时掌握施工动态和围岩变化情况，应能反映矿井不同块段瓦斯涌出规律、煤与瓦斯突出规律以及不同块段煤层瓦斯赋存与地质构造的关系规律，也可以用于区域预测，反映突出危险程度不同的区域，同时可以作为制定防治突出措施的依据，对防治突出工作起到积极的指导作用。

(3) 在严重突出矿井，为了防治瓦斯突出，常采用预抽突出煤层瓦斯的方法，防止在随后的采掘工作中出现煤与瓦斯突出。为了抽采突出煤层的瓦斯，就要在突出煤层的顶、底板岩石中开凿岩巷，通常岩巷距煤层要有一定的安全距离(其距离视煤层顶、底板的岩性而定)。由于在突出煤层顶、底板掘进岩巷时，并未对突出煤层采取防治突出措施，突出煤层的突出危险性未被消除，这时若误穿了突出煤层，势必要引起突出，影响掘进甚至造成人员伤亡，因而在突出煤层顶、底板掘进岩巷时，要防止误穿突出煤层。

【案例】　2002 年 4 月 7 日，安徽省淮北芦岭煤矿煤层底板斜巷距离煤层垂距 11.2 m，因小断层与煤层沟通，爆破引起煤与瓦斯突出，突出煤量 10500 t、瓦斯量 93.8 万 m^3，造成 14 人死亡。该煤矿为国有企业，设计生产能力 2.4 Mt/a，为煤与瓦斯突出矿井。事故直接原因为：掘进工作面施工进入地质构造带，未及时探测煤层位置，采取必要防突措施。

第一百九十九条　有突出矿井的煤矿企业应当填写突出卡片、分析突出资料、掌握突出规律、制定防突措施，在每年第一季度内，将上年度的突出资料报省级煤炭行业管理部门。

【释义】　本条是关于掌握突出动态规律，及时整理、上报突出资料的规定。

(1) 煤与瓦斯突出的发生具有一定的规律性，通过对防突资料的收集、整理、归档和分析，在以后的防突管理工作中积累经验，提出整改措施。每次发生突出后煤矿指定专人进行现场调查，认真填写突出记录卡片(表)(表 3-4-1)，提交调查报告，分析突出发生的原因，总结经验教训，提出对策措施。

(2) 突出矿井每年第一季度将上年度发生煤与瓦斯突出记录卡片(表)、煤与瓦斯突出矿井基本情况调查表(表 3-4-2)、矿井煤与瓦斯突出汇总表和总结资料报省级煤炭行业管理部门。

表 3-4-1 煤与瓦斯突出记录卡片(表)

编号______ ______省(区、市) 企业名称____________矿______井

<table>
<tr><td colspan="2">突出日期</td><td colspan="4">年 月 日 时</td><td>地点</td><td></td><td rowspan="10">发生动力现象后的主要特征</td><td>孔洞形状轴线与水平面之间的夹角</td><td></td></tr>
<tr><td>标高</td><td></td><td>巷道类型</td><td></td><td>突出类型</td><td></td><td>距地表垂深/m</td><td></td><td>喷出煤量和岩石量</td><td></td></tr>
<tr><td colspan="4">突出地点通风系统示意图
(注距离尺寸)</td><td colspan="4">突出处煤层剖面图(注比例尺)
煤层顶、底板岩层柱状图</td><td>煤喷出距离和堆积坡度</td><td></td></tr>
<tr><td rowspan="2">煤层特征</td><td>名称</td><td></td><td>倾角/(°)</td><td></td><td rowspan="2">邻近层开采情况</td><td>上部</td><td></td><td rowspan="2">喷出煤的粒度和分选情况</td><td rowspan="2"></td></tr>
<tr><td>厚度/m</td><td></td><td>硬度</td><td></td><td>下部</td><td></td></tr>
<tr><td colspan="2" rowspan="2">地质构造的叙述
(断层、褶曲、厚度、倾角及其变化)</td><td colspan="6" rowspan="2"></td><td>突出地点附近围岩和煤层破碎情况</td><td></td></tr>
<tr><td>动力效应</td><td></td></tr>
<tr><td colspan="2">支护形式</td><td></td><td colspan="3">棚间距离/m</td><td colspan="2"></td><td rowspan="2">突出前瓦斯压力和突出后瓦斯涌出情况</td><td rowspan="2"></td></tr>
<tr><td colspan="2">控顶距离/m</td><td></td><td colspan="3">有效风量/(m³·min⁻¹)</td><td colspan="2"></td></tr>
<tr><td colspan="2">正常瓦斯浓度/%</td><td></td><td colspan="3">绝对瓦斯涌出量/(m³·min⁻¹)</td><td colspan="2"></td><td>其他</td><td></td></tr>
<tr><td colspan="2">突出前作业和使用工具</td><td colspan="6"></td><td colspan="3">突出孔洞及煤堆积情况(注比例尺)</td></tr>
<tr><td colspan="2" rowspan="2">突出前所采取的措施(附图)</td><td colspan="6" rowspan="2"></td><td colspan="3">现场见证人(姓名、职务)</td></tr>
<tr><td colspan="3">伤亡情况</td></tr>
<tr><td colspan="2">突出预兆</td><td colspan="6"></td><td colspan="3">主要经验教训</td></tr>
<tr><td colspan="2" rowspan="2">突出前及突出时发生过程的描述</td><td colspan="3" rowspan="2"></td><td>填表人</td><td>矿防突机构负责人</td><td colspan="2">矿技术负责人</td><td colspan="2">矿长</td></tr>
<tr><td></td><td></td><td colspan="2"></td><td colspan="2"></td></tr>
</table>

表 3-4-2 煤与瓦斯突出矿井基本情况调查表

____省____市(县) 企业名称________矿____井 填表日期____年____月____日

<table>
<tr><td>矿井设计能力/t</td><td></td><td rowspan="3">首次突出</td><td colspan="3">时 间</td><td colspan="4"></td></tr>
<tr><td>矿井实际生产能力/t</td><td></td><td colspan="3">地点及标高/m</td><td colspan="4"></td></tr>
<tr><td>开拓方式</td><td></td><td colspan="3">距地表垂深/m</td><td colspan="4"></td></tr>
<tr><td>矿井可采煤层层数/层</td><td></td><td rowspan="3">突出次数</td><td rowspan="3">总计</td><td colspan="6">各类坑道中突出次数</td></tr>
<tr><td>矿井可采煤层储量/t</td><td></td><td>石门</td><td>平巷</td><td>上山</td><td>下山</td><td>回采</td><td>其他</td></tr>
<tr><td>突出煤层可采储量/t</td><td></td><td></td><td></td><td></td><td></td><td></td><td></td></tr>
</table>

表 3-4-2(续)

<table>
<tr><td rowspan="7">突出煤层及围岩特征</td><td>名称</td><td></td><td rowspan="2">突出最大强度</td><td colspan="2">煤(岩)量/t</td><td colspan="2"></td></tr>
<tr><td>厚度/m</td><td></td><td colspan="2">突出瓦斯量/m^3</td><td colspan="2"></td></tr>
<tr><td>倾角/(°)</td><td></td><td colspan="2">千吨以上突出次数</td><td></td><td rowspan="7">采取何种防突措施及其效果</td><td rowspan="7"></td></tr>
<tr><td>煤质</td><td></td><td rowspan="6">其中</td><td>石门</td><td></td></tr>
<tr><td>软煤的坚固性系数 f</td><td></td><td>平巷</td><td></td></tr>
<tr><td>顶板岩性</td><td></td><td>上山</td><td></td></tr>
<tr><td>底板岩性</td><td></td><td>下山</td><td></td></tr>
<tr><td rowspan="4">保护层</td><td>类型</td><td></td><td>回采</td><td></td></tr>
<tr><td>煤层名称</td><td></td><td>其他</td><td></td></tr>
<tr><td>厚度/m</td><td></td><td colspan="2" rowspan="4">目前正在进行的防治突出的研究课题</td><td colspan="2" rowspan="2">主攻方向</td><td rowspan="2"></td></tr>
<tr><td>距危险层最大距离/m</td><td></td></tr>
<tr><td rowspan="2">瓦斯压力</td><td>最高压力/MPa</td><td></td><td colspan="2">进展情况</td><td></td></tr>
<tr><td>测压地点距地表垂深/m</td><td></td><td colspan="2">人员及参加单位</td><td></td></tr>
<tr><td colspan="2">煤层瓦斯含量/($m^3 \cdot t^{-1}$)</td><td></td><td colspan="2" rowspan="3">备注</td><td colspan="3" rowspan="3"></td></tr>
<tr><td colspan="2">矿井瓦斯涌出量/($m^3 \cdot min^{-1}$)</td><td></td></tr>
<tr><td colspan="2">有无抽采系统及抽采方式</td><td></td></tr>
</table>

煤矿企业负责人：　　煤矿企业技术负责人：　　防突机构负责人：　　填表人：

【执行中应注意的问题】

(1) 所有有关防突工作的资料均应存档。防突技术资料包括测定的各煤层瓦斯压力和含量、防突预测预报参数、揭煤和取煤样化验的各项突出指标、各类措施的设计和实施资料、采掘工作面瓦斯涌出量、突出和瓦斯异常情况分析报告等。收集丰富的瓦斯资料，对矿井制定并采取针对性措施，指导矿井区域治理，指导矿井布局延深意义重大；对煤矿安全监察机构依照突出危害程度进行有效监管监察，对国家针对突出事故总结经验制定相关针对性的法律法规均有指导意义。

(2) 煤矿企业每年对全年的防突技术资料进行系统分析总结，掌握突出规律，完善防突措施。

第二百条 突出矿井必须编制并及时更新矿井瓦斯地质图，更新周期不得超过 1 年，图中应当标明采掘进度、被保护范围、煤层赋存条件、地质构造、突出点位置、突出强度、瓦斯基本参数等，作为突出危险性区域预测和制定防突措施的依据。

【释义】 本条是关于突出矿井编制并及时更新矿井瓦斯地质图的规定。

(1)《防突细则》规定：地质测量部门与防突机构、通风部门共同编制矿井瓦斯地质图。图中应当标明采掘进度、被保护范围、煤层赋存条件、地质构造、突出点位置、突出强度、瓦斯基本参数及绝对瓦斯涌出量和相对瓦斯涌出量等资料,作为区域突出危险性预测和制定防突措施的依据。

(2) 突出矿井的瓦斯地质图是矿井瓦斯资料、规律的积累和总结,对防治突出工作起积极的指导作用。同时,瓦斯突出是一个动态发展的过程,有很强的随机性,但在突出发生前通常有预兆,以瓦斯变化预兆较多见,若能及时发现预兆,就能预防突出、减少损失。故可以将瓦斯地质图用在区域预测中,作为制定防突措施的依据。

【执行中应注意的问题】

(1) 矿井瓦斯地质图更新周期不得超过 1 年、工作面瓦斯地质图更新周期不得超过 3 个月。

(2) 开采保护层时,采空区内不得留设煤(岩)柱。特殊情况需留煤(岩)柱时,必须将煤(岩)柱的位置和尺寸准确标注在采掘工程平面图和瓦斯地质图上,在瓦斯地质图上还应当标出煤(岩)柱的影响范围,在煤(岩)柱及其影响范围内的突出煤层采掘作业前,必须采取预抽煤层瓦斯区域防突措施。

(3) 矿井瓦斯地质图的具体编制方法见《煤矿矿井瓦斯地质图编制方法》(AQ/T 1086—2011)。

第二百零一条 突出煤层工作面的作业人员、瓦斯检查工、班组长应当掌握突出预兆。发现突出预兆时,必须立即停止作业,按避灾路线撤出,并报告矿调度室。

班组长、瓦斯检查工、矿调度员有权责令相关现场作业人员停止作业,停电撤人。

【释义】 本条是关于开采突出煤层时加强瓦斯检查及掌握突出预兆的规定。

(1) 瓦斯突出是一个动态过程,有很强的随机性,若不能及时发现预兆、采取措施,就不能预防突出,就有可能造成人员伤亡事故。突出煤层工作面的作业人员、瓦斯检查工、班组长应随时观察突出预兆,尤其是突出煤层工作面配备的是专职瓦斯检查员,职责是随时检查瓦斯,并观察突出预兆。这是发现突出、避免事故造成人员伤亡的有效措施之一。

(2) 发现有突出预兆时,班组长、瓦斯检查工、矿调度员有权责令相关现场作业人员停止作业,停电撤人,无须征得领导的同意(说明:条件允许时,报告、请示调度室、值班领导是必要的,但无须征得同意)。

【执行中应注意的问题】

(1) 在采掘过程中应当随时观测突出预兆。典型的瓦斯突出预兆分为有声预兆和无声预兆。有声预兆主要包括:响煤炮声(机枪声、闷雷声、劈裂声),打钻喷煤、喷瓦斯等;无声预兆主要包括:煤层结构变化,煤壁外鼓、掉渣等,瓦斯涌出量增大或忽大忽小,煤尘增大,煤壁温度降低、挂汗等。典型突出预兆中,喷孔、顶钻属于明显突出预兆,当发现有喷孔、顶钻等明显突出预兆的区域,必须采取或继续执行区域防突措施。突出煤层工作面的所有作业人员、瓦斯检查工、班组长都应掌握突出预兆,学会发现并辨识突出预兆,以便及时采取措施或撤离。

(2) 发现突出预兆时,必须立即停止作业,按避灾路线撤出,并报告矿调度室,这是指任何人在发现突出预兆时都有权利和责任停止作业,无须征得领导的同意,即可按避灾路线撤离，在撤离至安全地点后及时向矿调度室汇报。

(3) 瓦斯检查工和班组长在井下交接班时应当将瓦斯异常情况交代清楚，有利于及时发现突出预兆。

【案例】 2015 年 8 月 11 日，贵州省黔西南州普安县政忠煤矿发生煤与瓦斯突出事故，造成 13 人死亡。事故直接原因是该矿 12172 探煤下山掘进施工中发生顶钻、喷孔等现象，未采取有效措施，冒险作业，导致事故发生。事故暴露出的主要问题：一是该矿区域防突措施落实不到位，抽采不达标，冒险作业；二是该矿安全管理混乱，违规布置探煤下山，违章作业；三是该矿瓦斯监测监控系统运行不正常，甲烷传感器设置不全，下井人员未按照规定佩戴定位卡；四是该矿未按照国家规定及时报告该起事故，瞒报达 4 h。

第二百零二条　煤与二氧化碳突出、岩石与二氧化碳突出、岩石与瓦斯突出的管理和防治措施参照本章规定执行。

【释义】 本条是关于煤与 CO_2 突出、岩石与 CO_2 突出及岩石与瓦斯突出管理和防治的规定。

(1)在矿井范围内发生过突出的岩层或者经鉴定、认定有突出危险的岩层，为岩石与 CO_2(瓦斯)突出岩层(以下简称突出岩层)。在开拓、生产范围内有突出岩层的矿井即为岩石与 CO_2(瓦斯)突出矿井(以下简称岩石突出矿井)。煤与 CO_2 突出、岩石与 CO_2(瓦斯)突出具有突出能量大、CO_2 涌出量高、抛出煤岩多等特点，危害很大，但发生的省区、矿区较少。我国吉林省营城五井发生过砂岩与 CO_2 突出，甘肃省窑街三矿、海石湾煤矿等发生过煤与 CO_2 突出。煤矿企业应当对岩石突出矿井、突出岩层分别参照《规程》和《防突细则》对于突出矿井、突出煤层管理的各项要求，专门制定满足安全生产需要的管理措施，报省级煤炭行业管理部门、煤矿安全监管部门和煤矿安全监察机构。

(2)在突出岩层内掘进巷道或者揭穿该岩层时，必须采取工作面突出危险性预测、工作面防治岩石突出措施、工作面防突措施效果检验、安全防护措施的局部综合防突措施。当预测有突出危险时，必须采取防治岩石突出措施。只有经措施效果检验证实措施有效后，方可在采取安全防护措施的情况下进行掘进作业。岩石与 CO_2(瓦斯)突出危险性预测可以采用岩芯法或者突出预兆法。措施效果检验应当采用岩芯法。安全防护措施应当按照防治煤与瓦斯突出的安全防护措施实施。

【执行中应注意的问题】

(1) 采用岩芯法预测工作面岩石与 CO_2(瓦斯)突出危险性时，在工作面前方岩体内施工直径 50～70 mm、长度不小于 10 m 的钻孔，取出全部岩芯，并从孔深 2 m 处起记录岩芯中的圆片数。其实质是向岩体内打钻取芯，观察岩芯的完整性，来预测工作面突出危险性。

工作面突出危险性的判定方法为：

① 岩芯中没有圆片和岩芯表面没有环状裂缝时，预测为无突出危险地带。

② 当取出的岩芯大部分长度在 150 mm 及以上，且有裂缝围绕，个别为小圆柱体或者圆片时，预测为一般突出危险地带。

③ 取出 1 m 长的岩芯内，部分岩芯出现 20～30 个圆片，其余岩芯为长 50～100 mm 的圆柱体并有环状裂隙时，预测为中等突出危险地带。

④ 当 1 m 长的岩芯内具有 20～40 个凸凹状圆片时，预测为严重突出危险地带。

(2) 采用突出预兆法预测工作面岩石与 CO_2(瓦斯)突出危险性时，具有下列 3 种情况之一的，确定为岩石与 CO_2(瓦斯)突出危险工作面：

① 岩石呈薄片状或者松软碎屑状的。

② 工作面爆破后，进尺超过炮眼深度的。

③ 有明显的火成岩侵入或者工作面 CO_2(瓦斯)涌出量明显增大的。

岩(煤)与 CO_2 突出还有其他预兆：岩(煤)爆声，打钻期间常见喷孔、哨声或蜂鸣声，钻孔中可见雾状气体涌出等，都可以用来辅助辨识。

(3) 巷道应当尽可能避免布置在突出岩层中。在突出岩层中掘进巷道时，可以采取钻眼爆破工程参数优化、超前钻孔、松动爆破、开卸压槽及在工作面附近设置挡栏等防治岩石与 CO_2(瓦斯)突出措施。这些措施可以两个或多个综合使用。

采取上述措施的，应当符合下列要求：

① 在一般或者中等程度突出危险地带，可以采用浅孔爆破措施或者远距离多段爆破法，以减少对岩体的震动强度，降低突出频率和强度。远距离多段爆破法的做法是，先在工作面施工 6 个掏槽眼、6 个辅助眼，呈椭圆形布置，使爆破后形成椭圆形超前孔洞，然后爆破周边炮眼，其炮眼距超前孔洞周边应当大于 0.6 m，孔洞超前距不小于 2 m。

② 在严重突出危险地带，可以采用超前钻孔和松动爆破措施。超前钻孔直径不小于 75 mm，孔数根据巷道断面大小、突出危险岩层赋存及单个排放钻孔有效作用半径考察确定，但不得少于 3 个，孔深应当大于 40 m，钻孔超前工作面的安全距离不得小于 5 m。

深孔松动爆破孔径一般 60～75 mm，孔长 15～25 m，封孔深度不小于 5 m，孔数 4～5 个，其中爆破孔 1～2 个，其他孔不装药，以提高松动效果。

(4) 煤系地层中的 CO_2 为外界来源，多与地质构造有关。煤对 CO_2 的吸附能力大于对 CH_4 的吸附能力，煤体 CO_2 的解吸速度比较快。

第二节　区域综合防突措施

第二百零三条　突出矿井应当对突出煤层进行区域突出危险性预测(以下简称区域预测)。经区域预测后，突出煤层划分为无突出危险区和突出危险区。未进行区域预测的区域视为突出危险区。

【释义】 本条是关于对突出煤层进行区域突出危险性预测的规定。

区域预测的目的不仅仅是划分突出危险区和无突出危险区，更重要的是通过区域预测，实测煤层瓦斯参数，掌握煤层结构特征，指导防突措施的制定和措施参数的设计，提高防突措施的针对性和有效性。因此，所有突出矿井应该积极创造条件，开展区域突出危险性预测工作；矿井技术力量不允许，可以委托具有资质的中介机构进行；井下不具备开展区域预测工作的客观条件时，直接视为突出危险区，严格落实两个“四位一体”综合防突措施，确保生产安全。

第二百零四条　具备开采保护层条件的突出危险区，必须开采保护层。选择保护层应当遵循下列原则：

（一）优先选择无突出危险的煤层作为保护层。矿井中所有煤层都有突出危险时，应当选择突出危险程度较小的煤层作保护层。

（二）应当优先选择上保护层；选择下保护层开采时，不得破坏被保护层的开采条件。

开采保护层后，在有效保护范围内的被保护层区域为无突出危险区，超出有效保护范围的区域仍然为突出危险区。

【释义】　本条是关于选择保护层应遵循的原则的规定。

(1) 开采了保护层后，保护层顶、底板岩石(包括被保护的突出煤层)发生膨胀变形，使煤层中的原始应力降低；煤体发生膨胀变形，煤的孔隙率、裂隙增加，煤层透气性大幅度提高，为瓦斯流动提供良好的条件。在煤层瓦斯压力的作用下，被保护煤层中的瓦斯会通过突出危险煤层顶、底板岩石裂隙，不断地流向保护层的开采空间，使被保护煤层的瓦斯压力降低，吸附瓦斯迅速解吸，通过裂隙通道排出，导致被保护煤层瓦斯含量降低；同时，瓦斯解吸，煤体强度与稳定性增大。上述一系列的变化，会使被保护煤层逐渐失去发生突出时所需的必要条件，可以避免大面积范围内突出的发生；同时，采用保护层防治煤与瓦斯突出比采用局部防治突出措施的成本低，且安全性和可靠程度都较局部措施好。所以，具备开采保护层条件的突出矿井，必须开采保护层。

(2) 随着采掘深度的增加，作为保护层开采的无突出危险煤层也逐渐转变成突出危险煤层，在无非突出煤层作保护层可选时，将突出危险较小的煤层作为保护层开采，也是一种不错的选择。这是因为开采保护层比采用局部防突措施的安全性和可靠性高，防突成本也低。

(3) 开采上保护层更符合正常的开采程序，对采掘巷道等的影响也小；同时，开采上保护层卸压充分，保护范围大。因此，开采保护层应优先选择上保护层。无上保护层可选，确实需要开采下保护层时，则选择的下保护层不宜太近，否则，破坏被保护层顶板和煤质结构，危及被保护层的安全开采。

第二百零五条　有效保护范围的划定及有关参数应当实际考察确定。正在开采的保护层采煤工作面，必须超前于被保护层的掘进工作面，其超前距离不得小于保护层与被保护层之间法向距离的 3 倍，并不得小于 100 m。

【释义】　本条是关于正在开采的保护层与被保护层距离的规定。

保护层开采设计应考察的参数包括沿倾斜方向的保护范围、沿走向的保护范围、保护层与被保护层之间的最大保护垂距、开采下保护层时不破坏上部被保护层的最小层间距离等。

(1) 沿倾斜方向的保护范围。保护层采煤工作面沿倾斜方向的保护范围应根据卸压角划定，如图 3-4-1 所示。在没有本矿井实测的卸压角时，可参考表 3-4-3 的数据。

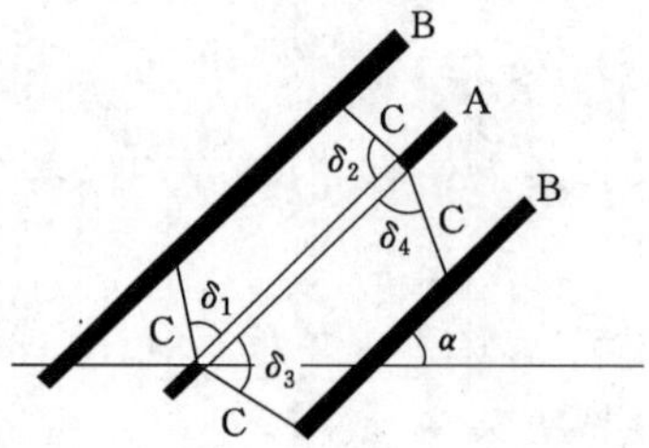

A—保护层;B—被保护层;C—保护范围边界线

图 3-4-1　保护层采煤工作面沿倾斜方向的保护范围

表 3-4-3　保护层采煤工作面沿倾斜方向的卸压角　(°)

煤层倾角 α	卸压角 δ			
	δ_1	δ_2	δ_3	δ_4
0	80	80	75	75
10	77	83	75	75
20	73	87	75	75
30	69	90	77	70
40	65	90	80	70
50	70	90	80	70
60	72	90	80	70
70	72	90	80	72
80	73	90	78	75
90	75	80	75	80

(2) 沿走向方向的保护范围。若保护层采煤工作面停采时间超过 3 个月且卸压比较充分，则该保护层采煤工作面对被保护层沿走向的保护范围对应于始采线、终采线及所留煤柱边缘位置的边界线可按卸压角 $\delta_5=56°\sim60°$划定，如图 3-4-2 所示。

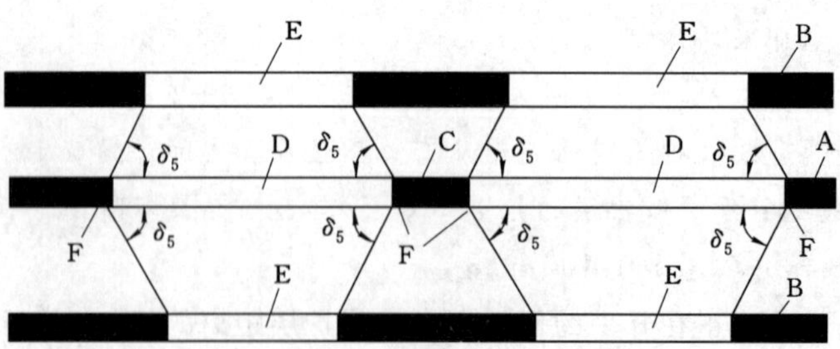

A—保护层;B—被保护层;C—煤柱;D—采空区;E—保护范围;F—始采线、终采线

图 3-4-2　保护层采煤工作面始采线、终采线和煤柱的影响范围

(3) 最大保护垂距。保护层与被保护层之间的最大保护垂距可参照表 3-4-4 选取或用式(3-4-1)、式(3-4-2)计算确定：

表 3-4-4　保护层与被保护层之间的最大保护垂距　m

煤层类别	最大保护垂距	
	上保护层	下保护层
急倾斜煤层	<60	<80
缓倾斜和倾斜煤层	<50	<100

下保护层的最大保护垂距：

$$S_{下} = S'_{下}\ \beta_1\beta_2 \tag{3-4-1}$$

上保护层的最大保护垂距：

$$S_{上} = S'_{上}\ \beta_1\beta_2 \tag{3-4-2}$$

式中　$S'_{下}$、$S'_{上}$——下保护层和上保护层的理论最大保护垂距，m，它与工作面长度 L 和开采深度 H 有关，可参照表 3-4-5 取值，当 $L>0.3H$ 时，取 $L=0.3H$，但不得大于 250 m；

β_1——保护层开采的影响系数，当 $M \leqslant M_0$ 时 $\beta_1 = M/M_0$，当 $M>M_0$ 时 $\beta_1=1$；

M——保护层的开采厚度，m；

M_0——保护层的最小有效厚度，m，可参照图 3-4-3 确定；

β_2——层间硬岩(砂岩、石灰岩)含量系数，用 η 表示在层间岩石中所占的百分比，当 $\eta \geqslant 50\%$ 时 $\beta_2 = 1-0.4\eta/100$，当 $\eta<50\%$ 时 $\beta_2=1$。

表 3-4-5　$S'_{上}$ 和 $S'_{下}$ 与开采深度 H 和工作面长度 L 之间的关系　m

开采深度 H	$S'_{下}$								$S'_{上}$						
	工作面长度 L								工作面长度 L						
	50	75	100	125	150	175	200	250	50	75	100	125	150	200	250
300	70	100	125	148	172	190	205	220	56	67	76	83	87	90	92
400	58	85	112	134	155	170	182	194	40	50	58	66	71	74	76
500	50	75	100	120	142	154	164	174	29	39	49	56	62	66	68
600	45	67	90	109	126	138	146	155	24	34	43	50	55	59	61
800	33	54	73	90	103	117	127	135	21	29	36	41	45	49	50
1000	27	41	57	71	88	100	114	122	18	25	32	36	41	44	45
1200	24	37	50	63	80	92	104	113	16	23	30	32	37	40	41

(4) 开采下保护层的最小层间距。开采下保护层时，不破坏上部被保护层的最小层间距离可参用式(3-4-3)或式(3-4-4)确定：

当 $\alpha<60°$ 时：

$$H = KM\cos\alpha \tag{3-4-3}$$

当 $\alpha \geqslant 60°$ 时：

$$H = KM\sin(\alpha/2) \tag{3-4-4}$$

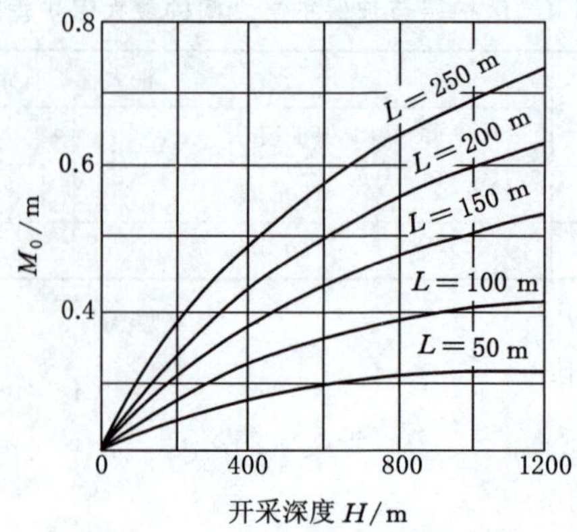

图 3-4-3 保护层工作面始采线、终采线和煤柱的影响范围

式中 H——允许采用的最小层间距,m;

M——保护层的开采厚度,m;

α——煤层倾角,(°);

K——顶板控制系数,冒落法管理顶板时 K 取 10,充填法管理顶板时 K 取 6。

保护层工作面一般要推过一定距离后,卸压作用才能传递到被保护层,在保护层采煤工作面后方 3 倍于层间距的范围内被保护的突出煤层中的地应力、瓦斯压力及其物理机械性能都能发生剧烈变化,距工作面越远,其变化程度越弱。在 3 倍于层间距以远的地区,各种变化趋于稳定,被保护层中的瓦斯压力一般都降低到 1 MPa 以下,瓦斯流量达到极大值,膨胀变形达到极大值并趋于稳定,保护效果十分充分,在此范围内布置掘进巷道是安全的。所以,为了充分利用保护层的保护效果,保证被保护层掘进工作面作业安全,保护层工作面必须超前于被保护层掘进工作面,超前距离不得小于其层间距的 3 倍,且不小于 100 m。

第二百零六条 对不具备保护层开采条件的突出厚煤层,利用上分层或者上区段开采后形成的卸压作用保护下分层或者下区段时,应当依据实际考察结果来确定其有效保护范围。

【执行说明】 不具备保护层开采条件主要是指开采单一煤层的,开采煤层群时在有效保护垂距内没有厚度为 0.5 m 及以上无突出危险煤层的,开采煤层距离突出煤层太近可能破坏突出煤层开采条件或使突出煤层威胁到开采煤层安全的。

【释义】 本条是关于开采厚煤层时其有效保护范围的规定。

开采有突出危险的厚煤层,当上一分层或区段开采后,相当于进行了极近距离保护层开采,对下一分层或区段起到卸压和保护作用,其保护范围可参考保护层开采的要求确定。保护层保护范围的确定方法见《规程》第二百零五条。

第二百零七条 开采保护层时，应当不留设煤（岩）柱。特殊情况需留煤（岩）柱时，必须将煤（岩）柱的位置和尺寸准确标注在采掘工程平面图和瓦斯地质图上，在瓦斯地质图上还应当标出煤（岩）柱的影响范围。在煤（岩）柱及其影响范围内采掘作业前，必须采取区域预抽煤层瓦斯防突措施。

【释义】 本条是关于开采保护层时采空区留有煤（岩）柱及其处理办法的规定。

（1）保护层留煤柱是最忌讳的事情，因为留煤柱的区域将会产生应力集中，使地应力比原来更高，煤层的突出危险性不但没有降低，反而有所增加。所以，开采保护层时，应当不留设煤（岩）柱。

（2）当保护层留有不规则煤（岩）柱时，按照其最外缘的轮廓划出平直轮廓线，并根据保护层与被保护层之间的层间距变化，确定煤柱影响范围。在被保护层进行采掘工作时，还应当根据采掘瓦斯动态及时修改。

（3）鉴于煤（岩）柱及其影响范围内没有有效的保护作用，所以，在煤（岩）柱及其影响范围内采掘作业前，还应采取区域预抽煤层瓦斯防突措施。

第二百零八条 开采保护层时，应当同时抽采被保护层和邻近层的瓦斯。开采近距离保护层时，必须采取防止误穿突出煤层和被保护层卸压瓦斯突然涌入保护层工作面的措施。

【释义】 本条是关于开采保护层时强化抽采瓦斯的规定。

（1）开采远距离保护层时，如果不同时抽采被保护层瓦斯，将可能不足以消除突出危险；而当开采近距离保护层时，尽管不存在不足以消除突出危险的问题，但若不抽采瓦斯，被保护层瓦斯大量涌入保护层工作面，造成瓦斯超限，威胁生产安全；而且，在开采保护层时，被保护层卸压，透气性增大，资源抽采率高。所以，要求开采保护层时必须同时抽采被保护层瓦斯，保护安全、保护资源、保护环境。

（2）在开采近距离保护层时，由于层间岩层厚度本来就小，尽管正常情况下层间岩层能够阻挡突出煤层瓦斯突然涌入保护层工作面，但当遇到岩层厚度变薄时，岩层强度就可能难以阻挡突出煤层的作用，而且，如果遇到落差较大的断层等构造时，也将减小岩层厚度，削弱层间岩层强度。当然，由于在工作面的初次放顶期间顶、底板活动最剧烈，而且目前实际出现的事故也大都集中在初采期，所以，开采近距离保护层工作面时，要采取有效措施防止被保护层初期卸压瓦斯突然涌入保护层采掘工作面或误穿突出煤层等。

第二百零九条 采取预抽煤层瓦斯区域防突措施时，应当遵守下列规定：

（一）预抽区段煤层瓦斯区域防突措施的钻孔应当控制区段内整个回采区域、两侧回采巷道及其外侧如下范围内的煤层：倾斜、急倾斜煤层巷道上帮轮廓线外至少 20 m，下帮至少 10 m；其他煤层为巷道两侧轮廓线外至少各 15 m。以上所述的钻孔控制范围均为沿煤层层面方向（以下同）。

（二）顺层钻孔或者穿层钻孔预抽回采区域煤层瓦斯区域防突措施的钻孔，应当控制整个回采区域的煤层。

（三）穿层钻孔预抽煤巷条带煤层瓦斯区域防突措施的钻孔，应当控制整条煤层巷道及其两侧一定范围内的煤层，该范围要求与本条（一）的规定相同。

（四）穿层钻孔预抽井巷（含石门、立井、斜井、平硐）揭煤区域煤层瓦斯区域防突措施的钻孔，应当在揭煤工作面距煤层最小法向距离 7 m 以前实施，并控制井巷及其外侧至少以下范围的煤层：揭煤处巷道轮廓线外 12 m(急倾斜煤层底部或者下帮 6 m)，且应当保证控制范围的外边缘到巷道轮廓线(包括预计前方揭煤段巷道的轮廓线)的最小距离不小于 5 m。当区域防突措施难以一次施工完成时可分段实施，但每一段都应当能够保证揭煤工作面到巷道前方至少 20 m 之间的煤层内，区域防突措施控制范围符合上述要求。

(五) 顺层钻孔预抽煤巷条带煤层瓦斯区域防突措施的钻孔，应当控制的煤巷条带前方长度不小于 60 m，煤巷两侧控制范围要求与本条(一)的规定相同。钻孔预抽煤层瓦斯的有效抽采时间不得少于 20 天，如果在钻孔施工过程中发现有喷孔、顶钻或者卡钻等动力现象的，有效抽采时间不得少于 60 天。

(六) 定向长钻孔预抽煤巷条带煤层瓦斯区域防突措施的钻孔，应当采用定向钻进工艺施工，控制煤巷条带煤层前方长度不小于 300 m 和煤巷两侧轮廓线外一定范围，该范围要求与本条(一)的规定相同。

(七) 厚煤层分层开采时，预抽钻孔应当控制开采分层及其上部法向距离至少 20 m、下部 10 m 范围内的煤层。

(八) 应当采取保证预抽瓦斯钻孔能够按设计参数控制整个预抽区域的措施。

(九) 当煤巷掘进和采煤工作面在预抽防突效果有效的区域内作业时，工作面距前方未预抽或者预抽防突效果无效范围的边界不得小于 20 m。

【执行说明】 “回采巷道及其外侧如下范围内的煤层”，是指如图 8 所示的巷道尺寸为 c 及其外(两)侧尺寸为 a 和 b 的范围。对于倾斜、急倾斜煤层 $a \geqslant 20$ m、$b \geqslant 10$ m，近水平、缓倾斜煤层 $a \geqslant 15$ m、$b \geqslant 15$ m。沿煤层层面方向包括巷道在内的宽度为 $a+b+c$ 的煤层条带，也称之为煤巷条带。

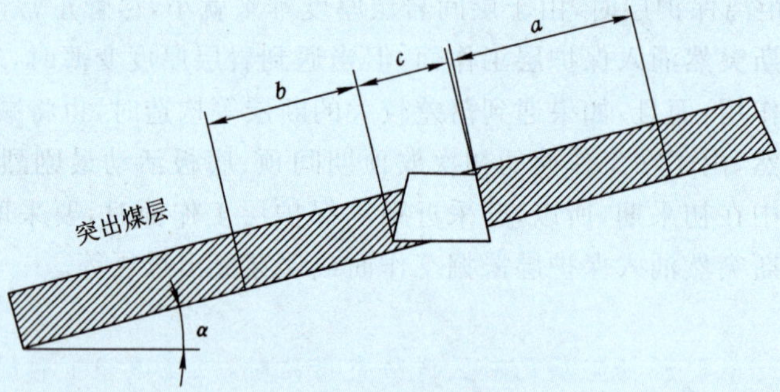

图 8 煤巷条带范围示意图

【释义】 本条是关于采取预抽煤层瓦斯区域防突措施时的规定。

视频

(1) 最能体现区域防突措施的关键是钻孔控制回采巷道外侧煤层的范围大小。鉴于重力对于突出也有作用，所以，在倾斜、急倾斜煤层中，当设计巷道基本属于走向巷道时，沿倾斜上方一侧巷道轮廓线外要求控制的范围要稍大些，为不小于 20 m，下方则小一些，为不小于 10 m。对于除此以外的所有其他情况的煤层、巷道，则要求控制设计巷道位置的轮廓线外至少 15 m 的范围，以便起到区域防突措施的作用，即在缓倾斜、近水平煤层中掘进任何方向的巷道以及在倾斜、急倾斜煤层中掘进基本属于沿倾向的巷道时，均要求钻孔控制设计巷道位置的轮廓线外至少 15 m 的范围。

(2) 穿层钻孔预抽煤巷条带煤层瓦斯区域防突措施要求钻孔能控制整条煤层巷道位置及其两侧一定范围的煤层，而且同样为起到区域防突措施的作用，要求控制巷道位置两侧的范围足够大，这一范围要求与本条第(一)款中回采巷道外侧的要求相同。

(3) 穿层钻孔预抽井巷(含石门、立井、斜井、平硐等)揭煤区域煤层瓦斯区域防突措施，主要考虑到揭煤往往是很多工程的先导步骤，尤其是在开拓准备阶段进行揭煤时往往还没有采取任何其他区域防突措施。但揭煤又是突出危险性、突出规模和危害最大的作业，更需要区域防突措施的保护。事实上，很多石门揭煤由于只采取了控制范围很小的局部防突措施，当出现不大的冒顶、片帮等现象后也可能导致严重突出，煤体距离工作面太近或直接暴露到工作面空间，进而引起突出。因此，对于在突出危险区先期揭煤的石门，也应实施控制范围更大的区域防突措施。

当采用此区域防突措施时，由于前方煤层为突出危险区，需要足够的岩柱来抵抗突出煤层的瓦斯压力及地应力作用，但实施措施就要施工大量的穿层钻孔，将会使前方岩柱强度降低，而距离煤层稍远时反而容易布置钻孔，且不易误揭煤层。所以要求在距离煤层最小法向距离 7 m 以前实施该区域防突措施。

(4) 顺层钻孔预抽煤巷条带煤层瓦斯区域防突措施，单纯从技术上分析，主要优点是不需要辅助抽采的岩巷，施工速度快、工程量小，容易施工密集钻孔，防突效果好。其技术上的主要缺点是钻孔施工成孔的技术难度大，钻孔的实际轨迹偏移也大，而预抽区域的大小依赖于钻孔成孔长度，所以预抽区域的规模受到限制。但最关键的问题是钻孔施工、预抽等都与巷道掘进相矛盾，当掘进进度要求紧时，预抽的时间、空间条件将很容易被压缩，难以保证预抽防突效果。

同样，顺层钻孔预抽煤巷条带煤层瓦斯区域防突措施要求钻孔能控制整条煤层巷道位置及其两侧一定范围的煤层，这一范围的要求也与本条第(一)款中回采巷道外侧的要求相同，即当倾斜、急倾斜煤层沿走向掘进煤巷时，要求分别在上帮至少控制 20 m，下帮至少 10 m；若为缓倾斜、近水平煤层时，则两侧均为至少 15 m。此外，与其他预抽措施不同的是，该措施还同时要求钻孔控制的条带长度不小于 60 m。对于区域措施来说，控制的条带长度越大越好，但如果小于60 m，则控制范围太小，失去了区域防突措施的作用，不能作为区域防突措施实施。

(5) 考虑到掘进或回采的推进作业容易超过允许推进距离，把区域预抽煤层瓦斯措施的超前距增加到 20 m，比两侧控制范围的要求有所增加。

(6) 对于厚煤层，如果掘进或采煤工作面位于煤层的底部分层时，则预抽钻孔应控制掘进和回采分层及其上部分层；若上部分层厚度很大，则至少要控制距采掘分层法向距离 20 m以内的煤层。同样，如果沿上部分层采掘，则应控制本分层及其下部分层且当下部分层厚度很大时，至少应控制法向距离 10 m 以内的下部煤层。当沿中间分层采掘时，也应控制上、下分层，且若上、下分层厚度很大时，应分别至少控制 20 m 和 10 m。

(7) 作为防突措施，应确保预抽瓦斯钻孔能够按设计参数控制整个预抽区域，以便使煤层内各处的瓦斯和地应力能普遍、均匀地降低。否则，钻孔密集区的煤层瓦斯、地应力可能非常小；而钻孔稀疏区的煤层瓦斯、地应力仍然比较大，甚至仍然没有达到区域防突措施的效果，整个区域仍有突出危险。

第二百一十条 有下列条件之一的突出煤层，不得将在本巷道施工顺煤层钻孔预抽煤巷条带瓦斯作为区域防突措施：

(一) 新建矿井的突出煤层。

(二) 历史上发生过突出强度大于500 t/次的。

(三) 开采范围内煤层坚固性系数小于0.3的；或者煤层坚固性系数为0.3～0.5，且埋深大于500 m的；或者煤层坚固性系数为0.5～0.8，且埋深大于600 m的；或者煤层埋深大于700 m的；或者煤巷条带位于开采应力集中区的。

【执行说明】 煤层坚固性系数是指煤巷条带范围内煤层的平均坚固性系数。煤层埋深是指煤巷条带范围内地表到煤层底板垂直距离的最大值。

【释义】 本条是关于采用顺层钻孔作为区域防突措施的规定。

顺层钻孔作为区域防突措施的优点是无须专用岩石瓦斯巷，吨煤钻孔工程量大，防突措施成本低，但对突出严重的煤层，施工顺层钻孔时，除钻孔施工难度大，成孔率低，还极易发生喷孔、夹钻等瓦斯动力现象，甚至在施工钻孔过程中引起煤与瓦斯突出。

对于新建矿井来说，瓦斯地质资料缺乏，对煤层突出危险性和突出特点认知不足，无法针对性地选择防突措施和科学设计措施参数，因此，新建矿井不易采用顺层钻孔作为区域防突措施。按照突出强度划分，发生过强度大于500 t/次的突出至少属于大型突出。

强度大于500 t/次的突出事故，突出煤岩破坏强度高，涌出的瓦斯波及范围大，往往造成恶性伤亡事故。因此，此类矿井也不宜采用顺层钻孔作为区域防突措施。

【案例】 2008年8月1日，河南省平顶山市平禹煤电公司四矿12190机巷掘进工作面，在实施防突措施施工超前钻孔时，发生煤与瓦斯突出，掘进机巷时发生重大煤与瓦斯突出事故，突出煤量2555 t，瓦斯量2.6×10^5 m^3，造成23人死亡。

第二百一十一条 保护层的开采厚度不大于0.5 m、上保护层与突出煤层间距大于50 m或者下保护层与突出煤层间距大于80 m时，必须对每个被保护层工作面的保护效果进行检验。

采用预抽煤层瓦斯防突措施的区域，必须对区域防突措施效果进行检验。

检验无效时，仍为突出危险区。检验有效时，无突出危险区的采掘工作面每推进10～50 m至少进行2次区域验证，并保留完整的工程设计、施工和效果检验的原始资料。

【执行说明】 每推进10～50m至少进行2次区域验证。具体取值应根据构造复杂程度确定：构造极其复杂的区域取10～15 m，构造复杂区域取15～25 m，构造较复杂区域取25～40 m，构造简单区域取40～50 m。

区域验证方法主要采用工作面突出危险性预测方法，执行一个工作面预测循环表示完成一次区域验证。至少应连续进行2次区域验证，任意一次区域验证为有突出危险，即表明该区域有突出危险；在构造复杂和极其复杂区域应连续进行3次及以上的区域验证。

【释义】 本条是关于对保护层保护效果检验的规定。

(1) 保护层的开采厚度减小时，顶板岩石的冒落高度也随之变小，直接导致卸压影响程度减弱和作用范围缩小，保护效果减小。根据多年的实践经验其临界值是50 cm，因此为了确保安全，当保护层的开采厚度等于或小于0.5 m时，必须对保护层的保护效果进行检验。

同时，保护层开采的影响范围随着层间距的加大而减小，根据国内外研究与考察资料，开采保护层后，对保护层上部的影响范围最大可达 80 m，对保护层下部可达 50 m，超过此范围时，保护层的保护效果很难准确确定。因此，为了确切掌握保护效果，防止突出灾害的发生，当上保护层与突出煤层间距大于 50 m 或下保护层与突出煤层间距大于 80 m 时，必须对保护层的保护效果进行检验。

(2) 抽出煤层瓦斯之后，煤层就会发生收缩变形，煤的强度增强，煤层顶、底板岩体内应力也随之降低，一切条件都向不利于发生突出的方向发展。但是在实践过程中，人们还不能完全有效地按设计要求控制钻孔的终孔位置，预抽钻孔达不到均匀布置的要求；其次抽出量受抽出时间的限制，经预抽后煤层瓦斯含量也未必能达到发生突出的最低瓦斯含量。所以，为了检验预抽突出层瓦斯在防突方面的效果，掌握预抽瓦斯所起保护作用的定量数据，避免采掘工作面误入未保护区出现事故，必须对预抽瓦斯在防突效果方面进行检验。

(3) 检验无效时，仍为突出危险区。检验有效时，无突出危险区的采掘工作面每推进 10～50 m 都要进行至少 2 次区域验证，每次验证都没有突出危险，则说明在一定范围内的煤层都没有突出危险，也不必保留预测超前距。至于区域验证的 10～50 m 的间隔，宜在不同情况下取不同的数值。

第三节　局部综合防突措施

第二百一十二条　突出煤层采掘工作面经工作面预测后划分为突出危险工作面和无突出危险工作面。

未进行突出预测的采掘工作面视为突出危险工作面。

当预测为突出危险工作面时，必须实施工作面防突措施和工作面防突措施效果检验。只有经效果检验有效后，方可进行采掘作业。

【释义】　本条是关于突出煤层采掘工作面突出危险分类及其管理的规定。

(1) 由于工作面突出危险性预测是关系到工作面人员安全的大事，因此有必要将未进行工作面预测的采掘工作面视为突出危险工作面，以便确保安全。

(2) 当预测为有突出危险的工作面时，则必须采取工作面防突措施和措施效果检验。当措施效果检验有效时，该工作面才可判定为无突出危险工作面，可在采取安全防护措施并保留足够的防突措施超前距和检验孔超前距条件下进行采掘作业；当措施效果检验无效时，表明该工作面突出因素并未消除，还有突出危险，在这种情况下，如果不采取补救措施就直接进行采掘作业，就有可能发生突出事故。因此，必须采取补充防突措施，并再次进行措施效果检验，直到措施有效。作为突出矿井，一旦确认防突措施无效，应分析原因，并总结经验教训，选用适合本矿实际情况的防突措施和相关参数，严格保证措施的施工质量，不能冒险进行采掘作业，避免发生突出事故。

第二百一十三条　井巷揭煤工作面的防突措施包括预抽煤层瓦斯、排放钻孔、金属骨架、煤体固化、水力冲孔或者其他经试验证明有效的措施。

【释义】　本条是关于防治井巷揭煤工作面防治煤与瓦斯突出的局部防突措施的规定。

(1) 预抽煤层瓦斯、排放钻孔、金属骨架、煤体固化、水力冲孔这些措施可改善或削弱诱发煤与瓦斯突出的三大要素,因而作为防治煤与瓦斯突出的局部措施常被用于井巷揭煤工作面。

(2) 预抽瓦斯与排放钻孔在防治煤与瓦斯突出作用机理方面是相同的,都力求将突出煤层中的瓦斯含量与煤层中的应力降低到不能发生突出的安全范围内(即煤层始突深度时的煤层瓦斯含量)。预抽瓦斯与排放钻孔的区别在于:前者借助于机械产生的小于大气压力的负压,加速突出危险煤层中的瓦斯排放。后者靠突出煤层中的瓦斯压力,使瓦斯从钻孔周围深部煤层中不间断地流向钻孔,并通过钻孔向矿井空气中扩散,当钻孔周围煤层中的瓦斯含量降低后,煤层发生的收缩变形改善石门工作面应力集中状态,并增加煤层的稳定性,这一切都破坏或减弱了发生突出所必需的条件,可有效控制煤与瓦斯突出的发生。

(3) 水力冲孔是将高压水作为动力,在有控制的条件下诱导煤层突出潜能释放。突出能量释放时会产生喷孔,从钻孔中排出大量煤、水和瓦斯,使突出潜能降低,并影响工作面工作。特别是立井揭煤工作面,无法有效处理喷出的煤、水和瓦斯,所以水力冲孔措施不适合立井揭煤工作面。

(4) 金属骨架适用于倾斜、急倾斜、厚度不大、松软的突出煤层(通常煤层厚度不超过 4 m,煤层厚度大,骨架容易发生强烈的弯曲,起不到支撑煤体的作用)。其主要作用是增加石门揭穿煤层时巷道上方煤层的稳定性,排除煤体中的瓦斯及缓解煤体的应力状态。其中后两项作用是在揭穿煤层前通过钻孔预先实现的。

(5) 石门和立井揭煤工作面煤体固化措施适用于松软煤层。其主要作用是增加石门揭穿煤层时工作面周围煤体的强度,改变煤体的力学性质,使其不易于发生突出。该措施能增强工作面附近煤体的承载能力和稳定性,但无法有效卸除煤层或采掘工作面前方煤体的应力,也无法排除煤层或采掘工作面前方煤体中的瓦斯。因此,该措施只能在一定程度上起到抑制突出发生的作用,但预防突出的能力是有限的,仅可作为石门揭开突出危险煤层防突措施的辅助配套措施。

第二百一十四条 *井巷揭穿(开)突出煤层必须遵守下列规定:*

(一) 在工作面距煤层法向距离 10 m(地质构造复杂、岩石破碎的区域 20 m)之外,至少施工 2 个前探钻孔,掌握煤层赋存条件、地质构造、瓦斯情况等。

(二) 从工作面距煤层法向距离大于 5 m 处开始,直至揭穿煤层全过程都应当采取局部综合防突措施。

(三) 揭煤工作面距煤层法向距离2 m至进入顶(底)板 2 m 的范围,均应当采用远距离爆破掘进工艺。

(四) 厚度小于 0.3 m 的突出煤层,在满足(一)的条件下可直接采用远距离爆破掘进工艺揭穿。

(五) 禁止使用震动爆破揭穿突出煤层。

【释义】 本条是井巷揭穿突出煤层必须遵守的规定。

(1) 石门和立井、斜井揭穿突出煤层前,必须准确控制煤层层位,掌握煤层的赋存位置、形态。在揭煤工作面掘进至距煤层最小法向距离 10 m(地质构造复杂、岩石破碎的区域 20 m)之前,应至少打 2 个穿透煤层全厚且进入顶(底)板不小于 0.5 m 的前探取芯钻孔,并详细记录岩芯资料。当需要测定瓦斯压力时,前探钻孔可用作测压钻孔;若二者不能共用时，则必须在最小法向距离 7m 前施工 2 个瓦斯压力测定钻孔，且应当布置在与该区域其他钻孔见煤点间距最大的位置。由于煤矿通常是根据煤层底板等高线图等地质勘探资料来计算工作面到突出煤层的距离的，而地质勘探资料存在较大的误差，且未探明的断层等构造的存在也可能使实际间距减小。因此，目前的经验是只要实际有 5 m 以上的岩柱即可保证安全，考虑到勘探资料存在一定误差，要求从最小法向距离 10 m(地质构造复杂、岩石破碎的区域 20 m)前即进行井下探测。

(2) 采取局部综合防突措施前的揭煤工作面，其所在区域应是经区域预测划分的无突出危险区域，或是采取了有效区域防突措施的区域。但为确保安全，从工作面距煤层法向距离大于 5 m 处开始，直至揭穿煤层全过程都应采取局部综合防突措施。

(3) 理论分析和生产实践都表明，在落煤过程中最容易发生煤与瓦斯突出，如落煤过程中有工作人员在场，发生突出最容易造成人员伤亡。为此，揭煤工作面距煤层法向距离 2 m 至进入顶(底)板 2 m 的范围，为了减少人员伤亡，都必须采取远距离爆破安全防护措施。因此，煤巷掘进工作面采用远距离爆破时，起爆及撤人地点必须设在全风压通风的新鲜风流中或避难所内，距爆破工作面越远越好。实践证明，起爆及撤人地点必须位于 500 m 以外全风压通风的新鲜风流中或 300 m 以外的避难硐室内。

(4) 当突出煤层在某区域变薄到厚度小于 0.3 m 时，由于其空间变小可以储存、积聚的突出潜能也很小，而且，由于煤层薄，顶、底板的岩石表面对煤层的摩擦力占据主导作用，对地应力、瓦斯压力有抑制作用。所以，小于 0.3 m 的突出煤层发生突出的可能性降低，而且不容易发展成为形成实际危害的突出，不足以对工作面设施和人员造成危险，故可直接用远距离爆破方式揭穿煤层。

(5) 震动爆破不仅会起到落煤作用，还会利用炸药爆炸产生的强烈震动波使煤体剧烈震动，对煤体破坏大，若煤层已达到发生突出时的三大基本条件，就会诱导煤与瓦斯突出，导致震动爆破工作面发生突出的概率很高。因此，禁止使用震动爆破揭穿突出煤层。

【案例】 2009 年 11 月 21 日，黑龙江省龙煤矿业集团新兴煤矿三水平南二石门 15 号煤层探煤巷发生煤(岩)与瓦斯突出，突出的瓦斯逆流至二水平，发生瓦斯爆炸事故，造成 108 人死亡、133 人受伤。新兴煤矿 2007 年核定生产能力 1.45 Mt/a，为高瓦斯矿井。事故直接原因：该矿在地质构造复杂的三水平南二石门 15 号煤层探煤巷，没有按措施要求打超前钻，违章组织施工，爆破作业诱发煤(岩)与瓦斯突出；突出的瓦斯逆流进入二段钢带机巷，在二水平南大巷与新鲜风流汇合，然后进入二水平卸载巷附近区域，达到瓦斯爆炸界限，卸载巷电机车架线并线夹接头产生电火花引起瓦斯爆炸。

第二百一十五条　*煤巷掘进工作面应当选用超前钻孔预抽瓦斯、超前钻孔排放瓦斯的防突措施或者其他经试验证实有效的防突措施。*

【释义】 本条是关于煤巷掘进工作面选用防突措施的规定。

(1) 煤巷掘进工作面常用防突措施包括超前钻孔预抽瓦斯、超前钻孔排放瓦斯两种方法。它们是通过向工作面前方煤体打钻孔使煤体卸压和排放瓦斯，或在钻孔内装入炸药爆破和注入高压水等产生动力，使钻孔周围煤体破坏从而造成更大范围的煤体卸压和排放瓦斯。其中，超前钻孔措施是在工作面向前方煤体打一定数量的钻孔，并始终保持钻孔有一定的超前距，使工作面前方煤体卸压、抽放或排放瓦斯，并增加煤层的稳定性，达到消除或减弱突出。此外,预抽瓦斯与排放钻孔在防治煤与瓦斯突出作用机理方面是相同的,都是力求将突出煤层中的瓦斯含量与煤层中的应力降低到不能发动突出的安全范围内,使钻孔周围煤层中瓦斯含量降低,从而引起煤层发生收缩变形,使钻孔控制范围内的应力降低,并增加煤层的稳定性,从而减弱和防止突出。防突措施对煤体的扰动和破坏较小。

(2) 超前钻孔预抽瓦斯与超前钻孔排放瓦斯的区别在于:前者负压加速突出危险煤层中的瓦斯排放,而后者是煤层自身瓦斯压力,使瓦斯从钻孔周围深部煤层中不间断地流向钻孔;当钻孔周围煤层中的瓦斯含量降低后,煤层发生收缩变形,改善石门工作面应力集中状态,并增加煤层的稳定性,这一切都破坏或减弱了发生突出所必需的条件,可有效控制煤与瓦斯突出的发生。

第二百一十六条 采煤工作面可以选用超前钻孔预抽瓦斯、超前钻孔排放瓦斯、注水湿润煤体、松动爆破或者其他经试验证实有效的防突措施。

【释义】 本条是关于采煤工作面选用防突措施的规定。

采煤工作面的采场应力大,主要发生以压出类型为主的煤与瓦斯突出。与掘进工作面相比,采煤工作面的防突范围大,但实施防突措施的空间小,使用一般的防突措施,不但工作量大,耗时多,施工困难,而且影响回采进度。根据采煤工作面的特点,通常将采煤工作面的防突措施分为两类:① 直接在采煤工作面内采用的措施,如超前排放钻孔、预抽瓦斯、松动爆破、注水湿润煤体等,通常沿工作面布置措施钻孔,钻孔一般顺煤层成单排布置,孔间距根据实际情况而定,一般大于 1 m,钻孔深度不小于 5 m。由于是直接在工作面内实施防突措施,因而措施的控制范围一般较小,效果较差。② 在采煤工作面平巷中沿煤层实施的防突措施,如排放瓦斯钻孔、预抽瓦斯、长钻孔控制卸压爆破等,其特点是在平巷中沿煤层倾斜方向布置钻孔,可以预先在工作面前方使煤层卸压和排放瓦斯,对回采工作的影响小,防突范围大,措施效果较好,但在突出煤层中打长钻孔较困难。

第二百一十七条 突出煤层的采掘工作面,应当根据煤层实际情况选用防突措施,并遵守下列规定:

(一) 不得选用水力冲孔措施,倾角在 8°以上的上山掘进工作面不得选用松动爆破、水力疏松措施。

(二) 突出煤层煤巷掘进工作面前方遇到落差超过煤层厚度的断层,应当按井巷揭煤的措施执行。

(三) 采煤工作面采用超前钻孔预抽瓦斯和超前钻孔排放瓦斯作为工作面防突措施时,超前钻孔的孔数、孔底间距等应当根据钻孔的有效抽排半径确定。

(四) 松动爆破时,应当按远距离爆破的要求执行。

【释义】 本条是关于突出煤层的采掘工作面选用防突措施应遵守的规定。

在突出煤层掘进上山时,受煤层自重的影响,很容易发生垮塌,并诱发突出。另外,在突出煤层中掘进上山,即使在发生垮塌或突出前工作人员发现了突出预兆,由于受条件的限制,也很难迅速撤离现场,容易造成人员伤亡。所以在突出煤层掘进上山时应首先采取能增加煤层稳定性的防突措施。

(1) 水力冲孔是利用高压水破坏煤体,引起煤体卸压、排放瓦斯,动力效应较大,极易引起喷孔，诱导煤与瓦斯突出，一般适用于石门及井巷揭煤工作面，因此，不适用于采掘工作面。

(2) 松动爆破是在较长的钻孔中进行爆破，使这部分煤体在松动爆破的作用下产生裂隙、卸压，为煤体泄压、排放瓦斯创造条件，以降低煤层突出危险性；深孔松动爆破对煤体的破坏性较大，有诱导突出的可能性。水力疏松是通过钻孔注入高压水，造成煤的破裂、松动和压出，起到水力疏松煤体的作用，使煤层近工作面部分卸压和排放瓦斯。由于高压水对煤体的破坏较大，注水应制定可靠的安全措施。松动爆破、水力疏松等防突措施会破坏煤体的稳定性，在倾角 8°以上的上山掘进工作面中应用，措施实施的安全可靠性较低，故不得采用。

(3) 当突出煤层煤巷掘进工作面前方遇到落差超过煤层厚度的断层时，由于煤层受到断层的作用，结构遭到破坏，存在较高的构造应力，同时，煤层瓦斯被岩石阻断，断层前方的煤体积聚了大量的突出潜能。因此，其突出危险程度和工作面的条件将和井巷揭煤一样。所以，为防止发生煤与瓦斯突出事故，须按井巷揭煤的措施执行。

(4) 超前钻孔预抽和排放瓦斯防治突出，保证措施科学、均匀布孔是技术关键，而钻孔有效排放半径是措施的设计依据。核心技术是钻孔的布置方式及施工，其防治突出的好坏取决于钻孔布置及其有效影响半径的选用。从应力的观点出发，为了扩大钻孔的有效影响范围，应该增大钻孔直径，但是在实施过程中，由于钻孔直径增大，施工困难，且突出危险性增加，达不到预期效果。所以仅靠增加钻孔直径提高钻孔的防突效果是不可取的，故超前钻孔直径一般为 75～120 mm。钻孔在控制范围内应均匀布置，在煤层的软分层中可适当增加钻孔数；超前排放钻孔和预抽钻孔的孔数、孔底间距等应根据钻孔的有效排放或抽采半径确定。

(5) 松动爆破对煤体的破坏性较大，甚至有可能诱导突出。因此，为避免执行松动爆破时引起人身伤亡事故，采用松动爆破措施爆破时，都必须按远距离爆破的要求执行。

第二百一十八条　工作面执行防突措施后，必须对防突措施效果进行检验。如果工作面措施效果检验结果均小于指标临界值，且未发现其他异常情况，则措施有效；否则必须重新执行区域综合防突措施或者局部综合防突措施。

【释义】　本条是关于对防突措施效果进行检验的规定。

(1) 对井巷揭煤工作面进行防突措施效果检验时，应当选择钻屑瓦斯解吸指标法，或者其他经试验证实有效的方法，但所有用钻孔方式检验的方法中检验孔数均不得少于 5 个，分别位于井巷的上部、中部、下部和两侧；尤其是井巷的下部，执行措施时，下向钻孔排粉困难，钻孔成孔率低，故下部检验孔尤为重要。

(2) 工作面措施效果检验的方法主要有钻屑指标法、复合指标法、R 值指标法以及其他经试验证实有效的方法。掘进工作面常采用钻屑指标法、复合指标法、R 值指标法，检验孔应当不少于 3 个，深度应当小于或等于防突措施钻孔；采煤工作面措施效果检验由于时间、空间有限，检验尽可能减少对采煤工艺的干扰，故常采用钻屑指标法；沿采煤工作面每隔 10～15 m 布置 1 个检验钻孔，深度应当小于或等于防突措施钻孔。

(3) 防突措施效果检验时，检验钻孔应布置在煤层软分层中，位于措施钻孔间距相对较大、布置不够均匀位置。地质构造复杂地带、煤层厚度及结构变化较大区域必须有钻孔控制。

(4) 措施效果检验时,密切观察突出预兆,一旦发生喷孔、顶夹钻等动力现象,不管检验指标是否超标,直接认定为措施无效,重新执行区域综合防突措施或者局部综合防突措施。

第二百一十九条 在煤巷掘进工作面第一次执行局部防突措施或者无措施超前距时,必须采取小直径钻孔排放瓦斯等防突措施,只有在工作面前方形成 5 m 以上的安全屏障后,方可进入正常防突措施循环。

【释义】 本条是关于煤巷掘进工作面首次及循环执行局部防突措施的规定。

(1) 在第一次执行局部防突措施或无措施超前距时,工作面前方 5 m 内煤体没有得到充分卸压,发生突出的因素未得到充分消除,在执行措施后,进入上述地段 1～2 m 便会发生突出。因此只能采取小直径排放钻孔等不破坏煤体、能排放瓦斯、提高煤体强度的措施使此地段形成安全屏障。

(2) 煤巷掘进时,迎头前方 5～6 m 处为应力集中带,而在距工作面迎头 5 m 之内一般处于卸压状态,该卸压带有能力阻挡煤与瓦斯突出,是工作面作业的安全屏障;工作面作业时,若在此安全屏障未形成前就进入正常的防突措施循环,则就可能因为发生突出的因素未消除工作面前方煤体阻挡能力不足而发生突出导致事故。因此,只有在工作面前方形成 5 m的安全屏障后,才可以进入正常防突措施循环。

【执行中应注意的问题】

(1) 若突出煤层煤巷掘进工作面前方遇到落差超过煤层厚度的断层,应当参照石门揭煤的措施执行。

(2) 小直径钻孔排放瓦斯的钻孔直径一般为 42～75 mm。

第二百二十条 井巷揭穿突出煤层和在突出煤层中进行采掘作业时,必须采取避难硐室、反向风门、压风自救装置、隔离式自救器、远距离爆破等安全防护措施。

【释义】 本条是关于井巷揭穿突出煤层和在突出煤层中进行采掘作业时采取安全防护措施的规定。

在执行了突出危险性预测、防治突出措施和措施效果检验后,正常情况下,工作面是安全可靠的,但由于形成突出的因素随机性很大,还有可能由于施工水平、仪器误差、工作人员的知识水平、责任心等一系列因素发生误判。因此,必须采取安全防护措施,以避免人员伤亡。安全防护措施可体现在 3 个层面:一是尽量减少工作人员在落煤时与工作面的接触时间,主要措施有远距离爆破等;二是突出后工作人员应有一套完整的生命保证系统,主要有避难所、避难窗、隔离式自救器、压风自救装置、急救袋等;三是突出后防止灾害扩大的装置,主要有反向风门、挡栏等。

第二百二十一条 突出煤层的石门揭煤、煤巷和半煤岩巷掘进工作面进风侧必须设置至少 2 道反向风门。爆破作业时,反向风门必须关闭。反向风门距工作面的距离,应当根据掘进工作面的通风系统和预计的突出强度确定。

【释义】 本条是关于设置反向风门的规定。

(1) 反向风门是防止突出时瓦斯逆流进入风道而设置的通风设施。在突出煤层的石门揭煤和煤巷、半煤岩巷掘进工作面进风侧必须设置至少 2 道牢固可靠的反向风门,风门之间的距离不得小于 4 m，以隔断突出物流动到进风侧和控制突出时的瓦斯沿回风道进入回风系统。平时人员进入工作面时必须把反向风门打开、顶牢，固定于开启状态，否则，一旦发生突出，由于突出气流的作用，工作面的作业人员将无法打开反向风门，很难逃生。工作面爆破和无人时，反向风门必须关闭，以防止突出的灾害气体进入进风流。

(2) 反向风门距工作面的距离和反向风门的组数，应根据掘进工作面的通风系统和预计的突出强度确定，为保证反向风门的有效性，反向风门距工作面回风巷不得小于 10 m，与工作面的最近距离一般不得小于 70 m，如小于 70 m 时应设置至少 3 道反向风门。

【执行中应注意的问题】

(1) 反向风门墙垛可用砖、料石或混凝土砌筑，嵌入巷道周边岩石的深度可根据岩石的性质确定，但不得小于 0.2 m，墙垛厚度不得小于 0.8 m，以保证其坚固性。在煤巷构筑反向风门时，风门墙体四周必须掏槽，掏槽深度见硬帮硬底后再进入实体煤不小于 0.5 m。通过反向风门墙垛的风筒、水沟、刮板输送机道等，必须设有逆向隔断装置。

(2) 目前我国煤矿常用的反向风门主要有普通木质反向风门和液压反向风门(钢质薄壳门反向风门)2 种形式。普通木质反向风门由墙垛、门框、风门和安设在穿过墙垛铁风筒中的防逆流装置组成。液压反向风门是钢结构的反向风门，由平面支撑圆拱形钢结构风门和液压泵 2 部分组成，每组风门只安设一道。不管是木质反向风门还是液压反向风门，都要做到“一风门，一设计，一施工”，施工时应制定安全措施。

(3) 爆破作业时，反向风门必须关闭，其他条件下反向风门的开闭应根据矿井的突出强度、掘进施工工艺、通风系统等具体条件确定。

第二百二十二条 井巷揭煤采用远距离爆破时，必须明确起爆地点、避灾路线、警戒范围，制定停电撤人等措施。

井筒起爆及撤人地点必须位于地面距井口边缘 20 m 以外，暗立(斜)井及石门揭煤起爆及撤人地点必须位于反向风门外 500 m 以上全风压通风的新鲜风流中或者 300 m 以外的避难硐室内。

煤巷掘进工作面采用远距离爆破时，起爆地点必须设在进风侧反向风门之外的全风压通风的新鲜风流中或者避险设施内，起爆地点距工作面的距离必须在措施中明确规定。

远距离爆破时，回风系统必须停电撤人。爆破后，进入工作面检查的时间应当在措施中明确规定，但不得小于 30 min。

【释义】 本条是关于井巷揭煤采用远距离爆破的规定。

(1) 远距离爆破安全防护措施的目的是在爆破作业时，工作人员远离爆破作业地点，在意外发生突出时，突出物和突出时发生的瓦斯逆流波及不到发爆地点，以保证工作人员安全。因此，井筒起爆及撤人地点必须位于地面距井口边缘 20 m 以外，暗立(斜)井及石门揭煤起爆及撤人地点必须位于反向风门外 500 m 以上全风压通风的新鲜风流中或者 300 m 以外的避难硐室内。

(2) 煤巷掘进工作面采用远距离爆破时，起爆地点必须设在进风侧反向风门之外的全风压通风的新鲜风流中或者避难硐室内，起爆地点距工作面爆破地点的距离应当在措施中明确，由煤矿总工程师根据曾经发生的最大突出强度等具体情况确定，但不得小于 300 m；采煤工作面起爆地点到工作面的距离由煤矿总工程师根据具体情况确定，但不得小于

100 m,且位于工作面外的进风侧。

(3) 爆破员操作爆破的地点(即发爆地点),应配备压风自救装置或自救器等生命保障系统。远距离爆破时,回风系统的采掘工作面及其他有人作业的地点,都必须停电撤人。爆破后进入工作面检查的时间由矿技术负责人根据情况确定,但不得少于 30 min。

【执行中应注意的问题】

(1) 在矿井尚未构成全风压通风的建井初期,在石门揭穿有突出危险煤层的全部作业过程中,由于揭煤工作面未构成独立可靠畅通的回风系统,为避免突出的煤(岩)、瓦斯波及其他区域,与此石门有关的其他工作面都必须停止工作。在实施揭穿突出煤层的远距离爆破时,井下全部人员必须撤至地面,井下全部断电,立井井口附近地面 20 m 范围内或斜井井口前方 50 m、两侧 20 m 范围内严禁有任何火源,以免突出引起的瓦斯逆流遇火源发生瓦斯爆炸或燃烧事故。

(2) 远距离爆破应和其他安全设施配合使用,如反向风门、避难硐室、压风自救装置和自救器等。

第二百二十三条 突出煤层采掘工作面附近、爆破撤离人员集中地点、起爆地点必须设有直通矿调度室的电话,并设置有供给压缩空气的避险设施或者压风自救装置。工作面回风系统中有人作业的地点,也应当设置压风自救装置。

【释义】 本条是关于在突出煤层采掘工作面、爆破撤离人员集中地点和起爆地点设置自救电话和压风自救设施的规定。

(1) 突出煤层的采掘工作面地质条件、煤层厚度与强度、煤层瓦斯情况分布不均匀,为了使矿负责人随时了解突出工作面实际变化,在突出煤层的采掘工作面附近,应设有直通矿调度室的电话。在爆破时,撤离人员集中地点和起爆地点设直通矿调度室的电话是为了在发现突出征兆和发生突出时及时通知矿调度室,以便及时采取措施进行救援和应急避险。

(2) 工作面避难所是在井下发生事故时,供现场工作人员紧急避难的设施;压风自救装置是一种固定在生产场所附近的自救装置,它的气源来自于生产动力系统——压缩空气管路系统,主要保障现场工作人员遇到事故时供给氧气,防止出现窒息事故。由于压缩空气管路系统内的压缩空气具有较大的压力和流量,不能直接用于呼吸,必须经过减压、节流使其达到适宜人体呼吸的压力和流量值,并解决消声(由减压引起)和空气净化问题。为了防止意外突出伤人,突出煤层采掘工作面附近、爆破撤离人员集中地点、起爆地点应设置供给压缩空气的避险设施或者压风自救装置;工作面回风系统中有人作业的地点,也应当设置压风自救装置。

【执行中应注意的问题】

(1) 压风自救系统应当达到下列要求:

① 压风自救装置安装在掘进工作面巷道和采煤工作面巷道内的压缩空气管道上。

② 在以下每个地点都应当至少设置一组压风自救装置:距采掘工作面 25～40 m 的巷道内、起爆地点、撤离人员与警戒人员所在的位置以及回风巷有人作业处等地点。在长距离掘进巷道中,应当每隔 200 m 至少安设一组压风自救装置,并在实施预抽煤层瓦斯区域防突措施的区域,根据实际情况增加压风自救装置的设置组数。

③ 每组压风自救装置应当可供 5～8 人使用,平均每人的压缩空气供给量不得少

于0.1 m^3/min。

(2) 可通过可调式气流阀调节节流面积，以适应不同供风压力下的流量要求，按健康人在静止状态吸气 20 L/min、在剧烈运动和紧张状态下吸气 60～80 L/min 的标准，确定压风自救装置的供风量应不小于 100 L/min。

(3) 在长距离掘进煤巷中，应根据实际情况增加设置，但必须满足工作面最多作业人数时的避难要求，一般可每隔 50 m 设置一组压风自救装置(注意每隔 200 m 是最低要求)。

(4) 突出煤层采掘工作面及其附近，未设直通矿调度室的电话，属于重大事故隐患。

第二百二十四条　清理突出的煤(岩)时，必须制定防煤尘、片帮、冒顶、瓦斯超限、出现火源，以及防止再次发生突出事故的安全措施。

【释义】　本条是关于清理突出的煤(岩)时制定安全措施的规定。

突出的煤(岩)破碎程度较高，比表面积大，容易与空气中的氧气相结合，再加上突出孔洞附近通风不良，突出煤氧化后产生的热量容易积存，容易发生自然发火。突出煤一般都干燥、破碎，清理时不采取防尘措施，就会造成煤尘飞扬；若煤尘爆炸指数高，遇火源，则易发生煤尘爆炸。突出孔洞附近煤体松软，清理时容易发生冒顶和片帮，甚至诱导二次煤与瓦斯突出。因而清理突出的煤(岩)时，需要编制必要的安全防护措施，防止煤尘飞扬、片帮、冒顶、瓦斯超限、自然发火等事故。

【执行中应注意的问题】

清理突出的煤(岩)时，一定要结合突出情况和矿井实际情况执行切实可靠的安全措施。清理突出煤(岩)的安全措施应当包括通风管理、瓦斯控制、防尘管理、顶板控制、提升运输管理和个体防护等多个方面。作业人员应注意突出预兆的辨识，警惕再次发生突出事故。

第五章　冲击地压防治

第一节　一般规定

第二百二十五条　*在矿井井田范围内发生过冲击地压现象的煤层,或者经鉴定煤层(或者其顶底板岩层)具有冲击倾向性且评价具有冲击危险性的煤层为冲击地压煤层。有冲击地压煤层的矿井为冲击地压矿井。*

【执行说明】　冲击地压(冲击矿压、岩爆),是指井巷或工作面周围煤(岩)体,在采掘扰动作用下,由于弹性能的瞬时释放而突然产生剧烈破坏的动力现象,常伴有煤(岩)体抛出、巨响、气浪等现象。

冲击倾向性,是指煤(岩)体是否能够发生冲击地压的自然属性,可通过实验室测试鉴定。

冲击危险性,是指煤(岩)体发生冲击地压的可能性与危险程度,受矿山地质因素与矿山开采条件综合影响。冲击危险性评价结果分为无危险、弱危险、中等危险与强危险 4 个等级。

冲击地压煤层和冲击地压矿井的界定是冲击地压防治的基础和前提。矿井如果发生过冲击地压,则直接认定其为冲击地压矿井。矿井煤层或其顶底板岩层经测试鉴定具有冲击倾向性,并且经评价具有冲击危险性的煤层,则该煤层确定为冲击地压煤层。

【释义】　本条是关于冲击地压煤层与冲击地压矿井界定的规定。

视频

冲击地压(也称冲击矿压),是指井巷或工作面周围煤岩体,由于弹性能的瞬时释放而突然产生剧烈破坏的动力现象。常伴有煤岩体抛出、巨响、气浪等现象。

冲击地压煤层有两类界定方法,一类是直接界定法,发生过冲击地压现象的煤层,直接界定为冲击地压煤层。另一类是间接界定法,没有发生过冲击地压现象的煤层,若经鉴定煤或其顶底板岩层具有冲击倾向性,且评价具有冲击危险性的煤层,则这类煤层界定为冲击地压煤层。有冲击地压煤层的矿井为冲击地压矿井。

煤岩冲击倾向性是指煤岩具有积聚变形能并产生冲击破坏的性质,它是煤岩介质的固有属性,可通过实验室测试相关指标进行鉴定。在我国现行技术标准中,煤的冲击倾向性,按照《冲击地压测定、监测与防治方法 第 2 部分:煤的冲击倾向性分类及指数的测定方法》(GB/T 25217.2—2010)的相关规定,通过测试动态破坏时间、弹性能量指数、冲击能量指数和单轴抗压强度 4 个指标进行综合判定,具体分类标准见表 3-5-1。顶板岩层的冲击倾向性,按照《冲击地压测定、监测与防治方法 第 1 部分:顶板岩层冲击倾向性分类及指数的测定方法》(GB/T 25217.1—2010)的相关规定,通过计算弯曲能量指数进行判定,具体分类标准见表 3-5-2。底板岩层的冲击倾向性鉴定还没有专项标准,一般参考顶板岩层冲击倾向性鉴定标准进行鉴定。煤及其顶底板岩层冲击倾向性分为强冲击倾向性、弱冲击倾向性和无冲击倾向性 3 个等级。

表 3-5-1　煤的冲击倾向性分类及指数

类别		Ⅰ	Ⅱ	Ⅲ
冲击倾向		无冲击	弱冲击	强冲击
指数	动态破坏时间 DT/ms	>500	50～500	≤50
	弹性能量指数 W_{ET}	<2	2～5	≥5
	冲击能量指数 K_{E}	<1.5	1.5～5	≥5
	单轴抗压强度 R_{f}/MPa	<7	7～14	≥14

表 3-5-2　顶板岩层冲击倾向性分类及指数

类别	Ⅰ	Ⅱ	Ⅲ
冲击倾向	无	弱	强
弯曲能量指数/kJ	$U_{\mathrm{WQS}} \leqslant 15$	$15 < U_{\mathrm{WQS}} \leqslant 120$	$U_{\mathrm{WQS}} > 120$

冲击危险性，是指煤岩体可能发生冲击地压的危险程度，受煤层赋存的地质环境、开采条件和管理水平等因素的综合影响。在实践中，具有相同的冲击倾向性的煤层，甚至是同一煤层，只有少数区域发生冲击地压，大多数区域并不发生冲击地压。冲击地压的发生除了与煤岩冲击倾向性相关外，还与煤层地质条件、开采技术、管理水平等因素有关。因此，界定煤层是否为冲击地压煤层，除了鉴定煤岩层冲击倾向性外，还应评价煤层的冲击危险性，只有经评价具有冲击危险性的有冲击倾向性的煤层才判定为冲击地压煤层。冲击危险性评价结果分为无冲击危险、弱冲击危险、中等冲击危险与强冲击危险 4 个等级。常用的冲击危险性评价方法可分为 4 类，第一类是多指标综合评价法，包括地质动力区划法、综合指数法、可能性指数法、数量化理论法、模糊物元法等；第二类是实验室及现场实测法，包括微震监测法、地音监测法、电磁辐射监测法、应力在线监测法、矿压观测法、钻屑法等；第三类是数值模拟及相似材料模拟法；第四类是工程类比法。

【执行中应注意的问题】

(1) 有冲击地压煤层的矿井一定是冲击地压矿井，冲击地压矿井开采的煤层未必都是冲击地压煤层。

(2) 煤岩冲击倾向性鉴定结果可能因取样地点、测试设备、测试人员、技术水平等的差异而存在差异，煤矿企业(煤矿)应当委托能够执行国家标准《冲击地压测定、监测与防治方法　第 1 部分：顶板岩层冲击倾向性分类及指数的测定方法》(GB/T 25217.1—2010)和《冲击地压测定、监测与防治方法　第 2 部分：煤的冲击倾向性分类及指数的测定方法》(GB/T 25217.2)的机构开展煤层(岩层)冲击倾向性的鉴定工作。

(3) 冲击倾向性是在实验室条件下测得的反映煤岩具有的积蓄变形能并产生冲击式破坏的性质，不能简单地认为无冲击倾向性的煤层都不可能发生冲击地压。部分鉴定为无冲击倾向性的煤层，在特定的条件下，也可能会发生冲击地压，如徐州权台矿、平顶山十矿和北京大安山矿开采的软弱无冲击倾向性煤层，也曾发生过冲击地压。

第二百二十六条　有下列情况之一的，应当进行煤岩冲击倾向性鉴定：

(一) 有强烈震动、瞬间底(帮)鼓、煤岩弹射等动力现象的。

(二) 埋深超过 400 m 的煤层,且煤层上方 100 m 范围内存在单层厚度超过 10 m 的坚硬岩层。

(三) 相邻矿井开采的同一煤层发生过冲击地压的。

(四) 冲击地压矿井开采新水平、新煤层。

【释义】 本条是关于煤岩冲击倾向性鉴定情形的规定。

视频

(1) 强烈震动、瞬间底(帮)鼓、煤岩弹射等动力现象,往往是冲击现象,是小型的冲击地压前兆性的外在显现,这类现象的进一步发展,极有可能演变为冲击事件甚至冲击事故。因此,出现这类动力现象的煤层应当开展煤岩冲击倾向性鉴定。

(2) 随着开采深度的增加,煤层中的自重应力随之增加,煤岩体中聚集的弹性能也随之增加。统计数据表明,百万吨煤炭冲击地压发生次数 W_t 与采深 H 之间存在如图 3-5-1 所示的非线性对应关系,即随着开采深度的增加,冲击地压发生的可能性也增大。我国煤矿冲击地压发生的临界深度约为 400 m,埋深 400 m 以深的煤层,一般承受了较大静载荷。当煤层上方 100 m 范围内存在单层厚度超过 10 m 的坚硬岩层,尤其是单轴抗压强度超过 60 MPa 岩层,岩层的破断将对煤层产生强烈的扰动,产生较大的动载荷。这类煤层在动静载荷的综合作用下,容易发生冲击地压。因此,埋深超过 400 m 且上方 100 m 范围内存在单层厚度超过 10 m 坚硬岩层的煤层,应当进行煤岩冲击倾向性鉴定。

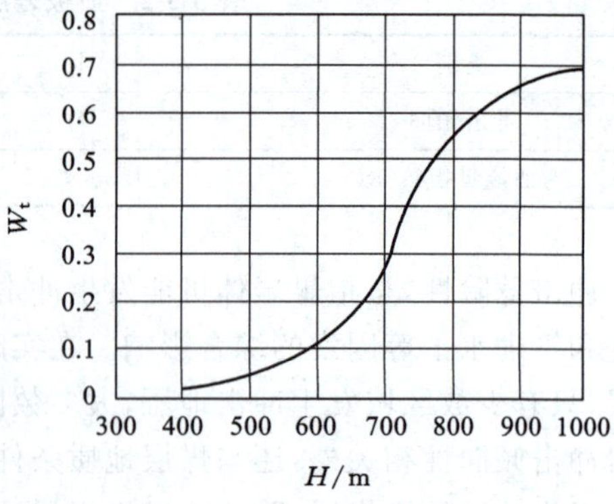

图 3-5-1　百万吨煤炭冲击地压发生次数与开采深度的关系

【案例】 我国鄂尔多斯地区的多个矿井,在浅部开采时,未见有冲击地压发生。当采深超过 400 m 以后,在上覆厚度超过 10 m 的砂岩层的影响下,该地区内的门克庆煤矿、红庆河煤矿、纳林河二矿、母杜柴登矿、营盘壕煤矿等矿井都先后发生过冲击地压。2018 年 4 月 8 日,门克庆煤矿 3102 工作面推进 932 m 时,在工作面回风巷发生一起能量为 3.3×10^7 J 的冲击地压,造成约 150 m 巷道破坏。这次冲击地压与工作面埋深 677～707 m,以及工作面上方 34.8 m 存在厚度高达 62 m 的砂岩层密切相关。

(3) 相邻矿井开采的同一煤层通常具有较为相似的煤岩物理力学性质和地质赋存条件,如果相邻矿井在开采某一煤层时发生过冲击地压,那么本矿井在开采同一煤层时,如果采掘布局不合理就极有可能诱发冲击地压,应该引起高度重视,进行煤岩冲击倾向性鉴定,指导后续矿井安全开采。

【案例】 义马矿区常村煤矿、跃进煤矿、千秋煤矿、耿村煤矿和杨村煤矿为五对相邻矿井,均开采 2 煤层,这 5 对矿井均为冲击地压矿井,历史开采过程中发生过多次冲击地压。

(4) 冲击地压矿井开采新水平、新煤层,虽然水平、煤层有所改变,但由于煤层所赋存的地质条件相近,煤岩物理力学性质可能差异不大,也可能是容易发生冲击地压的煤层。为了更好地指导矿井安全生产,应该进行煤岩冲击倾向性鉴定。

【执行中应注意的问题】

(1) 冲击地压灾害防治要注意“冲击地压现象”“冲击地压事件”和“冲击地压事故”三者之间的联系，一些小能量的震动、瞬间底(帮)鼓、煤岩弹射等“冲击地压现象”和“冲击地压事件”，往往是大能量“冲击地压事故”的微观表象，出现这些现象时，需要引起足够的重视。

(2) 矿井在实际执行过程中，可以根据开采区域内地层钻孔柱状图判断煤层上方 100 m 范围内是否存在单层厚度超过 10 m 的坚硬岩层。一般地，可以将自然含水率条件下的单轴抗压强度大于 60 MPa 的岩层判定为坚硬岩层，但坚硬岩石的判别标准也不是一成不变的，当岩层厚度超过 10 m 且完整性较好时，抗压强度未必达到 60 MPa 的岩层也可能是坚硬岩层，应当引起重视。

(3) 冲击地压矿井开采的多个煤层中，可能存在非冲击地压煤层。因而，开采新的水平、煤层前，应对煤及其顶底板岩层进行冲击倾向性鉴定。如果冲击地压矿井把所有煤层视为冲击地压煤层进行开采，则可以不进行冲击倾向性鉴定，直接按规定开展煤层、采区、工作面等的冲击危险性评价。

(4) 鉴定机构在接受煤矿企业(煤矿)开展煤岩冲击倾向性鉴定的委托之后，应当在接受委托之日起，90 天内完成鉴定并提交鉴定报告，鉴定机构对鉴定结果负责。

(5) 煤矿企业应当将鉴定结果报省级煤炭行业管理部门、煤矿安全监管部门和煤矿安全监察机构。

第二百二十七条 开采具有冲击倾向性的煤层，必须进行冲击危险性评价。

【释义】 本条是关于煤层冲击危险性评价的规定。

煤岩冲击倾向性是影响煤层发生冲击地压的条件之一，煤层是否会发生冲击地压与煤岩结构、地质环境、开采技术、管理水平等众多因素有关。具有冲击倾向性的煤层，可能具有冲击危险性，也可能不具有冲击危险性。对具有冲击倾向性的煤层进行冲击危险性评价，是确定煤层冲击属性，进而确定矿井是否为冲击地压矿井的科学方法，这也是按照本《规程》第二百二十五条的规定，形成冲击地压矿井管理闭环的关键。

视频

煤层的冲击危险性可采用地质动力区划法、综合指数法等方法进行评价，根据评价结果，可将煤层的冲击地压危险等级划分为无冲击地压危险、弱冲击地压危险、中等冲击地压危险和强冲击地压危险 4 级。

【执行中应注意的问题】

(1) 煤矿企业(煤矿)应当委托具有冲击地压研究基础与评价能力的机构或由具有 5 年以上冲击地压防治经验的煤矿企业开展煤层冲击危险性评价，编制评价报告，评价机构对其出具的评价结果负责。

(2) 煤矿企业(煤矿)必须将评价结果报省级煤炭行业管理部门、煤矿安全监管部门和煤矿安全监察机构。

(3) 鉴定具有冲击倾向性的煤层，经评价具有冲击危险性的，确定该煤层为冲击地压煤层，矿井纳入冲击地压矿井进行管理，按照《规程》第二百二十九条、第二百三十一条至第二百四十五条等规定的相关内容开展防冲设计。

(4) 当揭露的地质条件或开采条件等发生较大变化时，应依据条件变化重新评价煤层的冲击危险性，并将评价结果按要求上报。

第二百二十八条 矿井防治冲击地压(以下简称防冲)工作应当遵守下列规定:

(一)设专门的机构与人员。

(二)坚持"区域先行、局部跟进、分区管理、分类防治"的防冲原则。

(三)必须编制中长期防冲规划与年度防冲计划,采掘工作面作业规程中必须包括防冲专项措施。

(四)开采冲击地压煤层时,必须采取冲击危险性预测、监测预警、防范治理、效果检验、安全防护等综合性防治措施。

(五)必须建立防冲培训制度。

(六)必须建立冲击危险区人员准入制度,实行限员管理。

(七)必须建立生产矿长(总工程师)日分析制度和日生产进度通知单制度。

(八)必须建立防冲工程措施实施与验收记录台账,保证防冲过程可追溯。

【执行说明】 (一)冲击地压矿井应当设立专门的防治冲击地压(以下简称防冲)机构,负责冲击地压防治工作,并配备专职防冲技术人员与专职施工队伍。冲击地压矿井应当完善各项防冲管理制度,明确各级管理人员工作岗位责任制,开展防冲工作。

(二)区域先行是指从采掘布局、开采设计等方面避免或降低采掘区域应力集中,防止冲击地压发生。采掘作业前应当开展采掘区域危险性评价、危险区域划分、防冲设计、冲击危险性监测与治理方案制定、区域性监测预警等工作。局部跟进是在采掘作业过程中,根据监测信息、冲击地压防治效果和新揭露的地质条件等动态信息,优化调整冲击地压监测和防治技术体系。

(三)冲击地压矿井中长期防冲规划应当对待开采区域进行冲击危险性评价,划分冲击危险区域,明确冲击地压防治技术措施。冲击地压矿井年度防冲计划应当确定年度采掘范围内冲击地压危险区域,制定防治专项措施。防冲专项措施应当包括作业区域冲击危险性的评价与区域划分、地质构造说明与简明图表,周边(包括上、下层)开采位置及其影响范围图,掘进与回采方法及工艺,巷道及采煤工作面的支护,爆破作业制度,冲击地压防治措施及发生冲击地压灾害时的应急措施、避灾路线等。

(四)防范治理包括区域防范治理和局部解危措施。区域防范治理包括开采保护层、优化生产布局、合理调整开采顺序、确定合理开采方法、降低应力集中、提前采取卸压措施等。局部解危措施包括煤层注水、钻孔卸压、爆破卸压、水力压裂等。

效果检验是对冲击危险区域解危效果有效性的评价。效果检验方法有地应力、微震、电磁辐射、钻屑法等。

安全防护是指避免因冲击地压造成人员伤害和设备损坏所采取的措施,包括系统完善、人身防护、设备固定、加强支护等。

【释义】 本条是关于矿井开展冲击地压防冲工作应当遵守的规定。

冲击地压的发生除与地质因素、开采技术条件相关外,与管理水平也密切相关。完善的组织机构、专职的防冲人员、科学的防冲原则、有效的防冲措施、完善的管理制度都能为冲击地压的有效防治提供保障。

视频

(1)冲击地压研究相对水害、瓦斯、火灾等煤矿灾害起步较晚,灾害影响因素复杂,灾害发生机理尚未完全清楚,防范和遏制冲击地压是当前我国煤矿安全生产面临的重点和难点问题。冲击地压矿井只有设立专门的防冲机构,并配备专职防冲技术人员与专职施工队伍，才能为冲击地压日常管理、监测预警、措施落实、技术创新、难题攻关以及新技术、新工艺、新装备的研发提供机构和人才保障。

(2) 本款在 2016 版《规程》的基础上，结合《防治煤矿冲击地压细则》等，对防冲原则进行了修订，新增了“分区管理、分类防治”。

冲击地压防治措施可分为区域防冲措施和局部防冲措施两大类。区域防冲是在优化矿井开采设计理念的指导下，根据煤岩层冲击危险性评价结果，确定合理的采煤方法，优选保护层开采，优化煤层开采顺序、巷道布置方式、煤柱留设尺寸，通过区域防控的方法防止高应力集中，是经实践证明的能从根本上防治冲击地压的方法，因而首先要坚持“区域先行”的防冲原则。

实施区域防冲措施不可能完全消除冲击地压。采掘活动前，在评价具有冲击地压危险的区域，根据实际地质和开采条件采取局部的预卸压措施，采掘过程中，根据冲击地压监测预警信息、现场矿压显现情况以及新揭露的地质条件等动态信息，采取煤层注水、钻孔卸压、卸压爆破、底板卸压、顶板预裂、水力压裂等局部防冲措施，实现应力的释放或转移，以避免冲击地压的发生。因而，在实施区域防冲措施之后，必须及时跟进局部防冲措施。

同一矿井、同一煤层、同一工作面，不同区域的冲击地压危险性是不一样的，强冲击地压危险的工作面，也可能存在弱冲击危险甚至无冲击危险的区域。因而，应该根据冲击危险性评价结果，对不同的区域采取不同的防冲管理措施，避免某些区域管理可能过度或某些区域管理又存在不足的问题。可以参考表 3-5-3 对不同冲击危险区实施“分区管理”，提高防冲措施的针对性和有效性，避免人、财、物等防冲资源的不必要浪费。

不同的矿井，甚至同一矿井的不同工作面因开采深度、地质构造、顶板岩层、煤层变化、煤柱宽度、底煤留设等的不同，影响冲击地压的因素和诱发冲击地压的“力源”不同。只有在深入辨识具体矿井、水平、采区、工作面冲击地压影响因素的基础上，分析可能诱发的冲击地压类型，实施科学分类，才能有区别地采取针对性措施，实施冲击地压的有效防控。

表 3-5-3　不同冲击危险区管理对策

危险等级	管理对策
无冲击危险区	正常进行设计及生产作业
弱冲击危险区	考虑冲击地压影响因素进行开采设计，还应满足： 1. 配备必要的监测检验和治理设备 2. 制定监测和治理方案，作业中进行冲击地压危险监测、解危和效果检验
中等冲击危险区	考虑冲击地压影响因素进行开采设计，合理选择巷道及硐室布置方案、工作面接替顺序；优化主要巷道及硐室的设计参数、支护方式、掘进速度、采煤工作面超前支护距离及方式等。还应满足： 1. 配备完备的区域与局部监测检验设备和治理装备 2. 采掘作业前，对采煤工作面支承压力影响区域、掘进煤层巷道迎头及后方巷帮采取预卸压措施 3. 设置人员限制区域、确定避灾路线 4. 制定监测和治理方案，作业中进行冲击地压监测、解危和效果检验

表 3-5-3(续)

危险等级	管理对策
强冲击危险区	考虑冲击地压影响因素进行开采设计,合理选择巷道及硐室布置方案、工作面接替顺序等;优化巷道及硐室设计参数、支护方式和掘进速度等;优化采煤工作面顶板支护、推进速度、超前支护距离及方式、采放煤高度等参数。还应满足: 1. 配备完备的区域与局部监测检验设备和治理装备 2. 采掘作业前,对采煤工作面回采巷道、掘进煤层巷道迎头及后方的巷帮实施全面预卸压,经检验冲击地压危险解除后方可进行作业 3. 制定监测和治理方案,作业中加强冲击地压危险的监测、解危和效果检验措施;监测采掘作业对周边巷道、硐室等的扰动影响,并制定对应的治理措施 4. 设置躲避硐室、人员限制区域,确定避灾路线 5. 如果经充分采取解危治理措施后,仍不能保证安全时,应停止生产或重新设计

(3) 冲击地压矿井中长期防冲规划应根据矿井未来一段时期采掘接续计划,结合矿井冲击地压影响因素规划防冲工作。中长期防冲规划主要包括防冲管理机构及队伍组成、规划期内的采掘接续、冲击地压危险区域划分、冲击地压监测与治理措施的指导性方案、冲击地压防治科研重点、安全费用、防冲原则及实施保障措施等。年度防冲计划是根据年度采掘计划对冲击地压防治工作做出的计划,主要是在对上年度冲击地压防治工作全面总结的基础上,结合本年度采掘工作面接续,分析排查各采掘工作面存在的冲击地压危险区域,制定监测预警、预卸压、解危卸压、效果检验、安全防护、重点科研、年度培训和经费投入等计划。防冲专项措施应包括作业区域的冲击危险性分析、冲击危险等级及区域划分图表、冲击危险预防措施、监测预警措施、冲击地压防治措施,以及发生冲击地压灾害时的应急处置措施、避灾路线等。

(4) 不同的冲击地压防治措施有不同的作用,冲击危险性预测是在采掘设计前对可能存在的冲击地压危险区进行预测,提前明确不同区域冲击地压危险等级及其范围,为冲击地压"分区管理"提供重要参考。监测预警是在采掘过程中,基于矿井建立的监测系统实时监测采掘工作面的冲击危险性,一旦预警,停止采掘作业,实施解危措施。防范治理是指对预测或监测具有冲击地压危险的区域,实施相关防范治理措施。效果检验是对冲击地压危险区域实施防冲措施后是否达到防冲效果的检验,为是否开展采掘作业提供决策依据。安全防护是对有冲击地压危险的工作面巷道、设备,以及进入该区域的人员采取的特殊保护性措施,包括系统完善、人身防护、设备固定、加强支护等。可见,各项措施都是防冲工作的重要一环,相辅相成,缺一不可。因而,开采冲击地压煤层时,必须采取冲击危险性预测、监测预警、防范治理、效果检验、安全防护等综合性防治措施。

(5) 防冲培训是煤矿职工增强冲击地压防治意识、学习防冲击地压防治基本知识、掌握冲击地压防控技能的重要途径。冲击地压矿井建立防冲培训制度,才能保障防冲工作和责任落实到每一位职工,矿井应每年至少组织一次防冲知识培训。

(6) "必须建立冲击危险区人员准入制度,实行限员管理",是本次《规程》修订新增的条款。以当前对冲击地压的认知和防治水平,难以对冲击地压做到准确预测预报,还不可能完全做到冲击地压的"可防可控"。建立冲击危险区域人员准入制度,实行限员管理,禁止无关人员进入冲击地压危险区,是从制度上保障人员安全、降低冲击地压灾难性后果的必要措施。

【案例】 2018年3月19日,某矿采煤工作面发生冲击地压事故,运输巷超前173 m发生破坏,底板最大底鼓3.3 m。因采取了人员禁入管理措施,没有人员伤害。

(7)“必须建立日生产进度通知单制度”,是本次《规程》修订新增的条款。已有微震监测结果表明,采掘工作面每日的推进度与微震事件的次数、能量密切相关,采掘速度越快,微震频次和能量越高。一般情况下,采掘工作面日推进速度的增加,会促使低能量微震向高能量微震方向发展,进而提高冲击地压发生的危险性。由此可见,慢速、匀速推采是有效地降低冲击地压危险的措施之一。因而,矿井根据地质构造、开采技术条件,确定每日生产进度,建立日生产进度通知单制度,通知各生产单位严格按照进度安排实施采掘作业,对防治冲击地压非常重要。

(8)“必须建立防冲工程措施实施与验收记录台账,保证防冲过程可追溯”,是本次《规程》修订新增的条款。冲击地压防治措施是隐蔽性工程,事后难以对现场施工进行验证,建立防冲工程措施实施与验收记录台账,保证防冲过程可追溯,对于监督严格按防冲设计施工各项措施非常重要,如若发生事故也可为调查事故原因,追究相关责任提供基础资料。

【案例】 2013年3月15日,黑龙江龙煤矿业集团峻德煤矿发生一起冲击地压事故,造成5人死亡。该矿执行防冲措施不到位:综采一区工作面生产期间,矿防冲大队所负责的钻机队没有认真执行防冲钻孔施工措施,在机道施工的防冲扇形顶板预裂爆破钻孔数量以及部分钻孔深度未达到设计规定;对煤层进行注水软化钻孔超前工作面距离也未达到设计规定。

【执行中应注意的问题】

(1)设立专门的防冲机构,可以独立,也可以不独立。专业防冲技术人员与施工队伍,应为全职,不可兼职。防冲队伍人数可以根据不同矿井的实际情况确定,以满足相应的防冲工作需要为准。

(2)冲击地压矿井应当建立冲击危险区限员制度,实行挂牌限员管理,采煤和掘进作业规程中应当明确规定人员进入的时间、区域和人数。严格按照国家煤矿安监局《关于加强煤矿冲击地压防治工作的通知》(煤安监技装〔2019〕21号)的要求,建立冲击危险区限员制度,实行挂牌限员管理,采煤和掘进作业规程中应当明确规定人员进入的时间、区域和人数。冲击地压煤层的掘进工作面200 m范围内进入人员,不得超过9人,采煤工作面及两巷超前支护范围内进入人员生产班不得超过16人、检修班不得超过40人。

第二百二十九条 新建矿井和冲击地压矿井的新水平、新采区、新煤层有冲击地压危险的,必须编制防冲设计。防冲设计应当包括开拓方式、保护层的选择、采区巷道布置、工作面开采顺序、采煤方法、生产能力、支护形式、冲击危险性预测方法、冲击地压监测预警方法、防冲措施及效果检验方法、安全防护措施等内容。

【释义】 本条是关于矿井编制防冲设计的规定。

有冲击地压危险的水平、采区、煤层,如果设计不合理极易发生冲击地压,我国多个矿井发生的冲击地压都是由于开采设计不合理造成的。矿井的开采方式一旦形成将难以改变,因此,新建矿井和冲击地压矿井的新水平、新采区、新煤层,从设计阶段开始就应该考虑冲击地压的防治,编制好防冲设计,避免不合理的开采设计诱发冲击地压。

视频

编制防冲设计，是遵循“区域先行”防冲原则的具体要求，其主要目的是尽可能地避免开采技术条件导致高应力集中区的形成，如根据矿区地应力分布特征合理布置巷道、优化采掘布局减弱邻近工作面采掘相互扰动影响，合理安排开采顺序避免形成孤岛工作面等。防冲设计应包括开拓方式、保护层的选择、采区巷道布置、工作面开采顺序、采煤方法、生产能力、支护形式、冲击危险性预测方法、冲击地压监测预警方法、防冲措施及效果检验方法、安全防护措施等内容。

冲击地压矿井的开采设计参照以下原则：

(1) 冲击地压矿井开采多个煤层时，应选择冲击危险性最小的煤层作为保护层优先开采，并根据对矿井实际考察的结果确定保护层的超前回采距离及有效保护范围。

(2) 开拓巷道及永久硐室应布置在岩层或无冲击危险的煤层中，服务期不超过 2 年的硐室可以布置在解除了冲击危险的煤层地段内，保护带宽度不得小于 3.5 倍采高。

(3) 各煤层、各水平、各采区和各区段应按合理顺序开采，在褶曲构造中应从轴部开始回采，在盆地构造中应从盆底开始回采。

(4) 开采冲击地压煤层，应选择不留煤柱、少掘巷道、避免大面积悬顶的采煤方法，尽量采用长壁开采方法。

(5) 缓倾斜或倾斜煤层在采取行之有效的安全措施的前提下，应采用无煤柱或小煤柱护巷布置巷道。

(6) 开采煤层必须留设煤柱时，煤柱形状应规则，不得留有锐角。

【执行中应注意的问题】

(1) 新建矿井和冲击地压矿井的新水平、新采区、新煤层具备地应力测试条件的应及时开展地应力测试，并将地应力测试结果作为防冲设计的基础资料之一。

(2) 防冲设计除了本条款中规定的内容外，不同情况的矿井还应涉及其他相关内容。新建矿井，防冲设计还应当包括防冲装备、防冲机构、管理制度、冲击地压防治培训制度和应急预案等；冲击地压矿井的新水平，防冲设计还应当包括多水平之间相互影响、多水平开采顺序、水平内煤层群的开采顺序、保护层开采设计等；冲击地压矿井的新采区，防冲设计还应当包括采区内工作面采掘顺序设计、冲击地压危险区域与等级划分、回采巷道布置、上下山巷道位置、终采线位置等。

第二百三十条 新建矿井在可行性研究阶段应当进行冲击地压评估工作，并在建设期间完成煤(岩)层冲击倾向性鉴定及冲击危险性评价工作。

经评估、鉴定或者评价煤层具有冲击危险性的新建矿井，应当严格按照相关规定进行设计，建成后生产能力不得超过 8 Mt/a，不得核增产能。

冲击地压生产矿井应当按照采掘工作面的防冲要求进行矿井生产能力核定。矿井改建和水平延深时，必须进行防冲安全性论证。

非冲击地压矿井升级为冲击地压矿井时，应当编制矿井防冲设计，并按照防冲要求进行矿井生产能力核定。

采取综合防冲措施后不能将冲击危险性指标降低至临界值以下的，不得进行采掘作业。

【释义】 本条是关于新建矿井冲击地压评估以及冲击地压矿井生产能力核定的规定。本条款在 2016 版《规程》的基础上有重大修改。

新建矿井在可行性研究阶段应当根据地质条件、开采方式和周边矿井等情况,参照冲击倾向性鉴定规定对可采煤层及其顶底板岩层冲击倾向性进行评估,评估结果作为矿井建设项目立项、初步设计和建设施工的依据。评估为冲击地压矿井的,严格按照冲击地压防治要求进行设计与建设。矿井建设期间,具有煤岩采样条件时,完成煤岩冲击倾向性鉴定及冲击危险性评价,进一步确定矿井是否为冲击地压矿井,为实现冲击地压从源头治理奠定基础。

视频

矿井的生产能力与其开采强度密切相关,开采强度是影响冲击地压危险的重要因素之一。矿井开采强度增大,采掘空间覆岩运动范围与剧烈程度增加,使得围岩应力快速调整,容易导致冲击地压危险增大,诱发冲击地压。已有统计结果表明,控制开采速度可以控制低能量冲击地压的发生次数和释放能量,缓慢匀速开采能有效减少冲击地压发生的次数。因而,要严格控制冲击地压矿井的产能,对于新建冲击地压矿井,应当严格按照防冲要求进行设计,设计生产能力不得超过 8 Mt/a,建成投产后不得核增生产能力。

冲击地压矿井的采掘工作面,一方面要按照防冲要求确定合理的采掘速度,另一方面在开采过程中需要实施大量冲击地压防治工程,较大程度减少矿井的有效生产时间。因此,冲击地压矿井应按照冲击地压防治的具体要求,由负责矿井生产能力核定工作的部门对其合理生产能力进行核定。同时,冲击地压矿井提高生产能力和新水平延深时,由于受必要的防冲工作影响,也必须进行合理生产能力的论证。

非冲击地压矿井出现以下两种情况,一是发生冲击地压现象,二是开采条件发生变化,且变化后的开采条件符合《规程》第二百二十六条规定的四种情况之一,则应对非冲击地压矿井煤岩冲击倾向性进行鉴定,并对具有冲击倾向性的煤层进行冲击危险性评价。经鉴定煤岩具有冲击倾向性且评价煤层具有冲击危险性的矿井应该升级为冲击地压矿井。对于新升级的冲击地压矿井,应当编制矿井防冲设计,并按照防冲要求进行矿井生产能力核定,按照冲击地压矿井相关要求进行管理。

【执行中应注意的问题】

(1) 新建矿井在可行性研究阶段,应委托具有冲击地压研究能力的机构开展冲击地压矿井评估。评估为非冲击地压矿井的可以按一般矿井进行设计与建设,待具备条件开展煤岩冲击倾向性鉴定和冲击危险性评价时,及时开展相关工作,进一步进行冲击地压矿井评估。评估为冲击地压矿井的,应当按照防冲要求修改设计。

(2) 冲击地压矿井应该根据《国家安全监管总局 国家煤矿安监局 国家发展改革委 国家能源局关于开展灾害严重煤矿生产能力核定工作的通知》(安监总煤行〔2015〕98 号)要求,核减冲击地压煤矿不具备安全保障能力的产能,对于冲击地压和高瓦斯等灾害叠加的矿井,其生产能力核定要综合考虑两类灾害的防治核减产能。

【案例】 辽宁抚顺矿业集团有限责任公司老虎台煤矿是一个典型的冲击地压矿井,早在采深 300 m 时就有冲击地压发生。随着开采深度的增加,冲击地压灾害越来越严重,尤其是在 1993—2002 年间,矿井冲击地压频繁发生,给工作面生产和巷道支护带来极大的困难。2002 年 1 月 26 日,78002 工作面回风巷发生该矿开采以来最大震级的冲击地压,达到 ML3.7 级,严重威胁矿井安全生产。2005 年后,矿井调减产能,冲击地压发生次数以及破坏巷道的长度大幅减小(图 3-5-2),矿井降低产能后基本杜绝了破坏性冲击地压事故的发生。

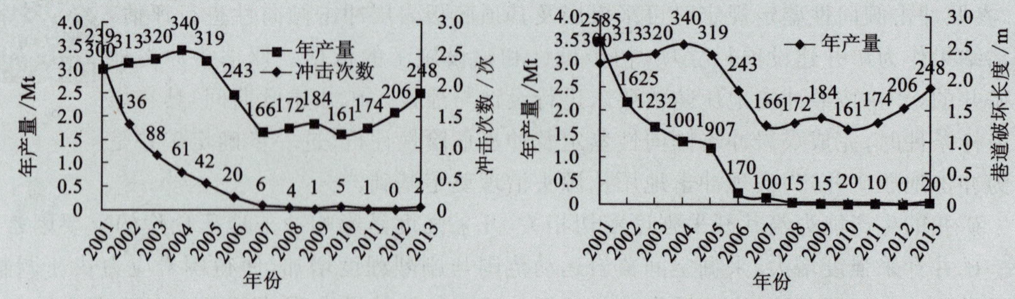

(a) 冲击次数随矿井产能变化　　(b) 巷道破坏长度随矿井产能变化

图 3-5-2　老虎台煤矿冲击地压与矿井产能关系

第二百三十一条　冲击地压矿井巷道布置与采掘作业应当遵守下列规定:

(一) 开采冲击地压煤层时,在应力集中区内不得布置 2 个工作面同时进行采掘作业。2 个掘进工作面之间的距离小于 150 m 时,采煤工作面与掘进工作面之间的距离小于 350 m 时,2 个采煤工作面之间的距离小于 500 m 时,必须停止其中一个工作面。相邻矿井、相邻采区之间应当避免开采相互影响。

(二) 开拓巷道不得布置在严重冲击地压煤层中,永久硐室不得布置在冲击地压煤层中。煤层巷道与硐室布置不应留底煤,如果留有底煤必须采取底板预卸压措施。

(三) 严重冲击地压厚煤层中的巷道应当布置在应力集中区外。双巷掘进时 2 条平行巷道在时间、空间上应当避免相互影响。

(四) 冲击地压煤层应当严格按顺序开采,不得留孤岛煤柱。在采空区内不得留有煤柱,如果必须在采空区内留煤柱时,应当进行论证,报企业技术负责人审批,并将煤柱的位置、尺寸以及影响范围标在采掘工程平面图上。开采孤岛煤柱的,应当进行防冲安全开采论证;严重冲击地压矿井不得开采孤岛煤柱。

(五) 对冲击地压煤层,应当根据顶底板岩性适当加大掘进巷道宽度。应当优先选择无煤柱护巷工艺,采用大煤柱护巷时应当避开应力集中区,严禁留大煤柱影响邻近层开采。巷道严禁采用刚性支护。

(六) 采用垮落法管理顶板时,支架(柱)应当有足够的支护强度,采空区中所有支柱必须回净。

(七) 冲击地压煤层掘进工作面临近大型地质构造、采空区、其他应力集中区时,必须制定专项措施。

(八) 应当在作业规程中明确规定初次来压、周期来压、采空区"见方"等期间的防冲措施。

(九) 在无冲击地压煤层中的三面或者四面被采空区所包围的区域开采和回收煤柱时,必须制定专项防冲措施。

(十) 采动影响区域内严禁巷道扩修与回采平行作业、严禁同一区域两点及以上同时扩修。

【执行说明】

(一) 应力是发生冲击地压的必要条件,采掘活动将导致煤(岩)体的应力分布发生改变,应力集中程度增加。

(二) 在集中应力影响范围内,若布置2个工作面同时回采或掘进,会使2个工作面的支承压力呈叠加状态,其值成倍增长,极易诱发冲击地压。因此,为避免冲击地压煤层的采、掘工作面在时间、空间上的相互干扰影响,工作面之间应留有足够的采掘错距。

同一巷道2个掘进工作面相向掘进之间的距离不得小于150 m(图9a),相邻巷道2个掘进工作面相向掘进之间的斜距不得小于150 m(图9b)。相邻掘进工作面与采煤工作面相向推进之间的距离不得小于350 m(图10a),临近掘进工作面与采煤工作面相向推进之间的斜距不得小于350 m(图10b),临近掘进工作面与采煤工作面同向推进之间的斜距不得小于350 m(图10c)。同一采(盘)区上下煤层工作面同向推进之间的距离不得小于500 m(图11a),两翼工作面相向推进之间的距离不得小于500 m(图11b)。

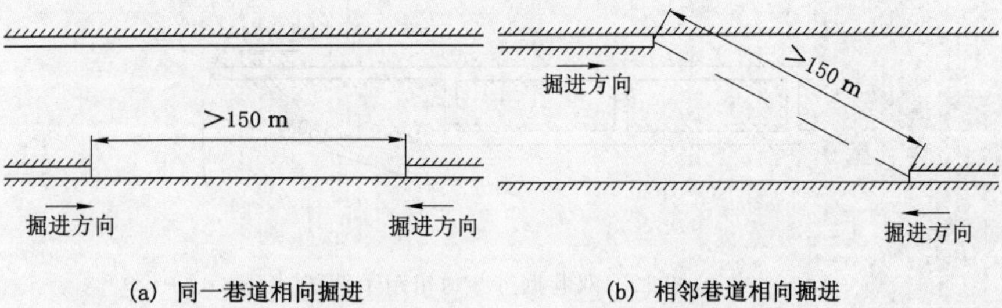

图9　冲击地压危险煤层掘进工作面相隔距离要求

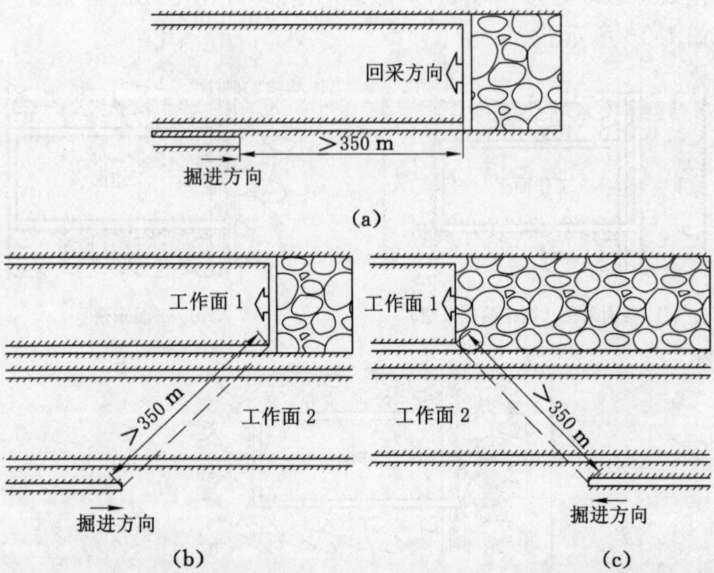

图10　冲击地压危险煤层掘进与采煤工作面相隔距离要求

(三) 在双巷同时掘进时,为避免两条平行巷道在时间、空间上的相互干扰影响,双巷之间的前后错距应大于150 m(图12)。

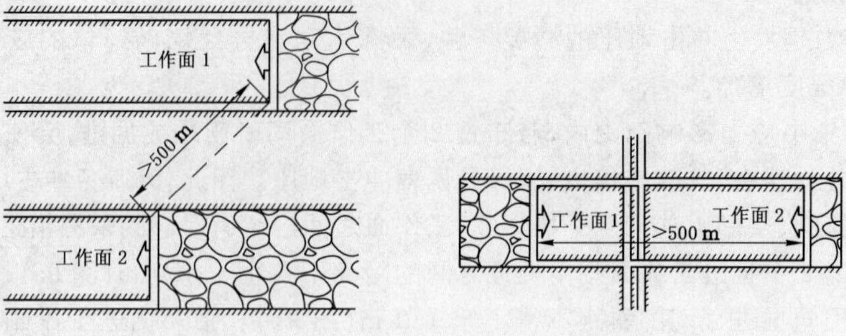

图 11　冲击地压危险煤层采煤工作面相隔距离要求

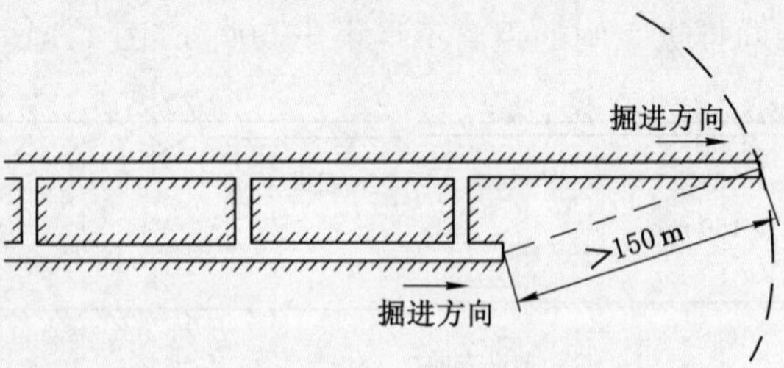

图 12　双巷掘进巷道错距示意图

（四）工作面两侧及两侧以上边界为采空区,称为孤岛工作面。受多个方向支承压力叠加影响,孤岛工作面开采应力水平较高,顶板运动剧烈,冲击地压危险更高。孤岛工作面(煤柱)的布置方式如图 13 所示。

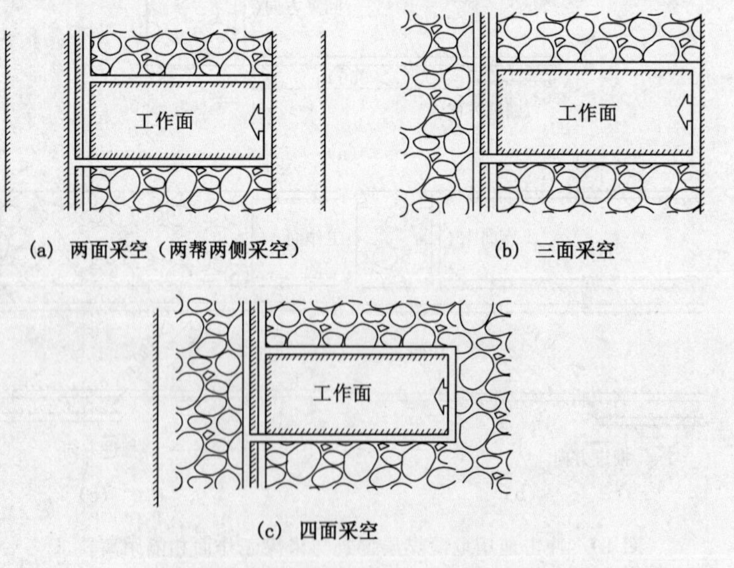

图 13　孤岛工作面(煤柱)布置示意图

（五）工作面回采后采空区走向长度与工作面倾斜长度近似相等(图 14a),即为采空区“见方”。采空区“见方”时上覆岩层呈正“O－X”破断(图 14b)，应力集中程度高，矿压显现明显，是冲击地压的重点防治阶段。

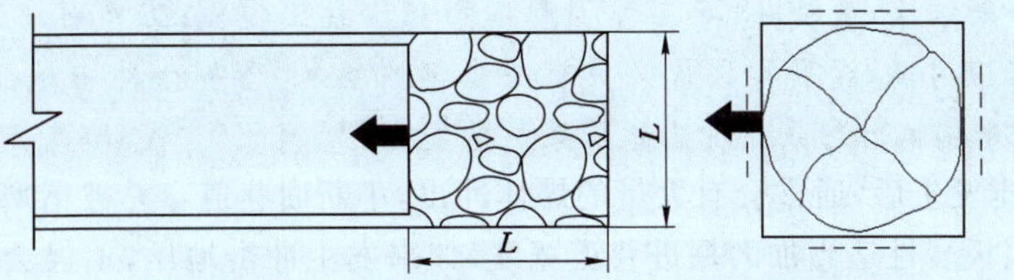

(a) 采空区“见方”示意图　　(b) 覆岩正“O-X”破断

图 14　工作面采空区“见方”示意图

【释义】　本条是关于冲击地压矿井巷道布置与采掘作业应当遵守的规定。

(1) 煤矿采掘活动打破了煤岩体中原有的应力平衡，应力重新分布直至达到新的平衡，如果某一区域受多个采掘作业点影响，则可能应力值极高。为了避免这种情况的发生，两采煤工作面之间、采煤工作面与掘进工作面之间、两掘进工作面之间应留有足够的作业间距，以避免应力相互叠加影响，诱发冲击地压。一般来说，如果相邻矿井、同一矿井的相邻采区、相邻煤层存在两个掘进工作面之间的距离小于 150 m、相邻掘进工作面与采煤工作面距离小于 350 m、两个采煤工作面之间的距离小于 500 m 时，就可能存在采动应力叠加的情形。因此，当两个工作面间距不能满足以上要求时，必须停止其中一个工作面。

视频

(2) 严重冲击地压煤层是指煤或其顶底板岩层具有强冲击倾向性，且评价具有强冲击危险性的煤层，发生冲击地压的风险高。开拓巷道、永久硐室服务年限长，且永久硐室一般布置有大型设备。将这些巷道、硐室布置在严重冲击地压煤层中，一旦发生冲击地压将对设备造成重大损失，严重影响矿井安全生产。

(3) 相比于薄煤层和中厚煤层，在厚煤层中掘进巷道时，巷道周边应力集中程度更高，分布范围更大，更容易发生冲击地压。具有严重冲击地压危险的厚煤层，其冲击危险性更高。因此，严重冲击地压厚煤层中的巷道应布置在应力集中区以外。

双巷同时掘进时，前后 2 个掘进工作面距离过近，存在采动应力叠加导致诱发冲击地压的可能，因而，双巷掘进时 2 条平行巷道应在时间、空间上应当避免相互影响，双巷之间的前后错距应大于 150 m。

(4) 孤岛煤柱(工作面)不仅承受上覆岩层自重，还是周边工作面采空后形成的“应力拱”的承载体，是应力高度集中区域，在其附近极易发生冲击地压。孤岛煤柱不仅对本煤层开采有影响，还可将应力传递至相邻煤层，使上下部煤层的冲击危险增大。因此，冲击地压煤层开采时，采空区内不得留有煤柱，如果特殊情况必须在采空区留有煤柱时，必须将煤柱的位置、尺寸及影响范围标注在采掘工程图上，为下一步冲击地压防治提供资料。一般冲击危险煤层，孤岛煤柱开采应组织专家进行防冲安全开采论证，论证结果表明具备安全开采条件的，可在采取足够的防冲措施后开采，不能保障安全开采的，绝对不得进行采掘作业。

【案例】 2015 年 7 月 29 日，兖煤菏泽能化有限公司赵楼煤矿 1305 工作面发生一起冲击地压事故，造成 3 人受伤(1 人重伤、2 人轻伤)。该矿 1305 工作面相邻的 1304、1306、1307 工作面已开采结束，致使 1305 工作面形成孤岛煤柱工作面；工作面埋深大(870.84～1007.34 m)，原岩应力高；煤层和顶板又具有冲击倾向性，具备发生冲击地压的力源条件。1305 工作面在初采调试时导致了冲击地压事故的发生。

(5) 冲击地压发生后，通常会有大量的煤体冲出，小断面巷道容易被堵塞。对于冲击地压煤层，根据顶底板岩性适当加大掘进巷道宽度，如果发生冲击地压，不仅会减少对冲击区域的人员和设备造成挤压伤害，而且可以为后续救援提供一定的通道。无煤柱可使巷道处于邻近工作面采空区侧向应力降低区内，煤柱中的煤体不易积聚大量弹性能，从而降低冲击地压危险。因此，工作面间应采用无煤柱或窄煤柱护巷，窄煤柱宽度一般为 3～5 m。厚煤层及大倾角煤层可适当加宽。宽煤柱护巷易受邻近工作面采空区侧向支承压力影响，煤柱内易聚集大量弹性能，不仅会增加本煤层相关工作面冲击危险性，还会因向相邻煤层传递集中应力，导致上下相邻煤层的冲击地压危险增加。特定条件下一定要留设宽煤柱护巷时，煤柱应具有足够宽度，提高煤柱承载性能，使巷道避开邻近工作面采空区侧向应力集中区，避免影响邻近层开采。

【案例】 2018 年 4 月 8 日，中天合创能源有限责任公司门克庆煤矿 3102 工作面回风巷附近发生 1 起冲击地压事故。事故造成 3102 工作面回风巷超前工作面约 90 m 范围出现单体、木垛倾倒，近 40 m 巷道严重破坏，底板最大移近量约 2.0 m，最大底鼓量约 1.2 m。该矿 3102 工作面与 3101 工作面留有宽度为 35 m 的区段煤柱，承载煤柱受 3102 工作面超前支承压力和 3101 采空区侧向支承压力相互叠加影响，大量联络巷造成煤柱内应力重新分布，煤柱处于局部高应力集中区，是这次冲击地压的主要原因之一。

(6) 垮落法也叫陷落法，就是随着工作面的向前推进，把工作面靠近采空区的支架撤出，让直接顶自行垮落或者强制垮落，利用垮落下来的岩块充填采空区，减小工作面顶板压力。当采空区留有支柱时，将造成采空区顶板垮落不充分，大面积悬顶，导致工作面前方煤体应力集中程度增加、顶板活动性增强，冲击危险性增加。因此，采空区中支架必须回撤干净。

(7) 大型褶曲(幅度在 30 m 以上、长度超过 1 km 的褶曲)、断层(落差大于 20 m 的断层)等地质构造带存在较高构造应力，冲击危险性强，临近这些区域的采掘工作面易诱发冲击地压。临近采空区采掘时，采掘工作面受到采空区周围支承压力影响，同时可能诱发相邻采空区上方岩层再次运动，导致工作面冲击危险性上升。因此，在大型地质构造、采空区、煤柱及其他应力集中区附近进行采掘活动时，必须制定防冲专项措施。

【案例】 河南义马矿区，受扣门山—坡头断层、岸上断层尤其是 F16 大型逆冲断层的影响，在矿区自东往西分布有常村、跃进、千秋、耿村、杨村五个冲击地压矿井。该矿区先后发生了千秋煤矿"6・5"冲击地压(2008)、千秋煤矿"11・3"冲击地压(2011)、千秋煤矿"3・27"冲击地压(2014)和耿村煤矿"12・22"冲击地压(2015)等多起事故，共造成 30 余人死亡，近 90 人受伤。

(8) 工作面"见方"、初次来压、周期来压期间，煤层的上覆岩层破断运动强烈，煤岩体中应力集中程度高，冲击地压危险性强。因此，应当在作业规程中明确规定初次来压、周期来压、采空区"见方"等期间的防冲措施。

(9) 三面或者四面被采空区所包围的区域称为孤岛区域,该区域受多个方向采空区支承压力叠加影响,应力集中程度极高,即使是无冲击地压煤层,这些区域也可能存在冲击危险。因而,在无冲击地压煤层中的三面或者四面被采空区所包围的区域开采和回收煤柱时,必须制定专项防冲措施。

【案例】 1974 年 10 月 25 日,北京矿务局城子矿在回收护巷煤柱时,因工作面爆破引起特大冲击地压事故,强度达里氏震级 3.4 级,地面震中烈度为Ⅵ度,造成 29 人死亡,是迄今为止我国煤矿发生的最严重的冲击地压事故之一。

(10)“采动影响区域内严禁巷道扩修与回采平行作业、严禁同一区域两点及以上同时扩修”,是本次《规程》修订新增条款。巷道扩修段,一般都处于巷道变形严重的应力高度集中区域,冲击危险性大。扩修点原有支护体系被破坏,处于薄弱点,巷道抗冲击能力弱。巷道扩修引起围岩应力重新分布,对煤岩体有一定扰动,容易诱发冲击地压。多头巷道扩修,必然造成多处应力相互扰动叠加,比单个地点的扩修更危险,更容易诱发冲击地压。

【案例】 2011 年 11 月 3 日,河南义马千秋煤矿发生一起重大冲击地压事故,造成 10 人死亡,64 人受伤。此次事故的主要原因之一就是,事故工作面在 300m 范围内存在多头作业,当时有开二队和掘二队在 21221 下巷进行扩修作业,防冲队和掘一队在掘进工作面实施防冲卸压工程,4 支队伍共 75 人在具有冲击地压危险的巷道内平行交叉作业。

【执行中应注意的问题】

(1)《规程》规定的冲击地压煤层相邻采掘工作面间距,是矿井应该遵循的最低要求,矿井应该根据矿井实际情况,加大间距。

(2) 开采严重冲击地压煤层的矿井,应该将开拓巷道、永久硐室布置在岩层中,降低冲击地压风险。

(3) 冲击地压煤层掘进工作面临近大型地质构造、采空区、其他应力集中区时,应在作业规程中明确其可能的影响范围,制定专项防冲措施,加强监测预警、局部卸压、巷道支护及个体防护,加强人员及物料管理,降低工作面推进速度。

(4) 在无冲击地压煤层中的三面或者四面被采空区所包围的区域开采或回收煤柱时,必须进行冲击危险性评价、制定防冲专项措施,并组织专家论证,只有具备安全开采条件的才能开采。

第二百三十二条 具有冲击地压危险的高瓦斯、突出煤层的矿井,应当根据本矿井条件,制定专门技术措施。

【释义】 本条是关于综合防治高瓦斯、突出煤层冲击地压与瓦斯灾害的规定。

视频

具有冲击地压危险的高瓦斯、煤与瓦斯突出煤层,一旦发生冲击地压,煤体中吸附的瓦斯会伴随煤体冲击而大量释放,导致事故区域瓦斯等有毒有害气体含量急剧增加。事故区域内瓦斯等有害气体浓度高,不但可能导致被困人员窒息死亡,如存在火花,还可能引发瓦斯爆炸。煤炭资源进入深部开采后,面临“三高一扰动”的开采环境,煤岩体对开采扰动和外部动力响应的敏感性增加,冲击地压、煤与瓦斯突出等动力灾害之间的相互诱发可能性增强。因此,具有冲击地压危险的高瓦斯、突出煤层的矿井,不能仅考虑冲击地压、煤与瓦斯突出单一灾害的防治,应综合考虑并制定冲击地压和煤与瓦斯突出一体化防控技术,同时还需要考虑灾害发生后可能诱发的次生灾害的防控措施。因而,有冲击地压危险的高瓦斯、煤与瓦斯突出矿井,其灾害防治措施应当由负责冲击地压防治和负责煤与瓦斯突出防治的部门共同研究,制定专门技术措施。

【执行中应注意的问题】

(1) 开采高瓦斯、突出煤层的冲击地压矿井,应树立两类灾害一体化防控的理念。

(2) 有冲击地压危险的高瓦斯、突出煤层,慎用煤层爆破防冲措施,可加强研究煤层钻孔抽采瓦斯卸压防冲技术。

【案例】 辽宁省阜新矿业(集团)有限责任公司五龙煤矿绝对瓦斯涌出量为86.79 m^3/min,相对瓦斯涌出量为28.52 m^3/t,属高瓦斯矿井。2013年1月12日,该矿3431B运输巷掘进工作面发生一起较大冲击地压事故,造成工作面迎头50 m范围内大量煤体冲出破坏风筒,巷道严重变形,冲击地压诱发瓦斯突然涌出,造成8人窒息死亡。

第二百三十三条 开采具有冲击地压危险的急倾斜、特厚等煤层时,应当制定专项防冲措施,并由企业技术负责人审批。

【释义】 本条是关于有冲击地压危险的急倾斜、特厚等煤层制定专项防冲措施的规定。

急倾斜、特厚煤层的开采方法和采掘空间结构不同于一般缓倾斜和倾斜煤层,顶板岩层结构对冲击地压影响更加显著。目前,对这类煤层冲击地压的发生机理认识尚不够清楚,传统的冲击地压防治措施的适用性和有效性有待考察。因此,应当制定急倾斜煤层、特厚煤层的冲击地压专项防治措施。

【案例】 国家能源集团新疆能源有限责任公司乌东煤矿南采区主采B_{1+2}和B_{3+6}两个近直立特厚煤层,煤层平均厚度分别为28 m和40 m,倾角87°~89°。采用水平分段放顶煤采煤方法,每层分段高度为25 m,其中割煤厚度为3 m,放煤高度为22 m,上部采空区用黄土进行回填,属于大采放比放顶煤回采。乌东煤矿南采区历史上发生过多次冲击地压。其中,2015年3月13日,+475水平B_{3+6}煤层发生一起震源能量达5×10^8 J的冲击地压,造成+475水平B_3巷北帮肩角下沉约30 cm、"U"型钢棚收缩,破坏范围约30 m;南帮肩角下沉约20~40 cm;+475B_{3+6}综采面煤壁片帮量20~30 cm、南端1号和2号液压支架立柱弯曲、4号和6号液压支架卸压,安全阀动作、端头瓦斯超限浓度达到1.78%。

第二节 冲击危险性预测

第二百三十四条 冲击地压矿井必须进行区域危险性预测(以下简称区域预测)和局部危险性预测(以下简称局部预测)。区域与局部预测可根据地质与开采技术条件等,优先采用综合指数法确定冲击危险性。

【释义】 本条是关于冲击地压矿井进行危险性预测的规定。

区域预测是对矿井、水平、煤层、采(盘)区进行冲击危险性预测,可为优化开拓方式、采掘部署、开采顺序,合理选择采煤工艺、开采保护层等区域防冲措施提供参考。局部预测主要是对采掘工作面、巷道、硐室等进行冲击危险性预测,可为冲击地压监测方案设计以及顶板预裂、水力压裂、煤层钻孔卸压、煤层爆破、底

视频

板处理等局部防冲措施优化等提供参考。可见，冲击地压危险性区域预测与局部预测针对的预测范围不一样，预测的作用也不一样，开展区域与局部相结合的冲击地压危险性预测，是制定冲击地压监测与防治方案的基础，对提高冲击地压防治效果具有重要意义。冲击危险性预测结果分为：无冲击地压危险、弱冲击地压危险、中等冲击地压危险和强冲击地压危险 4 个等级。

冲击地压与地质条件、开采技术条件密切相关，因此，区域与局部预测必须基于矿井实际的地质与开采技术条件开展。综合指数法是经实践证实的最有效的冲击危险预测方法之一，该方法比较全面地考虑了地质因素和开采技术条件因素对冲击地压的影响，是在综合分析地质因素和开采技术条件因素的基础上，确定各影响因素对冲击地压的影响权重和计算各影响因素的危险指数，取各影响因素对应的冲击地压危险指数中最大值作为冲击地压危险的综合指数，并依据该综合指数对冲击地压危险进行评价，确定开采区域的冲击地压危险等级。

采用综合指数法预测冲击危险性时，具体步骤如下：

(1) 依据表 3-5-4 和表 3-5-5 分别列出地质因素和开采技术因素对冲击地压的影响程度及指数，根据矿井具体实际情况，确定各因素的冲击地压危险指数。

(2) 根据式(3-5-1)和式(3-5-2)分别计算得到地质因素确定的冲击地压危险指数 W_{t1} 和开采技术因素确定的冲击地压危险指数 W_{t2}。

(3) 取各影响因素对应的冲击地压危险指数中的最大值作为冲击地压危险状态等级评定的综合指数 W_t，按式(3-5-3)计算。

(4) 根据 W_t 的值，结合表 3-5-6 确定冲击危险等级。

表 3-5-4　地质因素影响冲击地压危险状态的因素及指数

序号	因素	危险状态的影响因素	影响因素的定义	冲击地压危险指数
1	W_1	同一水平煤层冲击地压发生次数 n	$n=0$	0
			$n=1$	1
			$2\leqslant n<3$	2
			$n\geqslant 3$	3
2	W_2	开采深度 h/m	$h\leqslant 400$	0
			$400<h\leqslant 600$	1
			$600<h\leqslant 800$	2
			$h>800$	3
3	W_3	上覆裂隙带内坚硬厚层岩层距煤层的距离 d/m	$d>100$	0
			$50<d\leqslant 100$	1
			$20<d\leqslant 50$	2
			$d\leqslant 20$	3
4	W_4	开采区域内构造引起的应力增量与正常应力值之比 γ	$\gamma\leqslant 10\%$	0
			$10\%<\gamma\leqslant 20\%$	1
			$20\%<\gamma\leqslant 30\%$	2
			$\gamma>30\%$	3

表 3-5-4(续)

序号	因素	危险状态的影响因素	影响因素的定义	冲击地压危险指数
5	W_5	煤层上方 100 m 范围顶板岩层厚度特征参数 L_{st}	$L_{st}<50$	0
			$50<L_{st}\leqslant 70$	1
			$70<L_{st}\leqslant 90$	2
			$L_{st}>90$	3
6	W_6	煤的单轴抗压强度 R_c/MPa	$R_c\leqslant 10$	0
			$10<R_c\leqslant 14$	1
			$14<R_c\leqslant 20$	2
			$R_c>20$	3
7	W_7	煤的弹性能指数 W_{ET}	$W_{ET}<2$	0
			$2\leqslant W_{ET}<3.5$	1
			$3.5\leqslant W_{ET}<5$	2
			$W_{ET}\geqslant 5$	3

表 3-5-5　开采技术条件影响冲击地压危险状态的因素及指数

序号	因素	危险状态的影响因素	影响因素的定义	冲击地压危险指数
1	W_1	保护层的卸压程度	好	0
			中等	1
			一般	2
			很差	3
2	W_2	工作面距上保护层开采遗留的煤柱的水平距离 h_z/m	$h_z\geqslant 60$	0
			$30\leqslant h_z<60$	1
			$0\leqslant h_z<30$	2
			$h_z<0$	3
3	W_3	工作面与临近采空区的关系	实体煤工作面	0
			一侧采空	1
			两侧采空	2
			三侧及以上采空	3
4	W_4	工作面长度 L_m/m	$L_m>300$	0
			$150\leqslant L_m<300$	1
			$100\leqslant L_m<150$	2
			$L_m<100$	3
5	W_5	区段煤柱宽度 d/m	$d\leqslant 3$,或 $d\geqslant 50$	0
			$3<d\leqslant 6$	1
			$6<d\leqslant 10$	2
			$10<d<50$	3

表 3-5-5(续)

序号	因素	危险状态的影响因素	影响因素的定义	冲击地压危险指数
6	W_6	留底煤厚度 t_d/m	$t_d=0$	0
			$0<t_d\leqslant 1$	1
			$1<t_d\leqslant 2$	2
			$t_d>2$	3
7	W_7	向采空区掘进的巷道,停掘位置与采空区的距离 L_{jc}/m	$L_{jc}\geqslant 150$	0
			$100\leqslant L_{jc}<150$	1
			$50\leqslant L_{jc}<100$	2
			$L_{jc}<50$	3
8	W_8	向采空区推进的工作面,终采线与采空区的距离 L_{mc}/m	$L_{mc}\geqslant 300$	0
			$200\leqslant L_{mc}<300$	1
			$100\leqslant L_{mc}<200$	2
			$L_{mc}<100$	3
9	W_9	向落差大于 3 m 的断层推进的工作面或巷道,工作面或迎头与断层的距离 L_d/m	$L_d\geqslant 100$	0
			$50\leqslant L_d<100$	1
			$20\leqslant L_d<50$	2
			$L_d<20$	3
10	W_{10}	向煤层倾角剧烈变化(>15°)的向斜或背斜推进的工作面或巷道,工作面或迎头与之的距离 L_z/m	$L_z\geqslant 50$	0
			$20\leqslant L_z<50$	1
			$10\leqslant L_z<20$	2
			$L_z<10$	3
11	W_{11}	向煤层侵蚀、合层或厚度变化部分推进的工作面或巷道,接近煤层变化部分的距离 L_b/m	$L_b\geqslant 50$	0
			$20\leqslant L_b<50$	1
			$10\leqslant L_b<20$	2
			$L_b<10$	3

$$W_{t1}=\frac{\sum_{i=1}^{n_1}W_i}{\sum_{i=1}^{n_1}W_{i\max}} \tag{3-5-1}$$

式中,W_{t1} 为地质因素确定的冲击地压危险指数;$W_{i\max}$ 为第 i 个地质因素中的最大指数值;W_i 为采掘工作面周围第 i 个地质因素的实际指数;n_1 为地质因素数目。

$$W_{t2}=\frac{\sum_{i=1}^{n_2}W_i}{\sum_{i=1}^{n_2}W_{i\max}} \tag{3-5-2}$$

式中,W_{t2} 为开采技术因素确定的冲击地压危险指数;$W_{i\max}$ 为第 i 个开采技术因素的危险指数最大值;W_i 为采掘工作面周围第 i 个开采技术因素的实际危险指数;n_2 为开采技术因素的数目。

$$W_t = \max\{W_{t1}, W_{t2}\} \tag{3-5-3}$$

式中,W_t 为某采掘工作面的冲击地压危险状态等级评定综合指数。

表 3-5-6 冲击地压危险状态的分级

冲击地压危险等级	A	B	C	D
冲击地压危险状态	无冲击危险	弱冲击危险	中等冲击危险	强冲击危险
冲击地压危险指数	$W_t \leqslant 0.25$	$0.25 < W_t \leqslant 0.5$	$0.5 < W_t \leqslant 0.75$	$W_t > 0.75$

【执行中应注意的问题】

(1) 采用综合指数法预测冲击危险性时,不涉及的地质因素和开采技术条件,其冲击地压危险指数可以不考虑,但不能按 0 取值。

(2) 矿井在采用综合指数法或其他经实践证明有效的方法确定冲击危险性后,还应该采用多因素耦合等方法进一步确定冲击危险区及其范围,为实现冲击地压的"分区管理"提供依据。

第二百三十五条 必须建立区域与局部相结合的冲击地压危险性监测制度。应当根据现场实际考察资料和积累的数据确定冲击危险性预警临界指标。

【释义】 本条是关于冲击地压监测预警的规定。

视频

冲击地压危险性区域监测和局部监测覆盖的范围不一样,监测方法也不一样。区域监测能够覆盖矿井整个采掘区域,有效监测范围至少能够覆盖单个采煤工作面采动影响范围,不小于工作面宽度加 500 m,一般可采用微震监测法进行预测。局部监测覆盖工作面范围内的冲击地压危险区,有效监测范围不能覆盖单个采掘工作面采动影响范围,一般小于 200 m,可采用地音监测法、钻屑法、应力监测法、电磁辐射法等方法进行预测。可见,区域监测与局部监测采用的监测手段不同、监测的对象不同、监测的范围也不同,二者相辅相成,缺一不可,不可相互替代,不同监测区域的冲击地压前兆信息对科学预测冲击地压都非常重要。因而,矿井必须建立区域与局部相结合的冲击地压危险性监测制度,以实现对冲击地压危险的分区域综合监测预警。

(1) 微震监测法。目前,冲击地压危险的区域监测主要采用微震监测法。采用微震监测方法进行采掘区域冲击危险性监测与预警,应满足:① 微震监测系统的监测与布置应覆盖全矿井范围,对全矿井包括频率为 1~150 Hz 的微震信号及冲击地压进行远距离、实时、动态监测,并确定微震及冲击地压发生的时间、能量及三维空间坐标。② 监测过程中,如果采掘工作面周围的微震能量超过临界值,或微震能量、频次出现异常,或向某个区域集中时,判定存在冲击地压危险,应及时进行解危治理。判别准则与临界值需根据各矿井的实际条件及时确定。

(2) 地音监测法。采用地音监测法进行采掘工作面冲击危险性监测预警,应满足:① 提供的监测结果应包含地音事件发生时刻、任意时段内地音事件数量和能量统计等。② 危险性监测预警准则与指标需根据各矿井的实际条件及时确定。

(3) 钻屑法。钻屑法监测指标有单位长度钻孔煤粉重量(kg/m)或体积(L/m)和动力效应等,且应满足:① 结合工作面具体开采地质条件等,圈定钻屑法监测区域。采煤工作面应沿工作面煤壁和超前至少 150 m 支承压力影响区的巷道内布置监测带,掘进巷道应在迎头及后方 100 m 应力集中范围布置监测带。② 监测过程中出现较强烈的煤炮、卡钻、吸钻等动力现象,或单孔钻屑量接近或超过临界指标,或大于 3 mm 煤粉颗粒组分超过 30%时,判定存在冲击地压危险,应及时进行解危治理。

(4) 应力监测法。采用应力监测法进行采掘工作面冲击危险性监测预警,应满足:① 应力监测系统应能实现工作面采掘过程中应力变化的动态监测,传感器应布置在冲击地压危险区域内,且埋设深度应有区别。② 应力监测系统提供的监测结果应包括测点初始应力值、实时监测应力值等,具体预警指标需根据各矿井的实际条件及时确定。

(5) 电磁辐射法。采用电磁辐射法进行采掘工作面冲击危险性监测预警,应满足:① 电磁辐射监测系统可动态监测电磁辐射强度 E 和电磁辐射脉冲数 N。② 根据电磁辐射监测结果,采用趋势法和临界值法相结合,进行冲击地压危险性预警。电磁辐射强度变化规律明显时,以强度预警为主;强度变化规律不明显时,以脉冲数预警为主。

冲击地压预警临界指标的初值,一般是通过工程类比或实验室试验设定的,由于不同矿井条件的差异性,相同预警方法的预警临界值有所不同,在监测一段时期后,应当根据现场实际考察资料和积累的数据确定冲击危险性预警临界指标。

【执行中应注意的问题】

(1) 矿井应该根据当前和未来 3 至 5 年采掘区域冲击地压的主要影响因素,确定可能发生的冲击地压类型,合理选择区域和局部监测方法。冲击地压监测预警系统中必须有实时在线监测装备,尤其是中等或强冲击地压危险矿井应至少装备一种区域和两种局部相结合的监测预警系统,且至少有一种局部监测系统具有实时监测功能。

(2) 采用微震监测法开展冲击地压危险性监测,可参考国家标准《冲击地压测定、监测与防治方法 第 4 部分:微震监测方法》(GB/T 25217.4)执行;采用地音监测方法开展冲击地压危险性监测,可参考国家标准《冲击地压测定、监测与防治方法 第 5 部分:地音监测方法》(GB/T 25217.5)执行;采用钻屑监测方法开展冲击地压危险性监测,可参考国家标准《冲击地压测定、监测与防治方法 第 6 部分:钻屑监测方法》(GB/T 25217.6)执行;采用采动应力监测方法开展冲击地压危险性监测,可参考国家标准《冲击地压测定、监测与防治方法 第 7 部分:采动应力监测方法》(GB/T 25217.7)执行;采用电磁辐射监测方法开展冲击地压危险性监测,可参考国家标准《冲击地压测定、监测与防治方法 第 8 部分:电磁辐射监测方法》(GB/T 25217.8)执行。

(3) 矿井开展一段时间冲击地压监测后,应该统计分析监测数据和现场矿压显现,确定冲击危险性与监测数据的耦合关系,修订监测预警临界值。

第二百三十六条 冲击地压危险区域必须进行日常监测预警,预警有冲击地压危险时,应当立即停止作业,切断电源,撤出人员,并报告矿调度室。在实施解危措施、确认危险解除后方可恢复正常作业。

停产 3 天及以上冲击地压危险采掘工作面恢复生产前,应当评估冲击地压危险程度,并采取相应的安全措施。

【释义】 本条是关于冲击地压危险监测、评估及根据其结果采取相应安全措施的规定。本条在 2016 版《规程》的基础上有修改。

冲击地压矿井建立区域与局部相结合的监测预警系统的目的就是通过对日常监测数据

视频

的分析，及时判别监测区域是否具有冲击危险性，为采取科学有效的防冲措施提供“靶区”，提高冲击地压防治工作的针对性和有效性。

预警有冲击地压危险的区域，是冲击地压易发区，应力集中程度高，随时都有发生冲击地压的可能，因而应当立即停止作业，避免相关作业进一步产生扰动，导致应力叠加触发冲击地压。冲击地压发生时，煤体中吸附的瓦斯气体大量解析出来，切断电源可以防止产生电火花诱发次生灾害。撤出人员可防止冲击地压及其诱发的次生灾害造成人员伤亡。

同一矿井、同一区域，其冲击地压的影响因素不完全一样，设计的防冲措施也可能不完全适用于每一个冲击危险区，难以一次性消除冲击地压危险。因而，在实施解危措施后，必须进行冲击地压解危效果检验，确认危险解除后方可恢复正常作业。具体解危措施的相关要求参见《规程》第二百四十条、第二百四十一条之规定。

采掘工作面停产后，虽然没有采掘活动，但因工作面围岩应力是一个滞后的缓慢调整过程。围岩应力调整依然可能使围岩处于冲击失稳的临界状态，如果突然进行采掘活动，其扰动就可能诱发冲击地压。因此，停产3天及以上的采煤工作面，恢复生产前，应评估工作面开采引起的冲击地压危险程度，如果评估认为有冲击地压危险，则应采取相应的卸压防冲措施，并经确认冲击地压危险解除后方可恢复采掘作业。

【执行中应注意的问题】

(1) 矿井防冲管理机构的专业防冲人员，应每天结合工作面来压、顶底板岩层变化、煤层变化、工作面与采空区距离、地质构造等情况，及时分析微震、地音、应力、钻屑、电磁辐射及常规矿压监测数据，编制监测日报并判定冲击危险程度。

(2) 除了冲击地压监测预警系统监测数据超过预警临界指标预警有冲击危险外，当采掘作业地点出现强烈震动、巨响、瞬间底(帮)鼓、煤岩弹射等动力现象，也应判定为有冲击地压危险。

(3) 停产3天及以上的采掘工作面，其冲击地压危险可参照冲击地压监测预警和效果检验方法进行评估。

【案例】 2005年2月14日，辽宁省阜新矿业(集团)有限责任公司孙家湾煤矿海州立井发生一起特别重大瓦斯爆炸事故，造成214人死亡，30人受伤，直接经济损失4968.9万元。这次事故的直接原因是，冲击地压造成3316工作面风道外段大量瓦斯异常涌出，3316风道里段掘进工作面局部停风造成瓦斯积聚，致使回风流中瓦斯浓度达到爆炸界限；工人违章带电检修架子道距专用回风上山8 m处临时配电点的照明信号综合保护装置，产生电火花引起瓦斯爆炸。

第三节　区域与局部防冲措施

第二百三十七条　冲击地压矿井应当选择合理的开拓方式、采掘部署、开采顺序、采煤工艺及开采保护层等区域防冲措施。

【释义】 本条是关于冲击地压矿井采取区域防冲措施的规定。

实践证明，只有合理的开拓方式、采掘部署、开采顺序、采煤工艺及开采保护层等区域性防冲措施，才能从根本上降低煤岩体所处环境的应力，起到预防冲击地压发生的作用，这也是冲击地压防治原则首提“区域先行”的主要原因。

冲击地压煤层区域防范措施应当遵循以下原则：

（1）基于地应力分布特征优化开拓布置，尽可能将开拓巷道、准备巷道方向与最大主应力方向一致，尽可能将开拓或准备巷道、永久硐室、主要上（下）山、主要煤流巷道和回风巷布置在岩层或无冲击危险的煤层中。

视频

（2）从有利于降低应力集中程度的角度选择合理的采煤方法，采用全部垮落法控制顶板。

（3）针对煤层群开采矿井，选择无冲击危险或冲击危险小的煤层作为保护层优先开采，利用其保护卸压效果降低临近煤层冲击危险性。

（4）针对同一煤层，应优化确定采区间和采区内的开采顺序，尽可能避免孤岛工作面等在高应力集中区域进行采掘工作。

（5）针对具体采区，采面应朝一个方向推进，避免相向开采；保证合理的开采顺序；将每个工作面的开切眼和终采线布置在同一条直线上，避免开切眼和终采线外错，形成应力集中。

（6）针对具体工作面，优先选择无煤柱护巷或小煤柱护巷，使临空巷道处于低应力区，有效降低其冲击危险性。

（7）针对存在地质构造等的特殊区域，采取能避免或减缓应力集中或叠加的开采程序。

【执行中应注意的问题】

（1）冲击地压矿井开拓期间，应开展地应力测试，有条件的进行三维应力场反演，掌握矿区地应力分布规律，依据地应力的大小和方向，考虑最大水平主应力方向对开拓巷道稳定性的影响优化开拓布置，避免将开拓巷道布置在地应力异常区。

（2）冲击地压矿井进行采掘部署时，应当将巷道布置在低应力区，降低巷道的冲击危险性，优先选择无煤柱护巷或小煤柱护巷，有条件的矿井可以采用“负煤柱”。

（3）冲击地压矿井同一煤层开采，应当优化确定采区间和采区内的开采顺序，避免开采顺序不合理，出现大煤柱、孤岛工作面等强冲击地压危险区域。

【案例】 陕西正通煤业有限责任公司高家堡煤矿一盘区三条大巷布局不合理，开采过程中发生多次冲击地压，在后续二、三、四、五、六等盘区开采中，根据地应力分布特征优化采掘布局，有效防控了冲击地压事故的发生。

第二百三十八条 保护层开采应当遵守下列规定：

（一）具备开采保护层条件的冲击地压煤层，应当开采保护层。

（二）应当根据矿井实际条件确定保护层的有效保护范围，保护层回采超前被保护层采掘工作面的距离应当符合本规程第二百三十一条的规定。

（三）开采保护层后，仍存在冲击地压危险的区域，必须采取防冲措施。

【释义】 本条是关于保护层开采的规定。

（1）保护层是为消除或降低相邻煤层冲击地压危险而先行开采的煤层。开采保护层是有效防治冲击地压的根本性、区域性措施，能够在较长时期、较大范围内消除或降低被保护层的冲击危险性。因而，具备保护层开采条件的矿井，应当选择非冲击地压煤层或冲击危险性低的煤层作为保护层优先开采。

视频

（2）开采保护层引起被保护层应力降低是一个空间过程，部署保护层和被保护层中的采掘工作时，要确定保护层的卸压范围和卸压程度，在卸压带范围内，卸载作用随着煤层间距的增大而衰减。保护层的有效保护范围与煤层的层间距、煤层倾角、开采条件、开采时间等因素有关,矿井条件不同,保护层有效保护范围也不同,保护层及其保护范围如图 3-5-3 所示。矿井应当根据煤层的实际条件,合理确定保护层的有效保护范围,从而确定保护层与被保护层采掘工作面的时空关系。为避免采掘活动的互相干扰,保护层与被保护层之间各采掘工作面的距离,应满足《规程》第二百三十一条之规定。

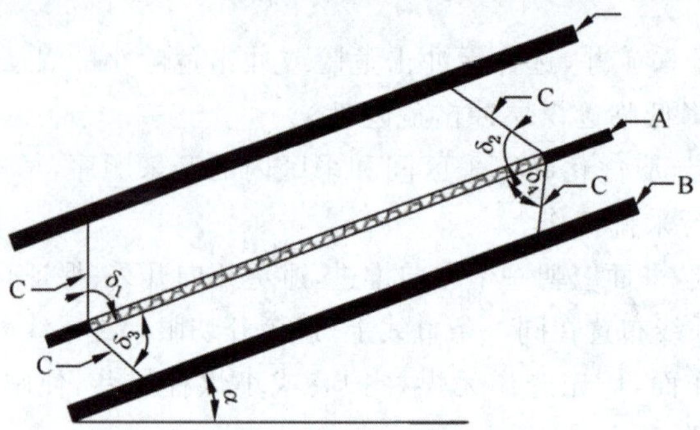

A—保护层;B—被保护层;C—保护范围边界线

δ_1、δ_2、δ_3、δ_4—不同方向上的卸压角

图 3-5-3 保护层工作面的保护范围

(3) 开采保护层不能绝对保证完全消除被保护层的冲击危险性,只有在卸压带的某些范围内,应力降低到一定程度时,才会降低冲击地压危险。处于保护层保护范围外的区域仍然存在冲击地压危险,有发生冲击地压的可能,必须采取顶板预裂、煤层注水、煤层钻孔卸压、煤体松动爆破、底煤处理等防冲措施。

【执行中应注意的问题】

(1) 具备多个可采煤层的冲击地压矿井,应当先根据煤层层间距、煤层厚度、煤及顶底板岩层的冲击倾向性等情况评估各煤层的冲击危险性,选择无冲击危险性或弱冲击危险性的煤层作为保护层优先开采。

(2) 保护层有效保护范围可结合保护层和被保护层的顶底板岩性、煤层倾角、采高以及保护层开采后上覆岩层运动等情况,采用模拟实验、理论计算、经验类比等方法确定,也可参考国家标准《冲击地压测定、监测与防治方法 第 12 部分:开采保护层防治方法》(GB/T 25217.14)确定。

(3) 保护层的卸压保护作用具有时效性,会随时间的延长而减小,一般为 1~3 年。

【案例】 山东新汶华丰矿自 1992 年 3 月 8 日发生首次冲击地压以来,矿井先后发生了 100 余次破坏性冲击地压,其中 4 起事故造成多人伤亡,12 起事故造成工作面停产。该矿主采 4 煤和 6 煤,4 煤具有强冲击倾向性,6 煤无冲击倾向性。冲击地压发生后,矿井经过多年研究和实践,采取先采 6 煤后采 4 煤的保护层开采方案,利用 6 煤的保护卸压作用降低 4 煤的冲击危险性。实践证明,在 6 煤保护卸压作用下,4 煤的冲击地压得到了有效防控。

第二百三十九条 冲击地压煤层的采煤方法与工艺确定应当遵守下列规定:

(一) 采用长壁综合机械化开采方法。

（二）缓倾斜、倾斜厚及特厚煤层采用综采放顶煤工艺开采时，直接顶不能随采随冒的，应当预先对顶板进行弱化处理。

【释义】 本条是关于确定冲击地压煤层采煤方法与工艺的规定。

（1）采用长壁综合机械化采煤方法，一方面由于采用整体液压支架，支架工作阻力大，有利于降低工作面超前支承压力集中程度，具有较强的抵抗顶板冲击动载的能力；另一方面可以使覆岩及顶板岩层活动区域增大，减小应力集中程度，降低煤岩体弹性能量积聚和释放的速率，有利于能量的释放。因而，采用长壁综合机械化开采方法，有利于冲击地压灾害防治。

视频

（2）对于缓斜、倾斜厚煤层（厚度大于 3.5 m）与特厚煤层（厚度大于 12 m），采用综采放顶煤开采时，如果直接顶不能随采随冒，采空区后方可能形成大面积悬顶，除了增加工作面煤体承载力，导致冲击危险性增大，还可能会造成顶板冲击或飓风，且易积聚瓦斯，增大了冲击地压及其他灾害发生的可能性。因而，应当预先对顶板进行弱化处理，促使顶板及时垮落，增加顶板垮落的充填高度，利用顶板岩石的碎胀性使采空区形成“下触底上接顶”的充填区，从而降低或避免顶板型冲击地压危险。

【执行中应注意的问题】

（1）采用综采放顶煤工艺开采的缓倾斜、倾斜厚及特厚煤层，直接顶不能随采随冒时，可以采用预裂爆破、水力压裂等方法对顶板进行弱化处理。

（2）弱化处理的顶板岩层的高度，可以根据顶板岩石的碎胀性、煤层厚度、顶板岩层等情况具体确定。

【案例】 黑龙江鹤岗矿业有限责任公司兴安煤矿四水平北 11 层煤开采初期采用分层综采开采工艺，多次发生冲击地压。为了防治冲击地压，后期改为综采放顶煤工艺，从而杜绝了冲击地压灾害发生。

第二百四十条 冲击地压煤层采用局部防冲措施应当遵守下列规定：

（1）采用钻孔卸压措施时，必须制定防止诱发冲击伤人的安全防护措施。

（2）采用煤层爆破措施时，应当根据实际情况选取超前松动爆破、卸压爆破等方法，确定合理的爆破参数，起爆点到爆破地点的距离不得小于 300 m。

（3）采用煤层注水措施时，应当根据煤层条件，确定合理的注水参数，并检验注水效果。

（4）采用底板卸压、顶板预裂、水力压裂等措施时，应当根据煤岩层条件，确定合理的参数。

【释义】 本条是关于冲击地压煤层采用局部防冲措施的规定。

（1）冲击地压煤层实施钻孔卸压措施时，由于煤岩体处于高度应力集中状态，积聚了大量弹性能，施工过程中极易诱发冲击事故。煤层钻孔卸压需要施工人员在具有冲击地压危险的地点作业，对钻孔施工人员安全威胁极大，一旦发生冲击，极易造成冲击伤人。因此，采用钻孔卸压措施时，必须制定防止诱发冲击伤人的安全防护措施。

视频

（2）煤层爆破一般有松动爆破、卸压爆破等形式。不同的煤层爆破措施，其使用条件和防冲目的也不同。超前松动爆破是在煤层尚未形成高应力集中或目前不具有冲击危险但预测采掘过程中可能出现冲击危险的区域实施煤层爆破，通过以改变煤体的物理力学性质，达到避免煤体中弹性能集聚，防止冲击地压发生的目的。卸压爆破是在煤层已形成冲击危险的区域可实施的煤层爆破，通过使煤体中支承压力向深部转移，增大应力峰值与采掘活动空间的距离，达到防止冲击地压发生的目的。实施煤体爆破时，应根据煤层实际情况选取适当的爆破方式，并确定合理的爆破参数。爆破震动易诱发冲击地压，由于冲击地压显现范围一般在数十米，甚至达到上百米，为避免煤层爆破诱发冲击而造成人员伤亡，起爆点到爆破地点的距离不得小于 300 m。

(3) 煤层注水可改变煤体内部裂隙结构，弱化煤体内部应力积聚条件，减缓应力积聚时间和程度。煤层注水效果受煤层的厚度、倾角及顶底板起伏等煤层地质条件和物理力学性质影响。因此，采用煤层注水方法防冲时，应根据煤层的具体条件，选择合理的煤层注水孔间距、深度、注水压力、注水时间等参数。同时，为了确保煤层注水的效果以及验证煤层注水的可行性，煤层注水后应测定含水率增量等指标检验注水效果。

(4) 底板卸压可通过破坏煤层底板的完整性，降低其应力集中，消除底板冲击地压的孕育条件。采用底板爆破卸压防治冲击地压时，应当根据邻近钻孔柱状图和煤层及底板岩层物理力学性质等煤岩层条件等，合理确定煤岩层爆破深度、钻孔倾角与方位角、装药量、封孔长度等参数。

通过爆破、水力压裂等方法使顶板提前产生破裂，可以降低顶板的完整性与强度，使顶板在工作面回采过程中及时垮落或下沉，减小顶板来压时的强度，避免大面积悬顶带来的冲击地压风险。矿井采用顶板预裂、水力压裂等措施时，应当根据邻近钻孔顶板岩层柱状图、顶板岩层物理力学性质和工作面来压情况等确定相应参数。顶板预裂爆破需要合理确定钻孔方位、倾角、长度、装药量、封孔长度等爆破参数；水力压裂需要合理确定孔深、孔径、孔间距、高压泵压力、压裂时间等参数。

【执行中应注意的问题】

(1) 采用煤层钻孔卸压措施防治冲击地压时，可参考国家标准《冲击地压测定、监测与防治方法 第 10 部分：煤层钻孔卸压防治方法》(GB/T 25217.14)执行。

(2) 采用煤层爆破措施防治冲击地压时，可参考国家标准《冲击地压测定、监测与防治方法 第 11 部分：煤层卸压爆破防治方法》(GB/T 25217.11)执行。

(3) 采用煤层注水措施防治冲击地压时，可参考国家标准《冲击地压测定、监测与防治方法 第 9 部分：煤层注水防治方法》(GB/T 25217.9)执行。

(4) 采用顶板预裂措施防治冲击地压时，可参考国家标准《冲击地压测定、监测与防治方法 第 13 部分：顶板深孔爆破防治方法》(GB/T 25217.13)执行。

(5)采用水力压裂措施防治冲击地压时，可参考国家标准《冲击地压测定、监测与防治方法 第 14 部分：顶板水压致裂防治方法》(GB/T 25217.14)执行。

【案例】 陕西彬长矿区某矿根据钻孔柱状图判定煤层上方 23.45 m 处存在 1 层厚度 19.40 m 的粗粒砂岩，其破断产生的能量可能诱发冲击。因此选择顶板预裂爆破措施防治冲击地压，两巷顶板爆破钻孔每组布置 3 个钻孔，孔径 94 mm，弱冲击危险区组间距 15 m，中等以上危险区组间距 10 m。运输巷侧，垂直工作面走向方向布置 2 个钻孔，其方位角为 4°，倾角分别为 57°、67°，孔深分别为 55 m、50 m；平行工作面走向方向布置 1 个钻孔，孔方位角为 270°，倾角为 72°，孔深 48 m。回风巷侧，垂直工作面走向方向布置 2 个钻孔，方位角均为 184°，倾角分别为 57°、67°，孔深分别为 55 m、50 m；平行工作面走向方向布置 1 个钻孔，孔方位角为 270°，倾角为 72°，孔深 48 m。炸药选用矿用乳化炸药，药卷直径 60 mm，有效长度为 350 mm，装药量为 3.14 kg/m，封孔采用水泥浆注浆封孔。

第二百四十一条　采掘工作面实施解危措施时，必须撤出与实施解危措施无关的人员。

冲击地压危险工作面实施解危措施后，必须进行效果检验，确认检验结果小于临界值后，方可进行采掘作业。

【释义】　本条是关于采掘工作面实施解危措施及解危效果检验的规定。"采掘工作面实施解危措施时，必须撤出与实施解危措施无关的人员"，是相对2016版《规程》新增的规定。

采掘工作面实施解危措施时，必须撤出与实施解危措施无关的人员，是本次《规程》修订新增加的条款。实施解危措施的采掘工作面，一般依据冲击地压监测系统的监测结果而预警的有较强冲击地压危险的工作面。在这样的工作面实施解危措施，极有可能因实施钻孔卸压、爆破卸压、强制放顶等解危措施产生的扰动而诱发冲击地压。因此，在冲击地压危险区域实施解危措施时，为避免扩大冲击地压事故的灾难性后果，必须最大限度地减少该区域作业人员，撤出所有与实施解危措施无关的人员。

视频

冲击地压危险区域实施解危措施后，不仅已实施解危措施的区域冲击危险可能未完全消除，而且还有可能由于应力转移使得临近区域的冲击危险性增加，因此必须进行解危效果检验。防冲措施的解危效果，可利用矿井已有的微震、电磁辐射、声发射、应力、钻屑等冲击地压监测系统及其预警指标进行检验，当所有监测系统的监测结果均小于临界值时，可以判定为无冲击危险，达到了解危卸压防冲效果，可以进行采掘作业，否则，还需继续采取解危措施，直到经检验冲击地压危险解除为止。

【执行中应注意的问题】

(1) 采掘工作面实施解危措施时，除了必须撤出与实施解危措施无关的人员外，还需停止运转一切与施工解危措施无关的设备，并时刻关注冲击地压监测结果及围岩动态变化情况，发现有冲击危险继续增加时，必须及时撤出施工人员。

(2) 判别防冲措施解危效果时，必须是矿井所有冲击地压监测系统都没有超过预警指标时，才可以判定为消除了冲击危险。

【案例】　2018年10月20日，山东能源龙矿集团山东龙郓煤业有限公司1303工作面泄水巷及3号联络巷发生重大冲击地压事故，造成21人死亡、4人受伤，直接经济损失5639.8万元。此次事故与采深超过1000 m的工作面受构造与高应力共同作用处于高冲击危险状、围岩处于巷道临近贯通的应力调整期、地表非天然地震动事件诱发田桥断层带滑移提供的外部动载等因素综合作用触发有关。事故造成21人死亡，与掘进工作面实施解危措施时，没有撤出与实施解危措施无关的人员也有很大关系。事故发生时，防冲项目部在3号联络巷下段掘进机二运尾部打卸压孔，同时，掘一队在3号联络巷正常掘进，掘二队在距离拐点155 m以外砌筑水沟，工作面施工劳动组织不合理。

第四节　冲击地压安全防护措施

第二百四十二条　进入严重冲击地压危险区域的人员必须采取特殊的个体防护措施。

【释义】　本条是关于人员进入严重冲击地压危险区域个体防护的规定。

冲击地压发生时，产生的冲击波会对作业人员造成伤害，普通的矿用安全帽和工作服不能有效应对冲击伤害。为避免冲击波对作业人员的头部和身体内部器官产生伤害，必须采取特殊的个体防护措施,如穿戴防冲击头盔、防冲击背心等特殊个体防护装备。其中,防冲头盔内的盔体与人体头部之间夹填有较厚的缓冲材料制作的缓冲垫圈,可减缓碰撞时人体头部受到的冲击;防冲背心则是在背心形外套内设高强度护板,可减缓冲撞时物体对人体的冲击力,起到有效保护人的胸部和内脏器官的作用。

【执行中应注意的问题】

(1) 矿井必须选取有防爆劳动保护资质厂家生产的个体防护产品,其防护等级能够抵抗较强的意外打击,个体防护产品能够有效防护人体的头部、胸部、腹部等重要部位。

(2) 矿井在采掘作业规程中对进入冲击地压危险区域的人员必须采取特殊的个体防护措施做出明确规定,并建立相应的保障制度,严禁人员不穿戴防冲服进入冲击地压危险区域。

第二百四十三条 有冲击地压危险的采掘工作面,供电、供液等设备应当放置在采动应力集中影响区外。对危险区域内的设备、管线、物品等应当采取固定措施,管路应当吊挂在巷道腰线以下。

【释义】 本条是关于有冲击地压危险区域的物资设备放置、管路吊挂的规定。

有冲击地压危险的采掘工作面,采动应力集中影响区是冲击地压多发区域。供电、供液等设备应当放置在采动应力集中影响区,一旦发生冲击地压,不但会掀翻和损坏供电、供液等重型设备导致相应设备的瘫痪。同时,人体在颠簸过程中难免与这些设备发生碰撞而造成伤害。因而,供电、供液等设备应当放置在采动应力集中影响区外。

有冲击地压危险的采掘工作面巷道内杂物应清理干净,不能随意存放材料和设备,如确需存放的应当按规定进行捆绑固定,设备、管路、物品应采取固定措施,避免因冲击地压抛起设备、管线、物品对人员造成伤害。管路吊挂在巷道腰线以下,可以防止其受冲击抛出时对人员的头部和上半身造成伤害。

【执行中应注意的问题】

(1) 在有冲击地压危险的采掘工作面,供电、供液等设备应当放置在采动应力集中影响区外,且距离工作面应大于 200 m。

(2) 矿井应尽量选用直径大于 6 mm 的钢丝绳作为固定连接材料,且需在措施中明确钢丝绳套扣、长度、直径等,不得选用皮带或整体有弹性钢丝绳结构固定设备,不得选用强度不足的其他材料固定,不得采用长绳串联固定方式,必须一设备一固定。

(3) 巷道内杂物应当清理干净,保持畅通,人行道高度、宽度必须满足要求。

第二百四十四条 冲击地压危险区域的巷道必须加强支护。

采煤工作面必须加大上下出口和巷道的超前支护范围与强度,弱冲击危险区域的工作面超前支护长度不得小于 70 m;厚煤层放顶煤工作面、中等及以上冲击危险区域的工作面超前支护长度不得小于 120 m,超前支护应当满足支护强度和支护整体稳定性要求。

严重(强)冲击地压危险区域,必须采取防底鼓措施。

【执行说明】 在工作面临近大型地质构造、采空区或通过其他应力集中区等冲击地压危险区域时，必须加强巷道支护强度。严重冲击地压危险区域的锚杆、锚索、U 型钢支架卡缆、螺栓等应当采取防崩措施，防止冲击过程中崩落伤人。

为降低严重冲击地压危险区巷道发生底板型冲击地压灾害，必须提前对巷道底板实施钻孔卸压、爆破卸压、开掘卸压槽等解危措施，必要时对底板进行支护，降低底板冲击危险性。

【释义】 本条是关于加强冲击地压危险区域巷道支护的规定。在 2016 版《规程》的基础上，明确了采煤工作面不同冲击危险区域必须加大的支护范围。

支护体系是防止冲击荷载造成巷道内人员伤亡、设备损毁的最后一道防线，加强巷道支护可在一定程度上抵抗冲击载荷的损坏。加大采煤工作面上下出口和巷道的超前支护范围与强度，有利于保护一定冲击荷载作用下的巷道完整性，为冲击地压灾后人员逃生与救援提供安全通道。超前支护范围应该大于超前支承压力分布范围，一般地，弱冲击危险性工作面超前支护长度应大于 70 m；厚煤层放顶煤工作面、中等及以上冲击危险性工作面超前支护长度应大于 120 m。超前支护强度和支护整体稳定性要满足冲击地压防治的需求。

视频

【执行中应注意的问题】

(1) 具有冲击危险性的工作面，本条规定中要求的超前支护长度是最低要求，矿井应该根据实际情况适当增大超前支护长度。

(2) 在工作面临近大型地质构造、采空区或通过其他应力集中区等冲击地压危险区域时，必须加强巷道支护强度。

(3) 严重冲击地压危险区域的锚杆、锚索、U 型钢支架卡缆、螺栓等应当采取防崩措施，防止冲击过程中崩落伤人。

(4) 加强支护的支架在纵横间尽可能连接牢固，增加支护稳定性和整体结构性。

【案例】 2011 年 3 月 1 日，河南义马跃进煤矿发生一起震级 3.4 级的冲击地压，该次冲击能量达 10^8 J，为该矿有冲击地压监测系统以来监测到的能量最大的一次冲击地压。由于该矿采取了三级支护，即一级支护采用高强度预应力树脂锚杆，配以小孔径预应力树脂锚索、“十”字钢带及金属网等构件的锚网索；二级支护采用高强度 U 型钢全封闭，三级支护采用门式液压支架或垛式液压支架，此次冲击地压没有造成人员伤亡，只造成 200 m 巷道有较小的破坏，经过简单的维修即可恢复生产。

第二百四十五条 有冲击地压危险的采掘工作面必须设置压风自救系统，明确发生冲击地压时的避灾路线。

【释义】 本条是关于有冲击地压危险的采掘工作面设置压风自救系统和避灾路线的规定。

冲击地压发生后往往会导致大量煤体的冲出，其后果一是导致巷道堵塞破坏工作面通风系统，二是煤体中吸附的瓦斯解析出来，使得冲击地压破坏有限空间内有毒有害气体含量增大。我国某煤矿就曾经发生过冲击地压破坏掘进工作面通风系统，导致 8 人窒息死亡的冲击地压事故。设置压风自救系统，可以为冲击地压事故地点被困人员提供新鲜空气，为有效营救被困人员赢得时间。因而，

视频

有冲击地压危险的采掘工作面必须设置压风自救系统。

冲击地压避灾路线是灾变环境下能使井下作业人员用尽量短的时间从采掘作业地点撤到地面安全地点的路线图。在有冲击地压危险的采掘工作面明确发生冲击地压时的避灾路线,可以实现快速、有效避灾自救。

【执行中应注意的问题】

(1) 有冲击地压危险的采掘工作面避灾路线上必须装备压风自救装置,在距采掘工作面 25～40 m 的巷道内、爆破地点、撤离人员与警戒人员所在位置、回风巷有人作业处等地点,至少设置 1 组压风自救装置。

(2) 为防止冲击地压事故造成对压风自救系统管路的破坏,压风管路可以采用耐压胶管,每 10～15 m 预留 0.5～1.0 m 的延展长度,压风自救装置数量满足区域作业人员需求。

(3) 冲击地压避灾路线内杂物应清理干净,保持行走路线畅通,为灾变环境人员有序撤离提供通道。

【案例】 2011 年 11 月 3 日,河南义马千秋矿 21221 下巷掘进工作面发生重大冲击地压事故。冲击地压造成 21221 下巷从 290 m 至掘进面巷道不同程度变形,460～500 m、515～553 m 和 620～640 m 处巷道基本合拢,风筒破坏无法为巷道里段供风。冲击地压发生后,50 多人被困。救援过程中,利用原有的供水管、压风管向受灾点供风,加大救援作业区供风量,为被困人员提供了必要的生存条件,也为救援被困人员赢得了宝贵的时间。压风自救是此次事故被困人员基本全部得到成功营救的关键之一。

第六章　防　灭　火

第一节　一般规定

第二百四十六条　煤矿必须制定井上、下防火措施。煤矿的所有地面建(构)筑物、煤堆、矸石山、木料场等处的防火措施和制度,必须遵守国家有关防火的规定。

【释义】　本条是关于制定井上、下防火措施和制度的规定。

(1) 火灾是严重威胁煤矿安全生产的重要灾害之一,极易造成群死群伤。我国煤炭资源丰富,成煤时期多,煤田类型多样,开采煤层具有多样化的地质特征,开采容易自燃、自燃煤层的矿区分布较广。矿井火灾能够烧毁生产设备、设施,造成煤炭资源损失,同时产生大量的高温烟气及一氧化碳等有害气体,可致人员中毒及伤亡。火灾还能够引发瓦斯及煤尘爆炸,导致事故规模扩大,造成更大灾害后果,带来巨大的社会负面影响。煤矿火灾类型复杂,既有内因火灾,也有外因火灾,不仅发生在井下,而且地面井口附近、煤堆、木料场等处都可能引发矿井火灾,在有限空间内防治技术难度大、困难多。因此,生产和在建矿井必须制定井上、下防火措施。

煤矿防灭火工作必须坚持预防为主、早期预警、因地制宜、综合治理的原则,制定井上、下防灭火措施。

(2) 地面建(构)筑物主要指矿井地面工业广场内的配套建筑物,主要有办公楼、宿舍楼、食堂、变电所、通风机房、绞车房、瓦斯抽采泵房、地面煤仓等,是矿井生产及人员活动的场所,相对较集中。建(构)筑物内有引发火灾的可燃物及潜在火源,一旦管理不善,有可能诱发地面火灾,特别是井口附近的建(构)筑物一旦发生火灾,会对井下产生巨大的影响。而煤堆、矸石山、木料场都有可能发生燃烧或爆炸,这几个地面场所一旦发生火灾,火灾产生的高温烟气及有毒有害气体会对附近地点作业人员及设备产生威胁,此外由于火灾发生的地点及地面风流的导向作用,产生的火灾烟流可能经过进风井进入井下,使井下空气质量恶化,威胁井下人员的安全。所以,煤矿的所有地面建(构)筑物、煤堆、矸石山、木料场等处的防火措施和制度,必须符合国家有关防火的规定。

本条中"国家有关防火的规定"主要指《建筑设计防火规范(2018 年版)》(GB 50016—2014)、《煤矿矸石山灾害防范与治理工作指导意见》(安监总煤矿字〔2005〕162 号)等相关标准与规范中关于建(构)筑物的耐火极限、防火分区与防火分隔、建筑防火构造、防火间距、消防设施设置和矸石山安全管理等的有关规定。

【案例】　2010 年 7 月 15 日,郑州某矿平地主通风机以东 30 m 电线杆处煤堆发生自燃起火。后经矿组织用水泵、水管灭火降温,又出动铲车分隔着火煤堆,于 11 时 55 分着火煤堆明火熄灭,火势得到控制。煤堆发生自燃的主要原因是该煤矿开采出来的渣煤含硫比较高,又加上煤堆长时间堆积,遇到下雨天,加重了煤堆氧化,煤堆深处高温聚集。在现场采取了密切监控煤堆变化情况,加强井口进风流有害气体监测,防止有害气体进入井下,撤离煤堆附近窑洞内居住的职工、家属及所有人员的措施。

【执行中应注意的问题】

在煤矿工业广场内,变电所、通风机房、绞车房、瓦斯抽采泵房等场所,矸石山、煤堆、木料场等,是最容易发生火灾的,要严加防范。

(1)变电所、通风机房、绞车房、瓦斯抽采泵房等场所,必须完善防雷接地装置,必须完善供电线路的接地保护装置,配备足够数量的防灭火设施、设备,严禁吸烟、点火,严禁使用火炉、电炉等取暖设备;瓦斯泵房严禁电气焊,如确需电气焊时,必须编制专门的电气焊安全技术措施,经矿长批准后方可按照措施进行电气焊施工;严禁在瓦斯泵房内使用手机和其他电子产品。

(2)生产矿井必须对进入矸石山的煤矸石定期进行取样分析化验,以确定其自燃性;新建矿井应在矿井地质报告中对不同煤岩层中的硫、碳等可能引发自燃的元素含量进行检测,并标注于地层综合柱状图中;对于黄铁矿含量高和反应活性高的煤矸石,排放前可喷洒适量石灰乳液或者添加适量黄土和石灰混合物,防止黄铁矿在酸性条件下发生氧化产热引起自燃;严禁向矸石山倾倒温度高于70 ℃的物料和易燃物,如坑木、锯末、生活垃圾等;有自燃倾向或已发生过自燃的矸石山,必须制定具有操作性的管理制度、危害预警措施、应急预案等;矸石山灭火工作宜采取先易后难、先下后上、由外向里的灭火策略,严禁用水直接灭火。

(3)地面煤仓(煤堆)内的存煤中可能会逸出瓦斯,煤仓照明灯具必须选用煤矿用防爆型,煤仓周围严禁采用火炉、电炉等取暖设备,煤仓上口应装设甲烷传感器、一氧化碳传感器和温度传感器,配置消防器材。在煤仓附近进行电气焊时,必须编制安全技术措施,加强瓦斯检查,并防止电气焊火花和焊渣掉入煤仓(已发生过多次煤仓电气焊引发的瓦斯爆炸事故)。

(4)木料场应尽量采用全封闭场地管理,堆放的原木应远离锅炉及其他明火作业地点,不得靠近危险物品仓库及成品仓库。木料加工产生的锯末、木屑不得堆放在车间,刨花和废料应每天清除;木料场严禁吸烟及明火作业,严禁使用电炉,不许安装取暖火炉。不得在木料加工车间内使用电焊、气焊、气割或其他明火;必须使用时,应办理审批手续,制定针对性防火措施,将动火部位及周围的可燃物彻底清除。木料场周围必须议置消防管路,每隔50 m安设三通和阀门。储备足够数量的消防器材,并确保其在有效期内。

第二百四十七条 *木料场、矸石山等堆放场距离进风井口不得小于80 m。木料场距离矸石山不得小于50 m。*

不得将矸石山设在进风井的主导风向上风侧、表土层10 m以浅有煤层的地面上和漏风采空区上方的塌陷范围内。

【释义】 本条是对地面工业广场内木料场、矸石山等堆放场位置设置的规定。

视频

制定本条的目的是防止这些地点的可燃物发生火灾,威胁井下人员的安全。

(1)煤矿地面木料场存放的木材为易燃材料,矸石中含有一定的煤炭,一旦遇到外部火源或矸石中的可燃物具备自燃条件发生火灾时,如果距离进风井口较近,煤炭燃烧释放的热量及高温有毒烟气就有可能顺风流进入井下,形成矿井火灾,威胁矿井安全生产和职工生命安全。"木料场、矸石山等堆放场距离进风井口不得小于80 m"这一规定就是为了防止这类事故的发生。国内外的实践已表明,木料场、矸石山与进风井的距离大于80 m,地面火灾气体一般不会进入矿井。

（2）木料场与矸石山必须有一定的安全距离，是为了防止木料场及矸石山出现交叉事故，两者之间必须满足一定的防火间距，防止任何一方出现火灾而引发另一方着火，造成火势扩大。按地面《建筑设计防火规范》要求，视为煤、焦炭的物品或木材等物品的堆场与四级耐火等级建筑的防火间距因堆场大小不同而在10～30 m，再考虑增加25%的有明火或能散发火花等安全系数的防火间距。因此，木料场与矸石山之间的安全距离应大于50 m。

（3）如果将矸石山设在进风井的主导风向上风侧，一旦这些废弃的矸石中的可燃物自燃产生烟雾和有害气体，即便是距进风井口大于80 m或更远，也可能受季节或地区风向的影响，将烟雾和有害气体吹至进风井，然后进入井下，形成矿井火灾，对矿井安全生产和职工生命安全构成威胁。因此，不得将矸石山设在进风井的主导风向上风侧。

（4）矸石山不得设置在表土层10 m以内有煤层的地面上和设在有漏风的采空区上方的塌陷范围内，主要是避免矸石山自燃产生的热量影响到该煤层。矸石山自燃会加速该煤层的自然发火，或烟气在地表有漏风通道的条件下进入井下，引起采空区遗煤发火和威胁井下人员安全。

【执行中应注意的问题】

（1）矸石山、木料场等重要场所，都必须安设消防管路和灭火器材。

（2）划定矸石山、木料场等场所的安全区域，在矸石山、木料场周围划定危险区域，设置围栏、警戒标志等，无关人员严禁入内。

第二百四十八条　新建矿井的永久井架和井口房、以井口为中心的联合建筑，必须用不燃性材料建筑。

对现有生产矿井用可燃性材料建筑的井架和井口房，必须制定防火措施。

【释义】　本条是关于井架和井口房及其附近建筑材料性质的规定。

（1）永久井架、井口房及以井口为中心的联合建筑，距离井口较近，是矿井生产系统的重要组成部分，主要担负矿井原煤、矸石、材料、人员提升及通风的主要任务。如果永久井架、井口房都用可燃性材料建筑，一旦遇外部火源（如明火、电火、电焊、气焊等）发生火灾，一方面会烧毁大量的设备，造成矿井服务系统中断；另一方面，大量烟雾和有毒有害气体会顺着风流进入井下，威胁井下所有人员的生命安全。如果以井口为中心的联合建筑，如选煤场、空压机房、矿灯房、浴室和更衣室等，也用可燃性材料建筑，一旦由于外部火源引起火灾，产生的烟雾和有害气体也会受矿井通风的作用进入井下作业地点，威胁井下作业人员的生命安全和身心健康。因此，井口处各建筑必须采用不燃性材料建筑，如料石、砂等天然材料以及人工制成的无机材料和部分金属材料。

（2）已采用可燃性材料建成的井架和井口房必须制定相应的防火措施，保证其不发火，防患于未然，即使发火，也可在火灾发生初期将其迅速扑灭。

【案例】　2011年6月25日，山东省鲍店煤矿在矿井装修的时候，线路老化短路引起井口附近澡堂以及食堂内可燃物大面积烧毁，大量浓烟进入井下工作面。虽然事故处理及时，没有造成人员伤亡，但是给矿井工人内心留下了阴影，同时也耽误了工作进程，造成财产损失。

【执行中应注意的问题】

(1) 对现有生产矿井用可燃性材料建筑的井架和井口房,应按规范设置符合国家规定的消防安全疏散指示标志和应急照明设施。

(2) 对现有生产矿井用可燃性材料建筑的井架和井口房,必须制定防火措施,以防止井口火灾威胁井下安全,其主要内容应当包括:

① 建立防火安全制度。

② 按防火平面布置图配置消防器材。

③ 加强防火安全教育。

④ 建立定期防火检查制度,确保各类消防器材可以使用,且在有效期内。

第二百四十九条 矿井必须设地面消防水池和井下消防管路系统。井下消防管路系统应当敷设到采掘工作面,每隔 100 m 设置支管和阀门,但在带式输送机巷道中应当每隔 50 m设置支管和阀门。地面的消防水池必须经常保持不少于 200 m^3 的水量。消防用水同生产、生活用水共用同一水池时,应当有确保消防用水的措施。

开采下部水平的矿井,除地面消防水池外,可以利用上部水平或者生产水平的水仓作为消防水池。

【释义】 本条是关于地面消防水池、井下消防管路系统以及消防用水来源的规定。

视频

(1) 井下可能发生火灾的地点具有随机性,为便于就近灭火,在井下消防管路上必须间隔一定距离设置支管和阀门。采掘工作面是井下易发火的地点,明确井下消防管路系统敷设到采掘工作面,是为采掘工作面及时处理火灾提供有效的灭火手段,否则会贻误灭火良机。

(2) 在同样支护类型的巷道中,一般通风、运输和行人巷道,除了敷设有供电、通信电缆等可燃物外,其余设施大部分为非可燃性金属管线(如防尘洒水管路、消防灌浆管路等),一般来说,受外部火源引燃而形成火灾的概率要比带式输送机巷道发火概率小得多。这是因为带式输送机在运行过程中,受外界因素的影响,经常出现输送带打滑、跑偏、撕裂、摩擦等故障而引起外因火灾事故发生。为了防止带式输送机巷道外因火灾事故的发生,能够安全、迅速、有效地扑灭和控制火势蔓延,最大限度地减少火灾事故造成的人员伤亡和财产损失,在设有带式输送机的巷道内,消防管路和阀门的设置密度应加大。故本条规定井下消防管路系统应当每隔 100 m 设置支管和阀门,在带式输送机巷道中应当每隔 50 m 设置支管和阀门。

(3) 地面消防水池的容量应根据地面火灾负荷、矿井自然发火危险程度等级、防治火灾能力和所采用的灭火手段等因素确定。为确保井下扑灭火灾的用水量,本条规定地面消防水池储水量不得低于 200 m^3,在设计消防水池容量时必须满足此规定。

(4) 多水平开采的矿井,下水平的消防用水也可以用上水平或者开采水平的水仓作为消防用水来源,这样可以保证井下消防用水来源。

【执行中应注意的问题】

(1) 地面的消防水池必须经常保持不少于 200 m^3 的水量,准确的地面水池容量应按照《煤矿井下消防、洒水设计规范》(GB 50383—2016)的规定进行计算,煤矿井下消防用水量应符合下列规定:

① 井下同一时间的火灾次数应为一次。一次火灾消防用水量应按下式计算:

$$Q_x = \sum 3.6 q_i t_i$$

式中　Q_x——井下一次火灾消防用水量，m^3；

3.6——从 L/s 换算到 m^3/h 的常数；

q_i——消防用水项的流量指标，L/s；

l_i——用水项的火灾延续时间，h。

② 设计规模小于 0.3 Mt/a 的矿井，井下消火栓总流量应按 5.0 L/s 计算；设计规模大于或等于 0.3 Mt/a 的矿井，井下消火栓总流量应按 7.5 L/s 计算；火灾延续时间应按 6 h 计算。

③ 固定灭火装置用水量的计算应符合下列规定：当设计为成套购置定型产品时，其用水量应采用该设备生产厂提供的用水量参数；固定灭火装置为非标产品时，用水量应根据保护范围的面积、设计喷嘴数量和喷水强度计算；水喷雾隔火装置的灭火延续时间应按 6 h 计算，其余装置可按 2 h 计算。

④ 最小消防储备量应按一次火灾消防用水总量计入。

⑤ 消防储备水池补充水的流量应按补充时间不超过 48 h 计算。

(2) 地面水池的设计应符合下列规定：

① 水池内为井下服务的容积应大于井下消防储备水量与井下洒水储备水量之和。

② 井下消防用水的储备水量计算值小于 200 m^3 时，应按 200 m^3 取值。

③ 井下洒水储备水量应按洒水日用水量的 25% 计算；小于 200 m^3 时，应按 200 m^3 取值。

④ 水池应分为两格或两座，并应在两格或两座内各存放一部分井下洒水储备水量。

⑤ 地面水池应有确保消防储备水量不作他用的技术措施。

⑥ 在有助于提高灭火效率且具备条件时，也可建设辅助性的井下蓄水仓。

⑦ 在设有井下蓄水仓的井下消防、洒水系统中，蓄水仓可储备 10 min 的消防水量，但地面水池的消防水储备量仍应符合①～④条的规定。

⑧ 在井下消防储备用水与地面消防储备用水合并存放时，水池提供的容积必须按井下消防储备用水与地面消防储备用水中的大者确定。

⑨ 井下消防及洒水储备水量应能及时得到补充。

⑩ 寒冷地区的地面水池应采取防冻措施。

(3) 井下的下列位置应设置消火栓：

① 下列重点保护区域及井下交通枢纽的 15 m 以内：主、副井筒与井底车场连接处的两端；采区各上、下山口；变电所等机电硐室入口；爆炸材料库硐室、检修硐室、材料库硐室入口；掘进巷道迎头；回采工作面进、回风巷口；带式输送机机头。

② 下列有火灾危险的巷道的沿线：斜井井筒、井底车场、带式输送机大巷每隔 50 m；采用可燃性材料支护的巷道每隔 50 m；煤层大巷、采区上山、下山、工作面运输及回风巷等水平或倾斜巷道每隔 100 m；岩石大巷、石门每隔 300 m。

(4) 由于本条并未规定矿井必须设置专门的地面消防水池和井下消防管路系统，所以我国大多数矿井实际上消防与防尘供水系统是共用的。由于防尘供水量及水压较小，在较为遥远的采掘工作面，可能不一定能满足要求以消防为目的的供水量及水压，每一个矿井应当注意此问题并采取措施进行解决。

【案例】 2020 年 9 月 27 日,重庆松藻煤矿磨损输送带与托辊滑动摩擦产生高温和火星,点燃积存粉煤,带式输送机运转监护工发现输送带异常情况,电话通知地面集控中心停止输送机运行,紧急停机后静止的被引燃,胶带阻燃性能不合格、巷道倾角大、上行通风,火势增强,引起输送带和煤混合燃烧,导致 16 人死亡、42 人受伤,直接经济损失 2 501 万元。

第二百五十条 进风井口应当装设防火铁门,防火铁门必须严密并易于关闭,打开时不妨碍提升、运输和人员通行,并定期维修;如果不设防火铁门,必须有防止烟火进入矿井的安全措施。

罐笼提升立井井口还应当采取下列措施:

(一)井口操车系统基础下部的负层空间应当与井筒隔离。

(二)操车系统液压管路应当采用金属管或者阻燃高压非金属管,传动介质使用难燃液,液压站不得安装在封闭空间内。

(三)井筒及负层空间的动力电缆、信号电缆和控制电缆应当采用煤矿用阻燃电缆,并与操车系统液压管路分开布置。

(四)操车系统机坑及井口负层空间内应当及时清理漏油,每天检查清理情况,不得留存杂物和易燃物。

【释义】 本条是关于进风井口装设防火铁门和罐笼提升立井井口安全措施的规定。

视频

(1) 地面火灾一旦传入井下,会威胁井下生产安全并对人员造成伤害。为了防止火焰、烟气蔓延,本条规定进风井口应当装设防火铁门。防火铁门的安装必须以不妨碍矿井正常生产为前提,并定期组织人员对防火铁门的密闭性等进行检测,发现异常及时维护,以确保装置的可靠性。由于条件限制无法安设防火铁门时,必须实施其他能够防止烟火进入矿井的安全措施,如在井口严禁堆放可燃物,配备一定数量灭火器、沙子等消防器材,在井口房出口处设置防火铁门等。

(2) 本次修订增加了罐笼提升立井井口应当采取安全措施的要求。井口操车系统由推车机、阻车器、摇台、安全门、集控液压系统和电控操作台等组成。井口操车系统基础下部的负层空间应当与井筒隔离,是为防止井口操车系统基础下部的负层空间发生火灾事故时波及井筒,导致井筒内电缆、管路等受到破坏,影响井上、下生产安全,或者钢丝绳受热断裂发生坠罐事故。井筒及负层空间内各类电缆、液压管路应当采用阻燃型并且分开布置,及时清理漏油、杂物和易燃物,以防出现外界火源时点燃这些设备和材料,发生火灾事故,同时可以控制火势。

【案例】 2017 年 3 月 9 日,黑龙江省龙煤集团双鸭山矿业公司东荣二矿因副井井口运输平台违章电焊,引起负一层发生火灾,导致副井辅助提升机钢丝绳断裂发生坠罐事故,造成 17 人死亡,直接经济损失 1996.1 万元。主要事故教训是井口房内进行电焊作业未编制安全技术措施,副井运输平台负一层积聚较多可燃物、易燃物,无防火铁门等安全措施。

【执行中应注意的问题】

(1) 防火铁门应符合以下要求:

① 采用不燃性材料。

② 严密不透风。

③ 易于关闭。

④ 打开时不妨碍提升、运输和人员通行。

⑤ 应定期维修。

(2) 进风井口附近应当每天检查清理可燃物、易燃物并及时清理漏油。

第二百五十一条　井口房和通风机房附近 20 m 内，不得有烟火或者用火炉取暖。通风机房位于工业广场以外时，除开采有瓦斯喷出的矿井和突出矿井外，可用隔焰式火炉或者防爆式电热器取暖。

暖风道和压入式通风的风硐必须用不燃性材料砌筑，并至少装设 2 道防火门。

【释义】　本条是关于井口房和通风机房附近不得有外因火源、暖风道和压入式通风的风硐构筑的规定。

(1) 井口房和通风机房担负矿井通风的主要任务，一旦因利用明火取暖等原因引发火灾事故，可能烧毁配电系统、风机设备及附属装置，造成矿井停风，诱发井下事故发生，而且有毒有害及高温烟气易在通风压力的作用下侵入井下，恶化矿井空气质量，造成井下人员中毒、窒息，出现重大人员伤亡事故。因此，矿井必须在井口房和通风机房取暖方式及防护距离上做出明确的规定，要求井口房和通风机房附近 20 m 内，不得有烟火或用火炉取暖。

(2) 在瓦斯喷出的矿井和煤(岩)与瓦斯突出矿井，坚决杜绝利用烟火或用火炉取暖，主要是因为当井下发生煤与瓦斯突出时，突出瞬间产生的冲击波会造成风流逆转，含有高浓度瓦斯和大量煤尘的高压气流可能进入通风机房，遇明火引燃瓦斯，会引发瓦斯煤尘爆炸的重大事故。对开采无瓦斯喷出或瓦斯(二氧化碳)突出的矿井，其主要通风机房位于工业广场外，采用无火、无火焰方式取暖确有困难时，可以使用隔焰式火炉或防爆式电热器取暖，但必须制定相关安全措施。

(3) 有些矿井由于季节温度的变化，进风温度低时，需要对风流加热，此类矿井的供暖风道施工时必须使用不燃性材料。压入式通风时新鲜风流是经风硐送入井下的，一旦在风硐起火，会使整个矿井受影响，因此压入式通风的风硐施工材料必须是不燃性材料。此外，在暖风道和采用压入式通风的风硐至少安设 2 道防火门，主要目的和作用是防止地面火灾产生的烟雾和有害气体，通过暖风道和压入式通风的风硐直接进入井下，造成人员中毒窒息死亡；防止瓦斯喷出或煤与瓦斯突出瞬间产生的冲击波冲进暖风机房和通风机，使灾情扩大；设置 2 道防火门可以增强其抗灾、防灾能力。

【执行中应注意的问题】

经批准使用隔焰式火炉或防爆式电热器取暖，但必须符合下列要求：

(1) 火炉必须安设在通风机房外面。

(2) 烟囱距通风机扩散器出口不得小于 20 m，其高度必须高于通风机房屋顶 5 m 以上。

(3) 通风机房内的取暖烟道距各种电气设备的距离，不得小于 3 m。

(4) 烟道应经常保持良好状态，发现漏烟应立即熄灭炉火，进行处理。

(5) 电热器的安装、使用和维护应做到："无鸡爪子""羊尾巴"、明接头；有过电流和漏电保护装置，有螺丝和弹簧垫，有密封圈和挡板，有接地装置；电缆悬挂整齐，设备清洁、整齐；防护装置、绝缘用具、图纸资料等齐全。

(6) 电热器的防爆合格率要达到100 %,不符合防爆要求的必须及时更换或检修。

(7) 接到矿井反风命令后,必须立即熄灭炉火,电热器立即停电。

第二百五十二条 井筒与各水平的连接处及井底车场,主要绞车道与主要运输巷、回风巷的连接处,井下机电设备硐室,主要巷道内带式输送机机头前后两端各20 m范围内,都必须用不燃性材料支护。

在井下和井口房,严禁采用可燃性材料搭设临时操作间、休息间。

【释义】 本条是关于井筒与井下巷道连接处、机电硐室和带式输送机机头等地点支护材料使用的规定。

(1) 井筒与各水平连接处及井底车场,主要绞车道与主要运输巷、回风巷的连接处,均属井下运输系统的关键地点,高压电缆、管路铺设密集,箕斗、绞车等提升运输设备运行频繁,极易导致因机械碰撞、剧烈摩擦、电路短路而引起火灾。带式输送机机头为整个输送机的驱动部分,机头内装有电动机、联轴器、减速器和传动滚轴,当输送带发生跑偏、打滑等异常情况时,输送带与传动滚轴之间由滚动摩擦变为滑动摩擦,产生大量热,导致热量积聚,可能造成机头发火,火势通过可燃性材料蔓延。由于井筒、井底车场、运输巷处于矿井通风系统的关键位置,采用不燃性封料可防止这些地点一旦因外界火源引起火灾时火势蔓延至与其相连接的巷道(甚至整个采区、整个矿井),能够在空间上阻隔火灾蔓延。因此本款规定了上述地点必须用不燃性材料支护。

(2) 用不燃性材料支护的作用就是阻止火势蔓延,用不燃性材料支护的巷道起到"隔离带"的作用。由于井下发生火灾的地点不同,燃烧物质不同,巷道断面大小、形状、通过的风量不同,均对火焰的传播速度有一定影响。因此"隔离带"的长度(或半径)应该有不同的要求才合理,但目前这方面的试验和研究工作不够,因此,本条做出"定性"规定"主要巷道内带式输送机机头前后两端各20 m范围内"也是必要的,是增强矿井防火灾能力所必需的。

(3) 井下和井口房临时操作间内通常进行机电操作,电焊火花多,而且井下临时操作间多设于大巷,一旦着火,燃烧速度快,过火面积大,大量有毒有害气体将随风流迅速蔓延;休息间是人员集聚场所,易出现工人吸烟、矿灯故障等情况而点燃可燃物,一旦引发火灾,高温和烟气将使集中的人员疏散困难。因此,在井下和井口房,严禁采用可燃性材料搭设临时操作间、休息间。

【案例】 2002年12月6日,吉林省洮南市万宝镇万宝煤矿小新井+210 m水平暗井绞车房发生火灾事故,死亡30人。该矿暗井绞车提升时,配电盘发出弧光,产生火星,溅落在配电盘下的旧棉袄上,引燃后起火,进而引燃绞车房内的旧风筒布(非阻燃)和可燃性支护材料,导致发生特大火灾。该矿违反《规程》的规定,暗井绞车房采用木支护,配电盘周围用非阻燃的风筒布围隔,且绞车房内无沙箱、灭火器等消防器材。

【执行中应注意的问题】

不燃性材料支护的方式主要有锚喷、金属支架、铁椽子、双抗网、铁皮、预制板支护及其组合使用。

(1) 锚喷支护。这种支护方式采用水泥、砂子、石子按照一定的配比通过压风喷射在巷壁上,所有的支护材料全部是不燃性材料。

(2) 金属支架、铁椽子、双抗网支护。这种支护方式采用钢管、圆钢或废旧的粗钢丝绳取代一般支护中的木椽子，在巷道施工时一次支护成型。由于金属支架、铁椽子是不燃的，双抗网是阻燃的，这样支护的巷道也达到不燃性支护效果。

（3）金属支架、木椽子、双抗网、铁皮支护。临时需要在已经施工的巷道中铺设输送带，在机头硐室段固定木龙骨，将铁皮钉在龙骨上从而达到阻燃的目的。

（4）金属支架、预制板支护。提前采用水泥、砂子、石子制作预制板作为背板，施工输送带机头硐室时，将背板背在金属支架和围岩之间，背板起到支护和阻燃的双重功能。锚喷、金属支架、铁椽子、铁皮、预制板等不燃性材料支护方式各有优缺点，可根据巷道服务年限、企业实际情况和现场条件做出选择。

第二百五十三条　井下严禁使用灯泡取暖和使用电炉。

【释义】 本条是关于井下严禁使用灯泡取暖和使用电炉的规定。

（1）一般使用的白炽灯泡均为非防爆的，在煤矿井下严禁使用。用白炽灯泡取暖，受电压波动影响容易损坏，在灯泡破损瞬间会产生短路火花，产生的热值会引燃可燃物或引起瓦斯、煤尘爆炸。

（2）煤矿井下使用电炉的主要危险有以下几个方面：电炉发热是炽热的炉丝，虽然没有火焰，但是温度很高，辐射出大量的热能，如果周围有可燃物，可引燃附近的可燃物而引起火灾，在煤矿井下明火是要坚决杜绝的；电炉连接线有可能由于长时间处于高温辐射的状态，绝缘层遭到破坏，会引发电气火灾；如果遇到煤与瓦斯突出、喷出或瓦斯异常大量涌出，一旦取暖地点瓦斯达到爆炸范围，炽热的电炉极易成为瓦斯爆炸的引火源。因此，在煤矿井下杜绝使用电炉。

【执行中应注意的问题】

（1）北方冬天比较寒冷，进入井下的空气温度较低，应多穿棉衣御寒，但决不准使用灯泡取暖和使用电炉取暖。

（2）寒冷地区的矿井井口应当设置空气温度调节装置，进风井口以下的空气温度必须控制在 2 ℃以上。

第二百五十四条　井下和井口房内不得进行电焊、气焊和喷灯焊接等作业。如果必须在井下主要硐室、主要进风井巷和井口房内进行电焊、气焊和喷灯焊接等工作，每次必须制定安全措施，由矿长批准并遵守下列规定：

（一）指定专人在场检查和监督。

（二）电焊、气焊和喷灯焊接等工作地点的前后两端各 10 m 的井巷范围内，应当是不燃性材料支护，并有供水管路，有专人负责喷水，焊接前应当清理或者隔离焊碴飞溅区域内的可燃物。上述工作地点应当至少备有 2 个灭火器。

（三）在井口房、井筒和倾斜巷道内进行电焊、气焊和喷灯焊接等工作时，必须在工作地点的下方用不燃性材料设施接受火星。

（四）电焊、气焊和喷灯焊接等工作地点的风流中，甲烷浓度不得超过 0.5%，只有在检查证明作业地点附近 20 m 范围内巷道顶部和支护背板后无瓦斯积存时，方可进行作业。

（五）电焊、气焊和喷灯焊接等作业完毕后，作业地点应当再次用水喷洒，并有专人在作业地点检查 1 h，发现异常，立即处理。

(六)突出矿井井下进行电焊、气焊和喷灯焊接时,必须停止突出煤层的掘进、回采、钻孔、支护以及其他所有扰动突出煤层的作业。

煤层中未采用砌碹或者喷浆封闭的主要硐室和主要进风大巷中,不得进行电焊、气焊和喷灯焊接等工作。

【释义】 本条是关于井下和井口房焊接作业的有关规定。

视频

(1)在井口房和井下施焊可能导致火灾的概率较大,主要原因是:电焊、气焊和喷灯焊接作业过程中伴随有明火,本身不安全;电焊、气焊和喷灯焊接作业过程向周围辐射大量的热量以及高温的焊滴,如果防护措施不到位,可能引发周围可燃物的燃烧,进而引发矿井火灾;有可能引发瓦斯爆炸的危险。因此,井下和井口房内不得进行电焊、气焊和喷灯焊接等作业。

(2)如果必须在井下主要硐室、主要进风井巷和井口房内进行电焊、气焊和喷灯焊接等工作,每次必须制定安全措施,由矿长批准并遵守本条所列的6项规定。主要依据是:在煤矿井下,由于受煤层赋存条件、地质构造、煤的形成类型以及采掘等外界因素(开采顺序,采区、盘区布置,采煤方法,开采工艺,顶板管理方式,通风系统及通风方式等)的影响,瓦斯涌出形式和涌出强度都可能发生变化,一旦瓦斯涌出量骤然增加,原本安全的作业地点瞬间就可能变得不安全,甚至可能成为一个灾害源。在井下复杂的环境条件下,每次焊接工作开始前都要制定相应的安全措施,经由安全第一责任人的矿长批准,本规程作出如此严格的规定是完全必要的。

(3)在井口房、井筒和倾斜巷道内进行电焊、气焊和喷灯焊接等工作时,必须在工作地点的下方用不燃性材料设施接受火星,主要原因是:在上述地点从事电焊、气焊和喷灯焊接等工作时产生的飞溅火花(火星),会垂直自由下落到施焊作业下方地点,一旦这些具有一定热量的飞溅火花(火星)与可燃物(木材、输送带、电缆及各种油料和棉纱、布头等)接触就可能引起这些可燃物燃烧。如果燃烧初期不能及时扑灭和有效控制,就可能造成重大伤亡事故。

【案例】 1990年5月8日,黑龙江省原鸡西矿务局小恒山煤矿皮带井第二台带式输送机的施工过程中,发生了一起特大火灾伤亡事故,造成80人死亡、23人受伤。小恒山煤矿矿当年的核定生产能力140万t/a,是该矿务局的大型主力矿井。事故的直接原因是,工人在井下安装带式输送机,用气焊切割钢板时,飞溅火花引燃作业点附近残留的胶末、胶条,灭火措施不力,导致输送机输送带起火。火势蔓延产生的火风压波及井下二水平生产采区和三水平井底、地面主控室。该安全措施不完善,在电焊工作地点的两端各10 m范围内,没有设供水管路的分支,也没派专人负责喷水;没有在工作地点下方采用不燃性材料设施接受火星;长期使用可燃性输送带,防范设施不落实,最终造成严重的事故。

(4)电焊、气焊和喷灯焊接等工作地点的风流中,甲烷浓度不得超过0.5%,只有在检查证明作业地点附近20 m范围内巷道顶部和支护背板后无瓦斯积存时,方可进行作业,主要原因是确保施焊工作的安全。很多矿井地质构造复杂,即使主要硐室和主要进风巷布置在岩层中,受断层、破碎带影响,巷道顶部出现局部冒顶及背板后通风不良,也有可能引起局部瓦斯积存,在进行电焊、气焊和喷灯焊接等工作时,对上述地点应仔细检查,发现瓦斯超限,不经处理，严禁作业，否则，将会因为检查不细，处理不当，酿成事故。

（5）我国煤矿大小不一，煤层赋存条件、地质构造、开拓方式、巷道布置和采煤方法各异，矿井通风能力差异很大，防灾能力和管理水平参差不齐，同时，煤与瓦斯突出又具有区域性、继发性和延期性等特点，采掘工作面易发生瓦斯超限和积聚而达到爆炸浓度，尤其煤与瓦斯突出时突出的大量瓦斯，可瞬间使一些巷道（包括一些进风巷道）的瓦斯浓度达到爆炸界限，如果这时进行施焊作业，将引发爆炸事故。因此，本条规定"突出矿井井下进行电焊、气焊和喷灯焊接时，必须停止突出煤层的掘进、回采、钻孔、支护以及其他所有扰动突出煤层的作业"。否则，在电焊、气焊和喷灯焊接时，突出危险区域还照常进行掘进、回采、钻孔、支护等作业，一旦发生煤与瓦斯突出，极有可能导致瓦斯煤尘爆炸事故的发生。

（6）如果主要硐室和主要进风大巷未采用砌碴或喷浆封闭，煤层中赋存的瓦斯可能会异常涌出进入巷道，造成瓦斯浓度超限发生事故，因此在这些场所不得进行电焊、气焊和喷灯焊接等工作。

【案例】 2015年11月17日，山西省焦煤集团汾西矿业公司贺西煤矿中峁芝进风立井水平车场掘进工作面进行电焊作业，引发瓦斯爆炸事故，死亡5人。

【案例】 2016年12月3日，内蒙古宝马矿业公司借回撤越界区域内设备名义违法组织生产，6040巷采工作面因停电停风，造成瓦斯积聚；1小时后恢复供电通风，积聚的高浓度瓦斯排入与之串联通风的6040综放工作面，遇到正在违规焊接支架的电焊火花引起瓦斯燃烧，产生的火焰传导至6040工作面进风巷，引起瓦斯爆炸，导致32人死亡、20人受伤，直接经济损失4399万元。

【执行中应注意的问题】

（1）如果必须在井下主要硐室、主要进风井巷和井口房内进行电焊、气焊和喷灯焊接等工作，每一次施焊都必须制定有针对性的安全措施，施焊安全措施必须由机电、通风、安监等部门审查，主管通风领导审签，再经矿长批准后方可实施；一个措施只能在一个地点使用一次，严禁使用"通用"措施或同一地点多次使用一个措施。

（2）注意本条首先规定井下和井口房内不得进行电、气、喷灯焊接作业，然后放宽到，若在井下主要进风区和井口房内进行焊接作业，必须制定安全措施，并报批。尽管搬运大型采掘运输机械至主要进风区或地面进行维修十分困难，由于井下特别是采掘工作面瓦斯涌出等因素的复杂性，但仍然禁止在采掘工作面等井下区域进行电、气、喷灯焊接作业，我国煤矿已发生多起采掘工作面进行电、气、喷灯焊接作业引发瓦斯爆炸的案例，必须引起高度警惕。

第二百五十五条　井下使用的汽油、煤油必须装入盖严的铁桶内，由专人押运送至使用地点，剩余的汽油、煤油必须运回地面，严禁在井下存放。

井下使用的润滑油、棉纱、布头和纸等，必须存放在盖严的铁桶内。用过的棉纱、布头和纸，也必须放在盖严的铁桶内，并由专人定期送到地面处理，不得乱放乱扔。严禁将剩油、废油泼洒在井巷或者硐室内。

井下清洗风动工具时，必须在专用硐室进行，并必须使用不燃性和无毒性洗涤剂。

【释义】 本条是关于井下使用各种油类、棉纱、布头、纸以及清洗剂使用的管理规定。

视频

(1) 汽油、煤油属极易燃烧物质,一旦泄漏流动性较强,流动覆盖面积较大,与其他固体可燃物质比较,其燃烧和传播的速度要快得多,而且火灾面积较大,且不宜用水扑灭。润滑油属于化工产品,也要确保安全地储存和运输,避免对环境造成污染。因此,井下使用这些油类,必须做好防泄漏、防火的措施。本条对这些油类井下使用时做出"必须装入盖严的铁桶内,由专人押运送至使用地点,剩余的汽油、煤油必须运回地面,严禁在井下存放"的严格规定。

(2) 井下使用的棉纱、布头和纸等,由于沾染各种油类,易于燃烧,所以对这些废弃物必须收集存放于特定的容器内,然后由专人定期送到地面处理。同时没有用完的油脂严禁泼洒在井巷或硐室内,防止留下安全隐患。

(3) 在煤矿井下清洗风动工具所用的清洗剂必须为不燃性和无毒性,否则挥发出来的油蒸气,遇火可能发生蒸气爆炸,其中含有的挥发有毒气体极易对人员健康造成伤害。为防止挥发性气体爆炸波及相邻区域,防止清洗后残留的洗涤剂落入巷道中,存在安全隐患,必须在具备阻燃和独立通风条件的专用硐室内进行清洗风动工具的工作。

(4)《煤矿防灭火细则》第四十一条,对本条进行了细化,增加了对柴油运送和存放的规定。

【执行中应注意的问题】

(1) 近年来,单轨吊柴油机车辅助运输系统在安徽、山东等煤矿得到推广应用,提高了辅助运输的安全性和效率,应加强井下机车柴油的运输、贮存、加注的管理。

(2) 井下使用柴油机车,如确需在井下贮存柴油的,必须设有独立通风的专用贮存硐室,并制定安全措施。井下柴油最大贮存量不得超过矿井 3 天柴油需要量。专用贮存硐室应当满足井下机电设备硐室的安全要求。

(3) 为确保安全,原则上所有柴油机车都应在地面加油,但近年来随着井下运输的发展,以单轨吊辅助机车为代表的燃油型运输设备在煤矿井下得到推广应用,单轨吊辅助机车柴油用量大且固定安装在井下,运至地面加油困难,频繁向井下运送燃油也存在较大危险。因此,在井下合适地点建立独立通风的专用硐室,并制定安全技术措施后,可贮存不超过矿井 3 天需要量的柴油。硐室内应满足机电设备硐室的安全要求,配备齐全的消防器材,现场负责人员必须对灭火设施、消防器材做到熟练掌握使用。

第二百五十六条 井上、下必须设置消防材料库,并符合下列要求:

(一) 井上消防材料库应当设在井口附近,但不得设在井口房内。

(二) 井下消防材料库应当设在每一个生产水平的井底车场或者主要运输大巷中,并装备消防车辆。

(三) 消防材料库储存的消防材料和工具的品种和数量应当符合有关要求,并定期检查和更换;消防材料和工具不得挪作他用。

【释义】 本条是关于井上、下消防材料库设置地点及相关配制要求的规定。

(1) 消防材料库是储备用于灭火的设备、设施、工具、材料以及安全防护装置的地方,一旦矿井发生火灾事故，尤其在矿井火灾事故的初期以及抢险救灾过程中，除了科学地组织与指挥以及经验丰富的救灾人员之外，一些配套的设备、工具和材料也是不可缺少的。火灾特别是外因火灾的特点是发生突然、发展急速、动态变化，如果因救灾器材不足、不全等贻误良机，会使火灾救灾难度迅速增加，火灾危害迅速扩大，甚至发生瓦斯煤尘爆炸事故。因此，根据矿井火灾可能发生在井下也可能发生在地面，可能是内因火灾也可能是外因火灾的特点，井上、下必须设置消防材料库，以便迅速提供足够的消防设备和器材。

视频

消防材料库地点设置必须考虑材料取用方便快捷，将井上消防材料库设在井口附近主要是为发生火灾后争取时间，及时、迅速地把消防材料运至处理地点，最大限度地降低消防材料的运输时间。但消防材料库"不得设在井口房内"，这是因为地面井口房是矿井提升、运输的枢纽，是矿井升降人员的集散地，也是容易产生矿井防火疏漏的一个重要环节，而且井口房与矿井井筒直接相连，一旦井口房或井筒发生火灾，势必波及设在井口房内的消防材料库，消防材料库储存着抢险救灾急需的各种设备、设施、工具和材料，如在火灾中被焚烧，则使救灾所需设备及材料不能使用，救灾工作难以顺利进行。

(2) 煤矿井下可能发生的重大灾害事故需要矿山救护队携带必要的救灾设备、设施、工具和材料，迅速、及时、有效地扑灭和抢救，以减轻灾害造成的损失。而且井下火灾发生地点的随机性要求井下消防材料库必须设置在井下交通顺畅的地点，一旦发生火灾，根据火灾的类型采取相应措施及时救援，迅速而有效地提供所必需的设备、设施、工具和材料，做出有力保障，确保扑灭火灾的过程能在"安全、迅速、有效"的前提下有序进行，避免因为后勤保障不力贻误战机，人为造成灾害扩大，损失加剧。所以井下消防材料库应设在每一个生产水平的井底车场或主要运输大巷中，同时矿井应装备消防列车辆(装备消防列车是为了实现快速灭火)。

本条规定"消防材料库储存的消防材料和工具的品种和数量应当符合有关要求，并定期检查和更换"，主要原因是煤矿井下发生火灾的种类比较多，针对不同性质的火灾，灭火设备和材料要求不同，消防材料库应该储备不同性能的灭火设备和材料，要求配备种类齐全、数量充裕。同时消防材料库中防治火灾的设备和材料属于消耗品，在矿井生产过程中会经常使用，消防材料库负责人应定期检查设备、材料使用情况，及时补给。有些灭火材料及装置具有一定的有效时间，对于过期材料及装置应及时更换。此外，消防材料库的材料及工具，是井下发生火灾的应急救援物资，为保证火灾发生时能够按照应急预案及时投入到灭火工作中，不得挪作他用。

【案例】 2004 年 5 月 5 日，辽宁省铁法煤业集团小青矿工人在井下更换副井压风管路及排水管路时，使用乙炔气焊作业，施焊产生的火花飞溅引起乙炔瓶着火，进而引发火灾。火灾发生初期，当班工人试图直接灭火，但由于缺乏灭火器、沙箱、水龙带等消防材料和工具而贻误了最佳灭火时机，导致火势蔓延扩大，为后期的处理带来了巨大的风险。

【执行中应注意的问题】

井下消防材料库器材配备主要包括直接灭火密闭工具以及密材、引水灭火工具、防护工具、清理火场和构筑材料，按井型大小确定配备数量。井下消防材料库的材料、工具的品种和数量可参考《煤炭矿井设计防火规范》(GB 51078—2015)的规定，见表 3-6-1，定期检查和更换。

表 3-6-1　井下消防材料库主要器材配置

序号	器材名称	规格	配置数量				备注
			单位	小型	中型	大型	
1	消火阀门立柱	接口与井下洒水管快速接头匹配	个	2	3	4	
2	消火水龙带	接口与消火阀门立柱出口匹配	m	600	700	800	…
3	多用消火水枪	接口与消火水龙带口径匹配	支	4	4	4	直流十喷雾
4	变径管节	—	个	10	12	14	根据井下不同管径,逐级配备
5	喷嘴	与井下洒水管快速接头匹配	个	28	28	28	
6	分流管	与井下洒水管快速接头匹配	个	3	3	3	—
7	集流管	与井下洒水管快速接头匹配	个	2	2	2	—
8	垫圈	—	套	50	60	70	根据井下不同管径分别配备
9	钢管		m	600	700	800	
10	胶管		m	600	700	800	
11	管钳子	适用于井下各种消防管路	把	2	4	6	管件维修安装
12	接管工具	KJ-20-46	套	2	2	2	—
13	救生绳	长 20 m	根	2	3	4	—
14	伸缩梯	高度≥4 m	副	1	1	1	—
15	泡沫灭火器	9 L	个	15	20	25	—
16	CO_2 灭火器	7 kg	个	6	8	10	—
17	干粉灭火器	8 kg	个	6	8	10	—
18	喷雾喷嘴	与井下洒水管快速接头匹配	个	2	3	4	—
19	泡沫灭火器起泡药瓶	500 mL	个	15	20	25	硫酸铝溶液
		500 mL	个	15	20	25	碳酸氢钠溶液
20	灭火岩粉	粒度<0.3 mm	kg	300	400	500	—
21	石棉毯	≥1 m×1 m	块	2	3	4	—
22	风筒布	矿用阻燃	m	300	400	500	—

表 3-6-1(续)

序号	器材名称	规格	配置数量				备注
			单位	小型	中型	大型	
23	水泥	强度等级≥42.5 MPa	t	1.0	1.5	2	—
24	石灰	普通石灰	t	1.0	1.5	2	—
25	安全带	承载 500 kg	条	3	4	5	—
26	绳梯	负载 100 kg	副	2	2	2	—
27	镀锌钢丝绳	直径 12 mm	m	100	150	200	—
28	麻袋或塑料纺织袋	107 cm×74 cm	条	300	400	500	—
29	砖	240 mm×115 mm×53 mm	块	2 000	3 000	4 500	—
30	砂子	细砂	m^3	2	2	3	—
31	圆木	长 3 m、直径 10 cm	m^3	1.5	1.5	2	—
32	木板	厚 15～30 mm	m^3	3	4	5	—
33	铁钉	2"、3"、4"	kg	15	15	20	—
34	斧头	防爆铜斧	把	2	2	2	—
35	平板锹	铜质	把	3	4	5	—
36	手动水泵	流量≥10 m^3/h	台	1	1	1	—
37	水桶	50 L	个	3	4	5	—
38	矿车	1 t 或 5 t 标准矿车	辆	8	8	8	采用轨道运输的矿井配备，综采配 1.5 t，普采及炮采配 1 t

第二百五十七条　井下爆炸物品库、机电设备硐室、检修硐室、材料库、井底车场、使用带式输送机或者液力偶合器的巷道以及采掘工作面附近的巷道中，必须备有灭火器材，其数量、规格和存放地点，应当在灾害预防和处理计划中确定。

井下工作人员必须熟悉灭火器材的使用方法，并熟悉本职工作区域内灭火器材的存放地点。

井下爆炸物品库、机电设备硐室、检修硐室、材料库的支护和风门、风窗必须采用不燃性材料。

【释义】　本条是关于井下存在火灾隐患的硐室和巷道配备灭火器材的规定。

(1) 井下爆炸物品库存储有爆破用炸药、雷管等易燃易爆品；机电设备硐室、检修硐室内电气设备密集，开关操作频繁，且电机转速快，运转过程中温度高，易形成高温热表面；材

视频

料库内物品样式繁杂,可燃性材料较多;井底车场人员和车辆流动性大,易产生明火、金属摩擦火花等点火源;带式输送机和液力偶合器是长时间工作设备,磨损大,一旦发生摩擦起火,易随输送带蔓延,因此这些地点火灾风险较大。矿井火灾的发生和扩展具有时效性,火灾初期火势不大,采取直接灭火措施可以有效防止火势蔓延。因此,在上述地点配备一定数量的灭火器材,可在火灾初期将其扑灭,避免火势扩大。上述区域可燃物种类不同,火灾范围差别大,因而,在灾害预防和处理时,为实现经济、快速灭火,灭火器材的数量、规格和存放地点需根据具体情况确定。

(2) 煤矿企业需要对井下工作人员在上岗前进行相关培训,使其能够在发现火情时临危不乱,具备第一时间明确火灾种类,并迅速到达本职工作区域内灭火器材存放地点的能力,掌握使用各种灭火器材进行有效灭火的技能,力争将火灾扑灭于初期。避免在发生火灾时出现工人找不到灭火器材或不会使用灭火器材的情况。

(3) 井下爆炸物品库、机电设备硐室、检修硐室、材料库等区域内存在炸药、雷管、燃油、帆布、聚氨酯等大量易燃易爆物品,发生火灾后,火势发展非常迅速,很快在整个库(室)内形成高温火区,一旦烧穿支护结构或者风门、风窗等,库(室)内将发生极其危险的轰燃,火势会进一步扩大,并向邻近区域蔓延,采用不燃性材料是延缓、避免轰燃和火势扩大的重要途径。因此,井下爆炸物品库、机电设备硐室、检修硐室、材料库的支护和风门、风窗必须采用不燃性材料。

【案例】 2013 年 2 月 28 日,河北省张家口市某煤矿井下 750 m 水平进风石门处压风机着火引燃木棚,当时有 13 人在井下进行维修作业。经救护队搜救,发现 11 人一氧化碳中毒死亡,还有 2 人下落不明。

【执行中应注意的问题】

(1) 井下火灾有气体火灾、液体火灾或固体火灾等多种类型,每种火灾都有与之相对应的灭火器材,如果选型不当,不仅不能灭火,还有可能加剧火势。如用洒水的方法扑灭燃油火灾,将导致火势范围扩大,正确的方法是采用沙土进行掩盖灭火。井下灭火器材主要包括灭火器、消防沙箱、消防水桶、消防锹、消防斧、消防沙袋等,应根据火灾类型选用。

(2) 井下有关硐室和巷道应备有灭火器材的数量、规格和存放具体地点等,应根据矿井生产和防灭火措施的具体情况,在矿井灾害预防和处理计划中确定,不能简单照搬。

(3)《煤炭矿井设计防火规范》(GB 51078—2015) 对井下硐室消防器材的种类、规格和配备数量等进行了规定。

① 硐室灭火器选择应符合下列规定:

a. 可能发生固体物质火灾的硐室,应选择水型灭火器、磷酸铵盐干粉灭火器或泡沫灭火器;

b. 可能发液体火灾或可熔化固体物质火灾的硐室,应选择泡沫灭火器、碳酸氢钠干粉灭火器、磷酸铵盐干粉灭火器或二氧化碳灭火器;

c. 可能发生气体火灾的硐室,应选择磷酸铵盐干粉灭火器、碳酸氢钠干粉灭火器或二氧化碳灭火器;

d. 可能发生物体带电燃烧的硐室,应选择磷酸铵盐干粉灭火器、碳酸氢钠干粉灭火器或二氧化碳灭火器,不得选用装有金属喇叭喷筒的二氧化碳灭火器。

② 硐室灭火器规格应符合表 3-6-2 的规定。

表 3-6-2　灭火器的规格

灭火器类型		水型		干粉型		泡沫型		二氧化碳型	
		手提式	推车式	手提式	推车式	手提式	推车式	手提式	推车式
灭火剂充装量	容量/L	6、9	45、60	—	—	6、9	45、60	—	—
	质量/kg	—	—	6、8、10	50、100	—	—	5、7	20、30

③ 硐室内灭火器配备应符合下列规定：

a. 每个硐室应配备 2～6 具灭火器，可能发生液体火灾的硐室应设置砂箱，其体积不小于 0.5 m^3。

b. 设置液压装置、贮存油类的硐室和爆破材料库，应设置不少于 1 具推车式灭火器。

c. 同一硐室选用两种及以上类型灭火器时，应选用灭火剂相容的灭火器，避免发生因灭火剂相互作用而产生泡沫消失等灭火效力降低的情况。

d. 硐室内灭火器应设置在明显和便于取用的地点，且不得影响安全疏散。

(4) 常见的不相容的灭火剂见表 3-6-3，选用灭火器时应注意。

表 3-6-3　常见的不相容的灭火剂

灭火剂类型	不相容的灭火剂	
干粉与干粉	磷酸铵盐	碳酸氢钠、碳酸氢钾
干粉与泡沫	碳酸氢钠、碳酸氢钾	蛋白泡沫
泡沫与泡沫	蛋白泡沫、氟蛋白泡沫	水成膜泡沫

第二百五十八条　*每季度应当对井上、下消防管路系统、防火门、消防材料库和消防器材的设置情况进行 1 次检查，发现问题，及时解决。*

【释义】 本条是关于井上下消防设施进行系统性检查的规定。

井上、下消防管路系统、防火门、消防材料库和消防器材都是消防设施，对扑灭火灾至关重要，必须保证质量完好、数量合格、位置恰当。井上、下消防管路系统由于长期服务，可能产生锈蚀、破裂、漏水、铺设失稳，因此随着服务时间的推移，需要定期检查，发现问题及时解决，使之处于可靠状态。另外，随着井下作业场所的变化，井下消防管路系统等设施也应及时改变，有时需要撤除，有时需要重新增设。井下防火门，是发生火灾时期的特殊装置，在灾变时期主要用于控制火势以及改变烟气传播路线，因此在矿井生产过程中，必须加强维护，确保火灾发生后能够投入使用。此外，有些消防材料及器材有有效期，需要保证消防材料及器材在有效期内。同时消防材料及器材由于使用消耗，在数量上需要及时补给、更换及配备。因此，矿井应制定相关的检查制度，每季度对井上、下的消防管路系统、防火门、消防材料库和消防器材的设置情况进行 1 次检查，以便及时发现问题。

【执行中应注意的问题】

(1) 检查内容应包括消防管路系统是否畅通、消防管路用水的水量、水压是否充足、防火门是否可用、消防材料的类型和数量是否充足、消防器材是否有损坏、消防器材设置位置是否合理等。

(2) 每次检查由专人进行并将结果记录在案,检查记录应交由矿消防单位存档、复检。

第二百五十九条 *矿井防灭火使用的凝胶、阻化剂及进行充填、堵漏、加固用的高分子材料,应当对其安全性和环保性进行评估,并制定安全监测制度和防范措施。使用时,井巷空气成分必须符合本规程第一百三十五条要求。*

【执行说明】 矿井防灭火使用的凝胶、阻化剂及进行充填、堵漏、加固用的高分子材料,在井下使用过程中存在伤害人员、腐蚀设备、污染环境,甚至产生高温,引发矿井火灾和瓦斯煤尘爆炸等危险。为保证作业人员安全健康、防范事故,煤矿在使用前应当组织进行安全性、环保性评估。评估的内容应当包括:

1. 原材料及混成料对人体的危害,混成过程及喷、注过程产生的有害气体对人体的危害,控制及防护措施的有效性。

2. 原材料及混成料对设备腐蚀危险性,及防范措施的有效性。

3. 原材料及混成料对井下工作环境、水环境的污染程度。

4. 混成过程、喷注过程产生温升时,引发矿井火灾和诱发瓦斯煤尘爆炸的危险性,及其防控措施的有效性。

5. 混成料的阻燃、抗静电特性。

根据评估结果,采取针对性和可操作性的安全措施,主要内容应当包括:

1. 使用的各类材料应当符合相关标准规范的规定。煤矿堵水用高分子材料应当符合《煤矿堵水用高分子材料技术条件》(AQ 1087—2011),喷涂堵漏风用高分子材料应当符合《煤矿喷涂堵漏风用高分子材料技术条件》(AQ 1088—2011),加固煤岩体用高分子材料应当符合《煤矿加固煤岩体用高分子材料》(AQ 1089—2011),充填密闭用高分子发泡材料应当符合《煤矿充填密闭用高分子发泡材料》(AQ 1090—2011)等的规定,应当建立产品到矿验收、抽检制度。

2. 原材料属危险化学品的,应当严格按照《危险化学品安全管理条例》的规定进行存储和运输,严禁将不同组分材料混放、混运。

3. 所有化学材料应当采用密封包装,包装容器上必须有牢固、清晰的标识,标志上应当按《化学品安全标签编写规定》(GB 15258—2009)的要求,以化学品危险性分类标志符号明确标示出本材料的潜在危害性及其防范措施。井下存放应当选择围岩条件好、无淋水、通风良好、周围 50 m 范围内无其他杂物的地点,并配备消防设施。

4. 从事施工操作的人员,应当接受专业培训,操作时必须佩戴好与所使用的高分子材料相适应的劳动保护用品,包括手套、防护眼镜、口罩、工作服和胶鞋等。

5. 应当编制专门的施工方案、作业规程和日常监测管理制度。严格控制喷、注作业地点人数,监测空气中的有毒有害气体浓度,井巷空气中有毒有害气体浓度必须符合《规程》第一百三十五条的规定。喷、注过程可能产生温升时,必须严格执行施工方案确定的喷注量和喷注速率,并监测喷注地点的温度。

【释义】 本条是关于矿井使用高分子材料的规定。

(1) 随着高分子材料的发展,其在矿井防灭火、充填、堵漏、加固方面的应用越来越广泛,并取得了其他矿用材料无法替代的效果。但高分子材料易老化,耐高温性能差,强度有限，易松弛和蠕变，有的还易挥发出有毒有害气体。在高分子材料使用过程中，容易产生高温和释放有毒有害气体，可能引发火灾、瓦斯煤尘爆炸等事故。故使用中应当对其安全性和环保性进行评估，并制定安全监测制度和防范措施。

视频

（2）矿井防灭火使用材料的安全性主要是指易燃性、产热性、阻燃性和抗静电性。

① 易燃性常用燃点或闪点进行评价，燃点与闪点代表材料着火的最低温度。燃点与闪点越低，表明越容易着火，安全性越差。

② 产热性通常用化学反应的最高反应温度代表，反应温度越高，释放出的热量就越大，安全性越差。

③ 阻燃性是表征该类材料被引燃而参与火区燃烧的能力，常采用氧指数进行评价，氧指数越高，材料越不易燃烧，阻燃性越好。

④ 高分子材料的抗静电性越好，越不易产生火花和引发火灾爆炸事故，常用表面电阻进行评价。

岩体加固、充填密闭、喷涂堵漏风用高分子材料各液态组分的闪点应高于 100 ℃，快速堵水用高分子材料各液态组分的闪点应高于 100 ℃且应高于材料最高反应温度。煤岩体加固、喷涂堵漏风用高分子材料氧指数应不小于 28%，充填密闭用高分子材料 P 类氧指数应不小于 35%，N 类氧指数应不小于 28%。

（3）矿井防灭火材料的环保性主要是指其毒性、刺激性和腐蚀性以及是否含有有害物质。

（4）煤矿在井下煤岩体加固、充填密闭、喷涂堵漏风等施工中，应当优先选用无机材料，确需选用反应型高分子材料时，应当遵守下列规定：

① 选用的反应型高分子材料必须取得煤矿矿用产品安全标志。

② 必须有材料生产厂家出具的出厂检验报告、产品合格证和产品说明书。严格按照产品说明书规定的用途和使用场所使用高分子材料，不得随意变更用途或者扩大使用范围；严禁两种不同用途的高分子材料同时或者混合使用；严禁不同生产厂家的高分子材料混用；严禁使用过期变质的高分子材料；严禁井下储存高分子材料。

③ 严禁使用由强腐蚀性、强挥发性组分反应生成的高分子材料。

④ 严禁使用聚氨酯发泡材料充填密闭；严禁化学反应剧烈、反应温度高的高分子材料用于与煤直接接触的地点；严禁使用高分子发泡材料处理自然发火隐患区。

⑤ 严禁向煤层高冒区、空洞区、明火防治重点区等较大空间内直接灌注大量高分子材料，必须使用时应当实施可控灌注。

⑥ 每次使用应当制定施工方案和专项安全措施，并经矿总工程师审核、报矿长批准。施工方案应包括施工地点、使用材料类型、使用量、施工人员、工艺方案及安全措施等。

【案例】 2013 年 9 月 27 日，潞宁煤业公司 22109 运巷车场发生一起火灾事故，未造成人员伤亡。事故原因：对安全技术措施审批把关不严，违规使用高分子喷涂材料作为充填材料（检测报告中标明最高反应温度平均值为 90.4 ℃，应用范围是表面喷涂防护），充填材料发生化学反应，产生高温，致使风门及部分巷道煤体被引燃，最后引燃与 22109 运巷车场平面交叉的总回风巷内共计约 1400 m 的 PE 瓦斯抽采管路。井下采用的 PE 瓦斯抽采管路经有关部门检验材料不合格，不能达到阻燃效果。

【执行中应注意的问题】

(1) 对矿井防灭火使用的充填、堵漏、加固用的高分子材料的安全性、环保性评估的内容应当包括:

① 原材料及混成料对人体的危害,混成过程及喷、注过程产生的有害气体及对人体的危害,控制及防护措施的有效性。

② 原材料及混成料对设备腐蚀危险性及防范措施的有效性。

③ 原材料及混成料对井下工作环境、水环境的污染程度。

④ 混成过程、喷注过程产生温升时,引发瓦斯煤尘爆炸、矿井火灾的危险性及其防控措施的有效性。

⑤ 混成料的阻燃、抗静电特性。

(2) 应当根据评估结果,采取具备针对性、可操作性的安全措施,主要内容应当包括:

① 使用的各类材料应符合相关标准规范的规定。煤矿堵水用高分子材料应当符合《煤矿堵水用高分子材料》(AQ/T 1087—2020),喷涂堵漏风用高分子材料应符合《煤矿喷涂堵漏风用高分子材料技术条件》(AQ /T 1088—2011),加固煤岩体用高分子材料应符合《煤矿加固煤岩体用高分子材料》(AQ /T 1089—2020)、充填密闭用高分子发泡材料应符合《煤矿充填密闭用高分子发泡材料》(AQ /T 1090—2020)等的规定。煤矿井下采用反应型高分子材料,应遵守《煤矿井下反应型高分子材料安全管理办法(试行)》(煤安监技装〔2020〕18 号)的规定。煤矿应当建立高分子材料到矿验收、抽检制度。

② 原材料属危险化学品的,应当严格执行《危险化学品安全管理条例》的规定进行存储和运输,严禁将不同组分材料混放、混运。

③ 所有高分子材料应当采用密封包装,包装容器上必须有牢固、清晰的标识。标识上应当按照《化学品安全标签编写规定》(GB 15258—2009)的要求,以化学品危险性分类标志符号明确标示出材料存在的潜在危害性和防范措施。

④ 井下存放应当选择围岩条件好、无淋水、通风良好、周围 50 m 范围内无其他杂物的地点,并配备消防设施。

⑤ 从事施工操作的人员,应当接受专业培训,操作时必须佩戴好与所使用的高分子材料相适应的劳动保护用品,包括手套、防护眼镜、口罩、工作服和胶鞋等。

⑥ 应当编制专门的施工方案、作业规程和日常监测管理制度。严格控制喷、注作业地点人数,监测空气中有毒有害气体的浓度,确保井巷中有毒有害气体的浓度符合《规程》第一百三十五条的规定。使用过程中还应监测空气的温度,如发现温度升高,应控制喷涂量和喷注速率。

第二节　井下火灾防治

第二百六十条　煤的自燃倾向性分为容易自燃、自燃、不易自燃 3 类。

新设计矿井应当将所有煤层的自燃倾向性鉴定结果报省级煤炭行业管理部门及省级煤矿安全监察机构。

生产矿井延深新水平时,必须对所有煤层的自燃倾向性进行鉴定。

开采容易自燃和自燃煤层的矿井,必须编制矿井防灭火专项设计,采取综合预防煤层自然发火的措施。

【执行说明】 (一)矿井防灭火专项设计。矿井防灭火专项设计应当包含以下内容:

1. 矿井概况(重点说明地质构造、煤层赋存、煤质、瓦斯、煤尘、煤的自燃倾向性、自然发火期、地温、开拓开采情况、矿井通风、历史发火情况、火区、矿井周边煤矿等)。
2. 矿井火灾危险性分析。
3. 煤层自然发火预测预报指标体系。
4. 井下自燃火灾监测系统。
5. 煤矿防灭火系统。
6. 工作面重点区域防灭火技术方案(重点说明工作面安装期间防灭火技术方案,工作面采空区、进回风巷道防灭火技术方案,工作面回撤期间防灭火技术方案)。
7. 外因火灾防治措施及装备。
8. 井下消防洒水系统。
9. 防火构筑物及井上、下消防材料库。
10. 火区管理。
11. 防灭火管理制度。
12. 火灾应急救援预案。

(二) 综合预防煤层自然发火的措施。综合防灭火措施是指采取灌浆、注氮、喷洒阻化剂等两种以上防灭火措施。

【释义】 本条是关于煤层自燃倾向性分类、鉴定及采取综合防火措施的规定。

(1) 煤炭本身是可燃物质,在具有蓄热升温条件下达到一定温度即可着火燃烧。煤的自燃倾向性,是用来区分和衡量不同煤层发火危险程度的一个重要指标。为便于分类管理,煤的自燃倾向性分为3类:容易自燃、自燃、不易自燃。煤的自然倾向性类别是煤矿采取防治技术和管理措施的主要依据。由于煤的组成成分及结构的复杂性,国内外对煤的自燃倾向性鉴定方法还没有一致的认识,目前我国只有推荐性国家标准《煤自燃倾向性色谱吸氧鉴定法》(GB/T 20104—2006)与推荐性行业标准《煤自燃倾向性的氧化动力学测定方法》(AQ/T 1068—2008)。由于现有标准都不是强制性标准,依据《中华人民共和国标准化法》第十四条规定"强制性标准,必须执行""推荐性标准,国家鼓励企业自愿采用"的要求,煤矿企业可自愿采用现有的推荐标准作为鉴定煤自燃倾向性的依据。

视频

(2) 煤层的自燃倾向性直接反映开采煤层的自燃难易程度,是各级煤炭行业管理部门和煤矿安全监察机构实现有效管理、针对性控制必不可少的基础数据,是其开展工作的基础。为了保证各级煤炭行业管理部门和煤矿安全监察机构工作能得以顺利开展,增加这些机构的工作针对性,在企业自然条件较差时加强管理和监察力度、协助提高本企业的安全度,在企业自然条件较好时减少相应的检查和监察、减少企业负担,从而促进煤矿企业安全生产工作,规定新设计矿井所有煤层的自燃倾向性由地质勘查单位提供煤样和资料,送具备相关资质的机构鉴定,鉴定结果报省级煤炭行业管理部门及省级煤矿安全监察机构备案。

(3) 煤的自燃倾向性与煤层的自然因素(内在因素)有关,这些自然因素包括:煤的化学成分及变质程度，煤的孔隙率、碎度和脆性，地质构造和内生裂隙，煤层的内在水分，煤中的固定碳及灰分含量，煤岩组分，煤中硫和磷的含量，煤层的瓦斯含量，煤吸附氧气的速度等。这些因素又受煤层生成过程中的地质构造作用及埋藏条件的影响，显然，用浅部煤层的自燃倾向性指标来代替深部煤层的自燃倾向性不科学。所以，为能真实地反映矿井延深新水平开采时的煤层自燃倾向性，重新进行自燃倾向性鉴定是十分必要的，这样才能较全面地掌握矿井煤炭自燃特性。

(4) 影响矿井自然发火的因素概括起来有两方面：一是煤层本身自然(内在)因素；二是煤层开采技术(外在)因素。从理论方面和生产实践都证明，只有同时具备“煤矿井下某一地点有大量的可燃性碎煤堆积，有充分的氧气供给和有良好蓄积热量的环境条件，并持续一定时间”，自然发火才能发生，三者是缺一不可的。从煤的自然发火必须同时具备的三个条件来分析，煤的自燃倾向性是煤层在生成过程中所固有的特性，不是外界所能改变的，但是，可以通过自燃倾向性鉴定了解其自燃的难易程度，为正确制定矿井综合防治措施提供科学依据。如果计划开采的煤层经自燃倾向性鉴定是属于易于自燃的煤层，那么，在煤层开采之前，就要根据煤层本身易于自然发火的不利因素，结合煤层的赋存条件，选择有利于防止煤层自然发火的开拓方式、巷道布置、采煤方法、开采工艺、顶板管理方式、开采方式、开采顺序以及通风系统和通风方式，尽量提高采出率，减少碎煤堆积，不为自然发火的发生创造必备条件之一。其次是通过对上述一些开采技术因素的选择，尽可能地杜绝或减少漏风，不为自然发火的发生创造供氧条件，这样煤矿井下自然发火事故就能从根本上得到防治。因此，开采容易自燃和自燃煤层的矿井，必须编制矿井防灭火专项设计，采取综合预防煤层自然发火的措施，否则就是重大事故隐患，可能引发严重的事故。

【执行中应注意的问题】

(1) 煤炭开采的自燃特征由两个参数来表征，即煤的自燃倾向性和煤的自然发火期。煤的自燃倾向性是描述煤的氧化能力的内因属性，而煤的自然发火期反映煤的氧化特性内因与环境、治理措施、开采条件和工艺等外因属性的综合影响。由于能反映内外因影响煤的自然发火期难以在实验室正确测定，所以，《规程》不得不采用能通过实验室正确测定，但仅能反映内因影响的煤的自燃倾向性来划分容易自燃、自燃和不易自燃煤层。这样就有可能出现开采自燃和容易自燃煤层时，防灭火工作做得好，外因呈正面影响的矿井，不发生自燃；而开采不易自燃煤层时，忽视防灭火工作，外因呈负面影响的矿井，反而发生自燃的情况，这是开采具有各类自然倾向性煤层，特别是不易自燃煤层的矿井都应当注意的。

(2)《煤自燃倾向性色谱吸氧鉴定法》采用1 g 干煤在30 ℃、常压下的吸氧量(物理吸附氧量)作为判别煤自燃倾向性的主要依据。该标准依据的基本原理是：煤的吸氧量越大，煤越易自燃。由于煤的吸氧量与煤的自燃倾向性不完全正相关，如褐煤和无烟煤都因孔隙率高而吸氧量大，但它们的自燃倾向性却相反，故该方法以挥发分18%为界进行区分，对不易自燃的无烟煤、贫煤和瘦煤提高吸氧量标准，并增加含硫量为辅助标准。

(3)《煤自燃倾向性的氧化动力学测定方法》通过测试煤在低温氧化阶段和快速温升阶段临界点的氧化动力学参数，煤样70 ℃时的耗氧量和交叉点温度，得出反映煤自燃综合特性的判别指数，据此评价煤的自燃倾向性。

(4)《规程》以能在实验室进行较准确测定的煤的内因属性——自燃倾向性来衡量煤的自燃特性，并据此针对开采容易自燃和自燃煤层的矿井，要求必须编制矿井防灭火专项设计和采取综合预防煤自然发火的措施。但也必须指出，由于煤是有机可燃物，煤的氧化是其固有属性，只存在难易差别。因此，不能忽视不易自燃煤层的自燃防治。

(5) 开采容易自燃和自燃煤层的矿井，综合预防煤层自然发火的措施包括：

① 在开采技术方面，选择有利于防止煤炭自然发火的合理开拓方式、巷道布置、采煤方法、回采工艺和开采程序，加强采掘工作面顶板管理和巷道维护工作，结合煤层赋存条件，尽量减小煤层切割量，提高采出率及加快采掘工作面月推进度等，不给自然发火提供(或创造)碎煤堆积条件。

② 在通风管理方面，采用有利于防止煤炭自然发火的合理通风方式，实施均压通风、预防性灌水、注浆以及建立预测预报管理制度，尽可能减少或杜绝漏风，不给自然发火创造良好的供氧条件。

(6)《煤矿安全规程执行说明(2016)》和《煤矿防灭火细则》都给出了煤矿防灭火专项设计的内容，两者是一致的，且后者更详细。《煤矿防灭火细则》中的矿井防灭火专项设计内容如下：

矿井防灭火专项设计应当包含以下内容，可根据矿井实际情况予以增减。延伸新水平、开采新采(盘)区、采煤方法或通风系统等发生重大变化时，及时修订矿井防灭火专项设计。矿井防灭火专项设计由矿总工程师负责审批。

① 矿井概况(重点说明地质构造、煤层赋存、煤质、瓦斯、煤尘、煤的自燃倾向性、自然发火期、地温、开拓开采情况、矿井通风、历史发火情况、火区、矿井周边煤矿等)。

② 矿井火灾危险性分析(包括内因火灾危险性分析和外因火灾危险性分析)。

③ 煤层自然发火预测预报指标体系(包括煤层自燃倾向性、煤层自然发火期、煤层自然发火标志气体及临界值、煤层自然发火预兆预警值的确定)。

④ 矿井火灾监测系统(包括束管火灾监测系统、人工采样监测系统、安全监控系统和其他监测系统)。

⑤ 矿井防灭火系统及设施(包括自然发火综合防治系统、消防洒水系统、井上、下消防材料库和防火构筑物)。

⑥ 内因火灾防治技术方案(包括工作面“进回风巷道”防灭火技术方案、工作面安装期间防灭火技术方案、工作面回采期间防灭火技术方案、工作面回撤期间防灭火技术方案、工作面推进缓慢期间防灭火技术方案和已封闭采空区自然发火防治方案)。

⑦ 外因火灾防治技术方案(包括机电设备火灾防治方案、电缆火灾防治方案、带式输送机火灾防治方案、油脂及其他可燃物品火灾防治方案、电气焊及火工品火灾防治方案、井下爆破引发火灾防治方案、无轨胶轮车火灾防治方案和其他外因火灾防治方案)。

⑧ 火区治理(包括火区治理技术方案、井下封闭火区日常管理和火区启封)。

⑨ 矿井防灭火管理制度(包括组织机构和规章制度)。

⑩ 火灾应急救援预案。

第二百六十一条　开采容易自燃和自燃煤层时，必须开展自然发火监测工作，建立自然发火监测系统，确定煤层自然发火标志气体及临界值，健全自然发火预测预报及管理制度。

【执行说明】 自然发火监测工作,是指以连续自动或人工采样方式监测取自采空区、密闭区、巷道高冒区等危险区域内的气体浓度或温度,定期为矿井提供相关地点自然发火过程的动态信息。

自然发火监测系统,是指能够监测采空区气体成分变化的系统,如束管监测系统、人工取样分析系统等。

标志气体,是指由于自然发火而产生或因自然发火而变化的,能够在一定程度上表征自然发火状态和发展趋势的火灾气体,主要包括CO、烷烃气体、烯烃气体和炔烃气体等。

自然发火标志气体CO的指标临界值应当根据煤层自燃具体情况通过实验研究、现场测试和统计分析进行确定;《规程》第一百三十五条规定的风流中CO浓度限值不超过0.0024%是职业健康指标,不是自然发火临界值。

【释义】 本条是关于开展容易自燃和自燃煤层发火监测的规定。

视频

(1) 截至2020年底,我国开采容易自燃煤层煤矿852个,生产能力16.3亿吨;开采自燃煤层煤矿1540个,生产能力15.4亿吨。以晋陕内蒙古新疆为例,开采容易自燃、自燃煤层的井工煤矿占比为77.07%,生产能力占比为79.31%,自然发火严重影响煤矿安全生产,自燃火灾潜在危险性大。煤自然发火与外因火灾的发展过程不同,存在较长的准备期与自热期,煤在自然发火过程中会呈现出气体与温度的变化特征。因此,基于此变化特征开展煤自然发火监测及预测预报工作,对掌握煤自燃的发展阶段、及时采取相应的防治措施将火灾隐患消灭在萌芽状态具有十分重要的意义。

(2) 开采容易自燃和自燃煤层的矿井,必须开展自然发火监测工作,重点监测采空区、工作面回风隅角、密闭区、巷道高冒区等危险区域。自然发火监测工作是指以连续自动或人工采样方式监测取自采空区、密闭区、巷道高冒区等自燃火灾易发生地点的气体浓度或温度,定期为矿井提供危险区域自然发火过程的动态信息。煤氧化升温过程中温度变化可直接反映自燃的不同阶段,但由于煤(岩)的导热能力弱,且温度随距离衰减迅速,即使温度监测点邻近煤自燃火源处,高温也很难被监测到,且采空区范围较大,不能做到全面监测,故测温法一般只作为采空区自然发火预测预报的辅助手段。因此,一般选择监测煤自燃过程中的氧化产物及浓度来反映煤的自燃状况,气体分析法是煤自然发火监测采用的主要方法。采空区、密闭区、巷道高冒区等区域是矿井自燃火灾易发生地点,必须重点监测。工作面回风隅角作为采空区漏风的交汇点,易形成涡流,生产落煤和采空区遗煤氧化产生的一氧化碳等气体,易在此处积聚,对工作面回风隅角进行监测可及时对采空区自然发火进行预测预报。因此,工作面回风隅角应重点监测。

(3) 开采容易自燃和自燃煤层的矿井,必须建立自然发火监测系统,采用连续自动或者人工采样方式,监测甲烷、一氧化碳、二氧化碳、氧气、乙烯、乙炔等气体成分变化,宜根据实际条件增加温度监测。

自然发火监测系统是指能够监测采空区气体成分变化的系统,如束管监测系统、人工取样分析系统等,一般由采样系统、样品分析系统和数据分析及报警系统组成。气体的取样方式主要有两种,即束管监测系统连续自动取样和人工采样。连续自动方式是指利用气泵抽取监测地点气样,通过束管将气样送入色谱、光谱、激光等分析仪器自动分析;人工采样方式是指利用气泵或手动抽取监测地点气样,将气体采集至采样袋或气囊,手动送入色谱、光谱、激光等分析仪器仪表人工分析。人工取样分析方法简单易行、适用性强,但存在工作量大、间隔时间长、无法实时连续监测等不足。当前多数矿井采用束管系统＋色谱（光谱、激光）分析系统，可实现对井下气体的连续监测。

煤自燃过程中产生的气体主要有一氧化碳（CO）、二氧化碳（CO_2）、甲烷（CH_4）、乙烷（C_2H_6）、丙烷（C_3H_8）、乙炔（C_2H_2）等。一氧化碳、烯烃、炔烃气体是煤自然发火过程中氧化反应的产物，是标志煤自燃氧化进程的特征气体组分，且总的生成规律是随煤温的上升而逐渐增大，尤其是乙烯、乙炔气体是煤达到一定温度后生成的裂解气。因此，监测这些气体可反映煤自然发火的不同历程，可对煤自然发火进行预测预报。自然发火监测主要是利用自然发火监测系统对各类火灾气体进行分析，实现火灾预警，分析气体种类包括但不限于甲烷、一氧化碳、二氧化碳、氧气、乙烯、乙炔气体。

（4）目前最有效的自然发火监测方法是气体分析法，气体分析法就是监测煤氧化升温过程中释放的气体与矿井空气的差异，并将足以能够判断自然发火征兆的气体作为自然发火标志气体，根据标志气体的变化规律推断煤自热温度的一种预测自然发火状态的方法。煤层自然发火标志气体，是指煤层自然发火过程中产生的变化较为灵敏的用来表示煤层发火危险程度的代表性气体。达到发火危险标志气体的指标，即为发火临界值。煤层自然发火标志气体及其临界值，是进行准确预测和早期预报的主要科学依据。常用的标志气体有CO、烯烃和烷烃等，煤自燃指标气体及优选主要遵循《煤层自然发火标志气体色谱分析及指标优选方法》（AQ 1019—2006）。

（5）健全自然发火预测预报及管理制度是自然发火监测系统有效运行的保证。应定期对井下工作人员进行系统的安全培训，并结合培训内容及时有效地组织应急演练，按照管理制度将工作分级落实到岗、责任到人。

【执行中应注意的问题】

（1）标志气体优选原则：

① CO、C_2H_4、C_2H_2 在一定程度上反映了自然发火的缓慢氧化、加速氧化和激烈氧化的 3 个阶段。因此，进行标志气体优选时，应优先考察这 3 种气体及其指标的适应性。

② 当煤层赋存瓦斯中含有较高量的重烃组分时，应用链烷比和烯烷比考虑重烃释放时间的影响，并考察其适用性。

③ 低变质程度的褐煤、长焰煤、气煤和肥煤，应优先考虑烯烃及烯烷比标志气体及其指标。

④ 中变质程度的焦煤、瘦煤及贫煤，应优先考虑 CO 和烯烃及烯烷比标志气体及其指标。

⑤ 高变质程度的无烟煤，应优先考虑 CO 及其派生指标。

（2）自然发火标志气体的临界值应当通过实验研究、现场观测和统计分析确定。临界值可采用标志气体浓度、气体浓度增率或者比值等指标。应当注意的是，《煤矿安全监控系统及检测仪器使用管理规范》（AQ 1029—2019）第 7 节对井下各个位置的 CO 浓度自燃预警值定为 0.0024％的规定是不恰当的，同样温度传感器的临界值也与位置、风速等环境因素密切相关，均应由各矿根据煤层等条件和传感器设置位置酌情确定。

（3）矿安全监测系统也承担了自然发火监测系统的一部分作用。煤矿安全监测系统可以连续监测一氧化碳、二氧化碳、氧气等环境参数，根据这些环境参数的变化进行自燃预报，但存在传感器数量种类少、布置范围小和维护困难的不足。煤矿安全监测系统与煤炭自燃预报的束管监测系统相互配合使用,能更加有效地做好煤自然发火的监测及预测预报工作。

(4) 部分矿井采用井下人工取气、地面仪器分析的方式对自然发火进行监测,满足自然发火预测预报要求,故人工取样分析系统也符合“建立煤矿广自然发火监测系统”的要求。

(5) 自然发火监测除监测火灾气体外,还可根据矿井实际条件,采用预埋光纤、热敏电阻等方法对采空区、密闭区、巷道高冒区温度进行监测,采用红外点测温仪、红外热成像仪、温度计等对裸露煤体温度进行监测,采用温度传感器对工作面回风隅角、回风流气体温度进行监测。

(6) 开采不易自燃煤层的矿井,如曾发生自燃火灾或出现自然发火征兆,也必须建立自然发火监测系统。

第二百六十二条 对开采容易自燃和自燃的单一厚煤层或者煤层群的矿井,集中运输大巷和总回风巷应当布置在岩层内或者不易自燃的煤层内;布置在容易自燃和自燃的煤层内时,必须锚喷或者砌碹,碹后的空隙和冒落处必须用不燃性材料充填密实,或者用无腐蚀性、无毒性的材料进行处理。

【释义】 本条是关于容易自燃和自燃的单一厚煤层或煤层群的矿井,井下集中运输大巷和总回风巷的布置与支护的规定。

(1) 对于容易自燃和自燃的单一厚煤层或煤层群的矿井,其煤层自身自燃倾向性相对较高,发火危险性较大,生产实践证明,合理的开拓系统与开采方法对预防自燃火灾的发生起着决定性的作用。在防火设计时,应考虑矿井的开拓部署,此外还要考虑巷道的服务年限。集中运输大巷和总回风巷是矿井的主要巷道,服务时间较长,一般在数年或十多年,担负井下进风及回风的主要任务,通过的风量大、风压高,防火要求高。如果将其布置在煤层内,由于要留设大量护巷煤柱,一方面增大了煤层与空气接触的暴露面积,另一方面留设的煤柱受压会变形,产生大量裂隙,导致煤柱漏风,自然发火的概率大大增加。因此,为了提高矿井防灾能力,避免自燃火灾的发生,对开采容易自燃和自燃的单一厚煤层或者煤层群的矿井,集中运输大巷和总回风巷应当布置在岩层内或者不易自燃的煤层内。

(2) 锚喷和砌碹两种支护形式不仅能抵抗集中运输大巷和总回风巷的变形而且还能密实整个巷道壁面,防止向巷道周围漏风。如果集中运输大巷和总回风巷布置在容易自燃和自燃的煤层内时,必须锚喷或砌碹。通过锚喷或砌碹等不燃性支护,使煤层与空气隔离,杜绝揭露煤层与氧气接触的界面,能够有效防止煤层氧化,降低煤自燃的风险。

(3) 由于煤巷的相对不稳定,可能出现揭露煤体与碹后出现空隙,或者锚喷巷道出现冒落区,需要对碹后空隙、冒落区进行充填处理,杜绝自燃危险点存在。充填要求必须使用不燃性材料充填密实,或用无腐蚀性、无毒性的材料进行处理。

【执行中应注意的问题】

(1) 锚喷支护具有更好的支护性能和经济性,应优先选用,但是在地质条件差、顶帮破碎压力大的部分巷道仍然采用砌碹支护形式。

(2) 当集中运输大巷和总回风巷需布置在容易自燃和自燃的煤层内时,必须采取措施防止巷道形成高冒区或者巷道壁出现裂隙,以免向煤层内漏风。

(3) 应注意我国多年来巷道高冒区自燃一直难以预警,直到自燃发展,支护巷道垮塌,掉落着火煤炭才被发现。这主要是因为自燃生成的 CO 被巷道风流稀释至微量,使人警觉性下降。因此,巷道出现微量 CO 增量必须引起警惕,认真分析其来源。

第二百六十三条 开采容易自燃和自燃煤层时，采煤工作面必须采用后退式开采，并根据采取防火措施后的煤层自然发火期确定采(盘)区开采期限。在地质构造复杂、断层带、残留煤柱等区域开采时，应当根据矿井地质和开采技术条件，在作业规程中另行确定采(盘)区开采方式和开采期限。回采过程中不得任意留设设计外煤柱和顶煤。采煤工作面采到终采线时，必须采取措施使顶板冒落严实。

【释义】 本条是关于采煤工作面开采方式与开采期限、煤柱与顶煤的留设、终采线顶板冒落的规定。

(1) 采用后退式开采可以做到采煤工作面的进、回风巷布置在未采动的原生煤体中(图 3-6-1～图 3-6-3)，随工作面的推进而逐渐垮塌报废，采空区一侧不存在通风巷道，防止因开采方式不当，人为引起采空区漏风和采空区自然发火。如果采用前进式的开采方式开采容易自燃和自燃煤层时，则采煤工作面的进风巷或回风巷，则是沿采空区留设的，其进风流及回风流经过沿采空区侧的巷道，进风巷及回风巷间存在压差，加上采空区顶板冒落的不均一性和不同步性，会造成采空区漏风范围扩大，如图 3-6-4～图 3-6-6 所示，采空区的漏风和自然发火问题就难以避免或防治。而后退式采煤，采空区漏风的范围，只是由工作面上、下两端之间的风压差所形成的漏风区域，只在近工作面区域内有漏风问题(图 3-6-1～图 3-6-3)，一旦采空区自然发火，封闭范围也容易控制。从图 3-6-1～图 3-6-6 中可以看出，后退式开采对防止采空区漏风和自然发火是有利的，前进式布置的采煤工作面采空区漏风的范围和漏风量均大于后退式，显然，开采容易自燃和自燃煤层时，前进式布置的采煤工作面引起采空区发火的概率也会大大提高。因此，开采容易自燃和自燃煤层时，采煤工作面必须采用后退式开采。

视频

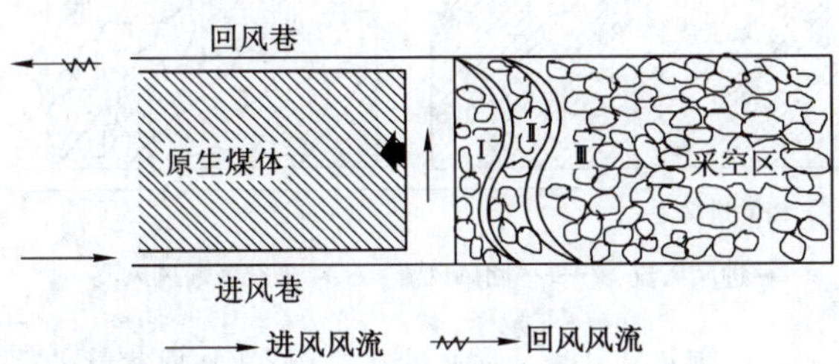

Ⅰ、Ⅱ、Ⅲ—采空区受通风作用而形成的冷却带(Ⅰ)、自燃带(Ⅱ)和窒熄带(Ⅲ)

图 3-6-1 后退式开采 U 形通风方式采煤工作面巷道布置图

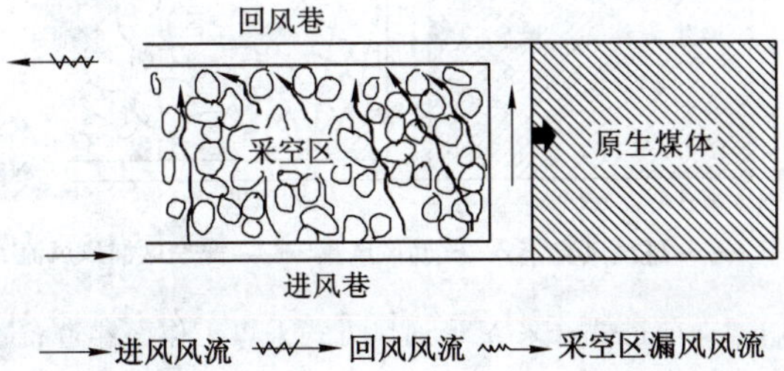

图 3-6-2 后退式开采 Y 形通风方式采煤工作面巷道布置图

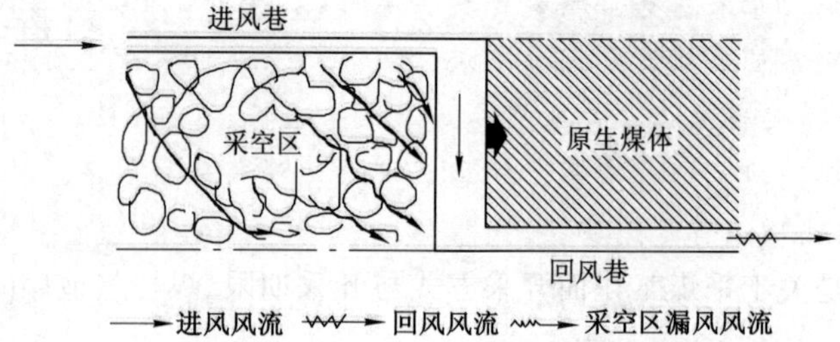

图 3-6-3　后退式开采 Z 形通风方式采煤工作面巷道布置图

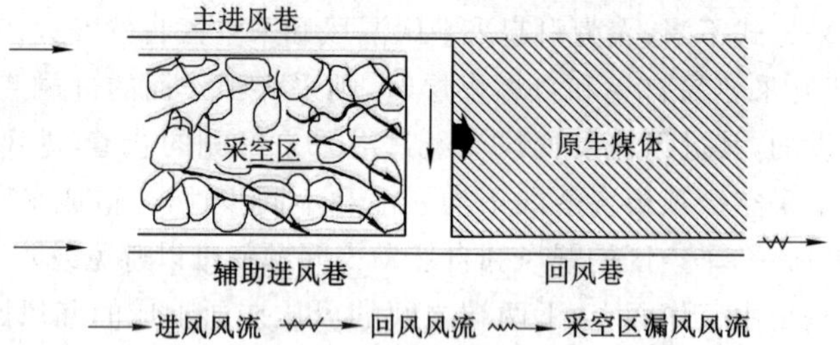

图 3-6-4　前进式开采 U 形通风方式采煤工作面巷道布置图

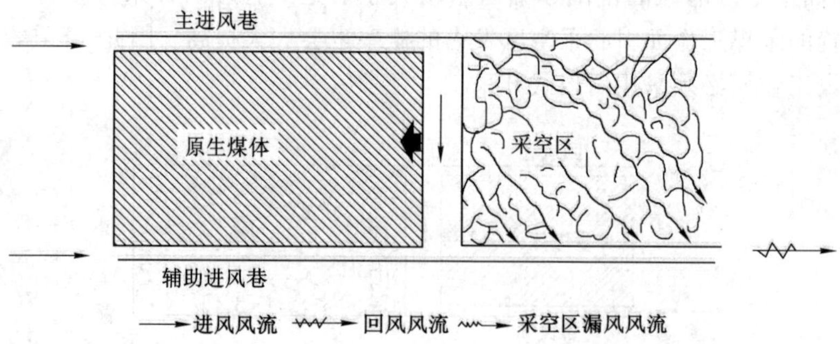

图 3-6-5　前进式开采 Z 形通风方式采煤工作面巷道布置图

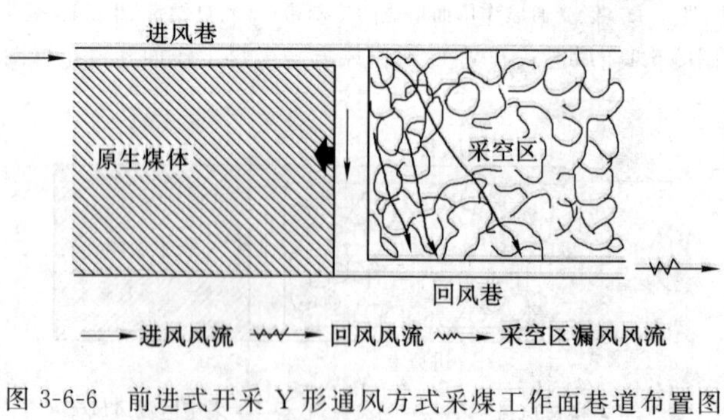

图 3-6-6　前进式开采 Y 形通风方式采煤工作面巷道布置图

(2) 煤层自然发火期是指导采煤工作面合理确定最小推进度的重要参数。推进度影响着采煤工作面的开采期限，煤层自然发火期越短，采煤工作面推进度应当越快，这样才能有效防止煤矿火灾。从火灾防治的角度，由最小推进度计算得出采煤工作面最长开采期限，进而将采（盘）区内所有采煤工作面的开采期限累加即是采（盘）区开采期限，而不是直接用采（盘）区开采期限与煤层自然发火期进行简单的数值比较。未采取防火措施时，煤层自然发火期较短，工作面设计推进度小于防火最小安全推进度，不利于煤层自然发火防治。采取防火措施后，煤层发火期变长，采空区氧化带范围减小，更加容易保障防火最小安全推进度。

基于煤层自然发火期与开采技术等外部条件的密切关系，从煤层自然发火条件分析，可以采取预防煤层自然发火的相关措施，破坏煤自燃的相关关联因素，抑制煤自燃的发生及发展，如选择合理的采煤工艺以降低遗煤破碎程度，提高采出率以减少遗留浮煤；根据煤自然发火期以及矿井采煤设备技术水平合理确定工作面尺寸；采取漏风控制措施，利用阻化、惰性气体及灌浆技术措施等尽量延长煤层自然发火的时间，统筹工作面或采（盘）区在自然发火期内回采结束。所以，矿井应该根据此条，掌握煤层自然发火期的大小，掌握采空区自然发火的特征，根据采空区氧化带的宽度以及推进速度，确定采（盘）区或工作面的开采期限。

(3) 在设计开采方式不发生变化的情况下，采（盘）区的开采期限可根据采取防火措施后的煤层自然发火期确定。但是，由于采（盘）区巷道及工作面尚未形成，地质勘探精度低。工作面回采时，采（盘）区巷道已形成，地质勘探精度提高，如遇复杂地质构造、断层带、残留煤柱时需改变工作面的布置参数或生产工艺，影响矿井采掘接续，增加防火工作难度。因此，应当根据矿井地质和开采技术条件，重新确定采（盘）区开采方式和开采期限。

(4) 采煤工作面在回采过程中，留设设计外的煤柱和顶煤，不仅浪费资源，而且这些设计外的煤柱和顶煤，受矿压和采掘应力作用，会被压垮、破碎，从而失去煤柱和护顶煤作用，在采空区形成碎煤堆积，为采空区自然发火提供必备的条件之一。因此，回采过程中不得任意留设设计外煤柱和顶煤。

(5) 采煤工作面采到终采线时，必须采取措施使顶板冒落严实，是因为人们在同矿井自然发火作斗争中认识到："两巷"（采煤工作面的进风巷和回风巷）、"两线"（采煤工作面的始采线和终采线）存在巷帮残留三角煤柱，所以自然发火频率高，危害严重，大多数矿井都把管理好"两巷""两线"的防火作为矿井防止自然发火的重点。而且从防火技术角度看，采取措施使顶板冒落严实，主要目的是"增阻堵漏"，最大限度地减少通过终采线向采空区漏风，使氧化—自燃带消失或最大限度地缩小，窒熄带扩大，防止或杜绝采空区自然发火。因此，采煤工作面采到终采线时，必须采取措施使顶板冒落严实。

第二百六十四条 开采容易自燃和自燃的急倾斜煤层用垮落法管理顶板时，在主石门和采区运输石门上方，必须留有煤柱。禁止采掘留在主石门上方的煤柱。留在采区运输石门上方的煤柱，在采区结束后可以回收，但必须采取防止自然发火措施。

【释义】 本条是关于开采容易自燃和自燃的急倾斜煤层主石门和采区运输石门的上方煤柱留设的规定。

(1) 开采容易自燃和自燃的急倾斜煤层用垮落法控制顶板时，在主石门和采（盘）区运输石门上方，必须留有煤柱。这样做的主要目的是当采空区全部垮塌冒落后，仍能保持主石门和采区运输石门这两条巷道的稳定不被破坏，为防止向采空区漏风提供一个屏障；其次是防止采空区自然发火产生的烟雾及有害气体进入主石门和采（盘）区运输石门，危及相邻采区或工作面的安全。

(2) 开采急倾斜煤层时，主石门贯穿整个矿井的服务年限，担负着运输、通风、行人、管路敷设等任务，其上方留设的煤柱对隔离采空区、保护主石门完整性具有重要作用，因此，禁止采掘留在主石门上方的煤柱。

(3) 在采区结束后回收煤柱时，石门煤柱受工作面采动压力的影响，煤层松散，漏风通道增加，煤柱回收工作面遇到新鲜风流易发生煤的自然发火。因此，必须制定相应的防灭火技术措施，确保煤柱的安全回收。

第二百六十五条 开采容易自燃和自燃煤层时，必须制定防治采空区(特别是工作面始采线、终采线、上下煤柱线和三角点)、巷道高冒区、煤柱破坏区自然发火的技术措施。

当井下发现自然发火征兆时，必须停止作业，立即采取有效措施处理。在发火征兆不能得到有效控制时，必须撤出人员，封闭危险区域。进行封闭施工作业时，其他区域所有人员必须全部撤出。

【执行说明】 自然发火征兆主要有:

1. 人体感知征兆:煤、岩、空气和水的温度超过正常值，附近巷道湿度增大，附近巷道壁面和支架表面出现水珠(挂汗)，巷道中有煤油、汽油、松节油和焦油等气味。

2. 仪器检测征兆:出现 CO 且其含量呈上升趋势，氧含量持续降低，出现其他有毒有害气体。

【释义】 本条是关于易自然发火的采空区、巷道高冒区和煤柱破坏区采取预防性防火措施的规定。

视频

(1) 开采容易自燃和自燃煤层时，采空区、巷道高冒区和煤柱破坏区等区域是易造成自然发火的地点，是井下内因火灾防范的主要对象，主要原因包括:采空区、巷道高冒区和煤柱破坏区等地点都极易堆积一定数量的可燃性碎煤;处于巷道风流流动的边缘地带，但受风流流动扩散作用和影响，仍可能有部分风流流入其中，为煤炭氧化自燃提供足够的氧气;有一个较为稳定的蓄积热量的环境条件，同时又很少受外界条件变化的影响，有较为充裕稳定的持续时间。由于上述3个条件同时存在，采空区、巷道高冒区和煤柱破坏区等区域往往成为井下自然发火的"多发区"。为了防止这些地点自然发火的发生，采取措施进行防火预处理是必要的。

(2) 防治采空区、巷道高冒区、煤柱破坏区自然发火的技术措施主要包括预防性灌浆或全部充填、喷洒阻化剂、注阻化泥浆、注凝胶、注惰性气体、均压等。利用预防性灌浆及注凝胶可以增加遗煤水分，达到吸热降温的作用，同时浆体材料包裹煤体降低煤氧接触面积及概率;采取充填、均压等措施可以降低采空区漏风;采取喷洒阻化剂、注阻化泥浆在一定程度上改变煤的自燃属性，起到延长煤自然发火期的作用;注惰性气体，主要是降低采空区氧气浓度，使遗煤处于不易于引发煤自燃的氧气环境，抑制煤自燃的发生及发展。以上这些措施，实际上是一种综合的防灭火技术手段，侧重于对煤层自然发火条件的破坏，达到抑制及消除煤炭自燃的目的。

(3) 自然发火征兆是指一氧化碳浓度呈明显上升趋势，且出现其他有毒有害气体，同时氧含量持续降低，煤体呈现高温态势，濒临发火危险;人体感知煤、岩、空气和水的温度超过正常值，附近巷道湿度增大，附近巷道壁面和支架表面出现水珠(挂汗)，巷道中有煤油、汽油、松节油和焦油等气味。当自然发火征兆出现，就可能引发火灾事故，在场人员应及时有效地消除火灾隐患，否则很容易酿成大火，所以现场人员必须停止作业，立即采取有效措施处理。在发火征兆不能得到有效控制时，按照“以人为本、生命至上”的理念，必须撤出人员，封闭危险区域。在封闭危险区域过程中，风流迅速减小，瓦斯浓度增大，发生瓦斯爆炸的可能性变大且爆炸强度未知，为防止灾害扩大化，其他区域所有人员必须全部撤出。

【案例】 2002 年 4 月 8 日，黑龙江省鸡西矿业集团东海煤矿发出 100 余人下井作业指令，其中包括封闭火区的工作任务。17 时 40 分左右火区内发生瓦斯爆炸，正在下井途中的第二批人员(60 余人)发现了爆炸征兆，停车返回地面，事故共造成 24 人死亡，37 人受伤。

【执行中应注意的问题】

(1) 有自然发火征兆没有采取相应的安全防范措施继续进行生产建设，是重大事故隐患。

(2) 煤矿企业应当加强对从业人员防灭火预兆的培训，所有井下人员都应会辨识自然发火的征兆。开采不易自燃煤层，也有可能发生自然发火，这类矿井的作业人员也是要进行自然发火预兆的培训和辨识的。

第二百六十六条　采用灌浆防灭火时，应当遵守下列规定：

(一) 采(盘)区设计应当明确规定巷道布置方式、隔离煤柱尺寸、灌浆系统、疏水系统、预筑防火墙的位置以及采掘顺序。

(二) 安排生产计划时，应当同时安排防火灌浆计划，落实灌浆地点、时间、进度、灌浆浓度和灌浆量。

(三) 对采(盘)区始采线、终采线、上下煤柱线内的采空区，应当加强防火灌浆。

(四) 应当有灌浆前疏水和灌浆后防止溃浆、透水的措施。

【释义】　本条是关于矿井采用灌浆防灭火技术管理的规定。

对发火隐患或发火地点实施灌注泥、砂、灰浆等防灭火材料，是一种有效的常规性防灭火措施。灌浆浆液流入采空区之后，固体物沉淀，充填于浮煤缝隙之间，形成断绝漏风的隔离带，有的还可能包裹浮煤，隔绝它与空气的接触，防止氧化。而浆水所到之处，增加煤的外在水分，抑制自热氧化过程的发展；同时，对已经自热的煤炭有冷却散热的作用。

视频

(1) 采用灌浆法扑灭矿井火灾时，如疏水系统不畅、预筑的防火墙质量低劣、设置位置不合理，以及采区布局不当、煤柱尺寸不符合要求和采掘顺序不适宜，在灌浆防灭火期间或以后在其下面(或相邻处)进行采掘作业时，一旦受外界条件的作用和影响，积存在采空区、旧巷、巷道冒落孔洞中的泥浆就会冲破隔离煤柱、预筑的临时防火墙等屏障，瞬间在压力作用下喷泻而出，轻者掩埋巷道、设备，中断生产，重者可能造成溃浆人员伤亡事故。因此，采(盘)区设计应当明确规定巷道布置方式、隔离煤柱尺寸、灌浆系统、疏水系统、预筑防火墙的位置以及采掘顺序。

(2) 灌浆是一项贯穿采区准备到回采结束的一项防灭火系统工程，应当在安排生产计划时，同时安排防火灌浆计划。如果没有事先安排好防火灌浆计划，实施不当，不仅不能达到预期目的，而且还会发生损失设备、设施乃至人员伤亡的严重事故。因此，安排生产计划时，应当同时安排防火灌浆计划，落实灌浆地点、时间、进度、灌浆浓度和灌浆量。

(3) 采(盘)区的始采线、终采线和上下煤柱线内的采空区，不仅是煤矿井下最容易自然发火的地区,而且从自然发火的防治技术(灌浆防灭火、凝胶防灭火、阻化剂防灭火和均压防灭火等)的实用角度看,在采(盘)区(或采煤工作面)的始采线、终采线和上下煤柱线内的采空区进行防灭火,灌浆防灭火技术最合适。因为泥浆不易受外界(矿压、采动影响和温度等)因素和条件的影响,稳定性好,覆盖或包裹碎煤均匀,封堵裂隙致密,防灭火效果好。而阻化剂防灭火、惰性气体防灭火、凝胶防灭火和均压防灭火技术,与灌浆防灭火技术相比,在上述地点应用,效果就要差一些。因此,采(盘)区始采线、终采线、上下煤柱线内的采空区,应加强防火灌浆。

(4) 当采空区内积水严重时,一方面会严重影响现场人员对所灌浆量与浓度的判断,从而使浆液的防灭火效能不能完全发挥,另一方面过量积水极易造成溃浆事故,所以必须事先制定采空区灌浆前的疏水措施。对采空区灌浆后,采空区内存在大量浆液,当受外界条件影响或发生地压活动时,极易发生溃浆、透水事故,采空区周边即成为溃浆、透水事故发生的高危区域。因此,在采空区灌浆后应当制定防止溃浆、透水的措施,同时应当避免在已灌浆区域周边进行其他活动。

【案例】 2007 年 12 月 24 日,内蒙古太西煤集团炭窑沟煤矿在实施井下灭火工程时,缺乏相应灌浆前疏水措施和灌浆后防止溃浆、透水措施,发生溃浆事故。当时井下有 7 名矿工正在实施灭火密闭运料工作,事故造成位于下部的 4 人遇难。

【执行中应注意的问题】

(1) 为避免灌浆导致的安全事故,需采取以下措施:灌浆前,应该根据采空区内积水区位置、预测水量大小、工作地点排泄水设施和设备能力等因素制定疏水措施,当采空区积水量不超过矿井的排水能力时,可用探水钻孔直接放水;灌浆时,应严格控制浆液水土比并控制灌浆量,灌浆量不应太大,同时应加强水情观测,对采空区内的灌浆量和排水量进行观测并做记录;另外应该在灌浆区下部巷道设置滤浆密闭,将灌浆区和工作区隔开;在灌浆区下部开展采掘工作前,必须对灌浆区进行探放水。

(2) 采用充填灌浆措施处理火灾或发火隐患时,为防止发生溃浆事故,充填时应符合下列要求:

① 要使用渗(透)水性强的材料(如荆条帘子或聚氯乙烯塑料帘子等)做围堰壁;如果采用木板做围堰壁,必须预留泄水孔(泄水孔的分布、直径或面积大小及数量多少等,应根据实际需要确定)。

② 围堰的四周要同巷道帮壁接实打牢。

③ 围堰构筑好后,背好套棚,打齐、打牢中心顶子。

④ 充填流量要均匀适度,切忌流量忽大忽小;接近充满时,要适当减少流量。

⑤ 充填灌浆时应设压力表并设专人观察,当发现管路压力较大(如管路跳动或管路接头跑漏水、砂浆等现象)时,要及时打开安全阀,释放压力,停止充填注浆。

⑥ 充填时,在充填地点前后两端各 50 m 范围内,除监护人员外其他人员一律禁止在充填区域内逗留。

第二百六十七条 *在灌浆区下部进行采掘前,必须查明灌浆区内的浆水积存情况。发现积存浆水,必须在采掘之前放出;在未放出前,严禁在灌浆区下部进行采掘作业。*

【释义】 本条是关于在灌浆区下部进行采掘作业的规定。

由于注浆量大,在灌浆区内通常会积存大量的浆水。在灌浆区下部从事采掘作业时,容易诱发矿压变化，留设的煤柱抗压强度降低，煤柱破坏，起不到隔离煤柱应有的作用；下部煤层的采动影响，造成上覆岩层裂隙发育，当上下煤层距离较近时，容易造成上下采空区贯通，诱发溃浆、透水；浆水积存在采掘作业活动的上方，受高差的影响，具有一定压力，当受到外力或自身重力作用下，就可能冲破屏障或阻力，溃泄下来，发生溃浆事故。在其下方从事采掘作业的人员，一旦不能发现预兆，可能会酿成人身伤亡事故的发生。所以，在灌浆区下部进行采掘前，必须采用物探或钻探技术对灌浆区内的浆水积存情况进行探测，一旦查明有浆水积存，必须由专业人员把积存的浆水排出，避免采掘作业过程中发生溃浆事故。在上部灌浆区积存浆水未放出前，严禁在灌浆区下部进行采掘作业。

视频

【案例】 2020 年 8 月 16 日，甘肃某矿 1392 水平采煤工作面发生一起水害（溃浆）事故，该工作面上部 5 个分层采空区冒落的煤、泥、碎石以及顶板，被注浆脱水、煤层注水、采空区渗水等长时间浸泡，发生软化离散，形成混合物；回采过程受爆破开帮震动影响，顶煤压裂，混合物从工作面第 4 号、第 5 号支架前探梁处呈泥石流状迅速溃出，导致 1 人死亡。

第二百六十八条　采用阻化剂防灭火时，应当遵守下列规定：

（一）选用的阻化剂材料不得污染井下空气和危害人体健康。

（二）必须在设计中对阻化剂的种类和数量、阻化效果等主要参数作出明确规定。

（三）应当采取防止阻化剂腐蚀机械设备、支架等金属构件的措施。

【释义】　本条是关于采用阻化剂防灭火措施的规定。

阻化剂防灭火技术就是把阻化剂溶液喷洒在煤体上防止煤炭自燃，其防火实质是抑制煤在低温时的氧化速度，延长自然发火期。阻化剂防火具有施工工艺简单、投资少、安全等优点。缺点是阻化剂在火区达到一定温度和范围后，阻止火区作用时间短，对金属管道有一定的腐蚀作用，对采空区再生顶板的胶结作用不如泥浆好。

视频

(1) 国内外使用的阻化剂主要有吸水岩类阻化剂氯化钙、氯化镁和氯化锌等，石灰水阻化剂，水玻璃阻化剂，亚磷酸酯与二氢氧三烷基醌阻化剂等。选用的阻化剂材料不得污染井下空气、危害人体健康。一些工业废液，如铝厂炼镁槽渣、造纸厂黑液、酿酒厂废液、化工厂硼酸废液等都具有阻化效果，过去曾作为阻化剂使用，但是这些废液有的成分不明，有的具有刺激性气味，污染井下空气，对人体健康有害，已经禁止使用。

(2) 选用阻化剂时应遵循安全、有效、经济的原则。就“安全”而言，不能选用能造成井下空气污染、危害人体健康的阻化剂，应该将绿色环保和安全无毒作为阻化剂选用的前提和基础；对金属构件有腐蚀作用的阻化剂，也不宜采用。从“有效”角度看，阻化率高、阻化寿命长的阻化剂是理想的阻化剂；阻化率虽高，但阻化寿命短的阻化剂也不能视为良好的阻化剂。从“经济”角度出发，应选用货源供应充足、储运方便、价格便宜的阻化剂。选用的阻化剂主要是氯化物，实践证明：氯化物水溶液对褐煤、长焰煤和气煤阻化效果较好；水玻璃、石灰水对高硫煤有较高的阻化率。

阻化剂的浓度和用量不同，阻化效果也必然存在差异。因此，采用阻化剂防灭火前，应针对特定的目标煤体取样进行阻化效果实验，测定阻化率和阻化寿命。在采取阻化剂防灭火时，必须在设计中对阻化剂的种类和数量、阻化效果等主要参数做出明确规定。

(3) 采用阻化剂防灭火前，应对阻化剂的金属腐蚀性进行检测，选取腐蚀性较低的阻化剂，腐蚀率不应大于 0.02 g/(h·m^2)，确定合理的阻化剂种类、喷洒工艺、浓度、数量与阻化效果。在使用过程中，应对机械设备和支架等金属制品采取防腐措施，如在阻化剂中加入缓蚀剂或对金属制品喷涂防腐蚀漆等。

【执行中应注意的问题】

(1) 阻化剂防灭火工艺主要有三种：在采煤工作面向采空区浮煤喷洒阻化剂、向可能或已经开始氧化发热的煤体打钻压注阻化剂和利用专用设备向采空区送雾化阻化剂。

① 如果选用阻化液喷洒工艺，可在采区内建立一个永久性的储液池，储液池用水泥料石砌筑，用供水管向储液池内供水，再往储液池内加阻化剂，搅拌均匀，通过水泵上药液管经电动泵加压后再经输液胶管喷洒管、喷枪喷洒在采空区内。

② 选用打钻压注阻化液时，以煤壁见阻化液为准，如果一次达不到防火效果时，还可重复两三次，直达效果满意为止。

③ 如果选用向采空区送雾化阻化剂，在应用之前，应确定采空区漏风量。雾化器的喷射量不得大于漏风量，否则将对采空区的空气流动状态产生影响。

(2) 阻化剂可以单独使用，也可以加入灌浆液中混合使用，以提高预防性灌浆的防灭火效果。

第二百六十九条 *采用凝胶防灭火时，编制的设计中应当明确规定凝胶的配方、促凝时间和压注量等参数。压注的凝胶必须充填满全部空间，其外表面应当喷浆封闭，并定期观测，发现老化、干裂时重新压注。*

【释义】 本条是关于采用凝胶防灭火时的规定。

视频

(1) 凝胶是以水为载体(一般占总量的 80%～85%，甚至达 90%)，以水玻璃为主剂，以硫酸盐类或碳酸盐类为促凝剂，以水泥、白灰或黄土为补强剂，化合而成的一种化学不燃性防火材料，形似胶冻，故称为凝胶。凝胶防灭火技术是将基料、添加剂与水按一定比例混合，然后用泵(或注浆系统)压注到煤层发火部位，先使注入口附近火源表面降温，在泵压和自重作用下，混合液体渗入煤体裂隙和微小孔隙中，在发火部位形成凝胶或胶体，阻断氧气扩散，阻止煤体继续氧化放热，进而降低煤体内部温度，达到防灭火的效果。因此，对于较小空间或裂隙地点及高位火点的防治有较好的效果。

(2) 凝胶材料的配方、促凝时间和压注量直接决定了现场的使用工艺和防灭火效果，因此，应当明确规定其参数并编制凝胶灌注方案，以达到最佳的防灭火效果。在制定凝胶灌注方案时，应根据灌注空间的体积和预计的渗漏情况计算凝胶的压注量，结合灌注管路的长度、所需的凝胶扩散半径等参数，合理计算促凝时间，并根据促凝时间，确定材料配方和添加浓度。以水玻璃凝胶为例，当基料为 90～100 kg/m^3、促凝剂为 20 kg/m^3 时，促凝时间为 7～8 min；而当促凝剂为 50 kg/m^3 时，促凝时间只有 25 s。若促凝时间与现场工艺参数不匹配，则可能导致凝胶的泄漏浪费或堵塞管道。

(3) 如高温点发生在上部的裂隙中，一般的防灭火技术措施难以奏效，采用注凝胶方式，可使凝胶在上部的裂隙中堆积，堵塞漏风通道，起到防灭火作用。凝胶具有渗透性强、密封性好(尤其对那些微小的孔隙或裂隙)、常温下稳定性好、凝固快的特点。压注时凝胶必须充满全部空间，向外溢出后方可停止压注，否则便无法实现空隙的完全充填和煤体的完全覆盖，对高位火点也无法达到相应的防灭火效果。当凝胶材料灌注完后，应对凝胶层的外表面进行喷浆覆盖，主要是为了减缓高温环境下凝胶的水分蒸发，防止老化和干裂。凝胶材料老化和干裂后便会失去隔氧、降温等作用，导致防灭火功能失效。因此，应当定期观测凝胶状态，发现老化和干裂时，重新压注同种凝胶材料进行补充。

【执行中应注意的问题】

（1）矿井防灭火凝胶材料的选择应遵从以下原则：

① 无毒无害。

② 价格低廉，工艺设备简单。

③ 要有良好的堵漏性。

④ 具有良好的渗透性能。

⑤ 良好的耐高温性能。

⑥ 吸热性能好。

（2）凝胶材料技术参数：

① 成胶时间。矿井灭火一般选择成胶时间在几十秒到 10 min 之间的成胶原料，根据不同的使用条件，要求胶体有不同的成胶时间。用于封闭、堵漏和扑灭高温火源点，成胶时间应控制在混合液体喷出枪头 30 s 内；用于阻化浮煤自燃，成胶时间应控制在混合液体喷出枪头 5～10 min。

② 固水性。胶体都有固水性，能够使一定量的水固定在胶体网状结构骨架中失去流动性。不同胶体固水的能力不同，例如硅酸凝胶可以把 90％以上的水固定在其网状结构中，失去流动性。

③ 耐压性。凝胶灭火的一个重要的指标是其堵漏性，胶体的耐压性对堵漏的效果有很大影响。胶体的强度越大则能够承受的漏风压力越大，堵漏效果也越明显。

④ 渗透性。在矿井灭火过程中，需把胶体注入发火的煤体里。当胶体的浓度为 2％时，胶体的屈服值大于其自身的重力，所以可滞留在煤层中。

⑤ 吸热性。胶体的主要成分是水，由于水的比热容很大，因此水温的升高可以吸收大量的热能，从而降低煤层内部温度。

（3）在压注凝胶过程中，对施注空间的渗透情况和凝胶的凝固速度及渗漏情况估计不足、测算不精确等原因，都有可能造成人为的充填不满、不实现象，没有达到凝胶防灭火的预期效果，在上述地点发生自然发火或复燃。

第二百七十条　采用均压技术防灭火时，应当遵守下列规定：

（一）有完整的区域风压和风阻资料以及完善的检测手段。

（二）有专人定期观测与分析采空区和火区的漏风量、漏风方向、空气温度、防火墙内外空气压差等状况，并记录在专用的防火记录簿内。

（三）改变矿井通风方式、主要通风机工况以及井下通风系统时，对均压地点的均压状况必须及时进行调整，保证均压状态的稳定。

（四）经常检查均压区域内的巷道中风流流动状态，并有防止瓦斯积聚的安全措施。

【释义】　本条是关于采用均压技术进行防灭火的规定。

均压防灭火技术即在矿井主要通风机合理运行情况下，通过对井下风流调整，改变有关

视频

巷道压力分布,均衡火区或采空区进回风风压差,减少漏风和杜绝漏风,使火区内空气不产生流动和交换,断绝供氧源,达到窒熄、惰化或抑制煤炭自然发火。其防灭火实质是通过风量合理分配和调节,堵风防漏,控风防火,以风治火。

就专项防灭火技术而言,均压防灭火技术是一项技术含量高、防灭火成本低、对生产影响小、效果较好的防灭火新技术,同时又是一项实施难度大的专项防灭火技术。均压防灭火技术的关键在于使火区的进、回风两点间的风压差等于零或趋近于零,消除因火区两点间压差的存在而引起的漏风,引起的采空区自然发火,或已封闭的火区不能尽快熄灭而死灰复燃。因此,对采用均压技术防灭火做出了严格的规定。

(1) 均压通风是区域性防灭火措施,其设计必须以完整的区域风压和风阻资料为依据。并应定期开展矿井通风阻力测定,掌握矿井阻力、风量分布情况,应查明均压对象关联系统内风流压能分布,考察漏风状况,必须有完善的监测手段。在此基础上制定均压方案和措施,实施过程中加强均压效果考察,适时改变均压参数。因此,本条规定应“有完整的区域风压和风阻资料以及完善的检测手段”。

(2) 在实施均压防灭火的全过程中,指定专人定期观测与分析采空区和火区的漏风量大小、漏风流的流动方向、空气温度和防火墙内外的压差变化动态,是十分必要的。这是因为煤矿井下条件复杂,除受采掘、矿压的变化而影响巷道断面、阻力大小会变化外,密闭质量、通风网路、自然风压、机械通风动力、火风压及瓦斯等有害气体涌出等多种因素影响,封闭区域进、回风两端的压力差会动态变化,封闭区域内的漏风量、漏风方向、瓦斯浓度、氧气浓度等也随之变化。这些会影响矿井通风风量的再分配和压能的变化,而压能的变化恰恰是直接影响采空区或火区压差变化的最直接因素,如不能及时发现这些变化情况,不及时采取相应措施进行调节,那么均压防灭火就会失败。

(3) 均压平衡破坏后,尤其是在改变矿井通风方式、主要通风机工况以及井下通风系统时,要及时检测压差及漏风状况,采取均压调整措施,防止邻区采空区、采煤工作面、采空区和护巷煤柱等处的漏风量增加,防止火灾气体涌入生产井巷和作业空间,保证均压的稳定性与可靠性。

(4) 煤矿企业应高度重视均压防灭火可能产生的瓦斯事故隐患,防止瓦斯事故。必须掌握火源大概位置、瓦斯浓度情况,应经常检查均压区域内巷道中风流的流动状态,落实瓦斯检查制度,查清 CH_4 涌出情况和气样变化,防止瓦斯积聚或流向火源,并制定稀释、断电、撤人等应急处理方案。

【执行中应注意的问题】

(1) 有的矿井由于对均压防灭火技术的关键和实质认识肤浅,均压参数和控制手段选用不当,运用不规范,不仅没有消除受控区两点间压差,反而人为地造成压差增大。

(2) 注意一些矿井采用“均压通风”时,并未测定待均压区域两端风压差,再据此采取调压措施使风压差趋近于零,而是盲目增大均压区风压,形成高压差以正压通风代替均压通风,其结果仅改变了均压区漏风方向或增大了漏风量,不能抑制自燃。一方面均压区正压通风使 CO、CH_4 等气体流向其他区域,可能诱发瓦斯爆炸;另一方面造成了上隅角无 CO 是“均压通风”发挥效果的误会,无法对均压区继续漏风诱发的自燃提出预警。

(3) 采用均压技术防灭火的注意事项:

① 必须首先绘制通风系统图、通风立体图、通风网络图和通风压能图;其次,要查明均

压区域、风流压能分布和漏风状况。在此基础上制定均压方案和措施，严格付诸实施。

② 在实施中要进行均压效果实测，发现不符合均压技术要求时，要采取风压调节措施，以达到均压防火的目的。

③ 为绘制通风压能图，须对有关风路同时进行通风阻力测定。

④ 实行区域性均压时，应顾及邻区通风压能的变化，不得使邻区老塘、采煤工作面、采空区或护巷煤柱的漏风量有所增加，严防火灾气体涌入生产井巷和作业空间。

⑤ 采煤工作面采用均压技术实施均压通风时，必须保证均压通风机持续稳定的运转，并有确保均压通风机突然停止运转时保证人员安全撤出的措施。

⑥ 利用均压技术灭火时，必须查明火源位置、瓦斯流向，并有防止瓦斯流向火源引起爆炸的安全措施。

(3) 采用均压防火技术时，应当编制专项方案，经论证报上级企业技术负责人批准后方可使用。专项方案应包括以下内容：火区或火灾隐患区的基本情况、通风设施的位置、矿井或均压区通风阻力测定与分析、调压风机的性能测定与分析、矿井通风网络解算与分析、漏风通道连通性检测与分析、调压方法、均压设备设施的管理方法、均压效果的预测与检验方法、应急处置等。

(4) 调压措施应当根据均压要求确定，可选择调压风墙、调压风门、调压风窗、调压风机、调压风道、调压气室等调压措施或者其组合。

(5) 采用均压技术调压时，应当符合下列要求：

① 开采地表严重漏风的煤层时，应当先堵漏，再采用调压措施均压。

② 有相互影响的多煤层同时开采时，应当一并采取相应的均压措施。

③ 采用层间调压时，应当采取控制层间压差的措施，防止有毒有害气体泄入相邻煤层的采煤工作面。

④ 在煤层冒顶处的下方和破碎带内，不得设置调压设施。

⑤ 与均压区并联的巷道中，不得设置调压风墙和调压风门。

⑥ 调压风机必须安装同等能力的备用局部通风机，均采用“三专”供电，实现自动切换功能。

第二百七十一条　采用氮气防灭火时，应当遵守下列规定：

(一) 氮气源稳定可靠。

(二) 注入的氮气浓度不小于97%。

(三) 至少有1套专用的氮气输送管路系统及其附属安全设施。

(四) 有能连续监测采空区气体成分变化的监测系统。

(五) 有固定或者移动的温度观测站(点)和监测手段。

(六) 有专人定期进行检测、分析和整理有关记录、发现问题及时报告处理等规章制度。

【释义】　本条是关于采用氮气防灭火的规定。

(1) 氮气是一种既不自燃又不助燃的惰性气体，它和二氧化碳一样都具有窒熄性，人们就是利用氮气的这一特性，将其作为矿井防灭火的一种材料。向采空区(或火区)等地点注入氮气，可起到惰化采空区阻止煤炭氧化自燃、提高采空区的相对压力，使采空区呈正压状态。防止新鲜风流渗入、降低采空区温度，阻止煤炭氧化升温、降低瓦斯和氧气浓度防止瓦

视频

斯燃爆事故等作用。采空区范围广且氮气易随漏风流泄漏,必须长时间连续注氮才能达到预期效果。因此,采用氮气防灭火时,氮气源必须稳定可靠,能够以一定流量长时间持续稳定地制备浓度达标的氮气。

(2) 氮气具有较好的防灭火作用和效果,从这个角度来衡量,当然是氮气浓度越高越纯越好。但从我国目前煤矿的经济承受能力和煤矿井下防灭火的实际出发,浓度不小于97%的氮气也可以达到防灭火的目的。实践证明,如果确保注入采空区或有自然发火征兆的区域的氮气浓度不小于97%时,可以达到防止自然发火的预期效果;但是,虽然注氮能形成缺氧环境,控制火势发展,却不能有效消除高温点,火源在氧气浓度为3%的环境中还可能持续缓慢阴燃,启封后高温火源遇到氧气可能迅速复燃。因此,本条规定的97%的氮气浓度是最低浓度,实际注氮时,如最佳氮气浓度是99%,还应注意注氮的时间,确保火源彻底熄灭。

(3) 虽然惰性气体本身无毒,但浓度较高时具有窒息性。采掘工作面等作业场所的氧气含量不得低于20%,否则会威胁工作人员的生命安全。当采用液氮直注时,由于液氮汽化吸热,造成输送管路温度骤降;液氮汽化后体积迅速膨胀,输送管内压力升高,输送管路必须符合耐低温和耐压要求。因此,注氮防灭火时,至少有1套专用的氮气输送管路系统及其附属安全设施。附属安全设施包括在氮气输送管路安装压力传感器以便实时监测注氮压力、在氮气输送管路周围布置氧气传感器以便实时监测氧气浓度等。

(4) 氮气防灭火时注氮的浓度不低于97%,就不可避免地会出现采空区氮气向工作面和两巷扩散的现象。这样,由于氮气泄漏导致采空区氮气浓度降低,从而对采空区防火不利;另一方面,泄漏到工作面及两巷的氮气将污染工作面环境,造成人员的窒息或者瓦斯事故的发生。因此,需要有能连续监测采空区气体成分变化的监测系统,需要有固定或者移动的温度观测站(点)和监测手段,分析注氮后的防灭火效果,确定隐蔽火源的燃烧状态,一旦发现氮气泄漏,立即采取相应措施。

(5) 通常,防止采空区氮气泄漏的方法是对采空区及进、回风巷道特别是进风巷道一侧进行封堵。封堵的材料有聚氨酯、尿醛泡沫树脂以及黄泥等。在工作面后部通往采空区的进、回风巷道中,每前进5 m至少应封堵一次。此外,均压措施也可以用来防止氮气泄漏。依据通风方式、通风强度和压差大小,合理确定注氮量;同时还应考虑氮气的泄漏量以及由于抽采采空区瓦斯而排放掉的氮气量。

(6) 注氮防灭火过程中可能发生氮气泄漏,在采空区进行注液氮防火时,由于操作不当,释放口位置不合理等原因易导致窒息、爆管等伤人事故,存在一定的安全隐患。因此,应有专人定期进行检测、分析和整理有关记录、发现问题及时报告处理等规章制度。必须建立氮气制备设备的操作规程、工种岗位责任制、机电设备维护检修规程、注氮防火管理规定等规章制度以及注氮工作台账。

【执行中应注意的问题】

(1) 应根据不同采煤方法、煤层赋存和地质条件、工作面通风方式、顶底板岩性和采空区丢煤及发火危险程度等情况,编制采空区注氮设计和安全措施。注氮设计应包括以下内容:

① 氮气防火工艺系统。

② 氮气的注入方式、方法。

③ 氮气防火参数计算。

④ 氮气防火的监测。

⑤ 注氮工艺系统图的绘制及说明书的编写。

(2) 在采用注氮措施灭火时，注氮地点应尽可能选在进风侧或靠近火源；在工作面注氮防火时，注氮管口应处于采空区的氧化带内；在采用注氮措施抑制瓦斯爆炸（注氮惰化瓦斯积聚区，或扑灭瓦斯积聚区的火灾）时，必须构筑密闭，且密闭墙外还必须构建防爆墙，同时密闭墙的构筑顺序严格按规定执行。注氮的同时，应取样分析火区气体成分的变化，并用空气—甲烷混合物的爆炸三角形进行失爆性的判断。

第二百七十二条　*采用全部充填采煤法时，严禁采用可燃物作充填材料。*

【释义】　本条是关于全部充填采煤法选择充填材料的规定。

全部充填采煤法是指采后形成的空间（采空区）用不燃性材料（矸石、山砂、河沙等）予以充填的采煤方法。采用全部充填采煤法时，严禁采用可燃物作充填材料。如果将可燃物充填到采空区内，无疑会增加采空区可燃物质的数量，一旦煤自燃发生，会诱发充填材料的燃烧，加大采空区发火的概率以及火灾危险度。此外采空区发火的处理比较困难，主要是火源点的位置难以准确判断，灭火措施有时难以奏效，往往导致工作面封闭，造成停产以及人员伤亡等。

视频

【执行中应注意的问题】

开采容易自燃、自燃和不易自燃煤层，只要采用全部充填采煤法时，均必须符合本条规定。

第二百七十三条　*开采容易自燃和自燃煤层时，在采（盘）区开采设计中，必须预先选定构筑防火门的位置。当采煤工作面通风系统形成后，必须按设计构筑防火门墙，并储备足够数量的封闭防火门的材料。*

【释义】　本条是关于开采容易自燃和自燃煤层时采（盘）区构筑防火门的规定。

(1) 防火门是矿井火灾发生后，在灭火过程中用于进行风流调节、调控（增减风量、短路通风、反风等）以控制烟气排放路线，抑制火灾蔓延、发展乃至进行火区封闭时的一种构筑物。由于封闭火区的危险性与封闭时间成正比，防火门的位置必须根据可能和容易发火的部位或地点，结合通风系统，在采（盘）区开采设计中预先选定，并在采煤工作面通风系统形成后构筑好防火门墙以及备足封闭防火门的材料，从而减少火区封闭时间，以免贻误灭火时机。在采（盘）区开采设计中，如不做好预先、充分和细致的考虑，一旦井下发生自然发火事故时再去考虑，人员往往由于火灾发生突然、火势迅猛、形势紧急而失去镇定和理智，在这种情况下，有时可能做出错误的分析和判断，甚至做出不切实际的决策，人为地使灾害扩大。

视频

(2) 在采（盘）区开采设计中，需要构筑防火门墙的地点有：

① 采区进、回风巷道各预布置防火门一道。进风巷道中的防火门可有效防止新鲜空气进入灾区，防止火情扩大或因火势发展烟流逆退、滚退混入进风流造成风流逆转；回风巷道中的防火门主要是在有工作面封闭需求时，实现进、回风巷道同时快速封闭火区。防火门还可以作为监控和处理采区火情的探口，对火情进行有效的监控和治理。

② 采区机电硐室入口设向外开放的防火铁门。

③ 采区机电硐室处需布置由两道防火门墙构成的双防火门隔段硐室。

采区机电硐室内高压高温,机电设备复杂且数量繁多,采区其他位置火灾波及机电硐室将产生次生灾害、造成灾害扩大恶化,是需要重点防护部位。

在采区机电硐室设计当中,各个入口应当设立向外开放的防火铁门;当采区机电硐室位于单巷一侧时,单巷采区入口前后设立双防火门,两道防火门于巷道中隔出一段形成防火门硐室,可有效阻断来自机电硐室上、下游火情对于该位置的影响;当采区机电硐室位于进、回风联络巷中时,硐室入口左右两侧各设一道防火门,可有效防止进、回风巷道内的火灾对机电硐室的影响。防火门硐室的设计可保全矿井财产,避免在逃生、救灾过程中产生次生灾害。

【执行中应注意的问题】

(1)防火门墙的构筑要求:

① 防火门的门墙(套),必须采用不燃性材料建筑。

② 墙体施工厚度不得小于 600 mm。

③ 墙体四周与巷壁接实,其掏插深度不得小于 300 mm。

④ 墙体要求不漏风。

⑤ 防火门开口断面满足行人、通风和运输要求。

⑥ 防火门一般采用“内拆插口结构”,如图 3-6-7 所示。

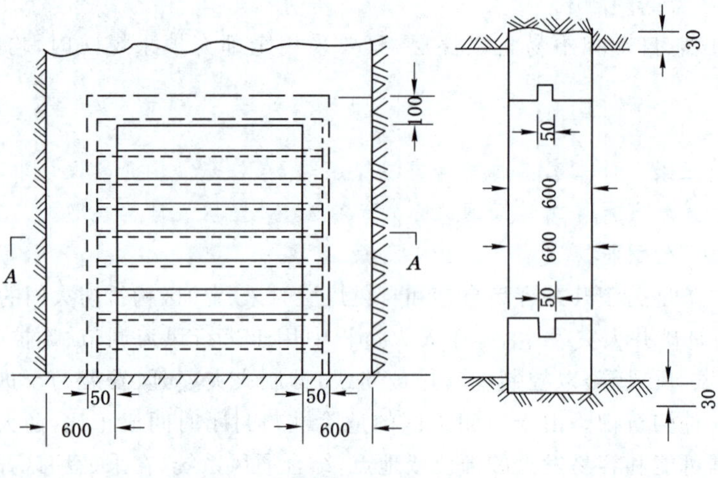

图 3-6-7　防火门的结构

⑦ 封闭防火门所用的板材厚度不得小于 30 mm,一般要外包铁皮。

⑧ 封闭防火门所用的板材要逐次编号排列,摆放整齐。指定专人定期进行检查,如发现有变形或丢失,应及时更换或补充。

(2) 在有带式输送机等设备的采掘工作面的进、回风巷设置防火门具有一定难度,应当对防火门形式、施工顺序、材料储备位置等做特殊设计,达到不影响正常生产的要求。

(3) 实施构筑防火门墙的条件和时间应在灾害预防与处理计划中给出明确说明。

第二百七十四条　*矿井必须制定防止采空区自然发火的封闭及管理专项措施。采煤工作面回采结束后,必须在 45 d 内进行永久性封闭,每周 1 次抽取封闭采空区气样进行分析,*

并建立台账。

开采自燃和容易自燃煤层，应当及时构筑各类密闭并保证质量。

与封闭采空区连通的各类废弃钻孔必须永久封闭。

构筑、维修采空区密闭时必须编制设计，制定专项安全措施。

采空区疏放水时，应当加强对采空区自然发火危险的风险进行评估；采空区疏放水时，应当加强对采空区自然发火危险的监测与防控；采空区疏放水后，应当及时关闭疏水闸阀、采用自动放水装置或者永久封堵，防止通过放水管漏风。

【释义】 本条是关于防止采空区自然发火封闭及管理的规定。

（1）采空区是煤矿最易发生煤自然发火的地点之一，是防火重点区域，封闭采空区是防止采空区自然发火的一项关键技术措施。工作面回采结束后，必须及时对采空区进行永久性封闭，综合考虑我国煤层的最短自然发火期和煤矿现有的技术条件，本条规定封闭必须在采煤工作面回采结束后 45 d 以内完成，而不是采煤工作面撤除完设备之后 45 d 以内完成；对采空区实施封闭后，还必须加强采空区的监测与管理，要求每周抽取 1 次封闭采空区气样进行分析，发现情况异常应及时处理。

视频

（2）开采自燃和容易自燃煤层，应及时构筑各类密闭并保证质量，确保不向封闭的采空区漏风，避免复燃。与封闭采空区连通的抽采钻孔、地勘钻孔、探放水钻孔等废弃钻孔必须永久封闭，以免由废弃钻孔向封闭采空区漏风引发火灾。

（3）矿井中各类密闭是阻止矿内空气进入采空区或废弃区域引发煤自燃的重要隔离设施，距离采空区位置比较近，受瓦斯、煤尘、自燃火灾、顶板等危害的影响较大，构筑、维修采空区密闭是一项高风险工作。为避免在构筑、维修采空区密闭时发生危险，威胁工作人员的人身安全，施工前必须编制设计，制定防止瓦斯、煤尘爆炸和人员中毒的专项安全措施。

（4）采空区疏放水前，应当对采空区自然发火的风险进行评估。采空区疏放水时，应当加强对采空区自然发火危险的监测与防控，制定防止采空区自然发火的专项措施。采空区疏放水后，应当关闭疏水闸阀，采用自动放水装置或者永久封堵，防止通过放水管漏风。与封闭区连通的各类废弃钻孔必须永久封闭。

【案例】 2012 年 2 月 3 日，筠连县某煤矿总回风巷与 1238 机巷垮穿点发生一起重大瓦斯爆炸事故，造成 13 人死亡，1 人下落不明，4 人重伤。事故直接原因：矿井 1288 轨道下山上车场与南翼采区回风巷之间联络巷的密闭墙和南翼采区回风巷风桥损坏，导致 1288 准备区巷道风流短路积聚瓦斯，在修复密闭墙和风桥恢复 1288 准备区巷道通风过程中，积聚瓦斯排放至总回风巷与 1238 采面机巷垮穿点，遇煤层自然发火火源引起瓦斯爆炸，导致事故发生。

【执行中应注意的问题】

（1）采空区封闭应注意以下几个方面：

① 密闭墙体应具有足够的承压强度、足够的气密性能和使用寿命。冲击地压危险区密闭必须具备抗冲击性能。

② 永久密闭应优先选择充填方式封闭。不具备充填条件的密闭，必须增设一道可压缩密闭（可采用膨胀型塑性材料）。

③ 大面积采空区封闭，可选择封闭长期不用巷道的方式，实现大范围封闭。

④ 需泄水的密闭应在确保不漏风的前提下，保证其泄水能力。

⑤ 密闭位置应选择在动压影响小、围岩稳定、巷道规整的巷段内。巷帮破裂的巷道封闭后,应对密闭周边巷道进行注浆加固处理,如注水泥或马丽散等。

⑥ 永久密闭墙体必须与巷壁紧密结合,连成一体。

⑦ 密闭前应设置栅栏、警标、检查箱和管理牌板,配齐观察孔、措施管、束管等辅助设施。

⑧ 矿井应建立完善的观测制度,掌握采空区内的气体情况,采空区密闭内气体浓度每半月至少进行一次气体分析,并检查密闭墙的完好状态及漏风情况。

(2) 本条强调所有矿井,无论是开采容易自燃、自燃煤层的矿井还是不易自燃煤层的矿井,都必须编制防止采空区自然发火的封闭及管理专项措施。

第二百七十五条 任何人发现井下火灾时,应当视火灾性质、灾区通风和瓦斯情况,立即采取一切可能的方法直接灭火,控制火势,并迅速报告矿调度室。矿调度室在接到井下火灾报告后,应当立即按灾害预防和处理计划通知有关人员组织抢救灾区人员和实施灭火工作。

矿值班调度和在现场的区、队、班组长应当依照灾害预防和处理计划的规定,将所有可能受火灾威胁区域中的人员撤离,并组织人员灭火。电气设备着火时,应当首先切断其电源;在切断电源前,必须使用不导电的灭火器材进行灭火。

抢救人员和灭火过程中,必须指定专人检查甲烷、一氧化碳、煤尘、其他有害气体浓度和风向、风量的变化,并采取防止瓦斯、煤尘爆炸和人员中毒的安全措施。

【释义】 本条是关于井下发现火灾时应采取的措施及救灾过程中注意事项的规定。

视频

(1) 井下发生火灾的初期,一般还没有充分燃烧,范围不大,火势尚未蔓延扩展,燃烧产生热量不大,周围介质的温度不高,环境条件恶化程度相对并不太严峻。此时,如能镇定地采取一切可行的措施是比较容易灭火的,一旦火势蔓延开来,再去进行处理就困难多了。若没有对火情进行理性判断,见火就撤离,贻误灭火良机,有可能不严重的火灾却酿成重大的火灾事故。因此,井下任何人发现火灾时,应根据火灾性质、灾区通风和瓦斯情况做出判断,具备直接灭火条件的,在保证自身安全的前提下,应立即采取一切可能的办法直接灭火并迅速报告调度室。

(2) 发生火灾时,首先要保障人员的生命安全,受火灾威胁地区的人员如果不能及时撤离就可能受到伤害,造成重大的人员伤亡。因此,在直接灭火工作中,应当保留直接灭火所需的人员力量,全面撤离灾区极有可能波及区域内的其他人员,最大限度避免潜在的人员伤亡。

(3) 电气设备着火一般都是由供电电源故障而引发的。电气设备着火,如不把电源切断,则引火的火源还在,火焰就会继续燃烧,无法有效扑灭和控制。它同自然发火一样,如在处理时,不能将引发自然发火的火源彻底灭掉,火灾就不能根治,一旦时机成熟还会复燃。在切断电源前,扑灭电气火灾,如采用导电的器材、手段和方法时,不仅不能安全、迅速、有效地扑灭火灾,而且还可能由于灭火器材或手段(譬如直接用水灭火)导电,造成意外人身触电伤亡事故发生。

(4) 井下发生火灾时,在处理过程中稍有不慎或不得其法,拖延时间、贻误战机,有可能引起火势蔓延。在某些环境条件下,还可能产生风流反转、烟火逆退和回流等火灾伴生现象。这些现象的出现，会造成烟侵区域扩大，使原先的新鲜风流变成火灾气体侵入的风流，使在这些风流中的作业人员和抢险救灾人员受到烟雾和有害气体侵袭，甚至会造成中毒窒息死亡。因此，在抢救人员和灭火过程中，必须检查甲烷、一氧化碳、煤尘、其他有害气体浓度和风向、风量的变化，当风流进续出现不稳定，风量忽大忽小或风量成少时，必须停止现场处置作业，撤出人员。

(5) 受火风压的影响，原来瓦斯浓度不超限、积聚的巷道，或新鲜风流巷道可能出现风流反转、停顿或风量锐减，使瓦斯超限积聚，甚至达到爆炸界限，一旦遇上火源(外因火灾的火源或自然发火)，可能引起瓦斯煤尘爆炸。在煤矿井下处理火灾(特别是自然发火)过程中诱发瓦斯煤尘爆炸使灾害扩大的事故时有发生，教训是十分沉痛的。因此，本条款规定“采取防止瓦斯、煤尘爆炸和人员中毒的安全措施”。

【执行中应注意的问题】

(1) 制定防止瓦斯、煤尘爆炸和人员中毒的安全措施时，应重点考虑以下几个方面：

① 在编制矿井生产建设计划的同时，认真编制好《矿井灾害预防和事故处理计划》，并认真组织员工学习和进行救灾演习，以提高自我保护意识和应变能力。

② 抢险救灾指挥者应牢记人的生命是最宝贵的。在指挥灭火时，首先要想到灾区内人员的安全。首先将与抢险救灾无关人员撤出危险区。同时，为了安全、迅速、有效地救灾灭火，还应考虑救灾人员的自身安全不会受到威胁和危害。

③ 要根据火灾发生地点的风流方向(火灾发生在上行风流巷道还是发生在下行风流巷道)，以及火源点与瓦斯积聚点的相对位置，审慎选择构筑防火墙的位置，以及风流的调节和控制方法。

④ 选择合适的灭火方法和手段。

⑤ 灭火伊始，就要架设好不受外界干扰的抢险救灾指挥通信系统，特别是要解决好灾区内的通信。

⑥ 选择一个安全可靠且靠前的前线指挥部的位置，应满足在发生瓦斯煤尘爆炸和风流反转的情况下，不会受到爆炸冲击波或火灾气体的侵袭。

(2) 煤矿井下实施直接灭火时，必须遵守下列规定与要求：

① 扑灭电气火灾，必须首先切断电源；电源切断前禁止用水灭火，必须使用不导电的灭火器材进行灭火。

② 用水灭火时，应遵循“先灭外围，后灭火源”的原则，严禁将水流直接喷射在火源中心，以防引起水蒸气爆炸；水量不足，禁止向高温火源直接用水灭火。

③ 直接灭火时，应采取保证井下风流方向稳定的措施。常用的稳定风流措施有：在火源的排风侧设水幕(特别是倾斜巷道内必须设水幕)，以降低烟火温度和避免形成火风压，水幕长度一般不小于 10 m；在低瓦斯矿井中，可在火源进风侧悬挂风障、构筑稳流防火墙、关闭防火门等，以减少火灾烟气的发生量；保证主要通风机工况点的稳定；如果火源发生在角联巷道中，应设法改变其相邻巷道的网路结构，使火灾巷道变为并联巷道；保证火源回风流的畅通。

④ 采用直接挖出火源方法灭火时，必须符合以下条件：火源范围较小且能直接到达；可燃物的温度已降至 70 ℃以下，且无复燃或引燃其他物质的危险；无瓦斯爆炸或火灾的危险；风流稳定，无一氧化碳等中毒危险；需要爆破时，炮孔内的温度不得超过 400 ℃；挖出的炽燃物，有条件的混以惰性物质，以保证运输过程无复燃危险。

⑤ 当井下火灾无法直接灭火或在采取直接灭火措施无效(难以控制火势)时,必须采取其他间接灭火措施或予以封闭。

(3) 特别注意在煤矿各种灾害中,《规程》仅对于火灾,明确提出“立即采取一切可能的方法直接灭火,控制火势”的要求。究其原因,由于火灾的持续时间长、发展迅猛、动态变化的特征,对初期救灾的要求更为迫切。一来初期救灾的难度、危险性比发展期要小得多,二来到火势进入发展阶段,其致灾危险性和影响范围迅速扩大。因此,各矿在做好救灾组织、技术、装备准备的前提下,应当明确提出现场作业人员发现火灾时,执行本条款的要求。

第二百七十六条 封闭火区时,应当合理确定封闭范围,必须指定专人检查甲烷、氧气、一氧化碳、煤尘以及其他有害气体浓度和风向、风量的变化,并采取防止瓦斯、煤尘爆炸和人员中毒的安全措施。

【释义】 本条是关于封闭火区灭火的规定。

视频

封闭火区是指用防火墙把进风侧和回风侧所有通向火区的巷道以及巷道内易向火源漏风的区域封严。火区封闭后,切断了外界的供氧,破坏火区内生热和散热平衡系统,这种情况持续一定时间能使火源彻底熄灭。还可以在密闭空间内注入惰性气体,快速降低氧气浓度,达到灭火目的。

(1) 火区封闭范围越小,火区封闭后的氧气浓度下降越快,对封闭后火区熄灭越有利,对生产影响越小,但火区封闭范围越小,可燃气体越容易积聚达到爆炸界限,防火墙与火源的距离越小,火区高温烟流以及一旦发生爆炸对防火墙构筑人员威胁越大;反之,火区封闭范围越大,对封闭后火区熄灭越不利,对生产影响越大,不得不采取危险性较大的火区缩封可能性越大,但封闭期间火灾烟流、爆炸对构筑人员安全威胁越小。因此,合理确定封闭范围以主要保障封闭过程的安全性来把握好这个平衡,在火区爆炸性风险较大的情况下,为保障密闭构筑人员的安全,在采取构筑密闭的各项安全措施后,也把适当增加火区封闭范围作为加入的安全措施之一;反之,则可采取适当缩小火区封闭范围的办法。所以,本条款规定“封闭火区时,应当合理确定封闭范围”。

(2) 在实施封闭火区灭火过程中,风量、风压及火灾烟气流动方向随密闭施工会发生变化,如若密闭位置或封闭顺序出现错误,将会导致重大隐患甚至引发爆炸事故。例如,进风侧密闭与火源之间的空间较大,瓦斯积聚的概率就大;如果进风侧密闭与火源之间有连通火源前后的巷道,这样的巷道容易造成火烟的循环而导致火灾气体(包括瓦斯)爆炸。特别是在高瓦斯矿井中如果出现封闭顺序错误或通风系统紊乱、不稳定等现象时,都可能发生人员中毒或爆炸事故。因此,封闭火区时,必须指定专人检查甲烷、氧气、一氧化碳、煤尘以及其他有害气体和风向、风量的变化,还必须采取防止瓦斯、煤尘爆炸和人员中毒的安全措施。

【执行中应注意的问题】

(1) 合理的封闭范围主要指合理确定进、回风侧的密闭位置,确定的基本原则是选定的密闭位置要具备安全的施工条件,易于实现快速安全撤退,同时实施的密闭数量少、完成的时间短。

(2) 火区封闭后,应当避免火区缩封,有爆炸风险的,严禁缩封。如果必须进行缩封时,应当制定缩封过程安全保障措施,报上级企业技术负责人批准,无上级企业的由煤矿组织专家进行论证。

(3) 封闭火区时，应当同时封闭各条进回风通道，包括具有多条进回风通道的火区。

(4) 封闭工作面的密闭应当构筑在巷道围岩完整、支护良好的位置。密闭应当设置观测孔观测压差、气温、采集气样，观测管应当穿过所有密闭进入封闭区内；安装放水管用于观测水温、释放积水；安装防灭火措施管用于灌注惰气、注浆。

(5) 封闭具有爆炸危险的火区时，应当遵守下列规定：

① 先采取注入惰性气体等抑爆措施，然后在安全位置构筑进、回风密闭。惰性气体注入前，应当撤出所有可能受爆炸威胁区域中的人员。

② 加强火区封闭的施工组织管理。封闭过程中，密闭墙预留通风孔，封孔时进、回风巷同时封闭；封闭完成后，所有作业人员必须立即撤出。

③ 检查或者加固密闭墙等工作，应当在火区封闭完成 24 h 后实施，火区条件复杂时应当酌情延长至 48 h 或 72 h 后进行。发现已封闭火区发生爆炸造成密闭墙破坏时，严禁调派救护队近距离侦察或者恢复密闭墙；应当采取安全措施，实施远距离封闭。

第三节　井下火区管理

第二百七十七条　煤矿必须绘制火区位置关系图，注明所有火区和曾经发火的地点。每一处火区都要按形成的先后顺序进行编号，并建立火区管理卡片。火区位置关系图和火区管理卡片必须永久保存。

【释义】　本条是关于火区管理的规定。

(1) 封闭火区完成之后，可以认为火势暂时得到了控制，但最终实现火区完全熄灭则需要一个较长的过程，而火源只要没有彻底熄灭，就始终是一个潜在的威胁，因此，在完成封闭到火区完全熄灭、安全启封的这段时间里，务必要加强火区的管理工作。

视频

(2) 绘制火区位置关系图的目的，就是用工程的语言告诫人们，煤矿井下在什么地方有一个尚未熄灭的火区，警示在火区附近从事采掘作业的人员，要时刻提高警惕，防止因一时疏忽大意，与火区接触或贯通，造成中毒窒息人身伤害事故的发生。因此，绘制好火区位置关系图，对煤矿安全生产和工人的生命安全至关重要。

(3) 火区位置关系图和火区管理卡片作为火区管理重要的技术资料，对做好矿井防灭火工作意义重大，所以，煤矿企业必须绘制火区位置关系图，注明所有火区和曾经发火的地点，火区位置关系图上应标注及圈定火区的边界、火源点位置、防火墙位置、外联风流方向、漏风路线以及防灭火设施所在位置等。对每一处火区都要按形成的先后顺序进行编号，并建立火区管理卡片，目的是动态掌握火区的发展变化，为科学制定防灭火技术措施提供重要的参考资料。

(4) 矿通风管理部门负责绘制、填写火区位置关系图和火区管理卡片，作为火区管理的重要技术资料永久保存，为设计人员进行采区设计、安排生产、通风设计和采区防灭火等提供基础依据。

【执行中应注意的问题】

(1) 有条件的煤矿应推进火区档案电子化建设，提高档案的标准化、规范化水平；开发和建设科学的档案数据库系统，利用网络链接形成开放分布式数据库群，提高自动化系统的效率;全面提高火区档案管理人员的综合素质,加强档案的集中统一管理。

(2) 火区位置关系图以通风系统图为基础绘制,标明所有火区的边界,防火密闭墙位置、类型和编号,历次发火点的位置和发火时间,漏风路线及防灭火系统布置。图上注明火区编号、名称、发火时间。必要时应绘制剖面图。

(3) 煤矿必须按照火区形成的先后顺序进行编号并建立火区管理卡片,以总体掌握火区的发展变化,为科学制定防灭火技术措施提供重要的参考资料。火区管理卡片由通风部门负责填写,并装订成册,永久保存。火区管理卡片应当包括下列内容:

① 火区基本情况登记表。火区基本情况登记表中应详细记录火区名称、火区编号、发火时间、发火原因、发火时的处理方法以及发火造成的损失,并绘制火区位置示意图。火区位置示意图中应当标明火源位置、防火墙类型、位置与编号、钻孔位置、火区外围风流方向以及均压技术设施等内容,并绘制必要的剖面图。火区基本情况登记表的内容见表 3-6-4。

表 3-6-4 火区基本情况情况登记表

火区名称: 火区编号:

<table>
<tr><td colspan="2">发火时间</td><td>年 月 日 时 分</td><td>发火地点及标高
(该表背面要附火区位置示意图)</td><td></td></tr>
<tr><td rowspan="9">发火当时情况</td><td colspan="2">火灾处理方法及经过</td><td colspan="2"></td></tr>
<tr><td colspan="2">火灾处理延续时间/h</td><td colspan="2"></td></tr>
<tr><td rowspan="2">火灾波及范围</td><td>封闭巷道总长度/m</td><td colspan="2"></td></tr>
<tr><td>封闭工作面个数/个</td><td colspan="2"></td></tr>
<tr><td rowspan="2">密闭数量</td><td>临时密闭/个</td><td colspan="2"></td></tr>
<tr><td>永久密闭/个</td><td colspan="2"></td></tr>
<tr><td colspan="2">注入水量/m³</td><td colspan="2"></td></tr>
<tr><td colspan="2">注入河砂、泥浆/m³</td><td colspan="2"></td></tr>
<tr><td colspan="2">注入惰性气体/m³</td><td colspan="2"></td></tr>
<tr><td rowspan="5">火灾造成损失</td><td colspan="2">影响生产时间/h</td><td colspan="2"></td></tr>
<tr><td colspan="2">影响产量/万 t</td><td colspan="2"></td></tr>
<tr><td colspan="2">冻结煤量/万 t</td><td colspan="2"></td></tr>
<tr><td rowspan="2">设备损失</td><td>封闭/台、件</td><td colspan="2"></td></tr>
<tr><td>烧毁/台、件</td><td colspan="2"></td></tr>
<tr><td rowspan="2">煤层产状</td><td colspan="2">厚度/m</td><td colspan="2"></td></tr>
<tr><td colspan="2">倾角/(°)</td><td colspan="2"></td></tr>
<tr><td rowspan="2">煤层自燃情况</td><td colspan="2">煤层自燃危险等级</td><td colspan="2"></td></tr>
<tr><td colspan="2">煤层自然发火期/月</td><td colspan="2"></td></tr>
<tr><td colspan="3">采煤方法</td><td colspan="2"></td></tr>
<tr><td colspan="3">采掘起止时期</td><td colspan="2"></td></tr>
<tr><td colspan="3">发火原因</td><td colspan="2"></td></tr>
</table>

② 火灾事故报告表。火灾事故报告表应详细记录发火地点及日期、火灾处理经过、火灾造成的损失、火区周边区域、火灾原因分析、事故经验教训和后续治理措施等。火灾事故报告表内容参见表 3-6-5。

表 3-6-5　火灾事故报告表

<table>
<tr><td colspan="2">火灾地点</td><td></td><td colspan="2">发火日期</td><td colspan="3">年　月　日　时　分</td></tr>
<tr><td colspan="2" rowspan="5">火灾区域概况</td><td>地质概况</td><td colspan="5"></td></tr>
<tr><td>煤层煤质</td><td colspan="5"></td></tr>
<tr><td>生产情况</td><td colspan="5"></td></tr>
<tr><td>通风情况</td><td colspan="5"></td></tr>
<tr><td>其他情况</td><td colspan="5"></td></tr>
<tr><td colspan="2">火灾处理经过</td><td colspan="6"></td></tr>
<tr><td rowspan="3">火灾造成的损失</td><td rowspan="2">人员伤亡</td><td>死亡人数</td><td></td><td rowspan="2">封闭工作面个数</td><td rowspan="2"></td><td rowspan="2">影响生产时间</td><td rowspan="2"></td></tr>
<tr><td>受伤人数</td><td></td></tr>
<tr><td></td><td>设备损失</td><td></td><td>冻结煤量</td><td></td><td>直接经济损失</td><td></td></tr>
<tr><td>火区周边区域</td><td colspan="7"></td></tr>
<tr><td>火灾原因分析</td><td colspan="7"></td></tr>
<tr><td>事故经验教训</td><td colspan="7"></td></tr>
<tr><td>后续治理措施</td><td colspan="7"></td></tr>
</table>

③ 火区灌注灭火材料记录表。火灾事故报告表应详细记录发火地点及日期、火灾处理经过、火灾造成的损失、火区周边区域、火灾原因分析、事故经验教训和后续治理措施等。火灾事故报告表内容见表 3-6-6。

表 3-6-6　火区注浆、砂、惰气记录表

火区名称：　　　　　　　　火区编号：

<table>
<tr><td rowspan="2">钻孔防火墙编号</td><td colspan="2">位置</td><td rowspan="2">钻机编号</td><td rowspan="2">打钻时间</td><td rowspan="2">套管直径/mm</td><td rowspan="2">孔深/m</td><td colspan="3">灌浆</td><td colspan="2">注砂</td><td colspan="2">注惰气</td><td rowspan="2">备注</td></tr>
<tr><td>地面</td><td>井下</td><td>日期</td><td>注浆量/m³</td><td>注浆材料及配比</td><td>日期</td><td>注砂量/m³</td><td>日期</td><td>注惰气量/m³</td></tr>
<tr><td></td><td></td><td></td><td></td><td></td><td></td><td></td><td></td><td></td><td></td><td></td><td></td><td></td><td></td><td></td></tr>
<tr><td></td><td></td><td></td><td></td><td></td><td></td><td></td><td></td><td></td><td></td><td></td><td></td><td></td><td></td><td></td></tr>
<tr><td></td><td></td><td></td><td></td><td></td><td></td><td></td><td></td><td></td><td></td><td></td><td></td><td></td><td></td><td></td></tr>
</table>

④ 防火墙观测记录表。防火墙观测记录表应当说明防火墙的设置地点、材料、尺寸以及封闭日期等情况,并详细记录按规定日期观测到的防火墙内气体成分的浓度、墙外瓦斯浓度、防火墙内外空气温度、防火墙出水温度以及防火墙内外压差等数据。防火墙观测记录表内容见表 3-6-7。

表 3-6-7　防火墙内气体成分、温度等观测记录表

火区编号:　　　　　　　　　　　防火墙编号:

地点		封闭日期		厚度/m		断面积/m^2		建筑材料		施工负责人		砂浆惰性注入量/m^3	

观测日期	防火墙内气体成分/%							墙内外温度/℃	出水温度/℃	内外压差/Pa	墙外瓦斯浓度/%	其他情况
	CH_4	O_2	CO_2	CO	N_2	C_2H_4	C_2H_2					

(4) 火区管理卡片要严格管理,装订成册,永久保存。

第二百七十八条 永久性密闭墙的管理应当遵守下列规定:

(一) 每个密闭墙附近必须设置栅栏、警标,禁止人员入内,并悬挂说明牌。

(二) 定期测定和分析密闭墙内的气体成分和空气温度。

(三) 定期检查密闭墙外的空气温度、瓦斯浓度,密闭墙内外空气压差以及密闭墙墙体。发现封闭不严、有其他缺陷或者火区有异常变化时,必须采取措施及时处理。

(四) 所有测定和检查结果,必须记入防火记录簿。

(五) 矿井做大幅度风量调整时,应当测定密闭墙内的气体成分和空气温度。

(六) 井下所有永久性密闭墙都应当编号,并在火区位置关系图中注明。

密闭墙的质量标准由煤矿企业统一制定。

【释义】 本条是关于永久性密闭墙的管理及墙内定期检测的规定。

视频

永久性密闭墙是火区管理的重要构筑物,它的严密性在很大程度上决定着封闭火区的灭火效果,必须加强密闭墙的管理,使其科学化、制度化。

(1) 每个密闭墙附近必须设置栅栏、警标,主要是因为密闭墙外侧一般都与在用的巷道(通风巷道、运输巷道或行人巷道等)相连,在这些巷道中经常有作业人员在活动。这些人员从事着不同的作业活动,由于专业的限制,不是所有人员都十分了解和熟悉井下密闭墙的作用以及可能出现的问题和危害。为了防止这些不熟悉、不了解密闭墙的人员受到伤害,在密闭墙外侧附近设置一道栅栏并设"火区危险莫入"等字样的醒目警标,目的就是要告之人们不要擅自钻入栅栏,以免发生意外。其次密闭墙内侧就是火区,凡是井下火区,无论封闭的时间长短,也无论是熄灭的火区还是尚未彻底熄灭的火区,只要尚未启封,恢复正常通风,在火区内部都积存着大量有害气体(如 CO、CO_2、瓦斯等)。这些被密闭墙封闭起来的有害气体,受矿井通风系统、采掘活动以及冲击地压、大面积冒顶的影响，有可能通过密闭墙及其墙周边的裂隙、隙缝，从火区内泄漏出来，在栅栏以里密闭墙外侧积存，一旦那些非专业人员接近栅栏，或违章钻入栅栏，会造成中毒窒息伤亡事故的发生。因此，每个密闭墙附近必须设置栅栏、警标，禁止人员入内，并悬挂说明牌。

(2) 定期测定和分析密闭墙内的气体成分和空气温度，可以达到以下目的：

① 及时了解、掌握火区内气体成分、空气温度及压力差的变化。

② 根据有关数据，科学地、系统地分析火区的变化，从中发现问题，及时加以解决，使火区管理纳入科学化、制度化的轨道。

③ 通过定期测定和科学系统的分析，对判断火区是否熄灭、是否已完全具备启封条件提供科学依据，为做到安全启封火区和尽早地恢复生产打下坚实的基础。

因此，应定期测定和分析密闭墙内的气体成分和空气温度。

(3) 密闭墙外的空气温度、瓦斯浓度，密闭墙内外空气压差以及密闭墙墙体需要定期检查，以便及时发现密闭墙存在的质量问题。由于密闭墙外的空气温度受密闭火区的影响，墙外温度的变化在一定程度上可反馈火区的自燃情况；检测瓦斯浓度是很有必要的，火区长时间处于封闭状态，有可能处于正压状态，密闭区域的瓦斯涌出，在密闭墙外积聚也十分危险；密闭墙内外空气压差是反映密闭区域内外压力是否平衡的指标，通过对此观测，可初步掌握密闭区域压力的状态及漏风方向；永久性密闭墙是密闭火区或者采空区的重要构筑物，墙体的气密性在很大程度上决定着封闭火区及采空区的防灭火效果，密闭墙墙体必须保持完整、坚固，没有裂缝及破坏，气密性可靠。因此，应定期检查密闭墙外的空气温度、瓦斯浓度，密闭墙内外空气压差以及密闭墙墙体。发现封闭不严、有其他缺陷或者火区有异常变化时，必须采取措施及时处理。严格执行本条的规定，掌握和维护密闭墙的质量状况，发现问题能够及时处理，始终保持密闭墙的严密性，使之处于不漏风的完好状态。

(4) 本条第二款和第三款规定的所有测定和检查结果数据，必须做好统计、归档，保持完整，所有测定和检查结果必须记入防火记录簿。煤矿应及时绘制随时间变化的曲线图，以便及时发现问题。矿通风部门负责人要及时审阅这些数据和图表，发现问题必须及时采取措施处理，并报矿总工程师等领导。

(5) 矿井做大幅度风量调整时，可能引起密闭火区周边的气压变化，当封闭区内部压力大于外部压力时，会导致封闭区有毒有害气体涌出；当封闭区内部相对外部压力较小时，会造成封闭区漏风严重，不利于火区熄灭。因此，矿井做大幅度风量调整时，应当测定密闭墙内的气体成分和空气温度，及时掌握火区漏风情况及火源状态。

(6) 为便于集中统一管理，防止邻近火区的采掘作业对密闭墙体产生误透破坏，井下所有永久性密闭墙都应当编号，并在火区位置关系图中注明。

(7) 永久性密闭墙可以采用料石、砖和混凝土等多种材料修建。不同地质条件和不同自燃特点的密闭墙的质量标准要求不同，如在地压较大的巷道内可使用钢筋混凝土砌筑密闭墙；在顶板稳定、地压不大的巷道内可使用料石、砖砌筑密闭墙。各煤矿企业应根据自己的实际情况，统一制定相应的密闭墙结构设计和质量标准。

【执行中应注意的问题】

(1) 在实际工作中，煤矿企业应当经常给密闭墙刷面，靠近巷道边角的部位要涂一层白灰，以方便检查，及时发现漏风处。

(2) 根据现场经验，若密闭墙附近听见“嗞嗞”声，则表明密闭墙漏风，应该及时向调度汇报并派人将其抹严,以防酿成更大的事故;若墙体发现较明显的裂隙,可采取压注水泥砂浆或石膏等方法进行封堵;对于砖、石砌筑的密闭墙,砖缝和石缝是最薄弱的环节,应注意进行水泥勾缝处理。

(3) 永久密闭墙的结构设计和质量标准应符合《矿井密闭防灭火技术规范》(AQ 1044—2007)的要求。

第二百七十九条 封闭的火区,只有经取样化验证实火已熄灭后,方可启封或者注销。火区同时具备下列条件时,方可认为火已熄灭:

(一) 火区内的空气温度下降到30 ℃以下,或者与火灾发生前该区的日常空气温度相同。

(二) 火区内空气中的氧气浓度降到5.0%以下。

(三) 火区内空气中不含有乙烯、乙炔,一氧化碳浓度在封闭期间内逐渐下降,并稳定在0.001%以下。

(四) 火区的出水温度低于25 ℃,或者与火灾发生前该区的日常出水温度相同。

(五) 上述4项指标持续稳定1个月以上。

【释义】 本条是关于认定火区熄灭条件的规定。

视频

只有经取样化验证实火已熄灭后,方可启封或者注销,否则,如果判断错误,将会发生复燃,造成启封失败甚至引发人员中毒或瓦斯爆炸事故,扩大事故灾害规模。判识火区是否熄灭的条件,无论从实验室实验分析的“图谱”看,还是从煤矿井下启封火区的实践经验看,该条规定的火区熄灭的5项指标都是科学的、合理的,对火区内温度、气体成分、维稳时间等定量化,可操作性强,火区处理必须遵照上述5条执行。

在现场实际启封工作过程中,判断是否满足启封条件时,还应注意以下几点:

(1) 封闭火区内氧气浓度低于5.0%时,火势将逐渐减弱直至熄灭。氧气浓度在2.0%以下时,火将完全熄灭。但即使在火区中氧气浓度为零的条件下,火区内可燃物的阴燃仍能够长期持续下去,因为煤层特别是特厚煤层具有较强的吸附氧气的能力,所吸附的氧气足以支持阴燃的进行。而阴燃在供氧条件发生变化的情况下很有可能转变为明火燃烧,特别是可燃物阴燃温度超过150 ℃时更容易发生这种情况。

(2) 即使火源熄灭,残留在火区内或裂隙(缝)中的一氧化碳(CO)通常也不会消失。另外,对于封闭性较好的盲巷或大型火区或采用均压防灭火措施的火区,CO也很难散失,即使火源熄灭不再产生CO,CO也可能长期存在,并且煤层及木材在常温下的缓慢氧化也会产生CO。因此,存在CO并不绝对意味着火区尚未熄灭。因此,本条规定“一氧化碳浓度在封闭期间内逐渐下降,并稳定在0.001%以下”,而不是一氧化碳浓度为0。

(3) 乙烯(C_2H_4)和乙炔(C_2H_2)这两种气体在介质温度下降到200 ℃以下时,即开始消失。此时,火区内的煤炭因介质温度下降,蓄积的热量不足以维持其继续燃烧,而逐渐趋于熄灭。使用 乙烯(C_2H_4)和乙炔(C_2H_2)两种气体指标,不仅可以提高火区启封时的安全性,而且为早日消除隐患、恢复生产创造了条件。

(4) 火区的出水温度要求低于25 ℃,或者与火灾发生前该区的日常出水温度相同。火区的出水温度应以火区所有出水的防火墙或钻孔中出水的最大温度为准。

(5) 当各指标达到此规程中的要求并稳定1个月以上时,方可认为火已熄灭,但不能明确判定隐蔽火源已经彻底熄灭。

【案例】 2015 年 10 月 9 日，江西永吉煤矿对火区采取水淹灭火措施后，在未依规证实火区熄灭的情况下，违规启封火区，煤炭自燃引起采空区内积聚的瓦斯爆炸，导致事故发生，造成 10 人死亡，直接经济损失 1097 万元。

【执行中应注意的问题】

(1) 由于火区内外环境影响的复杂性，取样点与火区真实状态之间不可避免存在差异，符合上述条件情况下，可以认为火已熄灭，可以启封火区，但不能认定火已熄灭，仍应谨慎从事。

(2) 当各指标达到此规程中的要求并稳定 1 个月以上时，方可认为火已熄灭，但仍不能判定火已经彻底熄灭，可能还存在隐蔽火源。隐蔽火源在低氧条件下会维持阴燃，但产生一氧化碳、乙烯、乙炔气体的速率小，火源温度较低，火区空气温度及出水温度变化不明显，再加上检测分析方法与手段的限制取样分析结果会有偏差和错误，很难被检测到。隐蔽火源在火区启封后，可能会迅速复燃。因此，一方面要综合火区熄灭程度的多项指标来判断火区是否熄灭，另一方面在启封火区的过程中，必须制定防止启封复燃、有害气体爆炸等安全技术措施。

(3) 火区经连续取样分析符合火区熄灭条件后，由矿长和总工程师组织通风、生产、调度、安监、救援等部门鉴定火区已经熄灭，编制火区注销或者启封报告，报上级企业技术负责人批准，无上级企业的由煤矿组织专家进行论证。火区注销或者启封报告应当包括下列内容：

① 火区基本情况。

② 灭火总结，包括灭火过程、灭火费用和灭火效果等。

③ 火区启封或者注销依据与鉴定结果。

④ 与火区治理相关图纸(火区位置关系图、通风系统图等)。

火区注销或启封工作是一项较为复杂和细致、严谨的工作，处理不妥可能导致二次火灾事故或次生灾害事故。因此，煤矿编制的火区注销或启封报告必须报上级企业技术负责人批准，无上级企业的由煤矿组织专家进行论证。

(4) 有的矿井已经装备了较高精度的多参数气相色谱仪，对乙烯、乙炔等烃类气体均能较准确测定与定量分析，而且在判断火区内火情的发展过程中得到应用。

(5) 违反本条的规定，未经取样化验证实火区同时具备本条的 5 个条件，确认火已熄灭前启封或注销封闭火区的，属于重大事故隐患。

第二百八十条　启封已熄灭的火区前，必须制定安全措施。

启封火区时，应当逐段恢复通风，同时测定回风流中一氧化碳、甲烷浓度和风流温度。发现复燃征兆时，必须立即停止向火区送风，并重新封闭火区。

启封火区和恢复火区初期通风等工作，必须由矿山救护队负责进行，火区回风风流所经过巷道中的人员必须全部撤出。

在启封火区工作完毕后的 3 天内，每班必须由矿山救护队检查通风工作，并测定水温、空气温度和空气成分。只有在确认火区完全熄灭、通风等情况良好后，方可进行生产工作。

【释义】 本条是关于启封火区的规定。

视频

由于符合启封5个条件可以认为火区熄灭，但不能认定火区熄灭，所以必须制定防治火区启封后复燃的安全措施，报上级企业技术负责人批准，无上级企业的由煤矿组织专家进行论证。

实施启封火区时要逐段恢复通风，同时测定回风流中一氧化碳、甲烷浓度和风流温度，主要是防止启封火区时可能出现的意外情况(主要是火区恢复通风后，引起复燃)，引发第二次灾变事故的发生。具体体现在以下几点：

(1) 虽经检测分析，火区内的气体、温度等指标都完全具备启封条件要求，但有时也会受检测分析方法和手段限制，以及火区范围大，火区内气体扩散、变化规律等因素的影响，所观测分析结果可能会有些偏差和错误。在根本不具备启封的条件下，错误启封就可能引起火区复燃、火区内火灾气体爆炸。因此，在启封过程中，应测定回风流中一氧化碳、甲烷浓度和风流温度。发现复燃征兆时，必须立即停止向火区送风，并重新封闭火区。

(2) 启封火区的时间比较长，在各种有害气体存在的情况下，在刚刚熄灭的火区中进行作业，随时都可能出现火区复燃和火灾气体中毒窒息甚至爆炸事故。

(3) 在启封火区时，要采取逐段通风的措施，主要是为了做到启封时不因火区受矿井全风压通风的影响而发生复燃。尽管逐段恢复时也存在火区复燃的危险，但这样做容易控制和重新封闭。

(4) 考虑到火区有复燃可能，在安全措施中应明确重新封闭火区构筑防火墙的位置、方法、顺序和安全避灾路线及灭火、封闭火区材料存放地点等，不然的话，就可能由于准备不足(包括思想上、组织上和物质的准备上)而酿成大祸。

(5) 在启封火区和恢复火区初期通风期间，火区容易受通风影响而发生变化，将会排出火区内积存的大量有害气体，隐蔽火源也有可能复燃而引发爆炸。因此，火区回风风流所经过巷道中的人员必须全部撤出，否则其人身安全与健康会受到威胁。矿山救护队是训练有素、专门从事矿井灾害事故救治的专业队伍，同时配备精良的装备，他们可以在一般人员无法进入的作业场所(如火区内积存有大量有害气体的区域)进行作业。启封火区和恢复火区初期通风期间，可能出现一氧化碳或火区复燃的现象。因此，启封火区和恢复火区初期通风等工作，必须由矿山救护队负责。

(6) 火区启封完成后隐蔽火源仍有可能发生复燃，因此，规定启封火区工作完毕后的3天内仍必须对火区内的出水温度、空气温度和空气成分进行监测，在确定火区已经完全熄灭的前提下才可进行生产。

【案例】 2005年1月21日，辽宁省某矿在启封火区时发生火区复燃，再次封闭时发生瓦斯爆炸，造成9人死亡。血的教训警示我们必须高度重视火区封闭和启封时的安全。

【执行中应注意的问题】

(1) 启封计划和安全措施应当包括下列内容：

① 火区基本情况与灭火、注销情况。

② 火区侦查顺序与防火墙启封顺序。

③ 启封时防止人员中毒、防止火区复燃和防止爆炸的通风安全措施。

④ 与火区启封相关的图纸。

(2) 启封火区一般采用锁风启封法。原因有：①为了启封时不因火区受矿井全风压通风的影响而发生复燃，尽管逐段恢复通风时也存在火区复燃的危险，但易于做到有效控制和重新封闭；②有的火区范围较大，难以确认火区范围内的火源是否已经完全熄灭，或火区内可能积存大量可燃性气体，采用锁风启封火区法较通风启封火区法更安全。

(3) 启封火区时应当采用锁风启封方法逐段恢复通风。锁风启封火区也称分段启封火区，适用于火区范围较大、难以确认火源是否彻底熄灭或火区内存积有大量的爆炸性气体的情况。启封时，沿着原封闭区内的巷道，由内向外，向火源逐段移动防火墙的位置，逐渐缩小火区范围，最后在封闭状况下进入着火带，实现火区全部启封。

具体做法是：首先在火区进风密闭墙外 5～6 m 的地方构筑一道带风门的临时密闭，形成一个过渡空间，称为风闸，并在这两道密闭之间储备足够的水泥、砂石和木板等材料；然后，救护队员佩戴呼吸器进入风闸内，将风门关好，形成一个不通风的封闭空间。这时，救护队员可将原来的密闭打开，进入火区探查，确认在一定的距离范围内无火源后，再选择适当的地点(一般可距原密闭 100～150 m，条件允许时也可到 300 m)构筑新的带风门的密闭，新密闭建成后，就可将原来的密闭打开，恢复通风、处理和恢复巷道。如此重复，一段一段地打开大区，逐步向火源逼近。锁风启封大区时，一定要确保火区一直处于封闭、隔绝状态。利用锁风启封火区的过程中，由于原防火墙打开，新鲜风流进入，不可避免地要增加原封闭区内的氧气浓度，增大发生爆炸的可能性。因此，锁风最好在封闭区内氧浓度减少到 2% 以下时进行，以防形成爆炸性气体。

(4) 当火区范围较小、确认火源已熄灭时，可采用通风启封方法。通风启封火区也就是在保持正常通风情况下启封火区。选择通风启封火区法之前要慎重考虑，若选择不当，反而会造成火区复燃、火势扩大甚至引发爆炸事故。

具体做法是：启封前要首先确定好有害气体的排放路线，撤出该路线上的所有人员；然后打开回风侧防火墙(先打开 1 个小孔并逐渐扩大)，过一段时间打开进风侧防火墙，待有害气体排放一段时间无异常情况后，将回风侧防火墙逐步扩大，直至将其完全打开，严禁将防火墙一次性全部打开；打开进、回风侧防火墙后，通风会冲淡和稀释火区积存的瓦斯，防止发生瓦斯爆炸。

无论采用哪一种启封方法，启封过程中必须测定回风流中一氧化碳、甲烷浓度和风流温度，实时判断火源是否发生复燃或形成爆炸性气体，一旦发现火区复燃或爆炸的征兆，必须立即停止启封，重新封闭。

(5) 违反本条有关规定，存在以下 3 种情形之一的，为重大事故隐患：

① 启封已熄灭的火区前，未制定安全措施的。

② 启封火区时，未做到逐段恢复通风，未同时测定回风流中一氧化碳、甲烷浓度和风流温度的，或者发现复燃征兆时，未立即停止向火区送风，并重新封闭火区的。

③ 启封火区和恢复火区初期通风时，未全部撤出火区回风流所经过巷道中的人员的。

第二百八十一条　不得在火区的同一煤层的周围进行采掘工作。

在同一煤层同一水平的火区两侧、煤层倾角小于 35°的火区下部区段、火区下方邻近煤层进行采掘时，必须编制设计，并遵守下列规定：

(一) 必须留有足够宽(厚)度的隔离火区煤(岩)柱，回采时及回采后能有效隔离火区，不影响火区的灭火工作。

(二) 掘进巷道时，必须有防止误冒、误透火区的安全措施。

煤层倾角在35°及以上的火区下部区段严禁进行采掘工作。

【释义】 本条是关于火区周围进行采掘工作、隔离火区煤(岩)柱设置的规定。

视频

(1) 在火区的同一煤层周围进行采掘工作,可能受采动影响,使得火区周围的煤岩层遭到震动破坏而产生裂隙,或者隔离煤柱破裂,从而改变火区的封闭状态,导致火区可能存在漏风,不利于火区的熄灭及管理,甚至发生复燃;同时,火区内汇集的大量有害气体还可能通过这些裂隙涌入采掘作业地点,恶化作业场所空气质量,导致工作人员中毒、窒息。因此,不得在火区的同一煤层的周围进行采掘工作。

(2) 因实际生产需要不得不在同一煤层同一水平的火区两侧、煤层倾角小于35°的火区下部区段、火区下方邻近煤层进行采掘时,为了不影响火区的灭火工作,必须编制设计并且留有足够宽(厚)度的隔离火区煤(岩)柱。留设的隔离火区煤(岩)柱,要结合矿井矿压及邻近火区的具体情况,在初步论证的基础上经计算设计确定,要保证留设的煤柱宽度能够起到隔离附近火区的作用。另外在回采时及回采后,需要对邻近火区侧煤柱破裂处进行处理,确保煤(岩)柱能有效隔离火区,不影响火区的灭火工作。掘进巷道时若误冒或误透火区,形成向火区的漏风通道,会加剧火势发展,造成火区内的有毒有害气体大量涌出。所以在火区附近煤层或者区段进行采掘作业时也必须制定防止误冒、误透火区的安全措施并严格执行。

(3) 当煤层倾角在35°以上时,因大于煤矸石的自然安息角35°(散料在堆放时能保持自然稳定状态的最大角度称为安息角,也就是倾斜面与水平面的角度),隔离煤柱的稳定性很差甚至很难留住,一旦在火区下部回采,上部所留的煤柱会随采煤工作面顶板的垮落一起向下塌落,易出现火区向下部滑移,造成隔离煤柱破断与火区连通。一方面使火区封闭状态破坏,可导致复燃;另一方面火区可能影响到下部工作面,造成下部工作面可能出现有毒有害气体大量涌出,以及引燃采煤工作面甚至发生瓦斯燃烧及爆炸事故。因此,煤层倾角在35°及以上的火区下部区段严禁进行采掘工作。

【执行中应注意的问题】

掘进巷道中为防止误冒、误透火区,可以从以下方面采取安全措施:

① 必须保证钻孔方位角与巷道方位角相同,必须按照设计断面、已定中线及腰线要求进行施工,并且及时支护。

② 加强巷道测量工作,应及时标定、延伸中线及腰线,严格按中线及腰线施工,及时测设附图,及时纠正掘进偏差。

③ 不得擅自更改方位、坡度。

④ 每班掘进工作面进尺前,必须在巷道顶部、中部、底部各打一个超前探测孔(5 m),保证岩柱厚度不小于5 m,必须严格执行“探三掘一”“先探后掘”措施。

⑤ 施工人员必须准确掌握掘进长度,严禁超掘。

⑥ 掘进施工时,利用煤层底板标志层稳定的规律,严格沿标志层掘进,防止巷道掘进拐入煤层顶板附近地层。

⑦ 所有前探钻孔应能控制突出煤层层位及构造。

⑧ 技术人员做好钻探记录,发现异常时不准掘进,等待处理意见,未收到处理意见前不得擅自掘进。

第七章 防 治 水

第一节 一 般 规 定

第二百八十二条 煤矿防治水工作应当坚持“预测预报、有疑必探、先探后掘、先治后采”基本原则，采取“防、堵、疏、排、截”综合防治措施。

【释义】 本条是关于防治水基本原则和综合防治措施的规定。

(1)“预测预报、有疑必探、先探后掘、先治后采”十六字方针。“预测预报”就是要在查清矿井水文地质条件的基础上，对矿井的水文地质类型、水害隐患、严重程度进行分析研究，并通过相应的水文地质工作对矿井水文地质条件进行分采区、分工作面评价划定可采区、缓采区和禁采区。并标注于相关图纸上，以排除开采活动的盲目性。“有疑必探”是指在预测预报工作的基础上，对没有把握的区域或块段采用物探、化探、钻探等方法和手段进行综合探查，以探明水害疑点或可疑作业区域。“先探后掘”是指首先进行综合探查并排除水害威胁，确认巷道掘进前方没有水害隐患后再掘进施工。“先治后采”是指根据查明的水害情况，采取有针对性的治理措施排除水害威胁后，再安排回采。

(2)“防、堵、疏、排、截”五项综合防治措施。“防”就是对于矿井边界、导水断层、高压强含水层、导水陷落柱等采取留设防水煤(岩)柱或通过改变采煤方法来预防，并对其他可能诱发矿井水害的水源、通道实施加固、隔离、阻断等措施；“堵”就是针对有安全隐患的矿井充水水源、涌水通道，必须超前进行注浆封堵，或对强含水层、隔水层进行注浆封闭或加固处理；“疏”主要指能疏干的充水源要坚决疏干，不能疏干的如华北型奥陶系灰岩水要结合安全带压开采上限要求，采用疏水降压等措施实现安全作业；“排”，指排水供水相结合，使矿区水资源得到综合利用，又指建立安全可靠的矿井排水系统；“截”指通过开挖沟渠，修筑堤坝、防水帷幕等截流措施，拦截地表河流、水库等地表水及松散层孔隙水。《煤矿防治水细则》第三条对本条的五项综合防治水措施，细化为“探、防、堵、疏、排、截、监等综合防治措施”，增加了探放水和长期动态监测预警。

【执行中应注意的问题】

(1) 煤矿必须落实防治水的主体责任，推进防治水工作由过程治理向源头预防、局部治理向区域治理、井下治理向井上下结合治理、措施防范向工程治理、治水为主向治保结合的转变，构建理念先进、基础扎实、勘探清楚、科技攻关、综合治理、效果评价、应急处置的防治水工作体系。

(2) 经过多年的煤矿防治水实践，我国目前已经形成了十六字防治水基本原则、七项防治水综合措施、五大防治水转变理念和七位一体的防治水工作体系。

(3) 五大防治水转变理念包括：防治水工作逐渐由过程治理为主向源头预防为主转变，由局部治理为主向区域治理为主转变，由井下治理为主向井上下结合治理为主转变，由措施防范为主向工程治理为主转变，由治水为主向治保结合为主转变。

(4) 七位一体防治水工作体系包括:理念先进,基础扎实,勘探清楚,科技攻关,综合治理,效果评价和应急救援。

第二百八十三条 煤矿企业应当建立健全各项防治水制度,配备满足工作需要的防治水专业技术人员,配齐专用探放水设备,建立专门的探放水作业队伍,储备必要的水害抢险救灾设备和物资。

水文地质条件复杂、极复杂的煤矿,应当设立专门的防治水机构。

【执行说明】 煤矿企业及其所属煤矿应当结合本单位实际情况建立健全水害防治岗位责任制、水害防治技术管理制度、水害预测预报制度、水害隐患排查治理制度、探放水制度、重大水患停产撤人制度以及应急救援制度等。

专用探放水设备主要是指矿井坑道钻机。严禁使用煤电钻、锚杆钻机等设备进行探放水。

【释义】 本条是关于防治水制度、防治水专业技术人员、探放水设备与队伍及抢险救灾设备和物资的规定。

(1) 防治水制度。防治水制度是做好防治水工作的保障。煤矿企业应当结合本单位实际情况建立健全水害防治岗位责任制、水害防治技术管理制度、水害预测预报制度、水害隐患排查治理制度、探放水制度、重大水患停产撤人制度以及应急救援制度等。制定的各项制度都要贯彻落实,认真组织学习,做到人人都是防水员。

(2) 防治水专业技术人员。防治水工作技术性较强,只有具备一定地质、水文地质基础知识的专业人员经过实践后方可胜任该项工作。因此,每个煤矿必须配备满足工作需要的防治水专业技术人员。防治水专业技术人员、防治水副总工程师必须受过地质、水文地质专业教育或有煤矿防治水工作经验。水文地质类型复杂、极复杂的煤矿应当设立专门的防治水机构,配备防治水副总工程师,防治水专业技术人员不少于 3 人,其他煤矿企业、矿井可配备 1~3 人,以满足工作需要为标准。专业技术人员要定期进行防治水专业培训,不断更新知识,收集、了解和掌握全国发生的重特大典型水害事故,以及先进的防治水技术和经验,通过借鉴相关单位防治水先进技术和经验,吸取各地区发生的水害事故教训,结合本单位实际,不断完善防治水技术措施,提升防治水工作水平。

(3) 专用探放水设备和专门的探放水作业队伍。探放水是探水和放水的总称。探水是指采矿过程中用超前勘探方法,查明采掘工作面顶底板、侧帮和前方等水体的具体空间位置和状况等情况。放水是指为了预防水害事故,在探明情况后采取钻孔等安全方法将水体放出。专用探放水设备是指专用的探放水钻机及配套设备。探放水工作仅允许使用专用探放水设备,在非探放水期间允许专用探放水设备用于其他工程。

我国大部分煤矿水害事故都是由于探放水措施不落实造成的,所以,煤矿必须配足专用探放水设备,建立专门的探放水作业队伍。水文地质类型简单、中等的煤矿配备探放水作业人员不少于 3 人;水文地质类型复杂、极复杂的煤矿配备探放水作业人员不少于 6 人。探放水作业人员必须取得特种作业操作证,经专业培训并经考核合格后方可上岗。探放水工是消除水害隐患的,如果没有基本的水害防治知识,在发现有透水征兆时不能果断采取措施,就有可能引发重特大水害事故,造成包括探放水工在内的群死群伤事故。探放水工作只允许该队伍施工,在非探放水期间允许该队伍承担其他施工作业。

(4) 抢险救灾设备和物资。煤矿发生透水事故后，井下如果具备一定的生存条件，被困矿工是完全具有生还可能的。每一个企业、矿井都应考虑水害应急救援能力建设，以便在透水事故发生后，能够在第一时间内及时、有效地对透水事故进行抢险救援工作。煤矿企业、矿井必须装备必要的防治水抢险救灾的配套设备，主要设备应包括适合矿井救灾的排水泵、排水管路以及配套的电缆等。每一个产煤省(区、市)也要建立健全防排水抢险救援基地，加大资金投入。除排水设备外，还要装备能够快速钻进的大口径成套钻机设备，并配备专职技术人员和熟练的技术工人。救援基地可依托大中型企业建立并加强管理。要加强人员的日常培训，保证设备处于完好状态，一旦发生透水事故能够拉得出并快速投入到抢险救灾之中，真正发挥作用。井下的采掘巷道要及时准确地反映在采掘工程平面图上，为在地面打钻施救被困人员创造条件。

(5) 水文地质条件复杂、极复杂的煤矿要设立专门防治水机构(可与地测部门合署办公)，并配备防治水副总工程师，以保证防治水各项工作能够顺利开展。

【案例】 贵州省六盘水市钟山区兴鑫煤矿在防治水工作方面，未设立专门的防治水机构，未制定专门的防治水措施，明知存在老空积水，未采取措施将老空积水排出，也未开展过水害隐患排查治理工作，从未使用过钻机探放水，一直盲目掘进施工。2009 年 6 月 5 日，正在现场用煤电钻打钻的 3 名作业人员因突然溃水淹没死亡。事故发生后，该矿还瞒报至 2009 年 7 月 1 日。

【执行中应注意的问题】

(1) 水文地质类型简单、中等的煤矿至少配备 2 台专用的探放水钻机及配套设备；水文地质类型复杂、极复杂的煤矿至少配备 3 台专用的探放水钻机及配套设备；严禁使用煤电钻等非专用钻机探放水。

(2) 水文地质类型复杂、极复杂的矿井未设置专门的防治水机构、未配备专门的探放水作业队伍，或者未配齐专用探放水设备的，属于煤矿重大事故隐患。

第二百八十四条 *煤矿应当编制本单位防治水中长期规划(5～10 年)和年度计划，并组织实施。*

矿井水文地质类型应当每 3 年修订一次。发生重大及以上突(透)水事故后，矿井应当在恢复生产前重新确定矿井水文地质类型。

水文地质条件复杂、极复杂矿井应当每月至少开展 1 次水害隐患排查，其他矿井应当每季度至少开展 1 次。

【释义】 本条是关于防治水规划、水文地质类型核定、水害隐患排查的规定。

(1) 防治水工作具有专业性和系统性较强的特点，煤矿企业、矿井要组织有关技术人员广泛收集矿区和矿井资料，针对矿井未来 5～10 年采掘规划区域水害的情况提出有针对性的治理措施，编制中长期防治水规划(5～10 年)，分析水情和水害特点，总结以往突水案例的经验和教训，提出防治水工作目标和保障措施，组织专家对防治水规划进行科学论证，形成论证意见，分步组织实施。同时，要及时总结规划实施效果，并不断修改完善规划。每年年初要有年度计划，落实资金和工程项目等，并及时进行总结和验收，研究水害形成和防治水规律,提升防治水整体工作水平。防治水规划编制、实施可采取现场专业技术人员与科研院所、高等院校专家合作的方式,优势互补。

中长期防治水规划(5～10 年)的内容应包括:① 编制防治水规划的原因;② 矿区(矿井)水文地质的基本概况,水害威胁矿井安全生产的主要问题;③ 未来 5～10 年内,煤矿企业、矿井需要开展的重大防治水工程,包括水文地质条件探查、疏水降压、截断水源、注浆封堵、科学研究等;④ 各项防治水工程的工程量、工期、预期效果、工程所需的劳动组织、设备材料和工程费用概算等。

年度防治水计划是指年度内的防治水工程,一般是由煤矿企业行政和技术负责人组织有关部门对本矿区(矿井)的防治水工作进行研究,在摸清情况的基础上进行编制,经企业主要领导审查批准后,由施工部门领导组织实施。年度防治水计划的内容应包括:① 本年度采掘接续计划;② 分析水文地质条件,进行矿井水害评价预报,预测可能的突水地点和突水量,预计水平、采区和工作面的涌水量,提出矿井水害评价预报报告(包括水害预测表和预测图);③ 成立抢险救灾指挥部,明确水文地质、机电维修和安装、后勤等单位的责任人和具体任务;④ 确定防治水工程,说明各项工程的技术方案、工程量和费用;⑤ 检查维护输电线路、防雷电设施、地面排洪和井下排水的设备、防水闸门等;⑥ 井下清理水沟、水仓、沉淀池;⑦ 制订探放水计划并规定避水路线,清理避水路线。年度防治水计划所需要的材料、设备、工具、人员等,都应责任到单位或个人,并按期完成。

(2) 矿井水文地质类型划分的目的是分析矿井水文地质条件,确定水文地质类型,指导矿井防治水工作,通过采取有效的防治水措施,确保煤矿安全生产。根据矿井受采掘破坏或者影响的含水层及水体、矿井及周边老空水分布状况、矿井涌水量、矿井突水量、矿井开采受水害影响程度以及防治水工作难易程度,可将矿井水文地质类型划分为简单、中等、复杂、极复杂 4 种(表 3-7-1)。

表 3-7-1 矿井水文地质类型

分类依据		类别			
		简单	中等	复杂	极复杂
井田内受采掘破坏或者影响的含水层及水体	含水层(水体)性质及补给条件	为孔隙、裂隙、岩溶含水层,补给条件差,补给来源少或者极少	为孔隙、裂隙、岩溶含水层,补给条件一般,有一定的补给水源	为岩溶含水层、厚层砂砾石含水层、老空水、地表水,其补给条件好,补给水源充沛	为岩溶含水层、老空水、地表水,其补给条件很好,补给来源极其充沛,地表泄水条件差
	单位涌水量 q/($L \cdot s^{-1} \cdot m^{-1}$)	$q \leqslant 0.1$	$0.1 < q \leqslant 1.0$	$1.0 < q \leqslant 5.0$	$q > 5.0$
井田及周边老空水分布状况		无老空积水	位置、范围、积水量清楚	位置、范围或者积水量不清楚	位置、范围、积水量不清楚

表 3-7-1(续)

分类依据		类别			
		简单	中等	复杂	极复杂
矿井涌水量/($m^3 \cdot h^{-1}$)	正常 Q_1	$Q_1 \leqslant 180$	$180 < Q_1 \leqslant 600$	$600 < Q_1 \leqslant 2\ 100$	$Q_1 > 2\ 100$
	最大 Q_2	$Q_2 \leqslant 300$	$300 < Q_2 \leqslant 1\ 200$	$1\ 200 < Q_2 \leqslant 3\ 000$	$Q_2 > 3\ 000$
突水量 Q_3/($m^3 \cdot h^{-1}$)		$Q_3 \leqslant 60$	$60 < Q_3 \leqslant 600$	$600 < Q_3 \leqslant 1\ 800$	$Q_3 > 1\ 800$
开采受水害影响程度		采掘工程不受水害影响	矿井偶有突水，采掘工程受水害影响，但不威胁矿井安全	矿井时有突水，采掘工程、矿井安全受水害威胁	矿井突水频繁，采掘工程、矿井安全受水害严重威胁
防治水工作难易程度		防治水工作简单	防治水工作简单或者易于进行	防治水工作难度较高，工程量较大	防治水工作难度高，工程量大

注：1. 单位涌水量 q 以井田主要充水含水层中有代表性的最大值为分类依据。

2. 矿井涌水量 Q_1、Q_2 和突水量 Q_3 以近 3 年最大值并结合地质报告中预测涌水量作为分类依据。含水层富水性及突水点等级划分标准见附录一。

3. 同一井田煤层较多，且水文地质条件变化较大时，应当分煤层进行矿井水文地质类型划分。

4. 按分类依据就高不就低的原则，确定矿井水文地质类型。

(3) 水害隐患排查即是指对矿井可能存在的水害进行系统的梳理、分析研究，查找出可能存在的水害类型，提出治理措施并加以落实。水害隐患排查及治理是贯彻防治水“十六字方针”和五项治理措施的基础，其重要意义在于对水害进行预测预报，“预测预报”是水害防治的基础。煤矿企业、矿井总工程师要经常组织开展水害隐患排查治理活动，并切实做到整改措施、责任、资金、时限和预案“五到位”。水文地质条件复杂、极复杂矿井每月至少开展 1 次水害隐患排查及治理活动，其他矿井每季度至少开展 1 次。对水害隐患整改不力造成事故的，要依法追究相关人员的责任。

【执行中应注意的问题】

(1) 煤矿防治水应当做到“一矿一策、一面一策”，确保安全技术措施的科学性、针对性和有效性。

(2) 矿井应当收集水文地质类型划分各项指标的相关资料，分析矿井水文地质条件，编制矿井水文地质类型报告，由煤炭企业总工程师组织审批。

矿井水文地质类型报告，应当包括下列主要内容：

① 矿井所在位置、范围及四邻关系，自然地理，防排水系统等情况；

② 以往地质和水文地质工作评述；

③ 井田地质、水文地质条件；

④ 矿井充水因素分析，井田及周边老空水分布状况；

⑤ 矿井涌水量的构成分析，主要突水点位置、突水量及处理情况；

⑥ 矿井未来 3 年采掘和防治水规划，开采受水害影响程度和防治水工作难易程度评价；

⑦ 矿井水文地质类型划分结果及防治水工作建议。

第二百八十五条 当矿井水文地质条件尚未查清时,应当进行水文地质补充勘探工作。

【执行说明】 矿井有下列情形之一的应当开展水文地质补充勘探工作:

(一)矿井主要勘探目的层未开展过水文地质勘探工作的。

(二)矿井原勘探工程量不足,水文地质条件尚未查清的。

(三)矿井经采掘揭露煤岩层后,水文地质条件比原勘探报告复杂的。

(四)矿井经长期开采,水文地质条件已发生较大变化,原勘探报告不能满足生产要求的。

(五)矿井开拓延深和开采新煤系(组)设计需要的。

(六)矿井巷道顶板处于特殊地质条件部位,浅部煤层提高上限开采上覆有强富水松散含水层或者深部煤层下伏强富水含水层,煤层底板带压,专门防治水工程提出特殊要求的。

(七)各种井巷工程穿越强富水性含水层时,施工需要的。

【释义】 本条是关于矿井水文地质条件尚未查清进行补充勘探的规定。

(1) 矿井在勘探阶段,由于种种原因投入的水文地质工程量未达到相关规范的要求,且未查清水文地质条件时,应当进行水文地质补充勘查工作。《煤矿安全规程执行说明2016》列出了矿井应当进行水文地质补充勘探的七种情形,《煤矿防治水细则》第二十条对这七种情形进行了细化和完善。按照同类法规"新法优于旧法"的原则,矿井应按照《煤矿防治水细则》第二十条的规定,矿井有下列情形之一的,应当开展水文地质补充勘探工作:

① 矿井主要勘探目的层未开展过水文地质勘探工作的。这里主要有两种情况:一是一些老矿区由于上组煤资源枯竭,准备或已经开采下组煤,而未进行深部水文地质勘探;二是一些准备开采或新开的煤矿,由于某种原因未进行相应的水文地质勘探。

② 矿井原勘探工作量不足,水文地质条件尚未查清的。这里的矿井原勘探工程量不足,是指勘探工程量不满足《矿区水文地质工程地质勘查规范》(GB/T 12719—2021)规定的基本工程量要求。

③ 矿井经采掘揭露煤岩层后,水文地质条件比原勘探报告复杂的。

④ 矿井水文地质条件发生较大变化,原有勘探成果资料难以满足生产建设需要的。这里主要是指由于矿井长期开采,改变了矿井直接或间接充水含水层水文地质条件,形成或正在发育矿井地下水系统,而原水文地质勘探成果、资料已不能指导矿井生产。

⑤ 矿井开拓延深、开采新煤系(组)或者扩大井田范围设计需要的。

⑥矿井采掘工程处于特殊地质条件部位,强富水松散含水层下提高煤层开采上限或者强富水含水层上带压开采,专门防治水工程设计、施工需要的。

⑦ 矿井井巷工程穿过强含水层或者地质构造异常带,防治水工程设计、施工需要的。

(2) 矿井水文地质补充勘探应当针对具体问题合理选择勘查技术、方法,井田外区域以遥感水文地质测绘等为主,井田内以水文地质物探、钻探、试验、实验及长期动态观(监)测等为主,进行综合勘查。

(3) 矿井水文地质补充勘探工作应当根据矿井水文地质类型和具体条件，综合运用水文地质补充调查、地球物理勘探、水文地质钻探、抽（放）水试验、水化学和同位素分析、地下水动态观测、采样测试等各种勘查技术手段，积极采用新技术、新方法。

【执行中应注意的问题】

(1) 矿井水文地质补充勘探应当编制补充勘探设计，经煤矿企业总工程师组织审批后实施。补充勘探设计应当依据充分、目的明确、工程布置针对性强，并充分利用矿井现有条件，做到井上、井下相结合。水文地质补充勘探工作完成后，应当及时提交成果报告或者资料，由煤矿企业总工程师组织评审。实际矿井水文地质补充勘探工作中，煤矿应注意把住两头，即把住补充勘探设计和评审，具体补充勘探工作可交由第三方勘探公司进行。

(2) 根据《煤矿重大事故隐患判定标准》的规定，未查明矿井水文地质条件和井田范围内采空区、废弃老窑积水等情况而组织生产建设的，属于煤矿重大事故隐患。"未查明矿井水文地质条件"，是指存在下列情形之一的：

① 未进行井田水文地质勘探，或者未查明矿井充水水源、导水通道及充水强度，不能满足矿井防治水工程设计或安全生产建设要求。

② 矿井水文地质条件发生较大变化，突水水源、突水量与勘探报告差别较大，或出现新的含（导）水构造，矿井水文地质类型进一步复杂化，原有勘探成果资料难以满足生产建设需要，未进行矿井水文地质补充勘探。

③ 未查明井田主要含水层富水性，地下水补、径、排等水文地质条件。

④ 没有按《煤矿防治水细则》要求编制矿井水文地质类型划分报告，或者故意降低矿井水文地质类型级别的。

(3) 水文地质补充勘探应满足《煤矿专门地质勘查规范》(GB/T 40130—2021)的要求。

第二百八十六条　*矿井应当对主要含水层进行长期水位、水质动态观测，设置矿井和各出水点涌水量观测点，建立涌水量观测成果等防治水基础台账，并开展水位动态预测分析工作。*

【释义】　本条是关于矿井进行井下水文地质观测的规定。

(1) 矿井水动态监测系统能及时反映当前矿井主要含水层的水压、水位及动态变化情况，通过分析取得的大量监测数据和组织管理经验，可以及时采取防治措施，防患于未然，为加强煤矿安全生产和防治水工作提供准确可靠的依据。

(2) 当进行矿井涌水量观测时，应当注重观测的连续性和精度，采用容积法、堰测法、浮标法、流速仪法或者其他先进的测水方法。测量工具和仪表应当定期校验，以减少人为误差。

矿井应当分井、分水平设观测站进行涌水量的观测，每月观测次数不少于3次。对于出水较大的断裂破碎带、陷落柱，应当单独设立观测站进行观测，每月观测1～3次。对于水质的监测每年不少于2次，丰、枯水期各1次。涌水量出现异常、井下发生突水或者受降水影响矿井的雨季时段，观测频率应当适当增加。

(3) 对各出水点,应当详细观测记录突水的时间、地点、确切位置,出水层位、岩性、厚度,出水形式,围岩破坏情况等,并测定涌水量、水温、水质和含砂量等。同时,应当观测附近的出水点和观测孔涌水量和水位的变化,并分析突水原因。各主要出水点可以作为动态观测点进行系统观测,并应当编制卡片,附平面图和素描图。

(4) 矿井应当根据实际情况建立下列防治水基础台账,并至少每半年整理完善1次。

① 矿井涌水量观测成果台账;

② 气象资料台账;

③ 地表水文观测成果台账;

④ 钻孔水位、井泉动态观测成果及河流渗漏台账;

⑤ 抽(放)水试验成果台账;

⑥ 矿井突水点台账;

⑦ 井田地质钻孔综合成果台账;

⑧ 井下水文地质钻孔成果台账;

⑨ 水质分析成果台账;

⑩ 水源水质受污染观测资料台账;

⑪ 水源井(孔)资料台账;

⑫ 封孔不良钻孔资料台账;

⑬ 矿井和周边煤矿采空区相关资料台账;

⑭ 防水闸门(墙)观测资料台账;

⑮ 物探成果验证台账;

⑯ 其他专门项目的资料台账。

为了便于及时利用和更新,台账应建立计算机数据库,并至少每半年整理完善1次。专业技术人员要认真收集,进行全面整理、分析相关资料,为防治水措施提供决策依据。建立的防治水台账要长期保存。

【执行中应注意的问题】

(1) 所有的检测数据和台账都要进行规范管理,及时更新,进行计算机管理便于查询和分析。

(2) 煤矿防治水基础台账的格式可参照表3-7-2～表3-7-17。

表3-7-2 矿井涌水量观测成果台账

单位: 煤矿

年度	矿井涌水量/($m^3 \cdot h^{-1}$)												
	1月	2月	3月	4月	5月	6月	7月	8月	9月	10月	11月	12月	平均

审核: 科长: 观测人:

表 3-7-3　气象资料台账

单位：　　　煤矿

月份	降水量：全月降水量/mm	降水量：月内量大日降水量/mm	降水量：月内量大日期	全月蒸发量/mm	月内相对湿度/%：平均	月内相对湿度/%：最高	月内相对湿度/%：最低	月内风速风向：最大风速/($m\cdot s^{-1}$)	月内风速风向：风向	月内气温/℃：平均	月内气温/℃：最高	月内气温/℃：最低	月内气压/MPa：平均	月内气压/MPa：最高	月内气压/MPa：最低	资料来源	备注

审核：　　　　　　　　科长：　　　　　　　　观测人：

表 3-7-4　地表水文观测成果渗漏台账

单位：　　　煤矿

<table>
<tr><td colspan="4">河流名称</td><td colspan="5"></td><td colspan="5">井田内径流长度/m</td><td></td><td rowspan="8">备注</td></tr>
<tr><td colspan="4">汇水面积/km²</td><td colspan="5"></td><td colspan="5">最大流量/(m³·h⁻¹)</td><td>最大洪水____m³/s，
最小洪水____m³/s，
一般流量____m³/s</td></tr>
<tr><td colspan="4">行洪量</td><td colspan="5"></td><td colspan="5">最高洪水位/m</td><td>年　月　日</td></tr>
<tr><td colspan="4">河床距开采层深度/m</td><td colspan="5"></td><td colspan="5"></td><td></td></tr>
<tr><td colspan="4" rowspan="3">测站编号、位置及坐标</td><td colspan="11"></td></tr>
<tr><td colspan="11"></td></tr>
<tr><td colspan="11"></td></tr>
<tr><td colspan="15"></td></tr>
<tr><td>观测日期</td><td>天气</td><td>测站</td><td>水面标高/m</td><td>流速/(m³·s⁻¹)</td><td>流量/(m³·s⁻¹)</td><td>测站</td><td>水面标高/m</td><td>流速/(m³·s⁻¹)</td><td>流量/(m³·s⁻¹)</td><td>测站</td><td>水面标高/m</td><td>流速/(m³·s⁻¹)</td><td>流量/(m³·s⁻¹)</td><td colspan="2">渗漏段位置及渗漏情况描述</td></tr>
<tr><td></td><td></td><td></td><td></td><td></td><td></td><td></td><td></td><td></td><td></td><td></td><td></td><td></td><td></td><td colspan="2"></td></tr>
<tr><td></td><td></td><td></td><td></td><td></td><td></td><td></td><td></td><td></td><td></td><td></td><td></td><td></td><td></td><td colspan="2"></td></tr>
<tr><td></td><td></td><td></td><td></td><td></td><td></td><td></td><td></td><td></td><td></td><td></td><td></td><td></td><td></td><td colspan="2"></td></tr>
<tr><td></td><td></td><td></td><td></td><td></td><td></td><td></td><td></td><td></td><td></td><td></td><td></td><td></td><td></td><td colspan="2"></td></tr>
<tr><td></td><td></td><td></td><td></td><td></td><td></td><td></td><td></td><td></td><td></td><td></td><td></td><td></td><td></td><td colspan="2"></td></tr>
<tr><td></td><td></td><td></td><td></td><td></td><td></td><td></td><td></td><td></td><td></td><td></td><td></td><td></td><td></td><td colspan="2"></td></tr>
</table>

审核：　　　　　　　　科长：　　　　　　　　观测人：

表 3-7-5　钻孔水位(井、泉)动态观测成果台账

单位：　　　煤矿

日期	孔(井)号				孔(井)号				天气	备注
	孔(井泉)深度：				孔(井泉)深度：					
	观测的含水层层位				观测的含水层层位					
	$x=$	$y=$		$z=$	$x=$		$y=$	$z=$		
	水位埋深/m	水压/MPa	水位标高/m	供水量/($m^3 \cdot min^{-1}$)	水位埋深/m	水压/MPa	水位标高/m	供水量/($m^3 \cdot min^{-1}$)		

审核：　　　　　　　　　　科长：　　　　　　　　　　观测人：

表 3-7-6　抽(放)水试验成果台账

单位：　　　煤矿

孔号	钻孔地面坐标		终孔深度/m	抽水层位	含水层厚度/m	稳定水位 深度/m 标高/m		抽水段		Q/($L \cdot s^{-1}$)	q/($L \cdot s^{-1} \cdot m^{-1}$)	s/m	K/($m \cdot d^{-1}$)	R/m	漏水段			开工时间/竣工时间	备注
	纬距(x) 经距(y)	标高(z)				抽前	抽后	标高/m	层位						标高/m	层位	漏失量/($L \cdot s^{-1}$)		

审核：　　　　　　　　　　科长：　　　　　　　　　　观测人：

表 3-7-7　矿井突水点台账

单位：　　　煤矿

编号	突水地点	坐标			突水类型	突水水源	突水通道	水温/℃	水位(压)/MPa		涌水量/($m^3 \cdot h^{-1}$)			突水时间、突水情况描述及危害程度
		x	y	z					突水前	突水后	最大	最小	稳定	

审核：　　　　　　　　　　科长：　　　　　　　　　　观测人：

表 3-7-8　井田周边煤矿及采空区相关资料台账

单位：　　　煤矿

矿井名称	井口坐标	开采煤层	生产起止日期	开采范围与本矿的位置关系	水文地质情况							是否构成威胁	井筒充填情况	关井原因	备注	资料调查		
					突水点情况	涌水量/($m^3 \cdot h^{-1}$)		水面标高/m	积水面积/m^2	积水量/m^3	与地表水体关系					日期	调查人	提供人
						正常	最大											

审核：　　　　　　　　　　科长：　　　　　　　　　　观测人：

表 3-7-9　井田地质钻孔综合成果台账

单位：　　　　煤矿

孔号	钻孔地面坐标		煤层名称	钻探资料								电测资料			储量计算综合利用资料													备注
	经距（y） 纬距（x）	标高（z）		止煤深度/m	煤层假厚及结构/m	煤层采长/m	煤层采取率/%	顶底板情况：顶末进尺 采长/m	顶底板情况：底初进尺 采长/m	总缺失量/m	质量等级	止煤深度/m	煤层假厚及结构/m	质量等级	止煤深度/m	煤层假厚及结构/m	煤层采取率/%	倾角/(°)	煤层真厚及结构/m	储量利用纯煤真厚/m	止煤点坐标：经距（y） 纬距（x）	止煤点坐标：标高（z）	质量等级	封孔质量评价	冲积层厚度/m	终孔深度/m 终孔层位	开工日期 竣工日期	

审核：　　　　　　　　　　　　　　　　科长：　　　　　　　　　　　　　　　　观测人：

表 3-7-10　井下水文地质钻孔成果台账

单位：　　　　煤矿

孔号	位置	孔口坐标			钻孔方位	钻孔倾角/(°)	开孔日期	钻孔性质	含水层名称	终孔		钻孔结构	初见水时			水量较大时			终孔		封孔质量	质量验收	是否取样化验
		x	y	z						孔深/m	层位		孔深/m	涌水量/(m³·h⁻¹)	水位（压）/m(MPa)	孔深/m	涌水量/(m³·h⁻¹)	水位（压）/m(MPa)	涌水量/(m³·h⁻¹)	水位（压）/m(MPa)			

审核：　　　　　　　　　　　　　　　　科长：　　　　　　　　　　　　　　　　观测人：

表 3-7-11　水质分析成果台账

单位：　　　　煤矿

样品编号	取样地点／取样时间	气温(水温)/℃	总硬度(德度)	暂时硬度(德度)	永久硬度(德度)	pH值	游离CO_2/(mg·L^{-1})	侵蚀CO_2/(mg·L^{-1})	耗气量/(mg·L^{-1})	SiO_2/(mg·L^{-1})	固形物/(mg·L^{-1})	1 L水中的含量	阴离子					阳离子							物理性质				备注
													HCO_3^-	SO_4^{2-}	CO_3^{2-}	NO_3^-	NO_2^{2-}	Ca^{2+}	Mg^{2+}	$K^+ + Ca^{2+}$	Fe^{2+}	Fe^{3+}	NH_4^+	气味	口味	颜色	混浊度	

审核：　　　　科长：　　　　观测人：

表 3-7-12　水源水质受污染观测资料台账

单位：　　　　煤矿

序号	观测水源地点	水源取水层位	现场观测情况				水质化验水质超标情况	受污染原因分析	观测、取样人	观测时间
			水量/($m^3 \cdot h^{-1}$)	颜色	气味	水温/℃				

审核：　　　　　　　　　　　　　　科长：　　　　　　　　　　　　　　观测人：

表 3-7-13　水源井(孔)资料台账

单位：　　　　煤矿

水源井(孔)名称：	
井(孔)口 $x=$　　　$y=$　　　$z=$	
施工单位	
开/竣工时间	
井(孔)结构	
井(孔)深度/m	
取水层位描述	
静止水位埋深/m	
动水位埋深/m	
抽水试验	水位降深、单位涌水量
汲水设备、流量	
井水变化	
井水用途	
受地表水或其他水体影响情况	
物理性质	
调查人	
调查时间	
备注	

审核：　　　　　　　　　　　　　　科长：　　　　　　　　　　　　　　观测人：

表 3-7-14　封闭不良钻孔资料台账

单位：　　　　煤矿

孔号	孔位		钻孔性质	孔深/m	施工单位	施工时间	钻孔穿越的含水层及富水性	封闭情况或结论	预计对安全生产的影响	如何处理		备注
	x	y								时间	方法	

审核：　　　　　　　　　　　　　　科长：　　　　　　　　　　　　　　观测人：

表 3-7-15　水闸门(墙)观测资料台账

单位：　　　煤矿

编号	名称	地点	设计单位	使用情况	关闭试验	防水闸门(墙)状态	观测人	观测时间	备注

审核：　　　　　　　　　　　　科长：　　　　　　　　　　　　观测人：

表 3-7-16　工作面采后水文资料台账

单位：　　　煤矿

工作面名称		开采煤层		开采标高/m	
煤层埋深/m		水位标高/m		煤层厚度/m	
采煤方法					
地质构造简述					
水文地质条件					
主要采取的防治水措施、实施情况、效果					
工作面出水情况（水量大小及构成、水源、充水通道、水量变化、主要出水点位置及水量变化情况等）					
经验、教训					
建议					
备注					

审核：　　　　　　　　　　　　科长：　　　　　　　　　　　　观测人：

表 3-7-17　采区涌水量台账

单位：　　　煤矿

年度	采区涌水量/$(m^3 \cdot h^{-1})$												
	1月	2月	3月	4月	5月	6月	7月	8月	9月	10月	11月	12月	平均

审核：　　　　　　　　　　　　科长：　　　　　　　　　　　　观测人：

第二百八十七条 矿井应当编制下列防治水图件,并至少每半年修订1次:

(一)矿井充水性图。

(二)矿井涌水量与相关因素动态曲线图。

(三)矿井综合水文地质图。

(四)矿井综合水文地质柱状图。

(五)矿井水文地质剖面图。

【释义】 本条是关于矿井编制防治水图件的规定。

为了有针对性地做好防治水工作,防止误揭地质构造、误穿老空区导致事故发生,本条规定要求矿井必须编制矿井充水性图、矿井涌水量与相关因素动态曲线图、矿井综合水文地质图、矿井综合水文地质柱状图、矿井水文地质剖面图。

水文地质条件复杂、极复杂的矿井还应根据受水害威胁的情况,编制专门图件,如带压开采评价图、注浆堵水平面及剖面图和水化学分析图等。

防治水图件是做好防治水工作的基础,所编制的图件内容要真实可靠,并数字化。专业技术人员应当及时对收集的资料和井下揭露的地质、水文地质情况反映标注在各种图件上,并进行综合分析,总结水害形成的规律和防治水措施。矿井不得建立两套真假图件应付检查。绘制数字化图件主要是便于及时修改,矿井应当至少每半年对相关图件进行修正完善一次。

(1) 矿井充水性图是综合记录井下实测水文地质资料的图纸,是分析矿井充水规律、开展水害预测及制定防治水措施的主要依据之一,也是矿井水害防治的必备图纸。一般采用采掘工程平面图作底图进行编制,比例尺为1∶2000～1∶5000,主要内容有:① 各种类型的出(突)水点应当统一编号,并注明出水日期、涌水量、水位(水压)、水温及涌水特征;② 古井、废弃井巷、采空区、老硐等的积水范围和积水量;③ 井下防水闸门、水闸墙、放水孔、防隔水煤(岩)柱、泵房、水仓、水泵台数及能力;④ 井下输水路线;⑤ 井下涌水量观测站(点)的位置;⑥ 其他。矿井充水性图应当随采掘工程的进展定期补充填绘。

(2) 矿井涌水量与各种相关因素动态曲线是综合反映矿井充水变化规律,预测矿井涌水趋势的图件。各矿应当根据具体情况,选择不同的相关因素绘制下列几种关系曲线图:① 矿井涌水量与降水量、地下水位关系曲线图;② 矿井涌水量与单位走向开拓长度、单位采空面积关系曲线图;③ 矿井涌水量与地表水补给量或水位关系曲线图;④ 矿井涌水量随开采深度变化曲线图。

(3) 矿井综合水文地质图是反映矿井水文地质条件的图纸之一,也是进行矿井防治水工作的主要参考依据。综合水文地质图一般在井田地形地质图的基础上编制,比例尺为1∶2000～1∶10000。主要内容有:① 基岩含水层露头(包括岩溶)及冲积层底部含水层(流砂、砂砾、砂礓层等)的平面分布状况;② 地表水体,水文观测站,井、泉分布位置及陷落柱范围;③ 水文地质钻孔及其抽水试验成果;④ 基岩等高线(适用于隐伏煤田);⑤ 已开采井田井下主干巷道、矿井回采范围及井下突水点资料;⑥ 主要含水层等水位(压)线;⑦ 老窑、小煤矿位置及开采范围和涌水情况;⑧ 有条件时,划分水文地质单元,进行水文地质分区。

(4) 矿井综合水文地质柱状图是反映含水层、隔水层及煤层之间的组合关系和含水层层数、厚度及富水性的图纸。一般采用相应比例尺随同矿井综合水文地质图一道编制。主要内容有：① 含水层年代地层名称、厚度、岩性、岩溶发育情况。② 各含水层水文地质试验参数。③ 含水层的水质类型。

（5）矿井水文地质剖面图主要是反映含水层、隔水层、褶曲、断裂构造等和煤层之间的空间关系。主要内容有：① 含水层岩性、厚度、埋藏深度、岩溶裂隙发育深度；② 水文地质孔、观测孔及其试验参数和观测资料；③ 地表水体及其水位；④ 主要井巷位置。矿井水文地质剖面图一般以走向、倾向有代表性的地质剖面为基础。

第二百八十八条　*采掘工作面或者其他地点发现有煤层变湿、挂红、挂汗、空气变冷、出现雾气、水叫、顶板来压、片帮、淋水加大、底板鼓起或者裂隙渗水、钻孔喷水、煤壁溃水、水色发浑、有臭味等透水征兆时，应当立即停止作业，撤出所有受水患威胁地点的人员，报告矿调度室，并发出警报。在原因未查清、隐患未排除之前，不得进行任何采掘活动。*

【释义】　本条是关于透水征兆和透水征兆处置的规定。

（1）透水征兆。水害事故发生前一般均会显现出各种各样的透水征兆，只要能够有效辨识就可避免重特大突水事故的发生或大大减少人员伤亡和财产的损失。主要透水征兆有：

① 一般透水征兆。工作面顶底板显现压力增大，出现折梁断柱、顶板下沉（冒顶）或底板鼓起等现象，煤层变潮湿、松软，煤帮出现滴水、淋水现象，且滴、淋水量由小变大明显，有时煤帮出现铁锈色（挂红）水迹。

② 工作面底板岩溶含水层透水征兆。矿压增大，发生片帮及底鼓，工作面空气变冷（工作面接近积水区域时，空气温度会骤然下降，煤壁发凉，人进入采掘工作面有凉爽、阴冷的感觉）、出现雾气（当工作面气温较高时，从煤壁渗出的积水就会被蒸发而形成雾气），有时可听到"嘶嘶"或刺耳水声。

③ 煤层顶板松散孔隙含水层透水征兆。突水部位出现发潮、挂汗，滴水、淋水逐渐增大，仔细观察可发现水中含有少量细砂，水色时清时混，总的趋势是水量、砂量逐渐增大，直至出现大量溃水、溃砂。当发现煤壁挂汗时，可以刮开出汗煤层，如果继续出汗渗水，可判断前方有水体；若不再出汗，说明原出汗是空气中的冷凝水。

④ 老空积水区的透水征兆。井下滴水、淋水中含有大量 H_2S 气体或呈酸性，突水水势迅猛，水流速度快。

上述透水征兆在具体突水过程中并不一定全部表现出来，所以在出现透水征兆时，要首先撤人到安全地点，再组织技术分析，综合考虑各种因素，做出科学判断，防止误判。

（2）透水征兆处置。有突（透、溃）水征兆未撤出井下所有受水患威胁的人员的，属于煤矿重大事故隐患。矿井发现透水征兆时，应遵守以下要求：① 立即停止作业，撤出所有受水患威胁地点的人员，这是以人为本的重要体现，人命关天，保护人的生命不受水患威胁是第一位的；② 报告矿调度室，发出警报；③ 查清透水征兆发生的原因，采取有效措施排除突水隐患；④ 在未查清透水征兆原因和未排除突水隐患前，不得进行任何采掘活动。

第二节 地面防治水

第二百八十九条 煤矿每年雨季前必须对防治水工作进行全面检查。受雨季降水威胁的矿井,应当制定雨季防治水措施,建立雨季巡视制度并组织抢险队伍,储备足够的防洪抢险物资。当暴雨威胁矿井安全时,必须立即停产撤出井下全部人员,只有在确认暴雨洪水隐患消除后方可恢复生产。

【释义】 本条是关于煤矿在雨季开展隐患排查、建立巡视制度及暴雨洪水期间停产撤人的规定。

雨季是水害多发的季节,煤矿企业应当根据各地区雨季的时间,提前做好雨季“三防”工作,在雨季前开展隐患排查。隐患排查的重点是:位于地表河流、湖泊、水库、山洪部位等附近矿井的防洪设施和防范措施是否到位;与矿井连通的采煤塌陷坑是否填平压实;井口标高低于当地历年最高洪水位的矿井是否采取防范措施;违法违规开采防隔水煤(岩)柱的矿井是否采取了加固和阻隔工程措施;井田范围内及周边已关闭的废弃煤矿是否充实填死;是否存在超层越界开采等。对查出的隐患要制定方案,加强领导,明确责任,资金到位,保证质量,限期完成,由矿井总工程师组织相关人员按照设计的要求,进行全面验收。防治水工程不合格的,不得投入使用。

煤矿企业要制定应急预案,制定撤出井下作业人员的标准,明确井下联络人员以及撤人的程序、路线等细节。如有的地区已规定预报有大到暴雨时,不得安排人员下井作业,在24 h降雨达到50 mm时,井下必须停产撤人。在暴雨期间,要安排专人对重点水患地区进行24 h巡视检查,及时将信息反馈给矿调度室和矿领导,以便做出正确的决策。当暴雨洪水威胁矿井安全时,煤矿企业生产现场带班人员、班组长和调度人员要及时撤出井下所有作业人员,确保矿工安全。

第二百九十条 煤矿应当查清井田及周边地面水系和有关水利工程的汇水、疏水、渗漏情况;了解当地水库、水电站大坝、江河大堤、河道、河道中障碍物等情况;掌握当地历年降水量和最高洪水位资料,建立疏水、防水和排水系统。

煤矿应当建立灾害性天气预警和预防机制,加强与周边相邻矿井的信息沟通,发现矿井水害可能影响相邻矿井时,立即向周边相邻矿井发出预警。

【释义】 本条是关于煤矿要查明井田及周边地面水文情况,建立疏水、防水和排水系统以及建立灾害性天气预警和预防机制的规定。

为了防止地表水体在雨季洪水季节期间倒灌矿井,煤矿应查清井田及周边地面水系和有关水利工程的汇水、疏水、渗漏情况,了解当地水库、水电站大坝、江河大堤、河道、河道中障碍物等情况。煤矿企业还要收集矿区百年之内当地最大降雨量和最高洪水位资料,据此建立疏水、防水和排水系统。

疏水系统:在矿区内部修筑疏水渠道。四面环山的工业场地选择可利用的地形构筑泄洪隧洞,将矿区内汇集的水引至矿区以外。严禁在河道中堆积矸石等杂物影响泄洪,致使河流水位抬高，河流通过废弃老井倒灌矿井。

防水系统：在编制矿井设计时，井口和工业场地应选择在不受洪水威胁的地点，矸石、炉灰及施工土方必须避开山洪和河流的冲刷方向，以免冲到工业场地和建筑物附近或淤塞沟渠和河道；对沿河布置的低于当地历年最高洪水位且受到河水威胁的建筑物或民用建筑物，应修筑防洪堤坝；对于坡面汇水应修挖防洪沟截住山洪，防止内侵或通过露头渗入矿井，封堵地面水渗入井下的塌陷裂缝和塌陷洞等通道；漏水的沟渠和河流应整铺河底或改道；加强地面在用钻孔及封闭不良钻孔的管理。

排水系统：对于内涝区和洪水季节河水有倒流现象的矿区及工业场地，应在矿区周围或井田内泄洪总沟的出口处建立水闸、设置排洪站，以备河水倒灌时向外排水；如果塌陷区范围太大、无法填平时，可用水泵排水，以防止地面水渗入井下。

煤矿是安全生产的责任主体，应当主动与气象、水利、防汛等部门进行联系，建立灾害性天气预警和预防机制。矿井应当及时掌握可能危及安全生产的暴雨洪水灾害信息，密切关注灾害性天气的预报预警信息；及时掌握汛情水情，采取安全防范措施；加强与周边相邻矿井信息沟通，发现矿井水害可能影响相邻矿井时，立即向周边相邻矿井进行预警。

【案例】 2007年8月17日，山东新泰市发生70年一遇的强暴雨。由于强暴雨导致山洪暴发，流经华源矿区的柴汶河水位暴涨漫过河岸，使漫溢的洪水冲蚀河岸，掏空基础，最终冲开约65 m的决口，冲入落差约5 m的岸外低洼处，在洪水强烈冲刷作用下，形成3个集中溃水点溃入井下。溃入井下的水量约1.26×10^7 m^3，砂石和粉煤灰约3×10^5 m^3，导致淹井。由于溃水流量大、速度快、水流湍急，增加了华源矿业有限公司井下撤人的难度。华源矿业公司发现井下透水后，没有及时做出人员一次性撤离升井的决定，而是分3次下达撤人命令，延误了部分人员的最佳撤离时机。当班井下作业人员756人，有584人安全升井，其余172人被困井下遇难。

第二百九十一条　*矿井井口和工业场地内建筑物的地面标高必须高于当地历年最高洪水位；在山区还必须避开可能发生泥石流、滑坡等地质灾害危险的地段。*

矿井井口及工业场地内主要建筑物的地面标高低于当地历年最高洪水位的，应当修筑堤坝、沟渠或者采取其他可靠防御洪水的措施。不能采取可靠安全措施的，应当封闭填实该井口。

【释义】 本条是关于矿井井口和工业场地内建筑物标高及防水措施的规定。

矿井井口及工业场地是煤矿生产的咽喉和腹地，在任何情况下，均应保证井口和其他地面设施不至于被洪水淹没。

新建矿井井口和各种工业建筑物的地面基础标高，在设计时均应高于当地百年之内最高洪水位，在山区还应当避开可能发生泥石流、滑坡等地质灾害危险的地段。最高洪水位是指雨季汛期泛滥时洪水淹没的最高水位，河流的最高水位，由水文站历年水文观测资料取得，分20年、50年、100年一遇等。没有观测资料时，通过水文调查取得。在编制矿井设计时，根据情况应尽量选择最高值。

老矿井井口及工业场地内建筑物的标高低于当地历年最高洪水位的，必须修筑堤坝、沟渠或者采取其他可靠防御洪水的措施。不能采取可靠安全措施的,应当封闭填实该井口。

第二百九十二条 当矿井井口附近或者开采塌陷波及区域的地表有水体或者积水时,必须采取安全防范措施,并遵守下列规定:

(一)当地表出现威胁矿井生产安全的积水区时,应当修筑泄水沟渠或者排水设施,防止积水渗入井下。

(二)当矿井受到河流、山洪威胁时,应当修筑堤坝和泄洪渠,防止洪水侵入。

(三)对于排到地面的矿井水,应当妥善疏导,避免渗入井下。

(四)对于漏水的沟渠和河床,应当及时堵漏或者改道;地面裂缝和塌陷地点应当及时填塞,填塞工作必须有安全措施。

【释义】 本条是关于防止地表水溃入井下的规定。

(1) 地表积水点的处理。当地表出现威胁矿井生产安全的积水区时,应当修筑泄水沟渠或排水设施,排泄积水。修筑沟渠时,应当避开露头、裂隙和导水岩层,以避免积水通过沟渠人为地与露头、裂隙、导水断层相连,造成积水溃入矿井。特别低洼地点不能修筑沟渠排水的,应当填平压实,以防再度积水。如果低洼地带范围太大无法填平时,应当采取水泵或者建排洪站专门排水,将积水排出矿区,防止低洼地带积水渗入井下。

(2) 河流和山洪威胁时的处理。当矿井受到河流威胁时,应当修筑堤坝将河水截断,使水流改道,从矿区外围流走。对于山洪威胁,应当采用建(构)筑物的方法将洪水挡在煤矿井口和工业场地以外。

(3) 排到地面的矿井水的处理。对于排到地面的矿井水,应当修筑排水沟渠等排水设施,将矿井水排出矿区,按照水质状况进行直接利用或经过净化处理后进行综合利用。修筑排水沟渠时,应避开露头、裂缝和导水岩层,防止积水再渗入井下而致恶性循环。

(4) 漏水沟渠和河床漏水的处理。对于在矿区(井)流动的漏水沟渠(包括农田灌溉沟渠)和河床,应及时铺底堵漏或者进行改道。地面裂缝和塌陷地点应及时填塞。进行填塞工作时,应采取相应的安全措施,防止人员陷入塌陷坑内。填塞后的地方必须经过彻底碾压压实并予以标记。

第二百九十三条 降大到暴雨时和降雨后,应当有专业人员观测地面积水与洪水情况、井下涌水量等有关水文变化情况和井田范围及附近地面有无裂缝、采空塌陷、井上下连通的钻孔和岩溶塌陷等现象,及时向矿调度室及有关负责人报告,并将上述情况记录在案,存档备查。

情况危急时,矿调度室及有关负责人应当立即组织井下撤人。

【释义】 本条是关于暴雨时,观测井上、下水文情况和及时撤人的规定。

大气降水是地下水的主要补给水源,所有矿井充水都直接和间接与大气降水有关,特别是煤系裸露或覆盖层厚度较小的矿区,降大到暴雨,降水在地面汇集起来,通过井口、地面裂缝、老窑陷落区、岩溶塌陷区等灌入或渗入井下,危及矿井安全。

(1) 专业人员。专业人员是指专门从事煤矿水文地质工作的人员。由于他们既有理论知识又有实践经验，因此其测定的井上下水文资料更准确、更可靠，对矿井防汛工作指导性更强。

（2）水文情况观测。每次降大到暴雨时和暴雨后，专业人员应将地面和井下观测的水文情况，及时向矿调度室及有关负责人报告，并记录在案、存档备查。有条件的矿井，应当尽量使用智能自动水位观测、记录和传输数据，以提高决策效率。① 地面观测。地面观测包括两项内容：一是对本井田范围内可能波及的周边废弃老窑、地面塌陷坑、采动裂隙、岩溶塌陷等重点部位进行观测；二是对可能影响矿井安全生产的水库、湖泊、河流、涵闸、堤防工程的积水情况和洪水情况进行观测。② 井下观测。井下水文情况包括井下揭露出水点的充水情况和水量变化、巷道和采空区积水的变化情况和水量变化。巷道和采空区积水的变化情况出现异常，应及时分析原因，寻找导水通道，采取相应措施，防止水害事故发生。

（3）应急处置。暴雨期间及以后，当井下出水点、巷道和采空区充水量急剧增加且可能引发灾害时，矿调度室应启动水害应急预案，立即组织撤出井下人员到安全地点。经确认隐患完全消除后，方可恢复生产。

【案例】 2007 年 7 月 28 日傍晚至 29 日上午 8 时，河南省三门峡市陕县境内突降暴雨，山洪暴发，流经支建矿业有限公司支建煤矿矿区的铁炉沟河水位暴涨。7 月 29 日 8 时 50 分左右，洪水经废弃的老窑溃入井下，导致井下＋260 m 水平巷道 600 余米被淹，透水量达 4 000 多立方米。当时井下有 102 名矿工，其中 33 人及时升井，69 人被困。事故发生后，经 76 h 多方全力抢救，被困的 69 名矿工全部生还。

造成这起事故的直接原因是：由于三门峡市陕县境内突降暴雨，支建煤矿矿区山洪暴发，造成流经矿区的铁炉沟河流水位急剧上涨，洪水冲垮多年前废弃老窑的充填物，通过采空区、报废巷道溃入支建煤矿井下。

此外，支建煤矿防治水工作存在漏洞，对矿区及周边存在的透水事故隐患排查治理不认真、不落实。没有严格按照《规程》的规定对矿区及周边存在的老窑、矿坑、地面裂缝和塌陷地点等进行充填；在降大到暴雨时，没有派专人检查矿区及附近地面有无裂缝、老窑陷落和岩溶塌陷等透水事故隐患，不能及时发现漏水情况并进行处理；铝土矿剥离的土石方挤占河道，致使洪水位升高；暴雨期间未停工撤人等，也是造成事故发生的重要原因。

第二百九十四条 当矿井井口附近或者开采塌陷波及区域的地表出现滑坡或者泥石流等地质灾害威胁煤矿安全时，应当及时撤出受威胁区域的人员，并采取防治措施。

【释义】 本条是关于防止滑坡或泥石流的规定。

滑坡是指斜坡上的土体或者岩体，受河流冲刷、地下水活动、雨水浸泡、地震及人工切坡等因素影响，在重力作用下，沿着一定的软弱面或者软弱带，整体地或者分散地顺坡向下滑动的自然现象。泥石流是指在山区或者其他沟谷深壑、地形险峻的地区，因为暴雨、暴雪或其他自然灾害引发的山体滑坡并携带有大量泥沙以及石块的特殊洪流。泥石流具有突然性以及流速快、流量大、物质容量大和破坏力强等特点。特别要重视对滑坡、泥石流威胁煤矿安全的观测工作，发现情况异常时，应当立即撤出受危险区域的人员，并采取防止滑坡、泥石流措施。

第二百九十五条 严禁将矸石、杂物、垃圾堆放在山洪、河流可能冲刷到的地段,防止淤塞河道和沟渠等。

发现与矿井防治水有关系的河道中存在障碍物或者堤坝破损时,应当及时报告当地人民政府,清理障碍物或者修复堤坝,防止地表水进入井下。

【释义】 本条是关于防止杂物淤塞河道、沟渠的规定。

堆放在山谷中或其他区域的煤(岩)矸石、炉灰、垃圾等杂物,在雨季或其他季节,经过山洪、河流的冲刷,就可形成矿山泥石流的灾害,可以冲到工业场地和建筑物附近或者淤塞河道、沟渠,抬高河流水位,形成堰塞湖,造成灾害或重大人员伤亡。如果防治水措施不利,矸石、杂物、垃圾等杂物随山洪和河水溃入井下,淤塞矿井后很难处理,有可能造成矿井报废的危险。对河道中障碍物影响矿井安全的,要及时进行全面清障,因管理权限无法清障的,要书面报告地方政府及相关部门请求进行综合协调。

【案例】 2010 年 8 月 10 日,吉林省通化市二道江区宏远煤矿发生一起因暴雨洪水引发的事故,矿井被淹,18 人死亡,直接经济损失 2363.8 万元。

大罗圈沟河上游突降暴雨,最大日降雨量达 116.2 mm,最高水位 8.06 m,流量 581 m^3/s,为该矿建矿以来最大暴雨。8 月 10 日 1 时 30 分,大罗圈沟河上游的洪峰和二道沟河洪峰同时汇流,形成更大的洪峰,导致河水暴涨,同时河水裹着砂石、民用烧材、树木等杂物,冲入大罗圈沟河,造成大罗圈沟河道局部堵塞,漫堤淹井,事故发生。

第二百九十六条 使用中的钻孔,应当安装孔口盖。报废的钻孔应当及时封孔,并将封孔资料和实施负责人的情况记录在案,存档备查。

【释义】 本条是关于矿井地面或井下钻孔孔口应采取措施的规定。

井田内所有钻孔必须全部标注在采掘工程平面图上,建立台账。煤矿在掘进、回采过程中,根据钻孔台账的记录,逐孔分析检查,特别是打穿多含水层、煤层的钻孔处理,更要查清历史资料;无资料的,必须采取探放水措施或留设防隔水煤(岩)柱。

对于正在使用中的观测孔、注浆孔和电缆孔等钻孔,要确保每个钻孔安装孔口管并加盖封好,孔口管的高程应当高出当地最高洪水位;低于此规定的,必须采取措施,防止地表水沿钻孔灌入井下。报废的钻孔无论是在井上还是在井下,都必须及时注浆封孔。

为确保封孔的质量和封孔资料的查找利用,有关封孔的设计、封孔报告等资料要进行存档备查。

【案例】 1999 年 6 月 18 日,郑煤集团超化煤矿在井下 21 下山开拓时,发生突水,最大突水量达到 600 m^3/h,导致采区被淹。经认真分析,该突水处附近有一个未封孔的水文勘查孔,也未标绘在采掘工程平面图上,经重新封孔处理,才解除了水患。

第三节　井下防治水

第二百九十七条 相邻矿井的分界处,应当留防隔水煤(岩)柱;矿井以断层分界的,应当在断层两侧留有防隔水煤(岩)柱。

矿井防隔水煤(岩)柱一经确定，不得随意变动，并通报相邻矿井。严禁在设计确定的各类防隔水煤(岩)柱中进行采掘活动。

【释义】 本条是关于矿井分界处防隔水煤(岩)柱留设的规定。

矿与矿边界必须留设防隔水煤(岩)柱；以断层为界，则必须在断层两侧留有防隔水煤(岩)柱。矿井应当根据地质构造、水文地质条件、煤层赋存条件、围岩物理力学性质、开采方法及岩层移动规律等因素确定相应的防隔水煤(岩)柱的尺寸。防隔水煤(岩)柱的尺寸按《煤矿防治水细则》附录六所列的9种情况留设，但不得小于20 m。如遇到其他特殊情况，可参照9种情况最近的执行。防隔水煤(岩)柱应当由矿井地测部门组织编制专门设计，经煤炭企业总工程师组织有关单位审批后实施。矿井防隔水煤(岩)柱一经确定，不得随意变动。

矿井边界煤(岩)柱已破坏的，要采取有效措施，建立防水承压的隔离措施，并加强观测。正在生产的煤矿不得开采防隔水煤(岩)柱；矿井资源枯竭、回采煤柱时，必须制定严格的安全措施，加强管理，以防透水事故发生。特别要指出的是，超层越界开采、超深开采导致的水害事故频发，所以煤矿要严禁超层越界开采和超深开采。

(1) 煤层露头防隔水煤(岩)柱的留设。

① 煤层露头无覆盖或者被黏土类微透水松散层覆盖时，其计算公式为

$$H_f = H_k + H_b \tag{3-7-1}$$

② 煤层露头被松散富水性强的含水层覆盖时(图3-7-1)，其计算公式为

$$H_f = H_d + H_b \tag{3-7-2}$$

式中 H_f——防隔水煤(岩)柱高度，m；

H_k——垮落带高度，m；

H_d——最大导水裂隙带高度，m；

H_b——保护层厚度，m。

式中 H_k、H_d 的计算，参照《建筑物、水体、铁路及主要井巷煤柱留设与压煤开采规范》的相关规定。

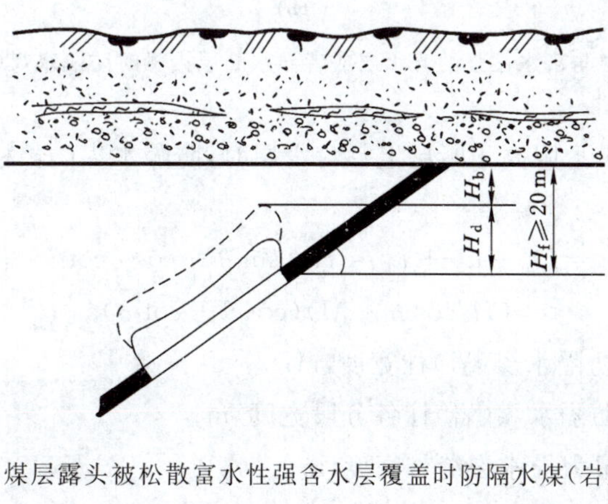

图3-7-1 煤层露头被松散富水性强含水层覆盖时防隔水煤(岩)柱留设图

(2) 含水或者导水断层防隔水煤(岩)柱的留设。

可以参照下列经验公式计算(图 3-7-2)：

$$L=0.5KM\sqrt{\frac{3p}{K_p}} \tag{3-7-3}$$

式中　L——煤柱留设的宽度，m；

K——安全系数，一般取 2～5；

M——煤层厚度或者采高，m；

p——实际水头值，MPa；

K_p——煤的抗拉强度，MPa。

图 3-7-2　含水或者导水断层防隔水煤(岩)柱留设图

(3) 煤层与强含水层或者导水断层接触防隔水煤(岩)柱的留设。

① 当含水层顶面高于最高导水裂隙带上限时，防隔水煤(岩)柱可以按图 3-7-3a、图 3-7-3b留设。其计算公式为

$$L=L_1+L_2+L_3=H_a\csc\theta+H_d\cot\theta+H_d\cot\delta \tag{3-7-4}$$

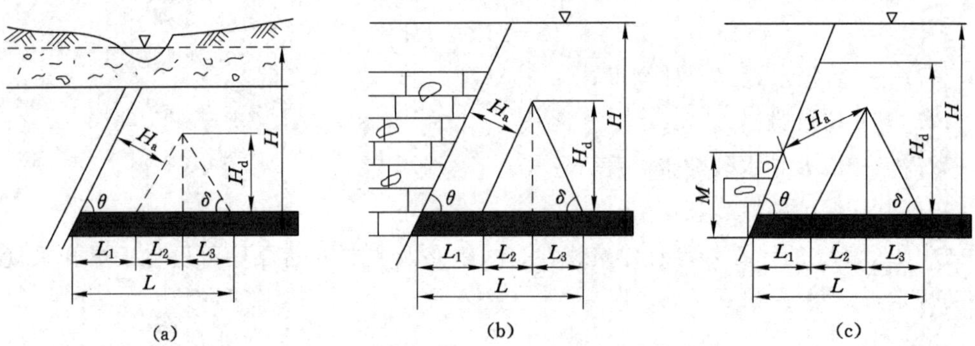

图 3-7-3　煤层与富水性强的含水层或者导水断层接触时防隔水煤(岩)柱留设图

② 最高导水裂隙带上限高于断层上盘含水层时，防隔水煤(岩)柱按图 3-7-3c 留设。其计算公式为

$$L=L_1+L_2+L_3=H_a(\sin\delta-\cos\delta\cot\theta)+(H_a\cos\delta+M)(\cot\theta+\cot\delta) \tag{3-7-5}$$

式中　L——防隔水煤(岩)柱宽度，m；

L_1、L_2、L_3——防隔水煤(岩)柱各分段宽度，m；

H_d——最大导水裂缝带高度，m；

θ——断层倾角，(°)；

δ——岩层塌陷角，(°)；

M——断层上盘含水层顶面高出下盘煤层底板的高度，m；

H_a——安全防隔水煤(岩)柱的宽度，m。

H_a 值应当根据矿井实际观测资料来确定，即通过总结本矿区在断层附近开采时发生突水和安全开采的地质、水文地质资料，按《煤矿防治水细则》附录五中式(附 5-2)计算其临界突水系数 T_s，并将各计算值标到以 T_s 为横轴、以埋藏深度 H_0 为纵轴的坐标系内，找出 T_s 值的安全临界线(图 3-7-4)。

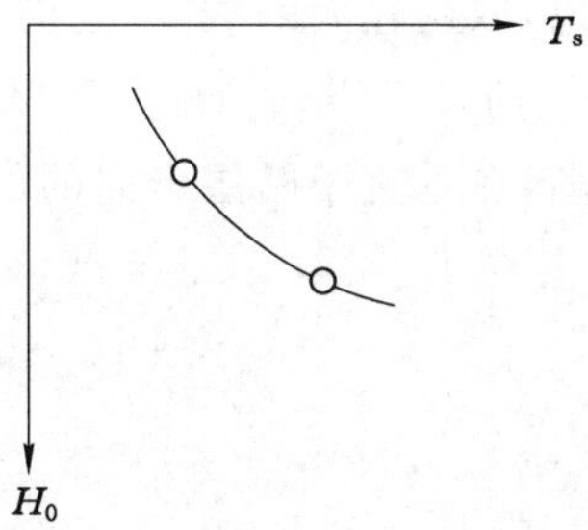

图 3-7-4　T_s 和 H_0 关系曲线图

H_a 值也可以按下列公式计算：

$$H_a = \frac{p}{T_s} + 10 \tag{3-7-6}$$

式中　p——防隔水煤(岩)柱所承受的实际水头值，MPa；

T_s——临界突水系数，MPa/m；

10——保护层厚度，一般取 10 m。

本矿区如无实际突水系数，可以参考其他矿区资料，但选用时应当综合考虑隔水层的岩性、物理力学性质、巷道跨度或者工作面的空顶距、采煤方法和顶板控制方法等一系列因素。

(4) 煤层位于含水层上方且断层导水时防隔水煤(岩)柱的留设。

① 在煤层位于含水层上方且断层导水的情况下(图 3-7-5)，防隔水煤(岩)柱的留设应当考虑 2 个方向上的压力：一是煤层底部隔水层能否承受下部含水层水的压力；二是断层水在顺煤层方向上的压力。

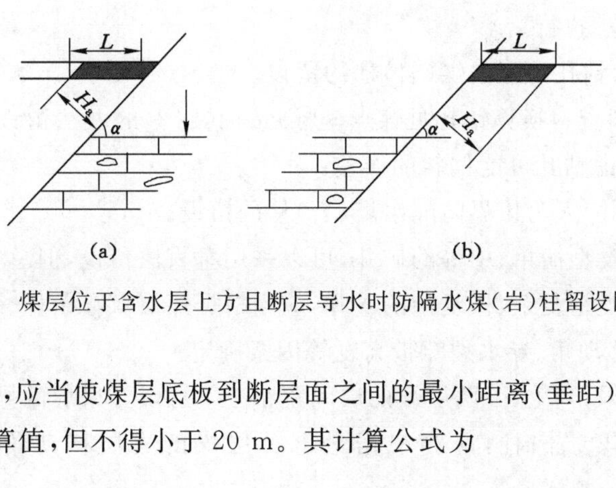

图 3-7-5　煤层位于含水层上方且断层导水时防隔水煤(岩)柱留设图

当考虑底部压力时，应当使煤层底板到断层面之间的最小距离(垂距)，大于安全防隔水煤(岩)柱宽度 H_a 的计算值，但不得小于 20 m。其计算公式为

$$L=\frac{H_a}{\sin\alpha} \tag{3-7-7}$$

式中　L——防隔水煤(岩)柱宽度,m;

H_a——安全防隔水煤(岩)柱的宽度,m;

α——断层倾角,(°)。

当考虑断层水在顺煤层方向上的压力时,按式(3-7-3)计算煤柱宽度。

根据以上两种方法计算的结果,取用较大的数值,但仍不得小于 20 m。

② 如果断层不导水(图 3-7-6),防隔水煤(岩)柱的留设尺寸,应当保证含水层顶面与断层面交点至煤层底板间的最小距离,在垂直于断层走向的剖面上大于安全防隔水煤(岩)柱宽度 H_a,但不得小于 20 m。

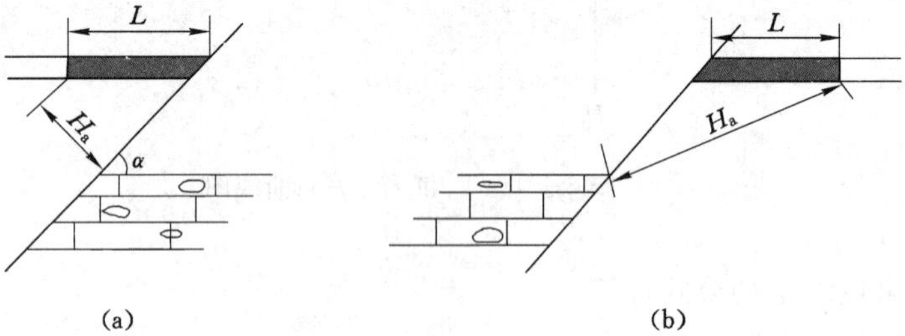

图 3-7-6　煤层位于含水层上方且断层不导水时防隔水煤(岩)柱留设图

(5) 水淹区域下采掘时防隔水煤(岩)柱的留设。

① 巷道在水淹区域下掘进时,巷道与水体之间的最小距离,不得小于巷道高度的 10 倍。

② 在水淹区域下同一煤层中进行开采时,若水淹区域的界线已基本查明,防隔水煤(岩)柱的尺寸应当按前文(2)的规定留设。

③ 在水淹区域下的煤层中进行回采时,防隔水煤(岩)柱的尺寸,不得小于最大导水裂隙带高度与保护层厚度之和。

(6) 保护地表水体防隔水煤(岩)柱的留设。

保护地表水体防隔水煤(岩)柱的留设,可以参照《建筑物、水体、铁路及主要井巷煤柱留设与压煤开采规范》执行。

(7) 保护通水钻孔防隔水煤(岩)柱的留设。

根据钻孔测斜资料换算钻孔见煤点坐标,按前文(2)的办法留设防隔水煤(岩)柱,如无测斜资料,应当考虑钻孔可能偏斜的误差。

(8) 相邻矿(井)人为边界防隔水煤(岩)柱的留设。

① 水文地质类型简单、中等的矿井,可以采用垂直法留设,但总宽度不得小于 40 m。

② 水文地质类型复杂、极复杂的矿井,应当根据煤层赋存条件、地质构造、静水压力、开采煤层上覆岩层移动角、导水裂隙带高度等因素确定。

③ 多煤层开采,当上、下两层煤的层间距小于下层煤开采后的导水裂隙带高度时,下层煤的边界防隔水煤(岩)柱,应当根据最上一层煤的岩层移动角和煤层间距向下推算

(图 3-7-7a);当上、下两层煤之间的层间距大于下层煤开采后的导水裂隙带高度时,上、下煤层的防隔水煤(岩)柱,可以分别留设(图 3-7-7b)。

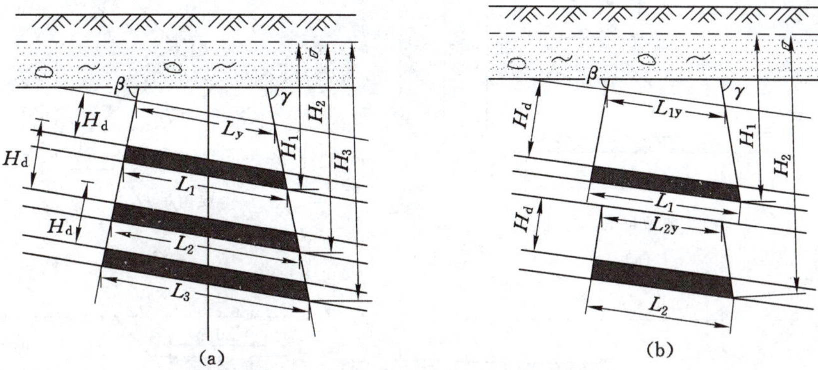

L_y、L_{1y}、L_{2y}—导水裂隙带上限岩柱宽度;L_1—上层煤防水煤柱宽度;

L_2、L_3—下层煤防水煤柱宽度;γ—上山岩层移动角;β—下山岩层移动角;

H_d—最大导水裂隙带高度;H_1、H_2、H_3—各煤层底板以上的静水位高度

图 3-7-7 多煤层开采边界防隔水煤(岩)柱留设图

导水裂隙带上限岩柱宽度 L_y 的计算,可以采用下列公式:

$$L_y = \frac{H - H_d}{10} \times \frac{1}{\lambda} \tag{3-7-8}$$

式中 L_y——导水裂隙带上限岩柱宽度,m;

H——煤层底板以上的静水位高度,m;

H_d——最大导水裂隙带高度,m;

λ——水压与岩柱宽度的比值,可以取 1。

(9) 以断层为界的井田防隔水煤(岩)柱的留设。

以断层为界的井田,其边界防隔水煤(岩)柱可以参照断层煤柱留设,但应当考虑井田另一侧煤层的情况,以不破坏另一侧所留煤(岩)柱为原则(除参照断层煤柱的留设外,尚可参考图 3-7-8 所示的例图。

【执行中应注意的问题】

未按照国家规定留设或者擅自开采(破坏)各种防隔水煤(岩)柱的,属于煤矿重大事故隐患。

(1)"未按照国家规定留设",是指存在下列情形之一的:

① 未按照《煤矿防治水细则》第九十一条、第九十二条有关规定,以下位置未留设防隔水煤(岩)柱的:相邻矿井的分界处;煤层露头风化带;在地表水体、含水冲积层下或者水淹区域邻近地带;与富水性强的含水层间存在水力联系的断层、裂缝带或者强导水断层接触的煤层;有大量积水的老空;导水、充水的陷落柱、岩溶洞穴或者地下暗河;分区隔离开采边界;受保护的观测孔、注浆孔和电缆孔等。

② 防隔水煤(岩)柱的尺寸不符合《煤矿防治水细则》附录六的要求,或者小于 20 m 的。

(2)"擅自开采(破坏)各种防隔水煤(岩)柱",是指违反《煤矿防治水细则》第九十四条

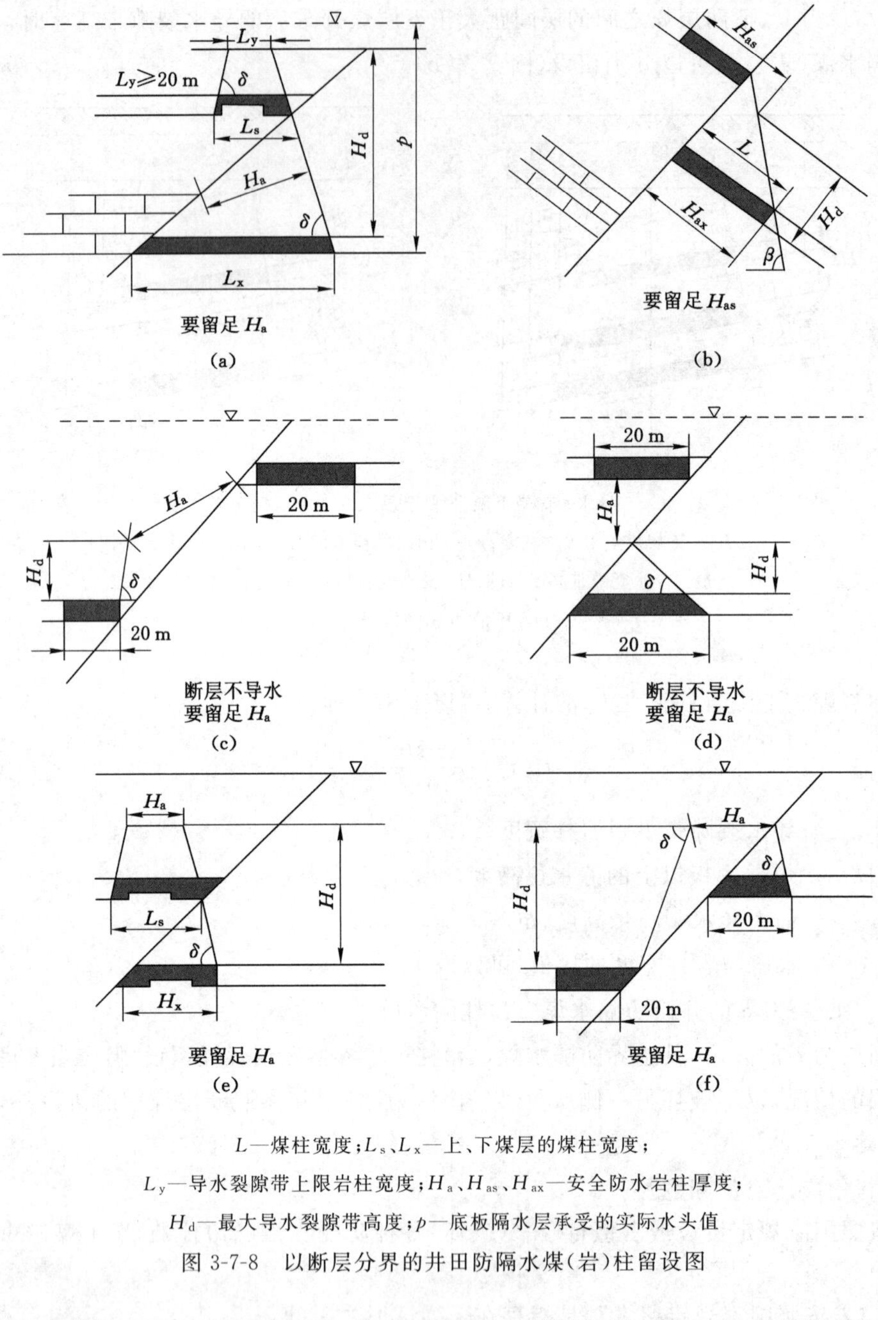

L—煤柱宽度；L_s、L_x—上、下煤层的煤柱宽度；

L_y—导水裂隙带上限岩柱宽度；H_a、H_{as}、H_{ax}—安全防水岩柱厚度；

H_d—最大导水裂隙带高度；p—底板隔水层承受的实际水头值

图 3-7-8　以断层分界的井田防隔水煤(岩)柱留设图

有关规定，随意变动或者在防隔水煤(岩)柱中进行采掘活动的(当地质、水文条件发生变化，经探查分析，可缩小防隔水煤(岩)柱尺寸、提高开采上限的，进行了可行性研究和工程验证，组织有关专家论证评价，并经煤矿上级企业主要负责人审批的除外)，或者以“探巷”等名义进入或在采掘活动中损坏防隔水煤(岩)柱的。

【案例】 2010 年 1 月 22 日，宁夏吴忠市太阳山开发区隆能煤业有限公司发生透水事故，死亡 7 人。事故直接原因是：该矿在未查清老窑积水的情况下，未执行探放水有关规定，违法违规开采安全防隔水煤柱，爆破作业导致透水事故发生。

第二百九十八条 在采掘工程平面图和矿井充水性图上必须标绘出井巷出水点的位置及其涌水量、积水的井巷及采空区范围、底板标高、积水量、地表水体和水患异常区等。在水淹区域应当标出积水线、探水线和警戒线的位置。

【执行说明】 积水线是指经过调查确定的积水边界线。积水线是由调查所得的水淹区域积水区分布资料,或由物探、钻探探查确定(图15)。

探水线是指用钻探方法进行探水作业的起始线。探水线是根据水淹区域的水压、煤(岩)层的抗拉强度及稳定性、资料可靠程度等因素沿积水线平行外推一定距离划定。当采掘工作面接近至此线时就要采取探放水措施。具体参见表1、图15。

警戒线是指开始加强水情观测、警惕积水威胁的起始线。警戒线是由探水线再平行外推一定距离划定。当采掘工作面接近此线后,应当警惕积水威胁,注意采掘工作面水情变化。具体参见表1、图15。

表1 老空水探水线、警戒线

m

边界名称	确定方法	煤层软硬程度	资料依靠调查分析判别	有一定图纸资料作参考	可靠图纸资料作依据
探水线	由积水线平行外推	松软	100~150	80~100	30~40
		中硬	80~120	60~80	30~35
		坚硬	60~100	40~60	30
警戒线	由探水线平行外推		60~80	40~50	20~40

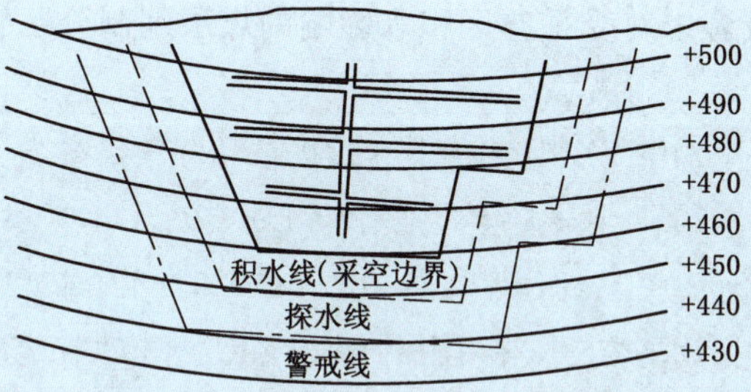

图15 积水线、探水线、警戒线的划定

【释义】 本条是关于矿井突水点、采空区积水量应标绘在采掘工程平面图和矿井充水性图上的规定。

井巷出水点的位置及其涌水量、积水井巷及采空区积水范围、底板标高和积水量是煤矿井下充水规律分析、突水预测预报、水害事故隐患分析的重要基础资料,为了掌握矿井水害的形成规律,对重大水患做到心中有数,避免水害事故的发生并引起矿井生产管理人员的重视,必须将有关信息填绘在采掘工程平面图和矿井充水性图上。水淹区域是指积水或被水淹没的井巷、老空或者相邻矿井,以及有积水的灌浆区等。

【执行中应注意的问题】

(1) 依据《煤矿防治水细则》第七十八条，煤矿应当及时掌握本矿及相邻矿井距离本矿200 m范围内的采掘动态，将采掘范围、积水情况、防隔水煤(岩)柱等填绘在矿井充水性图、采掘工程平面图等图件上，并标出积水线、探水线和警戒线的位置。

煤矿应当及时掌握本矿及相邻矿井的采掘动态，应当建立相邻矿井调查管理制度。在对相邻矿井进行调查时应注意以下方面：

① 相邻矿井调查每次必须有原始记录，有相邻矿井调查一览表并盖章，有填绘好的专门的相邻矿井采掘工程平面图。

② 相邻矿井资料建档存放，每个相邻矿井建立一个档案号，资料不能混杂，要查找方便。

③ 严格地测资料保密制度。相邻矿井借阅资料，如有必要，必须经矿长同意，总工程师签字后，方可借阅。

④ 调查人发现相邻矿井超层越界，存在水害隐患等情况，必须立即向矿长、总工程师汇报，不得隐瞒不报，不得擅自处理。

(2) 根据《煤矿重大事故隐患判定标准》第九条，未查明井田范围内采空区、废弃老窑积水等情况而组织生产建设的，属于煤矿重大事故隐患。“未查明井田范围内采空区、废弃老窑积水等情况”是指存在下列情形之一的：

① 未查明井田范围内采空区、废弃老窑的积水位置、范围、水压、积水量，或者未在矿井充水性图、采掘工程平面图上标明积水线、探水线、警戒线的。

② 采空区、废弃老窑范围不清、积水情况不明的区域，未进行综合探查，或者未编制矿井老空水害评价报告，或者未对受采空区积水影响的煤层编制分区管理设计并划分可采区、缓采区和禁采区的。

【案例】 2008年7月21日，广西百色市右江矿务局那读煤矿发生老空透水事故，死亡36人。该矿为国有地方煤矿，2007年核定生产能力为1.9×10^5 t/a，矿井周边废弃小煤窑积水情况不清，没有标出老空积水的探水线位置。该矿在4304工作面(靠近废弃小煤矿附近)违规开掘3个开切眼，用煤电钻探放老空水，前两个开切眼均因掘进时有透水征兆而停止施工，随后又在距第一个开切眼30 m处重开切眼，在发现透水征兆的情况下，仍在相对较低的4301采煤工作面组织生产。事故发生前，在没有认真分析透水量变化的情况下，盲目通知已经撤到安全地点的作业人员重新返回作业地点恢复生产，导致发生特别重大透水事故。事故后现场勘察，发生透水的4304工作面第三开切眼掘进头与老空区之间的煤柱只有3.9 m。

第二百九十九条 受水淹区积水威胁的区域，必须在排除积水、消除威胁后，方可进行采掘作业；如果无法排除积水，开采倾斜、缓倾斜煤层的，必须按照《建筑物、水体、铁路及主要井巷煤柱留设与压煤开采规程》中有关水体下开采的规定，编制专项开采设计，由煤矿企业主要负责人审批后，方可进行。

严禁开采地表水体、强含水层、采空区水淹区域下且水患威胁未消除的急倾斜煤层。

【释义】 本条是关于受水影响区域进行煤层开采的规定。

在水淹区积水面以下的煤岩层中进行采掘工作，如果经分析计算，积水对下方的采掘工作有威胁时，应在排除积水、消除威胁以后进行。排除积水的有效方法是井下放水，使用放水钻孔，将积水放掉，即可消除隐患。

如果无法排除积水，只能顶水作业时，对开采倾斜、缓倾斜煤层的，必须按照《建筑物、水体、铁路及主要井巷煤柱留设与压煤开采规范》中有关水体下开采的规定，编制专项开采设计，由煤矿企业主要负责人审批后，方可进行。

编制专项开采设计时，防隔水煤（岩）柱是设计的关键，因为井下有一处薄弱地方发生与水体沟通，就会在瞬间发生淹井，造成灾难。进行水体下开采的防隔水煤（岩）柱留设尺寸预计时，覆岩垮落带、导水裂缝带高度、保护层尺寸可以按照《建筑物、水体、铁路及主要井巷煤柱留设与压煤开采规范》中的公式计算，或者根据类似地质条件下的经验数据结合基于工程地质模型的力学分析、数值模拟等多种方法综合确定，同时还应当结合覆岩原始导水情况和开采引起的导水裂缝带进行叠加分析综合确定。涉及水体下开采的矿区，应当开展覆岩垮落带、导水裂缝带高度和范围的实测工作，逐步积累经验，指导本矿区水体下开采工作。

急倾斜煤层开采时由于其顶板垮落超过正常高度而无法预计，因此，严禁开采地表水体、强含水层、采空区水淹区域下且水患威胁未消除的急倾斜煤层（当采取措施消除水患威胁后可以开采）。在开采过程中遇到的高角度正断层也要引起重视，防止沿断层抽冒发生事故。开采地表水体、强含水层、采空区水淹区域下的急倾斜煤层，违反《规程》《煤矿防治水细则》的有关规定，未采用地表水体迁移（或改道）、疏干老空水、注浆改造（或截流）等措施改变其水文地质性质、消除水患威胁的，属于未按照国家规定消除水患威胁类的煤矿重大事故隐患。

【案例】 2007年3月10日，辽宁抚顺矿业集团公司老虎台矿发生一起水害事故，死亡29人。事故发生的直接原因是：位于73003号采煤工作面上方的68002号西采煤工作面采空区积水，受73003号采煤工作面采煤影响，积水溃出，导致事故发生。该矿73003号采面作业规程中，只说明了其南部和上部68002号西采煤工作面和73001号采煤工作面两个已采面采空区可能有积水，但未计算73003号采煤工作面覆岩破坏高度，也未按“有疑必探”的原则编制相应的探放水措施。

第三百条　*在未固结的灌浆区、有淤泥的废弃井巷、岩石洞穴附近采掘时，应当制定专项安全技术措施。*

【释义】 本条是关于在未固结的灌浆区、有淤泥的废弃井巷、岩石洞穴附近采掘时的规定。

在接近未固结的灌浆区、有淤泥的废弃井巷、岩石洞穴附近采掘时，安全风险性很大，必须按照受水淹积水威胁进行管理。矿井要收集相关资料，标绘在采掘工程平面图和矿井充水性图上，确定探水线的位置，必要时建立水闸墙，以防发生事故。准确判断积水的区域是否彻底放完水，防止淤泥堵塞钻孔造成放完水的假象。

如果在未固结的灌浆区、有淤泥的废弃井巷、岩石洞穴下部采掘时，必须彻底消除威胁后方可进行采掘活动;或者按照水体下采煤的有关规定,制定安全措施,由企业负责人审批后,方可进行采掘活动,同时要加强观测,有异常情况,立即停产撤人。

【案例】 2007年12月24日,内蒙古某矿井下发生一起重大灭火灌浆泥水透泄事故。事故原因:所施工防火密闭墙厚度不够,两道密闭墙之间未充填黄土,密闭墙墙体和岩体接触不牢固,墙体上未设放水管,造成密闭墙内存有大量积水,而积水压力最终冲垮密闭墙,造成4名正在运送材料的矿工死亡。

第三百零一条 开采水淹区域下的废弃防隔水煤柱时,应当彻底疏干上部积水,进行安全性论证,确保无溃浆(砂)威胁。严禁顶水作业。

【释义】 本条是关于废弃防隔水煤柱开采的规定。

为提高煤炭资源利用率,往往需要开采水淹区域下的废弃防隔水煤柱。应当在查清顶板含富水体埋藏和分布规律的基础上,编制安全开采可行性技术,彻底疏干上部积水并确保无溃浆(沙)威胁,才能进行水淹区域下的废弃防水煤柱开采工作。疏干上部积水,探查有无溃浆(沙)威胁,就必须进行探放水工程设计。探放水工程设计内容应包括:① 水淹区域和周围的水文地质条件,如水淹区域水头高度、正常涌水量或积水量,与上下采空区、相邻积水区、断层构造及地表水和含水层的联系;② 探水巷道的开拓方向、施工次序、规格和支护方式;③ 探放水钻孔组数、个数、方向、角度、深度和施工技术要求及超前距和帮距;④ 探放水施工与掘进工作的安全技术措施;⑤ 受水威胁地区信号联系和避灾路线;⑥ 通风措施和瓦斯检查制度;⑦ 防排水设施,如水闸门、水闸墙等的设计及水仓、水泵、管路、水沟等排水系统及能力的具体安排;⑧ 水情和避灾联系汇报制度;⑨ 附水淹区域与采掘关系图、探放水钻孔布置的平剖面图等。

开采水淹区域下废弃防隔水煤柱时,危险较大,必须编制专门开采设计,进行可行性研究,制定疏放上部积水的安全技术措施,由企业总工程师组织相关技术人员审核后,方可进行施工。废弃防隔水煤柱上部积水未彻底疏放结束,不得进行采掘活动,严禁顶水作业施工,防止积水突然溃出造成事故。

第三百零二条 井田内有与河流、湖泊、充水溶洞、强或者极强含水层等存在水力联系的导水断层、裂隙(带)、陷落柱和封闭不良钻孔等通道时,应当查明其确切位置,并采取留设防隔水煤(岩)柱等防治水措施。

【释义】 本条是关于井下工程过导水构造的规定。

导水构造是造成水害的通道,因此,必须查明井田内有关断层、裂隙(带)、陷落柱等构造的确切位置,为水害治理提供科学依据。

充水水源(河流、湖泊、溶洞、含水层)与导水通道(断层、裂隙带、陷落柱、封闭不良钻孔)二者之间的有机结合构成矿坑充水条件,所以井田内导水构造一般要留设防隔水煤(岩)柱,以防突水造成灾害。针对导水断层、裂隙(带)、陷落柱等构造,按照《规程》第二百九十七条所介绍的方法,确定构造防隔水煤(岩)柱的留设尺寸。如果井下巷道要穿过与上述水源存在水力联系的导水通道,则在巷道掘进过程中具有突水危险性,需要进行超前探水,根据探水情况采取预注浆加固巷道围岩、建筑防水闸门进行隔离等措施。因此,巷道掘进过程中探水注浆作业是确保安全施工的一项常规的、重要的矿井水文地质工作，尤其是巷道接近水文地质异常体时，一定要坚持探水注浆制度，否则不能掘进。为了减少井巷工程涌水量，为掘进作业创造良好的工作环境，对于已经穿越含水层的井巷，淋水较大时，应当进行壁后注浆，一般会收到良好的效果。对于不导水的断裂构造带，也建议注浆加固，以便于巷道支护和维修，同时也可防止滞后延迟突水。

第三百零三条 顶、底板存在强富水含水层且有突水危险的采掘工作面，应当提前编制防治水设计，制定并落实水害防治措施。

在火成岩、砂岩、灰岩等厚层坚硬岩层下开采受离层水威胁的采煤工作面，应当分析探查离层发育的层位和导含水情况，超前采取防治措施。

开采浅埋深煤层或者急倾斜煤层的矿井，必须编制防止季节性地表积水或者洪水溃入井下的专项措施，并由煤矿企业主要负责人审批。

【释义】 本条是关于煤层顶、底板带压开采的规定。

视频

本次修订增加了本条的第二款和第三款。

(1) 我国许多煤矿煤层顶、底板埋藏着由于裂隙、岩溶发育含水丰富的强含水层，而且这种含水层中的地下水带有很高的承压水头，在开采煤层时常常会发生顶、底板突水，甚至毁灭矿井。就目前的矿井防治水技术，彻底解决煤层顶、底板承压水的危害问题，难度非常大。为了防止煤层顶、底板承压含水层发生透水事故，在开采前要查明水文地质条件，如含水层厚度、隔水层厚度、水压，评价是否具有突水可能性。工作面开采前，要查明是否有断层、陷落柱等导水构造，应当提前编制防治水设计，采取注浆加固、疏水降压等措施。在设计时还应当考虑分水平或分采区实行隔离开采。对于华北地区开采下组煤时，一定要实施分区隔离开采，防止突水造成整个矿井被淹。

(2) 受离层水威胁(在火成岩、砂岩、灰岩等厚层坚硬岩层下开采)的矿井，应当对煤层覆岩特征及其组合关系、力学性质、含水层富水性等进行分析，判断离层发育的层位，采取施工超前钻孔等手段，破坏离层空间的封闭性、预先疏放离层的补给水源或者超前疏放离层水等。

离层水主要分布在安徽淮北矿区、陕西彬长矿区、内蒙古鄂尔多斯西部矿区。煤层导水裂隙带之上有巨厚的坚硬岩层，工作面回采后巨厚坚硬岩层不下沉，而其下的较软岩层下沉，导致两者之间形成巨大的空洞，空洞内有积水。当软岩层破裂后，空洞内的积水溃入工作面，造成人员伤亡。离层水害的发生取决于离层的形成、离层发育位置、离层补给水源和可积水离层空间持续时间。离层空间尺寸由离层沿工作面推进方向的长度、离层发育高度、离层与煤层垂向距离、离层中心距工作面开切眼距离及工作面推进距离等参数决定，离层空间尺寸的大小控制了离层水的水量。

① 离层水害特点。离层水害具有类似顶板老空透水的瞬时水量大、突水征兆不明显、危害性大等特点。

② 离层水形成条件分析。煤层开采以后，其上覆岩层移动一般称为“上三带”，即垮落带、裂隙带和弯曲下沉带，又可细分为“五带”，即：垮落带、裂隙带、煤系基岩整体移动带、离层或离层裂隙带、上覆岩土体滞后弯曲带。顶板离层是由于采动覆岩沉陷运动过程中岩层

面受力不平衡、不协调变形所产生分离的现象,这一现象普遍存在于各采场覆岩中。尤其是弯曲下沉带中,一般离层范围较大,发育时间较长,极易形成离层空腔。离层水的形成及空腔大小与工作面覆岩结构、尺寸、开采厚度、时间等有关。一般开采厚度越厚,离层空间越大;开采面积越大,离层空间越大。在开采时间上,一般从初压后开始发育,随着煤层的开采离层空间逐渐增大,这与地面沉陷规律基本一致。例如,根据陕西崔木煤矿资料,离层水发生初次断距为开采掘进 300 m,周期断距为 150 m。

③ 离层水形成覆岩结构分析。煤层开采后弯曲下沉带内离层水覆岩结构一般具备坚硬岩石和软岩石组合结构,即两种或多种刚度不同的岩石相互组合在一起,由于上下岩层受力不协调,产生离层空间,且随着采动面积加大,空间加大。如海孜煤矿 7 层煤,厚度 3 m,其顶板 60 m 内为泥岩、粉砂岩、砂岩组合,其上为厚约 87 m 的坚硬岩浆岩,如图 3-7-9 所示,该矿发生过 17 次顶板离层水涌出,最大一次出水量为 3887 m^3/h。

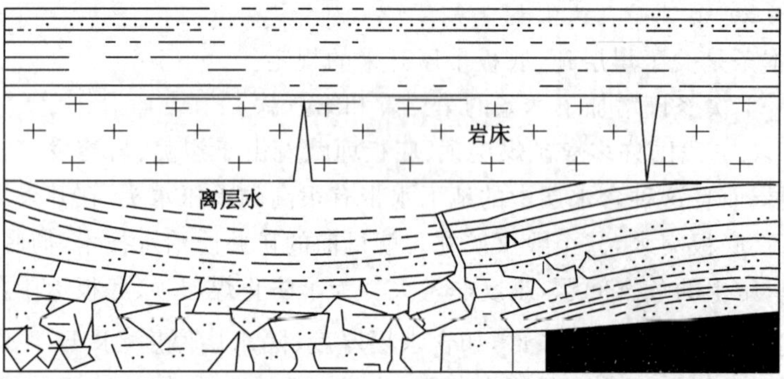

图 3-7-9　淮北海孜煤矿离层水形成示意图

④ 离层水形成的条件。煤层顶板覆岩岩性结构、开采尺寸等能够形成可积水的离层空间(既有空间,又有相对隔水层);离层空间周边的含水体能够对该离层形成补给水源;离层空间存在的时间要足够长。

⑤ 离层水治理方法。离层水害防治主要方法为钻探疏截法,即施工导流孔和截流孔,如图 3-7-10 所示。导流孔:指向工作面内施工终孔离层发育带或离层积水区钻孔。目的是破坏离层空腔的相对密闭性,超前疏放积水。截流孔:拦截水源,减少或避免积水。

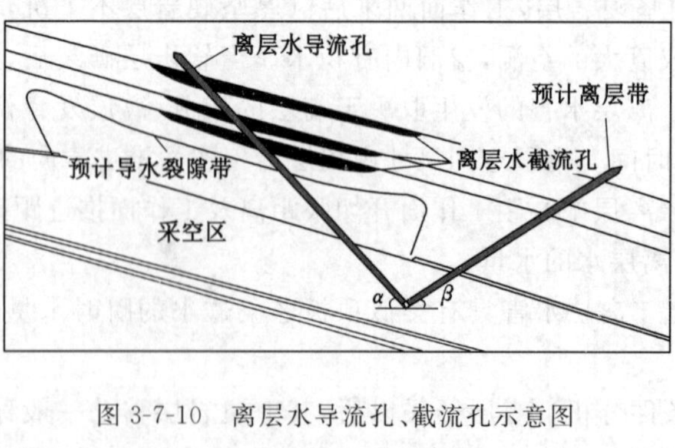

图 3-7-10　离层水导流孔、截流孔示意图

【案例】 2015年1月30日，淮北矿业（集团）有限责任公司朱仙庄煤矿866-1综采工作面（以下简称866-1工作面）在治理顶板水害期间发生一起透水事故，造成7人死亡、7人受伤。

直接原因：在特殊地质环境条件下，866-1工作面顶板岩层充水条件发生变化形成离层水体，在水压、矿压及8煤层上覆岩土体自重应力等共同作用下突然溃出，造成事故发生。

事故暴露出朱仙庄煤矿对特殊地质环境和特定工程地质条件下形成顶板离层水害的认知能力不足。866-1工作面顶板至"五含"底界面覆岩岩性为泥岩、砂岩互层，顶板受采动影响弯曲下沉过程中，在软硬岩层间产生离层"空腔"，顶板岩层中的微裂隙在动压等多种因素的综合作用下水理性质发生改变，产生"五含"渗水通道，形成离层积水，并可能在特定的条件下溃入矿坑造成事故。该矿对特殊地质环境和特定工程地质条件下煤层顶板离层水体形成机理及造成突水的可能性认知能力不足。

事故也暴露出该矿对866-1工作面顶板出水治理效果分析评估不足。866-1工作面1月9日出水后，经地面注浆治理，涌水量减少并趋于稳定，淮北矿业集团及朱仙庄煤矿未对注浆治理效果进行认真分析评估，未能彻底查清水害隐患，安排人员进入工作面进行防火作业。对工作面顶板离层水害认知不足，防范不力。

（3）开采浅埋深煤层或者急倾斜煤层的矿井，容易发生受到地表积水和洪水溃入而淹井的严重事故，必须编制防止季节性地表积水或者洪水溃入井下的专项措施，并由煤矿企业主要负责人审批。开采急倾斜煤层时，应当采用河流改道，水库、采空区积水放空，含水层疏干、改造以及堵截住水源补给通道等措施消除水患威胁。广东省梅州市兴宁市大兴煤矿"8·7"特别重大透水事故，湖南省耒阳市自2011年以来连续发生三都镇都兴煤矿"6·20"、三都镇茄莉冲新井矿"7·4"、源江山煤矿"11·29"等3起同类水害事故，均是在老空水淹区域下开采急倾斜煤层。为了避免重蹈覆辙，严禁开采地表水体、老空水淹区域、强含水层下且水患威胁未消除的急倾斜煤层，防止同类事故的发生。

【案例】 2005年8月7日13时13分，广东梅州市兴宁市大兴煤矿发生一起特别重大透水事故，造成了121人死亡，直接经济损失4725万元，是中华人民共和国成立以来发生的最大一次透水事故。

（1）透水地点。由于无法到现场勘察，经调查分析认定，本次透水的透水点在矿井东翼−290 m石门以东150～240 m范围内。其主要依据如下：

① 该区域煤层较厚，曾多次发生抽冒。据了解，矿井西翼煤层较硬，没有发生过抽冒；中部煤层较薄，未进行大规模开采；矿井东翼煤层厚，倾角大，较松散，小断层发育，易发生抽冒，且是该矿的主要产煤区。透水事故发生前的8月7日早上还看到在该地区采出120 t煤。

② 事故前该区域开采强度大。矿井东翼是该矿的主要采煤区，而且开采强度一直很大。由于煤层厚，倾角大，易开采，矿井主要工作面都集中布置在矿井东翼。据调查，在−400 m水平的一个反眼处放出了12000 t煤。

③ 该区域离断层较近，小断层发育、煤层倾角大，易发生抽冒。矿井东翼−400 m石门以东150～240 m范围内，由于距F16逆断层较近，该处的4煤层小断层发育，煤层比较松散，且此处4煤层倾角是全矿井最大的地方，平均煤层倾角达75°左右，近似直立，极易发生抽冒。

④ 物探查明靠近断层有一透水通道。据物探报告,在测区内的物探低阻异常只有一个,推断为本次透水通道,其位置在－180～－290 m 水平靠近 F16 断层附近,形状为上窄(90 m)下宽(140 m) 的喇叭形。物探结果与透水情况、地质构造的位置与性质基本对应,与专家技术组分析圈定的重点异常区域吻合。

(2) 透水水源。该矿发生透水后,上部老空水从＋262 m 平硐自动流出的水突然断流,水位下降 8.5 m;在原四望嶂一矿明斜井观测,水位也下降 65 m;据生还矿工介绍,水很臭。说明此次突水水源为－180～＋262 m 水淹区的老空水。

(3) 透水量和透水强度。据专家组估算,采空区体积约 2×10^5 m^3,巷道容积约 5×10^4 m^3,因此该矿透水水量约 2.5×10^5 m^3。据调查了解,8 月 7 日 13 时 13 分,发生透水事故,至 13 时 30 分,矿井被淹至－281 m, 17 min 后透水量达 2.31×10^5 m^3,据此估算,此段时间的透水强度约为 1.36×10^4 m^3/min;从 13 时 30 分至 14 时,矿井被淹至＋245 m,30 min 透水量约 1.9×10^4 m^3,据此估算,此段时间的透水强度约为 633 m^3/min。

(4) 透水原因。该矿透水前井下共布置 46 个采掘工作面,超强度开采,导致急倾斜煤层严重抽冒,破坏了上部留设的安全防隔水煤柱,使上部老空积水迅速溃入井下,导致透水事故发生。

第三百零四条 煤层顶板存在富水性中等及以上含水层或者其他水体威胁时,应当实测垮落带、导水裂隙带发育高度,进行专项设计,确定防隔水煤(岩)柱尺寸。当导水裂隙带范围内的含水层或者老空积水等水体影响采掘安全时,应当超前进行钻探疏放或者注浆改造含水层,待疏放水完毕或者注浆改造等工程结束、消除突水威胁后,方可进行采掘活动。

【释义】 本条是关于煤层顶板有含水层和水体存在时安全开采的规定。

(1)"三带"高度的确定。垮落带与导水裂隙带最大高度可根据《建筑物、水体、铁路及主要井巷煤柱留设与压煤开采规范》中的经验公式和现场实测等方法综合确定,也可以利用近几年新发展的数值模拟法确定。现场实测法主要在煤矿采空区上方施工钻孔,通过观测钻孔中冲洗液漏失量和钻孔中水位变化来确定垮落带和导水裂隙带高度。此外,在现场运用地球物理勘探方法,测定垮落带和导水裂隙带发育高度,最后用钻探实测结果校正,也是常常采用的一种实测方法。

(2) 采取超前疏放措施对含水层进行区域疏放水的,应当综合分析导水裂隙带发育高度、顶板含水层富水性,进行专门水文地质勘探和试验,开展可疏性评价。根据评价成果,编制区域疏放水方案,由煤炭企业总工程师审批。

(3) 采取注浆改造顶板含水层的,必须制定方案,经煤炭企业总工程师审批后实施,确保开采后导水裂隙带波及范围内含水层改造成弱含水层或者隔水层。

【执行中应注意的问题】

本条是对煤层顶板存在富水性中等及以上含水层或者其他水体威胁时的规定,那就需要明确顶板含水层富水性等级的划分方法。按照钻孔单位涌水量 q 值大小,将含水层富水性分为以下 4 级。

① 弱富水性:$q\leqslant0.1$ L/(s · m);

② 中等富水性:0.1 L/(s · m)$<q\leqslant$1.0 L/(s · m);

③ 强富水性:1.0 L/(s · m)$<q\leqslant$5.0 L/(s · m);

④ 极强富水性：$q>5.0\ L/(s\cdot m)$。

注：评价含水层的富水性，钻孔单位涌水量以口径 91 mm、抽水水位降深 10 m 为准；若口径、降深与上述不符时，应当进行换算后再比较富水性。换算方法：先根据抽水时涌水量 Q 和降深 S 的数据，用最小二乘法或者图解法确定曲线，根据 $Q-S$ 曲线确定降深 10 m 时抽水孔的涌水量，再用下面的公式计算孔径为 91 mm 时的涌水量，最后除以 10 m 即单位涌水量。

$$Q_{91}=Q\left(\frac{\lg R-\lg r}{\lg R_{91}-\lg r_{91}}\right) \tag{3-7-9}$$

式中　Q_{91}、R_{91}、r_{91}——孔径为 91 mm 的钻孔的涌水量、影响半径和钻孔半径；

Q、R、r——拟换算钻孔的涌水量、影响半径和钻孔半径。

【案例】 2005 年 5 月 21 日，淮北矿业集团公司海孜煤矿发生顶板砂岩透水事故，造成 5 人死亡、2 人轻伤。煤层顶板 50 m 上部为岩浆岩，其厚度达 100 m。采煤后在岩浆岩下方形成“离层水体”，在回柱作业时，顶板聚集的离层水体瞬间溃入工作面，瞬时溃水量达 3887 m^3/h，造成工作面人员伤亡。

第三百零五条　开采底板有承压含水层的煤层，隔水层能够承受的水头值应当大于实际水头值；当承压含水层与开采煤层之间的隔水层能够承受的水头值小于实际水头值时，应当采取疏水降压、注浆加固底板改造含水层或者充填开采等措施，并进行效果检验，制定专项安全技术措施，报企业技术负责人审批。

【释义】　本条是关于矿井带压开采的规定。

带压开采指的是在具有承压水压力的含水层上进行的采煤。隔水层厚度指的是开采煤层底板至含水层顶面之间隔水的完整岩层的厚度。

(1) 带压开采评价。当隔水层能够承受的水头值大于实际水头值时，开采后隔水层不容易被破坏，煤层底板水突然涌出的可能性小，可以进行带压开采。

①《煤矿防治水细则》附录五列出的计算安全隔水层厚度的公式为

$$t=\frac{L(\sqrt{\gamma^2L^2+8K_pp}-\gamma L)}{4K_p} \tag{3-7-10}$$

式中　t——安全隔水层厚度，m；

L——巷道底板宽度，m；

γ——底板隔水层的平均重度，MN/m^3；

K_p——底板隔水层的平均抗拉强度，MPa；

p——底板隔水层承受的实际水头值，MPa。

式(3-7-9)又称斯列萨列夫公式(简称斯氏公式)，主要适用于巷道和沿地层倾角跨度小(最大跨度一般 20～30 m)采掘空间的突水危险程度评价。斯氏公式是以两端固定承受均匀荷载的简支梁力学模型为基础建立的，因此对于斜长较大的采煤工作面，由于其受力为梯形荷载，故不适用。

②《煤矿防治水细则》附录五列出的计算煤层底板突水系数的公式为

$$T=\frac{p}{M} \tag{3-7-11}$$

式中 T——突水系数,MPa/m;

P——底板隔水层承受的实际水头值,MPa;水压应当从含水层顶界面起算,水位值取近3年含水层观测水位最高值;

M——底板隔水层厚度,m。

式(3-7-10)适用于采煤工作面,就全国实际资料看,底板受构造破坏的地段突水系数一般不得大于0.06 MPa/m,隔水层完整无断裂构造破坏的地段不得大于0.1 MPa/m。

③ 利用式(3-7-9)和式(3-7-10)进行带压开采可行性评价时,需测定底板隔水层平均重度、平均抗拉强度和底板隔水层承受的水头压力。按式(3-7-9)计算结果,如底板隔水层实际厚度大于安全隔水层厚度时,就是安全的;反之,则是不安全的。

在矿井底板水害防治工作中,可先用突水系数法对矿区底板突水危险程度进行评价,然后结合采掘情况,再用斯氏公式对巷道所处位置进行突水预测,若其中有一种方法得出有突水可能的结果,就必须采取防治水措施。

(2) 安全技术措施。开采底板有承压含水层煤层时的安全技术措施:① 在采煤方法上要控制采高,均匀、间歇开采;② 建立排水系统,准备强有力的排水设施;要充分考虑突水、甚至突大水的可能性;③ 要加强底板含水层的水位动态观测,以便随时掌握含水层的动态变化;④ 应在井下建立警报系统,制定现场应急预案;⑤ 采掘时要防止误揭断层或破碎带等导水地质构造。

考虑到开采底板有承压含水层的煤层,既是一项复杂的技术问题,又是一项重大的安全问题,本规程严格要求“制定专项安全技术措施,报企业技术负责人审批”。

(3) 防治水措施。底板存在突水可能性时,可以实施的防治水措施如下:

① 井下强排水。水文地质条件复杂和极复杂的矿井以及突水系数处于临界值的工作面应建立井下强排水系统,排水能力应不小于最大涌水量。焦作矿区曾发生过19200 m^3/h的突水,突水量超过1800 m^3/h的突水达22次,但自20世纪90年代以来从没发生过突水淹井事故,井下强排水系统作为被动防治水措施起着不可忽视的作用。

② 疏水降压。采取疏水降压的方法,把承压含水层的水头值降到隔水层能允许的安全水头值以下,总结适合本矿区(井)的安全水头值,指导安全生产。疏水降压的关键是疏水降压孔的位置和垂向结构及疏降水头值设计,应根据地质、水文地质、水文地球化学、地球物理勘探、采掘条件等综合信息确定。矿井排水应根据水量、水质、水温情况,按照排供结合和生态环保需要进行优化配置。

③ 注浆加固底板和改造含水层。注浆加固是一种改变隔水层阻水能力的方法。其原理是在一定压力下和一定时间内将浆液注入受注层,让原来被水或气或软碎岩占据的空隙或通道内脱水(气)、固结或胶凝,使结石体或胶凝体与围岩岩体形成阻水整体,以达到增加煤层底板隔水层厚度并提高阻水抗压能力的目的。注浆改造含水层是一种改变含水层储水特征的方法,其原理与注浆加固基本相同,其目的是将强含水层与煤层之间的薄含水层(一般小于10 m)改造成隔水层或相对隔水层。

为了减少疏水降压排水费用,从而降低开采成本,当承压含水层的集中补给边界已经基本查清的情况下,可以预先进行帷幕注浆,截断水源,然后疏水降压开采。当承压含水层的补给水源充沛,不具备疏水降压和帷幕注浆条件时,为预防发生突水事故,可以采用局部注浆加固或注浆改造的方法。

注浆加固底板和改造含水层时，应当编制专门的注浆设计，设计内容包括：制浆系统、注浆系统、注浆孔布设及施工、注浆参数及控制、注浆材料、安全技术措施、注浆效果检验、注浆时的观测项目及要求、工程概算和工期等。设计由煤矿企业主要负责人批准。

注浆加固底板和改造含水层完毕后，在有充分防范措施的条件下进行试采，并制定专门的防止淹井、淹面措施。

④ 充填开采。充填开采指的是在采煤工作面采空区内灌注黏土、矸石、水泥或化学材料等充填物，其目的是降低导水裂隙带最大高度，防止煤层的顶底板和含水层的水涌入工作面。充填开采前，要进行环境影响评价和经济技术分析；充填开采时，要采取安全防范措施。

(4) 防治水措施效果检测和审批。

① 效果检测应采用水文地质钻探、抽(放)水试验、水动力场分析、水化学场分析、水温度场分析、地球物理勘探等方法检测上述防治水措施(井下强排水除外)的实施效果，并按照式(3-7-10)或式(3-7-11)评价底板隔水层的突水可能性，保证防治水措施(井下强排水除外)采用后的隔水层能够承受的水头值大于实际水头值，有效防止底板突水。

② 审批井下强排水、疏水降压、注浆加固底板和改造含水层或充填开采等防治水措施，应由煤矿企业主要负责人审批。

第三百零六条　*矿井建设和延深中，当开拓到设计水平时，必须在建成防、排水系统后方可开拓掘进。*

【释义】　本条是关于矿井建设和延深到设计水平，应先建设防、排水系统的规定。

为确保整个矿井的安全，新建矿井和生产矿井延深开拓到设计水平时，要先建设该水平的防水系统和排水系统(如建立水仓、铺设管路、安装水泵、挖排水沟、设置防水闸门等)，尽快形成综合防排水能力并发挥作用。

第三百零七条　*煤层顶、底板分布有强岩溶承压含水层时，主要运输巷、轨道巷和回风巷应当布置在不受水害威胁的层位中，并以石门分区隔离开采。对已经不具备石门隔离开采条件的应当制定防突水安全技术措施，并报矿总工程师审批。*

【释义】　本条是关于煤系顶部、底部有岩溶承压含水层时巷道布置的规定。

岩溶含水层含水丰富，但富水性不均衡，一旦发生突水，往往造成灾害性后果，特别是遇到导水陷落柱，更是防不胜防。鉴于岩溶强富水承压含水层突水的不可预测性，为确保一旦发生岩溶含水层突水，其影响范围最小、水害损失程度最低并保证相邻区域和全矿井的安全开采，相邻采区要留设隔离煤柱以保障采区独立，主要运输巷和主要回风巷应当以石门分区隔离开采。

如果布置的巷道可能受到水害威胁，则必须在充分查明矿井水文地质条件的基础上，采取安全有效的防范措施，如安装大流量、高扬程潜水泵，预先注浆加固等，确保矿井和人员安全。

第三百零八条　*水文地质条件复杂、极复杂或者有突水淹井危险的矿井，应当在井底车场周围设置防水闸门或者在正常排水系统基础上另外安设由地面直接供电控制，且排水能力不小于最大涌水量的潜水泵。在其他有突水危险的采掘区域，应当在其附近设置防水闸*

门;不具备设置防水闸门条件的,应当制定防突(透)水措施,报企业主要负责人审批。

防水闸门应当符合下列要求:

(一)防水闸门必须采用定型设计。

(二)防水闸门的施工及其质量,必须符合设计。闸门和闸门硐室不得漏水。

(三)防水闸门硐室前、后两端,应当分别砌筑不小于5 m的混凝土护碹,碹后用混凝土填实,不得空帮、空顶。防水闸门硐室和护碹必须采用高标号水泥进行注浆加固,注浆压力应当符合设计。

(四)防水闸门来水一侧15~25 m处,应当加设1道挡物箅子门。防水闸门与箅子门之间,不得停放车辆或者堆放杂物。来水时先关箅子门,后关防水闸门。如果采用双向防水闸门,应当在两侧各设1道箅子门。

(五)通过防水闸门的轨道、电机车架空线、带式输送机等必须灵活易拆;通过防水闸门墙体的各种管路和安设在闸门外侧的闸阀的耐压能力,都必须与防水闸门设计压力相一致;电缆、管道通过防水闸门墙体时,必须用堵头和阀门封堵严密,不得漏水。

(六)防水闸门必须安设观测水压的装置,并有放水管和放水闸阀。

(七)防水闸门竣工后,必须按设计要求进行验收;对新掘进巷道内建筑的防水闸门,必须进行注水耐压试验,防水闸门内巷道的长度不得大于15 m,试验的压力不得低于设计水压,其稳压时间应当在24 h以上,试压时应当有专门安全措施。

(八)防水闸门必须灵活可靠,并每年进行2次关闭试验,其中1次应当在雨季前进行。关闭闸门所用的工具和零配件必须专人保管,专地点存放,不得挪用丢失。

【释义】 本条是关于水文地质条件复杂、极复杂矿井设置防水闸门或安装潜水泵排水系统的规定。

多年实践证明,防水闸门对防止突水后淹井有一定作用,防水闸门确实能够起到分区隔离、减少矿井水灾损失的作用。如焦煤集团公司通过关闭防水闸门,防止了多次淹井事故。所以,有条件的矿井,应当在井底车场周围设置防水闸门。防水闸门在实际生产应用过程中也存在很多问题:其质量要求高,建设困难,建筑成本高;耐水密封性检测困难,维护费用高,每年关闭试验困难;常与生产互有干扰;突水后井下人员是否全部撤出,井底防水闸门能否下决心关闭;需关闭防水闸门时过水量大、水中杂物多,人工关闭、关严困难,等等。

随着我国现代科学技术的发展,高扬程、大排水量的潜水泵已经国产化,它的优点是能在地面控制,泵房淹没后仍能正常工作,新建矿井可以采用卧泵排水系统,也可采用潜水泵排水系统或者卧泵与潜水泵相结合的排水系统。水文地质条件复杂、极复杂的矿井,可以选择在井底车场周围设置防水闸门,也可选择用潜水泵排水系统代替防水闸门。但潜水泵排水系统不能替代原有的排水系统。

在矿井其他有突水危险的采掘区域,应当在其附近设置防水闸门;不具备设置防水闸门条件的,应当采用注浆加固突水危险的区域、安设大功率潜水泵等措施,其措施由煤矿企业技术负责人审核、主要负责人审批。防水闸门是井下防水的重要应急设施,必须严格设计、严格施工、加强维护、确保安全。

(1)井底车场不建防水闸门的替代方案。潜水泵因其扬程高、排水量大、安装维护方便、能在地面控制、泵房淹没后仍能正常工作等优点,目前已在煤矿正常排水和抢险救灾中使用。新矿井可以利用中央泵房中的卧式泵加潜水泵方案代替传统的井底中央泵房加防水闸门方案。潜水泵替代防水闸门时，潜水泵排水系统需在正常排水系统的基础上建立，且具有独立供电系统，同时卧式泵加潜水泵的排水能力不小于最大涌水量。

(2) 采掘区域不建防水闸门的条件。采掘区域附近巷道错综复杂、四通八达，巷道塌冒严重或处于地质构造变化带，即使建了防水闸门，也难以保证经得起强大的水压作用而不漏水；或老巷道处于矿山压力集中区，防水闸门建成后，很容易因顶板压力和底鼓作用而发生变形，起不到挡水作用。因此，在上述条件下，可以不建防水闸门。

(3) 不建防水闸门的审批。在矿井有突水危险的采掘区域设置防水闸门，主要防止突水后影响整个矿井安全。在有突水危险的采掘区域不设置防水闸门是个事关矿井安全的大问题，所制定的防突水措施必须由煤矿企业主要负责人审批。

(4) 防水闸门的设计和施工。

① 防水闸门结构。防水闸门由混凝土墙墩、门扇、门框、放水管、放水阀门、放气管、放气阀门、压力表、电缆管等部分组成。同时，防水闸门硐室前后两端应砌筑不小于 5 m 的坚固混凝土护碹，来水一侧巷道内的 15～25 m 处应设置 1 道挡物箅子门。

② 防水闸门位置。

a. 应在矿井或新区设计中根据总体布置予以考虑，设在不受开采动压影响和多煤层开采反复破坏的地点。

b. 应充分考虑运输、通风、行人和排水的安全，便于施工和灾后恢复生产。

c. 应尽可能选在隔水岩层或比较坚硬、致密的稳定岩层中，远离断层、裂隙和岩石破碎带。

d. 应尽量在平巷段和直巷段以及断面较小的巷道内施工。

③ 应注意的问题。

a. 严格设计。门体采用定型设计，设置防水闸门要全面考虑围岩性质、承受的水头压力等，由具有相应资质的单位进行设计。

b. 严格施工。按设计要求施工，保证施工质量，符合设计要求。

c. 进行耐压试验。防水闸门建设完毕后必须进行注水耐压试验，要制定试验方案和应急措施，确保试压安全；要确保试验压力不低于设计压力、稳压时间不小于 24 h；闸门主体和附件必须承受同样大小的设计压力。

d. 组织验收。由矿井总工程师组织相关人员按照设计要求进行验收，验收通过后方可投入使用。

(5) 防水闸门的维护和关闭试验。必须加强防水闸门的日常维护，确保遇到突水时能迅速关上，保证矿井或采掘区不受涌水的危害。

① 日常维护。防水闸门是井下防水的重要应急设施，必须加强日常维修保养，确保遇到突水时能迅速关上，有效地阻挡涌水的侵入，保证矿井或采掘区域不受涌水危害。

a. 井下防水闸门必须按照“三专”(制定专用技术管理制度，指定专责单位，明确专人管理)要求，定期进行检查和维护。

b. 定期清理防水闸门附近的杂物，确保一旦需要关闭时，能够及时关闭到位。

c. 关闭闸门所用的工具和零配件应在专门地点存放，由专人保管，其他人不得随意挪用和丢失。

② 关闭试验。防水闸门必须灵活可靠,每年必须保证进行 2 次关闭试验。雨季是发生矿井突水的高危期,所以必须在雨季前进行 1 次防水闸门关闭试验。关闭试验时应检查闸门是否灵活可靠、门扇是否密封、门扇与门框接触是否良好、门框与混凝土接触有无新的裂缝、硐室围岩有无变化、附件是否齐全、设施有无损坏及制度执行情况,发现问题及时研究解决。

第三百零九条 井下防水闸墙的设置应当根据矿井水文地质条件确定,防水闸墙的设计经煤矿企业技术负责人批准后方可施工,投入使用前应当由煤矿企业技术负责人组织竣工验收。

【释义】 本条是关于防水闸墙设计、施工和验收的规定。

防水闸墙是另一种形式的堵水建筑,常分临时性和永久性两种。由于防水闸墙不能试压,因此本条对其设计、验收提出了更高的要求。

(1) 临时性防水闸墙,是在有出水威胁的采掘工作面备有堵水材料,一旦突水迅速构建防水闸墙将水堵截在小范围内。堵水材料一般用滤水性材料,如木板、木垛、草袋、袋装水泥等,如图 3-7-11 所示。这种闸墙只能作为临时抢险用。

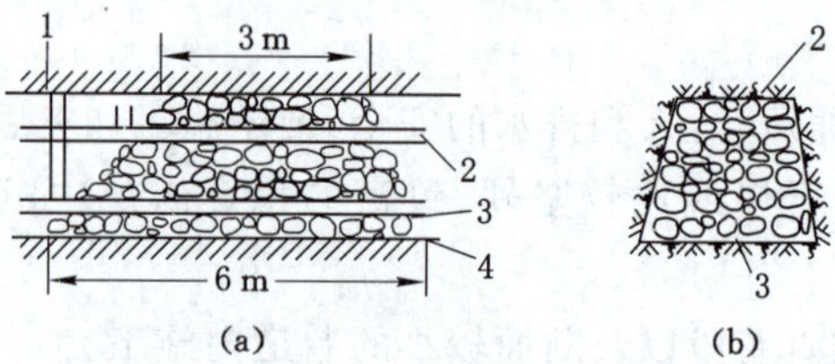

1—支柱;2—放气孔;3—放水孔;4—封堵材料

图 3-7-11 水闸墙

(2) 永久性闸墙,一般是在开采结束后,为永久隔绝有继续大量涌水可能的区段而修筑的永久性关闭的挡水建筑。水闸墙用混凝土或钢筋混凝土构筑,用于堵截某一个区域开采结束后的涌水。永久性水闸墙可分为平面形、圆柱形和球形三种。平面形施工容易,但抗压强度低;球形抗压强度高,但施工复杂。故常用圆柱形,如图 3-7-12 所示。当水压很大时,可采用多段水闸墙,如图 3-7-13 所示。

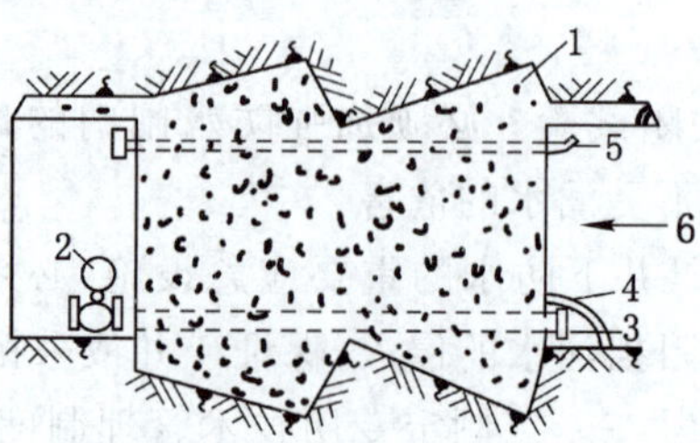

1—截口槽;2—水压表;3—放水管;4—保护栅栏;5—细管;6—来水方向图

图 3-7-12 圆柱形水闸墙

(3) 防水闸墙的设计。不论哪一种水闸墙均应有足够的强度,不发生变形、不透水和不

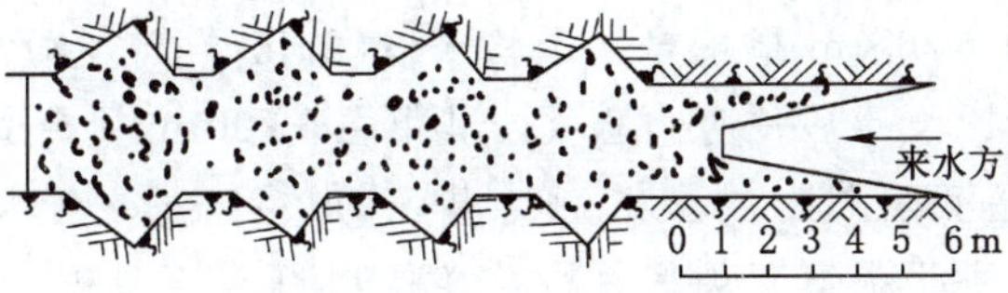

图 3-7-13 多段水闸墙图

位移。修筑水闸墙的地点应选择在岩石坚硬、没有裂隙的地点,且应在墙的四周掏槽砌筑(图 3-7-14 中的 $ABCD$ 部分)。圆柱面或球面状水闸墙的厚度,可采用下式计算:

$$a=\frac{r}{\frac{K_{p}}{p}-1} \tag{3-7-12}$$

式中 a——水闸墙墙体的厚度,m;

r——水闸墙的内半径,m;

K_{p}——水闸墙的建筑材料的临界抗压强度,MPa;

p——水闸墙承受的水压力,MPa。

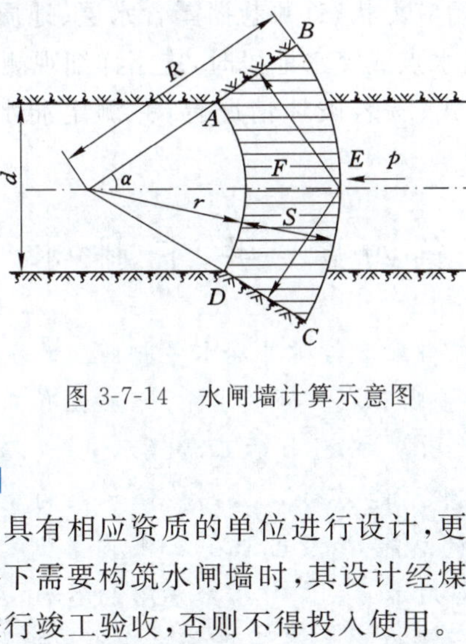

图 3-7-14 水闸墙计算示意图

【执行中应注意的问题】

防水闸墙已不再要求由具有相应资质的单位进行设计,更强调井下防水闸墙设置根据矿井水文地质条件确定。井下需要构筑水闸墙时,其设计经煤炭企业总工程师批准后方可施工,严格按设计施工,并进行竣工验收,否则不得投入使用。

【案例】 2011 年 7 月 2 日,平塘县牛棚煤矿发生突水事故,造成 2 人死亡、21 人失踪,直接经济损失 2 259 万元。

该煤矿主要充水水源为:井下含水层水、老空水和地表水。煤层顶底板均为含水丰富的灰岩含水层(上覆长兴组和下伏茅口组灰岩);航龙河(+817 m,距突水点标高只有 27 m)从矿区穿越,位于开采煤层之上,航龙河是季节性河流,枯水期基本没水,雨季水量很丰富,与井下有直接联系。

牛棚煤矿只在枯水期生产，雨季(5—9月)淹井不生产，汛期结束后，进行排水后再生产。从2010年11月起，牛棚煤矿在地面航龙河向井下渗水的地段进行了充填加固，在井下突水点区域+790 m和+765 m地段建立了挡水墙(2011年5月刚完成)，在井下施工了8处堵水墙，堵水墙未经设计、承压试验和验收。其中在+790 m处建立了109 m挡水墙。

事故直接原因：因暴雨引起山洪暴发，河水陡涨，山洪和溢流河水通过老硐、裂隙、缝隙及溶洞出露口等灌入与井下揭露断层贯通的岩溶通道，压溃断层破碎带和挡水墙，导致矿井突水。

事故暴露出的主要问题：该矿在井下施工的8处挡水墙未经设计、承压试验和验收，地表河流溃入井下突破挡水墙发生事故。

第三百一十条 井巷揭穿含水层或者地质构造带等可能突水地段前，必须编制探放水设计，并制定相应的防治水措施。

井巷揭露的主要出水点或者地段，必须进行水温、水量、水质和水压(位)等地下水动态和松散含水层涌水含砂量综合观测和分析，防止滞后突水。

【释义】 本条是关于井巷揭穿含水层和突水地段采取措施以及对突水点进行观测的规定。

一些地质构造在矿井开采前是不导水的，开采后，由于矿压的影响，变成了导水构造。为了防止滞后突水淹井，必须在揭穿含水层、地质构造带前，进行探放水并采取防治水措施。

井巷施工破坏岩体的原始应力状态，井巷揭露含水层、地质构造带后，会发生地应力释放，容易产生滞后突水。遇出水点或突水地段时，应当详细观测记录出水的时间、位置，出水层位、岩性、厚度以及出水形式、围岩破坏情况等，并测定涌水量、水温、水质和涌水含砂量等。

第四节 井下排水

第三百一十一条 矿井应当配备与矿井涌水量相匹配的水泵、排水管路、配电设备和水仓等，并满足矿井排水的需要。除正在检修的水泵外，应当有工作水泵和备用水泵。工作水泵的能力，应当能在20 h内排出矿井24 h的正常涌水量(包括充填水及其他用水)。备用水泵的能力，应当不小于工作水泵能力的70%。检修水泵的能力，应当不小于工作水泵能力的25%。工作和备用水泵的总能力，应当能在20 h内排出矿井24 h的最大涌水量。

排水管路应当有工作和备用水管。工作排水管路的能力，应当能配合工作水泵在20 h内排出矿井24 h的正常涌水量。工作和备用排水管路的总能力，应当能配合工作和备用水泵在20 h内排出矿井24 h的最大涌水量。

配电设备的能力应当与工作、备用和检修水泵的能力相匹配，能够保证全部水泵同时运转。

【释义】 本条是关于矿井设置排水系统及其配置的规定。

设置矿井排水系统是防治水工作的基本要求，所有矿井都应当按照本条要求建立健全排水系统，主要包括水泵、排水管路、配电设备、水仓、水沟等。不得将矿井水向老空区排放或私自泄入其他矿井，再由其他矿井排水。排水系统的设置应根据最新预测评价的正常涌水量和最大涌水量为依据,各种排水设施要相互匹配,确保矿井发生紧急情况所有设备能够正常启用,并发挥作用。

对水泵的要求是从两个方面考虑保证安全的。第一是从正常涌水量考虑,为了不间断地排出矿井正常涌水量,工作水泵的排水能力必须大于矿井正常涌水量能力,规定工作水泵的能力,应能在20 h内排出矿井24 h的正常涌水量,即工作水泵的能力是正常涌水量的1.2倍。第二是从最大涌水量考虑,工作和备用水泵的总能力,应能在20 h内排出矿井24 h的最大涌水量,即排水量为最大涌水量的1.2倍。所谓最大涌水量是指受到大气降水的影响,矿井涌水量增加到最大限度时的水量,不包括矿井大突水时的水量,确切地说应叫矿井最大突水量。因为有些矿井受大气降水的影响很大,若一律按70%规定,则不能保证安全,故又提出按最大涌水量计算的规定。按此规定配置备用水泵,当矿井雨季最大涌水量和正常涌水量相差小于70%时,就可以减少备用水泵的台数。如果保持水泵的正常运转必须经常检修,所以规定了检修水泵的能力应不小于工作水泵能力的25%。

水管的过水能力必须与水泵的排水能力相适应,必须有工作和备用水管,但不要求有检修水管,也不必一台水泵配一趟水管。

配电设备运行一段时间也要检修,故规定配电设备的能力应与工作、备用和检修水泵的能力相匹配。

【执行中应注意的问题】

(1) 主要排水系统水泵排水能力不符合本条的有关规定,工作水泵的能力不能在20 h内排出矿井24 h的正常涌水量(包括充填水及其他用水)的,或者备用水泵的能力小于工作水泵能力的70%的,或者检修水泵的能力小于工作水泵能力的25%的,或者工作和备用水泵的总能力,不能在20 h内排出矿井24 h的最大涌水量的,都属于煤矿重大事故隐患。

(2) 主要排水系统排水管路不符合本条的有关规定,工作排水管路的能力不能配合工作水泵在20 h内排出矿井24 h的正常涌水量的,或者工作和备用排水管路的总能力,不能配合工作和备用水泵在20 h内排出矿井24 h的最大涌水量的,都属于煤矿重大事故隐患。

第三百一十二条 主要泵房至少有2个出口,一个出口用斜巷通到井筒,并高出泵房底板7 m以上;另一个出口通到井底车场,在此出口通路内,应当设置易于关闭的既能防水又能防火的密闭门。泵房和水仓的连接通道,应当设置控制闸门。

排水系统集中控制的主要泵房可不设专人值守,但必须实现图像监视和专人巡检。

【释义】 本条是关于矿井主要泵房的出口、控制闸门及其值守的规定。

泵房是井底车场中最重要的硐室之一。为了在发生水灾和火灾时保证泵房安全,不受水、火的侵害,水泵能够正常开动,或者发生特大涌水面淹井时,泵房人员能够安全撤离井下而做出这样的规定。

一个正规设计的矿井,按大巷坡度5‰、巷高3 m计算,当泵房有了通往井筒的出口,而这个出口高出泵房底板7 m以上时,由出口底板向井筒两侧划一水平线与巷道顶板相交,其相交点至井筒的距离各为800 m,加上井底车场和其他位于水平线以下的空洞,可供容水的体积有两万多立方米。如果发生水灾,有时动水量较小,以静水量为主,比如遇到水源补给条件差的老空水或溶洞水,刚一出水时,水势凶猛,水量较大,但在不太长的时间内涌水量会变得很小,假如有了通往井筒的出口,并在通往井底车场的道路有防水门阻挡涌水,就可以保证水泵继续正常开动,缓和一下局势,淹井事故即可避免。有时发生以动水量为主的较大突水,补给水源丰富,当排水能力顶不住涌水时,首先被淹的地方是井底车场,有通到井筒的出口,就给泵房人员撤退留有足够的时间安全升井,同时也可以利用通往井筒的出口,解决泵房通风问题。

积极推广应用先进的排水设备和技术,如无人值守泵房,采用远程监控集控系统、地面操控的潜水泵排水系统等,提高矿井的抗灾能力。

第三百一十三条 矿井主要水仓应当有主仓和副仓,当一个水仓清理时,另一个水仓能够正常使用。

新建、改扩建矿井或者生产矿井的新水平,正常涌水量在 1 000 m^3/h 以下时,主要水仓的有效容量应当能容纳 8 h 的正常涌水量。

正常涌水量大于 1 000 m^3/h 的矿井,主要水仓有效容量可以按照下式计算:

$$V=2(Q+3\ 000)$$

式中 V——主要水仓的有效容量,m^3;

Q——矿井每小时的正常涌水量,m^3。

采区水仓的有效容量应当能容纳 4 h 的采区正常涌水量。

水仓进口处应当设置箅子。对水砂充填和其他涌水中带有大量杂质的矿井,还应当设置沉淀池。水仓的空仓容量应当经常保持在总容量的 50% 以上。

【释义】 本条是关于矿井排水系统水仓的规定。

矿井水仓必须有主仓和副仓,水仓的空仓容量不足 50% 时,要及时清挖。雨季前必须对水仓彻底清挖干净。目前我国水仓的清理工作主要有人工铲出和污水泵抽出污泥的方法。新建、改扩建或者生产矿井新水平、采区水仓应按本规定设置水仓容量。矿井最大涌水量与正常涌水量相差大的矿井,应全面统计分析涌水量构成情况,编制专门设计,由煤矿企业总工程师组织审查批准。

【执行中应注意的问题】

主要排水系统水仓容量不符合本条的有关规定,新建、改扩建矿井或者生产矿井的新水平,正常涌水量在 1000 m^3/h 以下时,主要水仓的有效容量不能容纳 8 h 的正常涌水量的,或者正常涌水量大于 1000 m^3/h 的矿井,主要水仓有效容量不足的,都属于煤矿重大事故隐患。

第三百一十四条 水泵、水管、闸阀、配电设备和线路,必须经常检查和维护。在每年雨季之前,必须全面检修 1 次,并对全部工作水泵和备用水泵进行 1 次联合排水试验,提交联合排水试验报告。

水仓、沉淀池和水沟中的淤泥,应当及时清理,每年雨季前必须清理 1 次。

【释义】 本条是关于矿井排水系统检查、维护、试验的规定。

(1) 排水设施的检查和维护。井下排水设施包括水泵、水管、闸阀、排水用的配电设备和输电线路等,是保证矿井充分发挥排水能力、保护矿井安全的重要设施,必须经常进行维护和检查,以保证其正常运转。

(2) 雨季前的检修和联合排水试验。雨季是地表洪水频发以及矿井充水含水层获得充足补给的时期。为避免雨季洪水淹井和突水淹井事故的发生，每年雨季以前，必须对井下排水设施进行1次全面检修，以确保矿井涌水量增大时能正常排水。

每年雨季以前，必须对全部工作水泵和备用水泵进行一次联合排水试验，以检查井下排水设施的运行情况。联合排水试验要制订方案、严密组织、精心实施，以便发现井下排水设施的问题，及时进行处理，为安全度汛做好充分的准备。

(3) 水仓、沉淀池和水沟的清理。水仓、沉淀池和水沟中的淤泥，应当及时清理。每年雨季前必须清理1次，其他时间当水仓淤泥占总容量的50%时必须及时清理，以保证水仓具有最大容水量、沉淀池充分发挥沉淀作用、排水沟通畅。

第三百一十五条　大型、特大型矿井排水系统可以根据井下生产布局及涌水情况分区建设，每个排水分区可以实现独立排水，但泵房设计、排水能力及水仓容量必须符合本规程第三百一十一条 至第三百一十四条要求。

【释义】　本条是关于大型、特大型矿井建立分区排水系统进行排水的规定。

对于一般的矿井都采用集中排水，这样便于管理，节省排水设备。但近年来建设了一些大型、特大型矿井，其生产能力能达到10 Mt/a以上，矿区范围很大，有的井筒数目也比较多，若采用集中排水反而成本会大大提高，可以采用分区排水的方式，各分区自成排水系统，不同的分区之间互不干扰。分区的大小可根据井下生产布局和涌水量等综合考虑确定，但泵房设计、排水能力及水仓容量必须符合《规程》第三百一十一条 至第三百一十四条要求。

第三百一十六条　井下采区、巷道有突水危险或者可能积水的，应当优先施工安装防、排水系统，并保证有足够的排水能力。

【释义】　本条是关于施工井下采区或巷道应优先施工安装防、排水系统的规定。

为防止采区和巷道施工中发生突水淹没事故，同时为施工作业创造良好环境，对于有突水或可能积水的，应当优先施工安装防水闸门(墙)、水仓(窝)、管路、水泵等防排水系统。

采区和巷道的排水能力要满足要求：① 水泵设置台数应根据正常涌水量确定，可选用2台水泵，其中1台工作、1台备用；可敷设1条排水管路；排水能力应在20 h内排出24 h的最大涌水量。② 有突水危险时，可采取增加水泵、排水管路或预留相应设备的安装位置等措施。

巷道排水时需注意：水泵应首先考虑使用泥浆泵或潜污泵。水仓(窝)应及时清挖。排水管路在迎头100 m范围内应使用橡胶软管，其他地段可选用铁管或塑料管。

第五节　探　放　水

第三百一十七条　在地面无法查明水文地质条件时，应当在采掘前采用物探、钻探或者化探等方法查清采掘工作面及其周围的水文地质条件。

采掘工作面遇有下列情况之一时，应当立即停止施工，确定探水线，实施超前探放水，经确认无水害威胁后，方可施工：

(一) 接近水淹或者可能积水的井巷、老空区或者相邻煤矿时。

(二) 接近含水层、导水断层、溶洞和导水陷落柱时。

(三) 打开隔离煤柱放水时。

(四) 接近可能与河流、湖泊、水库、蓄水池、水井等相通的导水通道时。

(五) 接近有出水可能的钻孔时。

(六) 接近水文地质条件不清的区域时。

(七) 接近有积水的灌浆区时。

(八) 接近其他可能突(透)水的区域时。

【释义】 本条是关于矿井探放水的规定。

本条规定是在大量水害事故教训基础上总结确定的。本条中的“接近”,是指采掘工作面达到探水线位置,而探水线应根据水头值高低、煤(岩)层厚度和强度等参数计算确定。矿井应依据本条规定的8种情况进行全面排查,并绘制在采掘工程平面图和矿井充水性图上,确定探水警戒线,经钻探探水确认无水害威胁后,方可施工。探放水要编制设计,施工时严格按照探放水设计进行探放水。

【执行中应注意的问题】

违反本条的规定,采掘工作面遇到本条所列8种情况之一,未进行探放水、未确认无水害威胁而进行施工作业的,属于“在需要探放水的区域进行采掘作业未按照国家规定进行探放水的”的重大事故隐患。

【案例】 2005年12月2日,河南省洛阳市新安县寺沟煤矿发生透水事故,造成42人死亡。寺沟煤矿水文地质资料不全,用煤电钻代替专用探水钻机探放水,没有在采掘工程平面图上设立水患警戒线。在透水征兆明显的情况下,既不撤出受水患威胁区域的人员,也不采取有关处置措施,仍然冒险组织生产。事故直接原因是:寺沟煤矿08采掘煤巷非法进入矿井边界煤柱,在接近已关闭的桥北煤矿(1998年关闭)老空积水区采煤,造成煤柱突然垮落,桥北煤矿老空区积水体和与其存在密切水力联系的松散孔隙地下水及青河地表水迅速溃入井下,导致了事故发生。

第三百一十八条 采掘工作面超前探放水应当采用钻探方法,同时配合物探、化探等其他方法查清采掘工作面及周边老空水、含水层富水性以及地质构造等情况。

井下探放水应当采用专用钻机,由专业人员和专职探放水队伍施工。

探放水前应当编制探放水设计,采取防止有害气体危害的安全措施。探放水结束后,应当提交探放水总结报告存档备查。

【释义】 本条是关于矿井采掘工作面的探放水方法、技术人员和队伍、安全措施的规定。

(1) 探放水方法。目前,我国煤矿井下水文地质超前勘探方法主要有钻探、物探、化探、测试、水文地质试验等。虽然钻探的成本较高、工期较长且可能影响生产,但因其准确性最高,探放水时首先应当采用钻探方法,同时配合物探、化探、测试和水文地质试验等方法,查清采掘工作面及周边老空水、含水层富水性以及地质构造等情况,确保探放水的可靠性。

(2) 探放水专业人员和专职队伍。矿井探放水是一项风险大、技术要求高的工作,因此应当由专业人员判断水害隐患,提出探水的重点部位,再由专职探放水队伍使用专用探放水钻机(简称“三专”)进行井下探放水作业,并采取防止瓦斯和其他有害气体危害等安全措施。

(3) 探放水专用钻机。矿井探放水过程中存在高承压水突出的可能,必须设置一定的安全距离才能开展探放水工作。探放水专用钻机具有钻探深度大、可固定和防喷性能。而煤电钻因其钻探距离有限，一般只能用于探查煤层的厚度等，起不到超前探放水的作用；同时，用煤电钻探放水，因其不可固定和不具防喷性能，可能导致包括探放水作业人员在内的大量人员伤亡，因此严禁使用煤电钻探放水。

采掘工作面探水前，应当编制探放水设计和施工安全技术措施，确定探水线和警戒线，并绘制在采掘工程平面图和矿井充水性图上。探放水钻孔的布置和超前距、帮距，应当根据水头值高低、煤(岩)层厚度、强度及安全技术措施等确定，明确测斜钻孔及要求。探放水设计由地测部门提出，探放水设计和施工安全技术措施经煤矿总工程师组织审批，按设计和措施进行探放水。探放水结束后，应当提交探放水总结报告存档备查。

【执行中应注意的问题】

采掘工作面探放水设计内容应全面，编制内容应包括：

(1) 探放水地区的水文地质条件。

(2) 探放水巷道的开掘方向、施工次序、规格和支护形式。

(3) 探放水钻孔组数、个数、方向、角度、深度和施工技术要求及采用的超前距与帮距。

(4) 探放水施工与掘进工作的安全规定。

(5) 受水威胁地区信号联系和避灾路线确定。

(6) 通风措施和瓦斯检查制度，要制定防止在探水过程中瓦斯或其他有害气体涌出的防治措施。

(7) 防排水设施，如水闸门、水闸墙等的设计以及水仓、水泵、管路和水沟等排水系统及能力的具体安排等。

(8) 水情及避灾联系汇报制度和灾害处理措施。

第三百一十九条　井下安装钻机进行探放水前，应当遵守下列规定：

(一) 加强钻孔附近的巷道支护，并在工作面迎头打好坚固的立柱和拦板，严禁空顶、空帮作业。

(二) 清理巷道，挖好排水沟。探放水钻孔位于巷道低洼处时，应当配备与探放水量相适应的排水设备。

(三) 在打钻地点或者其附近安设专用电话，保证人员撤离通道畅通。

(四) 由测量人员依据设计现场标定探放水孔位置，与负责探放水工作的人员共同确定钻孔的方位、倾角、深度和钻孔数量等。

探放水钻孔的布置和超前距离，应当根据水压大小、煤(岩)层厚度和硬度以及安全措施等，在探放水设计中做出具体规定。探放老空积水最小超前水平钻距不得小于 30 m，止水套管长度不得小于 10 m。

【释义】　本条是关于井下安装钻机进行探放水前的规定。

矿井探放水工作有高压水威胁，且必须在一定的安全距离范围内才能进行探放。矿井专用探放水钻机具有钻探深度大且可以固定防喷性能；而煤电钻只能在很小的有限距离内进行，一般只能用于在煤层中探查煤的厚度，钻探能力小。因此，矿井探放水必须用专用探放水钻机，严禁使用煤电钻、锚杆钻等非专用设备进行探放水。在煤层内用煤电钻探放水，可能导致包括探放水作业人员在内的大量人员伤亡。

(1) 探放水钻探现场。

探水作业直接关系到探放水人员的安全,关系到探放水周围地区甚至整个矿井的安危,对钻探施工现场的安全环境、安全设施的严格要求非常重要。加强钻场附近的巷道支护,并在工作面打好坚固的立柱和拦板,可以防止冒顶、防高压水冲垮煤壁及支架事故等发生。为满足探水钻孔出水畅通和施工人员安全撤离,必须清理巷道,挖好排水沟,在适当位置配备与探放水量相适应的完好的排水设备。

在打钻地点或附近安设专用电话,可以在遇到紧急险情时及时与有关领导和部门取得联系,汇报情况,以便及时采取有效措施。

为杜绝随意性,保证探放水钻孔准确打到靶位,确保钻孔标定准确,在确定主要探放水钻孔位置、方位、倾角、深度以及钻孔数目时,测量以及负责探放水的技术人员必须亲临现场,根据已批准的设计给予确定,未经批准,不得擅自改变设计。

(2) 探放水钻孔承压套管的安装和加固。

为确保探放水钻孔出水后能有效地控制放水量,确保安全,在水压较大的地点探放水时,都应预先安装孔口承压套管。为确保承压套管的牢固可靠,开孔位置应选择在岩层比较完整、坚硬的地方,承压套管的长度按《煤矿防治水细则》执行。目前一般采用的是双层套管,考虑钻孔出水会影响套管的下放,因此外层套管长度一般较短,尽可能下在无水段。承压套管要用高压注浆泵进行水泥固结,使套管和岩体成为一体,套管下放凝固至规定的时间后进行扫孔,然后进行压水耐压试验,试验的压力不得小于设计水压,稳压时间必须至少保持半小时,孔口周围不漏水,孔口管牢固不活动,即为合格,否则必须重新注浆,这样才能保证孔口管在钻孔出水后不被冲出。孔口管下好后要带好控制闸阀,这样才能在钻孔一旦出水后有效地控制水量,防止排水能力不足而放水孔又不能有效控制而影响矿井安全。

在水文地质条件复杂和水压、水量大的情况下,按照探放水规定要求,安装孔口承压套管和控制闸阀进行钻进。

(3) 探放高压水应采取的措施。

在高压水的探放过程中,当钻孔揭露含水层后,水压和水量会猛增,若不能有效控制,除直接影响钻进效率外,还特别容易出现高压水喷出、钻具被顶出伤人事故。因此,在高压水地区施工探放水钻孔,钻进和退钻时,应采用反压和有防喷装置的方法进行钻进和控制钻杆。反压就是给一个与水压反向的作用力。防喷就是防水、防钻杆、防孔内碎岩石块喷出。在高压水地区施工钻孔时,如果不采用反压、防喷装置是非常危险的。例如,某矿在井下施工探放奥灰高压水钻孔时,由于没有采取上述措施,就曾发生突然出水后钻杆无法控制顷刻之间被高压水顶出,之后钻杆被顶到巷道,近百米的钻杆像面条一样被扭曲成麻花状,险些酿成人员伤亡事故。因此,在高压水地区施工钻孔时,防喷问题必须引起高度重视。

(4) 探放水钻孔的布置。

在防治水工作中,探放水钻孔布置应当遵循下列规定:

① 探放老空水和钻孔水。老空和钻孔位置清楚时,应当根据具体情况进行专门探放水设计,经煤矿总工程师组织审批后,方可施工;老空和钻孔位置不清楚时,探水钻孔成组布设,并在巷道前方的水平面和竖直面内呈扇形,钻孔终孔位置满足水平面间距不得大于

3 m，厚煤层内各孔终孔的竖直面间距不得大于 1.5 m；

② 探放断裂构造水和岩溶水等时，探水钻孔沿掘进方向的正前方及含水体方向呈扇形布置，钻孔不得少于 3 个，其中含水体方向的钻孔不得少于 2 个；

③ 探查陷落柱等垂向构造时，应当同时采用物探、钻探两种方法，根据陷落柱的预测规模布孔，但底板方向钻孔不得少于 3 个，有异常时加密布孔，其探放水设计由煤矿总工程师组织审批；

④ 煤层内，原则上禁止探放水压高于 1 MPa 的充水断层水、含水层水及陷落柱水等。如确实需要的，可以先构筑防水闸墙，并在闸墙外向内探放水。

⑤ 上山探水时，一般进行双向掘进，其中一条 超前探水和汇水，另一条用来安全撤人。双巷间每隔 30～50 m 掘一个联络巷，并设挡水墙。

(5) 探放水钻孔的超前距离。

探放水钻孔超前距和止水套管长度，应当符合下列规定：

① 老空积水范围、积水量不清楚的，近距离煤层开采的或者地质构造不清楚的，探放水超前距不得小于 30 m，止水套管长度不得小于 10 m；老空积水范围、积水量清楚的，根据水头值高低、煤(岩)层厚度、强度及安全技术措施等确定；

② 沿岩层探放含水层、断层和陷落柱等含水体时，按第二百九十八条执行说明表 1 确定探放水钻孔超前距和止水套管长度。

第三百二十条　在预计水压大于 0.1 MPa 的地点探放水时，应当预先固结套管，在套管口安装控制闸阀，进行耐压试验。套管长度应当在探放水设计中规定。预先开掘安全躲避硐室，制定避灾路线等安全措施，并使每个作业人员了解和掌握。

【释义】　本条是关于探放水钻孔安装孔口管和避灾的规定。

探放水钻孔安装孔口管主要是为了施工探放水钻孔的安全和放水期间的安全。不安装孔口管或不按规定安装孔口管，有可能导致在放水过程中，由于放水对钻孔的不断冲刷，致使钻孔孔径增大，积水突然溃出，导致事故发生。为此，套管口还要安装闸阀，以便能够控制放水。

(1) 开孔位置及套管长度。为确保孔口承压套管的牢固可靠，开孔位置应选择在岩层比较完整、坚硬的地方。开孔直径一般比孔口管的外径大 15～30 mm。孔口承压套管在岩层中的长度，应根据预计的水压大小和岩石抗压强度等因素来确定。

(2) 套管安装。孔口承压套管一般采用双层套管，考虑钻孔出水会影响套管的下放，因此外层套管长度一般较短，尽可能下在无水段。孔口承压套管要进行水泥砂浆固结，使套管和岩体成为一体。先向孔内注入水泥砂浆，然后将孔口承压套管(套管下端用木塞堵住)压入孔内，待水泥砂浆凝固 24 h 后，扫孔至孔底并再向下钻进 0.3～0.5 m。孔口承压套管下好后要安装好控制闸阀，这样才能在钻孔一旦出水后有效控制水量，防止因排水能力不足且放水孔又不能有效控制而影响矿井安全。

(3) 耐压试验。孔口承压套管和闸阀安装完毕后必须进行压水耐压试验。试验的压力不得小于设计水压，稳压时间不得低于 0.5 h，孔口周围不漏水，孔口管牢固不活动，即为合格，否则必须重新注浆，这样才能保证孔口管在钻孔出水后不被冲出。

(4) 安全措施。因为预计水压大于 0.1 MPa 进行探水时可能会发生突水事故，为了保证探水作业人员的安全，预先开掘安全躲避硐，制定包括撤人的避灾路线等安全措施，并让每个作业人员了解和掌握，保证在即使出现意外时，探水作业人员也能顺利撤退到安全地点。

第三百二十一条 预计钻孔内水压大于1.5 MPa时，应当采用反压和有防喷装置的方法钻进，并制定防止孔口管和煤(岩)壁突然鼓出的措施。

【释义】 本条是关于探放高压水的规定。

在探放高压水的过程中，当钻孔到达含水层后，水压和水量猛增，如果不能有效控制，容易出现高压水喷出、钻具被顶出伤人事故，因此在高压水地区施工探放水钻孔中钻进和退钻时应采用反压和有防喷装置的方法进行钻进和控制钻杆。反压，就是给一个与水压相反的作用力；防喷就是防止水、钻杆和钻孔内破碎岩石块喷出。在高压水地方施工钻孔时，如果不用反压、防喷装置是非常危险的。

第三百二十二条 在探放水钻进时，发现煤岩松软、片帮、来压或者钻孔中水压、水量突然增大和顶钻等突(透)水征兆时，应当立即停止钻进，但不得拔出钻杆；现场负责人员应当立即向矿井调度室汇报，撤出所有受水威胁区域的人员，采取安全措施，派专业技术人员监测水情并进行分析，妥善处理。

【释义】 本条是关于在探放水过程中出现透水征兆时的规定。

人们在与矿井水长期斗争中积累了宝贵的经验，总结出了在钻进时接近或揭露强含水体的一般征兆。在钻进时，当煤岩出现松软、片帮、来压或钻孔中的水压、水量突然增大以及顶钻等异状时，说明前方已经接近或揭露了强含水体。当遇到这种异常情况时，如果继续钻进，或将钻杆拔出，极有可能造成难以控制的更大出水以及钻杆在拔出的过程中被高压水顶出而发生伤人事故，后果不堪设想。因此，必须及时停止钻进，将钻杆固定，严禁移动和起拔，钻机后面严禁站人，以免钻杆伤人。

在钻孔出现出水异常情况时，要及时将现场的情况向矿调度室汇报。调度室接到上报的情况后，派专业技术人员监测水情，进行分析。如果发现现场情况危急时，必须立即撤出所有受水害威胁地区的人员到安全地点，然后采取措施进行处理。

第三百二十三条 探放老空水前，应当首先分析查明老空水体的空间位置、积水范围、积水量和水压等。探放水时，应当撤出探放水点标高以下受水害威胁区域所有人员。放水时，应当监视放水全过程，核对放水量和水压等，直到老空水放完为止，并进行检测验证。

钻探接近老空时，应当安排专职瓦斯检查工或者矿山救护队员在现场值班，随时检查空气成分。如果甲烷或者其他有害气体浓度超过有关规定，应当立即停止钻进，切断电源，撤出人员，并报告矿调度室，及时采取措施进行处理。

【释义】 本条是关于矿井探放老空水过程中的规定。

老空水是指采空区、老窑和已经报废井巷内积存的矿井水。老空水水害事故死亡人数已占水害事故死亡人数的80%以上，是防治水工作的重点，其主要原因是：矿井及周边老空水分布情况不明，探放水措施不落实，在有透水征兆的情况下仍违规组织生产，导致水害频发，社会影响很大。因此，矿井要高度重视老空水的探放工作。

要广泛收集资料，走访调查，分析查明老空水体的空间位置、积水量和水压，做到心中有数。探放水钻孔要打中老空水体，至少有一个孔要打中老空水体底板，才有可能放完老空水，排除隐患；未打中老空水体，盲目施工掘进，后患无穷。

老空区内的积水量难以确定，在探放水过程中极容易发生透水事故，造成巷道被淹，又由于发生透水事故时，透水点以下的所有巷道都将被突出的水封住出口，其内的人员根本没有撤出的可能，所以探放水时，应当撤出探放水点以下部位受水害威胁区域内的所有人员。

当钻孔接近老空时，矿山救护队员要在现场值班，随时检查空气成分。如果甲烷或者其他有害气体浓度超过有关规定，应当立即停止钻进，切断电源，撤出人员，并报告矿井调度室，及时处理。

第三百二十四条　钻孔放水前，应当估计积水量，并根据矿井排水能力和水仓容量，控制放水流量，防止淹井；放水时，应当有专人监测钻孔出水情况，测定水量和水压，做好记录。如果水量突然变化，应当立即报告矿调度室，分析原因，及时处理。

【释义】　本条是关于钻孔放水的规定。

(1) 控制放水流量。钻孔放水前，应当估计积水量。钻孔放水流量取决于积水量(包括补给量)、井巷的排水能力、水仓容积、生产允许的放水期限等。放水时要控制好放水流量，做到既防止淹井又满足生产要求。

(2) 测定水量和水压。在放水过程中除设专人测定水量外，还应安排专人测定孔内初始水压和残存水压，直至把水放净，并做好记录。要核验放出的总水量与预计的积水量数值，确保一致，避免错误。

(3) 水量突变的处理。如果水量突然变化，应当立即报告矿调度室，分析原因，及时处理。若水量突然变小，有可能是放水孔被堵塞。为确保正常放水，可用钻机重新透孔及时处理，但未安装孔口止水套管的不得透孔。如果水量突然变大，可能是积水体有新的水源补给导致水压增高的缘故，也可能是闸阀损坏的缘故。

第三百二十五条　排除井筒和下山的积水及恢复被淹井巷前，应当制定安全措施，防止被水封闭的有毒、有害气体突然涌出。

排水过程中，应当定时观测排水量、水位和观测孔水位，并由矿山救护队随时检查水面上的空气成分，发现有害气体，及时采取措施进行处理。

【释义】　本条是关于排水复矿过程中加强水文观测和对有害气体及时检查处理的规定。

(1) 制定防范有害气体的安全措施。由于井筒和井巷下山被淹没后通风中断，常造成有毒、有害气体积存，人员盲目进入进行供电和排水工作，将可能导致窒息或死亡，或因电气设备产生的火花引发爆炸。所以，排除井筒和井巷下山的积水前，为防止被水封住的有毒、有害气体的突然涌出而危及人员安全，应制定包含检测、排泄、通风、救护等内容的安全措施。

排水过程中，要有瓦斯检查工或矿山救护队员检查水面上的空气成分。发现有毒、有害气体，应及时报告并采取措施，如加大通风量。若加大通风后有毒、有害气体浓度仍超过规定,应由矿山救护队采取专门措施排除有毒、有害气体。

(2) 监测排水过程中的排水量和水位。排水过程中,要派专人定时对以下内容进行详细动态监测并记录在案:矿井排水量和淹井水位变化,各相关水文地质点的涌水量、水位(压)、水质和水温,突水点位置和突水口大小素描,井巷冒顶片帮与淋水,地面塌陷与裂缝等。

第八章　爆炸物品和井下爆破

第一节　爆炸物品贮存

第三百二十六条　爆炸物品的贮存，永久性地面爆炸物品库建筑结构（包括永久性埋入式库房）及各种防护措施，总库区的内、外部安全距离等，必须遵守国家有关规定。

井上、下接触爆炸物品的人员，必须穿棉布或者抗静电衣服。

【释义】 本条是关于爆炸物品的贮存，永久性地面爆炸物品库建筑结构形式、防护措施、安全距离，以及对接触爆炸物品人员工作服装的规定。

爆炸物品的贮存，是保证煤矿连续生产的需要，是安全发放和清退等工作的需要，爆炸物品必须贮存在爆炸物品库内，加强存放管理，防止丢失、被盗、损坏、变质、自燃等。爆破物品库结构、存放数量、安全防护措施等必须满足国家相关规定。

永久性地面爆炸物品库建筑结构，国家有许多规定，如库房应为平房，房屋宜为钢筋混凝土结构，若用木屋顶必须经过防火处理。应有足够的采光通风窗，且能开启，窗门为三层，地板下设金属网通风窗。库内净高不得低于 3 m，炎热地区不得低于 3.5 m。库内地面应平整、坚实、无裂缝、防潮、防腐蚀，不得有铁器之类的东西外露，应采用不发生火花的地板，雷管库的地面应铺设能导除静电的绝缘软垫。必须有发放爆炸物品的专用套间或单独房间，并铺有导电的软质垫层。

地面爆炸物品库的内部安全距离，是指地面爆炸物品库区内库房与库房之间必须保持的最小安全距离，也叫单个药库之间的内部安全距离。其目的是，如果某单个药库发生意外爆炸，可保证相邻药库不致引起殉爆，避免危害进一步扩大。爆炸物品库的内部安全距离必须按其危险等级、存放爆炸物品种类和存药量进行计算，并取其最大值核定。

地面爆炸物品库的外部安全距离，是指爆炸物品库区与其周围相邻的公路、铁路、城镇、村庄和其他公共、民用建筑设施，以及本库的生活区域等之间的最小安全距离，其目的是如果爆炸物品库发生意外爆炸时，爆炸所产生的爆炸冲击波、飞石及有害气体将被限制在允许范围内，不会对周围建筑物或环境造成破坏性影响。确定爆炸物品库区的外部安全距离，应分别按库区单个库的危险等级和存药量计算，取其最大值核定。

为了保证地面爆炸物品库内部和外部安全，必须采取相对应的安全防护措施，如建立防护土堤，对库内供电、照明、避雷、通信、消防及安全保卫等提出明确的安全规定和要求，并必须符合国家有关规定。

【案例】 2009 年 4 月 17 日，湖南省郴州市某煤矿发生炸药爆炸事故，事故共造成 20 人死亡。事故原因是煤矿没有按照《规程》规定存放炸药，私自将炸药存放在办公大楼引发爆炸事故。

化纤类服装绝缘电阻大，由于摩擦容易产生静电，经测定其静电电位可达 10～30 kV，且不易流失,而电雷管的耐静电电位为 10～30 kV。所以,穿着化纤服装进行操作,容易因摩擦产生静电引起电雷管爆炸,进而引发其他爆炸物品意外爆炸。同时化纤衣服容易着火,着火后收缩很快,会黏着皮肤还脱不下来,很容易烧伤身体。因此,井上、井下接触爆炸物品的人员严禁穿化纤衣服,必须穿棉布或者抗静电衣服。

第三百二十七条 建有爆炸物品制造厂的矿区总库,所有库房贮存各种炸药的总容量不得超过该厂 1 个月生产量,雷管的总容量不得超过 3 个月生产量。没有爆炸物品制造厂的矿区总库,所有库房贮存各种炸药的总容量不得超过由该库所供应的矿井 2 个月的计划需要量,雷管的总容量不得超过 6 个月的计划需要量。单个库房的最大容量:炸药不得超过 200 t,雷管不得超过 500 万发。

地面分库所有库房贮存爆炸物品的总容量:炸药不得超过 75t,雷管不得超过 25 万发。单个库房的炸药最大容量不得超过 25t。地面分库贮存各种爆炸物品的数量,不得超过由该库所供应矿井 3 个月的计划需要量。

【释义】 本条是关于地面各类爆炸物品库炸药与雷管最大容量的规定。

建有爆炸物品制造厂的矿区总库,是民用爆炸物品生产系统配套设施,由民用爆炸物品行业主管部门负责安全监管;没有爆炸物品制造厂的矿区总库,作为煤矿生产配套设施,由公安机关负责安全监管。

地面分库是煤矿企业根据爆破作业的需要,先后建立的爆炸物品贮存库。根据库型不同,大型库单库允许存放量及存放方式执行《民用爆炸物品工程设计安全标准》(GB 50089)的规定,小型库执行《小型民用爆炸物品储存库安全规范》(GA 838—2009)的规定。地面分库安全监管由公安机关负责。

爆炸物品贮存库计算药量核算过程中,除综合考虑库区区域布置、总平面布置和贮存库面积等总体安全条件外,还应综合考虑运输距离、爆炸物品的质量保证期和矿区计划需要量。不论是地面总库还是地面分库,爆炸物品的贮存量必须既能满足安全许可能力,又能满足煤矿连续生产的需要。若安全许可贮存能力不能满足煤矿连续生产的需要,需要对库区进行整改。地面爆炸物品库贮存量的规定见表 3-8-1。

表 3-8-1 地面爆炸物品库贮存量的规定

爆炸材料库种类		最大储存量	
		炸药	雷管
矿区总库	建有爆炸材料厂的总库	不得超过该厂 1 个月生产量	不得超过该厂 3 个月生产量
	没有爆炸材料厂的总库	不得超过该总库所供应矿井的 2 个月计划需用量	不得超过该总库所供应矿井的 6 个月计划需用量
	总库内单个库房	不得超过 200 t	不得超过 10 万发
地面爆炸材料分库		不得超过 75 t,并不得超过该分库所供应矿井的 3 个月计划需用量	不得超过 25 万发,并不得超过该分库所供应矿井的 3 个月计划需用量
分库单个库房		不得超过 25 t	不得超过 10 万发

第三百二十八条 开凿平硐或者利用已有平硐作为爆炸物品库时,必须遵守下列规定:

(一) 硐口必须装有向外开启的2道门,由外往里第一道门为包铁皮的木板门,第二道门为栅栏门。

(二) 硐口到最近贮存硐室之间的距离超过15 m时,必须有2个入口。

(三) 硐口前必须设置横堤,横堤必须高出硐口1.5 m,横堤的顶部长度不得小于硐口宽度的3倍,顶部厚度不得小于1 m。横堤的底部长度和厚度,应当根据所用建筑材料的静止角确定。

(四) 库房底板必须高于通向爆炸物品库巷道的底板,硐口到库房的巷道坡度为5‰,并有带盖的排水沟,巷道内可以铺设不延深到硐室内的轨道。

(五) 除有运输爆炸物品用的巷道外,还必须有通风巷道(钻眼、探井或者平硐),其入口和通风设备必须设置在围墙以内。

(六) 库房必须采用不燃性材料支护。巷道内采用固定式照明时,开关必须设在地面。

(七) 爆炸物品库上面覆盖层厚度小于10 m时,必须装设防雷电设备。

(八) 检查电雷管的工作,必须在爆炸物品贮存硐室外设有安全设施的专用房间或者硐室内进行。

【释义】 本条是关于开凿平硐或者利用已有平硐作为爆炸物品库的规定。

(1) 当硐口至最近贮存硐室的距离超过15 m时,必须设有2个入口,目的是发生灾变时便于逃生。

(2) 硐口前设置的横堤实质是防护屏障,其作用是阻挡爆炸冲击波。一旦库房发生爆炸,所产生的爆炸冲击波从出口冲出,直接冲击横堤,使其压缩,冲穿土堤直接吸收入射冲击波的能量,以削弱爆炸冲击波对外界的破坏作用。横堤设计必须高出硐口1.5 m,顶部长度不得小于硐口宽度的3倍,顶部厚度不得小于1.0 m,均是为了能够瞬间较全面地覆盖冲出硐室的爆炸冲击波,使波压衰减。

(3) 为了避免爆炸物品进水受潮失效和满足库房防排水要求,库房底板必须高于通向爆炸物品库的巷道底板;硐口到库房的巷道坡度为5‰,以便于排水,并应有带盖的排水沟。以便于爆炸物品进出库房的运输,在巷道内可以铺设不延深到硐室内的轨道。其目的:① 防止杂散电流从轨道无规律地流入道床和库房周围的岩石,引发电雷管爆炸;② 防止轨道与车轮摩擦产生火花引起雷管爆炸;③ 防止起爆物品掉落在轨道后撞击而引发爆炸。

(4) 库房内除有运输爆炸物品用的巷道外,还必须有通风巷道(钻眼、探井或平硐),其入口和通风设备必须设置在围墙以内。其作用主要是为库内提供新鲜空气,排除炸药由于缓慢分解而释放出来的有害气体,保持库内处于适宜炸药贮存的温度;当库内爆炸物品发生意外爆炸时,能作为泄压通道减弱爆炸冲击波危害,并迅速将爆炸产生的有毒气体及时由排风道排出库外,利于后续的救灾工作开展。

(5) 地面硐室或爆炸物品库的照明允许设固定式照明,但只准采用矿用防爆型(矿用增安型除外)的照明设备。灯泡要用带铁丝网的玻璃罩保护,电线应用阻燃型电缆。电源开关和保险器应设在库房外面,其目的是在库内照明设备发生故障,因检修打开保险器或电源开关时,保障库房的安全,避免因产生电火花而引发爆炸的可能性。

(6) 电雷管的导通检查工作,必须在专用的单间室内进行。工作室内要有单独的工作台、导通表和防爆筒。导通检查时,操作台上只能存放 100 发雷管,导通室内雷管的存放量不能超过 1000 发,以防止导通检查时,因操作不当而发生事故。库内设置专用的检查房间或硐室,就是将爆炸破坏影响控制在局部最小的范围内。

第三百二十九条 各种爆炸物品的每一品种都应当专库贮存;当条件限制时,按国家有关同库贮存的规定贮存。

存放爆炸物品的木架每格只准放 1 层爆炸物品箱。

【释义】 本条是关于爆炸物品专库贮存和同库贮存的规定。

《爆破安全规程》规定,爆破器材单一品种专库存放。不同性质的爆炸物品,其感度和安定性不同,它们在外界作用下发生爆炸难易程度也各不相同。如果将不同性质的爆炸物品贮存在一起,则感度低、安定性高的爆炸物品的危险性就会因存在有敏感爆炸物品而增加。所以,不同种类的爆炸物品不能同库贮存,而应专库贮存。

若受条件限制,同库存放不同品种的爆破器材应符合表 3-8-2 的规定:① 炸药类、射孔弹类和导爆索、导爆管可以同库混存;② 雷管类起爆器材应单独库房存放;③ 黑火药应单独库房存放;④ 硝酸铵不应和任何物品同库存放。

表 3-8-2　危险品同库存放

危险品名称	雷管类	黑火药	导火索	炸药类	射孔弹类	导爆索类
雷管类	○	×	×	×	×	×
黑火药	×	○	×	×	×	×
导火索	×	×	○	○	○	○
炸药类	×	×	○	○	○	○
射孔弹类	×	×	○	○	○	○
导爆索类	×	×	○	○	○	○

注:1. ○表示可同库存放,×表示不得同库存放。

2. 雷管类含火雷管、电雷管、导爆管雷管、继爆管。

3. 导爆索类含导爆索和爆裂管。若需在危险品仓库存放塑料导爆管时,可按导爆索类对待。

存放爆炸物品的木架每格只准放 1 层爆炸物品箱,其目的一是便于存储发放计数和搬运;二是避免堆垒叠放造成爆炸物品缓慢分解温度升高,增加爆炸危险性。

第三百三十条 地面爆炸物品库必须有发放爆炸物品的专用套间或者单独房间。分库的炸药发放套间内,可临时保存爆破工的空爆炸物品箱与发爆器。在分库的雷管发放套间内发放雷管时,必须在铺有导电的软质垫层并有边缘突起的桌子上进行。

【执行说明】 地面分库发放间宜单独设立，当与库房联建时，发放间应当有密实墙与库房隔开。在发放间外部显著位置设置标志牌（雷管发放间、定量1000发）。单独设置的发放间至少应当配备2具不少于5 kg的磷酸铵盐类干粉灭火器。雷管发放套间的地面和台面应当铺设导静电橡胶皮（板），其下铺设金属网并采用导线可靠接地。雷管发放套间应当设置静电泄放装置，进入发放间的作业人员，应当经泄放静电后才能进行操作。雷管发放套间最多允许暂存1000发雷管，严禁将零散雷管放在地面上，宜挂在架上或存放在防爆箱内。电雷管发放桌子的边缘突起高度至少高于软质垫层10 mm。

【释义】 本条是关于地面爆炸物品库的发放套间或单间的规定。

由于爆炸物品发放存在爆破工与库房保管员材料交接、清数过程，为避免外部环境干扰出现意外，爆炸物品的发放房间必须是专用的，不得兼用。同时，为了方便爆破工存取爆炸物品工作，在分库的炸药发放套间内，可临时为爆破工保存空爆炸物品箱和发爆器。

发放电雷管时，因摩擦会产生静电，当静电累积到一定量时有引起电雷管爆炸的危险。因此，在发放雷管的桌面必须铺有可导电的软质垫层，如橡胶板，板下应铺金属网，并用导线将其接地。桌子的边缘应向上突起，以阻挡雷管意外从桌面滚落，边缘突起的高度至少高于软质垫层10 mm。

第三百三十一条 *井下爆炸物品库应当采用硐室式、壁槽式或者含壁槽的硐室式。*

爆炸物品必须贮存在硐室或者壁槽内，硐室之间或者壁槽之间的距离，必须符合爆炸物品安全距离的规定。

井下爆炸物品库应当包括库房、辅助硐室和通向库房的巷道。辅助硐室中，应当有检查电雷管全电阻、发放炸药以及保存爆破工空爆炸物品箱等的专用硐室。

【释义】 本条是关于井下爆炸物品库布置类型与结构的规定。

井下爆炸物品库的布置形式有硐室式、壁槽式和含壁槽的硐室式。井下爆炸物品库包括库房和辅助硐室等。库房内的硐室和壁槽是井下爆炸物品库的核心部分，是专为贮存各类炸药和雷管及其他起爆物品而设置的。辅助硐室包括电雷管全电阻检查、发放炸药以及保存爆破工空爆炸物品箱等的专用硐室。通向库房的巷道一般有三条，两条连通大巷作为进出口，一条连通主要回风巷道，用于回风。

库内硐室之间或壁槽之间的距离，是在额定贮存量的前提下，按照爆炸物品的殉爆安全距离的规定计算出来的。一旦其中一个硐室或壁槽里的炸药或雷管爆炸，不会发生殉爆连锁反应。井下爆破材料库硐室之间或壁槽之间的距离是按爆炸物品殉爆安全距离的经验公式计算出来的：

$$R=K_1\sqrt{Q}$$

$$R=K_2\sqrt{N}$$

$$R=K_3\sqrt{N}$$

式中　R——殉爆安全距离，m；

Q——硐室或壁槽允许的最大炸药贮存量，kg；

N——硐室或壁槽贮存的电雷管数量，个；

K_1——贮存炸药的计算系数，硝铵炸药一般取0.25；

K_2——贮存电雷管的计算系数,一般取0.06;

K_3——贮存电雷管与炸药的计算系数,一般取0.1。

计算出的 R 值,取其中最大值即为殉爆安全距离。

【执行中应注意的问题】

有的省份为了减少井下爆炸物品贮存带来的安全隐患(如山西省),出台了有关规定,禁止设置井下爆炸物品储存库,已设置的也必须取消,各地在执行中应注意遵守本省的规定。

第三百三十二条 井下爆炸物品库的布置必须符合下列要求:

(一)库房距井筒、井底车场、主要运输巷道、主要硐室以及影响全矿井或者一翼通风的风门的法线距离:硐室式不得小于100 m,壁槽式不得小于60 m。

(二)库房距行人巷道的法线距离:硐室式不得小于35 m,壁槽式不得小于20 m。

(三)库房距地面或者上下巷道的法线距离:硐室式不得小于30 m,壁槽式不得小于15 m。

(四)库房与外部巷道之间,必须用3条相互垂直的连通巷道相连。连通巷道的相交处必须延长2 m,断面积不得小于4 m^2,在连通巷道尽头还必须设置缓冲砂箱隔墙,不得将连通巷道的延长段兼作辅助硐室使用。库房两端的通道与库房连接处必须设置齿形阻波墙。

(五)每个爆炸物品库房必须有2个出口,一个出口供发放爆炸物品及行人,出口的一端必须装有能自动关闭的抗冲击波活门;另一出口布置在爆炸物品库回风侧,可以铺设轨道运送爆炸物品,该出口与库房连接处必须装有1道常闭的抗冲击波密闭门。

(六)库房地面必须高于外部巷道的地面,库房和通道应当设置水沟。

(七)贮存爆炸物品的各硐室、壁槽的间距应当大于殉爆安全距离。

【释义】 本条是关于井下爆炸物品库布置安全距离、巷道形式要求的规定。

(1) 如果井下爆炸物品库发生意外爆炸,大量爆炸物品爆炸产生的冲击波会对矿井井筒、井底车场、主要运输巷道、总回风巷道等主要硐室,以及全矿井或大部分采区通风的风门产生影响,甚至对地面造成毁灭性的破坏,必须对库房与上述关系对象的法线距离加以规定。

(2) 库房与外部巷道之间,用3条相互垂直的连通巷道相连,其作用是使爆炸冲击波连续通过3个直角弯道后,冲击波压力和波速衰减,降低冲击波破坏能量。根据冲击波的传播规律,当波头冲撞到刚性障碍物时,急速折返,与入射波相互叠加反射,反射波要大于入射波,波头不但没衰减,反而会增加。在尽头巷道内设置砂箱隔墙,吸收冲击波能量,削弱冲击波压力。正因为尽头巷道衰减冲击波的作用,它不能兼作辅助硐室之用。库房两端的通道与库房连接处设置齿状阻波墙,其作用是使冲击波几经阻挡几经互相碰撞后,产生部分入射波和反射波碰撞与抵消,较好地衰减冲击波的压力。

(3) 在库房两个出口处应分别设置能自动关闭的抗冲击波活门和抗冲击波密闭门,其作用是阻止爆炸冲击波、火焰和有毒有害气体向外部巷道扩散。同时抗冲击波活门装有通风孔,平时可起到调节库房风量的作用,发生火灾时可立即关闭,起防火门作用。抗冲击波密闭门则经常关闭,防止库内风流短路。抗冲击波活门和密闭门应各装有一套手动闭锁和紧急闭锁装置。防护活门和密闭门的加工制造与安装必须符合通用设计规定的要求。门框墙的砌筑(包括墙体预留排水管、电缆孔和通风孔)应严格按设计规定施工。

(4) 为了防排水,库房地面必须高于外部巷道的地面,库房和通道应设置水沟。

(5) 贮存爆炸物品的各硐室、壁槽的间距,见《规程》第三百三十一条释义。

第三百三十三条　井下爆炸物品库必须采用砌碹或者用非金属不燃性材料支护,不得渗漏水,并采取防潮措施。爆炸物品库出口两侧的巷道,必须采用砌碹或者用不燃性材料支护,支护长度不得小于5 m。库房必须备有足够数量的消防器材。

【释义】　本条是关于井下爆炸物品库的支护和消防器材的规定。

井下爆炸物品库贮存炸药、电雷管和其他起爆物品,都是易爆危险品,要求井下爆炸物品库要做到防火、防水、防潮、防漏电、防撞击。采用以料石为主的砌碹或者用非金属不燃性材料支护,满足坚固耐用、服务年限长、防导电、防火、防渗漏的要求,以保证库房支护在发生燃烧等意外情况下仍具有一定的支护强度。

井下爆炸物品库发生火灾事故时,为了保证在第一时间扑灭火灾,避免事故扩大,必须备有足够的消防器材,如灭火器、砂子、水管等。

第三百三十四条　井下爆炸物品库的最大贮存量,不得超过矿井3天的炸药需要量和10天的电雷管需要量。

井下爆炸物品库的炸药和电雷管必须分开贮存。

每个硐室贮存的炸药量不得超过2 t,电雷管不得超过10天的需要量;每个壁槽贮存的炸药量不得超过400 kg,电雷管不得超过2天的需要量。

库房的发放爆炸物品硐室允许存放当班待发的炸药,最大存放量不得超过3箱。

【释义】　本条是关于井下爆炸物品库、硐室和壁槽存放炸药与雷管最大贮存量的规定。

(1) 依据《爆破安全规程》规定,井下爆炸物品库的最大贮存量,不得超过矿井3天的炸药需要量和10天的电雷管需要量。依据上述规定,矿井爆炸物品库的总需要量确定后,为了便于贮存和安全管理,可分别选用硐室式和壁槽式库房。一般中小型矿井多采用壁槽式库房,因为它具有"化整为零"分散贮存较为安全的特点。每个硐室和壁槽的贮存量直接决定库房距外部巷道的安全距离,每个硐室不大于2 t,或每个壁槽不大于400 kg是较为安全、合理的贮存量,是根据理论计算和试验验证得到的。在这个定值的基础上,再根据矿井3天的炸药需要总量,计算确定库房内需要设置的硐室或壁槽的数量。

《爆破安全规程》规定,井下爆炸物品库(硐室式或壁槽式),雷管的最大贮存量不得超过矿井10昼夜生产需用量。由于硐室式库内大容量的单个硐室即可容贮规定的10天电雷管的需用量,而壁槽式库房则采取化整分散,以若干个壁槽贮存的方式,每个壁槽不超过2天的生产需用量。库内设置贮存电雷管壁槽的数量,可根据矿井生产需用量确定。

(2) 因炸药和雷管属易燃易爆物品,雷管内装有起爆药,其感度高,一旦被撞击、摩擦、挤压等就会发生爆炸,若在一起存放,电雷管爆炸后,会引起炸药发生爆炸,扩大事故范围,因此炸药和雷管应设专库单独存放。

(3) 发放爆炸材料硐室人员较多,出现意外事件的可能性较大,必须限制发放硐室内存放的待发炸药的数量。硐室内最大存放量不得超过3箱,是通过实验确定的。硐室内3箱炸药全部爆炸的情况下,其冲击波衰减后的余波压力可以完全由抗冲击波活门承受,以阻止高温波流、爆炸火焰及有毒气体向外部巷道扩散。

【案例】 2006年11月12日，山西省灵石县南山煤矿井下发生炸药燃烧事故，造成34人死亡。该矿煤层有自然发火倾向，煤尘具有爆炸性，开采范围超出批准的矿界和层位，采用落后的巷道式采煤方法，以掘代采。违规在井下使用非防爆机动三轮车运输。井下爆炸物品库违规存放5.2 t化学性质不稳定、易自燃的含有氯酸盐的铵油炸药。

第三百三十五条 在多水平生产的矿井、井下爆炸物品库距爆破工作地点超过2.5 km的矿井以及井下不设置爆炸物品库的矿井内，可以设爆炸物品发放硐室，并必须遵守下列规定：

（一）发放硐室必须设在独立通风的专用巷道内，距使用的巷道法线距离不得小于25 m。

（二）发放硐室爆炸物品的贮存量不得超过1天的需要量，其中炸药量不得超过400 kg。

（三）炸药和电雷管必须分开贮存，并用不小于240 mm厚的砖墙或者混凝土墙隔开。

（四）发放硐室应当有单独的发放间，发放硐室出口处必须设1道能自动关闭的抗冲击波活门。

（五）建井期间的爆炸物品发放硐室必须有独立通风系统。必须制定预防爆炸物品爆炸的安全措施。

（六）管理制度必须与井下爆炸物品库相同。

【释义】 本条是关于井下设立爆炸物品发放硐室存放炸药量及结构形式、制度的规定。

(1) 对多水平生产的矿井、井下爆炸物品库距爆破工作地点超过2.5 km的矿井以及井下不设置爆炸物品库的矿井，可以在矿井内设立爆炸物品发放硐室。设立爆炸物品发放硐室的目的是缩短爆炸物品的运输距离，便于人力运送，保障矿井安全和生产接续。不设立爆炸物品发放硐室时应注意爆炸物品超长距离运输的安全问题。

(2) 发放硐室爆炸物品贮存量，既要满足区域生产的需要，又要符合发放硐室外部安全距离要求。经验算，规定爆炸物品贮存量不得超过1天的需要量，其中，炸药量不得超过400 kg，距外部巷道的安全距离不小于25 m。在发放硐室内，炸药与电雷管必须用不小于240 mm厚的砖墙或混凝土墙隔开贮存，避免雷管意外爆炸殉爆炸药。

(3) 炸药在贮存期间，在常温、常压下发生缓慢分解。如果通风不畅，会出现热量积蓄，将使爆炸物品发放硐室温度持续升高而造成炸药加速分解，如此循环，当温度骤升到炸药爆发点时，缓慢分解就会转化为爆燃和爆炸。发放硐室具有独立的通风系统，既能有效散热，又能稀释炸药分解产生的有毒有害气体。

(4) 必须在其回风系统通道处建立1道能自动关闭的抗冲击波活门，门上有调节风门，平时调节硐内的风量、风速。一旦发放硐室的爆炸物品发生爆炸时，此抗冲击波活门自动关闭，可阻止爆炸冲击波及爆炸产生的火焰和有毒气体向外部巷道扩散，而引入回风道中。

(5) 无论是生产矿井还是在建矿井，当井下无爆炸物品库而设立爆炸物品发放硐室时，必须建立健全安全管理制度，具体要求与井下爆炸物品库相同。

【案例】 2010年5月29日，湖南郴州市某煤矿发生一起重大火药燃烧事故，造成17人死亡，1人轻伤，直接经济损失951.96万元。事故直接原因是违规将炸药(非煤矿许用)超量储存在潮湿和通风不良的井下硐室内，炸药自燃后引燃硐室内外可燃物，产生大量有毒有害气体，造成井下作业人员中毒窒息伤亡。

第三百三十六条 井下爆炸物品库必须采用矿用防爆型(矿用增安型除外)照明设备,照明线必须使用阻燃电缆,电压不得超过 127 V。严禁在贮存爆炸物品的硐室或者壁槽内安设照明设备。

不设固定式照明设备的爆炸物品库,可使用带绝缘套的矿灯。

任何人员不得携带矿灯进入井下爆炸物品库房内。库内照明设备或者线路发生故障时,检修人员可以在库房管理人员的监护下使用带绝缘套的矿灯进入库内工作。

【释义】 本条是关于井下爆炸物品库照明的规定。

(1) 由于井下爆炸物品库贮存的炸药虽然有的易爆发,有的不易爆发,但总的来说炸药是一种易燃易爆的危险品。同时,电雷管内装有高感度的起爆药剂,在冲击、摩擦特别是有明火的条件下极易引发电雷管爆炸。在这种危险品仓库里,绝不允许有因电气照明设备失爆、漏电造成的杂散电流或因电线短路燃烧等因素影响库房安全。因此规定,照明设备必须采用矿用防爆型(矿用增安型除外),照明线必须使用阻燃电缆,电压不得超过 127 V。

(2) 井下使用的矿灯极易发生漏电现象,漏电的矿灯容易意外引爆雷管,携带矿灯进入爆炸物品库就成为一大隐患,因此规定,任何人不得携带矿灯进入库房。只有在库内照明设备或线路发生故障时,必须在库房管理人员的监护下,检修人员使用带绝缘套的矿灯方可进入库内工作。

第三百三十七条 煤矿企业必须建立爆炸物品领退制度和爆炸物品丢失处理办法。

电雷管(包括清退入库的电雷管)在发给爆破工前,必须用电雷管检测仪逐个测试电阻值,并将脚线扭结成短路。

发放的爆炸物品必须是有效期内的合格产品,并且雷管应当严格按同一厂家和同一品种进行发放。

爆炸物品的销毁,必须遵守《民用爆炸物品安全管理条例》。

【释义】 本条是关于煤矿企业对爆炸物品管理制度、电雷管发放程序和爆炸物品销毁的规定。

(1) 加强对爆炸物品的日常管理,建立健全各项管理制度,是保证矿井安全生产和社会安全的一项重要措施。其中的爆炸物品领退制度和爆炸物品丢失处理办法尤为重要,目的是防止爆破工私下转手或私自违章处理雷管或丢失,防止丢失的炸药、雷管流入社会造成更大的危害。

(2) 虽然电雷管成品在包装前制造厂家已经进行了导通检查,但在搬运过程中由于颠簸受震动和多次装卸,个别雷管的桥丝可能会脱焊或雷管脚线折断而不导通。一般出厂产品有 3‰以下不导通是允许的。还有超过有效期的或是贮存在特别潮湿环境中的电雷管,桥丝可能锈蚀不导通的数量也很多。特别是已清退的雷管,又经过爆破工长途携带、摩擦、扭折等,更有可能出现桥丝脱焊。为使爆破作业中不出现或少出现拒爆问题,所以本规程规定,电雷管(包括清退入库的电雷管)在发给爆破工前,必须用电雷管检测仪逐个做全电阻检查。电雷管检查后脚线扭结是预防杂散电流或其他电流导致电雷管无触发发生早爆事故。

(3) 由于不同厂家生产的或不同品种的电雷管,其电引火装置的材质与形式不同,其电引火特性(对电的敏感程度)亦各异,若将这样两种雷管掺混使用,则电感度高的雷管先爆炸,随即切断串联网路,使电感度低的雷管不能获得足够的电能而瞎火。所以,应严格按同一厂家和同一品种进行发放。

(4)《民用爆炸物品安全管理条例》规定:民用爆炸物品变质和过期失效的,应当及时清理出库,并予以销毁。销毁前应当登记造册,提出销毁实施方案,报省、自治区、直辖市人民政府民用爆炸物品行业主管部门、所在地县级人民政府公安机关组织监督销毁。

【案例】 2008年6月13日,山西省××煤业公司井下发生特别重大炸药爆炸事故,35人遇难,1人失踪。造成直接经济损失1291万元。事故的直接原因:井下炸药库存放的非法私制炸药自燃引起爆炸,产生有毒有害气体,并导致部分巷道垮塌,井下作业人员伤亡。该矿火工品管理极度混乱,没有合规的爆炸物品库(存在3个非正规爆炸物品库),没有井下火工品领用制度,没有专职爆破工,随意领取火工品;大量炸药和雷管混放,部分炸药和雷管提前装配,严重违反《规程》的规定。

第二节　爆炸物品运输

第三百三十八条　*在地面运输爆炸物品时,必须遵守《民用爆炸物品安全管理条例》以及有关标准规定。*

【释义】 本条是关于地面运输爆炸物品的规定。

《民用爆炸物品安全管理条例》中对运输爆炸物品的规定包括:

(1) 运输民用爆炸物品的,应当凭《民用爆炸物品运输许可证》,按照许可的品种、数量运输。

(2) 民用爆炸物品的装载符合国家有关标准和规范,车厢内不得载人。

(3) 运输车辆安全技术状况应当符合国家有关安全技术标准的要求,并按照规定悬挂或者安装符合国家标准的易燃易爆危险物品警示标志。

(4) 运输民用爆炸物品的车辆应当保持安全车速。

(5) 按照规定的路线行驶,途中经停应当有专人看守,并远离建筑设施和人口稠密的地方,不得在许可以外的地点经停。

(6) 按照安全操作规程装卸民用爆炸物品,并在装卸现场设置警戒,禁止无关人员进入。

(7) 出现危险情况立即采取必要的应急处置措施,并报告当地公安机关。

《爆破安全规程》中对爆炸物品的运输也有以下相关规定:

(1) 由熟悉爆破器材性能,具有安全驾驶经验的司机驾驶;

(2) 在平坦道路上行驶时,前后两部汽车距离不应小于50 m,上山或下山不小于300 m;

(3) 遇有雷雨时,车辆应停在远离建筑物的空旷地方;

(4) 在雨天或冰雪路面上行驶时,应采取防滑安全措施;

(5) 车上应配备消防器材,并按规定配挂明显的危险标志;

(6) 在高速公路上运输爆破器材,应按国家有关规定执行;

(7) 公路运输爆破器材途中应避免停留住宿,禁止在居民点、行人稠密的闹市区、名胜古迹、风景游览区、重要建筑设施等附近停留。

第三百三十九条 在井筒内运送爆炸物品时,应当遵守下列规定:

(一)电雷管和炸药必须分开运送;但在开凿或者延深井筒时,符合本规程第三百四十五条规定的,不受此限。

(二)必须事先通知绞车司机和井上、下把钩工。

(三)运送电雷管时,罐笼内只准放置1层爆炸物品箱,不得滑动。运送炸药时,爆炸物品箱堆放的高度不得超过罐笼高度的2/3。采用将装有炸药或者电雷管的车辆直接推入罐笼内的方式运送时,车辆必须符合本规程第三百四十条(二)的规定。使用吊桶运送爆炸物品时,必须使用专用箱。

(四)在装有爆炸物品的罐笼或者吊桶内,除爆破工或者护送人员外,不得有其他人员。

(五)罐笼升降速度,运送电雷管时,不得超过2 m/s;运送其他类爆炸物品时,不得超过4 m/s。吊桶升降速度,不论运送何种爆炸物品,都不得超过1 m/s。司机在启动和停绞车时,应当保证罐笼或者吊桶不震动。

(六)在交接班、人员上下井的时间内,严禁运送爆炸物品。

(七)禁止将爆炸物品存放在井口房、井底车场或者其他巷道内。

【释义】 本条是关于井筒内运送爆炸物品的规定。

(1)井筒是整个生产矿井联系地面与井下的咽喉,爆炸物品必须经过井筒从井口运送到井下爆炸物品库。不同性质的爆炸物品由于其感度和安全性不一样,因此运送它们的危险程度也不同。特别是电雷管内装有起爆药,其感度高,一旦被撞击、摩擦和受强烈震动等就可能发生爆炸。因而,如果把雷管和炸药放在同一罐笼内运送,雷管发生意外爆炸后,将会引起炸药的爆炸而产生连锁反应,使爆炸的事故扩大,并且运送电雷管时,只能放置1层爆炸物品箱,不得滑动。

(2)但在开凿或延深井筒时,起爆药包不是在井底工作面装配的,而是在地面专用房间里装配的,所以只能把装配好的起爆药包装在专用箱内,运往井底工作面,但严禁起爆药包与炸药在同一吊桶内运往井底工作面。

(3)罐笼和吊桶运送爆炸物品时,若速度过大,启动和急停时会发生颠簸,遇到障碍物会引起震动,就有可能引爆敏感度低的爆炸物品。因此,本条对罐笼和吊桶运送爆炸物品的速度进行了限制规定。吊桶在运行过程中更容易摇摆和晃动,发生碰撞可能性更大,故升降速度更小。

(4)为了避免拥挤和碰撞,在运送爆炸物品的罐笼或吊桶内,只能有爆破工和护送人员,不得有其他人员。严禁在交接班、人员上下井的时间内运送爆炸物品。

(5)爆炸物品应直接下井,到井底后,直接运往井下爆炸物品库,禁止将爆炸物品存放在井口房、井底车场或其他巷道内,目的是使爆炸物品不要长久滞留在井口房、井底车场等处,避免发生意外影响整个矿井的安全生产。

第三百四十条 井下用机车运送爆炸物品时,应当遵守下列规定:

(一)炸药和电雷管在同一列车内运输时,装有炸药与装有电雷管的车辆之间,以及装有炸药或者电雷管的车辆与机车之间,必须用空车分别隔开,隔开长度不得小于3 m。

(二)电雷管必须装在专用的、带盖的、有木质隔板的车厢内,车厢内部应当铺有胶皮或者麻袋等软质垫层,并只准放置1层爆炸物品箱。炸药箱可以装在矿车内,但堆放高度不得超过矿车上缘。运输炸药、电雷管的矿车或者车厢必须有专门的警示标识。

(三)爆炸物品必须由井下爆炸物品库负责人或者经过专门培训的人员专人护送。跟车工、护送人员和装卸人员应当坐在尾车内，严禁其他人员乘车。

(四)列车的行驶速度不得超过 2 m/s。

(五)装有爆炸物品的列车不得同时运送其他物品。

井下采用无轨胶轮车运送爆炸物品时，应当按照民用爆炸物品运输管理有关规定执行。

【释义】 本条是关于井下用机车运送爆炸物品的规定。

(1) 分别装有炸药和雷管的车厢使用空车厢间隔开来的主要原因是，避免装有电雷管的车厢发生意外爆炸时引起装有炸药的车厢爆炸，减小事故危害和损失。

(2) 电雷管撞击感度高，为了防止列车运行过程中因车体摇晃、路轨颠簸，电雷管因相互摩擦、碰撞发生意外爆炸，必须装在专用的、带盖的、有木质隔板的车厢内；车厢内应铺有胶皮或麻袋等软质垫层，并只准放 1 层爆炸物品箱，避免运行过程滑落撞击车辆底板而意外爆炸。此外，采取上述措施还可以避免矿井杂散电流的影响。

(3) 用电机车运送爆炸物品时，除遵守上述规定外，对照《爆破安全规程》有关"用矿用机车运送爆炸器材"的规定，补充下列规定：① 列车前后设"危险"标志；② 用封闭型的专用车厢，车内应铺软垫，运行速度不得超过 2 m/s；③ 用架线式电力机车运输爆破器材，在装卸时机车应断电。

(4) 井下采用无轨胶轮车运送爆炸物品时，必须使用耐压和抗撞冲、防震、防静电的非金属专用容器装载爆炸物品进行运送，严禁超速超载，并遵守上述有关规定。

第三百四十一条 水平巷道和倾斜巷道内有可靠的信号装置时，可以用钢丝绳牵引的车辆运送爆炸物品，炸药和电雷管必须分开运输，运输速度不得超过 1 m/s。运输电雷管的车辆必须加盖、加垫，车厢内以软质垫物塞紧，防止震动和撞击。

严禁用刮板输送机、带式输送机等运输爆炸物品。

【释义】 本条是关于在水平巷道和倾斜巷道内运送爆炸物品的规定。

(1) 用钢丝绳牵引的车辆在行驶中容易发生摇晃，造成电雷管滑落，引起电雷管爆炸，因此，列车运行速度不得超过 1 m/s。运输电雷管的车辆车厢内必须用胶皮、麻袋等软质垫物塞紧，防止震动和撞击。炸药和电雷管必须分开运输，是为了防止发生殉爆。

(2) 井下运输爆炸物品的车厢，一般都是在普通矿车上加盖板成为专用车厢，由于绞车或机车牵引运行速度快，而爆炸物品在车厢内固定不牢、不平稳，容易前后左右摇摆与车厢碰撞，药箱从车厢内甩出。车厢不加盖，一旦顶板掉落物体会砸中爆炸物品。因此，车厢一定要加盖，车厢内要用胶皮或麻袋等软质垫物塞紧，以防止震动、撞击和甩箱。

用刮板输送机和带式输送机运送爆炸物品，由于输送机运行速度快，而爆炸物品容器不容易平稳牢固地固定在输送机上而颠簸摆动，甚至滚出机外，爆炸物品受到冲击、摩擦就会发生爆炸，尤其在输送机搭接处和机尾与溜煤眼搭接处危险性更大。同时，由于电机车牵引网络引起的杂散电流和机电设备、动力、照明漏电造成的杂散电流，通过输送机等导电体与爆炸物品相接触，极可能发生意外爆炸事故。因此，严禁用刮板输送机、带式输送机等运输爆炸物品。

第三百四十二条 由爆炸物品库直接向工作地点用人力运送爆炸物品时，应当遵守下列规定：

（一）电雷管必须由爆破工亲自运送，炸药应当由爆破工或者在爆破工监护下运送。

（二）爆炸物品必须装在耐压和抗撞冲、防震、防静电的非金属容器内，不得将电雷管和炸药混装。严禁将爆炸物品装在衣袋内。领到爆炸物品后，应当直接送到工作地点，严禁中途逗留。

（三）携带爆炸物品上、下井时，在每层罐笼内搭乘的携带爆炸物品的人员不得超过4人，其他人员不得同罐上下。

（四）在交接班、人员上下井的时间内，严禁携带爆炸物品人员沿井筒上下。

【释义】 本条是关于用人力运送爆炸物品的规定。

电雷管必须由爆破工亲自运送，炸药应当由爆破工或者在爆破工监护下运送。其含义是爆炸物品的运送过程，爆破工必须全程监护和亲自搬运，尤其电雷管作为敏感爆破物品，必须由爆破工亲自运送。

基于运送过程的安全考虑，必须使用耐压和抗撞冲、防震、防静电的非金属专用容器装载爆炸物品，严禁使用其他不合格容器，更严禁将爆炸物品装在衣袋内。领到爆炸物品后，应直接送到工作地点，严禁中途逗留，以减少在不安全区域的停留时间，进一步提高运输过程的安全性。

用人工搬运爆炸物品时，除必须遵守上述规定外，还必须遵守《爆破安全规程》的有关规定：

(1) 在夜间或井下，应随身携带完好的矿用灯具。

(2) 不应提前班次领取爆破器材，不应携带爆破器材在人群聚集的地方停留。

(3) 一人一次运送的爆破器材数量不超过下述规定：① 雷管，1000发；② 拆箱（袋）运搬炸药，20 kg；③ 背运原包装炸药一箱（袋）；④ 挑运原包装炸药两箱（袋）。

(4) 用手推车运输爆破器材时，载重量不应超过300 kg，运输过程中应采取防滑、防摩擦和防止产生火花等安全措施。

第三节　井下爆破

第三百四十三条　煤矿必须指定部门对爆破工作专门管理，配备专业管理人员。

所有爆破人员，包括爆破、送药、装药人员，必须熟悉爆炸物品性能和本规程规定。

【释义】 本条是关于煤矿对爆破工作的安全管理和所有爆破人员必须熟悉的知识的规定。

由于井下爆破作业场所条件复杂，且爆破工作专业性很强，如果不指定部门，配备专业管理人员进行管理，就有可能造成爆破作业实施过程中出现问题，从而发生爆破崩人、炮烟熏人甚至引发冒顶、瓦斯煤尘爆炸等事故。

爆炸物品是炸药和起爆物品的总称，由于其具有爆炸性能，且操作过程具有一定的危险性，所以要求接触爆炸物品的工作人员必须熟悉爆炸物品性能和本规程规定，严格按照规程规定进行保管、贮存、领取、运输和使用。

第三百四十四条　开凿或者延深立井井筒，向井底工作面运送爆炸物品和在井筒内装药时,除负责装药爆破的人员、信号工、看盘工和水泵司机外,其他人员必须撤到地面或者上水平巷道中。

【释义】 本条是关于开凿或延深立井井筒,向立井井底工作面运送爆炸物品及在井筒内装药时撤人的规定。

立井井筒开凿或延深施工时,由于只有一个垂直向上的出口,立井井底工作面空间狭小,且布置较多的施工设备,没有可供施工人员躲避的空间和场所。爆炸产生的飞石、空气冲击波和爆生有毒气体则冲向井筒吊盘,爆生有毒气体会弥漫整个井筒内,危害施工人员健康。

在向立井井底工作面运送爆炸物品和在井筒内装药时,一旦发生意外爆炸事故或爆炸物品坠落等事故,将会危及所有在井筒内的施工作业人员的生命安全。为将意外事故危害降低到最低限度,在井筒内只保留必需的工种和人员。因此本条规定,向井底工作面运送爆炸物品和在井筒内装药时,除负责装药爆破的人员、信号工、看盘工和水泵司机外,其他人员必须撤到地面或者上水平巷道中。

第三百四十五条 开凿或者延深立井井筒中的装配起爆药卷工作,必须在地面专用的房间内进行。

专用房间距井筒、厂房、建筑物和主要通路的安全距离必须符合国家有关规定,且距离井筒不得小于50 m。

严禁将起爆药卷与炸药装在同一爆炸物品容器内运往井底工作面。

【释义】 本条是关于开凿或者延深立井井筒的起爆药卷装配与运送的规定。

为了确保装配起爆药卷工作的安全,鉴于立井井筒工作面空间狭小、环境复杂、设备布置较多、存在淋水等问题,对开凿或延深立井井筒的装配起爆药卷工作必须在地面专用的房间内进行,装配完毕后统一运至井下工作面。

装配起爆药卷的地面专用房间进行雷管与炸药的装配,具有一定危险性,从安全角度出发,与井筒、厂房和其他建筑物留有一定的安全距离,防止意外爆炸波及井筒、厂房、建筑物和主要通路。

为了防止起爆药卷意外爆炸时引起其他炸药爆炸,对井筒和人员造成巨大伤害,严禁将起爆药卷与炸药装在同一爆炸物品容器内运往井底工作面,必须分开运送,并严格运送操作。

第三百四十六条 在开凿或者延深立井井筒时,必须在地面或者在生产水平巷道内进行起爆。

在爆破母线与电力起爆接线盒引线接通之前,井筒内所有电气设备必须断电。

只有在爆破工完成装药和连线工作,将所有井盖门打开,井筒、井口房内的人员全部撤出,设备、工具提升到安全高度以后,方可起爆。

爆破通风后,必须仔细检查井筒,清除崩落在井圈上、吊盘上或者其他设备上的矸石。

爆破后乘吊桶检查井底工作面时,吊桶不得蹾撞工作面。

【释义】 本条是关于开凿或者延深立井时的起爆工作和爆破后检查的规定。

开凿井筒和延深立井井筒爆破作业时,为避免发生爆破飞石伤人或有毒气体引起窒息等恶性事故发生,严禁爆破工在立井井筒内完成起爆工作,必须在地面或在生产水平巷道内进行起爆。

立井井筒施工时，井筒内布置吊盘、稳绳盘和抽水泵等很多机电设备和照明设备，考虑设备线路可能的漏电造成的杂散电流都可以通过沿井筒的导体，如管路和轨道形成回路，如与潮湿的煤、岩壁接触，还可造成煤、岩壁导电。为防止爆破母线与之接触发生误触发，特规定在爆破母线与电力起爆接线盒引线接通前，要将井筒内所有电气设备断电。

立井工作面爆破作业瞬间，爆炸冲击波必将造成井筒内产生空气冲击波，空气冲击波在井筒内以一定的超压沿井筒向上快速传播，同时可能有飞石冲出井口。为了防止爆破产生的爆炸冲击波、爆生有毒有害气体以及飞石对井筒内设备(如吊盘、稳绳盘、抓斗机设备和工具等)及井口人员造成安全隐患，爆破人员在完成装药和连线工作后，应将井筒设备提升到安全高度，将所有井盖门打开(所有井盖门打开有利于起爆后爆炸空气冲击波的泄压和爆生有毒有害气体的释放)，并将井筒、井口房内的人员全部撤出。

在井底工作面炸落堆积的煤、矸中，可能有拒爆或残爆的电雷管和残药。当井底爆破结束后，乘吊桶检查井底工作面时，如果吊桶蹾撞工作面，散落在煤、矸中的起爆药卷和残药，在吊桶的冲击或重压下，就会发生爆炸，造成人员伤亡。

第三百四十七条　井下爆破工作必须由专职爆破工担任。突出煤层采掘工作面爆破工作必须由固定的专职爆破工担任。爆破作业必须执行“一炮三检”和“三人连锁爆破”制度，并在起爆前检查起爆地点的甲烷浓度。

【执行说明】　(一)“一炮三检”制度是指装药前、起爆前和爆破后，必须由瓦检工检查爆破地点附近 20 m 以内的瓦斯浓度。

1. 装药前、起爆前，必须检查爆破地点附近 20 m 以内风流中的瓦斯浓度，若瓦斯浓度达到或超过 1%，不准装药、爆破。

2. 爆破后，爆破地点附近 20 m 以内风流中的瓦斯浓度达到或超过 1%，必须立即处理，若经过处理瓦斯浓度不能降到 1%以下，不准继续作业。

(二)“三人连锁爆破”制度是爆破工、班组长、瓦检工三人必须同时自始至终参加爆破工作过程，并执行换牌制。

1. 入井前：爆破工持警戒牌，班组长持爆破命令牌，瓦检工持爆破牌。

2. 爆破前：

(1) 爆破工做好爆破准备后，将自己所持的红色警戒牌交给班组长。

(2) 班组长拿到警戒牌后，派人在规定地点警戒，并检查顶板与支架情况，确认支护完好后，将自己所持的爆破命令牌交给瓦检工，下达爆破命令。

(3) 瓦检工接到爆破命令牌后，检查爆破地点附近 20 m 处和起爆地点的瓦斯和煤尘情况，确认合格后，将自己所持的爆破牌交给爆破工，爆破工发出爆破信号 5 s 后进行起爆。

3. 爆破后：“三牌”各归原主，即班组长持爆破命令牌、爆破工持警戒牌、瓦检工持爆破牌。

(三) 起爆地点指爆破工准备起爆的躲身地点，起爆前应当检查该处的瓦斯浓度，瓦斯浓度达到或超过 1%时，不准起爆。

【释义】　本条是关于井下专职爆破工和执行“一炮三检”“三人连锁爆破”制的规定。

(1) 煤矿井下爆破工是特殊工种，是专职从事井下爆破作业的人员，其任职的基本条件是年满 18 周岁(男性)；身体健康，无妨碍履行本工种的疾病或生理缺陷；初中及以上文化程度。煤矿井下爆破工应掌握安全技术知识和实际操作技能，培训合格，取得爆破作业安全操作资格证后才能上岗作业。

(2) 由于突出煤层的潜在危险和复杂性，设定采掘工作面爆破工作必须由固定的专职爆破工担任，是强化爆破工的责任心和保障施工安全的强制措施。如果一个爆破工同时在不同的工作面进行爆破作业，爆破工可能会顾此失彼，造成突出煤层爆破施工失误或酿成事故。故本规程规定，突出煤层采掘工作面爆破工作必须由固定的专职爆破工担任。

(3)“一炮三检”就是在装药前、爆破前和爆破后，由瓦斯检查工检查瓦斯。爆破地点附近 20 m 以内的风流中的瓦斯浓度达到 1%时，不准装药、爆破。爆破后，瓦斯浓度达到 1%时，必须立即处理，否则不准继续爆破或电钻打眼等工作。这项检查制度是加强爆破前后瓦斯检查，防止瓦斯漏检，避免在瓦斯超限的情况下进行爆破或电钻打眼等工作的主要措施。

(4)“三人连锁爆破”：爆破前，爆破工将警戒牌交给班组长，由班组长派人警戒，并检查顶板与支架情况，检查无误后班组长将自己携带的爆破命令牌交给瓦斯检查工，瓦斯检查工经检查瓦斯煤尘合格后，将自己携带的爆破牌交给爆破工，爆破工发出爆破警告进行爆破，爆破后三牌各归原主。执行这项制度能够使工作面在爆破过程中，对负有爆破安全直接责任的爆破工、班组长、瓦斯检查工三人明确责任，实行连锁可以避免爆破工作混乱，防止因瓦斯漏检，在瓦斯超限的情况下，爆破引起瓦斯、煤尘爆炸事故，做到安全爆破。

【案例】 2014 年 4 月 21 日，云南省曲靖市某煤矿发生一起重大瓦斯爆炸事故，造成 14 人死亡，直接经济损失 1 498 万元。事故当班入井 77 人，炮采工作面爆破作业时发生瓦斯爆炸，爆炸冲击波瞬间沿炮采工作面迅速传播，造成多处风门、巷道、设备烧毁受损。

事故原因：该矿非法越界组织生产，工作面违规串联通风、循环风、微风作业，瓦斯积聚并达到爆炸浓度界限，井下没有执行“一炮三检”和“三人连锁爆破”制度，违规爆破作业产生火焰引起瓦斯爆炸。

【案例】 2014 年 7 月 11 日，江西鸣山矿业在斜坡上山违规采煤、违章爆破导通上部采煤工作面已封闭的采空区，引发采空区瓦斯爆炸，造成 3 人死亡，1 人轻伤，直接经济损失 350.9 万元。原因分析：事故当班，瓦斯检查员和安全员都不在工作面现场，未执行“三人连锁爆破”制度；爆破未使用水炮泥；未在指定地点爆破；爆破人员资格证过期。

第三百四十八条 爆破作业必须编制爆破作业说明书，并符合下列要求：

(一) 炮眼布置图必须标明采煤工作面的高度和打眼范围或者掘进工作面的巷道断面尺寸，炮眼的位置、个数、深度、角度及炮眼编号，并用正面图、平面图和剖面图表示。

(二) 炮眼说明表必须说明炮眼的名称、深度、角度，使用炸药、雷管的品种，装药量，封泥长度，连线方法和起爆顺序。

(三) 必须编入采掘作业规程，并及时修改补充。

钻眼、爆破人员必须依照说明书进行作业。

【释义】 本条是关于编制爆破作业说明书的规定。

井下所有爆破作业，无论是水平开拓、采区巷道的作业规程，还是单项爆破工程，都必须编制相应的爆破作业说明书以指导现场爆破作业。

爆破说明书是采掘工作面作业规程中指导爆破作业的唯一技术文件，是为实现采区掘进工作面正常循环的技术保证，是爆破作业贯彻《规程》的具体措施，是巷道掘进爆破工作进行正常爆破作业的技术指导。

爆破说明书编制的内容包括炮孔数目确定、炮眼布置、孔深、单孔装药量、总装药量、雷管段别、起爆顺序、连线方式、炮眼利用率以及巷道基本参数等。爆破参数表及预期爆破效果表是体现上述内容的载体和指导工人进行施工的标准。

第三百四十九条　不得使用过期或者变质的爆炸物品。不能使用的爆炸物品必须交回爆炸物品库。

【释义】　本条是关于过期或者变质的爆炸物品不得使用且必须交库的规定。

(1) 过期或严重变质的爆炸物品，在雷管引爆之后，炸药的爆炸反应不完全或者会失去爆炸性，其结果是炸药的氧化还原反应不彻底，可能出现中间产物CO，影响工人的身体健康。高温状态的CO与空气中的氧气相遇，可能发生二次反应，生成CO_2，产生明火。如果工作面有瓦斯存在，且瓦斯浓度恰好在爆炸浓度范围之内，则会形成爆炸事故。

(2) 爆炸物品过期或变质不能满足工作面爆炸要求，达不到理想爆破效果，但其作为爆炸物品还可能具有爆炸性，如果乱丢弃则可能由于其他原因引起爆炸造成事故，所以必须交回爆炸物品库，按照国家对不合格爆炸物品的销毁规定、程序和方法统一销毁。

【执行中应注意的问题】

(1) 我国煤矿许用炸药主要有煤矿许用乳化炸药、煤矿许用粉状乳化炸药、煤矿许用水胶炸药以及煤矿许用膨化硝铵炸药等4个品种，质量保证期分别是6个月和4个月，使用超过质量保证期的产品有可能导致爆燃、拒爆以及半爆、炮烟中毒等意外情况发生。由于贮存环境以及生产质量等因素，炸药有可能出现破乳、结块硬化等变质情况，也极有可能导致意外情况发生。因此，在煤矿接收爆炸物品时，应首先对煤矿爆炸物品进行检查，发现过期或者变质的爆炸物品，应严禁入库。在使用过程中，若操作人员发现炸药破损、变质或者超过质量保证期，应严禁使用，同时将不合格的爆炸物品交回爆炸物品库。

(2) 由于煤矿许用毫秒电雷管结构和工艺的制约，随着贮存时间的延续而产生的延期精度降低的现象在工程中称为电雷管的延期时间漂移。据对20个煤矿许用毫秒延期电雷管样品进行的贮存期内延期时间考察试验表明，随着贮存时间的延长，延期时间漂移严重。存储3个月以后，2～5段4个段别的延期时间分别漂移了8%～18%不等，且随段别增加漂移逐渐加大；存储6个月后其延期情况和存储3个月时大致相当，但存储9个月后与刚出厂相比，每段延期时间漂移都在30%以上，有个别段延期时间出现串段现象，5段有个别漂移达50%以上。

(3) 按照《工业电雷管》(GB 8031)的规定，电雷管的保质期为18个月，但实际上，我国几乎没有能够保证有效期内延期时间合格的雷管产品。贮存9个月毫秒延期电雷管大面积出现秒量漂移以及部分出现串段以及总延期时间超过130 ms现象，不但影响爆破效率，同时也带来安全隐患。因此，从提高爆破质量和施工安全角度考虑，建议煤矿应使用贮存时间不超过9个月的煤矿许用毫秒雷管。

第三百五十条　井下爆破作业，必须使用煤矿许用炸药和煤矿许用电雷管。一次爆破

必须使用同一厂家、同一品种的煤矿许用炸药和电雷管。煤矿许用炸药的选用必须遵守下列规定:

(一) 低瓦斯矿井的岩石掘进工作面,使用安全等级不低于一级的煤矿许用炸药。

(二) 低瓦斯矿井的煤层采掘工作面、半煤岩掘进工作面,使用安全等级不低于二级的煤矿许用炸药。

(三) 高瓦斯矿井,使用安全等级不低于三级的煤矿许用炸药。

(四) 突出矿井,使用安全等级不低于三级的煤矿许用含水炸药。

在采掘工作面,必须使用煤矿许用瞬发电雷管、煤矿许用毫秒延期电雷管或者煤矿许用数码电雷管。使用煤矿许用毫秒延期电雷管时,最后一段的延期时间不得超过 130 ms。使用煤矿许用数码电雷管时,一次起爆总时间差不得超过 130 ms,并应当与专用起爆器配套使用。

【执行说明】 煤矿许用数码电雷管的连接、使用以及在连接使用过程中应采取的安全预防措施必须严格执行电子雷管生产厂家的使用说明书。煤矿许用数码电雷管延期段别一般不应超过 7 段。煤矿井下应当使用预设置型煤矿许用数码电雷管。爆破网路连接接头应悬空,确保与地面或其他导体绝缘。

【释义】 本条是关于井下爆破作业使用爆炸物品的规定。

(1) 井下爆破作业必须使用煤矿许用炸药和煤矿许用电雷管。由于不同煤矿地质赋存条件不同,矿井瓦斯状况各异,因此应当按矿井瓦斯等级选用相适应的煤矿许用炸药。严禁将用于低瓦斯矿井的炸药用于高瓦斯矿井中。

(2) 不同品种的炸药,其组分也截然不同,爆炸性能和安全等级也不同,做功能力也不相同,相应的其应用范围和使用条件也不相同。在同一工作面使用不同品种炸药,不仅达不到良好的爆破效果,而且可能带来施工作业隐患。对于不同厂家生产的电雷管或同一厂家生产的不同品种的电雷管,因其电雷管引火药头与桥丝的材质不同,雷管全电阻值就有很大差异,比如镍铬桥丝电雷管和康铜桥丝电雷管的阻值就相差很大。若将不同品种电雷管掺混使用,在相同电流值的作用下,个别敏感电雷管容易出现早爆现象,造成爆破网路切断,钝感电雷管由于不能获得足够的电能尚没有被点燃,工作面就容易出现拒爆。所以,一次起爆必须使用同一厂家、同一品种的煤矿许用炸药和电雷管。

(3) 在采掘工作面,必须使用煤矿许用瞬发电雷管、煤矿许用毫秒延期电雷管或煤矿许用数码电雷管。这是因为煤矿许用电雷管的传爆药中加入 1%~6%的消焰降温剂,降低其爆热和消焰。煤矿许用毫秒电雷管采用铜或附铜铁壳并增加外壳的厚度,延期药装入能密封燃烧的铅管中。煤矿许用毫秒延期电雷管最后一段的延期时间不超过 130 ms,煤矿许用数码电雷管一次起爆总时间差在 130 ms 以内,煤矿许用瞬发电雷管通电后 130 ms 内就起爆,没等瓦斯浓度达到爆炸下限就已起爆完毕,其瓦斯安全性能好,不会引爆瓦斯。煤矿许用数码电雷管是将许用瞬发电雷管与微电子芯片控制线路相结合,取代了传统电雷管中的延期药与电点火元件,大大提高了延时精度,而且控制了通往引火头的电源,从而最大限度地减少了因引火头能量需求所引起的误差。

第三百五十一条 在有瓦斯或者煤尘爆炸危险的采掘工作面,应当采用毫秒爆破。在掘进工作面应当全断面一次起爆,不能全断面一次起爆的,必须采取安全措施。在采煤工作面可分组装药，但一组装药必须一次起爆。

严禁在1个采煤工作面使用2台发爆器同时进行爆破。

【释义】 本条是关于采掘工作面起爆方式和爆破方式的规定。

(1) 采掘工作面的起爆方式按爆破次数，有分次起爆和毫秒延期全断面一次起爆两种。分次起爆的优点是每次装药起爆的炮孔同时起爆，能防止瓦斯煤尘爆炸，但需要分次操作完成，每次起爆后，都需要通风、支护，辅助作业时间长。毫秒爆破只需要一次装药一次起爆，只要总的延期时间差小于130 ms，符合《规程》规定，就可防止瓦斯煤尘爆炸，实现全断面一次爆破。毫秒爆破还可产生辅助自由面，使爆炸应力波互相干扰，利用剩余应力的相互作用和震动波削弱等方式改善爆破效果。因此，毫秒爆破在有或无瓦斯煤尘爆炸危险的采掘工作面都可以采用。

(2) 掘进工作面全断面一次起爆是指在巷道掘进整个断面炮孔一次全部装药，一次通电起爆。其优点如下：

① 炮孔利用毫秒雷管顺序起爆，总延期时间控制在130 ms以内，即可避免因分次起爆引起瓦斯或煤尘爆炸的危险。

② 可以避免分次起爆造成的相邻炮孔内炸药被挤压、电雷管的脚线或桥丝被崩断损害等，避免发生拒爆。

③ 减少分次起爆连线工作时间、通风时间和其他辅助工作时间，提高劳动效率，提高掘进速度。

掘进工作面可采用分次起爆，尤其采用光面爆破作业时，通常会预留光爆层进行二次爆破。若分次起爆时，须采取以下安全措施：

① 严格按照爆破图表进行施工作业。

② 爆破前应当加强顶帮和支架管理，坚持敲帮问顶。

③ 必须有足够的通风时间，当炮烟完全吹散后方可进入爆破地点，检查每次爆破后有无拒爆。

④ 全部炮眼爆破完毕才能撤回警戒人员，进行下一工序工作。

(3) 如果在采煤工作面采用分组装药，每组装药必须一次起爆。这是因为煤体一次装药，分组起爆会出现先爆破药包对后起爆药包炮孔造成破坏，出现药包裸露、炮孔裂缝等现象，造成不安全因素。采煤工作面爆破，应合理安排循环组织，严格做到分次装药，一组装药必须一次起爆。如果在采煤工作面一组装药一次起爆确有困难时，可以打一次眼，间隔分组一次装药，分组起爆，但分组装药的距离不得小于2 m。采用分组装药分次爆破应当注意保护后续起爆炮孔。

(4) 一个工作面分段同时爆破，会造成工作面风流中产生大量悬浮煤尘云和瓦斯超限，而在紧接第二次爆破时，爆破产生的空气冲击波和炽热固体颗粒极易引发瓦斯或煤尘爆炸，以及发生爆破熏人事故。同时，采用分段同时爆破易把相邻炮眼的炸药压死，或崩断雷管脚线造成拒爆，也容易产生炮震裂缝影响爆破安全和效果。所以严禁在1个采煤工作面使用2台发爆器同时进行爆破。

第三百五十二条　在高瓦斯矿井采掘工作面采用毫秒爆破时，若采用反向起爆，必须制定安全技术措施。

【执行说明】 在高瓦斯矿井采掘工作面毫秒爆破采用反向起爆时,必须遵守以下规定:

(一)必须采用与矿井瓦斯等级相适应、产品合格的煤矿许用炸药,煤矿许用毫秒延期电雷管和煤矿许用数码电子雷管的总延期时间不得超过 130 ms。

(二)煤矿许用毫秒雷管在出库前必须进行导通检查。

(三)炮眼封泥严格执行《规程》第三百五十九条的规定。

(四)炮眼布置方式、炮眼深度、装药量、起爆顺序必须严格执行爆破说明书的规定。

(五)爆破前,爆破工必须使用取得安全标志的专用仪表对电爆网路进行全电阻检查。

【释义】 本条是关于高瓦斯矿井采掘工作面采用毫秒反向起爆时必须制定安全技术措施的规定。

在高瓦斯矿井的采掘工作面采用毫秒爆破时,一般实行正向起爆。因为正向起爆的起爆药包位于柱状装药的外端,靠近炮眼口,雷管底部朝向炮眼底,飞散的炸药颗粒和爆轰波是向炮眼内部的,不易引爆瓦斯。反向起爆时,炸药的爆轰波和固体颗粒的传递与飞散方向是朝眼口方向,若存在炸药反应不完全或最小抵抗线不当的情况下,很容易造成炸药在工作面形成明火引爆瓦斯。若采用反向起爆必须制定安全措施。

第三百五十三条 在高瓦斯、突出矿井的采掘工作面实体煤中,为增加煤体裂隙、松动煤体而进行的 10 m 以上的深孔预裂控制爆破,可以使用二级煤矿许用炸药,并制定安全措施。

【执行说明】 为防止产生爆燃,必须选用含水型的煤矿许用炸药,严格限制单孔装药量。煤矿许用毫秒雷管在出库前,必须事先进行导通检查。炮眼布置方式、炮眼深度、装药量、起爆顺序,必须严格执行爆破说明书的规定。由于炮孔内有煤渣,同时又受地应力的影响,在炮孔钻杆拔出时,用探孔管对炮孔进行探孔,并记录炮孔的深度后,确定装药的数量与长度。为了保证细长药卷间隔装药或连续装药起爆的可靠性,必须在炮孔内沿孔全长敷设煤矿许用导爆索。炮眼封泥长度执行《规程》第三百五十九条的规定。爆破严格执行“一炮三检制”和“三人连锁爆破制”。爆破前,爆破工必须做电爆网路全电阻检查。为了防止延时突出,爆破后至少等 20 min,方可进入工作面。必须有撤人、停电、警戒、远距离爆破、反向风门等安全防护措施。突出矿井采掘工作面在预裂爆破后,停止作业 4~8 h。撤人和爆破距离根据突出危险程度确定,一般不小于 200m,撤出人员应处于新鲜风流中。

【释义】 本条是关于在高瓦斯和突出矿井的采掘工作面实体煤中进行预裂控制爆破的规定。

预裂爆破是巷道周边眼先于其他炮眼爆破,形成连通裂缝的爆破技术,使其他炮眼爆破时围岩受到的破坏和震动大为减少,得到平整的轮廓面。控制爆破就是对煤(岩)的破坏方向、范围、程度和爆破有害效应进行严格控制的爆破技术。这两种爆破技术的结合,就是预裂控制爆破。

在高突矿井的采掘工作面的实体煤中,进行 10 m 以上深孔预裂控制爆破,其目的是增加煤体裂隙、松动煤体。实体煤中的预裂控制爆破,必须注意装药结构形式、装药量的控制、炮孔间距选取和爆破范围内围岩的稳定性等,为此必须针对所实施的预裂控制松动爆破制定详尽的安全措施。

【执行中应注意的问题】

本条中所述的安全技术措施应包括以下内容:

(1) 严格执行"一炮三检制"。

(2) 必须全断面一次爆破,在采煤工作面可采用分组装药,但一组装药必须一次起爆,而且每次爆破前,必须检查瓦斯浓度,当瓦斯浓度小于1%时,才能进行第二次装药爆破。风流中瓦斯浓度达到1%时,立即停止爆破。

(3) 必须使用安全等级不低于三级的煤矿许用炸药以及煤矿许用毫秒雷管,最末一段延期时间不得超过130 ms。

(4) 毫秒雷管不准跳段使用,相邻两段的间隔时间不得大于50 ms。

(5) 炮眼封泥必须按《规程》第三百五十九条的规定执行。

(6) 炮眼布置方式、炮眼深度、装药量、起爆顺序,必须严格按爆破说明书进行施工。

(7) 煤矿许用毫秒电雷管在出库前,必须事先进行导通试验,并逐个测定电阻,排除断路、短路、电阻特大或特小的电雷管,使同一网路的电雷管电阻差不得超过0.25~0.3 Ω。

(8) 爆破前,爆破工必须做电爆网路全电阻检查。

第三百五十四条　爆破工必须把炸药、电雷管分开存放在专用的爆炸物品箱内,并加锁,严禁乱扔、乱放。爆炸物品箱必须放在顶板完好、支护完整,避开有机械、电气设备的地点。爆破时必须把爆炸物品箱放置在警戒线以外的安全地点。

【释义】　本条是关于爆破工管理与使用爆破物品箱的规定。

由于在工作面现场工序多、施工人员多,现场情况复杂,相对混乱,从安全角度出发,爆破工必须把炸药、电雷管分开存放在专用的爆炸物品箱内,并加锁;严禁乱扔、乱放,以避免丢失。如果把雷管和炸药存放在一起,或把药箱放在顶板、支架不完好的地点,或没避开有机械、电气设备的地点,如果出现矸石掉落或存放地点有漏电和杂散电流等情况,可能会造成雷管误触发爆炸,造成事故。所以,爆炸物品箱必须放在顶板完好、支护完整,避开有机械、电气设备的地点。

正常爆破时,在炸药起爆后会在巷道内形成空气冲击波和抛出大量飞石,工作面爆破时必须把爆炸物品箱放到警戒线以外的安全地点,以防未使用完毕的爆炸物品被飞石等击中,雷管等敏感爆破器材因受到冲击而发生爆炸。工作面刚起爆后,有大量瓦斯气体涌出,弥漫在巷道内,可能会出现暂时性的瓦斯超限现象,若爆炸物品箱发生爆炸,则可能引发瓦斯爆炸,造成事故。

第三百五十五条　从成束的电雷管中抽取单个电雷管时,不得手拉脚线硬拽管体,也不得手拉管体硬拽脚线,应当将成束的电雷管顺好,拉住前端脚线将电雷管抽出。抽出单个电雷管后,必须将其脚线扭结成短路。

【释义】　本条是关于从成束的电雷管中抽取单个电雷管的操作的规定。

如果抓住雷管管体硬拽脚线,或是手拉脚线硬拽管体,都容易造成雷管封口塞松动,两根脚线错动,致使桥丝崩断或脱落,造成拒爆。瞬发电雷管的桥丝是插入雷管的起爆药柱内的,而延期雷管的桥丝周围有一个引火药头,它们都是摩擦感度很高的炸药,一旦拉动引火元件,容易造成这些敏感药剂与管壁的强烈摩擦而着火,导致雷管爆炸。所以,从成束的电雷管中抽取单个电雷管时,不得手拉脚线硬拽管体,也不得手拉管体硬拽脚线,应将成束的电雷管顺好,拉住前端脚线将电雷管抽出。抽出单个雷管后,必须将其脚线扭结成短路,防止脚线接触导电体而引爆。

第三百五十六条 装配起爆药卷时,必须遵守下列规定:

(一)必须在顶板完好、支护完整,避开电气设备和导电体的爆破工作地点附近进行。严禁坐在爆炸物品箱上装配起爆药卷。装配起爆药卷数量,以当时爆破作业需要的数量为限。

(二)装配起爆药卷必须防止电雷管受震动、冲击,折断电雷管脚线和损坏脚线绝缘层。

(三)电雷管必须由药卷的顶部装入,严禁用电雷管代替竹、木棍扎眼。电雷管必须全部插入药卷内。严禁将电雷管斜插在药卷的中部或者捆在药卷上。

(四)电雷管插入药卷后,必须用脚线将药卷缠住,并将电雷管脚线扭结成短路。

【释义】 本条是关于装配起爆药卷的工作环境与操作的规定。

(1)电雷管中的桥丝或引火头都是摩擦感度很高的药剂,一旦受外力震动,撞击引火元件,容易造成这些敏感的药剂与电雷管体内壁强烈摩擦而着火,导致电雷管意外爆炸。装配药卷的工作环境地点必须选择在顶板完好、支护完整的地方,以防止局部冒顶或片石滑落撞击起爆药卷;避开电气设备和导电体的目的是预防电气设备失爆、发生漏电以及其他杂散电流误触发起爆药卷的电雷管,发生意外早爆事故。

(2)起爆药卷装配过程必须轻拿轻放,注意保护雷管管体,必须防止电雷管受震动、冲击,折断脚线和损坏脚线绝缘层。

(3)电雷管装配引药时,必须从药卷的平头端装入,不准从炸药聚能穴一端装入。这样可以保证炸药能利用聚能穴顺利传递炸药爆轰波能量,实现全炮孔炸药准爆,避免出现爆燃或拒爆。雷管装入炸药应首先用一个直径稍大于雷管直径的竹、木棍在药卷平头端扎一个圆孔,然后把雷管全部装入药卷内,并用脚线绑扎牢固。严禁将电雷管直接硬插入药卷内,或者斜插入药卷内,因为操作不当容易造成雷管封口塞松动、两根脚线错动,致使桥丝或引火药头脱落,造成雷管拒爆,有时一旦因挤压、摩擦、震动雷管内的引火原件,还容易造成这些敏感度高的药剂与管体内壁强烈摩擦而着火,导致雷管爆炸。

(4)电雷管插入药卷后,必须用脚线将药卷缠绕绑牢,以防止在装药过程中雷管从药卷中松脱出来。电雷管脚线在连线之前,必须扭结短路,并不得与潮湿煤(岩)壁或其他金属导电体接触,以防漏电或杂散电流意外引爆电雷管。

第三百五十七条 装药前,必须首先清除炮眼内的煤粉或者岩粉,再用木质或者竹质炮棍将药卷轻轻推入,不得冲撞或者捣实。炮眼内的各药卷必须彼此密接。

有水的炮眼,应当使用抗水型炸药。

装药后,必须把电雷管脚线悬空,严禁电雷管脚线、爆破母线与机械电气设备等导电体相接触。

【释义】 本条是关于装药过程操作的规定。

爆破工在工作面按照爆破说明书完成布孔、钻孔等工序后,开始装药环节。爆破工应根据工作面炮孔数目,按照起爆顺序需要的不同段别的雷管,以及加工好的起爆药卷,将本次爆破所需的起爆药卷和炸药按照数量运至工作面,开始装药工作。

(1) 炮眼内存有煤岩粉,容易发生瓦斯、煤尘爆炸事故或产生拒爆、爆燃等爆破事故,因为:

① 炮眼内有煤岩粉,使装入炮眼内的药卷不能紧靠在一起,或者药卷装不到底。在药卷之间、药卷和眼底之间,存有一段煤岩粉,影响炸药能量的传递,以致产生残爆、拒爆,或爆燃或留下残眼。

② 煤粉是可燃物,极易被爆炸火焰引燃,喷出孔外,有点燃瓦斯、煤尘的危险。

③ 若煤粉参与炸药的爆炸反应,就会改变原有爆炸的氧平衡,成为负氧平衡,使爆生气体的一氧化碳量增高,影响人体健康。

④ 炮眼中存在煤岩粉时,会导致药卷之间不能紧密接触并保持一个方向,会使爆速和传爆能力降低,可能产生爆燃或拒爆。

因此,装药前,必须首先清除炮眼内的煤粉或者岩粉。

(2) 装药时,应用木质或者竹质炮棍将药卷轻轻推入,不得冲撞或者捣实,主要是因为:

① 如果用炮棍捣实药卷,炸药的密度就会大于最佳密度,会使炸药的敏感度降低,造成爆炸反应不完全,可能出现爆炸中断或拒爆。

② 用炮棍捣实药卷,会使药卷膨胀,如果把药卷防潮外衣捣破,当眼内有水时,炸药受潮影响爆破效果。

③ 用炮棍捣实药卷,有可能捣破电雷管的脚线包皮或捣断脚线,尤其危险的是当采用正向装药时,起爆雷管是在炮孔口处的一卷炸药内,用力捣药卷就会捣响电雷管。

(3) 由于装药时,药卷彼此之间密接并将引药和炸药的聚能穴都一致指向传爆方向,可以增强传爆能力,确保传爆稳定,改善爆破安全状况,并提高爆破效果。试验证明,药卷之间密接至 4 mm 空隙时爆破效果最好。

(4) 煤矿井下使用硝酸铵类炸药比较多,吸水和吸潮的硝酸铵类炸药,极易产生拒爆、残爆或爆燃。虽然常将非抗水性炸药套上防水套,或将一定数量药卷串穿在防水的油纸筒或塑料防水套里,但装药时,易将防水套划坏,或装药、爆破间隔时间稍长,水入防水套内,起不到防水作用。同时,防水套在炮眼内参与爆炸反应,改变了炸药的氧平衡,增加爆生气体中 CO 的含量。因此,有水的炮眼,应使用抗水型炸药。抗水型炸药有浆状炸药、水胶炸药和乳化炸药,这些炸药本身就含水,呈凝胶状,抗水性能强,一般在水中浸泡 24 h 不影响爆破性能,使用很方便。

(5) 由于井下电机车牵引,网路引起的杂散电流和动力运输、电气照明设备、采掘机械等漏电造成的杂散电流,都可以通过沿井巷的导体,如管路和轨道形成电路。杂散电流与潮湿的煤、岩壁接触,可使煤、岩壁导电。漏电电源之一相与另一漏电电源之一相,经爆破母线或脚线与之接触,就能发生意外爆炸事故,造成人员伤亡。所以,装药后,必须把电雷管脚线悬空,严禁电雷管脚线、爆破母线与机械电气设备等导电体相接触。

【执行中应注意的问题】

(1) 压风管洒水管等管路和电缆一般不应不与爆破母线同侧铺设,必须同侧铺设时,要保持至少 0.3 m 的悬挂距离。

(2) 杂散电流对爆炸物品的贮存、运输和使用都具有很大的危害,爆破作业场所应定期检查杂散电流,采取措施把杂散电流控制在 50 mA 以内。控制杂散电流产生和危害的措施主要有:降低电机车杂散电流产生;加强机电设备和电缆的检查和维修,保持其完好不漏电;

将可能产生静电的设备、器材等进行接地;洒水除尘,增加空气湿度,减少静电产生等。

(3) 装药前应检测爆区的杂散电流,检测时应采用矿用杂散电流检测仪。当杂散电流超过 30 mA 时,应采取措施降低杂散电流,或采用抗杂散电流的电雷管,或采用抗杂散电流的电爆网路,或改为非电起爆。

第三百五十八条 炮眼封泥必须使用水炮泥,水炮泥外剩余的炮眼部分应当用黏土炮泥或者用不燃性、可塑性松散材料制成的炮泥封实。严禁用煤粉、块状材料或者其他可燃性材料作炮眼封泥。

无封泥、封泥不足或者不实的炮眼,严禁爆破。

严禁裸露爆破。

【释义】 本条是关于炮泥成分、质量、材质和装填炮泥的规定。

(1) 水炮泥是水注入筒状聚乙烯塑料袋并封口而制成的一种炮眼充填材料,有下列优点:

① 炸药爆炸后,水炮泥中的水由于爆炸气体的冲击作用形成一层水幕,起到了消焰、降低爆生气体温度的作用,减少了引爆瓦斯、煤尘的危险。

② 水炮泥爆裂后形成水幕,可以吸收爆炸烟尘,减少工作面灰尘。

③ 水炮泥爆裂后形成水幕,可以阻止爆炸产物的固体颗粒飞出,提高安全性。

④ 水炮泥爆裂后形成水幕,可以吸收有害气体,减少工作面炮烟的有害成分。

由于水炮泥具有上述诸多优点,炮眼封泥必须使用水炮泥。

(2) 黏土炮泥的作用是保证炸药充分反应完全,使之放出最大热量和减少有毒气体生成量;降低爆炸气体逸出自由面的温度和压力;使炮眼内保持较高的爆轰压力和较长的作用时间,利于岩石或煤体破碎,同时阻止灼热的固体颗粒从炮眼中飞出。不燃性、可塑性松散材料如添加膨胀剂的水泥炮泥、水玻璃炮泥、阻燃性高分子炮泥等,目前煤矿采用最普遍的还是黏土炮泥,由黏土混合一定量细砂加工而成,成本低廉。

(3) 在无封泥、封泥不足或不实的情况下实施爆破作业时,炸药爆炸产生的高温高压爆生气体将从炮孔口直接冲出,其结果一是炸药反应不完全,炸药爆炸能量得不到充分利用,爆破效果不好;二是炸药爆炸产生的火焰和高温雷管碎屑将在工作面直接与井下瓦斯或煤尘接触,一旦瓦斯浓度适宜,将引起瓦斯、煤尘爆炸,酿成重大事故。因此,无封泥、封泥不足或不实的炮眼,严禁爆破。

(4) 裸露爆破是炸药能量利用最低的一种爆破方式,一般在地面大孤石爆破而又缺乏钻眼机具的情况下采用。若在井下使用,爆炸所产生的火焰将直接与井下空气相接触,而煤矿井下有游离瓦斯存在,当瓦斯浓度合适时,则会引发瓦斯、煤尘燃烧或爆炸,造成事故。井下采用裸露爆破,炸药爆炸冲击波还会引起巷道空气冲击波,一来使巷道煤尘飞扬,为煤尘爆炸事故带来隐患;二来还会崩倒或崩坏支架,造成冒顶,对支护安全不利,还可能造成工作面机电或机械设备损坏。因此,严禁裸露爆破。

【执行中应注意的问题】

(1) 现场加工炮泥时,应注意不要混入煤粉,避免影响炮泥的封孔效果。

(2) 不少矿井采用在现场手工制作炮泥,效率较低,且炮泥长短、粗细不一。可以采用矿用炮泥机在地面或井下加工炮泥,提高炮泥的加工质量和效率。

【案例】 2012 年 10 月 10 日，淮北市某矿掘进工作面发生一起瓦斯爆炸事故，造成 6 人死亡，直接经济损失 809 万元。工作面炮眼装药未使用水炮泥、封泥长度不足，爆破抵抗线不够，炸药爆炸产生的火焰引起瓦斯爆炸是事故的原因之一。

第三百五十九条　炮眼深度和炮眼的封泥长度应当符合下列要求：

（一）炮眼深度小于 0.6 m 时，不得装药、爆破；在特殊条件下，如挖底、刷帮、挑顶确需进行炮眼深度小于 0.6 m 的浅孔爆破时，必须制定安全措施并封满炮泥。

（二）炮眼深度为 0.6～1 m 时，封泥长度不得小于炮眼深度的 1/2。

（三）炮眼深度超过 1 m 时，封泥长度不得小于 0.5 m。

（四）炮眼深度超过 2.5 m 时，封泥长度不得小于 1 m。

（五）深孔爆破时，封泥长度不得小于孔深的 1/3。

（六）光面爆破时，周边光爆炮眼应当用炮泥封实，且封泥长度不得小于 0.3 m。

（七）工作面有 2 个及以上自由面时，在煤层中最小抵抗线不得小于 0.5 m，在岩层中最小抵抗线不得小于 0.3 m。浅孔装药爆破大块岩石时，最小抵抗线和封泥长度都不得小于 0.3 m。

【释义】 本条是关于不同炮眼深度的相应封泥长度的规定。

炮眼内的炸药爆炸时，炸药的爆炸能量沿最小抵抗线方向的自由面释放。最小抵抗线是从装药重心到自由面的最短距离。而本条的规定，一方面主要考虑避免由于堵塞长度不够，造成炸药尚未完全反应完毕，已经冲出炮孔，爆轰转为爆燃，在工作面产生明火，造成事故；另一方面是没有足够的堵塞，难以保证炸药反应完全，炸药能量得不到充分发挥，爆破效果不好，同时还容易产生大量有害气体。

在特殊条件下，如挖底、刷帮、挑顶确需浅眼爆破时，必须制定安全措施，炮眼深度可以小于 0.6 m，但炮泥必须装满。安全措施必须符合下列要求：① 每孔装药量不得超过 150 g；② 炮孔必须封满填实；③ 爆破前必须对爆破地点附近进行洒水降尘并检查瓦斯，瓦斯浓度超过 1%不准爆破；④ 对爆破作业地点的支护状况进行全面检查，确保安全；⑤ 爆破时，必须设好警戒，班长在现场指挥。

炮泥在炮孔内装药完成爆轰之后，受到爆生气体压力作用会向外运动，其在炮孔内向外运动的时间与炮泥堵塞质量以及堵塞长度密切相关。如果堵塞长度不够，在炸药完全爆轰完毕之前容易冲出炮孔，导致爆炸火焰也随之冲到工作面，发生危险；如果炮泥长度过长，则炮孔内炸药装药就不足，不会有良好的爆破效果。因此，为了既保证爆破安全，又取得良好的爆破效果，在保证堵塞质量的前提下，满足炸药能够有足够时间完成爆轰，对不同深度的炮眼规定了相应不同的炮泥堵塞长度。

光面爆破时，炮孔装药一般采用空气柱间隔装药结构或使用光面爆破专用小直径药卷的径向不耦合装药结构，即装药之间或药卷与炮孔壁之间存在一定的间隙，降低炸药爆炸产生爆炸冲击波对围岩的直接损伤。光面爆破周边眼通常是最后一段起爆，如果炮泥堵塞长度不够，同样会有爆炸火焰冲出炮孔，若此时瓦斯涌出达到一定浓度，有可能引燃或引爆瓦斯。因此规定光面爆破时，周边光爆炮眼应用炮泥封实，且封泥长度不得小于 0.3 m。

当工作面有 2 个及以上自由面时，就有 2 个及以上的抵抗线，要以其中最短的作为最小抵抗线。爆炸冲击波首先冲破抵抗线最小的自由面，爆生气体、管屑甚至火焰就会喷出自由面以外，从而引起瓦斯、煤尘爆炸。所以，必须认真执行本条中对最小抵抗线的规定。

在井下如果确实存在大块岩石需要浅眼装药爆破时，最小抵抗线和封泥长度都不得小于 0.3 m，即如果在井下进行二次破碎，不得采用裸露爆破，炮孔最小抵抗线和堵塞长度都不得小于 0.3 m。

【执行中应注意的问题】

深孔爆破时，封泥长度不得小于孔深的 1/3，在爆破设计时，封泥长度不能简单地按 1/3 倍的炮孔深度计算，还应考虑炮孔直径等综合确定。

第三百六十条 处理卡在溜煤(矸)眼中的煤、矸时，如果确无爆破以外的其他方法，可爆破处理，但必须遵守下列规定：

(一) 爆破前检查溜煤(矸)眼内堵塞部位的上部和下部空间的瓦斯浓度。

(二) 爆破前必须洒水。

(三) 使用用于溜煤(矸)眼的煤矿许用刚性被筒炸药，或者不低于该安全等级的煤矿许用炸药。

(四) 每次爆破只准使用 1 个煤矿许用电雷管，最大装药量不得超过 450 g。

【释义】 本条是关于爆破处理溜煤(矸)眼堵塞的规定。

煤或矸卡在溜煤(矸)眼中，影响正常生产。溜煤眼也称为井下煤仓，起缓冲采煤工作面与运输系统紧张接续问题。一般溜煤眼被卡后，其上、下部空间形成“盲巷”死角，极易积聚瓦斯，煤尘也多。采用爆破方法处理溜煤眼需谨慎。

爆破前必须检查堵塞部位的上、下部空间的瓦斯浓度是否达到起爆的要求，如果瓦斯浓度超限，则应先加强通风，待瓦斯浓度低于 1%时，方可进行爆破作业。为避免发生煤尘爆炸事故，爆破前必须洒水降尘。

被筒炸药属于煤矿许用炸药的一种。粉状惰性被筒成分一般以作为消焰剂的食盐为主，其食盐(消焰剂)含量可达到药芯重量的 50%。被筒炸药的作用原理为，在煤矿许用炸药爆炸后，食盐被筒会吸收高温高压爆生气体的温度，气化成“盐雾”，爆生气体产物会很快被食盐形成的“盐雾”所笼罩，进一步降低爆生气体的温度，从而提高溜煤眼的爆破安全性。

每次爆破只准使用 1 个煤矿许用电雷管，是因为如果同时使用 2 个电雷管，会出现起爆时差，容易导致瓦斯煤尘爆炸。

对于规定每次爆破的最大装药量不得超过 450 g，是因为装药量过大，产生的高温高压爆生气体也多，是引燃瓦斯煤尘的根源，而且亦会破坏溜煤眼围岩的稳定性，造成片帮或飞石伤人事故。

【案例】 2004 年 3 月 20 日，江西省某煤矿 132 水平采煤面由于溜煤眼堵塞，采用违章裸露爆破的方式处理，结果引起瓦斯爆炸事故，造成 7 人死亡，1 人受伤。

第三百六十一条 装药前和爆破前有下列情况之一的，严禁装药、爆破：

(一) 采掘工作面控顶距离不符合作业规程的规定，或者有支架损坏，或者伞檐超过规定。

(二) 爆破地点附近 20 m 以内风流中甲烷浓度达到或者超过 1.0%。

(三) 在爆破地点 20 m 以内，矿车、未清除的煤(矸)或者其他物体堵塞巷道断面 1/3

以上。

（四）炮眼内发现异状、温度骤高骤低、有显著瓦斯涌出、煤岩松散、透老空区等情况。

（五）采掘工作面风量不足。

【释义】 本条是关于装药前与爆破前，出现严禁装药、爆破情形的规定。

(1) 当采掘工作面的控顶距离不符合作业规程的规定，或者支架有损坏、伞檐超过规定，在进行装药、连线工作时，容易发生落石伤人事故，且爆破后也极易发生巷道冒顶、片帮事故。

(2) 瓦斯在新鲜空气条件下的爆炸浓度为5%～16%(按体积计算)。当采掘工作面风流中瓦斯浓度达到1%时，距瓦斯爆炸界线(5%)有5倍的安全系数。当浓度达到1.5%时，其安全系数就下降到只有3倍。由于矿井空气中实际上混入有氢(H_2)、硫化氢(H_2S)、一氧化碳(CO)等可燃气体及煤尘，实际矿井中的瓦斯混合气体的爆炸浓度下限会下移，增加了瓦斯爆炸的危险性。

引爆瓦斯火源的温度，一般为650～750 ℃。实验表明:当爆炸前温度为20 ℃时，瓦斯的爆炸界限为6%～13.4%，600 ℃时为3.35%～16.4%，所以高温会使原来未达到爆炸浓度的瓦斯发生爆炸，安全系数就更低了。

井下爆破产生的火焰，瞬间能达到2000 ℃以上高温，为瓦斯爆炸提供了高温热条件，瓦斯在未达到爆炸浓度时就可能发生爆炸。考虑上述各种不利因素，本条规定，井下爆破现场，爆破地点附近20 m以内风流中甲烷浓度达到或者超过1.0%，严禁装药、爆破。

(3) 当爆破地点20 m以内，有矿车、未清除的煤(矸)或其他物体堵塞巷道断面1/3以上时，工作面爆破产生的空气冲击波传播过程遇到障碍物会发生反射，空气冲击波波头压力骤然增加，其结果是不利于爆生有毒有害气体扩散，可能会导致爆破后涌出瓦斯的积聚，容易发生瓦斯爆炸事故。因此，爆破前必须事先清除这些杂物，否则严禁装药、爆破。

(4) 在钻孔过程中，若炮孔内发现异状，如炮眼内有水流涌出、煤壁发潮、挂水珠或工作面发冷等，可能是工作面附近存在老塘或老采空区积水，或者遇到特殊的与承压水等相连通的地质构造(如断层等)，是可能发生透水的征兆;炮孔内温度忽高忽低或向外冒热气、流热水等，则前方有可能遇到煤层自燃的火区;听到沉闷的响煤炮、炮孔内瓦斯涌出忽大忽小或地压突然增大等，则可能是在较大地应力的作用下发生煤与瓦斯突出的预兆。

(5) 采掘工作面风量不足时，除不能保证工作面有新鲜风流从而影响爆破作业人员身体健康外，还可能造成瓦斯积聚，且爆破后不能及时将爆生有毒有害气体排出。所以，风量不足时严禁装药、爆破。

【案例】 2013年10月29日，湖北省某煤矿发生因爆破导致的透水事故，造成5人死亡。事故原因:透水地点位于井下+139 m水平以西越界区域掘一平巷至北部掘一上山约100 m处。井下有3个采煤支道，在左西三支道采煤过程中，因爆破导致上部堰塘底部揭穿，堰塘蓄水灌入井下。

第三百六十二条 在有煤尘爆炸危险的煤层中，掘进工作面爆破前后，附近20 m的巷道内必须洒水降尘。

【释义】 本条是关于在有煤尘爆炸危险的掘进工作面爆破前必须洒水降尘的规定。

煤尘具有爆炸特性，浮游煤尘是煤尘爆炸的直接因素，而沉积煤尘是造成煤尘爆炸的最大隐患。煤尘爆炸的条件之一是有一定浓度的浮游煤尘,煤尘爆炸引燃温度为610～1050 ℃。

当发生工作面瓦斯爆炸或燃烧事故后,爆炸冲击波会将巷道内的沉积煤尘扬起,弥漫在矿井巷道内,而瓦斯爆炸的高温会直接导致煤尘的燃烧和爆炸,进而引发全矿井的报废、人员伤亡等灾害性事故。

空气中浮游煤尘爆炸的下限浓度为30～50 g/m^3,上限浓度为2000 g/m^3,爆炸力最强的浮游煤尘浓度为300～400 g/m^3。

为确保爆破安全,杜绝因爆破作业而引发的煤尘爆炸事故,规定必须在爆破前后爆破点附近20 m的范围内进行洒水降尘,一是为了降低空气中煤尘浓度;二是增加煤尘含水量,惰化煤尘活性、提高煤尘的引爆温度。

另外,从工业卫生角度出发,巷道内粉尘浓度大,也会严重危害作业人员的健康,容易导致工人患硅肺职业病。

第三百六十三条 爆破前,必须加强对机电设备、液压支架和电缆等的保护。

爆破前,班组长必须亲自布置专人将工作面所有人员撤离警戒区域,并在警戒线和可能进入爆破地点的所有通路上布置专人担任警戒工作。警戒人员必须在安全地点警戒。警戒线处应当设置警戒牌、栏杆或者拉绳。

【释义】 本条是关于实施爆破前机器设备保护及警戒工作的规定。

工作面爆破时,必然产生大量飞石和形成空气冲击波,高速飞行的飞石可能会撞击到工作面的机器、液压支架和电缆、电线、风筒等设备,造成机器设备等毁损,进而影响后续工序的正常工作。因此,必须在爆破前将其妥善防护或将其移出工作面。

煤矿井下经常有其他工种的流动工作人员(如瓦斯检查工、安全员、维修工等),随时都会因进入待爆破区域而出现意外伤亡事故,故本条规定,爆破前必须在所有通入爆炸地点的通道上设置警戒(如警戒牌、栏杆或拉绳)。

爆破警戒工作是爆破作业的一个容易忽略的重要环节,做好警戒工作是防止爆破伤人事故发生的一项重要措施,因此必须布置专人担任警戒工作,警戒人员必须在安全地点警戒。

【案例】 2005年8月8日零点班,某矿某班长带领工人安排机尾开帮26节,2:00开始从尾7节爆破,爆破警戒已经安排。2:15左右爆破至第3组时,有前一个班次的2名工人准备升井,遭到警戒人员阻拦。5 min后不见动静,准备升井的2名工人再次要求通过爆破工作区,此时警戒人员未加阻拦,2人向机尾方向走,行走间未发现爆破人员,行至12节时炮响,2人被崩伤。

事故原因:① 机头警戒人员未履行警戒职能,致他人进入爆破区;② 机尾警戒人员爆破前未向机头方向传话互通爆破令;③ 班长明知前方正在爆破未加阻拦,放行2人进入爆破区;④ 2人虽听他人告知,但警惕性不高,强行进入爆破区。

第三百六十四条 爆破母线和连接线必须符合下列要求:

(一)爆破母线符合标准。

(二)爆破母线和连接线、电雷管脚线和连接线、脚线和脚线之间的接头相互扭紧并悬空,不得与轨道、金属管、金属网、钢丝绳、刮板输送机等导电体相接触。

（三）巷道掘进时，爆破母线应当随用随挂。不得使用固定爆破母线，特殊情况下，在采取安全措施后，可不受此限。

（四）爆破母线与电缆应当分别挂在巷道的两侧。如果必须挂在同一侧，爆破母线必须挂在电缆的下方，并保持 0.3 m 以上的距离。

（五）只准采用绝缘母线单回路爆破，严禁用轨道、金属管、金属网、水或者大地等当作回路。

（六）爆破前，爆破母线必须扭结成短路。

【释义】　本条是关于爆破母线和连接线及其操作的规定。

煤矿井下爆破母线、连接线必须符合下列要求：

(1) 爆破母线的材质应采用铜芯绝缘线，严禁使用裸线和铝线。

(2) 爆破母线必须要有足够长度，保证爆破工的安全躲避距离。

(3) 爆破母线不应有过多接头，接头要刮净锈垢扭结牢固，并用绝缘胶布包紧，防止短路。接头有锈垢，会增加电阻；接头处不用绝缘胶布包紧，容易发生漏电，可能导致电流不足，出现拒爆等现象。

(4) 爆破母线外皮应当完好无损，若有破损处，应立即包扎处理。

(5) 杜绝采用材质、规格不同的两根导线作为爆破母线。

(6) 严禁用四芯、多芯或多根导线作爆破母线。

【案例】　2001 年 8 月 20 日，某煤矿发生特大煤尘爆炸事故，造成 11 人死亡，直接经济损失 57 万元。事故原因：在 1411 工作面有多根母线(6 根)连接在起爆器上，属于多母线爆破的严重违章。

(7) 巷道掘进时，爆破母线应当随用随挂。若发现有接头不好、外皮破损、接触导电体及煤(岩)壁等问题时，应及时妥善处理。

(8) 在特殊条件下，如在 45°上下山，因来回布线行走艰难，可使用固定母线，但应采取安全措施，并随时进行检查。

(9) 爆破母线与电缆应当分别挂在巷道的两侧。如果必须挂在同一侧时，爆破母线必须挂在电缆的下方，并应保持 0.3 m 以上的悬挂距离。保持 0.3 m 以上的悬挂距离是避免因漏电产生放电现象而影响爆破安全。

(10) 只准采用绝缘母线单回路爆破，严禁用轨道、金属管、金属网、水或大地等当作回路。因为轨道、水沟或其他导电物体，易受外界影响形成杂散电流，且其电阻值无法准确测定，给爆破网路起爆带来隐患，容易发生拒爆。严重者会产生火花，形成明火，引起瓦斯煤尘爆炸。

(11) 爆破前，爆破母线必须扭结成短路，避免爆破母线与其他导电体接触，或起爆器有残余电流，造成工作面意外爆炸事故。

第三百六十五条　井下爆破必须使用发爆器。开凿或者延深通达地面的井筒时，无瓦斯的井底工作面中可使用其他电源起爆，但电压不得超过 380 V，并必须有电力起爆接线盒。

发爆器或者电力起爆接线盒必须采用矿用防爆型（矿用增安型除外）。

发爆器必须统一管理、发放。必须定期校验发爆器的各项性能参数，并进行防爆性能检查,不符合要求的严禁使用。

【释义】 本条是关于井下爆破使用发爆器、动力电源起爆和发爆器管理的规定。

(1) 井下爆破必须使用矿用防爆型发爆器。目前大多采用防爆型电容式发爆器,这种发爆器体积小、重量轻、外壳防爆,输出电能的时间自动控制在 6 ms 之内,通常在相对湿度 98%的环境中也可正常使用,防潮性能好。

(2) 因为立井开凿时工作面环境恶劣,上下连线、检查复杂,而且一次爆破的电雷管较多,故允许有个别炮孔遗漏或拒爆;通常采用并联网路,因此可采用其他电源起爆,但电压不得超过 380 V。用动力电源时,必须在地面安全地点设置电力起爆接线盒,也就是在动力电源与爆破网路之间设置可控的中间开关。电力起爆接线盒可避免直接用动力电源起爆,防止其他人员误操作提前起爆。起爆时,爆破工先接通动力电源,再接通爆破电源,最后开锁、接通、起爆。

井下爆破严禁用动力电缆、照明线、信号线、电机车架线或明闸等直接与爆破母线“搭火”明电起爆,否则会导致重大事故发生。

(3) 发爆器由于受井下使用条件和环境所限,加之使用、保管和维护不当,会使其发爆能力不足或失去发爆能力或失去防爆能力,因而影响爆破效果和爆破安全,严重时将引发重大事故。因此,本条规定,发爆器必须统一管理、发放。必须定期校验发爆器的各项性能参数,并进行防爆性能检查,不符合规定的严禁使用。

第三百六十六条 每次爆破作业前,爆破工必须做电爆网路全电阻检测。严禁采用发爆器打火放电的方法检测电爆网路。

【释义】 本条是关于电爆网路进行检查的规定。

每次爆破作业前,爆破工必须做电爆网路全电阻检查,其目的一是检查是否导通,二是判断网路雷管能否全部起爆。经检查如果不导通或者网路全电阻超过规定值,则不能正式起爆,必须对爆破网路进行检查,发现雷管脚线间短路和脚线接头接地短路,或网路连接不合理,或有错连、漏连等问题,及时处理。处理后,再进行一次全电阻检查,合格后方可通电起爆,这是不可缺少的程序。

电桥仪和导通表通常用于检查电爆网路的全电阻,工作电流远小于电雷管的最大安全电流,均可确保电雷管导通测量时绝对安全。

用发爆器打火通电检测电爆网路是否导通时,发爆器打火通电后,会产生电火花,可能会引发瓦斯、煤尘爆炸,也可能会因打火通电时瞬间导通形成的电流引发已连线炮眼造成意外早爆,发生事故,故严禁用发爆器打火的方式检测电爆网路是否导通。

第三百六十七条 爆破工必须最后离开爆破地点,并在安全地点起爆。撤人、警戒等措施及起爆地点到爆破地点的距离必须在作业规程中具体规定。

起爆地点到爆破地点的距离应当符合下列要求:

(一) 岩巷直线巷道大于 130 m,拐弯巷道大于 100 m。

(二) 煤(半煤岩)巷直线巷道大于 100 m,拐弯巷道大于 75 m。

(三) 采煤工作面大于 75 m,且位于工作面进风巷内。

【释义】 本条是关于爆破工职责和起爆地点到爆破地点的距离的规定。

爆破工是实施装药、连线和负责起爆工作的规定责任人。爆破工在完成装药、连线工作之后，确认爆破地点没有其他无关人员在场时，最后离开爆破工作面，撤离到安全地点进行起爆，防止爆破崩人事故的发生。安全地点是指作业规程规定的在爆炸冲击波影响范围和爆破飞石范围以外，且能避免爆后炮烟有毒气体流经的位置。

视频

撤人、警戒等措施及起爆地点到爆破地点的距离，必须在作业规程中具体规定，这个距离应综合考虑使用的炸药威力、起爆装药量以及爆破地点的外部环境，如有无拐弯巷道或掩护物等情况后确定。爆破对人员的伤害主要是由冲击波引起的，增加冲击波通道面积能降低冲击波的强度，因此，对于起爆地点到爆破地点的距离，采煤工作面的小于巷道的。

本次修订，吸取2017年“9·13”黑龙江裕晨煤矿瓦斯爆炸事故、2014年“4·7”云南下海子煤矿重大突水事故以及2014年“11·26”阜新矿业集团煤尘爆炸事故等的事故教训，进一步细化了起爆地点到爆破地点的距离的规定。

【执行中应注意的问题】

为降低冲击波的影响，实际爆破时可以采取如下措施：

(1) 采用毫秒微差爆破技术。

(2) 严格确定爆破设计参数，控制最小抵抗线的方向，保证合理的炮孔堵塞长度和堵塞质量。

(3) 严禁裸露爆破。

第三百六十八条　*发爆器的把手、钥匙或者电力起爆接线盒的钥匙，必须由爆破工随身携带，严禁转交他人。只有在爆破通电时，方可将把手或者钥匙插入发爆器或者电力起爆接线盒内。爆破后，必须立即将把手或者钥匙拔出，摘掉母线并扭结成短路。*

【释义】　本条是关于发爆器的把手、钥匙保管使用的规定。

发爆器的把手、钥匙或电力起爆接线盒的钥匙，必须由爆破工随身携带，专管专用，严禁转交他人。这不仅是因为爆破工会操作、识性能，更重要的是，发爆器的把手、钥匙是启动发爆器的“按钮”，至关重要，是保证爆破工作安全的关键。若爆破工将钥匙、把手随意放置或丢失落入他人之手，或交于他人保管，不仅是爆破工失职，还可能发生随意擅自爆破造成爆破工作混乱，甚至造成意外爆破事故的发生。

使用发爆器爆破时，必须按下列程序和要求操作：

(1) 爆破母线与发爆器连接前，应先检查氖气灯泡在规定时间内是否发亮，如在规定时间内发亮，证明发爆能力正常。

(2) 爆破工收到瓦斯检查工交来的爆破牌后，表明人员已全部撤离，警戒已设好，巷道瓦斯不超限。班组长发出起爆命令后，爆破工随即发出规定的爆破信号，解开母线扭结接头并将接头连接到发爆器的接线柱上，并把开关钥匙插入起爆器内。

(3) 将开关钥匙按逆时针方向转至充电位置，待充电完成氖气灯亮后，按顺时针方向转至放电位置起爆。起爆后，爆破工应立即拔出钥匙。

爆破后，必须立即将把手或钥匙拔出，摘掉母线并扭结成短路，防止起爆器仍处于放电状态和爆破电路处于接通状态，出现意外事故。

【案例】 2010 年 8 月 20 日,山西汾西矿业集团某煤业公司一开拓工作面,爆破工带领一名没有爆破工证书的矿工下井,在工作面,爆破工命令没有爆破证书的矿工把爆破母线拉直,在接线带班长和带班长在工作面内连接雷管未撤出时,没有合格证书的矿工擅自拧响发爆器,导致接线带班长和带班长被炸药当场炸死。事故导致 2 人死亡、1 人受伤。

第三百六十九条 爆破前,脚线的连接工作可由经过专门训练的班组长协助爆破工进行。爆破母线连接脚线、检查线路和通电工作,只准爆破工一人操作。

爆破前,班组长必须清点人数,确认无误后,方准下达起爆命令。

爆破工接到起爆命令后,必须先发出爆破警号,至少再等 5 s 后方可起爆。

装药的炮眼应当当班爆破完毕。特殊情况下,当班留有尚未爆破的已装药的炮眼时,当班爆破工必须在现场向下一班爆破工交接清楚。

【释义】 本条是关于连线、通电、起爆及爆破工作交接的规定。

井下爆破作业,连线工作非常重要,如果连线不当,会出现漏连、错连等现象,导致出现拒爆和不能保证工作面炮孔全部引爆的后果。因此应按爆破说明书规定的连线方式,把电雷管脚线与脚线、脚线与连接线、连接线与爆破母线连好接通。

爆破前,脚线的连接工作可由经过专门训练的班组长协助爆破工进行。爆破母线连接脚线、检查线路和通电工作,只准爆破工一人操作。这些工作若不是由接受过专门训练的人员来完成,就会影响爆破工作的正常进行,甚至会出现爆破事故。

连线工作要认真仔细,不能漏连;手要干净,要先把母线、连接线和脚线线尾的氧化层和污垢擦掉后,才可进行连线,连线质量要高,避免虚连不实,导致电阻增大和电路出现放电的失误。

爆破工连线工作完毕,确认无误后,最后离开爆破地点。撤到起爆地点并对电爆网路全电阻进行检查,以便确认网路是否有漏连等情况。若爆破网路全电阻值相差较大,则应对整个爆破网路进行检查,确认无误后,报告班长,等待指令。

班组长在爆破前必须清点人数,确认无误后,方可下达起爆命令。

爆破工接到班组长下达的起爆命令后,必须发出爆破警报,至少再等 5 s,方可起爆。其目的是使在爆破地点附近、避炮安全距离以内的人员,听到警号后能尽快脱离。

装药的炮眼应当班爆破完毕,药卷在炮眼内时间过长,因有水和潮湿容易受潮产生拒爆或爆燃,或炸药被“压死”(装药密度过大)而拒爆。当班留有尚未爆破的装药炮眼时,当班爆破工必须在现场向下一班爆破工交接清楚。如果未在现场向下一班爆破工交接清楚,则下一班作业人员很可能会在处理未爆炮孔时,由于不能掌握炮孔的具体信息而发生意外爆炸事故。

【案例】 2009 年 1 月 18 日,安徽省某矿 8643 号石门发生 1 起造成 1 死 1 伤的爆破事故。1 月 18 日夜班,矿掘进 9 队施工 8643 号石门,当班出勤 14 人,班长对工作面防片帮网、顶板、风筒、瓦斯断电仪等进行安全确认,认为没有异常情况后,安排打眼工作,1:45 左右,1 名工人使用风锤打响了 17 日早班爆破遗留的拒爆炮眼,造成 1 死 1 伤的爆破事故。

事故原因:当班带班人、班长和迎头打眼工对迎头拒爆点进行安全确认流于形式,安全确认不到位是导致事故发生的直接原因。17 日早班班长、爆破工清底验炮制度未执行落实,是导致事故发生的主要原因。

第三百七十条　爆破后，待工作面的炮烟被吹散，爆破工、瓦斯检查工和班组长必须首先巡视爆破地点，检查通风、瓦斯、煤尘、顶板、支架、拒爆、残爆等情况。发现危险情况，必须立即处理。

【释义】　本条是关于爆破后对爆破地点巡视检查的规定。

爆破后不等炮烟吹散，就急于进入工作面，容易造成炮烟熏人、中毒事故。这是由于炮烟中的氧气减少，并含有大量的有毒气体，如一氧化碳、一氧化氮及矿尘等，人体吸入炮烟后易引起中毒，轻则咳嗽、流泪、恶心、呕吐、头晕、抽筋、昏迷、假死，重则死亡，或者得尘肺病。

爆破后爆破地点的检查主要有以下几个方面：

(1) 通风。主要检查局部通风机运行状况是否正常，风筒距离工作面距离是否符合安全规定。该项检查主要考虑炮烟作为有毒气体必须尽快吹散，为后续工序提供良好的工作环境。

(2) 瓦斯。主要考虑工作面爆破后会有大量瓦斯涌出，检查瓦斯浓度是否满足规程小于1%的规定。

(3) 煤尘。爆破后会出现扬尘，决定是否采取措施消尘。

(4) 顶板。班组长必须进行敲帮问顶，撬掉松动顶板和两帮的岩石，消除安全隐患，为后续安全工作创造条件。在敲帮问顶时，要严格按照相关规程规定进行操作。

(5) 支架。主要是检查临时支护和永久支护是否因爆破出现倒棚或空顶等现象，如果有倒棚或支架失去支护能力，必须先行修复，才可进行下一工序。

(6) 拒爆和残爆。如果出现拒爆和残爆，必须严格按照《规程》第三百七十二条规定先行处理，方可进行后续工作。

当发现有炮烟中毒者时，应及时进行互救：

(1) 迅速将炮烟中毒者抬到新鲜风流巷道里进行急救。

(2) 及时送往医院检查治疗。

【案例】　2007年8月23日，湖南省某高瓦斯矿井掘进面发生一起瓦斯爆炸事故，造成6人死亡。事故原因：局部通风机通风风筒未接到作业面，不能有效吹散掘进工作面涌出的瓦斯，造成工作面瓦斯积聚达到爆炸限，发生爆炸。

第三百七十一条　通电以后拒爆时，爆破工必须先取下把手或者钥匙，并将爆破母线从电源上摘下，扭结成短路；再等待一定时间（使用瞬发电雷管，至少等待5 min；使用延期电雷管，至少等待15 min），才可沿线路检查，找出拒爆的原因。

【释义】　本条是关于出现拒爆等待一定时间检查的规定。

通电以后，装药炮眼如果出现不起爆现象，主要是由于起爆能量不足、炸药变质、连线出现断路、母线连接漏电等原因造成的。如果出现拒爆，则应先取下把手或钥匙，在起爆器源头切断供电，避免处于通电状态；并将爆破母线从电源上摘下，扭结成短路，预防杂散电流等导致误爆；再等一定时间（使用瞬发电雷管，至少等待5 min；使用延期电雷管，至少等待15 min）；最后沿线路检查，找出拒爆的原因，并加以处理。

这个等待时间的规定，是考虑到由于爆破器材本身质量原因可能会导致通电后没有立即起爆，但整个爆破网路或个别炮孔已经处于“点燃”状态，出现虚假拒爆现象。所以，爆破后出现拒爆现象时，不要误认为爆破网路有问题，而立即进入爆破工作面去查找线路故障，因为个别雷管或炸药质量问题也可能出现缓爆现象。所以,通电以后拒爆时,要等待 5～15 min 后才可沿线路检查找原因,如果超过规定时间还不爆炸,方可按拒爆处理。

第三百七十二条 处理拒爆、残爆时,应当在班组长指导下进行,并在当班处理完毕。如果当班未能完成处理工作,当班爆破工必须在现场向下一班爆破工交接清楚。

处理拒爆时,必须遵守下列规定:

(一) 由于连线不良造成的拒爆,可重新连线起爆。

(二) 在距拒爆炮眼 0.3 m 以外另打与拒爆炮眼平行的新炮眼,重新装药起爆。

(三) 严禁用镐刨或者从炮眼中取出原放置的起爆药卷,或者从起爆药卷中拉出电雷管。不论有无残余炸药,严禁将炮眼残底继续加深;严禁使用打孔的方法往外掏药;严禁使用压风吹拒爆、残爆炮眼。

(四) 处理拒爆的炮眼爆炸后,爆破工必须详细检查炸落的煤、矸,收集未爆的电雷管。

(五) 在拒爆处理完毕以前,严禁在该地点进行与处理拒爆无关的工作。

【释义】 本条是关于处理拒爆、残爆的规定。

拒爆又称"瞎炮",是指通电后,整个工作面装药炮孔都不爆炸;二是指个别炮孔未能引爆出现拒爆。

残爆又称"丢炮",是指炮眼内的起爆药包(引药)已爆炸,但少数药卷发生拒爆或半爆而残留药卷的现象。

当出现拒爆、残爆时,应当在班组长指导下按照相关程序和方法正确处理,并应在当班处理完毕。如果当班未能处理完毕,当班爆破工必须在现场向下一班爆破工交接清楚。这里强调了"当班处理"和"在现场"两个关键环节。"当班处理"表示不能遗留问题炮孔到下一班处理,如果特殊原因未能处理,则必须由爆破工"在现场"当面向下一班爆破工亲自交接,交接内容包括已查未起爆原因、拒爆炮孔位置、炮孔深度、角度、装药量等相关爆破参数,保证下一班爆破工能正确了解拒爆情况和做出正确的处理决定。

当发现拒爆或残爆时,爆破工可用雷管电阻测试仪检查电爆网路,找出拒爆的原因。若表针不走动,说明网路导线或雷管桥丝有折断,此时需要改变连线方式;若表针读数小于零,说明网路有短路;若表针走动小,读数大,说明有接头连接质量不好,有虚接现象,导致电阻大。应依次检查导线,重新连接或扭结牢实,处理后,重新通电起爆。

爆破工也可用导通表检测网路,若网路导通,则可重新爆破;若网路不导通,需逐段检查,查出问题加以处理,然后重新爆破。

处理拒爆(包括残爆)时,由于连接不良造成的拒爆,可重新连线起爆。但确认不是连线引起时,要距拒爆炮眼 0.3 m 以外另打与拒爆炮眼平行的新炮眼,重新装药爆破。其目的是为了防止新炮眼打偏打斜,或因钻钎打眼的强烈震动、撞击,引起原装起爆药卷内摩擦感度高的电雷管爆炸事故。

处理拒爆时,严禁用镐刨、从炮眼中取出原放置的起爆药卷、打孔加深残眼或掏药、用压风吹等办法。因为这些做法都会对起爆药卷和电雷管造成冲击、挤压和摩擦,极易造成意外爆炸,是非常危险的。

爆破后,爆破工必须详细检查炸落的煤矸,收集未爆的电雷管,并要妥善保管,下班后交回爆炸物品库。若在处理拒爆的炮眼时不详细检查收集,就有可能在为处理拒爆炮眼而进行的爆破过程中引起这些散落在煤矸中的电雷管的爆炸；同时若未认真清理，将这些雷管和残药混入煤炭中，在锅炉燃烧时会发生锅炉爆炸和人员伤亡；如果落入坏人手中流入社会，后果更为严重。

在处理拒爆完毕以前，严禁在该地点进行与处理拒爆无关的工作，以防止干扰及发生意外爆炸事故时造成更大的伤亡。

第三百七十三条　爆炸物品库和爆炸物品发放硐室附近 30 m 范围内，严禁爆破。

【释义】　本条是关于严禁在爆炸物品库和爆炸物品发放硐室附近进行爆破作业的规定。

爆炸物品库及爆炸物品发放硐室内贮存的炸药，虽然有的较为稳定，不易爆发，但也有感度较高易爆发的炸药。总的来说，炸药均是爆炸危险品。电雷管和一些起爆物品更是摩擦感度高的爆炸物品，易在外来动力冲击、强烈震动下发生爆炸。为了硐室的安全，规定在其附近 30 m 范围内，严禁爆破。

当炸药包在深层均匀岩石中爆破时，由爆炸中心向外顺次出现的变化是排空区（爆炸使岩石形成空穴）、压碎区（岩石完全破坏而被强烈压碎）、松动区（因压力下降，岩石不被压碎，而是呈环形裂缝交错的破坏区）、震动区（岩石结构不受破坏，仅产生质点震动，一直外延至爆炸波衰减成音波）。根据上述分析，按爆炸在岩层中引起的震动程度，计算出震动区爆炸波衰减至音波外，对库房无震动影响的爆破震动安全距离，即在库房围岩 30 m 范围以外的地点进行爆破，才能保证库房的安全。

第九章　运输、提升和空气压缩机

第一节　平巷和倾斜井巷运输

第三百七十四条　采用滚筒驱动带式输送机运输时，应当遵守下列规定：

（一）采用非金属聚合物制造的输送带、托辊和滚筒包胶材料等，其阻燃性能和抗静电性能必须符合有关标准的规定。

（二）必须装设防打滑、跑偏、堆煤、撕裂等保护装置，同时应当装设温度、烟雾监测装置和自动洒水装置。

（三）应当具备沿线急停闭锁功能。

（四）主要运输巷道中使用的带式输送机，必须装设输送带张紧力下降保护装置。

（五）倾斜井巷中使用的带式输送机，上运时，必须装设防逆转装置和制动装置；下运时，应当装设软制动装置且必须装设防超速保护装置。

（六）在大于16°的倾斜井巷中使用带式输送机，应当设置防护网，并采取防止物料下滑、滚落等的安全措施。

（七）液力偶合器严禁使用可燃性传动介质（调速型液力偶合器不受此限）。

（八）机头、机尾及搭接处，应当有照明。

（九）机头、机尾、驱动滚筒和改向滚筒处，应当设防护栏及警示牌。行人跨越带式输送机处，应当设过桥。

（十）输送带设计安全系数，应当按下列规定选取：

1. 棉织物芯输送带，8～9。

2. 尼龙、聚酯织物芯输送带，10～12。

3. 钢丝绳芯输送带，7～9；当带式输送机采取可控软启动、制动措施时，5～7。

【释义】　本条是关于采用滚筒驱动带式输送机运输时的规定。

(1) 带式输送机是以输送带作为承载体和牵引体的一种连续输送机械。带式输送机运行过程中，会因超载、张紧力下降、沿线托辊阻力变大、卸载受阻、输送带触碰异物等原因，使系统总阻力大于传动滚筒与输送带间的摩擦驱动力，致使输送带与传动滚筒表面发生打滑现象，长时间打滑摩擦产生的热量会引燃输送带；因托辊损坏，轴承座与轴摩擦产生的热量也能够引燃输送带；此外，外来火源同样会使输送带燃烧。输送带着火后会产生大量有毒气体，直接危及矿工的人身安全，同时造成设备的严重毁坏。

非金属聚合物制造的输送带、托辊和滚筒包胶材料等都是易产生和积累静电的物质。输送带在运行过程中，当它与非金属托辊和包胶滚筒接触再分离时产生静电，当电荷聚集量(带电量)达到一定值时便会发生火花放电现象，有可能点燃瓦斯或煤尘从而造成重大恶性事故。

因此，采用非金属聚合物制造的输送带、托辊和滚筒包胶材料等，其阻燃性能和抗静电性能必须符合以下标准的规定：《煤矿用钢丝绳芯阻燃输送带》(MT/T 668)、《煤矿用织物叠层阻燃输送带》(MT/T 830)、《煤矿用织物芯阻燃输送带》(MT/T 914)、《煤矿用阻燃钢丝绳牵引输送带技术条件》(MT/T 669)、《煤矿带式输送机滚筒用包覆层》(MT/T 962)、《煤矿井下用带式输送机托辊技术条件》(MT/T 821)、《煤矿井下用聚合物制品阻燃抗静电性通用试验方法和判定规则》(MT 113)。

(2) 带式输送机的保护。带式输送机的保护装置应满足《煤矿用带式输送机保护装置技术条件》(MT 872)的要求。

① 防打滑保护：带式输送机运行过程中，打滑摩擦产生的热量会使滚筒表面温度急剧升高，轻的会把输送带磨损、烧焦、烧穿，严重时会引起输送带燃烧，引发火灾和瓦斯煤尘爆炸等事故。因此必须装设打滑保护装置。当输送带 10 s 内速度均在(50%～70%)V_e(V_e 为额定带速)范围，或输送带速度小于或者等于 50% V_e，或输送带速度大于或者等于 110% V_e 时，打滑保护装置应报警，同时中止带式输送机的运行。对带式输送机正常起动和停止过程的速度变化，打滑保护装置不应有保护动作。打滑保护应采用反时限特性。

② 跑偏保护：带式输送机在运行过程中，输送带可能出现跑偏现象，跑偏会引起运煤洒落、输送带与机架等摩擦，造成机尾处大量积煤、输送带张力增大、机架损伤，以及使输送带磨损、划伤甚至撕裂等后果。因此，带式输送机必须装设防跑偏保护装置。当运行的输送带超出托辊端部边缘 20 mm 时，跑偏保护装置应中止带式输送机运行。

实际生产中，常见输送带跑偏的原因有以下几种：

a. 机身中心、机头中心和机尾中心偏离。

b. 托辊调节不正常。

c. 巷道变形使机身倾斜、机架变形。

d. 装载不正。

e. 输送带接头不正。

f. 输送带质量差，受张力程度不一样。

g. 托滚上黏结物料，托辊表面不平等。

h. 滚筒上粘煤，滚筒倾斜、变形。

输送带跑偏后果严重，主要有以下几个方面：

a. 上输送带跑偏将煤洒落到下输送带上，运至机尾，通过清扫器的煤夹入机尾滚筒与输送带之间，造成机尾处大量积煤，使输送带在滚筒上跑偏加剧，影响输送机的正常运转，甚至使输送带打滑酿成重大事故。部分煤洒落在巷道内，造成下输送带拖在洒落的煤上运行，积煤挤死托辊，洒落在巷道内的煤影响巷道环境。

b. 上输送带跑偏严重时，上翘腾空，输送带将会损坏，或刮在管架上造成纵向撕裂，缩短了输送带的使用寿命。

c. 下输送带跑偏，或输送带在滚筒上跑偏，将使输送带边缘受摩擦而损坏。

d. 输送带跑偏，将磨损机架，使机架损坏。

e. 输送带跑偏增大了运行阻力，使负荷增大，减少输送机的电动机和传动部件的使用寿命。

可以看出，装设带式输送机防跑偏装置的必要性。

③ 堆煤保护。在带式输送机工作过程中，如果卸载滚筒处发生积煤现象，不仅影响巷道正常通风，而且还会使输送机负荷增大，导致打滑、磨断输送带，甚至引发火灾事故。堆煤保护

装置在 2 s 内连续检测到煤位超过预定位置,应当报警,同时中止带式输送机运行。

在实际生产过程中,经常出现以下堆煤事故:

a. 前一部带式输送机停机,后一部带式输送机运转,煤就堆积在运转的输送机机头。

b. 大煤块、大矸石或杂物堵塞在挡煤板中间,无法运走,出现堆煤事故。

c. 在溜煤眼处,大煤块、大矸石或杂物堵在溜煤眼篦子处,堵塞卸煤孔,出现堆煤事故。

以上几种情况如果不及时发现,输送机机头的煤越积越多,将会产生以下严重后果:堆积的煤将会封堵巷道,影响矿井正常通风,引起瓦斯积聚和瓦斯超限事故;堆积的煤使输送机的负荷增大,引起输送带打滑,轻则磨断输送带,重则造成火灾事故,给煤矿生产造成重大经济损失。因此,必须装设带式输送机堆煤保护。

④ 撕裂保护。防撕裂保护是当输送带发生撕裂时能够使输送机自动停机,防止撕裂事故扩大的装置。带式输送机在运转过程中,由于矸石直接砸在输送带上、运输的金属物卡在输送带上、输送带跑偏卡刮在机架上等原因,将会造成输送带撕裂事故。由于发生撕带的位置不确定,很难被人员发现,如果没有防撕裂保护装置,就会致使输送带撕裂事故扩大。为了防止此类事故的发生,采用滚筒驱动带式输送机运输时必须装设防撕裂保护装置。

实际工作中,带式输送机在运转过程中,由于坚硬锋利的大块矸石、煤块或金属制品直接砸在输送带上,卡在装、卸载挡煤板上,输送带跑偏卡刮在机架上等情况时有发生,会造成输送带纵向撕裂事故,这也是比较多发的撕裂事故。如果纵向撕裂事故不能被及时发现,将会使输送带报废,造成重大经济损失。运行的输送带纵向撕裂时,撕裂保护装置应报警,同时中止带式输送机运行,以防撕裂事故扩大。

⑤ 温度、烟雾监测装置。对于带式输送机某些易产生超温、过热或燃烧而引发烟雾的位置,如传动滚筒附近,应当设温度、烟雾监测装置和自动洒水装置,确保在出现高温或烟雾的情况下,监测装置能及时动作,一是自动停止输送机,二是自动打开洒水电磁阀,向输送带、传动滚筒喷水以达到降温防火的目的。

【案例】 2020 年 9 月 27 日重庆松藻煤矿发生一起火灾事故。这起事故的直接原因为运煤上山的带式输送机温度、烟雾监测装置长期失效,输送带不阻燃,摩擦生热燃烧并引发煤炭燃烧,产生有害有毒气体,同时矿工们携带的压缩氧自救器失效,最终导致 16 人遇难、38 人中毒受伤。

(3) 滚筒驱动带式输送机运转时,需要经常对其沿线进行巡回检查,以便及早发现在运行中出现的问题。例如跑偏,发现晚了可能将煤洒向输送带下面而大量堆积,使输送机运行困难,跑偏更加严重或刮坏、撕裂输送带;托带辊丢失,会造成输送带跑偏和划伤输送带,要随时更换不转的托带辊和补充丢失的托带辊,清理输送带下面的积煤,以保证托带辊转动灵活;要检查货载情况,是否超载掉货,有大块掉在地上,要随时拣起放到输送带上拉走。为了在带式输送机故障或突发事件发生时,巡检或维护人员能实现人为紧急停车,最大限度地降低故障造成的损害或损伤,应当具备沿线急停闭锁功能。

(4) 带式输送机在设计、制造、安装时就有拉紧装置,拉紧装置的作用是保证输送带有足够的初张力,使滚筒与输送带之间产生必要的摩擦力;另一个作用是限制输送带在各支撑托辊间的垂度,使输送机能正常工作。在主要运输巷道内,如果不安装输送带张紧力下降保护装置,张紧力一旦下降,输送带和驱动滚筒间将产生打滑,打滑所引发的危害程度,轻则影响正常生产，重则将造成火灾事故，危及矿井和矿工的人身安全。另外，张紧力过小，输送带垂度就变大，也会影响生产。安装张力下降保护将会避免此类事故的发生。主要运输巷道中使用的带式输送机，必须装设输送带张紧力下降保护装置，一旦张紧力不够，输送机就会发出警报并自动停机。

(5) 倾斜井巷中使用的带式输送机上运时，如果没有防逆转装置或制动装置，停车时，在载荷重力沿输送带方向的分力作用下，使带式输送机逆转，可能造成飞车事故，轻者造成煤炭堆积、巷道堵塞、设备损坏，重者导致重大人员伤亡事故。因此，倾斜井巷中使用的带式输送机上运时，应装设防逆转装置和制动装置。

下运带式输送机采用硬制动装置停机制动时，作用时间短，制动力大，对设备的冲击很大，极易损坏机械设备，出现事故影响安全生产。另外，采用硬制动方式，在满负荷停机进行制动时，虽然驱动滚筒能够立即制动，但由于输送带及煤的重力在运行方向上分力的作用，以及转动部件惯性的影响，输送带继续运行在驱动滚筒上摩擦，极易发生摩擦升温和机头堆煤等事故。如果采用软制动方式，作用时间相对硬制动方式要长，制动力较小，对机械设备的冲击较小，不易损坏机械设备，相应延长了设备的使用寿命，保障了安全高效生产。因此，倾斜井巷中使用的带式输送机，下运时，应装设软制动装置且必须装设防超速保护装置。

(6) 带式输送机用于井下原煤输送时，考虑到运行环境条件、煤与输送带间的摩擦能力条件、起动与停车的方式等因素。如果超过这个输送倾角，在输送机运行过程中，尤其在起车或停车、原煤水分比较大时，加、减速度的变化可能会导致原煤在输送带上滑动、块煤在输送带上滚动、飞溅，对周围人员造成伤害，对周围设备设施造成损伤。可采用深槽托辊组、花纹输送带、软启动装置、软制动装置等技术措施，防止物料或原煤在输送带上滑动；可沿线在承载分支上方间隔加装防滚落装置，防止大块物料或原煤滚落。

(7) 液力偶合器是用在电动机与减速机之间，以液体为工作介质的传动装置，由主动轴、泵轮从动轴和传动外壳等部件组成。液力偶合器的最大力矩低于电动机的颠覆转矩，所以可以保护电动机不至于过载，当液力偶合器长时间过负荷运转，油液温度过高时，外壳上的过热保护塞（易熔合金塞）熔化，工作介质喷出，液力偶合器停止传递动力，从而保护电动机和其他传动零件。带式输送机液力偶合器使用的工作介质原来大多数为可燃油，当输送机过载时，液力偶合器油温升高，如果易熔塞不符合要求，油温超过闪点时，橡胶密封件损坏，高温油从液力偶合器中喷出，遇空气燃烧，发生火灾事故。现在偶合器多使用难燃液和清水做传动介质。难燃液是一种高水基液体，具有不燃、稳定、低腐蚀、不生锈、无毒、价格合适的特点，水介质是用清水做传动介质。使用难燃液或清水做传动介质从根本上消除了偶合器着火事故的可能性。因此，配套用液力偶合器，严禁使用可燃性传动介质。调速型液力偶合器的工作油可通过循环在外部冷却，工作时，油温不会达到闪点，更不会出现燃烧事故。另外，使用油做传动介质对调速型液力偶合器的性能和寿命有利，因此调速型液力偶合器不受此限制。

(8) 带式输送机的机头、机尾和搭接处是驱动装置、拉紧装置、清扫装置、导料与缓冲装置等部件的安装点，这些部件通常因为受力大或受外部因素影响大而容易出现故障，属重点巡检的部位和观察区域，也可能随时要进行清扫、调整跑偏、更换和调整刮煤板（清扫器）等作业，应有照明。

(9) 在主要运输巷内，由于人员经常在机头、机尾活动，驱动滚筒和改向滚筒都是旋转部件,如果没有防护栏,人员经过此处,一旦注意力不集中或违章操作,很容易被卷入滚筒内,造成伤亡事故。因此,机头、机尾、驱动滚筒和改向滚筒处,应当设防护栏及警示牌。

带式输送机巷道内行人在跨越输送机时,直接从机身上越过,由于输送机在运转中,跨越人员稍有不慎,便会被卡在输送机上或被划伤。另外,行人在跨越输送机时,输送带即使处于停止状态,直接从输送带上越过也很不安全,如果在跨越时输送带开动,跨越人员将会摔伤,造成事故。为了保障行人在跨越带式输送机时的人身安全,行人跨越带式输送机处,应当设过桥。

(10) 输送带的安全系数是指输送带的额定抗拉强度与稳态工况时输送带最大工作张力之比,是一个经验数据,即输送带的安全系数是确保输送带不断带的一个重要参数。输送带的安全系数应根据输送带类型、工作条件、接头特性,以及带式输送机启(制)动性能等因素确定。输送带的额定拉断强度按下式计算:

$$\sigma_N \geqslant \frac{F_{max}}{B} S_A \tag{3-9-1}$$

式中 σ_N——输送带的额定拉断强度,N/mm;

F_{max}——输送带稳定运行的最大张力,N;

B——带宽,mm;

S_A——输送带的安全系数。

适当降低输送带的安全系数后,可以有效地降低输送带的强度,从而减小输送带的厚度,减轻输送带的重量,进而减少输送机沿线的阻力,从而影响驱动轴功率大小、功率选取、电动机规格、减速器型号、输送带接头的数量和复杂性、主从动滚筒的规格、承载及回程托辊寿命、钢结构支撑以及土建工作容许等级等。适当降低输送带的安全系数犹如让带式输送机"轻装上阵",这一举措将使项目的初期投资以及后期的运营费用降低,最大化地提高企业的经济效益。可控软启动、软制动是通过软启(制)动、变频或其他调速装置,使输送机的加(减)速度从零缓慢地上升到最大值,实现加(减)速度变化率可控,这样可以减小输送机系统在起动加速和停车减速时的振动冲击,从而减小输送带的动张力。当输送机采取可控软启动、软制动措施后或提高输送带接头疲劳强度后,输送带的安全系数可以适当降低。但是,也不能低于本款规定范围的最低值,这样可以确保输送带的安全性能。输送带的安全性能设计或参数选取应按照《带式输送机工程技术标准》(GB 50431)进行。

【执行中应注意的问题】

(1) 考虑到有的带式输送机道的距离非常长,机头、机尾及搭接处必须有照明,但不再要求全线路都必须有照明,其他部位根据需要设置即可。但兼作人行道的带式输送机巷道必须有足够的照明。

(2) 设计时要综合考虑降低输送带的安全系数,但不得低于本款规定的下限值。

(3) 带式输送机输送带的防打滑、跑偏、堆煤保护装置和温度、烟雾监测装置5项装置中有1项未安装,或有1项整体失效的,都属于煤矿重大事故隐患。

煤矿直接购买经过第三方阻燃和抗静电性能试验并取得检验合格报告的输送带,入井前可不进行试验。

2021年1月1日前已入井的未经过第三方阻燃和抗静电性能试验的输送带,经取样补充进行了第三方阻燃和抗静电性能试验且试验合格的,不作为重大事故隐患。

第三百七十五条　新建矿井不得使用钢丝绳牵引带式输送机。生产矿井采用钢丝绳牵引带式输送机运输时，必须遵守下列规定：

（一）装设过速保护、过电流和欠电压保护、钢丝绳和输送带脱槽保护、输送带局部过载保护、钢丝绳张紧车到达终点和张紧重锤落地保护，并定期进行检查和试验。

（二）在倾斜井巷中，必须在低速驱动轮上装设液控盘式失效安全型制动装置，制动力矩与设计最大静拉力差在闸轮上作用力矩之比在2～3之间；制动装置应当具备手动和自动双重制动功能。

（三）采用钢丝绳牵引带式输送机运送人员时，应当遵守下列规定：

1. 输送带至巷道顶部的垂距，在上、下人员的20 m区段内不得小于1.4 m，行驶区段内不得小于1 m。下行带乘人时，上、下输送带间的垂距不得小于1 m。

2. 输送带的宽度不得小于0.8 m，运行速度不得超过1.8 m/s，绳槽至输送带边的宽度不得小于60 mm。

3. 人员乘坐间距不得小于4 m。乘坐人员不得站立或者仰卧，应当面向行进方向。严禁携带笨重物品和超长物品，严禁触摸输送带侧帮。

4. 上、下人员的地点应当设有平台和照明。上行带平台的长度不得小于5 m，宽度不得小于0.8 m，并有栏杆。上、下人的区段内不得有支架或者悬挂装置。下人地点应当有标志或者声光信号，距离下人区段末端前方2 m处，必须设有能自动停车的安全装置。在机头机尾下人处，必须设有人员越位的防护设施或者保护装置，并装设机械式倾斜挡板。

5. 运送人员前，必须卸除输送带上的物料。

6. 应当装有在输送机全长任何地点可由乘坐人员或者其他人员操作的紧急停车装置。

【释义】　本条是关于矿井采用钢丝绳牵引带式输送机运输的规定。

钢丝绳牵引带式输送机是用钢丝绳作牵引件，输送带作承载件的带式输送机。用于井下或地面输送煤炭、矸石等散状物料和运送人员，能适应地形起伏，是实现单机长距离输送的主要机种之一。它的单机运距长，输送带寿命长（一般为10年），消耗动力少，机器质量轻，适应范围广。但驱动部及张紧部结构庞大，钢丝绳及托绳轮衬垫寿命短，成槽性差，对局部过载敏感，易掉带等，容易发生事故。钢丝绳牵引带式输送机属于限制类煤矿设备，新建矿井不得使用钢丝绳牵引带式输送机，生产矿井可以继续使用钢丝绳牵引带式输送机，逐步淘汰。

(1) 装设过速保护、过电流和欠电压保护、钢丝绳和输送带脱槽保护、输送带局部过载保护、钢丝绳张紧车到达终点和张紧重锤落地保护，并定期进行检查和试验。

① 过速保护装置是指输送带在运行中速度一旦超过规定值，安全回路动作，并立即停车的装置。钢丝绳牵引带式输送机在实际运行中既可运煤也可运人，在不同的运行方式下运行速度有严格规定；验绳速度为0.5 m/s；运送人员速度不得超过1.8 m/s；运煤速度为2.7 m/s。

如果没有过速保护将会产生以下几种危害：在运送人员时，速度一旦超过规定值，乘坐人员上带时容易被输送带拖倒，下带时因带速高容易造成人员磕碰或摔倒，还会造成人员惊慌，未到上下点既从带上跳下，被摔伤，或者无法及时从输送带上脱身，造成人身伤亡事故；过速时对设备、电机、输送带、钢丝绳都将产生不利影响。因此，采用钢丝绳牵引带式输送机运输时必须装设过速保护装置。

② 过流保护装置是指负荷过大，电机运行电流超过其额定电流，为了避免损坏设备装

设的保护装置。过流保护包括短路保护、过负荷保护和断相保护等。当电机出现过流后,会引起过热,严重时会烧坏电机、电缆,甚至引起火灾。

欠压保护装置是指供电电压低于电机额定电压某一值时,为了避免损坏电气设备装设的保护装置。异步电动机转矩与电压的平方成正比,当电源电压降低时,转矩降低,如果负载转矩不变,电机只能从电源索取大电流拖动负载,造成电机电流加大,电机温度升高,运行时间较长时,会烧坏电机。实践证明:电机的实际工作温度每超过允许温度 8 ℃,其使用寿命就减少一半。欠压时间一长,还会烧坏电机。因此钢丝绳牵引带式输送机必须装设过流和欠压保护装置。

③ 钢丝绳和输送带脱槽保护装置是指安装在机架上,当钢丝绳或输送带脱槽时,能够自动停机的装置。当钢丝绳和输送带脱槽后能引起以下后果:出现断带事故;拉翻机架;损坏钢丝绳,严重时会出现断绳事故;使电机过负荷损坏电气设备。因此必须装设钢丝绳和输送带脱槽保护装置。

④ 钢丝绳牵引带式输送机的输送带在运输过程中起承载物料和人员的作用。输送带的结构如图 3-9-1 所示。输送带承载断面面积,主要决定于输送带的宽度和方钢条的挠度。当满载运输物料时方钢条的挠度应满足一定要求,方钢条的弯曲疲劳极限应满足输送带使用寿命要求。为了输送带制造工艺上的方便和满足强度要求,方钢条的形状采用了正方形和长方形两种。若方钢条韧性差,则易产生永久变形,挠度过大,从而造成脱槽事故。当输送带上物料的重量大于其单位长度的额定承载重量时称为局部过载。输送带上煤量过大、拉水分超标的原煤(水分超标的原煤有流动性,可产生聚集现象)、拉大石块、乘坐人员坐得太集中、输送带断方钢条,都易产生局部过载。局部过载将造成脱槽事故,因此必须加装输送带局部过载保护装置。

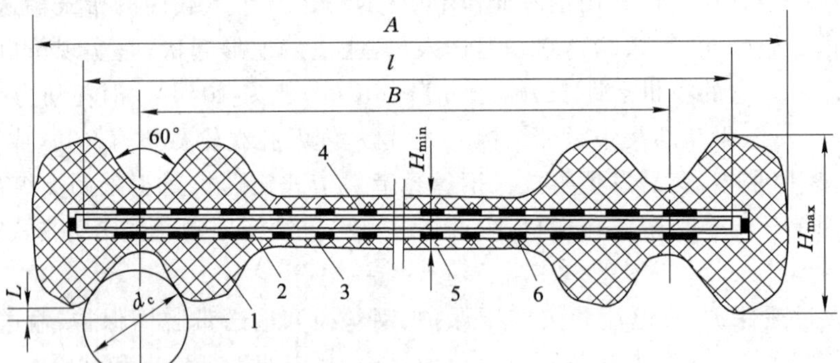

1—耳胶;2—高弹方钢条;3—填充胶料;4—上覆盖层;5—下覆盖层;6—胶布层

图 3-9-1 输送带结构断面

⑤ 钢丝绳张紧车到达终点和张紧重锤落地保护装置是指钢丝绳张紧车到达终点和张紧重锤落地时能够自动停车的保护装置。

由于钢丝绳的长度不是固定不变的,它随温度、湿度、自重、静张力、负荷、使用时间等因素的变化,其长度都将发生变化。当钢丝绳长度发生变化时,张紧车、张紧重锤的位置也随之改变,保证了钢丝绳有均衡的拉力。当钢丝绳伸长量超过一定值时,张紧车将会超过极限位置，或重锤落地，使张紧车失去张紧作用，钢丝绳的均衡拉力被破坏。在沿途机架与机架之间使钢丝绳和输送带形成松散的弧垂，极易造成输送带脱槽事故。另外张紧重锤落地后，钢丝绳张力下降，在驱动轮处发生打滑，使带式输送机不能正常运转。因此，必须装设钢丝绳张紧车到达终点和张紧重锤落地保护装置。

为了保证以上各种保护装置在实际运行过程中的灵敏度、可靠性，当出现故障后能够起到保护作用，必须定期进行检查和试验。

(2) 液控盘式失效安全型制动装置主要由液压装置、盘式制动器、电气控制装置等组成。液压装置主要由控制开关、液压站、油压管、制动盘组成。盘式制动器主要由制动盘和制动闸瓦组成，其制动力矩由闸瓦和制动盘之间的摩擦生成，调节闸瓦与制动盘之间的正压力可以改变制动力矩的大小。盘式制动器安装在减速器低速输出轴与驱动轮之间，使用一体式柱销联轴器连接，通过液压站操控闸瓦板的吸合来实现对制动盘的制动。制动时力矩大、惯性小、动作灵敏、性能稳定，同时具备软制动及二级制动功能、制动平稳、制动时间连续可调节、可根据工况不同随时调整制动力矩等优点。

在倾斜井巷中使用的钢丝绳牵引带式输送机，满载停车时或运送人员时上输送带乘坐人员远大于下输送带乘坐人员，会出现倒车现象，如果没有制动装置，将会产生以下后果：煤堆积机尾，堵死巷道；倒车将出现断输送带或断钢丝绳事故；倒车速度加快乘坐人员来不及从输送带上下来出现伤亡事故。因此，在倾斜井巷中，必须在低速驱动轮上装设液控盘式失效安全型制动装置。

制动力矩过小达不到所要求的停车效果，过大会对系统产生较大的机械冲击而发生松绳、打滑甚至断绳事故。因此，制动力矩与设计最大静拉力差在闸轮上作用力矩之比在2～3之间。为确保制动过程中制动油缸的回油油路可靠畅通，液控系统除有正常自动回油制动油路外，还应有一条与其并联的手动操作回油油路，以避免因回油油路堵塞而造成制动失灵。

(3) 采用钢丝绳牵引带式输送机运送人员时，必须按规定作业。

① 上下人员的20 m区段内输送带至巷道顶部的垂距不得小于1.4 m，以保证乘坐人员在上下输送带、身体弯曲时，不被摔伤，头部不碰及巷道顶板或机架。行驶区段内的垂距不得小于1 m，下行带乘人时，上下输送带间的垂距不得小于1 m，这是根据人的平均身高、坐姿，以及保证人员乘坐输送带时有足够的空间而不至于被巷道顶板或机架碰到头部来制定的。

② 输送带宽度不得小于0.8 m，主要是根据人的平均肩宽一般在0.4 m以上来规定的，以此保证乘坐人员左右有足够的空间，不至于在运行中被机架碰伤。当输送带运行速度过大时，由于惯性的存在，上下输送带人员极易摔伤，特别是在随身携带物品时，速度过快，人员上下输送带极不安全。因此，在倾斜井巷中采用钢丝绳牵引带式输送机运送人员时，运行速度不得超过1.8 m/s。绳槽至带边的宽度不小于60 mm，是为了防止乘坐输送带人员会不自觉地抓带边，手被托绳轮轧伤。绳槽至带边的宽度不小于60 mm，减小了承载力臂，有助于增强输送带的承载能力。

③ 输送带机架间距一般为5 m，若乘坐人员间距小于4 m，人员密集，极易造成局部过载，使输送带脱槽，引发断带、积煤及人员伤亡事故，另外，人员密集，当下输送带时，相互影响，甚至发生碰撞，容易造成事故。因此，采用钢丝绳牵引带式输送机运送人员时，人员乘坐间距不得小于4 m。

乘坐人员不得站立或仰卧，是因为受巷道条件限制，乘坐人员如果站立很容易碰到巷道顶板和其他障碍物，造成人身伤亡事故。仰卧在输送带上，极易使人员入睡，不能及时从输送带上下来，此时一旦保护装置失灵，人员便会被拉入机尾或溜煤眼，造成伤亡事故。

人员携带笨重物品和超长物品，行动不便，上下输送带时极不安全，物品一旦滑落将撞伤人员，还会造成输送带局部过载使输送带脱槽。携带超长物品不当，将会卡在机架上，造成人身事故。严禁触摸输送带侧帮是为了防止绳轮轧伤手指。

④ 上下人员的地点设平台是为了乘坐人员上下输送带方便，不致摔伤或滑倒。设照明是为了乘坐人员有良好的视线，观察周围的异常情况，不致出现人身事故。

上行带下人平台的长度不得小于 5 m，宽度不得小于 0.8 m，并有栏杆。此规定主要是根据输送带的运行速度和乘坐人员下输送带的行走速度而设定的，使下输送带的人员有一段缓冲惯性的安全距离，人员在平台上行走可以防止摔倒，避免人身事故。设置栏杆便于人员在上下输送带时扶持，不致摔伤。

上下人的区段内不得有支架或悬挂装置是为了保证人员在上下输送带时不至于碰伤，确保人身安全。

下人地点应有标志或声光信号是为了提醒乘坐人员提前做好下带准备，保证安全下带。

在距下人区段末端前方 2 m 处设有能自动停车的安全装置是确保没来得及下带人员的安全，不至于乘坐人员被拉入煤仓或溜煤筒内。

机头机尾一般是钢丝绳牵引带式输送机的载荷终点，乘坐人员到此必须下带，一旦发生下带越位现象后果十分危险。因此必须采取多项并行安保措施，防止乘坐人员坠入煤仓或被转载摔伤，其中机械式倾斜挡板就是将越位的乘坐人员强制性地从输送带上推下。

⑤ 如果人物混运将会产生下列危害：局部过载出现脱槽事故；物料滑落砸伤人员；乘坐人员上下输送带时极不安全。因此，运送人员前，必须卸除输送带上的物料。

⑥ 本条规定“应当装有在输送机全长任何地点可由乘坐人员或者其他人员操作的紧急停车装置”：一是为了防止出现人身意外事件及输送带、机身、钢丝绳、电缆等机电设备出现故障时，搭乘人员或其他人员能够及时操作，紧急停车；二是便于检修。

第三百七十六条 采用轨道机车运输时，轨道机车的选用应当遵守下列规定：

（一）突出矿井必须使用符合防爆要求的机车。

（二）新建高瓦斯矿井不得使用架线电机车运输。高瓦斯矿井在用的架线电机车运输，必须遵守下列规定：

1. 沿煤层或者穿过煤层的巷道必须采用砌碹或者锚喷支护；

2. 有瓦斯涌出的掘进巷道的回风流，不得进入有架线的巷道中；

3. 采用炭素滑板或者其他能减小火花的集电器。

（三）低瓦斯矿井的主要回风巷、采区进（回）风巷应当使用符合防爆要求的机车。低瓦斯矿井进风的主要运输巷道，可以使用架线电机车，并使用不燃性材料支护。

（四）各种车辆的两端必须装置碰头，每端突出的长度不得小于 100 mm。

【执行说明】 突出矿井、新建的高瓦斯矿井、低瓦斯矿井的主要回风巷和采区进(回)风巷，必须选用符合防爆要求的机车。低瓦斯矿井主要进风巷可以使用架线电机车，高瓦斯生产矿井主要进风巷在用的架线电机车可以继续使用，但必须满足《规程》有关规定。

【释义】 本条是关于在瓦斯矿井中使用机车运输的规定。

在不同的瓦斯(高、低瓦斯)矿井和不同的运输巷道中，瓦斯危险程度不同，规定“可使用”“应使用”“必须使用”的不同型式的运输机车。

(1) 防爆特殊型机车部件壳内发生瓦斯或煤尘爆炸时，不致使外壳破裂或变形，也不致引燃壳外的瓦斯或煤尘；机车在正常运行状态下电源不发生火花。按动力不同，防爆特殊型机车分为带特殊型电源装置的防爆蓄电池机车和防爆消烟内燃机车两种。突出矿井，瓦斯危害严重，必须使用符合防爆要求的机车，不能使用架线式电机车。

【案例】 2004 年 10 月 20 日，郑州煤业集团大平煤矿 21 轨道下山岩石掘进工作面发生特大型煤与瓦斯突出事故，突出瓦斯逆流进入进风流，致使西大巷新鲜风流中的瓦斯达到爆炸浓度，架线电机车行驶到巷道拐弯处时，由取电弓与架线产生的电火花引发了瓦斯爆炸，死亡 148 人。

(2) 新建高瓦斯矿井不得使用架线电机车运输。高瓦斯矿井在用的架线电机车运输必须遵守本条规定。

① 架线电机车的牵引电动机是通过集电器(受电弓)与架线滑动(或滚动)接触获得电源的。在架线电机车运行过程中，集电器与架线必须可靠接触，才能连续不断地给牵引电动机提供电能。但实际上，由于集电器的弹簧拉力不能保证与架线的接触压力(一般要求在 40～50 N 以上)，架线电机车行驶的轨道道床不实，轨道接头平整度、水平或垂直方向的误差超过规定，使架线电机车在行驶中剧烈摆动或跳动，加上电机车架空线弛度大等因素，使集电器与架线不能可靠地接触，产生大量的电弧火花；或由于架空线悬吊质量不符合要求，距离棚梁、巷道顶太近，绝缘程度降低，漏电接地，产生短路电弧火花。这些电弧火花足以引起一定浓度的瓦斯燃烧，导致瓦斯、煤尘爆炸事故发生，还可以引起周围的可燃物燃烧造成火灾事故。因此，新建高瓦斯矿井不得使用架线电机车运输，应使用矿用防爆特殊型蓄电池电机车、矿用防爆柴油机车、防爆电机车等运输设备；同时，对已建成的高瓦斯矿井使用架线电机车也提出了限制性要求。

② 高瓦斯矿井沿煤层或者穿过煤层的巷道中，因煤层中瓦斯含量大，巷道中瓦斯浓度容易超标，采用砌碹或者锚喷支护，封闭煤层，减少电机车火花引起的事故的扩大。

③ 有瓦斯涌出的掘进巷道的回风流，瓦斯浓度有超标的可能，进入有架线的巷道中可能被电火花引爆。

④ 碳素滑板其材质以石墨为主，是由多种材料经搅拌、加压、焙烧而成的复合材料，具有质量小、导电性能好、减小火花的特点，但是也存在耐磨性差、韧性小、易熔断及造价高等方面的问题。当然，也可以使用其他能减小火花的集电器。本款的目的是减小集电器的火花，提高电机车的安全性。

(3) 在供风量不足、微风的情况下，在低瓦斯矿井的主要回风巷、采区进(回)风巷内均会出现瓦斯浓度超限的现象，特别是在采区风门管理不善造成风流短路、瓦斯倒灌等。在这种情况下，如果使用非防爆电机车(如架线电机车)，电气火花很可能引爆瓦斯。低瓦斯矿井的主要回风巷、采区进(回)风巷应当使用符合防爆要求的机车，如矿用防爆特殊型蓄电池电机车或矿用防爆柴油机车等。

低瓦斯矿井进风的主要运输巷道内(运输大巷、运输石门或主要平巷)可使用架线电机车,但巷道应使用不燃性材料支护,因架线电机车的集电器与架线之间摩擦,经常有较大的火花产生,防止架线电机车的电气火花引燃支护材料。

(4) 碰头也称为车辆的缓冲装置(缓冲器),用来缓冲对车辆的冲击,以保护车体和各种设置不受损坏。冲击一般来自电机车和矿车连接时、电机车施行顶车和制动时与矿车的撞击,以及意外事故如机车掉道、追尾、碰头等发生的强烈冲击。因此,各种车辆的两端必须装置碰头,每端突出的长度不得小于 100 mm。

【执行中应注意的问题】

(1) 高瓦斯矿井在用的架线式电机车运输巷道必须加强通风管理,保证瓦斯浓度小于0.5%。

(2) 各种车辆两端必须装设突出长度不小于 100 mm 的碰头,保证车辆之间至少有200 mm以上的间隙,为人员操作提供安全间隙。

第三百七十七条 采用轨道机车运输时,应当遵守下列规定:

(一) 生产矿井同一水平行驶 7 台及以上机车时,应当设置机车运输监控系统;同一水平行驶 5 台及以上机车时,应当设置机车运输集中信号控制系统。新建大型矿井的井底车场和运输大巷,应当设置机车运输监控系统或者运输集中信号控制系统。

(二) 列车或者单独机车均必须前有照明,后有红灯。

(三) 列车通过的风门,必须设有当列车通过时能够发出在风门两侧都能接收到声光信号的装置。

(四) 巷道内应当装设路标和警标。

(五) 必须定期检查和维护机车,发现隐患,及时处理。机车的闸、灯、警铃(喇叭)、连接装置和撒砂装置,任何一项不正常或者失爆时,机车不得使用。

(六) 正常运行时,机车必须在列车前端。机车行近巷道口、硐室口、弯道、道岔或者噪声大等地段,以及前有车辆或者视线有障碍时,必须减速慢行,并发出警号。

(七) 2 辆机车或者 2 列列车在同一轨道同一方向行驶时,必须保持不少于 100 m 的距离。

(八) 同一区段线路上,不得同时行驶非机动车辆。

(九) 必须有用矿灯发送紧急停车信号的规定。非危险情况下,任何人不得使用紧急停车信号。

(十) 机车司机开车前必须对机车进行安全检查确认;启动前,必须关闭车门并发出开车信号;机车运行中,严禁司机将头或者身体探出车外;司机离开座位时,必须切断电动机电源,取下控制手把(钥匙),扳紧停车制动。在运输线路上临时停车时,不得关闭车灯。

(十一) 新投用机车应当测定制动距离,之后每年测定 1 次。运送物料时制动距离不得超过 40 m;运送人员时制动距离不得超过 20 m。

【释义】 本条是关于轨道机车运输、定期检修以及机车司机必须遵守的个人行为准则等方面的规定。

(1) 机车运输监控系统采用先进技术与设备对煤矿井下机车车辆运输线路的全部、大部或井底车场进行监测与控制。该系统设调度员,取消扳道员,具有行车调度功能,连锁闭塞系统完善,设备操作自动化程度高。机车运输集中信号控制系统是对局部线路、分岔点、交岔路口或采区车场进行控制，信号与信号间、信号与道岔间有闭锁关系，可以迅速、及时、准确地指挥站内发车和调车。随着矿井监控系统的升级改造，智能化矿井建设的推进，新建大型矿井的井底车场和运输大巷，应当设置机车运输监控系统或者运输集中信号控制系统，更详细的建设要求见《煤矿井下机车车辆运输信号设计规范》(GB 50388—2016)。

(2) 机车的照明装置，除了让机车司机能及时地发现远处障碍物外，还可以让其他机车或在巷道内行走的人员及早地知道该机车所处的位置，以便及早地采取措施躲让机车。列车或单独机车后的红灯，为同方向、同轨道上行驶的其他列车或单独机车提供该列车或单独机车的运行位置或停车位置，以防止追尾事故的发生。列车或单独机车无灯光行驶的危险性极大，一方面不能保证机车司机的安全，如遇到前方装有长件物料车(工字钢、钢轨超出车外)，因无照明，发现较晚，刹不住机车，长件物料会冲向司机室造成司机伤亡事故；另一方面会造成行人或机车躲闪不及而发生机车撞人事故或碰头追尾事故。因此，列车或单独机车均必须前有照明，后有红灯。

(3) 列车通过的风门是指运输线路上的风门。由于风门处的漏风风速很大，风门处风流噪声大，风门附近处的人员不易听到附近的行车声响，尤其是风门行车侧对侧的人员，更难以察觉对侧车辆的运行情况，这时若没有信号提示，极易造成行人与机车抢道被挤的伤亡事故。只有在风门两侧都能接收到有列车通过风门的声光报警信号，才能提醒风门两侧的行人避让列车，保证行人安全。因此，列车通过的风门，必须设有当列车通过时能够发出在风门两侧都能接收到声光信号的装置。

(4) 路标和警标可以提示机车司机在驾驶过程中注意巷道路况等环境变化情况，及时采取相应的措施，如减速、鸣号、停车等，避免事故的发生。例如，在巷道变窄处要设置巷道变窄标示，提醒司机要加强瞭望，发现行人要及时鸣号、减速或刹车制动；巷道口、硐室口、弯道、道岔处，坡度较大或噪声大等地段，或视线有障碍等地段，都是运输事故多发地段，要设置减速标示，提醒司机减速慢行并鸣号；在道岔尾部要设置警冲标，提示司机必须将机车停放在警冲标以外，防止发生机车侧撞事故。此外，路标可以帮助行人在巷道内按路线行走。因此，巷道内应当装设路标和警标。

(5) 机车和矿车等矿井运输设备在环境较恶劣的条件下连续频繁地往返在井下运输线路上，担负矿井运煤、排矸、运送物料和设备等繁忙任务，这就要求机车、矿车的行走转动部件、制动部件等必须灵活可靠。如果机车、矿车在运行途中出现轮轴折断、掉轮等事故，除影响生产外，还对大巷行人安全构成极大的威胁。因此，定期检修机车、矿车是保证运输设备在完好状态下运行的最有效、最基本的方法。另外，经常对现场运行的机车、矿车实施跟踪检查，防患于未然，也是现场生产经常采用的管理措施。

本条规定“机车的闸、灯、警铃(喇叭)、连接装置和撒砂装置，任何一项不正常或者失爆时，机车不得使用”，是因为机车的闸、灯、警铃(喇叭)、连接装置和撒砂装置是该机车在运行中最基本的安全设施，这些装置的完好、灵活、可靠，是机车实现安全运输的必要条件。制动装置的灵活可靠，为司机提供能及时停车、紧急停车的保证。机车照明，使司机拓宽视野，能及时发现障碍物并采取有效安全措施。警铃(喇叭)能够警示过往行人和车辆注意安全。连接器保证机车与矿车可靠连接，防止在运输线路上丢车，减少事故隐患，保证运输安全、有效。撒砂装置灵活完好，能够为机车牵引和制动提供足够的黏着系数，保证机车正常运行和及时制动停车。

(6) 正常的机车运输是指长距离运送空车、原煤、物料、人员、设备等运输,其主要特征是具有运行速度快和连续不断性,只有到达目的地后才改变机车的牵引位置和方向。这样的运输,机车必须在列车前端,原因如下:一是,如果机车在列车的尾部快速、连续顶车,不便于司机瞭望,同时缩短了有效制动距离,增加了事故隐患。二是,由于机车和矿车轮缘与轨道间隙的存在,机车在列车的尾部顶车加大了车轮轮缘与轨道的横向阻力,容易产生车辆脱轨掉道和轨道轨距被撑大、钢轨翻倒的事故,还可能伤及道旁的行人;同时,还会出现由于阻力增加使牵引电动机过负荷而缩短寿命,甚至损坏。因此,正常运行时,机车必须在列车前端。

(7) 2 辆机车或 2 列列车在同一轨道同一方向行驶时,由于司机操作技术不等或路况不同以及机车的性能不同等原因,很难保持相同的速度行驶。如果 2 辆机车或 2 列列车在同一轨道同一方向相互距离较近的情况下行驶时,当前方列车遇到紧急情况突然制动刹车时,其后方机车就会因制动刹车不及时、不同步或刹车制动距离不够而撞上前方列车的尾部,发生追尾事故。因此,2 辆机车或 2 列列车在同一轨道同一方向行驶时,必须保持不少于100 m的距离。保持不小于 100 m 的距离,是为后方机车司机提供比较充足的判断、减速、制动的时间,并为后方机车留足 40 m 的制动距离,既能保证不发生追尾事故,又能实现经济高效运输。

(8) 随着矿井开采强度的加大,机车运煤的排碴以及运送材料和设备的数量增大,使机车的数量增加,且行驶速度加快。因此,要求机车运输系统必须实现规范化和秩序化,才能防止运输事故的发生。非机动车辆缺乏照明、信号装置和安全设施,若在正常的机车运输系统上行驶,会阻碍机车的正常行驶,增加了事故隐患,甚至引发碰头、撞车或人员伤亡事故。因此,采用轨道机车运输时,同一区段线路上,不得同时行驶非机动车辆。

(9) 行车信号指令是对机车运行方向、路线、开车停车的严格规定,它用来规定机车司机的操作行为,规范运输系统有条不紊地安全运行。开车前必须发出开车信号,是要求当机车司机接到开车的信号指令后,必须发出笛(铃)警示信号,以提醒列车前方行人和列车周围人员躲离列车轨道到安全地带,提醒乘车人员要挂好安全链、坐姿端正准备出发,从而保证在列车启动时,行人、乘车人员和行车的安全,实现安全运输。因此,机车司机开车前应对机车进行安全检查确认;启动前,必须关闭车门并发出开车信号。

在机车运行中,严禁司机将头或身体探出车外,是为了保证机车司机人身安全而制定的行为规范。由于机车司机室不是全封闭的驾驶室,司机随时随地都有将头或身体上部探出车外的可能。由于井下运输大巷空间狭窄,有些地段因轨道质量差,使行驶中的机车左右摇摆幅度较大,可能出现机车车辆擦帮的现象;或有些地段巷壁上电缆钩、管线托架安装不规范,正好处于和司机头部等高的水平,且离司机较近;或轨道旁有翻倒的车辆;或双轨线路交缝太窄,在 2 列车会车时距离太近;或地面架线杆子离轨道距离太近等安全隐患,如果机车司机在行驶过程中将头和身体探出车外,随时可能造成司机人身伤害事故。

司机离开座位时,必须切断电动机电源,将控制手把取下,扳紧停车制动,但不得关闭车灯。这是为了保证已停止运行的机车可靠地停止在轨道上,不因受到任何外力作用而移动的具体规定。由于井下轨道具有一定坡度,如果不扳紧车闸,机车在受到外力后将会向下坡的方向移动,造成机车失控运行,极易发生运输事故。若控制手把不取下,则其他人员可以偷开机车,特别是非司机人员开车,不懂行车规定、操作规程,将会酿成大的事故。

在运输线路上临时停车时,不得关闭车灯,是为了提示其他车辆或行人注意机车停止的位置,防止追尾、碰头等事故的发生。

(10) 列车制动距离是指在列车运行过程中，当机车司机发现前方道路上有障碍或机车发生故障及其他必须紧急制动停车的情况时，从司机开始反应刹车到列车完全停车时，列车通过的全部路程。列车制动距离也是对机车司机技术操作水平、机车制动系统完好状况、轨道质量状况、列车行驶速度和组列合理性的全面检验。同一辆机车在相同速度的情况下由不同操作水平的司机操作，会出现不同的制动距离。因此，"新投用机车应当测定制动距离，之后每年测定 1 次"，并采取措施，加强司机的安全技术培训和设备、轨道的检修，以及对列车速度、组列进行分析计算，保证列车在《规程》规定的制动距离范围内实现可靠制动，有效防止撞人、追尾事故的发生。

《规程》规定的列车制动距离，"运送物料时制动距离不得超过 40 m；运送人员时制动距离不得超过 20 m"，是根据以下两个方面得出的：① 沿用苏联的规定，且经实践证实是可行的；② 理论计算。根据列车在一定坡度的轨道上向下行驶时制动距离的计算公式进行参数设定和计算。制动距离是从司机开始操作施闸手轮或电闸手把到列车停止运行的距离，其计算公式为

$$S = vt + \frac{Kv^2(Q+W)}{2g[Q\varphi + (Q+W)(f-i)]} \tag{3-9-2}$$

式中 S——制动距离，m；

v——开始制动时的运行速度，m/s；

K——考虑列车车轮转动惯量的系数，取 1.05；

Q——机车的黏着质量，即电机车总质量，kg；

W——被牵引列车的总质量，kg；

φ——机车黏着系数，撒砂时为 0.24，不撒砂时为 0.12；

f——运行阻力因数，0.01；

t——施闸的空动时间，s；

i——运行轨道坡度的千分数，最大为 0.007；

g——重力加速度，9.8 m/s^2。

由式(3-9-2)可以看出，影响制动距离的有关因素为：

① 运行速度。制动距离与运行速度的平方成正比，速度快一点儿，制动距离大很多。

② 与被牵引列车的总质量基本上成正比，被牵引的列车质量越大，制动距离越长。

③ 黏着系数越大，制动距离越小，即撒砂制动，可使制动距离减少。

④ 运行轨道的坡度越大，制动距离越大。

⑤ 施闸的空动时间越短，空行程越短，即司机动作越快，制动距离越短。

当制动距离超过规定时，除对机车制动系统进行检修和调整外，应降低运行速度，减少牵引载荷或其他措施，在同一线路重新进行试验，直至符合要求为止。机车要常备筛好的干燥砂、动态调整坡度大的轨道、降低运行速度、减少牵引车数，以保证制动距离不超过规定，保证运输安全。

【案例】 2002 年 10 月 9 日，大屯公司孔庄煤矿运输科生产二班在－375 m 大巷二站Ⅱ号交岔点，发生一起因轨道质量差、弯道处快速行车造成的运输事故，死亡 1 人。事故地点处在弯道处，对开时两列机车最突出部分间距仅为 45 mm，且轨道接头高低差达 10 mm，运行时造成两机车侧撞。两机车行驶在弯道处没按规定减速慢行；运输科对该处安全间隙没有引起高度重视，试图通过更换钢轨一起解决，致使隐患没有得到及时整改。

【执行中应注意的问题】

(1) 新投用的机车运输监控系统及机车集中信号控制系统,必须经过测试,确保是性能可靠的产品。

(2) 完善机车运行管理制度。加强机车的定期检查维护,强化对机车司机及检修人员的安全操作培训。机车司机要严格按要求操作,管理单位要加强监督检查,严格按标准考核。

第三百七十八条 使用的矿用防爆型柴油动力装置,应满足以下要求:

(一) 具有发动机排气超温、冷却水超温、尾气水箱水位、润滑油压力等保护装置。

(二) 排气口的排气温度不得超过 77 ℃,其表面温度不得超过 150 ℃。

(三) 发动机壳体不得采用铝合金制造;非金属部件应具有阻燃和抗静电性能;油箱及管路必须采用不燃性材料制造;油箱最大容量不得超过 8 h 用油量。

(四) 冷却水温度不得超过 95 ℃。

(五) 在正常运行条件下,尾气排放应满足相关规定。

(六) 必须配备灭火器。

【释义】 本条是关于矿用防爆型柴油动力装置在制造和使用上确保安全的规定。

(1) 矿用防爆型柴油动力装置,应具有发动机排气超温、冷却水超温、尾气水箱水位、润滑油压力等保护装置。发动机排气超温保护是为了防止高温引爆瓦斯。冷却水超温保护是为了防止冷却水温度过高起不到有效冷却的作用。尾气水箱水位保护是为了防止水位过低起不到隔爆和净化尾气的作用。润滑油压力保护,润滑油压力过低,表面润滑不良而加快磨损,严重时还会烧瓦、拉缸。

(2) 排气口的排气温度不得超过 77 ℃,是因为:如果排气口的排气温度高于 77 ℃,没有完全燃尽的残留燃油随排出的气体排到排气口,受高温影响,便会在排气口外闪火燃烧,产生更高的温度,从而引起瓦斯或煤尘爆炸事故,所以排气口的排气温度不得高于 77 ℃。矿用防爆型燃油动力装置任何部位,包括排气装置的表面温度不得高于 150 ℃,主要是要符合"本安型"矿用防爆设备,即适用于煤矿井下的"本安型"电气设备表面有煤尘堆积时,表面最高温度不高于 150 ℃的要求,以确保其防爆性能。

(3) 发动机壳体不得采用铝合金制造,是因为铝合金易氧化,氧化时放出热量较多,受热后,膨胀系数较大,紧固件易松动,柴油动力装置又是发出热量较大的设备,为了安全可靠,不破坏防爆性能。另外,铝合金等轻金属受摩擦、冲击时产生的火花容易引起瓦斯、煤尘爆炸。因此规定发动机壳体不得采用铝合金制造。

防爆型柴油动力装置以柴油为动力,一旦出现故障发生火灾,非阻燃材料会助长火势,迅速燃烧,扩大灾情,同时会释放大量有毒烟气,危害很大,因此规定非金属部件应具有阻燃性能和抗静电性能。

防爆型柴油动力装置金属油箱内储存有 8 h 使用的柴油,运行时在容器内冲撞,排气管路又有高速高压气体流动,都会产生一定程度的静电电压,随时都会因金属导电而释放,不会造成电荷的积累和电压的升高。如果使用非金属材料制造油箱,产生静电后不能随时释放,造成电荷的积累使电压升高,电压升高到一定程度便从绝缘薄弱点放电,产生电火花,有造成瓦斯、煤尘爆炸事故的危险,故非金属部件应具有抗静电性能。同理,油箱及管路应采用不燃性材料制造，以防止火灾发生。

防爆型柴油动力装置油箱不宜过大，油量够 8 h 使用即可，并非每班 8 h 都在不停运转，如果油箱储油过多，一旦发生火灾，将加大事故危害。因此规定油箱最大容量不得超过 8 h 用油量。

(4) 水温超过 95 ℃，水就会汽化，水蒸气温度更高，起不到冷却的效果。冷却水温度超过 95 ℃以上时，会使润滑油温度升高而变稀、机油压力降低，使机油消耗加快，零件磨损加快，严重时会造成拉缸、抱轴和烧瓦等事故。柴油机的金属零件在长时间的高温作用下，强度、弹性和耐磨性会下降。同时，高温使零件膨胀变形，严重影响配合零件的正常间隙，甚至卡死。缸内温度过高，使燃油和空气混合比例失调、燃烧不充分和排气管冒黑烟，从而导致柴油机输出功率降低。柴油机工作时，冷却水的正常温度应保持在 75～90 ℃；此时柴油机可发出最大功率，燃油消耗最经济，机件磨损最小。

(5) 在正常运行条件下，尾气排放应满足相关规定。尾气排放是为了保证煤矿工人的身体健康，提供适宜的生产环境，排出的各种有害气体被巷道风流稀释后，其浓度必须符合《规程》有关条目的规定，即有害气体的浓度不超过《规程》的规定数值。

(6) 为了防止发生火灾，防爆柴油动力装置必须配备足够的适宜柴油灭火的灭火器，以在最短时间内完成灭火，最大限度地减少巷道中有毒烟气和火灾造成的损失。

【执行中应注意的问题】

(1) 要严把防爆柴油动力装置入井关，对选型、配置不合理，本身存在设计缺陷、运行性能差、尾气排放不达标的设备严禁入井使用。

(2) 对使用中的防爆柴油动力装置的安全保护装置，要定期做好保护试验，保证安全保护灵敏可靠，有效预防事故发生。严禁封用各类保护装置。

第三百七十九条　使用的蓄电池动力装置，必须符合下列要求：

(一) 充电必须在充电硐室内进行。

(二) 充电硐室内的电气设备必须采用矿用防爆型。

(三) 检修应当在车库内进行，测定电压时必须在揭开电池盖 10 min 后测试。

【释义】　本条是关于使用蓄电池动力装置的规定。

(1) 煤矿井下蓄电池动力装置的蓄电池多为铅酸蓄电池，蓄电池充电时，充电电流使电解液中的水电离分解，在不同的极板附近析出氢气和氧气，特别是在充电后期会产生大量的氢气和氧气。如果这些气体聚集，遇到火源会燃烧爆炸，所以井下蓄电池充电硐室内必须采用矿用防爆型电气设备，且充电硐室内应具有良好的通风条件，使蓄电池充电时所产生的氢气和氧气排出室外。

(2) 由于矿用防爆型蓄电池动力装置的使用环境较为恶劣，在工作地点等室外随时打开检修，会使装置处于失爆状态，有可能引起瓦斯、煤尘爆炸。另外，室外检修蓄电池组等电气设备时，由于室外环境不好，无充足的照明和环境潮湿，工具设施不全，很难查出故障点，还容易造成电解液烧伤人员。由于矿用防爆型蓄电池动力装置的车库、充电硐室处于新鲜风流中，且室内设备用具齐全，对电机车的检修和充电比较安全。因此，使用的蓄电池动力装置，检修应当在车库内进行。

在充电过程中检测电压时，电表表笔接触电极时可能产生火花，有可能引起聚积的氢气和氧气燃烧爆炸。因此,检修应当在车库内进行,测定电压时必须在揭开电池盖 10 min 后测试,10 min 后,使电池内氢气和氧气扩散释放后,没有爆炸危险时再进行测量。

【执行中应注意的问题】

(1) 煤矿井下蓄电池动力装置在充电及检修时,应有专人负责。

(2) 严格按照规定在充电硐室内进行,且充电硐室内的电气设备及人员的操作应符合规定,消除充电过程中因氧气和氢气析出而引发爆炸的危险,确保人员安全。充电人员应注意观察电池在充电过程中发生的变化,如有异常情况应停电处理。

(3) 充电硐室内应安设氢气传感器,进行实时监测。

(4) 充电硐室内应设立灭火装置等设施。

第三百八十条　轨道线路应当符合下列要求:

(一) 运行 7 t 及以上机车、3 t 及以上矿车,或者运送 15 t 及以上载荷的矿井、采区主要巷道轨道线路,应当使用不小于 30 kg/m 的钢轨;其他线路应当使用不小于 18 kg/m 的钢轨。

(二) 卡轨车、齿轨车和胶套轮车运行的轨道线路,应当采用不小于 22 kg/m 的钢轨。

(三) 同一线路必须使用同一型号钢轨,道岔的钢轨型号不得低于线路的钢轨型号。

(四) 轨道线路必须按标准铺设,使用期间应当加强维护及检修。

【释义】 本条是关于矿井轨道线路的规定。

(1) 列车在运行过程中,钢轨受到来自列车的多种力的作用,包括列车垂直方向的重力作用、振动冲击作用,当行走机构无减震装置时其冲击力更大。另外,机车牵引力和制动力引起的钢轨爬行,由于轨道左右水平误差引起的横向水平力和曲线弯道处的离心力,以及轨道与轮缘间的游动间隙引起的车轮滑动力和冲击力等的综合作用,钢轨被拉伸、扭曲、折弯或折断。随着井型的扩大和装备水平的提高,设计使用较大载重的机车和矿车越来越多,如 7 t 以上机车和 3 t 以上矿车,因此,对钢轨的单重和强度提出更高的要求。实践证明,24 kg/m的钢轨已不能满足重载、高速列车运输的要求,经常出现钢轨扭弯、折断事故;而使用 38 kg/m 以上的钢轨又不符合经济实用的原则,因此,结合现代化新型矿井的需要,从建井开始,就直接使用 30 kg/m 的钢轨,对矿井安全经济的运输和今后的改扩建非常有益。因此,运行 7 t 及以上机车、3 t 及以上矿车,或者运送 15 t 及以上载荷的矿井、采区主要巷道轨道线路,应当使用不小于 30 kg/m 的钢轨;其他线路应使用不小于 18 kg/m 的钢轨。

(2) 卡轨车、齿轨车和胶套轮车的自身质量较大,为了保证运行安全,轨道必须有足够的强度和刚度,应当采用不小于 22 kg/m 的钢轨,以防止承载后产生弹性变形,造成脱轨。轨道安装必须符合标准,扣件必须安全、牢固并与轨型相符,轨道接头间隙、高低和左右偏差等不能超过规定,直线段轨面的水平偏差,曲线段加宽后外轨抬高的上下偏差,轨枕的规格、间距及道砟厚度,均应按规定标准执行。

(3) 同一线路必须使用同一型号的钢轨,是为了减少列车运行至异型钢轨接头处受到的冲击力,同时也是为了防止因使用低于设计标准的钢轨而发生运输事故,确保列车运行安全。

由于矿井轨道钢轨接头采用悬接技术,通常在异型钢轨接头处出现较大的高低错差和左右错差,当列车通过时将产生严重撞击,造成车轮轮缘和踏面损伤,甚至发生脱轨掉道事故。如果选用低于设计要求的钢轨，由于承载能力低，常被扭曲、折断，使列车掉道。列车在通过道岔时，不但对钢轨产生垂直方向的重力或冲击力作用，更重要的是转辙冲击力和离心力作用，而且速度越高，冲击力和离心力越大，钢轨承载就越大。实践证明，道岔尖轨处容易发生严重变形和损伤，曲线连接轨常被折断。所以，道岔的钢轨型号最好选用相应线路高一级的钢轨型号。如果受条件限制，道岔的钢轨型号也必须选用与线路相同级别的钢轨。

(4) 矿井轨道按标准铺设是保证矿井安全运输、防止运输事故发生和增产增效的基本途径。不按标准铺设的轨道容易造成车辆损坏，引发钢轨扭弯、折断等。

由于矿井轨道经过长期行车，受列车运行时的各种力综合作用会发生变形和大的位移，严重时危及运输安全。因此，为了保持轨道的完好状态，使变形和位移限制在规定的范围内，要经常维护，定期对轨道进行必要的检修。

【案例】 2007 年 3 月 9 日，涟源市留石三矿二级暗斜井+125 m 甩道发生一起运输事故，造成 1 人死亡。事故地段轨道铺设质量差，暗斜井下去右侧轨面高于左侧 10 cm，轨道接口间隙较大，引起矿车脱轨掉道，暗斜井提升期间，信号把钩工违章站在+125 m 甩道，矿车掉道时无法及时躲避，被矿车撞倒碾压致死。

【执行中应注意的问题】

(1) 设计采用轨道运输时，应严格按标准选用符合要求的轨型，严防轨道选型不合格造成的先天不足。

(2) 轨道线路(含道岔)按标准铺设。扣件必须安全、牢固并与轨型相符，轨道接头间隙、高低和左右偏差等不能超过规定，直线段轨面的水平偏差，曲线段加宽后外轨抬高的上、下偏差，轨枕的规格、间距及道砟厚度，均应按规定标准执行。

(3) 使用期间应当加强维护及检修。按照《煤矿窄轨铁道维修质量标准及检查评级办法》的要求进行维护与检查。

(4) 15 kg/m 的钢轨已经被淘汰，禁止使用。

第三百八十一条　采用架线电机车运输时，架空线及轨道应当符合下列要求：

(一) 架空线悬挂高度、与巷道顶或者棚梁之间的距离等，应当保证机车的安全运行。

(二) 架空线的直流电压不得超过 600 V。

(三) 轨道应当符合下列规定：

1. 两平行钢轨之间，每隔 50 m 应当连接 1 根断面不小于 50 mm^2 的铜线或者其他具有等效电阻的导线。

2. 线路上所有钢轨接缝处，必须用导线或者采用轨缝焊接工艺加以连接。连接后每个接缝处的电阻应当符合要求。

3. 不回电的轨道与架线电机车回电轨道之间，必须加以绝缘。第一绝缘点设在 2 种轨道的连接处；第二绝缘点设在不回电的轨道上，其与第一绝缘点之间的距离必须大于 1 列车的长度。在与架线电机车线路相连通的轨道上有钢丝绳跨越时，钢丝绳不得与轨道相接触。

【执行说明】 (一)架空线悬挂高度的规定。自轨面算起,电机车架空线的悬挂高度应符合下列要求:

1. 在行人的巷道内、车场内以及人行道与运输巷道交叉的地方不小于 2 m;在不行人的巷道内不小于 1.9 m。

2. 在井底车场内,从井底到乘车场不小于 2.2 m。

3. 在地面或工业场地内,不与其他道路交叉的地方不小于 2.2 m。

(二)架空线悬挂间距的规定。电机车架空线与巷道顶或棚梁之间的距离不得小于 0.2 m。悬吊绝缘子距电机车架空线的距离,每侧不得超过 0.25 m。电机车架空线悬挂点的间距,在直线段内不得超过 5 m,在曲线段内不得超过表 2 中规定值。

表 2　电机车架空线曲线段悬挂点间距最大值　　m

曲率半径	25～22	21～19	18～16	15～13	12～11	10～8
悬挂点间距	4.5	4	3.5	3	2.5	2

(三)轨道线路上所有钢轨接缝连接后每个接缝处的电阻,不得大于下列规定:

1. 18 kg/m 钢轨,0.000 24 Ω。

2. 22 kg/m 钢轨,0.000 21 Ω。

3. 24 kg/m 钢轨,0.000 20 Ω。

4. 30 kg/m 钢轨,0.000 19 Ω。

5. 33 kg/m 钢轨,0.000 18 Ω。

6. 38 kg/m 钢轨,0.000 17 Ω。

7. 43 kg/m 钢轨,0.000 16 Ω。

(四)高瓦斯矿井中,与采区相连的设置架空线的所有巷道,必须设置风向传感器。当风流反向时,必须切断架空线电源。

【释义】 本条是关于架线电机车运输时架空线及轨道应满足的规定。

(1)电机车架空线悬挂高度是根据不同作业地点、行人容易碰触到的高度和电机车受电弓的有效工作高度等因素综合考虑确定的。在井底车场内、在行人的巷道内、车场内以及人行道与运输巷道交叉的地方,为了使工作人员佩戴安全帽正常行走时碰触不到架空线,同时考虑到受电弓的有效工作高度范围。因此,架空线悬挂高度、与巷道顶或者棚梁之间的距离等,应保证机车安全运行。

(2)由于煤矿井下环境潮湿,裸体的架线距棚梁、巷道顶板的距离较近,且悬挂架线的绝缘器具表面受井下潮湿空气的影响和矿尘的污染,绝缘性能降低而发生漏电。选用的电压越高,其漏电电流越大,人的触电危险也越大。但是电压越高,电机车的用电电流越小,电压降也越小,电机车的运行距离就可以远些,这既不经济也不利于设备的安全运转。为防止人身触电,降低所使用的电压是最有效的措施。另外,架线电机车集电器与架线接触时,容易出现脱弓短路、接地等事故,若选用较高等级的电压,会产生很强的短路电弧火花和短路电流,十分危险。根据一般矿井的运输距离和架线电机车的数量,以及电压高所带来的危险程度,本条中做出"架空线的直流电压不得超过 600 V"的规定是合理的。

(3)架线电机车的轨道非常重要,应该按照要求铺设。

① 为了防止两条钢轨因某个接缝不好而降低导电作用,要求两条平行钢轨间每隔50 m连接1根断面不小于50 mm^2 的铜线或其他具有等效电阻的导线。

② 轨道线路上所有钢轨接缝采用导线连接或采用轨缝焊接工艺连接,其目的在于提高架线电机车牵引网络的回流能力,减少杂散电流的形成,保证网络电压的质量,使架线电机车工作在额定电压范围内,防止机车运行中车轮与轨道之间产生电弧火花。特别是由于轨道接缝无连接导线或连接不符合规定时造成几十伏以上的对地电压和几十安以上的杂散电流,可能造成运输大巷附近掘进工作面中的电雷管前期引爆以及电弧火花引起的瓦斯爆炸,直接威胁矿井安全。

架线电机车的行车轨道是回电电流的导体,因此必须减小轨道的电阻,使电压损失达到最小,保证运输轨道最远端有足够的启动电压和运行电压,使机车启动及运行时有足够大的牵引力。在钢轨型号确定后,减小钢轨电阻的主要措施就是尽量降低钢轨接头处的电阻,要求钢轨接头不仅要扣件齐全牢固,而且每个接缝电阻不超过规定值。

③ 为了防止回电电流窜入不回电的轨道和其他设施中造成危害,在不回电的轨道与架线电机车回电轨道之间必须加以绝缘。其中,第一绝缘点设在2种轨道的连接处;第二绝缘点设在不回电的轨道上,其与第一绝缘点之间的距离必须大于1列车的长度,以防止列车将2处绝缘同时短路。还要经常对绝缘点进行检查维护,保持可靠绝缘。另外,为了防止穿越轨道的钢丝绳将回电电流导向别处,规定钢丝绳不得与轨道相接触。

【执行中应注意的问题】

(1) 架线式电机车是限制使用的落后装备,在矿井设备升级改造中有条件的应逐步淘汰。

(2) 架线式电机车运行的钢轨接头,每个接缝电阻不得超过本条执行说明第三款的规定。

第三百八十二条 长度超过1.5 km的主要运输平巷或者高差超过50 m的人员上下的主要倾斜井巷,应当采用机械方式运送人员。

运送人员的车辆必须为专用车辆,严禁使用非乘人装置运送人员。

严禁人、物料混运。

【释义】 本条是关于主要运输平巷和主要倾斜井巷采用机械方式运送人员的规定。

(1) 随着矿井井型的扩大和矿井开采年限的增长,致使井下有些采区距离井底车场较远,为了保证矿工不在路途中体力消耗过大,以充足体力和精力投入生产,下班途中不因疲劳而引发安全事故,长度超过1.5 km的主要运输平巷或者高差超过50 m的人员上下的主要倾斜井巷,应采用机械方式运送人员。采用机械方式运送人员,减少了人员在巷道中行走时与机车相遇的机会,有利于提高运输效率,减少运输事故。

(2) 固定车厢式矿车、翻转车厢式矿车、底卸式矿车、材料车和平板车等是用于运送物料的矿车,这些矿车用于运送人员时无法保证被运送人员的人身安全。如果采用架线式电机车牵引,被运送人员上下矿车时容易碰触架空线而发生触电事故,且由于没有矿车顶棚的保护,在运送人员的过程中,被运送人员容易被顶板掉落物体砸伤。矿车内空间狭小,被运送人员容易坐着不舒服或由于拥挤而不慎站立起来,容易被顶板、架空线、锚索(杆)头、铁丝及管线等碰伤或发生触电事故。另外,作业人员乘坐平板车时身体的各个部位随时都可能不小心探出车外,在经过弯道和道岔时容易被甩出车外而发生人身伤亡事故。专用人车应该有顶棚、车厢、座椅、安全带或牢固依靠物、扶手、减震、防碰撞装置,除平巷人车外应该有制动装置,安全性和舒适性提高。因此,运送人员的车辆必须为专用车辆,严禁使用非乘人装置运送人员。

(3) 人、物料混运,若物料固定不牢,也会危及乘车人员安全;若运人车辆载运货物可能导致车辆总质量、重心变化,进而影响车辆的转向、制动性能;有些易燃易爆的物料人车混运可能直接危害人员的健康与生命。因此,严禁人、物料混运。

【执行中应注意的问题】

(1) 运送人员的车辆应符合《矿用人车安全要求》(GB 21011—2007)的规定。

(2) 建立规章制度,加强教育培训,防止工人私自乘坐运料车辆,严禁人、物料混运。

第三百八十三条 采用架空乘人装置运送人员时,应当遵守下列规定:

(一) 有专项设计。

(二) 吊椅中心至巷道一侧突出部分的距离不得小于 0.7 m,双向同时运送人员时钢丝绳间距不得小于0.8 m,固定抱索器的钢丝绳间距不得小于1.0 m。乘人吊椅距底板的高度不得小于 0.2 m,在上下人站处不大于 0.5 m。乘坐间距不应小于牵引钢丝绳 5 s 的运行距离,且不得小于 6 m。除采用固定抱索器的架空乘人装置外,应当设置乘人间距提示或者保护装置。

(三) 固定抱索器最大运行坡度不得超过 28°,可摘挂抱索器最大运行坡度不得超过25°,运行速度应当满足表 6 的规定。运行速度超过 1.2 m/s 时,不得采用固定抱索器;运行速度超过 1.4 m/s 时,应当设置调速装置,并实现静止状态上下人员,严禁人员在非乘人站上下。

表 6 架空乘人装置运行速度规定 m/s

巷道坡度 θ/(°)	28≥θ>25	25≥θ>20	20≥θ>14	θ≤14
固定抱索器	≤0.8	≤1.2		
可摘挂抱索器	—	≤1.2	≤1.4	≤1.7

(四) 驱动系统必须设置失效安全型工作制动装置和安全制动装置,安全制动装置必须设置在驱动轮上。

(五) 各乘人站设上下人平台,乘人平台处钢丝绳距巷道壁不小于1 m,路面应当进行防滑处理。

(六) 架空乘人装置必须装设超速、打滑、全程急停、防脱绳、变坡点防掉绳、张紧力下降、越位等保护,安全保护装置发生保护动作后,需经人工复位,方可重新启动。

应当有断轴保护措施。

减速器应当设置油温检测装置,当油温异常时能发出报警信号。沿线应当设置延时启动声光预警信号。各上下人地点应当设置信号通信装置。

(七) 倾斜巷道中架空乘人装置与轨道提升系统同巷布置时,必须设置电气闭锁,2 种设备不得同时运行。

倾斜巷道中架空乘人装置与带式输送机同巷布置时，必须采取可靠的隔离措施。

（八）巷道应当设置照明。

（九）每日至少对整个装置进行1次检查，每年至少对整个装置进行1次安全检测检验。

（十）严禁同时运送携带爆炸物品的人员。

【执行说明】 专项设计应该由具有煤炭行业（矿井）设计资质的机构，针对运行巷道的断面、坡度、变坡点，运量与运输距离等，依据国家相关标准规范，进行具体的选型计算，由矿总工程师组织审查。

断轴保护措施，主要是指发生断轴时防止牵引绳驱动轮飞出的保护装置。

【释义】 本条是关于使用架空乘人装置运送人员的规定。

矿用架空乘人装置主要用于矿井斜巷、平巷运送人员，俗称猴车。该装置通过电动机带动减速机上的摩擦轮作为驱动装置，采用架空的无极循环的钢丝绳作为牵引承载。钢丝绳主要靠尾部张紧装置进行张紧，沿途依托绳轮支撑，以维持钢丝绳在托轮间的挠度和张力。抱索器将乘人吊椅与钢丝绳连接并随之做循环运行，从而实现运送人员的目的。乘人装置钢丝绳运行速度低，乘人离地不高，具有运行安全可靠、人员上下方便、随到随行、不需等待、一次性投入低、动力消耗小、操作简单、便于维护、工作人员少和运送效率高等特点，是一种新型的煤矿井下人员输送设备。

(1) 架空乘人装置应有专项设计，确保架空乘人装置设计、制造、安装符合本矿的实际要求。架空乘人装置专项设计主要根据运行巷道的断面、坡度、变坡点、运量与运输距离等现场数据，依据《煤炭工业矿井设计规范》(GB 50215—2015)、《煤矿井下辅助运输设计规范》(GB 50533—2009)、《煤矿用架空乘人装置安全检验规范》(AQ 1038—2007)、《煤矿用架空乘人装置》(MT/T 1117—2011)、《煤矿固定抱索器架空乘人装置技术条件》(MT/T 873—2000)等标准和规范，进行设备选型和主要参数验算、安全设施设计、设施设备配置等工作。进行架空乘人装置专项设计，可以达到规范管理，提高制造水平，保证现场安装质量的目的。

(2) 吊椅中心至巷道一侧突出部分的距离如果小于0.7 m，当巷壁有突出物时，运行中吊杆左右摆动，就会使蹬座的一端触碰巷壁，使乘人碰伤或摔伤。运行速度越高，吊杆的摆动幅度会越大，上下人会越困难。乘坐间距越小，上下人时的速度越快，有的人动作慢来不及就有摔伤的可能，同时间距太小，乘坐人员就多，也会产生过负荷和制动力矩不足，制动距离太大。因此，吊椅中心至巷道一侧突出部分的距离不得小于0.7 m，乘人吊椅距底板的高度不得小于0.2 m，在上下人站处不大于0.5 m。乘坐间距不应小于牵引钢丝绳5 s的运行距离，且不得小于6 m。

(3) 不同型号的架空乘人装置适用的最大坡度和最大运输距离等技术性能参数是不同的，当巷道的实际倾角大于所选用型号的架空乘人装置规定的最大倾角时，乘人装置就会出现拖动力不足、过负荷运行、制动力不足、向下运行停不住及制动距离过长等问题。如果是摩擦轮驱动，还可能出现钢丝绳在摩擦轮上打滑以及吊杆脱离吊轮等危险情况。因此，固定抱索器最大运行坡度不得超过28°，可摘挂抱索器最大运行坡度不得超过25°。

架空乘人装置运行速度越大，引起吊杆摆动和振动的幅度越大，并且不利于人员上下，容易发生摔伤、碰伤等事故。另外,运行速度越大,越不容易实施制动,安全性能降低,因此,采用架空乘人装置运送人员时,运行速度应满足本款的规定。

为防止乘坐人员在碰伤、挤伤情况下从吊杆上掉落下来,除采用固定抱索器的架空乘人装置外,应设置乘人间距提示或保护装置,驱动系统应设置失效安全型工作制动装置和安全制动装置,以防止重大事故的发生。因此,运行速度超过 1.2 m/s 时,不得采用固定抱索器;运行速度超过 1.4 m/s 时,应当设置调速装置,并应实现静止状态上下人员,严禁人员在非乘人站上下。

(4) 驱动系统必须设置失效安全型工作制动装置和安全制动装置,安全制动装置必须设置在驱动轮上,防止因断轴、断齿时高速轴上的工作制动装置失效而导致飞车事故。

(5) 各乘人站设上下人平台,便于人员上下;乘人平台处钢丝绳距巷道壁不小于 1 m,以防止人员上下时撞到巷道壁;路面应当进行防滑处理,防止人员滑倒。

(6) 架空乘人装置装设超速、打滑、全程急停、防脱绳、变坡点防掉绳、张紧力下降、越位等保护后,当发生设备超速、失速运行、掉绳、人员乘车越位及其他应急情况时,能够及时停止设备运行,防止人员摔伤或钢丝绳损坏等事故的发生,保证架空乘人装置的运行安全。

设置断轴保护,主要是防止因断轴造成驱动轮、尾轮在钢丝绳张力作用下快速移动而伤人。

减速器设置油温检测装置,是为了保障减速器的安全运行。

沿线设置延时启动声光预警信号,是为了在设备启动前发出声光预警信号,提醒乘坐人员注意。

各上下人地点设置信号通信装置,是为了方便各乘人处与司机进行信号和通信联络。

(7) 倾斜巷道中架空乘人装置与轨道提升系统同巷布置时,必须设置电气闭锁,2 种设备不得同时运行,以防止 2 种设备同时运行互相干扰。可通过将架空乘人装置磁力启动器与轨道提升系统磁力启动器控制回路中分别串接对方的常闭接点的方式实现。

架空乘人装置与带式输运机同巷布置时,隔离措施主要是指在带式输送机与架空乘人装置间安装防护网,并采取其他防飞石的措施,以避免煤矸滚落伤人。此外,还应确保设备的安全间隙符合要求,任意一种设备运行时都不得影响其他设备的安全。

(8) 巷道装设照明,乘坐人员能够看清线路、路面状况、障碍物、各类标识和牌板等,有助于人员确定上下车位置,保证运人安全。巷道装设照明,也是满足人员的安全心理需求。

(9) 架空乘人装置在实际应用中可能会出现问题,为提高安全运行的可靠性,每日至少对整个装置进行 1 次检查。每日检查主要检查驱动装置、回绳轮、吊椅、钢丝绳、保护装置等是否处于完好状态。每年应至少对整个装置进行 1 次安全检测检验,检查依据《煤矿用架空乘人装置安全检验规范》(AQ 1038)进行。

(10) 由于架空乘人装置在运行时可能发生摆动、振动、牵引钢丝绳脱轮等现象,会使炸药和雷管受到摩擦和冲击,容易引起爆炸和伤亡事故。因此,严禁同时运送携带爆炸物品的人员。

【执行中应注意的问题】

(1) 架空乘人装置使用的蜗轮蜗杆式减速器,对材质和润滑要求高,发热量大,一旦润滑不满足要求,会对齿面造成严重损伤,存在潜在的事故隐患,实际使用中已经发生多次事故,运输距离超过 1000 m 或驱动功率大于 55 kW 的架空乘人装置上禁止使用,应推广使用齿轮减速器或使用变频驱动、液压驱动的架空乘人装置。

(2) 架空乘人装置用铸造抱索器，铸造工艺潜存气孔、黏砂、夹砂等缺陷，同时由于抱索器形状不规则，无法采用现有的射线、超声探伤及表面磁粉探伤等手段进行检查，潜存较大事故隐患，已经被淘汰，禁止使用；应推广使用锻造或锻压抱索器。

(3) 乘人站上下人平台处容易发生滑倒等事故，平台的长度与坡度应注意设计合理。

第三百八十四条　新建、扩建矿井严禁采用普通轨斜井人车运输。

生产矿井在用的普通轨斜井人车运输，必须遵守下列规定：

(一) 车辆必须设置可靠的制动装置。断绳时，制动装置既能自动发生作用，也能人工操纵。

(二) 必须设置使跟车工在运行途中任何地点都能发送紧急停车信号的装置。

(三) 多水平运输时，从各水平发出的信号必须有区别。

(四) 人员上下地点应当悬挂信号牌。任一区段行车时，各水平必须有信号显示。

(五) 应当有跟车工，跟车工必须坐在设有手动制动装置把手的位置。

(六) 每班运送人员前，必须检查人车的连接装置、保险链和制动装置，并先空载运行一次。

【执行说明】　普通轨斜井人车是指在倾斜井巷采用标准轨道，满足行业标准规定运送人员的设备，包括 XRC 系列、XRB 系列。

【释义】　本条是关于普通轨斜井人车运送人员的规定。

普通轨斜井人车存在跑车、掉道和侧翻等安全隐患，事故率较高，车体重，制动可靠性较低等，新建、扩建矿井严禁采用普通轨斜井人车运输，应优先选用架空乘人装置或异型轨卡轨斜井运人系统，宜设置建设专用运人斜井(巷)。

(1) 普通轨斜井人车应设置可靠的制动装置。断绳时，制动装置既能自动发生作用，还能人工操纵制动装置，当发现前方有障碍或行人，需要立即停车时，可随时人工操作，使制动装置发生作用立即停车。

(2) 斜井人车在运行过程中会遇到多种意想不到的情况，例如：运行前方有障碍物、轨道出现严重质量问题、跑车防护栏误动作下落等，都会威胁到乘坐人员的安全。在上述情况下，如果不及时停车，将会发生撞击障碍物、翻车或断绳跑车等事故。因此，生产矿井在用的普通轨斜井人车运输，必须设置使跟车工在运行途中任何地点都能发送紧急停车信号的装置，并且此信号装置应灵敏可靠。

(3) 多水平运输时，如果各水平发出的信号没有区别或没有不同水平的信号显示装置，会造成集中收发信号后传出错误信号，或司机分辨不出运行区段和停车位置，容易发生列车误入其他区段，造成事故。因此，多水平运输时，从各水平发出的信号必须有区别，人员上下地点应当悬挂信号牌，任一区段行车时，各水平必须有信号显示。

(4) 人员上下地点应当悬挂信号牌，便于发现问题及时联系。任一区段行车时，各水平必须有信号显示，以便了解车辆运行的位置，提前做好准备。

(5) 要保证全部乘车人员的安全，倾斜井巷运送人员的人车必须要有跟车工，其职责是对列车在行驶过程中发生的突发事件进行处理，确保乘车人员的安全。例如，断绳跑车时采取紧急制动措施,当列车运行的前方遇到障碍物时及时发出停车信号。为了便于跟车人员的观察和操作,跟车工必须坐在设有手动制动装置把手的位置,以便于观察前方有无障碍,当出现紧急情况时,扳动手动制动装置把手进行紧急制动停车,同时跟车工还有看管把手不被其他人员误操作的职责。

(6) 由于人车的连接装置、保险链、制动装置是确保人车安全的关键部件,这些部件的完好、灵活、可靠程度直接关系到所有乘车人员的生命安全,所以每班运送人员之前,必须由专人认真细致地检查,并做好记录。斜井人车轨道受巷道状况影响,如果巷道顶板掉碴落在巷道底板上或轨道上有障碍物,或道岔方向被改变,或跑车防护栏误动作下落等,都会造成翻车、跑车等严重事故。因此,每班运送人员之前必须先空载运行一次,以证实巷道和轨道安全,方可使用人车运送人员。

【执行中应注意的问题】

(1) 普通轨叉爪式斜井人车和普通轨抱轨式斜井人车已经被淘汰,禁止使用,否则是重大事故隐患。

(2) 生产矿井中倾角大于30°或运输距离大于1500 m的斜井(巷)使用的普通轨斜井人车已经淘汰,禁止使用。

(3) 斜井人车运人系统应全面推广应用车辆智能监测、远程监控及钢丝绳在线监控装备。

(4) 多水平矿井延深时,应尽量减少运人转载环节,设立直达各水平的立井,不宜采用多水平暗(立)斜井(巷)多次转载的运人方式。

(5) 煤矿要强化对斜井运人系统的管理;加强对运人设施操作人员的安全培训,取得规定的资格后方可上岗作业;切实加强现场监督,坚决杜绝违章乘坐、违规操作运人设备。

(6) 煤矿要强化对斜井运人系统的日常保养维护和安全检查,发现问题要及时处理,不得带病运行,并将检查和处理情况记录存档。要严格执行国家有关规定和标准,委托具有资质的检测检验机构定期对斜井运人系统及设备进行检测检验,确保设备安全可靠运行。

【案例】 2012年2月16日,湖南耒阳市南阳镇宏发煤矿18名工人乘人车下井时,因连接人车的钢丝绳卡断裂,发生跑车事故,造成15人遇难、3人受伤。

第三百八十五条 采用平巷人车运送人员时,必须遵守下列规定:

(一) 每班发车前,应当检查各车的连接装置、轮轴、车门(防护链)和车闸等。

(二) 严禁同时运送易燃易爆或者腐蚀性的物品,或者附挂物料车。

(三) 列车行驶速度不得超过4 m/s。

(四) 人员上下车地点应当有照明,架空线必须设置分段开关或者自动停送电开关,人员上下车时必须切断该区段架空线电源。

(五) 双轨巷道乘车场必须设置信号区间闭锁,人员上下车时,严禁其他车辆进入乘车场。

(六) 应当设跟车工,遇有紧急情况时立即向司机发出停车信号。

(七) 两车在车场会车时,驶入车辆应当停止运行,让驶出车辆先行。

【释义】 本条是关于井下平巷人车运送人员的规定。

(1) 每班发车前，应检查各车的连接装置、轮轴、车门(防护链)和车闸等。人车的连接装置连接不可靠，如插销用木棒或其他物品代替、链环没按规定连接、套在插销上端、插销没插到底等，没有被发现，在运送人员的过程中，可能连接装置自动脱开，部分人车被丢掉，也可能人车掉道后被拉翻。如果轮轴有问题，在运行途中掉轮、断轴或掉道，将造成人车严重歪斜，产生剧烈震动和摆动，甚至会翻车，必将造成严重后果。车闸失灵，不能紧急停车，使制动距离延长，一旦运行前方有人或有车辆和障碍物时，由于不能紧急制动，必然猛烈相撞；一旦有人车脱轨，或其他紧急情况，人车要求立即停车时，却不能立即停下，其后果将十分严重。经检查发现存在问题的车辆严禁投入运行，维护维修后方可运行。

(2) 平巷人车在运行中及过轨道接头、道岔时会产生颠簸，如果随车携带了有爆炸性的、易燃性的或腐蚀性的物品，会因摩擦或撞击而被引爆；易燃性的物品会被引燃起火；装腐蚀性物品的容器会被震裂从而使腐蚀性物品溅出、洒落。如果在运送人员的同时运送上述几类物品，则会引起伤亡事故，如果运送人员的人车附挂物料车，则车上的物料容易窜动而伤及人员，或因物料车质量比人车重，容易引起脱轨掉道事故。因此，采用平巷人车运送人员时，严禁同时运送易燃易爆或者腐蚀性的物品，或者附挂物料车。

(3) 列车的行驶速度受多种因素的制约，如动力条件、轨道坡度、轨道质量、黏着系数、列车制动距离的要求以及列车制动装置完好状况和司机操作的熟练程度等，但主要因素是列车制动距离必须符合《规程》中"运送人员时制动距离不得超过 20 m"的规定。将列车制动距离允许值、闸的空动时间、阻力系数、重力加速度、转动惯量系数、机车的黏着质量、牵引质量、轨道坡度等参数代入列车制动距离计算公式，可求得列车行驶速度为 4 m/s，由于是按通常情况下设置的参数，按熟练司机的操作水平，2 s 的空动时间计算得到的 4 m/s 的行驶速度，可以实现 20 m 的制动距离。如果空动时间受操作和制动装置等影响超过 2 s 时，则制动距离会超出《规程》中规定的 20 m，所以只能降低行驶速度。另外，速度越快，人车掉道的可能性越大，人车上掉物的可能性越大，列车运行的噪声越大，司机就越听不到后面人车上发出的呼叫声音，导致事故扩大。因此，采用平巷人车运送人员时，列车行驶速度不得超过 4 m/s。

(4) 为了维护好乘人车站人员上下车秩序，按规定乘车，检查车辆、有无携带危险品等，人员上下车地点应当有照明。为了使上下车人员和所携带的工具物品不触电，架空线应设置分段开关或自动停送电开关，人员上下车时必须切断该区段架空线电源。

(5) 在双轨巷道的乘车场，为了上下车人员的安全，必须设置信号区间闭锁，在人员上下车时，严禁其他车辆进入乘车场。

(6) 设跟车工，可以维持上车秩序，及时发现问题，正常情况时发送开车信号，遇有紧急情况时立即向司机发出停车信号。

(7) 两车在车场会车时，驶入车辆应当停止运行，让驶出车辆先行，避免车辆拥堵。

第三百八十六条　人员乘坐人车时，必须遵守下列规定：

(一) 听从司机及跟车工的指挥，开车前必须关闭车门或者挂上防护链。

(二) 人体及所携带的工具、零部件，严禁露出车外。

(三) 列车行驶中及尚未停稳时，严禁上下车和在车内站立。

(四) 严禁在机车上或者任意 2 车厢之间搭乘。

（五）严禁扒车、跳车和超员乘坐。

【释义】 本条是关于井下乘车人员必须遵守的规定。

(1) 司机和乘务人员是经过严格的专业技术培训并取得合格证的人员。他们熟悉车况、路况和有关运送人员的各项规定,负责把乘车人员安全地送达目的地,对乘车人员在乘坐途中因操作失误、车辆颠簸等造成的事故负责。因此,乘车人员必须听从司机和乘务人员的指挥,开车前必须关上车门或挂上防护链,这是保证送人列车安全行驶的最基本条件,也是乘车人员最基本的道德规范。

(2) 乘车人员不得将人体及所携带的工具和零件露出车外,是为了保证人员安全而规定的。由于井下空间狭窄,车辆在运行中横向水平摇摆幅度较大,与巷壁和双轨线路上行驶的车辆间的间距较小,如果人体及所携带的工具和零件露出车外,可能被巷壁或过往车辆挫伤而造成伤亡事故。

(3) 列车行驶中或尚未稳时,由于惯性作用和振动、摆动等原因,使人很难控制自己的姿势,容易被摔倒碰伤,所以严禁上下车和在车内站立。又由于车辆自身的高度,在车内站立时容易触及架空线而触电。

(4) 违章搭乘在机车上或任何 2 车厢之间,由于车辆在行驶中的剧烈振动,容易发生人滑入道心被轧伤的事故;在车辆通过曲线、道岔时或脱轨掉道时,容易被挤住或触及架空线而发生伤亡事故;当发生紧急刹车时,会使几辆矿车互相挤碰,如果 2 车厢之间有人,后果严重。

(5) 由于列车的运行速度较快,振动较大,加上经常错车,巷道又狭窄,在列车行进中违章扒、蹬、跳车,慌乱中非常容易发生摔倒或被其他车辆挤伤、碰伤、轧伤等伤亡事故。另外,人在扒车、蹬车、跳车、坐矿车时的姿势多种多样,却无任何防护措施,还容易触及架空线而发生触电伤亡事故。据统计,违章扒、蹬、跳、坐矿车时发生的死亡事故占运输事故的 12%以上。

当人车超员乘坐时,会使车内拥挤,每人都没有自由活动的空间,列车运行过程中,由于车辆的震动,车内乘坐人员会随车左右摆动,加大人车的侧向压力,容易造成人车的脱轨甚至翻车。而人车一旦脱轨,里面的乘坐人员互相挤压而难以采取自救措施,人身容易受到伤害。超员乘坐还会增加机车的牵引质量,加大列车的制动距离。

第三百八十七条 倾斜井巷内使用串车提升时,必须遵守下列规定:

（一）在倾斜井巷内安设能够将运行中断绳、脱钩的车辆阻止住的跑车防护装置。

（二）在各车场安设能够防止带绳车辆误入非运行车场或者区段的阻车器。

（三）在上部平车场入口安设能够控制车辆进入摘挂钩地点的阻车器。

（四）在上部平车场接近变坡点处,安设能够阻止未连挂的车辆滑入斜巷的阻车器。

（五）在变坡点下方略大于 1 列车长度的地点,设置能够防止未连挂的车辆继续往下跑车的挡车栏。

上述挡车装置必须经常关闭,放车时方准打开。兼作行驶人车的倾斜井巷,在提升人员时,倾斜井巷中的挡车装置和跑车防护装置必须是常开状态并闭锁。

【释义】 本条是关于倾斜井巷串车提升应安设安全保护装置的规定。

(1) 倾斜井巷提升时发生的断绳跑车事故、串车提升的断链跑车事故和上部水平车场错误连接或没有连接或误操作挡车装置发生的跑车事故,在没有设置跑车防护装置的情况下,跑车车辆会在重力加速度的影响下产生巨大的能量,撞毁井筒设备或下部车场的设备、电缆并造成人员伤亡事故,给矿井带来重大灾难。倾斜井巷内使用串车提升时,安设能够将运行中断绳、脱钩的车辆阻止住的跑车防护装置,用于在发生断绳跑车事故时,能够可靠地将列车制动,阻止倾斜井巷串车继续向下跑车,避免重大事故的发生。因此,倾斜井巷内使用串车提升时,必须在倾斜井巷内安设跑车防护装置。可根据巷道倾角大小设置若干道跑车防护装置。防护装置、阻车器必须灵活可靠。

(2) 在各车场安设能够防止带绳车辆误入非运行车场或者区段的阻车器。当矿车被提升到各水平,向各水平车场甩车但还未摘钩,矿车带绳沿车场坡道继续向前运行到车场边界时,必须有阻车器将车阻止住,防止继续向前,超出车场范围,与车场以外的车辆或人员相撞。

(3) 在上部平车场入口安设能够控制车辆进入摘挂钩地点的阻车器。不在绞车道底部,且矿车不经过提升就能从车场进入绞车道的车场,称为上部平车场。在上部平车场入口处安设阻车器的目的,是防止其他车辆碰伤摘挂钩地点正在车场调车或操作的人员;或车场无人操作时,各道挡车装置在没有关闭的情况下发生跑车事故。

(4) 因为上部平车场在车辆未连接的情况下极易发生跑车事故,所以在上部平车场接近变坡点处应安设挡车装置,以防止未连接的车辆直接进入井筒而发生跑车事故。在上部平车场操作时,必须把连接好的车辆推过阻车器后,使提升钢丝绳抻起,证明各车辆已连接好后,方可打开上部平车场接近变坡点处的挡车装置,使车辆进入斜井。

(5) 在上部水平车场变坡点下方略大于 1 列车长度的地点安设挡车栏,是为了防止进入井筒的车辆抻断链子或抻断大绳(如果松绳太多)的跑车事故,以及防止未连挂车辆继续往下跑车的事故。

为防止跑车事故的发生,上述挡车装置应为常闭式即经常关闭,只有当车辆需要正常通过时才允许打开。

兼作行驶斜巷人车的倾斜井巷,在提升人员时,必须将斜巷内所有挡车装置和跑车防护装置打开并锁牢,以防止正在运行的斜巷人车因冲击而脱轨掉道和翻车伤人。

【执行中应注意的问题】

(1) 倾斜井巷中布置有中部车场时,跑车防护装置安设在各中部车场甩车道岔岔尖以上 5～10 m 处;在下部车场起坡点以上 5～15 m 处;无中部车场的倾斜井巷等地点,根据现场情况安设若干组。上下山掘进时每 100～180 m 安设一组,在耙装机之后 5～15 m 安设一组。

(2) 用无极绳连续牵引车、绳牵引卡轨车系统的井巷,当井巷坡度大于 10°、长度大于 200 m 时,必须在井巷下部设置常闭式或常开式跑车防护装置。

第三百八十八条　倾斜井巷使用提升机或者绞车提升时,必须遵守下列规定:

(一) 采取轨道防滑措施。

(二) 按设计要求设置托绳轮(辊),并保持转动灵活。

(三) 井巷上端的过卷距离,应当根据巷道倾角、设计载荷、最大提升速度和实际制动力等参量计算确定,并有 1.5 倍的备用系数。

(四) 串车提升的各车场设有信号硐室及躲避硐;运人斜井各车场设有信号和候车硐

室,候车硐室具有足够的空间。

(五)提升信号参照本规程第四百零三条和第四百零四条规定。

(六)运送物料时,开车前把钩工必须检查牵引车数、各车的连接和装载情况。牵引车数超过规定,连接不良,或者装载物料超重、超高、超宽或者偏载严重有翻车危险时,严禁发出开车信号。

(七)提升时严禁蹬钩、行人。

【释义】 本条是关于倾斜井巷使用提升机或绞车提升的规定。

(1) 倾斜井巷轨道的铺设质量直接影响斜井矿车运输提升的安全性,轨道质量不好是造成斜井提升事故的主要原因之一。斜井轨道在长期使用过程中,在矿车震动冲击的影响下会发生缓慢自动下滑,下滑将使上部轨缝增大,下部轨道变形,使轨道状态变坏,加剧矿车的震动,同时有可能造成矿车掉道甚至翻车事故,严重影响运输提升的行车安全。因此,在保证斜井轨道铺设质量的同时,要采取轨道防滑措施。

(2) 倾斜井巷轨道提升运输用的托绳轮(辊)是减小提升钢丝绳摩擦阻力和降低磨损的装置,必须按要求设计,并保持转动灵活,可以减小钢丝绳运行时的摩擦阻力,减轻钢丝绳的磨损,有效延长钢丝绳的使用寿命,还可以降低绞车的负荷和钢丝绳的最大静张力。如果托绳轮(辊)转动不灵活,将被钢丝绳磨出深沟,并限制钢丝绳的运行方向。如果钢丝绳从沟槽内突然跳出,将会对附近工作人员的安全造成威胁,还会使矿车突然加速,如果升降人员,会感到有很大的冲击,因此,托绳轮(辊)要保持转动灵活。

(3) 过卷距离是矿车提升到终点触碰过卷开关并动作后矿车前轮所处的位置到轨道端头或挡车装置的距离,过卷距离不得小于过卷后矿车实际运行距离的 1.5 倍。过卷距离的大小取决于巷道倾角、设计载荷、最大提升速度及实际制动力等因素。巷道倾角越小、设计载荷越大、最大提升运行速度越高、实际制动力越小,则过卷距离要求越大。因此,井巷上端的过卷距离应根据巷道倾角、设计载荷、最大提升速度和实际制动力等参量计算确定,并有 1.5 倍的备用系数。这样,才能有效防止因误操作或制动装置失灵造成提升车辆不能按预期停车位置停车。

矿车过卷后的实际运行距离分为两种情况:一种是矿车的自然减速度小于或等于绞车安全制动减速度时,即绞车滚筒先停矿车后停,或同时停,矿车过卷后的实际运行距离,就是矿车以其自然减速度运行的距离;另一种是矿车的自然减速度大于绞车的安全制动减速度,即矿车停得快绞车停得慢,则矿车不能按自己的自然减速度停车,还要被滚筒拖动运行一段距离,实际的过卷运行距离,应按绞车的保险制动减速度进行计算。

① 保险闸空动时间内矿车运行距离 S_x。

系统自然减速度 a_x:过卷开关动作后,电源跳闸,提升系统按其惯性运行到保险闸空动时间结束,即以系统的惯性力为动力,以移动部分的下滑力和运行阻力为制动力,故减速度 a_x 为

$$a_x = \frac{F_c}{\sum m + \frac{F_c}{g}} \tag{3-9-3}$$

$$F_c = n(Q_0 + Q)(\sin\alpha + f_1\cos\alpha) \div 102$$

$$\sum m = \frac{W_j + W_d + W_t + P_0 L \div 102}{g}$$

$$W_d = [GD_d^2]\frac{i^2}{D_T^2} \div 102$$

式中　F_c——矿车在过卷开关处的下滑力和运行阻力，kN；

n——矿车数；

Q_0——1 台矿车质量，kg；

Q——1 台矿车载重，kg；

α——过卷开关处的倾角，(°)；

f_1——矿车运行阻力因数，$f_1=0.01\sim0.015$；

$\sum m$——包括缠绕在滚筒上的钢丝绳在内的转动部分的变位质量，$kN\cdot s^2/m$；

W_j——绞车机械部分的变位重量，kN；

W_d——电机的变位重量，kN；

D_d——电机转子的回转惯量，$kg\cdot m^2$；

i——减速比；

D_T——滚筒直径，m；

L——缠在滚筒上的钢丝长度，m；

P_0——钢丝绳每米质量，kg/m；

g——重力加速度，取 $9.8\ m/s^2$。

$$W_t = G_t D_t^2 \div D_T^2 \div 102$$

式中　W_t——天轮的变位重量，kN。

$$W_t = G_t D_t^2 \div 102 \quad 或 \quad W_t = 140 D_t^2 \div 102$$

式中　G_t——天轮轮缘重量，kg；

D_t——天轮直径，m。

空动时间结束时间的矿车运行速度 v_x：

$$v_x = v_{max} - a_x t_x \tag{3-9-4}$$

式中　v_{max}——过卷前的矿车运行速度，m/s；

t_x——保险闸空动时间，盘式制动闸 0.3 s，压缩空气驱动闸瓦式制动器 0.5 s，储能液压驱动闸瓦 0.6 s。

空动时间内的矿车运行距离 S_x：

$$S_x = \frac{v_{max} - v_x}{2} t_x \tag{3-9-5}$$

② 保险制动后，矿车减速度的确定。

保险制动后转动部分的制动减速度 a_z：

$$a_z = \frac{F_z}{\sum m} \tag{3-9-6}$$

式中 F_z——折算到滚筒周边的保险制动力,kN。

$$F_z=\frac{M_z}{R_T}$$

式中 M_z——保险制动力矩,kN·m;

R_T——滚筒半径,m。

矿车的自然减速度 a_j:

$$a_j=g(\sin\alpha+f_1\cos\alpha) \tag{3-9-7}$$

保险制动后,矿车的实际运行减速度的确定:当 $a_z>a_j$ 时,矿车当 a_j 运行;当 $a_z<a_j$ 时,矿车以下面的减速度 a'_j 运行。

$$a'_j=\frac{F_z+F_c}{\sum m+\frac{F_c}{g}} \tag{3-9-8}$$

③ 保险制动后矿车行程 S_j。

$$S_j=\frac{v_x^2}{2a_j} \quad 或 \quad S'_j=\frac{v_x^2}{2a'_j} \tag{3-9-9}$$

④ 过卷距离的确定。

$$S_T=1.5(S_x+S_j) \quad 或 \quad S_T=1.5(S_x+S'_j) \tag{3-9-10}$$

(4) 在倾斜井巷串车提升的各车场设信号硐室及躲避硐室是为了安设有关装备,为相关工作人员提供安全作业空间和遇到危急情况时的躲避场所,防止倾斜井巷运输车辆在车场甩车作业时发生挤人事故。

(5) 斜井提升信号系统和立井提升信号系统的原理是一致的,提升信号参照《规程》第四百零三条和第四百零四条规定。

(6) 倾斜井巷使用提升机或绞车提升时,把钩工必须熟知绞车的性能、允许提升的最大静张力,估算各种车辆进入绞车道后对钢丝绳产生的拉力,从而确定应连挂的各种车辆的数量,严禁超载运行。特别是对于不经常拉的材料,如果不知其质量,决不能盲目连挂,必须向有关人员问清楚,否则只许少挂不许多挂,超载超重都会使制动力矩不够,造成断绳或跑车。矿车之间和矿车与钢丝绳之间的连接必须牢固可靠,插销一定要插到位,并要正确使用防脱装置。运送的物品超高、超宽或者偏载,会在运行中被巷道中的杂物、顶板锚索(杆)等挂掉或翻车,严重影响行车安全。所以,当牵引车数超过规定,连接不良或装载物料超重、超高、超宽或者偏载严重有翻车危险时,严禁发出开车信号。

(7) 斜井提升时,为了防止矿车掉道、断绳跑车和车内掉物滚落碰伤行人,规定提升时,严禁蹬钩、行人。当矿车掉道时,车轮在枕木上运行,矿车上下颠簸和左右摇摆,很容易将蹬钩人员甩掉,又可能使连接装置自行脱落而跑车,对蹬钩、行人的生命安全构成极大的威胁,所以规定倾斜井巷提升时,严禁蹬钩、行人。

【执行中应注意的问题】

(1) 防止轨道下滑的措施必须到位,杜绝轨道下滑。

(2) 矿车过卷运行的距离,应按绞车的保险制动减速度进行计算。

(3) 过卷开关及控制系统必须安全可靠。

第三百八十九条　人力推车必须遵守下列规定：

(一) 1次只准推1辆车。严禁在矿车两侧推车。同向推车的间距，在轨道坡度小于或者等于5‰时，不得小于10 m；坡度大于5‰时，不得小于30 m。

(二) 推车时必须时刻注意前方。在开始推车、停车、掉道、发现前方有人或者有障碍物，从坡度较大的地方向下推车以及接近道岔、弯道、巷道口、风门、硐室出口时，推车人必须及时发出警号。

(三) 严禁放飞车和在巷道坡度大于7‰时人力推车。

(四) 不得在能自动滑行的坡道上停放车辆，确需停放时必须用可靠的制动器或者阻车器将车辆稳住。

【释义】 本条是关于井下人力推车的规定。

(1) 人力推车时，1次只准推1辆车，严禁在矿车两侧推车，是因为井下巷道的两帮与车辆间不是处处都能保持足够大的间隙，如果在矿车的两侧推车前行，遇到巷道突然变窄处，会把侧旁推车人挤在巷道帮上，发生伤亡事故。由于矿车后推车空间的限制，推车人员有限，推车力量受到限制，矿车两侧又严禁推车，因此，1次只准推1辆车。由于车厢宽度限制站不开更多的人，推车时看不清脚下，所以推车的力量受到很大限制，一旦前方有特殊情况，需要立即停车，如正赶上坡度大时，推车的几个人很难使矿车立即停下，因此，规定：轨道坡度小于或者等于5‰时，同向推车间距不得小于10 m；在坡度大于5‰时，同向推车的间距不得小于30 m。这样可以确保同向推车时2辆矿车间保持合理的间距，以避免相撞，并保证遇到紧急情况时能够及时停车。

(2) 推车时必须时刻注意前方，以便及时发现前方的工作人员或障碍物，在开始推车、停车、掉道、发现前方有人或有障碍物时，推车人必须及时发出警号。从坡度较大的地方向下推车，由于不容易使车立即停下，当接近道岔、弯道、巷道口、风门、硐室出口时，推车人必须及时发出警号，及时提醒行人进行避让或其他车辆进行紧急停车。

(3) 下坡放飞车是一种毫不顾及安全的违章行为。因为放飞车时，矿车会在自身重力作用下，运行速度越来越快，人与车距离越来越远，推车人员无法追上矿车进行有效的控制，也无法及时向矿车前方的行人发出警报，由于车速太快，前方有人发现快速运行的车辆也来不及躲避。而且，当矿车运行到弯道或道岔时，容易发生掉道及翻车事故，影响运输生产的正常运行，所以严禁放飞车。当巷道坡度大于7‰时，无论是上坡还是下坡，在矿车自身重力的作用下，人力都难以控制矿车的运行，所以严禁推车。

(4) 不得在能自动滑行的坡道上停放车辆，确需停放时必须用可靠的制动器或者阻车器将车辆稳住，决不能用普通的石块、木棍等挡车，相邻轨道的车辆运行的震动、行人的刮碰、矿震和爆破震动等，都可能使阻车物移动脱落而失效，造成车辆自滑而高速运行。由于车辆是自行滑出，又很难及时被人发现，下滑速度快速增大，将会产生如放飞车同样的后果。因此，在能自动滑行的坡道上确需停放车辆时必须用可靠的制动器或者阻车器将车辆稳住。

第三百九十条 使用的单轨吊车、卡轨车、齿轨车、胶套轮车、无极绳连续牵引车，应当符合下列要求：

(一) 运行坡度、速度和载重，不得超过设计规定值。

(二) 安全制动和停车制动装置必须为失效安全型，制动力应当为额定牵引力的1.5～2倍。

(三) 必须设置既可手动又能自动的安全闸。安全闸应当具备下列性能：

1. 绳牵引式运输设备运行速度超过额定速度30%时，其他设备运行速度超过额定速度15%时，能自动施闸；施闸时的空动时间不大于0.7 s。

2. 在最大载荷最大坡度上以最大设计速度向下运行时，制动距离应当不超过相当于在这一速度下6 s的行程。

3. 在最小载荷最大坡度上向上运行时，制动减速度不大于5 m/s^2。

(四) 胶套轮材料与钢轨的摩擦系数，不得小于0.4。

(五) 柴油机和蓄电池单轨吊车、齿轨车和胶套轮车的牵引机车或者头车上，必须设置车灯和喇叭，列车的尾部必须设置红灯。

(六) 柴油机和蓄电池单轨吊车，必须具备2路以上相对独立回油的制动系统，必须设置超速保护装置。司机应当配备通信装置。

(七) 无极绳连续牵引车、绳牵引卡轨车、绳牵引单轨吊车，还应当符合下列要求：

1. 必须设置越位、超速、张紧力下降等保护。

2. 必须设置司机与相关岗位工之间的信号联络装置；设有跟车工时，必须设置跟车工与牵引绞车司机联络用的信号和通信装置。在驱动部、各车场，应当设置行车报警和信号装置。

3. 运送人员时，必须设置卡轨或者护轨装置，采用具有制动功能的专用乘人装置，必须设置跟车工。制动装置必须定期试验。

4. 运行时绳道内严禁有人。

5. 车辆脱轨后复轨时，必须先释放牵引钢丝绳的弹性张力。人员严禁在脱轨车辆的前方或者后方工作。

【释义】 本条是关于单轨吊车、卡轨车、齿轨车、胶套轮车、无极绳连续牵引车使用条件的规定。

(1) 不同型号规格的单轨吊车、卡轨车、齿轨车和胶套轮车是针对使用条件和依照使用者的要求进行专门设计的，具有不同的额定承载能力、运行速度、最大牵引力、最大爬坡度、最小转弯半径等技术性能参数。如果上述确定规格型号的设备在使用过程中，实际运行坡度、运行速度及载荷重量等超过其设计规定的数值：一方面会造成设备过负荷，零部件承受的载荷超出强度极限而发生损坏，上述设备无法正常运行；另一方面也会因制动力矩不足而发生跑车事故。因此，为保证单轨吊车、卡轨车、齿轨车和胶套轮车安全可靠地运行，《规程》要求使用的单轨吊车、卡轨车、齿轨车、胶套轮车、无极绳连续牵引车，其运行坡度、速度和载重，不得超过设计规定值。

(2) 失效安全型制动装置是指制动装置中某些零部件在工作过程中突然失去功能或在断电、发动机熄火等故障状态下，也能保证制动闸起到可靠的制动作用。当机车正常工作时，依靠外力进行松闸，当系统出现故障时，制动装置依靠重锤重量或弹簧弹力等自动抱闸，及时进行停车，避免系统出现故障时，制动装置同时因为无法进行制动而造成运输生产事故。单轨吊车、卡轨车、齿轨车和胶套轮车工作的巷道一般都具有一定的倾角，上行施闸制动后，列车速度为零时，如果因重力作用产生的下滑力大于机车的制动力，机车会因制动力不足而发生下滑。下行过程中及遇到意外情况需要紧急停车时，由于机车及所装载货物的惯性，也需要足够的制动力才能及时将机车可靠平稳地停住。但制动力也不能太大，否则上行时会因为制动减速度大于自然减速度而造成松绳及向下冲击断绳事故。因此，要求安全制动和停车制动装置必须为失效安全型，制动力应当为额定牵引力的1.5～2倍。

(3) 必须设置既可手动又能自动的安全闸，绳牵引式运输设备运行速度超过额定速度30%时，其他设备运行速度超过额定速度15%时，能够自动施闸，避免因控制不住机车运行速度而发生跑车事故，并且要求施闸时的空动时间不得大于0.7 s。在空动时间里，由于制动力矩还没有产生，列车会以自然加速度(下坡)或自然减速度(上坡)运行。尤其在下坡时，在重力作用下，列车运行速度会越来越快，当制动力矩发生作用时，列车的制动距离就会相应变得更长。而当列车在最大载荷最大坡度上以最大设计速度向下运行时，制动距离应当不超过相当于在这一速度下6 s的行程。

在最小载荷最大坡度上向上运行时，制动减速度不大于5 m/s^2。当单轨吊车、卡轨车、齿轨车和胶套轮车的牵引机车或驱动绞车的保险制动和停车制动的制动力一定时，列车制动减速度的最大值就是最小负荷在最大坡度向上运行时的制动减速度，载荷最小时，制动减速度最大，如果制动减速度不大于5 m/s^2，那么，当载荷增大或坡度减小后，制动减速度也不会大于5 m/s^2。如果制动减速度大于5 m/s^2，被牵引或驱动的载荷在惯性力的作用下，便会产生松绳、松链，载荷反向下滑产生冲击，甚至断绳跑车的危险，所以规定在最小载荷最大坡度上向上运行时，制动减速度不大于5 m/s^2。

当单轨吊车、卡轨车、齿轨车、胶套轮车和无极绳连续牵引车的牵引机车或驱动绞车的保险制动和停车制动的制动力一定时，其系统转动部分的变位质量也一定，制动减速度最大值就是在最小负荷最大坡度向上运行时的制动减速度，制动减速度的计算公式为

$$a_z=\frac{F_z-Q(\sin\alpha+f_1\cos\alpha)}{\sum m_j+\frac{Q}{g}} \tag{3-9-11}$$

式中　F_z——制动力，N；

Q——载荷重量，N；

α——运行倾角，(°)；

f_1——承载体的运动阻力因数；

$\sum m_j$——除载荷外的系统运动部分的变位质量，kg。

式(3-9-11)中当载荷最小时，分子为最大值，分母为最小值，制动减速度 a_z 最大，所以在最小载荷最大坡度向上运行时，制动减速度不大于5 m/s^2，载荷增大后或坡度减小，制动减速度就不会大于5 m/s^2。

虽然零载荷时制动减速度有大于5 m/s^2 的可能，但是零载荷的制动减速度是牵引机车

或驱动绞车自身的制动减速度，大于 5 m/s^2 不会产生不利的影响，而被牵引或驱动的载荷的制动减速度大于 5 m/s^2 时，便可能造成松绳、松链，载荷反向下滑造成冲击，甚至有断绳跑车的危险，所以规定向上运行的最大制动减速度不大于 5 m/s^2。

(4) 在防爆柴油机车或防爆蓄电池机车的车轮上加装胶套，可以增加车轮与轨道间的摩擦系数，并要求胶套轮材料与钢轨的摩擦系数不得小于 0.4，以保证胶套轮车保持足够的牵引力。

(5) 柴油机和蓄电池单轨吊车、齿轨车和胶套轮车的牵引机车或者头车上，必须设置车灯和喇叭以及列车尾部必须设置红灯，可以使列车司机较清楚地观察运行前方有无行人、车辆或其他障碍物，及时发现前方情况并采取相应措施，防止触及前方人员、车辆或障碍物而造成事故。特别是在过弯道及岔道时，通过鸣笛示警，提醒行人或列车注意列车的行驶位置，及早采取躲让措施，以免造成撞车、碰人事故，保证运输工作的正常进行。

(6) 柴油机和蓄电池单轨吊车，必须具备 2 路以上相对独立回油的制动系统，每一回路必须独立且能独立承担回油任务，以保障单轨吊车的安全运行。当一路回油系统出现故障如制动电磁阀损坏、油路堵塞等情况时，另一路回油系统可以正常工作，避免发生制动失效的事故。为了方便调度站与机车司机的通信联络，及时掌握车辆运行情况，提高运输效率，司机应当配备通信装置。

(7) 无极绳连续牵引车、绳牵引卡轨车、绳牵引单轨吊车，还有一些特殊的要求。

① 必须设置越位、超速、张紧力下降等保护。

② 无极绳连续牵引车、绳牵引卡轨车、绳牵引单轨吊车应设置司机与相关岗位工人之间的信号联络装置。钢丝绳牵引的单轨吊车和卡轨车，由于其运行和停止都是由绞车司机进行控制的，绞车司机必须和列车司机协调配合才能实现安全运输。因此，运输系统内必须备有列车司机与牵引绞车司机联络用的信号和通信装置，列车司机通过信号和通信装置使绞车司机及时了解列车的运行状态，当列车运行出现意外情况时，绞车司机可以及时进行紧急制动，避免运输事故的发生。

③ 运送人员时，必须设置卡轨或者护轨装置，确保人车不脱轨和不翻车；采用具有制动功能的专用乘人装置确保人车不跑车；设置跟车工能够在出现紧急情况时发送停车信号，并与司机实现通话联络。

④ 运行时绳道内严禁有人，是为了防止绳子摆动或断绳伤人。

⑤ 车辆脱轨后复轨时，必须先释放牵引钢丝绳的弹性张力，如不先释放钢丝绳的弹性张力，既不利于车辆复轨，也容易发生钢丝绳回弹或断绳伤人。人员严禁在脱轨车辆的前方或者后方工作，因为车辆复轨的瞬间可能会滑动，以防挤伤人员。

【执行中应注意的问题】

(1) 单轨吊车、卡轨车、齿轨车和胶套轮车的结构强度、牵引力、制动力矩等都是根据其运行坡度、速度和载荷重量设计和制造的，在使用中不得超过这些设计指标。否则，轻则不能正常运行，重则造成事故。

(2) 卡轨车、齿轨车和胶套轮车都是在轨道上运行的运输设备，其自身重量大，要求轨道有足够的强度和刚度，防止承载后弹性变形，造成脱轨事故。

第三百九十一条 采用单轨吊车运输时,应当遵守下列规定:

(一)柴油机单轨吊车运行巷道坡度不大于25°,蓄电池单轨吊车不大于15°,钢丝绳单轨吊车不大于25°。

(二)必须根据起吊重物的最大载荷设计起吊梁和吊挂轨道,其安装与铺设应当保证单轨吊车的安全运行。

(三)单轨吊车运行中应当设置跟车工。起吊或者下放设备、材料时,人员严禁在起吊梁两侧;机车过风门、道岔、弯道时,必须确认安全,方可缓慢通过。

(四)采用柴油机、蓄电池单轨吊车运送人员时,必须使用人车车厢;两端必须设置制动装置,两侧必须设置防护装置。

(五)采用钢丝绳牵引单轨吊车运输时,严禁在巷道弯道内侧设置人行道。

(六)单轨吊车的检修工作应当在平巷内进行。若必须在斜巷内处理故障时,应当制定安全措施。

(七)有防止淋水侵蚀轨道的措施。

【执行说明】 柴油机、蓄电池单轨吊车运送人员时,两端必须设置制动装置,是指运送人员的单轨吊列车中,在人车车厢编组的前、后,必须设置制动装置或制动车,以保证在紧急情况下可靠制动。

【释义】 本条是关于采用单轨吊车运输时应遵守的规定。

(1)按牵引动力类别和使用特征的不同,单轨吊可分为防爆低污染柴油机单轨吊、隔爆蓄电池单轨吊和钢丝绳牵引单轨吊3种类型。单轨吊车的结构强度、牵引能力、制动力矩等都是根据其适用的运行坡度、运行速度和载荷重量设计计算和制造的,如果在使用中,运行坡度超过了设计和制造的允许值,其结构强度、牵引功率和制动力矩就会满足不了需要,从而发生零部件损坏、过负荷、制动力矩不够而跑车等,不但不能正常生产,还会造成事故。因此,根据单轨吊产品设备性能指标和现场多年的实际使用情况,柴油机单轨吊车运行巷道坡度不大于25°,蓄电池单轨吊车不大于15°,钢丝绳单轨吊车不大于25°。

(2)根据起吊重物的最大载荷来设计和选用起吊梁型号、单节轨道长度、轨道型号、吊挂方式、吊挂点强度、吊挂链强度等,设计要依据《煤矿井下辅助运输设计规范》(GB 50533)的要求进行,设计时要特别注意结合巷道、硐室的坡度、转弯半径、断面等的具体情况。满足载荷不超起吊梁、吊挂轨道和机车牵引力的要求,才能确保重载运行时的安全。

(3)单轨吊车运行中应当设置跟车工,以便及时处理吊运的人员和物料。起吊梁是起吊承载机构,由起吊葫芦和承载梁组成,能方便地吊起或放落物料,但起吊或下放设备、材料时,人员不准在起吊梁两侧;机车过风门、道岔、弯道时,应确认安全,方可缓慢通过。

(4)采用柴油机、蓄电池单轨吊车运送人员时,必须使用人车车厢,避免在运行过程中产生摇摆时将吊运人员甩出。两侧必须设置防护杆或防护链等防护装置,以便及时停车保护。

(5)为防止钢丝绳脱槽或被拉直伤人,采用钢丝绳牵引单轨吊车运输时,严禁在巷道弯道内侧设置人行道。

(6)在斜巷内检修单轨吊车时,可能发生因失误将制动闸松开造成跑车,或制动闸失灵造成下滑跑车,必须采取安全措施或在平巷内进行。

(7) 轨道淋水后,摩擦系数会大幅度降低,驱动轮打滑,会使机车牵引力大幅度下降甚至发生跑车事故。轨道淋水锈蚀后强度也会降低,影响行车安全。

【执行中应注意的问题】

(1) 单轨吊吊轨悬挂结构应符合下列规定:

① 采用锚喷支护时每个吊轨悬挂点应采用双锚杆吊挂。

② 采用矿用工字钢梯形棚支护时可用顶梁或在顶梁间加小短梁悬挂吊轨,支架间应设纵向拉杆。

③ U形可缩性金属支护时可采用支架顶梁悬挂吊轨,支架间应设纵向拉杆。

④ 料石或混凝土墙金属横梁支护时可采用横梁悬挂吊轨。

⑤ 以上悬挂吊轨必须满足对锚杆锚固力或对悬挂点进行预定集中载荷试验的要求。

⑥ 吊轨及悬挂点应按列车运行中的最大负载进行设计,需要时可增设悬挂点。

(2) 单轨吊车吊轨敷设质量应符合下列规定:

① 单轨吊车吊轨宜采用I140E型和I140V型专用轨,并应与单轨吊车设备型号配套选用。吊轨起始端、终止端应设置阻车机构。

② 单轨吊车吊轨设置应符合下列规定:直轨每段长度不得大于3 m;水平弯轨曲率半径不得小于4 m,每节弧长不得大于2 m,弧长超过1.6 m时,应在其中点设一吊耳;垂直弯轨曲率半径不得小于10 m,每节弧长不得大于3 m,弧长超过1.6 m时,应在其中点设一吊耳;当采用I140型轨道时,其垂直弯轨的弧长不得大于2 m。

③ 同一线路必须使用同型号吊轨,吊轨接头间隙不得大于3 mm,高低和左右允许偏差分别为2 mm和1 mm,接头摆角垂直不得大于7°,水平不得大于3°。

④ 道岔轨型应与吊轨型号一致,并应布置在不大于5°的吊轨线路段,道岔活动轨的摆角不得大于11°。道岔框架4个悬挂点的受力应均匀,对每个悬挂点应做不小于90 kN的预定集中载荷试验。

第三百九十二条 采用无轨胶轮车运输时,应当遵守下列规定:

(一) 严禁非防爆、不完好无轨胶轮车下井运行。

(二) 驾驶员持有“中华人民共和国机动车驾驶证”。

(三) 建立无轨胶轮车入井运行和检查制度。

(四) 设置工作制动、紧急制动和停车制动,工作制动必须采用湿式制动器。

(五) 必须设置车前照明灯和尾部红色信号灯,配备灭火器和警示牌。

(六) 运行中应当符合下列要求:

1. 运送人员必须使用专用人车,严禁超员;

2. 运行速度,运人时不超过25 km/h,运送物料时不超过40 km/h;

3. 同向行驶车辆必须保持不小于50 m的安全运行距离;

4. 严禁车辆空挡滑行;

5. 应当设置随车通信系统或者车辆位置监测系统;

6. 严禁进入专用回风巷和微风、无风区域。

（七）巷道路面、坡度、质量，应当满足车辆安全运行要求。

（八）巷道和路面应当设置行车标识和交通管控信号。

（九）长坡段巷道内必须采取车辆失速安全措施。

（十）巷道转弯处应当设置防撞装置。人员躲避硐室、车辆躲避硐室附近应当设置标识。

（十一）井下行驶特殊车辆或者运送超长、超宽物料时，必须制定安全措施。

【执行说明】 （一）无轨胶轮特殊车辆是指井下支架搬运车、装载车、铲运车等体积较大的无轨运输车辆。特殊车辆运行速度不得超过有关规定的要求。

（二）专用人车，指满足《矿用防爆柴油机无轨胶轮车通用技术条件》（MT/T 989—2006）等标准要求，具有车厢、座椅及安全带等防护设施，用于运送人员的车辆。

（三）井下运送超长、超宽物料时，必须制定以下安全措施：

1. 运送物料超出货厢长度1/3、单侧超出货厢宽度150 mm时，要采取强化的捆绑固定措施，在车辆上设置警示闪光灯，在车辆后方设置有“危险”字样警示的反光牌。

2. 禁止相向车辆行驶；加大同向行驶车辆间的间距。

3. 车辆运行速度不得超过规定最高运行速度的70%。

4. 避开人员集中上下井时间。

【释义】 本条是关于矿井使用无轨胶轮车运输的规定。

无轨胶轮车作为矿井先进的辅助运输方式，具有机动灵活、操作简单、装卸方便、运输速度快、运输工作量大、效率高等优点，但因其外形尺寸较大，自重、载重量大，车轮对底板的比压较高，胶轮车排放尾气需要稀释等原因，对井下行驶无轨胶轮车的巷道规格要求较高，使得无轨运输受到极大的限制。无轨胶轮车对巷道有以下要求：① 巷道底板硬度 $f\geqslant 4$，采用混凝土铺设底板。② 纵向坡度小于或等于7°，局部纵向最大坡度小于或等于14°，横向坡度3°～5°。③ 巷道最小宽度应满足最大尺寸的胶轮车运行。矿井人行道宽度应符合《规程》第九十一条的规定。④ 巷道最小转弯半径7～10 m。煤矿企业可以根据矿井的实际情况，优先发展无轨胶轮车辅助运输方式，但在应用中应严格遵守本条规定。

（1）必须采购、使用具有煤矿矿用产品安全标志的防爆无轨胶轮车，严禁非防爆、不完好的无轨胶轮车入井，不得擅自改装、拆除车辆的安全保护设施，严禁采用非专用人车运送井下作业人员。

（2）井下驾驶无轨防爆胶轮车的作业人员必须具有与驾驶车辆对应的机动车辆驾驶证和岗位操作资格，严禁不具备资格人员在井下驾驶车辆。驾驶员考取国家颁发的驾驶证，岗前作业培训合格，持证上岗，驾驶人员应当熟悉车辆性能、运行路线和路况，不违章作业。

（3）煤矿企业必须建立健全无轨胶轮车入井运行和检查制度。例如车辆采购制度、下井验收制度、使用运行和操作管理制度、维护保养管理制度、设备大中修管理制度、车辆检验试验制度、车辆报废管理制度等，通过制度规范无轨胶轮车的采购和使用、维修、维护等，确保车辆在良好的状态下运行。

（4）设置工作制动、紧急制动和停车制动，工作制动必须采用湿式制动器。湿式制动器具有防爆性能好、可靠性高、维护方便等优势。

【案例】 2011年9月24日,陕西有色榆林煤业有限公司杭来湾煤矿作业人员乘坐四轮车从副斜井入井200 m后,发现车辆不能正常换档、刹车失灵,滑行中撞在左侧巷帮上,造成4人死亡。

【案例】 2013年6月5日,山西离柳鑫瑞煤业有限公司发生一起因无轨胶轮车失控的运输事故,造成6人死亡,直接经济损失591万元。经查,事故车辆是山西永恒集团有限公司生产的永恒牌WC20R防爆柴油机无轨胶轮车,存在未严格按照申办矿用产品安标证书时的要求生产,将制动装置由湿式制动更改为气压干式制动等问题。

(5) 必须设置车前照明灯便于司机行车时观察前方,安全行车;设置尾部红色信号灯,显示车辆位置,警示后方人员和车辆,以防被撞;配备灭火器,发生火灾时及时扑灭。

(6) 无轨胶轮车运行中必须严格遵守本条第六款的六项规定。

(7) 无轨胶轮车道路应符合如下规定:无轨胶轮车运行的倾斜巷道倾角不宜大于6°。井下运输巷道底板不应有底鼓现象,路面应平整、硬化。硬化路面的厚度不宜小于150 mm,混凝土强度等级不应小于C20。无轨胶轮车运行巷道内应避免有淋水和积水现象产生。

(8) 巷道和路面应当设置行车标识和交通管控信号,保证车辆运行安全、顺畅,实现机车可以监控和调控。无轨胶轮车运行主要巷道的侧壁及路面上必须设置相应的灯光或反光警示标志。在巷道弯道或驾驶员视线受阻的区段,应设限速、鸣笛标志。人员躲避硐室、车辆躲避硐室附近应设置提示标志。交通管控信号的设置应符合《煤矿井下辅助运输设计规范》(GB 50533—2009)信号设置部分的要求。

(9) 长坡段巷道内必须采取车辆失速安全措施。车辆在大长坡段巷道下行行驶过程中,为了保证一定的安全速度,需要不间断地使用车辆制动系统刹车,频繁地刹车制动将使车辆的刹车部件温度急剧升高,当刹车毂温度达到一定值后,刹车就将失效,随之车辆失去速度控制。车辆日常检修、维修保养不及时、不到位,车辆制动系统失灵、失效失去速度控制。操作不当、操作失误也会引起车辆失去速度控制。

目前国内无轨胶轮车失速安全措施主要是建立柔性阻车器、阻拦系统和避险系统。无轨胶轮车运输与轨道串车提升不同,无轨胶轮车是有人驾驶或有司乘人员的车辆,因此要求阻拦系统装置一定要具有柔性,最大限度地保护司乘人员的安全。柔性阻车器系统主要由阻车器、车速监测系统、车载遥控、控制系统组成。设置在巷道内的测速雷达监测巷道内运行无轨胶轮车的速度,一旦发现车辆失速,失速的相关信息传递到车辆上的接收装置,车载的遥控系统发出控制信号,安装在斜巷(斜井)内倒车硐室或巷道帮部的执行机构推动阻车器至巷道内,失速车辆车轮首先与阻车泡沫发生弹性碰撞,继而失速车辆碾压住阻车泡沫后与地面产生摩擦阻力,起到刹车作用,迫使车辆减速停车。阻拦系统由液压吸能装置、机械传动装置、柔性阻拦网、张网系统、地锚系统和控制系统等组成。当车辆发生失速进入测速区域,电气系统给张网执行机构发出信号,阻拦网迅速弹起,失速车辆运动到柔性阻拦网设置位置时,车头部分被阻拦网包络,并下行一段距离。

下行过程中，在阻拦系统的钢丝绳和吸能器提供的阻拦力作用下，失速车辆被阻拦减速停车。避险系统是通过设置成上坡的车道和较大阻力系数制动器，依靠势能和摩擦阻力做功来消去失速车辆动能达到减速停车的目的。此外还有一些其他的失速保护装置，各矿可以根据自身情况选用。不管采用哪种失速保护装置，都应加强车辆的检查检修、驾驶员的教育培训，减少车辆失速的发生。

【案例】 2014年8月23日，内蒙古西蒙集团电力满都拉煤矿一辆运送喷浆材料的防爆胶轮车搭乘施工人员入井时，行至副斜井井底拐弯处，车辆失控，撞在巷道帮上，造成4人死亡。

(10) 防撞装置是在巷道转弯处设置废旧轮胎等缓冲物。人员躲避硐室、车辆躲避硐室附近设置标识要醒目，使得人员在较远处就能看到，有利于人员或车辆快速躲避。防跑车装置防护原理：车辆在斜巷内沿下坡方向行驶时，如果司机发现制动闸失灵，首先司机强挂低速挡，降低车速，调整车辆行驶方向，使车辆向安装跑车防护装置的一侧运行，逐步使车辆靠近缓冲带，依靠车辆与缓冲带的摩擦作用进行降速，经30 m的摩擦减速过程后车辆被挡车器挡住，使车辆不再继续下行，起到防止跑车的作用。

【案例】 2011年6月17日，内蒙古北联电能源开发有限责任公司吴四圪堵煤矿准备队14人乘坐自卸农用车入井时，行至东辅运大巷联巷与东辅运大巷拐弯处（距副井口1570 m），撞在巷道壁上，造成6人死亡、8人受伤。吴四圪堵煤矿违规使用运送材料的非防爆非载人农用车运送人员入井，驾驶员张×驾驶不合格车辆（经事故后对该车进行检验，车辆制动系统、方向系统等均不符合国家有关规定），在长距离巷道内下坡（1570 m）行驶中，操作不当，致使车辆超速行驶（该煤矿规定车辆在井下行驶速度为：直道不得超过20 km/h，弯道不得超过5 km/h；实际撞击时速度为78.5 km/h），迎面撞在巷道壁上，最终导致事故发生。

(11) 特殊车辆是指井下支架搬运车、装载车、铲运车等体积较大的无轨运输车辆。特殊车辆和运送超长、超宽物料时，必须制定安全措施。

【执行中应注意的问题】

(1) 严防非防爆无轨胶轮车入井，严防无轨胶轮车带病运行，严防驾驶员疲劳驾驶、酒驾、病驾等不良状态下驾驶。

(2) 2缸（含）以下防爆柴油机无轨胶轮车、无轨胶轮车工作制动使用的干式制动器和不满足国Ⅱ排放标准的防爆柴油机都已纳入禁止井工煤矿使用的设备及工艺目录。

第二节　立井提升

第三百九十三条　立井提升容器和载荷，必须符合下列要求：

（一）立井中升降人员应当使用罐笼。在井筒内作业或者因其他原因，需要使用普通箕斗或者救急罐升降人员时，必须制定安全措施。

（二）升降人员或者升降人员和物料的单绳提升罐笼必须装设可靠的防坠器。

（三）罐笼和箕斗的最大提升载荷和最大提升载荷差应当在井口公布，严禁超载和超最大载荷差运行。

（四）箕斗提升必须采用定重装载。

【释义】 本条是关于立井提升容器和载荷的规定。

(1) 罐笼顶部有上盖,可防止井筒内坠落物伤人,罐笼四周有壁板和栏杆,可防止人员坠入井筒,因此,立井中升降人员应当使用罐笼,以确保安全。在井筒内作业或者因其他原因,需要使用普通箕斗或者救急罐升降人员时,普通箕斗和急救罐的安全性没有罐笼高,必须制定安全措施。

(2) 单绳提升装置只有一条提升钢丝绳和一副连接装置,如果没有防坠器,一旦发生断绳或连接装置断裂故障,升降人员的罐笼就会坠入井底,造成井底设施损坏和人身伤亡事故。所以为了保证升降人员安全,升降人员或升降人员和物料的单绳提升罐笼必须装设可靠的防坠器。当提升钢丝绳或连接装置断裂时,防坠器可以使罐笼平稳地支撑在井筒中的罐道或特设的制动绳上,避免提升容器坠入井底。

(3) 提升装置的最大载重量和最大载重差是从保证安全、设备强度和设备寿命的条件下,经严格设计、计算出来的。提升装置超载运行,将造成提升钢丝绳及其连接装置、提升机、电动机等设备过负荷,超出提升装置的设计承受能力,危及提升设备的安全运行,构成重大安全隐患。提升装置超载重差运行,会引起卷筒、主轴等部件的抗扭强度超限,还会导致提升系统所需制动力矩超出设计制动力矩的事故隐患,对于摩擦式提升装置可造成钢丝绳在卷筒上打滑,对于缠绕式提升系统可使制动系统不能可靠地制动,所以严禁超载和超最大载荷差运行。为了避免超重和超载重差运行,提升容器的最大提升载荷和最大提升载荷差应在井口公布,让所有升、入井人员都能看到,自觉遵守规定,防止多上人或超重装载,共同监督,共同维护好安全生产秩序。

(4) 箕斗提升必须采用定重装载。我国 20 世纪 80 年代前建造的煤矿,大多仿苏联采用立井箕斗(罐笼)定容提升系统。箕斗定容提升系统由于载重量波动大、不容易控制超载等原因,已经淘汰。目前使用的主井箕斗定重装载系统主要有以下几种:定重斗式定重装载系统、连续式称重给煤机定重装载系统、核子式定重装载系统、测重板式定重装载系统、液压称重式定重装载系统等。连续式称重给煤机定重装载系统采用在输送带上安装称重传感器和测速传感器来实现定重装载,精确度和提升效率都有所提高,减少了事故的发生。但此种装置主要适用于装载硐室比较狭小、使用压架式定容装载的矿井。测重板式定重装载系统可以利用原有小型煤仓或溜槽,通过在其内部安装称重检测板来实现定重装载,抗冲击、抗过载能力强,大幅度提高了精度和稳定性,结构简单,故障少,维护量小,适用于对老矿井提升箕斗定量装载的改造。液压称重式定重装载系统可以充分利用原有提升系统的空间,在井底托罐梁的间隔处增设 2 对称重液压缸,只对溜煤槽进行改造,设计成一个装载控制闸门,装载控制闸门和称重液压缸均由液压站控制,称重信号由远处的自动控制系统分析处理,然后传输至绞车房进行实时监控。以上几种定重装载装置都有各自的技术特点和安装方式,矿井应根据自身情况选用合适的主井箕斗定重装载系统。

【执行中应注意的问题】

(1) 老虎口式主井箕斗提升装载设备,由于无法定重装载,测量结果准确性差,易造成箕斗过量装载,导致煤大量外溢事故,影响提升效率,已经淘汰,继续使用属重大事故隐患,可以用给煤机式主井箕斗定重装载自动化系统等替代。

(2) 定量斗式主井箕斗装载设备已经淘汰,继续使用属重大事故隐患,可以用定重斗式主井箕斗装载设备等替换。

(3) 主井箕斗定重装载系统的发展方向是发展动态连续远程智能化可闭锁的定重装载系统,自动控制超载。

第三百九十四条 专为升降人员和升降人员与物料的罐笼,必须符合下列要求:

(一) 乘人层顶部应当设置可以打开的铁盖或者铁门,两侧装设扶手。

(二) 罐底必须满铺钢板,如果需要设孔时,必须设置牢固可靠的门;两侧用钢板挡严,并不得有孔。

(三) 进出口必须装设罐门或者罐帘,高度不得小于 1.2 m。罐门或者罐帘下部边缘至罐底的距离不得超过 250 mm,罐帘横杆的间距不得大于 200 mm。罐门不得向外开,门轴必须防脱。

(四) 提升矿车的罐笼内必须装有阻车器。升降无轨胶轮车时,必须设置专用定车或者锁车装置。

(五) 单层罐笼和多层罐笼的最上层净高(带弹簧的主拉杆除外)不得小于 1.9 m,其他各层净高不得小于 1.8 m。带弹簧的主拉杆必须设保护套筒。

(六) 罐笼内每人占有的有效面积应当不小于 0.18 m^2。罐笼每层内 1 次能容纳的人数应当明确规定。超过规定人数时,把钩工必须制止。

(七) 严禁在罐笼同一层内人员和物料混合提升。升降无轨胶轮车时,仅限司机一人留在车内,且按提升人员要求运行。

【释义】 本条是关于专为升降人员和升降人员与物料的罐笼的规定。

(1) 专为升降人员和升降人员与物料的罐笼,乘人层顶部应当设置可以打开的铁盖或者铁门,作用如下:

① 在发生卡罐事故时,罐笼停在井筒中间,抢救人员能够通过梯子间上到罐顶,再打开罐顶铁盖,方便进出罐笼,营救被困人员。

② 维修人员可以通过上盖进入罐笼,对设备进行维修,便于更换管道和下放超长物料。顶盖两侧装设扶手可以保证人员在顶盖上走动或装载物料作业的安全,避免从顶盖坠入井筒。

(2) 罐笼底满铺钢板可以防止乘罐人员携带的工具或钢钎等物料插入罐底或掉入井筒,也防止人员把脚伸入孔内而扭伤。如果罐笼底板必须开孔,以便于对罐底机构进行检修,必须设置牢固可靠的门,两侧用钢板挡严,并不得有孔。

(3) 进出口必须装设罐门或者罐帘,高度不得小于 1.2 m,将乘罐人员安全地阻挡在罐笼内部空间。罐门或罐帘下部边缘至罐底的距离不得超过 250 mm,罐帘横杆的间距不得大于 200 mm,避免因为间距过大而造成乘罐人员的身体部位露出罐外而发生刮碰,造成人身伤害。罐门不得向外开,门轴必须防脱,可以避免罐笼在运行过程中,因为罐笼振动或人员拥挤,门轴自动脱开,罐门被向外撞开而造成乘罐人员坠井事故的发生。

(4) 罐笼在井筒中运行时,受罐道不直和接头的影响,会产生一定的横向振动,矿车在罐笼内如果没有阻车器的可靠阻挡,就会由于罐笼的振动而自行溜出罐外,碰撞罐道或罐道梁,甚至坠入井底而造成严重事故。同样,为了防止提升过程中装在罐笼内的无轨胶轮车在罐笼内移动,必须装设专用定车或者锁车装置,目的是能可靠地挡住车辆,防止罐笼运行中车辆溜出造成恶性事故。因此,提升矿车的罐笼内必须装有阻车器。升降无轨胶轮车时,必须设置专用定车或者锁车装置。

(5) 为了便于乘罐人员站立和运送高度较高的设备和材料,要求单层罐笼和多层罐笼的最上层净高(带弹簧的主拉杆除外)不得小于 1.9 m,其他各层净高不得小于 1.8 m。带弹簧的主拉杆设置保护套筒,可以防止乘罐人员不小心将手指伸入弹簧间隙而被弹簧挤伤。

(6) 如果罐笼内乘坐人员太过拥挤,在罐笼运行过程中,罐笼的晃动会使乘罐人员同时向一侧挤压,就有挤坏罐帘或罐门掉入井筒的危险。因此,罐笼内每人占有的有效面积应当不小于 0.18 m^2。罐笼每层内 1 次能容纳的人数应当明确规定。超过规定人数时,把钩工必须制止。

(7) 如果在罐笼同一层内人员和物料混合提升,罐笼的高速运行产生强烈的横向摆动,会使罐内的货物产生移动,这种移动是急促的具有冲击性的,为了防止提升过程中因罐笼的摆动而引起矿车等物料在罐笼内移动,挤伤人或出现矿车窜出罐笼带人一起掉入井筒的事故,所以严禁在同一层罐笼内人员和物料混合提升。

升降无轨胶轮车时,由于罐笼空间狭小被无轨胶轮车占据,剩下空间狭小,人员容易被挤伤,故仅限司机一人留在车内,以便更好地定车或锁车,且按提升人员要求运行,以防司机受到伤害。

第三百九十五条 立井罐笼提升井口、井底和各水平的安全门与罐笼位置、摇台或者锁罐装置、阻车器之间的联锁,必须符合下列要求:

(一) 井口、井底和中间运输巷的安全门必须与罐位和提升信号联锁:罐笼到位并发出停车信号后安全门才能打开;安全门未关闭,只能发出调平和换层信号,但发不出开车信号;安全门关闭后才能发出开车信号;发出开车信号后,安全门不能打开。

(二) 井口、井底和中间运输巷都应当设置摇台或者锁罐装置,并与罐笼停止位置、阻车器和提升信号系统联锁:罐笼未到位,放不下摇台或者锁罐装置,打不开阻车器;摇台或者锁罐装置未抬起,阻车器未关闭,发不出开车信号。

(三) 立井井口和井底使用罐座时,必须设置闭锁装置,罐座未打开,发不出开车信号。升降人员时,严禁使用罐座。

【释义】 本条是关于立井罐笼提升井口、井底和各水平的安全门与罐笼位置、摇台或者锁罐装置、阻车器之间的联锁关系的规定。

(1) 罐笼到位后触碰到限位开关,解除与安全门的闭锁,安全门才能打开,避免罐笼不到位就打开安全门,以防向井筒坠人掉物。安全门打开时,只能调平和罐笼换层,不许使安全门在打开的状态直接通向井筒。在安全门打开时,发不出开车信号,是这一规定的保证条件,在安全门关闭后才能发出开车信号。当罐笼离开安全门位置后,安全门打不开,从而保证了安全门不会在罐笼不在时被打开,有效地防止了井筒坠人坠物事故的发生。

(2) 罐笼到位的位置闭锁开关的另一个作用是和摇台闭锁,即罐笼不到位,摇台放不下来也打不开阻车器,而摇台不抬起,阻车器不关闭发不出开车信号,可避免罐笼不在时放下摇台和打开阻车器,将矿车推入井筒。

(3) 井口、井底和中间运输巷处,摇台、罐笼停止位置、阻车器和提升信号系统的联锁,可以避免罐笼不在时放下摇台和打开阻车器,将矿车推入井筒事故的发生。罐座是利用可伸缩的托爪托住罐笼，使矿车能够平稳进出。罐笼运行时罐座必须收回，对罐座设置闭锁装置，罐座未打开，发不出开车信号，可以避免罐座未缩回时罐笼开始升降而拉坏罐座或拉断钢丝绳。由于罐座操作复杂，升降人员时，如因司机操作不当发生过卷，而另一钩过放，就容易发生蹲罐事故。因此，升降人员时严禁使用罐座。

【执行中应注意的问题】

(1) 罐笼到位后触碰到限位开关，解除与安全门的闭锁，才能打开安全门。

(2) 安全门打开时，不能发出开车信号，只能调平和罐笼换层，这时井筒处在提升容器的封堵状态下。

第三百九十六条　提升容器的罐耳与罐道之间的间隙，应当符合下列要求：

（一）安装时，罐耳与罐道之间所留间隙应当符合下列要求：

1. 使用滑动罐耳的刚性罐道每侧不得超过 5 mm，木罐道每侧不得超过 10 mm。

2. 钢丝绳罐道的罐耳滑套直径与钢丝绳直径之差不得大于 5 mm。

3. 采用滚轮罐耳的矩形钢罐道的辅助滑动罐耳，每侧间隙应当保持10～15 mm。

（二）使用时，罐耳和罐道的磨损量或者总间隙达到下列限值时，必须更换：

1. 木罐道任一侧磨损量超过 15 mm 或者总间隙超过 40 mm。

2. 钢轨罐道轨头任一侧磨损量超过 8 mm，或者轨腰磨损量超过原有厚度的 25%；罐耳的任一侧磨损量超过 8 mm，或者在同一侧罐耳和罐道的总磨损量超过 10 mm，或者罐耳与罐道的总间隙超过 20 mm。

3. 矩形钢罐道任一侧的磨损量超过原有厚度的 50%。

4. 钢丝绳罐道与滑套的总间隙超过 15 mm。

【执行说明】　罐耳的磨损量及其最大间隙，应当参照图 16 和表 3 的规定执行。

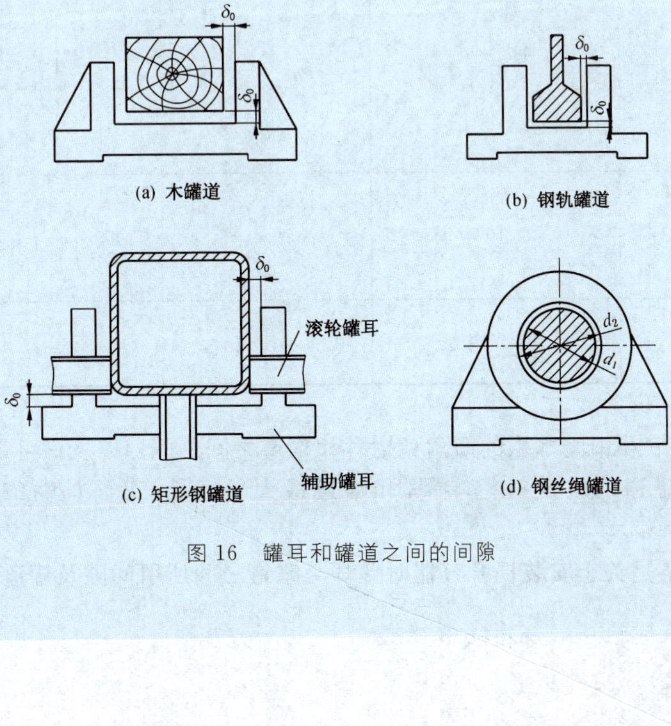

图 16　罐耳和罐道之间的间隙

表 3　罐耳和罐道的磨损量及其最大间隙

mm

<table>
<tr><td>罐道种类</td><td colspan="2">木罐道
(图 16a)</td><td colspan="3">钢轨罐道
(图 16b)</td><td colspan="2">矩形钢罐道
(图 16c)</td><td colspan="2">钢丝绳罐道
(图 16d)</td><td rowspan="2">备注</td></tr>
<tr><td>项目部位</td><td>罐道</td><td>罐耳</td><td>轨头</td><td>轨腰</td><td>罐耳</td><td>罐道</td><td>辅助滑动罐耳</td><td>钢丝绳直径</td><td>罐耳滑套厚度</td></tr>
<tr><td>安装时每侧最大侧面间隙(δ_0)</td><td colspan="2">10</td><td colspan="3">5</td><td colspan="2">10～15</td><td colspan="2">—</td><td rowspan="3">矩形钢罐道的滚动罐耳在运动中紧靠矩形钢罐道</td></tr>
<tr><td>安装时最大侧面总间隙($2\delta_0$)</td><td colspan="2">20</td><td colspan="3">10</td><td colspan="2">20～30</td><td colspan="2">—</td></tr>
<tr><td>安装时最大径向间隙(d_2-d_1)</td><td colspan="2">—</td><td colspan="3">—</td><td colspan="2">—</td><td colspan="2">5</td></tr>
<tr><td rowspan="2">许可最大磨损量(任一侧)</td><td>15</td><td>10</td><td>8</td><td>原有厚度的25%</td><td>8</td><td>钢板厚度的50%</td><td>10</td><td colspan="2">—</td><td>当罐耳厚度小于 20 mm 时，罐耳每侧磨损量按原有厚度的50%设计</td></tr>
<tr><td>—</td><td>—</td><td colspan="3">—</td><td colspan="2">—</td><td>直径的15%</td><td>设计厚度的50%</td><td>采用封闭式钢丝绳罐道时，许可磨损为外层钢丝厚度的50%</td></tr>
<tr><td>同一侧罐耳和罐道总磨损量</td><td></td><td></td><td colspan="3">10</td><td colspan="2">—</td><td colspan="2">—</td><td></td></tr>
<tr><td>罐耳和罐道最大总间隙</td><td colspan="2">40</td><td colspan="3">20</td><td colspan="2">35～40</td><td colspan="2">15</td><td></td></tr>
</table>

立井井口、井底和中间水平的四角稳罐耳和罐道之间的间隙以及许可最大磨损量，可参照表中有关钢轨罐道的规定执行，罐耳和罐道最大总间隙：正面(宽)25 mm，侧面(长)35 mm。

【释义】　本条是关于安装提升容器时罐耳与罐道之间所留间隙及罐道和罐耳最大磨损程度的规定。

(1) 提升容器的罐耳与罐道之间的间隙越小，提升容器运行过程中受到的冲击越小，提升容器运行越平稳。但由于罐耳安装时不可避免地存在误差，为了防止罐耳安装时所留间隙过大而造成提升容器运行不平稳现象的发生，规定了提升容器的罐耳安装时与罐道间所留的最大间隙值。

(2) 罐道在提升容器运行过程中起着导向、限制提升容器横向摆动的作用。由于提升容器罐耳与罐道之间存在相对运动，罐耳和罐道会不可避免地发生磨损，造成间隙增加。而且，提升钢丝绳的自身旋转性造成提升容器在提升运行过程中始终保持旋转趋势，使提升容器罐耳与罐道的一侧产生摩擦而磨损严重。提升钢丝绳的摆动及刚性罐道接头的影响也使提升容器罐耳和罐道各处的磨损程度不同。当提升容器罐耳和罐道间的间隙增大到一定程度后，提升运行速度越高，提升容器的摆动量越大，造成的冲击越严重，提升容器运行越不平稳，刚性罐道接头和固定螺栓越容易发生松动，从而对提升容器的安全运行造成严重威胁。因此，对各种罐道和罐耳的最大磨损程度进行了规定，达到限定磨损程度时必须及时进行更换维修。

【执行中应注意的问题】

(1) 滚轮罐耳的滚轮外径因运行磨损小于理论值 40 mm 时必须予以更换。运行中由于滚轮罐耳胶轮的磨损应及时调整，使滚轮前倾靠紧罐道，保证滚轮罐耳与罐道的压力。

(2) 罐笼和罐耳的最大磨损量达到《煤矿安全规程执行说明》表 3 规定的限值，必须及时更换。

第三百九十七条　立井提升容器间及提升容器与井壁、罐道梁、井梁之间的最小间隙，必须符合表 7 要求。

提升容器在安装或者检修后，第一次开车前必须检查各个间隙，不符合要求时不得开车。

采用钢丝绳罐道，当提升容器之间的间隙小于表 7 要求时，必须设防撞绳。

表 7　立井提升容器间及提升容器与井壁、罐道梁、井梁间的最小间隙值

mm

罐道和井梁布置		容器与容器之间	容器与井壁之间	容器与罐道梁之间	容器与井梁之间	备　注
罐道布置在容器一侧		200	150	40	150	罐耳与罐道卡子之间为 20
罐道布置在容器两侧	木罐道		200	50	200	有卸载滑轮的容器，滑轮与罐道梁间隙增加 25
	钢罐道		150	40	150	
罐道布置在容器正面	木罐道	200	200	50	200	
	钢罐道	200	150	40	150	
钢丝绳罐道		500	350		350	设防撞绳时，容器之间最小间隙为 200

【释义】　本条是关于立井提升容器间及提升容器与井壁、罐道梁、井梁之间最小间隙的

规定。

由于提升钢丝绳的摆动、刚性罐道接头间隙、钢丝绳罐道弹性等因素的影响,提升容器在运行过程中不可避免地产生摆动,使其与井壁、罐道梁、井梁的间隙不断地发生变化,随着提升容器罐耳和罐道的不断磨损,罐耳与罐道之间的间隙不断增加,进一步增加了提升容器的摆动量。如果提升容器之间及提升容器与井壁、罐道梁、井梁之间的间隙过小,那么在运行过程中,过小的间隙增加了提升容器运行的危险性,甚至会对乘坐在罐笼中的人员造成人身伤害。因此,为了保证提升容器的运行安全,立井提升容器间及提升容器与井壁、罐道梁、井梁之间的间隙不能低于规定的最小间隙值。

【执行中应注意的问题】

(1) 本条表 7 中所规定的最小间隙,是指建井和安装工程完成后,提升容器在静止状态与其对立物之间须保持的最小距离。

(2) 为了保证提升容器的安全运行,提升容器之间及其与井壁、罐道梁和井梁之间的间隙必须留有充分的余地,以防止运行中撞击,导致事故的发生。

第三百九十八条 钢丝绳罐道应当优先选用密封式钢丝绳。

每个提升容器(平衡锤)有 4 根罐道绳时,每根罐道绳的最小刚性系数不得小于 500 N/m,各罐道绳张紧力之差不得小于平均张紧力的 5%,内侧张紧力大,外侧张紧力小。

每个提升容器(平衡锤)有 2 根罐道绳时,每根罐道绳的刚性系数不得小于 1000 N/m,各罐道绳的张紧力应当相等。单绳提升的 2 根主提升钢丝绳必须采用同一捻向或者阻旋转钢丝绳。

【释义】 本条是关于钢丝绳罐道的规定。

(1) 密封式钢丝绳是在中心钢丝周围呈螺旋状缠绕着一层或多层圆钢丝,其外面由一层或数层异形钢丝捻制而成的钢丝绳。这种钢丝绳具有表面平滑、无绳沟、延伸率小、耐磨和抗腐蚀能力强的优点,作为罐道绳使用时,可以使提升容器运行平稳。

(2) 罐道绳的刚性系数表示单位长度罐道钢丝绳所能承受的横向拉力大小。罐道绳的刚性系数越大,抵抗容器对罐道绳横向作用力的能力越强,则提升容器的摆动就越小。一对提升容器相邻的一侧为内侧,如果内侧罐道绳的刚性系数比外侧大,可以减小提升容器在运行过程中向内侧的摆动量,从而避免两个提升容器相遇时因为间隙过小而导致提升容器碰撞事故的发生。因此,每个提升容器(平衡锤)有 4 根罐道绳时,每根罐道绳的最小刚性系数不得小于 500 N/m,各钢丝绳张紧力之差不得小于平均张紧力的 5%,内侧张紧力大,外侧张紧力小。

(3) 单绳提升系统的 2 根主提升钢丝绳如果采用不同捻向的钢丝绳,会使 2 个提升容器的旋转方向相反,从而减小 2 个提升容器之间的距离,提升容器在运行过程中容易发生碰撞事故。因此,单绳提升的 2 根主提升罐道绳必须采用同一捻向或者阻旋转钢丝绳。

【执行中应注意的问题】

(1) 每根罐道钢丝绳的最小刚性系数 $K_{\min}$ 可按式(3-9-12)计算。

$$K_{\min}=\frac{4qg}{\ln(1+\alpha)} \tag{3-9-12}$$

$$\alpha=\frac{qgL}{Q_s} \tag{3-9-13}$$

式中　q——罐道钢丝绳单位长度的质量，kg/m；

g——重力加速度，m/s^2；

α——罐道钢丝绳自重与下端张力的比值；

L——罐道钢丝绳的悬垂长度，m；

Q_s——罐道钢丝绳下端承受的张紧力，N。

（2）每一提升容器有 4 根罐道钢丝绳时，各钢丝绳张紧力的差值不应超过 5%～10%。如果 1 个提升容器或重锤只有 2 根罐道绳时，各钢丝绳的张紧力应相等。

第三百九十九条　应当每年检查 1 次金属井架、井筒罐道梁和其他装备的固定和锈蚀情况，发现松动及时加固，发现防腐层剥落及时补刷防腐剂。检查和处理结果应当详细记录。

建井用金属井架，每次移设后都应当涂防腐剂。

【释义】　本条是关于金属井架、井筒罐道梁和其他装备设施检修的规定。

（1）井筒内潮湿阴暗，井筒内的淋水往往呈现出弱酸或弱碱性，井筒罐道梁和井梁等金属设施非常容易发生锈蚀，强度遭到削弱。当强度降低到一定程度时，提升容器的频繁运行和振动冲击会造成井筒罐道梁和井梁等金属设施发生变形，固定螺栓发生松动，对提升系统造成严重威胁。井架是固定天轮、支撑钢丝绳安全运行的关键设备，必须具有足够的强度和良好的稳定性。由于井架长期处于露天的环境中，在风吹雨淋和机械振动的影响下，金属构件发生锈蚀，连接部位产生松动，如果不及时加固处理将会造成井架变形，严重影响到提升系统运行的安全可靠性。因此，对金属井架、井筒罐道梁和其他装备的固定和锈蚀情况，应当每年检查 1 次，发现松动及时加固，发现防腐层剥落及时补刷防腐剂。检查和处理结果应有详细记录。

（2）建井用金属井架，每次移设后都有可能出现剐伤、碰伤或磨损等局部损伤，且下次使用时间未定，有可能需要长期保存，这样就必须对金属井架进行防腐处理，涂抹防腐剂。

【执行中应注意的问题】

（1）要对每年检查出的金属井架、井筒罐道梁和其他装备的锈蚀区域进行防腐处理。

（2）每年检查金属井架、井筒罐道梁和其他装备的固定情况，发现松动及时加固。

第四百条　提升系统各部分每天必须由专职人员至少检查 1 次，每月还必须组织有关人员至少进行 1 次全面检查。

检查中发现问题，必须立即处理，检查和处理结果都应当详细记录。

【执行说明】　提升装置检查部位主要包括：提升容器、连接装置、防坠器、罐耳、罐道、阻车器、摇台（锁罐装置）、装卸设备、天轮（导向轮）、钢丝绳、滚筒（摩擦轮）、制动装置、位置指示器、防过卷装置、调绳装置、传动装置、电动机和控制设备及各种保护和闭锁装置。

上述部位每天必须由专职人员检查 1 次，每月还必须由机电管理部门组织有关技术人员至少全面检查 1 次。

【释义】　本条是关于对提升系统各部位进行定期检查的规定。

提升系统是矿井安全生产的关键环节,没有提升系统各部分的安全正常运转,就完不成矿井的生产任务,甚至发生事故造成重大损失。提升系统的各主要部分,包括提升容器、连接装置、防坠器、罐耳、罐道、阻车器、罐座、摇台、装卸设备、天轮、钢丝绳、滚筒、制动装置、深度指示器、过卷装置、限速器、调绳装置、电动机和控制设备及各种保护和闭锁,无论哪个部分出现问题,轻则影响生产,重则造成重大事故。如不检查及时发现和处理,势必使隐患发展扩大,后果将是严重的。因此,提升系统各部分每天必须由专职人员至少检查1次,每月还必须组织有关人员至少进行1次全面检查。检查中发现问题,必须立即处理,检查和处理结果都应当详细记录。

【执行中应注意的问题】

提升系统日常检查可参照表3-9-1进行。

表3-9-1　提升系统专项检查表

检查单位:　　　　　　　　　　　　　　　　　　检查时间:

项目	项目内容	检查主要内容	检查情况
一、技术管理	1.提升机房制度、图纸、技术特性	机房及硐室内应悬挂岗位责任制和操作规程、提升机的技术特性、制动系统图、电气控制原理图,罐笼最大载重量,最大限乘人数,信号标志	
	2.提升机技术档案	提升机的使用说明书、机械部分图、电气控制图(原理图、接线图)、设备布置图、设备安装图、液压站使用说明书、设备采购合同、设备安装合同、安装竣工验收报告及零部件图等技术图纸资料	
	3.提升机的检测、检验	提升系统安装使用前中介机构的检测检验报告及设备设施探伤报告,每年的提升系统检测报告	
	4.钢丝绳检测检验	提升钢丝绳使用悬挂前的破断力检测报告、钢丝绳使用过程中的实验报告,钢丝绳出厂合格证、出厂质量证明、产品验收记录	
	5.防坠器检验检测	防坠器半年不脱钩检验检测报告、一年一次脱钩检测检验报告	
	6.井架、天轮	井架、井架的设计图、施工安装图、天轮主轴的探伤报告	
	7.罐笼技术要求	罐笼的设计及生产厂家资质、罐笼本体图、罐笼各零部件图、罐笼悬挂装置(上悬挂、下尾挂)安装后及使用过程中的探伤报告	
	8.井筒装备	井筒装备图、井口布置图、井筒装备设计、罐道及套架梁的选型、防坠制动钢丝绳的选型	
	9.井口操车系统	井口操车系统设计、各操车设施单体零部件图、设备设施使用说明书、设备布置图	
	10.提升信号系统	提升信号系统原理图	
	11.井口悬挂资料	井口信号工(拥罐工)的岗位责任制、操作规程,下井人员管理规定,公布罐笼最大载重量、最大限乘人数、提升信号标志	
	12.规章制度及记录	班、日、周、月检记录,钢丝绳检查记录、运行日志,提升系统安全保护装置试验记录、提升设备检查检修记录、外来人员登记记录	

表 3-9-1(续)

项目	项目内容	检查主要内容	检查情况
二、提升机	1.提升机房照明	机房或硐室的照明装置及应急照明设施齐全	
	2.外露旋转部件的防护装置	影响安全的外部防护部件(如联轴器、开式齿轮、传动链条皮带、滚筒挡绳板等)应设置固定的防护装置	
	3.防火设施	机房或硐室不应存放易燃易爆和有毒害物品，应配备灭火器，灭火器应在有效范围内，取灭火器不应需要任何工具。设置的防护栅栏警示牌齐全	
	4.钢丝绳在卷筒上缠绕层数	钢丝绳在卷筒上缠绕的层数是否满足《规程》要求	
	5.滚筒(卷筒)天轮的最小直径与钢丝绳直径之比	滚筒(卷筒)天轮的最小直径与钢丝绳直径之比，是否满足《规程》要求	
	6.钢丝绳在卷筒上固定	钢丝绳在卷筒上固定是否满足《规程》要求	
	7.天轮轮缘高度、天轮衬垫固定、磨损或沿侧磨损	天轮轮缘高度、天轮衬垫固定、磨损或沿侧磨损情况，是否满足《规程》要求	
	8.定车装置	提升机应用定车装置	
	9.深度指示器	提升机应有深度指示器，深度指示器应有能准确地指示出提升容器在井筒中的位置，指示应清晰，能发出减速、停车和过卷信号	
	10.提升机工作制动和安全制动系统	提升机应装能独立操纵的工作制动和安全制动两套制动系统，操纵系统是否设在司机操纵台，两套系统共有一套闸瓦时，操纵和控制机构应分开。工作制动力满足设计要求	
	11.制动闸瓦/制动轮/制动轮盘的接触面积及间隙调整	各种制动装置的接触面积、间隙调整及安全制动装置的空动行程时间是否满足《规程》要求，盘形制动器是否漏油	
	12.制动装置的检查	检查制动轮的径向跳动、制动盘的端面跳动、制动轮和制动盘上的表面深沟和沟纹宽度、制动盘两侧或制动轮有降低摩擦系数的介质、制动装置的传动杆的灵活可靠程度，制动横拉杆和拉杆无裂纹变形	
	13.液压系统保护	过压、超温保护装置的动作值设置应满足要求，动作可靠，液压站选用的油质应符合设计要求，无漏油现象	
	14.钢丝绳运转	钢丝绳在卷筒上缠绕时是否有咬绳，跳动、摆幅量是否满足要求，在用钢丝绳的锈蚀、断丝、直径变化，安全系数是否满足	
	15.司机操作台	司机操作台上的各种仪器仪表是否齐全可靠，指示清晰、准确	
	16.电气设备设施	机房或硐室内的各种电气设备设施的电气安全接地装置是否齐全可靠，接地电阻是否满足要求，导线链接是否牢靠，电气设施动作灵敏可靠	
	17.保护装置	提升机的过卷、过速、限速、闸间隙、松绳(3.0 m以上)、减速、提升容器位置指示、过负荷及欠电压、满仓、错向保护装置齐全、动作灵敏，控制系统的电气联锁功能齐全可靠	

表 3-9-1(续)

序号	检查项目	检查主要内容	检查情况
三、信号系统	1.提升信号	提升信号的发与转应符合要求,井口信号应与提升机的启停有闭锁关系,使用罐笼提升的井口、井底和中间马头门的安全门、摇台或托台必须与提升信号闭锁,提升信号应清晰、准确、声光兼备,采用微机控制的信号必须有信号记忆功能	
	2.信号装置的供电线路	升降人员和主要井口提升机的信号装置的直接供电线路上,不应分接其他负荷	
	3.信号回路闭锁	应有过卷与开车方向闭锁,制动手柄零位,主令控制器中间位置与安全回路闭锁,润滑油泵与信号回路闭锁	
	4.信号回路供电电压	信号回路供电电压不能大于 127 V	
四、提升设施	1.井筒设施	井筒套架梁的安装牢固,强度符合设计要求,在用套架的锈蚀、变形、固定情况及套架梁上存有的悬浮物,罐道的磨损及固定牢固程度,罐道的安装尺寸及垂直度,钢丝绳罐道的磨损、锈蚀、直径变化情况及固定和拉紧装置,梯子的牢固程度及其他设施在井筒内的固定情况	
	2.井口操车设施	在建、新建、改建及在用竖井罐笼提升系统的井口及各提升中段的安全门、摇台、阻车器的动作联锁必须满足有关标准的要求	
	3.井口过卷装置	提升竖井井架强度满足使用要求,竖井井架上安装的罐笼及平衡锤过卷装置高度满足不大于 0.5 m 的要求,井架的过卷缓冲装置及防撞梁强度和位置是否符合设计要求	
	4.井底过放装置	提升终端设计有井底水窝的必须装设符合《规程》要求的过放缓冲装置,井底水窝的水位不低于一个过放距离的深度	
	5.提升容器	检查提升容器连接装置各部位连接销轴、螺栓的锈蚀及紧固情况,容器各类导向装置及相应间隙,罐笼罐门(罐帘)、轨道、阻车器、挡车装置或箕斗卸载装置完好情况,主要受力部件的连接铆钉、螺栓紧固及锈蚀情况等,容器与井筒装备各部位的间隙是否满足《规程》要求,连接装置不得超过《规程》规定的使用年限	
	6.防坠器	罐笼防坠抓捕机构的各传动零部件动作灵活。钢丝绳防坠器制动楔子的磨损情况,罐耳与罐道的间隙满足《规程》规定,及时填写防坠器的检查与维护记录	

被检单位负责人：　　　　　　　　　　　　　　　　　　　　　　检查负责人：

第四百零一条　检修人员站在罐笼或箕斗顶上工作时,必须遵守下列规定:

（一）在罐笼或箕斗顶上，必须装设保险伞和栏杆。

（二）必须系好保险带。

（三）提升容器的速度，一般为 0.3～0.5 m/s，最大不得超过 2 m/s。

（四）检修用信号必须安全可靠。

【释义】　本条是关于在罐笼或箕斗顶上检修时应遵守的规定。

(1) 在罐笼或箕斗顶上检修，必须装设保险伞和栏杆，防止井筒掉物打伤检修人员和防止检修人员不慎坠入井筒。

(2) 罐笼或箕斗顶上虽然装设保险伞和栏杆，但在工作中由于用力和多人作业，仍有坠入井筒的危险，必须系好保险带，才能放心用力地工作。

(3) 检修人员站在罐笼或箕斗顶上时，如果提升容器的速度过快，检修人员容易因为站立不稳而摔倒。因此，规定检修人员站罐笼或箕斗顶上工作时，提升容器的运行速度一般为 0.3～0.5 m/s，最大不得超过 2 m/s。

(4) 井筒中的检修工作需要提升容器经常变更高度，遇有特殊情况或检修完升井，都必须用信号与绞车司机联系，但如信号失灵，绞车司机无法知道井筒内检修人员的工作情况，就无法配合检修人员开展检修工作。因此，检修人员站在罐笼或箕斗顶上工作时，检修用信号必须安全可靠，还要设置移动电话。

【执行中应注意的问题】

(1) 检修人员站在罐笼或箕斗顶上工作时，提升容器最大运行速度不得超过 2 m/s，避免检修人员被甩入井筒。

(2) 站在罐笼或箕斗顶上工作的检修人员，必须用安全可靠的信号及移动电话与绞车司机联系，确保可随时停车。

第四百零二条　罐笼提升的井口和井底车场必须有把钩工。

人员上下井时，必须遵守乘罐制度，听从把钩工指挥。开车信号发出后严禁进出罐笼。

【释义】　本条是关于罐笼提升的井口和井底车场把钩工的规定。

罐笼提升的井口和井底车场必须有把钩工，是配合信号工、提升机司机完成提升人员物料任务的人员。信号工和提升机司机很难看到井口和井底车场的实际运行情况，把钩工在现场确认安全无误后，向信号工发起信号，运行设备。把钩工必须坚守职责，严禁脱岗，必须做到不安全不发送信号，保证提升安全。

人员上下井时，必须遵守乘罐制度，听从把钩工指挥，不能混乱。开车信号发出后严禁进出罐笼，以免发生乘罐人员坠井和挤伤事故。

【执行中应注意的问题】

(1) 罐笼提升的把钩工交接班后，与信号工配合试验信号装置及井口的闭锁装置，经过 1 次动态检查，确认无误后方可发出开车信号。

(2) 提升机运行中，把钩工严禁脱离岗位。

第四百零三条　每一提升装置，必须装有从井底信号工发给井口信号工和从井口信号工发给司机的信号装置。井口信号装置必须与提升机的控制回路相闭锁，只有在井口信号工发出信号后，提升机才能启动。除常用的信号装置外，还必须有备用信号装置。

井底车场与井口之间、井口与司机操控台之间，除有上述信号装置外，还必须装设直通电话。

1套提升装置服务多个水平时，从各水平发出的信号必须有区别。

【释义】 本条是关于立井提升信号装置的规定。

(1) 为了确保提升运输的安全运行，井口信号工需要把收到的井下信号和自己在井口看到的实际情况进行综合分析，作出明确判断后向绞车司机发出开车信号。因此，井底车场信号工只能向井口信号工发出信号，再由井口信号工向提升机司机发出信号，决不允许井下信号工将信号直接发到提升机司机。另外，井口信号装置与提升机的控制回路相闭锁，司机只有在接到井口信号工发来的开车信号后，提升机才能启动。

(2) 由于有些情况无法用信号表达清楚，因此，井底车场和井口之间、井口和司机操控台之间，还应装设直通电话，以便电话联系。

(3) 当1套提升装置服务多个水平时，从各水平发出的信号必须有区别，使提升机司机清楚需要将提升容器具体运送到哪个水平，避免出现误操作而耽误生产。

(4) 立井提升除常用信号装置外，还应设置备用信号装置，备用信号电源应采用专用电源线路，电源要求与常用信号装置相同。备用信号装置是提升信号装置故障时采用的简易打点信号。

第四百零四条 井底车场的信号必须经由井口信号工转发，不得越过井口信号工直接向提升机司机发送开车信号；但有下列情况之一时，不受此限：

(一) 发送紧急停车信号。

(二) 箕斗提升。

(三) 单容器提升。

(四) 井上下信号联锁的自动化提升系统。

【释义】 本条是关于什么情况可以由井底车场直接向提升机司机发送信号的规定。

井底车场的信号必须经由井口信号工转发，不得越过井口信号工直接向提升机司机发送开车信号，这是为了确保井口和井底均做好开车前的各项准备后再向司机发出开车信号，以确保安全提升。如果井底的信号直接发向提升机司机，由于井底不知井口的情况，假设此时井口罐笼帘未放下，人正上罐，若司机直接开车，将发生人员坠入井筒的伤亡事故。所以，井底的信号必须由井口信号工转发，井口的信号同提升机的控制回路闭锁，只有在井口信号工发出信号后，提升机司机才能启动。

但是，在下列情况之一时，可以由井底车场直接向提升机司机发送信号：

(1) 当出现紧急情况需要提升装置立即停车时，为了节省时间，防止事故扩大，井底车场可以越过井口信号工直接向提升机司机发送信号，使提升机司机及时对提升装置进行安全制动。

(2) 专门用于提煤的箕斗，井底箕斗装载时间往往比井口箕斗卸载时间要长，只要地面煤仓没有出现满仓、松绳保护等信号，在井底箕斗装载结束时，井底车场可以向提升机司机发出开车信号。

(3) 单容器提升时，提升容器或在井底或在井口，当该容器在井底装载或卸载完毕时，就可以由井底车场直接向提升机司机发出开车信号。

(4) 对于已经设置井上下信号联锁的自动化提升系统，只要有一处条件不具备，就无法向提升机司机发出开车信号，从而有效地避免了误操作的发生。此时，井底车场可以越过井口信号工直接向提升机司机发送信号。

第四百零五条　用多层罐笼升降人员或者物料时，井上、下各层出车平台都必须设有信号工。各信号工发送信号时，必须遵守下列规定：

（一）井下各水平的总信号工收齐该水平各层信号工的信号后，方可向井口总信号工发出信号。

（二）井口总信号工收齐井口各层信号工信号并接到井下水平总信号工信号后，才可向提升机司机发出信号。

信号系统必须设有保证按上述顺序发出信号的闭锁装置。

【释义】　本条是关于多层罐笼升降人员或物料时提升信号的规定。

采用多层罐笼升降人员或物料时，必须在井上、下各层平台进、出车作业完毕，抬起摇台，关闭阻车器后，由罐笼所在水平各层平台信号工向该水平总信号工发出信号，该水平总信号工收齐各层平台信号工的信号后，向井口总信号工发出信号。井口总信号工收齐井口各层信号和井下总信号工的信号后，向提升机司机发出开车信号。上述的信号发出顺序，不但信号工必须遵守，信号系统本身必须具备按上述信号发出顺序的自动闭锁功能，从而防止出现误操作而发生井筒坠人、坠物事故。

【执行中应注意的问题】

用多层罐笼升降人员或物料时，井上、井下各层出车平台都必须设有信号工；如果各层平台有出车也有向罐笼内进车时，进车侧和出车侧都必须设有信号工。

第四百零六条　在提升速度大于 3 m/s 的提升系统内，必须设防撞梁和托罐装置。防撞梁必须能够挡住过卷后上升的容器或者平衡锤，并不得兼作他用；托罐装置必须能够将撞击防撞梁后再下落的容器或者配重托住，并保证其下落的距离不超过 0.5 m。

【释义】　本条是关于对提升速度大于 3 m/s 的提升系统，必须装设防撞梁和托罐装置的规定。

当提升容器或平衡锤提升速度大于 3 m/s 时，一旦发生限速保护装置失灵，在强大惯性的作用下，楔形罐道往往阻挡不住提升容器或平衡锤继续向上运行。为了防止提升容器或平衡锤冲出井架，必须设置牢固可靠的防撞梁。

当提升容器或平衡重锤撞上防撞梁被阻止住后，提升钢丝绳在迅速增加的动张力的作用下可能会发生断裂，为了防止提升容器或平衡锤坠入井底，必须在下面不超过 0.5 m 处设置托罐装置将其托住。如果托罐装置使提升容器或配重下降距离超过 0.5 m，在自由落体运动下，断绳后的提升容器或配重下落速度迅速增加，会因容器冲击力过大而将托罐装置损坏。

【执行中应注意的问题】

(1) 目前多数矿井采用钢带式过卷缓冲及托罐装置，是采用插爪，将下落的容器或者配重托住，插爪的作用力传递到钢带上，靠钢带变形力阻止容器下落。若钢丝绳未断裂，则可在 0.5 m 内可靠托住容器，若钢丝绳断裂，则制动距离会较长。

(2) 托罐装置是矿井立井提升系统的保护装置,应归入矿井大型设备管理,应根据矿井的有关提升参数和条件进行选型和设计。

第四百零七条 立井提升装置的过卷和过放应当符合下列要求:

(一) 罐笼和箕斗提升,过卷和过放距离不得小于表 8 所列数值。

(二) 在过卷和过放距离内,应当安设性能可靠的缓冲装置。缓冲装置应当能将全速过卷(过放)的容器或者平衡锤平稳地停住,并保证不再反向下滑或者反弹。

(三) 过放距离内不得积水和堆积杂物。

(四) 缓冲托罐装置必须每年至少进行 1 次检查和保养。

表 8 立井提升装置的过卷和过放距离

提升速度*/(m·s⁻¹)	≤3	4	6	8	≥10
过卷、过放距离/m	4.0	4.75	6.5	8.25	10.0

*提升速度为表 8 中所列速度的中间值时,用插值法计算。

【执行说明】 (一)过卷和过放距离的量取方法。过卷距离是指提升容器或配重从装卸载时的正常位置起,可以自由上提(不考虑楔形罐道或其他类型的制动缓冲装置)的一段距离,上提的界限为下列几种中的一种:

1. 提升容器的顶部与防撞梁相接触。

2. 提升容器的顶部与制动绳或罐道绳的固定横梁相接触。

3. 连接装置的上端(第一道绳卡或反向的绳头)与天轮轮缘相接触。

过放距离是指在井底装卸载位置以下,与过卷距离相对应,可以容许提升容器自由下行(不考虑楔形罐道或其他类型的制动缓冲装置)的一段距离,下放的界限为下列几种中的一种:

1. 提升容器的底部与井底防撞梁相接触。

2. 提升容器的底部与固定制动绳或罐道绳的横梁相接触。

3. 提升容器的底部与尾绳导向装置相接触。

(二) 过卷和过放距离的确定。

1. 如果采用《规程》中表 8 所列的提升速度值,可直接选取与提升速度对应的过卷和过放距离数值。

2. 如果提升速度值在表 8 所列的提升速度值之间,则应当采用下述差值法计算:

$$S=S_1+\frac{S_2-S_1}{V_2-V_1}\times(V-V_1)$$

式中 V_1、V_2——表 8 中给出的前后两个提升速度值,m/s;

S_1、S_2——表 8 中分别对应于 V_1、V_2 的过卷(过放)距离,m;

V——介于 V_1 和 V_2 间实际运行的提升速度值,m/s;

S——对应于提升速度 V 时的过卷(过放)距离,m。

【释义】 本条是关于立井提升装置过卷和过放的规定。

(1) 对于双容器提升系统来说，一侧提升容器发生过卷，另一侧提升容器必然发生过放。安设性能可靠的缓冲装置是为了在过卷或过放时，能把过卷或过放后的提升容器的速度降下来，不至于伤人和造成更大的损失。在井上设置防过卷缓冲装置的同时，井下应当设置防过放装置，而且井下防过放装置应采用超前不同步布置，从而改善过卷侧受力状态，减少过卷冲击能量，减轻事故造成的后果。

(2) 过卷距离是为避免提升容器过卷可能造成的破坏，在确定井架(井塔)高度时留有的安全距离。过放距离是为避免过放时提升容器在井底因碰撞可能造成的破坏，在井底所设的同过卷距离相应的安全距离。当提升容器发生过卷时，通过推动装在深度指示器上的过卷开关，切断提升绞车安全保护回路，进行安全制动。该制动减速度远小于提升容器的自然减速度，可以避免减速度过大情况下提升系统转动惯量过大、产生强大的冲击力对钢丝绳、连接装置、天轮、滚筒及制动系统造成损坏。同时，可以使提升容器在合理有限的距离内，尽量降低提升容器过卷后到达终点时的运行速度，减小提升容器的过卷冲击能量，避免对井架设施造成严重的损坏。

当提升容器过卷而防过卷开关失灵时，提升容器会以较大的速度与防撞梁相撞，将产生剧烈的震动和冲击，会对提升系统造成严重的破坏；如果乘人，将发生重大人身伤亡事故。因此应当在过卷和过放距离内设置可靠的缓冲装置，将全速过卷(过放)的容器或平衡锤平稳地停住，并保证不再反向下滑或者反弹，以防事故扩大。

(3) 如果过放距离内有积水和杂物，等于没有了过放距离，起不到应有作用。

【案例】 1986 年 4 月 3 日，原徐州矿务局某矿因井底原有过放距离被杂物堵塞，发生蹲罐事故，造成 6 人重伤。

(4) 缓冲托罐装置必须安全可靠，以防因为锈蚀等原因影响制动安全，必须每年至少进行 1 次检查和保养。主要从以下方面进行检查：

① 检查缓冲托罐装置主要受力材料。

② 检查缓冲托罐装置缓冲钢丝绳、钢带等缓冲元件。

③ 检查缓冲托罐装置螺丝紧固情况。

④ 检查缓冲托罐装置油漆质量、锈蚀情况。

⑤ 检查缓冲托罐装置缓冲距离。

⑥ 检查缓冲托罐装置各部件情况。

⑦ 用专用除油剂对缓冲托罐装置进行除锈、除污、除腐。

⑧ 对缓冲钢丝绳进行涂油。

【执行中应注意的问题】

(1) 托罐装置投入使用后，无故不得对个别部件的位置进行更改或移动，如因施工等原因必须进行改动的，施工完毕后必须恢复原状。

(2) 托罐装置在使用中因被保护容器和提升系统的参数发生变化或井架结构发生变化时，必须与厂家联系更换或返厂重新标定。

第三节　钢丝绳和连接装置

第四百零八条　各种用途钢丝绳的安全系数,必须符合下列要求:

(一) 各种用途钢丝绳悬挂时的安全系数,必须符合表 9 的要求。

表 9　钢丝绳安全系数最小值

<table>
<tr><th colspan="3">用途分类</th><th>安全系数[*]的最小值</th></tr>
<tr><td rowspan="5">单绳缠绕式提升装置</td><td colspan="2">专为升降人员</td><td>9</td></tr>
<tr><td rowspan="3">升降人员和物料</td><td>升降人员时</td><td>9</td></tr>
<tr><td>混合提升时[**]</td><td>9</td></tr>
<tr><td>升降物料时</td><td>7.5</td></tr>
<tr><td colspan="2">专为升降物料</td><td>6.5</td></tr>
<tr><td rowspan="5">摩擦轮式提升装置</td><td colspan="2">专为升降人员</td><td>$9.2-0.0005H$[***]</td></tr>
<tr><td rowspan="3">升降人员和物料</td><td>升降人员时</td><td>$9.2-0.0005H$</td></tr>
<tr><td>混合提升时</td><td>$9.2-0.0005H$</td></tr>
<tr><td>升降物料时</td><td>$8.2-0.0005H$</td></tr>
<tr><td colspan="2">专为升降物料</td><td>$7.2-0.0005H$</td></tr>
<tr><td rowspan="2">倾斜钢丝绳牵引带式输送机</td><td colspan="2">运人</td><td>$6.5-0.001L$[****]
但不得小于 6</td></tr>
<tr><td colspan="2">运物</td><td>$5-0.001L$
但不得小于 4</td></tr>
<tr><td rowspan="2">倾斜无极绳绞车</td><td colspan="2">运人</td><td>$6.5-0.001L$
但不得小于 6</td></tr>
<tr><td colspan="2">运物</td><td>$5-0.001L$
但不得小于 3.5</td></tr>
<tr><td colspan="3">架空乘人装置</td><td>6</td></tr>
<tr><td colspan="3">悬挂安全梯用的钢丝绳</td><td>6</td></tr>
<tr><td colspan="3">罐道绳、防撞绳、起重用的钢丝绳</td><td>6</td></tr>
<tr><td colspan="3">悬挂吊盘、水泵、排水管、抓岩机等用的钢丝绳</td><td>6</td></tr>
<tr><td colspan="3">悬挂风筒、风管、供水管、注浆管、输料管、电缆用的钢丝绳</td><td>5</td></tr>
<tr><td colspan="3">拉紧装置用的钢丝绳</td><td>5</td></tr>
<tr><td colspan="3">防坠器的制动绳和缓冲绳(按动载荷计算)</td><td>3</td></tr>
</table>

[*] 钢丝绳的安全系数,等于实测的合格钢丝拉断力的总和与其所承受的最大静拉力(包括绳端载荷和钢丝绳自重所引起的静拉力)之比;

[**] 混合提升指多层罐笼同一次在不同层内提升人员和物料;

[***] H 为钢丝绳悬挂长度,m;

[****] L 为由驱动轮到尾部绳轮的长度,m。

(二) 在用的缠绕式提升钢丝绳在定期检验时,安全系数小于下列规定值时,应当及时更换:

1. 专为升降人员用的小于7。

2. 升降人员和物料用的钢丝绳：升降人员时小于7，升降物料时小于6。

3. 专为升降物料和悬挂吊盘用的小于5。

【释义】 本条是关于各种用途钢丝绳安全系数的规定。

(1) 钢丝绳在工作过程中受到许多应力的作用和各种因素的影响，如静应力、动应力、弯曲应力、扭转应力和挤压应力等，磨损和锈蚀也严重损害钢丝绳的工作性能。尽管国内外对此做了大量研究工作，但仍未找出一种综合反映上述应力破坏的计算方法，目前，其强度仍按最大静载荷并考虑一定安全系数的方法进行计算。安全系数是指钢丝绳各钢丝拉断力的总和与钢丝绳最大静拉力之比。

(2) 该安全系数并不代表钢丝绳真正具有的强度储备，只是表示实践证明在此条件下钢丝绳可以安全运行。钢丝绳最大静拉力由提升容器自身重力、提升容器一次实际装载物料最大重力及钢丝绳自身重力等几个部分组成。运行中钢丝绳横向振动受到的冲击载荷，以及在安全制动、卡罐等时钢丝绳受到的猛烈拉力等许多预料不到的情况，使钢丝绳的实际承受拉力比计算的最大静张力大得多，所以必须有足够的安全系数。从保证工作人员人身安全角度出发，专为升降人员时的钢丝绳安全系数要高于专为升降物料时的钢丝绳安全系数。

(3) 提升钢丝绳在使用过程中，由于钢丝锈蚀、磨损和断裂等现象的发生，钢丝绳机械性能逐渐削弱。由于提升钢丝绳各钢丝拉断力的总和不断减小，进而导致安全系数逐渐降低。当安全系数降低到一定程度后，如若遇到安全制动、卡罐等紧急工况时，钢丝绳受到的拉力急剧增大，则可能造成钢丝绳断裂的严重事故。因此，对提升装置使用中的钢丝绳做定期检验时，当安全系数小于相关的规定值，则必须及时更换提升钢丝绳，以保证设备的正常运行和工作人员的人身安全。

【执行中应注意的问题】

(1) 煤矿应根据钢丝绳生产厂家的要求，明确缠绕式提升钢丝绳定期检查的周期和检验内容，检验应做好记录。通过检验可以了解运行了一定时间的钢丝绳机械性能的变化，比较钢丝绳内外部钢丝的疲劳、磨损、锈蚀和断丝程度，同时也能观察绳芯的情况。可以通过定期检验、剁绳头移动受伤最严重部位的位置，改善钢丝绳的受力情况，延长钢丝绳的使用寿命。

(2) 提升钢丝绳的安全系数，等于实测合格钢丝拉断力的总和与其所承受的最大静拉力(包括绳端载荷和钢丝绳自重所引起的静拉力)之比，计算公式为

$$n=\frac{Q_b}{F_{max}} \tag{3-9-14}$$

式中　n——钢丝绳的安全系数；

Q_b——实测的合格钢丝绳拉断力的总和，kN；

F_{max}——钢丝绳所承受的最大静拉力(包括绳端载荷和钢丝绳自重所引起的静拉力)，kN。

第四百零九条　各种用途钢丝绳的韧性指标，必须符合表10的要求。

表 10　不同钢丝绳的韧性指标

<table>
<tr><th rowspan="2">钢丝绳用途</th><th rowspan="2">钢丝绳种类</th><th colspan="2">钢丝绳韧性指标下限</th><th rowspan="2">说　明</th></tr>
<tr><th>新绳</th><th>在用绳</th></tr>
<tr><td rowspan="3">升降人员或升降人员和物料</td><td>光面绳</td><td>MT 716 中光面钢丝绳韧性指标</td><td>新绳韧性指标的 90%</td><td rowspan="6">在用绳按 MT 717 标准（面接触绳除外）</td></tr>
<tr><td>镀锌绳</td><td>MT 716 中 AB 类镀锌钢丝韧性指标</td><td>新绳韧性指标的 85%</td></tr>
<tr><td>面接触绳</td><td>GB/T 16269—1996 中钢丝韧性指标</td><td>新绳韧性指标的 90%</td></tr>
<tr><td rowspan="3">升降物料</td><td>光面绳</td><td>MT 716 中光面钢丝绳韧性指标</td><td>新绳韧性指标的 80%</td></tr>
<tr><td>镀锌绳</td><td>MT 716 中 A 类镀锌钢丝韧性指标</td><td>新绳韧性指标的 80%</td></tr>
<tr><td>面接触绳</td><td>GB/T 16269—1996 中钢丝韧性指标</td><td>新绳韧性指标的 80%</td></tr>
<tr><td>罐道绳</td><td>密封绳</td><td>特级</td><td>普级</td><td>按 YB/T 5295 标准</td></tr>
</table>

【释义】　本条是关于各种用途钢丝绳的韧性的规定。

韧性是保证钢丝绳可靠性的重要参数，是根据单根钢丝的试验结果所确定的。将单根钢丝 360°连续地扭转和 180°不间断地反复弯折，直至断裂，根据试验钢丝不发生断裂的耐受次数进行韧性分级，耐受次数越多，钢丝绳的韧性就越好，等级也越高。按照国家标准，钢丝绳的韧性分为特级、Ⅰ级、Ⅱ级三个等级。特级韧性最好，用于重要场合，如载客电梯、矿井的载人提升机等；Ⅰ级韧性比特级稍低，但可靠性也不错，一般作为起重机的各个工作机构用绳；Ⅱ级韧性较低，但成本也低，常用于次要、更换频繁的场合，如捆绑绳、吊索等。

钢丝绳的强度越大，韧性就越小；钢丝绳韧性越好，强度就越低；强度越低，破断力就越小，正常拉力也小。也就是说，同一材质、同一结构的钢丝绳在破断拉力变大的同时，它的韧性也越来越差。如在钢丝绳强度提高的同时，韧性也提高，那就要在材质和处理工艺上加强。更好的材质比如用宝钢 82GS 就比 70 号、65 号好，钢号越高，强度就越高，处理工艺就越复杂，成本越大。选用钢丝绳时既要考虑强度，又要考虑韧性，还要考虑成本，做到安全、经济。

【执行中应注意的问题】

(1) 钢丝绳的韧性指标是指钢丝绳做反复弯曲和单向扭转直至断裂前的耐受次数，耐受次数越多，韧性就越好，韧性等级也越高。

(2) 钢丝绳的强度等级是指钢丝绳的横截单位面积钢丝绳所承受的拉力。钢丝绳的公称抗拉强度等级越高，钢丝绳所承受的破断拉力越大，韧性就越小。

第四百一十条　新钢丝绳的使用与管理，必须遵守下列规定：

（一）钢丝绳到货后，应当进行性能检验。合格后应当妥善保管备用，防止损坏或者锈蚀。

（二）每根钢丝绳的出厂合格证、验收检验报告等原始资料应当保存完整。

（三）存放时间超过1年的钢丝绳，在悬挂前必须再进行性能检测，合格后方可使用。

（四）钢丝绳悬挂前，必须对每根钢丝做拉断、弯曲和扭转3种试验，以公称直径为准对试验结果进行计算和判定：

1. 不合格钢丝的断面积与钢丝总断面积之比达到6%，不得用作升降人员；达到10%，不得用作升降物料。

2. 钢丝绳的安全系数小于本规程第四百零八条的规定时，该钢丝绳不得使用。

（五）主要提升装置必须有检验合格的备用钢丝绳。

（六）专用于斜井提升物料且直径不大于18 mm的钢丝绳，有产品合格证和检测检验报告等，外观检查无锈蚀和损伤的，可以不进行（一）、（三）所要求的检验。

【释义】 本条是新钢丝绳使用与管理应遵守的规定。

(1) 新钢丝绳到货后，应根据合同约定进行验货，包装、标志和质量证明书应符合《钢丝绳包装、标志及质量证明书的一般规定》(GB/T 2104)的要求，取得矿用产品安全标志，应当依据《煤矿重要用途钢丝绳验收技术条件》(MT 716)标准，委托国家煤矿安全监督部门授权的具有资质的检验单位对每条钢丝绳进行验收检验。新钢丝绳性能检验的主要项目有：直径、长度、重量、表面质量和捻制质量、不松散性、伸长、公称抗拉强度与破断拉力、拆股钢丝性能等。

(2) 每根钢丝绳原始资料的内容一般包括钢丝绳的型号、结构、直径、抗拉强度、韧性、捻向，以及适用条件、生产厂家、生产日期、厂家合格证、验收证书等。这些原始资料完整保存，对全面了解、掌握此钢丝绳的情况，为以后安全使用此钢丝绳提供理论、技术参考依据。同时，也为了出事故时便于事故分析，为查找事故原因提供理论、技术依据。所以，必须将每根钢丝绳的原始资料完整保存。

(3) 由于钢丝绳内部润滑不好及受潮等因素的影响，钢丝绳在保管过程中，会出现锈蚀等现象，钢丝的机械性能发生变化。因此，保管超过一年的钢丝绳，在悬挂前必须再进行一次检验，合格后方可使用。

(4) 钢丝绳在使用前之所以必须对每根钢丝做拉断、弯曲、扭转试验，原因如下：为了检验新绳的物理、机械性能是否满足使用要求；根据试验结果可以算出安全系数，看其是否能达到规定的安全系数；钢丝绳在使用中主要受拉力、弯曲力、扭转力的作用，特别是前两项力的作用，此两项指标对判断钢丝绳是否满足需要具有重要意义。

(5) 提升装置在运行的过程中，随时都会发生无法预料的一些紧急事故，如卡罐、过卷、突然停车等，提升钢丝绳受到猛烈拉力后，停车检查时，若发现提升钢丝绳出现第四百一十二条规定的情况时，则必须将受力段剁掉或更换全绳，如果没有检验合格的备用钢丝绳，必将造成提升装置停止运行、矿井被迫停产的严重后果，造成重大的经济损失。

(6) 直径不大于18 mm及其以下的钢丝绳钢丝直径小，直径小的钢丝的抗弯曲和扭转的性能都大大高于直径大的钢丝，其韧性指标比直径大的钢丝绳优越许多。因此，专用于斜井提升物料且直径不大于 18 mm 的钢丝绳,有产品合格证和检测检验报告等,外观检查无锈蚀和损伤的,可以不进行(一)、(三)所要求的检验。这样可以减少检验检测的工作量,便于煤矿使用。

第四百一十一条 在用钢丝绳的检验、检查与维护,应当遵守下列规定:

(一) 升降人员或者升降人员和物料用的缠绕式提升钢丝绳,自悬挂使用后每 6 个月进行 1 次性能检验;悬挂吊盘的钢丝绳,每 12 个月检验 1 次。

(二) 升降物料用的缠绕式提升钢丝绳,悬挂使用 12 个月内必须进行第一次性能检验,以后每 6 个月检验 1 次。

(三) 缠绕式提升钢丝绳的定期检验,可以只做每根钢丝的拉断和弯曲 2 种试验。试验结果,以公称直径为准进行计算和判定。出现下列情况的钢丝绳,必须停止使用:

1. 不合格钢丝的断面积与钢丝总断面积之比达到 25%时;

2. 钢丝绳的安全系数小于本规程第四百零八条规定时。

(四) 摩擦式提升钢丝绳、架空乘人装置钢丝绳、平衡钢丝绳以及专用于斜井提升物料且直径不大于 18 mm 的钢丝绳,不受(一)、(二)限制。

(五) 提升钢丝绳必须每天检查 1 次,平衡钢丝绳、罐道绳、防坠器制动绳(包括缓冲绳)、架空乘人装置钢丝绳、钢丝绳牵引带式输送机钢丝绳和井筒悬吊钢丝绳必须每周至少检查 1 次。对易损坏和断丝或者锈蚀较多的一段应当停车详细检查。断丝的突出部分应当在检查时剪下。检查结果应当记入钢丝绳检查记录簿。

(六) 对使用中的钢丝绳,应当根据井巷条件及锈蚀情况,采取防腐措施。摩擦提升钢丝绳的摩擦传动段应当涂、浸专用的钢丝绳增摩脂。

(七) 平衡钢丝绳的长度必须与提升容器过卷高度相适应,防止过卷时损坏平衡钢丝绳。使用圆形平衡钢丝绳时,必须有避免平衡钢丝绳扭结的装置。

(八) 严禁平衡钢丝绳浸泡水中。

(九) 多绳提升的任意一根钢丝绳的张力与平均张力之差不得超过±10%。

【执行说明】 对提升钢丝绳的日检和对平衡钢丝绳等的周检,都必须将检查结果记入钢丝绳检查记录簿,并由检查人员签字。记录的内容,应包括断丝、锈蚀、直径缩小、捻距变化和其他损伤等情况。钢丝绳检查记录簿由矿机电管理部门永久保存。整理出的技术资料应当归档保存待查。

检查钢丝绳时,应当利用提升容器位置指示器或其他标志确定断丝和其他损伤的部位。除了肉眼观察和用手抚摸外,还可采用高准确度的钢丝绳无损检测装置作为辅助检查。

对易损坏或腐蚀较重、断丝较多的部位和区段,应当停车检查。把断丝的突出部分剪下来,防止钢丝绳在通过天轮、滚筒时损坏衬垫或断头被拉长。保管好断丝头作好记录。对使用桃形环的连接装置,每季度应当将绳卡子打开进行检查,并将钢丝绳串出 0.5 m。

矿机电管理部门每月应当根据日检和周检记录,进行一次统计分析,并整理出技术资料。矿机电管理负责人至少每月查阅一次钢丝绳检查记录簿,查阅后签字,并注明查阅日期。

【释义】 本条是在用钢丝绳的检验、检查与维护的规定。

(1) 钢丝绳在使用过程中内部有断丝、磨损和锈蚀等，安全系数可能会降低，单凭肉眼观察是很难准确检测到的，必须请专门的检测机构进行检测，才能放心安全地使用。在用钢丝绳的检验应当依据《煤矿重要用途在用钢丝绳性能测定方法及判定规则》(MT/T 717)的规定进行。

(2) 升降物料用的缠绕式提升钢丝绳的性能检验，也必须由专门的检测机构依据《煤矿重要用途在用钢丝绳性能测定方法及判定规则》(MT/T 717)的规定进行。

(3) 缠绕式提升钢丝绳的定期检验，可以只对每根钢丝做拉断和弯曲试验。在用的钢丝绳主要承受拉力及弯曲力的作用，扭转力在绳悬挂好之后，变化不大。此外，悬挂后由于锈蚀、绳径变化等，试验指标很难满足要求。通过试验前两项指标，基本上可以满足实际安全生产的需要。此外，缠绕式提升钢丝绳可以定期剁绳头进行检验，测定钢丝绳的破断拉力比较准确和方便。

(4)摩擦式提升钢丝绳、架空乘人装置钢丝绳、平衡钢丝绳以及专用于斜井提升物料且直径不大于 18 mm 的钢丝绳，不受(一)、(二)限制。

(5) 提升钢丝绳在使用过程中会因受多种应力的作用而造成强度下降。由于钢丝绳的使用环境不同，钢丝绳的损伤状态也是多种多样的，甚至由于瞬时的冲击会使钢丝绳被拉细、拉断等，所以说，钢丝绳随时都有被损伤的危险。因此为了确保安全生产，提升钢丝绳每天必须验绳。

钢丝绳如有突出部分，在运行中会摩擦天轮衬垫和损伤其他钢丝、滚筒等，使其受损伤；罐道绳的突出部分可能会被整根抽出，造成卡箕斗、卡罐甚至会断绳；断丝有可能挂住松绳信号，使其误动作。因此，断丝的突出部分必须剪下，使钢丝绳外表面保持光滑一致。

(6) 由于煤矿井下工作环境差，经常受到矿井淋水酸碱度高等恶劣条件影响，使钢丝绳产生严重锈蚀，降低钢丝绳的使用寿命。因此对不绕过摩擦轮部分的钢丝绳定期涂防腐油可以起到以下作用：

① 保护外部钢丝不受锈蚀。

② 阻止湿气和水分浸入绳内，并补充绳芯的油量。

③ 起润滑作用减少股间和丝间的磨损。另外由于防腐油都有减摩作用，在发生过卷事故时，不绕过摩擦轮的钢丝绳经较小的摩擦力进入摩擦轮，有利于减轻过卷事故的危害。

因此，对使用中的钢丝绳，应当根据井巷条件及锈蚀情况，采取防腐措施。

由于摩擦轮式提升装置是靠摩擦力的作用带动钢丝绳跟随主导轮一起转动，从而实现提升容器的上提和下放的，而如果钢丝绳和摩擦衬垫发生相对滑动，轻则加剧钢丝绳和摩擦衬垫的磨损、降低钢丝绳和摩擦衬垫的使用寿命，使提升机处于不安全状态，重则有可能发生断绳坠斗事故，因此必须注意防滑问题。根据经验公式，防滑力 F 为

$$F = F_x(e^{\mu\alpha} - 1) \tag{3-9-15}$$

式中　F_x——下放侧钢丝绳张力；

μ——钢丝绳与摩擦衬垫之间的摩擦系数;

α——钢丝绳在摩擦垫上的围抱角。

由上式可知,加大摩擦系数 μ 可以有效提高防滑力。如果对绕过摩擦轮的钢丝绳涂浸一般性油,则会大大减小钢丝绳与摩擦衬垫之间的摩擦系数,从而使防滑力减小,所以为保证不发生相对滑动,摩擦轮式提升装置的提升钢丝绳只可涂、浸专用的钢丝绳增摩油。

(7) 平衡钢丝绳主要用于摩擦式提升系统中,主要起到平衡提升钢丝绳两端重力差的作用,仅承受自身重力,不承担任何外部载荷,对平衡钢丝绳的抗拉强度没有规定。平衡钢丝绳安装于提升容器的下方,为了防止两只提升容器上、下运行过程中,平衡钢丝绳发生接触而产生摩擦,在井筒底部适当位置安装隔绳装置。正常运行时,隔绳装置与其下面的平衡钢丝绳不发生接触。当提升容器过卷时,提升钢丝绳一端的提升容器卡在楔形罐道上无法向下继续运行,而另一端的提升容器则继续向上运行,平衡钢丝绳的最低折返位置向上抬升,如果隔绳装置位置过低,平衡钢丝绳就会接触隔绳装置,使平衡钢丝绳被拉坏。因此,平衡钢丝绳的长度必须与容器过卷高度相适应,防止发生过卷事故时损坏平衡钢丝绳。

目前,矿使用的钢丝绳有扁钢丝绳和圆钢丝绳两种。扁钢丝绳具有不绕本身扭转,在水窝中形成绳环较小,与容器底部联接简单等优点。但它在井筒中占有较大空间,容易遭受周围环境如灰尘、温度、腐蚀性矿井水的影响以及下落物体的机械碰伤,价格昂贵。圆钢丝绳作为平衡钢丝绳避免了扁钢丝绳的缺点,制造简单,价格低,能较好地抵抗环境的影响和下落物体的机械损伤,在使用中便于人工检查和无损仪器的检测。但是,圆钢丝绳自身具有较大的扭矩,井筒越深扭矩也越大,使用圆形平衡钢丝绳时,必须有避免平衡钢丝绳扭结的装置。为了避免平衡钢丝绳扭结,圆股平衡钢丝绳在尾绳与提升容器连接处,应设可自由转动的连接装置,随时将钢丝绳的扭力破掉。

(8) 平衡钢丝绳浸泡水中容易被腐蚀,缩短平衡钢丝绳使用寿命,也会改变钢丝绳的运动轨迹,造成钢丝绳漂移或碰撞隔绳梁,影响平衡钢丝绳作用的发挥。

(9) 多绳摩擦轮提升的各条钢丝绳规格、直径、破断力均相同,目的是保持各条钢丝绳在运行中所承受的张力基本均衡,防止其中某一条绳受力过大而提早损坏。因此多绳提升的任意一根钢丝绳的张力与平均张力之差不得超过±10%。实际执行中,可以采用自动平衡悬挂装置,注意调节油缸位置和衬垫车削等多种措施来实现。

第四百一十二条 钢丝绳的报废和更换,应当遵守下列规定:

(一) 钢丝绳的报废类型、内容及标准应当符合表 11 的要求。达到其中一项的,必须报废。

(二) 更换摩擦式提升机钢丝绳时,必须同时更换全部钢丝绳。

表 11　钢丝绳的报废类型、内容及标准

<table>
<tr><th>项目</th><th colspan="2">钢丝绳类别</th><th>报废标准</th><th>说　明</th></tr>
<tr><td rowspan="4">使用期限</td><td rowspan="2">摩擦式提升机</td><td>提升钢丝绳</td><td>2 年</td><td rowspan="2">如果钢丝绳的断丝、直径缩小和锈蚀程度不超过本表断丝、直径缩小、锈蚀类型的规定，可继续使用 1 年</td></tr>
<tr><td>平衡钢丝</td><td>4 年</td></tr>
<tr><td colspan="2">井筒中悬挂水泵、抓岩机的钢丝绳</td><td>1 年</td><td rowspan="2">到期后经检查鉴定，锈蚀程度不超过本表锈蚀类型的规定，可以继续使用</td></tr>
<tr><td colspan="2">悬挂风管、输料管、安全梯和电缆的钢丝绳</td><td>2 年</td></tr>
<tr><td rowspan="4">断丝</td><td colspan="2">升降人员或者升降人员和物料用钢丝绳</td><td>5%</td><td rowspan="4">各种股捻钢丝绳在 1 个捻距内断丝断面积与钢丝总断面积之比</td></tr>
<tr><td colspan="2">专为升降物料用的钢丝绳、平衡钢丝绳、防坠器的制动钢丝绳（包括缓冲绳）、兼作运人的钢丝绳牵引带式输送机的钢丝绳和架空乘人装置的钢丝绳</td><td>10%</td></tr>
<tr><td colspan="2">罐道钢丝绳</td><td>15%</td></tr>
<tr><td colspan="2">无极绳运输和专为运物料的钢丝绳牵引带式输送机用的钢丝绳</td><td>25%</td></tr>
<tr><td rowspan="2">直径缩小</td><td colspan="2">提升钢丝绳、架空乘人装置或者制动钢丝绳</td><td>10%</td><td rowspan="2">1. 以钢丝绳公称直径为准计算的直径减小量
2. 使用密封式钢丝绳时，外层钢丝厚度磨损量达到 50%时，应当更换</td></tr>
<tr><td colspan="2">罐道钢丝绳</td><td>15%</td></tr>
<tr><td>锈蚀</td><td colspan="2">各类钢丝绳</td><td></td><td>1. 钢丝出现变黑、锈皮、点蚀麻坑等损伤时，不得再用作升降人员
2. 钢丝绳锈蚀严重，或者点蚀麻坑形成沟纹，或者外层钢丝松动时，不论断丝数多少或者绳径是否变化，应当立即更换</td></tr>
</table>

【释义】 本条是关于钢丝绳报废和更换的规定。

摩擦式提升机的钢丝绳的长度是固定的，短了就无法完成提升工作了，不能剁绳取样去检验，只能规定其使用期限。

(1) 在一个捻距内，如果断丝的断面积与钢丝绳总断面积之比达到一定比例，由于承载钢丝面积的减少，单个未断的钢丝所承受的载荷就会增大。当增大的载荷超过了每根钢丝所能承受的抗拉强度时，就会造成断丝。为了避免出现这种不安全的情况，根据经验推算和实践中的总结，本规程对于不同用途的钢丝绳在一个捻距内断丝断面积与钢丝总面积之比规定了不同的数值。对于升降人员或升降人员和物料用的钢丝绳要求最严格，要求一个捻距内的断丝面积与钢丝总断面积之比小于 5%，一旦达到 5%，则必须更换钢丝绳。

(2) 提升钢丝绳、架空乘人装置或制动钢丝绳的直径减小量达到10%时，也就是其直径为原来的90%，由于面积与直径平方呈正比，那么钢丝绳的断面积则为原来的81%，如果考虑绳芯在钢丝绳中所占的面积，那么钢丝绳的实际面积的减小量已超过20%，从而造成了钢丝绳破断力总和成比例降低20%，在最大静荷不变的情况下，钢丝绳的安全系数和破断力总和呈正比，所以钢丝绳安全系数也随之降低20%，已经不能保证提升机安全可靠地运行，所以必须更换。

(3) 由于煤矿井筒工作环境较差，经常受到矿井淋水大、酸碱度高等恶劣条件影响，促使新钢丝绳在使用一段时间后会出现钢丝变色、有轻微锈皮或细小点蚀。经过试验其抗拉强度损失一般在10%以下(称为钢丝绳Ⅰ级锈蚀)，虽然不影响继续使用，但必须加强检查。如果再经过一段时间腐蚀且钢丝绳的维护保养较差(如不定期涂油)，则会出现钢丝绳氧化或疲劳变黑(塑性变形所致)、锈皮增厚、点蚀麻坑等损伤，抗拉强度一般损失10%～20%(称为钢丝绳的Ⅱ级锈蚀)。此种情况钢丝绳安全系数明显降低，作为升降人员所用的钢丝绳要求安全系数最小值为9，故此时的钢丝绳已不能保证升降人员的人身安全，不得用作升降人员。

钢丝绳的锈蚀等级，可划分为：

Ⅰ级锈蚀——外观检查：钢丝变色，失去光泽，有轻微锈皮或细小的点蚀，抗拉强度损失在10%以下。

Ⅱ级锈蚀——外观检查：钢丝表面锈皮较厚，出现点蚀麻坑，但尚未连成沟纹，抗拉强度损失10%～20%。

Ⅲ级锈蚀——外观检查：钢丝表面有严重的锈蚀裂纹、点蚀麻坑形成沟纹，外层钢丝松动，抗拉强度损失20%以上。

(4) 为了尽可能地改善多根提升钢丝绳间张力不平衡的现象，更换钢丝绳时必须尽量减小各钢丝绳的刚度偏差。旧钢丝绳随着运行时间的延长，不可避免地发生直径缩小、捻距增加、韧性变差等现象，机械性能比新钢丝绳要差很多。因此，更换摩擦式提升机钢丝绳时，必须同时更换全部钢丝绳，目的就是为了保证全部提升钢丝绳具有尽量相同的弹性模量和相同的伸长性能，以减小多根提升钢丝绳张力的不平衡。

【案例】 2015年4月29日，益阳市安化海川达矿业有限公司振兴煤矿发生一起较大运输事故，造成3人死亡。事故发生在暗主斜井井筒，采用多水平提升，在+170 m水平设有甩车场，暗主斜井兼负提升、行人作用，上部车场采用斜坡一甩车场布置。该矿暗主斜井提升钢丝绳锈蚀，局部严重磨损；行人时违规放车；超挂矿车、超负荷提升，造成断绳跑车；断绳的矿车加速下滑时将在暗主斜井中行走的3人当场撞死。

【执行中应注意的问题】

对锈蚀的钢丝绳，应按下列规定处理：

(1) 对Ⅰ级锈蚀的钢丝绳，必须加强检查，记录锈蚀发展情况，并结合断丝、变细和使用时间等具体情况确定是否更换。

(2) 升降人员的钢丝绳达到Ⅱ级锈蚀时，必须立即更换。

（3）升降物料的钢丝绳达到Ⅱ级锈蚀并发现断丝时，必须加强检查；如果断丝发展速度较快，应结合锈蚀因素确定是否更换。

（4）升降物料的钢丝绳达到Ⅲ级锈蚀时，必须立即更换。

对新出库的钢丝绳，如发现锈蚀，必须依据锈蚀等级进行检查鉴定，合格后方可使用。

第四百一十三条　钢丝绳在运行中遭受到卡罐、突然停车等猛烈拉力时，必须立即停车检查，发现下列情况之一者，必须将受损段剁掉或者更换全绳：

（一）钢丝绳产生严重扭曲或者变形。

（二）断丝超过本规程第四百一十二条的规定。

（三）直径减小量超过本规程第四百一十二条的规定。

（四）遭受猛烈拉力的一段的长度伸长0.5%以上。

在钢丝绳使用期间，断丝数突然增加或者伸长突然加快，必须立即更换。

【执行说明】　受损段钢丝绳是指在运行中遭受到卡罐、突然停车等猛烈拉力时承受拉力的一侧钢丝绳或缠绕式提升系统松绳段的钢丝绳。

如果钢丝绳遭受猛烈拉力冲击后与此前的钢丝绳检验记录相比，平均捻距再突然伸长0.5%以上，则认为钢丝绳受到了损伤。通过测量比较钢丝绳遭受猛烈拉力段前后的捻距变化值，可计算出受损段钢丝绳因猛烈拉力造成的伸长率：

$$\varepsilon=\left(\frac{l_{n1}}{l_{n0}}-1\right)\times 100\%$$

式中　ε——受损段钢丝绳因猛烈拉力造成的伸长率；

l_{n1}——遭受猛烈拉力后受损段钢丝绳的 n 个捻距长度，mm；

l_{n0}——未遭受猛烈拉力前受损段钢丝绳的 n 个捻距长度，mm。

如果伸长率超过0.5%，则必须将受损段剁掉或者更换全绳。

【释义】　本条是关于处理钢丝绳在运行中受到猛烈拉力的规定。

（1）提升机上提提升容器被罐道或其他障碍卡住，提升机却依然做上提运动，这必然使钢丝绳受到猛烈拉力；下放提升容器被卡住则会造成松绳，如果卡罐因素消失，容器则会自由下落，在绳绷紧的瞬间提升容器连同载荷及钢丝绳自重会对钢丝绳施加猛烈的冲击力；在运行中突然停车时，制动减速度大于容器自然减速度（即保险闸实现了制动而容器却惯性下冲），这必将引起松绳，当容器停止上升后，不是静止不动，而是马上自由下落，这与下放提升容器被卡相同，钢丝绳也将受到猛烈的冲击力。在以上情况中，钢丝绳在受到猛烈的冲击力时，都产生很大的制动减速度，从而使钢丝绳受到很大冲击，这时钢丝绳有可能出现钢丝绳严重扭曲或变形、断丝增加、产生局部变细、遭受猛烈冲击的一段钢丝绳长度伸长等不良后果，使钢丝绳的各项强度及机械性能急剧下降，直接影响钢丝绳的使用寿命，严重时将导致坠斗事故，因此必须立即停车检查。受损段钢丝绳是指在运行中遭受到卡罐、突然停车等猛烈拉力时承受拉力的一侧钢丝绳或缠绕式提升系统松绳段的钢丝绳。

（2）钢丝绳自悬挂开始工作起，就受到经常性、周期性的多种复杂应力的作用，如拉应力、弯曲应力、扭转应力、挤压及捻制应力等，这些应力反复作用导致钢丝绳的抗疲劳强度下降。因此，为保证提升安全运转，在钢丝绳使用期间，断丝数突然增加或者伸长突然加快，必须立即更换。

(3) 钢丝绳在使用后期，断丝或伸长突然加快，除根据日检情况可以发现外，还可采取绘制断丝数和伸长量发展曲线的方法加以判定，即根据断丝数和伸长量的数字记录，绘制对应于提升次数的断丝曲线和伸长量曲线，并计算每米钢丝绳每提升1000次的断丝率和伸长率。如果发现异常性的突然变化，即可判定钢丝绳已经变质，必须立即更换。此项分析工作，在钢丝绳的使用中期即应开始进行，每月至少分析一次；在钢丝绳的使用后期，每周至少分析一次。使用分期见表3-9-2。

表 3-9-2　钢丝绳在各使用分期的许可永久伸长表

钢丝绳的使用分期	伸长率	说明
前期	0.5	平均使用寿命的前1/4的一段时间
中期	0.4	平均使用寿命的中间1/2的一段时间
后期	0.3	平均使用寿命的后1/4的一段时间

(4) 对于斜井提升，由于钢丝绳运行不断地经过天轮、托绳辊等的摩擦，在钢丝绳上很难做出永久不掉的标记来判断钢丝绳的伸长变化。在钢丝绳受到猛烈拉力后，便可用本条执行说明所给出的公式计算出50个捻距范围内的永久伸长率。

未受猛烈拉力50个捻距的长度，尽量取与猛烈拉力一段较近的滚筒内的钢丝绳长，因为正常提升时，钢丝绳捻距存在着上端捻距大于下端捻距的现象，2个捻距相距越远，差距越大。

立井提升由于没有托绳辊的摩擦，在钢丝绳上的标记较好保存，每次提升都可以及时发现钢丝绳有无明显伸长(摩擦轮绞车除外)。随着钢丝绳使用时间的延长，捻距也在逐渐加长，为了能发现钢丝绳伸长的突然加快，新绳悬挂运行几天后，就在两端和中间各取50个捻距测出长度，在平均使用的前1/4时间，对应测出50个捻距长度，正常永久伸长率约为0.5%；在平均使用寿命的1/2时间，永久伸长率约为0.4%；在平均使用寿命的后1/4时间，永久伸长率约为0.3%。如果某一时期永久伸长率明显高于上述数值，则可认为伸长发展突然加快。

第四百一十四条　有接头的钢丝绳，仅限于下列设备中使用：

(一) 平巷运输设备。

(二) 无极绳绞车。

(三) 架空乘人装置。

(四) 钢丝绳牵引带式输送机。

钢丝绳接头的插接长度不得小于钢丝绳直径的1000倍。

【释义】 本条是关于有接头的钢丝绳使用的规定。

钢丝绳在插接时,绳股必然会出现2股交叉,造成插接处的钢丝绳比正常钢丝绳略粗,并且无法维持良好的圆形截面形状。当插接处进入缠绕式提升机滚筒时,会对排绳产生一定的影响,而且插接处的钢丝绳容易与滚筒、天轮或托绳辊发生磨损,进而造成断丝现象,造成钢丝绳安全系数降低。若将有接头的钢丝绳用于摩擦式提升机系统,则钢丝绳除与滚筒、导向轮及天轮发生磨损外,还进一步恶化多根提升钢丝绳间的张力不平衡程度,影响摩擦式提升机系统的正常工作性能。因此,对于有接头的钢丝绳只能应用于特定的场合,本条对可以使用有接头的钢丝绳的设备进行了明确规定。有接头的钢丝绳,仅限于在平巷运输设备、无极绳绞车、架空乘人装置和钢丝绳牵引带式输送机中使用。

钢丝绳接头的插接长度,是根据插接后的拉断力不低于正常钢丝绳的拉断力,并有一定的安全系数确定的。插接头的强度由插接长度内每根绳股在相邻2股挤压的摩擦力和夹紧力(最终各股插入对接的6股中间,取代绳芯的位置后,在拉紧力的作用下,周边股对它形成夹紧力)共同形成,插接长度不够钢丝绳直径的1000倍,就会使绳股间的摩擦力不足,使接头的抗拉强度受影响。钢丝绳头的插接要均匀,各绳股要受力均衡,不许有个别绳股松弛。插接长度要以绳股穿插总次数为准,不能以插接长度为标准,因为其强度是由各绳股对穿插的绳股夹紧后的摩擦力实现的。

对于钢丝绳接头的插接质量应该做到:

(1) 插接处的钢丝绳直径不大于原直径的10%。

(2) 插接均匀,替换股应完全进入原绳胶槽中,不应有松弛现象。

(3) 必须是同直径同型号的钢丝绳进行插接。

(4) 被绳股替代的钢丝绳芯的长度与被插入的绳股头之间的间隙不能大于20 mm。

(5) 代替绳芯位置的绳股插入长度,应不小于钢丝绳直径的50倍。

(6) 钢丝绳股插入钢丝绳各绳股中间后,各绳股应将中间股均匀并严密包围,不能因插入的绳股弯度太大而造成周围绳股之间有过大的缝隙,俗称不应有"睁眼"现象。

第四百一十五条　新安装或者大修后的防坠器,必须进行脱钩试验,合格后方可使用。对使用中的立井罐笼防坠器,应当每6个月进行1次不脱钩试验,每年进行1次脱钩试验。对使用中的斜井人车防坠器,应当每班进行1次手动落闸试验、每月进行1次静止松绳落闸试验、每年进行1次重载全速脱钩试验。防坠器的各个连接和传动部分,必须处于灵活状态。

【释义】　本条是关于对防坠器进行有关性能检测试验的规定。

(1) 当提升运输系统钢丝绳或连接装置等发生突然断裂时,防坠器必须能够牢固地卡住罐道、轨道或制动绳,防止提升容器坠入井底而发生人身伤亡事故。新安装或者大修后的防坠器,必须进行脱钩试验,用以检验防坠器抓捕机构制动时的动作时间差、空行程时间及制动加速度等性能参数是否符合相关技术要求,合格后方可使用,确保发生紧急事故时防坠器能够可靠地进行制动,避免严重后果的发生。

(2) 使用中的防坠器,受作业环境的影响,容易发生锈蚀、控制失灵等现象。必须对防坠器进行日常检查及定期试验,确保防坠器各个动作机构处于灵活可靠的工作状态。

(3) 在钢丝绳或连接装置发生断裂时,如果防坠器的各连接件和传动部分不是处于灵活状态,就会直接影响防坠器动作的可靠性,甚至会导致防坠器失去防坠性能,即防坠器不动作,使罐笼坠入井底。因此,防坠器的各连接件和传动部分必须经常处于灵活状态,这是防坠器安全可靠动作的基本保障。

【执行中应注意的问题】

(1) 脱钩试验的要求:

① 试验工作应在地面井口出车处进行,井口上需架设坚固可靠的钢梁,并在其上铺设枕木。

② 检查缓冲器及其底座的安装固定情况。

③ 缓冲钢丝绳进入缓冲器之前,不得有卡绳现象,不应受到阻碍。

④ 检查抓捕器在罐笼上安装的正确性,导向套和抓捕器是否同心。

⑤ 检查抓捕器的所有零部件是否齐全完整,在各转动滑动的地方是否落有杂物影响动作。

⑥ 当罐笼停在下部水平时,检查拉紧装置与罐笼导向套是否同心及制动绳的固定情况及拉紧程度。

⑦ 将罐笼停放在上井口罐笼封闭物上,放松提升钢丝绳,在拉簧拉力的作用下抓捕器的楔子紧靠在制动绳上,测量楔子的露出长度和拉簧长度,弹簧的行程不得超过最大行程的2/3,然后拉紧提升绳,提起罐笼,再测量弹簧长度及楔子露出长度。

⑧ 检查楔子露出长度是否符合±5.0 mm 的要求,弹簧长度是否符合设计中工作拉力的要求。

⑨ 检查性试验用空载罐笼或重载罐笼,每罐笼的检查性试验不应少于 3 次,确保各部位机构动作灵活可靠后再做下一步的试验。

⑩ 重罐笼停在井口罐座或封闭物上,放松提升钢丝绳,抽出两个叉杆和板之间的销子,这时抓捕器的楔子在弹簧作用下压在制动绳上。将罐笼上提 400～1000 mm,已被接通的抓捕器在制动绳上滑动,停罐后,在制动绳和缓冲绳上做出标记,再放松提升绳,这时抓捕器沿制动绳下滑一段距离后停住。罐笼沿制动绳下滑的距离不得超过 40 mm,缓冲器绳不得有抽出现象。每台罐笼要用载有矸石矿车的重罐进行 2 次静负荷试验,每次抓捕不应在同一地点。

(2) 脱钩试验的注意事项:

① 试验过程中,确保罐笼内及罐笼顶部和天轮处无杂物,严防在试验过程中一些物件下坠,砸坏电缆、井筒或砸伤人员等。

② 参加实验的人员必须戴安全帽,且安全帽必须完好、可靠。

③ 高空作业时必须系安全带,且安全带必须完好、可靠。

④ 试验期间应在井口及井下设置警戒,并派专人把守,严禁闲杂人员穿行及逗留试验区域。

⑤ 试验结束后,要及时撤除警戒,并通知相关人员。必须对罐笼、防坠器、导向套的各部位进行一次全面检查,检查内容与试验前检查内容相同。

第四百一十六条　立井和斜井使用的连接装置的性能指标和投用前的试验,必须符合下列要求:

(一) 各类连接装置的安全系数必须符合表12的要求。

表12　各类连接装置的安全系数最小值

<table>
<tr><th colspan="2">用　途</th><th>安全系数最小值</th></tr>
<tr><td colspan="2">专门升降人员的提升容器连接装置</td><td>13</td></tr>
<tr><td rowspan="2">升降人员和物料的提升容器连接装置</td><td>升降人员时</td><td>13</td></tr>
<tr><td>升降物料时</td><td>10</td></tr>
<tr><td colspan="2">专为升降物料的提升容器的连接装置</td><td>10</td></tr>
<tr><td colspan="2">斜井人车的连接装置</td><td>13</td></tr>
<tr><td colspan="2">矿车的车梁、碰头和连接插销</td><td>6</td></tr>
<tr><td colspan="2">无极绳的连接装置</td><td>8</td></tr>
<tr><td colspan="2">吊桶的连接装置</td><td>13</td></tr>
<tr><td colspan="2">凿井用吊盘、安全梯、水泵、抓岩机的悬挂装置</td><td>10</td></tr>
<tr><td colspan="2">凿井用风管、水管、风筒、注浆管的悬挂装置</td><td>8</td></tr>
<tr><td rowspan="2">倾斜井巷中使用的单轨吊车、卡轨车和齿轨车的连接装置</td><td>运人时</td><td>13</td></tr>
<tr><td>运物时</td><td>10</td></tr>
</table>

注:连接装置的安全系数等于主要受力部件的破断力与其所承受的最大静载荷之比。

(二) 各种环链的安全系数,必须以曲梁理论计算的应力为准,并同时符合下列要求:

1. 按材料屈服强度计算的安全系数,不小于2.5;

2. 以模拟使用状态拉断力计算的安全系数,不小于13。

(三) 各种连接装置主要受力件的冲击功必须符合下列要求:

1. 常温(15 ℃)下不小于100 J;

2. 低温(−30 ℃)下不小于70 J。

(四) 各种保险链以及矿车的连接环、链和插销等,必须符合下列要求:

1. 批量生产的,必须做抽样拉断试验,不符合要求时不得使用;

2. 初次使用前和使用后每隔2年,必须逐个以2倍于其最大静荷重的拉力进行试验,发现裂纹或者永久伸长量超过0.2%时,不得使用。

(五) 立井提升容器与提升钢丝绳的连接,应当采用楔形连接装置。每次更换钢丝绳时,必须对连接装置的主要受力部件进行探伤检验,合格后方可继续使用。楔形连接装置的累计使用期限:单绳提升不得超过10年;多绳提升不得超过15年。

(六) 倾斜井巷运输时,矿车之间的连接、矿车与钢丝绳之间的连接,必须使用不能自行脱落的连接装置,并加装保险绳。

(七) 倾斜井巷运输用的钢丝绳连接装置,在每次换钢丝绳时,必须用2倍于其最大静荷重的拉力进行试验。

(八) 倾斜井巷运输用的矿车连接装置,必须至少每年进行1次2倍于其最大静荷重的拉力试验。

【释义】 本条是关于立井和斜井使用的连接装置的性能指标和投用前的试验的规定。

(1) 连接装置承受终端载荷,其连接的钢丝绳除受到终端载荷的拉应力外,还受到绕经滚筒及天轮等时的弯曲应力和扭转应力,选用连接装置时其安全系数不得小于本条规定的最小值。

(2) 曲梁计算理论是一种主要用于桁架、管道结构受力计算的一种计算理论。环链工作时半圆周上受到的不是均布力,不适用于德国的拉密公式,用曲梁理论计算的应力最接近与其实际的受力状态。

(3) 冲击功是衡量材料韧性的一个指标,是材料在冲击载荷作用下吸收塑性变形功和断裂功的能力,冲击功的值越大韧性越高。

(4) 各种保险链及矿车连接环、链和插销等批量生产的产品必须做抽样拉断试验,确保其抗拉强度符合相关产品技术要求。对于初次使用前和使用后发生锈蚀及磨损现象的保险链及矿车连接环、链和插销等,每隔 2 年必须逐个以 2 倍于其最大静荷重的拉力进行试验,符合相关规定方可使用。

(5) 连接装置是提升容器的重要组成部分,除要求它要与钢丝绳安全可靠地连接外,还应当做到对提升钢丝绳本身不能造成损伤,以至于影响钢丝绳的工作安全性。连接装置的类型很多,过去我国较多采用的桃形连接装置,虽然结构简单,能做到较可靠地连接,但由于其结构上的问题,在其上部(第一道卡子处)易产生断丝,且多出的几道卡子减小了过卷距离,从而影响了钢丝绳的工作安全性。现在要求使用的楔形连接装置(又称楔形绳环)多采用自动调位双面夹紧。楔形连接装置其特点是钢丝绳直接进入,能防止在最危险部分产生附加弯曲应力,减少了断丝现象,延长了钢丝绳使用寿命,双面夹紧具有较大的楔紧安全系数,可防止钢丝绳因载荷的变化在楔面上产生滑动及磨损,自动调位结构能使钢丝绳上夹紧压力分布均匀,且其长度较短,可减小容器的总高度,增加了过卷距离,从而克服了桃形绳卡连接装置的缺点。所以从安全角度出发应选用楔形连接装置。

在提升容器运行过程中,连接装置承受着与钢丝绳相同的终端载荷和冲击力,各主要零部件也存在着因疲劳造成机械性能降低的现象。连接装置与提升钢丝绳相比,受到的磨损较轻,防锈油不容易流失,设计制造的安全系数相对较大,所以连接装置的使用时间比钢丝绳要长。但是,当连接装置经过长期运行及卡罐、过卷等猛烈拉力后,受力零部件可能产生过度疲劳甚至断裂,尤其在零件内部产生裂纹的时候,必须经过探伤才能发现。因此,在提升系统更换钢丝绳时,必须对连接装置的主要受力部件进行探伤检验。连接装置的探伤是指按照《矿用人车安全要求》(GB 21011)第 4.13 条的要求,对主牵引杆、销轴、抱爪及楔形箱进行探伤检查,其结果不应超过 JB/T 4730.3、JB/T 9218、GB/T 15822 中Ⅰ级缺陷的规定。

(6) 倾斜井巷运输时矿车容易发生掉道,运行中的矿车受枕木的影响,上下左右振动颠簸,普通的连接插销极易脱落而造成跑车事故。倾斜井巷运输时,矿车与钢丝绳钩头、矿车与矿车之间的连接必须采用具有防脱性能的连接插销或三环连接装置等,并加装保险绳,不得使用钢丝绳头和其他装置代替连接装置。

【执行中应注意的问题】

(1) 立井提升容器与提升钢丝绳的连接，应采用楔形连接装置。每次更换钢丝绳时，必须对连接装置的主要受力部件进行探伤检验，合格后方可继续使用。楔形连接装置的累计使用期限：单绳提升不得超过 10 年；多绳提升不得超过 15 年。

(2) 倾斜井巷运输用的钢丝绳连接装置，在每次换钢丝绳时，必须用 2 倍于其最大静荷重的拉力进行试验，不换钢丝绳时也必须至少每年进行 1 次该试验。

(3) 立井和斜井使用的连接装置的性能指标和投用前的试验，必须符合下列要求：

① 各类连接装置主要受力部件以破断力为准的安全系数必须符合下列规定：专为升降人员或升降人员和物料的提升容器的连接装置不小于 13；专为升降物料的提升容器的连接装置不小于 10。

② 初次使用前和使用后每隔 2 年，应逐个以 2 倍于其最大静荷重的拉力进行试验，发现裂纹或永久伸长量超过 0.2%时，不得使用。

(4) 各种连接装置主要受力件的冲击功必须符合下列规定：常温(15 ℃)下大于或者等于 100 J；低温(−30 ℃)下大于或者等于 70 J。

(5) 斜井提升矿车之间和钢丝绳与矿车之间的连接，必须使用在运行中不能自行脱落的连接装置。斜井运输矿车掉道是较易发生的，掉道的矿车在枕木上运行，上下颠簸得很严重，而矿车之间和矿车与钢丝绳之间呈现出一松一紧的运行状态，此时连接插销极易自行窜出脱落造成跑车，因此必须认真正确地使用好不能自行脱落的连接装置。

(6) 倾斜井巷运输时，矿车之间、矿车与钢丝绳之间的连接，不但要使用不能自行脱落的连接装置，还要加装保险绳，因为当前在使用不能自行脱落的连接装置即防脱插销中，存在如下问题：防脱型式无统一设计，无制造标准，运行中受到猛烈拉力后，连接装置有无发生裂纹，有无永久伸长量超过 0.2%，无法检查发现。因此，使用了不能自行脱落的连接装置后，尚不能保证万无一失，有必要加装保险绳。

对于加装保险绳的具体要求尚无明确规定，根据实际加装保险绳出现过的事故，应注意如下问题：

① 保险绳强度的安全系数，应不低于合格的矿车连接装置的安全系数。

② 保险绳的长度要合适，不能太短，以免影响矿车连接装置的正常使用，造成矿车之间连接过紧和不能随轨道的高、低、转弯等灵活运行，容易造成矿车掉道，要稍长于矿车自身的连接，使之真正成为矿车连接装置的后备保护。

③ 保险绳不能太长，以防止保险绳落地被磨损，甚至被刮卡而损坏保险绳，或在连接装置失去作用时造成冲击断绳。

④ 保险绳要加强检查和保管，应按绞车提升钢丝绳的标准要求，避免保险绳的使用流于形式、应付检查。

第四节 提升装置

第四百一十七条 提升装置的天轮、卷筒、摩擦轮、导向轮和导向滚等的最小直径与钢丝绳直径之比值,应当符合表13的要求。

表13　提升装置的天轮、卷筒、摩擦轮、导向轮和导向滚等的最小直径与钢丝绳直径之比值

<table>
<tr><th colspan="2">用　　途</th><th>最小比值</th><th>说　　明</th></tr>
<tr><td rowspan="2">落地式摩擦提升装置的摩擦轮及天轮、围抱角大于180°的塔式摩擦提升装置的摩擦轮</td><td>井上</td><td>90</td><td rowspan="4"></td></tr>
<tr><td>井下</td><td>80</td></tr>
<tr><td rowspan="2">围抱角为180°的塔式摩擦提升装置的摩擦轮</td><td>井上</td><td>80</td></tr>
<tr><td>井下</td><td>70</td></tr>
<tr><td colspan="2">摩擦提升装置的导向轮</td><td>80</td><td rowspan="10">在这些提升装置中,如使用密封式提升钢丝绳,应当将各相应的比值增加20%</td></tr>
<tr><td colspan="2">地面缠绕式提升装置的卷筒和围抱角大于90°的天轮</td><td>80</td></tr>
<tr><td colspan="2">地面缠绕式提升装置围抱角小于90°的天轮</td><td>60</td></tr>
<tr><td colspan="2">井下缠绕式提升机和凿井提升机的卷筒,井下架空乘人装置的主导轮和尾导轮、围抱角大于90°的天轮</td><td>60</td></tr>
<tr><td colspan="2">井下缠绕式提升机、凿井提升机和井下架空乘人装置围抱角小于90°的天轮</td><td>40</td></tr>
<tr><td rowspan="3">斜井提升的游动天轮</td><td>围抱角大于60°</td><td>60</td></tr>
<tr><td>围抱角在35°～60°</td><td>40</td></tr>
<tr><td>围抱角小于35°</td><td>20</td></tr>
<tr><td colspan="2">矸石山绞车的卷筒和天轮</td><td>50</td></tr>
<tr><td colspan="2">悬挂水泵、吊盘、管子用的卷筒和天轮,凿井时运输物料的提升机卷筒和天轮,倾斜井巷提升机的游动轮,矸石山绞车的压绳轮以及无极绳运输的导向滚等</td><td>20</td></tr>
</table>

【释义】　本条是关于提升装置的天轮、卷筒、摩擦轮、导向轮和导向滚等的最小直径与钢丝绳直径之比值的规定。

(1) 钢丝绳在绕经提升装置的天轮、卷筒等时,会发生弯曲变形而产生弯曲应力,距离卷筒或天轮中心轴线近的内层钢丝产生压力,距离远的外层钢丝产生拉力,各股钢丝受力情况各不相同。卷筒、天轮等的直径越小,钢丝绳绕经卷筒、天轮等时的弯曲半径越小,内、外层钢丝受力差别越大,钢丝因弯曲变形产生的弯曲应力也越大。当弯曲半径减小到一定程度,钢丝产生的弯曲应力超出了钢丝的强度极限时,外层钢丝就有被拉断的可能。

(2) 钢丝绳绕经天轮、卷筒等时,钢丝绳要经历由直到弯,然后由弯到直的弯曲变形过程。由于距离卷筒或天轮中心轴线远的外层钢丝运行长度大于距离近的内层钢丝的运行长度,钢丝绳各个绳股及各根钢丝之间产生了相对运动,卷筒、天轮等的直径越小,钢丝绳绕经卷筒、天轮等时的弯曲半径越小,钢丝绳各个绳股及各根钢丝之间的相对运动就越明显,钢丝绳各个绳股及各根钢丝之间挤压力也越大,各股钢丝在挤压摩擦过程中逐渐磨损,钢丝绳的机械性能明显降低。

(3) 对于摩擦式提升系统,为了增大提升系统的牵引力,常常利用安装导向轮以增加钢丝绳在摩擦轮上的围抱角的方法。钢丝绳在绕经导向轮时发生二次弯曲,即钢丝绳弯曲的方向与绕经摩擦轮时的弯曲方向相反，原来受拉的钢丝变为受压，而原来受压的钢丝变为受拉，一正一反的二次弯曲使钢丝绳的疲劳损失比一次弯曲的疲劳损失要大。同时，围抱角越大，钢丝绳绕经卷筒时，内外层钢丝弯曲变形的时间越长，钢丝绳的疲劳损失就越大。因此，有导向轮的塔式摩擦提升装置的摩擦轮及其导向轮（包括天轮）的直径与钢丝绳直径的比值要大于没有导向轮的塔式摩擦提升装置的摩擦轮，围抱角较大的落地式的摩擦提升装置的摩擦轮及天轮的直径与钢丝绳直径的比值，要求与有导向轮式的塔式摩擦提升装置的相同。比值越大，也就意味着相同钢丝绳直径的前提下，所使用的卷筒、天轮及导向轮等的直径越大，从而达到降低钢丝绳疲劳损伤、延长钢丝绳使用寿命的目的。对于缠绕式提升系统，天轮围抱角大于 90°时的卷筒或天轮直径与钢丝绳直径的比值要大于围抱角小于 90°时两者的比值。

(4) 对于其他运行次数少或钢丝绳围抱角很小的使用场合，如悬挂水泵、吊盘、管子用的卷筒和天轮等，由于卷筒或天轮等对钢丝绳的弯曲疲劳损伤较小，在此规定卷筒或天轮等直径与钢丝绳直径的比值不得小于 20。

(5) 密封式提升钢丝绳中的外层钢丝往往采用异型断面形状，钢丝绳弯曲性能差，绕经卷筒或天轮时，相同前提下，比圆形断面形状的钢丝绳受到的弯曲疲劳损伤要大。因此，如使用密封式提升钢丝绳，则要将各相应比值增加 20%，以进一步减小密封式提升钢丝绳绕经卷筒或天轮时因弯曲变形而造成的机械性能损失。

(6) 调度绞车的卷筒最小直径与钢丝绳直径的比值，可参考式(3-9-15)进行计算确定。

$$D/d = 40 + 4V \tag{3-9-15}$$

式中　D/d——提升机直径与钢丝绳直径之比；

V——提升速度，m/s。

【执行中应注意的问题】

(1) 斜井提升的游动天轮直径与钢丝绳直径的最小比值，过去多按游动轮设计，本条明确规定了按围抱角大小来设定。

(2) 有导向轮的摩擦式提升钢丝绳，要求钢丝绳的弯曲半径比没有导向轮的大，也就是卷筒、天轮等的直径要大。

第四百一十八条　各种提升装置的卷筒上缠绕的钢丝绳层数，必须符合下列要求：

(一) 立井中升降人员或者升降人员和物料的不超过 1 层，专为升降物料的不超过 2 层。

(二) 倾斜井巷中升降人员或者升降人员和物料的不超过 2 层，升降物料的不超过 3 层。

(三) 建井期间升降人员和物料的不超过 2 层。

(四) 现有生产矿井在用的绞车，如果在卷筒上装设过渡绳楔，卷筒强度满足要求且卷筒边缘高度符合本规程第四百一十九条要求，可按本条(一)、(二)所规定的层数增加 1 层。

(五) 移动式或者辅助性专为升降物料的(包括矸石山和向天桥上提升等)，不受本条(一)、(二)、(三)的限制。

【释义】　本条是关于提升装置的卷筒上缠绕的钢丝绳层数的规定。

(1) 钢丝绳在提升装置卷筒上缠绕到第一层的边缘开始向第二层过渡的时候，由于第一层最后一圈钢丝绳与卷筒端板间的间隙越来越小,钢丝绳受到端板的挤压,便跳到第一层钢丝绳两圈间的间隙槽中,钢丝绳的跳动会引起钢丝绳的突然抖动,卷筒与天轮间的钢丝绳弦的振动幅度增加,钢丝绳有从卷筒边缘及天轮绳槽中跳出的危险。同时,钢丝绳的跳动会造成钢丝绳张力的突然增加,对钢丝绳的机械性能造成损伤,乘坐人员也会有速度突变的感觉,从而产生恐惧心理。另外,在卷筒端板的行程限制下,钢丝绳在从第一层向第二层过渡的地方和已经缠绕在卷筒上的钢丝绳发生挤压摩擦,并在越层过渡的位置处产生弯曲变形,由于在每次提升过程中,钢丝绳在卷筒上缠绕时的过渡位置相同,位于越层过渡位置处的钢丝容易弯曲疲劳而造成断丝。因此,立井中升降人员或升降人员和物料的钢丝绳在提升装置卷筒上缠绕的层数严禁超过1层,专为升降物料时严禁超过2层。

(2) 在用的绞车卷筒上装设有过渡绳楔时,可以避免钢丝绳从第一层向第二层过渡时发生跳绳。因此,当卷筒强度满足要求且卷筒边缘高度符合本规程第四百一十九条规定时,可按本条(一)、(二)所规定的层数增加1层。

(3) 调度绞车和检修绞车等移动式或者辅助性专为升降物料的提升装置(包括矸石山和向天桥上提升),卷筒上缠绕的钢丝绳层数不受本条(一)、(二)、(三)的限制,可以多层缠绕。

第四百一十九条 缠绕2层或者2层以上钢丝绳的卷筒,必须符合下列要求:

(一) 卷筒边缘高出最外层钢丝绳的高度,至少为钢丝绳直径的2.5倍。

(二) 卷筒上必须设有带绳槽的衬垫。

(三) 钢丝绳由下层转到上层的临界段(相当于绳圈1/4长的部分)必须经常检查,并每季度将钢丝绳移动1/4绳圈的位置。

对现有不带绳槽衬垫的在用提升机,只要在卷筒板上刻有绳槽或者用1层钢丝绳作底绳,可继续使用。

【释义】 本条是缠绕2层或2层以上钢丝绳的卷筒应符合的要求。

(1) 当卷筒上缠绕2层以上钢丝绳作提升运动时,第一层钢丝绳沿螺旋线平滑地缠到卷筒上,但在进入第二层时,卷筒每转一圈,钢丝绳就要发生2次跳跃式移动。相反,如果下放运动时,钢丝绳在卷筒中间跳跃移动不会影响提升机的安全运转,当钢丝绳转到卷筒边缘位置时,这2次跳跃式移动可能会使钢丝绳产生较大抖动,如果卷筒边缘过低,钢丝绳有可能蹦出卷筒导致恶性事故发生,所以规定卷筒边缘应高出最外层钢丝绳高度,至少应为钢丝绳直径的2.5倍。

(2) 多层缠绕的卷筒必须设有带绳槽的衬垫,这不仅减少了钢丝绳的磨损,更为重要的是钢丝绳规则有序地排列,平滑均匀地缠绕在卷筒上,不至于出现卡绳现象,造成对钢丝绳的损伤;另外由于缠绕层数的增加,筒壳的载荷也随之增加,使筒壳产生附加变形,如果增加了衬垫,会使卷筒受力均匀,从而避免了应力集中所造成的卷筒变形、开焊等。

(3) 如果钢丝绳在卷筒上缠绕每次由下层转到上层的临界段(相当于绳圈1/4长的部分)的位置不变,钢丝绳会因为在该处的多次弯曲和挤压而断丝,对该处钢丝绳要经常检查有无断丝和变形。经常窜动越层过渡钢丝绳的位置,可有效地避免该处钢丝绳的断丝和变形,因此要求每季度将钢丝绳移动1/4绳圈的位置。

(4) 对不带绳槽衬垫的在用提升机,只要在卷筒上用1层钢丝绳作底绳,可继续使用,但要注意斜井绞车钢丝绳调头后的卷筒排绳问题，如果调头晚了，当原钩头端的钢丝绳直径减小较多时，调头后缠在卷筒上每2圈绳的间距小于新绳较多，会给被调出卷筒外的原来缠在卷筒里直径没减小的钢丝绳在卷筒上的排绳造成困难。因此，要掌握好钢丝绳的调头时间。

第四百二十条　钢丝绳绳头固定在卷筒上时，应当符合下列要求：

（一）必须有特备的容绳或者卡绳装置，严禁系在卷筒轴上。

（二）绳孔不得有锐利的边缘，钢丝绳的弯曲不得形成锐角。

（三）卷筒上应当缠留3圈绳，以减轻固定处的张力，还必须留有定期检验用绳。

【释义】　本条是关于钢丝绳绳头固定在卷筒上应符合的规定。

(1) 卷筒轴是专门用来驱动卷筒的，在设计和制造上主要考虑其承受最大的扭矩。如果钢丝绳固定在卷筒轴上，会给卷筒轴增加弯矩，超出了卷筒轴的使用条件。一旦引起卷筒轴产生弯曲变形，将严重影响绞车的安全运转；此外，钢丝绳固定在卷筒轴上，也会使钢丝绳的弯曲半径过小而损坏钢丝绳。因此，钢丝绳绳头应固定在卷筒上特备的容绳或者卡绳装置上，严禁系在卷筒轴上。

(2) 卷筒上固定钢丝绳用的绳孔如有锐利的边缘，那么就会造成钢丝绳与绳孔边缘接触面积减小（即在钢丝绳断面上只有一条弧线与绳孔的边缘接触），使得绳孔边缘处支撑钢丝绳的面积减小，从而容易造成应力集中，应力的急剧增大致使钢丝绳过度挤压，表面损伤和断丝，直接影响到提升机的安全运转。所以固定钢丝绳用的绳孔不得有锐利的边缘。

钢丝绳绳头插入绳孔固定到卷筒上时，钢丝绳会弯曲。如果是个缓弯（俗称活弯），则钢丝绳内部不会出现过度挤压，如果弯曲成锐角（即死弯），则会引起钢丝绳内部过度挤压，使钢丝绳内钢丝严重弯曲变形，如果超过钢丝绳的抗弯曲疲劳极限则会出现疲劳断丝现象，这样会降低钢丝绳的承载能力和影响钢丝绳的使用寿命，所以从安全角度来讲，钢丝绳弯曲时不得形成锐角。

(3) 提升机在使用中卷筒上钢丝绳最少应缠留3圈，是为了降低了钢丝绳固定处的张力，防止固定的绳头受力过大损坏或脱开。考虑到钢丝绳由下层转到上层的临界段（相当于绳圈1/4长的部分）必须经常检查，并每季度将钢丝绳移动1/4绳圈的位置及预留的不小于30 m钢丝绳用于定期剁绳头来检验钢丝绳，实际在卷筒上缠绕的钢丝绳是大于7圈的。

【执行中应注意的问题】

(1) 提升人员的钢丝绳运行超过6个月，提物的钢丝绳运行超过12个月，及以后每超过6个月时都必须取下一段送检验部门进行检验。因此，在换绳时必须按钢丝绳的最大使用年限所需要检验的钢丝绳的总长度，较充分地留足。

(2)提升机卷筒上应当至少留3圈钢丝绳，才能有效地降低钢丝绳固定处的张力。

第四百二十一条　通过天轮的钢丝绳必须低于天轮的边缘，其高差：提升用天轮不得小于钢丝绳直径的1.5倍，悬吊用天轮不得小于钢丝绳直径的1倍。

天轮和摩擦轮绳槽衬垫磨损达到下列限值，必须更换：

（一）天轮绳槽衬垫磨损达到1根钢丝绳直径的深度，或者沿侧面磨损达到钢丝绳直径的1/2。

（二）摩擦轮绳槽衬垫磨损剩余厚度小于钢丝绳直径，绳槽磨损深度超过70 mm。

【释义】 本条是关于天轮和摩擦轮绳槽衬垫更换的规定。

(1) 提升容器在运行中受罐道垂直度、磨损、弯曲和接头等影响，将产生横向抖动，速度越高，抖动越严重。天轮在运转中，由于其结构和制造上的原因，轮缘也有一定程度的左右偏摆，天轮直径越大偏摆越明显。为了使钢丝绳能可靠地进入天轮绳槽，绳槽必须开口较宽且斜率较大，以便使天轮和钢丝绳在摆动较大且方向相反时，也能使钢丝绳可靠地进入绳槽和槽底。钢丝绳除了在天轮轴向摆动，也在天轮的径向上有强烈摆动。如果绳槽不深，钢丝绳就会沿天轮绳槽的斜面滑出绳槽，会使提升容器受到猛烈的松绳冲击，后果是很严重的。因此，通过天轮的钢丝绳必须低于天轮的边缘，其高差：提升用天轮不得小于钢丝绳直径的1.5倍，悬吊用天轮不得小于钢丝绳直径的1倍。

(2) 当带衬垫天轮的各段衬垫磨损达到所用钢丝绳直径深度或沿侧面磨损达到钢丝绳直径一半时，会出现以下几种不良现象：

① 钢丝绳与衬垫的接触面积小，在天轮衬垫上支撑钢丝绳的面积已相当少，从而增大了钢丝绳的接触应力，直接导致钢丝绳与天轮衬垫磨损加速。特别是在提升机启动和停止时，由于天轮惯性，将引起轮缘与钢丝绳的相对滑动，再加上接触面积减少，也就更加加速了钢丝绳与天轮衬垫的磨损。

② 磨损后，衬垫变小，如果维护不当，衬垫有可能会从轮缘中掉出，从而引起事故的发生。

③ 天轮衬垫磨损较为严重后，提升中心线也随之改变，从而加剧了罐道和罐耳的磨损，严重的有可能造成断绳坠罐的恶性事故。

④ 随着磨损的加剧，天轮衬垫变薄，导致天轮直径变小，致使钢丝绳绕经天轮时所产生的弯曲应力加大，从而减小了钢丝绳的承载能力，降低了钢丝绳的使用寿命。

综上所述，天轮绳槽衬垫磨损达到1根钢丝绳直径的深度，或者沿侧面磨损达到钢丝绳直径的1/2时，必须更换衬垫。

(3) 如果摩擦提升装置的绳槽磨损深度超过70 mm，可能产生以下危害：

① 随着磨损深度的增加，钢丝绳在绳槽中的支承面积将减小，由于所承担载荷不变，摩擦衬垫所承受的比压会增大，如果超过衬垫的允许比压值，将严重影响衬垫的使用寿命，加剧钢丝绳和衬垫的磨损。

② 随着磨损深度增加，上提和下放的两个容器之间的间距也随之减少，从而使罐耳和罐道的侧间隙发生改变，如果磨损严重可能会造成没有间隙，这将加速罐道和罐耳的磨损，当罐道接口不齐时则会在提升中发生刮、卡现象，严重的有可能会进一步造成断绳坠斗的恶性事故。

③ 随着磨损深度的增大，主导轮的直径相应减小，钢丝绳所承受的弯曲应力也随之增大，这势必将使钢丝绳产生弯曲变形增大，导致钢丝绳弯曲应力加大，抗疲劳强度下降，有可能出现断丝的问题，直接影响到钢丝绳的使用寿命。

综上所述，摩擦提升装置的绳槽磨损超过70 mm时必须更换新的衬垫。

【执行中应注意的问题】

(1) 天轮在运转中，由于结构和制造上的原因，轮缘有一定程度的左右摆动，同时提升容器受罐道的影响，运行中的钢丝绳将横向抖动也反映在天轮上。

(2) 提升钢丝绳的旋转，使天轮衬垫的磨损向一侧偏斜，绳槽磨损越大，偏斜越多，天轮两侧受力失去平衡，增加了天轮的轴向摆动幅度。

第四百二十二条　*矿井提升系统的加(减)速度和提升速度必须符合表 14 的要求。*

表 14　矿井提升系统的加(减)速度和提升速度值

项目	立井提升		斜井提升	
	升降人员	升降物料	串车提升	箕斗提升
加(减)速度/($m \cdot s^{-2}$)	≤0.75		≤0.5	
提升速度/($m \cdot s^{-1}$)	$v \leqslant 0.5\sqrt{H}$，且不超过 12	$v \leqslant 0.6\sqrt{H}$	≤5	≤7，当铺设固定道床且钢轨≥38 kg/m 时，≤9

注：v—最大提升速度，m/s；H—提升高度，m。

【释义】　本条是关于矿井提升系统的加(减)速度和提升速度的规定。

(1) 立井升降人员的加(减)速度和速度。

立井中升降人员时的加速度和减速度，都不得超过 0.75 m/s²；其最大速度不得超过用下列公式所求得的数值，且最大不得超过 12 m/s。

$$v = 0.5\sqrt{H} \tag{3-9-16}$$

式中　v——最大提升速度，m/s；

H——提升高度，m。

载人装置向下加速运行和向上减速运行时，乘坐人员都会产生失重感觉，加、减速度越大，失重感觉就越明显，乘坐人员会产生恐惧感，甚至会对有心脏病和高血压的人员造成严重伤害。所以立井中升降人员时的加速度和减速度都不得超过 0.75 m/s²。

载人装置提升运行速度越大，载人装置的横向振动幅度也越大，乘坐人员就会站立不稳。当载人装置内乘满人员时，乘坐人员有被挤出或撞出载人装置造成坠井的危险。

(2) 立井升降物料的速度。

立井升降物料时，提升容器的最大速度不得超过用下列公式所求得的数值：

$$v = 0.6\sqrt{H} \tag{3-9-17}$$

式中　v——最大提升速度，m/s；

H——提升高度，m。

立井升降物料时运行速度的确定要综合考虑提升设备投资成本、运行成本和提升效率等因素。提升高度一定的前提下，提升容器运行速度过高，加、减速时间过长，最大速度运行时间过短，会造成电动机容量过大，耗电量过高；速度过低，则一次提升运行时间过长，满足不了煤矿提升量的任务要求。为了获得合理的经济提升速度，规定最大提升速度为 $v=0.6\sqrt{H}$。

(3) 斜井串车提升的速度和加(减)速度。

斜井串车提升时的加速度和减速度，不得超过 0.5 m/s²，其速度不得超过 5 m/s。

斜井提升最大速度明显低于立井提升最大速度，这是由于斜井提升与立井提升不同。立井提升时提升容器在垂直方向运行，罐道与提升容器罐耳之间没有因重力而形成的压力，虽然钢丝绳运行中心和罐道运行中心的偏差会产生一定的振动冲击,但冲击力比较小。而斜井提升时钢丝绳的终端载荷主要由运行轨道承担,倾角越小,运行轨道的承载重量越大。由于运行轨道的接头不完全平直,提升容器经过轨道接头时会产生较大的振动,运行速度越高,容器振动颠簸越严重。提升容器用于升降人员时,乘坐人员会因为过度的振动颠簸而造成人身伤害。用矿车升降物料时,容易使散状物料洒落到轨道上,而长的物料则容易因为窜动等原因而与巷道中的管道等悬挂物发生剐碰,严重影响斜井提升的安全。因此,对于斜井提升,升降人员和物料时的最大速度不得超过 5 m/s。

由于人车开动机构中的撞块距抓捕器的闭锁位置的距离,是按照 0.5 m/s^2 加速度的 1.5～2 倍计算而设计的,即为 90～130 mm。如果加、减速度超过 0.5 m/s^2 时,造成提升钢丝绳松弛不均,有可能使斜井人车防坠器开动机构误动作,造成人车误制动发生意外事故。

(4) 斜井箕斗提升的速度。

斜井采用箕斗升降物料时,由于斜井箕斗为较长的斗箱式结构,物料不易从箕斗中洒落,所以规定最大速度不超过 7 m/s。当斜井铺设固定道床并采用大于或者等于 38 kg/m 的钢轨时,大大减轻了震动和颠簸,提升容器运行稳定性明显改善,最大提升速度可扩大到 9 m/s。

【执行中应注意的问题】

(1) 斜井升降人员的速度不超过 5 m/s,斜巷内装有足够亮度的照明且跟车工操作熟练时,可完全实现制动距离不超过 20 m,选用先进的打点系统,能减少停车信号的传递时间是提高运行速度的有效途径。

(2)限制提升机加(减)速度,可以减少钢丝绳动张力,降低提升系统的动力冲击,可防止摩擦轮提升机钢丝绳的打滑,降低乘坐人员的失重感,确保提升机安全可靠运行。

第四百二十三条　提升装置必须按下列要求装设安全保护:

(一) 过卷和过放保护:当提升容器超过正常终端停止位置或者出车平台 0.5 m 时,必须能自动断电,且使制动器实施安全制动。

(二) 超速保护:当提升速度超过最大速度 15%时,必须能自动断电,且使制动器实施安全制动。

(三) 过负荷和欠电压保护。

(四) 限速保护:提升速度超过 3 m/s 的提升机应当装设限速保护,以保证提升容器或者平衡锤到达终端位置时的速度不超过 2 m/s。当减速段速度超过设定值的 10%时,必须能自动断电,且使制动器实施安全制动。

(五) 提升容器位置指示保护:当位置指示失效时,能自动断电,且使制动器实施安全制动。

(六) 闸瓦间隙保护:当闸瓦间隙超过规定值时,能报警并闭锁下次开车。

(七) 松绳保护:缠绕式提升机应当设置松绳保护装置并接入安全回路或者报警回路。箕斗提升时,松绳保护装置动作后,严禁受煤仓放煤。

(八) 仓位超限保护:箕斗提升的井口煤仓仓位超限时,能报警并闭锁开车。

(九) 减速功能保护:当提升容器或者平衡锤到达设计减速点时,能示警并开始减速。

(十) 错向运行保护:当发生错向时,能自动断电,且使制动器实施安全制动。

过卷保护、超速保护、限速保护和减速功能保护应当设置为相互独立的双线型式。

缠绕式提升机应当加设定车装置。

【执行说明】 松绳保护是指缠绕式提升系统发生钢丝绳松弛时的保护措施。在井筒内松绳时，应当将松绳保护信号接入提升机电控系统的预报警回路和安全回路；在斜井上部车场内松绳时，应当将松绳保护信号接入提升机电控系统的报警回路。

错向运行保护是指与设定的运动方向发生了反方向运动时的保护措施。具体就是指信号系统给出提升方向，测速装置检测出有相反提升方向的运动；或信号系统没有给出提升方向，测速装置检测到运行速度过快，则安全回路跳闸。

【释义】 本条是关于提升装置装设安全保护的规定。

(1) 提升装置必须装设 10 大安全保护。

① 过卷和过放保护。由于操作失误、制动环节机械故障及电气等方面的原因，提升装置被提升到井口而未停车，并越过井口位置继续向上提升而造成过卷事故，会产生将井架拉倒、将钢丝绳拉断而使提升容器坠落井底及蹲罐等严重后果。因此，为了防止发生过卷事故，井架除设置一定的过卷高度外，还要求提升容器在超过正常终端停止位置 0.5 m 时，必须能自动断电，并能使保险闸发生作用。

② 超速保护。提升装置提升物料的最大速度是电动机小于同步转速运行时的速度。当重物下放时，电动机在超同步转速的发电制动状态下运行，提升容器的运行速度大于重物提升时的运行速度。当下放重物的旋转力矩与电动机的额定转矩等效时，电动机的转速在高于同步转速一个转差率的转速下运行，此转速为提升装置的最大提升速度。当下放重物的重力超过电动机额定转矩所形成的牵引力时，电动机的发电制动电流将大于额定电流，但对重物的运行速度仍能起到控制作用。当重物的重力超过电动机发电制动的最大控制能力时，提升速度才能超过最大提升速度的 15%，实际上已经处于跑车状态。因此，当提升速度超过最大速度 15%时，必须能自动断电，并使保险闸发生作用。

③ 过负荷和欠电压保护。提升装置在运行过程中，如果突然发生卡罐等情况时，钢丝绳张力急剧增大，瞬间出现的严重过负荷会造成电动机瞬间电流达到正常运行时电流的数倍，电动机有烧坏的危险，必须立即停车并紧急施闸。如果提升容器装载量超过额定值，提升装置终端载荷过大也会造成电动机电流超出额定值。在这种情况下，过负荷造成的电流超出正常值的幅度并不太大，但持续时间较长，也会造成电动机过热，加快绝缘老化，缩减电动机的使用寿命，这种情况下也应进行过流保护。因此，需要将过流继电器的瞬动保护整定得小些，保证提升装置出现卡罐或电动机出现短路故障时可靠地动作，立即停车并紧急施闸，但在反时限的过流整定上可适当地延长动作时间。

电动机在欠电压下运行，会出现输出扭矩减小，电动机有效功率降低的现象，造成电动过热，甚至烧坏电机，低电压下电动机启动困难。因此，提升装置必须具有欠电压保护装置。

④ 限速保护。限速保护装置可以在减速阶段使提升速度降下来，并将到达终端位置时的提升速度控制在 2 m/s 以内，以防止过卷保护装置动作后，因提升速度高而使制动距离过大造成严重安全生产事故。

斜井提升运输中，如果绞车没有及时减速，提升容器全速冲出井口进入栈桥时会进行紧急制动，但由于斜井栈桥坡度较小，矿车自然减速度小，滑行到停车的运行距离大，钢丝绳的松绳长度较长，而天轮到卷筒之间的钢丝绳又最短，提升容器在重力作用下反向加速滑行时对钢丝绳造成冲击,容易引发断绳事故。因此,在减速点设置限速保护装置非常重要。

⑤ 提升容器位置指示保护。当深度指示器发生离合器没合到位、定位销失效和断轴等故障时,该保护装置能够自动断电并使保险闸发生作用。深度指示器的故障不仅使其自身失去了深度指示功能,还会导致过卷保护、减速点自动减速和减速警铃失效。深度指示器的离合器失效还会造成限速保护失效,使提升容器不能按时自动减速。由于提升机司机不能及时发现深度指示器的失效且不能按时减速,极易造成提升容器的全速过卷事故。

提升装置运行时,该保护装置对电动机轴旋转编码器的信号与深度指示器失效传感器的信号进行比较,判断深度指示器是否失效。如果判断深度指示器失效后,该保护装置便发生作用,自动断电进行停车并使保险闸发生作用。

⑥ 闸瓦间隙保护。闸瓦间隙保护是当闸瓦磨损超限时能报警或自动断电。闸瓦磨损后间隙过大,会使制动的时间加长、制动力降低,造成严重的跑车或坠箕斗(罐)事故。同时闸瓦磨损后,固定闸瓦的螺丝钉等会露出来,直接与闸盘摩擦,破坏闸的表面,使其摩擦力变小,制动力下降,也易导致事故的发生。因此,必须设置闸瓦过磨损保护。

⑦ 松绳保护装置。对于缠绕式提升绞车,当提升容器由于井口煤仓仓满而卡住时,如果提升绞车继续松绳,钢丝绳会在箕斗上堆积,如果此时煤仓给煤机开始放煤,煤位下降,托不住箕斗时,箕斗会迅速开始自由落体运动,从而发生断绳坠斗事故。因此,对于缠绕式提升绞车必须设置松绳保护装置并接入安全回路和报警回路,在钢丝绳发生松弛时能够自动断电并报警。同时,应当闭锁煤仓给煤机,松绳解除后方可开动给煤机。

⑧ 仓位超限保护。当提升系统井口卸载煤仓满仓时,提升箕斗里的煤因煤仓中煤位已满而无法卸载,使箕斗里的煤和煤仓里的煤堆连在一起,如果没有满仓保护装置,绞车司机在超出正常卸载时间后,认为箕斗里的煤已经卸载完,便开车下放。如果采用扇形闸门底卸式箕斗,则由于堆连在一起的煤的阻力使溜槽无法缩回并卡在煤仓口上,扇形闸门无法关闭而使箕斗被卡在卸载曲轨处而不能下放。如果此时绞车司机未发现,继续开动绞车,就会出现提升钢丝绳松弛、打卷。如果此时煤仓下部给煤机开始放煤,煤仓内的煤位开始下降,阻止扇形闸门关闭的阻力减小或消失,箕斗由于自重作用,箕斗闸门会突然关闭,溜槽缩回,箕斗突然下降,会对钢丝绳形成巨大的冲击,甚至发生断绳坠斗事故,砸坏井筒装备。因此,除了设置卸载煤仓满仓保护装置外,同时还可以在井口煤仓设立满仓监护信号工,专门监视满仓。当箕斗卸载时煤仓下口不放煤,箕斗离开卸载位置时再放煤,避免因满仓卡住箕斗后下放松绳造成冲击断绳坠斗事故。

另外,可以采用在卸载站设置较先进的外动力开闭闸门装置,去掉曲轨,避免因曲轨托住卸载滚轮关不上扇形闸门而卡箕斗现象的发生。

⑨ 减速功能保护。提升容器到达设定的减速位置,减速功能保护装置自动发送减速控制信号,装置继电器动作并伴有声光信号指示。正常提升过程中,装置在每次提升经过减速点位置时都会动作,不论提升机电控系统的原减速信号是否正常动作。

⑩ 错向运行保护:与设定的运动方向发生了反方向运动时的保护措施。当提升机运行方向发生反向时,当反向运动距离达到 0.3 m 时,能自动断电,且使制动器实施安全制动。否则,由于提升容器自由落体速度过快、冲击力过大,会导致钢丝绳断裂从而发生坠罐事故。

(2) 过卷保护、超速保护、限速保护和减速功能保护应当设置为相互独立的双线型式,确保发生故障时能够及时准确的安全制动。相互独立的双线型式就是每种保护都是有两条回路，两条回路相互独立，互不影响，又互为备用。其中一路是提升机控制系统安全回路，另一路是监控系统(或后备保护)回路。

【执行中应注意的问题】

(1) 当盘形闸闸瓦与制动盘间隙超过 2 mm 后，会造成制动力矩下降，可能造成安全事故。因此，当间隙超过 2 mm 后应能报警并闭锁下次开车。

(2)为了在检修制动系统时，不因制动失效而发生坠斗、坠罐和跑车事故，立井、斜井缠绕式提升机都应加设定车装置，用于在检修过程中将提升机卷筒牢牢固定住。

第四百二十四条　提升机必须装设可靠的提升容器位置指示器、减速声光示警装置，必须设置机械制动和电气制动装置。

严禁司机擅自离开工作岗位。

【释义】　本条是关于装设提升容器位置指示器、减速声光示警装置，设置机械制动和电气制动装置的规定。

(1) 位置指示器是矿井提升机不可缺少的一种具有检测、指示、控制和保护作用的装置，其主要作用是指示提升容器在井筒的位置，有机械式位置指示器和数字式深度指示器两种。采用机械式位置指示器，容器接近井口或车场时发出减速信号，当提升容器过卷时，打开装在位置指示器上的终点开关，安全回路动作，实现紧急制动；在减速阶段，通过电控系统对提升机进行过速保护。根据目前控制技术的发展水平，对于竖井提升和斜井箕斗提升可采用数字式位置指示器，以替代机械式位置指示的功能，此时机械式位置指示器可以取消。但对于斜井串车提升，因为难以安装井筒开关，所以即使采用了数字式位置指示器，还应配套有机械式位置指示器。

(2) 通过电控系统，可实现在正常提升时，提升容器按照设定的速度运行，机械式制动主要用于工作制动，即电控系统完全具备电气制动的功能。必须设置机械式制动器，是为了保证停车后施加足够的制动力矩保证安全可靠，并且在紧急情况下，须依靠机械式制动器实现平稳停车。

制动闸的调整必须在松闸状态下调整，因为制动时闸瓦与闸轮(或闸盘)压得很紧无法调整。为了防止松闸而跑车，松闸调整时必须对绞车严密监视和控制，提升机司机必须坚守操作岗位，精力集中进行监控，操作试验闸的松紧程度。因此，严禁司机离开工作岗位。

【执行中应注意的问题】

(1) 目前，国内外矿井提升机都能实现半自动自动运行，在停车减速阶段先进行电气制动，当速度为零或接近零时再进行机械制动，这样可以减少制动冲击和闸瓦磨损，可防止跑车事故的发生。

(2) 电气制动的优点是无机械摩擦，可以在全部下放过程中进行制动，且制动力和运行速度是可控的，可以满足下放重物的要求。

第四百二十五条　机械制动装置应当采用弹簧式，能实现工作制动和安全制动。

工作制动必须采用可调节的机械制动装置。

安全制动必须有并联冗余的回油通道。

双卷筒提升机每个卷筒的制动装置必须能够独立控制，并具有调绳功能。

【执行说明】 并联冗余回油通道，是指至少有两条独立的回油通道，每条都应单独满足回油要求。

【释义】 本条是关于机械制动装置采用弹簧式并能实现工作制动和安全制动的规定。

(1) 弹簧式制动装置是依靠弹簧的弹力发生作用的，该结构形式的制动装置动作可靠，所施加的制动力不受外界条件的影响，不需要其他外力，制动性能稳定，动作迅速可靠。

(2) 工作制动是提升装置运行中的常用操作，其操作远比安全制动频繁。工作制动采用可调节的机械制动装置，可以准确、可靠地调节制动力矩。

(3) 双卷筒提升机每个卷筒的制动装置必须能够独立控制，每个卷筒都有一套独立的制动装置。

【执行中应注意的问题】

(1) 并联冗余的回油通道：一是单台液压站工作时的回油通道必须冗余，二是两台液压站同时工作或采用多通道液压站时，每台站的回油通道必须冗余，现场满足上述任 1 条即可。

(2) 双卷筒提升机调绳结束后，检查离合器各部位是否紧固、有无松动现象，确认无误后进行空载运行，确认调绳位置正确，方可正常提升。

第四百二十六条 提升机机械制动装置的性能，必须符合下列要求：

(一) 制动闸空动时间：盘式制动装置不得超过 0.3 s，径向制动装置不得超过 0.5 s。

(二) 盘形闸的闸瓦与闸盘之间的间隙不得超过 2 mm。

(三) 制动力矩倍数必须符合下列要求：

1. 制动装置产生的制动力矩与实际提升最大载荷旋转力矩之比 K 值不得小于 3。

2. 对质量模数较小的提升机，上提重载保险闸的制动减速度超过本规程规定值时，K 值可以适当降低，但不得小于 2。

3. 在调整双卷筒提升机卷筒旋转的相对位置时，制动装置在各卷筒闸轮上所产生的力矩，不得小于该卷筒所悬重量(钢丝绳重量与提升容器重量之和)形成的旋转力矩的 1.2 倍。

4. 计算制动力矩时，闸轮和闸瓦的摩擦系数应当根据实测确定，一般采用 0.30～0.35。

【释义】 本条是提升机机械制动装置的性能的要求。

(1) 为了使事故的影响控制在最小，保险闸的空动时间越短越好。由于各种方式的保险制动所达到的最快速度和闸瓦间隙不同，空动时间也不同，盘式制动装置，不得超过 0.3 s。当达不到要求时，必须查找原因，及时处理。

(2) 当盘型闸的闸瓦与闸盘间隙大于或者等于 2 mm 时，及时调整间隙或更换闸瓦，确保碟形弹簧的弹力在工作范围之内，防止制动失灵。

(3) 提升绞车的常用闸和保险闸制动时，所产生的力矩即制动力矩和实际提升最大载荷旋转力矩(即静阻力矩)之比叫作 K。

① K 值取 3 倍安全系数是对静阻力矩而言，而实际制动力矩要考虑动阻力矩。如果制动力矩与实际提升最大静载荷旋转力矩之比过小，在进行制动时，会因制动力矩不足而发生跑车事故。因此明确规定 K 值都不得小于 3。

当常用闸与保险闸为同一套制动系统时，由于制动器摩擦直径和卷筒直径不同，制动安全系数不能直接用制动力与最大静张力之比，必须用制动力矩与最大静荷重旋转力矩之

比,即

$$K = F_2 R_z / F_r R_r \tag{3-9-18}$$

式中　F_z——制动力;

R_z——制动轮半径;

F_r——钢丝绳最大静张力;

R_r——钢丝绳提升中心到滚筒轴中心的旋转半径。

常用闸和保险闸的作用是,在需要时能可靠地使提升系统停止运行。要使提升系统可靠地停止运行,每个闸的制动力矩只比最大静荷重旋转力矩大是不够的,还必须克服系统的转动惯量才能停住车。在充分考虑了重物下放时,制动力矩要克服最大静荷重和较大的系统转动惯量再有一定的安全系数后,确定 K 不得小于 3。

② 提升机的质量模数用 Z 表示,它是提升系统总变位质量 $\sum m$ 与最大静张力(差)P 的比值,即

$$Z = \sum m / P \tag{3-9-19}$$

对于质量模数小的提升机,在 $K=3$ 时,当上提重载的制动减速度大于规定时,才允许将 K 值降低,但不得小于 2。

由于保险闸是在紧急情况下自动施闸的,如果系统转动惯量小,会使制动减速度大于提升容器的自然减速度,导致松绳,提升容器反向冲击,易断绳跑车,所以 K 值不得小于 2。

有了质量模数 Z,可以方便地求出重载上提的制动减速度 $a_s=(K+1)/Z$ 和重载下放的制动减速度 $a_x=(K-1)/Z$,以及无电机拖动、无制动时,靠系统惯性拖动载荷运行的上行自然减速度 a_{s0} 和靠载荷张力克服系统惯性形成的下行自然加速度 a_{x0},$a_{s0}=a_{x0}=1/Z$。

质量模数的引进,使确定每次提升量的计算简单了许多。

从式中明显地看出,对于具有固定运动质量和最大静张力的绞车,保险制动 K 值多大,才能满足对重载提升和下放制动减速度的要求。当 $K \geqslant 3$,a_s 能满足要求时,即为质量模数合适;a_s 不能满足规定时,便为质量模数较小,K 值可以减小,但不得小于 2。当 K 值降为 2,a_s 仍满足不了要求时,只得减小载荷,不能用提升机允许的最大静张力提升。当静张力减小时,在 $K=2$ 时的制动力下降,a_s 也随之下降,可以满足要求了,但是可能由此引起 a_x 也下降,满足不了规定时,只好再降低载荷重量,但不降低制动力,便可同时满足 K,a_s 和 a_x 的要求,至此,提升载荷的重量才算确定,保险制动力才能最后调整确定。

③ 双卷筒提升机由于两根钢丝绳在运行过程中产生的拉伸变形不同,所以提升机运行一个时期后就需打开离合器调整两侧容器的相对位置,即调绳。对于盘式制动器,闸住活动卷筒,使固定卷筒运行。由于调绳时两个卷筒分开,两侧钢丝绳和容器的重量平衡会被打破,此时,所需制动器作用在卷筒闸轮上的制动力矩要比正常时大得多,若此时制动力矩不足,则很可能发生闸不住卷筒而发生提升容器坠落事故。为避免此类事故的发生,同时考虑安全系数,规定在调绳时,制动装置在各卷筒闸盘上所发生力矩不得小于该卷筒所悬重量形成的旋转力矩的 1.2 倍。

保险制动力并不是越大越好,保险制动的"保险",体现在特殊情况下需要紧急制动时,保险制动会自动、快速进行制动。因此,要采用弹簧式的,才能在停电的同时自动施闸。保证不失效的保险作用,并非是制动力大的保险作用,相反,制动力过大,还会造成事故。如斜

井单钩提升重载保险制动力过大,使提升系统转动部分的制动减速度大于矿车在制动时所处位置轨道倾角所产生的矿车自然减速度时,即滚筒已停止了转动,矿车还在上行,违反了本规程规定的上提重载制动减速度的规定,从而造成松绳,矿车可能停止上行又反向下滑冲击,有可能造成断绳跑车。对于摩擦轮式提升机,过大的制动力还有可能在下放重载保险制动使钢丝绳在摩擦轮上打滑。而制动力过小,保险制动 K 值小于 2,除上面说过的不利条件外,又使重载下放制动距离过长,使事故扩大,又违反了下放重载制动减速度的规定。因此,只有合理地确定一次提升量才行,合理的一次提升量,首先要在最大静张力不超过绞车的额定静张力,钢丝绳安全系数满足《规程》规定的条件下,再进行 K 值、上提重载允许的最大制动力、下放重载允许的最小制动力和钢丝绳在摩擦轮上不滑动的最大制动力的核算。如果不能同时满足,只有降低一次提升量来完成。

应该提出的是,在计算上提重载保险制动时,能否松绳,即能否满足全部机械的制动减速度的要求时系统的总变位质量 $\sum m$,不应包括上提的移动部分的变位质量,因为当一单钩提升由转动部分的变位质量、双钩提升由转动部分和下放侧移动部分的变位质量所形成的制动减速度大于上提重物移动部分的自然减速度时,钢丝绳就会松绳,钢丝绳不能向上传递提升重物的作用力,上提移动部分的质量对转动部分的制动减速度没有影响,因此在计算上提重载全部机械的制动减速度能否满足要求,即计算上提重载保险制动能否产生松绳时,系统的总变位质量,不应将上提的移动部分质量计入。当全部机械部分的制动减速度小于上提移动部分的自然减速度时,计算全系统的制动减速度,才应将上提移动部分的质量和因其对制动力的影响计入。

④ 现场应定期实测闸轮和闸瓦的摩擦系数,来校验制动力矩,满足 3 倍最大静力矩的要求。

【执行中应注意的问题】

(1) 计算钢丝绳的安全系数时,各钢丝绳破断拉力总和应根据钢丝绳试验站提出的试验数据进行计算,钢丝绳单位长度的重量应采用实测值。

(2) 计算钢丝绳所承受的最大静拉力时所使用的数据,应力求准确,不得估算。

第四百二十七条 各类提升机的制动装置发生作用时,提升系统的安全制动减速度,必须符合下列要求:

(一) 提升系统的安全制动减速度必须符合表 15 的要求。

表 15 提升系统安全制动减速度规定值

减速度	$\theta \leqslant 30°$	$\theta > 30°$
提升减速度/$(m \cdot s^{-2})$	$\leqslant A_c^*$	$\leqslant 5$
下放减速度/$(m \cdot s^{-2})$	$\geqslant 0.75$	$\geqslant 1.5$

注:* $A_c = g(\sin\theta + f\cos\theta)$

式中 A_c—自然减速度,m/s^2;

g—重力加速度,m/s^2;

θ—井巷倾角,(°);

f—绳端载荷的运行阻力系数,一般取 0.010~0.015。

（二）摩擦式提升机安全制动时，除必须符合表 15 的要求外，还必须符合下列防滑要求：

1. 在各种载荷（满载或者空载）和提升状态（上提或者下放重物）下，制动装置所产生的制动减速度计算值不得超过滑动极限。钢丝绳与摩擦轮衬垫间摩擦系数的取值不得大于 0.25。由钢丝绳自重所引起的不平衡重必须计入。

2. 在各种载荷和提升状态下，制动装置发生作用时，钢丝绳都不出现滑动。

计算或者验算时，以本条第（二）款第 1 项为准；在用设备，以本条第（二）款第 2 项为准。

【释义】 本条是关于提升系统的安全制动减速度的规定。

（1）提升重物的安全制动减速度，要保证不松绳，则要求提升容器的制动减速度不大于其自然减速度。下放重物的安全制动减速度，倾角 $\theta \leqslant 30°$ 的斜井提升系统应大于 0.75 m/s^2，在倾角 $\theta > 30°$ 的斜井和立井提升系统应大于 1.5 m/s^2。采用恒力矩制动装置的斜井单卷筒提升系统，上提重物的安全制动应满足不松绳，下放重物的制动减速度有可能小于减速度下限 0.75 m/s^2，这种情况下应采用恒减速制动系统或可变力矩制动系统。

（2）摩擦式提升机的提升钢丝绳摩擦轮（主导轮）上不缠绳，而是搭放在摩擦轮上，提升容器分别悬挂在钢丝绳的两端，承受拉力的钢丝绳以一定的正压力紧压在摩擦轮的摩擦衬垫上，依靠摩擦衬垫与钢丝间的摩擦作用一起转动，来实现容器的提升与下放，而摩擦力的大小和摩擦系数呈正比。当摩擦衬垫和钢丝绳确定之后，实际的摩擦力和摩擦系数基本上也是确定的，因此计算过程中摩擦系数取值越大，摩擦力的储备就越小。

摩擦式提升机的提升钢丝绳与衬垫间的摩擦力必须保证提升机在各种工作情况下都不会出现打滑现象，所以摩擦力的决定性参数摩擦系数 μ 必须可靠。虽然现在一些衬垫的摩擦系数实际上已大于 0.25，有些甚至大于 0.4，但由于动防滑系数值较小，且在运转过程中，衬垫上难免会沾上水、泥浆和油污，导致 μ 值降低，故不能取用较高的 μ 值。仍按 0.25 以下计算。

（3）在计算保险制动能否产生滑动时，虽然等重尾绳的重量可以平衡主提升绳的重量，但是在计算下放制动减速度时，下放侧的钢丝绳的质量乘以制动减速度所形成的向下的动张力，减小了制动力，增加了钢丝绳在摩擦轮上的滑动力，所以必须计入。

当提升系统确定后，提升容器、钢丝绳和一次最大提升量就确定了，钢丝绳能否在摩擦轮上滑动，取决于制动力和载重，而制动力和载重确定后，滑动可能发生在重载下放，也可能发生在空载提升，因为重载下放保险制动减速度增加了张力大的一侧（重载侧）的动张力，增加了两侧的不平衡力；而空载上提紧急制动，使制动减速度增大，大于重载下放时的紧急制动减速度，减速度的增加，同样增大了两侧的不平衡力。但是，下放侧是空载，又减少了不平衡力，是增大的多还是减小的多要看制动减速度的变化大小。制动减速度的变化，与提升系统的变位质量重载重量占的比例大小有关，所以不通过具体计算，难以确定是重载下放还是空载提升紧急制动时钢丝绳更容易打滑。因此，必须对各种载荷（满载或空载）和各种提升状态（上提或下放重物）下都进行计算，都不超过滑动极限后，才能确认钢丝绳不滑动。采用恒减速制动系统的摩擦式箕斗提升，在恒减速失效转为恒力矩制动，且故障下放重载时，制动减速度下限值应不小于 1.2 m/s^2。但是在摩擦因数发生变化的情况下，由于计算时没有安全系数，仍不能保证在各种情况下钢丝绳都不滑动，所以规定了在用设备在各种载荷及提升状态下，保险闸发生作用时，钢丝绳都不出现滑动。

(4) 摩擦轮提升的驱动力计算。摩擦式提升机是靠钢丝绳与摩擦轮衬垫间的摩擦力克服作用于摩擦轮两边钢丝绳的张力差而传递摩擦轮作用力(驱动力或制动力)的。钢丝绳与绳衬间的摩擦力分布符合欧拉公式(图 3-9-2)。即

$$S_1 \leqslant S_2 e^{\mu\alpha} \tag{3-9-20}$$

式中 S_1——摩擦轮两侧瞬时最大张力,N;

S_2——摩擦轮两侧瞬时最小张力,N;

μ——衬垫的摩擦系数;

α——钢丝绳在摩擦轮上的围抱角,(°)。

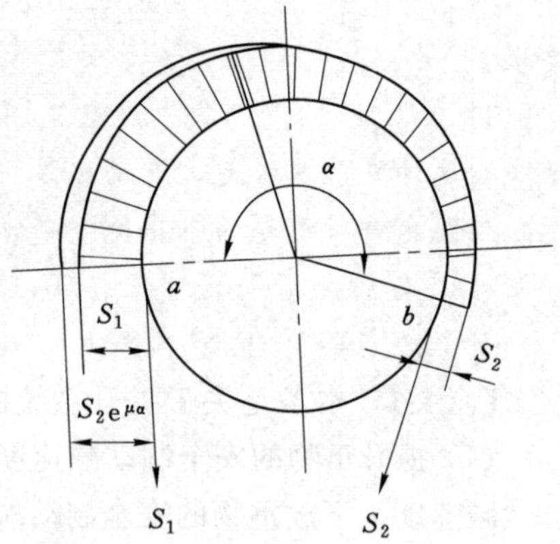

图 3-9-2 摩擦式提升机构工作原理图

(5) 极限减速度计算。摩擦轮提升机在提升和下放重载紧急制动时的滑动方向如图 3-9-3所示。

由图 3-9-3 可以看出,提升重载紧急制动的滑动方向为空载容器方向,下放重载紧急制动时的滑动方向为重载容器方向。

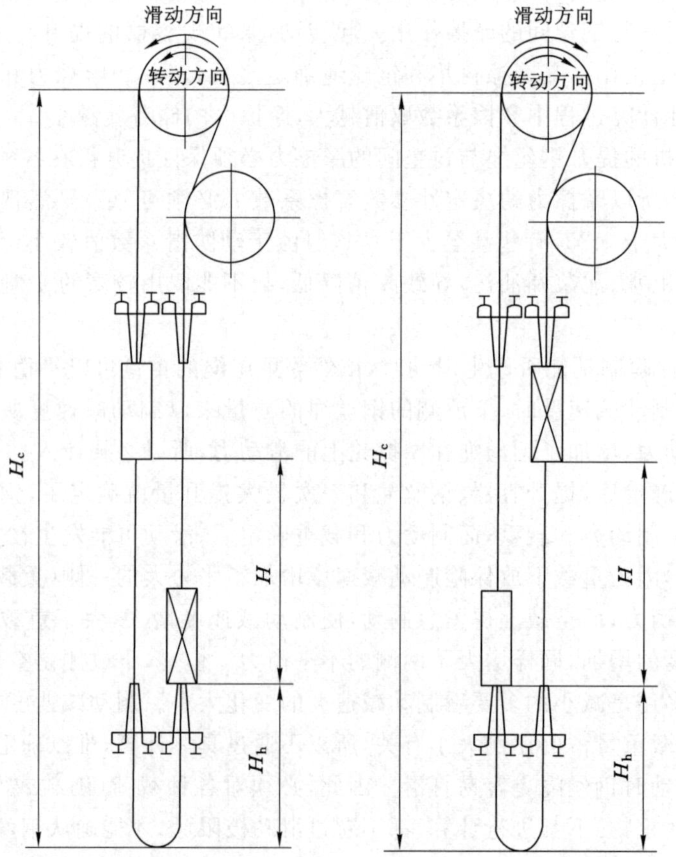

图 3-9-3 提升和下放重载紧急制动时的滑动方向

① 双容器提升极限减速度：

提升重载、下放空容器：

$$[a_{3s}]=\frac{F_1 e^{\mu\alpha}-F_2}{m_1 e^{\mu\alpha}+m_2} \tag{3-9-21}$$

下放重载、提升空容器：

$$[a_{3x}]=\frac{F_2 e^{\mu\alpha}-F_1}{m_2 e^{\mu\alpha}+m_1} \tag{3-9-22}$$

空运行极限减速度为：

按提升重载方式，载荷为零计算：

$$[a_{3ks}]=\frac{(F_1-Qg)e^{\mu\alpha}-F_2}{(m_1-Q)e^{\mu\alpha}+m_2} \tag{3-9-23}$$

按下放重载方式，载荷为零计算：

$$[a_{3kx}]=\frac{F_2 e^{\mu\alpha}-(F_1-Qg)}{m_2 e^{\mu\alpha}+m_1-Q} \tag{3-9-24}$$

式中 $[a_{3s}]$——容器重载上提钢丝绳滑动极限减速度，m/s^2；

$[a_{3x}]$——容器重载下放钢丝绳滑动极限减速度，m/s^2；

$[a_{3ks}]$——容器空载上提钢丝绳滑动极限减速度，m/s^2；

$[a_{3kx}]$——容器空载下放钢丝绳滑动极限减速度，m/s^2；

F_1——重载侧提升钢丝绳最大静张力，包括提升容器、悬挂装置、钢丝绳、矿车(或其他车辆)和载荷等质量产生的静张力，N；

F_2——空载侧提升钢丝绳最小静张力，包括提升容器、悬挂装置、钢丝绳和必要的配重等质量产生的静张力，N；

m_1——重载侧最大变位质量，包括提升容器、悬挂装置、钢丝绳、矿车(或其他车辆)和载荷等质量，kg；

m_2——空载侧最小变位质量，包括提升容器、悬挂装置、钢丝绳和必要的配重等质量，kg；

Q——提升容器内的全部载荷，kg。

② 单容器带平衡锤提升极限减速度：

提升重载、下放平衡锤：

$$[a_{3s}]=\frac{F_1 e^{\mu\alpha}-F_{p2}}{m_1 e^{\mu\alpha}+m_{p2}} \tag{3-9-25}$$

下放重载、提升平衡锤：

$$[a_{3x}]=\frac{F_{p2} e^{\mu\alpha}-F_1}{m_{p2} e^{\mu\alpha}+m_1} \tag{3-9-26}$$

提升空容器、下放平衡锤：

$$[a_{3ks}]=\frac{F_2 e^{\mu\alpha}-F_{p1}}{m_2 e^{\mu\alpha}+m_{p1}} \tag{3-9-27}$$

下放空容器、提升平衡锤：

$$[a_{3kx}]=\frac{F_{p1} e^{\mu\alpha}-F_2}{m_{p1} e^{\mu\alpha}+m_2} \tag{3-9-28}$$

式中 F_{p1}——平衡锤侧钢丝绳最大静张力,包括平衡锤、悬挂装置和钢丝绳等质量产生的静张力,N;

F_{p2}——平衡锤侧钢丝绳最小静张力,包括平衡锤、悬挂装置和钢丝绳等质量产生的静张力,N;

m_{p1}——平衡锤侧最大变位质量,kg;

m_{p2}——平衡锤侧最大变位质量,kg。

(6) 安全制动减速度计算。

① 双容器提升安全制动减速度:

提升重载、下放空容器:

$$a_{3s}=\frac{F_z+F_{jmax}}{\sum M} \tag{3-9-29}$$

式中 F_z——安全制动力,kN;

F_{jmax}——最大静张力差,kN;

$\sum M$—— 提升系统总变位质量 ,kg。

下放重载、提升空容器:

$$a_{3x}=\frac{F_z-F_{jmax}}{\sum M} \tag{3-9-30}$$

空运行:

按提升重载方式,载荷为零计算:

$$a_{3ks}=\frac{F_z+(F_{jmax}-Qg)}{\sum M-Q} \tag{3-9-31}$$

按下放重载方式,载荷为零计算:

$$a_{3kx}=\frac{F_z-(F_{jmax}-Qg)}{\sum M-Q} \tag{3-9-32}$$

② 单容器带平衡锤提升安全制动减速度:

提升重载、下放平衡锤:

$$a_{3s}=\frac{F_z+F_{jmax}}{\sum M} \tag{3-9-33}$$

下放重载、提升平衡锤:

$$a_{3x}=\frac{F_z-F_{jmax}}{\sum M} \tag{3-9-34}$$

提升空容器、下放平衡锤:

$$a_{3ks}=\frac{F_z-F_{jmax}}{\sum M-Q} \tag{3-9-35}$$

下放空容器、提升平衡锤:

$$a_{3kx}=\frac{F_z+F_{jmax}}{\sum M-Q} \tag{3-9-36}$$

【执行中应注意的问题】

(1) 上提重物的保险制动，要保证制动减速度不大于提升容器的自然减速度，即保证不松绳。下放重物的保险制动减速度不小于0.3倍的提升容器的自然减速度。

(2) 对于下放重载最小制动减速度的规定，是为了防止需要紧急停车时，由于制动减速度太小，制动距离太长，将事故扩大，需要保证有足够的制动减速度。

第四百二十八条　提升机操作必须遵守下列规定：

(一) 主要提升装置应当配有正、副司机。自动化运行的专用于提升物料的箕斗提升机，可不配备司机值守，但应当设图像监视并定时巡检。

(二) 升降人员的主要提升装置在交接班升降人员的时间内，必须正司机操作，副司机监护。

(三) 每班升降人员前，应当先空载运行1次，检查提升机动作情况；但连续运转时，不受此限。

(四) 如发生故障，必须立即停止提升机运行，并向矿调度室报告。

【释义】　本条是提升机操作必须遵守的规定。

(1) 在主提升装置操作过程中，应配有正、副司机。主司机必须集中精力操作，稍有疏忽，不但会造成重大事故，而且会造成人员伤亡。副司机不但可及时避免主司机操作中的失误，而且在必要时还可操作保险闸避免事故的发生，同时还可在巡回检查中发现主提升机存在的问题。再者，主提升机司机在操作中精力消耗较大，由于长时间操作会引起疲劳，可能导致事故的发生，通过正、副司机的轮流操作，可降低主提升机司机的劳动强度，恢复精力，避免事故的发生。

(2) 提升机的全自动控制是指提升机电控系统能根据装、卸载信号由提升机自动完成一次完整提升过程的控制，不需要人工操作。自动化运行的专用于提升物料的箕斗提升机无人值守的意义主要体现在以下两个方面：

① 减少人员编制，降低人工成本，体现“无人则安、装备换人”的先进理念；

② 减少操作人员误操作的可能性，提高提升系统可靠性。

实现箕斗提升机无人值守的技术保证主要包括三个方面：

① 提升机控制和监视系统的故障保护机制；

② 远程监视系统与提升机控制系统的安全回路设计；

③ 制动系统的安全、可靠性。目前提升系统的控制和监视技术、远程监视技术和安全保护系统已日趋完善，制约立井箕斗提升机自动化运行的技术难题已经破解，推广立井箕斗提升机正常运行情况下的无人值守已具备了技术基础和一定的实践经验。

(3) 升降人员的主要提升装置在交接班升降人员的时间内，必须正司机操作，副司机监护。副司机的监护职责为：

① 及时提醒操作司机进行减速、施闸和停车。

② 当出现应紧急停车而主司机未操作时，副司机有权直接操作保险闸手把或紧急停车开关，对提升机进行安全制动。

③ 认真进行巡回检查,发现问题及时处理和报告。

④ 必须及时掌握提升机的运行状态。

⑤ 负责对外联系工作。

第四百二十九条 新安装的矿井提升机,必须验收合格后方可投入运行。专门升降人员及混合提升的系统应当每年进行1次性能检测,其他提升系统每3年进行1次性能检测,检测合格后方可继续使用。

【释义】 本条是关于矿井提升机验收和检测的规定。

矿井提升机能否安全可靠运行,直接关系着煤矿职工的生命安全和生产建设,也是由煤矿安全生产的特殊条件决定的。因此必须对矿井提升机加强监督检查,及时掌握了解设备运行状况和其在运行中存在的问题,以及主要部件的使用周期、服务年限、性能变化等情况,做到心中有数,及时准确地排除隐患,确保安全生产。

新安装的矿井主要提升装置,在设计、制造、安装、调试等各个方面都可能存在问题,必须由有关专业人员进行全面检查验收合格后,方可投入使用。

为了保证矿井提升机持续安全运转,在运行过程中,每天、每周、每月都需要根据其结构和性能特点、工作条件和维护经验等进行检查和维护。提升装置长时间运转后,部分零部件的技术性能可能已经发生了变化,必须经过检测,才能确定其技术性能是否仍然满足相关技术要求。专门升降人员及混合提升的系统每年进行1次检测,其他提升系统每3年进行1次检测。经检测不合格的矿井提升机必须进行维修或更换,全面检测合格后才能投入使用。

【执行中应注意的问题】

大修或技术改造后交付使用的提升装置,应当由具备资质的第三方检查检验机构进行检验,合格后方可投入运行。

第四百三十条 提升装置管理必须具备下列资料,并妥善保管:

(一)提升机说明书。

(二)提升机总装配图。

(三)制动装置结构图和制动系统图。

(四)电气系统图。

(五)提升机、钢丝绳、天轮、提升容器、防坠器和罐道等的检查记录簿。

(六)钢丝绳的检验和更换记录簿。

(七)安全保护装置试验记录簿。

(八)故障记录簿。

(九)岗位责任制和设备完好标准。

(十)司机交接班记录簿。

(十一)操作规程。

制动系统图、电气系统图、提升装置的技术特征和岗位责任制等应当悬挂在提升机房内。

【释义】 本条是关于提升装置技术资料保管的规定。

提升机说明书、提升机总装配图、制动装置结构图和制动系统图、电气系统图是了解提升机结构、工作原理、技术性能和操作方法的最重要、最直接的资料，妥善保管它们有利于提升机操作人员正确地操作和使用，有利于维修人员合理地维护和检修，也便于零件的配备。

提升装置检查记录簿、钢丝绳的检验和更换记录簿、安全保护装置试验记录簿、故障记录簿、岗位责任制和设备完好标准、司机交接班记录簿、操作规程是了解提升机运行情况的重要资料，有利于提升机的检修，也有利于从提升机的运行情况分析运行中出现的事故原因。

提升机的性能参数较多，运行要求严格，制动系统图、电气系统图、提升装置的技术特征和岗位责任制等悬挂在提升机房内，便于提升机操作和维修人员随时查看。

【执行中应注意的问题】

(1) 钢丝绳的检验和更换记录簿可分别见表 3-9-3 和表 3-9-4。

表 3-9-3　钢丝绳检验记录表

<table>
<tr><td colspan="3">钢丝绳检验记录</td></tr>
<tr><td colspan="3">送检钢丝绳型号：　　送检钢丝绳长度：　　送检钢丝绳使用地点：</td></tr>
<tr><td>送检日期：　年　月　日</td><td>送检单位：</td><td>送检人：</td></tr>
<tr><td>检验日期：　年　月　日</td><td>检验单位：</td><td>检验结果：</td></tr>
</table>

检验负责人签字：　　　　　　　　记录人：

表 3-9-4　钢丝绳更换记录

序号	钢丝绳型号	长度/m	更换日期	加润滑油情况	更换人
1			年　月　日		
2			年　月　日		
3			年　月　日		
4			年　月　日		

更换负责人签字：　　　　　　　　记录人：

(2) 安全保护装置试验记录簿的表格设置见表 3-9-5。

表 3-9-5　提升机安全保护装置试验记录表

提升机名称：　　　　　　　　　　　　　　　　　　　　　　　　　　年　　月　　日

试验项目	紧停	过卷装置	限速装置	自动减速功能	深度指示器失效保护	闸间隙保护装置	过负荷欠电压	信号闭锁装置
早班								
中班								
夜班								
处理情况								
试验人员签字	早班			中班		夜班		

（3）提升装置故障记录簿的表格见表 3-9-6。

表 3-9-6　提升装置故障记录表

提升机名称：　　　　　　　　　　　　　　　　　　　　　　　　　年　　月　　日

班别	早班		中班		夜班	
司机签字	主司机：	副司机：	主司机：	副司机：	主司机：	副司机：
故障时刻	时　分	时　分	时　分	时　分	时　分	时　分
故障描述						
故障排除情况						
维修人员签字	早班		中班		夜班	

第五节　空气压缩机

第四百三十一条　矿井应当在地面集中设置空气压缩机站。

在井下设置空气压缩设备时，应当遵守下列规定：

（一）应当采用螺杆式空气压缩机，严禁使用滑片式空气压缩机。

（二）固定式空气压缩机和储气罐必须分别设置在 2 个独立硐室内，并保证独立通风。

（三）移动式空气压缩机必须设置在采用不燃性材料支护且具有新鲜风流的巷道中。

（四）应当设自动灭火装置。

（五）运行时必须有人值守。

【执行说明】 自动灭火装置，指在空气压缩设备发生火灾时，能自动启动、快速灭火的设备设施。启动方式主要包括：感温玻璃球、易熔合金等机械式自动启动，温度、火焰、烟雾等传感器监测、电子控制启动。灭火材料主要包括：二氧化碳、七氟丙烷等惰性气体，超细干粉等。

【释义】 本条是关于矿井设置空气压缩机的规定。

在地面集中设置空气压缩机站，集中管理，有加载、卸载均衡，效率高，使用寿命长等特点。建立空气压缩机站与分散管理的区别是：建立空气压缩机站能节省电能，并提高安全供风质量，发现临时事故，能够及时得到处理解决，节省人力，并提高安全供风保障。空气压缩机分散管理不宜于维修、保养，浪费人力，因长时间开机消耗电能较多，配风效果不好。地面空气压缩机站发生事故可大大缩短入井处理时间，空气压缩机站内配备起吊设备维护保养方便、快捷。

（1）由于滑片式空气压缩机效率低，在工作中滑片顶部与定子内表面摩擦易产生火花，所以井工煤矿严禁使用滑片式空气压缩机。

（2）井下固定式空气压缩机和储气罐应分别设置在 2 个硐室内，硐室要有独立的回风系统，不得存放可燃物，且必须采用不可燃材料支护。

（3）移动式空气压缩机要设置在顶板完整、支护良好、无杂物堆积、无淋水和粉尘飞扬的地点，保证安装地点空气流畅，不得妨碍人员作业和行走。

（4）发生火灾时，自动灭火装置能自动断电，停止空压机运行。

（5）运行时必须有人值守，值守人员必须持证上岗。

【执行中应注意的问题】

（1）空气压缩机是压力设备，排气温度高，容易发生事故，井下尽量不要设置空气压缩机站。

（2）井下空气压缩设备运行时必须有人值守，以便出现问题时，及时发现并迅速处理，防止造成事故。

第四百三十二条　空气压缩机站设备必须符合下列要求：

（一）设有压力表和安全阀。压力表和安全阀应当定期校准。安全阀和压力调节器应当动作可靠，安全阀动作压力不得超过额定压力的 1.1 倍。

（二）使用闪点不低于 215 ℃的压缩机油。

（三）使用油润滑的空气压缩机必须装设断油保护装置或者断油信号显示装置。水冷式空气压缩机必须装设断水保护装置或者断水信号显示装置。

【释义】 本条是空气压缩机站设备必须符合的要求。

压力和流量是空气压缩机重要的性能参数。根据压力表的压力值，可以对空气压缩机的运行工作状态作出正确的判断，为空气压缩机的检修维护提供依据。如果压力表指示不准确或精度不够，一方面可能导致空气压缩机的输出气体介质不能满足风动机械的工作需要，另一方面不能及时发现空气压缩机的自身故障,工作效率低下,进而导致事故的发生。因此,压力表必须定期进行校准,保证其压力指示的准确度和精确度。压力表的安装要求如下:

(1)装设位置应便于操作人员观察和清洗,且应避免受到热辐射、冻结或震动的不利影响。

(2)压力表与压力容器之间应装设三通旋塞或针形阀,三通旋塞或针形阀上应有开启标记和锁紧装置;压力表与压力容器之间,不得连接其他用途的任何配件或接管。

闪点是指油品在大气压力下加热形成蒸汽压力,达到用明火点燃的下极限浓度时的温度。闪点低的可燃性液体,挥发性高,容易着火,安全性较差。闪点过高,油品馏分就重,黏度亦大,沥青质等含量就高,使用时易积炭。所以,压缩机油的闪点要求适宜即可。闪点只是油品使用的安全指标之一,压缩机油闪点应不低于 215 ℃。

使用油润滑的空气压缩机必须装设断油保护装置或断油信号显示装置,防止因断油造成空气压缩机相对运动部件间的过度摩擦而发生磨损及过热现象。水冷式空气压缩机必须装设断水保护装置或断水信号显示装置,以防止因断水内部零部件的温度过高。断油及断水极易引发空气压缩机的机械故障,甚至会因气缸温度超高而造成爆炸事故。

【执行中应注意的问题】

(1)空气压缩机压力表应当由有资质的计量检测机构每半年校准 1 次,以保证其精准度。

(2)空气压缩机油闪点过低,有可能导致燃烧爆炸事故,所以更换压缩机油时,应注意使用性能合格的压缩机油,压缩机油应有检测报告,必须使用闪点不低于215 ℃的空气压缩机油。

第四百三十三条 空气压缩机站的储气罐必须符合下列要求:

(一)储气罐上装有动作可靠的安全阀和放水阀,并有检查孔。定期清除风包内的油垢。

(二)新安装或者检修后的储气罐,应当用 1.5 倍空气压缩机工作压力做水压试验。

(三)在储气罐出口管路上必须加装释压阀,其口径不得小于出风管的直径,释放压力应当为空气压缩机最高工作压力的 1.25~1.4 倍。

(四)避免阳光直晒地面空气压缩机站的储气罐。

【执行说明】 (一)空压机的水压试验。新安装的或检修后重新投入使用的储气罐,使用前应当做水压试验。水压试验应当满足以下要求:

1. 编制试压程序,并规定好人员的分工和信号联系。

2. 将储气罐内的气体排净并充满水,打压使储气罐内压力缓慢升至空气压缩机工作压力的 1.5 倍。

3. 停止打压,保压至少 5 min,在保压时间内压力不得自行降低,储气罐应该无明显变形、无漏水和渗水、无特异声响、无其他损坏征兆。

对腐蚀深度超过腐蚀裕量、名义厚度不明或发现有严重缺陷的储气罐,应当进行强度校核。强度校核应当委托具备资质的机构进行。

(二)释压阀的安装与保养。释压阀的安装与保养应当满足以下要求:

1. 安装在主排气管路上,正对气流方向,且不得用阀门隔开。

2. 泄放口径不得小于出风管的直径，释放（爆破）压力为空气压缩机最高工作压力的1.25～1.4倍，且释放压力后不能自动复位。

3. 必须由具有特种设备制造许可证的单位生产，爆破片上应当标明在特定温度下的爆破压力。

4. 排气出口方向不得正对人行道、设备及易损件，必要时应该设置防护栏。

5. 释压阀正常工作时，每三个月至少由专人检查清理一次，保证连接螺栓无松动，管接头无漏气，各部件无锈蚀或变形。

【释义】　本条是关于空气压缩机站的储气罐必须符合的要求。

储气罐在空气压缩系统中的作用是缓冲，使供气更加稳定，减少空气压缩机的频繁启动，同时让压缩空气在储气罐中沉淀更有利于除水除污。储气罐起到贮存压力空气、稳定输出压力的作用。所以储气罐上应安装安全阀和放水阀。

为了检查储气罐在使用过程中是否产生裂纹、变形、腐蚀等缺陷，储气罐上应开设检查孔。检查孔的开设位置要求如下：检查孔的开设应合理、恰当，便于观察或清理内部；手孔应开设在封头上或封头附近的筒体上；球形储罐应在上、下极板上各开设一个检查孔（或制造工艺孔）。

空气压缩机输出的压力气体温度较高，含有少量的油雾及水汽，在储气罐中会发生冷凝，经过长期运行后，储气罐底部往往积存一定量的油水，且在储气罐内壁上黏结大量的油垢，并在高温作用下逐渐碳化，使其闪点降低，当储气罐内温度超过积碳的闪点时便会发生爆炸。因此，储气罐上必须装设放水阀并定期清除储气罐内的油垢。

在储气罐出口管路上应加装释压阀，及时释放超压气体，降低储气罐内气体压力，保证储气罐的运行安全。其口径不得小于出风管的直径，释放压力应为空气压缩机最高工作压力的1.25～1.4倍。

储气罐在地面应设在室外阴凉处，在井下应设在空气流畅的地方，有利于储气罐温度的降低，以防高温爆炸。

【执行中应注意的问题】

(1) 如果储气罐在日光下暴晒，就会使罐内气体温度升高，气体体积膨胀，从而导致压力增加，如果超过容器允许压力时，就可能发生爆炸。

(2) 安全阀应由特种设备检查检验机构每年校准1次，以保证动作的可靠性。释压阀应有原厂产品试验报告或同批产品抽样试验报告。

第四百三十四条　空气压缩设备的保护，必须遵守下列规定：

（一）螺杆式空气压缩机的排气温度不得超过120℃，离心式空气压缩机的排气温度不得超过130℃。必须装设温度保护装置，在超温时能自动切断电源并报警。

（二）储气罐内的温度应当保持在120℃以下，并装有超温保护装置，在超温时能自动切断电源并报警。

【释义】　本条是关于空气压缩机的排气温度和储气罐内的温度的规定。

空气压缩机的排气温度就是空气压缩机出气口的压缩空气温度。如果是风冷空气压缩机，该排气温度一般比环境温度高8～10℃（活塞式除外）；如果是水冷空气压缩机，排气温度应该比冷却水出水（冷却压缩空气的部分，一般会将冷却压缩空气和润滑油的换热器串联起来先冷却压缩空气,后冷却润滑油)温度高 3～8 ℃。无论是风冷空气压缩机还是水冷空气压缩机,冷却器必须保持良好的换热效果,否则空气压缩机会马上出现高温,严重的会造成主机抱死或报废。故本条规定螺杆式空气压缩机的排气温度不得超过 120 ℃,离心式空气压缩机的排气温度不得超过 130 ℃,应装设温度保护装置,在超温时能自动切断电源并报警。

螺杆式空气压缩机排气温度过高的常见原因有:① 润滑油量不足,润滑油规格不正确,黏度不同;② 冷却水量不足,冷却水压低,冷却水温高;③ 断油电磁阀未得电或线圈损坏;④ 环境温度高,带动整机高温;⑤ 油冷却器堵塞;⑥ 风冷机型存在冷却风机故障、冷却风扇损坏、排风管道不畅通或排风阻力(背压)大等原因;⑦ 温控阀故障,到指定温度不动作。

离心式空气压缩机排气温度过高的常见原因有:① 中间冷却器效率低;② 气阀漏气,排出的高温气体漏进气缸,再压缩后排气温度就高;③ 活塞环质量不好或磨损,吸排气互相串气;④ 气缸水套及冷却水管有沉淀物及浮沫层,影响冷却效果。

储气罐内的润滑油在受热空气的氧化作用下形成碳化物,这种碳化物逐渐增多成为积碳。积碳本身是一种易燃物,在储气罐受到机械冲击,储气罐气流中的硬质颗粒发生机械冲击或静电放电时,会产生火花,使积碳燃烧,急剧提高了温度。储气罐中的润滑油蒸汽与一定比例的空气混合在高温下会发生爆炸。所以储气罐内的温度应控制在 120 ℃以下,并装有超温保护装置,在超温时可自动切断电源并报警。

【执行中应注意的问题】

为了防止储气罐爆炸,除了设置温度保护装置控制储气罐温度外,还要注意提高所用润滑油的热氧化稳定性和抗氧化能力,不用不符合要求的润滑油。

第十章　电　气

第一节　一般规定

第四百三十五条　煤矿地面、井下各种电气设备和电力系统的设计、选型、安装、验收、运行、检修、试验等必须按本规程执行。

【释义】　本条是关于煤矿各种电气设备、电力系统在选型设计等方面的规定。

煤矿生产具有很强的特殊性，煤矿电气设备在防爆等方面也有很多特殊的要求。因此，煤矿地面、井下各种电气设备和电力系统的设计、选型、安装、验收、运行、检修、试验等必须按照《规程》来执行。对《规程》没有相关规定的，按有关标准和规范执行。

第四百三十六条　矿井应当有两回路电源线路（即来自两个不同变电站或者来自不同电源进线的同一变电站的两段母线）。当任一回路发生故障停止供电时，另一回路应当担负矿井全部用电负荷。区域内不具备两回路供电条件的矿井采用单回路供电时，应当报安全生产许可证的发放部门审查。采用单回路供电时，必须有备用电源。备用电源的容量必须满足通风、排水、提升等要求，并保证主要通风机等在10 min内可靠启动和运行。备用电源应当有专人负责管理和维护，每10天至少进行一次启动和运行试验，试验期间不得影响矿井通风等，试验记录要存档备查。

矿井的两回路电源线路上都不得分接任何负荷。

正常情况下，矿井电源应当采用分列运行方式。若一回路运行，另一回路必须带电备用。带电备用电源的变压器可以热备用；若冷备用，备用电源必须能及时投入，保证主要通风机在10 min内启动和运行。

10 kV及以下的矿井架空电源线路不得共杆架设。

矿井电源线路上严禁装设负荷定量器等各种限电断电装置。

【释义】　本条是关于矿井电源线路的规定。

(1) 煤矿生产中，尤其是井工开采矿井，瓦斯、煤尘、矿井涌水等是与矿井开采伴生的自然灾害因素，直接构成对矿井和作业人员生命安全的威胁，若因停电造成矿井主通风机、主排水设备、升降人员的立井提升系统、抽采瓦斯设备、地面安全监控中心等停运，将造成矿井瓦斯、煤尘浓度升高、空气中氧浓度降低、矿井涌水的积聚量加大、人员无法通过提升设备升井等后果，若持续时间过长或出现其他引发事故的因素，势必会导致瓦斯（煤尘）爆炸、淹井或人员窒息等事故，造成人员伤亡和财产损失，因此必须保证连续可靠的供电。故矿井应当采用两回路电源线路，不能因矿井生产能力小而降低标准，且两电源线路不得相互影响。

矿井供电的两回电源线路应有足够的供电容量，任一回电源线路均应能满足矿井全部负荷的用电需求。

对区域内不具备两回路供电条件的矿井,可以采用单一专用供电线路供电,并报安全生产许可证的发放单位审查。采用单一回路供电时,同时需设有备用电源,备用电源容量按满足重要负荷如矿井主通风机、主排水设备和升降人员的立井提升系统等的用电需求。备用电源应保证在主电源停电后 10 min 内可靠启动和运行,确保上述设备的供电需求。备用电源应确保性能可靠,安排有专人负责管理和维护,每 10 天至少进行一次启动和运行试验,试验不得对矿井设备的正常运行有任何影响,做好试验记录,存档备查。

煤矿中的电力负荷很多,不同的电力负荷对供电可靠性要求不尽相同。按照矿井电力负荷对供电可靠性要求的不同将电力负荷分为 3 级。

一级负荷。凡因供电突然中断,可造成人员伤亡或使重要设备损坏并在较短的时间内难以修复,给企业(公司)造成很大损失的用户和用电设备,称为一级负荷。如主要通风机,井下主排水设备(包括作主排水的煤水泵)、下山开采的采区排水设备,升降人员的立井提升机,抽放瓦斯设备(包括井下移动抽放泵站设备)等。

二级负荷。凡因供电突然中断,可给矿井造成大量减产或造成较大的经济损失的用户和用电设备,称为二级负荷。如主提升机(包括主提升带式输送机和煤水泵),经常升降人员的斜井提升设备,副井井口和井底操作设备,主要空气压缩机等。

三级负荷。凡因突然停电对煤矿生产没有直接影响的用户和用电设备,称为三级负荷。如矿区工人住宅区、机电修配厂、乘人电车等设施。

(2)“矿井的两回路电源线路上都不得分接任何负荷”,是为了保证矿井供电的安全性和可靠性而规定的。矿井两回路电源线路上都不得分接任何负荷,是指任一回路电源线路从线路始端(上一级变电站出线)到线路末端(本矿变电所进线)之间的线路上禁止分接其他负荷。在矿井供电电源线路上分接其他负荷,必然增加干线及电源的故障概率,直接影响电源、干线、矿井负荷运行的安全性与可靠性。矿井的两回路供电电源线路互为备用,其中任一回路供电电源线路均必须满足矿井全部生产负荷的要求。如果矿井两回路供电电源线路中,一回线路有分接负荷,另一回路无分接负荷,在倒换使用中,分接负荷的供电电源线路有可能不能满足矿井全部生产负荷的要求,从而影响矿井生产的安全性与连续性。本条要求矿井的两回路电源线路上都不得分接任何负荷,其供电功能等同于双专线供电系统,供电的可靠性大大提高。

(3)“矿井电源应当采用分列运行方式”,是指在正常工作时矿井两回电源线路都同时运行且分段开关为分断状态。当某一回路出现故障而导致停电时,矿井的另一段母线仍然有电,重要负荷供电可以通过倒闸操作迅速恢复,从而保证矿井供电的可靠性,防止因停电故障而引起损失。分列运行方式有利于保证矿井通风、运输、排水和采掘的安全可靠供电。

如果备用回路处于停电状态(冷备用),在工作回路发生故障时,冷备用回路的投入费时较长,会导致矿井供电中断时间过长,威胁矿井生产安全和井下作业人员的人身安全,甚至造成重大事故。而如果备用线路平时一直带电(热备用,即指线路电源端的开关处于闭合状态,受电端开关断开,干线一直带电),则在运行线路发生故障时,只需合上线路受电端的开关，就能迅速恢复矿井供电，可最大限度地缩短矿井停电影响时间，提高矿井供电的可靠性，从而保障矿井和人身安全。此外，带电备用也是对矿井备用回路的连续监测，备用过程中一旦线路发生故障，可及时发现和处理，彻底杜绝因备用线路在倒闸时出现故障影响运行，真正起到备用作用。

热备用的备用电源中的变压器一次绕组加电，二次绕组不带任何负荷，其特点是该变压器高、低压绕组都加上了额定电压，对变压器有连续检测的作用，但变压器存在空载损耗，造成了电能的浪费。如果变压器采取冷备用，就要保证在 10 min 内，完成电源转换，让主要通风机可靠启动并运转起来。欲保证冷备用时可靠地实现电源转换，应加强备用电源各种开关设备和继电保护装置的日常保养、维护，使其合闸机构和继电保护装置动作灵敏、可靠。应经常检测冷备用变压器绕组的绝缘水平，避免变压器受潮。运行变压器和备用变压器，定期轮换使用，既能避免变压器受潮，又可轮流考验变压器及相关设备的带负荷能力。

(4) 一些小型矿井和偏远地区的矿井，有的采用 6 kV 或 10 kV 电源作为矿井进线电源，由于线路电压较低，为节约成本，有的将两回路架空电源线路架设在同一电杆上。10 kV及其以下的矿井架空电源线路共杆架设存在以下问题：① 电杆遭到破坏，两回路电源线路同时中断供电；② 两回路线路共杆架设因线路距离较近，当一线路遭受破坏断线时，极易搭接到另一回路上，造成短路故障，使两回路电源线路同时中断供电；③ 一回路检修时，由于两线路之间安全距离被破坏，不得不中断另一回路供电，使两回路同时中断供电。由此可见，两回路架空电源线路共杆架设时，矿井供电的可靠性没有保障，是不允许的。

(5) 负荷定量器的作用是当矿井用电的最高负荷超过线路或电力部门限定的负荷量时，就自动使电源停止供电。装设负荷定量器后，将增加矿井突然中断供电的概率，矿井的突然停电，势必造成矿井通风、排水、提升等关键系统的瘫痪，形成各种各样的事故隐患，甚至有可能造成矿井淹井、瓦斯和煤尘爆炸等重大恶性事故以及人员伤亡，给人民的生命和国家财产带来重大损失。

第四百三十七条　*矿井供电电能质量应当符合国家有关规定；电力电子设备或者变流设备的电磁兼容性应当符合国家标准、规范要求。*

电气设备不应超过额定值运行。

【释义】　本条是关于供电电能质量、电力电子设备或变流设备的电磁兼容性、电气设备运行的有关规定。

(1) 电能质量主要包括电压偏差、频率偏差、谐波等。电压偏差一般不得超过±5%，频率偏差不超过±0.2 Hz，公用电网电压总谐波畸变率不超过 5%。供电电能质量超出规定范围，会对矿井用电设备的正常工作产生不利影响。

(2) 电磁兼容性是指设备或系统在所处的电磁环境中能正常工作且不对该环境中任何其他装置、设备等构成不能承受的电磁干扰的能力。包括两个方面：一方面是指设备在正常运行过程中对所在环境产生的电磁干扰不能超过一定的限值；另一方面是指装置、设备等对所在环境中存在的电磁干扰具有一定程度的抗扰度,即电磁敏感性。

电力电子等设备在矿井通风、提升运输、采掘等中得到越来越广泛的应用,如防爆变频器、软启动、无功功率补偿器等,这些电力电子设备的大量使用,在提高生产效率、节能环保的同时,也对井下电能质量有一定影响,也对通信、监控造成干扰,严重时使数据丢失、保护误动作。因此,电力电子设备的电磁兼容性应当符合国家标准、规范要求。

由于电力电子设备的多样性,标准也是多样的,每个产品都有各自的适用标准,主要标准有电磁兼容试验和测量技术(GB/T 17626)系列标准和调速电气传动系统(GB/T 12668)系列标准。

解决电磁兼容性的措施一般有接地、屏蔽、滤波等方法。

(3) 电气设备的额定值包括额定电压、额定电流、额定功率(容量)以及运行方式等。电气设备在额定条件下工作时,能充分发挥其作用和效率。电气设备超过额定电压运行,势必造成绝缘老化、被击穿;电气设备超过额定电流、功率或容量运行时,必然会造成电气设备过热,加剧绝缘老化直至破坏。间断运行方式的电气设备如果让它连续运行,同样也会使设备过热,绝缘老化加剧直至破坏。上述超过额定值运行的直接结果就是电网及电气设备被破坏,造成设备烧毁、电气火灾、供电中断事故,甚至导致瓦斯、煤尘爆炸。

【案例】 2002 年 10 月 29 日,南宁市矿务局二塘煤矿井下发生一起特大电气火灾事故,造成 30 人死亡。该矿四采区变电所变压器超负荷运行(所安设变压器容量为 320 kV·A,而其供电负荷为 347.7 kW,变压器长期满负荷和超负荷运行,导致电缆加速老化、绝缘性能降低、温度升高)和变压器低压侧接线错误,导致距接线端子 500 mm、距地板 100 mm 高处的橡套电缆短路,产生电弧火花,点燃积存在地板上的高压防爆配电箱漏出的绝缘油及渗漏在地板上的变压器油。

第四百三十八条 对井下各水平中央变(配)电所和采(盘)区变(配)电所、主排水泵房和下山开采的采区排水泵房供电线路,不得少于两回路。当任一回路停止供电时,其余回路应当承担全部用电负荷。向局部通风机供电的井下变(配)电所应当采用分列运行方式。

主要通风机、提升人员的提升机、抽采瓦斯泵、地面安全监控中心等主要设备房,应当各有两回路直接由变(配)电所馈出的供电线路;受条件限制时,其中的一回路可引自上述设备房的配电装置。

向突出矿井自救系统供风的压风机、井下移动瓦斯抽采泵应当各有两回路直接由变(配)电所馈出的供电线路。

本条上述供电线路应当来自各自的变压器或者母线段,线路上不应分接任何负荷。

本条上述设备的控制回路和辅助设备,必须有与主要设备同等可靠的备用电源。

向采区供电的同一电源线路上,串接的采区变电所数量不得超过 3 个。

【执行说明】 向采区供电的同一电源线路上串接的采区变电所数量不得超过 3 个,是指从中央变电所馈出的一条线路,最多只能串接 3 个采区变电所供电,如图 17 所示。

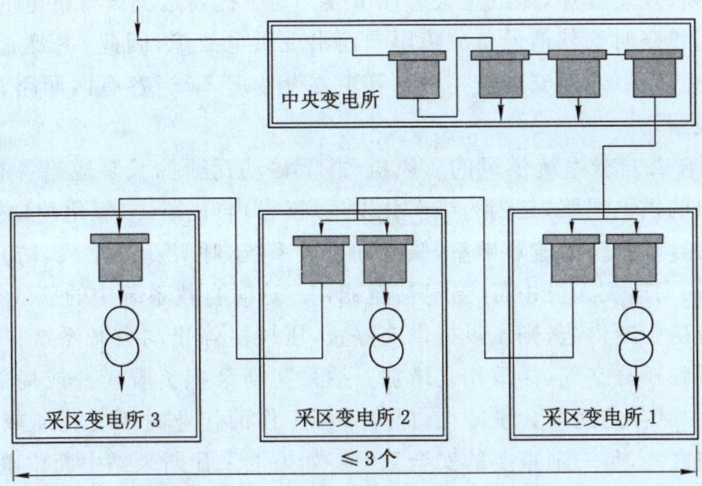

图 17　串联的采区变电所供电线路布置要求示意图

【释义】　本条是关于煤矿矿井主要设备供电的规定。

(1) 井下各水平中央变(配)电所和采(盘)区变(配)电所担负着井下各水平和采区的供电任务。如果井下变(配)电所中断供电，将造成井下各水平和采区供电中断，直接影响到井下各水平和采区的安全与生产。另外，由于采区变(配)电所供电距离较大，地质条件差，管理难度较大，使其故障率高，为确保采区的安全与生产，进一步提高采区变(配)电所的供电可靠性是非常必要的。主排水泵房和下山开采的采区排水泵房担负着全矿井和该下山开采的采区的排水工作，如果排水泵房中断供电，则排水泵停止排水工作，矿井水不断增加，水位越来越高，以至淹没巷道和采掘工作面甚至采区或整个矿井。因此，煤矿矿井主要设备房的供电直接关系着矿井的安全生产和井下工作人员的生命安全，故必须确保主要设备房的供电可靠性，即对井下各水平中央变(配)电所和采(盘)区变(配)电所、主排水泵房和下山开采的采区排水泵房供电线路，不得少于两回路。

向局部通风机供电的井下变(配)电所应采用分列运行方式。分列运行时，两路电源彼此独立、互不影响，发生全部停电故障的可能性就会降低，同时，分列运行时，发生短路故障时短路电流更小，有利于井下安全。

(2) 主要通风机、提升人员的提升机、抽采瓦斯泵、地面安全监控中心等主要设备房，供电要求安全可靠，应当各有两回路直接由变(配)电所馈出的供电线路。众所周知，煤矿生产过程中始终面临着水、火、瓦斯、煤尘、冒顶、片帮等灾害的威胁，伴随原煤生产会涌出大量的瓦斯及其他有毒有害气体，如果主要通风机、提升人员的提升机、抽采瓦斯泵及其辅助设备采用单一回路供电线路，一旦该线路发生故障停电，这些设备都将停止运转。主要通风机停运，矿井通风即会中断，将造成井下瓦斯积聚，空气中氧气浓度降低，造成人员窒息，甚至中毒，引发瓦斯、煤尘爆炸。而提升人员的提升机一旦停运，则矿井安全出口就少了一个，如果此时井下发生人身伤亡或其他事故，抢险人员无法入井，井下受伤人员无法升井，事故必然会进一步扩大或加重。一旦瓦斯抽采泵站停止工作，采掘工作面的瓦斯必然会大量自然积聚，造成工作面长期超限，引起工作人员窒息，而瓦斯积聚到一定浓度后，当其他条件具备时，就会引发瓦斯、煤尘爆炸，酿成重大恶性事故。为了提高这类设备供电的可靠性，避免因同其他设备共用线路时受其他设备故障影响而出现供电故障，因此，主要通风机、提升人员的提升机、抽采瓦斯泵、地面安全监控中心等主要设备房，应当各有两回路直接由变(配)电所馈出的供电线路。

(3) 向突出矿井自救系统供风的压风机、井下移动瓦斯抽采泵应当各有两回路直接由变(配)电所馈出的供电线路，是因为当矿井发生煤(岩)与瓦斯(二氧化碳)突出事故时，遇险人员撤离到安有自救系统的避难硐室，佩戴好自救系统，呼吸新鲜空气，防止因氧气含量减少、瓦斯浓度增加而造成人员中毒、窒息甚至死亡。这时自救系统中的氧气是由压风机提供的。如果压风机房中断供电，则压风机供电停止，压风机停止向自救系统供给新鲜空气，避灾人员不能呼吸到新鲜空气，导致伤亡增加。抽采瓦斯泵担负着矿井或局部区域抽采瓦斯的任务，使煤层中赋存的瓦斯含量降低，保障采掘工作面作业时不受瓦斯威胁，是瓦斯综合治理的重要措施之一，是一项重要的安全工程。如果抽采瓦斯泵站中断供电，则抽采瓦斯泵停止瓦斯抽采工作，造成瓦斯浓度升高，瓦斯事故发生的概率大增。

(4) 要保障主要通风机、提升人员的提升机、抽采瓦斯泵等设备及辅助设备供电安全可靠，应有两回路直接来自各自的变压器或母线段的供电线路。线路上不应分接任何负荷，以免因分接负荷故障引起线路供电中断。而且上述设备的辅助设备必须有与主要设备同等可靠的备用电源。

(5) 向采区供电的同一电源线路上串接的采区变电所数量不得超过 3 个。其目的：一是为了避免在同一电源线路上串接的采区变电所过多，而降低井下供电的安全可靠性；二是为了方便故障状态下的处置，减少处置供电故障时造成井下大面积停电的可能性。各变电所馈出线出口保护应满足《规程》第四百五十一条和第四百五十二条的规定。

《煤矿井下供配电设计规范》(GB 50417)规定，向采区供电的同一电源线路上，也就是从中央变电所馈出的高压电源线路分别经各采区馈出总数不超过 3 个。

(6) 要保障主要通风机、提升人员的提升机、抽采瓦斯泵等设备供电绝对安全可靠，应满足各有两回路直接由变(配)电所馈出的供电线路，受条件限制时，其中一回路可引自上述设备配电房的配电装置，优选其控制回路和辅助设备，两回路电源分别来自上述主要设备电源。

【执行中应注意的问题】

(1) 中央变(配)电所、采(盘)区变(配)电所高压配电系统为单母线分段方式，配电电源进线开关与母线联络开关的合闸运行方式为“3 选 2”，即在任何情况下，这 3 台开关只能 2 台合闸(高压配电箱选型设计时最大运行方式按并联运行方式计算除外)。

(2) 地面安全监控中心为一级负荷，必须有可靠的双回路供电。

第四百三十九条 采区变电所应当设专人值班。无人值班的变电所必须关门加锁，并有巡检人员巡回检查。

实现地面集中监控并有图像监视的变电所可以不设专人值班，硐室必须关门加锁，并有巡检人员巡回检查。

【释义】 本条是关于采区变电所设值班人员的规定。

采区变电所是采区供电的核心，设专人值班可以及时了解采区的供电状态，及时发现故障、处理故障，及时和有关人员联系并向上级汇报。如果无专人值班，为防止非工作人员入内，必须关门加锁。为了掌握采区供电的状态，及时发现问题和隐患，应有巡检人员进行巡回检查。

随着设备可靠性、综合自动化、信息化水平的提高，变电所内的设备能够通过地面集中监控系统实现远程监测、控制，实现采区变电所无人值守。

采区变电所采用无人值守技术后，可以实现变电所的地面远程控制、指挥、监控等功能，提高变电所的运行保障能力，减少井下作业人员数量。采区无人值守变电所必须具备以下条件：① 设备具备遥测、遥信、遥控功能，实现运行监测、故障报警和远程处置等功能；② 具有工业视频监视功能，能够实时监视变电所情况；③ 值班人员定期巡回检查；④ 关门加锁。

【执行中应注意的问题】

(1) 采区变电所内运行有各类高压电器，对运行环境要求较高，煤炭生产中有瓦斯、水、粉尘等，对变电所内环境监测是保证无人值守变电所运行安全的基础和关键。主要监测内容包括瓦斯、烟雾、温度、视频、门禁监测监控。

① 瓦斯监测。对变电所内进行瓦斯监测目的是掌握变电所环境内瓦斯变化情况，确保变电所本身运行安全；对馈电开关附近瓦斯进行监测，确保断、送电等操作安全。将瓦斯传感器按照有关规范要求安装在变电所关键位置，通过现场总线将监测结果传输至监控系统后台。

② 烟雾监测。煤矿井下环境恶劣，变电所内设备接触不良、发生故障时就会发生放电，出现着火，产生烟雾，烟雾监测可以防止设备故障恶化。

③ 温度监测。采用温度传感器对变电所内温度进行监测，确保温度处于合理运行区间内。同时对于变电所内发热量大或者容易出现明火的设备单独采用温度传感器进行重点监测。温度传感器布置位置应根据变电所内设备布局以及环境确定，监测数据通过监控分站或联动装置接入到监控系统中。

④ 视频监控。井下采区变电所内无人值守，地面监控中心不仅需要掌握变电所内设备运行状况，而且还应对变电所内环境、设备以及人员等有直观监测。

⑤ 门禁监测。主要用于人员管理，采用红外传感器、人员定位系统对变电所内人员进行监测。同时还可以对变电所巡视人员工作状况进行考核。

(2) 智能化无人值守采区变电所的发展趋势是具有远程处置能力，且具有预警和联动功能。

① 环境联动。监测系统可以对变电所内监测到的环境数据进行逻辑判断，若有监测数值超过设定值，系统会启动预先设定的紧急预案，在变电所发出声光报警信息，提示变电所有事故发生需立即进行处置。

② 门禁联动。当人员进入变电所，红外传感器将监测信息上传至监控中心，后台程序自动记录，并显示视频监控画面，使监控室值班人员可以掌握变电所内人员动态，并且可通过语音系统进行远程语音通话。

③ 语音联动。当监控系统监测到有故障发生后，地面监控中心后台程序会与井下变电所语音系统联动。可采用IP电话等方式实现语音信号传输，进行多方实时对话 。

④ 视频联动。当监控系统监测到有故障发生后，地面监控中心后台程序会调出故障的

变电所监控视频信息,并对现场状况进行记录,便于后续故障诊断。

第四百四十条 严禁井下配电变压器中性点直接接地。

严禁由地面中性点直接接地的变压器或者发电机直接向井下供电。

【释义】 本条是关于变压器或发电机中性点不得直接接地的规定。

(1) 中性点直接接地系统人身触电分析。如图 3-10-1 所示,当人体触及一相带电体时,此时电流路径为:电源 c 相→人身→大地→接地体→电源中性点。跨接于人体的是电源的相对地电压,受井下潮湿环境影响,人身电阻按 1000 Ω 计算。按欧姆定律,当电源电压为 127 V 时,流经人体的电流为73 mA;当电源电压为 380 V 时,流经人体的电流为 220 mA;而当电源电压为 660 V 时,流经人体的电流则高达 380 mA。

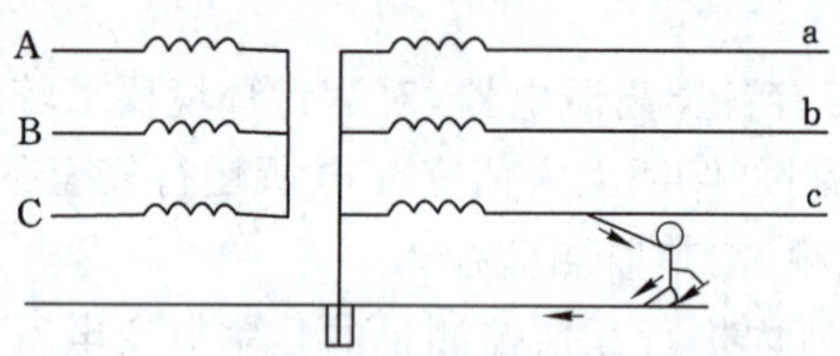

图 3-10-1 变压器中性点直接接地人身触电示意图

研究资料表明,当人体通过 5 mA 电流时,就有触电感觉;超过 30 mA 电流时,就有致人死亡的危险。中性点直接接地时,即使是 127 V 电路,通过人体的电流也高达 73 mA,足以致人死亡。

井下配电变压器中性点直接接地的危害:① 由于井下供电电缆的敷设受井巷条件限制,一般高度均较低,人可以直接触摸,发生人体触电时,其触电电流相对于中性点不接地系统大许多倍,对人员生命构成威胁;② 单相直接接地时形成单相短路,单相短路的电流很大,可引起变压器、供电设备及线路损坏事故或爆炸着火事故,同时接地点产生电弧,可能引起瓦斯煤尘爆炸;③ 接地点电位高,大地中的大电流有可能引发电雷管超前引爆。

(2) 中性点不接地供电系统人身触电分析。如图 3-10-2 所示,R_a、R_b、R_c 分别为电缆三相芯线的对地绝缘电阻,C_a、C_b、C_c 为三相芯线的对地电容,则人身的触电电流所通过的路径为:电源 c 相→人身→大地→a 相 b 相绝缘电阻及对地电容→a 相 b 相芯线→电源中性点。

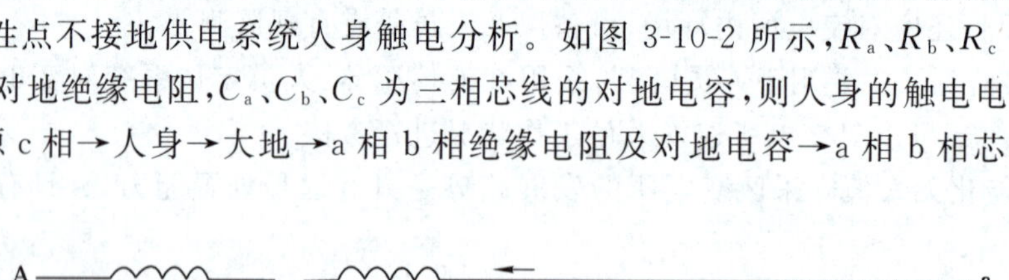

图 3-10-2 变压器中性点不接地系统人身触电示意图

设 660 V 电网每相绝缘电阻为 35000 Ω(实际上常为兆欧级),忽略对地分布电容而人身电阻仍为 1000 Ω，通过计算，此时触电电流为 30 mA。可见，中性点不直接接地时，通过人体的电流是安全的。由于电网的对地分布电容不容忽视，中性点不接地系统发生人身触电事故的电流远超过 30 mA，为减小人身触电电流，目前普遍采用在漏电保护装置中加零序电抗线圈来补偿对地的电容电流。

采用变压器中性点不直接接地供电方式，通过安装漏电保护装置和使用屏蔽电缆，可以避免因漏电故障导致的人身触电伤亡及瓦斯、煤尘爆炸事故。为了确保矿井安全，严禁井下配电变压器中性点直接接地，严禁由地面中性点直接接地的变压器或发电机直接向井下供电。

【执行中应注意的问题】

(1) 6～10 kV 电网采用变压器中性点不直接接地时，当单相接地电容电流超过 20 A 时，应采用中性点经消弧线圈接地方式，并必须采用调整补偿措施，以防出现补偿谐振现象。

(2) 井下低压供电系统隔爆磁力起动器、馈电开关和移动变电站低压侧漏电保护功能：

① 隔爆型磁力起动器只装有漏电闭锁功能。即在起动器真空接触器吸合之前，对所控制的电缆、电动机的三相对地总绝缘电阻 r_Σ 进行测试，对 380 V 系统，$r_\Sigma \leqslant 7$ kΩ；660 V 时，$r_\Sigma \leqslant 22$ kΩ；1140 V 时，$r_\Sigma \leqslant 40$ kΩ；3300 V 时，$r_\Sigma \leqslant 100$ kΩ，接触器不能吸合，即为漏电闭锁。

② 隔爆型低压馈电开关、隔爆型移动变电站低压侧，既有漏电闭锁功能，又有漏电跳闸功能。漏电跳闸是指设备在运行中，所保护的系统对地总绝缘电阻小于或者等于闭锁值1/2时，对应设备跳闸。

第四百四十一条　选用井下电气设备必须符合表 16 的要求。

表 16　井下电气设备选型

设备类别	突出矿井和瓦斯喷出区域	高瓦斯矿井、低瓦斯矿井				
		井底车场、中央变电所、总进风巷和主要进风巷		翻车机硐室	采区进风巷	总回风巷、主要回风巷、采区回风巷、采掘工作面和工作面进、回风巷
		低瓦斯矿井	高瓦斯矿井			
1. 高低压电机和电气设备	矿用防爆型（增安型除外）	矿用一般型	矿用一般型	矿用防爆型	矿用防爆型	矿用防爆型（增安型除外）
2. 照明灯具	矿用防爆型（增安型除外）	矿用一般型	矿用防爆型	矿用防爆型	矿用防爆型	矿用防爆型（增安型除外）
3. 通信、自动控制的仪表、仪器	矿用防爆型（增安型除外）	矿用一般型	矿用防爆型	矿用防爆型	矿用防爆型	矿用防爆型（增安型除外）

注：1. 使用架线电机车运输的巷道中及沿巷道的机电设备硐室内可以采用矿用一般型电气设备（包括照明灯具、通信、自动控制的仪表、仪器）。

2. 突出矿井井底车场的主泵房内，可以使用矿用增安型电动机。

3. 突出矿井应当采用本安型矿灯。

4. 远距离传输的监测监控、通信信号应当采用本安型，动力载波信号除外。

5. 在爆炸性环境中使用的设备应当采用 EPL Ma 保护级别。非煤矿专用的便携式电气测量仪表，必须在甲烷浓度 1.0%以下的地点使用，并实时监测使用环境的甲烷浓度。

【执行说明】 本条款表16注5中的爆炸性环境是指甲烷浓度超限的环境。

【释义】 本条是关于井下电气设备的选用和使用电气测量仪表的规定。

(1) 不同瓦斯等级的矿井或一个矿井的不同地点,爆炸性混合气体出现的方式、波及的范围、出现的概率、持续的时间不尽相同,其爆炸危险程度差异很大。根据爆炸危险场所危险程度的不同,应该使用不同防爆性能的防爆设备,才能防止因电气设备产生的电火花或电弧引起的瓦斯或煤尘爆炸事故。同时从经济效益与使用方便的角度考虑也应该根据实际情况选用不同形式的防爆设备。

(2) 矿用一般型电气设备不是防爆设备,因此只能用于无瓦斯环境场所,如低瓦斯矿井的井底车场、中央变电所、总进风巷和主要进风巷。

(3) 矿用增安型电气设备,虽然在温升、绝缘等方面采取了一定的安全措施,但设备内部一旦出现事故时,其防爆性能丧失,因此,在煤(岩)与瓦斯(二氧化碳)突出矿井和瓦斯喷出区域,瓦斯矿井的总回风巷、主要回风巷、采区回风巷、掘进工作面和采煤工作面进、回风巷不能使用,以防其防爆性能丧失引起瓦斯和煤尘爆炸事故。

(4)《爆炸性环境 第1部分:设备 通用要求》(GB 3836.1)对防爆电气设备进行危险评定分类,将防爆设备分为Ⅲ类。Ⅰ类设备:用于煤矿有甲烷的爆炸性环境中的设备,EPL分为Ma、Mb两级;Ⅱ类设备:除煤矿甲烷气体之外,爆炸性气体环境中的设备,EPL分为Ga、Gb、Gc三级;Ⅲ类设备:除煤矿之外爆炸性粉尘环境中的设备EPL分为Da、Db、Dc三级。其中,Ma、Ga、Da级的设备具有"很高"的保护等级,该等级具有足够的安全程度,使设备在正常运行过程中、在预期的故障条件下或者在罕见的故障条件下不会成为点燃源。对Ma级来说,甚至在气体突出时设备带电的情况下也不可能成为点燃源,所以在爆炸性环境中使用的设备应采用EPL Ma保护级别。

(5) 在使用某些普通型便携式电气测量仪表测量电气参数时,可能因测试表笔的接触产生电火花,也可能是仪表内部虚焊、脱焊等原因产生电火花。如在使用兆欧表摇测设备绝缘时,就会因测试表笔与被测体的接触不良而产生电火花,这类电火花的能量也足以引起瓦斯、煤尘爆炸。因此,非煤矿专用的便携式电气测量仪表,必须在甲烷浓度1.0%以下的地点使用,并实时监测使用环境的甲烷浓度。甲烷的爆炸浓度范围为5%~16%,但绝不能把甲烷浓度的允许值定为5%。将甲烷浓度定为1.0%以下是考虑以下几点:① 甲烷测量仪表有一定的允许误差;② 甲烷测量人员在测量时有一定的读数误差;③ 甲烷浓度存在时间上和空间上的变化性,测量员在测量时间与空间上也存在着一定的漏检性或缺陷;④ 不同甲烷浓度的引爆温度不同,较高的温度也可引燃较低浓度的甲烷;⑤ 爆炸性煤尘的加入可以降低甲烷爆炸浓度的下限;⑥ 在含有甲烷的空气中,可能还会混有一部分其他可燃性气体(如乙烷、丙烷等),也会使爆炸下限下降。

【执行中应注意的问题】

(1) 突出矿井应当采用本安型矿灯。

(2) 远距离传输的监测监控、通信信号应当采用本安型,动力载波信号除外。

第四百四十二条 井下不得带电检修电气设备。严禁带电搬迁非本安型电气设备、电缆,采用电缆供电的移动式用电设备不受此限。

检修或者搬迁前，必须切断上级电源，检查瓦斯，在其巷道风流中甲烷浓度低于1.0%时，再用与电源电压相适应的验电笔检验；检验无电后，方可进行导体对地放电。开关把手在切断电源时必须闭锁，并悬挂"有人工作，不准送电"字样的警示牌，只有执行这项工作的人员才有权取下此牌送电。

【释义】 本条是关于井下检修、搬迁电气设备，开关闭锁功能和停送电的规定。

(1) 带电检修电气设备时，极易发生人身触电事故，而由于工具与设备内部某些带电部分相互接触碰撞，或通过工具使之与设备外壳接触碰撞，都会产生具有高温、高热的弧光短路，伤害作业人员，损坏设备，影响生产，还有可能引起瓦斯和煤尘爆炸，严重威胁人身安全。

(2) 带电搬迁电气设备、电缆时，可能因电气设备绝缘破坏、短路等造成作业人员的触电；也可能因螺丝松动而使接线喇叭嘴脱落造成失爆；还可能因空间狭小，起吊、搬运条件差，在搬运过程中损坏电气设备。因带电电缆突然受力而使芯线折断、绝缘层破坏，造成芯线脱落而引起一相接地、两相短路或三相短路，产生上千摄氏度的高温电弧，造成电气设备损坏和大面积停电，在瓦斯积聚地点还可能引发瓦斯、煤尘爆炸。为了杜绝因带电检修，搬迁电气设备、电缆而造成的触电伤亡事故和由此引发的瓦斯、煤尘爆炸事故，井下严禁带电检修电气设备，严禁带电搬迁非本安型电气设备、电缆。本安型电气设备（如安全监控系统、人员位置监测系统、通信系统等）是可以带电搬迁的。这是因为本安型电气设备和传输本安信号的电缆功率小，即使带电搬迁过程中出现了电气设备故障、电缆受力断裂短路等问题，危害性也很小，不至于发生瓦斯和煤尘爆炸事故。

(3) 由于被放电导体存在着结构、材质等方面的差异，其储存的电容电量不尽相同，且对于存储电容电量较多的设备，其在经过导体对地放电时，会产生能量很大的电火花，其能量远远超过引起瓦斯爆炸的能量，足以引发瓦斯煤尘爆炸。因此，检修或搬迁前，必须切断上级电源，检查瓦斯，在其巷道风流中甲烷浓度低于1.0%时，再用与电源电压相适应的验电笔检验；检验无电后，方可进行导体对地放电。

(4) 开关闭锁装置是防止误操作和违章操作的有效措施之一，也是保证防爆设备防爆性能的措施之一；停电挂牌是防止人身触电的有效措施。因此，所有开关把手在切断电源时必须闭锁，并悬挂"有人工作，不准送电"字样的警示牌，只有执行这项工作的人员才有权取下此牌送电。

【案例】 2007年3月6日，湖南省邵阳市宏发煤矿发生一起特大瓦斯爆炸事故，造成15人死亡、1人轻伤。宏发煤矿属煤与瓦斯突出矿井，瓦斯涌出量大，新三级暗斜井上车场附近巷道处于微风状态，不能有效排除瓦斯，瓦斯积聚并达到爆炸浓度。新三级上车场电工未检查瓦斯，带电检修磁力开关，产生电火花，引爆上车场积聚的瓦斯，致使该区域及其回风流中作业人员伤亡。

【执行中应注意的问题】

(1) 采用电缆供电的移动式用电设备可以带电搬迁。

(2) 对于储存电容电量较多的设备经过导体对地放电时，将会产生很大的电火花，其能量远远超过引起瓦斯爆炸的最小能量(0.28 mJ)，足以引起瓦斯爆炸事故。

第四百四十三条　操作井下电气设备应当遵守下列规定：

(一) 非专职人员或者非值班电气人员不得操作电气设备。

(二) 操作高压电气设备主回路时,操作人员必须戴绝缘手套,并穿电工绝缘靴或者站在绝缘台上。

(三) 手持式电气设备的操作手柄和工作中必须接触的部分必须有良好绝缘。

【释义】 本条是关于操作井下电气设备的规定。

(1) 非专职人员或非值班电气人员擅自操作电气设备极易误送电、误操作、错送电、错停电,造成人身触电伤亡或瓦斯超限区域送电等故障。因此,非专职人员或非值班电气人员不得操作电气设备。

(2) 操作高压电气设备的主回路时,可能出现接触电压的危险,导致操作人员触电,具体包括:① 接通或断开有负荷的电路时,产生的操作过电压。通常情况下,操作过电压的数值约为 2～3 倍的线路额定电压。此高电压,有将绝缘击穿,使高压开关操纵手柄带电的可能。② 设备在接地或漏电状态下接通电源。当设备本身存在接地或漏电故障时,若操作者在不知情情况下去操纵手柄合闸送电,其效果相当于将高压电送到开关外壳上。为了防止操作高压电气设备主回路时出现上述异常状态危及操作人员生命安全,必须加强对操作人员的防护,而操作人员在操作时双手戴绝缘手套,虽然能起到一定的保护作用,但如果在操作过程中身体的其他部位触及已带有危险接触电压的设备时,仍然会造成操作人员的触电。所以,从增强对操作人员的防护角度考虑,要求操作人员在操作高压电气设备主回路时,除必须戴绝缘手套外,还应穿电工绝缘靴或站在绝缘台上。

(3) 手持式电气设备的操作手柄和工作中必须接触的部分是极易发生触电的部位,因此,本条要求手持式电气设备的操作手柄和工作中必须接触的部分必须有良好绝缘。

【案例】 2010 年 1 月 9 日,湖南省涟源市良田煤矿发生机电(触电)事故,造成 2 人死亡。事故发生在该矿老井+259 m 运输大巷距二级暗斜井绞车房 45 m 处,该位置处接线盒悬挂不牢固,掉落后被矿车碰撞导致外盖破损,接线柱外露。井下电钳工维修接线盒时,没有佩戴绝缘手套、穿绝缘靴,违章带电作业,触摸到接线盒内接线柱触电身亡;绞车司机实施抢救时没有先断开电源,直接拖拽施救亦触电身亡,导致事故扩大。

【执行中应注意的问题】

(1) 操作井下电气设备是技术性较强的工作,操作人员必须具备相关电气安全技术的能力。

(2) 手持式电气设备(如煤电钻、电锤)的操作手柄和工作中必须接触的部分是极易发生触电的部位,必须有良好的绝缘,如绝缘手柄、绝缘护套等。手持式电气设备必须使用漏电保护、过载保护、短路保护、欠压保护、过压保护等综合保护装置。煤矿井下用煤电钻为限制使用的设备,突出矿井禁止使用,但可用于煤层突出参数测定取样。

第四百四十四条 容易碰到的、裸露的带电体及机械外露的转动和传动部分必须加装护罩或者遮栏等防护设施。

【释义】 本条是关于裸露带电体和外露传动部分的规定。

裸露的带电体会引起人身触电,短路时电弧也会灼伤人员;外露的传动部分和转动部分容易绞住人员或挤伤人员,器件松动时也可能被甩出伤人,所以必须加装护罩或护栏等防护设施。

【案例】 2006年7月23日14时30分,邵东县宋家塘煤矿2322工作面运输机巷发生一起运输事故,造成1人死亡。事故发生在2322回采工作面运输机巷V型套筒刮板输送机机头处。工作人员违章坐在V型套筒刮板输送机没有安装防护罩的传动装置旁边睡觉,在睡眠状态时头部撞在弹性联轴节上,颈部大动脉划破,挣扎时手和衣服又被绞入链式联轴节中,无法脱身,导致失血过多死亡。

【执行中应注意的问题】

(1)为防止人身碰到裸露的带电体及机械外露的转动和传动部件,宜使用屏障、遮栏、护罩、箱盒等防护设施将其与外界隔离。

(2)应定期对旋转部件上的紧固件进行检查,保持紧固可靠。

第四百四十五条 井下各级配电电压和各种电气设备的额定电压等级,应当符合下列要求:

(一)高压不超过10000 V。

(二)低压不超过1140 V。

(三)照明和手持式电气设备的供电额定电压不超过127 V。

(四)远距离控制线路的额定电压不超过36 V。

(五)采掘工作面用电设备电压超过3300 V时,必须制定专门的安全措施。

【执行说明】 制定专门安全措施时,应注意以下问题:

(一)煤矿或矿区采掘工作面首次使用3300 V以上用电设备时,应当组织开展对涉及的相关技术和管理问题的系统研究,评估对策措施的有效性,相关结论报企业技术负责人。

(二)采掘工作面使用3300 V以上用电设备时,必须根据工作面具体条件和使用设备的具体情况制定专门措施,重点关注绝缘监视、接地保护、安全防护等内容。

(三)设备操作人员应当有高压操作能力,应当穿戴高压防护用品,使用高压操作工具,遵循电力安全工作规程相关规定。

(四)应当完善相关管理制度和岗位操作规程。

【释义】 本条是关于井下各级配电电压和各种电气设备额定电压等级的规定。

(1)煤矿发展10000 V直接下井供电,不仅节约大量投资与电力消耗,而且提高了矿井供电系统的可靠性。但目前下井电压也不能超过10000 V,因为电压等级越高,电网的对地电容电流越大,电网接地电流越大,引发人身触电伤亡的危险性及瓦斯煤尘爆炸的可能性也越高。因此,本条规定井下配电高压不超过10000 V。

(2)远距离控制线路的额定电压不超过36 V,是为了保障远方操作人员的安全。为防止触电事故而采用的由特定电源供电的电压系列为安全电压。安全电压分为42 V、36 V、24 V、12 V和6 V共5个等级。煤矿井下安全电压等级为36 V。

(3)当前,煤矿综采安全高效工作面装备已实现大功率、重型化,1140 V配电已不能满足生产需要,主要采掘设备大部分采用3300 V电压等级供电。在线监测监控技术已成熟,能对主要采掘设备实现过流保护、漏电保护、保护接地并实时在线监测,确保各类保护动作灵敏可靠。在采掘工作面超过3300 V供电时,必须制定专门的安全措施,严格遵守各项规定,加强供配电现场管理,以实现安全运行。

【执行中应注意的问题】

(1) 提高电缆及设备的绝缘等级,达到对应电压等级绝缘的技术要求。

(2) 限制电缆分布电容电流。即限制单相接地电流,以降低接地电流点燃瓦斯煤尘的概率。

第四百四十六条 井下配电系统同时存在2种或者2种以上电压时,配电设备上应当明显地标出其电压额定值。

【释义】 本条是关于井下配电设备标示电压额定值的规定。

煤矿井下常用的交流电压等级有127 V、380 V、660 V、1140 V、3300 V、6 kV、10 kV,其中低压配电系统常使用380 V、660 V、1140 V 3种电压。由于这3种电压等级中使用的馈电开关外形相似,并且有的馈电开关原本就是按两种使用电压设计制造的,当在同一硐室内使用此类开关馈送2种或2种以上电压时,工作人员很难从设备外观上确定其电压等级。如果将电源和用电设备接在高等级电压上,会导致绝缘损坏,烧毁用电设备,引起火灾等;如果接在低等级电压上,用电设备将无法正常工作,甚至损坏。配电设备及电缆线路上清楚地标示出电压额定值,能够为日常操作和安全供电提供便利条件;当发生电气故障、需要紧急停电,尤其在抢险救灾的紧急关头需要停电或送电,而熟悉情况的电工又不在现场时,配电设备上标示出的电压额定值就能准确告知抢险人员操作部位,有效避免事故发生。因此,从安全和日常管理角度考虑,井下配电系统同时存在2种或者2种以上电压时,配电设备上应当明显地标出其电压额定值。

【执行中应注意的问题】

(1) 存在2种及以上电压的井下所有配电系统、所有配电设备都必须明显地标出其电压额定值。

(2) 存在2种及以上电压等级的配电设备中,在其上标出电压等级,是防止检修时误接线、误停电、误操作和误送电的有效途径之一。

第四百四十七条 矿井必须备有井上、下配电系统图,井下电气设备布置示意图和供电线路平面敷设示意图,并随着情况变化定期填绘。图中应当注明:

(一) 电动机、变压器、配电设备等装设地点。

(二) 设备的型号、容量、电压、电流等主要技术参数及其他技术性能指标。

(三) 馈出线的短路、过负荷保护的整定值以及被保护干线和支线最远点两相短路电流值。

(四) 线路电缆的用途、型号、电压、截面和长度。

(五) 保护接地装置的安设地点。

【释义】 本条是关于矿井备有井上、下配电系统图,井下电气设备布置示意图和供电线路平面敷设示意图的规定。

为了掌握矿井供电系统中各种设备的装设位置,确保供电安全可靠,合理地利用机电设备,完善矿井机电管理,要及时填绘井上、下配电系统图和井下电气设备布置示意图。井下电气设备布置示意图,一般以1∶2000采掘工程平面图为底图填绘。

【执行中应注意的问题】

(1) 图纸内容要与井下实际相符,当负荷发生变化或安装地点发生变化时要及时修改。

(2) 综采、综掘供电系统图上应标注:设备代号、型号,电缆代号、型号、长度,开关出口最大三相短路电流、远端最小两相短路电流,开关过载保护、短路保护整定值。

第四百四十八条 防爆电气设备到矿验收时,应当检查产品合格证、煤矿矿用产品安全标志,并核查与安全标志审核的一致性。入井前,应当进行防爆检查,签发合格证后方准入井。

【执行说明】 (一)防爆电气设备到矿验收时,应做好以下方面工作:

1. 核查相关文件资料、产品铭牌及标志。安全标志证书应在有效期内,产品上的"MA"标识应清晰完整,铭牌中应有安全标志编号。铭牌上所载信息应与安全标志证书上所载信息一致,包括产品名称、型号规格、生产厂家、安全标志编号等。

2. 核对设备的主要零(元)部件。设备主要零(元)部件,包括其名称、型号规格、安全标志或其他强制性安全认证编号等,应与安全标志审核备案的产品主要零(元)部件明细表中所载信息一致。

3. 一致性检查应做好记录,并存档。经一致性检查合格的产品,应张贴合格标记。

(二) 防爆电气设备入井前进行防爆检查,应包括以下内容:

1. 证件。防爆电气设备应具有产品合格证和矿用产品安全标志。

2. 标志。设备上应有"MA"标志、防爆标志,且内容完整、清晰;并有"严禁带电开盖"等的永久性警告或警示标志。

3. 铭牌。铭牌上的内容应完整、清晰,且至少应包括以下信息:制造商名称或注册商标、产品名称及型号、产品编号或产品批次号(表面积有限的设备除外)、防爆标志或防爆型式、防爆合格证编号、安全标志编号、出厂日期。

4. 接地。设备上接地部位有清晰的接地标识和接线柱。

5. 电气间隙和爬电距离。电气设备接线盒内或直接引入的接线端子部分的电气间隙和爬电距离应符合标准规定。

6. 引入装置。多余的电缆引入口应使用相匹配的封堵件进行封堵,密封圈和压紧元件之间应有一个金属垫圈,密封圈不应有老化、破损等现象。

7. 隔爆面。可打开的门或盖以及易磨损的隔爆面应完好、进行过防锈处理,无损伤或者锈蚀;隔爆间隙应符合标准的规定。

8. 紧固件。紧固件应完整,不得缺失、松动。

9. 抗电弧。隔爆壳体内部应有喷涂耐弧漆等抗电弧措施。

10. 机械连锁。设备门或盖采用快开门结构时机械连锁应正常、可靠,门或盖打开后隔离开关不能合闸。

【释义】 本条是防爆电气设备到矿验收、入井前检查的有关规定。

防爆电气设备入井前防爆性能检查的内容包括:

(1) 通过外观检查确定设备的型式与铭牌的标志是否相符。

(2) 是否有设备管理编号;经过检查或检修的设备必须有检查检修和验收试验的记录,并有检查、检修施工人员和验收人员的签名或盖章。

(3) 零部件齐全完整。

(4) 联锁装置齐全、功能完善。

(5) 电缆引入装置有合格的密封圈、垫圈和封堵用的金属垫片。

(6) 非携带式和移动式电气设备的金属外壳和电缆接线盒,应有外接地螺栓,并标志有接地符号;电气设备的接线盒内部有规定的内接地螺栓,并标志有接地符号。

(7) 隔爆型电气设备,必须检查隔爆结合面的宽度、表面粗糙度和结合面间隙是否符合规定。

(8) 电气设备接线盒内或直接引入的接线端子,电气间隙和爬电距离应符合表 3-10-1 的规定。

(9) 接线盒内电源与负荷同腔时应隔离并有安全标识。

表 3-10-1　电气间隙和爬电距离

工作电压/V	最小爬电距离/mm			最小电气间隙/mm
	材料级别			
	Ⅰ	Ⅱ	Ⅲ	
$U\leqslant 15$	1.6	1.6	1.6	1.6
$15<U\leqslant 30$	1.8	1.8	1.8	1.8
$30<U\leqslant 60$	2.1	2.6	3.4	2.5
$60<U\leqslant 110$	2.5	3.2	4	2.5
$110<U\leqslant 175$	3.2	4	5	3.2
$175<U\leqslant 275$	5	6.3	8	5
$275<U\leqslant 420$	8	10	12.5	6
$420<U\leqslant 550$	10	12.5	16	8
$550<U\leqslant 750$	12	16	20	10
$750<U\leqslant 1100$	20	25	32	14
$1100<U\leqslant 2200$	32	36	40	30
$2200<U\leqslant 3300$	40	45	50	36
$3300<U\leqslant 4200$	50	56	63	44
$4200<U\leqslant 5500$	63	71	80	50
$5500<U\leqslant 6600$	80	90	100	60
$6600<U\leqslant 8300$	100	110	125	80
$8300<U\leqslant 11000$	125	140	160	100
$U=1140$	24	28	35	18

【执行中应注意的问题】

(1) 防爆电气设备入井前的严格检查能防止失爆和适应场所不对的电气设备入井,是杜绝事故发生的第一步。

(2) 爆炸性环境 用电气设备分Ⅰ类、Ⅱ类和Ⅲ类。Ⅰ类电气设备用于煤矿瓦斯气体环境,见《爆炸性环境 第1部分:设备通用要求》(GB 3836.1)。

(3) 封堵闲置电缆的引入口应采用从里往外的装配顺序:橡胶密封圈(分层开口朝接线腔内)、金属挡板、金属圈,用喇叭嘴压紧。

第二节　电气设备和保护

第四百四十九条　井下电力网的短路电流不得超过其控制用的断路器的开断能力，并校验电缆的热稳定性。

【释义】　本文是关于井下电力网的短路电流、断路器开断能力及电缆热稳定性的规定。

井下电力网的短路电流不得超过其控制用的断路器的开断能力，一方面是指井下电网的短路电流不能超过目前煤矿井下可选用的断路器的最大短路开断电流，另一方面是在选择断路器时对其开断能力的要求。

井下电网的最大三相短路电流不能超过目前煤矿井下可选用的断路器的最大短路开断电流，对高压电网是以目前我国煤矿井下可使用的矿用高压开关的最大额定短路开断电流（有效值）为限值，对低压电网是以目前我国煤矿井下可使用的矿用低压隔爆馈电开关的最大额定短路开断电流（有效值）为限值。当井下电力网的最大三相短路电流超过可选用的开关的最大短路开断电流时，须采取有效措施限制短路电流，使其低于断路器的最大短路开断电流。

同时，在选择断路器时，应校验其短路开断能力。断路器应当具备足够的机械强度和熄弧能力，不仅用于分断或接通负荷电路，还应具备分断最大三相短路电流的能力。断路器的出口处三相短路电流冲击值最大。如果电力网发生三相短路故障，短路电流大于断路器的最大分断电流，断路器将不能分断故障电流，在极短的时间内将造成电力电缆、变压器等电气设备严重损坏，引起电气火灾及瓦斯、煤尘爆炸，危及人身及矿井安全。因此，井下电力网的短路电流不得超过其控制用的断路器最大分断电流，即：

$$i_{gf} > i_{ch} \tag{3-10-1}$$

式中　i_{gf}——断路器最大分断电流峰值；

i_{ch}——电网最大三相短路电流冲击值，$i_{ch}=2.55\ I_{\infty}$（I_{∞}为电网最大三相稳态短路电流）。

短路电流流过载流导体时，会产生大量热量，使载流导体温度升高，为使载流导体的绝缘不遭受损坏，应校验电缆的热稳定性，即：

$$A > A_{min} = I_{\infty}\frac{\sqrt{t_{ph}}}{C}\times 10^3 \tag{3-10-2}$$

式中　A——电缆截面积，mm^2；

A_{min}——短路热稳定性校验所允许的最小截面积，mm^2。

C——热稳定系数，交联聚乙烯绝缘电缆铜芯取 135，聚氯乙烯绝缘电缆铜芯取 100，橡套绝缘电缆铜芯取 112；

I_{∞}——最大三相稳态短路电流，也可以用断路器的最大分断电流，kA；

t_{ph}——短路发热假想时间，一般 $t_{ph}=t+0.05$，t 为主保护的速动时间，一般取 0.15 s。

【执行中应注意的问题】

(1) 油断路器已被淘汰，禁止使用。

(2) 井下高压 6(10)kV 电缆热稳定校验的最大三相稳态短路电流是指:

① 中央变电所向采区变电所供电电缆的最大三相稳态短路电流,在该隔爆型高压配电箱出口处,这个参数可以从矿井初设资料中获取。

② 采区变电所向综采(综掘)工作面供电的高压电缆的最大三相稳态短路电流,也是在配电箱出口处,需计算求得。

第四百五十条 井下严禁使用油浸式电气设备。

40 kW 及以上的电动机,应当采用真空电磁起动器控制。

【释义】 本文是关于严禁使用油浸式电气设备和 40 kW 及以上的电动机采用真空电磁起动器控制的规定。

(1) 油浸式电气设备较易发生漏油、溢油故障,当电气设备所带负荷较大时,其工作电流较大,油温升高快,油压增大,有可能造成设备喷油或爆炸着火。井下巷道可燃物较多,一旦发生火灾,势必造成火势蔓延,难以控制,故油浸纸绝缘电缆、油断路器、油浸式变压器等油浸式电气设备已经淘汰,井下严禁使用油浸式电气设备。

(2)40 kW 及以上的电动机,其起停电流可达数百安,如果磁力起动器采用普通交流接触器(一般为灭弧罩灭弧),频繁起停 40 kW 及以上的大功率电动机,会在接触器的触头部位形成强烈电弧,不仅灭弧时间长,同时触头极易被电弧烧蚀,导致触头粘连、接触不良等,日常维护工作量大、故障率高。采用真空电磁起动器控制,具有以下优点:① 灭弧能力强,时间短,触头开合时基本无电弧产生,同时由于电弧被封闭真空管内,消除了触头电弧引起瓦斯煤尘爆炸的可能;② 真空电磁起动器容量大,开断能力强;③ 真空绝缘等级高;④ 真空管触头行程短,结构紧凑。

【执行中应注意的问题】

(1) 目前,在煤矿井下使用的隔爆型电磁起动器主触头全部为真空触头,真空接触器 3 个真空管动作的同步性调整,是日常维护检修的主要内容之一。

(2) 隔爆型电磁起动器综合保护器应采用微机保护装置。

第四百五十一条 井下高压电动机、动力变压器的高压控制设备,应当具有短路、过负荷、接地和欠压释放保护。井下由采区变电所、移动变电站或者配电点引出的馈电线上,必须具有短路、过负荷和漏电保护。低压电动机的控制设备,必须具备短路、过负荷、单相断线、漏电闭锁保护及远程控制功能。

【释义】 本条是关于井下高压电动机、动力变压器的高压控制设备和采区变电所、移动变电站或配电点引出馈电线上安装保护装置的规定。

(1) 井下高压电动机和动力变压器均属较大型电气设备,高压电动机功率比较大,通常用于驱动大型提升机、主水泵、大型通风机等主要设备;动力变压器则是为一个采区或几个采掘工作面提供动力能源的电源设备。高压电动机绕组发生相间或匝间短路时,会产生大电流导致绕组过热,缩短电动机寿命或烧毁电动机,引发火灾;动力变压器绕组相间或匝间及进出线套管上发生短路,同样会因电流增大,缩短设备寿命或导致变压器被烧坏而引发火灾。因此，为了供电安全，高压电动机和动力变压器的高压控制设备须在发生短路的一瞬间立即切断供电。

同样基于安全考虑，由于高压电动机和动力变压器出现过负荷现象时，会因电流过大，烧毁电动机和变压器，甚至引发火灾导致瓦斯、煤尘爆炸。因此，必须装设过负荷保护装置，以确保当这些设备出现超过规定的负荷时能及时切断供电。

由于煤矿企业的高压供电系统采用中性点不接地或经消弧线圈接地的运行方式，井下高压电动机、动力变压器等高压设备发生单相接地故障时其接地故障电流较小（不超过20A），不能通过短路保护动作切除，该接地电流可能导致人身触电伤害、瓦斯煤尘爆炸等事故，因此井下高压电动机、动力变压器等发生接地故障时，应由其高压控制设备设置的接地保护装置的快速可靠动作，及时切除故障。

欠压释放保护的功能是当电气设备电压低于某一数值或等于零时，开关自动跳闸，停止对电动机或变压器供电。当线路电压恢复正常后，开关不会自动合闸送电，必须由人工合闸。此种保护不仅可避免当线路停电后，因突然来电电动机自行启动，造成人身触电或机械伤人事故，而且可防止因电气设备长期低于额定电压运行造成的损害，延长使用寿命，同时还可保护动力变压器供电的设备，避免这些设备因低压而造成的损害。

(2) 井下采区变电所、移动变电站或配电点引出的馈电线运行环境条件差、温度高，在运行中极易发生短路、过负荷和漏电等故障，如不能将故障及时排除，则会造成人身触电设备损坏、引起火灾，甚至发生瓦斯、煤尘爆炸等事故，危害人身安全和矿井安全，因此必须设有短路、过负荷和漏电保护。

(3) 低压电动机的控制设备，必须具备短路、过负荷、单相断线、漏电闭锁保护及远程控制功能，主要考虑以下因素：

① 低压电动机当发生短路和过负荷时，同样会出现过大的电流，缩短电动机寿命，甚至烧坏电动机，引发火灾，导致瓦斯、煤尘爆炸。单相断线会使电动机载荷能力下降，造成未断线的两相电流增大，产生与过负荷相同的后果。

② 漏电闭锁保护的工作原理：在磁力起动器合上隔离开关之后，按下启动按钮启动之前，利用启动器中的控制变压器，提供一个低电压，施加在动力电缆及电动机的三相绕组上，检测动力电缆及电动机绕组是否漏电。如果漏电，则磁力起动器不能启动，必须将漏电故障排除后，方可启动。

当主电路的对地绝缘电阻降低到表 3-10-2 规定的漏电闭锁值时，应实现漏电闭锁，当对地绝缘电阻上升到漏电闭锁值的 1.5 倍时，应解除漏电闭锁。

表 3-10-2　漏电闭锁值

主电路额定工作电压/V	漏电闭锁整定值/kΩ	动作值允许误差/%
127	6	＋20
380	7	＋20
660	22	＋20
1140	40	＋20
3300	100	＋20

低压电动机的短路、过负荷、单相断线保护，其特性应符合表3-10-3。

表3-10-3　低压电动机的短路、过负荷、单相断线保护特性

名称	整定电流倍数	动作时间	备　注
过负荷	1.05	长期不动作	从刻度电流电平开始
	1.2	5 min＜t＜20 min	从刻度电流电平开始
	1.5	1 min＜t＜3 min	从刻度零电流电平开始
	6	8 s＜t＜16 s	从零电流电平开始
断相保护	一相为零 二相为1.15倍整定电流	t＜20 min	0.6倍整定电流冷态
	一相为零 二相为1.15倍整定电流	t＜3 min	0.6倍整定电流热态
短路	8～10	20 ms＜t＜400 ms	从零电流电平开始

③ 要求井下低压电动机的控制设备具备远程控制功能，是为满足井下操作安全和操作方便。因安全或其他原因，往往会出现不方便或不可能直接操作的现象，此时若有远程控制按钮，则可完成对电动机的远程启动或停止操作，实现正常、安全生产。

(4) 电动机额定电流的估算，可由电动机的额定电流计算式推导出。

电动机额定电流计算公式：

$$P_N = \sqrt{3} U_N I_N \cos\varphi_N \eta_N \times 10^{-3} \tag{3-10-3}$$

$$I_N = \frac{P_N \times 10^3}{\sqrt{3} U_N \cos\varphi_N \eta_N} = \frac{P_N \times 10^3}{\sqrt{3} \times 0.75 U_N} = \frac{P_N \times 10^3}{1.3 U_N} \tag{3-10-4}$$

式中　P_N——电动机额定功率，kW；

U_N——电动机额定电压，V；

I_N——电动机额定电流，A；

$\cos\varphi_N$——电动机额定功率因数，一般取0.8～0.86；

η_N——电动机额定效率，一般取0.9～0.95。

$\cos\varphi_N \eta_N = (0.8 \sim 0.86) \times (0.9 \sim 0.95) = 0.72 \sim 0.82$，取$\cos\varphi_N \eta_N = 0.75$作为计算值。对双速电机(4/8极)低速(8级)，取$\cos\varphi_N \eta_N = 0.52$。

电动机额定电流估算：将电动机额定功率P_N、额定电压U_N代入式(3-10-4)，即

① 380 V系统，电动机的额定电流$I_N = \frac{P_N \times 10^3}{1.3 U_N} = \frac{P_N \times 10^3}{1.3 \times 380} \approx 2P_N$

② 660 V系统，$I_N = \frac{P_N \times 10^3}{1.3 \times 660} \approx 1.16 P_N$

③ 1140 V系统，$I_N \approx 0.67 P_N$

1140 V系统双速电机(4/8极)低速(8极)：

$$I_N = \frac{P_N \times 10^3}{\sqrt{3} \times 0.52 U_N} = \frac{P_N \times 10^3}{0.901 \times 1\,140} \approx 0.97 P_N$$

④ 3300 V系统，$I_N \approx 0.23 P_N$

⑤ 6 kV 系统，$I_N \approx 0.128P_N$

⑥ 10 kV 系统，$I_N \approx 0.077P_N$

电动机额定起动电流：

$$I_{N.st}=(4\sim 7)I_N \text{（煤矿井下取 7 倍）}$$

说明：按式(10-4)估算出电动机的额定电流值比电动机铭牌值稍大，在实际整定计算中取接近偏小值。

【执行中应注意的问题】

(1) 电动机、变压器等设备过负荷保护，是指当电流超过设备的额定电流值，达到开关保护装置设定的动作时间后，开关跳闸，起到保护作用。

(2) 中性点不接地供电系统，短路是指供电系统在运行中相与相金属性地连接，产生强大的短路电流，短路电流的热效应、电动力效应使设备损坏，可能引起瓦斯煤尘爆炸，还可能降低保护装置的电源电压。因此，短路时开关的保护装置应可靠动作，切断故障电流。

第四百五十二条　井下配电网路（变压器馈出线路、电动机等）必须具有过流、短路保护装置；必须用该配电网路的最大三相短路电流校验开关设备的分断能力、热稳定性以及电缆的热稳定性。

必须用最小两相短路电流校验保护装置的可靠动作系数。保护装置必须保证配电网路中最大容量的电气设备或者同时工作成组的电气设备能够起动。

【释义】　本条是关于开关设备分断能力和短路保护可靠动作系数校验的规定。

井下配电网路（变压器馈出线路、电动机等）的最大三相短路电流是指在最大运行方式（即系统阻抗最小时）下，开关设备所控线路首端发生三相金属性短路而产生的电流。

(1) 矿井井下配电网路，无论是高压还是低压，都必须验算开关设备切断短路电流的能力。在电网发生短路故障时，不仅要求装在故障线路上的开关设备能及时断开电源，而且要求有能力将开断时产生的电弧迅速熄灭。因为电弧本身就是电流，只有所有电弧完全熄灭后，短路电流才被真正切断。如果电弧不能被迅速熄灭，不仅故障电流没有消失，相反在强烈短路电弧的热作用下，开关设备的触头将被烧毁，甚至将开关设备的隔爆外壳烧穿。因此，在选择开关设备时必须校验它们切断短路电流的能力。由于开关设备分断能力对电气设备的安全运行和煤矿安全生产有着重大影响，直接决定着配电网路的安全性能，因而必须用最大三相短路电流校验开关设备的分断能力。

(2) 虽然配电网路及电气设备均装备有短路保护装置，但从发生短路到故障被切除仍有一个短路电流作用的时间，其对开关设备本身和相连的电缆都存在一定影响。由于开关设备和电缆的购置费用很高，若因一次配电网路短路事故就造成所有相关设备和电缆的报废，无疑会给煤矿带来极大经济负担，同时影响矿井的正常生产，形成安全隐患。因此，从避免电网短路造成的高压开关、电缆损坏角度考虑，在具体选择时必须用配电网路最大三相短路电流校验开关设备的动、热稳定性和电缆的热稳定性，以确保在发生短路事故、出现最大三相短路电流时相关的开关设备和电缆不被损坏。

(3) 矿井井下配电网路的短路保护装置有如下要求。

① 动作可靠。线路和电气设备发生短路故障时,保护装置应可靠动作,不能出现拒动现象;同时在未发生短路故障时,即使线路或电气设备中通过最大的正常电流,保护装置也不应动作,即不发生误动作。

② 动作灵敏。在电气线路或设备出现最小两相短路电流时,短路保护装置也能可靠动作。反应短路保护装置的可靠动作系数,通常用灵敏度或灵敏系数这一指标来衡量,用 K_r 表示。当被保护线路末端出现最小两相短路电流时,短路保护装置能可靠动作。

$$K_r = I^{(2)}_{s\cdot min}/I_{se} \tag{3-10-5}$$

$$I^{(2)}_{s\cdot min} = \frac{\sqrt{3}}{2} I^{(3)}_{s\cdot min}$$

式中 K_r——短路保护装置动作灵敏系数;

$I^{(2)}_{s\cdot min}$——保护范围末端的最小两相短路电流,kA;

I_{se}——短路保护装置整定动作电流值,kA;

$I^{(3)}_{s\cdot min}$——短路点最小三相短路电流,kA。

《煤矿井下低压电网短路保护装置的整定细则》规定,主保护 $K_r \geqslant 1.5$,后备保护 $K_r \geqslant 1.2$;电子保护器 $K_r \geqslant 1.2$。井下配电网路采用中性点不接地系统,短路故障只有两相短路和三相短路两种,其中保护装置所保护范围末端的两相短路电流值最小。因此,必须用最小两相短路电流校验保护装置的可靠动作系数,才能保证保护装置动作可靠。

【执行中应注意的问题】

假若保护装置可靠动作系数(灵敏度)校验不能满足要求时,可根据具体情况,分别采取以下措施:① 加大干线或支线电缆截面;② 设法减少低压电缆长度;③ 换用大容量变压器(不推荐);④ 增设分段保护开关;⑤ 采用相敏保护器或软起动等提高灵敏度;⑥ 采用移动变电站或移动变压器。

第四百五十三条 矿井 6000 V 及以上高压电网,必须采取措施限制单相接地电容电流,生产矿井不超过 20 A,新建矿井不超过 10 A。

井上、下变电所的高压馈电线上,必须具备有选择性的单相接地保护;向移动变电站和电动机供电的高压馈电线上,必须具有选择性的动作于跳闸的单相接地保护。

井下低压馈电线上,必须装设检漏保护装置或者有选择性的漏电保护装置,保证自动切断漏电的馈电线路。

每天必须对低压漏电保护进行 1 次跳闸试验。

煤电钻必须使用具有检漏、漏电闭锁、短路、过负荷、断相和远距离控制功能的综合保护装置。每班使用前,必须对煤电钻综合保护装置进行 1 次跳闸试验。

突出矿井禁止使用煤电钻,煤层突出参数测定取样时不受此限。

【释义】 本条文是关于限制高压电网单相接地电容电流和高、低压馈电线上装设接地(漏电)保护装置的规定。

(1) 矿井高压电网中的变压器都采用中性点不接地的运行方式时,随电缆供电距离增加,在发生单相接地故障时将产生较大的单相接地电容电流。其危害为:① 单相接地电容电流会产生较大的电火花能量，其能量远远超过引起瓦斯、煤尘爆炸的能量，将可能引起瓦斯、煤尘爆炸等事故；② 单相接地电容电流过大，会使接地点产生间歇电弧，造成弧光接地过电压，使电网相电压升高 3～4 倍，造成电网绝缘薄弱处发生击穿故障；③ 可能导致回流路径上电雷管超前引爆。

煤矿企业采用的 6000 V 及以上系统中性点不接地或经消弧线圈接地的方式，系统发生单相接地故障不要求立即切除故障回路而需要维持故障回路短时期运行。当单相接地电容电流不大于 10 A 时，电缆接地电弧电流自熄灭条件较好，单相接地故障不易转变为相间短路故障，对设备的损害程度低；当单相接地电容电流达到 15～20 A 时，极可能引起接地点的持续电弧，进而引发电气火灾，如不能及时扑灭火源、切除电源，火势会扩大，甚至引发瓦斯、煤尘爆炸。因此，矿井 6000 V 及以上高压电网，必须采取措施限制单相接地电容电流，生产矿井不超过 20 A，新建矿井不超过 10 A，超过规定时可采用变压器中性点经消弧线圈接地或限流阻抗接地。

(2) 井上、下变电所的高压馈电线上，必须装设有选择性的单相接地保护装置；向移动变电站和电动机供电的高压馈电线上，必须具有选择性的动作于跳闸的单相接地保护。区别在于，前者一般动作于信号，后者动作于跳闸。动作于信号可以在发生单相接地故障时及时发现、处理；动作于跳闸，可防止井下高压馈电线发生单相接地时，引起瓦斯、煤尘爆炸和电雷管超前引爆等事故。

"选择性"是指保护装置动作时仅将发生漏电故障线路的电源切断，保障系统其余部分正常工作，包括：纵向选择性，即上下级线路之间的选择性；横向选择性，即同一级线路之间的选择性。

(3) 井下配电变压器中性点不接地的供电系统，如果三相电压对称（相电压值相等，相位相差 120°），三相对地绝缘电阻相等，忽略三相对地分布电容，则人身触电电流为：

$$I_r = 3U_\Phi/(3R_r + r) \tag{3-10-6}$$

式中　I_r——人身触电时通过人体的触电电流，A；

U_Φ——电源的相电压，V；

r——电网每相对地的绝缘电阻，Ω；

R_r——人身电阻，由于井下空气潮湿，计算时可取 1000 Ω。

从上式可以看出，触电电流只与电网对地的绝缘电阻有关，绝缘电阻越高，漏电电流越小。我国规定触电时作用在人体的最大允许安秒值为 30 mA·s。

防止人体触电的极限安全电流值远远小于引爆瓦斯、煤尘的极限安全电流。因此，只要将煤矿井下低压电网的实际漏电流限制在 30 mA·s 以下，即可防止人身触电伤亡和漏电火花引爆瓦斯煤尘爆炸事故。因为上述结论是在电网三相对地绝缘电阻相等，忽略电网对地分布电容的条件下成立的，所以要求漏电保护装置必须具有以下功能：连续监视电网对地的绝缘电阻；补偿电网对地分布电容的电容电流；当电网对地绝缘电阻小于表 3-10-4 数值时，自动切断电网电源。

井下低压电网各等级电压的漏电跳闸动作电阻值、动作时间及补偿效率见表 3-10-4。漏电闭锁是在开关分闸断电情况下，负载侧网路绝缘电阻降低到整定值及以下时，检出其故障并闭锁开关使其不能合闸送电。

表 3-10-4 漏电保护基本参数

<table>
<tr><th>额定电压/V</th><th>单相漏电动作电阻值/kΩ</th><th>三相漏电动作电阻值/kΩ</th><th>经 1 kΩ 电阻单相接地动作时间/ms</th><th>网路电容为 0.22～1.0 μF 时相补偿效率/%</th></tr>
<tr><td>380</td><td>3.5</td><td>10.5</td><td>≤100</td><td rowspan="3">≥60</td></tr>
<tr><td>660</td><td>11</td><td>33</td><td>≤80</td></tr>
<tr><td>1140</td><td>20</td><td>60</td><td>≤50</td></tr>
<tr><td>3300</td><td>50</td><td>150</td><td>≤50</td><td>—</td></tr>
</table>

漏电闭锁电阻整定值可取供电系统检漏保护装置动作整定值的 2 倍，电阻值误差取＋20%。解锁电阻值应不大于整定的漏电闭锁电阻值的 150%。

漏电保护装置是采用附加直流的工作原理，电网对地绝缘电阻越小，附加直流检测回路电流越大，当绝缘电阻下降到漏电保护装置动作电阻值时，漏电保护装置动作，切断由变压器供电的全部设备电源。这种保护没有选择性，停电范围大。设置漏电闭锁装置后，可以检测并闭锁不送电线路和设备的漏电故障，减少了漏电保护的动作次数，缩小了漏电故障的停电范围。

(4) 煤电钻是一种手持式电气设备，振动大、移动频繁，在瓦斯、煤尘容易积聚的采掘工作面使用，环境恶劣，极易发生漏电、触电和引起瓦斯、煤尘爆炸事故。因此，煤电钻综合保护应有检漏、漏电闭锁、短路、过负荷、断相、远距离控制功能。所以本条规定，煤电钻必须使用综合保护装置，而且每班使用前，必须对煤电钻综合保护装置进行 1 次跳闸试验，以确保煤电钻综合保护装置自身完好性。突出矿井瓦斯含量高，为了确保安全，禁止使用煤电钻，钻孔作业应采用风动钻机或液压钻机。煤层突出参数测定取样时，采用风动钻机或液压钻机取样会影响瓦斯参数的测定，可以使用煤电钻，但必须确保煤电钻的综合保护装置完好、可靠。

【执行中应注意的问题】

(1) 6000 V 及以上高压电网，可以采取以下措施限制单相接地电容电流：

① 减小电网规模，如采用多台变压器分列运行，矿井电源取自多个变电站等；

② 变压器中性点经消弧电抗线圈接地或经限流阻抗接地；

③ 缩短供电网路距离；

④ 采用经消弧电抗线圈接地自动补偿方式时，同时采用自动调整补偿量的措施，以防止网路出现过量补偿或补偿谐振现象。

(2) 井下低压馈电线路上必须装设漏电保护装置或有选择性的漏电保护装置，能自动切断漏电回路，并要求每天对低压漏电保护做 1 次试验。对具有选择性功能的检漏保护装置，各支路应每天做一次调差试验，总检漏保护装置每周做一次跳闸试验。

第四百五十四条 直接向井下供电的馈电线路上，严禁装设自动重合闸。手动合闸时，必须事先同井下联系。

【释义】 本条文是关于直接向井下供电的馈电线路上，严禁装设自动重合闸的规定。

自动重合闸装置是指装在线路上的开关因线路故障自动跳闸后，能使开关重新合闸迅速恢复送电的一种自动装置。但是直接向井下供电的馈电线路上，由于绝缘破坏等原因造成短路故障并没有排除，自动重合闸后会使故障进一步扩大，造成电气火灾，损坏电气设备，更有可能引发矿井瓦斯、煤尘爆炸，严重威胁矿井供电安全。

【执行中应注意的问题】

(1) 在向井下恢复供电前，必须弄清楚井下状态是否正常，故障是否已经得到排除，有没有因停电停风引起瓦斯积聚，积聚的瓦斯是否排放等。只有在确认供电线路和电气设备故障已经得到彻底排除或切除故障线路，通风、瓦斯情况恢复正常的情况下，才能恢复井下送电。

(2) 煤矿供电运行管理人员，应严格按照操作规程，对因故障跳闸的线路，应先查明故障原因，切除或隔离故障后，再逐级恢复送电。

第四百五十五条　井上、下必须装设防雷电装置，并遵守下列规定：

(一) 经由地面架空线路引入井下的供电线路和电机车架线，必须在入井处装设防雷电装置。

(二) 由地面直接入井的轨道、金属架构及露天架空引入(出)井的管路，必须在井口附近对金属体设置不少于2处的良好的集中接地。

【释义】 本条文是关于井上、下必须装设防雷电装置的规定。

雷直击井口或其附近的建筑物时都可能在井下引起放电火花，而在强烈雷暴时，井口上空的电磁场急剧变化，导体中感应的浪涌行波沿各种导体向井下传导时极易造成设备击穿，在绝缘薄弱处放电并产生火花，可能直接引发矿井瓦斯、煤尘爆炸，直接威胁矿井安全。经由地面架空线路引入井下的供电线路和电机车架线、直接入井的轨道、金属架构及露天架空引入(出)井的管路都是雷电电磁波传导的良好路径。为了防止地面雷电波及井下引起电气设备绝缘损坏及瓦斯、煤尘爆炸的灾害，必须遵守本条的规定。

防止地面雷电波及井下，必须做到：

(1) 经由地面架空线路引入井下的供电线路(包括电机车架线)，必须在入井处装设避雷器，其接地电阻不得大于5 Ω。

(2) 由地面直接入井的轨道，金属架构及露天架空引入(出)的管路，都必须在井口附近将金属体进行不少于2处的可靠接地，接地极的电阻不得大于5 Ω；两接地极的距离应大于20 m。

【执行中应注意的问题】

(1) 入井处装设的防雷接地装置，每年雨季之前必须进行1次接地检查试验，确保防雷接地效果。

(2) 井口防雷接地电阻值超标，采取的措施：① 在土壤电阻率很高的砂石地层可采用换土法以降低电阻率，即在原接地体坑内埋入电阻率低的土壤，如黏土、黑土等，或加盐和木炭等降阻剂；② 打双接地极，两接地极之间距离大于5 m；③ 在原接地系统中增加接地网。

第三节 井下机电设备硐室

第四百五十六条 永久性井下中央变电所和井底车场内的其他机电设备硐室，应当采用砌碹或者其他可靠的方式支护，采区变电所应当用不燃性材料支护。

硐室必须装设向外开的防火铁门。铁门全部敞开时，不得妨碍运输。铁门上应当装设便于关严的通风孔。装有铁门时，门内可加设向外开的铁栅栏门，但不得妨碍铁门的开闭。

从硐室出口防火铁门起 5 m 内的巷道，应当砌碹或者用其他不燃性材料支护。硐室内必须设置足够数量的扑灭电气火灾的灭火器材。

井下中央变电所和主要排水泵房的地面标高，应当分别比其出口与井底车场或者大巷连接处的底板标高高出 0.5 m。

硐室不应有滴水。硐室的过道应当保持畅通，严禁存放无关的设备和物件。

【释义】 本条是关于永久性井下中央变电所和井底车场内的其他机电设备硐室的有关规定。

(1) 采区变电所采用不燃性材料支护的目的是防止采区变电所内一旦发生电气火灾，引起支护材料甚至是煤层着火，并沿硐室向巷道蔓延，形成大面积火灾，甚至引发矿井瓦斯、煤尘爆炸等重大恶性事故。同样，硐室外部发生火灾时，其火势将被不燃性支护阻隔在外部巷道，不致蔓延到变电所内，避免引起变电所内电气设备着火、爆炸。

(2) 井下机电设备硐室必须装设向外开的防火铁门，其目的是一旦硐室内部发生电气火灾时便于人员撤离，并防止人员拥挤在门口处而打不开防火门，延误人员撤离火区。在设置防火铁门时，铁门上应装设便于关严的通风孔，在正常情况下便于控制硐室通风量，而在意外火灾情况时便于隔绝通风。

(3) 从硐室出口防火铁门起 5 m 内的巷道，应砌碹或用其他不燃性材料支护，以确保有 5 m 的防火隔离带。

(4) 井下中央变电所和主要排水泵房的地面标高，应分别比其出口与井底车场或大巷连接处的底板标高高出 0.5 m，是为了防止由井底车场或大巷等处向中央变电所和主要排水泵房内倒灌水。如经常发生倒灌水，会加剧电气设备锈蚀，降低电气设备绝缘，容易引起电气设备失爆、接地、短路故障，造成全矿井井下停电。另外，一旦矿井发生意外水灾，大巷、井底车场出现水险后，由于中央变电所和主要排水泵房的标高较大巷高出 0.5 m，它们仍能维持继续运行，保持排水不间断，为抢险争取时间。

(5) 硐室内不应有滴水，以防电气设备锈蚀和绝缘性能下降，造成设备失爆和漏电。硐室的过道应当保持畅通，严禁存放无关的设备和物件，有利于通风、散热，也有利于检修及发生灾变时人员撤离。

【执行中应注意的问题】

(1) 井下中央变电所应安装防火门和栅栏门，2 道门均向外开。正常运行时打开防火门，关闭铁栅栏门。发生火灾时关闭防火门。

(2) 井下变电所严禁存放无关的设备及物料。

第四百五十七条　采掘工作面配电点的位置和空间必须满足设备安装、拆除、检修和运输等要求，并采用不燃性材料支护。

【释义】 本条是关于配电点位置和空间的规定。

采掘工作面配电点的电气设备负载变动频繁，故障率较高，经常需要维修和排除故障，所以必须留有满足设备安装、拆除、检修及运输的空间。另外，采掘工作面配电点环境恶劣，硐室或巷道围岩容易变形，存在底板鼓起、顶板下沉的可能性，如果不留有足够空间，设备容易被挤压，造成电气设备故障。为避免发生火灾，支护材料着火使火势蔓延，应采用不燃性材料支护。

配电点设置在运输轨道的旁侧的，须留有矿车通过的空间及满足安装和检修的要求，以免被矿车碰撞和挤压，造成电缆短路和设备失爆等事故。

【执行中应注意的问题】

(1) 综采工作面配电点距离工作面 100～150 m，布置在工作面运输巷带式输送机旁，随着工作面的推进而移动。为满足电气设备的检修维护，严禁巷道发生冒顶片帮危及人身安全的现象。

(2) 综掘机掘进的巷道，通常低压供电距离一般不超过 600 m(计算确定)，否则，应将移动变电站配电点移向掘进巷，以满足低压供电的需要。

第四百五十八条　变电硐室长度超过 6 m 时，必须在硐室的两端各设 1 个出口。

【释义】 本条是关于变电硐室两端出口设置的规定。

(1) 变电硐室通风的需要。变电硐室长度超过 6 m，靠扩散通风已不能完全有效地排放和稀释硐室内释放出来的瓦斯和其他有毒有害气体，在硐室两端各设 1 个出口，以构成完整的通风系统，连续地补充新鲜空气，保证变电硐室内瓦斯和其他有毒有害气体不致积聚和超限。

(2) 变电硐室环境温度的需要。井下变电硐室中各类电气设备长期运行，释放出较大的热量，如果环境温度较高，设备散热条件不好，势必加剧电气设备温度升高，缩短电气设备的使用寿命，影响电气设备的安全运行。在硐室两端各设 1 个出口构成通风回路，可以使硐室中的空气流通，连续排出电气设备运行中释放出来的热量，降低电气设备和硐室内的环境温度，保障工作人员的身体健康和电气设备的安全运行。

(3) 变电硐室安全出口的需要。变电硐室两端各设一个出口，一旦发生意外灾变，有 2 个安全出口，便于尽快撤离险区，确保工作人员的人身安全。

【执行中应注意的问题】

变电硐室两端各设 1 个出口，出口处的门应方便开启，以便于紧急情况下人员的撤离。便于通风、设备散热。

第四百五十九条　硐室内各种设备与墙壁之间应当留出 0.5 m 以上的通道，各种设备之间留出 0.8 m 以上的通道。对不需从两侧或者后面进行检修的设备，可以不留通道。

【释义】 本条是关于硐室内各种设备留有检修通道的规定。

硐室内的各种电气设备需要经常性的维护保养，有时还需要进行搬迁和检修，若设备间及设备与硐室墙壁间的距离过小，则对于日常的维护保养和故障检修极为不利。有时甚至会使修理工作和正常的保养无法进行，一是会影响正常的生产；二是会因不便于保养而不保养,导致设备状况及性能出现问题,形成事故隐患。所以,为了方便日常的设备保养,为设备的故障检修及搬迁提供条件,结合我国大众人体特征,规定各种设备与墙壁间应留 0.5 m 以上、各种设备间应留 0.8 m 以上的通道。

第四百六十条 硐室入口处必须悬挂"非工作人员禁止入内"警示牌。硐室内必须悬挂与实际相符的供电系统图。硐室内有高压电气设备时,入口处和硐室内必须醒目悬挂"高压危险"警示牌。

硐室内的设备,必须分别编号,标明用途,并有停送电的标志。

【释义】 本条是关于机电硐室警示牌和硐室内悬挂供电系统图、硐室内机电设备要编号、要标明用途,以及应有停送电标志的规定。

(1) 机电硐室内各种电气设备用于给各种负载配电和供电,非工作人员入内不但有触电危险,还可能因为碰撞等原因造成误停电或误送电,引发机电事故。因此,硐室入口处必须悬挂"非工作人员禁止入内"警示牌。硐室内有高压电气设备时,入口处和硐室内必须醒目悬挂"高压危险"警示牌,以提醒人员预防触电。

(2) 为了保证井下生产的安全顺利进行,井下机电硐室会经常性地进行电气设备的开停、开关设备的断合等操作。若硐室没有应有的技术资料、不悬挂与实际相符的供电系统图,则作业人员在操作时只能靠记忆、靠经验进行,若一旦因工作人员情绪或精力出现波动,或对情况不甚了解,出现判断失误,就会造成供电事故,甚至造成重大伤亡事故,导致人员伤亡和财产损失。所以,为了确保硐室内工作人员不出现误操作,实现正常、安全供电,实现紧急状态下的准确应对,必须在硐室内悬挂与实际相符的供电系统图。

(3) 为了加强设备的管理,掌握设备的运行状态,必须对硐室内的设备分别编号,标明用途,并有停送电的标志。

【执行中应注意的问题】

变电所内悬挂的供电系统图应随着设备的变动而更新,重新标定开关设备、过载保护整定值和短路保护整定值,以便于维护人员对开关设备的调试。

第四节 输电线路及电缆

第四百六十一条 地面固定式架空高压电力线路应当符合下列要求:

(一) 在开采沉陷区架设线路时,两回电源线路之间有足够的安全距离,并采取必要的安全措施。

(二) 架空线不得跨越易燃、易爆物的仓储区域,与地面、建筑物、树木、道路、河流及其他架空线等间距应当符合国家有关规定。

(三) 在多雷区的主要通风机房、地面瓦斯抽采泵站的架空线路应当有全线避雷设施。

(四) 架空线路、杆塔或者线杆上应当有线路名称、杆塔编号以及安全警示等标志。

【释义】 本条是关于地面固定式架空高压电力线路的规定。

根据《电力设施保护条例》(2011 年 1 月 8 日),架空电力线路保护范围包括:杆塔、基础、拉线、接地装置、导线、避雷线、金具、绝缘子、登杆塔的爬梯和脚钉,导线跨越航道的保护设施,巡(保)线站,巡视检修专用道路、船舶和桥梁,标志牌及其有关辅助设施。

(1) 根据《电力设施保护条例》，应采取以下措施，保护电力设施：在必要的架空电力线路保护区的区界上，应设立标志，并标明保护区的宽度和保护规定；在架空电力线路导线跨越重要公路和航道的区段，应设立标志，并标明导线距穿越物体之间的安全距离。任何单位或个人在架空电力线路保护区内，必须遵守下列规定：不得堆放谷物、草料、垃圾、矿渣、易燃物、易爆物及其他影响安全供电的物品；不得烧窑、烧荒；不得兴建建筑物、构筑物；不得种植可能危及电力设施安全的植物。

(2) 根据《电力设施保护条例》，新建架空电力线路不得跨越储存易燃、易爆物品仓库的区域；一般不得跨越房屋，特殊情况需要跨越房屋时，电力建设企业应采取安全措施，并与有关单位达成协议。

(3) 多雷区的线路应做好综合防雷措施，降低杆塔接地电阻值，适当缩短检测周期；雷季前，应做好防雷设施的检测和维修，落实各项防雷措施。

(4) 根据《电力设施保护条例》，线路的杆塔上必须有线路名称、杆塔编号、相位以及必要的安全、保护等标志；运行中应加强对防鸟装置、标志牌、警示牌及有关监测装置等附属设施的维护，确保其完好无损。

【执行中应注意的问题】

(1) 新建架空线路的路径选择应避开沉陷区，对不能避开沉陷区的应减小穿过沉陷区的距离。选用合理的杆塔形式并采取措施，防止倒塔事故的发生。

(2) 两回平行线路的间距要大于线路杆塔在倒杆情况的 1.5 倍距离以上，防止地表沉陷后造成的架空线路杆塔倒塌等事故影响到平行线路。对已发生倾斜的杆塔应加强监测，一旦倾斜超标，应及时采取纠偏、换塔改线等措施修正。

第四百六十二条　在总回风巷、专用回风巷及机械提升的进风倾斜井巷（不包括输送机上、下山）中不应敷设电力电缆。确需在机械提升的进风倾斜井巷（不包括输送机上、下山）中敷设电力电缆时，应当有可靠的保护措施，并经矿总工程师批准。

溜放煤、矸、材料的溜道中严禁敷设电缆。

【释义】　本条是关于井下部分巷道内敷设电缆位置以及安全措施的规定。

(1) 总回风巷、专用回风巷及机械提升的进风倾斜井巷（不包括输送机上、下山）中敷设电缆存在以下安全隐患：煤矿总回风巷和专用回风巷的风流中含有一定浓度的瓦斯，尤其是高瓦斯矿井、突出矿井的回风流中瓦斯含量相当高。当总回风巷或专用回风巷风流中瓦斯含量达到爆炸极限时，一旦敷设电力电缆出现故障，产生电火花，将会引起瓦斯爆炸事故。总回风巷或专用回风巷中的煤尘沉积量较大，瓦斯爆炸后更可能引起煤尘爆炸，造成更大事故。矿井总回风巷和专用回风巷风流中瓦斯浓度较大，一旦达到瓦斯断电浓度值时，敷设在其中的电缆必须停电，则停电区域无法生产，当发生灾变时，也无法抢险救灾。矿井总回风巷或专用回风巷相对湿度大，腐蚀性气体含量高，电缆使用寿命短、故障率高。

(2) 机械提升的进风倾斜井巷（不包括输送机上、下山）中敷设电力电缆时，一旦发生火灾，将迅速蔓延，危及区域较大，因此，必须有可靠的保护措施，并应符合下列要求：不应设接头，需设接头时，必须用隔爆接线盒，并可靠接地；短路、过负荷和检漏等保护应安设齐全，整定准确、动作灵敏可靠；保证电缆的敷设质量，并指定专人对其接线盒、绝缘电阻、局部温升和电缆的吊挂等项进行定期检查；巷道支护必须完好；电缆应敷设在发生断绳跑车事故时不易砸坏的场所或增设电缆沟槽、隔墙,以防砸坏电缆;定期清扫井巷及电缆上的煤尘。

(3) 溜放煤、矸、材料的溜道中敷设电缆容易被碰撞、挤压和掩埋,容易发生短路、断线等故障。

第四百六十三条 井下电缆的选用应当遵守下列规定:

(一) 电缆主线芯的截面应当满足供电线路负荷的要求。电缆应当带有供保护接地用的足够截面的导体。

(二) 对固定敷设的高压电缆:

1. 在立井井筒或者倾角为45°及其以上的井巷内,应当采用煤矿用粗钢丝铠装电力电缆。

2. 在水平巷道或者倾角在45°以下的井巷内,应当采用煤矿用钢带或者细钢丝铠装电力电缆。

3. 在进风斜井、井底车场及其附近、中央变电所至采区变电所之间,可以采用铝芯电缆;其他地点必须采用铜芯电缆。

(三) 固定敷设的低压电缆,应当采用煤矿用铠装或者非铠装电力电缆或者对应电压等级的煤矿用橡套软电缆。

(四) 非固定敷设的高低压电缆,必须采用煤矿用橡套软电缆。移动式和手持式电气设备应当使用专用橡套电缆。

【释义】 本条是关于井下电缆选用的规定。

电缆主线芯的截面应满足供电线路负荷的要求,主要体现在以下方面:

(1) 电缆正常工作负荷电流应不大于电缆允许持续电流,且正常情况下负荷电流能在经济电流密度下运行;电动机启动时的端电压不得低于额定电压的75%。

(2) 正常运行时,最远处电动机的端电压下降值不得超过额定电压的7%~10%。

(3) 电缆末端的最小两相短路电流应大于短路保护整定动作电流的1.5倍。

(4) 电缆的机械强度应满足生产设备的要求。

煤矿井下保护接地系统由电缆接地线联结而成,井下所有电气设备的金属外壳通过电缆与矿井主接地极和局部接地极连接起来形成接地网。因此,电缆应带有供保护接地用的足够截面的导体。

固定敷设的高压电缆:

采用铜芯电缆和铝芯电缆有如下差别:

(1) 试验证明,在其他条件相同的情况下,电极的材质对防爆设备的安全间隙有很大影响:铜为0.43 mm,铝则为0.05 mm。对于采用法兰间隙的防爆结构,都是按照铜芯材料设计的,一旦接入铝芯线后,这种结构也就失去了防爆性能。这在采区供电线路及其电气设备的要求中是绝对不允许的。

(2) 铝与氧气发生化合反应将释放大量热量,铝的氧化热远远大于铜的氧化热,同样尺寸的试验材料,铝的氧化热比铜大5.5倍。采区多存在一定的瓦斯和煤尘,当铝芯电缆故障放电时比铜芯电缆引发瓦斯、煤尘爆炸事故的几率要高得多。

(3) 铝的线性影胀系数是铜的1.41倍,若使用铝芯电缆,因铜铝接头发热后伸缩量不会一致,在使用中必然会产生位移和松动;同时由于铜铝接触面之间存在着接触电阻,导致产生 1.68 V 的电位差，铝材料极易发生电化学腐蚀，所以铜铝接头的故障较多。即使是铝铝接头的故障率也远比铜铜接头的故障率高得多。因此，使用铝芯电缆必然增加了采区电缆接头处引爆瓦斯的机会。

(4) 铝的机械强度和柔韧性均比铜差，而采区低压电缆随着生产的进行需要经常移动、弯曲或伸缩，还可能遭受煤块、岩石、材料的挤压、撞击。从这一点上讲，在采区使用铝芯电缆，其安全性能也远不如铜芯电缆。

(5) 相同截面积的铝导线的导电能力只有铜导线的 61.8%左右，输送电能力差。

综上所述，铜芯电缆比铝芯电缆有明显的优越性，但是铝的价格比铜低得多，从降低成本的角度考虑选用铝芯电缆。因此，在通风良好的进风斜井、井底车场及其附近、中央变电所至采区变电所之间，可采用铝芯电缆；其他地点必须采用铜芯电缆。

高压电缆、低压电缆和照明、通信、信号和控制电缆都不应使用有高危险着火的纸绝缘电缆和安全可靠性差的不阻燃电缆。

【执行中应注意的问题】

(1) 阻燃电缆(非延燃电缆)是遇火点燃时燃烧速度非常缓慢，离开火源后即自行熄灭的电缆，根据《矿用橡套软电缆》和《煤矿用阻燃电缆》等标准规定，必须选用取得煤矿矿用产品安全标志的阻燃电缆。

(2) 电动机启动时端电压说明：① 当电动机拖动的负载空载时停车，电动机启动时其端电压不低于额定电压的 75%，保证控制电动机接触器吸力线圈可靠吸合，该电动机是可以启动的；② 煤矿井下实际工作中，不少情况下电动机是重载启动的，因电动机轴输出转矩与电压的平方成比例，若端电压为额定电压的 75%，则电动机的转矩只有额定转矩的 50%，这根本无法启动。在电动机启动校核计算时，电动机重载启动端电压应按额定电压的 90%计算。或改变拖动方式，如用永磁式同步电机拖动、变频器控制等方式。

第四百六十四条　电缆的敷设应当符合下列要求：

(一) 在水平巷道或者倾角在 30°以下的井巷中，电缆应当用吊钩悬挂。

(二) 在立井井筒或者倾角在 30°及以上的井巷中，电缆应当用夹子、卡箍或者其他夹持装置进行敷设。夹持装置应当能承受电缆重量，并不得损伤电缆。

(三) 水平巷道或者倾斜井巷中悬挂的电缆应当有适当的弛度，并能在意外受力时自由坠落。其悬挂高度应当保证电缆在矿车掉道时不受撞击，在电缆坠落时不落在轨道或者输送机上。

(四) 电缆悬挂点间距，在水平巷道或者倾斜井巷内不得超过 3 m，在立井井筒内不得超过 6 m。

(五) 沿钻孔敷设的电缆必须绑紧在钢丝绳上，钻孔必须加装套管。

【释义】　本条是关于电缆敷设的规定。

电缆悬挂敷设可以避免运输机车车辆的刮、碰，避免冒落的岩石的碰砸，防止因外力的作用而造成供电故障或事故；将电缆悬挂后，可以减少矿井水的侵蚀，保持良好绝缘，延长使用寿命，且便于日常的维护和检修。

(1) 对于水平和倾角在 30°以下的巷道，由于敷设在其中的电缆所受重力在倾斜方向的分力较小，不会造成电缆的滑移，所以，在悬挂时不必考虑为防止电缆的滑移而增设额外的设施。因此，在水平和倾角在 30°以下的巷道中多采用吊钩悬挂电缆。

(2) 在立井井筒接地敷设电缆时，由于电缆呈悬垂状态，在重力的作用下电缆将会被拉伸，若敷设过程中不进行固定或进行固定的设施不能保证电缆在一定范围内的稳定、不发生滑移，则电缆被拉伸的长度会随敷设的长度而不断加大，最后导致电缆的破坏。因此，在立井井筒敷设电缆时必须用卡子、卡箍或其他夹持装置予以固定，夹持装置应当能承受电缆重量，并不得损伤电缆。

而对于倾角在30°以上的巷道，由于角度较大，敷设在其中的电缆所受重力在倾斜方向的分力就大，若此时仍用吊钩固定，则在重力向下的分力作用下，电缆就会向下滑移，造成电缆的拉伸变形；当发生滑移的电缆较长时，就有可能导致电缆的破坏，影响正常的供电，甚至造成事故。因此，在倾角30°以上的巷道中敷设电缆时也必须用卡子、卡箍或其他夹持装置予以固定，夹持装置应当能承受电缆重量，并不得损伤电缆。

(3) 正常情况下，巷道中既要行人，又要通行运输车辆，同时巷道顶、帮有时还会冒落煤、岩块，巷道中敷设的电缆会经常受到人为的拽、拉，车辆的偶尔刮碰，煤岩块的砸碰等外力作用。若敷设的电缆保持一定的弛度，当电缆受到上述的意外力量作用时，电缆会发生一定量的移动，从而会相应地缓冲电缆所受作用力，减小外力对电缆的破坏程度，有效保护电缆，延长电缆的使用寿命；反之，若敷设电缆时使电缆紧绷，没有弛度，则在电缆受意外力作用时就没有缓冲的过程，外力有多大，电缆就要受多大的力，当外力的作用超过电缆的承受能力后，电缆就会被破坏，造成供电中断，影响正常生产，甚至造成重大事故，同时即使外力作用没有造成电缆的破坏，因电缆没有缓冲而要受较大的外力作用，其性能和使用寿命也会相应降低和缩短。因此，为了保证矿井正常、安全供电，在水平或倾斜巷道中敷设的电缆应保持一定的弛度。

要求水平或倾斜巷道中敷设的电缆在意外受力时能自由坠落，也是出于缓冲电缆所受较大外力，保护电缆完整性和避免电缆被破坏的考虑。

(4) 悬挂点间距过大，电缆容易下沉或摆动，电缆受力过大也容易损伤电缆。因此，电缆悬挂点间距，在水平巷道或者倾斜井巷内不得超过3 m，在立井井筒内不得超过6 m。

(5) 钻孔内敷设的电缆应绑紧在承力钢丝绳上，是为了避免电缆承受过大的自身重力而损坏。钻孔加装套管是为了防止电缆因塌孔而被挤压破坏。

【执行中应注意的问题】

矿用电缆在巷道敷设应保持一定的弛度，当电缆受外力作用时，电缆会发生一定量的移动，从而相应地缓冲电缆所受作用力，减小外力对电缆的破坏程度，有效地保护电缆，延长电缆的使用寿命。

第四百六十五条 电缆不应悬挂在管道上，不得遭受淋水。电缆上严禁悬挂任何物件。电缆与压风管、供水管在巷道同一侧敷设时，必须敷设在管子上方，并保持0.3 m以上的距离。在有瓦斯抽采管路的巷道内，电缆(包括通信电缆)必须与瓦斯抽采管路分挂在巷道两侧。盘圈或者盘“8”字形的电缆不得带电，但给采、掘等移动设备供电电缆及通信、信号电缆不受此限。

井筒和巷道内的通信和信号电缆应当与电力电缆分挂在井巷的两侧，如果受条件所限：在井筒内，应当敷设在距电力电缆0.3 m以外的地方；在巷道内，应当敷设在电力电缆上方0.1 m以上的地方。

高、低压电力电缆敷设在巷道同一侧时，高、低压电缆之间的距离应当大于0.1 m。高压电缆之间、低压电缆之间的距离不得小于50 mm。

井下巷道内的电缆，沿线每隔一定距离、拐弯或者分支点以及连接不同直径电缆的接线盒两端、穿墙电缆的墙的两边都应当设置注有编号、用途、电压和截面的标志牌。

【释义】 本条是关于电缆吊挂位置、间距以及设置标志牌的规定。

(1) 电缆不应悬挂在管道上，主要原因是：一旦管路漏风或漏水，电缆直接受到压风的吹袭或水淋，导致电缆绝缘损坏，危及人身及生产安全；沿电缆的渗油或渗水也容易进入电缆接线盒，使电缆和接线盒绝缘受到破坏，发生短路或接地的故障；在电缆漏电且保护失灵的情况下，风管或水管带有高电位，容易发生人身触电事故。

(2) 电缆与压风管、供水管在巷道同一侧敷设时，必须敷设在管子上方，是为了避免管子下落砸坏电缆，供水管漏水不会淋湿电缆，保持0.3 m以上距离是为了方便管路检修不影响电缆的供电。

(3) 在有瓦斯抽采管路的巷道内，电缆(包括通信电缆)必须与瓦斯抽采管路分挂在巷道两侧，是为了避免因电缆漏电产生的火花引发瓦斯爆炸事故。

(4) 如果带电的供电电缆盘圈或盘“8”字形，感抗增加，大电流时，易产生涡流，电缆温度容易增高，使电缆负载能力下降，寿命降低，造成电缆发热、绝缘老化，甚至引发火灾事故。给采煤机、掘进机、刮板输送机等采掘移动设备供电电缆要经常移动，不受盘圈或者盘“8”字形的电缆不得带电的限制，否则就无法工作了。通信、信号电缆中电流很小，盘圈或通信、信号电缆对电缆发热量影响很小。因此，盘圈或者盘“8”字形的电缆不得带电，但给采、掘等移动设备供电电缆及通信、信号电缆不受此限。

(5) 井筒和巷道内的通信和信号电缆应与电力电缆分挂在井巷的两侧，是因为通信和信号电缆与电力电缆悬挂在井筒和巷道的同一侧时，一旦电力电缆发生短路爆破、短路着火故障和巷道冒顶事故，电力电缆与通信电缆同时受到影响，使矿井供电、通信和信号联络同时中断，不但影响矿井的安全生产，也影响故障的处理和事故的救援。

如果受条件所限，通信和信号电缆与电力电缆无法分挂在井巷两侧的，考虑到电力电缆电流大，磁场干扰大，特别是不对称电气故障的电磁干扰尤其严重，为不影响矿井通信，在井筒内，通信和信号电缆应敷设在距电力电缆0.3 m以外的地方；在巷道内，同时为防止电力电缆坠落砸伤通信、信号电缆，应敷设在电力电缆上方0.1 m以上的地方。

(6) 高、低压电力电缆敷设在巷道同一侧时，高、低压电缆之间的距离应当大于0.1 m，高压电缆之间、低压电缆之间的距离不得小于50 mm，目的是防止相邻电缆的互相干扰。

(7) 设置电缆标志牌，其上标明电缆的编号、用途、电压和截面面积等信息，便于对电缆进行管理，便于检查、检修，也有利于处理相关事故。

【执行中应注意的问题】

(1) 综采工作面配电点高低压电缆布置方式：① 随着工作面的推进，用滑辊吊挂在单轨吊上的电缆弯曲靠近到一定程度，配电点串车移动一定距离，吊挂的电缆被拉开，周而复始；② 随着工作面的推进，高压电缆暂时盘成“8”字形，放在配电点的移动串车上，当所盘电缆长度超过一定值，该段电缆退出运行。

(2) 综掘机高低压电缆布置方式：① 开始低压电缆在巷道侧帮折叠吊挂、盘成“8”字形放在巷道一侧或放置在综掘机二运上方自制电缆托架上，随着工作面的推进，逐渐展开盘

“8”字形电缆;② 当掘进巷道长度超过一定值(由计算确定),隔爆型移动变电站配电点进入掘进巷,缩短低压供电距离,保证供电质量。

第四百六十六条 立井井筒中敷设的电缆中间不得有接头;因井筒太深需设接头时,应当将接头设在中间水平巷道内。

立井井筒中敷设的电缆中间不得有接头;因井筒太深需设接头时,应当将接头设在中间水平巷道内。运行中因故需要增设接头而又无中间水平巷道可利用时,可在井筒中设置接线盒,接线盒应当放置在托架上,不应使接头承力。

运行中因故需要增设接头而又无中间水平巷道可以利用时,可以在井筒中设置接线盒。接线盒应当放置在托架上,不应使接头承力。

【释义】 本条是关于立井井筒中敷设的电缆设置接头的规定。

电缆接头是整条电缆中最薄弱的环节,尤其是立井井筒中的电缆接头,随时都会受到淋水、落物撞击的伤害;另外,立井井筒中的接头还须承受悬挂电缆的重力。因此,做好井筒电缆接线盒的防护,以减少电缆接线盒事故的发生。

第四百六十七条 电缆穿过墙壁部分应当用套管保护,并严密封堵管口。

【释义】 本条是关于电缆穿过墙壁部分的规定。

井下巷道和硐室的墙壁因受矿井地压的作用,容易变形,因而,穿过墙壁的电缆容易被挤压,造成接地、短路、漏电等。所以,电缆穿过墙壁部分,应用材质坚硬、耐挤压的套管加以保护。为了防止套管漏风,同时考虑防火和防水的需要,还要求电缆套管的两端口进行严密的封堵。

第四百六十八条 电缆的连接应当符合下列要求:

(一)电缆与电气设备连接时,电缆线芯必须使用齿形压线板(卡爪)、线鼻子或者快速连接器与电气设备进行连接。

(二)不同型电缆之间严禁直接连接,必须经过符合要求的接线盒、连接器或者母线盒进行连接。

(三)同型电缆之间直接连接时必须遵守下列规定:

1. 橡套电缆的修补连接(包括绝缘、护套已损坏的橡套电缆的修补)必须采用阻燃材料进行硫化热补或者与热补有同等效能的冷补。在地面热补或者冷补后的橡套电缆,必须经浸水耐压试验,合格后方可下井使用。

2. 塑料电缆连接处的机械强度以及电气、防潮密封、老化等性能,应当符合该型矿用电缆的技术标准。

【释义】 本条是关于电缆与电气设备连接、电缆与电缆之间连接的规定。

(1) 电缆芯线与电气设备的接线端子处,如果压线板不合格,容易出现接触电阻大,容易松脱等,导致接线柱和电缆头发热,引起火灾,造成断相、漏电和短路等故障。

(2) 不同类型的电缆接头的封端方式也不同,如果不同型的电缆直接连接则会使电缆的绝缘强度下降,防护性能降低,还会造成相互影响。例如油浸纸绝缘电缆与橡套电缆直接连接,油浸纸绝缘电缆的绝缘油就会浸泡橡套电缆的绝缘和护套,从而使橡套电缆绝缘损坏，造成电缆漏电、短路和接地等故障。电缆与电气设备的连接，必须使用与电气设备性能相符的接线盒、连接器或者母线盒，否则会降低电气设备的防护性能。

（3）进行浸水耐压试验时，要将电缆两端露出水面，其余部分浸入水中 1 h 后进行。将一根芯线接试验电源，其余芯线短路接地。耐压试验时，应采用交流 50 Hz，2 倍额定电压加 1 kV 的试验电压或 2.5 倍额定电压进行试验（取高值），耐压时间为 5 min，总电缆不被击穿即为耐压合格。试验后再用规定等级的兆欧表测定绝缘电阻，若与试验前无明显变化即可。

【案例】　2014 年 12 月 15 日，济南李福煤矿有限公司 −400 m 水平 404 主上山与 40404 平巷交岔口处发生一起因绞车开关上电缆接头产生电气火花引发的瓦斯爆炸事故，造成 3 人死亡、15 人受伤。该矿没有按规定启封 40404 平巷密闭恢复通风，瓦斯超限作业，电缆接头产生电气火花，引爆了排出的瓦斯；在启封 40404 平巷密闭恢复通风的过程中，井下电钳工不携带便携式甲烷检测仪，在没有按规定停电、检测瓦斯浓度的情况下，违章作业，违规使用绝缘电阻表（普通型）检测该巷道电缆绝缘电阻。

【执行中应注意的问题】

（1）橡套电缆经热补或冷补的连接接头应有明显标志，对绝缘护套损坏及芯线断裂的电缆接头修补后接头与接头的间距一般不应小于 15 m，修补后的橡套电缆 100 m 的长度内严禁有 4 个以上的修补接头。

（2）因过载、发热造成芯线粘连的电缆，剥除护套和分离粘连芯线时，绝缘即遭破坏，此电缆不允许再修复，必须报废。

（3）在井下运行中的橡套电缆，因被砸、压、挤等造成绝缘和护套已局部损坏，若其他部位的绝缘性能合格者，可对其损坏部位进行冷补，但必须使用摇表测量绝缘电阻，合格后方可投入运行。

（4）对于芯线未破坏，只是护套损坏的电缆进行冷补后，允许该电缆使用到所在工作面采完为止。

（5）对于芯线绝缘损坏和芯线断线的电缆，必须立即更换上井。

（6）冷补的电缆接头，每班必须有专人检查其接头温升情况。发现接头发热时，应及时处理，并向主管科室汇报。对不合格的冷补接头可重做新的冷补接头。

（7）在井下做的冷补电缆接头，回收上井后必须做浸水耐压试验，不合格者，必须重新进行修补。否则不得继续下井使用。

（8）井下电话电缆护套或者芯线绝缘损坏（包括芯线断线）必须进行冷补或者使用不延燃自粘胶带进行冷包。严禁使用普通胶布进行包扎。

第五节　井下照明和信号

第四百六十九条　下列地点必须有足够照明：

（一）井底车场及其附近。

（二）机电设备硐室、调度室、机车库、爆炸物品库、候车室、信号站、瓦斯抽采泵站等。

(三) 使用机车的主要运输巷道、兼作人行道的集中带式输送机巷道、升降人员的绞车道以及升降物料和人行交替使用的绞车道(照明灯的间距不得大于 30 m,无轨胶轮车主要运输巷道两侧安装有反光标识的不受此限)。

(四) 主要进风巷的交岔点和采区车场。

(五) 从地面到井下的专用人行道。

(六) 综合机械化采煤工作面(照明灯间距不得大于 15 m)。

地面的通风机房、绞车房、压风机房、变电所、矿调度室等必须设有应急照明设施。

【释义】 本条是关于井下、地面主要工作场所照明的规定。

井下巷道狭窄,若照明不足,可见度低,则不能及时发现车辆或采煤机等设备的运行状态和周围环境的变化,就不能及时发现险情,无法提前采取措施,极易发生人身事故。

有些场所,因为长期照明不足,工人只靠头戴矿灯工作,易在眼睛的视力中心产生盲点,井下固定照明单位面积的最低照度可参照表 3-10-5。

表 3-10-5 井下照明照度表参考值

序号	地点	最低照度 L_x	测量照度地点
1	井底车场及附近	10	底板水平面
2	井底车场翻车机室	10	底板上 0.8 m 水平面
3	机电硐室、调度室、机电库、火药库	10	底板上 0.8 m 水平面
4	信号站	75	信号盘上的垂直面
5	保健站	20	底板水平面
6	候车室	5	底板水平面
7	使用机车的巷道、兼作人行道的运输巷道、上下山绞车道以及升降物料和人行交替的绞车道	2	底板水平面
8	主要巷道的交叉点(不包括四周巷道)和采区车场	10	底板水平面
9	专用人行道	1	底板水平面
10	采掘工作面	5	工作面的垂直面和底板水平面
11	建井期中的井筒	5	距工作面不小于 5 m 的井壁垂直面
		10	工作面的水平面
12	井筒吊盘	5	盘面工作面

【执行中应注意的问题】

井下固定照明宜选用防爆荧光灯、防爆 LED 灯。

第四百七十条 严禁用电机车架空线作照明电源。

【释义】 本条是关于严禁用电机车架空线作照明电源的规定。

我国煤矿井下电机车架空线上的直流电压一般为250 V和550 V两种。由整流设备馈出的直流电，经馈电线→馈电点→接触线→电机车集电器→牵引电动机→轨道→回流点→回流线，最后返回整流设备。架线电机车的供电系统如图3-10-3所示。严禁利用电机车架空线作为照明电源主要有以下几个方面的考虑：

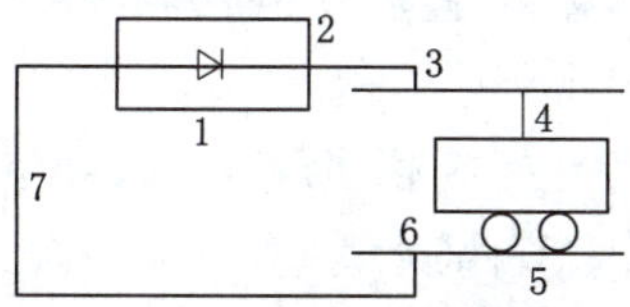

1—整流设备；2—馈电线；3—馈电点；4—接触线；5—轨道(回流线)；6—回流点；7—回流线

图3-10-3　架线电机车供电系统图

(1) 增加杂散电流，威胁安全生产。从图3-10-3可以看出，井下架线电机车的直流电网都用轨道作电流回流线，由于轨道的钢轨与路床一般不设电气绝缘，潮湿的路床具有导电性，所以在钢轨中流动的部分电流会从钢轨流入路床和周围的岩石。这部分电流在地中无规则地杂乱流动，产生了直流牵引网络的直流漏电电流，即杂散电流。在井下，杂散电流可能成为多方面的危险因素。井下大巷中除轨道外，还有与轨道平行敷设的铠装电缆和各种金属管路，它们也与大地接触，因而流入地中的杂散电流也可以通过铠装电缆的金属铠装和铅包层，以及各种金属管路流回整流设备负端。这样不仅会腐蚀电缆和管路，而且还可能产生电火花，也可能引起瓦斯、煤尘燃烧爆炸。此外，杂散电流还可能引爆电雷管。因此，杂散电流对井下安全的危害很大。若利用电机车架线作为运输巷道的照明电源，虽然可以节省一些电缆，却人为地增加了杂散电流。

(2) 电压波动大，影响照明效果。电机车运输线路长，轨道电路接口多而连接电阻大，而且常因矿车掉道被砸断。机车开、停次数及台数均无定数，导致250 V直流架线电源电压波动很大。每当交接班时间机车停开时，电压经常升高到300 V，电压太高，照明灯消耗量太大；但是当机车全部开动时，负载电流很大，架线电压通常低于180 V，照明灯发光不足，难以满足照明需要。由于机车运输巷道照明灯数多、线路长，发生短路、漏电等故障的概率提高，且裸体架空线距地面铁轨仅有2 m多高，架线碰矿车、碰水管造成短路会使直流电源跳闸，直接影响照明。

(3) 影响机车载波电话使用。每台机车上都装有载波电话。如在架线和轨道之间接入较多的照明负载，必然导致线路阻抗下降，造成载波电话的高频信号严重衰减，影响机车司机与运输调度之间的通信联络。

(4) 若采用电机车架空线作为照明电源，大巷行车行人较多且潮湿易滑，极易发生照明线路与轨道的接触不良或断线，从而产生接触电压，容易发生触电事故。

【执行中应注意的问题】

为了减少井下架线式电机车供电系统杂散电流，在钢轨接头处、各平行钢轨之间、道岔和道岔心之间，都必须用导线连接，并要加强维护，以减小轨道回路电阻。对于不回电的轨道和架线电机车轨道的连接处必须加以绝缘。

第四百七十一条 矿灯的管理和使用应当遵守下列规定:

(一) 矿井完好的矿灯总数,至少应当比经常用灯的总人数多10%。

(二) 矿灯应当集中统一管理。每盏矿灯必须编号,经常使用矿灯的人员必须专人专灯。

(三) 矿灯应当保持完好,出现亮度不够、电线破损、灯锁失效、灯头密封不严、灯头圈松动、玻璃破裂等情况时,严禁发放。发出的矿灯,最低应当能连续正常使用11 h。

(四) 严禁矿灯使用人员拆开、敲打、撞击矿灯。人员出井后(地面领用矿灯人员,在下班后),必须立即将矿灯交还灯房。

(五) 在每次换班2 h内,必须把没有还灯人员的名单报告矿调度室。

(六) 矿灯应当使用免维护电池,并具有过流和短路保护功能。采用锂离子蓄电池的矿灯还应当具有防过充电、过放电功能。

(七) 加装其他功能的矿灯,必须保证矿灯的正常使用要求。

【释义】 本条是关于矿灯管理和使用的规定。

(1) 由于井下的特殊条件,下井人员都必须携带矿灯。除了正常井下工作人员专人专灯外,还必须有为上级检查人员、救灾人员和外来学习等不定期下井人员备用的完好矿灯,以及用于故障矿灯更换和井下连班人员换灯等需要的矿灯。因此,矿井完好的矿灯总数,至少应当比经常用灯的总人数多10%。

(2) 专人专灯能有效防止矿灯的丢失,及时掌握矿灯迟交或不交的现象,便于矿灯维修、维护和正常充电,确保矿灯完好和正常使用;有利于掌握各班次的入井人数,全面掌握全矿井矿灯使用情况;当矿井发生意外事故时,能及时查清人员,便于采取救援措施。矿灯集中管理应做到专人专灯,实现"账、灯、卡"三对照。

(3) 矿灯是"矿工的眼睛",是从事煤矿井下工作人员随身携带的必备照明工具。如果矿灯出现亮度不够、电线破损、灯锁失效、灯头密封不严、灯头圈松动、玻璃破裂等情况,则失去其防护性能,不仅影响矿灯的正常使用,还有可能引发瓦斯、煤尘爆炸等严重事故。因此,矿灯应当保持完好,出现亮度不够、电线破损、灯锁失效、灯头密封不严、灯头圈松动、玻璃破裂等情况时,严禁发放。发出的矿灯,最低应当能连续正常使用11 h。

(4) 矿灯是特殊型防爆产品,在井下拆开矿灯或敲打、撞击矿灯都可能使矿灯失去防爆性能,容易产生电火花引起瓦斯、煤尘爆炸事故。因此,严禁矿灯使用人员拆开、敲打、撞击矿灯。

(5) 在每次换班2 h内,必须把没有还灯人员的名单报告矿调度室,目的是防止矿灯过度放电使用,也为了及时掌握人员动态,防止人员失联。

(6) 矿灯应使用免维护电池,并具有过流和短路保护功能。矿灯如果不具备过流和短路保护功能,过高的短路电流长期存在,可能烧毁灯线,产生发热发火现象,可能引起瓦斯、煤尘爆炸事故。因此,矿灯应当使用免维护电池,并具有过流和短路保护功能。采用锂离子蓄电池的矿灯还应当具有防过充电、过放电功能。

(7) 加装其他功能的矿灯，必须保证矿灯的正常使用要求。例如加载甲烷报警功能的矿灯能连续检测现场空气中的甲烷气体浓度、超限报警，加载人员定位功能的矿灯能实现人员跟踪定位，但主要功能还是安全照明，必须保证矿灯的正常使用要求。

第四百七十二条　矿灯房应当符合下列要求：

（一）用不燃性材料建筑。

（二）取暖用蒸汽或者热水管式设备，禁止采用明火取暖。

（三）有良好的通风装置，灯房和仓库内严禁烟火，并备有灭火器材。

（四）有与矿灯匹配的充电装置。

【释义】　本条是关于矿灯房和矿灯充电装置的规定。

(1) 要确保矿灯的充电质量和安全存放，必须提供良好的矿灯充、放电环境。酸性电解液矿灯在充电过程中要产生氧气和氢气，极易发生火灾事故。为了防止火灾事故的发生，矿灯房应用不燃性材料建筑；取暖应用蒸汽或热水管式设备，禁止采用明火取暖。

(2) 为避免氢气积聚，同时确保矿灯房有良好的环境，矿灯房有良好的通风装置。为防止发生火灾事故，灯房和仓库内严禁烟火，并备有灭火器材。为保证矿灯的充电质量，应有与矿灯匹配的可靠充电装置。

第四百七十三条　电气信号应当符合下列要求：

（一）矿井中的电气信号，除信号集中闭塞外应当能同时发声和发光。重要信号装置附近，应当标明信号的种类和用途。

（二）升降人员和主要井口绞车的信号装置的直接供电线路上，严禁分接其他负荷。

【释义】　本条是井下电气信号应满足的有关要求。

(1) 矿井中的电气信号主要有：带式输送机保护系统、提升机信号指令系统、乘人装置控制保护系统、无极绳控制系统、绞车信号指令系统、单轨吊车信号指令系统等。矿井中的电气信号是控制设备运行的指令，如果电气信号错误，会造成设备误操作，引发设备损坏或人员伤亡等重大事故。为使电气信号清晰准确，矿井中的电气信号，除信号集中闭塞外应能同时发声和发光。重要的信号装置，发生错误可能造成重大事故，应标明信号的种类和用途，以提示发信号时予以高度注意。

(2) 升降人员和主要井口绞车的信号装置的直接供电线路上，如果分接其他负荷，可能造成其他负荷的干扰，误发信号或干扰信号，使司机误操作，造成生产中断或掉道、挤人和跑车等重大事故。因此，为确保升降人员和主要井口绞车信号装置的正常、可靠工作，信号装置的直接供电线路上严禁分接其他负荷。

第四百七十四条　井下照明和信号的配电装置，应当具有短路、过负荷和漏电保护的照明信号综合保护功能。

【释义】　本条是关于井下照明、信号的配电装置具有综合保护功能的规定。

煤矿井下照明和信号装置，是矿井应用最广泛的小型设备。近年来已开发使用的照明信号综合保护装置具有短路、过负荷和漏电保护功能，且将干式变压器和开关集为一体，体积小、质量轻、使用方便，在安全性、可靠性、实用性和经济性方面均有明显优势。

【执行中应注意的问题】

煤矿井下照明综合保护装置、信号综合保护装置的过载保护、短路保护、漏电保护必须动作灵敏，安全可靠。

第六节　井下电气设备保护接地

第四百七十五条　电压在 36 V 以上和由于绝缘损坏可能带有危险电压的电气设备的金属外壳、构架，铠装电缆的钢带(钢丝)、铅皮(屏蔽护套)等必须有保护接地。

【释义】　本条是关于电气设备设置保护接地的规定。

保护接地是将设备上的故障电压限制在安全范围内的一种安全措施，是一种预防人身触电伤亡的保护措施，是将因绝缘破坏而带电的金属外壳、构架同接地体之间做良好的电气连接。保护接地的保护原理是当人触及外壳带电设备的金属外壳时，电流将通过人体和接地电阻并联入地，再通过电网对地阻抗流回电源。由于接地电阻比人体电阻小得多，所以大部分电流通过接地电阻入地，而人体仅有很小的电流通过。井下安全电压为 36 V，人体触及 36 V 以上带电导体时会有触电死亡的危险，因而电压在 36 V 以上的电气设备的金属外壳、构架，铠装电缆的钢带(钢丝)、铅皮(屏蔽护套)等必须有保护接地。

【执行中应注意的问题】

为了降低人身触电的危险性，降低接地电流引起瓦斯煤尘爆炸、超前引爆电雷管的可能性，把 36V 以上电气设备的金属外壳、构架，铠装电缆钢带(钢丝)、铅层(屏蔽护套)，橡套电缆地线等连接成一整体，再与中央变电所主接地极、采区变电所局部接地极、各配电点的局部接地极连接起来，构成保护接地网。

第四百七十六条　任一组主接地极断开时，井下总接地网上任一保护接地点的接地电阻值，不得超过 2 Ω。每一移动式和手持式电气设备至局部接地极之间的保护接地用的电缆芯线和接地连接导线的电阻值，不得超过 1 Ω。

【释义】　本条是关于接地网任一保护接地点的接地电阻值的规定。

(1) 保护接地的保护原理：当人触及外壳带电设备的金属外壳时，电流将通过人体和接地电阻并联入地，再通过电网绝缘电阻流回电源。由于接地电阻比人体电阻小得多，所以大部分电流通过接地电阻入地，而人体仅有很小的电流通过。如通过人体的电流小于极限安全电流(30 mA·s)，就可以保障人身安全。如图 3-10-4 所示，当人接触到任一相漏电设备时，a、b 两相的对地电流将通过接地电阻 R_d 和人体电阻 R_r 流入大地形成回路。设总的漏电电流为 I，则流过人体的电流 I_r 为

$$I_r = I \times R_d/(R_d + R_r) \tag{3-10-7}$$

流过接地体的电流 I_d 为

$$I_d = I \times R_r/(R_d + R_r) \tag{3-10-8}$$

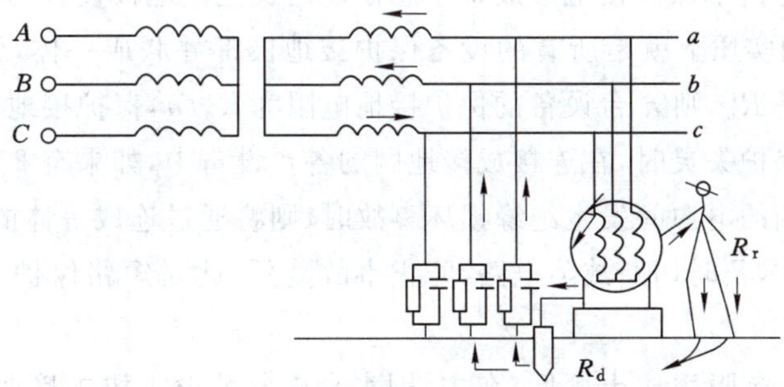

图 3-10-4 人接触电气设备示意图

如总漏电电流 $I=10$ A,人身电阻 R_r 为 1000 Ω,接地电阻 R_d 为 2 Ω,则可以算出流过人身的电流为

$$I_r = 10 \times 2/(1000+2) \approx 19.96(\mathrm{mA})$$

流过接地电阻的电流为

$$I_d = 10 \times 1000/(1000+2) \approx 9.98(\mathrm{A})$$

可见绝大部分的漏电流都通过接地电阻流入大地。

(2) 因 R_d 和 R_r 并联,所以当人体电阻 R_r 不变时,则 R_d 越小,通过人体的漏电流 I_r 越小。井下高压电网的单相接地电容电流不超过 20 A,为了使接触电压不超过 40 V 时,则保护接地电阻应 $R_d \leqslant 40/20=2$ Ω。单独装设保护接地难以保证 $R_d \leqslant 2$ Ω,不能完全消除触电危险。因此,井下必须把各接地极相连,构成一个总接地网,并保证在任一组主接地极断开时,井下总接地网上任一保护接地点的接地电阻不得超过 2 Ω。

(3) 因为移动式和手持式电气设备外壳没有接地极,漏电时通过内接地、电缆接地线、供电设备的接地极流入大地,为了限制移动式和手持式电气设备的漏电接地电压,要求移动式和手持式电气设备至局部接地极之间的保护接地用的电缆芯线和接地连接导线的电阻值,不得超过 1 Ω。

【执行中应注意的问题】

(1) 保护接地网中,设备与接地母线(辅助接地母线)的连接、接地母线与主接地极的连接、接地导线与接地极的连接等,连接处接触电阻应为毫欧姆级别。

(2) 每季度应测试接地网的接地电阻 1 次。当供电系统改变时,及时测试接地网的接地电阻,并应做好记录。

第四百七十七条 所有电气设备的保护接地装置(包括电缆的铠装、铅皮、接地芯线)和局部接地装置,应当与主接地极连接成 1 个总接地网。

主接地极应当在主、副水仓中各埋设 1 块。主接地极应当用耐腐蚀的钢板制成,其面积不得小于 0.75 m^2、厚度不得小于 5 mm。

在钻孔中敷设的电缆和地面直接分区供电的电缆,不能与井下主接地极连接时,应当单独形成分区总接地网,其接地电阻值不得超过 2 Ω。

【释义】 本条是关于保护接地形成1个总接地网及主接地极设置的规定。

(1) 保护接地网实质上就是所有的设备保护接地极都并联成一体，如果每台设备的保护接地电阻都认为是 R_d，则 n 台设备的保护接地电阻为 R_d/n，保护接地电阻值越小保护性能则越好。当漏电保护失灵时，在连接成接地网的各台设备中，如果有2台或2台以上的设备金属外壳与不同相的电源间发生绝缘损坏事故时，则将通过连成一体的接地网形成短路，使短路保护装置动作，及时切断故障电路，防止事故蔓延，此时短路保护成为漏电保护的后备保护。

(2) 水仓中水的电阻率比土壤低，在主、副水仓中各埋设1块主接地极，可以降低接地电阻。主、副水仓中各埋设1块是为了清理水仓和检修主接地极时可以确保另一个主接地极起保护作用。主接地极使用耐腐蚀钢板，主要原因是矿井水含酸性，采用耐腐蚀钢板可以提高其抗腐蚀的性能。

(3) 在钻孔中敷设的电缆和地面直接分区供电的电缆，不能与井下主接地极连接时，应当单独形成分区总接地网，其接地电阻值不得超过2 Ω。以满足其影响的区域的保护接地的要求。

【执行中应注意的问题】

如果矿井水酸性比较高，可视主接地极的被腐蚀情况，适当加大钢板厚度或加大耐腐蚀层的厚度。

第四百七十八条 下列地点应当装设局部接地极：

(一) 采区变电所(包括移动变电站和移动变压器)。

(二) 装有电气设备的硐室和单独装设的高压电气设备。

(三) 低压配电点或者装有3台以上电气设备的地点。

(四) 无低压配电点的采煤工作面的运输巷、回风巷、带式输送机巷以及由变电所单独供电的掘进工作面(至少分别设置1个局部接地极)。

(五) 连接高压动力电缆的金属连接装置。

局部接地极可以设置于巷道水沟内或者其他就近的潮湿处。

设置在水沟中的局部接地极应当用面积不小于0.6 m^2、厚度不小于3 mm的钢板或者具有同等有效面积的钢管制成，并平放于水沟深处。

设置在其他地点的局部接地极，可以用直径不小于35 mm、长度不小于1.5 m的钢管制成，管上至少钻20个直径不小于5 mm的透孔，并全部垂直埋入底板；也可用直径不小于22 mm、长度为1 m的2根钢管制成，每根管上钻10个直径不小于5 mm的透孔，2根钢管相距不得小于5 m，并联后垂直埋入底板，垂直埋深不得小于0.75 m。

【释义】 本条是关于局部接地极设置地点和局部接地极规格参数的规定。

局部接地极的主要作用是减小接地网的总接地电阻。人身触及带电设备的金属外壳时，通过人身的触电电流与保护接地电阻成正比，保护接地电阻愈小，分流作用愈大，通过人身的触电电流愈小，保护接地的保护作用愈好。

(1) 采区变电所是采区各种设备的供电中心，电气设备比较集中，局部接地极和采区变电所全部设备连接，对全部设备都起到了保护作用。采区变电所电气设备操作频繁、负荷较大、故障率较高，所以经常需要排除故障和检修，故电气设备外壳带电的概率较大，必须设置局部接地极，以防止触电事故。

（2）移动变电站、移动变压器和连接高压动力电缆的金属连接装置都是高压电气设备。高压电网的单相接地电流远大于低压电网，人身触及高压电气设备带电的金属外壳时，则可能产生危险接触电压。为降低高压电气设备带电的接触电压值，移动变电站、移动变压器、装有电气设备的硐室和单独装设的高压电气设备、连接高压动力电缆的金属连接装置，都必须设置局部接地极。

（3）无低压配电点的采煤工作面的运输巷、回风巷、带式输送机运输巷以及由变电所单独供电的掘进工作面，至少应分别设置 1 个局部接地极。

采煤工作面、掘进工作面中的电气设备一般都不设局部接地极，其保护作用是通过电缆接地芯线将漏电电流分流导入局部接地极。为保证电缆芯线和接地连接导线的电阻值不超过 1 Ω，接地导线的截面应不小于规定的最小截面。在采区变电所与工作面之间的低压配电点、采煤工作面的运输巷、回风巷以及由变电所单独供电的掘进工作面，至少应分别设置 1 个局部接地极。在运输巷、回风巷的局部接地极应尽量靠近工作面，其作用是：当运输巷或回风巷中电气设备电缆线路接地芯线断裂时，仍能起到防止人身触电的作用。局部接地极可以设置于巷道水沟内或者其他就近的潮湿处。设置在水沟中的局部接地极应当用面积不小于 0.6 m^2、厚度不小于 3 mm 的钢板或者具有同等有效面积的钢管制成，并平放于水沟深处。至于埋设在其他地点的局部接地极，可采用钢管制成。钢管直径不小于 35 mm，长度不小于 1.5 m，管上至少钻 20 个直径不小于 5 mm 的透孔，以降低接地电阻。

（4）据测定，在 380 V 或 660 V 低压供电系统中，单相接地电流值一般最大不超过 500 mA，因此，靠近工作面的局部接地极的接地电阻应不大于 80 Ω。

（5）采用钢板作接地极水平埋设，接地电阻可按下式计算：

$$R_g=\frac{\rho}{2\pi L}\ln\frac{2L^2}{bh} \tag{3-10-9}$$

式中 L——钢板的长度，cm；

b——钢板的宽度，cm；

h——钢板水平埋深，cm；

ρ——电阻率，Ω·cm。

（6）采用钢管作接地极垂直埋设，接地电阻可按下式计算：

$$R_g=\frac{\rho}{2\pi L}\ln\frac{4L}{d} \tag{3-10-10}$$

式中 L——钢管埋入底板长度，cm；

d——钢管直径，cm；

ρ——电阻率，Ω·cm。

设置在水沟中的局部接地极面积不小于 0.6 m^2 的接地电阻：长度 $L=100$ cm，宽 $b=60$ cm，$h=30$ cm，埋设在水沟中，矿井水的电阻率为 $\rho=3\times10^3$ Ω·cm，代入式(3-10-9)，

$R_g=11.46\ \Omega$。如设在水沟或潮湿处,水沟电阻率为 $\rho=4.2\times10^3\ \Omega\cdot cm$,代入式(3-10-9)计算其接地电阻,$R_g=16.08\ \Omega$。由此可以看出,局部接地极的埋设地点、位置、环境很重要,应设置在水沟或潮湿处。

【执行中应注意的问题】

(1) 隔爆型移动变电站、低压馈电开关既有漏电闭锁功能,又有漏电跳闸功能。漏电跳闸试验用的辅助接地极与局部接地极严禁使用同一接地极。否则,漏电跳闸试验时,接地电压可能击穿设备的微电脑保护装置。

(2) 辅助接地极与局部接地极之间的距离一般应大于 5 m。

第四百七十九条 连接主接地极母线,应当采用截面不小于 50 mm^2 的铜线,或者截面不小于 100 mm^2 的耐腐蚀铁线,或者厚度不小于 4 mm、截面不小于 100 mm^2 的耐腐蚀扁钢。

电气设备的外壳与接地母线、辅助接地母线或者局部接地极的连接,电缆连接装置两头的铠装、铅皮的连接,应当采用截面不小于 25 mm^2 的铜线,或者截面不小于 50 mm^2 的耐腐蚀铁线,或者厚度不小于 4 mm、截面不小于 50 mm^2 的耐腐蚀扁钢。

【释义】 本条是关于连接主接地极母线和电气设备的外壳与接地母线、辅助接地母线或局部接地极连接的接地导线具体规格的要求。

连接井底主、副水仓内主接地极的母线叫接地母线。井下各机电硐室、配电点、采区变电所内与局部接地极连接的母线为辅助接地母线。从接地母线、辅助接地母线与电气设备外壳单独连接的导线称为连接导线;从局部接地极引出的导线称为接地导线。

第四百八十条 橡套电缆的接地芯线,除用作监测接地回路外,不得兼作他用。

【释义】 本条是关于橡套电缆的接地芯线的规定。

橡套电缆的接地芯线是有一定长度和电阻的,橡套电缆接地芯线兼作他用时,接地芯线上有电流通过,各电气设备外壳之间、电气设备外壳与大地之间产生电位差,此电位差容易引起人身触电,产生电火花,有可能引发瓦斯和煤尘爆炸事故。

第七节 电气设备、电缆的检查、维护和调整

第四百八十一条 电气设备的检查、维护和调整,必须由电气维修工进行。高压电气设备和线路的修理和调整工作,应当有工作票和施工措施。

高压停、送电的操作,可以根据书面申请或者其他联系方式,得到批准后,由专责电工执行。

采区电工,在特殊情况下,可对采区变电所内高压电气设备进行停、送电的操作,但不得打开电气设备进行修理。

【释义】 本条是关于井下电气设备检查、维护、调整的有关规定。

(1) 电气设备通常比较复杂,检查、维护和调整具有很强的专业性要求,只有正确地检

查、维护和调整才能保证其安全运行。因此，要求必须由经过专门训练的、经过培训合格的、熟悉设备性能的电气维修工进行。采取工作票和施工措施，确保高压电气设备和线路的修理和调整工作的安全顺利进行。

(2) 工作票是准许在电气设备及系统软件上工作的书面命令，也是执行保证安全技术措施的书面依据。工作票的主要内容有：编号、工作负责人、工作班成员、工作地点和工作内容，计划工作时间、工作终结时间，停电范围、安全措施，工作许可人、工作票签发人、工作票审批人、送电后评语等。施工措施包括组织措施和技术措施。组织措施包括使用工作票制度、工作许可制度、工作监护制度、送电制度、工作间断制度、工作终结和恢复送电制度等。技术措施包括停电、验电、挂接地线、挂停电牌和锁好闭锁装置等。

(3) 高压电气设备的供电范围大，停、送电影响的设备多，停、送电必须统一安排和指挥。例如，风机停电前要撤出人员；送电前要检查瓦斯浓度，不得检修电气设备等工作。多起事故表明，许多误停电、误送电都是由于不熟悉情况且无基本训练的人员擅自操作引起的。专责电工是指专门负责该项操作的电工。为保证人身安全和避免事故发生，高压停、送电的操作，必须有可靠的联系方式，得到批准后，由专责电工执行。

(4) 采区电工的职责是根据采区机器设备状况及时诊断并排除故障、对采区设备设施进行维修保养并保证其正常运行。一般情况下，采区电工是没有维修采区高压电气设备的能力的。当有危及人员安全、安全生产、有可能带来重大事故，且采区电工距采区变电所又比较近等特殊情况时，采区电工可以对采区变电所内高压电气设备进行停、送电的操作。但此工作操作也只仅限于停送电，不得打开电气设备进行修理。

第四百八十二条　*井下防爆电气设备的运行、维护和修理，必须符合防爆性能的各项技术要求。防爆性能遭受破坏的电气设备，必须立即处理或者更换，严禁继续使用。*

【释义】 本条是关于井下防爆电气设备的运行、维护和修理必须符合防爆性能的各项技术要求的规定。

防爆电气设备隔爆性能技术指标，包括隔爆外壳、隔爆结合面、紧固件、电缆连接装置、密封圈、联锁装置、电气间隙和爬电距离等。

(1) 外壳。壳体变形部位边缘的长度(即最长的两点间的直线距离)应不超过 50 mm，且深度应不超过 5 mm；壳体不应有裂纹、开焊或不合格焊缝；壳体内外表面不应有氧化层(锈皮)脱落；安装有轴承转轴且穿过壳体壁的地方均应设置隔爆轴承盖；壳体的隔爆腔之间应保持原设计的隔爆性能，严禁直接贯通；壳体上的透明件(如观察窗或灯具的透明罩)严禁破裂、松动，表面伤痕或磨损深度应小于 1 mm；透明件只允许用原制造厂规定的配件替换；不应进行胶粘金属制成的壳体，内表面应涂耐弧漆修理；金属制成的壳体内表面应涂耐弧漆。

(2) 隔爆结合面。隔爆结合面结构参数应符合《爆炸性环境 第 2 部分：由隔爆外壳“d”保护的设备》(GB 3836.2)的规定。机械伤痕，其深度、宽度均不超过 0.5 mm，其剩余无伤隔爆面有效宽度 L' 应不小于规定宽度 L 的 2/3；伤痕两侧高于无伤表面的凸起部分应磨平。无伤隔爆结合面的有效宽度 L' 计算如图 3-10-5 所示。局部出现的直径不大于

1.0 mm、深度不大于 1.0 mm 的砂眼,在宽度 L 为 40.0 mm 和 25.0 mm 的隔爆面上每平方厘米应不超过 3 个,宽度 L 为 12.5 mm 的隔爆面上每平方厘米应不超过 2 个。隔爆结合面的锈迹,经擦拭后不应留有锈蚀斑痕;隔爆结合面上不应有油漆或杂物;隔爆结合面表面应进行防锈处理。

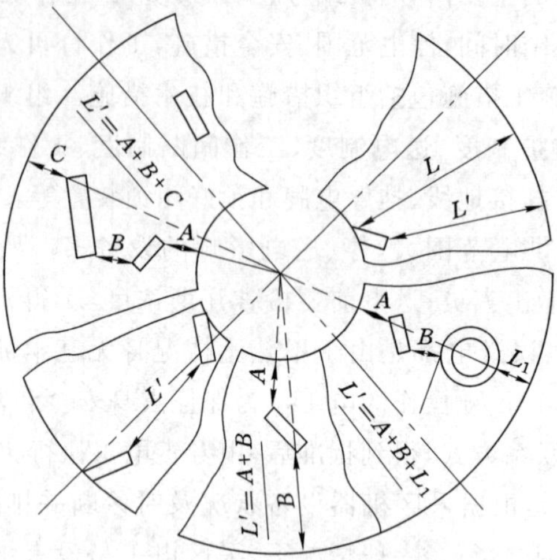

L'—无伤隔爆面有效宽度;L—隔爆面隔爆结合面规定宽度;
L_1—隔爆结合面螺孔边缘至隔爆面边缘最短有效宽度

图 3-10-5 无伤隔爆结合面的有效宽度计算

(3) 紧固件。紧固用螺栓、螺母能防止紧固件因振动而松脱,弹簧垫圈应与螺栓规格相配套,弹簧垫圈应压平;螺栓拧入螺孔的长度不小于螺栓的直径(铸铁、铜、铝件不小于螺栓直径的 1.5 倍);螺栓或螺钉没有垫圈而完全拧入螺孔时,螺孔底部应留有螺纹裕量。双头螺栓应固定牢固。

(4) 带弹性密封圈的电缆引入装置。

① 未接线的电缆引入装置有密封圈、金属挡板、金属垫圈并用压紧元件(即喇叭嘴)压紧;已接线的电缆引入装置,应依次有压紧元件、金属垫圈、密封圈,并用压紧元件压紧。压紧元件压紧后,压紧元件与联通节应有大于或者等于 1 mm 的间隙。压紧元件可以是压盘式或螺纹式。

② 有电缆压线板的电缆引入装置,电缆必须用压线板压紧,压紧电缆后的压扁量不得超过电缆直径的 10%,压线板与压紧元件缺口平面之间应留有大于或者等于 1 mm 的裕量。

③ 金属挡板直径(金属垫圈外径)与引入装置内径差应符合表 3-10-6 的要求。金属挡板厚度应不小于 2 mm,且无锈蚀;金属垫圈内径应符合如下要求:(外径－内径)/2 应大于或者等于压紧元件的压紧部位的壁厚,同时内径应大于电缆外径至少 1 mm;金属垫圈厚度应不小于 2 mm。

表 3-10-6 密封圈外径与电缆引入装置内径

D_a/mm	$D_{ab}-D_a$/mm
$D_a \leqslant 20$	$\leqslant 1$
$20 < D_a \leqslant 60$	$\leqslant 1.5$
$D_a > 60$	$\leqslant 2$

注:D_a—密封圈外径、金属垫圈外径、金属挡板直径。D_{ab}—引入装置内径。

④ 密封圈内径与电缆外径差应小于 1 mm,芯线截面积 4 mm² 及以下电缆的密封圈内径应不大于电缆外径。

⑤ 密封圈的宽度不小于电缆外径的 0.7 倍,且不小于 10 mm,厚度应大于外径的 0.3 倍(芯线截面积 70 mm² 及以上的电缆除外),且不小于 5 mm;密封圈应完整、无破损。

⑥ 挡板直径与进出线装置内径之差应不大于 2 mm,厚度不小于 2 mm,金属圈外径与进出线装置内径之差应不大于 2 mm,厚度应不小于 1 mm。

⑦ 橡套电缆的护套应伸入接线腔器壁内 5～15 mm。

⑧ 隔爆接线腔内导线的电气间隙应符合要求。

(5) 铠装电缆引入装置采用填料密封,应采用符合规定的绝缘密封胶(填料)封至叉口以上 40 mm。未接线的铠装电缆引入装置,应采用与电缆引入装置法兰厚度、直径相符并符合隔爆要求的钢垫板封堵压紧。

(6) 联锁装置。为使某一防爆型式用的联锁装置起作用,其结构应非专用工具不能轻易解除它的联锁功能。开关合闸位置,开关门不能打开,开关门打开位置时,开关手把不能送电。隔离开关置零位时自动联锁切除断路器(接触器),隔离开关的操作把手置于零位后,负荷侧不得带电。

【执行中应注意的问题】

(1) 防爆型电气设备只有在符合防爆性能的各项技术要求时,才能起到防爆作用。如果达不到防爆性能要求,则失去了防爆能力,就可能因自身正常工作时产生的电火花或故障火源引燃瓦斯或煤尘,造成重大事故。

(2) 井下运行的防爆电气设备必须保证台台防爆,失爆的电气设备必须立即更换。

第四百八十三条 *矿井应当按表 17 的要求对电气设备、电缆进行检查和调整。*

表 17 电气设备、电缆的检查和调整

项　　目	检查周期	备　　注
使用中的防爆电气设备的防爆性能检查	每月 1 次	每日应当由分片负责电工检查 1 次外部
配电系统断电保护装置检查整定	每 6 个月 1 次	负荷变化时应当及时整定
高压电缆的泄漏和耐压试验	每年 1 次	
主要电气设备绝缘电阻的检查	至少 6 个月 1 次	

表 17(续)

项　目	检查周期	备　注
固定敷设电缆的绝缘和外部检查	每季 1 次	每周应当由专职电工检查 1 次外部和悬挂情况
移动式电气设备的橡套电缆绝缘检查	每月 1 次	每班由当班司机或者专职电工检查 1 次外皮有无破损
接地电网接地电阻值测定	每季 1 次	
新安装的电气设备绝缘电阻和接地电阻的测定		投入运行以前

检查和调整结果应当记入专用的记录簿内。检查和调整中发现的问题应当指派专人限期处理。

【释义】 本条是对电气设备和电缆进行检查、调整的有关规定。

(1) 加强对电气设备的检查,是提高设备完好率和减少事教发生的一项行之有效的措施。检查和定期的专项检查。电气设备的检查分日常巡查。对电气设备的检查要求是:专职电气维护工,每天对所负责的电气设备的防爆性能进行一次专项防爆检查。防爆检查组对井下使用中的防爆电气设备的防爆性能实施监督检查,对事故隐患提出处理意见,并有权停止使用。防爆设备不经防爆检查员检查不准发给合格证,不准入井使用。为了进一步加强井下电气设备防爆检查,杜绝电气设备失爆,消灭电气火源,确保井下安全生产,《规程》规定:每月要对使用中的电气设备的防爆性能进行一次检查,通过建立自上而下的设备防爆检查体系,强化电气设备防爆管理,为煤矿安全生产创造一个安全的工作环境。

(2) 配电系统继电保护的任务是:① 当被保护设备或线路发生故障时,保护装置应能自动迅速、有选择性地借助断路器将故障设备或电路从电力系统中切除,以保证系统其他部分正常运行,并使故障设备免于继续遭受损坏,减轻故障危害,防止事故蔓延。② 当设备出现不正常运行状态时,保护装置一般发出报警信号,以便及时采取措施,防止事故发生。在矿井中,保护装置一般是使开关跳闸。

井下的实际负荷是经常发生变化的,例如采煤工作面随着回采负荷在逐步减小,掘进工作面随着向前推进,负荷在逐步增大,随着负荷的变更要求及时对相应的开关过流整定值进行调整,以满足实际需要。井下即使是固定设备固定地点,但是在运转定时间后,各种开关的继电保护参数随着供电时间的增长,故障跳闸后的再次操作,继电保护参数有可能发生变化;低压开关可能因长时间运行,过流拉簧产生疲劳也在所难免;高压防爆开关,尤其是高压真空开关采用插件保护,各种电气元器件随着开关操作和故障跳闸、环境变化等,元器件的性能和参数均有可能发生变化。综合多方面的因素,配电系统断电保护装置检查整定每 6 个月 1 次,负荷变化时应当及时整定。

(3) 高压电缆供电范围和负荷量都比较大,一旦高压电缆停电会造成减产和危及矿井的安全。高压电缆供电电压高,如发生短路、绝缘损坏等故障,则将造成人身触电伤亡事故。高压电缆的泄漏和耐压试验可以发现绝缘电阻测定过程中不能发现的绝缘缺陷,能较好地反映出电缆受潮、绝缘下降、劣化和局部缺陷等方面的问题，做到隐患早发现、早排除，确保井下安全供电。因此，要求高压电缆的泄漏和耐压试验每年1次。

(4) 主要电气设备绝缘电阻的测试是一种非破坏性的电气设备绝缘水平的试验方法。通过测试绝缘电阻可以查明电气设备的漏电、受潮及质量情况。随着环境与季节的变化，井下电气设备在运行中其绝缘性能也发生变化，通过定期对主要电气设备的绝缘电阻进行检查，可以提前发现问题，采取措施，防患于未然，确保主要电气设备安全运行。

(5) 保护接地网各点的接地电阻值随着接地环境的变化而变化，只有在接地电网的接地电阻值不超过2 Ω时，才能保证漏电电流不大于极限安全电流，才能保证人身安全，不致因漏电而引起瓦斯和煤尘爆炸事故，因此，接地电网接地电阻值测定每季1次。

【执行中应注意的问题】

(1) 配电系统继电保护装置是保证电气设备安全运行，防止事故蔓延，减轻故障危害的有效措施。设备容量发生变化时，过流保护装置的整定值必须重新测试。

(2) 普通型接地电阻测试仪、兆欧表、万用表在煤矿井下使用时，其环境瓦斯浓度不得超过0.5%。

第八节　井下电池电源

第四百八十四条　井下用电池（包括原电池和蓄电池）应当符合下列要求：

（一）串联或者并联的电池组保持厂家、型号、规格的一致性。

（二）电池或者电池组安装在独立的电池腔内。

（三）电池配置充放电安全保护装置。

【释义】　本条是关于井下用电池的规定。

(1) 两个电压等级不同的蓄电池不能并联使用，电压高的蓄电池会向电压低的蓄电池充电，低压的蓄电池成了负载；同样，充电也不可以并联。两个容量不相等的电池额定充电、放电电流是不一样的，长期串联使用端电压高的那个电池就容易损坏，即两个电压等级不同的蓄电池也不能串联充电、放电。不同厂家、型号和规格的电池其电压等级、容量、内阻、最大容许电流等参数都有差异，所以串联或者并联的电池组应保持厂家、型号、规格的一致性。

(2) 电池或者电池组安装在独立的电池腔内，可以对电池或电池组进行保护，也能防止其相互影响，对电池腔进行统一编号，便于管理。

(3) 在整个电池系统使用过程中，最容易引起安全事故的环节是电池的过充、过放，因电池组在充放电过程中可能产生大量热量导致电池燃烧或者爆炸，直接导致安全事故。电池配置充放电安全保护装置，具有过充电、过放电、过流、温度等多种保护功能，可以避免电池过充或过放。

【执行中应注意的问题】

(1) 目前矿用设备中常见的蓄电池主要有铅酸蓄电池、镍镉蓄电池、镍氢蓄电池和锂电池蓄电池四大类。铅酸蓄电池早年在煤矿井下电机车应用比较广泛，技术成熟，价格便宜，但其电池能量密度低，寿命短，在充电时电解硫酸铅会析出氢离子，造成潜在的安全隐患。

镍镉蓄电池的应用仅次于铅酸蓄电池，广泛地应用于通信工具、电动工具等，但是镉具有污染性。镍氢蓄电池与相同体积的镍镉蓄电池相比，容量增加一倍，充放电循环寿命也较长，并且没有记忆效应，但是在对镍氢电池进行充电时很容易产生氢气。锂电池蓄电池具有寿命长、容量大、安全性高、环保性优越等特点，越来越多地被广泛采用。

(2) 锂电池蓄电池中最具优越性的是磷酸铁锂电池，其已成为铅酸电池最好的替代品。钴酸锂离子电池已经淘汰，禁止在煤矿中使用。

第四百八十五条 使用蓄电池的设备充电应当符合下列要求：

(一) 充电设备与蓄电池匹配。

(二) 充电设备接口具有防反向充电保护措施。

(三) 便携式设备在地面充电。

(四) 机车等移动设备在专用充电硐室或者地面充电。

(五) 监控、通信、避险等设备的备用电源可以就地充电，并有防过充等保护措施。

【释义】 本条是关于使用蓄电池的设备充电应遵守的规定。

(1) 蓄电池对充电的基本要求：充电电流应小于或者等于蓄电池可接收充电电流，否则，过剩的电流会使电解液过快地消耗掉，产生以下危害：加大蓄电池的失水率，增加维护工作量，对于免维护电池，会造成蓄电池的早期失效；产生酸雾，造成环境污染，危害工人身体健康；使充电效率降低，造成能源的严重浪费。

(2) 当电池充电时正负极反接就会发生反向充电，此时不是对电池(组)充电，而是对外放电，电池(组)性能被破坏，严重时电池(组)就报废了。防反向充电保护措施可以通过机械装置或电气装置来实现，充电接口极性反向时使充电接口无法连接；也可以通过电池充电管理系统来实现，反向充电时自动报警并停止充电。

(3) 由于蓄电池的长期使用，在充电过程中可能发生短路、温度升高、漏液等故障，为了确保充电安全，便携式设备在地面充电，机车等移动设备在专用充电硐室或者地面充电，监控、通信、避险等设备的备用电源功率比较小，可以就地充电，但必须有有防过充等保护措施。

【执行中应注意的问题】

(1) 充电硐室应满足《规程》第一百六十七条的规定，特别注意井下充电硐室必须有独立的通风系统，回风风流应当引入回风巷。

(2) 矿井应建立充电硐室管理制度，特别应注意制定防灭火措施和防氢气超标措施。

第四百八十六条 禁止在井下充电硐室以外地点对电池(组)进行更换和维修，本安设备中电池(组)和限流器件通过浇封或者密闭封装构成一个整体替换的组件除外。

【释义】 本条是关于在井下充电硐室对电池(组)进行更换和维修的规定。

在井下更换和维修电池(组)，可能产生短路电流和电气火花，具有引爆瓦斯和煤尘的危险。井下充电硐室具有良好的通风、防灭火、照明、防氢气浓度过高的设备和设施，是专门用于电池充电、维修和更换的，在其中对电池(组)进行更换和维修是安全的。

本安设备中电池(组)和限流器件通过浇封或者密闭封装构成一个整体替换的组件，只有输出端子暴露在外，即使正负极接错发生短路，限流器件也会把短路电流控制在安全的范围，不会引爆瓦斯和煤尘等。

第十一章　监控与通信

第一节　一般规定

第四百八十七条　*所有矿井必须装备安全监控系统、人员位置监测系统、有线调度通信系统。*

【释义】　本条是关于矿井装备安全监控系统、人员位置监测系统、有线调度通信系统的规定。

矿井安全监控系统除具有就地监测甲烷、风速、风压、一氧化碳、温度、馈电状态、设备开停、风门开合、烟雾等参数或状态等功能外，还具有中心站遥控断电/复电功能、异地断电/复电功能、模拟量实时/历史数据/曲线显示打印功能以及网络通信报警等功能，使得煤矿安全生产监测监控更可靠、处理事故更及时，可最大限度地提高安全管理、生产调度水平。

所有矿井都装备安全监控系统，也是落实瓦斯治理"先抽后采、以风定产、监测监控"十二字方针的具体措施。"监测监控"是十二字方针不可分割的重要组成部分，是防止瓦斯事故的重要防线和预警、保障措施。高瓦斯矿井、煤(岩)与瓦斯突出矿井必须装备矿井安全监控系统，低瓦斯矿井虽然瓦斯涌出量较小，如果通风管理不善，在无风、微风的状态下，仍然会形成瓦斯积聚，导致瓦斯事故。低瓦斯矿井发生瓦斯爆炸和燃烧事故的比例并不亚于高突矿井，尤其乡镇集体(个体)煤矿(大多为低瓦斯矿井)发生瓦斯事故造成的伤亡人数和百万吨死亡率都高于国有煤矿的高突矿井，甚至一些低瓦斯矿井还发生了重大或特别重大瓦斯爆炸事故。例如，1996 年 11 月 27 日，山西省大同市新荣区郭家窑乡东村煤矿(低瓦斯矿井)发生了死亡 110 人的瓦斯煤尘爆炸事故；1997 年 12 月 10 日，河南省平顶山市石龙区五七(集团)公司大井(低瓦斯矿井)发生了死亡 79 人的瓦斯爆炸事故等。

人员位置监测系统以现代无线电编码通信技术(RFID)为基础，应用现代无线电通信技术中的信令技术及无线发射接收技术，结合目前流行的数据通信、数据处理及图形展示软件等技术。系统能够及时、准确地将井下各个区域人员和移动设备情况动态反映到地面计算机系统，使管理人员能够随时掌握井下人员和移动设备的总数及分布状况；系统还能跟踪干部跟班下井情况，每个矿工入井、出井时间及运动轨迹，以便于企业进行更加合理的调度和管理。当事故发生时，救援人员可以根据系统所提供的数据、图形，及时掌握事故地点的人员和设备信息，也可以通过求救人员发出的呼救信号，进一步确定人员位置及数量，及时采取相应的救援措施，提高应急救援工作的效率。

煤矿企业必须建设井下通信系统，并按照在灾变期间能够及时通知人员撤离和实现与避险人员通话的要求，进一步建设完善通信联络系统。在主副井绞车房、井底车场、运输调度室、采区变电所、水泵房等主要机电设备硐室和采掘工作面以及采区、水平最高点安设电话。井下避难硐室(救生舱)、井下主要水泵房、井下中央变电所和突出煤层采掘工作面、爆破时撤离人员集中地点等，必须设有直通矿调度室的电话。要积极推广使用井下无线通信系统、井下广播系统。发生险情时，要及时通知井下人员撤离。

【执行中应注意的问题】

(1) 系统管理。煤矿安全监控、人员位置监测、有线调度通信系统的功能、性能必须符合国家行业标准规定的技术要求，这方面工作主要由生产厂家负责完成；系统的管理、使用必须符合《规程》和国家行业标准规定的使用规范，这方面主要由煤矿企业负责实施。《规程》和行业标准中的全部技术内容均为强制性条款(表 3-11-1)。

表 3-11-1　煤矿安全监控、人员位置监测、有线调度通信系统的概况

系统	行业标准	发布部门	内容	主要实施部门
煤矿安全监控系统	《煤矿安全监控系统通用技术要求》(AQ 6201—2019)	应急管理部	性能要求	生产厂家
	《煤矿安全监控系统及检测仪器使用管理规范》(AQ 1029—2019)		使用规范	煤矿企业
煤矿人员定位系统	《煤矿井下作业人员管理系统技术条件》(AQ 6210—2007)	原国家安全生产监督管理总局	性能要求	生产厂家
	《煤矿井下作业人员管理系统使用与管理规范》(AQ 1048—2007)		使用规范	煤矿企业
有线调度通信系统	《煤矿生产调度通信系统通用技术条件》(MT 401—1995)	原能源部	性能要求	生产厂家
	《规程》(2022)(第五百零七条)	原国家安全生产监督管理总局	功能及使用规范	生产厂家 煤矿企业

(2) 制度预案。煤矿要建立健全煤矿安全监控管理制度，制度要以矿文下发。监控管理部门内部还要建立各类岗位责任制度，如监控中心岗位责任制、监控值班岗位责任制、实验室岗位责任制、井下监控工巡检制度以及中心站监控定义操作流程、现场调校操作规程等，有些制度可以根据矿情合并。煤矿还要建立矿级层面的《瓦斯事故应急处理预案》《监控故障应急处理预案》。

(3) 机构设置。煤矿要成立煤矿安全监控系统的使用管理机构。鉴于监控系统具有准确反应现场情况、强制切断生产用电、配合提供事故现场数据等监督管理效能，其管理使用不应受其他部门干扰，所以安全监控管理部门应独立于通风区、机电科等生产科区，由矿总工程师直接分管。

(4) 人员配备。煤矿还要配备专业技术人员，配齐安全监控系统的技术管理、现场维护的专业技术人员和监控工。井下监控工要具有特殊工种合格证，地面监控操作人员要有上岗合格证，在岗人员的特殊工种合格证、上岗合格证必须在有效期内。企业应特别注意为煤矿培养精通强电、弱电的监控专业方面的工人技师，培养了解计算机、电子、通风、机电等方面的技术人员。

(5) 报表台账。监控管理部门必须按照《煤矿安全监控系统及检测仪器使用管理规范》(AQ 1029—2109)要求建立报表台账,台账要随着系统、设备的变化及时修改。

(6) 安装使用。煤矿井下所有采、掘、打钻等施工地点必须按规定安设传感器、断电仪,煤矿安全监控必须做到安装率100%、断电率100%。注意监控系统与单体断电仪的区别,煤矿安全监控系统中的参数采集和断电控制应实时在线,不能失控,否则要实施故障闭锁,对受影响区域实现断电控制。

(7) 应急联动。各系统还应具备联动功能,符合《煤矿安全监控系统升级改造技术方案》(矿安监函〔2016〕5号)要求,即:发挥安全监控系统在矿井突出紧急情况下应急处置的及时性、准确性,在瓦斯超限、监控断电等需立即撤人的紧急情况下,监控系统自动与应急广播、通信、人员位置监测等系统应急联动,发出应急指令。

注:煤矿和日常工作中一般将"人员位置监测系统"称作"人员定位系统",下文中,两种称呼并行使用。

第四百八十八条 编制采区设计、采掘作业规程时,必须对安全监控、人员位置监测、有线调度通信设备的种类、数量和位置,信号、通信、电源线缆的敷设,安全监控系统的断电区域等做出明确规定,绘制安全监控布置图和断电控制图、人员位置监测系统图、井下通信系统图,并及时更新。

每3个月对安全监控、人员位置监测等数据进行备份,备份的数据介质保存时间应当不少于2年。图纸、技术资料的保存时间应当不少于2年。录音应当保存3个月以上。

【释义】 本条是关于安全监控、人员位置监测、有线调度通信设备的规定。

本条将安全监控、人员位置监测、有线调度通信设备的安装使用提前到采区设计和采掘作业规程编制阶段,这是把煤矿的安全监控、人员位置监测、有线调度通信提高到与采区建设同时进行的高度,将生产准备、设备安装与安全监控、人员位置监测、有线调度通信设备安装同步进行,充分重视煤矿安全监控工作。由于安全监控从设计采区时开始进行,这就在资金方面、物资方面、场地方面、施工方面等得到可靠保障。由于安全监控、人员位置监测、有线调度通信设备在采区建设初期投入,所以在采区建设基本完成后,安全监控、人员位置监测、有线调度通信设备就可以启动运行,尽早使安全监控工作起到安全保障作用。

安全监控设备布置图和断电控制图是安全监控系统的重要技术图纸,规定其反映的内容,是便于全面准确地了解所监测部位的情况,便于分析和查找问题,及时调整和优化安全监控系统设备布置和分析断电控制是否符合规定。如果监测、报警、控制的位置不正确,或没有及时调整位置,监控系统就不能发挥作用,甚至造成误动作、误判断。监控系统设备布置图应该在通风系统图的基础上绘制,图上应标注主要进回风方向、采区风流方向、采面进回风方向、掘进工作面进回风方向;图纸必须标明分站、电源、传感器、声光报警器、断电器、馈电、中心站等设备的位置,接线、传输线缆、供电电缆型号,传感器标明报警值、断电值、复电值。断电控制图应该在供电系统图的基础上绘制,应标明甲烷传感器、馈电传感器和分站的位置,断电范围,被控开关名称和编号,被控开关的断电接点和编号。

【案例】 2007年7月29日，河南省陕县支建煤矿东风井因暴雨引发地面洪水，经露头铝土矿坑和矿井老巷渗入井下，冲垮三道密闭，导致+260 m水平巷道被淹。在救援过程中有两条压风管道可以利用，通信线路没有中断。救援人员通过压风管道向井下输送新鲜风流和牛奶 。被困人员通过电话及时将被困人数、位置和状况向地面汇报，为救援提供了准确信息，缩短了救援时间。同时通过该电话被困人员得到了安抚，增强了生还信心。最终被困69人成功获救。

【执行中应注意的问题】

(1) 规程措施的编制会审。煤矿采掘等施工的作业规程、技术措施中应有安全监控、人员定位、有线通信方面的内容，且有该部门技术人员会审签字。以上三套系统正常运行后，采、掘工作面才可以开始正常生产。作业规程中还应根据煤矿自身实际，对采掘工作面传感器的挪移悬挂、监管监护、调校维护等做出具体规定。

(2) 规程措施的层级关系。煤矿安全监控管理规定较多，编制作业规程和技术措施时要注意规定中的上下层级关系。涉及安全监控管理规定的有以下几种：

① 部门规章。《规程》。

② 行业标准。《煤矿安全监控系统通用技术要求》(AQ 6201—2019)；《煤矿安全监控系统及检测仪器使用管理规范》(AQ 1029—2019)；《煤矿用低浓度载体催化式甲烷传感器》(AQ 6203—2006)；《矿用断电控制器》(MT/T 1079—2008)等。

③ 地方文件。如《安徽省煤矿瓦斯综合治理与利用办法》(皖政办〔2011〕62)等。

④ 企业制度。如《淮南矿业集团安全监控系统管理办法》(集政〔2008〕295)，煤矿根据《规程》和相关规定，结合本矿实际制定的制度。

⑤ 作业规程、安全措施。矿井按照采掘情况编制的作业规程，针对现场变化采取的安全技术措施和措施月度会审意见等。

上述制度规定中，从效力来说，部门规章＞行业标准＞地方规范性文件＞企业制度＞施工措施，禁止出现反向行为。其中“T”表示推荐性规范，不作强制要求。每个文件的序号后面均有年份标注，同样序号，年份靠后的文件代替较早者。很多过期或被废止的地方规定不能从文件序号或名称中体现，执行时应注意。

(3) 规程措施中的图纸资料。

① 安全监控布置图、人员位置监测图、井下生产调度通信系统图应以矿通风系统图为底图。除本条款要求外，图中必须绘有进回风路线、主通风机、局部通风机、风门等通风设施，使得紧急情况下，便于地面调度指挥开展现场救助、人员有序撤离、及时排除险情等。出现通风系统调整、采掘工作面生产或关闭、硐室贯通等影响通风系统的要及时随通风系统图的更改及时修订。

② 监控断电控制图应以矿供电系统图为底图。采掘工作面的供电系统图应随设备、供电等变动而更改，监控断电控制图也应及时修订。

采掘工作面作业规程中的供电系统图往往是采掘工作面的配电设计图，工作面生产准备过程中，变动较大，所以采掘工作面正式生产后的初次会审就要根据实际情况及时修订监控断电控制图。

③ 系统还应绘制网络拓扑图。系统网络拓扑图使得矿井安全监控系统的接入接出、环网设备、病毒防范等网络设置和布局一目了然，在监控系统的规划设计、网络优化等方面起

到提纲挈领的指导作用;在日常检修维护、故障查找等方面发挥良好的帮助作用。

(4) 监控中心还应配备地面行政与井下生产电话,该两部电话均应有屏显、回拨、存储、录音、回放、音频导出等功能。

(5) 安全监控和人员定位系统的数据存、取较为专业,矿应要求系统厂家做好培训工作,管理好存储介质。实际工作中,调取存储在介质中数据的现象很少出现,长期不使用,存、取办法易于忘记,所以应详细记录操作流程,防止遗忘。实际工作中,要认真整理档案目录,防止出错。有时候,存储的数据受系统程序更新影响,新程序不能打开老数据,监控部门还要注意存储已淘汰的应用程序。

第四百八十九条 矿用有线调度通信电缆必须专用。严禁安全监控系统与图像监视系统共用同一芯光纤。矿井安全监控系统主干线缆应当分设两条,从不同的井筒或者一个井筒保持一定间距的不同位置进入井下。

设备应当满足电磁兼容要求。系统必须具有防雷电保护,入井线缆的入井口处必须具有防雷措施。

系统必须连续运行。电网停电后,备用电源应当能保持系统连续工作时间不小于 2 h。

监控网络应当通过网络安全设备与其他网络互通互联。

安全监控和人员位置监测系统主机及联网主机应当双机热备份,连续运行。当工作主机发生故障时,备份主机应当在 5 min 内自动投入工作。

当系统显示井下某一区域瓦斯超限并有可能波及其他区域时,矿井有关人员应当按瓦斯事故应急救援预案切断瓦斯可能波及区域的电源。

安全监控和人员位置监测系统显示和控制终端、有线调度通信系统调度台必须设置在矿调度室,全面反映监控信息。矿调度室必须 24 h 有监控人员值班。

【释义】 本条是关于装备安全监控系统的规定。

煤矿安全监控设备之间必须使用专用阻燃电缆或光缆连接,严禁与调度电话电线和动力电缆等共用,以确保其本质安全性能,并保证监控信号电缆发生故障时,还可通过电话及时了解井下现场瓦斯浓度信息。因为电缆的分布参数直接与信号传输有关,监控系统要根据电缆的最大传输距离和相关的分布参数进行传输信号的本质安全性能试验,电缆的型号由厂家在使用说明书中给出,是经过严格计算确定的,用户不得擅自更改。

监控系统必须具有防雷保护功能,在电缆入井口处采取防雷措施,有两个主要作用:一是防止雷电产生的高压击毁监控系统;二是防止雷电进入井下,在爆炸性气体环境中引起瓦斯爆炸。

为了实现电网停电后,能够对甲烷、风速、风压、一氧化碳以及主要通风机、局部通风机开停,风筒状态等参数的监控,系统必须连续运行。电网停电后,备用电源应能保持系统连续工作时间不小于 2 h。井下监控分站必须配有备用电池。

煤矿安全监控系统的主机及系统联网主机必须双机备份,也可以做到多级备份,24 h 不间断运行。当工作主机发生故障时,备份主机应在 5 min 内投入工作。

安全监控和人员位置监测系统显示和控制终端、有线调度通信系统调度台必须设置在矿调度室,实现 24 h 值班,当发现井下采掘工作面瓦斯浓度等数据异常时,便于及时采取措施处理。

【执行中应注意的问题】

(1) 有线调度系统不可替代。在无线通信、网络 IP 流行时代,煤矿有线调度系统具有性能成熟可靠、使用简单方便、终端遍布井下生产地点等特点,特别是全矿井长时间停电情况下,安设于地面,大容量、易更换的后备电源可为井下安全避险、抢险救灾提供稳定可靠、长期供电的语音通信,具有不可替代的作用。所以,有线调度系统电缆应专敷专用,不得占用。

(2) 安全监控系统应独立建网。

图像监视系统占用带宽较多,会严重影响同一链路中的其他系统运行,所以严禁安全监控系统与图像监视系统共用同一芯光纤。安全监控、人员定位等多套安全避险系统处于同一个网络中时,要有严格论证、相应设置和安全策略,不能简单地混合在一起。实际上,安全监控系统作为矿井紧急避险系统之一,直接服务于采掘生产一线,实时监测煤矿危害最重的环境瓦斯,快速切断可能引起灾害的设备电源,其数据通信及响应时间均应在最佳状态,安全级别应列为最高级,所以安全监控系统应坚持独立建网,通过网络安全设备与外网单向联通,不建议与其他系统共用同一网络。

(3) 安全监控系统要建立冗余环网。通信光缆铺设的初始设计中必须考虑构建光纤环网,冗余环网可有效降低光纤回路中光缆损坏、接头接触不良等故障造成的网络中断、系统停摆等事故。光纤环网要做到:

① 监控主干通信的交换机均应设置在环网中。

② 监控通信主光缆应从不同井筒入井形成真正环网,如图 3-11-1 所示。如果必须布置在同一井筒中,则入井的 2 根光缆应分设在井筒两侧。经验告诉我们,即使两个井筒相距较远且环网中的一路从地面绕行,也比在一个井筒进入两根光缆构成的环网要安全得多。

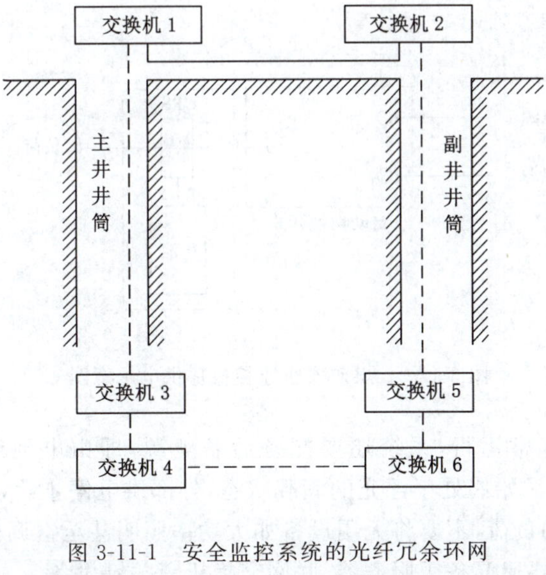

图 3-11-1　安全监控系统的光纤冗余环网

③ 进入井底的光缆应从井底车场向两个方向延伸,防止巷道垮落后环网中的两根光缆同时损坏,造成环网链条多处断开,部分交换机通信中断。

④ 暂时无法布置环网双光缆的地点,如地面郊外通风机房、抽采泵房等,可从单条光缆中抽取其他 2 芯暂时形成环网,能够有效避免光接头接触不良等造成通信中断的现象。

(4) 监控系统应具备抗电磁干扰性能。《煤矿安全监控系统升级改造技术方案》(矿安监函〔2016〕5 号)对安全监控系统提出了较高的抗电磁干扰标准,煤矿应选择合格、标准的煤矿安全监控系统。系统和中心站要在厂家的指导下安装、管理和维护。

(5) 监控系统要符合防雷规定。国家防雷方面的规定摘录如下。

①《规程》第四百五十五条规定,井上、下必须装设防雷电装置,并遵守下列规定:由地面直接入井的轨道、金属架构及露天架空引入(出)井的管路,必须在井口附近对金属体设置不少于 2 处的良好的集中接地。

②《煤矿安全监控系统及检测仪器使用管理规范》(AQ 1029—2019)9.1.3 条,中心站设备应有可靠的接地装置和防雷装置。

③《煤矿安全监控系统通用技术要求》(AQ 6201—2019)5.5.13 条,系统应具有防雷功能。分别在传输接口、入井口、电源等处采取防雷措施。

(6) 井下监控电缆的吊挂要符合相关规定。《规程》第三百六十四条第四款、四百六十四条、四百六十五条和四百六十七条对井巷中的电缆线吊挂进行了明确要求。

注意:为了安全生产标准化达标,有的矿井要求巷道中的电缆"一条线",又直又紧,不能有弧度。这样虽然好看,但在矿井巷道压力下,通信电缆的内部芯线损伤严重,极易造成"抽筋断",断点查找非常困难,出现信号中断往往整段电缆全部扔掉换新,所以《规程》第四百六十四条对此进行了规定,要求悬挂的电缆应有适当弛度。

(7) 安全监控系统供电可靠。安全监控系统的地面监控中心站一般由两条来自不同变压器的电源线路供电,且两条线路均应保持正常有电,即热备用状态,如图 3-11-2 所示。两条供电线路由自动切换开关控制,一条供电线路故障,另一条自动投入运行。开关的切换动作应快速、平滑、无阻碍。

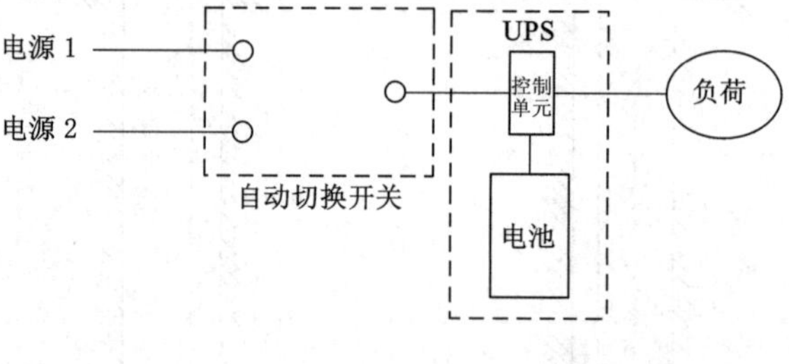

图 3-11-2　煤矿安全监控机房供电示意图

为确保安全监控正常运行,系统还要配备后备电源,即由电池组和控制单元组成的 UPS 不间断电源,该电源始终处于浮充的满载状态,外部供电停止后,UPS 可以自动投入供电。应优化后备电源的负荷,不要将无用设备如大功率照明甚至空调放入 UPS 负荷内。绘制供电系统图,注意不要遗漏备用服务器、联网交换机等关键设备。

(8) 安全监控和人员定位系统的主备机要做到以下几个方面:

① 双机热备。安全监控或人员定位中心站应采取主、备机均实时运行,双机相互热备,任何一台故障,另一台随时投入使用的方案。

② 快速切换。主、备机通过心跳线相连，心跳线一般为 RS232 接口或由 RJ45 网口兼顾，双方均安装有监测对方系统运行情况的软件，备用机通过心跳线监视工作机，一旦工作机宕机，备机立即在规定时间内快速启动程序，继续工作。

③ 自动备份。安全监控或人员定位主机的每一次定义、增减、修改设备的配置情况都会自动通过网络传至备机或数据库服务器。一旦监控系统主机出现故障，监控系统备机检测到主机存在问题，备机会在规定的时间内自动启动，从本机数据库或数据库服务器中快速导入系统设备配置数据，全面接管系统主机的工作，监控系统得以迅速恢复正常运行。系统主机故障排除，可以重新投入使用，应人工切换回主机，或直接作为备机使用。

有条件的矿井还应增配装有整套完整监控应用程序的冷备服务器，定期将在用服务器的设备配置参数手工拷入冷备服务器以备随时起用。冷备服务器平时不开机，与在用供电电源脱离。

安全监控和人员定位系统的数据上传实现了监控数据与上级部门的互联互通，上级部门可以及时了解煤矿瓦斯超限、井下作业人员的活动情况。所以，数据上传服务器或前置机也应采取双机冗余运行的方案。

(9) 由于安全监控、人员位置监测系统的显示和控制终端、有线调度通信系统调度台设置在矿调度室，形成系统机房和控制中心分为两地的情况，为防止机房出现意外，系统机房与控制中心要布局合理，加强巡视，必要时安设摄像头，在控制中心可以监测系统机房情况。

第二节　安全监控

第四百九十条　安全监控设备必须具有故障闭锁功能。当与闭锁控制有关的设备未投入正常运行或者故障时，必须切断该监控设备所监控区域的全部非本质安全型电气设备的电源并闭锁；当与闭锁控制有关的设备工作正常并稳定运行后，自动解锁。

安全监控系统必须具备甲烷电闭锁和风电闭锁功能。当主机或者系统线缆发生故障时，必须保证实现甲烷电闭锁和风电闭锁的全部功能。系统必须具有断电、馈电状态监测和报警功能。

【释义】　本条是关于煤矿安全监控设备有关要求的规定。

本质安全型防爆电气设备具有防爆安全性能好、体积小、重量轻、电缆上传递的信号安全可靠等优点，用于爆炸性环境的煤矿安全监控设备应优先采用本质安全型。本质安全型电气设备的防爆性能，不仅取决于电路的电气参数，还要有结构上的保证，除了能防止电火花的引爆以外，还能防止设备的表面温度、外壳的静电火花及摩擦火花的引爆，而非本质安全型电气设备不具备上述优点。

为了防止安全监控设备发生故障时，无法实现瓦斯超限断电等功能，安全监控设备必须具有故障闭锁功能。与闭锁控制有关的设备未投入正常运行或故障时，必须切断该监控设备所监控区域的全部非本质安全型电气设备的电源并闭锁；当与闭锁控制有关的设备工作正常并稳定运行后，自动解锁。

甲烷断电仪必须具备的功能：① 甲烷浓度达到或超过报警浓度时，声光报警。② 甲烷浓度达到或超过断电浓度时，切断被控设备电源并闭锁；甲烷浓度低于复电浓度时，自动解锁。③ 与闭锁控制有关的设备未投入正常运行或故障时,应切断该设备所监控区域的全部非本质安全型电气设备的电源并闭锁;当与闭锁控制有关的设备工作正常并稳定运行后,自动解锁。

断电状态监测和报警是防止人为取消系统断电功能,保证煤矿安全生产的重要措施之一。馈电状态监测和报警就是系统对被控设备的馈电状态进行实时监测,当馈电状态与系统发出的断电、馈电命令不一致时,报警并记录相应测点的瓦斯浓度、断电命令、馈电状态等。

【执行中应注意的问题】

监控系统的故障闭锁可分为3类6种情况,如图3-11-3所示,即传感器的设备异常、通信中断的故障闭锁,断电控制器的设备失电、通信中断的故障闭锁,监控分站的设备失电、通信中断的故障闭锁。

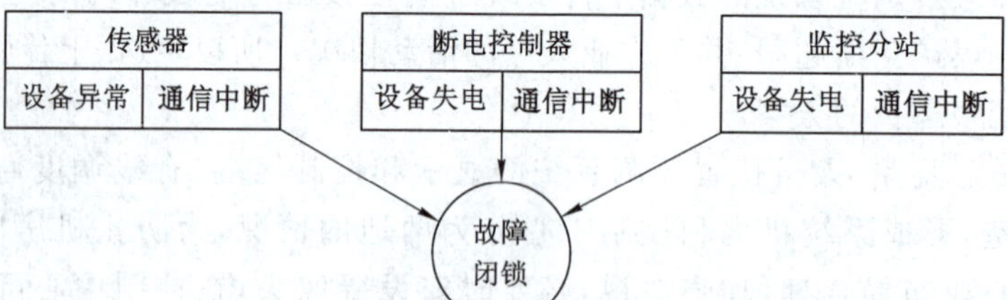

图3-11-3 煤矿安全监控系统故障闭锁示意图

以上3类6种情况的故障闭锁可以涵盖安全监控系统的所有故障闭锁。

(1) 传感器设备异常故障闭锁。2019年,全国煤矿安全监控系统开展数字化升级改造,传感器实现了智能化、数字化后,具备了自诊断功能,故障信息可以通过数字化传输送至监控中心站,提醒监控管理人员及时维护、更换传感器。传感器内部出现故障,其检测并上传的环境参数的准确性难以得到保证,在传感器更换之前,系统收到类似信息后应立即切断传感器影响区域的电气设备电源,实现传感器设备异常的故障闭锁。

注意,实际工作中必须在传感器定义中勾选该选项。

(2) 传感器通信中断故障闭锁。安全监控系统通过监控分站是否收到传感器输出信号来判断传感器传输是否正常。由于传感器的设备失电、通信中断在中心站的表现形式都是"通信中断",所以中心站的传感器定义中,必须按规定勾选传感器"通信中断"选项,实现传感器通信中断的故障闭锁。

注意,该故障可能是传感器信号传输断线,也可能是传感器无电,两者表现形式均为传感器通信中断。

(3) 断电器设备失电故障闭锁。断电器接收分站触点、电位信号或断电命令,通过内部继电器或大功率可控硅输出触点控制被控开关。当断电器失电时,其内部继电器无电释放控制接点或大功率可控硅无电输出控制接点,控制被控开关分闸断电。

注意,实现断电器设备失电的故障闭锁功能的关键是被控开关必须在断电器内部的控制继电器带电吸合的状态下才能合闸送电。

(4) 断电器通信中断故障闭锁。随着科技发展,部分断电器实现了智能化、数字化,监控分站与数字化断电器的连接通信采用总线 RS485 或其他数字传输方式。分站与断电器通信正常且无其他异常情况时，断电器内继电器吸合，输出一组触点至被控开关，开关可以合闸送电。分站与断电器通信中断，智能断电器按照存储在断电器内的、系统下发的指令和内置软件，自动输出断电信号，控制被控开关分闸断电，实现断电器通信中断的故障闭锁。

注意，实际工作中必须在断电控制的定义中勾选该选项。

(5) 分站设备失电故障闭锁。监控分站的本地控制、异地控制均必须具备设备失电的故障闭锁功能。安全监控系统的分站具有超限判别、逻辑运算以及输出控制信号等能力，其对外输出控制接点的方式有两类，一类是输出常开（常闭）接点直接控制矿用供电开关的近程断电。分站正常工作，其内部继电器吸合，输出接点闭合（打开），被控开关可以合闸断电；分站失电停止工作，其内部继电器无电释放，输出接点打开（闭合），控制被控开关分闸断电。另一类是通过断电器间接控制矿用供电开关。分站输出控制又分为触点、电位、数字三种形式，控制原理与一类相同。

(6) 分站通信中断故障闭锁。由于监控分站可以在与中心站通信中断情况下独立工作，所以该故障闭锁系统专为分站异地控制而设。监控分站通信中断的故障闭锁由厂家软件编程，矿方通过监控中心定义配置，系统通过初始化命令下发至监控分站，分站存储并自动实施。

(7) 带有传感器的监测分站和带有断电器的控制分站的异地通信中，实施分站通信中断分为两种情况。一是监测分站通信中断。中心站测得监测分站通信中断，传感器无数据上传后，被监测区域情况不明，会立即通知控制分站切断受影响区域的被控开关分闸断电，实现监测分站通信中断的故障闭锁。二是控制分站通信中断。控制分站内置程序发现监控系统崩溃或本分站与中心站通信中断，接收不到中心站的断电命令，有失控的危险，会立即按照内置程序，控制受影响区域的被控开关分闸断电，实现控制分站通信中断的故障闭锁。三是安全监控系统出现系统崩溃、通信主干路断线、交换机宕机等情况时，其表现形式亦为通信中断，这种情况下，本地控制的监控分站独立运行，实现超限断电、故障闭锁等功能；异地控制的控制分站对受影响区域直接实施断电控制。

第四百九十一条　安全监控设备的供电电源必须取自被控开关的电源侧或者专用电源，严禁接在被控开关的负荷侧。

安装断电控制系统时，必须根据断电范围提供断电条件，并接通井下电源及控制线。

改接或者拆除与安全监控设备关联的电气设备、电源线和控制线时，必须与安全监控管理部门共同处理。检修与安全监控设备关联的电气设备，需要监控设备停止运行时，必须制定安全措施，并报矿总工程师审批。

【释义】　本条是关于煤矿安全监控设备供电和改接或拆除与安全监控设备关联的电气设备、电源线和控制线的规定。

只有安全监控设备的供电电源取自被控开关的电源侧，才能保证断电控制切断被控开关时，不切断安全监控设备的供电电源。而接在被控开关的负荷侧，势必造成被控开关被断电控制切断的同时，也切断了安全监控设备的供电，造成安全监控设备中断运行。因此，严禁将安全监控设备的供电电源接在被控开关的负荷侧。

安装断电控制系统时，必须准确掌握断电范围、确定断电条件和正确地进行接线，否则因断电范围、断电条件错误,可能对安全生产带来严重影响。断电范围、断电条件及接线方法的确定,技术性较强,必须经有关技术负责人审定。

改接或拆除与安全监控设备关联的电气设备、电源线和控制线时,将造成局部的监控数据或状态中断,需要采取加强人工监测等措施,因此必须与安全监控管理部门共同处理,并制定安全措施后进行。检修与安全监控设备关联的电气设备,需要监控设备停止运行时,必须制定安全措施,并报矿总工程师审批。

【执行中应注意的问题】

(1) 安全监控的分站及断电控制器的安装地点应符合《煤矿安全监控系统及检测仪器使用管理规范》(AQ 1029—2019)第5.4条规定,不得安装在以下地点或接入以下地点的开关电源。

① 掘进工作面回风风流中。

② 采煤工作面进、回风风流中。

(2) 安全监控的分站及断电控制器禁止接入风电闭锁、瓦斯电闭锁控制范围内的开关电源。

(3) 一般情况下,监控断电范围在采掘作业设计和审批中已经明确并正确实施,但特别要注意采掘作业过程中临时增加工程,如抽采打钻、大型喷浆机等另外铺设的动力电源,还要注意附近新采掘工作面是否存在电气设备抹门过的现象。针对类似情况,矿应出台相应管理规定,由矿电气管理部门统一井下电气设备的管理,负责批准变更现场电气设备、通知监控管理部门更改断电范围、协调提供监控断电条件。任何单位和个人禁止擅自增加、拆除井下电气设备,禁止擅自改接、拆除与安全监控设备关联的电气设备、电源线和控制线。

(4) 监控设备停止运行,受影响的监测地点、控制区域也应停止采、掘、打钻等作业活动,这是一条底线。本条款中,制定安全技术措施及矿总工程师审批只是对该底线的把关和实施,不能作为继续生产的理由,工作中不能误读。

第四百九十二条 安全监控设备必须定期调校、测试,每月至少1次。

采用载体催化元件的甲烷传感器必须使用校准气样和空气气样在设备设置地点调校,便携式甲烷检测报警仪在仪器维修室调校,每15天至少1次。甲烷电闭锁和风电闭锁功能每15天至少测试1次。可能造成局部通风机停电的,每半年测试1次。

安全监控设备发生故障时,必须及时处理,在故障处理期间必须采用人工监测等安全措施,并填写故障记录。

【释义】 本条是关于安全监控设备和仪器调校、测试的规定。

安全监控设备虽然在生产制造过程中经过老化检验,但在使用过程中会不可避免地受环境因素和自然条件的影响而产生故障,特别是测量用的传感器中传感元件受检测原理的限制,其使用寿命随使用时间而衰减,其灵敏度也要下降。受以上因素的制约,安全监控设备在使用过程中必须进行定期调校、测试,每月至少1次。

调校是通过对仪器的有关部件参数改变而使仪器达到最佳状态,并以准确度高的样品来检验测值的准确性。在安全监测仪器中,最常用的方法是以标准气样来标校气体传感器,如甲烷传感器、一氧化碳传感器,以及便携式甲烷检测报警仪。由于技术水平提高,传感元件性能近年来更加稳定,长寿命低功耗元件不断被研制出来,同时新的检测原理也不断出现，各类传感器稳定性提高到15天。2007年以后新安装的按《煤矿安全监控系统通用技术要求》（AQ 6201—2019）标准制造并取得新的煤矿安全标志的安全监控系统，可以将传感器的调校期延长到15天。在用的安全监控系统按《煤炭安全监控系统通用技术要求》进行了改造，可以将传感器的调校期延长到15天。定期调校有利于提高甲烷传感器、便携式甲烷检测报警仪的灵敏度；传感器调校仅保证了监测数据的准确性，甲烷超限、停风等情况下的断电闭锁功能还需同时验证，因此每15天必须对甲烷超限断电闭锁、风电闭锁和故障闭锁功能进行测试。

传感器经过调校检测误差仍超过规定，说明传感器的性能指标已达不到规定要求，继续使用将会提供错误的监测信息，因此必须立即更换为合格的传感器。安全监控设备发生故障，将造成所监测的信息中断，必须及时进行处理或更换。在此期间，要采取人工检测气体浓度、检查设备和风门状态，以弥补监控系统中断存在的不足。填写故障记录有利于总结安全监控设备维护经验，分析管理中存在的问题。

【执行中应注意的问题】

(1) 煤矿安全监控设备的种类、型号较多，其使用寿命及稳定期各不一样，对于有明确调校、测试周期的应按要求进行；没有明确调校、测试周期的监控设备应定期调校、测试，每月至少1次。

(2) 虽然以载体催化元件为传感元件的甲烷测量部分采取了温度补偿，解决了温度变化带来的数据漂移，但载体催化元件受井下其他气体的化学作用仍然很大，所以应对载体催化元件的甲烷传感器进行每15天1次的调校。

载体催化元件的稳定时间为15天，是传感元件暴露在井下恶劣环境中的时间，因煤矿停产检修造成甲烷传感器无电的时间等亦应在15天以内。

(3) 监控系统故障期间，加强人工监测是确保安全的加强措施，而不是继续生产的理由。此期间，跟班干部、安检员、瓦检员还要负责对该条款落实情况的检查，禁止出现无安全监控监护下的带电作业现象。

监控设备故障期间，矿不得干涉监控系统实施自动闭锁功能，施工单位应主动停止相应的采煤、掘进、打钻等生产活动，保证监控故障闭锁完整实施，直至故障处理完毕，安全监控正常运行。禁止借口"加强人工监测"等措施，继续作业。

第四百九十三条　*必须每天检查安全监控设备及线缆是否正常，使用便携式光学甲烷检测仪或者便携式甲烷检测报警仪与甲烷传感器进行对照，并将记录和检查结果报矿值班员；当两者读数差大于允许误差时，应当以读数较大者为依据，采取安全措施并在8 h内对2种设备调校完毕。*

【释义】　本条是关于每天对安全监控设备和线缆检查的规定。

井下设备、通信电缆等每天有专人巡检维护。对需要经常移动的传感器、声光报警器、断电器及电缆等安全监控设备，必须由采掘班组长负责按规定移动，严禁擅自停用。分站、传感器、声光报警器、断电器及电缆等安全监控设备，由所在采掘区的区队长、班组长负责保管和使用，如有损坏应及时向安全监控管理机构汇报。仪器的调校应由专职人员（经过培训）进行。

瓦斯检查工必须携带便携式光学甲烷检测仪和便携式甲烷检测报警仪对甲烷传感器进

行检查。便携仪与传感器在一个测点测值有较大误差时,以读数较大者为依据,并采取安全措施,在 8 h 之内将各种仪器调校准确。

【执行中应注意的问题】

在安设有监控传感器的地点,矿井瓦斯检查工应使用携带的光学甲烷检测仪每班三次检查瓦斯,并和甲烷传感器显示值比对后电话汇报地面调度,防止出现误差。做到在线监测与人工检查的数据相互比较、相互监督。当发现误差超过允许值而无法确定对错时,暂以较大者为准并采取安全措施,直至在规定时间内调校完毕。瓦斯检查工的循环图表或巡检记录中应有甲烷传感器的数据对照和现场检查记录,矿通风调度的电话汇报台账中应有相应的明确记录。

光学甲烷检测仪应按照产品说明书要求,采用传统的压力式瓦斯检测仪进行校正;甲烷传感器应按照规定采用标准气样进行调校。两种瓦斯测量仪器采用不同方法、不同机理进行校正,可有效避免单一方法带来的误差,真正做到相互对照、相互纠正。

【执行说明】 "允许误差"采用甲烷传感器的基本误差,即在正常试验条件下确定的传感器测量误差值。例如,载体催化式甲烷传感器的基本误差为:0~1.00% CH_4,±0.10%(绝对误差)CH_4;1.00%~3.00% CH_4,读数的±10%;3.00%~4.00% CH_4,±0.30%(绝对误差)CH_4。

当读数较大者达到《规程》表 18 规定的报警浓度时,应当报警,并停止作业。当读数较大者达到表 18 规定的断电浓度时,应当切断断电范围内的全部非本质安全型电气设备的电源、撤人。并必须在 8 h 内对 2 种设备调校完毕。

第四百九十四条 *矿调度室值班人员应当监视监控信息,填写运行日志,打印安全监控日报表,并报矿总工程师和矿长审阅。系统发出报警、断电、馈电异常等信息时,应当采取措施,及时处理,并立即向值班矿领导汇报;处理过程和结果应当记录备案。*

【释义】 本条是关于监测数据与报表的规定。

监控系统地面中心站必须 24 h 有人值班。值班人员应认真监视监视器所显示的各种信息,详细记录系统各部分的运行状态,填写运行日志,打印安全监控日报表,报矿总工程师和矿长审阅。

监控系统发出报警、断电、馈电异常信息时,中心站值班人员必须立即通知矿井调度部门,查明原因,处理结果应记录备案。调度值班人员接到报警、断电信息后,应立即向矿值班领导汇报,同时按规定指挥现场人员停止工作,断电时撤出人员,处理过程应记录备案。当系统显示井下某一区域瓦斯超限并有可能波及其他区域时,中心站值班员应按瓦斯事故应急预案手动遥控切断瓦斯可能波及区域的电源。

【执行中应注意的问题】

(1) 管理松懈。矿井应制定详细、实用的《瓦斯事故应急预案》《监控故障应急预案》,地面中心站的手动控制应为监控系统诸多控制中的最高级别,操作员要熟练掌握该方面操作。一旦发生事故,操作员听取矿调度指挥,按照应急预案,切断可能波及区域的电源并做好记录。

(2) 责任不清。值班人员要严守岗位责任制,系统发出异常信息,应使用录音电话,按规定向值班矿领导和有关部门汇报,并做好记录。监控操作人员要对工作负责、对自己负责，拒绝违章指挥，坚决抵制调高断电值、缩小断电范围、修改监测数据等违法行为。

(3) 记录不全。传感器、断电控制的增删、修改都应有详细记录，该记录是设备检修、故障处理、事故调查的原始单据，养成随手记录的好习惯，既是对工作负责，也是对自己负责。监控系统设有操作日志，自动记录每一步操作。所以，每个操作员均应单独设立个人账户，保存密码，换班时及时变更个人账户；系统超级管理员的密码应由专人负责。

(4) 经验不足。中心站操作员应有一定计算机基础和较丰富的井下实际工作经验。很多煤矿的操作员为没有井下现场经验的女工，在处理突发事故，执行应急预案，指导解决监控故障的过程中非常吃力，这种情况下，就需要加强技术或管理人员的值班值守，并从制度上规范。

(5) 问题不闭合。监控系统必须填写运行日志，详细描述发现的现象、汇报的问题、解决的情况及相关责任人等，每条记录中的时间、地点、人员做到应录尽录，问题闭合、管理到位。

第四百九十五条　安全监控系统必须具备实时上传监控数据的功能。

【释义】 本条是关于安全监控系统数据或状态传输的规定。

安全监控系统的地面主机用来接收监测信号、校正、报警判别、数据统计、磁盘存储、显示、声光报警、人机对话、输出控制、控制打印输出、与管理网络连接等。主机设置在地面监控室或调度室，安全监控传感器的数据和状态传输到主机，才能确保负责地面安全生产指挥的人员及时了解井下有关监测数据和状态，并对其进行分析，做出正确决策，指挥安全生产。

【执行中应注意的问题】

(1) 监控系统内部。监控系统必须具备分站就地断电和各类故障闭锁功能，监控操作员必须正确定义超限断电和故障闭锁设置，当系统传输通信中断后，监控分站能够独立工作，发出正确指令，完成瓦斯超限断电和故障闭锁功能。

(2) 监控系统外部。系统应通过网络安全设备与其他系统互联互通。为防止病毒感染、黑客攻击，数据上传应有可靠策略，尽量采取单向传输；为防止设备停电、网络中断，数据上传要具备断点续传功能。

煤矿企业要加强法制宣传教育，严格煤矿安全监控系统管理，禁止发生修改监控数据、过滤超限记录、关闭上传设备等违法违规行为。

第四百九十六条　便携式甲烷检测仪的调校、维护及收发必须由专职人员负责，不符合要求的严禁发放使用。

【释义】 本条是关于便携式甲烷检测报警仪调校、收发和维护的规定。

便携式甲烷检测报警仪与监控系统同时使用，是矿井安全监控的双重保证。便携仪使用方便、灵活，可以弥补固定测量达不到的地点。便携仪可以随时带到井上，调校更加方便，使测值更具准确性。便携仪应统一管理，调校、维护及收发由专业人员进行。调校按说明书规定进行，当发现测值与固定式传感器有较大差异时应及时标校，找出问题所在。在维修时，应详细阅读产品说明书。更换电子元器件按原件型号参数选配，不得擅自改变元器件型号的参数。更换电池组和传感元件时，应向生产厂家购买配件，不得随意使用替代件。电池组是经过本质安全检验部门认定的组件，不可随意改用其他电池替代，以免造成恶性事故发生。

经过维修的仪器,应重新标校合格后方可投入使用。

【执行中应注意的问题】

(1) 发放人员发放前,除检查便携式甲烷检测报警仪的外部完好性外,还应检查设备的零点、报警点及电池电量。禁止发放不合格产品。

发放人员接收便携式甲烷检测报警仪时,同样要检查外部完好和设备的零点、报警点及电池电量,做好记录。不合格者及时检修。

(2) 使用人员下井前,亦应检查便携式甲烷检测报警仪的外部完好性,及设备的零点、报警点及电池电量。使用人员拒绝领取不合格产品。

(3) 鉴于部分便携式甲烷检测报警仪充电触点是裸露的,井下现场检测用的便携式甲烷检测报警仪要安装在设备厂家配套的外壳内,禁止与炸药、雷管混装。

第四百九十七条 配制甲烷校准气样的装备和方法必须符合国家有关标准,选用纯度不低于99.9%的甲烷标准气体作原料气。配制好的甲烷校准气体不确定度应当小于5%。

【释义】 本条是关于配制甲烷校准气样的规定。

甲烷传感器的标校是仪器维护管理的重要内容,而甲烷校准气样的准确程度将直接影响到甲烷传感器的准确性,为此必须按照《空气中甲烷校准气体技术条件》(MT 423—1995)标准配制甲烷标准气样,选用纯度不低于99.9%的甲烷标准气体做原料气。配制好的甲烷校准气体应以标准气体为标准,用气相色谱仪或红外线分析仪分析定值,其不确定度应小于5%。

【执行中应注意的问题】

标准计量中,“不确定度应小于5%”中包含两层意思,一是字面中的5%,指配制后的气体的相对误差为气样值的±5%,如1.00%气样的误差范围为0.95~1.05%;2.00%气样的误差范围为1.90~2.10%;二是规定中没有写明的,厂家出售的校准气样一般为$U\leqslant 0.05$,即配置好的气样可能会有5%的可能性在误差之外。

配置气样的厂家应在气样说明书中标明:$U\leqslant 0.05$,没有标注或标注的不确定度大于0.05就视为不合格品,不能用于标定。

该条款主要用于规范气样厂家的配气行为和制约配置气样人员的职责,和使用者无关,煤矿调校传感器时只要按照气样铭牌标注值使用即可。

第四百九十八条 甲烷传感器(便携仪)的设置地点,报警、断电、复电浓度和断电范围必须符合表18的要求。

表18 甲烷传感器(便携仪)的设置地点,报警、断电、复电浓度和断电范围

设置地点	报警浓度/%	断电浓度/%	复电浓度/%	断电范围
采煤工作面回风隅角	≥1.0	≥1.5	<1.0	工作面及其回风巷内全部非本质安全型电气设备
低瓦斯和高瓦斯矿井的采煤工作面	≥1.0	≥1.5	<1.0	工作面及其回风巷内全部非本质安全型电气设备

表 18(续)

设置地点	报警浓度/%	断电浓度/%	复电浓度/%	断电范围
突出矿井的采煤工作面	≥1.0	≥1.5	<1.0	工作面及其进、回风巷内全部非本质安全型电气设备
采煤工作面回风巷	≥1.0	≥1.0	<1.0	工作面及其回风巷内全部非本质安全型电气设备
突出矿井采煤工作面进风巷	≥0.5	≥0.5	<0.5	工作面及其进、回风巷内全部非本质安全型电气设备
采用串联通风的被串采煤工作面进风巷	≥0.5	≥0.5	<0.5	被串采煤工作面及其进、回风巷内全部非本质安全型电气设备
高瓦斯、突出矿井采煤工作面回风巷中部	≥1.0	≥1.0	<1.0	工作面及其回风巷内全部非本质安全型电气设备
采煤机	≥1.0	≥1.5	<1.0	采煤机电源
煤巷、半煤岩巷和有瓦斯涌出岩巷的掘进工作面	≥1.0	≥1.5	<1.0	掘进巷道内全部非本质安全型电气设备
煤巷、半煤岩巷和有瓦斯涌出岩巷的掘进工作面回风流中	≥1.0	≥1.0	<1.0	掘进巷道内全部非本质安全型电气设备
突出矿井的煤巷、半煤岩巷和有瓦斯涌出岩巷的掘进工作面的进风分风口处	≥0.5	≥0.5	<0.5	掘进巷道内全部非本质安全型电气设备
采用串联通风的被串掘进工作面局部通风机前	≥0.5	≥0.5	<0.5	被串掘进巷道内全部非本质安全型电气设备
	≥0.5	≥1.5	<0.5	被串掘进工作面局部通风机
高瓦斯矿井双巷掘进工作面混合回风流处	≥1.0	≥1.0	<1.0	除全风压供风的进风巷外，双掘进巷道内全部非本质安全型电气设备
高瓦斯和突出矿井掘进巷道中部	≥1.0	≥1.0	<1.0	掘进巷道内全部非本质安全型电气设备
掘进机、连续采煤机、锚杆钻车、梭车	≥1.0	≥1.5	<1.0	掘进机、连续采煤机、锚杆钻车、梭车电源
采区回风巷	≥1.0	≥1.0	<1.0	采区回风巷内全部非本质安全型电气设备
一翼回风巷及总回风巷	≥0.75	—	—	
使用架线电机车的主要运输巷道内装煤点处	≥0.5	≥0.5	<0.5	装煤点处上风流 100 m 内及其下风流的架空线电源和全部非本质安全型电气设备
矿用防爆型蓄电池电机车	≥0.5	≥0.5	<0.5	机车电源

表 18(续)

设置地点	报警浓度/%	断电浓度/%	复电浓度/%	断电范围
矿用防爆型柴油机车、无轨胶轮车	≥0.5	≥0.5	<0.5	车辆动力
井下煤仓	≥1.5	≥1.5	<1.5	煤仓附近的各类运输设备及其他非本质安全型电气设备
封闭的带式输送机地面走廊内,带式输送机滚筒上方	≥1.5	≥1.5	<1.5	带式输送机地面走廊内全部非本质安全型电气设备
地面瓦斯抽采泵房内	≥0.5			
井下临时瓦斯抽采泵站下风侧栅栏外	≥1.0	≥1.0	<1.0	瓦斯抽采泵站电源

【释义】 本条是关于甲烷传感器的报警浓度、断电浓度、复电浓度和断电范围设置的规定。

甲烷的密度小于空气。因此,甲烷传感器应布置在巷道的上方,并应不影响行人和行车,安装维护方便。甲烷传感器应垂直悬挂,距顶板(顶梁)不得大于 300 mm,距巷道侧壁不得小于 200 mm。甲烷传感器的报警浓度、断电浓度、复电浓度和断电范围必须符合《规程》中表 18 的规定。

由于回风巷中甲烷传感器设置在瓦斯与空气混合均匀、风流稳定的位置,而采煤工作面中甲烷传感器设置在瓦斯与空气混合不够均匀的位置,因此,回风巷中甲烷传感器的断电浓度一般为 1.0%CH_4,而采煤工作面中甲烷传感器的断电浓度一般为 1.5%CH_4,即采煤工作面中甲烷传感器的断电浓度一般大于回风巷中甲烷传感器的断电浓度。同理,掘进工作面上甲烷传感器断电浓度一般大于巷道回风流中甲烷传感器断电浓度。

【执行中应注意的问题】

(1)《煤矿安全监控系统及检测仪器使用管理规范》(AQ 1029—2019)对传感器的安装悬挂作了具体要求,其中第 5.8 条的规定体现了传感器安装地点和悬挂位置应使得传感器具有准确、快速反映被测物理量、被监测状态的原则。同样,安全监控的报警、断电也应以准确、快速发出报警信号、切断被控区域设备电源为原则。

煤矿安全监控工作中,一是要正确设置传感器。《煤矿安全监控系统及检测仪器使用管理规范》(AQ 1029—2019)第 5.8 条规定,模拟量传感器应设置在能正确反映被测物理量的位置,开关量传感器应设置在能正确反映被监测状态的位置。同时,该规范第 6.1.1 条还详细规定,甲烷传感器应垂直悬挂,距顶板(顶梁)不得大于 300 mm,距巷道侧壁不得小于 200 mm。前者是原则,后者是原则下的具体实施办法,实际工作中不要本末倒置。二是应提高断电标准。煤矿企业及监控部门应强化安全意识,自觉提高标准,做到采、掘工作面瓦斯超限,监控系统自动切断(进)回风流中所有非本质安全型电气设备电源。必要时,还应通过作业规程规定工作面采取增设传感器、降低断电值、扩大断电范围等措施。

(2) 根据本条款,总结采煤工作面甲烷传感器的设置地点,报警、断电、复电浓度和断电范围见表 3-11-2，采煤工作面甲烷传感器安装布置如图 3-11-4 所示。

表 3-11-2　采煤工作面甲烷传感器的设置地点，报警、断电、复电浓度和断电范围

传感器名称	标识	设置位置	报警浓度/%	断电浓度/%	复电浓度/%	断电范围	备注
隅角甲烷传感器	T_0	距切顶线不大于 1 m	≥1.0	≥1.5	<1.0	工作面及其回风巷内全部非本质安全型电气设备电源	
工作面甲烷传感器	T_1	回风巷内，距工作面上口不大于 10 m					突出矿井增加断进风巷全部非本质安全型电气设备电源
回风甲烷传感器	T_2	工作面回风巷内，距第一回风混合点 10～15 m	≥1.0	≥1.0	<1.0		突出矿井增设，且为高低浓或全量程甲烷传感器
巷道中部甲烷传感器	$T_{中}$	回风巷巷道中部					高瓦斯、突出矿井回风巷大于 1000 m 时增设
进风甲烷传感器	T_3	进风巷内，距工作面下口不大于 10 m	≥0.5	≥0.5	<0.5	（被串）采煤工作面及其进、回风巷内全部非本质安全型电气设备电源	突出矿井增设，且为高低浓或全量程甲烷传感器
串联风甲烷传感器	$T_{串}$	进风巷内，距进风口 10～15 m					

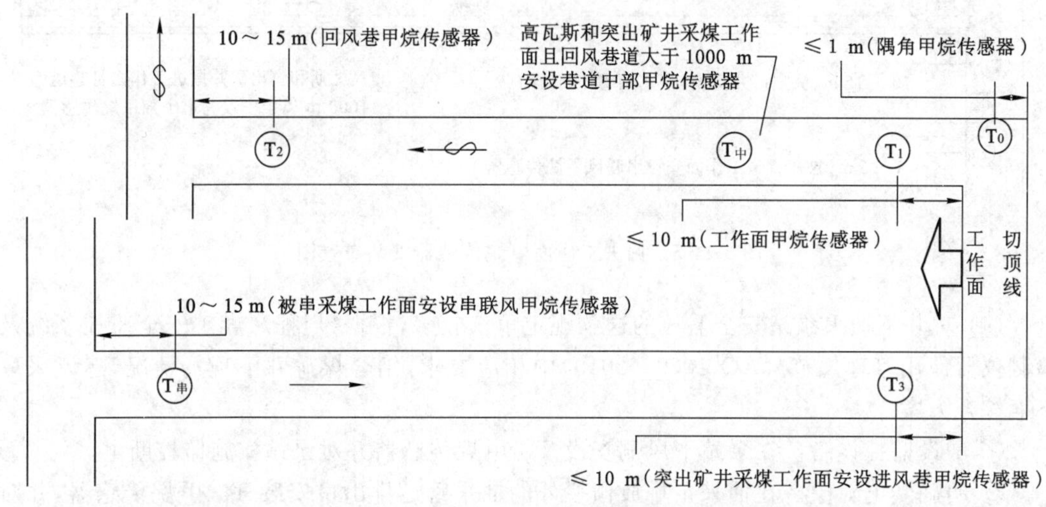

图 3-11-4　采煤工作面甲烷传感器安装布置图

（3）根据该条款，总结掘进工作面甲烷传感器的设置地点，报警、断电、复电浓度和断电范围见表 3-11-3，掘进工作面甲烷传感器安装布置如图 3-11-5 所示。

表 3-11-3　掘进工作面甲烷传感器的设置地点,报警、断电、复电浓度和断电范围

<table>
<tr><th>传感器名称</th><th>标识</th><th>设置位置</th><th>报警浓度/%</th><th>断电浓度/%</th><th>复电浓度/%</th><th>断电范围</th><th>备注</th></tr>
<tr><td>工作面甲烷传感器</td><td>T_1</td><td>距掘进迎头不大于 5 m</td><td>≥1.0</td><td>≥1.5</td><td><1.0</td><td rowspan="5">(被串)掘进巷道内全部非本质安全型电气设备电源</td><td>悬挂于风筒另一侧或巷道中部</td></tr>
<tr><td>回风甲烷传感器</td><td>T_2</td><td>掘进巷道内,距第一回风混合点 10～15 m</td><td rowspan="2">≥1.0</td><td rowspan="2">≥1.0</td><td rowspan="2"><1.0</td><td>高低浓度甲烷传感器</td></tr>
<tr><td>巷道中部甲烷传感器</td><td>$T_{中}$</td><td>巷道中部</td><td>高瓦斯矿井、突出矿井且巷道大于 1000 m 时增设</td></tr>
<tr><td>分风口甲烷传感器</td><td>$T_{分}$</td><td>进风巷内,距进风口 10～15 m</td><td>≥0.5</td><td>≥0.5</td><td><0.5</td><td>突出矿井增设</td></tr>
<tr><td rowspan="2">串联风甲烷传感器</td><td rowspan="2">$T_{串}$</td><td rowspan="2">局部通风机前方,距局部通风机进风口 3～5 m</td><td>≥0.5</td><td>≥0.5</td><td><0.5</td><td rowspan="2"></td></tr>
<tr><td>≥0.5</td><td>≥1.5</td><td><0.5</td><td>被串掘进工作面局部通风机</td></tr>
</table>

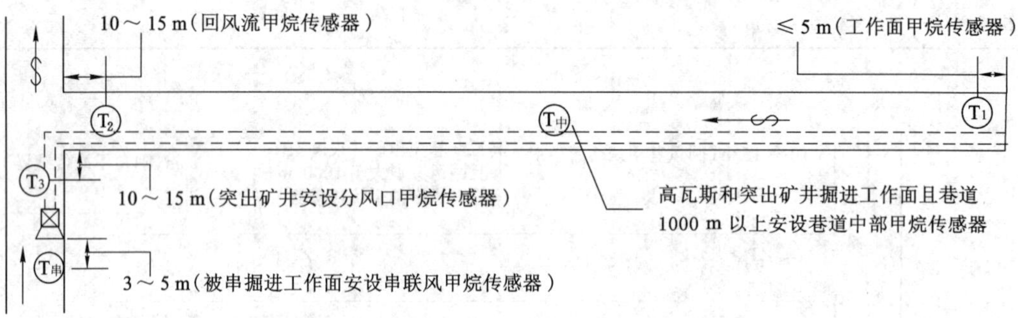

图 3-11-5　掘进工作面甲烷传感器安装布置图

(4) 对井下抽采泵站安全监控的这款规定争议较多,根据《规程》《煤矿安全监控系统及检测仪器使用管理规范》(AQ 1029—2019)中相应要求,结合煤矿井下现场情况,建议采取下面综合方案。

① 增设监控设备。在泵站下风侧安设 $T_{泵}$ 甲烷传感器并对泵站实施监控断电。

② 明确断电对象。在抽采泵排放栅栏外的抽采管道排出口安装 $T_{排}$ 甲烷传感器,并对排出口回风流中的电气设备实施监控断电。

③ 扩大断电范围。通过作业规程或安全技术措施对抽采泵站及抽采影响区域实施监控断电,对可能带来的影响做出预案。

抽采泵站和排放口的甲烷传感器的设置地点和监控断电如图 3-11-6 和图 3-11-7 所示。

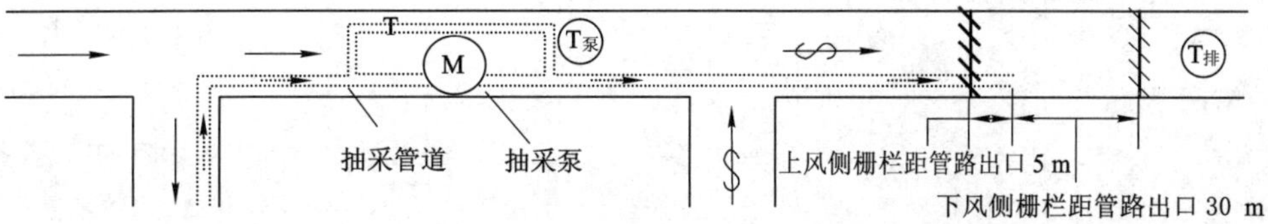

图 3-11-6　井下临时抽采泵站及排放口甲烷传感器的安设

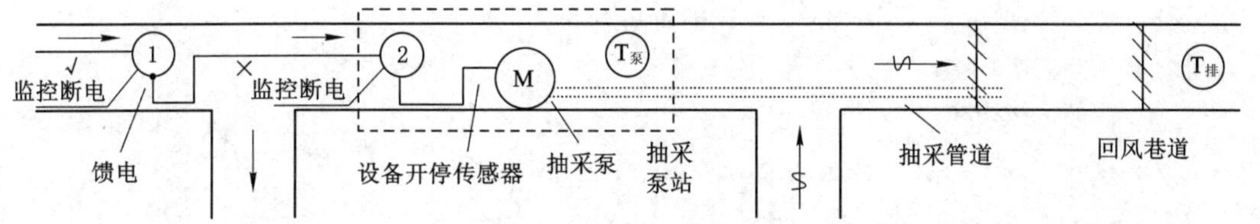

图 3-11-7　井下临时抽采泵站的供电及监控断电示意图

抽采泵站和排放口设置甲烷传感器，其报警、断电、复电浓度及断电范围见表 3-11-4。

(5) 抽采泵站的监控工作中应注意：

① 泵站电源指含照明在内的整个泵站的、被控开关安设在泵站进风处的供电电源（图 3-11-7 中开关 1），而不是泵房内的抽采泵电源（图 3-11-7 中开关 2）。

② 监控断电的馈电传感器安设在被控开关（图 3-11-7 中开关 1）负荷侧，抽采泵的设备开停传感器安设在抽采泵电源侧（即图 3-11-7 中开关 2 负荷侧），馈电传感器和设备开停传感器两者作用不同、监测对象不同，安设位置也不同。

表 3-11-4　抽采泵站和抽采排放口的甲烷传感器的设置地点，断电、复电浓度及断电范围

设置地点	编号	报警/%	断电/%	复电/%	断电范围	备注
井下临时瓦斯抽采泵下风侧	$T_{泵}$	≥0.5	≥0.5	<0.5	抽采泵站内所有非本质安全型电气设备电源	编制针对性措施，并按措施要求切断抽采泵站及抽采区域内的所有非本质安全型电气设备电源
井下临时瓦斯抽采泵管道排出口下风侧栅栏外	$T_{排}$	≥1.0	≥1.0	<1.0	排出口风流中的所有非本质安全型电气设备电源	

③ 实际工作中曾出现抽采泵断电后，抽采区域的工作面因停抽造成瓦斯超限。该情况应在作业规程有断电撤人的预案和措施。

④ 实际工作中曾出现抽采泵断电后，因抽采泵排出管内有高值瓦斯气体，开泵即造成排出口瓦斯超限，监控系统再次切断抽采泵电源，即抽采泵启动即跳电的现象。该情况亦应

在作业规程中做好预案。

第四百九十九条 井下下列地点必须设置甲烷传感器:

(一)采煤工作面及其回风巷和回风隅角,高瓦斯和突出矿井采煤工作面回风巷长度大于1000 m时回风巷中部。

(二)煤巷、半煤岩巷和有瓦斯涌出的岩巷掘进工作面及其回风流中,高瓦斯和突出矿井的掘进巷道长度大于1000 m时掘进巷道中部。

(三)突出矿井采煤工作面进风巷。

(四)采用串联通风时,被串采煤工作面的进风巷;被串掘进工作面的局部通风机前。

(五)采区回风巷、一翼回风巷、总回风巷。

(六)使用架线电机车的主要运输巷道内装煤点处。

(七)煤仓上方、封闭的带式输送机地面走廊。

(八)地面瓦斯抽采泵房内。

(九)井下临时瓦斯抽采泵站下风侧栅栏外。

(十)瓦斯抽采泵输入、输出管路中。

【释义】 本条是关于井下设置甲烷传感器的规定。

传感器的合理设置是充分发挥煤矿安全监控系统作用,避免或减少事故发生,减少设备投资和维护量的关键。为了全面监控井下瓦斯,本条对井下设置甲烷传感器的地点进行了明确规定,煤矿企业应该严格按本条规定的地点设置甲烷传感器。

(1) 采煤工作面甲烷传感器设置。采用U形通风方式的长壁采煤工作面甲烷传感器必须按图3-11-8设置。在上隅角设置甲烷传感器T_0或便携式瓦斯检测报警仪,工作面设置甲烷传感器T_1,工作面回风巷设置甲烷传感器T_2;煤与瓦斯突出矿井在进风巷设置甲烷传感器T_3;低瓦斯和高瓦斯矿井采煤工作面采用串联通风时,被串工作面的进风巷设置甲烷传感器T_4,如图3-11-8所示。Z形、Y形、H形和W形通风方式的采煤、掘进工作面等甲烷传感器的设置参照《煤矿安全监控系统及检测仪器使用管理规范》(AQ 1029—2019)的规定执行。

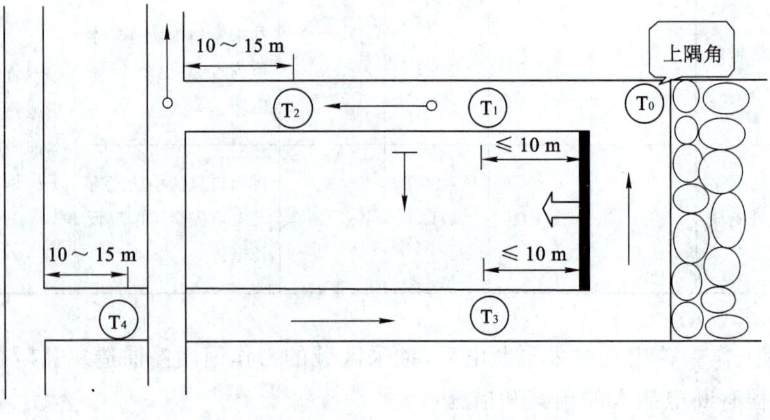

图3-11-8 采煤工作面甲烷传感器的设置

(2) 掘进工作面甲烷传感器设置。煤巷、半煤岩巷和有瓦斯涌出岩巷的掘进工作面甲烷传感器必须按图 3-11-9 设置,并实现瓦斯风电闭锁。在工作面混合风流处设置甲烷传感器 T_1,在工作面回风流中设置甲烷传感器 T_2;采用串联通风的掘进工作面,必须在被串工作面局部通风机前设置掘进工作面进风流甲烷传感器 T_3。

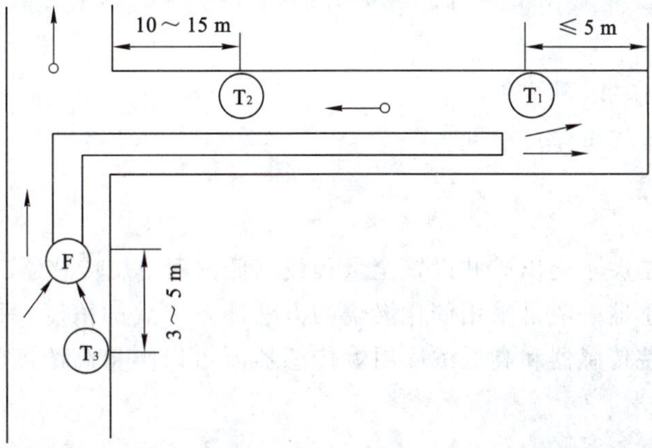

图 3-11-9 掘进工作面甲烷传感器的设置

【执行中应注意的问题】

(1) 传感器的安装地点及悬挂位置应注意:

① 采煤工作面隅角 T_0 甲烷传感器。该传感器主要用于监测采煤工作面采空区的瓦斯涌出,现场应严格按照《煤矿安全监控系统及检测仪器使用管理规范》(AQ 1029－2019)相关规定安装、悬挂,距隅角太近无意义,距隅角过远则不起作用。

② 采掘工作面 T_1 甲烷传感器。采煤工作面 T_1 甲烷传感器主要用于监测采煤工作面煤体的瓦斯涌出,所以应设置在工作面上口,回风巷道中采煤帮的一侧。掘进工作面 T_1 甲烷传感器应注意避开风筒口出风的干扰。

③ 采掘工作面回风流 T_2 甲烷传感器。应紧紧把握"第一回风点"这一关键,当采掘工作面的第一回风点改变后,要及时调整 T_2 位置。

④ 掘进工作面分风口 $T_{分}$ 甲烷传感器。该传感器应安设于掘进巷道第一回风口的进风巷道内,距回风口 10～15m,亦应紧紧把握"第一回风点"这一关键,其安装地点不应受风门等通风设施影响,注意与串联风 $T_{串}$ 甲烷传感器的区别。

⑤ 采掘工作面串联风 $T_{串}$ 甲烷传感器。由于回风路线较为复杂,注意监控分站及断电仪均应安设在进风流中。

(2) 巷道中部 $T_{中}$ 甲烷传感器。该传感器的设置一是用于防范因巷道过长,T_2 不能及时反映工作面瓦斯情况;二是用于防范巷道中存在断层、裂隙出瓦斯。但实际使用效果并不好,工作中,应根据实际情况,编制技术措施在适当地点安设 $T_{中}$ 甲烷传感器或增设甲烷传感器,如采取将 $T_{中}$ 甲烷传感器前移,在裂隙带增设甲烷传感器等措施。

(3) 针对防突打钻、有瓦斯涌出的封闭墙,煤矿企业应制定相应规定,比照掘进工作面安设甲烷传感器,设置报警、断电、复电值。甲烷传感器应悬挂在瓦斯源同侧的下风侧,必要时还应比照掘进工作面安设回风流 T_2 甲烷传感器,使用时注意断电值及断电范围的设置。

(4) 井下煤仓甲烷传感器应安设于煤仓上方,偏于下风的位置;针对装煤点、煤仓出煤口等地点应根据实际情况编制安全技术措施,监控部门按措施要求在其下风侧安装甲烷传感器并设置断电控制。

第五百条 突出矿井在下列地点设置的传感器必须是全量程或者高低浓度甲烷传感器:

(一) 采煤工作面进、回风巷。

(二) 煤巷、半煤岩巷和有瓦斯涌出的岩巷掘进工作面回风流中。

(三) 采区回风巷。

(四) 总回风巷。

【释义】 本条是关于突出矿井设置全量程或高低浓度甲烷传感器的规定。

普通的甲烷传感器一般是采用催化燃烧的方法测量甲烷的浓度,只能用于低浓度甲烷的测量。全量程甲烷传感器和高低浓度甲烷传感器既可以测量高浓度的甲烷,也可以测量低浓度的甲烷。

【执行中应注意的问题】

(1) 低浓度甲烷传感器的特点一是敏感元件为成熟的载体催化元件,结构简单、可靠性高;二是量程最高限仅为 4%,检测灵敏、精确度高。对采掘工作面而言,其功能、性能完全能满足灵敏检测、可靠断电的要求。

本条规定在突出矿井的采煤工作面进、回风巷,煤巷、半煤岩巷和有瓦斯涌出的岩巷掘进工作面回风流,采区回风巷,矿井总回风巷等地点安设全量程或高低浓度甲烷传感器的作用是既能做到瓦斯超限断电,还能测量煤与瓦斯异常涌出后的高值瓦斯浓度,为计算瓦斯涌出量提供准确依据,该项功能是低浓度甲烷传感器不具备的。

(2) 全量程甲烷传感器应采用精度较高的激光甲烷传感器,或载体催化与热导转换的高低浓度甲烷传感器。目前,纯热导式、全量程的甲烷传感器在低浓度段的测量精度很差,只能用在抽采系统的高浓度瓦斯气体管道中,不能用于安全监控的环境瓦斯监测。

(3) 采煤工作面进风巷 T_3 甲烷传感器应安设在工作面进风巷,距工作面下口 10 m 以内,采煤工作面后退时要同步后移。此项工作应在作业规程中落实责任,明确施工单位对该传感器安装地点及悬挂位置的责任人。另外,安装时注意与串联风甲烷传感器安设地点的区别,禁止混同。

第五百零一条 井下下列设备必须设置甲烷断电仪或者便携式甲烷检测报警仪:

(一) 采煤机、掘进机、掘锚一体机、连续采煤机。

(二) 梭车、锚杆钻车。

(三) 采用防爆蓄电池或者防爆柴油机为动力装置的运输设备。

(四) 其他需要安装的移动设备。

【释义】 本条是关于井下一些设备必须设置甲烷断电仪或者便携式甲烷检测报警仪的规定。

甲烷断电仪是实现监测区域内甲烷浓度显示、报警,并对受控电气装置实施闭锁、解锁控制的装置。瓦斯突出或通风系统故障,煤(岩)与瓦斯突出矿井的回风巷道内的瓦斯会达到爆炸浓度。防爆特殊型设备的防爆性能远不如隔爆型等其他防爆类型。当煤(岩)与瓦斯突出矿井的回风巷道内的瓦斯浓度达到爆炸浓度时,防爆特殊型蓄电池电机车的电火花和危险温度会引爆瓦斯。因此,严禁在煤(岩)与瓦斯突出矿井的回风巷道内使用矿用防爆,并且在本条中提出了,特殊型蓄电池电机车和矿用防爆型柴油机车采用防爆蓄电池或者防爆柴油机为动力装置的运输设备必须设置甲烷断电仪或者便携式甲烷检测报警仪,要求更加严格。

【执行中应注意的问题】

(1) 本条中的设备可分为两大类。

一是移动设备在监控系统断电范围内,如采煤机、掘进机、掘锚一体机、连续采煤机、梭车、锚杆钻车等。此类移动设备应按产品说明书要求安装单体甲烷断电仪,对照《规程》相关条款实施安全监控管理。

单体断电仪与监控系统相比较,单体断电仪监测地点是局部,监控系统是环境;单体断电仪的断电目的仅是停止设备运行,监控系统则是切断设备电源。两者在功能上是互补关系,而不是非此即彼关系。

二是移动设备不在监控系统断电控制范围内,如矿用防爆电机车、柴油单轨吊机车等。工作面瓦斯超限后,监控系统不能像对待固定电气设备一样切断其动力电源,强制其停止工作。此类情况应编制单独的安全监控技术措施。

(2) 以电力为动力的移动设备。随移动设备附带的甲烷断电仪应按产品说明书要求定期做好监控设备的使用、维护、管理工作。以矿用防爆电机车为例,该移动设备应采取以下措施。

① 监控有效。防爆电机车安设单体甲烷断电仪,按规定设置报警断电值。

② 维护正确。比照监控系统实施调校试断电,并做好记录。

③ 通信完备。突出矿井应安设移动通信系统,机车司机收到调度指令,立即停止电机车运行,切断防爆电机车电源。

④ 措施明确。突出矿井进入突出危险区域要编制专项措施。

(3) 以柴油为动力的移动设备。随移动设备附带的甲烷断电仪应按产品说明书要求定期做好监控设备的使用、维护、管理工作。以煤矿单轨吊柴油机车为例,该移动设备常安设于采、掘工作面(进)回风巷,用于人员乘座、材料运输等,应采取以下安全监控管理措施。

① 安装甲烷断电仪。安装单体甲烷断电仪,按《规程》规定正确设置报警、断电、复电浓度及断电范围并挂牌管理。瓦斯超限后,甲烷断电仪自动切断油泵电源,截断柴油动力,停止设备运行,如单轨吊等。

② 规范监控管理。比照采、掘工作面的监控系统管理,规范对甲烷断电仪的使用、维护及调校试断电,同时做好各项记录。

③ 强化应急措施。配备移动通信设备,可以通过扩播系统、泄漏通信、移动电话等无线设备通知司机做到停车熄火、紧急撤人等应急处置。

第五百零二条　突出煤层采煤工作面进风巷、掘进工作面进风的分风口必须设置风向传感器。当发生风流逆转时,发出声光报警信号。

突出煤层采煤工作面回风巷和掘进巷道回风流中必须设置风速传感器。当风速低于或者超过本规程的规定值时,应当发出声光报警信号。

【释义】 本条是开采突出煤层时风向传感器和风速传感器设置的规定。

风速传感器是连续监测矿井巷道中风速大小的装置。风速传感器应设置在巷道前后10 m内无分支风流、无拐弯、无障碍、断面无变化、能准确计算风量的地点。当风速低于或超过本规程的规定值时,应发出声、光报警信号。

风向传感器是监测矿井风流的风向变化的装置,当发生风流逆转时,发出声光报警信号。煤矿企业也可选用同时能监测风速和风向的风速风向传感器。

【执行中应注意的问题】

(1) 采煤工作面CO、风速、风向及温度等传感器的安装布置如图3-11-10所示。

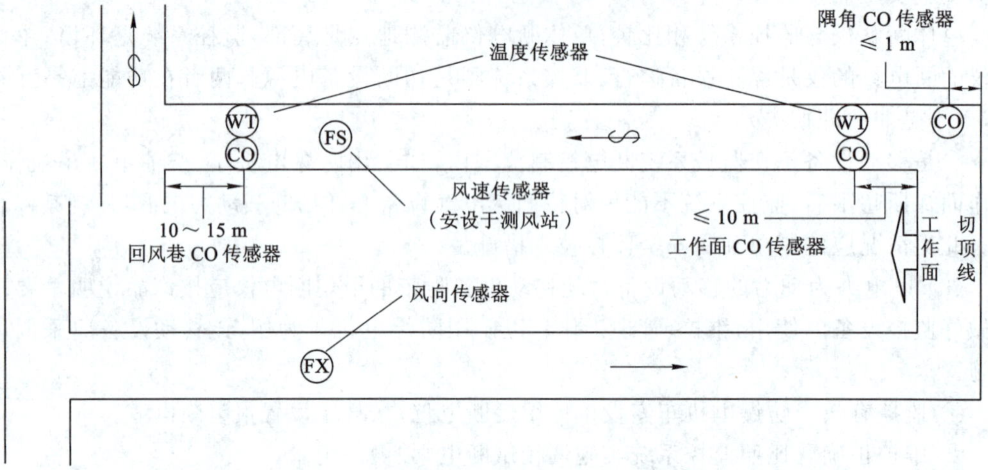

图3-11-10 采煤工作面CO、风速、风向及温度等传感器的安装布置图

(2) 掘进工作面风速、风向等传感器的安装布置如图3-11-11所示。

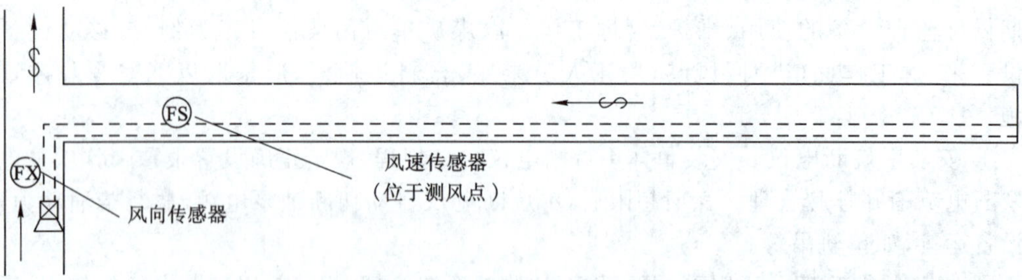

图3-11-11 掘进工作面风速、风向等传感器的安装布置图

(3) 按照《煤矿安全监控系统及检测仪器使用管理规范》(AQ 1029—2019)规定,风速传感器设置注意以下几点。

① 报警特点。与甲烷传感器不同,风速传感器的报警特点为"两头报",既有高值报警,也有低值报警,两者在作业规程中都有明确规定,系统定义时注意相互对照。

② 安装地点。风速传感器应安设在测风点，前后无分支风流、无拐弯、无障碍、断面无变化，可以准确计算风量。

③ 悬挂位置。悬挂时应注意风速传感器是有方向性的，传感器上的风流标志与实际风流方向应一致；安装时应采用紧固件，使得传感器不会随着风流晃动；悬挂位置应避开人员、车辆等碰撞，条件许可情况下最好悬挂在与平均风速相近的位置。

(4) 调校维护。风速传感器的调校应在地面通过专门机构和设备调校，但监控工井下巡查时也可以采取简易办法初步检验传感器零点和精度。① 校正零点。用物件遮挡传感器敏感元件，使之无风流流过，查看传感器零点是否准确；② 校正精度。测风点有记录牌板，标注有该巷道风量、所在位置断面面积等，按照传感器显示数值计算风量，两者对比，其数值应相互接近。其计算式为：

$$v=\frac{Q}{60S}$$

其中，v 表示风速，单位 m/s；Q 表示风量，单位 m^3/min；S 为截面面积，单位 m^2；60 为换算关系，1 min=60 s。

第五百零三条　每一个采区、一翼回风巷及总回风巷的测风站应当设置风速传感器，主要通风机的风硐应当设置压力传感器；瓦斯抽采泵站的抽采泵吸入管路中应当设置流量传感器、温度传感器和压力传感器，利用瓦斯时，还应当在输出管路中设置流量传感器、温度传感器和压力传感器。

使用防爆柴油动力装置的矿井及开采容易自燃、自燃煤层的矿井，应当设置一氧化碳传感器和温度传感器。

主要通风机、局部通风机应当设置设备开停传感器。

主要风门应当设置风门开关传感器，当两道风门同时打开时，发出声光报警信号。甲烷电闭锁和风电闭锁的被控开关的负荷侧必须设置馈电状态传感器。

【释义】　本条是矿井设置其他传感器的规定。

(1) 瓦斯抽采管路安装的流量传感器、压力传感器和温度传感器能实时运算各管道每分钟的混合流量、纯流量、时日月年累计流量，同时进行温度、压力自动实时修正补偿。通过温度传感器、缺水信号开关和设备开停传感器还可以监测抽采泵的工作状态。合理利用监测数据可以实现整个瓦斯抽放系统的综合保护和自动化控制。

使用防爆柴油动力装置的矿井及开采容易自燃、自燃煤层的矿井，应设置一氧化碳传感器和温度传感器。

主要通风机、局部通风机应设置设备开停传感器，局部通风机的风筒末端必须设置风筒传感器。

主要风门应设置风门开关传感器，当两道风门同时打开时，发出声光报警信号。甲烷电闭锁和风电闭锁的被控开关的负荷侧必须设置馈电状态传感器。

(2) 一氧化碳传感器。一氧化碳传感器除用于环境监测外，还可用于自然发火预测。一氧化碳传感器用于自然发火预测时，应以每天一氧化碳平均浓度的增量变化为依据。若增量为正，则具有自然发火的可能。一氧化碳传感器应布置在巷道的上方，并应不影响行人和行车，安装维护方便。一氧化碳传感器应垂直悬挂，距顶板(顶梁)不得大于 300 mm，距巷壁不得小于 200 mm。开采容易自燃、自燃煤层的采煤工作面必须至少设置一个一氧化碳传感器,地点可设置在上隅角、工作面或工作面回风巷,报警浓度不低于 0.002 4%CO,如图 3-11-12 所示。

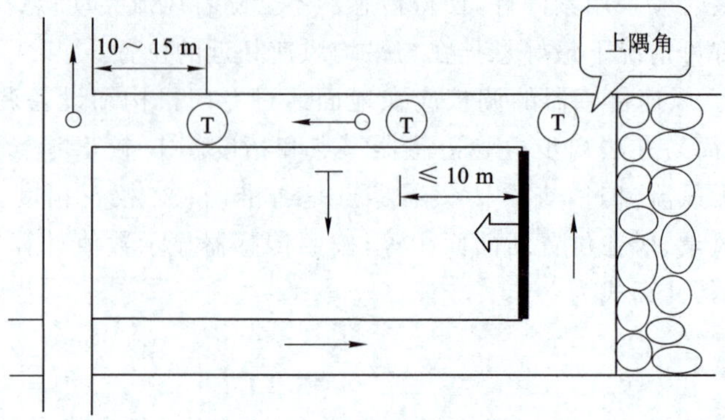

图 3-11-12　采煤工作面一氧化碳传感器的设置

开采容易自燃、自燃煤层的矿井,采区回风巷、一翼回风巷、总回风巷应设置一氧化碳传感器。带式输送机滚筒下风侧 10～15 m 处宜设置一氧化碳传感器。自然发火观测点、封闭火区防火墙栅栏外宜设置一氧化碳传感器。

(3) 自然发火矿井应设置温度传感器。温度传感器除用作环境监测外,还用于自然发火预测。温度传感器应布置在巷道的上方,并不影响行人和行车,安装维护方便,距顶板(顶梁)不得大于 300 mm,距巷道侧壁不得小于 200 mm。温度传感器应设置在风流稳定的位置。温度传感器用于自然发火预测时,应以每天平均温度的增量变化为依据。开采容易自燃、自燃煤层及地温高的矿井采煤工作面应设置温度传感器。温度传感器的报警值为 30 ℃,其位置如图 3-11-13 所示。

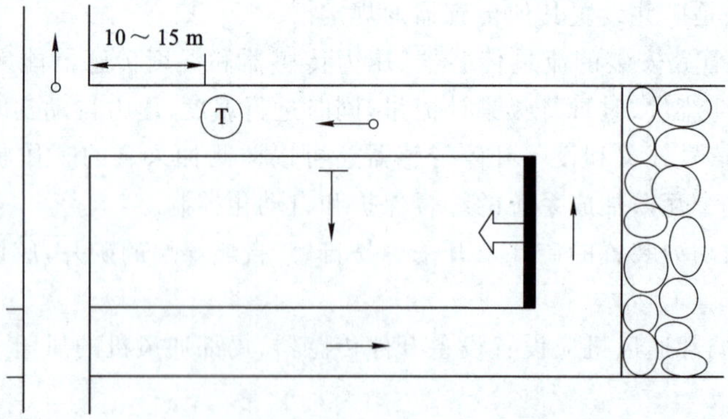

图 3-11-13　采煤工作面温度传感器的设置

【执行中应注意的问题】

(1) 主要通风机风机控制室内按规定安装有就地显示的 U 形水柱压力计,有的安设 2 台,分别测量风井的静压和动压,安全监控的 2 台压力传感器应通过三通分别与之相连,远程反映矿井主要通风机的运行参数（图 3-11-14）。

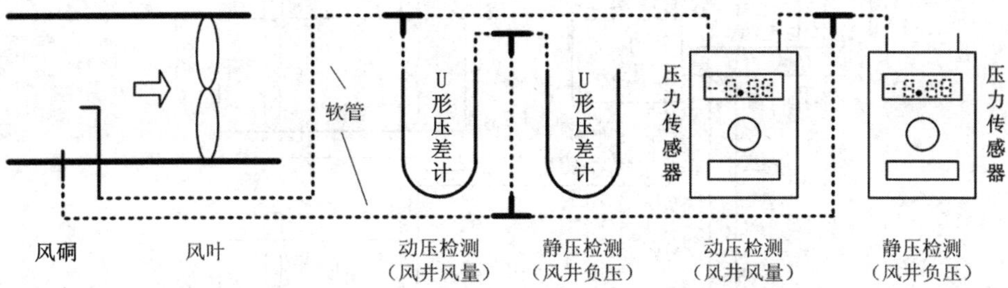

图 3-11-14　矿井主通风机压力监测安装图

注意：标准的 U 形压力计的标示单位也是 Pa，使用水柱时与传感器之间无须转换数据单位。

（2）瓦斯抽采泵站的抽采泵吸入管路中设置的流量传感器一般为工况流量，该流量与温度传感器、压力传感器和前面规定安装的甲烷传感器组合在一起即能算出该泵的标况流量、纯量及累计量。注意：

① 工况流量必须换算为标况流量方可用于实际工作中。鉴于实际工作中常使用相对压力、摄氏温度衡量泵的能力，所以标况流量的计算中注意压力、温度的换算，标准状态下必须采用绝对压力、绝对温度用于计算。

$$\text{绝对压力} = \text{当地大气压} - |\text{负压}|$$

$$T(K) = 273.15 + t(℃)$$

$$Q_{标} = Q_{工} \cdot \frac{P_{工}}{P_{标}} \cdot \frac{T_{标}}{T_{工}}$$

注：我国工业用气体标准状态规定为 1 个标准大气压、20 ℃。

② 抽采干管、支管及抽采单元的抽采自动计量同上。

③ 可用皮托管、孔板流量计等对抽采自动计量进行比对，如要进行准确标校，则应取下自动计量装置到有资质机构进行专业调校。

④ 用于抽采管路中的传感器在命名中注意带有"管道"二字，监控设置中归类于抽采管道类，以示与环境传感器的区别。

⑤ 工况下的流量、纯量及累计量几乎没有实际意义，中心站的自动运算中不要设置类似的计算，以免占用宝贵资源。

（3）为准确监测风机实际运行状态，主要通风机、对旋式局部通风机的每一级均应安设设备开停传感器，如图 3-11-15 所示。

（4）风门开关传感器一般用于监测风门开关状态。其安装设置和现场风门一样，成对出现。煤矿常见有以下几种安装方案，表 3-11-5 中的几种方案都是正确的，其中方案 1 符合《规程》要求，方案 2、方案 3 的报警标准高于方案 1。

（5）被控开关负荷侧必须安设馈电状态传感器，用于监测监控系统断电执行情况。监控断电与馈电传感器两者必须成对出现，在中心站的系统定义中必须将断电与相关的馈电设置为相互关联。

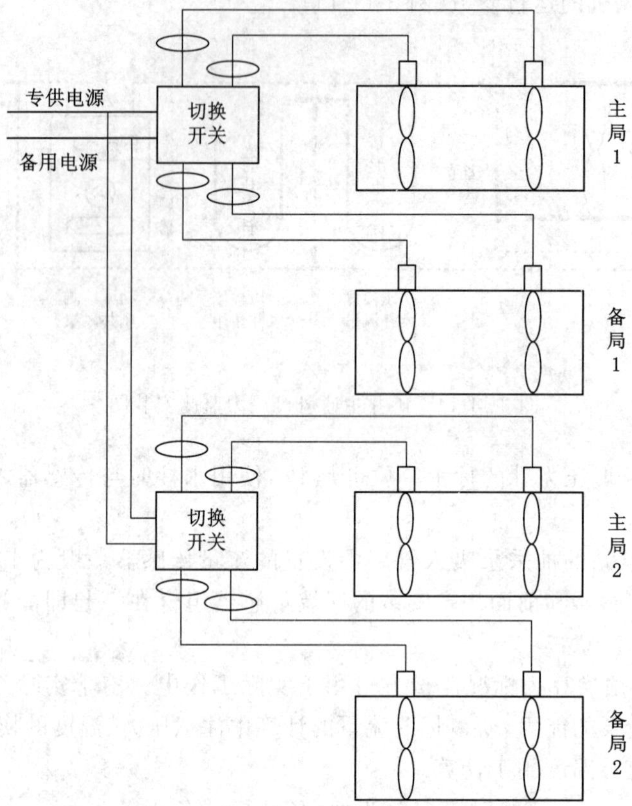

图 3-11-15　局部通风机的设备开停传感器的安设

表 3-11-5　风门开关传感器的安设方案与说明

<table>
<tr><td>方案1</td><td>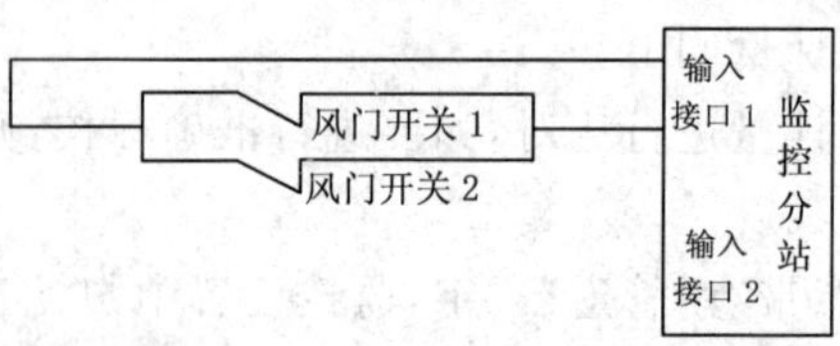</td><td>2道风门同时打开时，方才发出报警信号，符合《规程》要求，节省分站资源。缺点是1道风门打开时，地面中心站不能预警</td></tr>
<tr><td>方案2</td><td>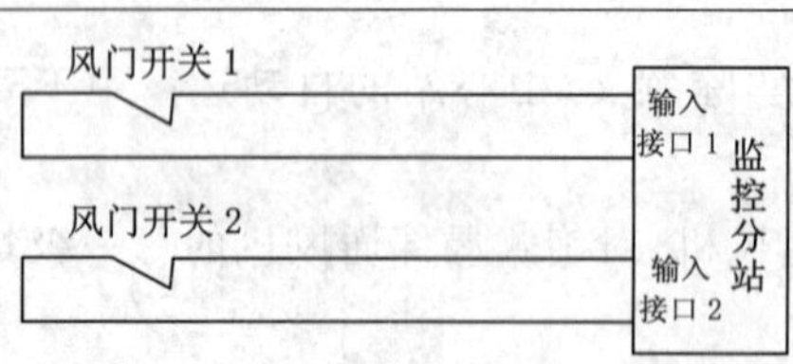</td><td>2道风门占用分站2个通道，可以体现每个风门具体的开关状态，每个风门都可报警，也可通过系统自带的逻辑判断做到2个风门同时打开才报警</td></tr>
<tr><td>方案3</td><td>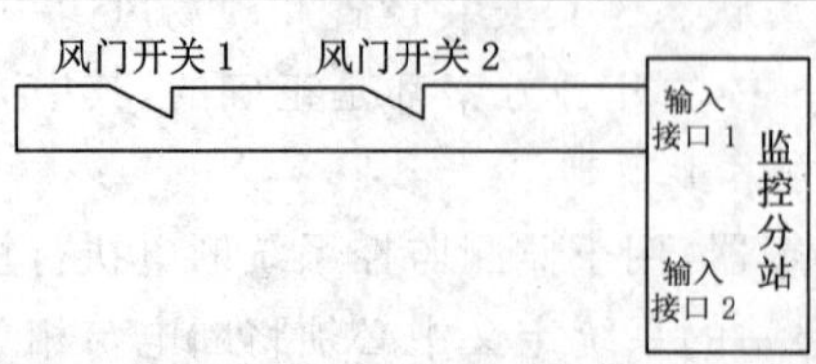</td><td>2道风门中任何1道打开，均能发出预警，节省分站资源。缺点是风门报警次数较多，且地面监控中心站不能辨别具体是那道风门打开还是全部打开</td></tr>
</table>

第三节　人员位置监测

第五百零四条　下井人员必须携带标识卡。各个人员出入井口、重点区域出入口、限制区域等地点应当设置读卡分站。

【释义】　本条是关于下井人员携带标识卡的规定。

识别卡又称标识卡、射频卡、射频标签、电子标签、无线编码发射器、识别标签、发码器、手机(有位置监测功能)、寻呼机(有位置监测功能)等，由下井人员携带，保存有约定格式的电子数据，当进入位置监测分站的识别范围时，将用于人员识别的数据发送给分站。重点区域是采区、采煤工作面、掘进工作面等重要区域。限制区域是指盲巷、采空区等不允许人员进入的区域。读卡分站又称阅读器、读卡器、读头、定位分站、位置监测分站、数据监测分站、识别器、无线接收分站、基站等，也简称分站。

【执行中应注意的问题】

(1) 建立健全管理制度。矿应建立健全《××矿人员定位系统使用管理制度》，就使用、维护、管理做出规定，并以矿文下发。矿井应急预案还要对人员定位系统发出的异常信息做出针对性措施。

(2) 建立完备报表台账。煤矿应按照《煤矿井下作业人员管理系统使用与管理规范》(AQ 1048—2007)4.3.1b)规定建立各类报表台账。

(3) 入井人员必须携带标识卡。任何入井人员不得有特殊待遇，矿井的矿领导、“一井一制”管理的外单位专业施工队伍等必须与本矿作业人员一样携带标识卡。

矿井还要备足临时标识卡，其他如临时入井的地面人员、外单位技术服务人员、救援队伍以及参观、检查人员等也必须携带标识卡，并做好登记记录，统一管理。

(4) 人员出入的井口必须设置读卡分站。为方便统计井下人数，人员定位系统必须具有“地面读卡分站”“井下读卡分站”的设置功能，系统管理人员必须正确区别设置。经验表明，把人员定位系统作为井下考勤的主要依据，可以相互促进矿井人员定位系统和井下考勤系统的使用，方便两者的维护和管理。

(5) 正确设置读卡分站。《煤矿井下作业人员管理系统使用与管理规范》(AQ 1048—2007)4.3.1b)规定：“系统应具有识别携卡人员出/入巷道分支方向等功能”，该功能实用性很强，紧急状况下，地面指挥人员可以实时、准确、快速地定位事故地点的人员位置情况。由于无线电波传播的方向性较差，单个读卡分站无法识别携卡人员出/入巷道的方向，所以重点区域如采煤、掘进工作面的读卡分站应布置为门禁方式，成对安设，该组分站应能正确反映人员进出工作面的情况，其区域内部不得有巷道分支。图 3-11-16 和图 3-11-17 所示分别为采煤、掘进工作面人员定位系统布置图。

(6) 系统运行可靠。作为矿井六大避险系统之一的煤矿井下人员定位系统，系统运行要可靠、定位要准确，紧急状况下要能快速完整定位事故地点的人员位置情况。

人员定位分站的设置分为两类。一是安全避险方面。《规程》规定，定位进/出重要区域人员和识别人员进/出方向的井下读卡分站，其供电电源应安设在进风巷道，不得布置在甲

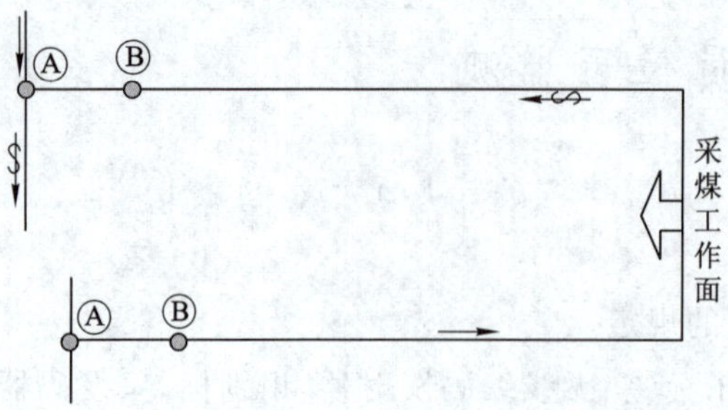

图 3-11-16　采煤工作面人员定位分站布置图

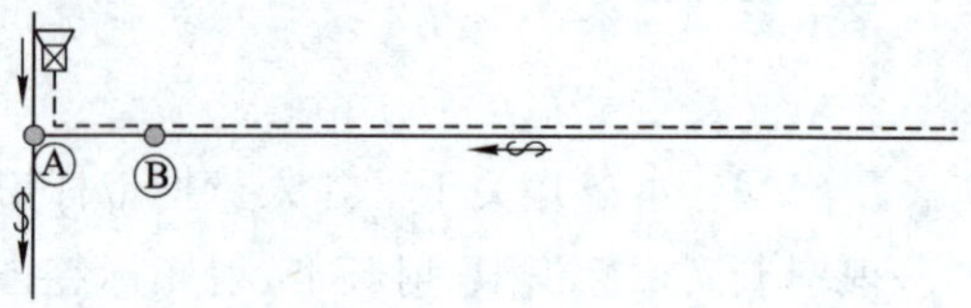

图 3-11-17　掘进工作面人员定位分站布置图

烧电、风电闭锁的断电控制范围内。二是生产管理方面。如用于干部作风考核、工人劳动纪律等煤矿企业自主管理的井下读卡分站。其安装地点靠近工作面或其他施工场所，供电电源可根据现场情况灵活取电。

矿井为了考察干部作风和作业人员劳动纪律，要求在工作面或重点地段安设读卡分站。除非分站地点重合，该类分站不得代替《规程》和 AQ 规定的必须安设的安全避险用的读卡分站。

(7) 人员定位准确。读卡分站应具备调整读卡灵敏度功能，现场安装时能够按照实际情况调整。某些重点区域如炸药库房、机电硐室等应安设读卡分站，安设时应考察、测试分站读卡半径和读卡灵敏度，防止路过库房、硐室门口的人员被误读进入了重点或限制区域，引起地面调度管理人员不必要的紧张。

(8) 系统管理人员要正确定义"限制区域""重点区域"。井下作业人员一旦进入"限制区域"，本矿人员定位系统和上级远程监察系统都会发出声光报警，要求撤离进入人员，回复处理结果。

(9) 设备配备齐全。煤矿还应配备有煤安标志的本安型便携式读卡仪，用于井上下的劳动纪律检查和井下事故搜救等。

(10) 标识卡电源可靠。建议煤矿优先采用人员标识卡与矿灯电池一体的人员定位系统。

第五百零五条　人员位置监测系统应当具备检测标识卡是否正常和唯一性的功能。

【释义】　本条是关于标识卡是否正常和唯一性的功能检测的规定。

人员位置监测系统应具有监测识别卡工作是否正常的功能，如果识别卡不能正常工作，立即通知持卡人更换新卡，持有不能正常工作的识别卡的人员严禁下井作业。系统应具有携卡人员卡号、姓名、身份证号、年龄、职务或工种、所在区队班组、主要工作地点、每月下井次数、下井时间、每天下井情况等显示、打印、查询等功能，这样才能保证每个下井人员只能持有一张与本人身份相符合的唯一的标志卡，防止职工识别卡混用，保证下井人员管理的准确性，也能防止领导找他人带班下井。

【执行中应注意的问题】

一般采取以下一种或多种方案检测入井标识卡是否正常和唯一。

（1）井口安设显示大屏。大屏实时显示井口下井、上井人员携带的标识卡内容，内容至少包括标识卡号、姓名、单位、读卡时间、标识卡电量等内容。该方式为最方便、简单、经济地，检测标识卡正常和唯一的通用方式。

入井人员通过大屏发现自己的标识卡存在电量不足现象应立即联系有关单位更换标识卡电池。

（2）井口安设有与人员定位系统数据库相联的显示屏。显示屏可以显示已录取的人员的信息和照片，下井、上井人员的定位标识卡号可以与其相互印证。

（3）井口安设与人员定位系统数据库关联的虹膜机、指纹仪或智能识别面容的摄像头。这类设备可以辨别下井、上井人员的身份，与携带的标识卡相互印证是否唯一。

（4）井口安保人员配备便携式读卡器，可以不定时地靠近检查携卡人员，显示人员携卡的卡号、姓名、单位、电量等，可以有效检查人员无卡入井、携带错卡或1人携带多卡的情况。

（5）《煤矿井下作业人员管理系统技术条件》（AQ 6210—2007）规定人员定位系统应具备人员轨迹查询功能。通过对有疑问的标识卡的轨迹、时间的数据调取和分析，可以有效发现一人携带多卡的情况。

第五百零六条　*矿调度室值班员应当监视人员位置等信息，填写运行日志。*

【释义】　本条是关于矿调度室值班员应监视人员位置等信息和填写运行日志的规定。

人员位置监测系统具有携卡人员出/入限制区域总数及人员、出/入限制区域时刻、滞留时间等显示、打印、查询、报警等功能。系统具有携卡人员下井活动路线显示、打印、查询、异常报警等功能。矿井调度室应设人员定位系统地面中心站，配备显示设备，执行24 h值班制度。

【执行中应注意的问题】

（1）煤矿应完善入井人员信息，如身份证号、手机号、家庭成员及住址等，信息存储在系统的后台数据库内。入井人员信息应及时修订，如职务升迁要立即更改，否则远程监察中会出现领导带班空岗的报警。

（2）调度室安设有人员定位显示终端，矿调度人员按照规定填写运行日志；调度人员还要能够熟练使用系统，紧急情况下可以及时提供区域人员信息，协助指挥应急救援、撤离涉险人员。

（3）正确使用“呼叫”“呼救”功能。

① 地面调度正确使用“呼叫”功能。人员定位系统应具有紧急“呼叫”功能。地面主机应具有呼叫井下作业人员的“呼叫”功能，人员标识卡应具有接收“呼叫”功能的声光报警功能。井下作业人员收到地面调度人员的“呼叫”信息，应按应急预案立即赶至最近的电话处，联系调度人员，听取调度指挥。

② 涉险人员正确使用“呼救”功能。人员定位系统应具有井下携卡人员“呼救”功能。人员标识卡在显眼处布置有“呼救”按钮，地面人员定位中心站应配有“呼救”声光报警提示。井下作业人员按动“呼救”按钮可以方便通过定位分站发出呼救信号。地面调度人员收到人员定位系统传来的“呼救”信号要立即按照应急预案实施救援并做好记录。

人员定位标识卡应有防误触“呼救”按钮的设计，携卡人员禁止随意按动“呼救”按钮。

③ 制定使用管理制度。矿《人员定位系统使用管理制度》中，应就“呼叫”“呼救”功能的测试和应用、应急预案的实施及正确使用识别卡做出规定。

第四节　通信与图像监视

第五百零七条　以下地点必须设有直通矿调度室的有线调度电话：矿井地面变电所、地面主要通风机房、主副井提升机房、压风机房、井下主要水泵房、井下中央变电所、井底车场、运输调度室、采区变电所、上下山绞车房、水泵房、带式输送机集中控制硐室等主要机电设备硐室、采煤工作面、掘进工作面、突出煤层采掘工作面附近、爆破时撤离人员集中地点、突出矿井井下爆破起爆点、采区和水平最高点、避难硐室、瓦斯抽采泵房、爆炸物品库等。

有线调度通信系统应当具有选呼、急呼、全呼、强插、强拆、监听、录音等功能。

有线调度通信系统的调度电话至调度交换机(含安全栅)必须采用矿用通信电缆直接连接，严禁利用大地作回路。严禁调度电话由井下就地供电，或者经有源中继器接调度交换机。调度电话至调度交换机的无中继器通信距离应当不小于 10 km。

【释义】　本条是关于对井下安装电话的规定。

电话是一种方便、快捷、可靠的通信工具。为了方便指挥、调度生产、事故处理、抢险救灾，主要机电设备硐室、采煤工作面、掘进工作面、突出煤层采掘工作面附近、爆破时撤离人员集中地点、突出矿井井下爆破起爆点、采区和水平最高点、避难硐室、瓦斯抽采泵房、爆炸物品库等必须设有直通矿调度室的有线调度电话，一旦突发险情和事故，能直接向矿调度汇报，地面救援指令也能及时传递下去，以便及时采取相应的安全措施。

井下电气设备发生漏电事故时，在接地极周边的大地中，将产生很大的漏电电流。当井下电话线路利用大地作回路时，漏电电流将会对电话线路产生较大的干扰，影响通话质量，造成通信不畅，无法使管理人员随时掌握矿井安全生产的情况。因此，井下电话线路严禁利用大地作回路。

【执行中应注意的问题】

(1)《规程》中所列地点的调度电话机应具备一键直呼地面调度室及电话扩播功能。

(2) 有线调度通信系统要借鉴现代化通信方式，具备多种方便、实用功能。

(3) 为便于事故调查，调度系统中的所有来电电话均要实现自动录音功能，具备音频导出功能并可长期留档保存。

(4) 为防止井下大面积停电造成通信中断，导致指挥无效、救援混乱，严禁调度电话由井下就地供电，或者经有源中继器接调度交换机。

(5) 规定地点的电话机应安全可靠、专机专用，不得采取相互并联等不规范接线方式与调度交换机相连。

第五百零八条　矿井移动通信系统应当具有下列功能：

(一) 选呼、组呼、全呼等。

（二）移动台与移动台、移动台与固定电话之间互联互通。

（三）短信收发。

（四）通信记录存储和查询。

（五）录音和查询。

【释义】　本条是关于矿井安装移动通信系统的功能的规定。

矿井移动通信是指通信双方或至少一方处于煤矿井下移动状态（处于运动中或停在某未定地点）的通信。矿井移动通信系统是能够实现矿井移动通信的系统。矿井移动通信系统一般由移动台、基站、基站电源（可与基站一体化）、控制中心、调度台（可与控制中心一体化）、电缆（或光纤）、接线盒、中继器（可缺省）和其他必要设备组成。选呼是输入被叫方电话号码呼叫被叫方。组呼是输入组呼编号呼叫该组的所有电话。组呼可同时将有关信息快速通报给许多用户，而只占用一个信道；也可召开多方会议研究工作。全呼是输入全呼编号呼叫系统内全部电话。全呼可同时将有关信息快速通报给许多用户，而只占用一个信道；也可召开多方会议研究工作。

移动台是指处于运动中或停在某未定地点进行通信的无线电收发设备，它包括手持台、便携台和车载车台等。煤矿井下通信系统具有移动台与移动台、移动台与固定电话之间互联互通功能，以保证有线通信与无线通信之间的互通。

【执行中应注意的问题】

(1) 移动通信系统的井下基站的供电电源应尽量安设在进风巷道中，不受风电、瓦斯电闭锁控制，备用电池工作时长不得低于 4 h。

(2) 采、掘、打钻等作业场所的基站要尽量布置稠密，实现无线信号全覆盖。

(3) 突出矿井的采煤进、回风，掘进回风巷道中，柴油动力的单轨吊、无轨胶轮车等司机应配备移动通信终端。司机收到调度命令后，听从指挥，立即采取停车关闭柴油动力或积极参与救援活动等措施。

(4) 移动通信系统应与有线调度通信系统和行政办公通信系统互联互通。

(5) 移动通信系统所有通话录音和短信存储应不低于 3 个月。

第五百零九条　安装图像监视系统的矿井，应当在矿调度室设置集中显示装置，并具有存储和查询功能。

【释义】　本条是关于图像监视系统显示、存储和查询功能的规定。

矿井图像监视系统一般由前端、传输、控制、显示及存储等部分组成。前端部分包括摄像机以及与之配套的镜头、云台、防护罩等；传输部分包括电缆、光缆或无线收发、信号调制解调设备等；控制、显示及存储部分主要包括视频切换器、云台镜头控制器、各类控制通信接口、控制台、视频服务器、显示器、电视墙、磁盘、音响设备等。

矿井图像监控系统可对煤矿生产安全各种信息进行综合处理和综合调度，实现了各关键生产环节的实时图像监视及各个多媒体终端的交互功能，充分发挥了各监测监控子系统作用，提高了生产安全调度和办公自动化水平。

【执行中应注意的问题】

(1) 建立健全管理制度。矿应建立图像监视系统管理制度,规定图像监视设备的安设地点,明确设备的安装、使用、维护责任人,就图像监视系统中的各安装地点的图像存储时间做出规定。

(2) 强化重点场所安设。摄像头首先应考虑安设于下井人员甄别(如井口人员出入)、无人值守重要区域(如井下变电所)、隐蔽工程作业(如抽采打钻)、事故频发地段(如巷道变形严重的带式输送机巷、运输要道)等关键场所。

(3) 加强地面调度指挥。调度室应安装集中显示大屏,大屏应具有对矿井图像监视系统的终端设备进行重点和轮巡显示功能。

第四编　露天煤矿

第一章　一般规定

第五百一十条　多工种、多设备联合作业时，必须制定安全措施，并符合相关技术标准。

【释义】　本条是关于多工种、多设备、多工艺联合作业时制定安全措施的规定。

多工种是指同一或相关联的系统与设备联合作业中有 2 个及 2 个以上工种；多设备是指相关联的位置或区域有 2 台及 2 台以上同时进行配合作业的设备。多开采工艺是指在一个露天矿坑范围内采用两种或两种以上的单一开采工艺组成的开采方法及设备总和。随着我国露天煤矿开采规模和开采范围的扩大，单一开采工艺的缺点越来越明显，由于总厚度、覆盖物厚度、岩性、内外排土场容量及物料运距等的变化，为了适应露天煤矿发展，多开采工艺应用越来越普遍，因此，在进行多开采工艺的采场内需制定专门安全作业规程。联合作业包括采装过程中采装设备与运输、破碎和辅助设备在一个场所的交叉作业，如采装设备与推土机、自移式破碎机等、运输设备和排土设备、无人驾驶自身及与有人驾驶作业交叉区域同遵守此项条例。也包括各种设备的维修配合作业、露天煤矿相关人员（测量、地质、采矿等）作业时与采装运输辅助设备的交叉作业等。根据联合作业发生频率、作业特点等制定具有针对性的安全措施。一是开采工艺始终存在联合作业，在制定安全作业规程和操作规程时应明确；二是不属于开采工艺范畴的随机发生的联合作业，应根据实际情况，制定专门的安全措施。对于不同单位间的联合作业，要签订相关安全协议。

第五百一十一条　采用铁路运输的露天采场主要区段的上下平盘之间应当设人行通路或者梯子，并按有关规定在梯子两侧设置安全护栏。

【释义】　本条是关于露天煤矿采场内铁路运输方式下设置人行安全通路的规定。

为了保障作业人员上下台阶行走时的安全，露天煤矿根据坡面角、平盘宽度等参数选择设置人行通路或梯子。人行通路或梯子选择设置在安全的地段，若设置梯子，梯子质量要可靠，不歪斜。根据开采进度，做好人行通路或梯子的移设工作。要设专人负责人行梯子的设置和维修工作。坚持经常检查，发现坏梯子及时维修或更换，保证梯子处于完好状态。梯子在雨雪季节应捆绑草绳、防滑胶条等物品或焊接防滑铁条等措施。各矿应根据自身的作业特点，制定人行通道或梯子的使用管理办法。

第五百一十二条　在露天煤矿内行走的人员必须遵守下列规定：

（一）必须走人行通路或者梯子。

（二）因工作需要沿铁路线和矿山道路行走的人员，必须时刻注意前后方向来车。躲车时,必须躲到安全地点。

(三)横过铁路线或者矿山道路时,必须止步瞭望。

(四)跨越带式输送机时,必须沿着装有栏杆的栈桥通过。

(五)严禁在有塌落危险的坡顶、坡底行走或者逗留。

【释义】 本条是关于在露天煤矿内行走人员的规定。

除露天煤矿铁路运输外,除作业、维修、移设地点外,不允许人员在露天煤矿地面通行。

铁路工艺露天煤矿人员确需在地面通行时,必须走人行通路或者梯子。一般情况下,不准在铁路上行走,因工作需要必须沿铁路行走时,应遵守以下规定:

(1) 尽量在铁道线路外侧迎着来车方向行走,距离铁道线一定的安全距离。

(2) 在铁道线路上行走必须时刻注意前后来车,发现来车时要躲到铁路线外侧 3 m 以外的安全地方,面向列车进行待避。

(3) 受客观条件限制,必须在会车线内躲车时,应蹲在两条线路中间,面向重车待避,避免被列车上甩下的石块砸中。

(4) 在有塌落危险的坡顶、坡底,应设置警戒区域,确需通行时应尽快通过,严禁逗留。

第五百一十三条 严禁非作业人员和车辆未经批准进入作业区。

【释义】 本条是关于露天煤矿企业生产作业区内严禁闲杂人员进入的规定。

需特别注意采掘、运输、排土等设备作业时,严禁人员上下设备;在采掘设备回转范围内,严禁人员、车辆停留或通过。

露天煤矿机械化程度高,作业现场各种设备装备多,同时可能存在老空区、火区、沉陷区、片帮区等,现场作业条件复杂,非作业人员和车辆驾驶人员未经安全培训,不了解现场情况和安全规定,进入作业区域危险性很大。因此,应做好以下方面的工作:

(1) 在进入露天煤矿作业区域的必经地段设置门岗,对进入的设备和人员进行核对。

(2) 因工作需要进入矿坑的,如设备维修厂家人员、技术服务人员等,应对其进行安全培训,并在矿方人员陪同下进入;对于参观或检查人员,必须在矿方人员带领下方可进入。

(3) 建设智能安防、智能仓储、智能车辆管理、智能门禁闸机管理、智能信息发布及个人移动终端管理系统,实现智能设施保障安全系统。

第五百一十四条 采场内有危险的火区、老空区、滑坡区等地点,应当充填或者设置栅栏,并设置警示标志;地面、采场及排土场内临时设置变压器时应当设围栏,配电柜、箱、盘应当加锁,并设置明显的防触电标志;设备停放场、炸药厂、爆炸物品库、油库、加油站和物资仓库等易燃易爆场所,必须设置防爆、防火和危险警示标志;矿山道路必须设置限速、道口等路标,特殊路段设警示标志;汽车运输为左侧通行的,在过渡区段内必须设置醒目的换向标志。

严禁擅自移动和损坏各种安全标志。

在运输线路两侧堆放物料时,不得影响行车安全。

【释义】 本条是关于露天煤矿采场内的危险区域、危险建筑场所、危险设施及特殊交通应采取安全保护措施的规定。

露天煤矿作业环节、设备设施多,造成自然和人为危险源也多,因此应在各个场所采取安全措施加以提醒和警示,在有危险的区域、建筑场所和设施上设置明显的安全警示标志,告知生产作业人员及其他有关人员提高警惕，在有警示标志的区域或场所不准靠近等。露天煤矿智能综合管控平台应建立电子围栏或电子封条，严格管控进入危险区域的设备或人。

第五百一十五条 在下列区域不得建永久性建（构）筑物：

（一）距采场最终境界的安全距离以内。

（二）爆炸物品库爆炸危险区内。

（三）不稳定的排土场内。

（四）爆破、岩体变形、塌陷、滑坡危险区域内。

【释义】 本条是关于露天煤矿建永久性建（构）筑物位置的规定。

在该条款规定的4种区域内，无论是什么性质的建筑，都存在滑落、下沉变形和爆破震动的威胁，所以规定其区域内不准建永久性建（构）筑物。爆破物品库爆炸危险区域严禁建设永久性建（构）筑物。

第五百一十六条 机械设备内必须备有完好的绝缘防护用品和工具，并定期进行电气绝缘性能试验，不合格的及时更换。

【释义】 本条规定了两个方面：一是电力驱动机械设备内配备防护用品和工具；二是定期进行电力驱动机械设备绝缘性试验。

绝缘防护用品指绝缘靴、绝缘手套等，绝缘工具一般为绝缘杆或绝缘钩，不是维修工具，主要是副司机在移动电缆时使用。绝缘预防性试验：绝缘预防性试验是指设备投入运行后，按一定的周期由运行部门、试验部门进行的试验，目的在于检查运行中的设备有无绝缘缺陷和其他缺陷。电气绝缘性能试验周期根据《电力安全工器具预防性试验规程》（DL/T 1476－2015）规定，绝缘靴、绝缘手套为半年，绝缘杆为1年，绝缘钩参照绝缘杆。目前大部分煤矿针对绝缘靴、绝缘手套每半年更新1次，绝缘钩1年试验1次，不合格的进行更换。

第五百一十七条 采掘、运输、排土等机械设备作业时，严禁检修和维护，严禁人员上下设备；在危及人身安全的作业范围内，严禁人员和设备停留或者通过。

移动设备应当在平盘安全区内走行或者停留，否则必须采取安全措施。

【释义】 本条是关于机械设备作业时严禁人员上下及危险区域严禁人员、设备停留的规定。

各露天煤矿为了实现安全生产，保护职工在生产作业中的安全，依据《规程》的要求，制定钻孔、爆破、采装、运输、排土等设备的安全作业和操作规程。规定在机械设备运转时严禁任何人员上下设备，严禁人员和设备在作业设备最大作业半径以内通过或停留。

第五百一十八条 设备走行道路和作业场地坡度不得大于设备允许的最大坡度，转弯半径不得小于设备允许的最小转弯半径。

【释义】 本条是关于设备运行场地技术要求的规定。

设备走行道路和作业场地要尽量做到平坦、干净、坚实、无障碍物，其坡度超过设备允许的最大坡度时，设备容易发生打滑、翻转，转弯半径过小非常容易侧翻。

第五百一十九条 遇到特殊天气状况时,必须遵守下列规定:

(一) 在大雾、雨雪等能见度低的情况下作业时,必须制定安全技术措施。

(二) 暴雨期间,处在有水淹或者片帮危险区域的设备,必须撤离到安全地带。

(三) 遇有6级及以上大风时禁止露天起重和高处作业。

(四) 遇有8级及以上大风时禁止轮斗挖掘机、排土机和转载机作业。

【释义】 本条是关于特殊天气(大雾、雨雪、大风等)状况下现场作业的规定。

大雾、雨雪等能见度低的情况下铁路和公路沿线作业容易被车撞,其他车辆司机由于能见度低容易误操作、误判断,必须制定安全技术措施,如增加指挥人员、增加照明强度和光源数量等。8级及以上大风时,轮斗挖掘机、排土机和转载机作业会造成尘土飞扬,能见度低,安全性大大降低。在暴雨期间,在人员和设备撤出安全地带外,需立即启动疏干排水系统。

第五百二十条 作业人员在2 m及以上的高处作业时,必须系安全带或者设置安全网。

【释义】 本条是关于露天煤矿高空作业的规定。

高处作业是指在坠落高度基准面2 m以上(含2 m)有可能坠落的高处进行的作业。露天煤矿进行高空作业时,施工单位必须有针对性地制定安全措施,并报露天煤矿相关部门批准和报备。高处作业人员有坠落的危险,必须系安全带或者设置安全网。在霜冻或雨雪天气,露天煤矿进行高空作业必须采取防滑措施。遇大风禁止高空作业的情况参照第五百一十九条的规定。

第二章　钻孔爆破

第一节　一般规定

第五百二十一条　露天煤矿钻孔、爆破作业必须编制钻孔、爆破设计及安全技术措施，并经矿总工程师批准。钻孔、爆破作业必须按设计进行。爆破前应当绘制爆破警戒范围图，并实地标出警戒点的位置。

【释义】　本条是关于露天煤矿钻(穿)孔、爆破在设计、施工与警戒方面的规定。

爆破作业必须遵守国家颁布的《爆破安全规程》有关规定。钻(穿)孔爆破必须严格按照设计参数要求进行作业。

对我国大多数露天煤矿而言，钻(穿)孔爆破是第一道工序。钻(穿)孔爆破最终效果表现在爆破质量上，主要指标出现无拉底、硬帮、伞檐、大块等。钻(穿)孔爆破效果直接影响后续的采装效率、半干线平整度、半干线宽度等方面。穿孔前必须清理平整平盘，以确保穿孔质量和发挥钻机效率。应当根据各矿岩石条件选取具有代表性的岩石，确定钻孔的孔径、超深、前排距、行距、孔距、起爆方式、炸药单耗、装药方式、网络连接方式等，并做到"一爆一设计"。智能矿山建设过程中需建立智能穿爆系统，具备爆破警戒区域的远程监控和及时预警功能，实现钻机智能精准定位、炮孔设计参数自主接收、自动布孔、护孔、测孔、随钻测量功能；实现炮孔倾角、深度、孔温等炮孔参数的自动化采集；利用无人机管理系统替代人工管理。

在爆破过程中，涉及的飞石、地震效应可能对人员、设备带来危害，因此需要根据地形条件、风力条件、施工中出现的情况设置警戒范围，实现安全爆破。

第五百二十二条　爆炸物品的购买、运输、贮存、使用和销毁，永久性爆炸物品库建筑结构及各种防护措施，库区的内、外部安全距离等必须符合《民用爆炸物品安全管理条例》等国家有关法规和标准的规定。

露天煤矿爆破作业，必须遵守《爆破安全规程》。

【释义】　本条是关于爆炸物品管理、爆炸物品库建筑结构及库区安全距离的规定。

由于爆炸物品具有燃烧、爆炸的危险性，容易发生人身伤害事故和造成国家财产损失，因此必须严格监督管理，认真执行有关对爆炸物品的购买、运输、贮存、使用和销毁的法律、法规，对每一个环节都要经过有关部门审查批准。未经批准，任何单位和个人都不准擅自从事爆炸物品的购买、运输、贮存、使用和销毁，否则须承担相应的法律责任。爆破器材领至工作面必须装箱上锁，起爆器箱、雷管箱和炸药箱的摆放必须分开，当班用剩的爆破器材必须退回爆炸材料库。

在爆破区域内放置和使用爆破材料过程中，20 m 范围内严禁烟火，10 m 范围内严禁非工作人员进入。运输爆破材料应使用专用车辆，专用车辆必须保证状态良好；如使用非专用车辆装运火工品时，必须在车厢底部铺设胶皮，车上装设防静电装置和灭火器，车辆的排气管应符合安全规定,且装载量不得超过车辆额定载重的80%,严禁炸药、雷管同车装运。

第二节 钻 孔

第五百二十三条 钻孔设备进行钻孔作业和走行时,履带边缘与坡顶线的距离应当符合表19的要求。

表19 钻孔设备履带边缘与坡顶线的安全距离 m

台阶高度	<4	4~10	10~15	≥15
安全距离	1~2	2~2.5	2.5~3.5	3.5~6

钻凿坡顶线第一排孔时,钻孔设备应当垂直于台阶坡顶线或者调角布置(夹角应当不小于45°);有顺层滑坡危险区的,必须压碴钻孔;钻凿坡底线第一排孔时,应当有专人监护。

【释义】 本条是关于钻孔设备作业和行走的规定。

钻孔设备在台阶上作业时,如果与下部台阶坡顶线之间安全距离太小,有片帮掉钻的危险。钻孔设备在靠近上部台阶坡底线作业时,为预防有大块掉落、片帮等情况发生,应派专人观察,观察人员应远离坡底线区域。顺层滑坡危险区,是指岩石赋存倾向自由面一侧可能发生滑动危险的区域。发现该情况应采取压碴钻孔措施,即在未采掘前一幅爆量的前提下钻孔。如果前一幅爆堆已采掘完毕后发现有顺层滑坡危险区,则应重新确定合理的钻孔方案、制定必要的安全技术措施。

第五百二十四条 钻孔设备在有采空区的工作面钻孔时,必须制定安全技术措施,并在专业人员指挥下进行。

【释义】 本条是关于钻孔设备在有采空区区域内作业的规定。

有些露天煤矿在其开采境界内早期存在井工开采,形成了采空区,直接威胁着设备和人员安全。区域采剥作业前,必须对采空区范围及巷道走向进行勘探,查明采空区范围以指导本矿安全生产。为保证钻孔设备在有采空区的工作面作业时的安全,必须在钻孔作业之前制定好安全技术措施,主要有以下方面:

(1) 加强采空区安全技术管理。明确了采空区的具体位置,确定钻孔设备的安站立全位置。

(2) 严格采空区现场管理。采空区作业人员,在采空区施工之前必须进行相关安全技术教育培训,合格后方可进入现场施工。

(3) 钻机穿孔时,一人操作,一人在旁边监看,发现地表有裂缝、塌陷等异常现象时,设备及人员应立即撤出采空区至安全地带。钻机进入作业面必须按指定路线行走且不得长时间作业,以防钻机长时间穿孔作业产生震动,引起采空区塌落。在采空区设置安全警示牌,极危险区域还应设置安全防护绳,防止非作业人员进入采空区发生危险。

(4) 如无法确定采区的具体位置,应在采空区打探查孔,进一步确定采空区的具体位置。

(5) 钻孔设备在采空区作业时,除在确定的采空区打探查孔外,还应在疑似区域打探查孔进行探测。但无论是确定的、疑似的，还是正常的钻孔，发现有采空区的，应对钻孔设置明显标志，并对探查结果(如上覆岩厚度、采孔高度等)进行记录。

(6) 钻机在进行穿孔作业时，作业人员必须佩戴防尘面具，以防采空区被穿透时，有毒有害气体溢出造成人员伤害。

第三节 爆 破

第五百二十五条 爆炸物品的领用、保管和使用必须严格执行账、卡、物一致的管理制度。

严禁发放和使用变质失效以及过期的爆炸物品。

爆破后剩余的爆炸物品，必须当天退回爆炸物品库，严禁私自存放和销毁。

【释义】 本条是关于爆炸物品领用、保管、使用和退回等方面的规定。

露天煤矿爆炸物品存在重大的安全风险，必须做到：

(1) 关于领用、保管、使用和退回的规定。必须严格执行账、卡、物一致的管理制度，必要时可以建设爆炸物品智能管理系统。

(2) 关于变质失效以及过期爆炸物品的规定。要求变质失效以及过期的爆炸物品严禁发放和使用，因为变质失效以及过期的爆炸物品一旦发放和使用将产生不良的后果：爆炸物品性能降低，可能会严重影响爆破质量，易发生拒爆，影响采装工作的正常进行或采装效率。由于爆破效果不佳产生的大块、伞檐、根底，可能砸坏挖掘设备；残留大块需进行二次爆破，增加了爆炸物品单耗，带来了安全隐患等。

(3) 剩余爆炸物品的处理方式主要有：① 退回。爆破作业当天结束之后，剩余的爆炸物品必须退回爆炸物品库，执行退料单程序。② 严禁私自存放。除爆炸物品库之外，任何地方都不准存放剩余的爆炸物品。③ 严禁私自销毁。剩余的爆炸物品必须送回爆炸物品库，不准私自销毁。爆炸物品管理人员必须当班检查、核实爆炸物品的发放量与贮存量，发现数量不符时，应立即向矿长(或主要负责人)报告。在贮存、领退过程中发现爆炸物品丢失的，无论数量多少，都应立即向所在地公安机关报案，保护现场，积极配合公安机关调查、处理。同时，应当向当地煤矿安全监管部门报告。

第五百二十六条 爆炸物品车到达爆破地点后，爆破区域负责人应当对爆炸物品进行检查验收，无误后双方签字。

在爆破区域内放置和使用爆炸物品的地点，20 m 以内严禁烟火，10 m 以内严禁非工作人员进入。

加工起爆药卷必须距放置炸药的地点 5 m 以外，加工好的起爆药卷必须放在距炮孔炸药 2 m 以外。

【释义】 本条是关于爆炸物品交接验收、爆破区域内存放使用、起爆药卷加工的规定。

爆炸物品一般由爆破区域负责人与运输人员对数量、种类、型号、质量等进行确认并交接，避免责任不清。爆炸物品放置及使用区域属于易爆危险区，烟火容易引起爆炸，非专业人员的碾压可能破坏传爆等性能，容易发生拒爆。

第五百二十七条 炮孔装药和充填必须遵守下列规定：

(一) 装药前在爆破区边界设置明显标志，严禁与工作无关的人员和车辆进入爆破区。

(二) 装药时，每个炮孔同时操作的人员不得超过3人；严禁向炮孔内投掷起爆具和受冲击易爆的炸药；严禁使用塑料、金属或者带金属包头的炮杆。

(三) 炮孔卡堵或者雷管脚线、导爆管及导爆索损坏时应当及时处理；无法处理时必须插上标志，按拒爆处理。

(四) 机械化装药时由专人现场指挥。

(五) 预装药炮孔在当班进行充填。预装药期间严禁连接起爆网络。

(六) 装药完成撤出人员后方可连接起爆网络。

【释义】 本条是关于装药和充填炮孔作业的规定。

人工装药时，装药、下线、充填等操作工序的人数不得超过3人。向炮孔内装药时，起爆器、装有雷管的起爆药或敏感度高的炸药均不得投掷，必须用非金属的绳索吊入孔中。压药的炮杆，必须用木制齐头炮杆，不准用金属或金属包头或塑料的炮杆。机械化装药时必须由专人操作，是指铵油炸药混装车和乳化炸药车，按照现场要求用车上的注药管直接往孔内注药，由专门经培训并考核合格的人员操作，不能由其他人代替或随意指派。预装药是指提前装药，当天不起爆，待形成一定规模后再起爆的装药方式。当日装药的炮孔必须当日充填，且不能进行网络连接。智慧化矿山建设过程中，实现炸药混装车辆自动寻孔和装药机构与炮孔自动精准对接，实现炮孔装药结构精准控制和药量自动精准计量。

第五百二十八条 爆破安全警戒必须遵守下列规定：

(一) 必须有安全警戒负责人，并向爆破区周围派出警戒人员。

(二) 爆破区域负责人与警戒人员之间实行“三联系制”。

(三) 因爆破中断生产时，立即报告矿调度室，采取措施后方可解除警戒。

【释义】 本条是关于爆破安全警戒和爆破后中断作业的规定。

露天煤矿采场范围大、设备多、人员杂，而爆破瞬间可能产生飞石，如有人员、设备没有按时撤出警戒区，容易发生事故，必须做好爆破安全警戒工作。

“三联系制”是指：① 第一次信号。爆破区负责人向警戒人员发出第一次信号，确认警戒人员到达警戒地点，所有与爆破无关人员撤出警戒区，设备撤至安全距离以外，然后警戒人员向爆破区负责人发回安全信号，爆破区负责人命令起爆人员作起爆预备。② 第二次信号。起爆预备完成后，爆破区负责人向警戒人员发出第二次信号，得到警戒人员发回的安全信号后，再向起爆人员发出起爆命令，进行起爆。③ 第三次信号。起爆后5 min，确认无危险时，爆破区负责人和起爆人员进入爆破区进行检查，无问题后，向各警戒人员发出解除警戒信号。

因爆破发生中断生产的情况有下列几种：掩埋或破坏运输道路，损坏或中断供电线路，设备被砸变形。发生这类情况时应立即报告矿调度室，由矿调度室通知相关人员到现场进行处理，完成后即可进行作业。

第五百二十九条 安全警戒距离应当符合下列要求：

(一) 抛掷爆破(孔深小于45 m)：爆破区正向不得小于1000 m，其余方向不得小于

600 m。

（二）深孔松动爆破（孔深大于 5 m）：距爆破区边缘，软岩不得小于 100 m、硬岩不得小于 200 m。

（三）浅孔爆破（孔深小于 5 m）：无充填预裂爆破，不得小于 300 m。

（四）二次爆破：炮眼爆破不得小于 200 m。

【释义】 本条是关于爆破安全警戒距离的规定。

第五百三十条　起爆前，必须将所有人员撤至安全地点。接触爆炸物品的人员必须穿戴抗静电保护用品。

【释义】 本条是关于起爆前人员撤离及相关人员穿戴保护用品的规定。

网络连接前，除网络连接人员外，其他人员必须全部撤出；起爆前，要进行警戒，防止无关人员进入；同时，爆破负责人必须对警戒区域进行整体巡视，确认无设备人员后方可下达起爆指令。由于爆炸物品受到静电影响后可能产生爆炸，因此爆破人员必须穿戴抗静电保护用品，主要包括防静电衣服（纯棉衣服等）。为避免发生爆炸危险，不得穿带钉的鞋等。

第五百三十一条　设备、设施距松动爆破区外端的安全距离应当符合表 20 的要求。

表 20　设备、设施距松动爆破区外端的安全距离　　m

设备名称	深孔爆破	浅孔及二次爆破	备注
挖掘机、钻孔机	30	40	司机室背向爆破区
风泵车	40	50	小于此距离应当采取保护措施
信号箱、电气柜、变压器、移动变电站	30	30	小于此距离应当采取保护措施
高压电缆	40	50	小于此距离应当拆除或者采取保护措施

机车、矿用卡车等机动设备处于警戒范围内且不能撤离时，应当采取就地保护措施。与电杆距离不得小于 5 m；在 5～10 m 时，必须采用减震爆破。

【释义】 本条是关于松动爆破安全距离的规定。

对于部分设备、设施，若其位置无法移动，小于安全警戒距离，设备一般采取驾驶室背向爆破区域，以及用草席、棉被、纸箱等软体材料遮挡驾驶室门窗等就地保护措施；针对高压电缆在小于爆破安全距离区域时，采取就地掩埋等保护措施后，能够保证安全时，可以不予拆除，故增加“采取保护措施”。

第五百三十二条　设备、设施距抛掷爆破区外端的安全距离：爆破区正向不得小于 600 m；两侧有自由面方向及背向不得小于 300 m；无自由面方向不得小于 200 m。

【释义】 本条是关于抛掷爆破安全距离的规定。

抛掷爆破是指炸药爆炸时，被爆破岩体的一部分沿最小抵抗线方向抛出的爆破方法。台阶较高，一次起爆药量大，爆破影响范围广，地震波、空气冲击波和飞石的危害远大于松动爆破，孔深 45 m，爆破区正向（抛掷方向）确定 600 m 为安全距离，其他方向安全距离确定为 200～300 m。

第五百三十三条 爆破危险区的架空输电线、电缆和移动变电站等，在爆破时应当停电。恢复送电前，必须对这些线路进行检查，确认无损后方可送电。

【释义】 本条是关于供电设备设施爆破前后停送电的规定。

为预防带电体因爆破震动、飞石产生破坏，引起接地、漏电等对人及设备的危害，爆破前必须对爆破区域内的架空线等停电。爆破后在送电前应全面检查，如没有遭到损伤和破坏，则可以恢复送电。

第五百三十四条 爆破地震安全距离应当符合下列要求：

(一) 各类建(构)筑物地面质点的安全振动速度不应超过下列数值：

1. 重要工业厂房，0.4 cm/s；

2. 土窑洞、土坯房、毛石房，1.0 cm/s；

3. 一般砖房、非抗震的大型砌块建筑物，2～3 cm/s；

4. 钢筋混凝土框架房屋，5 cm/s；

5. 水工隧道，10 cm/s；

6. 交通涵洞，15 cm/s；

7. 围岩不稳定有良好支护的矿山巷道，10 cm/s；围岩中等稳定有良好支护的矿山巷道，15 cm/s；围岩稳定无支护的矿山巷道，20 cm/s。

(二) 爆破地震安全距离应当按下式计算：

$$R=(k/v)^{1/a}\cdot Q^{m}$$

式中 R——爆破地震安全距离，m；

Q——药量(齐发爆破取总量，延期爆破取最大一段药量)，kg；

v——安全质点振动速度，cm/s；

m——药量指数，取 $m=1/3$；

k、a——与爆破地点地形、地质条件有关的系数和衰减指数。

(三) 在特殊建(构)筑物附近、爆破条件复杂和爆破震动对边坡稳定有影响的地区进行爆破时，必须进行爆破地震效应的监测或者试验。

【释义】 本条是关于爆破地震安全距离的规定。

爆破地震是指露天煤矿在实施爆破时，炸药爆炸后释放的膨胀压力能量对周围介质做功时产生的破坏性震动。此能量在对周围介质做功时逐步由强到弱向四周扩散，直到完全消失。当炸药爆炸后的压力能量在周围介质中逐步扩散到已不能对周围物体造成破坏时的距离，称为爆破地震安全距离。

第五百三十五条 爆破作业必须在白天进行，严禁在雷雨时进行；严禁裸露爆破。

【释义】 本条是关于爆破作业时间和天气条件的规定。

爆破作业必须在白天进行，最迟起爆时间一般不超过 17 时。雾天需要根据可视距离长短确定是否可以爆破，如爆破区两端的警戒人员相互可视，则可以进行爆破作业。在雷雨天气时，雷电极易引起爆炸物品爆炸，因此，严禁进行爆破作业。

第五百三十六条 在高温区、自然发火区进行爆破作业时，必须遵守下列规定：

（一）测试孔内温度。有明火的炮孔或者孔内温度在 80 ℃以上的高温炮孔采取灭火、降温措施。

（二）高温孔经降温处理合格后方可装药起爆。

（三）高温孔应当采用热感度低的炸药，或者将炸药、雷管作隔热包装。

【释义】 本条是关于高温区、自然发火区爆破作业的规定。

露天煤矿着火的主要原因包括两个方面：一是采空区自燃；二是煤层自然发火，这两种情况都能使需要爆破的煤岩钻孔温度升高，容易引爆爆炸物品，对爆破工作造成危害。因此，必须降温合格后的孔可以装药起爆。

第五百三十七条 爆破后检查必须遵守下列规定：

（一）爆破后 5 min 内，严禁检查。

（二）发现拒爆，必须向爆破区负责人报告。

（三）发现残余爆炸物品必须收集上缴，集中销毁。

【释义】 本条是关于爆破后安全检查的规定。

爆破后必须进行检查，目的是检查有无拒爆的钻孔、有无残余的爆炸物品、爆破效果如何。爆破作业后，爆破工必须按规定的等待时间（规定为 5 min）进入爆破地点，检查有无危石和盲炮等现象。爆破工如发现危石和盲炮现象，应及时处理，处理前应在现场设立危险警戒或标志。只有确认爆破地点完全安全后，经当班爆破班长同意，方可允许其他人员进入爆破地点。每次爆破后，爆破工应认真填写爆破纪录。发现有拒爆，必须报告负责人，参考《规程》第五百三十八条进行处理。同时，检查过程中发现有残余爆炸物品，如导爆索、雷管等，不能遗留在爆破区，应收集并集中销毁。

第五百三十八条 发生拒爆和熄爆时，应当分析原因，采取措施，并遵守下列规定：

（一）在危险区边界设警戒，严禁非作业人员进入警戒区。

（二）因地面网路连接错误或者地面网路断爆出现拒爆，可以再次连线起爆。

（三）严禁在原钻孔位钻孔，必须在距拒爆孔 10 倍孔径处重新钻与原孔同样的炮孔装药爆破。

（四）上述方法不能处理时，应当报告矿调度室，并指定专业人员研究处理。

【释义】 本条是关于爆破时拒爆或熄爆的规定。

一旦发生拒爆或熄爆，应进行检查，分析原因，提出处理办法。对拒爆或熄爆的处理，可重新起爆或采用小孔爆破的方法处理，如果未爆炸药与埋下的岩石混合时，必须将爆炸的炸药浸湿后再进行清除。主要有以下几个方面的工作：

(1) 警戒。

(2) 检查。

(3) 再次起爆。

(4) 辅助炮眼法。必须在距拒爆孔 10 倍孔径处重新钻与原孔同样的炮孔装药爆破，严禁在原孔钻孔，预防引起原爆炸物品发生爆炸。

(5) 挖掘机处理拒爆孔。拒爆孔不能在现场立即处理时，应在拒爆孔旁插上标记，报告调度室，并认真做好登记。挖掘机采到该处时，要派专人指挥挖掘机，将孔内炸药和雷管挖出,必须做到:① 挖掘机勺牙严禁直接接触炸药和雷管。② 如果在有益矿物的工作面上(如油母页岩、煤炭等),一定要将炸药和雷管拣出来。一旦发现炸药、雷管被装车运走的问题时,要及时向调度室报告,采取措施。③ 无论在什么样的工作面上,挖出的炸药、雷管都必须拣出来,另作销毁。

第三章 采 装

第一节 一般规定

第五百三十九条 露天采场最终边坡的台阶坡面角和边坡角，必须符合最终边坡设计要求。

【释义】 本条是关于露天煤矿最终边坡的台阶坡面角和边坡角的规定。

露天煤矿采场最终边坡的台阶坡面角和边坡角是由设计单位通过边坡稳定性评价设计确定的。台阶坡面角和边坡角设计前必须经过地质水文勘探，获取边坡岩体物理力学性质，根据岩层的岩性、赋存条件、地质构造、边坡外形轮廓，获得边坡稳定性计算模型。在生产过程中，如果坡面角和边坡角留设过陡，易造成边坡垮塌、片帮、崩落及滑坡等。因此，每个露天煤矿采场最终边坡的台阶坡面角和边坡角是“量身定制”的，必须符合设计要求。

第五百四十条 最小工作平盘宽度，必须保证采掘、运输设备的安全运行和供电通信线路、供排水系统、安全挡墙等的正常布置。

【释义】 本条是关于最小工作平盘宽度的规定。

最小工作平盘宽度是指仅按布置采掘运输设备和正常作业所必须的宽度。最小平盘宽度的设定应满足该处作业不同设备的最大型号参数。最小工作平盘宽度是由设计单位根据露天煤矿选用的开采工艺、采装、运输设备型号、保障供电通信线路和供排水系统需要以及安全挡墙而设计的。为了保障运输行车的安全性，应在车辆与车辆之间和车辆与边帮之间留取合适的安全距离，在台阶边缘处修建安全挡墙，避免因为司机注意力不集中或者卡车突然出现故障发生意外。

第二节 单斗挖掘机采装

第五百四十一条 单斗挖掘机行走和升降段应当符合下列要求：

（一）行走前检查行走机构及制动系统。

（二）根据不同的台阶高度、坡面角，使挖掘机的行走路线与坡底线和坡顶线保持一定的安全距离。

（三）挖掘机应当在平整、坚实的台阶上行走，当道路松软或者含水有沉陷危险时，必须采取安全措施。

（四）挖掘机升降段或者行走距离超过 300 m 时，必须设专人指挥；行走时，主动轴应当在后，悬臂对正行走中心，及时调整方向，严禁原地大角度扭车。

（五）挖掘机行走时，靠铁道线路侧的履带边缘距线路中心不得小于 3 m，过高压线和铁道等障碍物时，要有相应的安全措施。

（六）挖掘机升降段之前应当预先采取防止下滑的措施。爬坡时，不得超过挖掘机规定的最大允许坡度。

【释义】 本条是关于单斗挖掘机行走和升降段的规定。

单斗挖掘机行走和升降段前必须检查行走机构和制动系统，尤其需要防止制动系统在下坡时发生失灵等。在行走时，为防止石块砸到单斗挖掘机铲或挖掘机掉到下一个水平平盘，必须与上一台阶的坡底线和下一台阶的坡顶线保持一定的安全距离。当道路松软或者含水较大时，挖掘机有沉陷危险，绕开此路段，如果绕不开，则必须进行处理，确保不陷铲。挖掘机升降段时，可将运输平盘宽度适当加宽，坡度适当减缓。为了防止挖掘机失去重心发生倾倒，挖掘机行走时禁止在原地进行大角度转动。过高压线与铁道等障碍物时，要注意挖掘机与障碍物的安全距离，必要时绕道。在挖掘机进行升降段时采取增大路面粗糙度等防止下滑，并按照规范要求角度修建斜坡道。

第五百四十二条 轮斗挖掘机作业和行走线路处在饱和水台阶上时，必须有疏排水措施，否则严禁作业和走行。

【释义】 本条是关于轮斗挖掘机作业台阶和行走线路防排水的规定。

当遇到有水的台阶难以承受轮斗挖掘机的重力，有下陷危险时必须采取安全措施，保证不陷铲，否则轮斗挖掘机不得作业和行走。疏排水措施主要有以下几种：在露天煤矿地表四周修建沿帮拦截洪水的排水沟或永久性排水泵站，修建疏干巷道，在矿坑修建排水系统将水引致矿坑底部，在矿坑底部设置排至地表的排水管路等。

第五百四十三条 挖掘机采装的台阶高度应当符合下列要求：

（一）不需爆破的岩土台阶高度不得大于最大挖掘高度。

（二）需爆破的煤、岩台阶，爆破后爆堆高度不得大于最大挖掘高度的1.1～1.2倍，台阶顶部不得有悬浮大块。

（三）上装车台阶高度不得大于最大卸载高度与运输容器高度及卸载安全高度之和的差。

【释义】 本条是关于挖掘机采装台阶高度的规定。

挖掘机采装台阶或爆堆高度主要取决于采掘设备的工作规格和安全作业条件。在采掘过程中，岩土剥离及煤炭采装台阶无须爆破，要求台阶高度不得大于挖掘机的最大挖掘高度。爆破后的煤、岩爆堆比较松散，采装过程中煤、岩能够自然滑落，因此最大挖掘高度略有增加，但也应注意爆堆上部是否存在悬块，若有，需及时处理。

第五百四十四条 单斗挖掘机尾部与台阶坡面、运输设备之间的距离不得小于1 m。停止作业时，上下设备梯子应当背离台阶。

【释义】 本条是关于单斗挖掘机与台阶坡面、运输设备之间距离的规定。

如果挖掘机尾部与采掘后的台阶坡面、运输设备之间的安全距离小于1 m，就有可能发生刮碰台阶坡面或运输设备的事故；同时挖掘机在卸料时，只能小角度进行装车作业，也不利于挖掘机装车和卸料。台阶临空面是经过爆破后的松软物料，容易滑落和滚块，即使是挖掘后的工作面，也有可能存在浮块，一旦物料滚落，可能砸伤人员。因此，挖掘机停止作业时，上下设备梯子应背离台阶。

第五百四十五条　单斗挖掘机向列车装载时，必须遵守下列规定：

（一）列车驶入工作面 100 m 内，驶出工作面 20 m 内，挖掘机必须停止作业。

（二）列车驶入工作面，待车停稳，经助手与司旗联系后，方可装车。

（三）物料最大块度不得超过 3 m^3。

（四）严禁勺斗压、碰自翻车车帮或者跨越机车和尾车顶部。严禁高吊勺斗装车。

（五）遇到大块物料掉落影响机车运行时，必须处理后方可作业。

【释义】　本条是关于单斗挖掘机向列车装载的规定。

单斗挖掘机工作面整洁，单斗挖掘机不准三支点作业，即必须保证履带处于平整地面，保证驱动轮、引导轮和各个支重轮受力均衡，否则应先平整工作面。为了保证列车和挖掘机不互相发生刮碰事故，列车驶入工作面 100 m 内，驶出工作面 20 m 内，单斗挖掘机必须停止作业。列车进入工作面，可能在该工作面装车，也可能从该工作面通过或者暂停再走，所以必须待列车停稳，挖掘机助手与列车司旗联系，确认是否在该工作面装载，将相关事项通报完毕，由司旗指挥列车移动车位进行装车。因为压、碰自翻车车帮，可使自翻车一侧倾斜，再回落时容易脱轨，还有可能直接将自翻车压、碰脱轨，严禁压、碰自翻车车帮。因为挖掘机勺斗跨越机车或尾车顶部，不仅可能剐撞机车受电引子或机车、尾车顶部，而且一旦发生停电，勺斗会突然砸向机车或尾车顶部，后果不仅是砸坏机车或尾车，还可能会造成人员伤害，所以勺斗不能跨越机车或尾车顶部。高吊勺斗装车在物料卸货时，对于自翻车的车厢底部冲击力巨大，可能砸坏自翻车，严禁高吊勺斗装车。

第五百四十六条　单斗挖掘机向矿用卡车装载时，应当遵守下列规定：

（一）勺斗容积和物料块度与卡车载重相适应。

（二）单面装车作业时，只有在挖掘机司机发出进车信号，卡车开到装车位置停稳并发出装车信号后，方可装车。双面装车作业时，正面装车卡车可提前进入装车位置；反面装车应当由勺斗引导卡车进入装车位置。

（三）挖掘机不得跨电缆装车。

（四）装载第一勺斗时，不得装大块；卸料时尽量放低勺斗，其插销距车厢底板不得超过 0.5 m。严禁高吊勺斗装车。

（五）装入卡车里的物料超出车厢外部、影响安全时，必须妥善处理后，才准发出车信号。

（六）装车时严禁勺斗从卡车驾驶室上方越过。

（七）装入车内的物料要均匀，严禁单侧偏装、超装。

【释义】　本条是关于用挖掘机装载矿用卡车的规定。

单斗挖掘机勺斗容量必须和卡车载重量相适应。严禁装载大于勺斗容积的大块。大容量勺斗的单斗挖掘机装载载重小的矿用卡车时，每勺挖掘的物料多、块度大，矿用卡车可能承受不了。小容量勺斗的挖掘机，装载载重大的卡车时，装车困难且时间长，影响装载效率。因此，大型露天煤矿勺容比一般为 3～5。单面（侧）装车作业是指单斗挖掘机只朝一个方向装载，双面（侧）装车作业是指单斗挖掘机朝左右两个方向装载。正面装车是指卡车位于单斗挖掘机司机室一侧，反面装车是指卡车位于单斗挖掘机非司机室一侧。单斗挖掘机严禁跨电缆行走和作业。勺斗在回转过程中易掉落岩块或勺斗打开，掉落的岩块可能会砸坏电缆。勺斗在回转过程中可能刮砸电缆。挖掘机向矿用卡车内卸料时，要用细碎物料作为第一勺装入车厢内垫底，以保护车厢底板。卸料时，应尽量放低勺斗，这样可以防止勺斗开门卸货时，物料砸坏车厢底部。严禁吊勺装车，因为物料从高处落下，对车厢底部的冲击力极大，不仅能砸坏厢底，而且会使整个车体强烈震动，很可能伤害驾驶室内的人员及矿用卡车部件。因为勺斗跨过矿用卡车驾驶室时，如果挖掘机司机操作不慎，物料可能掉落砸在驾驶室上，还可能使勺斗直接砸在驾驶室上，造成更大的伤害，因此，装车时严禁勺斗从卡车驾驶室上方越过。严禁铲斗磕、触、碰履带。因为装偏车会使矿用卡车重心失衡，易发生翻车事故，因此，装入车内的物料要块度均匀，不能装偏车。因为超过额定的载运量，矿用卡车超负荷运行，对卡车各个部件损害极大，易发生交通事故，因此，不能超载装车。

第五百四十七条 单斗挖掘机向自移式破碎机装载时，应当遵守下列规定：

(一) 卸载时，勺斗斗底板下缘距受料斗不得超过 0.8 m。严禁高吊铲斗卸载。

(二) 自移式破碎机突出部位距单斗挖掘机机尾回转范围距离不得小于 1.0 m。

【释义】 本条是关于单斗挖掘机向自移式破碎机装载的规定。

为了防止卸载高度过高造成物料的冲击力砸坏自移式破碎机，卸载时勺斗斗底板下缘距受料斗不得高于 0.8 m，严禁高吊铲斗卸载。挖掘机转弯半径不足，易发生刮碰事故，自移式破碎机突出部位距单斗挖掘机机尾回转范围距离不得小于 1.0 m。

第五百四十八条 操作单斗挖掘机或者反铲时，必须遵守下列规定：

(一) 严禁用勺斗载人、砸大块和起吊重物。

(二) 勺斗回转时，必须离开采掘工作面，严禁跨越接触网。

(三) 在回转或者挖掘过程中，严禁勺斗突然变换方向。

(四) 遇坚硬岩体时，严禁强行挖掘。

(五) 反铲上挖作业时，应当采取安全技术措施。下挖作业时，履带不得平行于采掘面。

(六) 严禁装载铁器等异物和拒爆的火药、雷管等。

【释义】 本条是关于操作单斗挖掘机或反铲作业的规定。

用勺斗载人、砸大块和起吊重物，有可能造成人员伤亡，设备损坏，严禁用勺斗载人、砸大块和起吊重物。单斗挖掘机回转时，勺斗必须从采掘工作面的物料中离开才能回转，否则易损坏勺斗和勺杆，强行回转易损坏回转电机。跨越过程中容易发生下列危险：勺斗掉块砸断接触网；勺斗直接刮碰接触网，将接触网刮断或者拽倒电柱，接触网落地；挖掘机突然停电，勺斗突然下落砸断接触网从而拽倒电柱，因此勺斗在回转中严禁跨越接触网(采掘铁道线路的侧架线)。单斗挖掘机突然变向易刮碰到人或者其他设备，因此在回转或挖掘过程中严禁勺斗突然变换方向。对坚硬岩体强行挖掘，易拉断提升大绳，损坏勺斗、勺杆，使提升电机受损等。反铲上挖作业时，因物料不同、司机视线限制，可能造成砸设备、埋设备、伤人等不同的事故，因此必须依据现场条件具体分析，制定现场安全技术措施。单斗挖掘机作业时严禁装载铁器等异物，容易造成挖掘机勺斗与运输设备损坏，严禁装载拒爆的火药、雷管等，存在引发爆炸等安全事故的隐患。

第五百四十九条 2 台以上单斗挖掘机在同一台阶或者相邻上、下台阶作业时，必须遵守下列规定：

（一）公路运输时，两者间距不得小于最大挖掘半径的2.5倍，并制定安全措施。

（二）在同一铁道线路进行装车作业时，必须制定安全措施。

（三）在相邻的上、下台阶作业时，两者的相对位置影响上下台阶的设备、设施安全时，必须制定安全措施。

【释义】 本条是关于2台以上单斗挖掘机在同一台阶或者相邻上、下台阶作业时的规定。

2台以上挖掘机在同一台阶或相邻上、下台阶作业时，2台挖掘机的间距不得小于最大挖掘半径的2.5倍(前装机除外)，不同类型挖掘机以各自的最大挖掘半径为基准，并制定安全措施。2台挖掘机在相邻的上、下台阶作业时，两者的相对位置影响上、下台阶的设备、设施安全时，必须制定安全措施。

第五百五十条 挖掘机在挖掘过程中有下列情况之一时，必须停止作业，撤到安全地点，并报告调度室检查处理：

（一）发现台阶崩落或者有滑动迹象。

（二）工作面有伞檐或者大块物料。

（三）暴露出未爆炸药包或者雷管。

（四）遇塌陷危险的采空区或者自然发火区。

（五）遇有松软岩层，可能造成挖掘机下沉或者掘沟遇水被淹。

（六）发现不明地下管线或者其他不明障碍物。

【释义】 本条是关于挖掘机在挖掘过程中遇到特殊情况时的规定。

挖掘机在作业时发现台阶发生崩落、裂缝等临滑现象时，应及时撤离至安全区域，并报告调度室处理。工作面有伞檐或浮块时，挖掘机停止作业、撤离至安全区域，并报告调度室处理。当挖掘机作业时发现暴露的爆炸药包、雷管以及拒爆的炮孔，应第一时间撤离，并报告调度室处理。遇到塌陷危险的采空区或者自然发火区时，应该撤离至安全区域，并报告调度室处理。松软岩层较弱的物理力学性质可能会造成挖掘机下沉。例如岩层富水时，挖掘机作业容易被水淹没。遇有松软岩层时，挖掘机应该撤离至安全区域，并报告调度室处理。发现不明地下管线或者其他不明障碍物，应该撤离至安全区域，并报告调度室处理，以免造成安全事故。

第五百五十一条 单斗挖掘机雨天作业电缆发生故障时，应当及时向矿调度室报告。故障排除后，确认柱上开关无电时，方可停送电。

【释义】 本条是关于单斗挖掘机雨天作业电缆发生故障时的规定。

电缆发生故障后，变电所将自动跳闸，因此要及时向矿调度室报告，说明电缆故障时间、挖掘机型号、电缆故障情况、电缆所挂的柱上断路器号码。但是在雷雨中绝对不能去柱上断路器处停送电，不管柱上断路器是否有电，一律按有电对待，必须等雷雨停后，方可去柱上开关处进行停送电。雷雨过后，按照《规程》规定将柱上开关停电后，方可处理电缆故障。电缆故障处理完成后，按照《规程》规定给柱上开关送电，然后恢复作业。

第三节 破 碎

第五百五十二条 破碎站设置应当遵守下列规定:

(一)避开沉降、塌陷、滑坡危险的不良地段。

(二)卸车平台应当便于卸载、调车。

(三)卸车平台应当设矿用卡车卸料的安全限位车挡及防止物料滚落的安全防护挡墙。

(四)卸车平台应当有良好的照明系统,并有卸料指示信号安全装置。

(五)移动式破碎站履带外缘距工作平盘坡底线和下台阶坡顶线距离必须符合设计。

【释义】 本条是关于破碎站选址、设计、安全设置等方面的规定。

破碎站应当设置在地质条件良好的区域,不能设置在有沉降、塌陷、滑坡、滚石和崩落等危险的不良地段。地层沉降易造成破碎站下沉甚至垮塌,同时,破碎站自重加剧地表不均匀沉降。破碎站卸车平台宽度设置应该满足卸车和调车的要求,与矿山运输设备不匹配,易发生碰撞,造成安全事故。卸车平台应设矿用卡车卸载安全限位车挡,防止司机操作不当导致倾倒,并应设置安全防护挡墙,防止物料滚落。破碎站在卸车平台应当有良好的照明系统,在晚间作业时给运输设备提供照明条件,保障卸料的完成,并应设置有卸料指示信号安全装置,指导运输设备进行卸料。移动式破碎站设置时,履带外缘距工作平盘坡底线和下台阶坡顶线应留有一定的安全距离,防止破碎站跌落和边坡滑坡。

第五百五十三条 破碎站作业应当遵守下列规定:

(一)处理和吊运大块物料时,非作业人员必须撤到安全地点。

(二)清理破碎机堵料时,必须采取防止系统突然启动的安全保护措施。

【释义】 本条是关于破碎站作业的规定。

未充分爆破的物料块度较大,在破碎和吊运过程中,容易发生岩块飞溅造成人员伤亡事故等,非作业人员必须撤离至安全地点。破碎站卡堵情况比较常见,在处理过程中也存在安全隐患,必须制定相应的安全技术措施,由指定的作业人员进行操作,非作业人员撤到安全地点,同时必须采取防止系统突然启动的安全保护措施,避免在处理卡堵时系统突然启动导致的人员和设备损害事故。

第五百五十四条 自移式破碎机必须设置卸料臂防撞检测、过负荷保护和各旋转部件防护装置。

【释义】 本条是关于自移式破碎机必须具备的几个检测与安全防护装置的规定。

自移式破碎机在工作中各部件容易受到撞击等荷载,如卸料臂、旋转部件、大块物料对破碎机的冲击等,所以应当设置卸料臂防撞检测和各旋转部件防护装置,以减小各部位受到的荷载并及时发现卸料臂所受撞击荷载。

第四节 轮斗挖掘机采装

第五百五十五条 轮斗挖掘机作业必须遵守下列规定:

（一）严禁斗轮工作装置带负荷启动。

（二）严禁挖掘卡堵和损坏输送带的异物。

（三）调整位置时，必须设地面指挥人员。

【释义】　本条是关于轮斗挖掘机启动和挖掘过程及调整位置的规定。

轮斗挖掘机电机的启动电流仍然是额定电流的2～3倍，虽然斗轮装置正常启动配置了软启动，但带负荷启动会造成启动电流过大，电机绝缘受损，同时扭力加大，损伤电机的传动部分。轮斗作业系统配套有转载机、漏斗车以及地面设置的带式输送机系统，调整位置时属于联合作业，为了达到协调一致，必须设地面指挥人员，一般为本机组人员。

第五百五十六条　采用轮斗挖掘机-带式输送机-排土机连续开采工艺系统时，应当遵守下列规定：

（一）紧急停机开关必须在可能发生重大设备事故或者危及人身安全的紧急情况下方可使用。

（二）各单机间应当实行安全闭锁控制，单机发生故障时，必须立即停车，同时向集中控制室汇报。严禁擅自处理故障。

【释义】　本条是关于轮斗挖掘机、带式输送机和排土机连续工艺系统对紧急停机、安全闭锁的规定。

紧急停机开关必须是紧急情况下使用的，能让全系统立即停止，以避免造成人员伤害和设备损坏。例如：有人员接近转动部分、设备发生重大故障、发现火情以及作业台阶发生坍塌或地面塌陷时，应立即停机。各单机间安全闭锁控制是指连续作业系统中，一旦单机设备出现故障停止运行时，其他单机设备也能够停止运行，以保证整个系统的安全。

第五节　拉斗铲作业

第五百五十七条　拉斗铲行走必须遵守下列规定：

（一）行走和调整作业位置时，路面必须平整，不得有凸起的岩石。

（二）变坡点必须设缓坡段。

（三）当行走路面处于路堤时，距路边缘安全距离应当符合设计。

（四）地面必须设专人指挥、监护，同时做好呼唤应答。

（五）行走靴不同步时，必须重新确定行进路线或者处理路面。

（六）严禁使用行走靴移动电缆。

【释义】　本条是关于拉斗铲行走的规定。

拉斗铲行走和调整前，需要利用履带式推土机对行走路线上台阶或者爆堆路面进行预先平整，尽量使拉斗铲处于近水平的状态，使拉斗铲自重均匀地分布在其底座和迈步靴上，降低对地比压。平整的台阶可以减少结构变形，减少三角接触面。当拉斗铲上坡时，需在变坡点设缓坡路段，降低整体路段的角度，以降低机座底部局部潜在的较高负荷。拉斗铲行走路面位于路堤时，距边缘的距离应当满足安全要求，防止台阶失稳造成拉斗铲倾倒。拉斗铲行走时需要辅助人员处理场地，协调与其他设备的通过时间，属于联合作业范畴，参考《规程》第五百一十条。行走方式为“迈步式”的拉斗铲，依靠回转系统转向（需要提起行走靴）和两侧行走靴前进,因侧向坡面或行走靴本身角度不一致造成行走靴不同步,需要调整行进路线、处理路面和调整行走靴角度。采用行走靴移动电缆易发生安全事故,移动电缆应该由专门的辅助人员及设备。

第五百五十八条 拉斗铲作业时,机组人员和配合作业的辅助设备进出拉斗铲作业范围必须做好呼唤应答。严禁铲斗拖地回转、在空中急停和在其他设备上方通过。

【释义】 本条是关于拉斗铲作业的规定。

拉斗铲作业范围是指以回转中心到其铲斗外缘最大水平距离的作业区域,一般在100 m左右,处理场地和调整电缆均需要辅助设备及人员进出其作业范围,属于联合作业范畴,按照联合作业相关规定执行。

第四章　运　　输

第一节　铁 路 运 输

第五百五十九条　铁路附近的建(构)筑物和设备接近限界，必须符合国家铁路技术管理规程。桥梁、隧道应当按规定设置人行道、避车台、避车洞、电缆沟及必要的检查和防火设施，立体交叉处的桥梁两侧设防护设施。运输线路上各种机车运行的限制坡度和曲线半径应当符合表21的要求。

表21　铁道线路的限制坡度和曲线半径

机车种类	限制坡度/‰	曲线半径			
		固定线	半固定线	装车线	排土线
蒸汽机车	≤25	≥200	≥150	≥150	向曲线内侧排弃≥300；向曲线外侧排弃≥200
电力机车	≤30	≥180(困难情况≥150)	≥120	≥110	
内燃机车	≤30	≥180(困难情况≥150)	≥120(困难情况≥110)		

【释义】　本条是关于铁路附近的建(构)筑物和设备接近限界、铁道运输线路坡度、曲线半径以及桥梁、隧道应具备的安全防护设施的规定。

铁路附近的建(构)筑物和设备接近限界必须符合国家铁路技术管理规程。煤矿铁路限界是用来规定机车车辆外廓及建筑物、设备接近线路的限定尺寸，其标准按《煤炭工业铁路技术管理规程》规定执行。除机车车辆、与机车车辆直接相互作用的设备以外，其他建筑物和设备均不准侵入。建筑接近限界包括直线建筑接近限界、隧道建筑限界和桥梁建筑限界。机车车辆限界是规定机车车辆不同部位的宽度、高度的最大尺寸和零部件至轨面的最小距离。除电力机车升起的受电弓外，机车车辆的任何部分均不得伸出这个轮廓以外。为阻止超限货物影响列车运行和适应运行中的列车发生横向晃动偏移和竖向上下振动造成与邻近的建筑物或设备发生碰撞，建筑接近限界与机车车辆限界之间应留有安全空间。《煤炭工业铁路技术管理规程》规定煤炭工业铁路固定线的桥梁、隧道，应按规定设置人行道、避车台、避车洞、电缆沟(槽)及必要的检查和防火设施。除上述设施之外，还需要设置检查用的设施，如隧道内要有照明和防火设施。对铁道运输线路坡度和曲线半径的安全规定：① 线路坡度。线路坡度是坡道两端点的标高差及其水平距离之比，用“‰”表示。在露天开采中，最大坡度一般采用限制坡度，根据开拓方式、机车车辆类型、计算运量、采掘与排弃重心的高差、行车安全、地质地形条件等综合考虑确定数值。限制坡度是指一台机车牵引规定质量的列车，能以规定的计算速度作等速运行的最大坡度。限制坡度是决定列车牵引质量的坡度，也是满足露天开采运输生产实际需要的坡度。限制坡度较小时，列车质量较大，运输能力较大,为完成相同的运输量,需要的列车数量和运输次数少,运营费用相对较低,但相应的工程费用相对增加。限制坡度大的线路,运输能力降低,制动条件不利,影响行车安全。表 21 所列的限制坡度是国家煤炭技术管理部门在露天煤矿生产实践中不断总结试验确定的,露天煤矿铁道线路的坡度和最小允许半径必须符合该表的规定。

第五百六十条 路基必须填筑坚实,并保持稳定和完好。

装车线路的中心线至坡底线或者爆堆边缘的距离不得小于 3 m;上装车线应当根据台阶稳定情况确定,但不得小于 3 m。排土线路中心至坡顶线的距离不得小于 1.5 m,至受土坑坡顶线的距离不得小于 1.4 m。线路终端外必须留有不小于 30 m 的安全距离。

【释义】 本条是关于铁路路基标准、采掘线路中心至坡底线、排土线路中心至坡顶线和铁路线路终端外安全距离的规定。

路基是铁路轨道的基础,承载着轨道的全部重量及机车车辆的动力荷载,路基的质量直接影响铁路行车的速度与安全。路基变形会造成轨道变形,恢复工作较难。因此,路基必须用能够保证自身稳定性和坚固性的碎料来填筑,应符合相关技术标准。同时,执行好检修制度,维修养护工作中要加以整治,采取有效措施消除“病害”根源。路基应有良好的排水、防护和加固设备。装车线路的中心线至坡底线或爆堆边缘的距离不得小于 3m,主要考虑:① 挖掘机装车中,勺头可能刮碰到铁道或枕木,造成铁道线路变形,影响行车安全和采矿生产;② 台阶爆破时,如有大块滚到铁道边,易将铁道砸变形,或将运行中的列车垫脱轨,还有可能砸坏机车和矿石车的车体或零部件,造成机车车辆故障。综合考虑岩石性质、地质构造、挖掘机规格、台阶高度和安全要求,上装车时台阶坡肩距离线路中心不得小于 3 m,排土线路中心至排土梯段坡顶线的距离不得小于 1.5 m,至受土坑梯段坡顶线的距离不得小于 1.4 m,前者一般用推土犁排土,后者用挖掘机排土,这是综合考虑排土梯段稳定性和排土效率两项因素制定的。预防电机车司乘人员操作不当或机车制动不良发生闯路端事故时,避免人身伤害和降低事故损失,线路终端外必须留有不小于 30 m 的安全距离。

第五百六十一条 铁道线路直线地段轨距为 1435 mm,曲线地段轨距按表 22 的要求加宽。

表 22 铁道线路曲线地段轨距加宽值

曲线半径 R/m	轨距加宽值/mm
$R \geqslant 350$	0
$350 > R \geqslant 300$	5
$300 > R > 200$	15
$R \leqslant 200$	20

【释义】 本条是关于铁道线路轨距的规定。

直线地段轨距为 1435 mm。轨距宽是钢轨头部顶面下 16 mm 范围内两股钢轨边缘之间的最小距离,在曲线地段,由于列车在行驶时的离心力作用,为防止脱轨,轨距应适当加宽。

第五百六十二条 直线地段线路2股钢轨顶面应当保持同一水平。道岔应当铺设在直线地段,不得设在竖曲线地段。道岔应当保持完好。

曲线地段外轨的超高度的计算公式如下:

$$h=7.6v^2/R$$

式中 h——外轨的超高度,mm;

v——实际最高行车速度,km/h;

R——曲线半径,m。

双线地段外轨最大超高不得超过150 mm,单线不得超过125 mm。

【释义】 本条是关于铁路运输直线地段线路2股钢轨顶面水平的规定。

根据本条规定,计算结果的尾数按5 mm进位,并允许增30%,减20%。因为牵引质量较大的货物列车,运行在上坡道曲线上时,双线地段外轨最大超高不得超过150 mm,单线不得超过125 mm。列车低速运行时,则产生向心加速度,车辆的重量偏压在里股钢轨上,促使里股钢轨加速磨损;列车在曲线上行车,由于外轨超高过大,使车体向曲线内侧倾斜,如果装载易流易滑货物,就可能造成货物位移而影响行车安全,所以规定最大超高不大于150 mm。在上、下行行车速度相差悬殊的单线线路上,如果超高偏大,低速运行的列车也将和上述情况相同,所以规定最大超高不得超过125 mm。

第五百六十三条 铁路与公路交叉时,应当符合下列要求:

(一)根据通过的人流和车流量按规定设置平面或者立体交叉。

(二)平交道口有良好的瞭望条件,并按规定设置道口警标和司机鸣笛标、护栏和限界标志;按标准铺设道口,其宽度与公路路面相同;公路与铁路采用正交,不能正交时,其交角不得小于45°。

(三)道口按级别设置安全标志和设施。

(四)道口两侧平台长度不得小于10 m,衔接平台的道路坡度不得大于5%;否则制定安全措施。

(五)车站、曲线半径在200 m以下的线路段和通视条件不良的路堑不设道口。道岔部位严禁设道口。

重型设备通过道口,必须得到煤矿企业批准。

【释义】 本条是关于铁路与公路交叉时的规定。

根据通过的人流和车流量按《铁路道口管理暂行规定》设置平面或立体交叉。凡铁路与公路相交时,应优先考虑设置立体交叉,努力减少道口数量。在有地形条件的地方,要多修小型简易立交。如不能设置立体交叉时,则应设置平面交叉。铁路上的列车、道路上的机动车辆,在以最快速度行驶时,一旦发现道口处有异常情况,能在到达道口之前将车停住,在这段制动距离之内,不应有任何影响瞭望的障碍物。道口警标设在通向道口、距道口最外股钢轨不少于20 m处道路右侧;司机鸣笛标,设在铁路上距道口500~1000 m处。当铁路上有列车通过道口前,将护栏木杆放下或将栏门关闭,用以阻拦道口两侧道路上的车辆及行人。限界标志,主要在电气化铁路道口,其最高通过高度不得大于4.5 m。要求道口的铺设宽度与道路路面宽度相同;铁路与道路的交角不得小于60°,在特殊困难条件下不得小于45°。要求在车站、曲线半径在200 m以下的铁路地段和瞭望条件不好的铁路地段,不能设置道口,道岔部位严禁设道口。重型设备主要是指超长(前端超出车身,后端超过 2m 并拖地)、超宽(超出车厢)、超高(超过 4 m)、超重(超出额定载重量)的设备以及可能损坏铁路及道口设施的设备。重型设备通过道口时,必须提前向道口所属的煤矿企业申请,经过批准后,在企业专门人员的协助指导下通过。

第二节　公路运输

第五百六十四条　矿用卡车作业时,其制动、转向系统和安全装置必须完好。应当定期检验其可靠性,大型自卸车设示宽灯或者标志。

【释义】　本条是关于矿用卡车制动、转向系统和安全装置的规定。

进入施工现场的所有机械车辆必须保证制动系统、照明系统、转向系统、防火系统及相关安全装置(后视镜、示宽灯、雨刷器、闭锁装置、故障报警系统等)齐全有效,否则禁止使用。维修人员按照矿用卡车运行状态、使用设备情况和说明书规定的周期定期保养、检修、更换、检验,确保矿用卡车始终保持完好状态。无人驾驶车辆还需根据改造情况、使用情况结合环境情况对被改造部分进行定期检验保养。

第五百六十五条　矿场道路应当符合下列要求:

(一)宽度符合通行、会车等安全要求。受采掘条件限制、达不到规定的宽度时,必须视道路距离设置相应数量的会车线。

(二)必须设置安全挡墙,高度为矿用卡车轮胎直径的 2/5～3/5。

(三)长距离坡道运输系统,应当在适当位置设置缓坡道。

【释义】　本条是关于矿场道路的规定。

露天煤矿矿用卡车道路是生产运输的重要通道,其质量好坏和标准高低,不仅影响矿用卡车效率,而且影响卡车运输安全。设计单位在初设中根据运输设备的规格型号等设计的露天煤矿内道路路面宽度应保证卡车通行、会车等的安全要求,一般道路必须达到通行车辆宽度的 3 倍。安全挡墙是为了保证司机和矿用卡车的安全、避免因司机瞌睡或其他原因、矿用卡车故障如突然制动失灵,特别是发生意外情况时两车相撞故意撞上安全挡墙等而设置的,因此为达到安全目的,对安全挡墙高度有一定要求。关于长距离坡道,《煤矿建设安全规范》(AQ 1083—2011)7.3.1.3 规定,如果连续坡道长度超过 800 m,必须在下坡一侧设置制动失灵的"避险车道"。根据《公路工程技术标准》(JTG B01—2014),矿山公路设计时速 40 km/h、纵坡坡度 8%,坡长限制为 300 m,如矿内长距离坡道运输系统超过 300 m,在适当位置设置缓坡路段即可,缓坡段坡度不得大于 3%。矿内长距离坡道运输系统,在适当位置设置缓坡道,其目的主要是防止长时间上坡或下坡损坏设备,另外便于故障车辆及时停车处理。

第五百六十六条　严禁矿用卡车在矿内各种道路上超速行驶;同类汽车正常行驶不得超车;特殊路况(修路、弯道、单行道等)下,任何车辆都不得超车;除正在维护道路的设备和应急救援车辆外,各种车辆应为矿用卡车让行。

冬季应当及时清除路面上的积雪或者结冰,并采取防滑措施;前、后车距不得小于

50 m;行驶时不得急刹车、急转弯或者超车。

【释义】 本条是关于矿用卡车在矿内道路上安全行驶的规定。

矿用卡车超速行驶是指在矿内道路上行驶速度超过了限速规定的标准。矿用卡车在矿内不同的道路上有不同的限速标准。同类车辆是指同一功能作用的车辆。无论什么型号,只要是矿用卡车,不论车型大小和载重多少,都属于同一类型车辆。为防止和相向行驶的车辆相撞,同类车辆在矿内道路上行驶时不准超车。矿内各种车辆(除正在维护道路的设备和应急救援车辆外)必须为矿用卡车让行,矿用卡车在露天煤矿具有优先路权,无人驾驶和有人驾驶混编时需要设置合理的路权优先级。矿用卡车相互让车时,一般遵循空车让重车、转弯车让直行车、支线车让干线车、下坡车让上坡车、有让路条件的一方让对方先行、一般车让执行任务的特种车、任何车辆必须让路于正在作业的养路机械等原则。机动车辆在冰雪、道路凹凸不平地段、泥泞道路上行驶时,应遵守不超车、不空挡滑行、不争道抢行、减速慢行、避免紧急制动等原则,可以采取防滑措施,如车轮安装防滑链,路上撒石子、防冻液等。无人驾驶车辆在极端天气、粉尘浓度较大等条件下应停止作业。

第五百六十七条 矿用卡车在运输道路上出现故障且无法行走时,必须开启全部制动和警示灯,并采取防止溜车的安全措施;同时必须在车体前后30 m外设置醒目的安全警示标志,并采取防护措施。

雾天或者烟尘影响视线时,必须开启雾灯或者大灯,前、后车距不得小于30 m;能见度不足30 m或者雨、雪天气危及行车安全时,必须停止作业。

【释义】 本条是关于矿用卡车在运输道路上出现故障以及影响司机视线情况时的规定。

矿用卡车在运输道路上出现故障且无法行走时,必须开启全部制动和警示灯,立即报告调度室或有关人员,并将矿用卡车移至不妨碍交通的安全地段,在车身后设警示标志以及采取其他安全措施。夜间出现故障的矿用卡车,不仅需要开启全部制动和警示灯,而且需要在矿用卡车前后都应堆货。如果在斜坡道上发生故障,能横向停放的应尽量横向停放,不能横向停放的要将矿用卡车的前轮或后轮靠上坚固的安全挡墙,有条件堆货的要在矿用卡车后部堆货,以防溜车或撞车。

第五百六十八条 矿用卡车不得在矿山道路拖挂其他车辆;必须拖挂时,应当采取安全措施,并设专人指挥监护。

【释义】 本条是关于矿用卡车在矿内道路上拖挂车辆的规定。

本条中“必须拖挂”有2个前提条件:① 矿用卡车发生故障,影响了其他矿用卡车行驶或影响其他设备正常作业;② 矿用卡车在露天煤矿采场内发生故障,需要进入地面修理厂检修。在矿坑内道路上拖挂车辆难度大,危险性大,必须拖挂时应当采取安全措施,并设专人指挥监护,拖挂用力之时需要采用结实可靠的钢丝绳。

第五百六十九条 矿用卡车在工作面装车必须遵守下列规定:

(一) 待进入装车位置的卡车必须停在挖掘机最大回转半径范围之外;正在装车的卡车必须停在挖掘机尾部回转半径之外。

(二) 正在装载的卡车必须制动,司机不得将身体的任何部位伸出驾驶室外。

(三) 卡车必须在挖掘机发出信号后,方可进入或者驶出装车地点。

(四) 卡车排队等待装车时,车与车之间必须保持一定的安全距离。

【释义】 本条是关于卡车在工作面装车的规定。

为了保证单斗挖掘机绝对不会刮碰到待装或装载矿用卡车,矿用卡车所停的装载位置与单斗挖掘机的距离满足要求,并保证卡车调头、倒车、转弯有足够的空间。正在装载的卡车必须制动停稳后才能开始装车;防止勺斗卸货时被掉块砸伤,司机严禁将身体任何部位探出车窗外。卡车排队时,前、后车之间必须有一定的安全距离,需要保证前车突然倒车或后车向前滑行时,后车有足够的时间采取安全措施。

第三节 带式输送机运输

第五百七十条 采用带式输送机运输时,应当遵守下列规定:

(一) 带式输送机运输物料的最大倾角,上行不得大于16°,严寒地区不得大于14°;下行不得大于12°。特种带式输送机不受此限。

(二) 输送带安全系数取值参照本规程第三百七十四条。

(三) 带式输送机的运输能力应当与前置设备能力相匹配。

【释义】 本条是关于带式输送机运输角度、安全系数及运输能力的规定。

输送带应有适合特定载荷和输送物料特性的足够宽度,输送机倾角必须设计成能防止物料在正常工作条件下打滑或滚落。输送带设计安全系数应当按下列规定选取:棉织物芯输送带,8～9;尼龙、聚酯织物芯输送带,10～12;钢丝绳芯输送带,7～9;当带式输送机采取可控软启动制动措施时,5～7。

第五百七十一条 带式输送机必须设置下列安全保护:

(一) 拉绳开关和防跑偏、打滑、堵塞等。

(二) 上运时应当设制动器和逆止器,下运时应当设软制动和防超速保护装置。

(三) 机头、机尾、驱动滚筒和改向滚筒处应当设防护栏。

【释义】 本条是关于带式输送机安全保护装置的规定。

输送黏性物料时,滚筒表面、回程段带面应设置相适应的清扫装置。倾斜段输送带尾部滚筒前宜设置挡料刮板,消除一切可能引起输送带跑偏的隐患。倾斜的输送机应装设防止超速或逆转的安全装置,此装置在动力被切断或出现故障时起保护作用。输送机上的移动部件无论是手动式的还是自行式的都应装设停车后的限位装置。

第五百七十二条 带式输送机设置应当遵守下列规定:

(一) 避开采空区和工程地质不良地段,特殊情况下必须采取安全措施。

(二) 带式输送机栈桥应当设人行通道,坡度大于5°的人行通道应当有防滑措施。

(三) 跨越设备或者人行道时,必须设置防物料撒落的安全保护设施。

(四) 除移置式带式输送机外,露天设置的带式输送机应当设防护设施。

(五) 在转载点和机头处应当设置消防设施。

（六）带式输送机沿线应当设检修通道和防排水设施。

【释义】 本条是关于带式输送机设置的规定。

带式输送机应设置行人栈桥，一般在 50～100 m 区间或工作需要处设一处行人栈桥，以备检修时行人通过。栈桥宽度一般大于 800 mm，两侧设扶手，倾斜的带式输送机人行走廊地面应采取防滑措施。输送带下过人的地点，防止物料及托辊坠落伤人，要求在输送带托辊下用 1.5～3 mm 铁板封闭。带式输送机原则上有通廊，无条件的要设防护罩，减少向外扩散粉尘。在转载点处应设有消防设施（水源或灭火器材）。带式输送机沿线应当结合“雨季三防”和检修、应急救援等情况设置检修通道和防排水设施。

第五百七十三条 带式输送机启动时应当有声光报警装置，运行时严禁运送工具、材料、设备和人员。停机前后必须巡查托辊和输送带的运行情况，发现异常及时处理。检修时应当停机闭锁。

【释义】 本条是关于带式输送机启动、运行、停机的规定。

为了防止别人盲目启动，带式输送机维修前应停机、上锁，不能在运转中维修。上锁地点可设在启动开关处。若拉断电源停机，上锁地点可设在电源断路器处。上锁后钥匙由维修人员保管。维修过程中应设专人监护，监护他人启动和维修人员在维修过程中的安全情况。

第五章　排　土

第五百七十四条　排土场位置的选择，应当保证排弃土岩时，不致因大块滚落、滑坡、塌方等威胁采场、工业场地、居民区、铁路、公路、农田和水域的安全。

排土场位置选定后，应当进行地质测绘和工程、水文地质勘探，以确定排土参数。

【释义】　本条是关于排土场位置选择和排土场参数的规定。

露天煤矿排土场必须由具有相应资质条件的技术服务机构进行设计。排土场位置的选择，应保证排弃土岩时不致因大块滚石、滑坡、塌方等威胁采矿场、工业场地(厂区)、居民点、铁路、道路、输电及通信干线、耕种区、水域、隧洞等设施的安全。排土场不宜设在工程地质或水文地质条件不良的地带，如因地基不良而影响安全，必须采取有效措施；排土场选址时应避免成为矿山泥石流重大危险源，无法避开时要采取切实有效的措施防止泥石流灾害的发生；排土场不应设在居民区或工业建筑主导风向的上风向和生活水源的上游，废石中的污染物要按照《一般工业固体废物贮存、处置场污染控制标准》的要求堆放、处置。排土参数主要有排土台阶高度、排土台阶宽度、排土线长度等，应根据所选用的设备和开采工艺进行合理配套地选择，以发挥设备的生产能力。

第五百七十五条　当出现滑坡征兆或者其他危险时，必须停止排土作业，采取安全措施。

【释义】　本条是关于露天煤矿排土场出现滑坡征兆或其他危险时必须采取安全措施的规定。

排土场又称为废石场，是指露天矿山采矿排弃物集中排放的场所。排土场作为矿山接纳废石的场所，当排土场受大气降雨或地表水的浸润作用时，排土场内堆积体的稳定状态会迅速恶化，引发滑坡和泥石流等灾害。露天煤矿对滑坡的处理措施主要有缓坡压脚、疏干排水、麻面爆破、抗滑桩工程、合理安排采区作业、改变滑体重心等方法，保证排土场边坡稳定性。

第五百七十六条　铁路排土线路必须符合下列要求：

(一) 路基面向场地内侧按段高形成反坡。

(二) 排土线设置移动停车位置标志和停车标志。

【释义】　本条是关于铁路排土线安全设置的规定。

为避免翻车扣斗路基面向场地内侧按段高形成反坡，增加了外侧线的高度，车辆重心向内侧偏移。外股钢轨按《规程》规定进行加高，以抵消侧翻力和下滑力。路基面向场地内侧按段高形成反坡，可在路基面上增加反作用力，增强铁路线路外股铁道的抵抗力，避免翻车扣斗的发生，还可以排除降落在排土平盘上的雨水，防止排土台阶滑坡，对保证安全排土有重要作用。为了列车能够及时、安全停车，排土线应设置移动停车位置标志和停车标志，常用标志有：① 机车停车位置标；② 路端终点标；③ 停车再开标；④ 鸣笛标；⑤ 临时停车标。其设置标准为宽度距线路中心 4.5 m，高度距轨面 1.8 m，特殊地段列车司乘人员瞭望困难时，信号标志高度设为 2.5 m。

第五百七十七条 列车在排土线路的卸车地段应当符合下列要求：

（一）列车进入排土线后，由排土人员指挥列车运行。机械排土线的列车运行速度不得超过 20 km/h；人工排土线不得超过 15 km/h；接近路端时，不得超过 5 km/h。

（二）严禁运行中卸土。

（三）新移设线路，首次列车严禁牵引进入。

（四）翻车时 2 人操作，操作人员位于车厢内侧。

（五）采用机械化作业清扫自翻车，人工清扫必须制定安全措施。

（六）卸车完毕，在排土人员发出出车信号后，列车方可驶出排土线。

【释义】 本条是关于列车在排土线上运行、卸车和扫车的规定。

列车进入排土线时，车长在翻车房处与翻车工交接，由翻车工负责指挥列车运行和进行翻车操作。列车在排土线的运行速度不准超过《规程》规定。在超高段排土线路的运行速度要控制在 15 km/h 以下；瞭望有困难时，翻车工应与司乘人员取得联系，列车运行速度不得超过 10 km/h；接近路端时，为了防止闯路端，列车速度不得超过 5 km/h。列车运行中进行翻车卸土，不利于翻车工观察车辆翻起状态，发现危险情况不能及时停止翻车，易发生事故。翻车作业要先选好翻车位置，停车后翻车工和司旗才能互相联系翻车，并注意观察车辆翻起状态，发现有散帮、扣斗等危险情况时，应立即采取措施，停止翻车。排土线路新移路后，第一次进车必须是机车推进进入，检查线路质量。为了确保翻车作业时的人身安全，翻车作业由翻车工和司旗共同操作。翻车工和司旗互相监督，并执行复唱制度。为了避免人身伤害事故的发生，自翻车清扫车底工作应采用机械化作业。在机械化扫车能力不足时，可以利用人工清扫车帮，但应结合本单位的实际情况制定安全措施。卸车完毕后，排土人员需要检查列车周围，确认周围人员在远离列车的安全范围内，确认列车线路上没有阻碍列车运行的岩土、杂物等之后，方可发出开车信号，列车才可驶出排土线。

第五百七十八条 单斗挖掘机排土应当遵守下列规定：

（一）受土坑的坡面角不得大于 70°，严禁超挖。

（二）挖掘机至站立台阶坡顶线的安全距离：

1. 台阶高度 10 m 以下为 6 m；

2. 台阶高度 11～15 m 为 8 m；

3. 台阶高度 16～20 m 为 11 m；

4. 台阶高度超过 20 m 时必须制定安全措施。

【释义】 本条是关于单斗挖掘机排土的规定。

露天煤矿排土场台阶坡面角不得大于松散物料内摩擦角，严禁超挖。超挖造成坡面角增大，破坏了台阶坡面稳定性。上部台阶因坡面角过大，很容易发生片帮、崩塌和滚石。如果坡面角太小，排土时物料不能顺利滑落到排土场内。挖掘机至站立台阶坡顶线的安全距离，视挖掘机站立台阶高度而定，高度越高，安全距离越大。台阶高度超过 20 m 时，应制定相应的安全措施。因为超过 20 m 属于特高台阶，稳定性不好，易发生滑坡，危及单斗挖掘机的安全和下部台阶设备的安全。

第五百七十九条 矿用卡车排土场及排弃作业应当遵守下列规定:

(一)排土场卸载区,必须有连续的安全挡墙,车型小于 240 t 时安全挡墙高度不得低于轮胎直径的 0.4 倍,车型大于 240 t 时安全挡墙高度不得低于轮胎直径的 0.35 倍。不同车型在同一地点排土时,必须按最大车型的要求修筑安全挡墙,特殊情况下必须制定安全措施。

(二)排土工作面向坡顶线方向应当保持 3%~5%的反坡。

(三)应当按规定顺序排弃土岩,在同一地段进行卸车和排土作业时,设备之间必须保持足够的安全距离。

(四)卸载物料时,矿用卡车应当垂直排土工作线;严禁高速倒车、冲撞安全挡墙。

【释义】 本条是关于矿用卡车排土场及排弃作业的规定。

为防止卡车突然闯出公路或排土场外,从露天煤矿采场内的公路到排土场的公路及排土场周围必须修筑安全挡墙。安全挡墙不能间断,必须连续,特殊情况下必须制定安全措施。无法修筑安全挡墙或不必修筑安全挡墙,或者不必修筑连续安全挡墙的特殊情况,需要制定有针对性的安全措施,如利用沟堑作排土场沟堑的两帮即为天然的安全挡墙。用沟堑作排土场,虽然不必修筑安全挡墙,但是沟堑较小,卡车调头、转弯、倒车空间受限,应制定沟堑排土场矿用卡车调头、转弯、倒车时的安全措施。根据大型运输设备轮胎直径、排土(履带推土机)设备的作业能力、安全挡墙作用等,调整参数更好地适应露天煤矿的生产实际。控制卡车倒车时的速度,避免重车下坡排弃物料,逆向反坡能够在一定程度补偿排土台阶坡顶的沉降量,应向工作面坡顶线方向做 3%~5%的逆向反坡。为保证排土场工作面平坦,矿用卡车重载进入排土场后必须在指挥人员(或灯车、排土设备)的引导下按规定顺序排弃。在同一地段进行卸车和排土作业时,两台设备之间要保持足够的安全距离,不得小于汽车最小转弯半径。卡车卸土方向应垂直排土工作线,确保卡车上的物料卸下,不出现卸偏车现象。严禁高速倒车。重载卡车进入排土场后,调头向卸车地点倒车时,车速不能过快,最快不超过 10 km/h,防止越过安全挡墙,闯出卸货工作线,滑下排土台阶。

第五百八十条 推土机、装载机排土必须遵守下列规定:

(一)司机必须随时观察排土台阶的稳定情况。

(二)严禁平行于坡顶线作业。

(三)与矿用卡车之间保持足够的安全距离。

(四)严禁以高速冲击的方式铲推物料。

【释义】 本条是关于推土机、装载机作业的规定。

从有无裂缝、安全挡墙的变化情况,以及排土场沉降情况等方面观察排土台阶的稳定情况。平行推土时外侧履带很容易陷落造成侧翻,甚至滑下工作面,因此严禁沿坡顶线作业。大型矿用卡车盲区大,不容易观察周围设备设施,排土设备应主动远离卡车,保持足够的安全距离,一般不小于卡车盲区的 2 倍。排弃物料为岩石时,高速冲撞碰到较大岩块会产生巨大冲击和震荡,影响推土机、装载机(尤其是液压系统的元件及设施)的寿命和操作人员的安全,应慢速、低挡作业。

第五百八十一条 排土机排土必须遵守下列规定:

（一）排土机必须在稳定的平盘上作业，外侧履带与台阶坡顶线之间必须保持一定的安全距离。

（二）工作场地和行走道路的坡度必须符合排土机的技术要求。

【释义】　本条是关于排土机排土作业的规定。

排土机机体庞大，受料臂和卸料臂长并伸出机体外很多，一般作业时受料臂和卸料臂呈一定角度，重心时刻变化且震动大，作业平盘必须平整稳定，否则，排土机有可能发生侧倾。外侧履带外侧靠近下一台阶的坡顶线会造成台阶失稳，排土机外侧履带应与下一台阶坡顶线保持一定的安全距离，一般不能小于 15 m。工作场地和行走道路的坡度过大不利于排土机行走，严重时将造成排土机翻车或滑移。

第五百八十二条　排土场卸载区应当有通信设施或者联络信号，夜间应当有照明。

【释义】本条是关于排土场卸载区设置相关通信设施、联络信号及照明的规定。

排土场卸载区车辆众多，夜间车辆司机视距减小，当照明设施、引导标志、信号灯等设施不充足时设备运行效率低且极易引发安全事故。当通信设施不足、联络信号差时难以对卸载区车辆进行调度管理，无法有效组织排土作业。

第六章　边　　坡

第五百八十三条　露天煤矿应当进行专门的边坡工程、地质勘探工程和稳定性分析评价。

应当定期巡视采场及排土场边坡,发现有滑坡征兆时,必须设明显标志牌。对设有运输道路、采运机械和重要设施的边坡,必须及时采取安全措施。

发生滑坡后,应当立即对滑坡区采取安全措施,并进行专门的勘查、评价与治理工程设计。

【释义】　本条是关于露天煤矿进行边坡稳定性评价、滑坡巡查和滑坡处理的规定。

露天煤矿边坡具有"高度大、软弱夹层多、破坏形式多样、人工干扰频繁、服务时间差异大、地质条件固定"等特点。为确保露天煤矿边坡稳定,必须进行边坡地质水文勘探和安全稳定性评价。地质勘探所获取的水文地质、工程地质的数据资料和分析成果是露天煤矿设计、生产、边坡稳定性评价及边坡工程开展所必须用到的重要基础资料,必须在露天煤矿建设前和生产过程中通过地质勘探工作取得。露天煤矿开采前设计部门设计的边坡或生产新揭露出的边坡是否稳定,需要通过边坡稳定性分析评价确定,可以通过边坡雷达监测数据辅助确定边坡稳定性。

第五百八十四条　非工作帮形成一定范围的到界台阶后,应当定期进行边坡稳定分析和评价,对影响生产安全的不稳定边坡必须采取安全措施。

【释义】　本条是关于非工作帮形成到界台阶后边坡管理的规定。

露天采场到达最终境界位置时的边坡,称为露天煤矿最终边坡,或称为非工作帮边坡。非工作帮形成一定范围的到界台阶后,其边坡稳定性主要受爆破震动、风化、水、温度等因素的影响,应定期检查非工作帮的边坡稳定性状态,对非工作帮边坡稳定性进行年度分析与评价。

第五百八十五条　工作帮边坡在临近最终设计的边坡之前,必须对其进行稳定性分析和评价。当原设计的最终边坡达不到稳定的安全系数时,应当修改设计或者采取治理措施。

【释义】　本条是关于工作帮边坡临近到界的规定。

工作帮边坡设计是依据当时的地质勘探资料、边坡稳定性评价标准以及开采工艺等确定的,随着生产的不断推进、地质勘探资料的不断完善,以及可能发生的开采工艺变化,露天煤矿边坡参数也随之发生改变,需要根据实际情况对工作帮临近到界边坡进行稳定性分析和评价,并采取针对性的措施。到界后若采用端帮采煤机回收端帮下煤炭资源,需要对工作帮边坡稳定性进行重新分析与评价。

第五百八十六条　露天煤矿的长远和年度采矿工程设计,必须进行边坡稳定性验算。达不到边坡稳定要求时,应当修改采矿设计或者制定安全措施。

【释义】　本条是关于长远和年度采矿设计中边坡稳定性验算的规定。

为验证长远和年度采矿工程设计中边坡的安全性,必须定期对设计区域的边坡稳定性、可能发生的失稳类型进行初步分析、验算和评价,必要时修改设计或采取安全措施,采取缓帮压脚、修筑挡土墙抗滑桩、锚杆锚索加固等减小边坡下滑力,必要时需要对上部台阶进行清方,削坡减载。

第五百八十七条 采场最终边坡管理应当遵守下列规定:

(一)采掘作业必须按设计进行,坡底线严禁超挖。

(二)临近到界台阶时,应当采用控制爆破。

(三)最终煤台阶必须采取防止煤风化、自然发火及沿煤层底板滑坡的措施。

【释义】 本条是关于最终到界边坡、台阶管理的规定。

采掘作业对坡底线进行超挖使边坡坡面角变大,不利于台阶稳定性。在台阶临近到界时,采用预裂爆破或光面爆破以减弱爆破震动对边坡岩土体的破坏,提高到界边坡岩体的完整性和力学性质,形成平整的轮廓面。最终煤台阶可通过覆土等措施防止煤风化及自然发火,避免煤层燃烧后因边坡煤岩体力学性质弱化造成边坡沿煤层底板滑坡。

第五百八十八条 排土场边坡管理必须遵守下列规定:

(一)定期对排土场边坡进行稳定性分析,必要时采取防治措施。

(二)内排土场建设前,查明基底形态、岩层的赋存状态及岩石物理力学性质,测定排弃物料的力学参数,进行排土场设计和边坡稳定计算,清除基底上不利于边坡稳定的松软土岩。

(三)内排土场最下部台阶的坡底与采掘台阶坡底之间必须留有足够的安全距离。

(四)排土场必须采取有效的防排水措施,防止或者减少水流入排土场。

【释义】 本条是关于内外排土场边坡管理的规定。

露天煤矿排土场分为内部排土场和外部排土场。露天煤矿排土场边坡因为地形地貌和地质结构的原因,加上自然灾害的影响,很容易发生危险性较大的地质灾害。随着矿产资源的开发,露头开采不断进行,使露天煤矿排土场的边坡日渐高陡,应对排土场边坡稳定性进行年度分析与评价。露天煤矿排土场边坡的稳定性受外在因素和内在因素的影响。外在因素主要包括水、工程以及外部振动等因素的影响作用;内在因素主要包括边坡的土质、结构以及地应力等因素的影响作用。及时疏散堆积物和修整排水沟,可以减小雨水入渗带来的破坏性作用,也可以对坡度进行削减,保证整体的稳定性,同时还要注意对坡体的日常管理,尤其在汛期做好安全防范工作。

第七章 防治水和防灭火

第一节 防 治 水

第五百八十九条 每年雨季前必须对防排水设施作全面检查,并制定当年的防排水措施。检修防排水设施、新建的重要防排水工程必须在雨季前完工。

【释义】 本条是关于露天煤矿制定年度防排水措施,检查、检修防排水设施的规定。

露天煤矿采场,特别是凹陷露天煤矿采场客观上具备了汇集大气降水、地表径流和地下涌水的条件。因此,在露天煤矿整个生产期间,甚至基建期间都要采取有效的防排水措施。露天煤矿矿坑水会降低设备效率和使用寿命,降低矿山工程下降速度,破坏边坡的稳定性。例如,单斗挖掘机在有水的工作面上作业时,其工作时间利用系数一般只达到正常时的1/3～1/2。露天煤矿防排水设施包括:排水泵、排水管线、供电电源、蓄水池、排水沟、防洪坝、防洪堤、疏干槽等。为了预防雨季降水对露天煤矿安全生产和周边设施造成不利影响,必须保证矿区内防排水设施完好、有效,防洪物资齐全、可靠,因此露天煤矿针对自身情况,每年雨季前必须进行全面检查。需要维修的设施、新建的防排水工程也必须在雨季前完工。随着生产的发展和采掘场的降深,露天煤矿每年都需要制定新的防排水计划,主要包括防排水系统图和防排水措施。

第五百九十条 对低于当地历史最高洪水位的设施,必须按规定采取修筑堤坝、沟渠,疏通水沟等防洪措施。

【释义】 本条是关于对露天煤矿中低于当地历史最高洪水位的设施采取防洪措施的规定。

为降低露天煤矿地面系统中低于当地历史最高洪水位、难以撤离洪区的重要构筑物和生产设施遭受洪水破坏的风险,应采取修筑堤坝、沟渠,疏通水沟等防洪措施。

第五百九十一条 地表及边坡上的防排水设施应当避开有滑坡危险的地段。排水沟应当经常检查、清淤,不应渗漏、倒灌或者漫流。当采场内有滑坡区时,应当在滑坡区周围采取截水措施;当水沟经过有变形、裂缝的边坡地段时,应当采取防渗措施。

排土场应当保持平整,不得有积水,周围应当修筑可靠的截泥、防洪和排水设施。

【释义】 本条是关于露天煤矿采场、排土场内防排水设施的设置、管理、检查、维修的规定。

防排水设施的设置位置应当能保证设施在使用期间正常、持续工作,应该选择在安全、可靠的位置,不宜频繁变更。

滑坡区是指可能发生滑坡的危险区域,为防止上部汇水流向该区域,应当在该区域上部周围采取截水措施。

第五百九十二条　用露天采场深部做储水池排水时，必须采取安全措施，备用水泵的能力不得小于工作水泵能力的50%。

【释义】　本条是关于露天煤矿使用采场深部储水池排水的规定。

为避免人员和设备误入用作储水池的露天采场深部，必须在工作面出入口设置安全挡墙和明显的警示标识。在确定储水池容积时，必须考虑露天煤矿采场的允许淹没程度。允许淹没程度用允许淹没时间和允许淹没高度表示。当暴雨出现时，允许露天坑底储水，短时间淹没最低工作台阶，排除该积水的期限即为允许淹没时间，一般为1～7天。允许淹没高度应保证受淹后排水工作能继续进行。水泵规格型号相同时，备用台数不得低于工作台数的50%；规格型号不同时，备用系统小时排水能力不得低于工作系统能力的50%。

第五百九十三条　地层含水影响采矿工程正常进行时，应当进行疏干，疏干工程应当超前于采矿工程。

因疏干地层含水地面出现裂缝、塌陷时，应当圈定范围加以防护、设置警示标志，并采取安全措施；(半)地下疏干泵房应当设通风装置。

【释义】　本条是关于采矿作业与疏干作业的先后顺序及疏干含水层的规定。

疏干含水层应力求以最小的排水量和工程量获得最大的水位下降，且对矿区外围地下水影响最小，尽可能保证环境不受破坏。注浆帷幕可有效减少对周围地下水环境的破坏。疏干地层含水地面出现裂缝、塌陷时，除基本的防护、设置警示标识外，还应根据实际情况采取回填夯实、注浆帷幕、排水防洪等安全措施。(半)地下疏干泵房应建立完善的通风系统，设置通风装置，为泵房提供足够的风量，保证水泵正常排水和操作人员正常工作。

第五百九十四条　地下水影响较大和已进行疏干排水工程的边坡，应当进行地下水位、水压及涌水量的观测，分析地下水对边坡稳定的影响程度及疏干的效果，并制定地下水治理措施。

因地下水水位升高，可能造成排土场或者采场滑坡时，必须进行地下水疏干。

【释义】　本条是关于地下水位、水压和涌水量观测以及疏干和治理的规定。

露天煤矿防治地下水方法：① 探水钻孔。对地下采空区和溶洞分布的露天煤矿，必须对可疑地段进行探水作业，进而探明地下水状况，以便采取应急措施，避免造成突发性涌水事故。② 修建防水墙和防水门。露天煤矿利用地下巷道排水和矿山排水，为确保地下水泵房不受涌水淹没威胁，地下水泵房必须设置水密门。水密门用铁或钢制造，并应按照水流流向进行封闭安装。对于不能排水的巷道，必须建立防水墙，使之与地下排水或疏干巷道相隔离。用砖或混凝土墙的厚度根据墙上的压力和强度内置防水墙而定。墙壁上设防水孔，以掌握和控制变化的水压和水量。③ 防渗帷幕。防渗帷幕防水是在露天煤矿开采境界以外，在地下水涌入采场的通道上，设定若干一定距离的注浆钻孔，并依靠浆料在裂缝中的扩散，凝结组成一道挡水隔墙。防渗帷幕是指由若干个注浆钻孔所组成的挡水隔墙。④ 防水矿柱。当露天煤矿采掘工作或地下排水巷道接近积水采空区、溶洞或其他自然水体时，须留有防水矿柱，并明确画出安全采掘边界线。

第二节　防　灭　火

第五百九十五条　必须制定地面和采场内的防灭火措施。所有建筑物、煤堆、排土场、仓库、油库、爆炸物品库、木料厂等处的防火措施和制度必须符合国家有关法律、法规和标准的规定。

露天煤矿内的采掘、运输、排土等主要设备,必须配备灭火器材,并定期检查和更换。

【释义】　本条是关于地面和采场内的防灭火措施的规定。

露天煤矿在所有场所和开采过程中的防火措施和制度必须符合国家有关法律、法规和标准的规定。

第五百九十六条　开采有自然发火倾向的煤层或者开采范围内存在火区时必须制定防灭火措施。

【释义】　本条是关于开采有自然发火倾向的煤层或者开采范围内存在火区时制定防灭火措施的规定。

在采煤过程中,煤与空气接触后,首先发生煤体对氧的物理吸附,放出物理吸附热,之后又发生煤氧化学吸附和化学反应,并放出化学吸附热和化学反应热。煤与氧作用过程所放出的热量积聚起来,改变了煤自身所处的环境条件。因此,煤的氧化放热是热量自发产生的根源之一,也是引起煤层自然发火的根本原因之一。煤氧自发地复合放出热量,该热量在一定的蓄热条件下积聚起来,当热量的积聚能够满足煤自燃过程发展的需要时,煤体温度不断上升,最终导致自燃,严重时还会造成人员伤亡和设备损坏,因此必须制定防灭火措施。

第八章　电　　气

第一节　一 般 规 定

第五百九十七条　露天煤矿的各种电气设备、电力和通信系统的设计、安装、验收、运行、检修、试验等工作，必须符合国家有关规定。

【释义】　本条是关于露天煤矿的各种电气设备、电力和通信系统必须符合国家有关规定的规定。

电气设备、电力和通信系统，其设计、安装、验收、运行、检修、试验等工作，必须符合国家有关规定，不能降低标准，更不能使用国家明令淘汰和禁止使用的设备。

第五百九十八条　采场内的主排水泵站必须设置备用电源，当供电线路发生故障时，备用电源必须能担负最大排水负荷。

【释义】　本条是关于露天煤矿主排水泵站必须设置备用电源的规定。

大型露天煤矿的主排水泵站的电源线路供电均为一级负荷。一级负荷是指中断供电将造成人身伤亡，或将损坏主要设备且长期难以修复，或对国民经济造成巨大损失。由于各地区的露天煤矿气候、地质及环境条件的不同，可以选择不同方式的备用电源。若无备用电源，主排水泵站一旦出现故障，会有采场被淹没的危险，对安全生产极为不利。

第五百九十九条　向采场内的移动式高压电动设备供电的变压器严禁中性点直接接地；当采用中性点经限流电阻接地方式供电时，且流经单相接地故障点的电流应当限制在200 A以内，必须装设两段式中性点零序电流保护。中性点直接接地的变压器还应当装设单相接地保护。

【释义】　本条是关于露天煤矿变压器中性点接地及其接地保护的规定。

露天煤矿采场配电系统基本上采用6～35 kV电缆配线，电缆配电网对地电容电流较大，从而对配电网中最主要的电气设备——变压器和电缆线路的绝缘耐压水平提出更高的要求。变压器中性点经电阻接地，在配电网正常的情况下，中性点对地电压很小，流经中性点的电流很小。当配电网出现故障时，变压器中性点电压将产生偏移，如果中性点装有接地电阻装置，将使配电网的中性点强制接地并限制其故障电流，使继电保护设备有足够的时间进行检测，实现跳闸和备用切换，避免配电网和电气设备遭到破坏。

第六百条　执行电气检修作业，必须停电、验电、放电，挂接三相短路接地线，装设遮栏并悬挂标示牌。

【释义】　本条是关于露天煤矿电气检修作业的安全作业流程的规定。

电气检修作业存在较大安全风险，必须按照规定的作业流程做好安全防护，避免造成触电。

(1) 停电。电气检修作业首先要办理工作票进行停电,必须拉开电闸,使各方面至少有一个明显的断开点。

(2) 验电。对停电的设备进行验电,确定检修线路是否已停电,验电时必须采用电压等级合适而且合格的验电器。

(3) 放电。确定检修线路停电后,再对检修线路存在的残余电荷进行放电,以防止线路残余电荷对人身造成伤害。

(4) 挂三相电。挂三相接地线是为了防止线路意外带电造成人身伤害,接地线必须在可能来电的方向设置。对可能触及的带电体装设遮栏,并悬挂"禁止合闸,有人工作"的标示牌,严禁工作人员在工作中移动或拆除遮栏接地线和标示牌。

第二节　变电所(站)和配电设备

第六百零一条　变电站(移动站)设置应当遵守下列规定:

(一) 采场变电站应当使用不燃性材料修建,站内变电装置与墙的距离不得小于 0.8 m,距顶部不得小于 1 m。变电站的门应当向外开,门口悬挂警示牌。

(二) 采场变电站、非全封闭式移动变电站,四周应当设有围墙或者栅栏。

(三) 必须对变电站、移动变电站、开关箱、分支箱统一编号,门必须加锁,并设安全警示标志。变电站内的设备应当编号,并注明负荷名称,必须设有停、送电标志。

(四) 移动变电站箱体应当有保护接地。

(五) 无人值班的变电站、移动变电站至少每 2 周巡视一次。

(六) 变电站室内必须配备合格的检测和绝缘用具。

【释义】 本条是关于采场变电站(移动站)及设备安全管理的规定。

高压现场必须将工作范围设临时遮栏,并悬挂"止步,高压危险"的警示牌,必要时设专人监护,被试设备供电线路两端在同一地点时,另一端应有防护遮栏,必要时必须有专人看守,以防止触电。露天煤矿的采场变电站(移动站),是为采场钻孔、采装设备及其他应急设备提供所需电力的电源。为了便于电气设备的安装、检修和维护,必须留有一定的作业活动空间,与墙的距离不得小于 0.8 m,距顶部不得小于 1 m。

采场变电站(移动站)的门必须向外开,目的是一旦变电站(移动站)发生火灾,便于人员往外撤离。在门口处必须悬挂"非工作人员,禁止入内"字样的安全警示牌,以防人员随意入内发生意外,影响变电站(移动站)的安全供电。设置在采场的变电站(移动站)为防止无关人员攀爬,四周应设有围墙或栅栏,并悬挂"高压危险,禁止攀爬"的警示牌。要定期进行巡查,一般 2 周进行一次,特殊季节应缩短周期,确保采场变电站(移动站)安全可靠供电。变电站(移动站)内配置的检测和绝缘用具,是保障操作人员和检修人员安全的必备用具,检测和绝缘用具必须定期进行试验,使用前必须进行检查,不合格的严禁使用。为防止电气设备因绝缘不良漏电造成人员触电,变电站(移动站)所有电气设备的金属外壳和箱体,必须用导线与接地极进行可靠连接。

第六百零二条　移动变电站进线户外主隔离开关必须上锁,馈出侧隔离开关与断路器之间必须有可靠的机械或者电气闭锁。

【释义】 本条是关于防止采场移动站户外隔离开关、馈出侧隔离开关与断路器误操作的规定。

为防止非作业人员随意拉合移动变电站进线户外主隔离开关，导致突然断电、供电，造成人员伤害和设备损坏，将变电站进线户外主隔离开关上锁。隔离开关与断路器之间存在拉合先后顺序的问题，顺序错误会产生弧光现象，造成人员伤害和设备损坏，为防止误操作，必须对移动站内或箱式变电站内馈出侧隔离开关与断路器之间设置可靠的机械或电气闭锁。

第三节 架空输电线和电缆

第六百零三条 采场内架空线路敷设应当遵守下列规定：

（一）固定供电线路和通信线路应当设置在稳定的边坡上。

（二）高压架空输电线截面不得小于 35 mm^2，低压架空输电线截面不得小于 25 mm^2。由架空线向移动式高压电气设备和移动变电站供电的分支线路应当采用橡套电缆。

（三）架设在同一电杆上的高低压输（配）电线路不得多于两回；对于直线杆，上下横担的距离不得小于 800 mm；对于转角杆，上下横担的距离不得小于 500 mm(10 kV 线路及以下)。同一电杆上的高压线路，应当由同一电压等级的电源供电。垂直向采场供电的配电线路，同一杆上只能架设一回。

（四）架空线下严禁停放矿用设备，严禁堆置剥离物和煤炭等物料。

【释义】 本条是关于采场内架空线路位置选择以及线路安全的规定。

固定供电线路和通信线路在选择设置位置时，必须根据采矿设计，选择地质条件较好的稳定区域，避免因滑坡或片帮造成的供电、通信线路损毁，导致生产和通信中断。采场架空输电线路，材质、截面、经济、安全是必须考虑的问题，需要统筹考虑线路允许载流量、允许损失电压、经济电流密度、机械强度等。架空线路的截面积与架空线路的档距、导线最低点的拉力、架空线挠度、相应比载有关。为防止高压窜入低压，对低压系统产生影响，同一电杆上的高压线路，应由同一电压等级的电源供电。架空线下堆放剥离物、煤炭等物料，将影响线路对地的安全净距，对安全供电以及排弃设备、人员的安全存在较大的安全隐患，特别是煤炭自燃将严重危及供电安全。架空线路下停放设备时，可能发生触电的危险，同时停放的设备受高压架空线路磁场的干扰，会影响调度通信指挥。

第六百零四条 在最大下垂度的情况下，架空线路到地面和接触网的垂直距离必须符合表 23 的要求。

表 23 架空线与地面及设施的安全距离 m

电压等级/kV	<1	1～10	35
采场和排土场	6	6.5	7
人难以通行和地面运输必须通行的地点	5	5.5	6
台阶地面	3	4.5	5
配电线和接触网的平面交叉点	2	2	3
铁路与配电线路的平面交叉点	7.5	7.5	7.5

【释义】 本条是关于架空线路到地面和接触网的垂直距离的规定。

不同地点架空线路到地面和接触网的最小垂直距离不同;在同一地点,电压等级越高,架空线路到地面和接触网的最小垂直距离越大。

第六百零五条 移动金属塔架和大型设备通过架空线以及在架空输配电线附近作业的机械设备,其最高(最远)点至电线的垂直(水平)距离,应当符合表24的要求。

表24 设备距离架空线的安全距离

电压等级/kV	最小距离/m
≤6	0.7
10	1.0
35	2.5
66	3.0
110	3.5

【释义】 本条是关于架空线路下或附近作业的设备以及通过架空线路时的最小安全净距的规定。

露天煤矿大型设备作业或移动时,有可能在架空线路附近作业或从架空线下方穿过,为避免设备触碰架空线接地、短路从而导致停电事故的发生,保证作业设备、人员的安全,必须使大型设备、塔架等与架空线路保持足够的安全距离。设备通过架空线路下方时,必须先进行测量,如现场条件不满足要求时,必须采取停电或下挖架空线下方的地面等临时安全措施。

第六百零六条 挖掘机作业不得影响和破坏电缆线、电杆或者其他支架基础的安全,不得损伤接地导体和接地线。

【释义】 本条是关于挖掘机作业不得影响供电线路和设施安全的规定。

挖掘机应按操作规程和作业规程进行作业,不能随意挖掘,接近电缆线、电杆或者其他支架基础以及接地导体和接地线时应有专人指挥,以防造成损害。

第六百零七条 台阶上6～10 kV的架空输配电线最边上的导线,在没有偏差的情况下,至接触网最近边的水平距离不应小于2.5 m,至铁路路肩的水平距离不应小于2 m。

【释义】 本条是关于架空输配电线至接触网、铁路路肩的水平距离的规定。

在没有任何偏差的情况下,为了确保高压输电线路安全供电和接触网电路正常运行,又不影响电机车及其车辆的最大运输,应使台阶上的架空输配电线路最边缘的导线,与接触网最近边的水平距离不小于2.5 m,至铁路路肩的水平距离不小于2 m。

第六百零八条 电压小于10 kV的输配电线,允许采用移动电杆,移动电杆之间的距离不应大于50 m,特殊情况应当根据计算确定。

【释义】 本条是关于采场内架空线路架设的规定。

在露天煤矿生产区域，由于工作面在不断扩展变化，供电线路随时调整，为解决线路频繁移动施工困难的实际问题，允许采用移动电杆。移动电杆的距离大小由导线允许应力、导线截面和导线弧垂等因素决定。在露天煤矿采场，6 kV 输电线路的档距，一般均在40～50 m。档距太大，会导致导线松弛度增大，在大风天气易发生因导线摆动导致相间短路的事故。

第六百零九条　敷设橡套电缆应当符合下列要求：

（一）避开火区、水塘、水仓和可能出现滑坡的地段。

（二）跨台阶敷设电缆应当避开有伞檐、浮石、裂缝等的地段。

（三）新投入的高压电缆，使用前必须进行绝缘试验；修复后的高压电缆必须进行绝缘试验；运行高压电缆每年雷雨前应当进行预防性试验。

（四）电缆接头应当采用热缩或者冷补修复，其强度和导电性能不低于原要求。

（五）缠绕在卷筒（盘）上电缆载流量的计算符合相关要求，温升不超过要求。

（六）电缆穿越铁路、公路时，必须采取防护措施，严禁设备碾压电缆。

【释义】　本条是关于采场内敷设橡套电缆的规定。

露天煤矿采掘设备的尾线一般缠绕在设备尾部的电缆卷筒上，导致尾线电缆散热条件差、载流量降低、效率降低。橡套电缆在卷筒上无间距紧密并列敷设与标准敷设相比，其载流量降低甚多。但挖掘机使用的尾线电缆，只有少部分在卷盘中缠绕敷设，对整根电缆的工作载流量不会产生太大影响。

第四节　电气设备保护和接地

第六百一十条　高压配电线路应当装设过负荷、短路、漏电保护；低压配电线路应当装设短路和单相接地（漏电）保护；高压电动机应当装设短路、过负荷、漏电和欠压释放保护；低压电动机应当装设过流、短路保护；中性点接地的变压器必须装设接地保护；低压电力系统的变压器中性点直接接地时，必须装设接地保护。

【释义】　本条是关于配电系统保护设置的规定。

配电线路及设备设置的保护是根据其用途、性质进行配置的，在《通用用电设备配电设计规范》（GB 50055—2011），《电力装置的继电保护和自动装置设计规范》（GB/T 50062—2008）中已有明确规定，其目的是保护人员、输配电线路、用电设备的安全。

第六百一十一条　变（配）电设施、油库、爆炸物品库、高大或者易受雷击的建筑，必须装设防雷电装置，每年雨季前检验1次。

【释义】　本条是关于装设和检验防雷电装置的规定。

根据被保护设备、设施的不同，所采取的防雷装置也不同。露天变电所是煤矿生产的重要部位，为了确保变电所的安全运行，在给变电所增设各种保护的同时，在变电所输电线路引进和配出处以及其他重要电气设备处，均应安装防雷保护装置，其接地电阻不得大于30 Ω，与此同时，还必须安设避雷针对变电所区域进行防雷保护。油库、爆炸物品库属于易燃易爆的危险区域，必须做好防火工作，还必须做好防静电工作。更重要的是对油库、爆炸物品库区域应安设避雷针,对其库房的低压供电线路应装设避雷器。为确保防雷电装置安全可靠,每年雨季前必须对其进行检测,对不合格者进行维修处理,使防雷装置保持完好状态。

第六百一十二条 电气保护检验应当遵守下列规定:

(一)电气保护装置使用前必须按规定进行检验,并做好记录。

(二)运行中每年至少对保护做1次检验,漏电保护6个月1次,负荷调整、线路变动应当及时检验。

(三)接地系统每月检查1次,每年至少检测1次,并做好记录。

【释义】 本条是关于检验电气保护的规定。

电气安全保护装置,是指当电气设备发生故障时,能根据设备故障情况快速切断故障设备并发出预警信号,从而保护设备最小损失和保证人身安全。为了使保护装置安全、灵敏、可靠地工作,保护装置在投用前、使用中、变动后,都应按照《电力设备预防性试验规程》的规定要求进行检测。

第六百一十三条 采场必须选用户外型电气设备,所有高、低压电气设备裸露导电体必须有安全防护。

【释义】 本条是关于采场电气设备选用和防护的规定。

户外型电气设备在技术设计、工艺制造上,均考虑了采场作业易受气候和环境影响的特点,能够满足露天环境下运行的安全要求,因此在电气设备选型时必须选择户外型。此外,为防止触电事故的发生,对于裸露导电部分,必须设立安全防护栅栏、悬挂"有电危险"警示牌等安全防护设施。

第六百一十四条 变电所(站)的各种继电保护装置每2年至少做1次试验。

【释义】 本条是关于变电所(站)的各种继电保护装置检验周期的规定。

继电保护的作用是保护设备、设施安全运行,必须保证其灵敏性、可靠性、速动性、选择性。在运行中因振动、负荷变化、环境因素等影响,致使整定值发生变化。因此,必须严格执行《电力设备预防性试验规程》,不得缩短检验周期。通常,10 kV电力系统的继电保护装置,每2年应校验1次;对供电可靠性要求较高的用户和35 kV及以上的用户,继电保护装置应每年校验1次。继电保护装置进行改造、更换、检修和发生事故后,都应进行补充校验。变压器的瓦斯保护装置,应在变压器大修时进行校验。瓦斯继电器一般每3年进行1次内部检查。继电保护装置的校验内容包括:检查机械部分和进行电气特性试验;测量二次回路的绝缘电阻;二次回路通电试验;进行整组动作试验;根据保护装置改造、更换及事故情况确定的其他试验。

第六百一十五条 变电所开关跳闸后,应当立即报告调度人员,经查询,可试送1次;若仍跳闸,不得强行送电,待查明原因,排除故障后,方可送电。

【释义】 本条是关于变电所开关跳闸后送电的规定。

露天煤矿采场、排土场架空线路、电缆线路运行环境差,外部影响因素较多,容易引起变电所开关跳闸。跳闸后,变电所工作人员确定故障的性质并向调度汇报,通知用户查找原因,若未查出原因,可要求变电所试送一次,试送未成功,用户必须详细查明原因。

下列情况下线路跳闸不得强送:① 空充电线路;② 试运行线路;③ 线路跳闸后,经备用电源自动投入已将负荷转移到其他线路上;④ 不影响供电;⑤ 电缆线路;⑥ 有带电作业工作并申明不能强送电的线路,在未得到工作负责人同意时;⑦ 线路变压器组开关跳闸,重合不成功;⑧ 运行人员已发现明显故障现象;⑨ 线路开关有缺陷或遮断容量不足的线路;⑩ 已掌握有严重缺陷的线路(水淹、杆塔严重倾斜、导线严重断股等)。

第六百一十六条 接地和接零应当符合下列要求:

(一) 采场的架空线主接地极不得少于2组。主接地极应当设在电阻率低的地方,每组接地电阻值不得大于4 Ω,在土壤电阻率大于1000 $\Omega mm^2/m$ 的地区,不得超过30 Ω。移动设备与架空线接地极之间的电阻值不得大于1 Ω。接地线和设备的金属外壳的接触电压不得大于36 V。

(二) 高压架空线的接地线应当使用截面大于35 mm^2 的钢绞线。

(三) 采用橡套电缆的专用接地芯线必须接地或者接零,严禁接地线作电源线。

(四) 50 V以上的交流电气设备的金属外壳、构架等必须接地。

(五) 连接电气设备与接地母线应当使用截面不小于50 mm^2 的耐腐蚀的铁线,严禁电气设备的接地线串联接地,严禁用金属管道或者电缆金属护套作为接地线。

(六) 低压接地系统的架空线路的终端和支线的终端必须重复接地,交流线路零线的重复接地必须用独立的人工接地体,不得与地下金属管网相连接。

【释义】 本条是关于架空线路、电缆线路接地和接零的规定。

(1) 设置2组以上接地极是为了防止1组主接地极因故失效导致失去保护作用。土壤电阻率高的区域影响接地极接地效果,必须采取降低电阻率的措施。为保证设备与接地极之间连接可靠,各部连接点必须做到牢固、接触电阻小,一般移动设备与架空线接地极之间的电阻值不得大于1 Ω。36V为人体安全电压值,超过该电压值,人员触碰后,将威胁人身的安全。采场的交流架空线在设计规范中,35 kV及以上的每根基杆塔均接地,10 kV及以下的已进行分段接地。架空线入坑的10 kV以下线路,因采场供电的特殊形式,接地线已随相线架设,并与移动变电站的接地极连接。

(2) 采场高压架空线路的接地线,必须承受线路单相接地的故障电流和对地的泄漏电流。由于在露天煤矿的高压架空输配电线路最低允许导线截面积为35 mm^2,所以通常使用的接地线截面积为35 mm^2 及以上的钢绞线,埋在地下的部分使用40 mm×40 mm的钢板。

(3) 对于可移动的电气设备,其供电的电源线,由于采用4芯橡套电缆,其中有一根固定专用的接地芯线,因此对于这种电气设备的接地保护装置的接地线,采用电缆的接地芯线即可,此线不能兼作他用。

(4) 50 V以上的交流电压值,危及人身安全,必须远离这种电压。若出现短路和接地漏电故障,很容易发生人身触电的伤亡事故。因此,电气设备的金属外壳、构架等必须接地。

(5) 电气设备一般为永久性设施,为保证连接电气设备与接地母线的机械强度和载流量,同时防止因腐蚀使接地电阻变大,避免多次维修,保证一定的服务年限,一般采用截面积不小于 50 mm^2 的耐腐蚀镀锌铁线。要保证镀锌质量,耐腐蚀,安装符合质量标准。多台电气设备的接地线串接时,一台设备故障会影响其他设备,因此不得将电气设备的接地线串联接地。接地装置是重要的安全保护装置,必须专设专用,不准利用其他设施。因为其他金属管道或电缆护套都是按照其他用途设计安装的,作为接地装置使用不可靠,也有可能被随时拆除。

(6) 低压接地系统的架空线路预防触电的有效措施之一,是对机电设备和设施采取重复接地,重复接地就是在零线上的一处或多处通过人工接地体与大地再次连接,其作用如下:① 降低漏电设备和设施的对地电压。设置重复接地时,漏电设备外壳、构架的对地电压只有零线对地电压的一部分,能够减小人员触电伤害程度。② 降低零线断线时的触电危险。零线有重复接地时,人触电电压不再是相电压,比相电压小很多,能够减小触电伤害程度。③ 缩短短路事故时的持续时间。重复接地安全措施,使重复接地与工作接地并联,增大了短路电流,加快了断路器动作时间,减少了事故损失。④ 增强架空线路的防雷性能。能够对雷电产生的电流进行分流,从而限制雷电过电压。

重复接地装置是重要的安全保护装置,必须专设专用,不能兼作他用。

第五节　电气设备操作、维护和调整

第六百一十七条　严禁带电检修、移动电气设备。对设备进行带电调试、测试、试验时,必须采取安全措施。

移动带电电缆时,必须检查确认电缆没有破损,并穿戴好绝缘防护用品。

采用快速插接式的高压电缆头严禁带电插拔。

【释义】　本条是关于带电检修、搬迁电气设备和电缆的规定。

设备在正常状态下突然出现了异常和故障,需要进行临时性检修,由于时间短、内容单一,检修人员往往忽略断开电源总开关,这是非常危险的,为了防止发生意外伤害事故,必须停电进行检修。有时需要带电测试设备的参数、对设备进行调试和试验,在工作前必须做好安全防范措施,避免触碰带电体和短路电弧灼伤电击事故。露天煤矿移动设备多,设备的尾线电缆在设备移动时,需要人工盘卷整理电缆,此时需要带电作业,为了保护作业人员的安全,作业人员必须按照规定穿戴好绝缘防护用品,在工作前对所盘卷整理的电缆进行检查,对于存在破损的电缆严禁人工盘卷整理。带电插拔时会放电烧坏触头,甚至造成工作人员触电的危险,因此严禁带电插拔电缆快速接头。

第六百一十八条　操作电气设备必须遵守下列规定:

(一) 非专职和非值班人员,严禁操作电气设备。

(二) 操作高压电气设备回路时,操作人员必须戴绝缘手套、穿电工绝缘靴或者站在绝缘台上。

(三) 手持式电气设备的操作柄和工作中必须接触的部分,必须有合格的绝缘。

(四) 操作人员身体任何部分与电气设备裸露带电部分的最小距离应当执行国家相关标准。

【释义】　本条是关于操作电气设备时的规定。

电气设备的操作，尤其是对重要电气设备的操作，必须设立专职人员进行操作，严禁其他人员擅自操作，以防误操作，造成重大的电气事故和人员伤害事故。设备操作、继电保护及自动装置的投退，必须按照各级调度命令执行。电气设备的所有工作在前一天申请提交工作票，各级人员批准后方能操作，操作完成后应及时报告调度。事故或紧急情况下威胁人身或设备安全时，可先行操作并做好记录，但事后应尽快向有关调度和上级主管部门汇报。在操作电气设备时，操作人员必须注意自身保护，注意电气设备裸露带电部位，必须与其保持应有的安全距离，安全距离必须符合规定值。在进行操作高压电气设备回路时，特别是在户外操作供电比较复杂的高压回路时，必须由 2 名电工进行操作，其中 1 人监护。在操作时，必须穿戴绝缘手套、高压绝缘靴子或站在绝缘台上，以确保人身安全。

第六百一十九条　检修多用户使用的输配电线路时，应当制定安全措施。

【释义】　本条是关于多用户输配电线路检修安全的规定。

输配电线路为多用户供电，在检修过程中，存在多点进行检修、用户同时检修和用户突然带电等危险，影响停送电安全。因此，必须统筹安排检修工作，制定检修计划和安全措施，并认真贯彻执行。具体措施如下：① 输配电线路停电检修工作，必须由专人统一指挥。② 必须设立专人进行输配电线路停送电。停电后，在停电开关处，必须悬挂“有人作业，禁止合闸”的安全警示牌。③ 停电后必须进行验电，确认输配电线路无电后，必须做好线路的短路保护和接地保护。④ 输电线路的停电检修工作全部完成以后，撤掉线路的短路保护和接地保护，清扫现场，通知负责人工作结束。⑤ 用户检修必须办理工作票，不准借机搭车作业。⑥ 所有用户检修工作结束后，由负责人统一安排送电。

第六百二十条　采场内（变电站、所及以下）配电线路的停送电作业应当遵守下列规定：

（一）计划停送电严格执行工作票、操作票制度。

（二）非计划停送电，应当经调度同意后执行，并双方做好停送电记录。

（三）事故停电，执行先停电，后履行停电手续，采取安全措施做好记录。

（四）严禁约时停送电。

【释义】　本条是关于露天煤矿采场内停送电的规定。

露天煤矿供电系统停送电作业存在计划检修、非计划检修、事故应急处理 3 种情况。在露天矿停送电时，如果履行工作票制度，势必对用电设备的影响很大，在既要保证安全，又要缩短停送电时间的前提下，采用无线调度系统进行联络，辅以录音系统，要给予停送电人员优先权。同时供电设备管理实行挂牌制度，停送电人员要熟知供电系统，进行停送电前，要认真核对标示牌，确保停送电正确。

第六百二十一条　高压变配电设备和线路的检修及停送电，必须严格执行停电申请和工作票制度。

停电线路维修作业必须遵守下列规定：

（一）必须由负责人统一指挥。

（二）必须有明显的断开点，该线路断开的电源开关把手，必须专人看管或者加锁，并悬挂警示牌。

(三) 停电后必须验电,并挂好接地线。

(四) 作业时必须有专人监护。

(五) 确认所有作业完毕后,摘除接地线和警示牌,由负责人检查无误后通知调度恢复送电。

【释义】 本条是关于高压变配电设备和线路的检修及停送电的规定。

为使停电检修工作顺利、安全进行,防止误操作,杜绝重大事故,在停电检修工作中,必须执行停电申请和工作票制度,并办理操作工作票,操作人和监护人对操作项目复述,无误后由操作人进行操作。高压变配电设备和线路停电检修工作,必须由负责人统一指挥。在线路断开处,必须悬挂"有人作业,禁止合闸"字样的警示牌,对电源开关把手设人看管或加锁。停电后必须进行验电、放电,断开电源开关后,必须做相间短路保护和相间接地保护。必须设专人进行停送电操作,必须设专人进行监护,监护人不得擅离职守。检修人员做好个人防护,用好检修作业工具。在确认检修工作任务完成后,撤掉短路和接地保护后,按照送电程序进行送电。

第六百二十二条 雷电或者雷雨时,严禁进行倒闸操作,严禁操作跌落开关。

【释义】 本条是关于雷雨天气倒闸操作的规定。

雨天操作室外高压设备时,绝缘棒应有防雨罩,还应穿绝缘靴。接地网电阻不符合要求的,晴天也应穿绝缘靴。雷电时,禁止进行倒闸操作。雷电时,严禁进行倒闸操作和更换熔丝(保险丝)工作。

第六节 爆炸物品库和炸药加工区安全配电

第六百二十三条 爆炸物品库房区和加工区的 10 kV 及以下的变电所,可采用户内式,但不应设在 A 级建筑物内。

变电所与 A 级建筑物的距离不得小于 50 m。

柱上变电亭与 A 级建筑物的距离不得小于 100 m,与 B 级和 D 级建筑物不得小于 50 m。

【释义】 本条是关于爆炸物品库房区和加工区的变电所与建筑物安全距离的规定。

爆炸物品库房区和加工区,是露天煤矿生产中的危险区域和重要部位,一旦管理不到位,防爆安全措施落实不到位,爆炸物品因为某种原因碰到了火花,就会立刻引起大爆炸,将会造成生命财产的巨大损失。在爆炸物品库房区和加工区内建设的 10 kV 及以下的变电所,必须严格按照变电所的设计施工规范、施工标准进行设计施工,必须符合易爆危险区的安全要求。变电所可以采用户内式的,但不能建在 A 级建筑物内,因为 A 级建筑物内,均为易燃易爆或其他一些重要的物质。变电所必须与 A 级建筑物保持一定的安全距离,其距离不应小于 50 m。只有这样,才能确保 A 级建筑物的安全。对于柱上变电亭的设立,由于变电亭长期有载户外运行,绝缘性能逐渐减弱,遇到特殊天气,很容易发生电气故障,出现电火花,对 A 级建筑物的威胁更大。所以,为了安全,两者之间的安全距离不得小于 100 m,对于仅次于 A 级的 B 级和 D 级建筑物,其安全距离不得小于 50 m。

第六百二十四条　1～10 kV的室外架空线路，严禁跨越危险场所的建筑物。其边线与建筑物的水平距离，应当遵守下列规定：

（一）与A级和B级建筑物的距离，不应小于电杆间距的2/3且不应小于35 m；与生产炸药的A级建筑物的距离，不应小于50 m。

（二）与D级建筑物的距离不应小于电杆高的1.5倍。

【释义】　本条是关于1～10 kV架空线路与危险场所建筑物的安全距离的规定。

架空线路在架设前，必须考虑线路的可靠性和安全性，决不允许跨越建筑物，特别是不得跨越有易燃易爆危险物质的建筑物。因为易燃易爆物质，一旦由于某种原因引起火灾和爆炸，将严重威胁线路的安全。同时，线路断线等故障又威胁易燃易爆物质的安全。为了避免上述情况，确保输配电线路的安全，必须使输配电线路与危险场所的建筑物保持一定的水平距离，与A级和B级建筑物的距离，不应小于电杆间距的2/3，且不应小于35 m；与生产炸药的A级建筑物的距离，不应小于50 m。与D级建筑物的距离，不应小于电杆高的1.5倍。

第六百二十五条　变（配）电所至有爆炸危险的工房（库房）的380 V/220 V级配电线路，必须采用金属铠装交联电缆，其额定电压不低于500 V，中性线的额定电压与相线相同，并在地下敷设。

电缆埋地长度不应小于15 m。电缆的入户端金属外皮或者装电缆的钢管应当接地。在电缆与架空线的连接处应当装设防雷电装置。防雷电装置与电缆金属外皮、钢管、绝缘铁脚应当并联一起接地，其接地电阻不应大于10 Ω。

低压配电应当采用TN-S系统。

【释义】　本条是关于变（配）电所至有爆炸危险的工房的低压供电线路的规定。

金属铠装交联电缆，不仅有很好的机械性能，而且有很强的电气防爆性能，电缆的绝缘不容易受潮受损，绝缘强度不容易降低，铠装电缆不容易发生相间短路和相间接地故障，电火花也不会很容易外泄。同时，为了进一步保证危险场所低压电缆的绝缘强度，避免出现相间短路和相间接地故障，将额定电压和中性线电压提高至500 V，确保变（配）电所至有爆炸危险的工房（库房）的380 V/220 V级配电线路安全可靠运行。铠装电缆在进户端的电缆头必须按照工艺要求制作，并进行试验检测，然后通过接线盒接入使用。铠装电缆的金属钢管及其金属部件均应接在防雷保护装置上。电缆的低压供电线路与架空输电线路连接处，必须安装防雷避雷器，必须有合格的防雷保护装置。同时，应将防雷装置、铠装电缆的金属外皮、电缆保护钢管以及绝缘铁脚等金属部件，用导线将其连接在一起并进行接地，其冲击接地电阻不应大于10 Ω。在以往的低压配电380 V/220 V供电系统中，均采用三相四线制供电系统。在三相四线制供电系统中，工作零线是与中性点连接的引出线，也是单相设备电源回路的工作线。实际中，即便达到三相负荷平衡，但各相之间的负荷率不可能相等，所以工作零线的电压不可能为零。在这种情况下，如果人触碰到零线，即使采取了多处重复接地，同样也要承受高电压。此外，工作零线和保护线，均为中性线一根共用，这根线既要承担单相负荷的工作电流，又要承担三相不平衡电流以及故障时的短路电流，或意外的冲击电流，工作零线的负担增加。因此，当通过零线的电流超过零线载流量的一定值时，工作零线就可能被烧断。此时，断线中性点的中性线电压就更高了，可达相线电压，人员触碰中性线危险更大。所以三相四线制供电系统,对人身安全、电气设备安全,其危险性较大,推广使用三相五线制。在低压三相五线制供电系统中,为了工作需要而设的接地,称为工作接地(变压器中性点接地)。

第六百二十六条 有爆炸危险场所中的金属设备、管道和其他导电物体,均应当接地,其防静电的接地电阻不得大于100 Ω。该接地装置与电气设备的、防雷电的接地装置共用,此时接地电阻值取其中最小值。根据具体情况,还应当采用其他的防静电措施。

【释义】 本条是关于露天煤矿爆炸危险场所防静电的规定。

在有爆炸危险的场所,除加强日常防火工作外,还必须做好防静电工作。只做防静电的接地装置,每一处接地体的接地电阻值应符合设计规定。设备等的防静电接地线,应单独与接地体或接地干线相连。防静电接地线的安装,应与设备、机组、贮罐等固定接地端子或螺栓连接,并应有防松装置和涂以电力复合脂。当采用焊接端子连接时,不得降低和损伤管道强度。当金属法兰采用金属螺栓或卡子相紧固时,可以不另装跨接线。在腐蚀条件下安装前,应有2个及以上螺栓和卡子之间的接触面去锈和除油污,并应加装防松螺母。工作人员必须穿防静电劳动防护用品。

第七节 照明和通信

第六百二十七条 固定式照明灯具使用的电压不得超过220 V,手灯或者移动式照明灯具的电压应当小于36 V,在金属容器内作业用的照明灯具的电压不得超过24 V。

在同一地点安装不同照明电压等级的电源插座时,应当有明显区别标志。

【释义】 本条是关于露天煤矿照明灯具安全电压的规定。

露天煤矿采场的照明电压采用交流200 V,行灯电压不得大于36 V;在电铲、钻机上及其他工作场所的手携灯具,应采用36 V及以下电压;固定式的照明线路应采用裸铝绞线。移动式的架空线路应采用绝缘导线。手携式灯具和移动式投光灯线路,应采用橡套电缆;单斗挖掘机及钻机使用自带的照明设施,开采工作面人工作业和装车地点,宜采用移动式照明,在条件允许时,可采用固定式照明。铁路站场、卸矿点等地,宜采用固定式投光灯或路灯;行车道、斜坡提升机道,宜采用路灯照明;主要运输道转变处或交叉处、调车场和采矿场运输主要出口等地点,宜分散装设移动式或固定式投光灯。

第六百二十八条 必须配置能够覆盖整个开采范围的无线对讲系统,有基站的必须配备不间断电源,同时配置其他的有线或者无线应急通信系统;调度室与附近急救中心、消防机构、上级生产指挥中心的通信联系必须装设有线电话。

【释义】 本条是关于露天煤矿通信的规定。

监控室是调度通信系统的归口管理部门,负责通信传输电缆的敷设,电话机的安装、维修、更换、回收等日常管理工作。安装有通信设施的部门,负责该区域电话机、线路的维护、保养,不得随意损坏、拆卸电话机,并保证区域内线路悬挂整齐。定期巡检通信线路,随工作面变化延伸通信系统线路,确保线路无故障。

第九章　设备检修

第六百二十九条　检修前，应当选择坚实平坦的地面停放，因故障不能移动的设备应当采取防止溜车措施，轮式设备必须安放止轮器。

【释义】　本条是关于露天煤矿设备检修前停放的规定。

露天煤矿设备系统规模比较大，配套比较复杂，设备体积和质量较大。如果设备在检修前，设备停放不稳定或所停放的场地凹凸松软，检修时就有可能因局部下沉造成设备倾斜甚至倾翻，将对设备造成极大损害，甚至造成人员伤害。对于不能移动的故障设备和轮式设备，为防止溜车必须采取防止滑动措施，以保证设备和检修人员的安全。

第六百三十条　检修作业必须遵守下列规定：

（一）检修时必须执行挂牌制度，在控制位置悬挂"正在检修，严禁启动"警示牌。

（二）检修时必须设专人协调指挥。多工种联合检修作业时，必须制定安全措施。

（三）在设备的隐蔽处及通风不畅的空间内检修时，必须制定安全措施，并设专人监护。

（四）检查和诊断运动、铰接、高温、有压、带电、弹性储能等危险部位时，必须采取安全措施，检修前必须切断相应的动力源，释放压力。

（五）在带式输送机上更换、维修输送带时，应当制定安全措施。

【释义】　本条是关于检修时安全措施的规定。

检修工作时刻都在进行，管理不善、安全措施不到位，就有可能造成人员伤害和设备损失。如果没有明显警示，就有可能发生误操作。为此，必须在设备控制位置设置明显的禁止警示标识，必要时设人看护，防止发生误操作。如果没有统一指挥协调，就有可能发生相互伤害，特别是多工种在一个设备上同时进行检修作业时，发生伤害事件的概率更大。所以，多工种一起检修作业时，必须设立工作负责人，由工作负责人统一协同指挥，并严格按照工作流程进行检修。同时对每一流程环节中存在的危险因素，提前制定安全防范措施，保证检修工作人员的安全。在受限空间作业，危险因素较多，存在中毒窒息、触电、高处坠落、机械伤害、火灾爆炸、物体打击等不安全因素，为避免事故的发生，确保受限空间作业安全，应采取以下措施：① 必须办理作业许可。② 必须进行安全隔离。③ 必须进行置换、通风。④ 必须切断动力源。⑤ 必须进行安全分析。⑥ 必须有人在容器外进行监护。为防止意外发生，进入受限空间作业时，在容器外必须有人监护，监护人同被监护人之间，要事先确定好联络信号，发现异常应及时进行救护。监护人进入容器内部救人时，必须佩戴防护用具，科学施救。⑦ 必须有抢救后备措施。在检修工作中，必须首先切断电、气、风、油、水等相关动力源，同时释放掉所有储能部件的电荷、压力，并对高温部位降温。这些危险因素一旦释放，将对检修人员造成极大的伤害。检修作业必须制定检修流程，制定安全防范措施，确保检修工作安全。

第六百三十一条　检修用电设备的高压进线和总隔离开关柜时，必须执行停送电制度。检修设备高压线路时，必须切断相应的断路器和拉开隔离开关，并进行验电、放电、挂接短路接地线。

【释义】 本条是关于用电设备检修停送电的规定。

电气安全规范规定,用电设备检修时必须切断上一级电源,不得带电检修,以防触电伤害。送电原则:要按先合刀闸,后合负荷开关;先合高压开关,后合低压开关;先合电源侧刀闸,后合负荷侧刀闸;先合电源侧开关,后合负荷侧开关。停电顺序:与上述操作原则相反。检修设备电源进线和进线总隔离时,需要断开供电部门的该配电回路的开关,用电设备检修单位必须向供电部门申请停送电,由检修单位办理停送电工作票。进入设备的电源,设备上都设有高压进线总开关,设备上的高压配电回路都由设备上的高压进线总开关柜控制,只要切断相应的断路器和拉开隔离开关,就不会发生触电伤害事故。检修设备配电回路时,首先要断开相应配电回路的断路器和隔离开关,并加锁,挂警示牌;然后对所停回路进行验电、放电,防止人员触碰到电缆等储能部件放电造成伤害,放电后挂接三相短路接地线,防止误送电。

第六百三十二条 拆装高温(>40 ℃)或者低温(<−15 ℃)部件时,必须采取防护措施,严禁人体直接接触。

【释义】 本条是关于安全拆装高温低温部件的规定。

设备运行必然产生温度,长时间运行设备的摩擦旋转部位一般可达 40 ℃以上甚至更高,这些部位一旦接触人体,就容易被灼伤。低温的冷却装置或需要冷缩安装的部件,人接触时会导致人的皮肤冻伤。所以拆装高温(>40 ℃)或低温(<−15 ℃)部件时必须采取措施,必须注意以下几点:① 检修有可能产生高温的部件前必须进行测试;② 运行的设备,检修前必须停机降温;③ 高温部件和低温部件应恢复到自然环境温度,方可进行拆装;④ 需要高温和低温下拆装的部件,作业人员必须穿戴好防护用品,使用安全用具,作业人员皮肤不得外露;⑤ 高温或低温部件应悬挂“高温(或低温)危险,请勿触碰”警示牌。

第六百三十三条 电焊、气焊、切割必须遵守下列规定:

(一) 工作场地通风良好,无易燃、易爆物品。

(二) 各类气瓶要距明火 10 m 以上,氧气瓶距乙炔瓶 5 m 以上。在重点防火、防爆区焊接作业时,办理用火审批单,并制定防火、防爆措施。

(三) 在焊接或者切割盛放过易燃、易爆物品或者情况不明物品的容器时,应当制定安全措施。

(四) 进入设备或者容器内部焊接、切割时,在确认无易燃、易爆气体或者物品,采取安全措施后,方可作业。

(五) 各种气瓶连接处、胶管接头、减压器等,严禁沾染油脂。

(六) 电焊机及电焊用具的绝缘必须合格,电焊机外壳接地。

【释义】 本条是关于电焊、气焊和切割安全作业的规定。

施焊场地周围应清除易燃易爆物品,或进行覆盖、隔离。氧气瓶、乙炔瓶所设的位置,距火源的位置不得小于安全距离。乙炔瓶要放在空气流通好的地方,严禁放在高压线下面,要立放固定使用,严禁卧放使用。使用乙炔瓶时,必须配备专用的乙炔减压器和回火防止器。氧气瓶和乙炔瓶装减压器时,要清除干净瓶口污物,以免污物进入减压器内。瓶阀开启要缓慢平稳，以防止气体损坏减压器。点火时，焊枪口不准对人，正在燃烧的焊枪不得放在工件或地面上。严禁在带压的容器或管道上焊割。带电设备应先切断电源。不得手持连接胶管的焊枪爬梯、登高。防护装置要经常检查和维修，防止漏气。同时要严禁气路沾油，以防止引起火灾危险。氧气瓶、乙炔瓶（或乙炔发生器）在寒冷地区工作时，易被冻结。

第六百三十四条　吊装作业必须遵守下列规定：

（一）吊装作业区四周设置明显标志，夜间作业有足够的照明。

（二）严禁超载吊装和起吊重量不明的物体；严禁使用一根绳索挂 2 个吊点；严禁绳索与棱角直接接触。

（三）2 台及以上起重机起吊同一物体时，负载分配应当合理，单机载荷不得超过额定起重量的 80%。

【释义】　本条是关于吊装安全作业的规定。

吊装是指吊车或者起升机构对设备的安装、就位的统称，在检修或维修过程中利用各种吊装机具将设备、工件、器具、材料等吊起，使其发生位置变化。吊装作业在工作范围内存在物与物、物与人的工作联系，伴有磕碰、坠落和打击等安全隐患，必须制定安全防护措施和操作流程，划定警戒区域。在夜间视野不良时要保证照明。起重操作人员需要认证（指挥官/操作人员），特殊设备需要通过相应的测试。吊装区要安全隔离。大雨、暴雨、大雾、烈风 6 级以上不得起吊。钢丝绳靠近物体棱角会使吊绳割断，将严重威胁工作人员的安全。2 台或以上起重机起吊同一物体时，必须进行验算、分析、评估，制定方案，参照联合作业的规定。

第六百三十五条　高处作业必须遵守下列规定：

（一）使用登高工具和安全用具。

（二）使用梯子时，支承必须牢固，并有防滑措施，严禁垫高使用。

（三）采取可靠的防止人员坠落措施，有条件时应当设置防护网或者防护围栏。

（四）人员站立位置及扶手采取防滑措施。

（五）防止物体坠落，严禁抛掷工具和器材。

（六）在有坠落危险的下方严禁其他人员停留或者作业。

【释义】　本条是关于露天煤矿高处安全作业的规定。

高处作业是指在坠落高度基准面 2 m 及以上、有可能坠落的高处进行的作业。高处作业最常见及最大的危险就是高空坠落。高空坠落包括人员坠落造成的伤害和各种物体从高处坠落砸在人员身上造成的伤亡事故。高处作业按照作业高度，可分为 4 级：一级 2～5 m，二级 6～15 m，三级 16～30 m，四级 31 m 及以上。根据不同的高空作业等级制定具有针对性的安全措施。高空作业的平台、走道、斜道等必须装设由上下两道栏杆（上道栏杆高 1.05～1.2 m，下道栏杆高 0.5～0.6 m）、栏杆柱组成的防护栏杆和 18cm 高的挡脚板或设立防护网。

第六百三十六条　检修矿用卡车必须编制作业规程，并遵守下列规定：

（一）厢斗举升维修过程中，设定警戒区，严禁人员进入。

（二）厢斗举起后，采用刚性支撑或者安全索固定厢斗，严禁利用举升缸支撑作业。

(三)在车上进行焊接和切割作业时,要防止火花溅落到下方作业区或者油箱。必要时,应当采取防护措施。

(四)必须制定专门的检修轮胎安全技术措施。

【释义】 本条是关于检修矿用卡车的规定。

矿用卡车厢斗举升维修时,必须设定警戒区,严禁相关人员进入,以免造成人员伤害。液压举升存在突然降落的危险,采用刚性支架是防止厢斗突然降落最安全有效的措施,但必须对刚性支架的强度和稳定性进行验算、论证,确保刚性支架的安全;安全索是出厂时配套的安全装置,应牢固可靠。焊接和切割作业产生的火花溅落会伤及人员和设备,同时可能点燃油箱及易燃部位。在给轮胎放气(或充气)、检查和更换车轮时,任何人员不得位于轮胎正面。拆装任何车辆的轮胎,不管是单轮还是双轮,只要是热剥离、割伤剥离、局部磨损、轮辋组件损坏等故障,必须把气放尽后,方可进行拆装工作。取轮胎夹石时,轮胎必须放气,必要时拆卸轮胎。

第五编　职业病危害防治

第一章　职业病危害管理

第六百三十七条　*煤矿企业必须建立健全职业卫生档案，定期报告职业病危害因素。*

【释义】　本条是关于煤矿企业建立职业卫生档案和报告职业危害因素的规定。

职业卫生档案是指职业卫生监督执法、职业卫生技术服务、职业卫生防治、管理以及职业卫生科学研究活动中形成的，具有保存价值的文字、材料、图纸、照片、报表、录音带、录像、影视、计算机数据等文件材料。职业卫生档案在职业病诊断、鉴定方面具有循证性法律作用，是职业病危害预防、控制、治理、研究的重要依据，也是职业卫生监督检查的重要依据。用人单位应当建立、健全职业卫生档案和劳动者健康监护档案，不得擅自修改、伪造。

职业病危害因素是职业病产生的根源。就我国煤矿目前情况而言，由于工业生产装备水平不高，工艺技术相对落后，加上作业环境较差，职业病危害非常严重。在煤矿生产中，主要的职业病危害因素有粉尘、噪声、振动、有害气体、生产性化学毒物、高温高湿、不良体位劳动等。

定期报告职业病危害因素，是按照《职业病防治法》第二十六条的规定，用人单位应当按照国务院卫生行政部门的规定，定期对工作场所进行职业病危害因素检测、评价。检测、评价结果存入用人单位职业卫生档案，定期向所在地卫生行政部门报告并向劳动者公布。报告内容包括用人单位的基本情况，工作场所职业病危害因素种类、分布情况以及接触人数等。

【执行中应注意的问题】

(1) 煤矿应当按照《职业病防治法》和根据《煤矿作业场所职业病危害防治规定》(原国家安全生产监督管理总局令第 73 号)的规定，定期对作业场所职业危害因素进行检测、评价，并将检测、评价结果存入企业职业卫生档案。

(2) 企业职业卫生档案应当包括下列内容：

① 职业病防治责任制文件。

② 职业卫生管理规章制度。

③ 作业场所职业病危害因素种类清单、岗位分布以及作业人员接触情况等资料。

④ 职业病防护设施、应急救援设施基本信息及其配置、使用、维护、检修与更换等记录。

⑤ 作业场所职业病危害因素检测、评价报告与记录。

⑥ 职业病个体防护用品配备、发放、维护与更换等记录。

⑦ 煤矿企业主要负责人、职业卫生管理人员和劳动者的职业卫生培训资料。

⑧ 职业病危害事故报告与应急处置记录。

⑨ 劳动者职业健康检查结果汇总资料，存在职业禁忌症、职业健康损害或者职业病的劳动者处理和安置情况记录。

⑩ 建设项目职业卫生“三同时”有关技术资料。

⑪ 职业病危害项目申报情况记录。

⑫ 其他有关职业卫生管理的资料或者文件。

(3) 用人单位职业病危害项目发生重大变化后向原申报机关进行变更申报，参见表 5-1-1。

表 5-1-1　职业病危害项目申报表

单位:(盖章)　　　　主要负责人:　　　　日期:

<table>
<tr><td>申报类型</td><td>初次申报○　变更申报○</td><td>变更原因</td><td colspan="2"></td></tr>
<tr><td>单位注册地址</td><td></td><td>工作场所地址</td><td colspan="2"></td></tr>
<tr><td>企业类型</td><td>大○中○小○　○</td><td>行业分类</td><td colspan="2"></td></tr>
<tr><td>法定代表人</td><td></td><td>联系电话</td><td colspan="2"></td></tr>
<tr><td rowspan="2">职业卫生管理机构</td><td rowspan="2">有○　无○</td><td rowspan="2">职业卫生管理人员数</td><td>专职</td><td></td></tr>
<tr><td>兼职</td><td></td></tr>
<tr><td>劳动者总人数</td><td></td><td>职业的累计人数</td><td colspan="2"></td></tr>
</table>

<table>
<tr><td rowspan="5">职业病危害因素种类</td><td>粉尘类</td><td>有○　无○</td><td>接触人数</td><td></td><td rowspan="5">接触职业病危害总人数:</td></tr>
<tr><td>化学物质类</td><td>有○　无○</td><td>接触人数</td><td></td></tr>
<tr><td>物理因素类</td><td>有○　无○</td><td>接触人数</td><td></td></tr>
<tr><td>放射性物质类</td><td>有○　无○</td><td>接触人数</td><td></td></tr>
<tr><td>其他</td><td>有○　无○</td><td>接触人数</td><td></td></tr>
</table>

<table>
<tr><td rowspan="14">职业病危害因素分布情况</td><td>作业场名称</td><td>职业病危害因素名称</td><td>接触人数(可重复)</td><td>接触人数(不重复)
因素人数</td></tr>
<tr><td rowspan="4">(作业场所 1)</td><td></td><td></td><td rowspan="4"></td></tr>
<tr><td></td><td></td></tr>
<tr><td></td><td></td></tr>
<tr><td></td><td></td></tr>
<tr><td rowspan="4">(作业场所 2)</td><td></td><td></td><td rowspan="4"></td></tr>
<tr><td></td><td></td></tr>
<tr><td></td><td></td></tr>
<tr><td></td><td></td></tr>
<tr><td rowspan="4">…</td><td></td><td></td><td rowspan="4"></td></tr>
<tr><td></td><td></td></tr>
<tr><td></td><td></td></tr>
<tr><td></td><td></td></tr>
<tr><td colspan="3">合计</td><td></td></tr>
</table>

第六百三十八条　煤矿企业应当开展职业病危害因素日常监测，配备监测人员和设备。

煤矿企业应当每年进行一次作业场所职业病危害因素检测，每 3 年进行一次职业病危害现状评价。检测、评价结果存入煤矿企业职业卫生档案，定期向从业人员公布。

【释义】 本条是关于煤矿职业病危害因素日常监测、定期检测及评价的规定。

煤矿企业开展职业病危害因素日常监测有助于及时了解、掌握作业场所职业病危害因素的浓度或强度，及时采取防护措施，消除或减少职业病危害因素对从业人员健康的影响。

煤矿应当配备专职或者兼职的职业病危害因素监测人员，装备相应的监测仪器设备。监测人员应当经培训合格；未经培训合格的，不得上岗作业。监测设备的配备应满足煤矿主要的职业病危害因素日常监测，数量可根据煤矿实际需要的监测点数量进行确定。

为客观、公正反映煤矿企业的职业危害情况，促进煤矿企业职业病危害防治工作开展，煤矿应当以矿井为单位开展职业病危害因素日常监测，并委托具有资质的职业卫生技术服务机构，每年进行一次作业场所职业病危害因素检测，每 3 年进行一次职业病危害现状评价。对作业场所职业病危害因素的危害程度（浓度或强度）、防护措施及其效果进行评价，为职业病危害防治提供依据。

煤矿企业应当根据监测、检测、评价结果，落实整改措施，同时将日常监测、检测、评价、落实整改情况存入本单位职业卫生档案。检测、评价结果应当定期向所在地卫生行政部门报告并向劳动者公布。

【执行中应注意的问题】

(1) 职业病危害严重的煤矿，应当设置或者指定职业卫生管理机构或者组织，配备专职职业卫生管理人员。其他存在职业病危害的煤矿企业，劳动者超过 100 人的，应当设置或者指定职业卫生管理机构或者组织，配备专职职业卫生管理人员；劳动者在 100 人以下的，应当配备专职或者兼职的职业卫生管理人员，负责本单位的职业病防治工作。

(2) 产生职业病危害的煤矿，应当在醒目位置设置公告栏，公布有关职业病防治的规章制度、操作规程、职业病危害事故应急救援措施和工作场所职业病危害因素检测结果。存在或者产生职业病危害的作业场所、作业岗位、设备、设施，应当按照《工作场所职业病危害警示标识》(GBZ 158—2003)的规定，在醒目位置设置图形、警示线、警示语句等警示标识和中文警示说明。警示说明应当载明产生职业病危害的种类、后果、预防和应急处置措施等内容。

第六百三十九条 *煤矿企业应当为接触职业病危害因素的从业人员提供符合要求的个体防护用品，并指导和督促其正确使用。*

作业人员必须正确使用防尘或者防毒等个体防护用品。

【释义】 本条是关于煤矿企业为接触职业病危害因素的从业人员提供个体防护用品的规定。

煤矿生产，无论是矿井采掘，还是露天采剥，都会产生一定的粉尘。如机械采煤割煤机高速旋转时，产尘量大，尽管采用了内、外喷雾器和其他防尘措施，仍不能保证完全达到国家职业卫生标准。采取个人防护措施，用密封、过滤、隔离等方式，制造无尘、无毒的小环境代替高粉尘、高毒物作业区的大环境，减少危害物质对工人身体的直接损害，保证工人身心健康。使用防尘或防毒等个体防护用品是预防和减少职业病危害因素对作业人员健康造成损害的最后一道保护措施。

用人单位必须采用有效的职业病防护设施，并为劳动者提供个人使用的职业病防护用品，是劳动者应享有的职业卫生保护权利。用人单位为劳动者个人提供的职业病防护用品必须符合防治职业病的要求；不符合要求的，不得使用。

劳动者应当学习和掌握相关的职业卫生知识，增强职业病防范意识，遵守职业病防治法律、法规、规章和操作规程，正确使用、维护职业病防护设备和个人使用的职业病防护用品，发现职业病危害事故隐患应当及时报告。

【执行中应注意的问题】

(1) 煤矿应当按照《煤矿职业安全卫生个体防护用品配备标准》(AQ 1051)规定的煤矿职业安全卫生个体防护用品的种类、配备范围及使用期限，适用于在煤矿井下、井上，煤炭洗选和露天煤矿作业职工职业安全卫生个体防护用品的配备，为接触职业病危害的劳动者提供符合标准的个体防护用品，并指导和督促其正确使用。

(2) 用人单位应当对劳动者进行上岗前的职业卫生培训和在岗期间的定期职业卫生培训，普及职业卫生知识，督促劳动者遵守职业病防治法律、法规、规章和操作规程，指导劳动者正确使用职业病防护设备和个人使用的职业病防护用品。

(3) 定期检查劳动防护用品，发现损坏、过期等情况及时更换。

第二章　粉尘防治

第六百四十条　作业场所空气中粉尘（总粉尘、呼吸性粉尘）浓度应当符合表25的要求。不符合要求的，应当采取有效措施。

表25　作业场所空气中粉尘浓度要求

粉尘种类	游离 SiO_2 含量/%	时间加权平均容许浓度/($mg \cdot m^{-3}$)	
		总尘	呼尘
煤尘	<10	4	2.5
矽尘	10～50	1	0.7
	50～80	0.7	0.3
	≥80	0.5	0.2
水泥尘	<10	4	1.5

注：时间加权平均容许浓度是以时间加权数规定的8 h工作日、40 h工作周的平均容许接触浓度。

【释义】　本条是关于作业场所空气中粉尘浓度的规定。

煤矿粉尘是煤矿生产过程中随着煤、岩石被破碎而产生的煤、岩石和其他物质细微颗粒的总称。煤矿粉尘根据粉尘来源分为煤尘、矽尘和水泥尘。煤尘是煤炭破碎产生的粉尘，主要成分是煤炭。煤尘主要产生于采煤、运煤等作业工序，还有一部分是在煤层尚未开采前已存在于煤层裂隙的原生煤尘。矽尘是粉碎的岩石颗粒，主要产生于岩石或者半岩石掘进工作面。水泥尘是锚喷作业时喷射水泥砂浆或者混凝土时产生的水泥和沙粒粉尘。为了更好地控制作业场所粉尘浓度，保护作业人员健康，本条规定了煤尘、矽尘和水泥尘的职业接触限值。

(1) 粉尘中游离 SiO_2 的含量，是设计除尘装置和检查作业环境的重要依据。煤矿生产过程中产生含有游离 SiO_2 的微细粉尘（粒径在5 μm以下）对操作人员危害极大，是引发矽肺病的主要原因，因此在设计除尘装置时，必须取得粉尘中游离 SiO_2 的含量。

(2) 总粉尘是指可进入整个呼吸道（鼻、咽、喉、胸腔支气管、细支气管和肺泡）的粉尘，简称总尘，技术上采用总粉尘采样器按标准方法在呼吸带测得的所有粉尘。呼吸性粉尘指粒径在5 μm以下的能进入人体肺泡区的颗粒物。呼吸性粉尘能沉积于肺泡，对人体危害很大，是引起尘肺的病因。

(3) 我国现采用的粉尘浓度衡量标准是国际通用的职业接触限值，是职业性有害因素的接触限制量值。它是指劳动者在职业活动过程中长期反复接触，对机体不引起急性或慢性有害健康影响的容许接触水平。目前，我国执行《工作场所有害因素职业接触限值 第一部分：化学有害因素》(GBZ 2.1)，采用8 h时间加权平均容许浓度值作为粉尘浓度限值要求。采用时间加权平均容许浓度作为限值可反映粉尘危害的累积效应，对尘肺病防治具有重要意义。

(4) 对于锚喷支护巷道，喷射混凝土过程中产生的水泥尘较大，对人体危害较大，容易引发尘肺病,规定水泥尘接触限值,有利于针对性地开展粉尘防治工作。

【执行中应注意的问题】

(1) 8 h时间加权平均浓度测定的采样时间最好是整个工作班;如果受采样器的限制不能做到整个工作班连续采样时,可在整个工作班里分时段采样。分时段采样应涵盖整个工班的粉尘变化,总的采样时间越接近工作班的工作时间越具有代表性。

(2) 煤矿企业对作业场所粉尘浓度进行日常定期监测。

① 应用的评价职业接触限值为时间加权平均容许浓度时,应在正常生产工作日采样1个工作班。

② 应用的评价职业接触限值为短时间接触容许浓度时,应在正常生产工作日的一个工作班内粉尘浓度最高的时段进行采样。

第六百四十一条 粉尘监测应当采用定点监测、个体监测方法。

【执行说明】 个体监测方法是指用佩戴在作业人员身上的粉尘浓度个体采样器连续在呼吸带抽取含尘空气,测定一个工班内作业人员所接触的平均粉尘浓度的方法。所测得的结果对了解作业人员每天实际接触的粉尘浓度以及评价粉尘对作业人员健康的危害具有实际意义。

我国煤炭行业使用的粉尘浓度个体采样器的分粒特性应当符合BMRC曲线,即分粒的尘粒最大空气动力学直径为7.07 μm,其沉积效率为0.50%的沉积点的粉尘粒径为5.0 μm。

个体采样是全工作日连续一次性采样,空气中粉尘8h时间加权平均浓度按下式计算:

$$TWA=\frac{m_2-m_1}{Q\cdot 480}\times 1000$$

式中 TWA——空气中粉尘8 h时间加权平均浓度,mg/m^3;

m_2——采样后的滤膜质量,mg;

m_1——采样前的滤膜质量,mg;

Q——采样流量,L/min;

480——时间加权平均容许浓度规定的以8 h计,min。

定点监测是采用定点长时间或定点短时间采样方法对作业场所粉尘浓度进行测定的方法。

定点采样时若采样仪器不能满足全工作日连续一次性采样,可在全工作日内进行分次的1h以上的长时间采样,或分次的短时间15 min采样。空气中粉尘8h时间加权平均浓度按下式计算:

$$TWA=(C_1T_1+C_2T_2+\cdots+C_nT_n)/8$$

式中 TWA——空气中粉尘8 h时间加权平均浓度,mg/m^3;

C_1、C_2、…、C_n——长时间采样或短时间15 min采样测得空气中粉尘浓度,mg/m^3;

T_1、T_2、…、T_n——劳动者在相应的粉尘浓度下的工作时间,h;

8——时间加权平均容许浓度规定的8 h。

【释义】 本条是关于作业场所粉尘监测方法的规定。

合理规范的监测方法是粉尘防治工作的基础条件,为保障监测结果的准确性,本条规定了作业场所粉尘监测采用定点监测和个体监测两种方法进行,推广实时在线监测系统。

(1) 定点监测是采用定点长时间或定点短时间采样方法对作业场所粉尘浓度进行测定的方法。其工作原理是通过抽气泵抽取一定体积的含尘空气,经过已称量的滤膜,将粉尘阻留在滤膜上,根据采样后滤膜的粉尘增量,计算出作业场所空气中的粉尘浓度。

(2) 个体监测是指用佩戴在作业人员身上的粉尘浓度个体采样器连续在呼吸带抽取含尘空气,测定一个工班内作业人员所接触的平均粉尘浓度的方法。其工作原理是用气泵抽取一定体积的含尘空气,粉尘经预捕集器分离后,呼吸性粉尘被阻留在已知质量的滤膜上,根据采样后滤膜的粉尘增量,计算出作业场所空气中呼吸性粉尘浓度。

(3) 总粉尘、呼吸性粉尘、粉尘中粉尘分散度、粉尘中游离 SiO_2 含量等的测定方法执行下列标准:

① 采样方法执行《工作场所空气中有害物质监测的采样规范》(GBZ 159)。

② 总粉尘浓度测定方法执行《工作场所空气中粉尘测定 第 1 部分:总粉尘浓度》(GBZ/T 192.1)。

③ 呼吸性粉尘浓度测定方法执行《工作场所空气中粉尘测定 第 2 部分:呼吸性粉尘浓度》(GBZ/T 192.2)。

④ 工班个体呼吸性粉尘浓度测定方法执行《矿山个体呼吸性粉尘测定方法》(AQ 4205)。

⑤ 粉尘中粉尘分散度测定方法执行《工作场所空气中粉尘测定 第 3 部分:粉尘分散度》(GBZ/T 192.3)或《煤矿粉尘粒度分布测定方法》(GB/T 20966)。

⑥ 粉尘中游离 SiO_2 含量测定方法执行《工作场所空气中粉尘测定第 4 部分:游离二氧化硅含量》(GBZ/T 192.4)。

第六百四十二条 煤矿必须对生产性粉尘进行监测,并遵守下列规定:

(一) 总粉尘浓度,井工煤矿每月测定 2 次;露天煤矿每月测定 1 次。粉尘分散度每 6 个月测定 1 次。

(二) 呼吸性粉尘浓度每月测定 1 次。

(三) 粉尘中游离 SiO_2 含量每 6 个月测定 1 次,在变更工作面时也必须测定 1 次。

(四) 开采深度大于 200 m 的露天煤矿,在气压较低的季节应当适当增加测定次数。

【释义】 本条是关于煤矿生产性粉尘监测周期的规定。

为有针对性地采取防尘、治理粉尘措施,保护从业人员身体健康,煤矿企业必须按条文中的规定周期对生产性粉尘进行总粉尘浓度、粉尘分散度、呼吸性粉尘浓度和粉尘中游离 SiO_2 含量监测。

(1) 总粉尘浓度可用来评价生产作业场所空气中受粉尘污染的程度、除尘设施的效果,也为单项和综合防尘选择治理方法和除尘方式提供可靠的科学依据。

粉尘粒径越小,越容易进入人体肺泡区内。粉尘对人体的危害程度与粉尘浓度、粉尘中游离二氧化硅的含量和粉尘分散度都有着密切关系。同一浓度的粉尘,粒径越小对人体健康危害越大。因此,测定粉尘分散度是粉尘监测的重要内容之一。总粉尘中粉尘分散度测定方法可选用滤膜溶解涂片法,粉尘粒径为几何投影定径。

(2) 定点呼吸性粉尘浓度和工班呼吸性粉尘浓度较真实、客观地反映了生产作业场所空气中呼吸性粉尘对作业人员身体健康致病作用的大小,尤其是工班呼吸性粉尘是模拟产业工人肺泡呼吸速度和粉尘在肺泡的沉积量、滞留量,以便进一步观察机体与粉尘发病的剂量关系。

(3) 粉尘中游离二氧化硅含量与尘肺病的发生、发展有着非常直接的关系,粉尘中游离二氧化硅的含量越高,尘肺病的发病率越高,发病进展也越快,因此,粉尘中游离二氧化硅的定量检测,对粉尘危害防治工作的监督、管理具有重要的意义。总粉尘游离二氧化硅含量测定方法选用焦磷酸重量法,呼吸性粉尘游离二氧化硅含量测定方法选用X线衍射法。

第六百四十三条 粉尘监测采样点布置应当符合表26的要求。

表26 粉尘监测采样点布置

类别	生产工艺	测尘点布置
采煤工作面	司机操作采煤机、打眼、人工落煤及攉煤	工人作业地点
	多工序同时作业	回风巷距工作面10~15 m处
掘进工作面	司机操作掘进机、打眼、装岩(煤)、锚喷支护	工人作业地点
	多工序同时作业(爆破作业除外)	距掘进头10~15 m回风侧
其他场所	翻罐笼作业、巷道维修、转载点	工人作业地点
露天煤矿	穿孔机作业、挖掘机作业	下风侧3~5 m处
	司机操作穿孔机、司机操作挖掘机、汽车运输	操作室内
地面作业场所	地面煤仓、储煤场、输送机运输等处进行生产作业	作业人员活动范围内

【释义】 本条是关于粉尘监测采样点布置要求的规定。

粉尘监测点的布置合理与否直接影响粉尘监测值,本条明确了煤矿粉尘监测点,在不增加粉尘监测工作量的基础上统一了监测地点,有利于统一监测粉尘浓度和评价作业场所的职业卫生状况。

定点采样采样点的选择原则为:① 选择有代表性的工作地点,其中应包括空气中有害物质浓度最高、劳动者接触时间最长的工作地点。② 在不影响劳动者工作的情况下,采样点尽可能靠近劳动者;空气收集器应尽量接近劳动者工作时的呼吸带。③ 在评价工作场所防护设备或措施的防护效果时,应根据设备的情况选定采样点,在工作地点劳动者工作时的呼吸带进行采样。④ 采样点应设在工作地点的下风向,应远离排气口和可能产生涡流的地点。

【执行中应注意的问题】

粉尘监测采样点数目的确定:① 工作场所按产品的生产工艺流程,凡逸散或存在有害物质的工作地点,至少应设置1个采样点。② 一个有代表性的工作场所内有多台同类生产设备时,1~3台设置1个采样点;4~10台设置2个采样点;10台以上,至少设置3个采样点。③ 一个有代表性的工作场所内,有2台以上不同类型的生产设备,逸散同一种有害物质时,采样点应设置在逸散有害物质浓度大的设备附近的工作地点;逸散不同种有害物质时,将采样点设置在逸散待测有害物质设备的工作地点,采样点的数目参照②确定。④ 劳动者在多个工作地点工作时,在每个工作地点设置1个采样点。⑤ 劳动者工作是流动的时,在流动的范围内,一般每10 m设置1个采样点。⑥ 仪表控制室和劳动者休息室,至少设置1个采样点。

第六百四十四条 矿井必须建立消防防尘供水系统,并遵守下列规定:

(一)应当在地面建永久性消防防尘储水池,储水池必须经常保持不少于200 m^3 的水量。备用水池贮水量不得小于储水池的一半。

(二)防尘用水水质悬浮物的含量不得超过30 mg/L,粒径不大于0.3 mm,水的pH值在6～9范围内,水的碳酸盐硬度不超过3 mmol/L。

(三)没有防尘供水管路的采掘工作面不得生产。主要运输巷、带式输送机斜井与平巷、上山与下山、采区运输巷与回风巷、采煤工作面运输巷与回风巷、掘进巷道、煤仓放煤口、溜煤眼放煤口、卸载点等地点必须敷设防尘供水管路,并安设支管和阀门。防尘用水应当过滤。水采矿井不受此限。

【释义】 本条是关于矿井消防防尘供水系统的规定。

煤尘不仅会爆炸,还可能污染作业环境,引起尘肺病。为了消除或减轻煤矿粉尘的危害,就必须对各种尘源,特别是对主要尘源,即采掘工作面尘源加强治理。而目前治理粉尘的基本手段仍然是依靠水。采掘工作面防尘用水和采掘机械冷却用水,一是从地面靠静压力供给,二是由井下泵站动压供给,通过管路输送到采掘工作面。采掘工作面没有防尘供水管路,就不能实施对尘源治理的措施,不能消除粉尘危害,对于这样的采掘工作面是不能允许生产的。因此,矿井必须建立完善的防尘供水系统,并接设到防尘、消尘的用水地点。

矿井消防防尘供水系统应符合以下要求:

(1)矿井防尘用水的水源可采用地面水源或井下水源。使用井下水源时,应设置过滤池或过滤装置。如果井下的水源属于严重的酸性水,则必须设立中性化的处理设施。

(2)防尘供水方式应优先采用静压供水,采用动压供水时,必须有备用水泵。

(3)地面建有的永久性消防防尘储水池,应符合下列要求:储水池的容量不得小于200 m^3;并设有备用水池,贮水量不得小于储水池的一半,能满足2 h以上的用水量。

(4)对防尘用水水质的要求首先是考虑到避免用水设备的结垢、腐蚀、堵塞及喷雾对作业人员身体健康的影响,其次目前一般的矿井水处理技术及装备能够保证水质达标。防尘用水的水质应符合下列要求:悬浮物含量不得超过30 mg/L;悬浮物的粒子直径不得大于0.3 mm,水的pH值在6～9范围内,水的碳酸盐硬度不超过3 mmol/L。

(5)防尘供水系统的敷设,应遵守下列规定:防尘供水管路必须接到本规程本条规定的所有地点;供水管路的管径与强度,应能满足该区段负载的水压和水量;在井下所有主要运输巷、主要回风巷、上下山、采区运输巷和回风巷、采煤工作面上下平巷、掘进巷道等敷设的防尘供水管路中,每隔50～60 m都应安设支管和阀门,以供冲洗巷道等使用。

【执行中应注意的问题】

地面水池应建在靠近井下消防防尘供水管道入井处;北方寒冷地区,地面水池必须设有防冻设施。

第六百四十五条 井工煤矿采煤工作面应当采取煤层注水防尘措施,有下列情况之一的除外:

(一)围岩有严重吸水膨胀性质,注水后易造成顶板垮塌或者底板变形;地质情况复杂、顶板破坏严重,注水后影响采煤安全的煤层。

(二) 注水后会影响采煤安全或者造成劳动条件恶化的薄煤层。

(三) 原有自然水分或者防灭火灌浆后水分大于4%的煤层。

(四) 孔隙率小于4%的煤层。

(五) 煤层松软、破碎,打钻孔时易塌孔、难成孔的煤层。

(六) 采用下行垮落法开采近距离煤层群或者分层开采厚煤层,上层或者上分层的采空区采取灌水防尘措施时的下一层或者下一分层。

【释义】 本条是关于采煤工作面可不采取煤层注水来防尘的规定。

煤层注水是将压力水注入煤层裂隙和孔隙之中,起到湿润煤体的作用,使其强度和脆性减弱,塑性增加,开采时减少煤尘的发生量。同时,存在于煤体孔隙和裂隙内的水,在开采过程中,还可以使5 μm以下的煤尘结团为较大的尘粒而失去悬浮能力,从而减少浮尘的发生量。据测定,由于煤层的性质和注水条件的不同,煤层注水的降尘效果大致在50%~90%之间。因此,本条规定采煤工作面除了所列的6种情况以外,都应采取煤层注水防尘措施。

对于煤层自然水分或者防灭火灌浆后水分大于4%的煤层,开采时粉尘产生量不大,采取其他内、外喷雾措施即可,若再进行注水,从投入产出考虑,意义不大;且若再进行注水,水分再增加,对生产、运输及煤质也会造成影响。

对孔隙率小于4%的煤层,其有效孔隙率可能更低,采取注水措施后,难以均匀有效湿润煤体,这种情况下,实验室测试的煤体饱和水分增量很难达到1%以上,降尘效率一般在40%以下,甚至更低,因此可以不采取注水措施。

采用下行垮落法开采近距离煤层群或分层开采厚煤层,上层或者上分层的采空区采取灌水防尘措施后,下一层或者下一分层煤体水分一般可达到4%以上,产尘量较小,再进行注水已无必要。

【执行中应注意的问题】

煤层注水必须编制专门设计。煤层注水专门设计应包括以下内容:

(1) 工作面自然状况。包括采区(面)名称、地点、标高、范围,可采煤量,开采方法与工艺,巷道布置等。

(2) 煤层地质情况。包括地质构造,煤层厚度、倾角、透气性,夹石情况及煤层原始水分等。

(3) 注水方式、钻孔布置及注水要求。包括钻孔布置位置,钻孔参数(孔径、长度、角度等)与钻孔数量,封孔长度及方法,注水管路系统,注水压力及流量,注水时间及水分增值等。

(4) 除文字说明外,还必须附有采区(面)巷道系统示意图、钻孔布置及钻孔参数示意图、供水管理系统示意图等。

(5) 煤层注水专门设计,必须履行审批手续。

根据采煤工作面的具体情况,选择合适的煤层注水方式,注水后的煤体水分增值应达到1.0%以上,或煤体的全水分达到4.0%以上。

第六百四十六条 井工煤矿炮采工作面应当采用湿式钻眼、冲洗煤壁、水炮泥、出煤洒水等综合防尘措施。

【释义】 本条是关于井工煤矿炮采工作面实施综合防尘措施的规定。

炮采工作面综合防尘措施可归纳为两个方面：一是减少煤尘发生量的防尘措施，这是治本措施，主要包括煤层注水、水炮泥、湿式钻眼等；二是降低浮尘浓度的除尘措施，主要包括爆破喷雾、转载喷雾洒水、装载洒水、冲洗煤壁、风流净化水幕等，从而使已经产生的煤尘迅速沉降，减少煤尘飞扬的数量与时间。

(1) 湿式钻眼。炮采工作面若采用干式打眼，在打眼过程中，从钻孔内排出很多煤尘，这些煤尘经风流吹扬而弥漫于作业区和下风侧的工作面内，直接危害着打眼和其他作业人员。湿式钻眼是将压力水送入孔底，使煤尘变成煤浆流出，抑制煤尘的生成与飞扬，降尘效率可达90%左右。据现场实测数据，某矿井采用湿式钻眼，煤尘浓度由干式打眼平均浓度230.7mg/m^3 降至23.6 mg/m^3，降尘效率达89.8%。若采用干式打眼，在打眼过程中，从钻孔内排出很多煤尘，尤其是打眼深度到位后要向外拉动钻杆，以带出孔内存留的大量煤尘，这些煤尘经风流吹扬而弥漫于作业区和下风侧的工作面内，直接危害着打眼和其他作业人员。

(2) 水炮泥。爆破落煤的时间虽短，但产生的煤尘量却很大，瞬时的煤尘浓度极高。为了降低爆破落煤的产尘量，国内外都广泛采用了水炮泥，即将装有水的塑料袋填入炮眼内，用它代替部分黏土炮泥。当炸药爆炸时，产生的高温、高压将水压入煤体裂隙，部分水因汽化而形成雾滴，与煤尘碰撞，从而可实现抑制煤尘的产生、减弱煤尘飞扬能力和增加爆破安全性的目的。

(3) 出煤洒水。爆破后对落煤洒水，洒水量宜控制在使煤的含水量达6%的程度，即可达到快速湿润煤体的目的，根据煤体水分含量与产尘能力的试验数据，至少可减少70%以上的出煤产尘量。

【执行中应注意的问题】

为保证降尘效果，喷雾洒水降尘装置的水压及水量必须符合下列要求：

(1) 转载及转载点的喷雾装置，水压不低于 3.9×10^5 Pa，每个喷嘴流量不得小于 4 L/min。

(2) 炮掘工作面爆破时的高压喷雾装置，水压不低于 735×10^5 Pa，每个喷嘴流量不得小于 15 L/min。

(3) 净化空气喷雾水幕装置，水压不低于 3.9×10^5 Pa，每个喷嘴流量不得小于 4.5 L/min。

(4) 冲洗巷道时的供水压力不得低于 3.9×10^5 Pa，流量不得小于 18 L/min；单位巷道面积的用水量不少于 1.5 L/m^2。

第六百四十七条　采煤机必须安装内、外喷雾装置。割煤时必须喷雾降尘，内喷雾工作压力不得小于 2 MPa，外喷雾工作压力不得小于 4 MPa，喷雾流量应当与机型相匹配。无水或者喷雾装置不能正常使用时必须停机；液压支架和放顶煤工作面的放煤口，必须安装喷雾装置，降柱、移架或者放煤时同步喷雾。破碎机必须安装防尘罩和喷雾装置或者除尘器。

【释义】　本条是关于采煤机、液压支架、放顶煤工作面和破碎机安装喷雾或除尘装置的规定。

机械化采煤工作面的主要产尘工序包括采煤机割煤、液压支架降柱移架、放顶煤及破碎机破煤等，是煤矿井下主要产尘点之一。

(1) 工作面采煤机割煤是最主要的粉尘来源，占整个采煤工作面一个循环产尘量的

70%~85 %。所以，割煤时必须采取降尘措施。采取内外喷雾比单一外喷雾和单一内喷雾的效果提高 25%~35%，大大改善采煤工作面的劳动条件，所以要求采煤机必须安装内外喷雾装置。采煤机喷雾除降尘外，还可降低电动机和油液的温度，减少机械磨损，避免滚筒截割时产生火花等。因滚筒转速较高，瞬时产尘量较大，要求喷雾压力必须达到规定。因此，本条规定内喷雾工作压力不得小于 2 MPa，外喷雾工作压力不得小于 4 MPa。一般情况下，采煤机功率越大，开采强度越大，产尘量越高，采煤机喷雾流量应与机型相匹配。

(2) 综采液压支架移动或放煤时，会产生大量的粉尘，因通风断面小、风速大，来自采空区的尘量大增。为了有效地抑制移架或放煤时的产尘，液压支架应有自动喷雾降尘系统。放煤口必须安装高压喷雾装置(喷雾压力不低于 8 MPa)或者压气喷雾降尘。

(3) 为降低破碎机破碎过程的产尘量，破碎机必须安装防尘罩和喷雾装置或除尘器，减少粉尘在空气中的飞扬。

【执行中应注意的问题】

《规程》对液压支架降柱、移架和放顶煤工作面的放煤口喷雾装置的工作压力和喷雾流量等参数均未做要求，可参照《煤矿作业场所职业病危害防治规定》执行。

第六百四十八条 井工煤矿采煤工作面回风巷应当安设风流净化水幕。

【释义】 本条是关于采煤工作面回风巷安设风流净化水幕的规定。

采煤工作面，特别是综采和综采放顶煤工作面所产生的大量煤尘，不仅严重污染了整个工作面，而且还随着风流弥漫于整个回风巷，并降落在巷道两帮和顶、底板上。这些浮游煤尘不仅危害工人的身体健康，也增加了沉积煤尘参与爆炸的危险。在采煤工作面回风巷安设风流净化水幕就是为了把采煤工作面回风巷中的浮游煤尘在尽可能短的距离内捕捉下来，使风流得到净化，这样就缩小了浮游煤尘的飘移距离和煤尘的沉积区域，以此减轻回风巷的煤尘危害和隐患。

《煤矿作业场所职业病危害防治规定》第四十四条规定，井工煤矿的采煤工作面回风巷、掘进工作面回风侧应当分别安设至少 2 道自动控制风流净化水幕。

【执行中应注意的问题】

(1) 为保证工作面回风流粉尘能够有效地净化，风流净化水幕安设时应当符合下列要求：

① 距离工作面不超过 50 m。

② 喷雾应覆盖巷道全断面。

(2) 为保证净化水幕正常运行，避免受人为因素影响，风流净化水幕控制装置应满足下列要求：

① 适应工作面条件、可靠性好、自动化程度高。

② 人员经过水幕地点时应能自动关闭，延时后能自动恢复。

③ 宜推广采用粉尘超限自动喷雾，避免粉尘浓度较小时喷雾常开造成的水量浪费，提高水资源利用率。

第六百四十九条 井工煤矿掘进井巷和硐室时，必须采取湿式钻眼、冲洗井壁巷帮、水炮泥、爆破喷雾、装岩(煤)洒水和净化风流等综合防尘措施。

【释义】 本条是关于井工煤矿掘进井巷和硐室时采取综合防尘措施的规定。

矿尘会污染生产环境，危害人体健康，加速机械磨损，减少机械和仪表的使用寿命并降低其精度，能产生爆炸或火灾事故，所以煤矿井下必须采取措施控制粉尘的浓度。开掘井巷和硐室时，在打眼、爆破、装载、支护和运输、提升的过程中，由于矿井通风的作用，会产生并输运大量的矿尘（矿井生产过程中产生的粉尘，主要有岩尘、煤尘和水泥粉尘等）。

为了消除岩尘和煤尘的危害，只靠单一的防尘方法和措施难以奏效，应该采用“不让尘产生→产生后尘源点捕尘→起尘后落尘→防止二次扬尘”的治理思路，将粉尘防治关口尽量前移。具体施工过程必须采取合适的钻具、湿式钻眼、冲洗井壁巷帮、水炮泥、爆破喷雾、装岩（煤）洒水和净化风流等综合防尘措施，才能收到良好的效果。

为了消除水泥粉尘的危害，喷混凝土时，可采取潮拌料、双水环预加水、提高喷射机密封性能、使用湿喷机、净化风流和个人防护等综合防尘措施。

第六百五十条　井工煤矿掘进机作业时，应当采用内、外喷雾及通风除尘等综合措施。掘进机无水或者喷雾装置不能正常使用时，必须停机。

【释义】 本条是关于掘进机作业时综合防尘的规定。

煤矿井下掘进机作业时，产尘浓度很高，随着机械化程度的不断提高，开采强度不断加大，掘进工作面的粉尘浓度会越来越大。据统计，国内掘进工作面在未采取措施时粉尘浓度一般为1000～3000 mg/m^3，个别情况更高达3 000 mg/m^{3}以上，而且具有尘源点移动、粉尘弥漫整个作业场所的特点。

为了高效降低掘进工作面的粉尘浓度，《煤矿井下粉尘综合防治技术规范》（AQ 1020—2006）规定：掘进工作面应采取粉尘综合治理措施，高瓦斯、突出矿井的掘进机司机工作地点和机组后回风侧总粉尘降尘效率应大于或者等于85%，呼吸性粉尘降尘效率应大于或者等于70%；其他矿井的掘进机司机工作地点和机组后回风侧总粉尘降尘效率应大于或者等于90%，呼吸性粉尘降尘效率应大于或者等于75%。为达到以上防尘要求，针对掘进工作面产尘浓度高、尘源点移动、弥漫整个作业场所等特点，采用单一的防尘措施很难解决问题，必须采用综合防尘措施。

掘进工作面的粉尘来源按工作工序划分，主要有截割头截割产尘和装运产尘两大类，其中截割产尘占整个工作面产尘量的80%～95%。因此，控制截割产尘是掘进工作面粉尘防治的重点，本条规定应当采用内、外喷雾降尘措施。采用内喷雾措施能从尘源处抑制滚筒割煤（岩）产尘，减少扬尘，并结合外喷雾降尘措施能够显著提高降尘效果。掘进机无水或喷雾装置不能正常使用时，必须停机。

国内外大量工程实践表明，在掘进工作面合理的配套通风除尘措施，采用控、除尘技术及装备，其总粉尘降尘效率可达90%以上，是掘进工作面粉尘治理最有效的措施。

第六百五十一条　井工煤矿在煤、岩层中钻孔作业时，应当采取湿式降尘等措施。

在冻结法凿井和在遇水膨胀的岩层中不能采用湿式钻眼（孔）、突出煤层或者松软煤层中施工瓦斯抽采钻孔难以采取湿式钻孔作业时，可以采取干式钻孔（眼），并采取除尘器除尘等措施。

【释义】 本条是关于在煤、岩层中钻孔作业时采取降尘措施的规定。

井工煤矿在煤、岩层中钻孔作业时，钻孔工序持续时间长、产尘量大，应当采取湿式降尘措施，目前采取的主要湿式降尘措施是湿式钻眼(孔)。

在突出煤层或者松软煤层中钻孔施工时，采取湿式钻孔作业极易出现堵钻、卡钻等情况，或者在冻结法凿井和在遇水膨胀的岩层中不能采用湿式钻眼(孔)时，可以采取干式钻孔(眼)，但必须采取捕尘、降尘措施，其降尘效率不得低于95%，并确保捕尘、降尘装置能在瓦斯浓度高于1%的条件下安全运行。

第六百五十二条 井下煤仓(溜煤眼)放煤口、输送机转载点和卸载点，以及地面筛分厂、破碎车间、带式输送机走廊、转载点等地点，必须安设喷雾装置或者除尘器，作业时进行喷雾降尘或者用除尘器除尘。

【释义】 本条是关于喷雾装置或除尘器设置地点的规定。

井下煤仓(溜煤眼)放煤口、输送机转载点和卸载点，作业时都会产生大量煤尘，巷道内也会沉积大量煤尘，污染作业场所，危害作业人员健康。特别是煤仓及溜煤眼放煤装车时，瞬间就能形成达到或超过爆炸下限浓度的煤尘云。这些地点一旦出现电火花，就会发生煤尘爆炸。治理这类尘源一般都是采用喷雾降尘方法，既简单，又有效。许多矿井还采用了自动喷雾控制技术：煤仓放煤、输送机有煤转载或卸载时才喷雾，不放煤、无煤转载或卸载时停止喷雾。这种喷雾方法既能保证作业时及时喷雾，又不浪费水，煤的水分也不会太高。

地面破碎车间、带式输送机走廊是煤尘浓度很高的场所，对其尘源(包括转载点)必须治理，否则就不能消除煤尘危害，就不能保障安全生产和环境卫生。治理这类尘源，一般也是采取喷雾降尘方法，有条件的可采用除尘器除尘。

根据《煤矿作业场所职业病危害防治规定》第四十五条的规定，煤矿井下煤仓放煤口、溜煤眼放煤口以及地面带式输送机走廊必须安设喷雾装置或者除尘器，作业时进行喷雾降尘或者用除尘器除尘。煤仓放煤口、溜煤眼放煤口采用喷雾降尘时，喷雾压力不得低于8 MPa。输送机转载点落差应不超过0.5 m，否则须安装导向板，减少冲击产尘。

第六百五十三条 喷射混凝土时，应当采用潮喷或者湿喷工艺，并配备除尘装置对上料口、余气口除尘。距离喷浆作业点下风流100 m内，应当设置风流净化水幕。

【释义】 本条是关于喷射混凝土降尘工艺的规定。

锚喷支护是目前煤矿最常用的支护手段。喷浆工艺分为干喷、潮喷和湿喷。喷浆或喷射混凝土时，若采取干拌料、干喷工艺，干拌料通过喷射机，以压风作动力沿着管路压到喷嘴处与水短暂混合后，以较高的速度喷射到岩面上，将产生大量的水泥灰尘，使作业环境恶化，工作面能见度降低，给施工安全带来严重威胁，也对人体造成很大损害。原国家安全监管总局、国家煤监局《关于发布禁止井工煤矿使用的设备及工艺目录(第三批)的通知》(安监总煤装〔2011〕17号)已将干式混凝土喷射机列为禁止使用设备目录。

湿喷可以从根本上解决锚喷作业的粉尘问题，但目前应用较少，国内仍以潮喷为主，潮喷过程中喷射机上料口、余气口和喷浆点产尘量较大，一般在400 mg/m^{3}左右，因此，为了抑制粉尘的产生，降低粉尘浓度，对喷浆作业应当采取综合降尘措施。在实际的操作中可采取下列综合降尘措施：

① 在井下设专门料场,定点卸料、拌料。料场设专用回风道,用除尘器净化含尘空气,作业时佩戴个体防护用品,以降低卸料、拌料、上料时的粉尘浓度。

② 潮拌料。搅拌砂、石前先洒水预湿,经滤水后其含水量在6%~7%时才加水泥搅拌,可使拌料过程的粉尘浓度降低。

③ 使用湿式过滤除尘器,以除去喷射机上料口、余气口和结合板上产生的粉尘。

④ 加强喷射的密封,防止漏风泄尘。

⑤ 用双水环预加水,以延长水泥湿润的时间和距离。

⑥ 采用小粒径、低风压、近距离的喷射工艺。石子粒径小于13 mm,喷嘴出口风压小于0.12 MPa,喷嘴口距喷射面的距离小于0.6 m。

⑦ 防止堵管事故的发生,以免处理堵管时粉尘飞扬。

⑧ 戴防尘口罩进行个体防护。

⑨ 使用湿喷机,进行湿喷。

⑩ 距离锚喷作业点下风向100 m内,应当设置2道以上自动控制风流净化水幕。

【执行中应注意的问题】

喷射混凝土出现堵管,必须立即停电、停料、停水,但不停风,以便检查确定堵塞部位。在确定堵塞部位后,应停风,卸开堵塞处的接头,敲击输料管,使堵塞物松动,然后接好接头,送压风吹管,把管内堵塞物吹出。用压风吹管时,喷枪口前方及其附近严禁有其他人员。在敲击管路时,喷枪口应朝下。拆管时,不得面对管口,管口应朝向无人处,以免突然出料伤人。

第六百五十四条　露天煤矿的防尘工作应当符合下列要求:

(一) 设置加水站(池)。

(二) 穿孔作业采取捕尘或者除尘器除尘等措施。

(三) 运输道路采取洒水等降尘措施。

(四) 破碎站、转载点等采用喷雾降尘或者除尘器除尘。

【释义】　本条是关于露天煤矿防尘工作的规定。

(1) 露天煤矿在穿孔、运输、破碎、转载等生产工序中都会产生大量的粉尘,为防止粉尘污染作业场所,保护作业人员健康,因此露天煤矿也应做好综合防尘措施。

(2) 露天煤矿应设置加水站(池),加水站的供水要稳定可靠,加水能力应满足洒水降尘所需的最大供给量。穿孔作业时间长、产尘量大,对作业人员危害严重,钻机施行湿式打眼、安设捕尘器都可有效减少粉尘。

(3) 露天煤矿道路灰尘过大不但影响工人身体健康,还影响行车安全,为防止出现煤尘飞扬影响生产的情况,必须制定切实可行的洒水降尘方案,明确生产现场洒水路线及重点区域,指派专人全力做好厂区洒水降尘工作,适时增加洒水降尘频次,提升洒水降尘现场管理水平,确保洒水降尘的质量。洒水车和道路养护设备互相协作,严格控制浮尘,保证生产现场环境质量。破碎站、转载点等地方由于煤炭、矸石的破碎、转运,都会有大量粉尘产生,喷雾除尘和除尘器除尘都能达到良好的除尘效果。

第三章　热害防治

第六百五十五条　当采掘工作面空气温度超过26 ℃、机电设备硐室超过30 ℃时，必须缩短超温地点工作人员的工作时间，并给予高温保健待遇。

当采掘工作面的空气温度超过30 ℃、机电设备硐室超过34 ℃时，必须停止作业。

新建、改扩建矿井设计时，必须进行矿井风温预测计算，超温地点必须有降温设施。

【释义】　本条是关于采掘工作面和机电设备硐室空气温度的规定。

(1) 为了创造良好的作业环境和舒适的气候条件，保证工人健康，提高工作效率，采掘工作面、机电设备硐室的空气温度分别不得超过26 ℃、30 ℃。否则，必须缩短超温地点工作人员的工作时间，并给予高温保健待遇。

(2) 人无论是在工作或休息时，身体都在不断地产生热量和散放热量，以保持身体的热平衡，维持体温在36.5～37 ℃之间。如果气温过高，劳动中人体产生的热量得不到散放，体温就会上升，产生疲劳、头痛、头晕等症状，甚至中暑。采掘工作面内作业人员的劳动强度比机电硐室内作业人员的劳动强度大，采掘工作面的空气温度超过30 ℃、机电设备硐室超34 ℃时，必须停止作业，以维护工人身体健康与安全。

(3) 新建、改扩建矿井设计时，必须进行矿井风温预测计算，超温地点必须有降温设施。这是因为随着矿井深度的变化，使空气受到的压力状态也随之而改变。当风流沿井巷向下流动时，空气的压力值增大。空气的压缩会放热，从而使风流温度升高。通常井巷垂深每增加102 m，空气由于绝热压缩释放的热量使其温度升高1 ℃。预测到超温情况，必须制定降温措施。

第六百五十六条　有热害的井工煤矿应当采取通风等非机械制冷降温措施，无法达到环境温度要求时，应当采用机械制冷降温措施。

【释义】　本条是关于有热害的井工煤矿采取降温措施的规定。

矿井热害防治技术措施主要包括非机械制冷降温和机械制冷降温措施。有热害的井工煤矿应该先急后缓，应优先采取通风等非机械制冷降温措施，并对不同降温方式进行相关的技术经济比较。

(1) 通风降温。通风降温是矿井降温的主要技术途径，也是最经济的降温手段之一，根据《煤矿作业场所职业病危害防治规定》第五十八条规定：井工煤矿应当采取通风降温、采用分区式开拓方式缩短入风线路长度等措施，降低工作面的温度；当采用上述措施仍然无法达到作业环境标准温度的，应当采用制冷等降温措施。

① 合理的通风方式。按照矿井地质条件、开拓方式等选择进风路线最短的通风系统，可减少风流温升。在一般情况下，对角式通风系统的降温效果要比中央式的好。

② 改善通风条件。增加风量，提高风速，可以使巷道壁对空气的对流散热量增加，风流带走的热量随之增加，而单位体积的空气吸收的热量随之减少，使气温下降。在可能的条件下，可以采用采煤工作面下行风流，使工作面运煤方向和风流方向相同以及缩短工作面的进风路线等措施。

③ 其他通风降温措施。采用下行风对降低采煤工作面的气温有比较明显的作用。对于发热量较大的机电硐室,应有独立的回风路线,以便把机电设备产生的热量直接导入采区的回风流中。在局部地点使用水力引射器或压缩空气引射器,或使用小型局部通风机,以增加该点风速,也可起到降温的作用。向风流喷洒低于空气湿球温度的冷水也可降低气温。

(2) 控制热源的热放量。在高温巷道喷涂或充填绝热材料,减少围岩放热;减小管道放热,减小热水对风流的增温增湿作用;合理摆放热源位置,如发热量大的大型机电硐室应独立回风,以减小机电设备放热。

(3) 矿内冰冷降温。所谓冰冷降温系统,就是利用地面制冰厂制取的粒状冰或泥状冰,通过风力或水力输送至井下的融冰装置,在融冰装置内,冰与井下空调回水直接换热,使空调回水的温度降低。目前,世界上在深井矿的降温方法中,冷源设置在井上是一个趋势。

(4) 机械制冷降温—矿井空调。矿井空调技术就是应用各种空气热湿处理手段,调节和改善井下作业地点的气候条件,使之达到规定标准的技术。局部热害严重的工作面应采用移动式制冷机组进行局部降温;非空调措施无法达到作业环境标准温度的,应采用空调降温。

【执行中应注意的问题】

(1) 采用通风等非机械制冷降温措施,还是采用机械制冷降温,应进行相关的技术经济比较,择优选择。

(2) 高温条件下工作的工作服应耐热、透气性能好并能反射热辐射、宽大;应配备工作帽、防护眼镜、面罩、手套、鞋帽、护腿。露天煤矿作业者应配备宽边草帽、遮阳隔热帽或通风冷却帽等个人防护。及时补充适量的水分和盐分,选择高热量、高蛋白和高维生素饮料和膳食,可以弥补高温作业的过度消耗。

【案例】 新郑煤电公司位于新郑市辛店镇境内,设计生产能力 3 Mt/a,服务年限 53.3 a。该矿区气候为大陆性气候,7 月气温最高,平均温度 27.3 ℃,尤以 7、8、9 月气候潮湿和炎热。11206 首采区形成之后,2010 年 8 月对该工作面实测的温度最高达 31.4 ℃,已远远超出《规程》规定。

该矿采取了以下措施:① 增加风量;② 因 11206 工作面回采期间地温较高,就将上行通风改为下行通风;③ 在继续增大风量降温效果不明显后,采用井下制冷设备对 11206 工作面进行局部降温。降温效果:工作面温度降低到 25 ℃左右,平均 24.6 ℃;运输巷温度依然较高,均在 26~29 ℃,但整个风流路线温度均降到了 30 ℃以下。

第四章 噪声防治

第六百五十七条 作业人员每天连续接触噪声时间达到或者超过 8 h 的，噪声声级限值为 85 dB(A)。每天接触噪声时间不足 8 h 的，可以根据实际接触噪声的时间，按照接触噪声时间减半、噪声声级限值增加 3 dB(A)的原则确定其声级限值。

【释义】 本条是关于作业人员噪声强度限值的规定。

井下噪声的特点是强度大、声级高、声源多、干扰时间长、反射能力强、衰减慢等。如风动凿岩机噪声强度可达 105～117 dB(A)，气动凿岩机可达 120 dB(A)以上，刮板输送机可达 92～95 dB(A)。按作业点分，掘进作业点的噪声强度最大，一般都在 100 dB(A)以上，远高于国家卫生标准即 85 dB(A)，采煤和其他作业点噪声强度稍低些。

为保护强噪声环境中作业人员的听力，防止职业性耳聋，国家规定了噪声强度卫生限值是 85 dB(A)，这个标准不是指发生源的基础噪声，而是指工人每天连续接触噪声 8 h 的限值，即按一个工作日(8 h)用能量平均的方法，将连续或间歇噪声的几个不同声压级用公式计算成等效连续 A 声级噪声。也可近似地得出，从业人员每日实际接声时间如果减半，可提高 3 dB(A)的标准，不同接触时间下接触限值见表 5-4-1。

表 5-4-1 工作场所噪声等效声级接触限值

日接触时间/h	接触限值/dB(A)	日接触时间/h	接触限值/dB(A)
8	85	1	94
4	88	0.5	97
2	91		

对在噪声作业环境下作业的工人等效连续 A 声级超过 85 dB 时，必须要进行减声治理，并加强工人的个人防护，如佩戴消声耳塞、耳罩等。

第六百五十八条 每半年至少监测 1 次噪声。

井工煤矿噪声监测点应当布置在主要通风机、空气压缩机、局部通风机、采煤机、掘进机、风动凿岩机、破碎机、主水泵等设备使用地点。

露天煤矿噪声监测点应当布置在钻机、挖掘机、破碎机等设备使用地点。

【释义】 本条是关于噪声监测周期和地点的规定。

煤矿产生噪声地点越来越多，危害也越来越严重，必须加强噪声监测力度，缩短监测周期。根据本条规定，煤矿应当配备 2 台以上噪声测定仪器，并对作业场所噪声每半年至少监测 1 次。

依据《工作场所物理因素测量第 8 部分：噪声》(GBZ/T 189.8—2007)相关规定，结合煤矿各工种作业特点，将噪声监测地点主要选择在噪声相对稳定且作业人员经常工作的地点。噪声的监测地点主要包括：① 井工煤矿的主要通风机、提升机、空气压缩机、局部通风机、采煤机、掘进机、风动凿岩机、风钻、乳化液泵、水泵等地点；② 露天煤矿的挖掘机、穿孔机、矿用汽车、输送机、排土机和爆破作业等地点；③ 选煤厂破碎机、筛分机、空压机等地点。煤矿进行监测时，应当在每个监测地点选择 3 个测点，监测结果以 3 个监测点的平均值为准。

【执行中应注意的问题】

工业场所噪声测定：

(1) 工业场所噪声测定应在生产正常的情况下进行。

(2) 测点应选在工人操作位置，高度以人的耳高为准。

(3) 如需测定背景噪声，在条件允许时少立关闭待测声源。测量时应减少和避免其他环境因素干扰，如强气流等。

(4) 一个生产日内如果噪声呈周期性变化，应根据其变化规律选择测定时间。

第六百五十九条　应当优先选用低噪声设备，采取隔声、消声、吸声、减振、减少接触时间等措施降低噪声危害。

【释义】　本条是关于采取降低噪声危害措施的规定。

降低噪声危害要从控制噪声源、控制噪声传播和个体防护三方面采取措施。

(1) 消除、控制噪声源。消除、控制噪声源是噪声危害控制最积极、最彻底、最有效的根本措施。在设备采购上，要考虑设备的低噪声、低振动。如在巷道掘进中应使用液动凿岩机或凿岩台车，在采煤工作面应使用双边链条刮板输送机等措施控制噪声。

(2) 控制噪声的传播。在噪声传播过程中，采用吸声、隔声、消声、减振的材料和装置，阻断和屏蔽噪声的传播，或使声波传播的能量随距离而衰减。井工矿在通风机房室内墙壁、屋面敷设吸声体；在压风机房设备进气口安装消声器，室内表面做吸声处理；对主井绞车房内表面进行吸声处理，局部设置隔声屏。

(3) 个体防护。应对工人进行个体防护，这是防护噪声的最后一道防线，如采用降声棉耳塞、防声耳塞或佩戴耳罩、头盔等防噪用品。有时也可在噪声强烈的工作场所内建立一个局部安静环境——隔声间，供工人休息或控制仪表。另外，可轮换作业，限制工人在高噪声环境工作的时间，减少接触空气压缩机、破碎机时间。

【案例】　山东省新汉集团翟镇煤矿年产量 200 万 t。先后投资 78 万元，对南风井机房噪声、机壳处噪声、扩散器出口处噪声分别进行了技术改造；将原风机更换成新的轴流式风机，并设计安装了吸声和隔声结构，安装 6 个隔声门和 4 个隔声窗，机房天花板悬挂空间吸声顶 125 m^2，墙面贴共振吸声体 200 m^2，消除了机房的混响噪声。治理后的南风井机房值班室内噪声由 75 dB（A）降低至 54.1 dB（A），保障了职工的身心健康。

第五章　有害气体防治

第六百六十条　监测有害气体时应当选择有代表性的作业地点，其中包括空气中有害物质浓度最高、作业人员接触时间最长的地点。应当在正常生产状态下采样。

【释义】　本条是关于煤矿有害气体监测地点、采样时段的规定。

煤矿井下有毒有害气体众多，包括 CO、H_2S、NO、SO_2、NH_3 等。《规程》第一百三十五条第一款(二)对有害气体浓度限值做出规定，对于有害气体监测地点，应执行国家职业卫生标准的规定，选择有代表性的作业地点，其中包括空气中有害物质浓度最高和作业人员接触时间最长的地点，这样监测的结果才能真实反映有害气体的危害性和对人的危险性。

对于煤矿企业日常监测可采用采样方式进行地面分析，也可以使用一氧化碳传感器、二氧化碳传感器、二氧化硫传感器、硫化氢传感器等进行在线监测。在煤矿井下，有些地点容易积存超过允许浓度的有害气体，如采空区、废置的硐室、打了栅栏的盲硐及悬挂禁止进入标志的地点等。这些地点不能随便进入，在进入前一定要先检查有毒有害气体的浓度。

有害气体的涌出具有随机性，不同时间段监测的结果可能有差距。正常生产状态下人员相对集中，有害气体的涌出也会和其他时间段有所差异，为了准确反映有害气体浓度，应当在正常生产状态下进行采样监测。

第六百六十一条　氧化氮、一氧化碳、氨、二氧化硫至少每 3 个月监测 1 次，硫化氢至少每月监测 1 次。

【释义】　本条是对煤矿井下有害气体日常监测周期的规定。

煤矿井下的有毒有害气体，对人体健康影响很大，定期进行监测，及时掌握有害气体的浓度变化。

硫化氢是一种刺激性、窒息性气体，毒性极强。重度硫化氢中毒时，出现意识模糊、躁动、昏迷、大小便失禁、肺水肿、全身肌肉痉挛或强直，最后可因呼吸麻痹而死亡。高浓度吸入时可使患者立即昏迷，甚至在数秒钟内猝死。近年来，在我国山西、新疆、贵州、陕西等地区井工煤矿均发生过硫化氢涌出导致伤亡的事故。故本条规定硫化氢的监测周期应小于氧化氮、一氧化碳、氨、二氧化硫，前者至少每月监测 1 次，后者至少每 3 个月监测 1 次。

第六百六十二条　煤矿作业场所存在硫化氢、二氧化硫等有害气体时，应当加强通风降低有害气体的浓度。在采用通风措施无法达到作业环境标准时，应当采用集中抽取净化、化学吸收等措施降低硫化氢、二氧化硫等有害气体的浓度。

【释义】　本条是关于煤矿作业场所存在硫化氢、二氧化硫等有害气体处理的规定。

地面空气进入井下以后，由于井下有机物的腐烂、煤炭氧化、爆破作业以及煤层不断释放瓦斯和各种气体等因素的影响，产生了许多有毒有害气体。其中硫化氢和二氧化硫是两种毒性很大的气体，当它们在空气中的浓度达到一定值时，在极短时间内就会导致人死亡。为了保证煤矿工人的身体健康，提供适宜的生产环境与条件，提高工作效率，必须采取措施降低井下空气中的二氧化硫和硫化氢的浓度。

通风是防止化学毒物危害最常用的方法，煤矿作业场所应当优先采用加强通风，向井下连续输送新鲜空气，有效稀释并排出硫化氢、二氧化硫等有害气体，调节矿内小气候，创造良好的工作环境，保证矿工安全与健康，提高劳动生产率。

在采用通风措施无法达到作业环境标准时，应当采用集中抽取净化、化学吸收等措施降低硫化氢、二氧化硫等有害气体的浓度。吸收法包含物理吸收和化学吸收法。物理吸收法通常情况下是选用有机溶剂作为硫化氢、二氧化硫的吸收剂。物理吸收法流程简单，通常情况下只需吸收塔、常压闪蒸罐和循环泵，不需外加蒸汽和外加其他热源。化学吸收法是将被吸收的气体导入吸收剂中，使被吸收的气体中的一个或多个组分在吸收剂中发生化学反应的吸收进程。具体的方法包括：① 采用煤层注水，水中添加吸收液吸收化学毒物。② 采用喷雾措施，水中添加吸收液吸收释放出的有害气体。③ 采用风流控制装置将含有有害气体的空气控制在无人区域，用风机将含有有害气体的空气抽出，并采用净化措施吸收净化。

【执行中应注意的问题】

(1) 进入二氧化硫威胁区域的人员应配备防毒口罩、安全护目镜、防毒面具和空气呼吸器等个人防护用品。

(2) 在不通风的旧巷口、废硐室和老采空区应及时悬挂“禁止入内”警告牌，并设置栏栅。

(3) 在采掘工作面作业时闻到有刺激性气味时，应用湿毛巾捂住口鼻向高处撤退。

【案例】 2007 年，某矿发生一起二氧化硫和硫化氢中毒事故，造成 5 人死亡、9 人重伤。2007 年某日上午 8:00，王某带领 6 名作业人员进入某独头巷道工作，其中王某等 3 人先进到作业点，其他 4 人随后跟进。后面 4 人到达后，发现王某等 3 人倒在地上，便向外大声呼救。邻近作业地点 8 人听到呼救后赶来救援，因气味太大人受不了，每次只能将 1 人拖 1～2 m 就要马上退出事故巷道休息。救援的 8 人中，只有 1 人因采用湿衣服蒙住脸救人而没有中毒，其余 7 人因未采取任何保护措施也先后中毒倒下。后来的救援人员都将衣服用水浸湿蒙住脸进入救人，方将中毒人员救出事故地点。经医院抢救，王某等 5 人因抢救无效死亡，其余 9 人均不同程度中毒。

事故原因：① 事故现场二氧化硫气体和硫化氢气体浓度严重超标，是一起典型的急性中毒事故。② 事故巷道是一条独头巷道，离心风机吹循环风，有毒有害气体无法排走。③ 王某等人违反《规程》规定，在无任何安全保障措施的情况下，违规、冒险进入独头巷道内作业，导致事故发生。④ 救援人员救援时，未采取必要的保护措施而盲目施救，导致了事故的进一步扩大。

第六章　职业健康监护

第六百六十三条　煤矿企业必须按照国家有关规定，对从业人员上岗前、在岗期间和离岗时进行职业健康检查，建立职业健康档案，并将检查结果书面告知从业人员。

【释义】　本条是关于煤矿企业对从业人员进行职业健康检查和告知检查结果的规定。

职业健康检查是指医疗卫生机构按照国家有关规定，对从事接触职业病危害作业的劳动者进行的上岗前、在岗期间、离岗时的健康检查。职业健康检查应当由取得《医疗机构执业许可证》的医疗卫生机构承担，根据所接触的职业危害因素类别，按《职业健康检查项目及周期》的规定确定检查项目和检查周期。

(1) 上岗前健康检查。上岗前健康检查的目的是掌握劳动者的健康状况、发现职业禁忌、分清责任。其内容是新录用、变更工作岗位或工作内容的劳动者在上岗前，根据劳动者拟从事工种和工作岗位，分析该工种和岗位存在的职业病危害因素及其对人体健康的影响，即靶器官、靶组织和生物敏感指标，确定特定的健康检查项目，根据检查结果，评价劳动者是否适合从事该工种作业，为劳动者的岗位安排提供依据。

(2) 在岗期间的定期健康检查。在岗期间的定期健康检查的主要目的是及时发现健康损害和健康影响，对劳动者进行动态健康观察。其内容是根据劳动者所在工种和工作岗位存在的职业病危害因素及其对人体健康的影响规律，对靶器官、靶组织的危害性和生物敏感指标等，确定特定的健康检查项目，对该工种或岗位的劳动者按国务院卫生行政部门规定的时间周期进行职业健康检查，记录其健康变化，评价劳动者的健康变化是否与职业病危害因素有关，判断劳动者是否适合继续从事该工种作业。

(3) 离岗健康检查。离岗健康检查的目的是了解劳动者离岗时的健康状况，分清健康损害责任。其内容是根据劳动者所从事工种和工作岗位存在的职业病危害因素及其对人体健康的影响规律，对靶器官、靶组织的危害性和生物敏感指标等，确定特定的健康检查项目，根据检查结果，评价劳动者的健康状况、健康变化是否与职业病危害因素有关。另外，有些职业危害因素的健康危害效应是远期的，这类职业危害因素对人体的损害是缓慢的，人体的病理进程也是缓慢的，其健康损害后果出现较晚，甚至在劳动者离开该作业环境的10～30年以后才出现，如粉尘作业与尘肺，放射工作人员与白血病、肿瘤，苯与再生障碍性贫血、肿瘤等，因此，还需要对接触这些危害因素的劳动者进行离岗后的医学观察。

(4) 告知职业健康检查结果。为充分保障劳动者的知情权，用人单位应当将职业健康检查结果告知劳动者，不得欺瞒从业人员、隐瞒检查结果。同时，为保障劳动者的合法权益，职业健康检查经费由用人单位承担，以保障职业健康监护措施的落实。

【执行中应注意的问题】

承担职业病诊断的医疗卫生机构还应当具备下列条件：

(一) 具有与开展职业病诊断相适应的医疗卫生技术人员；

(二) 具有与开展职业病诊断相适应的仪器、设备；

(三) 具有健全的职业病诊断质量管理制度。

第六百六十四条　接触职业病危害从业人员的职业健康检查周期按下列规定执行:

(一) 接触粉尘以煤尘为主的在岗人员,每2年1次。

(二) 接触粉尘以矽尘为主的在岗人员,每年1次。

(三) 经诊断的观察对象和尘肺患者,每年1次。

(四) 接触噪声、高温、毒物、放射线的在岗人员,每年1次。

接触职业病危害作业的退休人员,按有关规定执行。

【释义】　本条是关于接触职业病危害从业人员的职业健康检查周期的规定。

接触职业病危害的从业人员应当本条规定的周期进行职业健康检查,以便及早发现职业病或疑似职业病的亚健康群体,做到早发现、早治疗、早处理。

在岗员工职业性健康体检周期,是根据员工所接触职业危害的性质、种类、毒性对身体损害的大小及劳动强度,拟定在该作业场所能够引起工人身体健康出现病理改变的最低时限。本规程所规定的检查周期是根据国家规定的标准,职业健康检查的项目、周期按照《职业健康监护技术规范》(GBZ 188)执行,放射工作人员职业健康检查按照《放射工作人员职业健康监护技术规范》(GBZ 235)等规定执行。

接触职业病危害作业的退休人员的职业健康检查称为离岗后医学随访检查。由于职业危害对人体的损害是缓慢的,其健康损害后果出现较晚,如接触的职业病危害因素具有慢性健康影响,或发病有较长的潜伏期,在脱离接触后仍有可能发生职业病,需进行医学随访检查;尘肺病患者在离岗后需进行医学随访检查。随访时间的长短应根据有害因素致病的流行病学及临床特点、劳动者从事该作业的时间长短、工作场所有害因素的浓度等因素综合考虑确定。

【执行中应注意的问题】

(1) 对准备脱离所从事的职业病危害作业或者岗位的劳动者,用人单位应当在劳动者离岗前30日内组织劳动者进行离岗时的职业健康检查。劳动者离岗前90日内的在岗期间的职业健康检查可以视为离岗时的职业健康检查。

(2) 用人单位对未进行离岗时职业健康检查的劳动者,不得解除或者终止与其订立的劳动合同。

(3) 用人单位发生分立、合并、解散、破产等情形时,应当对劳动者进行职业健康检查,并依照国家有关规定妥善安置职业病病人;其职业健康监护档案应当依照国家有关规定实施移交保管。

(4) 对准备调离该工种的从业人员进行职业健康检查和评价。分析从业人员与该工种职业危害因素的关系,找出其所在工作环境和条件存在的职业危害因素,以及对其身体健康的影响规律;检查工人是否患有职业病,以明确法律责任;对于有远期危害效应的职业危害因素,提出进行离岗后医学观察的内容和时限,为安置从业人员和保护从业人员健康权益提供依据。

第六百六十五条　对检查出有职业禁忌症和职业相关健康损害的从业人员,必须调离接害岗位,妥善安置;对已确诊的职业病人,应当及时给予治疗、康复和定期检查,并做好职业病报告工作。

【释义】　本条是关于根据健康检查结果应采取的相应措施的规定。

职业禁忌症——劳动者从事特定职业或者接触特定职业病危害因素时,比一般职业人群更易于遭受职业病危害和罹患职业病或者可能导致原有自身疾病病情加重,或者在从事作业过程中诱发可能导致对他人生命健康构成危险的疾病的个人特殊生理或者病理状态。

对检查出有职业禁忌症和职业相关健康损害的从业人员,如果继续从事原工作,可能会加剧病情,不利于劳动者的健康保护。对于这些从业人员,用人单位要将其调离原工作岗位,防止其继续遭受危害,同时应给予妥善安置,包括调换工种和岗位、医学观察、诊断、治疗和疗养等一系列措施。

用人单位应当保障职业病病人依法享受国家规定的职业病待遇。用人单位应当按照国家有关规定,安排职业病病人进行治疗、康复和定期检查。由于相当一部分职业病的治疗需要较长的过程,许多职业病还具有不可逆性,其后续的治疗和康复涉及的费用等问题,需要由用人单位予以承担。职业病康复是从体能上、心理上启发并训练患病者对工作与就业岗位的积极心态和正确的自我价值认识,康复包括医学康复、教育康复、职业康复。医学康复是从医学的角度,运用医学的手段对病患者进行诊断、评定和治疗等,促使病患者在躯体上的功能恢复。教育康复包括对智力、能力、听力、语言残疾者所进行的特殊教育。职业康复指提供职业服务,如职业指导、职业训练,和有选择地安置工作,使精神或躯体残疾者能够有适当职业。

用人单位对从事接触职业病危害的作业的劳动者,应当给予适当岗位津贴。职业病病人的诊疗、康复费用,伤残以及丧失劳动能力的职业病病人的社会保障,按照国家有关工伤保险的规定执行。

【执行中应注意的问题】

(1) 对有职业禁忌的劳动者,调离或者暂时脱离原工作岗位。

(2) 对健康损害可能与所从事的职业相关的劳动者,进行妥善安置。

(3) 对需要复查的劳动者,按照职业健康检查机构要求的时间安排复查和医学观察。

(4) 对疑似职业病病人,按照职业健康检查机构的建议安排其进行医学观察或者职业病诊断。

(5) 对存在职业病危害的岗位,立即改善劳动条件,完善职业病防护设施,为劳动者配备符合国家标准的职业病危害防护用品。

(6) 职业健康监护中出现新发生职业病(职业中毒)或者两例以上疑似职业病(职业中毒)的,用人单位应当及时报告。

第六百六十六条 有下列病症之一的,不得从事接尘作业:

(一) 活动性肺结核病及肺外结核病。

(二) 严重的上呼吸道或者支气管疾病。

(三) 显著影响肺功能的肺脏或者胸膜病变。

(四) 心、血管器质性疾病。

(五) 经医疗鉴定,不适于从事粉尘作业的其他疾病。

【释义】 本条是关于不能从事接触粉尘作业的职业禁忌的规定。

井下从业人员有本条所列的病症时,比一般职业人群更易于遭受职业危害和罹患职业病,或者可能导致原有自身疾病病情加重。

职业禁忌症通常与年龄、性别、营养、健康状况、个体差异、生活习惯、生产方式、家庭遗传等因素有关。由于粉尘的理化性质、荷电性的作用，结合尘肺病发病机理，接尘作业的职业禁忌主要以呼吸系统和心血管疾病为主。

严重的上呼吸道或者支气管疾病主要指：中度以上支气管炎、支气管哮喘、支气管扩张、萎缩性鼻炎、鼻腔肿瘤等。

显著影响肺功能的肺脏或者胸膜病变主要指：肺硬化、肺气肿、严重胸膜肥厚与粘连或由其他病因引起的肺功能中度损伤等。

心、血管器质性疾病主要指：冠心病、风湿性心脏病、肺源性心脏病、先天性心脏病、心肌炎、高血压病等。

【执行中应注意的问题】

对职业禁忌症的筛选方式有两种：

（1）对上岗前的职业健康检查员工，发现患有职业禁忌症者不予上岗。

（2）对在岗期间经定期检查或其他医疗诊断检出之后发生职业禁忌症者，必须调离至与职业禁忌症无关的生产岗位作业。

第六百六十七条　有下列病症之一的，不得从事井下工作：

（一）本规程第六百六十六条所列病症之一的。

（二）风湿病（反复活动）。

（三）严重的皮肤病。

（四）经医疗鉴定，不适于从事井下工作的其他疾病。

【释义】　本条是关于不得从事井下工作的病症的规定。

风湿病是一种侵犯关节、骨骼、肌肉、血管及有关软组织或结缔组织为主的疾病，其中多数为自身免疫性疾病，发病多较隐蔽而缓慢，病程较长，且大多具有遗传倾向，诊断及治疗均有一定难度；皮肤病是严重影响人健康的常见病、多发病之一，如麻风、疥疮、真菌病、皮肤细菌感染等。皮肤病的发病率很高，多比较轻，常不影响健康，但少数较重甚至可以危及生命。

本条所规定的病种，有些虽然不属于职业禁忌（如风湿病、皮肤病），但它却是井下煤矿生产的行业禁忌。有此类疾病的人员在井下作业，也会加重自身疾病的发展，不仅损坏身体健康，还容易造成安全事故。

【执行中应注意的问题】

对行业禁忌症的筛查方式有两种：

（1）就业前健康检查，发现患有行业禁忌症者不予上岗。

（2）在岗期间员工因不属于职业健康体检范畴，需靠日常门诊医疗检查。

第六百六十八条　癫痫病和精神分裂症患者严禁从事煤矿生产工作。

【释义】

癫痫病即俗称的“羊角风”或“羊痫风”，是大脑神经元突发性异常放电，导致短暂的大脑功能障碍的一种慢性疾病。其临床特点为发作性精神丧失及全身抽搐或不伴神志丧失的躯体局部抽搐。

精神分裂症是由于各种原因引起的大脑功能失调而导致的行为、知觉、思维、情感及智能等方面异常的疾病。精神分裂症是一种常见的精神病,多起病于青壮年,表现为感知、思维、情感、意志、行为等多方面障碍,精神活动与周围环境和内心体验不协调,脱离现实。

井下是一个特殊、艰苦的作业环境,要求作业人员应保持高度安全意识和敏捷行动能力,而这两种疾病在发病时,不仅自己无自主、无自觉的意识能力,还可能因思维狂乱引起自身安全事故或诱发矿井不可预测的事故。因此,为保护癫痫病和精神分裂症患者,避免其病情加重,也为了保障矿井安全生产和他人身体健康,本条规定癫痫病和精神分裂症为煤矿生产作业禁忌症,严禁从事煤矿生产工作。

【执行中应注意的问题】

在生产人群中,精神分裂症和癫痫病在发病时是易发现的,但在安定时间内是少有症状的,要求医疗机构和用人单位严格把关,一旦发现,应立即报告人事部门予以调离。

第六百六十九条 患有高血压、心脏病、高度近视等病症以及其他不适应高空(2 m 以上)作业者,不得从事高空作业。

【释义】 本条是关于不得从事高空作业的禁忌症的规定。

高空作业的职业术语称高处作业,它是指工人凡在坠落高度基准面 2 m 以上(含 2 m)有可能坠落的高处进行作业。高处作业分为一般高处作业和特殊高处作业两种。特殊高处作业还因作业时工作条件、外界气象环境不同可分为:

(1) 在阵风风力六级(风速 10.8 m/s)以上的情况下进行高处作业时,称为强风高处作业;

(2) 在高温(WBGT 指数≥25 ℃)或低温(WBGT 指数<5 ℃)环境下进行高处作业,称为异常温度高处作业;

(3) 降雪时进行的高处作业,称为雪天高处作业;

(4) 降雨时进行的高处作业,称为雨天高处作业;

(5) 室外完全采用人工照明时的高空作业,称为夜间高处作业;

(6) 接近或接触带电条件下进行的高处作业,称为带电高处作业;

(7) 在无站立点或无牢靠立足点的条件下进行的高处作业,统称为悬空高处作业;

(8) 对突然发生的各种灾害事故进行抢救的高处作业,称为抢救高处作业。

在煤矿中高处作业主要分布在立井井筒、露天煤矿、地面建筑、通信架线等作业,作业环境多是在室外露天情况下,所以特殊高空作业所占比重很大。由于高处作业的特殊性和较地面作业相对难度大的原因,国家对高处作业按特殊工种管理,并规定了工种禁忌症。对没有经过高处作业培训的人员,有的会因生理恐惧不敢在高处环境站立、瞭望,而对患有心血管疾病的病人更会因精神因素,激发血压增高、心肌供血不足而加剧原有病症,甚至恶化,同时也极易发生安全事故。

第六百七十条 从业人员需要进行职业病诊断、鉴定的,煤矿企业应当如实提供职业病诊断、鉴定所需的从业人员职业史和职业病危害接触史、工作场所职业病危害因素检测结果等资料。

【释义】 本条是关于煤矿企业提供从业人员职业病诊断、鉴定有关资料的规定。

从业人员需要进行职业病诊断、鉴定的,根据《职业病防治法》第四十七条第一款部分规定，用人单位应当如实提供职业病诊断、鉴定所需的劳动者职业史和职业病危害接触史、工作场所职业病危害因素检测结果等资料；卫生行政部门应当监督检查和督促用人单位提供上述资料；劳动者和有关机构也应当提供与职业病诊断、鉴定有关的资料。

职业病诊断、鉴定所需的资料包括作业场所定期检测资料、个体防护用品配置情况、劳动者职业接触史、上岗前的职业健康检查结果，以及在岗期间的定期健康检查结果等资料，退休、离岗人员及换岗（调离原单位）人员还需提供离岗健康检查资料。

职业病诊断、鉴定过程中，用人单位不提供工作场所职业病危害因素检测结果等资料的，诊断、鉴定机构应当结合劳动者的临床表现、辅助检查结果和劳动者的职业史、职业病危害接触史，并参考劳动者的自述、卫生行政部门提供的日常监督检查信息等，作出职业病诊断、鉴定结论。

劳动者对用人单位提供的工作场所职业病危害因素检测结果等资料有异议，或者因劳动者的用人单位解散、破产，无用人单位提供上述资料的，诊断、鉴定机构应当提请卫生行政部门进行调查，卫生行政部门应当自接到申请之日起三十日内对存在异议的资料或者工作场所职业病危害因素情况作出判定；有关部门应当配合。

【执行中应注意的问题】

作业场所的职业病危害因素检测结果、职业健康监护档案等大多掌握在煤矿企业手里，患职业病的从业人员申请诊断、鉴定时，靠自己提供诊断、鉴定所需资料，客观上存在很大困难。煤矿企业对从业人员申请职业病诊断、鉴定负有如实提供有关资料的义务。

第六百七十一条　煤矿企业应当为从业人员建立职业健康监护档案，并按照规定的期限妥善保存。

从业人员离开煤矿企业时，有权索取本人职业健康监护档案复印件，煤矿企业必须如实、无偿提供，并在所提供的复印件上签章。

【释义】　本条是关于从业人员职业健康监护档案内容、保存和使用管理的规定。

职业健康监护档案是职业病诊断鉴定的重要依据之一，也是区分健康损害责任和进行职业病诊断鉴定的重要证据，因此，规范职业健康监护档案的内容、保存期限、保存责任人意义十分重大。

(1) 用人单位应当为劳动者建立职业健康监护档案，并按照规定的期限妥善保存。职业健康监护档案应当包括劳动者的职业史、职业病危害接触史、职业健康检查结果和职业病诊疗等有关个人健康资料。职业史是指劳动者工作经历，记录劳动者既往工作过的用人单位的起始时间和用人单位名称及从事工种、岗位。职业病危害接触史是指劳动者从事职业病危害作业的工种、岗位及其变动情况、接触工龄、接触职业病危害因素种类、强度或浓度等。

(2) 劳动者离开用人单位时，有权索取本人职业健康监护档案复印件，用人单位应当如实、无偿提供，并在所提供的复印件上签章。这是对用人单位提供职业健康监护档案义务的规定。用人单位为劳动者提供职业健康监护档案复印件时，不得刁难，不得弄虚作假，不得向劳动者收取任何费用（包括成本费）等，这就为劳动者进行健康损害鉴定、追究健康损害责任提供了证据保证。

【执行中应注意的问题】

(1) 用人单位应当设立专门的档案室或指定专门的区域存放职业卫生档案，并指定专门机构和专(兼)职人员负责职业卫生档案的管理工作。要做好职业卫生档案归档工作，职业卫生档案要按年度进行案卷归档，及时编号登记，入库保管。

(2) 职业卫生监管部门查阅或者复制用人单位职业卫生档案时，用人单位必须如实提供。

(3) 劳动者离开用人单位时，有权索取本人职业健康监护档案复印件，用人单位应如实地、无偿地提供，并在所提供的复印件上签章。

(4) 行政执法人员、劳动者或者其近亲属、劳动者委托的代理人有权查阅、复印劳动者的职业健康监护档案。

(5) 职业健康监护档案除 X 射线片资料外，还应设有健康卡片、逐次诊断登记本和索引卡。

(6) 推行微机化管理，以便快捷、方便、准确地查找。

第六编　应急救援

第一章　一般规定

第六百七十二条　煤矿企业应当落实应急管理主体责任，建立健全事故预警、应急值守、信息报告、现场处置、应急投入、救援装备和物资储备、安全避险设施管理和使用等规章制度，主要负责人是应急管理和事故救援工作的第一责任人。

【释义】　本条是关于煤矿企业落实应急管理主体责任的规定。

企业是生产经营活动的主体，是保障安全生产和应急管理的根本和关键。做好应急管理工作，强化和落实企业主体责任是根本，强化落实企业主要负责人是应急管理第一责任人是关键，这些已被我国安全生产和应急管理实践所证明。企业主要负责人作为应急管理的第一责任人，必须对本单位应急管理工作的各个方面、各个环节负责，而不是仅仅负责某些方面或者部分环节；必须对本单位应急管理工作全程负责，不能间断；必须对应急管理工作负最终责任，不能以任何借口规避、逃避。

企业主要负责人是行使应急管理和事故救援第一责任人的职责，应当了解有关应急管理和事故救援的法规、规章，掌握《规程》《矿山救护规程》等规章有关煤矿各类灾害应急救援的具体规定，这是煤矿企业负责人救灾决策的法规依据，也是不能逾越的“红线”。

加强应急管理规章制度建设，对提升企业安全生产应急管理水平具有重要意义。煤矿企业建立的应急管理规章制度，是根据有关法律、法规、规章，结合自身情况和安全生产特点而制定的规范和要求，是保证煤矿企业应急管理工作规范、有效开展的重要保障，也是开展工作最直接的制度依据。煤矿企业要强化并规范应急管理工作，就必须建立、健全应急管理的各项规章制度，并保证其有效实施。

第六百七十三条　矿井必须根据险情或者事故情况下矿工避险的实际需要，建立井下紧急撤离和避险设施，并与监测监控、人员位置监测、通信联络等系统结合，构成井下安全避险系统。

安全避险系统应当随采掘工作面的变化及时调整和完善，每年由矿总工程师组织开展有效性评估。

【释义】　本条是关于煤矿企业建立井下安全避险系统的规定。

煤矿安全避险系统，是指矿山井下发生煤与瓦斯突出、爆炸、火灾等事故后，在撤退路径被阻和无法逃生的情况下，为被困人员安全避险提供生命保障的有机整体，由避灾路线、紧急避险设施、设备和措施组成。它作为救援保障系统的重要部分，在矿难发生后，为遇险人员提供一个安全且密闭的环境。这个环境能够隔离因灾变事故产生的烟雾和有毒有害气体;被隔离的空间内储存一定量的食物、水、氧气等,为遇险人员提供生存的必要条件,延长救援时间,提高救援成功率。紧急避险设施,就是为被困人员提供生命保障的密闭空间,具有安全防护、氧气供给、有毒有害气体处理、通信、照明等基本功能,主要包括避灾硐室、压风自救设施等。

视频

第六百七十四条 煤矿企业必须编制应急救援预案并组织评审,由本单位主要负责人批准后实施;应急救援预案应当与所在地县级以上地方人民政府组织制定的生产安全事故应急救援预案相衔接。

应急救援预案的主要内容发生变化,或者在事故处置和应急演练中发现存在重大问题时,及时修订完善。

【释义】 本条是关于煤矿企业编制应急预案的规定。

(1) 应急预案是针对可能发生的事故,为迅速、有序地开展应急行动而预先制定的行动方案。应急预案实际上是标准化的反应程序,以使应急救援活动按照计划和最有效的步骤进行。

视频

应急预案应包括以下六个方面的内容:① 应急预案概况;② 预防程序,是针对潜在事故和发展过程可能发生的次生和衍生事故进行分析,并说明所采取的预防、预警和控制事故的措施;③ 准备程序,主要阐明应急救援行动前所采取的准备工作,包括应急组织及其任务和职责、应急队伍建设和人员培训、应急物资的准备、预案的演练和职工应急知识普及等;④ 应急程序,是指在应急救援过程中,实施各项救援任务的程序和步骤;⑤ 恢复程序,是说明事故现场应急行动结束后所采取的清除和恢复工作;⑥ 预案管理与评审更新。应急预案是应急救援工作的指导文件。应当对预案的制定、修改和更新做出明确的规定,保持定期或在应急演练和应急救援实施后进行评审,针对矿井各种变化的情况及预案的问题和缺陷,及时不断地修改、更新和完善应急救援预案体系。

(2) 安全生产应急预案,必须与生产经营单位规模、危险等级及应急准备等状况相一致。随着时间的推移,应急预案中包含的信息可能会发生变化。因此,应急组织或应急管理机构应定期或根据实际需要对应急预案进行评审、检验、更新和完善,以便及时更换变化或过时的信息,并解决演练、实施中反映出的问题。当出现以下情况时,应进行应急预案的修订:① 法律、法规的变化;② 需对应急组织和政策作相应的调整和完善;③ 机构或部门、人员调整;④ 通过演练和实际安全生产事故应急反应取得了启发性经验;⑤ 需对应急反应的内容进行修订;⑥ 应急预案生效并执行时间超过五年;⑦ 其他情况。应急预案管理部门对修订和更新的应急预案,组织相关专家进行充分讨论和评审,通过有关机构的认可,例行审批手续,且应及时发布和呈报上级管理部门备案,按原预案模式发放登记,并收回旧版预案。

(3)《生产经营单位安全生产事故应急预案编制导则》(GB/T 29639—2013)规定事故应急救援预案由三部分组成,即综合应急预案、专项(如(瓦斯(煤尘)爆炸、(内外因)火灾、煤与瓦斯突出、水灾、冲击地压等)应急预案、现场处置方案。值得注意的是,相当多煤矿企业的灾害专项应急预案、特别是现场处置方案,不能达到国家标准的要求,不能满足煤矿救灾实践的需要。在重特大灾害救灾实践中,由于制定的现场处置方案缺乏针对性,所以,往往不具备实用性,及时性,应当引起警惕。

第六百七十五条　煤矿企业必须建立应急演练制度。应急演练计划、方案、记录和总结评估报告等资料保存期限不少于2年。

【释义】　本条是关于煤矿企业建立应急演练制度的规定。

应急预案的演练是应急准备的一个重要环节。通过演练，检验应急预案的可行性和应急反应的准备情况；可以发现应急预案存在的问题，完善应急工作机制，提高应急反应能力；可以锻炼队伍，提高应急队伍的作战能力，熟练操作技能；可以教育广大干部和职工，增强危机意识，提高安全生产工作的自觉性。

煤矿企业应急预案的演练，要结合本企业灾害事故特点或潜在的危险源，或针对历史上发生的事故等灾情制订预案年度演练计划，并定期组织演练。演练结束后，对预案的演练情况进行总结和评估，针对发现的问题及时进行修正、补充和完善，同时，将演练的评估和总结上报主管部门，根据上级部门和相关专家的批复意见，进一步修订完善。

第六百七十六条　所有煤矿必须有矿山救护队为其服务。井工煤矿企业应当设立矿山救护队，不具备设立矿山救护队条件的煤矿企业，所属煤矿应当设立兼职救护队，并与就近的救护队签订救护协议；否则，不得生产。

矿山救护队到达服务煤矿的时间应当不超过30 min。

【释义】　本条是关于煤矿企业必须有矿山救护队为其服务的规定。

视频

煤矿企业建立矿山救护队，在事故发生时，能够在第一时间迅速、有效地投入救援与处理工作，防止事故进一步扩大，最大限度地减少人员伤亡和财产损失。兼职救护队员，应该具有与专职救护队人员相同的素质，在矿井发生灾害事故时，立即投入初期事故控制和人员撤离等工作。兼职救护队员，平时从事安全生产和安全管理工作，应定时参加应急救援培训、演练和战备值班。矿井不具备条件建立矿山救护队，应与邻近的救护队签订救护协议，确保发生事故时能有专职救援队伍开展应急处置，减少灾害损失。

矿山救护队到达服务煤矿的时间不超过30 min，是按接警、上车、出动、更换战斗服、穿胶靴、佩戴矿灯和氧气呼吸器、下车、整理装备，还考虑到矿井的位置、路况、车况等因素所消耗时间的总和。时间就是生命，早一分钟到达，对减少人员伤亡和国家财产损失非常重要。

第六百七十七条　任何人不得调动矿山救护队、救援装备和救护车辆从事与应急救援无关的工作，不得挪用紧急避险设施内的设备和物品。

【释义】　本条是关于矿山救护队伍、救护装备和救护车辆的规定。

视频

矿山救护队有严密的组织、严明的纪律、严格的要求，时刻保持高度的战斗准备状态，做到"闻警即动，速战能胜"。因此，任何人不得以任何理由调动救护队做与救护无关的工作，否则，很可能贻误战机，给国家财产和职工生命造成重大损失。

当矿井发生事故时，矿山救护队应根据事故性质的不同携带必要的装备，以保证救灾工作的正常进行。如矿山救护车、通信指挥车、气体分析车、救生钻机、救援装备车、救援发电车、生活保障车、救援宿营车等配套的系列装备，时刻保持战备状态，随时准备参加援外行动。因此，任何人不得调动救护装备和救护车辆从事与救护工作无关的事情。

第六百七十八条 井工煤矿应当向矿山救护队提供采掘工程平面图、矿井通风系统图、井上下对照图、井下避灾路线图、灾害预防和处理计划,以及应急救援预案;露天煤矿应当向矿山救护队提供采剥、排土工程平面图和运输系统图、防排水系统图及排水设备布置图、井工老空区与露天矿平面对照图,以及应急救援预案。提供的上述图纸和资料应当真实、准确,且至少每季度为救护队更新一次。

【释义】 本条是关于煤矿企业及时向矿山救护队提供应急救援必需的图纸和资料的规定。

视频

矿山救护队应根据服务矿井主要灾害类型(水、火、瓦斯、顶板等)制定处理事故预案,并进行训练演习;还必须结合服务矿井有关图纸及灾害预防和处理计划等资料,制定出不同类别事故救援的安全技术措施,图纸和资料真实、准确、全面并及时更新,才能使救护队在行动中遵循科学规律,确保安全性,减少救灾的盲目性。

第六百七十九条 煤矿作业人员必须熟悉应急救援预案和避灾路线,具有自救互救和安全避险知识。井下作业人员必须熟练掌握自救器和紧急避险设施的使用方法。

班组长应当具备兼职救护队员的知识和能力,能够在发生险情后第一时间组织作业人员自救互救和安全避险。

外来人员必须经过安全和应急基本知识培训,掌握自救器使用方法,并签字确认后方可入井。

【释义】 本条是关于煤矿作业人员、班组长和外来作业人员具备一定应急知识和能力的规定。

视频

应急处置是一个复杂的系统工程,作为岗位从业人员,在事故发生后第一时间开展自救互救、避险逃生,对于减少事故造成的人员伤亡,具有十分重要的作用。岗位从业人员是企业安全生产应急管理的第一道防线,是生产安全事故应急处置的首要响应者。煤矿作业人员熟悉应急预案和避灾路线,具有自救互救和安全避险知识,掌握自救器常见故障的排除和使用方法及紧急避险设施的操作步骤,能全面提高企业应急处置能力,有效防止因应急知识缺乏导致事故扩大。

企业要提高认识,认真履行职责,以全面提升从业人员岗位应急能力为目标,制订培训计划、设置培训内容、严格培训考核、抓好培训落实。要坚守“发展决不能以牺牲人的生命为代价”这条红线,牢固树立“培训不到位是重大安全隐患”的理念,全面落实应急培训主体责任。必须按照国家有关规定对所有岗位从业人员进行应急培训,确保其具备本岗位安全操作、自救互救以及应急处置所需的知识和技能,且不断提升岗位从业人员应急能力。

【案例】 2013 年 9 月 28 日,山西汾西正升煤业有限责任公司,掘进队在东翼回风巷掘进工作面打钻孔时,出现流水增大、发红、发臭现象,没有引起作业人员的重视,待水流变小后启动综掘机继续作业,导致发生重大透水事故,造成 10 人死亡。主要原因是企业对从业人员的应急培训教育不到位,未认真落实《煤矿防治水规定》,致使从业人员安全意识、应急知识淡薄,水害辨识、防治能力差。若发生事故征兆时,及时采取停止施工、撤出人员等措施,这次灾害事故完全可以避免。

第六百八十条 煤矿发生险情或者事故后,现场人员应当进行自救、互救,并报矿调度室;煤矿应当立即按照应急救援预案启动应急响应,组织涉险人员撤离险区,通知应急指挥人员、矿山救护队和医疗救护人员等到现场救援,并上报事故信息。

【释义】 本条是关于煤矿发生险情或事故后进行事故报告和启动应急预案的规定。

矿井发生重大灾害事故的初期,波及范围和危害相对较小,是抢救和控制事故的有利时机,也是决定矿井和受波及人员安全的关键时刻。因此,现场人员应积极开展救灾或避灾,此时,事故地点附近的人员应尽量了解和判断事故性质、地点和灾害程度,迅速利用最近处的电话或其他方式向矿调度室报告,条件具备时,向事故波及区域的工作人员发出警报,带班领导应根据事故性质,组织人员采取自救互救措施,沿避灾路线撤离或进入避难硐室。在汇报灾情时,要将看到和听到的现场情况如实汇报。否则,容易造成抢险指挥部的误判,影响救灾方案制定和指挥与决策。

视频

【案例】 1995 年 6 月 23 日,淮南矿务局谢一矿发生瓦斯爆炸事故,井下有关人员向调度室汇报情况时说,发现有冲击波,判断为瓦斯突出。矿方没有采取核实灾害性质的措施,影响了初期的抢险救灾工作。在缺少现场第一手资料的情况下,为救灾方案的制定起到了一定的误导作用,造成决策指挥失误,致使 76 人死亡,多人受伤,其中救护队在二次爆炸中死亡 7 人。因此,当事故发生后,对井下人员汇报的事故情况,要安排力量重新查看,特别是事故性质、有害气体含量、巷道毁坏情况等,这对制定救灾方案和技术措至关重要。

煤矿企业领导接到事故报告后,应根据本规程规定和《矿山救护规程》的规定,以及《应急救援预案》和《矿井灾害预防处理计划》中的措施要求,立即启动应急救援预案,组织矿井救护力量展开事故抢救,及时命令灾区撤人;同时,召请救护队和医疗队等,并向上级汇报灾情;成立抢险救灾指挥部及相关组织办事机构,明确职责范围和工作制度;安排专人具体负责救灾物资供应、救援人员的后勤保障、善后处理和伤员救治、治安保卫等;及时封存和妥善保管与事故有关的基础资料,配合搞好事故调查。

第六百八十一条 矿山救护队在接到事故报告电话、值班人员发出警报后,必须在 1 min内出动救援。

【释义】 本条是关于矿山救护队在接到事故救援任务后及时出动的规定。

矿山救护队具有应急响应性质,随时准备出动,因此,必须坚持 24 h 值班制度,并保证值班小队听到事故警报后,在 1 min 内出动。值班小队应按照事故性质携带所需救护装备,迅速赶赴事故现场,待机小队立即转入值班。当矿井发生煤与瓦斯突出、爆炸、火灾、煤尘爆炸等事故时,由于波及范围广,破坏性强,伤亡人员多,增加了处理难度和救援人员危险性,因此,要求值班小队和待机小队一起出动。同时,管理人员立即通知休息人员归队待命。

视频

第六百八十二条 发生事故的煤矿必须全力做好事故应急救援及相关工作,并报请当地政府和主管部门在通信、交通运输、医疗、电力、现场秩序维护等方面提供保障。

【释义】 本条是关于事故煤矿救援和报请当地政府和主管部门的规定。

事故煤矿及时向当地政府和主管部门报告事故及救援情况,上级部门会根据灾害程度、

视频

救援进度、仪器装备及救援力量进行合理的调配,确保抢险救灾进度。地方政府有能力组织武警、公安、医疗等部门,对大型装备运输、救援现场秩序维护、伤员的救治等方面进行统筹安排,以保证救灾工作的顺利进行。

第二章　安全避险

第六百八十三条　*煤矿发生险情或者事故时，井下人员应当按应急救援预案和应急指令撤离险区，在撤离受阻的情况下紧急避险待救。*

【释义】　本条是关于井下人员撤离险区和紧急避险的规定。

矿井应急救援预案，是针对矿井存在的自然灾害因素及可能发生的各种事故，制定相应的避灾撤退路线。当煤矿发生险情或事故时，井下人员应当按应急救援预案和应急指令进行撤离，遇到特殊情况时，进入最近的避难硐室等待救援。

视频

第六百八十四条　*井下所有工作地点必须设置灾害事故避灾路线。避灾路线指示应当设置在不易受到碰撞的显著位置，在矿灯照明下清晰可见，并标注所在位置。*

巷道交叉口必须设置避灾路线标识。巷道内设置标识的间隔距离：采区巷道不大于200 m，矿井主要巷道不大于300 m。

【释义】　本条是关于井下设置避灾路线和避灾路线标识的规定。

避灾路线选择要正确、合理，尽量选择安全条件好、距离短的路线。避灾路线标识应清晰，布设合理，间距符合规定。

第六百八十五条　*矿井应当设置井下应急广播系统，保证井下人员能够清晰听见应急指令。*

【释义】　本条是关于矿井设置井下应急广播系统的规定。

在矿井发生事故的情况下，可以通过调度指挥中心（广播系统控制中心）安排，由井下广播终端定点、定区域或全体广播，通知井下生产人员及时到达指定安全地点，组织安排有序撤离。井下应急广播系统不可代替原有有线电话调度系统，可作为电话调度系统的有效补充。

视频

它的优点在于事故初期应急处置措施和随后应急指挥部救灾决策方案能迅速下达并能在灾情变化后将决策变更及时告知井下大多数遇险人员，其作用范围广而不受人员与有线电话有一定距离而无法接听电话的影响。

矿井广播通信系统由地面广播录音与控制设备、井下广播设备、显示屏、电缆等组成；具有广播、录音、控制等功能，由矿用程控调度交换机和调度台承担。将电信号转换为大功率声音信号，及时广播事故地点、类别、逃生路线等。显示屏显示事故地点、类别、逃生路线等信息。矿井语音广播系统的扩音站可以安装在巷道、候车室、猴车沿线、输送带沿线、采煤工作面、掘进工作面等地点。这些位置井下作业人员比较集中、是流动和休息的场所，可清晰听见扩音站广播的报警声和报警语音。

第六百八十六条　*入井人员必须随身携带额定防护时间不低于30 min的隔绝式自救器。*

矿井应当根据需要在避灾路线上设置自救器补给站。补给站应当有清晰、醒目的标识。

【释义】 本条是关于入井人员必须随身携带自救器和矿井设置自救器补给站的规定。

视频

自救器是下井人员在井下发生火灾、瓦斯煤尘爆炸、煤与瓦斯突出时,防止有害气体中毒或缺氧窒息的个人防护装备。自救器有过滤式和隔绝式两类。过滤式自救器防护功能单一,只对 CO 气体防护有效,因此,处于全面淘汰的阶段。隔绝式自救器能产生氧气供人呼吸,形成闭路循环,不受外界气体的影响,它能防护各种有毒有害气。隔绝式自救器又分为化学氧和压缩氧两种。我国煤矿井下配备的隔绝式自救器使用额定防护时间不低于 30 min。

矿用逃生自救器补给站是发生紧急事故时协助逃生的设施,供逃生人员更换自救器,提高矿井安全防护和应急救援水平,为遇险人员的逃生提供可靠的安全支持,为应急救援赢得时间;是现有避难硐室等避险设施的一种有效补充,以逃生为主,救援为辅,为快速打通“生命通道”提供可靠支持。

第六百八十七条 采区避灾路线上应当设置压风管路,主管路直径不小于 100 mm,采掘工作面管路直径不小于 50 mm,压风管路上设置的供气阀门间隔不大于 200 m。水文地质条件复杂和极复杂的矿井,应当在各水平、采区和上山巷道最高处敷设压风管路,并设置供气阀门。

采区避灾路线上应当敷设供水管路,在供气阀门附近安装供水阀门。

【释义】 本条是关于采区避灾路线上设置压风管路和供水管路的规定。

在采区避灾路线上,应当设置压风管路和供水管路,为避灾人员提供新鲜的空气和干净的饮用水。对主管路直径和采掘工作面管路直径的规定,是保证能够提供足够的风量。压风管路上设置的供气阀门间隔不大于 200 m,且供气阀门附近安装供水阀门,便于避灾人员在短距离内找到水和风。水文地质条件复杂和极复杂的矿井,发生水灾的概率大,在发生水灾事故时,人员一般往高处躲避,故在各水平、采区和上山巷道最高处敷设压风管路,并设置供气阀门。

第六百八十八条 突出矿井,以及发生险情或者事故时井下人员依靠自救器或者 1 次自救器接力不能安全撤至地面的矿井,应当建设井下紧急避险设施。紧急避险设施的布局、类型、技术性能等具体设计,应当经矿总工程师审批。

紧急避险设施应当设置在避灾路线上,并有醒目标识。矿井避灾路线图中应当明确标注紧急避险设施的位置、规格和种类,井巷中应当有紧急避险设施方位指示。

【释义】 本条是关于矿井设置井下紧急避险设施的规定。

视频

井下紧急避险设施是指在井下发生灾害事故时,为无法及时撤离的遇险人员提供生命保障的密闭空间。该设施能够防止高温烟气、有毒有害气体侵入,内部空间能提供氧气、食物、水,满足一定数量人员生存的需要,为应急救援创造条件、赢得时间。

紧急避险设施的建设方案,应综合考虑服务区域的特征和巷道布置、可能发生的灾害类型及特点、人员分布等因素,优先建设避难硐室。

紧急避险设施应具备安全防护、氧气供给保障、有害气体消除、环境监测、通信、照明、生存保障等基本功能,在无任何外界支持的情况下,额定防护时间不低于 96 h。

(1) 具备自备氧供氧系统和有害气体消除设施。供氧量不低于 0.5 L/(min·人),处理

CO_2 的能力不低于 0.5 L/(min·人),处理 CO 的能力应保证在 20 min 内,将浓度由 0.04%降到 0.0024%以下。在整个额定防护时间内,紧急避险设施内部环境中 O_2 含量应在 18.5%~23.5%,CO_2 浓度不大于 1.0%,CH_4 浓度不大于 1.0%,CO 不大于 0.002 4%,温度不高于 35 ℃,湿度不大于 85%,并保证紧急避险设施内,始终处于不低于 100 Pa 的正压状态。采用高压气瓶供气系统的应有减压措施,以保证安全使用。

(2) 配备独立的内外环境参数检测或监测仪器,在人员避险时,能够对避险设施过渡室(舱)内的 O_2、CO,生存室(舱)内的 O_2、CH_4、CO_2、CO、温度、湿度和避险设施外的 O_2、CH_4、CO_2、CO 进行检测或监测。

(3) 按额定避险人数配备食品、饮用水、自救器、人体排泄物收集处理装置及急救箱、照明设施、工具箱、灭火器等辅助设施。配备的食品发热量不少于 5 000 kJ/(d·人),饮用水不少于 1.5 L/(d·人)。自救器应为隔绝式,有效防护时间不低于 45 min。

紧急避险设施的总容量,应满足突发紧急情况下所服务区域全部人员紧急避险的需要,包括生产人员、管理人员及可能出现的其他临时人员,并应有一定的备用系数。永久避难硐室的备用系数不低于 1.2,临时避难硐室和可移动式救生舱的备用系数不低于 1.1。

《国家安监总局、国家煤监局关于加快推进煤矿井下紧急避险系统建设的通知》(安监总煤装〔2013〕10 号)指出,建设井下紧急避险系统原则为科学合理、因地制宜、安全实用。避难硐室优先选择专用钻孔、专用管路供氧(风),满足避险需求前提,可不再配置高压氧气瓶、有毒有害气体去除和温湿度调节装置。

第六百八十九条　突出矿井必须建设采区避难硐室,采区避难硐室必须接入矿井压风管路和供水管路,满足避险人员的避险需要,额定防护时间不低于 96 h。

突出煤层的掘进巷道长度及采煤工作面推进长度超过 500 m 时,应当在距离工作面 500 m 范围内建设临时避难硐室或者其他临时避险设施。临时避难硐室必须设置向外开启的密闭门,接入矿井压风管路,设置与矿调度室直通的电话,配备足量的饮用水及自救器。

【释义】　本条是关于突出矿井建立采区避难硐室的规定。

永久避难硐室是指设置在井底车场、水平大巷、采区(盘区)避灾路线上,具有紧急避险功能的专用巷道硐室,服务于整个矿井、水平或采区,服务年限一般不低于 5 年。临时避难硐室是指设置在采掘区域或采区避灾路线上,具有紧急避险功能的井下专用巷道硐室,主要服务于采掘工作面及其附近区域,服务年限一般不大于 5 年。

避难硐室应采用向外开启的两道门结构。外侧第一道门采用既能抵挡一定强度的冲击波,又能阻挡有毒有害气体的防护密闭门;第二道门采用能阻挡有毒有害气体的密闭门。两道门之间为过渡室,密闭门之内为避险生存室。防护密闭门上设观察窗,门墙设单向排水管和单向排气管,排水管和排气管应加装手动阀门。过渡室内应设压缩空气幕和压气喷淋装置。

第六百九十条　其他矿井应当建设采区避难硐室,或者在距离采掘工作面 1 000 m 范围内建设临时避难硐室或者其他临时避险设施。

【释义】　本条是关于其他矿井建设采区避难硐室的规定。

其他矿井是指突出矿井以外的所有矿井。其他矿井应当建设采区避难硐室,但要求比突出矿井降低，应根据矿井灾害的具体情况建设临时避难硐室或临时避险设施。

第六百九十一条 突出与冲击地压煤层，应当在距采掘工作面 25～40 m 的巷道内、爆破地点、撤离人员与警戒人员所在位置、回风巷有人作业处等地点，至少设置 1 组压风自救装置；在长距离的掘进巷道中，应当根据实际情况增加压风自救装置的设置组数。每组压风自救装置应当可供 5～8 人使用，平均每人空气供给量不得少于 0.1 m^3/min。

其他矿井掘进工作面应当敷设压风管路，并设置供气阀门。

【释义】 本条是关于突出与冲击地压煤层设置压风自救装置的规定。

冲击地压与突出矿井，应在距采掘工作面 25～40 m 的巷道内、爆破地点、撤离人员与警戒人员所在位置以及回风巷有人作业等地点，至少设置 1 组压风自救装置；在长距离的掘进巷道中，应根据实际情况增加压风自救装置的设置组数。每组压风自救装置应可供 5～8 人使用。其他掘进工作面应敷设压风管路并设置供气阀门。

视频

压风自救装置的操作要简单、快捷、可靠。避灾人员在使用压风自救装置时，应感到舒适、无刺痛和压迫感。压风自救装置安装在采掘工作面巷道内的压缩空气管道上，设置在宽敞、支护良好、水沟盖板齐全、没有杂物的人行道侧，人行道宽度应保持在 0.5 m 以上，管路敷设高度应便于现场人员自救应用。

第六百九十二条 煤矿必须对紧急避险设施进行维护和管理，每天巡检 1 次；建立技术档案及使用维护记录。

【释义】 本条是关于煤矿对紧急避险系统进行维护与管理的规定。

煤矿企业应建立紧急避险系统管理制度，确定专门机构和人员对紧急避险设施进行维护和管理，保证其始终处于正常待用状态。每年对紧急避险设施进行 1 次系统性的测试，包括气密性、电源、供氧、有害气体处理等。发现问题应及时维护处理。采掘区域的紧急避险设施不能正常使用时，应停止采掘作业。矿井灾害预防与处理计划、重大事故应急预案、采区设计及作业规程中应包含相关内容。应建立紧急避险设施的技术档案，准确记录设施设计、安装、使用、维护、配件配品更换等相关信息。

视频

第三章　救援队伍

第六百九十三条　*矿山救护队是处理矿山灾害事故的专业应急救援队伍。矿山救护队必须实行标准化、军事化管理和24 h值班。*

【释义】　本条是关于矿山救护队工作性质、管理形式和值班的规定。

处理矿井事故时，救援队伍要有过硬的业务素质、技术素质和身体素质，还需有严密的组织、严格的管理和先进技术装备作保障。要求救护队指战员必须熟悉有关法规规定和矿井采掘、通风、机电、急救和处理各种灾害事故的基本知识；了解各种救护装备的性能、构造和维护保养，并能熟练操作和排除故障；掌握在处理矿井灾害过程中，需要进行的各种技术操作等。因此，矿山抢险救灾工作，必须由专业化程度较强的队伍来承担。

视频

矿山救护队实施标准化、军事化管理，具有以下特点：① 矿山救护工作，危险性高，心理压力大；② 矿山救护队工作具有明显的紧迫性，因矿井事故都具有突发性，抢救的重点应及时有效；③ 矿山救护工作要求队员在技能和体能方面具有较高的素质。

矿山救护队实行军事化管理，统一队徽、队旗、队歌，规范着装并佩戴矿山救援标识，进行军事化队列和野营拉练训练，加强队容、风纪、礼节和内务管理，加强思想政治和战斗作风建设，保持高度组织性、纪律性和快速反应能力。以上要求需要平时通过标准化、军事化管理，纪律、体能等严格训练，提升救护队员的政治觉悟和服从组织、协同作战等素质，才能提高救护队在救援时的整体实战能力。

第六百九十四条　*矿山救护大队应当由不少于2个中队组成，矿山救护中队应当由不少于3个救护小队组成，每个救护小队应当由不少于9人组成。*

【释义】　本条是关于矿山救护队人员构成的规定。

（1）救护大队：由2个以上中队组成。负责本区域内矿山重大灾变事故的处理与调度、指挥，对直属中队直接领导，并对区域内其他矿山救护队、兼职矿山救护队进行业务指导，应具备本区域矿山救护指挥、培训、演习训练中心的功能。救护大队设大队长1人，副大队长2人，总工程师1人（分别为正、副矿处级），副总工程师1人，工程技术人员数人；设立相应的管理及办事机构（如办公、战训、培训、后勤等），并配备必要的管理人员和医务人员。大队指挥员的任免应报省级矿山救援指挥机构备案。

视频

（2）救护中队：由3个以上的小队组成，是独立作战的基层单位。设中队长1人，副中队长2人（分别为正、副区科级），工程技术人员1人。配备必要的管理人员、汽车司机、机电维修、氧气充填等人员。

（3）独立中队和直属中队：由不少于3个小队组成，设中队长1人、副中队长2人、技术员1人以及救援车辆驾驶、仪器维修和氧气充填人员。独立中队还需配备必要的业务科室管理和工作人员。

（4）救护小队：由9人以上组成，是执行作战任务的最小战斗集体。救护小队设正、副小队长各1人。

第六百九十五条 *矿山救护队大、中队指挥员应当由熟悉矿山救援业务，具有相应煤矿专业知识，从事煤矿生产、安全、技术管理工作5年以上和矿山救援工作3年以上，并经过培训合格的人员担任。*

【释义】 本条是关于矿山救护队大、中队指挥员任职条件的规定。

视频

矿山救护队工作具有一定的独特性，煤矿其他专业工程技术人员和管理人员调入救护队任职，需要对井下基础知识的积累和对灾变事故的性质、气体变化发生后果、处理过程遇到问题、环境恶劣影响、条件艰苦程度、救援方案制定与调整、进入灾区安全技术措施、个人防护装备使用及大中队装备性能等方面有一定了解。时间的规定便于新任职救护指挥员对救护工作性质、任务和环境有一个较全面清醒的认识，也是对应急管理工作高度负责的体现。

第六百九十六条 *矿山救护大队指挥员年龄不应超过55岁，救护中队指挥员不应超过50岁，救护队员不应超过45岁，其中40岁以下队员应当保持在2/3以上。指战员每年应当进行1次身体检查，对身体检查不合格或者超龄人员应当及时进行调整。*

【释义】 本条是关于矿山救护队大、中队指挥员的任职年龄和指战员体检的规定。

视频

矿山救护队经常在高温浓烟、有害气体聚集区域进行救灾，指战员所处条件艰苦、环境恶劣、心理负担重、体力消耗大，属于高危行业中的高危职业。在这种情况下，指战员年龄偏大，其身体素质、心理素质及反应能力都会有所下降，因此，对指挥员年龄提出刚性要求，强调新老队员比例，也是保障安全救援、服务救援大局的根本措施之一。凡有下列情况之一者，严禁从事矿山救护工作：① 有传染性疾病者；② 色盲、近视(1.0以下)及耳聋者；③ 脉搏不正常，呼吸系统、心血管系统有疾病者；④ 高度神经衰弱，高血压、低血压，眩晕症者；⑤ 尿内有异常成分者；⑥ 经医生检查确认或经实际考核身体不适合救护工作者；⑦ 脸形特殊不适合佩用面罩者。

第六百九十七条 *新招收的矿山救护队员，应当具有高中及以上文化程度，年龄在30周岁以下，从事井下工作1年以上。*

新招收的矿山救护队员必须通过3个月的基础培训和3个月的编队实习，并经综合考评合格后，才能成为正式队员。

【释义】 本条是关于矿山救护新招收队员年龄、文化程度及培训的规定。

视频

全国矿山救护队分属政府、央企、国企、民企、股份制企业等，不同的体制出现用人制度差异化，因此，对新招收救护队员的文化程度、年龄、井下工作经历做出适当调整，解决了不同隶属关系存在的“招不到人，留不住人”的问题，对新招收的队员，要严把身体关、学习观、考核观、实习观，各项指标必须符合规定，才能保证救护队的战斗力和稳定性。

第六百九十八条 *矿山救护队出动执行救援任务时，必须穿戴矿山救援防护服装，佩戴并按规定使用氧气呼吸器，携带相关装备、仪器和用品。*

【释义】 本条是关于矿山救护队出动执行救援任务时服装、呼吸器和相关装备、用品的规定。

防护服装是救援指战员在处理事故时，避免高温浓烟、外力冲击等伤害的必需品，包括矿用安全帽、战斗服、安全胶靴、防烟眼镜等。

氧气呼吸器是救护指战员的个人装备，能保证其免遭有毒有害气体的侵害，维持正常的呼吸循环，完成抢险救灾工作。使用氧气呼吸器应注意以下几点：① 保持全面罩干净清洁；② 确保关键阀门灵活；③ 检测呼吸器在正负压情况下的气密度；④ 注意氧气流量、自补、瓶压及氢氧化钙吸收率等。

视频

第四章　救援装备与设施

第六百九十九条　*矿山救护队必须配备救援车辆及通信、灭火、侦察、气体分析、个体防护等救援装备，建有演习训练等设施。*

【释义】 本条是关于矿山救护队必须配备救援装备和建设有关设施的规定。

视频

救护大、中队装备有救援装备车、气体分析车、通信指挥车、发电照明车等；个人呼吸防护装备有正、负压四小时和两小时氧气呼吸器、自救器等；救灾通信装备有单兵通信装备、有线通信装备、无线通信装备、声能电话、可视通信电话等；环境参数检测装备仪器有光干涉瓦斯检测仪、CO 检测仪、多种气体检测仪、色谱分析仪、温度检测仪、人体生命探测仪等；灭火装备主要有高倍数、中倍数泡沫系列灭火机、DQ 系列惰性气体发生装置、CO_2 发生器、石膏喷注机、快速防火密闭等；排水设备有不同扬程、不同排水量水泵和配套输配电设施、电缆、水管等；其他装备有破拆、支护、呼吸器校验仪、氧气充填泵；信息装备有计算机、传真机、复印机、摄像机、录像机等。

第七百条　*矿山救护队技术装备、救援车辆和设施必须由专人管理，定期检查、维护和保养，保持战备和完好状态。技术装备不得露天存放，救援车辆必须专车专用。*

【释义】 本条是关于矿山救护装备、救援车辆和设施必须保持战备状态的规定。

视频

由于矿井灾害发生时间的不确定性，要求矿山救护队技术装备、救援车辆和设施都必须达到战斗准备状态，随时满足救援的需要，因此，必须专人管理，定期检查和维护和保养，保持战备和完好状态。救援车辆必须专人专车，做到 1 min 出车。任何情况下严禁救援车辆做与救护无关的事情。

第七百零一条　*煤矿企业应当根据矿井灾害特点，结合所在区域实际情况，储备必要的应急救援装备及物资，由主要负责人审批。重点加强潜水电泵及配套管线、救援钻机及其配套设备、快速掘进与支护设备、应急通信装备等的储备。*

煤矿企业应当建立应急救援装备和物资台账，健全其储存、维护保养和应急调用等管理制度。

【释义】 本条是关于煤矿企业储备应急救援装备和物资的规定。

视频

煤矿企业应根据区域内的灾害事故特点，有针对性配备必要的应急救援物资与装备，以满足发生事故时对专用设备的需求，保障抢险救灾工作的正常开展。应急救援物资和装备应配齐配全，时刻处于可用状态。重视应急救援物资和装备的维护和保养，注意环境温度、湿度、腐蚀性气体对装备的影响。

第七百零二条　*救援装备、器材、物资、防护用品和安全检测仪器、仪表，必须符合国家标准或者行业标准，满足应急救援工作的特殊需要。*

【释义】 本条是关于矿山救护队的救援装备、器材、物资、防护用品和安全检测仪器、仪表技术标准的规定。

救援装备、器材、物资、防护用品和安全检测仪器、仪表,必须符合国家标准、行业标准和矿山安全有关规定,纳入矿用产品安全标志管理目录的产品,应取得矿用产品安全标志,严禁使用国家明令禁止和淘汰的产品,特别是个人装备、防护用品、检测仪器达到或接近使用年限时,要采取强制报废措施。

视频

第五章　救援指挥

第七百零三条　煤矿发生灾害事故后,必须立即成立救援指挥部,矿长任总指挥。矿山救护队指挥员必须作为救援指挥部成员,参与制定救援方案等重大决策,具体负责指挥矿山救护队实施救援工作。

【释义】本条是关于矿山发生灾害事故后矿长和矿山救护队指挥员指挥分工的规定。

视频

煤矿发生灾害事故后,必须立即成立救援指挥部,并根据灾害性质和救灾需要,迅速成立抢险救灾、医疗救护、后勤保障、治安交通、善后安置等组织,并明确责任、落实分工,在协调统一指挥下,积极有序地开展抢险救灾工作。救护队指挥员必须是指挥部成员,并按照应急救援预案和矿井灾害预防处理计划组织救灾,实现安全、迅速、有效地抢救救灾目标。

特别规定救护指挥员为指挥部成员,参与救灾方案制定、救援任务落实、救援力量调配、安全技术措施制定等工作。指挥部成员要认真听取救护指挥员意见,"长官意识""纸上谈兵"是造成违章指挥和事故扩大的根源,因此,深入了解灾区实际情况,认真听取一线指战员的建议和意见,对加快事故处理进度,防止发生自身伤亡具有重要决策意义。救护队指挥员具有丰富的救灾经验,熟悉救护法律法规和安全救护的基本要求;了解参战救护队的救灾能力和各种物资及技术支持;了解救灾方案的意图,可以制定更加安全科学的救护行动计划和安全技术措施。因此,救护队指挥员在参加救灾方案的制定时,要积极发表意见,坚持原则,时刻把"生命至上,科学救援"放在第一位。如救护指挥员和总指挥意见不一致时,要及时报告上级救援管理部门,寻求技术上的支持。

【案例】　1990年5月8日,东北某矿工人在进风斜井中安装带式输送机,用气焊切割钢板时,产生火花引燃残留的胶条,现场人员立即进行扑救,受条件的限制,初期火源没有得到有效控制,造成整个进风巷浓烟弥漫,温度升高,火势进一步扩大。

矿总工程师接到灾情报告后,考虑到井下上千人的生命安全受到严重威胁,在矿井无反风能力、无防火门、防火设施和灭火器材短缺的情况下,直接安排救护队下井救灾,在灭火的过程中,因采取的技术措施不到位,火势在火风压的作用下风流发生逆转,使参加指挥灭火人员和部分被困人员在没有佩戴自救器又不清楚避灾路线的情况下,没来得及及时撤出,造成80人死亡(包括总工程师、机电副总、救护队中队长和小队长)的特大事故。

第七百零四条　多支矿山救护队联合参加救援时,应当由服务于发生事故煤矿的矿山救护队指挥员负责协调、指挥各矿山救护队实施救援,必要时也可以由救援指挥部另行指定。

【释义】本条是关于有多支矿山救护队联合参加救援时救援指挥权的规定。

视频

当矿井发生特大事故,区域内救护力量无法满足救灾需要时,为克服救护指战员连续作战带来的过度疲劳,防止发生自身伤亡,确保安全救援和救护指战员旺盛的战斗力,需要一支或多支救护队增援,保持事故处理进度,在进行联合作战时,相互之间密切配合和协调一致非常重要。因此,必须成立相应的救护指挥部,专门负责组织指挥和协调救护队行动。当服务事故矿井的救护队指挥员无法胜任此项工作时,抢救指挥要及时另行委任。

【案例】 2006年4月29日,陕西子长县瓦窑堡镇煤矿发生瓦斯爆炸事故,在处理过程中,抢救指挥部调动四支救护队,明确了铜川救护队为总指挥单位,统一调度、统一组织、统一指挥整个救护队的救灾行动,由于方案制定科学、救援力量安排合理,安全措施周密到位,保证了抢救工作的有序进行,顺利安全地完成了上级领导交给的任务。

第七百零五条 矿井发生灾害事故后,必须首先组织矿山救护队进行灾区侦察,探明灾区情况。救援指挥部应当根据灾害性质,事故发生地点、波及范围,灾区人员分布、可能存在的危险因素,以及救援的人力和物力,制定抢救方案和安全保障措施。

矿山救护队执行灾区侦察任务和实施救援时,必须至少有1名中队或者中队以上指挥员带队。

【释义】 本条是关于矿井发生灾害事故后组织矿山救护队进行灾区侦察的规定。

当矿井发生煤与瓦斯突出、爆炸和火灾等事故时,通风设施被毁坏,形成高温浓烟、巷道大面积冒落、有毒有害气体聚集等问题,现场情况复杂多变,随时都有可能发生二次和次生灾害事故。矿井发生重特大灾害事故时,救灾往往面临一个矛盾,是集中救援力量迅速有效救灾,尽快保障遇险人员安全;或是救灾过程中,注意保障救援人员安全,避免次生灾害造成救护人员群死群伤。解决这个矛盾往往需要救灾决策者综合遇险人员的汇报、监控系统信息上传、和救护队进行灾区侦察结果来分析。因此,组织矿山救护队进行灾区侦察是十分重要的。救护队在侦查灾区时,为加强救灾的执行力,提高决策指挥的准确性、果断性,安排中队长或以上指挥员带队侦查,是为了保证小队人员安全,应对灾区突发情况,准确向指挥部提供灾区通风现状、氧气浓度、有害气体含量、温度、巷道毁坏程度、遇难人员位置、煤尘堆积等第一手资料,为救灾指挥部制定方案提供真实的科学依据。

视频

【案例】 1993年10月18日,某矿井下发生煤尘爆炸,灾区附近人员汇报为“开关爆炸”和“运输带断了”。矿山救护队在领取任务时,被告知“井下发生瓦斯熏人事故”,便按处理瓦斯熏人事故携带装备下井,因抢救装备数量有限、巷道破坏严重、有害气体含量高等原因,贻误最佳抢救时机,造成事故扩大,导致40人死亡。

第七百零六条 在重特大事故或者复杂事故救援现场,应当设立地面基地和井下基地,安排矿山救护队指挥员、待机小队和急救员值班,设置通往救援指挥部和灾区的电话,配备必要的救护装备和器材。

地面基地应当设置在靠近井口的安全地点,配备气体分析化验设备等相关装备。

井下基地应当设置在靠近灾区的安全地点,设专人看守电话并做好记录,保持与救援指挥部、灾区工作救护小队的联络。指派专人检测风流、有害气体浓度及巷道支护等情况。

【释义】 本条是关于设立地面基地和井下基地的规定。

(1) 地面基地。

视频

矿井发生重大事故时，处理难度大，持续时间长，参战救护队多，需要的救护器材、装备数量和消耗材料多，维修保养增大(如充填氧气、清洗仪器、氢氧化钙、各种配件、校验仪器)等，需要设立具备救护器材供应与存放、防护仪器的维修与保养、救护指战员休息、待机等后勤保障功能。有驻矿救护队的应设在救护队内，否则，应尽量选择在井口附近且交通便利、通信畅通的地方，并按需要配齐设备和人员，保证救护工作安全有序进行。

(2) 井下基地。

井下基地是抢险救灾的前线指挥所、救灾人员与物资的集中地、救护队员和待机小队的待命区、进入灾区的出发点，也是遇险人员的临时救护站。井下救灾现场指挥与决策、救灾命令及信息在此发出和传送。因此，必须保证地面指挥部与灾区工作小队联络的畅通。

井下基地应有救护指挥员值班，负责井下救护工作。为保证救灾命令和灾情信息的及时准确传递，应设电话值班员，做好记录，并经常和地面指挥部、地面基地和灾区工作的救护小队保持联系。当灾情发生变化时，指挥员有权终止抢救工作，撤出救灾人员并及时汇报地面指挥部。

在整个抢险救灾过程中，井下基地的重要性不言而喻。因此，在选择其位置时，要根据事故类别、灾区位置、灾区范围、灾情性质及发生二次爆炸时的波及范围、通风、运输等因素予以确定。井下基地必须选择在安全地点。

抚顺老虎台矿救护队，在处理 507 采空区火灾时，将井下基地设在该采空区回风侧，第一次瓦斯爆炸后，基地中的 4 名矿领导等人 CO 中毒，失去指挥能力，上下消息不通，最终导致 5 次爆炸，伤亡 118 人(其中死亡 83 人)。因此，井下基地选择应慎之又慎，必须考虑灾情突变的可能，而不能随意向靠近灾区的地方推进。

第七百零七条 *矿山救护队在救援过程中遇到突发情况、危及救援人员生命安全时，带队指挥员有权作出撤出危险区域的决定，并及时报告井下基地及救援指挥部。*

【释义】 本条是关于矿山救护队撤出危险区域的规定。

在侦察过程中，由于灾区巷道严重毁坏，有害气体含量高，高温使队员体力消耗大，浓烟造成视线不清等，受这些恶劣环境和不利条件的影响，队员容易出现心理、体力方面问题。任何情况下，只要发生呼吸器故障、队员身体不适或有二次爆炸、突出、透水和气体忽高忽低等情况，带队指挥员必须果断决定，全小队立即撤出灾区。回到基地待呼吸器故障排除，身体状态恢复正常，如有需要经指挥部同意后，再进行救灾工作。

第六章　灾变处理

第七百零八条　处理灾变事故时，应当撤出灾区所有人员，准确统计井下人数，严格控制入井人数；提供救援需要的图纸和技术资料；组织人力、调配装备和物资参加抢险救援，做好后勤保障工作。

【释义】　本条是关于处理灾变事故原则的规定。

在矿井发生事故时，产生的有毒有害气体会危及事故地点人员的生命安全，因此，必须撤出灾区所有人员，严格控制下井人数，避免事故进一步扩大。救援方案要科学合理，不能盲目施救，应在矿井真实的图纸和技术资料的基础上，综合考虑现场灾害情况、救援力量和装备情况。应急救援是个复杂的系统工程，需要多个部门联动、多环节配合，认真组织救援力量、调配救援物资和装备，做好后勤保障。

第七百零九条　进入灾区的救护小队，指战员不得少于 6 人，必须保持在彼此能看到或者听到信号的范围内行动，任何情况下严禁任何指战员单独行动。所有指战员进入前必须检查氧气呼吸器，氧气压力不得低于 18 MPa；使用过程中氧气呼吸器的压力不得低于 5 MPa。发现有指战员身体不适或者氧气呼吸器发生故障难以排除时，全小队必须立即撤出。

指战员在灾区工作 1 个呼吸器班后，应当至少休息 8 h。

【释义】　本条是关于进入灾区救护小队人数和使用氧气呼吸器的规定。

救护队进入灾区工作时，不得少于 6 人是规定的下线。低于这个数值，常用的小队装备带不齐，抢救工作难度加大，抵御意外风险能力减小，存在安全隐患。救护小队进入灾区遇到各种突发事件，直接影响工作的进度，危及小队人员的安全，处理不及时或采取的措施不当，都会产生严重后果。一般情况下，队员在中等劳动强度、灾区距离不远，硬性规定氧气呼吸器消耗最低压力是防止发生自身伤亡事故的有效措施，也是保障救护指战员生命安全的最后一道屏障。

视频

氧气呼吸器是救护指战员的第二生命，对保证救护队自身安全和救灾工作极其重要，必须确保其各项技术指标符合要求，按规定佩用。

在整个救灾过程中，救护指战员体力和精力消耗较大，特别是连续作战时，体力无法及时恢复，疲劳程度持续加大，容易对救护指战员的安全造成威胁，规定救护队升井后的休息时间，确保安全救援。

【案例】　云南昭通地区救护队，在处理某矿窒息区事故时，出动一个小队 5 人，佩戴氧气呼吸器（负压）进入事故区域，在执行抢救任务时。救护队长安排 2 名救护队员负责搬运 1 名遇难矿工，其余人员原地待命，此时，在巷道有害气体含量和氧气浓度未知的情况下，队长和 1 名队员违规摘掉口具讲话，造成窒息事故，面对这种突发情况，剩下的这名队员根本没有能力进行抢救，结果又造成 2 人死亡。《煤矿救护规程》有关规定，任何人、任何情况下，禁止单独行动和通过口具讲话。如果执行救援任务的救护小队按规定配齐人员和装备，这次扩大事故完全可以避免。

第七百一十条 灾区侦察应当遵守下列规定:

(一)侦察小队进入灾区前,应当考虑退路被堵后采取的措施,规定返回的时间,并用灾区电话与井下基地保持联络。小队应当按规定时间原路返回,如果不能按原路返回,应当经布置侦察任务的指挥员同意。

(二)进入灾区时,小队长在队列之前,副小队长在队列之后,返回时则反之。行进中经过巷道交叉口时应当设置明显的路标。视线不清时,指战员之间要用联络绳联结。在搜索遇险遇难人员时,小队队形应当与巷道中线斜交前进。

(三)指定人员分别检查通风、气体浓度、温度、顶板等情况,做好记录,并标记在图纸上。

(四)坚持有巷必察。远距离和复杂巷道,可组织几个小队分区段进行侦察。在所到巷道标注留名,并绘出侦察线路示意图。

(五)发现遇险人员应当全力抢救,并护送到新鲜风流处或者井下基地。在发现遇险、遇难人员的地点要检查气体,并做好标记。

(六)当侦察小队失去联系或者没按约定时间返回时,待机小队必须立即进入救援,并报告救援指挥部。

(七)侦察结束后,带队指挥员必须立即向布置侦察任务的指挥员汇报侦察结果。

【释义】 本条是关于灾区侦察的规定。

视频

(1)侦察小队在进入灾区前,要对侦察区域的基本情况有所了解,对随时可能遇到的危险情况做好充分的思想准备,制定相应的对策。进入灾区时,应与基地指挥员约定返回时间和路线,并保持电话联络,以便基地随时掌握灾情。如果通信中断或到了规定时间没有撤出,待机小队立即进入救援。在规定的时间内未完成任务需要延长时,领队指挥员应向基地汇报,取得同意后方可进行。

【案例】 1998年11月23日,铜川救护队在处理旬邑县留石村煤矿瓦斯爆炸事故时,侦察小队从原进风巷进入灾区侦察,当通过交叉口约20 m位置,突然发生冒顶,小队10人被堵,由于冒顶范围在不断扩大,人员原路退回已不可能,在退路被堵的情况下,继续侦察非常危险。因此,指挥部决定,待机队由回风巷进入,选择距离被堵侦察人员最近的进回风联络巷,破开联络巷密闭,将侦察小队从回风巷安全撤出。由于救援措施得当,侦察小队在较短时间脱离了危险区,避免了自身伤亡。

(2)在侦察过程中,小队长在前便于检查气体、温度,观察环境破坏的情况,判断潜在的安全隐患,发现问题可以立即决定撤退,减少中间环节,提前了解撤退时间;副小队长在后,主要掌握队形的变化,防止队员掉队。在视线不清的巷道中行进,为防止队员掉入溜煤眼、暗仓、水仓等危险地点,相互之间必须使用联系绳;返回时队形相反。

(3)在侦察行进中,特别是在高温浓烟巷道的交叉口处,必需设立标记,防止返回时走错路线。可在醒目的地方挂放冷光管、闪光报警器;将煤块、矸石、木板等放置在容易辨别的位置,也可用粉笔在支架或巷帮上写上文字或标上箭头。设置标记要统一。应考虑到灾区温度、湿度、滴水、冒顶、片帮等因素,导致路标不清或消失。对井下巷道不熟悉时,应按原路返回,防止误入危险区域和迷失方向。当通过灾区积水、淤泥、溜煤眼等地点,在不能确定巷道支护是否牢靠时,需用探险棍探查前进,为防止队员不慎坠落,相互之间要用联络绳联结。

【案例】 1981年10月2日，某矿救护队在启封火区时，救护小队在准备工作不充分、应对措施不完善的情况下进入灾区，不设待机队，没带灾区电话，未铺设引路线，巷道交叉口也未设路标。在完成任务返回时，由于温度高、水蒸气大而走错巷道，造成5名救护队员死亡。

（4）在搜寻遇险、遇难人员时，小队队形应与巷道中线斜交前进。这种队形一是小队长能根据灾情及时做出判断和决策；二是防止队形混乱，出现人员掉队；三是便于小队前后呼应，统一指挥；四是有利于搜索遇险、遇难人员，保证全断面搜索效果。

（5）在远距离侦察时，由于不确定因素较多，会增加难度，延长时间，加之氧气呼吸器有效工作时间所限，为避免错过抢救人员的有利时机和救护队过度疲劳，可组织几个小队分区段进行。但要由井下基地救护指挥员统一指挥，统一标记符号和名称，避免出现指挥混乱和标识混乱现象。

（6）在侦察过程中，发现遇险人员应立即给其佩戴两小时呼吸器或压缩氧自救器，并将其搬运到或护送到井下安全地点，然后继续执行侦察任务。在发现遇险、遇难人员的地点要做相应标记和编号，同时，对遇难人员倒向、姿态、附近的气体、温度要进行检查，并在示意图上标注。

（7）侦察就是为了尽快掌握灾区情况。因此，侦察结束后，小队长应立即向布置任务的指挥员汇报情况。不管工作多长时间、多么辛苦，都要立即到救援指挥部进行汇报，以便指挥部及时调整救灾方案，为事故处理赢得时间。

第七百一十一条 矿山救护队在高温区进行救护工作时，救护指战员进入高温区的最长时间不得超过表27的规定。

表27 救护指战员进入高温区的最长时间

温度/℃	40	45	50	55	60
进入时间/min	25	20	15	10	5

【释义】 本条是关于救护指战员进入高温区最长时间的规定。

人体通过新陈代谢获得能量，部分维持人体自身的生理机能活动的需要，其余部分通过散热的方式排出，才能保持人体正常的生理功能。人体散热主要通过皮肤表面与外界的对流、辐射和汗液蒸发这三种形式。对流散热取决于周围空气的温度和流速；辐射散热主要取决于环境温度与周围物体的表面；蒸发散热取决于周围空气的相对湿度和流速。当气温达到人的体温时，对流、辐射散热作用停止，唯一的散热方式是出汗蒸发，而蒸发的效果取决于空气的相对湿度和流速。相对湿度低于30%，蒸发过快，感到干燥；相对湿度在80%时，蒸发困难；达到100%时，蒸发完全停止。矿井气候条件对人体热平衡的影响是一种综合作用，如人处在气温高、湿度大、风速小的高温潮湿环境中，散热效果都很差，这时由于人体散热太慢，出现体温升高、心率加快、身体不舒服等症状，严重时可导致中暑甚至死亡。

视频

高温区是指井下空气温度超过30 ℃（测点高1.6～1.8 m）的区域。救护队员在高温环境中工作时非常容易中暑。

高温可以引起体温调节功能紊乱,在这种环境下,从事重体力劳动达到一定的时间,出现大汗、口渴、乏力、头晕、胸闷等症状,为中暑先兆,经阴凉处短暂休息,补充水和盐后,症状即可消失。除有中暑先兆的表现外,尚有发热(体温在 38.5 ℃以上)、皮肤灼热、恶心、呕吐、血压下降等症状,能在数小时内能恢复者为轻症中暑。除上述症状外,并伴有昏厥、昏迷、痉挛,或一日内不能恢复者为重症中暑。根据患者的不同表现可分为中暑高热、中暑衰竭、中暑痉挛和日射病四种类型。

为保证在高温区救护队员的安全,对进入高温区的工作时间做出具体的规定,应引起救护指战员的高度重视。要掌握不同温度对身体产生的不利影响,科学制定工作时间,合理安排饮品,时刻把救护队员的安全放在第一位。

第七百一十二条 处理矿井火灾事故,应当遵守下列规定:

(一)控制烟雾的蔓延,防止火灾扩大。

(二)防止引起瓦斯、煤尘爆炸。必须指定专人检查瓦斯和煤尘,观测灾区的气体和风流变化。当甲烷浓度达到2.0%以上并继续增加时,全部人员立即撤离至安全地点并向指挥部报告。

(三)处理上、下山火灾时,必须采取措施,防止因火风压造成风流逆转和巷道垮塌造成风流受阻。

(四)处理进风井井口、井筒、井底车场、主要进风巷和硐室火灾时,应当进行全矿井反风。反风前,必须将火源进风侧的人员撤出,并采取阻止火灾蔓延的措施。多台主要通风机联合通风的矿井反风时,要保证非事故区域的主要通风机先反风,事故区域的主要通风机后反风。采取风流短路措施时,必须将受影响区域内的人员全部撤出。

(五)处理掘进工作面火灾时,应当保持原有的通风状态,进行侦察后再采取措施。

(六)处理爆炸物品库火灾时,应当首先将雷管运出,然后将其他爆炸物品运出;因高温或者爆炸危险不能运出时,应当关闭防火门,退至安全地点。

(七)处理绞车房火灾时,应当将火源下方的矿车固定,防止烧断钢丝绳造成跑车伤人。

(八)处理蓄电池电机车库火灾时,应当切断电源,采取措施,防止氢气爆炸。

(九)灭火工作必须从火源进风侧进行。用水灭火时,水流应从火源外围喷射,逐步逼向火源的中心;必须有充足的风量和畅通的回风巷,防止水煤气爆炸。

【释义】 本条是关于处理矿井火灾事故的规定。

视频

(1) 处理矿井火灾时,首先应该控制烟雾的蔓延,减少有毒有害气体对人员的伤害;然后控制火势,防止进一步扩大;最后才是采取措施,防止火灾引起瓦斯爆炸等其他灾害的发生。此外,还应保证救援人员的安全,并尽可能创造有利的灭火条件。

(2) 处理瓦斯、煤尘爆炸时,必须安排专人检查气体,发现异常情况时,立即通知人员撤离,并向基地汇报。

(3) 进风井口、井筒、井底车场、主要进风巷和硐室发生火灾时,为保证井下工作人员安全,应进行全矿井反风或风流短路。指挥部下达反风命令前,必须将火源进风侧的人员撤出,并采取阻止火灾蔓延的措施。因为主要进风巷距地面较近,范围较小,人员比较少,反风前人员撤离容易。反风的及时性对其有效性具有关键性影响。在多水平等条件矿井,部分主要进风区人员距地面较远,撤离时间较长。为加快进风区人员撤离,迅速反风,应当考虑应用位于主要进风区的永久避难峒室,使不能尽快撤至地面的人员在永久避难峒室避灾。反风后,火源以里的人员得到解救。扑灭上述地点的火灾时,应根据现场情况、火灾特点,考虑到有向原进风侧蔓延的可能,必须采取设置水幕、消除可燃物、拆除木支架(但要保证巷道不致塌冒)等措施,阻止火灾蔓延。

对于多台主要通风机联合运转的矿井,其反风时井下风流可能会发生混乱,必须对反风顺序做出规定。一般情况下,事故区域的主要通风机先反风,会导致事故进一步扩大,因此,应该使非事故区域的主要通风机先反风,事故区域的主要通风机后反风。

采取风流短路措施时,被短路区域的风量会减少,烟雾直接进入回风道,火灾烟雾流经的路线将会改变。此时,由于风阻的改变,将会影响其他区域的风量,所以在决定实施风流短路时,必须将受影响区域的人员全部撤出。

(4) 处理绞车房火灾时,救护队应当将火源下方的矿车固定或转移安全地点,防止烧断钢丝绳造成跑车伤人。

(5) 在处理掘进头火灾时,应保持通风现状,即风机处于开启状态不要关,关闭状态不要开。

(6) 由于雷管、导爆索中所用的起爆炸药,比直接用于爆破的矿用炸药的热感度高,因此,矿山救护队在处理爆炸材料库火灾时,应首先将易于运输的热感度高的雷管运出,然后再将其他爆炸材料运出。因高温运不出时,应该关闭防火门,人员退至安全地点。

(7) 因为蓄电池在充电过程中能释放出氢气,而氢气又具有爆炸性,所以当蓄电池机车库着火时,必须切断电源、停止充电;采取加强通风措施,排除积聚的氢气,防止其爆炸。

(8) 在直接灭火时,为防止发生水蒸气爆炸,水流应由外向里逐步进行,外围火势减小后,再向中心方向推进。

第七百一十三条　封闭具有爆炸危险的火区时,应当遵守下列规定:

(一) 先采取注入惰性气体等抑爆措施,然后在安全位置构筑进、回风密闭。

(二) 封闭具有多条进、回风通道的火区,应当同时封闭各条通道;不能实现同时封闭的,应当先封闭次要进回风通道,后封闭主要进回风通道。

(三) 加强火区封闭的施工组织管理。封闭过程中,密闭墙预留通风孔,封孔时进、回风巷同时封闭;封闭完成后,所有人员必须立即撤出。

(四) 检查或者加固密闭墙等工作,应当在火区封闭完成 24 h 后实施。发现已封闭火区发生爆炸造成密闭墙破坏时,严禁调派救护队侦察或者恢复密闭墙;应当采取安全措施,实施远距离封闭。

【释义】 本条是关于封闭具有爆炸危险的火区时应遵守的规定。

隔绝灭火就是建造密闭墙切断通往火区的空气,使氧含量降低,达到灭火的目的。这类灭火方法在采用直接灭火法无效或人员不能接近火区时使用。

1. 封闭火区的顺序

隔绝灭火法在构筑密闭墙时,选择顺序和位置非常重要。在多风路的火区构筑密闭墙时,应视火区范围、火势大小、瓦斯涌出量等情况综合分析后,决定火区巷道的封闭顺序。

在无瓦斯爆炸危险的矿井,应先考虑封闭主要进、回风巷,后封闭其他次要巷道。

在有瓦斯爆炸危险的矿井,应先考虑封闭其他次要巷道和其他瓦斯源,后封闭主要进、回风巷。

火区封闭时,重要的是封闭主要进、回风巷道,这关系到灭火效果,也关系到灭火人员的安全。因此,合理地确定主要进、回风巷的封闭顺序非常关键。常用的方法有以下几种:

(1) 先进后回,即先封闭进风巷,后封闭回风巷。采用这种封闭方法能迅速减少火区流向回风侧的风量,使火势减弱,为建造回风侧密闭墙创造一定的安全条件。但进风侧构筑密闭墙,将导致火区内风流压力急剧降低。火区漏风供氧增加,区内风流更易紊乱,烟流浓度加大,也增大了回风侧密闭构筑难度和危险。所以,应根据火区具体情况分析其优缺点变化而决策。

(2) 先回后进,即先封闭回风巷,后封闭进风巷。这种封闭方法,使燃烧生成物 CO_2 等惰性气体可反流回火区,使火区空气成分惰化,有助于灭火。这种方法一旦出现突发事故,人员不便撤出,所以一般不采用此种封闭顺序。

(3) 进、回风同时封闭,即进风巷和回风巷同时构筑密闭墙。这种方法封闭时间短,能快速封闭火区,切断供氧,火区内瓦斯不易达到爆炸浓度,密闭墙在完全封闭前还可以保持火区通风,所以该封闭顺序是首选。

在构筑密闭墙过程中,要留有一定断面的通风口,保证供给的风量,将火区内瓦斯浓度控制在爆炸界限以下,当构筑完成时,在约定时间内,进、回风侧同时封闭,并立即撤出人员。在封闭过程中,必须设专人检查瓦斯、一氧化碳等有害气体。如果瓦斯浓度达到2%时或向火区移动时,所有救灾人员应立即撤至安全地点。在"同时封闭"过程中,注入 CO_2 或 N_2 等惰气,会有利于火区封闭的安全。

火区封闭后,火区内空气成分变化是复杂的。首先氧气浓度会迅速下降,同时 CH_4、CO_2、CO 浓度会增大,有可能发生瓦斯爆炸,所以,封闭结束后,人员必须立即撤离现场。发生瓦斯爆炸时间的长短取决于火区大小、瓦斯涌出量、封闭条件等。

不管采用哪种封闭顺序,在有瓦斯爆炸危险的矿井,在封闭之前必须制定防止瓦斯爆炸的安全技术措施。

2. 封闭火区的方法和原则

(1) 封闭火区的方法。封闭火区的方法有三种:

① 锁风封闭火区。对火区的进回风侧同时密闭,并不保持通风。这种方法适用于氧浓度低于瓦斯爆炸界限(氧浓度<12%)的火区。这种情况虽然少见,但是如果发生火灾后采取调风措施,阻断火区通风,空气中的氧因火源燃烧而大量消耗,也是可能出现的。

② 通风封闭火区。在保持火区通风的条件下,同时构筑进回风两侧的密闭。这时火区中的氧浓度高于失爆界限(氧浓度>12%),封闭时,存在着瓦斯爆炸的危险性。

(2) 封闭火区的原则。封闭火区的原则是"密、小、少、快"。"密"是指密闭墙要严密,尽量少漏风;"小"是指在保障密闭构筑安全前提下密闭范围要尽量小;"少"是指密闭墙的道数要少;"快"是指密闭墙的建造速度要快。在选择密闭墙的位置时,首先考虑火源控制的迫切性以及在进行建造时防止发生瓦斯爆炸,保证救护人员的安全。密闭墙位置的选择合理与否不仅影响灭火效果,而且决定着建造的安全性,矿山救护队曾有不少火区在封闭时因密闭墙的位置选择不合适而造成瓦斯爆炸。

3. 密闭墙的构筑注意事项

(1) 在保证灭火效果和工作人员安全的条件下,尽量缩小火区范围,密闭墙的数量也尽可能地减少。

(2) 为便于作业人员的工作,密闭墙的位置距新鲜风流不应超过 10 m。也不要小于 5 m,以便留出构筑永久密闭墙的位置。

(3) 密闭墙位置应选择在前后 5 m 范围内,围岩应稳定,没有裂缝,巷道平整的位置,以保证密闭墙的严密性和作业人员的安全,否则,应用喷浆或喷混凝土将巷道围岩的裂缝封闭。

(4) 为了防止火区封闭后形成气体积聚,应封闭密闭墙与火源之间的旁侧风路,防止风流逆转发生爆炸。

(5) 封闭地点必须通风良好,要吊挂常开式电子瓦检器或瓦斯探头,监测风流情况。

(6) 封闭前,必须派专人由外向里逐步检查建造地点前后 6 m 范围内的支护、顶板情况,发现问题及时处理。先清理顶、帮和底矸,然后进行架棚,确认无危险后方可封闭。

(7) 封闭前,要做好各项准备,并保证安全出口畅通。

(8) 在密闭墙上,应安设取气样及测温度的管子,并装上放水管。

(9) 保证墙体建筑质量,特别是要保证进风侧墙体的质量,砌墙时,应先留好通风口,将密闭用水泥或黄泥抹平后,方可堵上通风口。

(10) 在火区进风侧构建密闭墙时,应留有通风孔,建成后,在规定的时间按顺序调好风压,同时关闭进、回风通风孔。

4. 其他

火区封闭后,按规定时间对灾区情况进行观察,待各项气体指标稳定后,在进行加固密闭或从事其他工作。

第七百一十四条　处理瓦斯(煤尘)爆炸事故时,应当遵守下列规定:

(一) 立即切断灾区电源。

(二) 检查灾区内有害气体的浓度、温度及通风设施破坏情况,发现有再次爆炸危险时,必须立即撤离至安全地点。

(三) 进入灾区行动要谨慎,防止碰撞产生火花,引起爆炸。

(四) 经侦察确认或者分析认定人员已经遇难,并且没有火源时,必须先恢复灾区通风,再进行处理。

【释义】　本条是关于处理瓦斯(煤尘)爆炸事故的规定。

当矿井发生瓦斯、煤尘爆炸事故时,因通风设施在冲击波的作用下遭到摧毁,整个通风系统紊乱,容易引起火灾和连续爆炸,增加救灾难度,造成事故进一步扩大。因此,在处理这类事故时,如何采取正确措施,积极抢救人员,防止连续爆炸并保证救护人员的安全,就显得十分重要。

视频

小队进入灾区前,要切断灾区电源,观察灾区气体、温度和风流的变化情况。在切断电源时,应远距离操作,不能在灾区直接断电,以防产生火花,引起爆炸伤人;当有爆炸危险时,必须立即撤离到安全地点,并采取措施排除爆炸危险。

发现明火要及时扑灭,沿途行动要采取除尘、降温的洒水措施,避免火灾扩大或再次引爆事故。如火灾扩大,灭火无效或有再次爆炸危险时,要及时封闭或立即撤离到安全地点。

处理爆炸事故时,通风管理将起到决定性作用。为了排除爆炸产生的有毒有害气体,抢救人员,要在查清确无火源的基础上,建立临时通风设施,恢复通风,排除有毒有害气体。为抢救遇险人员,可采取局部反风措施。

救护队侦察结束后,确定人员已经遇难,在没有火源的情况下,先恢复灾区通风,再进行处理,是处理矿井爆炸事故的重要行动原则。因为矿井发生爆炸事故后,会产生大量的有毒有害气体,氧气浓度也会显著减少,会对抢险救灾人员的生命安全构成严重的威胁。特别是在灾区巷道较长、有害气体浓度大、支架损坏严重的情况下,救护队员进入灾区搬运遇难人员,不仅增加了劳动强度,也可能会造成次生灾害事故。因此,在查清没有火源的前提下,必须先恢复灾区通风,改善工作环境,保障救护队员的安全,再进行处理。在不能确定人员是否已经遇难时,救护小队要在保证自身安全的情况下,进入灾区进行抢救工作。

第七百一十五条 发生煤(岩)与瓦斯突出事故,不得停风和反风,防止风流紊乱扩大灾情。通风系统及设施被破坏时,应当设置风障、临时风门及安装局部通风机恢复通风。

恢复突出区通风时,应当以最短的路线将瓦斯引入回风巷。回风井口 50 m 范围内不得有火源,并设专人监视。

是否停电应当根据井下实际情况决定。

处理煤(岩)与二氧化碳突出事故时,还必须加大灾区风量,迅速抢救遇险人员。矿山救护队进入灾区时要戴好防护眼镜。

【释义】 本条是关于处理煤与瓦斯突出事故的规定。

视频

煤(岩)与瓦斯突出事故发生后,可会造成通风系统的破坏,使回风侧、进风侧产生高浓度瓦斯,使空气中的氧气浓度急剧下降,可能引发瓦斯爆炸。因此,在处理这类事故时,矿山救护队应尽快恢复正常通风,阻止高浓度瓦斯向进风侧蔓延;还可以采取风流短路的方法,将高浓度瓦斯引入回风道,起到救人和排放瓦斯的作用。在排放过程中,由于瓦斯浓度较高,容易引起燃烧和爆炸,应对回风井一定距离内的火源进行严格控制。

发生煤与瓦斯突出事故后,若需要切断灾区的电源,则应远距离操作,防止产生电火花引起爆炸造成作业人员伤亡。当瓦斯影响区遍及全矿井时,要慎重考虑矿井被水淹的危险,若没有危险,应在灾区以外切断电源;若有危险,应加强通风,特别是加强电气设备处的通风,排除有害气体,防止积聚。

第七百一十六条 处理水灾事故时,应当遵守下列规定:

(一)迅速了解和分析水源、突水点、影响范围、事故前人员分布、矿井具有生存条件的地点及其进入的通道等情况。根据被堵人员所在地点的空间、氧气、瓦斯浓度以及救出被困人员所需的大致时间制定相应救灾方案。

(二)尽快恢复灾区通风,加强灾区气体检测,防止发生瓦斯爆炸和有害气体中毒、窒息事故。

(三)根据情况综合采取排水、堵水和向井下人员被困位置打钻等措施。

(四)排水后进行侦察抢险时,注意防止冒顶和二次突水事故的发生。

【释义】 本条是关于处理水灾事故的规定。

(1) 救护队到达事故矿井后,应了解灾区情况、水源、突水地点、影响范围、事故前人员分布、生存条件地点及进入的通道等,并分析计算被堵人员所在空间体积及 O_2、CO_2、CH_4 的浓度,计算出遇险人员最短生存时间。根据水害受灾面积、水量和涌水速度,提出增大排水设备能力、抢救被困人员的有关建议。

视频

(2) 透水后,判断遇险人员是否有生存条件的主要根据有:

① 遇险人员所处位置是否有空气存在。当遇险地点比外部最高水位的标高高时,如无特殊情况,肯定遇险地点有空气存在,这是遇险人员生存的基本条件。抢救原则是在正常排水的情况下,若条件具备利用打钻等方法向被困人员提供新鲜空气、饮料及食物。当遇险地点比外部最高水位的标高低时,大致有以下两类情况:

a. 由于井下发生透水事故时,一般来势汹涌,水向下奔流时,随水位逐步升高,将透水点下部巷道中的空气逐渐挤出,直至下部巷道全部被水淹没。这就是说,井下发生透水事故时,水能直接涌入位于透水点下部的巷道,该巷道随水位逐渐升高而被水淹没,不会有空气存在。

b. 矿井发生透水事故后,水首先将下部的水平或倾斜巷道淹没,使这些巷道没有排泄空气的间隙。而与这些巷道相通的上部独头巷道,即使低于外部水位时,也不会全部被水淹,仍有被压缩的空气存在,在这些巷道中工作的人员就具备生存的条件。在抢救遇险人员时,禁止向此类避险区域打钻,防止泄压,造成水位上升,将遇险人员所在地点淹没。

② 遇险人员被堵地点的空气质量。主要根据井下被堵空间空气中的氧气浓度由 20%下降到 10%或 CO_2 含量由 0.5%增加到 10%计算,求出遇险人员可能生存的两个时间值,应取用其中数小的一个。还应考虑在井下被堵空间的空气中有害气体的含量超过《规程》规定的最高容许浓度,对人体会有危险。

③ 维持遇险人员生命的能量。食物是人员生存的重要条件,在断绝食物而只喝水的情况下,人员并不会立即死亡。如果既不吃又不喝,则生命只能维持几天。水虽然没有营养价值,但人员在断绝食物来源的情况下,喝水可以促进体内新陈代谢,消耗体内存储的糖、脂肪和蛋白质,以维持人体的能量供给。

第七百一十七条　处理顶板事故时,应当遵守下列规定:

(一) 迅速恢复冒顶区的通风。如不能恢复,应当利用压风管、水管或者打钻向被困人员供给新鲜空气、饮料和食物。

(二) 指定专人检查甲烷浓度、观察顶板和周围支护情况,发现异常,立即撤出人员。

(三) 加强巷道支护,防止发生二次冒顶、片帮,保证退路安全畅通。

【释义】 本条是关于处理顶板事故的规定。

(1) 发生冒顶事故后,救护队应配合现场人员一起救助遇险人员。如果通风系统遭到破坏,应迅速恢复通风。抢救被埋、被堵人员时,通过呼喊、敲击等方法,或采用生命探测仪器判断遇险人员位置,并与其联系,可采用掘小巷、绕道或使用临时支护通过冒落区接近遇险者;一时无法接近时,应设法利用钻孔、压风管路等提供新鲜空气、饮料和食物。

视频

(2) 在处理冒顶事故前,救护队应向冒顶区域的有关人员了解事故发生原因、冒顶区域顶板特性、事故前人员分布位置、检查瓦斯浓度等,并实地查看周围支架和顶板情况,在危及救护人员安全时,首先应加固附近支架,保证退路安全畅通。

第七百一十八条 处理冲击地压事故时,应当遵守下列规定:

(一)分析再次发生冲击地压灾害的可能性,确定合理的救援方案和路线。

(二)迅速恢复灾区的通风。恢复独头巷道通风时,应当按照排放瓦斯的要求进行。

(三)加强巷道支护,保证安全作业空间。巷道破坏严重、有冒顶危险时,必须采取防止二次冒顶的措施。

(四)设专人观察顶板及周围支护情况,检查通风、瓦斯、煤尘,防止发生次生事故。

【释义】 本条是关于处理冲击地压事故的规定。

视频

处理冲击地压事故前,必须根据现场实际情况,分析再次发生冲击地压灾害的可能性,确认事故现场的安全保证程度,制定应急方案,必要时先对危险区域进行处理,防止事故的扩大。

抢险救灾之前,通风部门必须安排人员到达事故现场安全地带监测通风、有害气体等情况,必要时,采取临时措施改善事故区域通风状况,降低有害气体浓度,瓦斯超限的区域必须切断电源。

抢救遇险人员,首先恢复事故发生地点支护,清理退路的障碍物,保证畅通。如顶板完好,只是帮部煤体冲出,可采用沿已冲击帮打贴帮点柱或架设抬棚等措施;如顶板破碎,可采用掏梁窝架设单腿棚等进行处理。

第七百一十九条 处理露天矿边坡和排土场滑坡事故时,应当遵守下列规定:

(一)在事故现场设置警戒区域和警示牌,禁止人员进入警戒区域。

(二)救援人员和抢险设备必须从滑体两侧安全区域实施救援。

(三)应当对滑体进行观测,发现有威胁救援人员安全的情况时立即撤离。

【释义】 本条是关于处理露天矿边坡和排土场滑坡事故的规定。

滑坡发生后,因坡体的稳定性遭到破坏,造成表面松动,部分碎石和其他物体继续下滑,为防止碎石滑落伤人,便于事故救援和处理,在事故现场设置警戒区域和警示牌,设立安全岗哨,禁止人员进入警戒区域。

滑坡活动分为不稳定因素累积阶段、重力崩坠阶段和平衡恢复阶段,这三个阶段经过若干周期变化,最终才能达到滑坡平衡稳定。其中某个平衡恢复阶段又是下一次滑坡的准备阶段,存在下一次滑坡的危险性。救援人员和抢险设备必须从滑体两侧安全区域实施救援。处理滑坡事故时,应有专门人员负责对滑体进行观测,发现有威胁救援人员安全的情况时立即撤离。

附　　则

第七百二十条　本规程自2016年10月1日起施行。

【释义】　本条是关于《规程》实施时间的规定。

《规程》从2016年10月1日起施行，从此日起发生效力，必须遵照执行。《规程》是法律法规规定的具体体现，是煤矿安全生产的行为准则，是煤矿职工的操作指南，在全国煤矿安全生产中具有很高的地位，必须严格遵照执行。

第七百二十一条　条款中出现的“必须”“严禁”“应当”“可以”等说明如下：表示很严格，非这样做不可的，正面词一般用“必须”，反面词用“严禁”；表示严格，在正常情况下均应这样做的，正面词一般用“应当”，反面词一般用“不应或不得”；表示允许选择，在一定条件下可以这样做的，采用“可以”。

【释义】　本条是关于《规程》条款用词说明的规定。

对《规程》出现的一些限制性的用词进行说明，以免执行中产生歧义。

附录1 主要名词解释

薄煤层 地下开采时厚度1.3 m以下的煤层;露天开采时厚度3.5 m以下的煤层。

中厚煤层 地下开采时厚度1.3～3.5 m的煤层;露天开采时厚度3.5～10 m的煤层。

厚煤层 地下开采时厚度3.5 m以上的煤层;露天开采时厚度10 m以上的煤层。

近水平煤层 地下开采时倾角8°以下的煤层;露天开采时倾角5°以下的煤层。

缓倾斜煤层 地下开采时倾角8°～25°的煤层;露天开采时倾角5°～10°的煤层。

倾斜煤层 地下开采时倾角25°～45°的煤层;露天开采时倾角10°～45°的煤层。

急倾斜煤层 地下或露天开采时倾角在45°以上的煤层。

近距离煤层 煤层群层间距离较小,开采时相互有较大影响的煤层。

井巷 为进行采掘工作在煤层或岩层内所开凿的一切空硐。

水平 沿煤层走向某一标高布置运输大巷或总回风巷的水平面。

阶段 沿一定标高划分的一部分井田。

区段(分阶段、小阶段) 在阶段内沿倾斜方向划分的开采块段。

主要运输巷 运输大巷、运输石门和主要绞车道的总称。

运输大巷(阶段大巷、水平大巷或主要平巷) 为整个开采水平或阶段运输服务的水平巷道。开凿在岩层中的称岩石运输大巷;为几个煤层服务的称集中运输大巷。

石门 与煤层走向正交或斜交的岩石水平巷道。

主要绞车道(中央上、下山或集中上、下山) 不直接通到地面,为一个水平或几个采区服务并装有绞车的倾斜巷道。

上山 在运输大巷向上,沿煤岩层开凿,为1个采区服务的倾斜巷道。按用途和装备分为:输送机上山、轨道上山、通风上山和人行上山等。

下山 在运输大巷向下,沿煤岩层开凿,为1个采区服务的倾斜巷道。按用途和装备分为:输送机下山、轨道下山、通风下山和人行下山等。

采掘工作面 采煤工作面和掘进工作面的总称。

阶檐 台阶工作面中台阶的错距。

老空 采空区、老窑和已经报废的井巷的总称。

采空区 回采以后不再维护的空间。

锚喷支护 联合使用锚杆和喷混凝土或喷浆的支护。

喷体支护 喷射水泥砂浆和喷射混凝土作为井巷支护的总称。

水力采煤 利用水力或水力机械开采和水力或机械运输提升的机械化采煤技术。

冻结壁交圈 各相邻冻结孔的冻结圆柱逐步扩大,相互连接,开始形成封闭的冻结壁的现象。

止浆岩帽 井巷工作面预注浆时,暂留在含水层上方或前方能够承受最大注浆压力(压强)并防止向掘进工作面漏浆、跑浆的岩柱。

混凝土止浆垫 井筒工作面预注浆时,预先在含水层上方构筑的,能够承受最大注浆压力(压强)并防止向掘进工作面漏跑浆的混凝土构筑物。

冲击地压(岩爆)　井巷或工作面周围煤(岩)体,由于弹性变形能的瞬时释放而产生的突然、剧烈破坏的动力现象。常伴有煤岩体抛出、巨响及气浪等现象。

主要风巷　总进风巷、总回风巷、主要进风巷和主要回风巷的总称。

进风巷　进风风流所经过的巷道。为全矿井或矿井一翼进风用的叫总进风巷;为几个采区进风用的叫主要进风巷;为1个采区进风用的叫采区进风巷,为1个工作面进风用的叫工作面进风巷。

回风巷　回风风流所经过的巷道。为全矿井或矿井一翼回风用的叫总回风巷;为几个采区回风用的叫主要回风巷;为1个采区回风用的叫采区回风巷;为1个工作面回风用的叫工作面回风巷。

专用回风巷　在采区巷道中,专门用于回风,不得用于运料、安设电气设备的巷道。在煤(岩)与瓦斯(二氧化碳)突出区,专用回风巷内还不得行人。

采煤工作面的风流　采煤工作面工作空间中的风流。

掘进工作面的风流　掘进工作面到风筒出风口这一段巷道中的风流。

分区通风(并联通风)　井下各用风地点的回风直接进入采区回风巷或总回风巷的通风方式。

串联通风　井下用风地点的回风再次进入其他用风地点的通风方式。

扩散通风　利用空气中分子的自然扩散运动,对局部地点进行通风的方式。

独立风流　从主要进风巷分出的,经过爆炸材料库或充电硐室后再进入主要回风巷的风流。

全风压　通风系统中主要通风机出口侧和进口侧的总风压差。

火风压　井下发生火灾时,高温烟流流经有高差的井巷所产生的附加风压。

局部通风　利用局部通风机或主要通风机产生的风压对局部地点进行通风的方法。

循环风　局部通风机的回风,部分或全部再进入同一部局部通风机的进风风流中。

主要通风机　安装在地面的,向全矿井、一翼或1个分区供风的通风机。

辅助通风机　某分区通风阻力过大、主要通风机不能供给足够风量时,为了增加风量而在该分区使用的通风机。

局部通风机　向井下局部地点供风的通风机。

上行通风　风流沿采煤工作面由下向上流动的通风方式。

下行通风　风流沿采煤工作面由上向下流动的通风方式。

瓦斯　矿井中主要由煤层气构成的以甲烷为主的有害气体。有时单独指甲烷。

瓦斯(二氧化碳)浓度　瓦斯(二氧化碳)在空气中按体积计算占有的比率,以%表示。

瓦斯涌出　由受采动影响的煤层、岩层,以及由采落的煤、矸石向井下空间均匀地放出瓦斯的现象。

瓦斯(二氧化碳)喷出　从煤体或岩体裂隙、孔洞或炮眼中大量瓦斯(二氧化碳)异常涌出的现象。在20 m巷道范围内,涌出瓦斯量大于或等于1.0 m^3/min,且持续时间在8 h以上时,该采掘区即定为瓦斯(二氧化碳)喷出危险区域。

煤尘爆炸危险煤层　经煤尘爆炸性试验鉴定证明其煤尘有爆炸性的煤层。

岩粉　专门生产的、用于防止爆炸及其传播的惰性粉末。

煤(岩)与瓦斯突出 在地应力和瓦斯的共同作用下,破碎的煤、岩和瓦斯由煤体或岩体内突然向采掘空间抛出的异常的动力现象。

保护层 为消除或削弱相邻煤层的突出或冲击地压危险而先开采的煤层或矿层。

石门揭煤 石门自底(顶)板岩柱穿过煤层进入顶(底)板的全部作业过程。

水淹区域 被水淹没的井巷和被水淹没的老空的总称。

矿井正常涌水量 矿井开采期间,单位时间内流入矿井的水量。

矿井最大涌水量 矿井开采期间,正常情况下矿井涌水量的高峰值。主要与人为条件和降雨量有关。

安全水头值 隔水层能承受含水层的最大水头压力值。

不燃性材料 受到火焰或高温作用时,不着火、不冒烟、也不被烧焦者,包括所有天然和人工的无机材料以及建筑中所用的金属材料。

永久性爆炸物品库 使用期限在2年以上的爆炸物品库。

瞬发电雷管 通电后瞬时爆炸的电雷管。

延期电雷管 通电后隔一定时间爆炸的电雷管;按延期间隔时间不同,分秒延期电雷管和毫秒延期电雷管。

最小抵抗线 从装药重心到自由面的最短距离。

正向起爆 起爆药包位于柱状装药的外端,靠近炮眼口,雷管底部朝向眼底的起爆方法。

反向起爆 起爆药包位于柱状装药的里端,靠近或在炮眼底,雷管底部朝向炮眼口的起爆方法。

裸露爆破 在岩体表面上直接贴敷炸药或再盖上泥土进行爆破的方法。

拒爆(瞎炮) 起爆后,爆炸材料未发生爆炸的现象。

熄爆(不完全爆炸) 爆轰波不能沿炸药继续传播而中止的现象。

机车 架线电机车、蒸汽机车、蓄电池电机车和内燃机车的总称。

电机车 架线电机车和蓄电池电机车的总称。

单轨吊车 在悬吊的单轨上运行,由驱动车或牵引车(钢丝绳牵引用)、制动车、承载车等组成的运输设备。

卡轨车 装有卡轨轮,在轨道上行驶的车辆。

齿轨机车 借助道床上的齿条与机车上的齿轮实现增加爬坡能力的矿用机车。

胶套轮机车 钢车轮踏面包敷特种材料以加大粘着系数提高爬坡能力的矿用机车。

提升装置 绞车、摩擦轮、天轮、导向轮、钢丝绳、罐道、提升容器和保险装置等的总称。

主要提升装置 含有提人绞车及滚筒直径2 m以上的提升物料的绞车的提升装置。

提升容器 升降人员和物料的容器,包括罐笼、箕斗、带乘人间的箕斗、吊桶等。

防坠器 钢丝绳或连接装置断裂时,防止提升容器坠落的保护装置。

挡车装置 阻车器和挡车栏等的总称。

挡车栏 安装在上、下山,防止矿车跑车事故的安全装置。

阻车器(挡车器) 装在轨道侧旁或罐笼、翻车机内使矿车停车、定位的装置。

跑车防护装置 在倾斜井巷内安设的能够将运行中断绳或脱钩的车辆阻止住的装置或设施。

最大内、外偏角　钢丝绳从天轮中心垂直面到滚筒的直线同钢丝绳在滚筒上最内、最外位置到天轮中心的直线所成的角度。

常用闸　绞车正常操作控制用的工作闸。

保险闸　在提升系统发生异常现象，需要紧急停车时，能按预先给定的程序施行紧急制动装置，也叫紧急闸或安全闸。

罐道　提升容器在立井井筒中上下运行时的导向装置。罐道可分为刚性罐道（木罐道、钢轨罐道、组合钢罐道）和柔性罐道（钢丝绳罐道）。

罐座（闸腿，罐托）　罐笼在井底、井口装卸车时的托罐装置。

摇台　罐笼装卸车时与井口、马头门处轨道联结用的活动平台。

矿用防爆特殊型电机车　电动机、控制器、灯具、电缆插销等为隔爆型，蓄电池采用特殊防爆措施的蓄电池电机车。

机车制动距离　司机开始扳动闸轮或电闸手把到列车完全停止的运行距离。机车制动距离包括空行程距离和实际制动距离。

移动式电气设备　在工作中必须不断移动位置，或安设时不需构筑专门基础并且经常变动其工作地点的电气设备。

手持式电气设备　在工作中必须用人手保持和移动设备本体或协同工作的电气设备。

固定式电气设备　除移动式和手持式以外的安设在专门基础上的电气设备。

带电搬迁　设备在带电状态下进行搬动（移动）安设位置的操作。

矿用一般型电气设备　专为煤矿井下条件生产的不防爆的一般型电气设备，这种设备与通用设备比较对介质温度、耐潮性能、外壳材质及强度、进线装置、接地端子都有适应煤矿具体条件的要求，而且能防止从外部直接触及带电部分及防止水滴垂直滴入，并对接线端子爬电距离和空气间隙有专门的规定。

矿用防爆电气设备　系指按 GB 3836.1 标准生产的专供煤矿井下使用的防爆电气设备。

本规程中采用的矿用防爆型电气设备，除了符合 GB 3836.1 的规定外，还必须符合专用标准和其他有关标准的规定，其型式包括隔爆型电气设备、增安型电气设备、本质安全型电气设备等。

检漏装置　当电力网路中漏电电流达到危险值时，能自动切断电源的装置。

欠电压释放保护装置　即低电压保护装置，当供电电压低至规定的极限值时，能自动切断电源的继电保护装置。

阻燃电缆　遇火点燃时，燃烧速度很慢，离开火源后即自行熄灭的电缆。

接地装置　各接地极和接地导线、接地引线的总称。

总接地网　用导体将所有应连接的接地装置连成的1个接地系统。

局部接地极　在集中或单个装有电气设备（包括连接动力铠装电缆的接线盒）的地点单独埋设的接地极。

接地电阻　接地电压与通过接地极流入大地电流值之比。

露天采场　具有完整的生产系统，进行露天开采的场所。

工作帮　由正在开采的台阶部分组成的边帮。

非工作帮　由已结束开采的台阶部分组成的边帮。

边帮角(边坡角) 边帮面与水平面的夹角。

剥离 在露天采场内采出剥离物的作业。

剥离物 露天采场内的表土、岩层和不可采矿体。

台阶 按剥离、采矿或排土作业的要求,以一定高度划分的阶梯。

平盘(平台) 台阶的水平部分。

台阶高度 台阶上、下平盘之间的垂直距离。

坡顶线 台阶上部平盘与坡面的交线。

坡底线 台阶下部平盘与坡面的交线。

安全平盘 为保持边帮稳定和阻拦落石而设的平盘。

折返坑线 运输设备运行中按“之”字形改变运行方向的坑线。

原岩 未受采掘影响的天然岩体。

边帮监测 对边帮岩体变形及相应现象进行观察和测定的工作。

排土线 排土场内供排卸剥离物的台阶线路。

采装 用挖掘设备铲挖土岩并装入运输设备的工艺环节。

上装 挖掘设备站立水平低于与其配合的运输设备站立水平进行的采装作业。

连续开采工艺 采装、移运和排卸作业均采用连续式设备形成连续物料流的开采工艺。

安全区 露天煤矿开采平盘上不受采装及运输威胁的范围。

安全标志 在安全区范围设置的醒目记号和装置。

挖掘机 用铲斗从工作面铲装剥离物或矿产品并将其运至排卸地点卸装的自行式采掘机械。

穿孔机 露天煤矿钻孔的设备。

轮斗挖掘机(轮斗铲) 靠装在臂架前端的斗轮转动,由斗轮周边的铲斗轮流挖取剥离物或矿产品的一种连续式多斗挖掘机。

推(排)土犁 在轨道上行驶,用侧开板把剥离物外推并平整路基的排土机械。

滑坡 边帮岩体沿滑动面滑动的现象。

台阶坡面角 台阶坡面与水平面的夹角。

边坡稳定分析 分析边坡岩体稳定程度的工作。

最终边坡 露天采场开采结束时的边坡。

滑体 滑坡产生的滑动岩体。

塌落 边帮局部岩体突然片落的现象。

外部排土场 建在露天采场以外的排土场。

内部排土场 建在露天采场以内的排土场。

排土场滑坡 排土场松散土岩体自身的或随基底的变形或滑动。

固定线路 长期固定不移动的运输线路。

接触网 沿电气化铁路架设的供电网路,由承力索、吊弦和接能导线等组成。

电力牵引 用电能作为铁路运输动力能源的牵引方式。

路堑 线路低于地面用挖土的方法修筑的路基。

粉尘 煤尘、岩尘和其他有毒有害粉尘的总称。

呼吸性粉尘 能被吸入人体肺泡区的浮尘。

附录2 《煤矿安全规程》修订条文对比

《煤矿安全规程》(2016)	《煤矿安全规程》(2022)
第四条 从事煤炭生产与煤矿建设的企业(以下统称煤矿企业)必须遵守国家有关安全生产的法律、法规、规章、规程、标准和技术规范。 煤矿企业必须加强安全生产管理,建立健全各级负责人、各部门、各岗位安全生产与职业病危害防治责任制。 煤矿企业必须建立健全安全生产与职业病危害防治目标管理、投入、奖惩、技术措施审批、培训、办公会议制度,安全检查制度,事故隐患排查、治理、报告制度,事故报告与责任追究制度等。 煤矿企业必须建立各种设备、设施检查维修制度,定期进行检查维修,并做好记录。 煤矿必须制定本单位的作业规程和操作规程。	**第四条** 从事煤炭生产与煤矿建设的企业(以下统称煤矿企业)必须遵守国家有关安全生产的法律、法规、规章、规程、标准和技术规范。 煤矿企业必须加强安全生产管理,建立健全各级负责人、各部门、各岗位安全生产与职业病危害防治责任制。 煤矿企业必须建立健全安全生产与职业病危害防治目标管理、投入、奖惩、技术措施审批、培训、办公会议制度,安全检查制度,安全风险分级管控工作制度,事故隐患排查、治理、报告制度,事故报告与责任追究制度等。 煤矿企业必须制定重要设备材料的查验制度,做好检查验收和记录,防爆、阻燃抗静电、保护等安全性能不合格的不得入井使用。 煤矿企业必须建立各种设备、设施检查维修制度,定期进行检查维修,并做好记录。 煤矿必须制定本单位的作业规程和操作规程。
第十条 煤矿使用的纳入安全标志管理的产品,必须取得煤矿矿用产品安全标志。未取得煤矿矿用产品安全标志的,不得使用。 试验涉及安全生产的新技术、新工艺必须经过论证并制定安全措施;新设备、新材料必须经过安全性能检验,取得产品工业性试验安全标志。 严禁使用国家明令禁止使用或淘汰的危及生产安全和可能产生职业病危害的技术、工艺、材料和设备。	**第十条** 煤矿使用的纳入安全标志管理的产品,必须取得煤矿矿用产品安全标志。未取得煤矿矿用产品安全标志的,不得使用。 试验涉及安全生产的新技术、新工艺必须经过论证并制定安全措施;新设备、新材料必须经过安全性能检验,取得产品工业性试验安全标志。 积极推广自动化、智能化开采,减少井下作业人数。 严禁使用国家明令禁止使用或者淘汰的危及生产安全和可能产生职业病危害的技术、工艺、材料和设备。

第九十五条 采(盘)区开采前必须按照生产布局和资源回收合理的要求编制采(盘)区设计,并严格按照采(盘)区设计组织施工,情况发生变化时及时修改设计。 一个采(盘)区内同一煤层的一翼最多只能布置1个采煤工作面和2个煤(半煤岩)巷掘进工作面同时作业。一个采(盘)区内同一煤层双翼开采或者多煤层开采的,该采(盘)区最多只能布置2个采煤工作面和4个煤(半煤岩)巷掘进工作面同时作业。 采掘过程中严禁任意扩大和缩小设计确定的煤柱。采空区内不得遗留未经设计确定的煤柱。 严禁任意变更设计确定的工业场地、矿界、防水和井巷等的安全煤柱。 严禁在高速铁路下开采安全煤柱。 下山采区未形成完整的通风、排水等生产系统前,严禁掘进回采巷道。	**第九十五条** 一个矿井同时回采的采煤工作面个数不得超过3个,煤(半煤岩)巷掘进工作面个数不得超过9个。严禁以掘代采。 采(盘)区开采前必须按照生产布局和资源回收合理的要求编制采(盘)区设计,并严格按照采(盘)区设计组织施工,情况发生变化时及时修改设计。 一个采(盘)区内同一煤层的一翼最多只能布置1个采煤工作面和2个煤(半煤岩)巷掘进工作面同时作业。一个采(盘)区内同一煤层双翼开采或者多煤层开采的,该采(盘)区最多只能布置2个采煤工作面和4个煤(半煤岩)巷掘进工作面同时作业。 在采动影响范围内不得布置2个采煤工作面同时回采。 下山采区未形成完整的通风、排水等生产系统前,严禁掘进回采巷道。 严禁任意开采非垮落法管理顶板留设的支承采空区顶板和上覆岩层的煤柱,以及采空区安全隔离煤柱。 采掘过程中严禁任意扩大和缩小设计确定的煤柱。采空区内不得遗留未经设计确定的煤柱。 严禁任意变更设计确定的工业场地、矿界、防水和井巷等的安全煤柱。 严禁开采和毁坏高速铁路的安全煤柱。
第一百一十五条 采用放顶煤开采时,必须遵守下列规定: (一)矿井第一次采用放顶煤开采,或者在煤层(瓦斯)赋存条件变化较大的区域采用放顶煤开采时,必须根据顶板、煤层、瓦斯、自然发火、水文地质、煤尘爆炸性、冲击地压等地质特征和灾害危险性进行可行性论证和设计,并由煤矿企业组织行业专家论证。 (二)针对煤层开采技术条件和放顶煤开采工艺特点,必须制定防瓦斯、防火、防尘、防水、采放煤工艺、顶板支护、初采和工作面收尾等安全技术措施。	**第一百一十五条** 采用放顶煤开采时,必须遵守下列规定: (一)矿井第一次采用放顶煤开采,或者在煤层(瓦斯)赋存条件变化较大的区域采用放顶煤开采时,必须根据顶板、煤层、瓦斯、自然发火、水文地质、煤尘爆炸性、冲击地压等地质特征和灾害危险性进行可行性论证和设计,并由煤矿企业组织行业专家论证。 (二)针对煤层开采技术条件和放顶煤开采工艺特点,必须制定防瓦斯、防火、防尘、防水、采放煤工艺、顶板支护、初采和工作面收尾等安全技术措施。

（三）放顶煤工作面初采期间应当根据需要采取强制放顶措施，使顶煤和直接顶充分垮落。 （四）采用预裂爆破处理坚硬顶板或者坚硬顶煤时，应当在工作面未采动区进行，并制定专门的安全技术措施。严禁在工作面内采用炸药爆破方法处理未冒落顶煤、顶板及大块煤（矸）。 （五）高瓦斯、突出矿井的容易自燃煤层，应当采取以预抽方式为主的综合抽采瓦斯措施和综合防灭火措施，保证本煤层瓦斯含量不大于6 m^3/t。 （六）严禁单体支柱放顶煤开采。 有下列情形之一的，严禁采用放顶煤开采： （一）缓倾斜、倾斜厚煤层的采放比大于1∶3，且未经行业专家论证的；急倾斜水平分段放顶煤采放比大于1∶8的。 （二）采区或者工作面采出率达不到矿井设计规范规定的。 ~~（三）煤层有突出危险的。~~ （四）坚硬顶板、坚硬顶煤不易冒落，且采取措施后冒放性仍然较差，顶板垮落充填采空区的高度不大于采放煤高度的。 （五）~~矿井水文地质条件复杂，~~放顶煤开采后有可能与地表水、老窑积水和强含水层导通的。 （六）放顶煤开采后有可能沟通火区的。	（三）放顶煤工作面初采期间应当根据需要采取强制放顶措施，使顶煤和直接顶充分垮落。 （四）采用预裂爆破处理坚硬顶板或者坚硬顶煤时，应当在工作面未采动区进行，并制定专门的安全技术措施。严禁在工作面内采用炸药爆破方法处理未冒落顶煤、顶板及大块煤（矸）。 （五）高瓦斯、突出矿井的容易自燃煤层，应当采取以预抽方式为主的综合抽采瓦斯措施，保证本煤层瓦斯含量不大于6 m^3/t，并采取综合防灭火措施。 （六）严禁单体支柱放顶煤开采。 有下列情形之一的，严禁采用放顶煤开采： （一）缓倾斜、倾斜厚煤层的采放比大于1∶3，且未经行业专家论证的；急倾斜水平分段放顶煤采放比大于1∶8的。 （二）采区或者工作面采出率达不到矿井设计规范规定的。 （三）坚硬顶板、坚硬顶煤不易冒落，且采取措施后冒放性仍然较差，顶板垮落充填采空区的高度不大于采放煤高度的。 （四）放顶煤开采后有可能与地表水、老窑积水和强含水层导通的。 （五）放顶煤开采后有可能沟通火区的。
第一百一十九条　使用掘进机、掘锚一体机、连续采煤机掘进时，必须遵守下列规定： （一）开机前，在确认铲板前方和截割臂附近无人时，方可启动。采用遥控操作时，司机必须位于安全位置。开机、退机、调机时，必须发出报警信号。 （二）作业时，应当使用内、外喷雾装置，内喷雾装置的工作压力不得小于2 MPa，外喷雾装置的工作压力不得小于4 MPa。	**第一百一十九条**　使用掘进机、掘锚一体机、连续采煤机掘进时，必须遵守下列规定： （一）开机前，在确认铲板前方和截割臂附近无人时，方可启动。采用遥控操作时，司机必须位于安全位置。开机、退机、调机前，必须发出报警信号。 （二）作业时，应当使用内、外喷雾装置，内喷雾装置的工作压力不得小于2 MPa，外喷雾装置的工作压力不得小于4 MPa。在内、外喷雾装置工作稳定性得不到保证的情况下，应当使用与掘进机、掘锚一体机或者连续采煤机联动联控的除降尘装置。

(三)截割部运行时,严禁人员在截割臂下停留和穿越,机身与煤(岩)壁之间严禁站人。 (四)在设备非操作侧,必须装有紧急停转按钮(连续采煤机除外)。 (五)必须装有前照明灯和尾灯。 (六)司机离开操作台时,必须切断电源。 (七)停止工作和交班时,必须将切割头落地,并切断电源。	(三)截割部运行时,严禁人员在截割臂下停留和穿越,机身与煤(岩)壁之间严禁站人。 (四)在设备非操作侧,必须装有紧急停转按钮(连续采煤机除外)。 (五)必须装有前照明灯和尾灯。 (六)司机离开操作台时,必须切断电源。 (七)停止工作和交班时,必须将切割头落地,并切断电源。
第一百九十条 新建突出矿井设计生产能力不得低于0.9 Mt/a,第一生产水平开采深度不得超过800 m;生产矿井延深水平开采深度不得超过1200 m。	**第一百九十条** 新建突出矿井设计生产能力不得低于0.9 Mt/a,第一生产水平开采深度不得超过800 m。中型及以上的突出生产矿井延深水平开采深度不得超过1200 m,小型的突出生产矿井开采深度不得超过600 m。
第一百九十四条 石门、井筒揭穿突出煤层必须编制防突专项设计,并报企业技术负责人审批。	**第一百九十四条** 突出矿井的防突工作应当遵守下列规定: (一)配置满足防突工作需要的防突机构、专业防突队伍、检测分析仪器仪表和设备。 (二)建立防突管理制度和各级岗位责任制,健全防突技术管理和培训制度。突出矿井的管理人员和井下作业人员必须接受防突知识培训,经培训合格后方可上岗作业。 (三)加强两个"四位一体"综合防突措施实施过程的安全管理和质量管控,实现质量可靠、过程可溯、数据可查。区域预测、区域预抽、区域效果检验等的钻孔施工应当采用视频监视等可追溯的措施,并建立核查分析制度。 (四)不具备按照要求实施区域防突措施条件,或者实施区域防突措施时不能满足安全生产要求的突出煤层、突出危险区,不得进行采掘活动,并划定禁采区。 (五)煤层瓦斯压力达到或者超过3 MPa的区域,必须采用地面钻井预抽煤层瓦斯,或者开采保护层的区域防突措施,或者采用井下顶(底)板巷道远程操控方式施工区域防突措施钻孔,并编制专项设计。 (六)井巷揭穿突出煤层必须编制防突专项设计,并报企业技术负责人审批。

突出煤层采掘工作面必须编制防突专项设计。 矿井必须对防突措施的技术参数和效果进行实际考察确定。	(七)突出煤层采掘工作面必须编制防突专项设计。 (八)矿井必须对防突措施的技术参数和效果进行实际考察确定。
第二百零九条 采取预抽煤层瓦斯区域防突措施时,应当遵守下列规定: (一)预抽区段煤层瓦斯的钻孔应当控制区段内的整个回采区域、两侧回采巷道及其外侧如下范围内的煤层:倾斜、急倾斜煤层巷道上帮轮廓线外至少20 m,下帮至少10 m;其他煤层为巷道两侧轮廓线外至少各15 m。以上所述的钻孔控制范围均为沿煤层层面方向(以下同)。 (二)穿层钻孔预抽煤巷条带煤层瓦斯区域防突措施的钻孔应当控制整条煤层巷道及其两侧一定范围内的煤层。该范围与(一)中回采巷道外侧的要求相同。 (三)穿层钻孔预抽井巷(含石门、立井、斜井、平硐)揭煤区域煤层瓦斯时,应当控制井巷及其外侧一定范围内的煤层,并在揭煤工作面距煤层最小法向距离7 m以前实施(在构造破坏带应当适当加大距离)。 (四)顺层钻孔预抽煤巷条带煤层瓦斯时,应当控制的煤巷条带前方长度不小于60 m和煤层两侧一定范围,该范围与(一)中回采巷道外侧的要求相同。	**第二百零九条** 采取预抽煤层瓦斯区域防突措施时,应当遵守下列规定: (一)预抽区段煤层瓦斯区域防突措施的钻孔应当控制区段内整个回采区域、两侧回采巷道及其外侧如下范围内的煤层:倾斜、急倾斜煤层巷道上帮轮廓线外至少20 m,下帮至少10 m;其他煤层为巷道两侧轮廓线外至少各15 m。以上所述的钻孔控制范围均为沿煤层层面方向(以下同)。 (二)顺层钻孔或者穿层钻孔预抽回采区域煤层瓦斯区域防突措施的钻孔,应当控制整个回采区域的煤层。 (三)穿层钻孔预抽煤巷条带煤层瓦斯区域防突措施的钻孔,应当控制整条煤层巷道及其两侧一定范围内的煤层,该范围要求与本条(一)的规定相同。 (四)穿层钻孔预抽井巷(含石门、立井、斜井、平硐)揭煤区域煤层瓦斯区域防突措施的钻孔,应当在揭煤工作面距煤层最小法向距离7 m以前实施,并控制井巷及其外侧至少以下范围的煤层:揭煤处巷道轮廓线外12 m(急倾斜煤层底部或者下帮6 m),且应当保证控制范围的外边缘到巷道轮廓线(包括预计前方揭煤段巷道的轮廓线)的最小距离不小于5 m。当区域防突措施难以一次施工完成时可分段实施,但每一段都应当能够保证揭煤工作面到巷道前方至少20 m之间的煤层内,区域防突措施控制范围符合上述要求。 (五)顺层钻孔预抽煤巷条带煤层瓦斯区域防突措施的钻孔,应当控制的煤巷条带前方长度不小于60 m,煤巷两侧控制范围要求与本条(一)的规定相同。钻孔预抽煤层瓦斯的有效抽采时间不得少于20天,如果在钻孔施工过程中发现有喷孔、顶钻或者卡钻等动力现象的,有效抽采时间不得少于60天。

(六) 厚煤层分层开采时,预抽钻孔应当控制开采分层及其上部法向距离至少 20 m、下部 10 m 范围内的煤层。	(六) 定向长钻孔预抽煤巷条带煤层瓦斯区域防突措施的钻孔,应当采用定向钻进工艺施工,控制煤巷条带煤层前方长度不小于 300 m 和煤巷两侧轮廓线外一定范围,该范围要求与本条(一)的规定相同。
(七) 应当采取措施确保预抽瓦斯钻孔能够按设计参数控制整个预抽区域。	(七) 厚煤层分层开采时,预抽钻孔应当控制开采分层及其上部法向距离至少 20 m、下部 10 m 范围内的煤层。 (八) 应当采取保证预抽瓦斯钻孔能够按设计参数控制整个预抽区域的措施。
(五) 当煤巷掘进和采煤工作面在预抽防突效果有效的区域内作业时,工作面距未预抽或者预抽防突效果无效范围的前方边界不得小于 20 m。	(九)当煤巷掘进和采煤工作面在预抽防突效果有效的区域内作业时,工作面距前方未预抽或者预抽防突效果无效范围的边界不得小于 20 m。
第二百二十八条 矿井防治冲击地压(以下简称防冲)工作应当遵守下列规定: (一) 设专门的机构与人员。 (二) 坚持"区域先行、局部跟进"的防冲原则。 (三) 必须编制中长期防冲规划与年度防冲计划,采掘工作面作业规程中必须包括防冲专项措施。 (四) 开采冲击地压煤层时,必须采取冲击危险性预测、监测预警、防范治理、效果检验、安全防护等综合性防治措施。 (五) 必须建立防冲培训制度。	**第二百二十八条** 矿井防治冲击地压(以下简称防冲)工作应当遵守下列规定: (一) 设专门的机构与人员。 (二) 坚持"区域先行、局部跟进、分区管理、分类防治"的防冲原则。 (三) 必须编制中长期防冲规划与年度防冲计划,采掘工作面作业规程中必须包括防冲专项措施。 (四) 开采冲击地压煤层时,必须采取冲击危险性预测、监测预警、防范治理、效果检验、安全防护等综合性防治措施。 (五) 必须建立防冲培训制度。 (六) 必须建立冲击危险区人员准入制度,实行限员管理。 (七) 必须建立生产矿长(总工程师)日分析制度和日生产进度通知单制度。 (八) 必须建立防冲工程措施实施与验收记录台账,保证防冲过程可追溯。
	第二百三十条 新建矿井在可行性研究阶段应当进行冲击地压评估工作,并在建设期间完成煤(岩)层冲击倾向性鉴定及冲击危险性评价工作。 经评估、鉴定或者评价煤层具有冲击危险性的新建矿井,应当严格按照相关规定进行设计,建成后生产能力不得超过 8 Mt/a,不得核增产能。

第二百三十条 冲击地压矿井应当按防冲要求进行矿井生产能力核定。提高矿井生产能力和新水平延深时，必须进行论证。 采取综合防冲措施后不能消除冲击地压灾害的矿井，不得进行采掘作业。	冲击地压生产矿井应当按照采掘工作面的防冲要求进行矿井生产能力核定。矿井改建和水平延深时，必须进行防冲安全性论证。 非冲击地压矿井升级为冲击地压矿井时，应当编制矿井防冲设计，并按照防冲要求进行矿井生产能力核定。 采取综合防冲措施后不能将冲击危险性指标降低至临界值以下的，不得进行采掘作业。
第二百三十一条 冲击地压矿井巷道布置与采掘作业应当遵守下列规定： （一）开采冲击地压煤层时，在应力集中区内不得布置2个工作面同时进行采掘作业。2个掘进工作面之间的距离小于150 m时，采煤工作面与掘进工作面之间的距离小于350 m时，2个采煤工作面之间的距离小于500 m时，必须停止其中一个工作面。相邻矿井、相邻采区之间应当避免开采相互影响。 （二）开拓巷道不得布置在严重冲击地压煤层中，永久硐室不得布置在冲击地压煤层中。煤层巷道与硐室布置不应留底煤，如果留有底煤必须采取底板预卸压措施。 （三）严重冲击地压厚煤层中的巷道应当布置在应力集中区外。双巷掘进时2条平行巷道在时间、空间上应当避免相互影响。 （四）冲击地压煤层应当严格按顺序开采，不得留孤岛煤柱。在采空区内不得留有煤柱，如果必须在采空区内留煤柱时，应当进行论证，报企业技术负责人审批，并将煤柱的位置、尺寸以及影响范围标在采掘工程平面图上。开采孤岛煤柱的，应当进行防冲安全开采论证；严重冲击地压矿井不得开采孤岛煤柱。 （五）对冲击地压煤层，应当根据顶底板岩性适当加大掘进巷道宽度。应当优先选择无煤柱护巷工艺，采用大煤柱护巷时应当避开应力集中区，严禁留大煤柱影响邻近层开采。巷道严禁采用刚性支护。	**第二百三十一条** 冲击地压矿井巷道布置与采掘作业应当遵守下列规定： （一）开采冲击地压煤层时，在应力集中区内不得布置2个工作面同时进行采掘作业。2个掘进工作面之间的距离小于150 m时，采煤工作面与掘进工作面之间的距离小于350 m时，2个采煤工作面之间的距离小于500 m时，必须停止其中一个工作面。相邻矿井、相邻采区之间应当避免开采相互影响。 （二）开拓巷道不得布置在严重冲击地压煤层中，永久硐室不得布置在冲击地压煤层中。煤层巷道与硐室布置不应留底煤，如果留有底煤必须采取底板预卸压措施。 （三）严重冲击地压厚煤层中的巷道应当布置在应力集中区外。双巷掘进时2条平行巷道在时间、空间上应当避免相互影响。 （四）冲击地压煤层应当严格按顺序开采，不得留孤岛煤柱。在采空区内不得留有煤柱，如果必须在采空区内留煤柱时，应当进行论证，报企业技术负责人审批，并将煤柱的位置、尺寸以及影响范围标在采掘工程平面图上。开采孤岛煤柱的，应当进行防冲安全开采论证；严重冲击地压矿井不得开采孤岛煤柱。 （五）对冲击地压煤层，应当根据顶底板岩性适当加大掘进巷道宽度。应当优先选择无煤柱护巷工艺，采用大煤柱护巷时应当避开应力集中区，严禁留大煤柱影响邻近层开采。巷道严禁采用刚性支护。

(六)采用垮落法管理顶板时,支架(柱)应当有足够的支护强度,采空区中所有支柱必须回净。 (七)冲击地压煤层掘进工作面临近大型地质构造、采空区、其他应力集中区时,必须制定专项措施。 (八)应当在作业规程中明确规定初次来压、周期来压、采空区"见方"等期间的防冲措施。 (九)在无冲击地压煤层中的三面或者四面被采空区所包围的区域开采和回收煤柱时,必须制定专项防冲措施。	(六)采用垮落法管理顶板时,支架(柱)应当有足够的支护强度,采空区中所有支柱必须回净。 (七)冲击地压煤层掘进工作面临近大型地质构造、采空区、其他应力集中区时,必须制定专项措施。 (八)应当在作业规程中明确规定初次来压、周期来压、采空区"见方"等期间的防冲措施。 (九)在无冲击地压煤层中的三面或者四面被采空区所包围的区域开采和回收煤柱时,必须制定专项防冲措施。 (十)采动影响区域内严禁巷道扩修与回采平行作业、严禁同一区域两点及以上同时扩修。
第二百三十六条 冲击地压危险区域必须进行日常监测。判定有冲击地压危险时,应当立即停止作业,撤出人员,切断电源,并报告矿调度室。在实施解危措施、确认危险解除后方可恢复正常作业。 停采3天及以上的采煤工作面恢复生产前,应当评估冲击地压危险程度,并采取相应的安全措施。	**第二百三十六条** 冲击地压危险区域必须进行日常监测预警,预警有冲击地压危险时,应当立即停止作业,切断电源,撤出人员,并报告矿调度室。在实施解危措施、确认危险解除后方可恢复正常作业。 停产3天及以上冲击地压危险采掘工作面恢复生产前,应当评估冲击地压危险程度,并采取相应的安全措施。
第二百四十一条 冲击地压危险工作面实施解危措施后,必须进行效果检验,确认检验结果小于临界值后,方可进行采掘作业。	**第二百四十一条** 采掘工作面实施解危措施时,必须撤出与实施解危措施无关的人员。 冲击地压危险工作面实施解危措施后,必须进行效果检验,确认检验结果小于临界值后,方可进行采掘作业。
第二百四十四条 冲击地压危险区域的巷道必须加强支护,采煤工作面必须加大上下出口和巷道的超前支护范围和强度。严重冲击地压危险区域,必须采取防底鼓措施。	**第二百四十四条** 冲击地压危险区域的巷道必须加强支护。

	采煤工作面必须加大上下出口和巷道的超前支护范围与强度，弱冲击危险区域的工作面超前支护长度不得小于70 m；厚煤层放顶煤工作面、中等及以上冲击危险区域的工作面超前支护长度不得小于120 m，超前支护应当满足支护强度和支护整体稳定性要求。 严重（强）冲击地压危险区域，必须采取防底鼓措施。
第二百五十条 进风井口应当装设防火铁门，防火铁门必须严密并易于关闭，打开时不妨碍提升、运输和人员通行，并定期维修；如果不设防火铁门，必须有防止烟火进入矿井的安全措施。	**第二百五十条** 进风井口应当装设防火铁门，防火铁门必须严密并易于关闭，打开时不妨碍提升、运输和人员通行，并定期维修；如果不设防火铁门，必须有防止烟火进入矿井的安全措施。 罐笼提升立井井口还应当采取以下措施： （一）井口操车系统基础下部的负层空间应当与井筒隔离，并设置消防设施。 （二）操车系统液压管路应当采用金属管或者阻燃高压非金属管，传动介质使用难燃液，液压站不得安装在封闭空间内。 （三）井筒及负层空间的动力电缆、信号电缆和控制电缆应当采用煤矿用阻燃电缆，并与操车系统液压管路分开布置。 （四）操车系统机坑及井口负层空间内应当及时清理漏油，每天检查清理情况，不得留存杂物和易燃物。
第二百七十四条 矿井必须制定防止采空区自然发火的封闭及管理专项措施。采煤工作面回采结束后，必须在45天内进行永久性封闭，每周1次抽取封闭采空区气样进行分析，并建立台账。 开采自燃和容易自燃煤层，应当及时构筑各类密闭并保证质量。 与封闭采空区连通的各类废弃钻孔必须永久封闭。	**第二百七十四条** 矿井必须制定防止采空区自然发火的封闭及管理专项措施。采煤工作面回采结束后，必须在45天内进行永久性封闭，每周至少1次抽取封闭采空区内气样进行分析，并建立台账。 开采自燃和容易自燃煤层，应当及时构筑各类密闭并保证质量。 与封闭采空区连通的各类废弃钻孔必须永久封闭。

	构筑、维修采空区密闭时必须编制设计和制定专项安全措施。 采空区疏放水前，应当对采空区自然发火的风险进行评估；采空区疏放水时，应当加强对采空区自然发火危险的监测与防控；采空区疏放水后，应当及时关闭疏水闸阀、采用自动放水装置或者永久封堵，防止通过放水管漏风。
第三百零三条 对于煤层顶、底板带压的采掘工作面，应当提前编制防治水设计，制定并落实水害防治措施。	**第三百零三条** 顶、底板存在强富水含水层且有突水危险的采掘工作面，应当提前编制防治水设计，制定并落实水害防治措施。 在火成岩、砂岩、灰岩等厚层坚硬岩层下开采受离层水威胁的采煤工作面，应当分析探查离层发育的层位和导含水情况，超前采取防治措施。 开采浅埋深煤层或者急倾斜煤层的矿井，必须编制防止季节性地表积水或者洪水溃入井下的专项措施，并由煤矿企业主要负责人审批。
第三百六十七条 爆破工必须最后离开爆破地点，并在安全地点起爆。起爆地点到爆破地点的距离必须在作业规程中具体规定。	**第三百六十七条** 爆破工必须最后离开爆破地点，并在安全地点起爆。撤人、警戒等措施及起爆地点到爆破地点的距离必须在作业规程中具体规定。 起爆地点到爆破地点的距离应当符合下列要求： (一) 岩巷直线巷道大于 130 m，拐弯巷道大于 100 m。 (二) 煤(半煤岩)巷直线巷道大于 100 m，拐弯巷道大于 75 m。 (三) 采煤工作面大于 75 m，且位于工作面进风巷内。

参考文献

[1] 中华人民共和国应急管理部，国家矿山安全监察局.煤矿安全规程[M].北京：煤炭工业出版社，2022.

[2] 国家能源局.建筑物、水体、铁路及主要井巷煤柱留设与压煤开采规范[M].北京：煤炭工业出版社，2018.

[3] 樊克恭.《煤矿安全规程》修改条款专家解读(2011 修订本)[M].北京：煤炭工业出版社，2011.

[4] 孙东玲.《防治煤与瓦斯突出细则》解读[M].北京：应急管理出版社，2019.

[5] 杜运夯、孙小林、陈小国.《煤矿防治水细则》专家解读[M].徐州：中国矿业大学出版社，2018.

[6] 国家煤矿安全监察局.《煤矿地质工作规定》释义[M].北京：煤炭工业出版社，2014.

[7] 李馥友.《煤矿建设安全规范》读本[M].北京：煤炭工业出版社，2012.

[8] 辛广龙.煤矿安全规程问答(2010 修订本)——一通三防[M].北京：煤炭工业出版社，2010.

[9] 辛广龙.煤矿安全规程问答(2010 修订本)——爆破[M].北京：煤炭工业出版社，2010.

[10] 辛广龙.煤矿安全规程问答(2010 修订本)——采掘及防治水[M].北京：煤炭工业出版社，2010.

[11] 辛广龙.煤矿安全规程问答(2010 修订本)——电气[M].北京：煤炭工业出版社，2010.

[12] 辛广龙.煤矿安全规程问答(2010 修订本)——运输与提升[M].北京：煤炭工业出版社，2010.

[13] 中华人民共和国能源部.《煤矿安全规程》1992 年版执行说明[M].太原：山西科学技术出版社，1993.

[14] 中国煤炭工业劳动保护科学技术学会.《煤矿安全规程》培训教材[M].北京：煤炭工业出版社，2005.

[15] 孙继平.《煤矿安全规程》传感器设置修订意见[J].工矿自动化，2015，40(5)：1-6.

[16] 孙继平.《煤矿安全规程》安全监控与人员位置监测修订意见[J].工矿自动化，2015，40(6)：1-7.

[17] 孙继平.《煤矿安全规程》监控、通信与监视修订意见[J].工矿自动化，2015，40(3)：1-6.

[18] 国家安全生产监督管理总局.煤矿安全监控系统通用技术要求[M].北京：煤炭工业出版社，2006.

[19]《〈煤矿安全规程〉专家解读》编委会.《煤矿安全规程》专家解读[M].徐州：中国矿业大学出版社，2011.

[20]《〈煤矿安全规程〉读本》编委会.《煤矿安全规程》读本[M].北京：煤炭工业出版社，2005.

[21] 姬长生，尚涛.露天采矿学[M].徐州：中国矿业大学出版社，2015.

[22] 宋子岭.露天开采工艺[M].徐州:中国矿业大学出版社,2015.
[23] 梁运涛.《煤矿防灭火细则》解读[M].北京:应急管理出版社,2021.
[24] 纪晓峰,谢耀社.《煤矿重大事故隐患判定标准》应用指南[M].北京:地质出版社,2021.
[25] 潘一山.《防治煤矿冲击地压细则》解读[M].北京:应急管理出版社,2021.
[26] 宁尚根,张延波,焦方杰.《煤矿安全生产标准化管理体系基本要求及评分方法(试行)》达标指南[M].应急管理出版社,2020.